Weberei

Weberei

Verfahren und Maschinen für die Gewebeherstellung

Von

Dipl.-Ing. J. Schneider
Mönchengladbach

Mit 656 Abbildungen

Springer-Verlag
Berlin/Göttingen/Heidelberg
1961

ISBN 978-3-642-49063-7 ISBN 978-3-642-92824-6 (eBook)
DOI 10.1007/978-3-642-92824-6

Softcover reprint of the hardcover 1st edition 1961

Vorwort

Das vorliegende Handbuch vermittelt die Kenntnis der Verfahren und Maschinen für die Gewebeherstellung, es wendet sich an die Textilindustrie und an den Textilmaschinenbau. Die vorbereitenden Verfahren, Maschinen und Aggregate hat der Verfasser für die gleichen Fertigungsgebiete in dem 1955 im Springer-Verlag erschienenen Werk „Vorbereitungsmaschinen für die Weberei" abgehandelt.

Wie im ersten Werk hat sich der Verfasser in dem jetzt vorliegenden Buch „Weberei" bemüht, bei der Gestaltung die Interessen des textil- und maschinentechnischen Bereiches zu berücksichtigen. Wo es notwendig erschien, wurden die Probleme unter beiden Gesichtspunkten abgerundet behandelt.

Der Beschluß des Normenausschusses, künftig für alle mechanischen Webstühle den Begriff „Webmaschinen" einzuführen und die Bezeichnung „Webstuhl" nur noch für Handwebstühle zu verwenden, erfolgte im Dezember 1960 kurz vor dem Erscheinen dieses Buches, seine allgemeine Berücksichtigung erfolgte daher nicht. Wie man aus der Vorbemerkung zu Kap. B.: „Die mechanischen Webstühle bzw. Webmaschinen" erkennt, teilt der Verfasser die durch den Beschluß zutage getretene Auffassung, nach der bei den Webmaschinen die Wahl einer der beiden Bezeichnungen keine Güteklassifizierung bedeutet. Man wird indessen, da man Wert darauf legen muß, von den Fachleuten immer richtig verstanden zu werden, vorläufig noch nicht in allen Wortverbindungen den eingeführten Begriff „Webstuhl" durch „Webmaschine" ersetzen können. Mit Rücksicht darauf, daß auch im Ausland für Webstuhl und Webmaschine nur eine Bezeichnung gebräuchlich ist (métier à tisser, loom), werden in diesem Werk beide Bezeichnungen in gleicher Bedeutung nebeneinander und auch durcheinander verwendet. Die Primärbedeutung ist immer dem Beiwort zu Webstuhl oder Webmaschine zuzumessen (z. B. die Unterscheidung der Art des Schußeintrages: *Schützen*webstühle, *Greiferschützen*webstühle, *Greifer*webstühle genauso wie: Schützenwebmaschinen, Greiferschützenwebmaschinen, Greiferwebmaschinen oder die Unterscheidung der Art der herzustellenden Ware: *Woll*webstuhl bzw. Wollwebmaschine).

Die Einleitung des Werkes dient der grundsätzlichen Darstellung für die Gewebeherstellung. Zur schnellen Orientierung ist bis auf S. 45 eine Typisierung der Webstühle in sehr knapper Form gebracht, so daß man die vielen Konstruktionen einordnen kann. Die darauf folgende Gliederung des Werkes wird zurückgeführt auf die in Abb. 2 dargestellte Schematik des Webens. Durch diese Gliederung lassen sich die Mechanismen und Aggregate einzeln erfassen, wie: Schaltung von Kette und Ware, Musterungsvariation durch Fachbildung und Schußwechsel, Antrieb des Schützens, Automatisierung, Überwachungsvorrichtungen. Immer wurde mit Sorgfalt die Darstellung nach textiltechnischen und maschinentechnischen Gesichtspunkten gestaltet. Die lückenlose Darstellung aller Details würde über den Rahmen des Werkes hinausgehen; deshalb sind Textilmaschinenfabriken und deren Erzeugnisse nur soweit zitiert, als es für die Erörterung eines Dispositionspunktes vom fachlichen Standpunkt aus notwendig erscheint.

In dem nun vorliegenden Werk ist der gesamte Wissensstoff durch entsprechende Abbildungen untermauert, z. T. so weitgehend, daß für den Fachmann die Abbildungen unter Umständen für sich sprechen. Diese Art hat der Verfasser, wie in seinem ersten Werk, beibehalten, weil die „Weberei" die Fortsetzung des ersten Werkes „Vorbereitungsmaschinen für die Weberei" sein soll, aber auch in der Erkenntnis, daß ein Handbuch eine *schnelle Auskunft* zu geben hat. Die Buchkritiken des In- und Auslandes haben dies bei dem ersten Werk besonders anerkannt.

Mit dem Erscheinen dieses Buches möchte ich allen meinen Freunden im In- und Ausland herzlich danken, die mir bei der Gestaltung Hinweise gegeben haben, und auch alle Leser auf die sorgfältige und vorzügliche Drucklegung durch den Springer-Verlag hinweisen, für die ich dem Verlag meinen besonderen Dank ausspreche.

Mönchengladbach, im Januar 1961

Josef Schneider

Inhaltsverzeichnis

A. Einleitung

Die Weberei ist derjenige Industriezweig, der sich mit der Herstellung von Webwaren beschäftigt. Die Technologie der Weberei als Teilgebiet der Textiltechnologie ist die Lehre, in der die wissenschaftlichen und technischen Grundlagen dieses Zweiges kritisch beleuchtet werden. Strenggenommen unterscheiden wir die Technologie der Handweberei und die der mechanischen Weberei. Industriell gesehen hat die Handweberei keine Bedeutung mehr und soll auch von der weiteren Behandlung im Rahmen dieses Werkes ausgeschlossen werden.

1. Gewebe und Bindung

Ein Gewebe ist ein flächenartiges Fadengebilde, das aus zwei sich kreuzenden Fadengruppen besteht, die sich nach bestimmten Gesetzen, die in der Bindungslehre niedergelegt sind, kreuzen.

Jenes Fadensystem, das in der Längsrichtung verläuft, nennt man die Kette, während das Quersystem als Schuß bezeichnet wird.

Von den eigentlichen Geweben, mit deren Herstellung sich dieses Werk befaßt, unterscheiden sich die Geflechte, Strickgewebe und Tüllstoffe im Hinblick auf die Fertigung ganz wesentlich.

Geflechtwaren im engsten Sinne des Wortes sind alle die Erzeugnisse, die aus einem Fadensystem hergestellt sind, dessen Fäden sich untereinander schräg durchflechten. Dabei geht derselbe Faden von einem Rand zum anderen. Im weiteren Sinne versteht man unter Strickware ein flächenförmiges Fadengebilde aus einem oder mehreren Fäden, die in Schlingen gelegt werden und mit den vorherigen Schlingen des eigenen Fadens oder der Nachbarfäden zusammenhängen.

Klöppelwaren unterscheiden sich von den einfachen Strickwaren dadurch, daß die schräg verflechtenden, benachbarten Fäden sich bei ihrer Kreuzung gleichzeitig, gegenseitig umwinden.

Tüllgewebe (Tülle) bilden einen Übergang zwischen den Webwaren und Strickwaren. Sie haben außer den Kettfäden noch verflechtende Schüsse, die gleichzeitig die Kette umwinden.

2. Arbeitsgänge in der Webereivorbereitung[1]

Das Rohmaterial für die Fertigung in einem Webereibetrieb, das Garn, wird vom Spinner als Kett- oder Schußgarn (mit unterschiedlicher Drehung) auf Selfaktor- oder Ringspinnhülsen angeliefert. Trotzdem in Spinnereibetrieben sich die Maschinenkonstruktionen dahingehend ändern, daß immer größere Garnmengen auf einer solchen Hülse untergebracht werden können, ist die Kett-

[1] Die in diesem Abschnitt aufgeführten Ziffern I, II, . . . beziehen sich auf die jeweilige Bildzeile der Abb. 1.

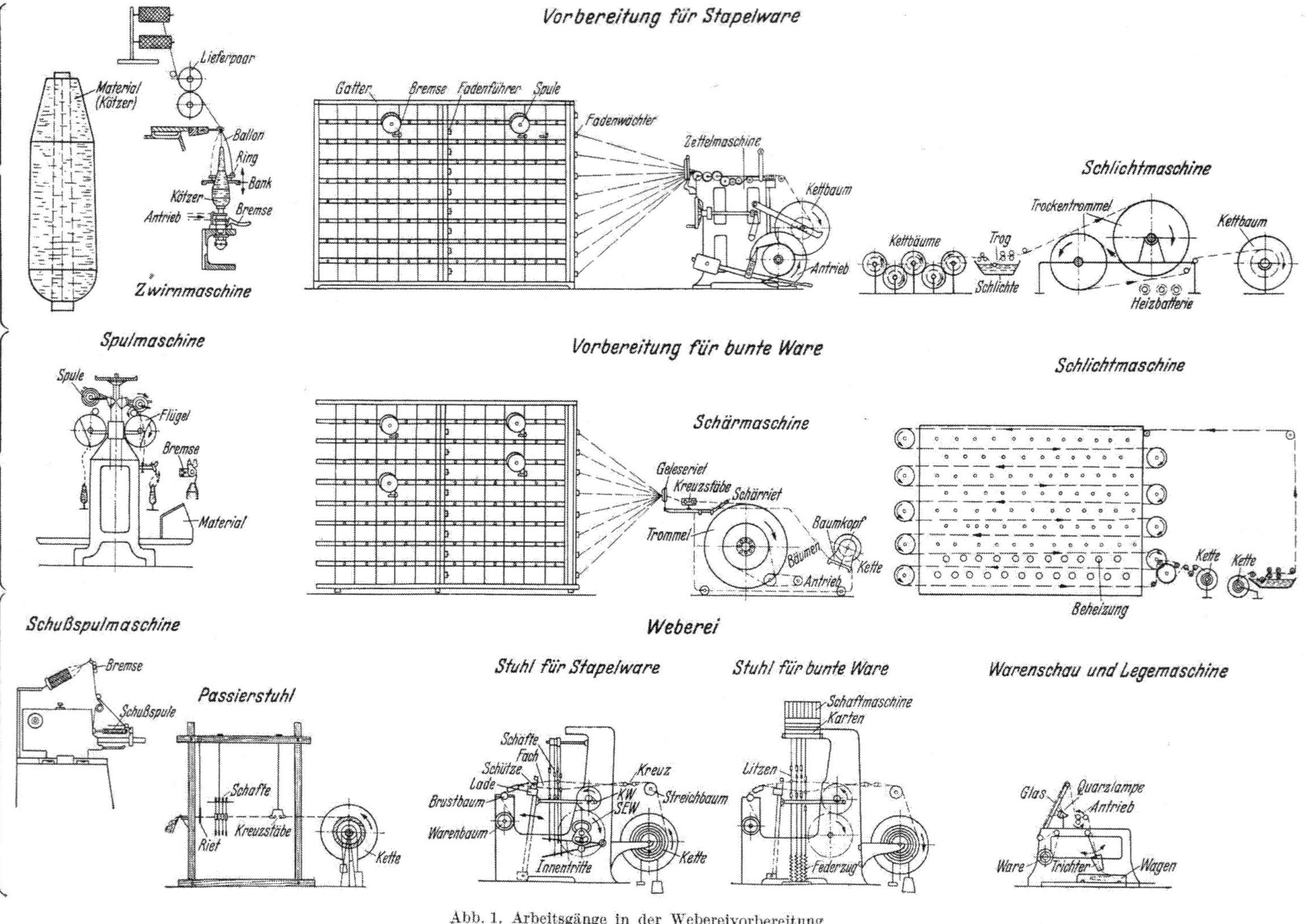

Abb. 1. Arbeitsgänge in der Webereivorbereitung

garnmenge auf einer Spinnhülse für eine wirtschaftliche Fertigung in einem Webereibetrieb noch zu gering. — Die Schußgarnmenge soll auch für die Verwendung in einem nicht automatisierten Betrieb einem Maximum zustreben, das durch die Schützengröße gekennzeichnet ist. In diesem Sinne ist es interessant, zu beobachten, daß immer mehr Webereien dazu übergehen, bei nicht automatisierten Webstühlen sogenannte Großraumschützen zu verwenden. Werden Automatenwebstühle verwendet, so ist das Garn deswegen umzuspulen, weil die aus der Spinnerei kommenden Hülsen zur Verarbeitung auf einem Automatenstuhl nicht geeignet sind. — Von wenigen Ausnahmen abgesehen ist das Umspulen des aus der Spinnerei kommenden Garnes für die Verwendung im Webschützen notwendig und wirtschaftlich. Das Rohmaterial in Kötzerform (I) dient also als Vorlage der Schußgarnspulerei (III) (Abb. 1). Aus Gründen der Wirtschaftlichkeit wird das Spinngut jedoch meist auf der Kreuzspulmaschine (II) zu Kreuzspulen verarbeitet und erst dann als Vorlage für die Schußspulmaschine (III) verwendet.

Das Kettgarn (I) wird entweder unverzwirnt auf der Zettelmaschine auf einen Zettelbaum (I) aufgewickelt (gezettelt) oder aber, sofern es sich um farbig gemusterte Ketten handelt, wird die Fertigstellung auf einer Schärmaschine (II) durchgeführt. Will man einen allzu häufigen Stillstand dieser Maschinen durch auslaufende Fadenlänge und damit einen geringeren Wirkungsgrad vermeiden, so ist es zweckmäßig, das Rohmaterial (I) zuerst auf einer Spulmaschine, z. B. einer Kreuzspulmaschine (II), zu verarbeiten. Hier werden dann Spulenkörper hergestellt, die eine Länge aufweisen, die man durch Durchmesserregulierung so einstellen kann, daß die Länge etwa der Länge einer oder mehrerer Zettel- oder Schärketten entspricht. Ein Stillstand durch auslaufenden Faden an der Zettel- oder Schärmaschine unterbleibt dann.

Auch der Zwirnmaschine (I) legt man, sofern man interessiert ist, pro Arbeitskraft eine möglichst große Arbeitsstellenzahl zu bekommen, am besten große Garnkörper, Kreuzspulen oder Scheibenspulen, vor.

Auch Zwirnspulen weisen in der Regel nicht die Längen auf, die man auf Kreuzspulen unterbringen kann. Man kann bei geeigneten Vorrichtungen bezüglich der Aufsteckmöglichkeit auf dem Gatter der Schärmaschine die Zwirnhülsen als Vorlage verwenden. Als Vorlage an der Zettelmaschine sind sie stets ungeeignet auch dann, wenn es sich um die auf modernen Maschinen hergestellten großen Hülsenformate von 300 mm Länge handelt. Die Zwirnkopse werden dann stets wieder zur Spulerei zurückgebracht und auf Kreuzspulen oder auf andere Spulenformate gebracht. Erst dann dient dieses Garn als Vorlage bei der Zettel- oder Schärmaschine. Noch eine wesentliche Aufgabe der Spulmaschine darf auch in diesem übersichtlichen Zusammenhang nicht vergessen werden: Die nicht zu unterschätzende Aufgabe der Spulmaschine ist die Reinigung des Fadens von eingesponnenen und anhaftenden Unreinigkeiten sowie die Beseitigung von spitzen Garnstellen — Gesichtspunkte, die auf Grund der geringeren Reißfestigkeit zu geringeren Wirkungsgraden führen können.

Der Unterschied zwischen dem Zetteln (I) für die Stapelwarenindustrie und dem Schären (II) in der Buntweberei kann am einfachsten wie folgt gekennzeichnet werden:

Auf der *Zettelmaschine* werden kettenförmige Züge — Zettelketten, Zettelbäume — hergestellt, auf deren gesamter Breite Kettfäden auf einen Baum gewickelt werden, deren Gesamtzahl im Maximum dem Fassungsvermögen des Gatters entspricht. Da die Gesamtfadenzahl nicht oder nur in Ausnahmefällen der späteren Kettfadenzahl gleichkommt, sind mehrere Bäume gleichzeitig abzubäumen, bis die vorgeschriebene Kettfadenzahl erreicht wird.

Die Herstellung von Ketten auf der *Zettelmaschine* wird angewendet in der Stapelwarenindustrie, also für die Herstellung von Wäscheartikeln, Schürzenstoffen und dergleichen mehr — grundsätzlich für Artikel, die außer durch Druck nicht farbig gemustert werden sollen.

Auf der *Schärmaschine* (II) werden die Fäden, die vom Gatter kommen, in einem Geleseriet gesammelt und in der vorgeschriebenen Dichte auf die Schärtrommel bandförmig aufgewickelt. Die nebeneinander aufgewickelten Bänder ergeben nach der Fertigstellung einen Kettbaum, der auch die vorgeschriebene Kettfadendichte und die für das Weben erforderliche Breite hat.

Ketten aus sehr empfindlichen Garnen werden dann noch auf der Schlichtmaschine behandelt (I) oder (II), und zwar werden hier die im Fadenquerschnitt liegenden Fasern durch einen Kleber mit ihren Oberflächen gegeneinandergeklebt, und außerdem erhält der gesamte Faden einen Oberflächenfilm. Hierdurch wird das Kettgarn gegen die mechanischen Beanspruchungen insbesondere in den Webstühlen unempfindlicher.

In der Baumwollstapelwarenindustrie und Reyonindustrie verwendet man Schlichtmaschinen, bei denen die Kette durch Kontakttrocknung auf den Endtrockenwert gebracht wird, weil nur die Baumwolle und Reyon gegen Kontakttrocknung verhältnismäßig unempfindlich sind. Wolle dagegen wird ausnahmslos auf der Lufttrockenmaschine getrocknet.

Während die Ketten in der Stapelwarenindustrie fast ausnahmslos im Webstuhl an die abwebenden Ketten auf mechanischem Wege angeknüpft werden, ist es in der Buntweberei üblich, die Ketten im Passierstuhl (III) zu passieren und in das Blatt „einzulesen“.

Die Ketten der Stapelwarenindustrie werden in Webstühle eingelegt, die bezüglich der musterbildenden Getriebe einfach konstruiert sind, meist handelt es sich dabei um Schaftsteuerung durch Exzenter (III). Die Buntketten werden in Webstühle eingelegt, die mit einer Schaftmaschine oder gar mit einer Jacquardmaschine ausgerüstet sind.

Das auf den Schußspulmaschinen (III) hergestellte Material wird dann zum Webstuhl gebracht.

In der Warenschau (III) wird das Gewebe auf Fehler geprüft[1].

3. Das Weben (Abb. 2)

Die auf der Bäummaschine nach dem Zetteln oder Schären vorbereitete Kette wird in eine besondere Vorrichtung des Webstuhles — die *Kettablaßvorrichtung A* — eingelegt. Wie aus der Abb. 2 erkenntlich ist, werden die Kettfäden über *den Sreichbaum* geführt und damit in die Arbeitsebene umgelenkt. Sie passieren zur besseren Teilung ein Paar *Kreuzschienen* und werden dann durch das Geschirr in Gruppen unterteilt, die jeweils durch die *Litzen* eines *Schaftes* gezogen sind. Die Schäfte gruppieren mit ihren Litzen die Kettfäden bei jedem Schuß in zwei Gruppen *C*. Die eine Gruppe wird ausgehoben, die andere gesenkt. In den dann entstehenden Zwischenraum wird mit Hilfe der Antriebseinrichtungen für den Schützen und durch diesen der jeweilige Schußfaden eingetragen. Die Gruppierung der Kettfäden mit Hilfe der Schäfte erfolgt mechanisch durch fachbildende Mechanismen — *Trittvorrichtungen*, *Schaftmaschinen* oder *Jacquardmaschinen*.

Nach dem Eintragen eines Schußfadens durch den Schützen schlägt die Lade *D* diesen an den Warenrand an. So ist dann wieder ein kleines Stück Gewebe

[1] Über die Technologie der Vorbereitung und über Vorbereitungsmaschinen unterrichtet in allen Details das Buch des Verfassers: Vorbereitungsmaschinen für die Weberei. Berlin/Göttingen/Heidelberg: Springer 1955.

entstanden, das durch einen Wickelmechanismus weitergeschaltet und nach dem Passieren des Brustbaumes aufgewickelt werden muß. Dieses Schaltgetriebe *B* bezeichnet man als Warenaufwindevorrichtung (Regulator) oder *Warenbaumschaltwerk*.

4. Die Schematik des Webstuhles

Das in der Abb. 2 dargestellte Grundschema ist wohl für alle Webvorgänge zutreffend, aber durch die Entwicklung der verschiedenen Gewebearten sind im Hinblick auf die Bauform einige Grundtypen entstanden, von denen jede eine Reihe von verschiedenen Konstruktionen nach Gewebestärke, Gewebebreite,

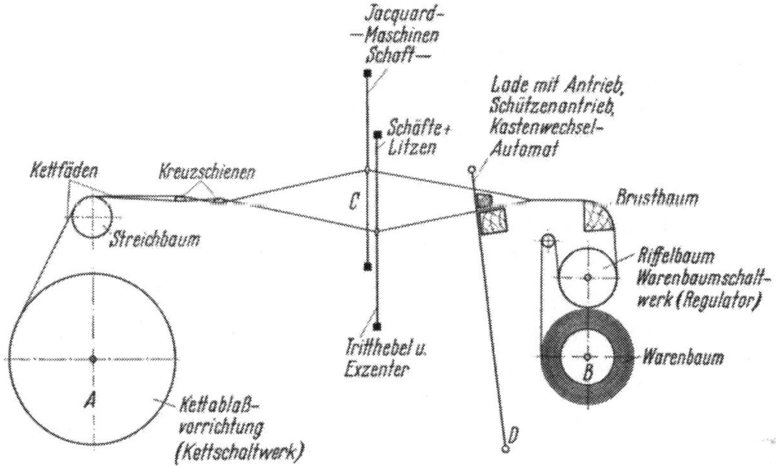

Abb. 2. Schema eines Webstuhles

Garnart, Gewebezweck usw. aufweist. *Soweit die hier gemeinten Webstuhltypen keine Sonderkonstruktionen aufweisen*, kann man die Haupttypen in drei Gruppen gliedern:

1. *Webstühle mit zwei zur Lade parallel verlaufenden Wellen*, von denen die obere den Antrieb der Lade liefert, während die untere mit halber Drehzahl läuft und als Schlagexzenterwelle bezeichnet wird. Diese Bauform ist eine Grundtype für die Baumwollwebstühle mit den Abarten: Flachwebstühle, z. T. Seidenwebstühle. Vielfach bezeichnete man in den Entwicklungsjahren diese Bautype als „englischen Baumwollwebstuhl". In dieser Form wurde er in der ersten Ausführung etwa 1785 von E. Cartwright erfunden.
2. *Webstühle mit einer Hauptwelle und einer sie antreibenden Vorgelegewelle*. Während die Hauptwelle zur Lade parallel liegt, ist die Vorgelegewelle senkrecht zur Lade angeordnet und erhält ihren Antrieb durch den Motor über eine einrückbare Kupplung. Diese Bauart erkennt man bei den meisten Konstruktionen von schweren Webstühlen, wie sie in der Tuchindustrie heute verwendet werden.
3. Bei den extra breiten Filztuchwebstühlen erfolgt der Antrieb für die Stuhlteile von *einer* auf der Seitenwand gelagerten Welle, die man auch als *Hauptwelle* bezeichnen kann, wobei auch die Lade durch eine Winkelübertragung von dieser Seitenwelle angetrieben wird.

Außer diesen drei Grundtypen gibt es noch mancherlei Sonderkonstruktionen für die Herstellung z. B. von Tragbändern, Gurten, Schläuchen, Bändern, Möbelstoffen, Drahtgeweben.

Ob es richtig ist, die Webstühle nach den vorbezeichneten Unterscheidungsmerkmalen zu gliedern, soll dahingestellt sein. Die wenigen Merkmale umreißen sicherlich nicht in vorzüglicher Weise das gesamte Bild des Webstuhles.

Gar nicht zu empfehlen ist aber die in der Praxis immer noch übliche Unterscheidung der Webstühle nach dem Ursprung oder dem Ersterbauer: z. B.

Crompton-, Hattersley-, Hartmann- usw. Webstuhl. Eine solche Unterscheidung mag allenfalls angängig sein, wenn man damit wirklich ein bestimmtes Fabrikat und den Hersteller kennzeichnen will. Dann könnte man vom Astra-Webstuhl, Saurer-Webstuhl, Zangs-Webstuhl, Rüti-Webstuhl, Lentz-Webstuhl usw. sprechen.

Tatsächlich weisen die von den Webstuhlherstellern gebauten Webstühle die unterschiedlichsten Merkmale auf, da das Fabrikationsprogramm auf die Herstellung von Webstühlen für die unterschiedlichsten Verwendungszwecke eingestellt wurde. Es ist wohl üblich, Einzelaggregate nach dem Erfinder zu benennen.

Es ist richtig, den Webstuhl nach seinem Verwendungszweck anzusprechen, dann kann man nach dem Hersteller fragen.

Die verlangte Herstellungsweise eines Gewebes bestimmt das Fertigungsprinzip: die Verkreuzung von Kette und Schuß. Die Art, wie dies maschinell gelöst wurde, ist jedoch, insbesondere wenn man die neueren Bauformen betrachtet, unterschiedlich. Den bedeutendsten Umfang nehmen die sog. *Flachwebstühle* ein, deren Fertigungsprinzip der Abb. 2 zugrunde gelegt wurde. Bei diesen Webstühlen wird das Gewebe in flacher Bahn hergestellt und besitzt Kanten. Der Ausdruck *Webmaschinen* stellt keinen Hinweis auf ein anderes Fertigungsprinzip dar, sondern soll zum Ausdruck bringen, daß die konstruktive Gestaltung gegenüber den älteren Bauformen in der neueren Zeit durch die Verwirklichung neuester konstruktiver Gesichtspunkte zur voll ausgereiften Maschine geworden ist. Es ist demnach auch falsch, Webstühle als Webmaschinen anzusprechen, wenn man damit zum Audruck bringen will, daß der Schuß, der beim klassischen System durch den Schlagmechanismus und Schützen eingetragen wird, durch andere Vorrichtungen, wie Greifer o. ä., bewegt wird, wenn damit ein Unterschied gekennzeichnet werden soll. Soll jedoch die Bezeichnung „Webmaschine" die übliche Bezeichnung „Webstuhl" ablösen, so steht dem nichts im Wege, da die modernen Webstuhlfabriken sich *alle* der Hilfsmittel des modernen Maschinenbaues bedienen.

Das Gegensätzliche zum Flachwebstuhl ist der *Rundwebstuhl.* Auf diesem wird das Gewebe in Schlauchform hergestellt. Zur Verwendung muß man es aufschneiden oder in Schlauchform verarbeiten.

Da die Verwendungsmöglichkeit des Rundwebstuhles nur auf die Herstellung bestimmter Gewebe für einen bestimmten Verwendungszweck beschränkt bleibt und auch in dieser Hinsicht die wenigsten Varianten darzustellen wären, befaßt sich der Inhalt dieses Buches zum größten Teil mit der Konstruktion des Flachwebstuhles.

B. Die mechanischen Webstühle bzw. Webmaschinen (Typisierung)

Die Entwicklung des Webstuhles bzw. der Webmaschine hat von der Zeit des Handwebstuhles bis zu den gegenwärtigen hochmodernen Maschinen eine beträchtliche Wandlung erfahren, obwohl man bei einer oberflächlichen Betrachtung durchaus die Einzelfunktionen auf die des Handwebstuhles zurückführen kann. Wir müssen in dieser Entwicklung eine Parallele zu anderen Branchen des allgemeinen Maschinenbaues sehen, wie z. B. zur Entwicklung des Automobilbaues, bei dem sich die Funktion des heutigen Motors durchaus mit der des ersten Verbrennungsmotors vergleichen läßt. Trotzdem aber läßt sich nicht die Gesamtheit der heutigen Konstruktion mit der ursprünglichen Pionierkonstruktion — hier mit dem Handwebstuhl — vergleichen.

Bei der Entwicklung der modernen Webmaschine ist noch etwas anderes zum Unterschied von anderen Maschinenbaubranchen interessant. Während man auf dem alten Handwebstuhl durchweg jedes Gewebe herstellen konnte, hat sich mit der Mechanisierung des Webstuhles eine ausgesprochene Spezialisierung gezeigt. Die Webstühle wurden für die Verarbeitung der verschiedenen Faserrohstoffe, wie für Baumwolle, Reyon, Wolle u. ä., immer mehr durchkonstruiert, und dies führte dann zu Maschinenkonstruktionen, die nur einseitig verwendbar waren. Das Kennzeichen der modernen Entwicklung ist, von dieser Spezialisierung wieder abzurücken, um möglichst breite Fertigung verwirklichen zu können. Dieses Bestreben ist so ausgeprägt, daß in den verschiedenen Fachzeitschriften gelegentlich die Frage

Spezialwebstuhl oder Universalwebstuhl?

diskutiert worden ist. Tatsächlich kennzeichnet das Angebot moderner Webstuhlfirmen fur die verschiedenen Bauformen einen ziemlich weiten Einsatzbereich. Es wäre jedoch überspitzt, von einem Universalwebstuhl zu reden, denn der mechanische Aufwand wäre für die verschiedenen Faserstoffe unterschiedlich und unwirtschaftlich. Universalität bei der Fertigung von Geweben kann nur dort erzielt und erreicht werden, wo die Verhältnisse ähnlich sind, wo die Garnnummer sowie die Fadendichte sowie die Gewebebreite verhältnismäßig gleichlautend sind. Dagegen wäre es z. B. unsinnig, wenn auch vielleicht theoretisch denkbar, auf einem Tuchwebstuhl ein Seidengewebe herzustellen.

Die Literatur der früheren Jahre über Webstuhlkonstruktionen kennzeichnete eine Aufteilung der Webstühle nach den Arten der Wellenlagerungen (vgl. S. 5). Dem Verfasser erscheint es unangebracht, diese Gliederung in der heutigen Zeit weiter beizubehalten, denn die modernen Webstühle sind in ihrer konstruktiven Verwirklichung so vielseitig geworden, daß man nicht mehr in der Lage ist, eine bestimmte Typisierung oder die Anordnung der verschiedenen Wellen für die Typisierung zu nennen.

Das Kennzeichen der universellen Anwendung moderner Webstühle läßt auch eine sehr straffe Gliederung nach der speziellen Verwendung, wie die Verarbeitung von Baumwolle, Reyon u. dgl., nicht unbedingt zu. *Wenn in der nachfolgenden Darstellung trotz der angedeuteten Schwierigkeit, Webstühle mit scharfer Abgrenzung zu klassifizieren, Gebrauch gemacht wird, so nur deswegen, damit eine erste Zuordnung gegeben ist.* Es muß aber auch jetzt schon in verallgemeinertem Sinne darauf hingewiesen werden, daß sehr starke Überschneidungen üblich sind.

Webmaschinen?

Mit dieser Bezeichnung ist schon sehr viel Verwirrung angestiftet worden. Man gewinnt ja durch dieses Wort den Eindruck, als ob die prinzipielle Herstellungsweise eines Gewebes auf solchen Konstruktionen andersartig durchgeführt wird. Dies ist jedoch nicht so. Es bleibt überhaupt eine Frage, ob dieser Name für moderne Webstühle gerechtfertigt ist. Die Tatsache, daß die mit solchen Namen gekennzeichneten Maschinen eine höhere Leistung vollbringen können als die konventionellen Maschinen, rechtfertigt nicht eine solche Bezeichnung, denn die Webstühle, wie sie bereits genannt wurden, sind von den Herstellern in einer den Möglichkeiten des modernen Maschinenbaues entsprechenden Weise durchkonstruiert wie eine jede andere Maschine. Der Unterschied ist lediglich darin zu suchen, daß die technologischen Einzelheiten von anderen Voraussetzungen aus entwickelt wurden.

Die Entwicklung der modernen Webstühle bzw. Webmaschinen ist eine logische Entwicklung, wie sie auch jeder andere Zweig des allgemeinen Maschinenbaues durchgemacht hat. Die Tatsache, daß die Einzelaggregate zum Teil umkonstruiert werden mußten, ist in diesem Entwicklungsgang nur allzu natürlich. Man will höhere Leistungen erzielen. Höhere Leistung auf dem Webstuhl ist aber nur möglich, wenn die Webstuhldrehzahl vergrößert wird und die Schützenwechselzeiten verkleinert werden oder gar wegfallen. In ähnlichem Sinne sind auch die Automatenwebstühle zu diskutieren und könnten somit auch bereits zu den Webmaschinen gezählt werden. Der Erhöhung der Webstuhldrehzahl sind jedoch, wie auch aus späteren Erörterungen hervorgeht, gewisse Grenzen gesetzt:

1. Braucht die Maschine für den Schafthub eine bestimmte Zeit, die nur durch Verkleinerung des Faches verringert werden kann, und die Verkleinerung des Faches wiederum verlangt einen kleineren Schützen. Hierdurch ist beim nichtautomatischen Webstuhl die Vergrößerung der Schützenwechselzeiten bedingt.
2. Höhere Webstuhldrehzahlen verlangen größere Ladengeschwindigkeiten, die Unwuchten werden größer, und eine Reduzierung durch Verwendung sehr leicht konstruierter Laden ist wegen der mangelnden Ladenstabilität ausgeschlossen.
3. Auch die Erhöhung der Schützengeschwindigkeit ist begrenzt:
   a) durch das Gewicht und die Oberflächenbeschaffenheit des Schützens selbst,
   b) durch die Art der Schlagorgane,
   c) durch die Reinheit des Faches,
   d) durch den Einfluß der Fadenbremsung,
   e) durch den Reibungskoeffizient zwischen Kettfaden und Schützenkörper, Blatt und Schützen und zwischen Ladenbahn und Schützenkörper.
4. Die Länge des Schützens bestimmt die Größe des Weges vor dem Passieren des Faches.
5. Wächteranlagen, insbesondere Schützenwächter, benötigen eine gewisse Zeit, um anzusprechen. So braucht beispielsweise der Schützenwächter eine Zeit, um auch die bei normaler Streuung später ankommenden Schützen überwachen zu können.

Es ist verständlich, daß die hier aufgezeichneten Grenzen einer Konstruktion bei modernen Entwicklungen ganz besonders ins Auge gefaßt werden mußten. Es ist, wie überall in der Technik, nur natürlich, wenn man versucht, diese Grenzen zu überschreiten.

Die markanteste konstruktive Änderung, die in diesem Entwicklungszuge notwendig war, ist durch die Reduzierung der Fachhöhe selbst und durch die Verwendung andersartiger Schußgarnträger gekennzeichnet. So entstanden Konstruktionen, die heute allgemein unter dem Namen „schützenlose Webstühle“ (shuttle-less-looms) bekannt werden.

Eine besondere Pionierleistung wurde mit dem sog. Gabler-Stuhl geschaffen (Rapir-Loom) — ein Greifer-Webstuhl, der aber, abgesehen von einem begrenzten Einsatzbereich, für die Industrie keine besondere Bedeutung erlangen konnte.

I. Flachwebstuhl

1. Baumwollwebstuhl

Der schmale Webstuhl für die Herstellung von leichter Baumwollware war lange Zeit das bevorzugte Produktionsprogramm der englischen Maschinenfabriken, so sehr, daß seit der Entwicklung der ersten Konstruktionen bis noch in relativ naher Vergangenheit Baumwollwebstühle dieser Art allgemein unter der Bezeichnung „Englische Webstühle“ gehandelt wurden. Diese Vormachtstellung ist durch die ausgezeichneten Webstuhlkonstruktionen der schweizerischen Maschinenfabriken sehr erschüttert worden.

Die Kennzeichen dieses Webstuhles sind die beiden parallel verlaufenden Wellen, deren eine den Antrieb vom Motor her übernimmt, während die andere die Betätigung der Schlagorgane und, sofern mit Trittexzentern gearbeitet wird, die Betätigung der Trittorgane und fachbildenden Mechanismen übernimmt. Hier wie in den nachfolgenden Besprechungen wird die eine als die Kurbelwelle, die andere als die Schlagexzenterwelle bezeichnet. Die Fachbildung bei solchen Webstühlen ist verhältnismäßig einfach. Sie erfolgt in der Regel durch Innentrittexzenter und in Ausnahmefällen auch durch einen Außentrittmechanismus. Ein Wechselmechanismus ist an solchen Webstühlen nicht vorhanden, da einfarbig geschossen wird. Dagegen ist das Kennzeichen der modernen Schnelläuferwebstühle der Spulenwechselautomat.

Abb. 3. Schnelläuferwebstuhl (Type BANLXK-Rüti), einschützig (Automat/Außentrommel)

Die äußeren Merkmale eines solchen Webstuhles, wie er in der Abb. 3 dargestellt ist, sind:

der Spulenwechselautomat für einfarbigen Schußwechsel,
der Schlagstock mit Wiegefuß oder auch der anderen Konstruktionen mit Pendelvorrichtung,
das Losblatt und die automatische Kettablaßvorrichtung.

Die Qualitätsansprüche an eine solche Konstruktion können wie folgt gekennzeichnet werden:

Große Produktionsleistung, d. h. möglichst hohe Webstuhldrehzahl; wenig Stillstände sollen die Fertigung beeinflussen, d. h., der Webstuhl soll so gebaut sein, daß ein absolutes Minimum an mechanischer Beanspruchung der zu verwebenden Materialien auftritt. Dies beeinflußt die Organe der Kettschaltung, der Schaftbewegung, des Schlages und der Warenbewegung sowie den Schützen und die Spule. Besondere Bedeutung besitzt dabei das Losblatt, wenn mit solchem gearbeitet wird, weil dieses mit wesentlich weicherem Schlag zu arbeiten erlaubt, als sonst für so hohe Drehzahl angewendet werden muß. Die Verwendung eines besonders leichten Schützens, wie dies beim Verarbeiten von feinen Garnnummern durchaus in jedem Falle gegeben ist, ergibt ebenfalls eine Verminderung der Beanspruchung der Schlagorgane sowie des Garnmaterials.

Mit den Ansprüchen an die Musterung und die jeweilige Fertigung wurden aus dieser Stuhltype weitere andere Typen entwickelt. Der einfarbige Schützenwechsler kann durch einen Mischwechsler oder auch durch einen Buntautomaten ersetzt werden. Ebenfalls kennt diese Stuhltype die Variante als Frottierwebstuhl.

Abb. 4. Baumwollwebstuhl (Dornier) mit Schaftmaschine (Stäubli) und Anschluß für gleichzeitige oder getrennte Verwendung von Exzentertrittvorrichtungen

Der elementare Aufbau des hier besprochenen schmalen Baumwollwebstuhles gilt sinngemäß, jedoch unter Berücksichtigung der musterungsbedingten Variationen, auch für den breiten Baumwollwebstuhl.

Eine sehr interessante Konstruktionsform zeigt die in der Abb. 4 dargestellte Webstuhltype — eine Ausführung der Dornier-Werke. Neben der sehr modernen und soliden Bauausführung, die man auf der Abbildung ohne Schwierigkeit erkennen kann, ist die Anordnung der fachbildenden Mechanismen interessant. Man sieht, daß der Webstuhl mit einer Schaftmaschine einer noch später zu erörternden Art von Stäubli ausgerüstet ist. Darunter erkennt man aber die Anschlußvorrichtung für eine Exzentermaschine. Daraus ergibt sich, daß man den Webstuhl sowohl mit einer Schaftmaschine als auch mit Exzentertrittaggregaten und auch mit beiden Vorrichtungen zugleich ausrüsten kann. Man kann dann den Gewebegrund an einer einfachen Musterung z. B. mit der Exzentermaschine und die Schaftmusterung mit der Schaftmaschine ausführen. Die Vorteile einer solchen Arbeitsweise liegen darin, daß der Zeitpunkt der Fachbildung für beide Bindungsarten verschieden gewählt werden kann.

Abb. 5. Webautomat (Type 100 W) von Saurer

Wie aus einer späteren Erörterung noch ersichtlich ist, kann der Webstuhl auch, sofern eine Schaftmaschine nicht vorgesehen werden soll, eine Exzentermaschine haben, die es ermöglicht, zwei verschiedene einfache Bindungen, z. B. Satin oder Köper mit Leinwandbindung, zu kombinieren.

Eine weitere konstruktiv sehr interessante Ausführungsart des Baumwollwebstuhles ist der nach dem Baukastenprinzip gebaute Saurer-Webstuhl (Abb. 5) Type 100 W. Wie aus der Abbildung erkenntlich ist, besteht der Webstuhl aus zwei Seitengestellen, die den gesamten Getriebemechanismus des Webstuhles aufnehmen. Zu diesen Seitengestellen koordiniert werden die Zwischenteile des Webstuhles auf entsprechende Breite abgestimmt. Auch für diesen Webstuhl gilt, daß seine derzeitige weit durchgebildete Konstruktion einen ziemlich universellen Anwendungsbereich gestattet. Die Firma selbst empfiehlt diesen Stuhl für die Herstellung von Baumwolle, Wolle, Zellwolle, Reyon, Seide, Nylon, Hanf usw. und macht lediglich die Einschränkung, daß das maximale Gewicht des Gewebes 500 g/m² sein darf. In dieser Einschränkung ist die Grenze der Universalität gekennzeichnet. Bemerkenswert in der getriebetechnischen Durchführung dieses Webstuhles ist die Tatsache, daß keine Kurbelwelle im eigentlichen Sinne verwendet wird, sondern eine Antriebswelle, die mit dreifacher Geschwindigkeit, verglichen mit den normal üblichen Kurbelwellen, läuft, deren Drehzahl dann zur Lade hin durch eine Untersetzung übertragen wird. Der hierdurch entstehende Vorteil ist darin zu sehen, daß die Drehzahlungleichförmigkeit weitestgehend herabgesetzt wird. Auch dieser Stuhl ist, wie alle Stuhltypen, die in diese Kategorie eingeordnet werden können, durch Anbauaggregate auf die verschiedenen, durch Musterungsansprüche gekennzeichneten Sonderkonstruktionen ausdehnbar. So sind Ausführungen vorgesehen für den einschützigen Webstuhl ohne automatischen Spulenwechsel, einschützigen Automat mit Spulenmagazin (Spulenwechsel), einschützigen Automat mit selbständiger Schützenauswechselung, zwei- bis sechsschützig einseitiger Wechselwebstuhl ohne automatischen Spulenwechsel, zweischütziger Automat mit Einfarben-Trommelmagazin (Mischwechselautomat), zwei- bis sechsschütziger Buntautomat mit Trommel- oder Schachtmagazin für zwei bis sechs Farben, ein- bis zweischütziger Automat mit selbständiger Schützenauswechselung (Reyon, Krepp, Musselin usw.), zwei- bis vierkästig beidseitiger Wechselwebstuhl (Pic à Pic und Lancier), Frottierwebstühle.

2. Reyon-Webstuhl

Diese Stuhltype ist in der heutigen Ausführungsform eine durch Erfahrungsaustausch entstandene Kombination aus dem Baumwollwebstuhl und dem Seidenwebstuhl. In der Regel arbeitet diese Stuhltype mit Schaftmaschinen und hat gegenüber Baumwollwebstühlen eine weitaus empfindlicher reagierende Warenaufwindevorrichtung. Der modernen Entwicklung entsprechend sind diese Webstuhltypen in der Regel mit Spulenwechselautomaten, vielfach sogar Mehrfarben-Spulenwechselautomaten, ausgerüstet. Bis noch vor wenigen Jahren wurden diese Webstühle, wenn Automaten erforderlich waren, mit Schützenwechselautomaten als Anbauautomaten oder in serienmäßiger Fertigung hergestellt. Man argumentierte, daß die gegen mechanische Beanspruchung sehr empfindliche Reyonware eine Behandlung durch den Spulenwechselautomat nicht vertragen könne. Dieses Argument ist im modernen Webstuhlbau bei der gegenwärtig hochpräzisen Fertigung nicht mehr tragbar. Spulenwechselautomaten sind durchaus wirtschaftlicher. Es zeigt sich, daß die Firmen, die bislang für solche Zwecke Schützenwechselautomaten herstellten, wegen der mangelnden Auftragslage von der Fertigung solcher Automaten abgegangen sind und Reyon- und Seidenwebstühle durchweg mit den heutzutage zufriedenstellend arbeitenden Spulenwechselautomaten ausrüsten.

Die Abb. 6 und 7 zeigen zwei Ausführungsarten, die besonderes Interesse haben. Abb. 6 zeigt die Webstuhltype SINZAW/2 — Reyon-Spulenwechsler von Rüti; und Abb. 7 zeigt den Vierfarben-Spulenwechselautomaten von Zangs.

Die von den allgemeinen Ausführungsformen von Webstühlen abweichenden Sonderkonstruktionen können wie folgt zitiert werden:

Anwendung eines Vakuums für das Absaugen der beim Spulenwechsel anfallenden Fadenreste, Zentralschußwächter, der die Lade stillsetzt, bevor das Blatt anschlägt, eine Rücklaufvorrichtung, um die richtige Ladenstellung bei Fadenbruch zu erzielen und Schußsucher an der Schaftmaschine, der die leichte Korrektur eines Fehlers ermöglicht. Die beiden in den Abbildungen dargestellten Webstühle unterscheiden sich insbesondere in der Ausführung des Automaten. Während bei der einen Stuhltype (Abb. 6) mit einem Fallschachtmagazin gearbeitet wird, arbeitet die in Abb. 7 dargestellte Konstruktion mit einem Rundmagazin. (Zur Vermeidung von Irrtümern muß darauf hingewiesen werden, daß dieser Unterschied nicht firmeneigen ist, sondern jeweils eine Ausführungsart darstellt.)

Abb. 6. Reyon-Spulenwechsler (Type SINZAW/2) von Rüti

Abb. 7. Vierfarben-Spulenwechselautomat von Zangs

3. Tuchwebstuhl („Kurbel-Buckskin-Stuhl“)

In dieser Stuhltype haben wir eine schwerere Maschinenausführung zu sehen als bei den bisher besprochenen Modellen. Wir müssen eine Unterscheidung bei diesen Webstuhlarten insofern erkennen, als eine, vor allen Dingen in Deutschland gebräuchliche Ausführungsform gewisse Merkmale der leichteren Stuhltypen übernommen hat, während die vor allem unter dem Namen „Sächsische Webstühle“ bekannt gewordenen Typen für die Herstellung schwerer Ware gedacht sind. Die erste Ausführungsform ist für die Verarbeitung von Damenkleiderstoffen und leichten Kammgarnstoffen entwickelt worden. Die Abb. 8 zeigt einen Lenz-Webstuhl HBS-M, der oberbaulos ausgeführt ist und als mehrschütziger Webautomat für zwei Farben verwendet wird. Dieser Webstuhl ist schnell auf zweiseitig vierschützigen Wechsel umstellbar. Es wird eine Schwingschaftmaschine bis zu 24 Schäften verwendet. Das Kennzeichen dieses Stuhles sowie aller in der Tuchindustrie gebräuchlichen Stühle ist die Anordnung von zwei Warenbaumregulatoren. Je nach Bedarf kann man mit einem formschlüssig arbeitenden Regulator (positivem Regulator) oder auch speziell für die Verarbeitung von

Abb. 8. Leichter Tuchwebstuhl (Type HBS-M) von Lentz

gewalkten Tuchen mit einem kraftschlüssigen Regulator (negativem Warenbaumregulator) arbeiten. Der in der Abb. 8 dargestellte leichtere Webstuhl ist mit

Abb. 9. Oberbauloser Tuchwebstuhl (Type HBS) von Lentz

einem Automatenaggregat ausgerüstet, das von der Firma G. Fischer hergestellt wird.

Eine schwerere Ausführungsart für die Tuchindustrie ist der in der Abb. 9 dargestellte Webstuhl Modell HBS von Lentz. Auf diesem Webstuhl können ohne Schwierigkeiten Gewebe bis zu einem Warengewicht von 1000 g pro Meter hergestellt werden. Er ist in nichtautomatischer Ausführung mit einem zweiseitig vierkästigen Wechsel erstellt und gestattet das Weben von Geweben mit sieben Schützen. Als Kettablaßvorrichtung wird ein negativer Kettablaßregulator verwendet. Die in der Abb. 9 erkenntliche sog. Schwingschaftmaschine ist eine

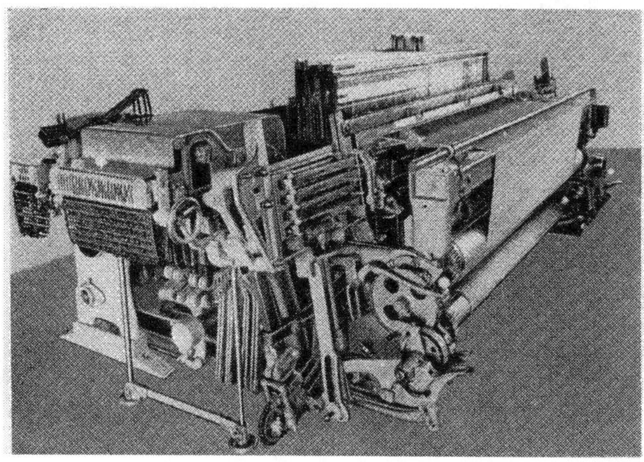

Abb. 10. Oberbauloser Tuchwebstuhl (Type AMN) von ASTRA

Hoch- und Tieffach-Doppelhubschaftmaschine, die auf Grund ihres speziellen Arbeitsprinzips eine relativ hohe Webstuhldrehzahl zuläßt.

Die Abb. 10 zeigt eine schwere Webstuhltype (Modell AMN-ASTRA), die in oberbauloser Ausführung entwickelt wurde. Wie das äußere Bild zeigt, ist dies die Entwicklung aus dem Kurbel-Buckskin-Webstuhl, der später noch näher er-

Abb. 11. „Sächsischer Kurbelwebstuhl" Type BE II-A 2 von Schönherr

örtert wird. Ein besonderes fertigungstechnisches Merkmal dieser Webstuhltype ist die hohe Drehzahl von 125 U/min. Technische Merkmale sind:

1. Der fallenlose Knickschlag mit fühlerentlasteter Steuerung.
2. Einhub-Geschlossenfach-Gegenzug-Schaftmaschine für eine max. Schäftezahl von 23 bei 15 mm Schaftteilung.
3. Beiderseitiger Schützenwechsel nach dem Prinzip der positiven Schützenwechselkastenbewegung durch Exzenter. Dadurch ist es möglich, sowohl vor- als auch rückwärts

zu weben. Das Wechselkastengetriebe besitzt einen statischen Gewichtsausgleich, durch den der Steigkasten schwerelos ausbalanciert ist. Eine zusätzliche Kastenfallbremse bremst beim Sinken des Steigkastens diese Bewegung, so daß keine Beschleunigung durch Eigengewicht entsteht.

4. Die Warenschaltung kann durch einen positiven (formschlüssigen) und durch einen negativen (kraftschlüssig) Warenbaumregulator erfolgen.

5. Elektromechanischer Rücklauf.

Die Maschine besitzt im Hinblick auf die Automatik die Anschlußmaße für den Vierfarben-Buntautomat oder für Mischwechselautomat bzw. für einschützigen Spulenautomat der Konstruktion von Georg Fischer.

Für die Herstellung schwerer Tuche ist der sog. „Sächsische Kurbelwebstuhl“ am vorzüglichsten geeignet (Abb. 11). Bei diesen Maschinen erfolgt die Fachsteuerung durch eine Crompton-Schaftmaschine — eine Einhub-Hoch- und Tieffachschaftmaschine bis zu 33 Schäften oder durch Knowles-Schaftmaschine. Das Fassungsvermögen der Webschützen ist besonders groß. Je nach den Ansprüchen, die man an die Musterung stellt, werden solche Webstühle zweiseitig vierkästig, zweiseitig fünfkästig und zweiseitig sechskästig montiert. Wegen der Breite sowie des großen Schützenfassungsvermögens kann die Drehzahl eines solchen Webstuhles verständlicherweise nicht so hoch sein wie bei den leichteren Webstuhltypen.

Bei allen in der Tuchindustrie gebräuchlichen Webstuhltypen muß mit Rücksicht auf den Musterungsanspruch eine gesteuerte Schützenantriebsvorrichtung verwendet werden. Bei den älteren, heute nicht mehr gebräuchlichen Webstühlen wurde für die Schlagsteuerung eine besondere Karte verwendet. Alle modernen Webstühle jedoch verwenden sog. Patent-Schlagvorrichtungen, bei denen der Schlag durch die jeweiligen Schützenkastenzellen dirigiert wird. Hierdurch ist die Gewähr gegeben, daß Fachbrüche durch aufeinanderprallende Schützen nicht mehr erfolgen können. Sicherheitsvorrichtungen sowie Kontrollvorrichtungen sind, wie an allen anderen Webstuhlarten, auch an diesen Webstühlen in vollendeter Form angebracht.

4. Webstühle mit Jacquardmaschinen

Die bisher besprochenen Webstuhltypen sowie alle solche Webstühle, die nach entsprechenden Gesichtspunkten gebaut sind, sowie verschiedene noch zu besprechende Webstuhltypen können mit Jacquardmaschinen statt mit den erwähnten Schaftmaschinen ausgeführt werden. Die Abb. 12 zeigt einen Möbelstoffwebstuhl mit einer Jacquardmaschine von Zangs. Solche Jacquardmaschinen sind zwar zum Webstuhl koordiniert, sie prägen aber nicht ein spezielles Typenbild. Wie aus späteren Erörterungen noch ersichtlich ist, dienen diese Maschinen dazu, besonders hohe Ansprüche an die Musterung zu befriedigen. Je nach der Maschinengröße, d. h. nach der Anzahl der verwendeten Platinen, lassen sich 1000 und mehr Kettfäden separat und streng voneinander zur Erzeugung eines großen Musterbildes steuern.

5. Filztuchwebstuhl

Zur mechanischen Herstellung endloser Filze, speziell für die Papierfabrikation, werden Webstühle zum Weben im Schlauch geschaffen. Die Langfilze werden in 6 m Breite und 22 und mehr Meter Länge gewebt. Die Länge eines solchen Filzes entspricht der Arbeitsbreite einer Maschine beim Weben im Schlauch unter Berücksichtigung entsprechender Einarbeitungsprozentsätze infolge von Breiten- und Längenverlusten, welche nach dem Walkprozeß in Kauf genommen werden, da eine größere Dichte des Filzes nur durch entsprechende Längen- und Breitenverluste erreicht wird. Neben den Naß- und Trockenfilzen sind es die

Manchons, die auf solchen Webstühlen hergestellt werden. Die verschiedenen Filzarten können wie folgt aufgezählt werden:

1. Naßfilze, Steigfilze, Saugpressenfilze für Langsieb-Papiermaschinen,
2. Ober- und Unterfilze für Mehrsieb-Kartonmaschinen, Naßfilze und Naßpressen-Oberfilze für Langsieb- und Mehrrundsieb-Kartonmaschinen,
3. Filze für Selbstabnahme-Papiermaschinen,
4. Wickelfilze, Schonfilze, Margirfilze,
5. Entwässerungsfilze für Lumpenhalbstoff, Holzschliff, Holz- und Strohzellstoff,
6. Pappenfilze,
7. Wolltrockenfilze,
8. Wollasbest- und Baumwollasbest-Trockenfilze,
9. Baumwolltrockenfilze, Halbwolltrockenfilze,
10. Baumwollsegeltücher,
11. Kühl-Zylinder-Filze und Feuchtfilze,
12. Querschneider und Transportfilze,
13. Filzschläuche aller Art, wie Manchons für die Gautschwalzen, Zugtisch- und Auftragmanchons für Streichmaschinen und sonstige Walzenbezüge.

Abb. 12. Feinstich-Jacquardmaschine für endlose Papierkarten Type JV auf Zangs-Webstuhl

Die hier aufgeführten Filzsorten unterscheiden sich in Einstellung und Gewicht, das zwischen 400 g/m² und 4000 g/m² schwankt. Für die Herstellung solcher Gewichte werden besonders schwere und breite Webstühle hergestellt, deren Elementarkonstruktion, wie aus der Abb. 13 ersichtlich ist, aus dem Bau des schweren Kurbel-Buckskin-Webstuhles hervorgegangen ist. Ein wesentlicher Unterschied besteht lediglich im Antrieb der Lade, die für die Dauer des Schützendurchganges mit Rücksicht auf die sehr große Webbreite entweder verzögert bewegt werden muß (bei Webstühlen von 6—8 m Warenbreite) oder überhaupt für die Zeit des Schützendurchganges stillstehen muß (bei größerer Breite).

Abb. 13. Schwerer Filztuchwebstuhl von ASTRA

Die Schaftmaschine ist bei der Konstruktion von ASTRA mit 17 Schemeln bzw. Schaftrahmen eingerichtet. Für den Fall, daß man die Maschine nur zum

Teil ausnützen will, z. B. nur mit 12 Schemeln, werden mit einer Abstellplatte 5 Schemel blockiert und mit einem weiteren entsprechenden Abstellhebel 5 Platinen in mittlerer Stellung zwischen dem oberen und dem unteren Platinenmesser so festgehalten, daß keines der Messer an den Platinennasen zum Eingriff kommt. Die Fachaushaltevorrichtung — eine Spezialkonstruktion von ASTRA — wird bei Webstühlen unter 8 m Breite ohne selbsttätige Unterbrechung des Webladenganges verwendet. Hier handelt es sich um eine Vorrichtung, in der die Antriebsstange in einem besonderen Gleitlager geführt wird. Am unteren Ende der Antriebsstange, welches sonst mit dem Kurbelrad verbunden ist, hat man einen Zwischenhebel eingesetzt, welcher die Verbindung zwischen Antriebsstange und Kurbelrad herstellt. Zwischen dem oberen Ende der zwangsläufig geführten Antriebsstange und den auf einer Welle sitzenden Doppelhebeln hat man ein Gelenk eingefügt, das die Verbindung zum hinteren Doppelhebel der Maschine herstellt. Die Antriebsbewegung des hinteren Doppelhebels erhält mit dieser Anordnung während der Bewegung der Schäfte im offenen Fach eine geringe Verzögerung, welche durch eine geringe Beschleunigung während der Bewegung der Schäfte im geschlossenen Fach ausgeglichen wird. Als Schlagvorrichtung wird die sog. Knickschlagsteuerung mit Fühlerhebelentlastung verwendet. Der Antrieb eines solchen Webstuhles erfolgt durch einen Spezialwebstuhlmotor bis zu 20 PS. Der Motor ist zwischen Webmaschinenwand und einer besonderen Antriebswand untergebracht. Zwischen Motor und Antriebswelle ist eine durch vier kräftige Keilriemen ausgerüstete Vorgelegewelle eingebaut.

Je nach Breite werden Höchstgeschwindigkeiten von 50—80 Schuß pro Minute erreicht, d. h., die maximale Geschwindigkeit pro Minute beträgt bis zu 3 m = 80 Schuß, bis zu 4,25 m = 67 Schuß und bis zu 6 m = 62 Schuß. Bis zu 9,50 m = 38—50 Schuß, bis 13,50 m = 30—45 Schuß und bis 20 m = 20 bis 26 Schuß pro Minute.

6. Frottiertuchwebstuhl (Abb. 14 u. 15)

Für die Herstellung von Frottiergeweben (Handtücher, Bademantelstoffen, Badedecken usw.) benötigt man Spezialwebstühle, da hier mit einer Polkette gearbeitet wird. Die Wirkungsweise eines solchen Frottierwebstuhles soll nachfolgend beschrieben werden:

Die Ladenarme *1* sind durch ein starkes U-Eisen *2* miteinander fest verbunden. Auf letzterem ist die hölzerne Ladenbahn *3* aufgeschraubt. An die Ladenarme *1* sind die Blatthalter *4* auf Bolzen *5* drehbar angeordnet. Die Blatthalter *4* dienen zur Befestigung des unteren Blattfutters *6*,bestehend aus einem besonderen U-Profileisen nebst Holzleiste nebst eingesetzter Eisenstange sowie des oberen Futters bzw. Ladendeckels *7*. Zum Bilden der Vorschlagschüsse wird das Blatt *8* in die hintere Anschlagstellung gebracht durch Herunterziehen des Gleitklotzes *9* in der Führung des Blatthalters *4* durch Hebel *10*. Dieser erhält seine Bewegung durch Zugstange *11*, die am Winkelhebel *12* angeschlossen ist. Hebel *12* ist auf Stiften *13* am Ladenarm *1* drehbar angeordnet. Kurbel *10* wird durch Zugfeder *14*, die am Winkelhebel *12* angreift, in die oberste oder Grundstellung gezogen (vgl. Abbildung), insbesondere wenn der Schützen das Fach passiert, ferner beim Anschlagen des Vorschlagschusses. Wird beim Vorwärtsgang der Lade von der hintersten Ladenstellung bis Kurbelkröpfung oben der Haken *15* gehoben, so kommt die Rolle *16* in den Haken *15* zu liegen. Bei weiterem Vorwärtsgang der Lade wird dabei der Winkelhebel *12* nach links verdreht und diese Bewegung über Stange *11* auf Kurbel *10* übertragen, wodurch der Blatthalter *4* rückwärts ausschwingt. Die Schwing- oder Maschenhöhe wird verändert durch Versetzen der Stange *11* im Schlitz der Kurbel *10*, die oben eine Einteilung aufweist.

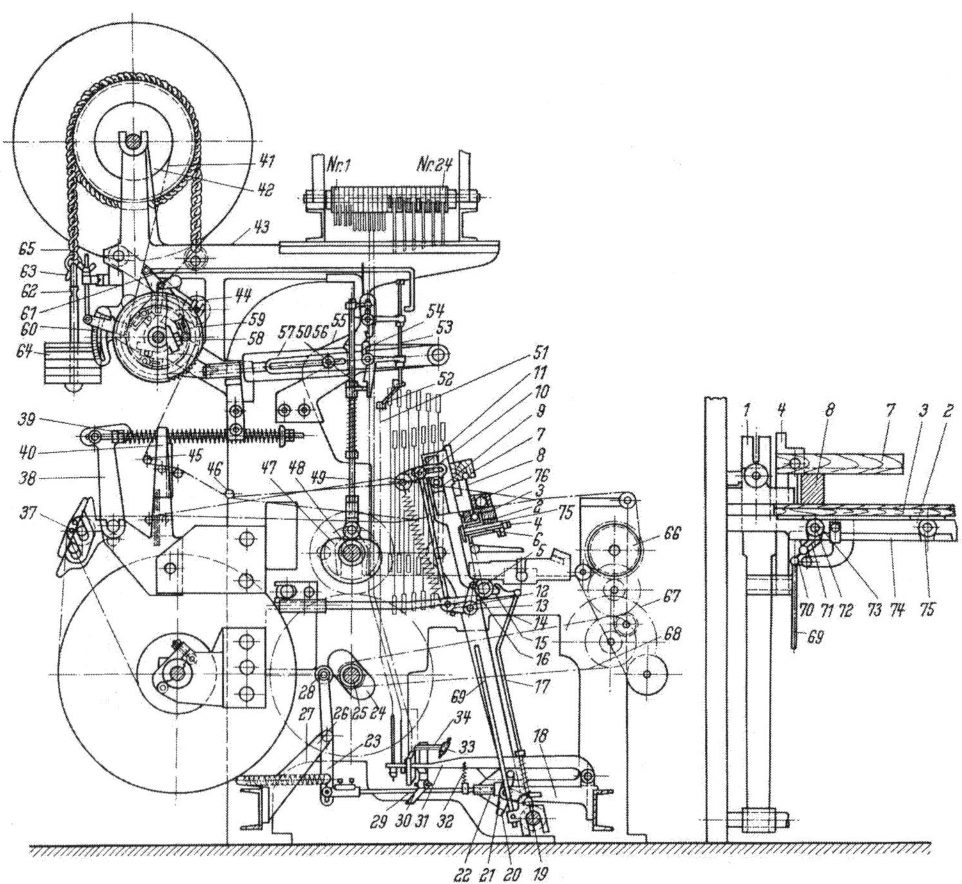

Abb. 14. Frottier-Buntautomat (Type BAWF) von Rüti

Abb. 15. Frottier-Automat (vierschützig) von Rüti

Die Steuerung des Hakens *15* erfolgt durch Stange *17*, die an den im Träger *18* drehbar gelagerten dreiarmigen Hebel *19* angeschlossen ist. Die Auf- und Abwärtsbewegung der Stange *17* geschieht durch entsprechendes Stoßen an den beiden Schenkeln *20* und *21* des Hebels *19*, durch die Doppelgabel *22* und Hebel *23* mit Hilfe des Exzenters *24* auf der unteren Welle *25*. Hebel *23* ist gelagert im Träger *26* und wird durch Feder *27* nach hinten gezogen, so daß Rolle *28* beständig am Exzenter *24* anliegt. Für die Bildung der

Vorschlagschüsse wird von der Platine Nr. 9 der Schaftmaschine mittels Draht *29* Winkelhebel *30* verdreht; der lange Hebel *31* senkt sich, gleichzeitig die durch Feder *32* verbundene Doppelgabel *22*, worauf der Schenkel *20* nach rechts verdreht und Haken *15* gehoben wird.

Für das Anschlagen der Vorschlagschüsse erfolgt ein Zug von der 8. Platine aus; mittels Draht *33* wird Hebel *31* gehoben, ebenso die Aufhaltfalle *34*, wobei Hebel *31* auf die Raste des Winkelhebels *30* zu liegen kommt; die Doppelgabel *22* gelangt ebenfalls nach oben und ergibt die auf der Zeichnung ersichtliche Stellung.

Die Herstellung von Frottiergeweben erfordert immer zwei Ketten, d. h. eine Grundkette und eine Schlingkette, in dem die Einarbeitung der letzteren drei- bis sechsmal so groß ist wie diejenige der ersteren. Die Grundkette *35* kommt vom unteren Baum *36*, der negativ geschaltet wird mittels Streichwalze *37*, Hebel *38*, Federn *39* und *40*. Es ist unbedingt darauf zu achten, daß das Wippen der Walzen *37* kaum bemerkbar ist, weil bei einem Vorheben des Stoffes die Vorschlagschüsse sehr leicht zurückspringen. Die Schlingkette *41* kommt vom oberen Baum *42* über die mit Plüsch überzogene Schaltwalze *43* sowie Spannwalze *44* zur Kettfadenwächterwelle *45* und Einlaufwelle *46* in das Geschirr. Die Nachschaltung der Kette wird auf folgende Art bewerkstelligt:

Exzenter *47* auf Kurbelwelle *48* hebt Schuß um Schuß Welle *49*, auf welcher Mitnehmerkopf *15* federnd angeordnet ist. Wenn nun Hebel *31* gehoben wird, kommt Draht *51*, angelenkt an Hebel *52*, ebenfalls hoch; Draht *53* senkt sich, Hebel *54* wird vom Mitnehmerkopf *50* erfaßt und nimmt Schere *55* hoch. Durch die in letzterer verschiebbar angeordneten Stifte *56* wird Hebel *57* ebenfalls hochgenommen. Dabei erfolgt eine entsprechende Verdrehung der Walze *43* durch Friktion zwischen Rollen *58* und verzahntem Gehäuse *59*, das auf der Walze *43* außen mittels Laufkeil befestigt ist. Hebel *57* hat nach hinten eine Verlängerung, die zum Bestimmen des Weges dient, an Hand der Skala *60*.

Für das Zurückweben der Schlingkette dient die Stange *61* verbunden mit Hebel *62*, nebst Schaltklinke *63*. Beim Nachvornziehen von Stange *61* gelangt die Schaltklinke *63* in Eingriff mit dem verzahnten Gehäuse *59*, und unter gleichzeitiger Auslösung der drei Preßrollen *58* wird die Schaltwalze *43* rückwärts gedreht. Baum *42* ist durch Gewicht *64* und Kette *65* nur schwach gebremst, so daß er leicht von Hand zurückgedreht werden kann.

Der Wagenbaumregulator ist sehr stabil gebaut; die Einziehwalze *66* ist auf ihrem Umfange mit feinen Stahlnadeln besetzt, um ein sicheres Mitnehmen des Stoffes ohne Beschädigung zu gewährleisten. Für das Ziehen der Fransen kann eine auf der unteren Welle angeordnete Kupplung eingeschaltet werden, wodurch das Schaltrad *67* mittels Renold-Kette *68* direkt angetrieben wird.

Das Verriegeln des Blattes zum Anschlagen der Vorschlagschüsse und das Entriegeln zum Bilden derselben geschieht auf folgende Weise: Bei einer Hebung der Stange *17* geht gleichzeitig auch Stange *69* nach oben. Diese Bewegung von *69* wird weitergeleitet über Winkelhebel *70* und Hebel *71* auf den Antriebshebel *72*. Mit diesem ist vorn an der Lade Rollengabel *73* festverschraubt, welche die Riegelschiene *74* entsprechend verschiebt. Auf die ganze Länge der Lade sind in geeigneten Abständen Riegelkopfachsen *75* angeordnet, die ebenfalls durch Rollengabeln *73* mit Schienen *74* verbunden sind. Zum Entriegeln des Blattes von der Lade wird der angeflächte Kopf der Achse *75* in die Horizontale gestellt, so daß die Verlängerung *76* am Blattfutter *6* frei über den Kopf *75* hinausschwingen kann. Zum Stoffanschlagen dreht sich der Kopf *75* hinter den Verlängerungen *76*, so daß Blatt *8* und die Lade starr miteinander verbunden sind. Beim Einstellen der Riegelkopfachsen *75* ist besonders darauf zu achten, daß diese ohne Spiel hinter das Blattfutter greifen.

Plüschwebstuhl

Epinglé, Kettsamt, Doppelsamt, Rutenteppiche werden auf Plüschwebstühlen hergestellt. Das Schema der Herstellung sowie die verschiedenen Herstellungsmöglichkeiten sind aus den Skizzen Abb. 16 erkenntlich. Wir unterscheiden bei den Ruten die einfachen Ruten mit verschiedenen Höhen und Schnittruten, die

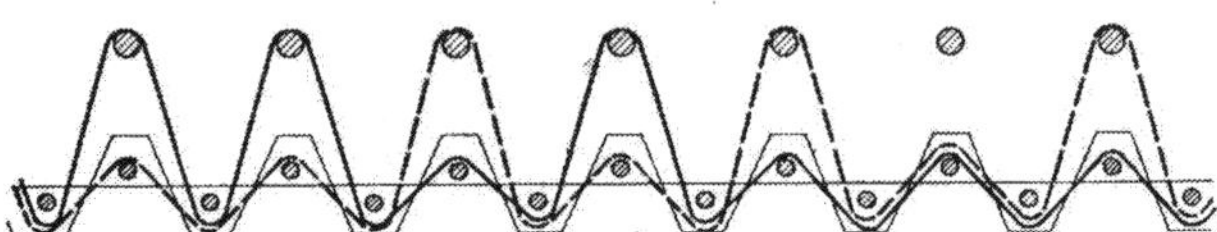

Einfacher Epinglé, mit Hoch-Hochfach-Jacquardmaschine mit Antrieb von der Schlagwelle

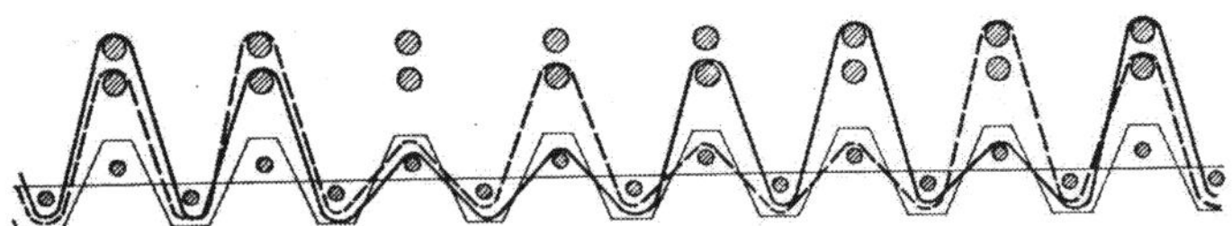

Epinglé mit 2 verschiedenen Polhöhen, mit einseitiger Eintragung von Doppelruten unter Verwendung von Hoch-Hoch-Hochfach-Jacquardmaschine mit Antrieb von der Schlagwelle

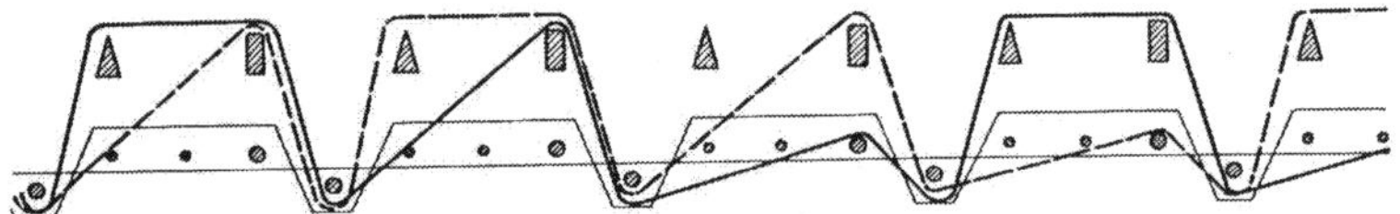

Epinglé mit Zug- und Schnitteffekten, mit Hoch-Hochfach-Jacquardmaschine mit Antrieb von der Schlagwelle, mit Schlagauslösung und abwechselnder Eintragung von Zug- und Schnittruten

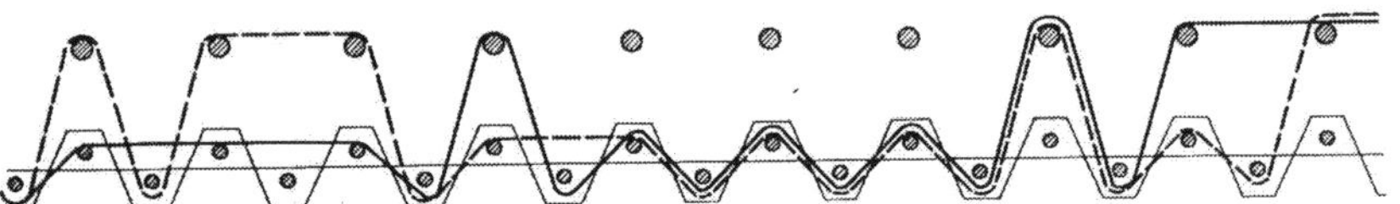

Epinglé mit Spiegeleffekten oder Überspringer, unter Verwendung von Hoch-Hochfach-Jacquardmaschine mit Spezialantrieb von der Kurbelwelle

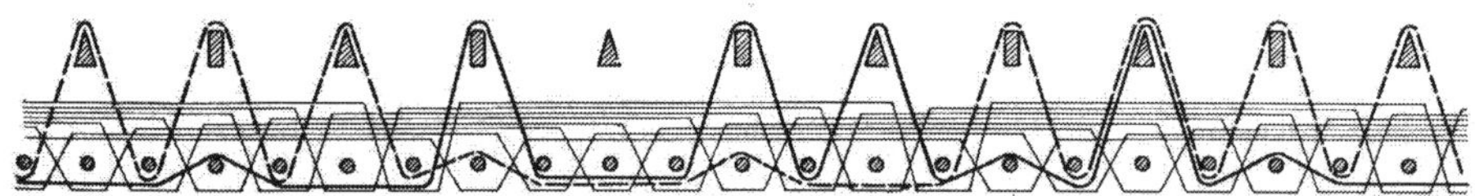

Epinglé mit Zug- und Schnitteffekten mit Atlas-Grund, mit Hoch-Hochfach-Jacquardmaschine, mit Spezialantrieb, mit achtschäftiger Trommel für die Grundkette

Abb. 16. Auswahl von verschiedenen Qualitäten, die auf dem Rutenautomaten Modell PST (Güsken) hergestellt werden

am Ende ein scharfes Messer besitzen, das beim Herausziehen die mit Polschlaufe eingewebten Kettfäden zerschneidet. Spezielle Einrichtungen dieser Webstuhltype sind die Ruteneinrichtung sowie die Fachbildung.

Auf die Dreistellungsschaftmaschine, die für die Fachbildung an solchen Webstühlen erforderlich ist, wird in späterem Zusammenhang eingegangen werden.

Beschreibung der Ruteneinrichtung (Abb. 17 u. 18) (Auszug aus der Patentschrift DBP 918560 86 D/4). Die Hauptwelle 1 für den Rutenschlittenantrieb ist am Webstuhlgestell drehbar gelagert und trägt, an ihrem einen Ende befestigt, den ersten Kurbelarm *2* der Doppelkurbel, der an seinem freien Ende mit einer Lagerung für den Bolzen *3* versehen ist. An diesem im Kurbelarm *2* drehbaren Bolzen *3* ist auf einer Seite der zweite Kurbelarm *4*, der die gleiche Länge hat wie der Kurbelarm *2*, und auf der anderen Seite ein Zahnrad *5* befestigt.

Das Zahnrad *5* steht über ein am ersten Kurbelarm *2* drehbar gelagertes Zwischenzahnrad *6* mit dem am Webstuhlgestell konzentrisch zur Hauptwelle 1 feststehend angebrachten Zahnrad *7* im Eingriff, das genau doppelt so groß ist wie das Zahnrad *5*.

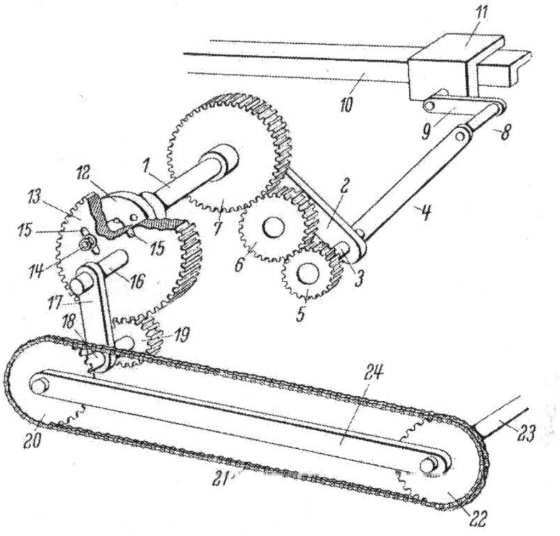

Diese Zahnradverbindung bewirkt, daß, wenn beide Kurbelarme *2* und *4* in gestreckter Haltung waagerecht liegen, beim Drehen der Hauptwelle 1 um 180° das mit dem Bolzen *8* versehene freie Ende des zweiten Kurbelarmes *4* eine waagerechte, genau gradlinige Bewegung ist in die gegenüberliegende Streckstellung des Kurbelarmpaares *2* bis *4* vollführt.

Der Bolzen *8* ist über die gelenkige Schubstange *9* mit dem auf der Rutenschlittenbahn *10* verschiebbaren Rutenschlitten 11 verbunden, so daß eine Verdrehung der Hauptwelle 1 um 180° eine Verschiebung des Rutenschlittens 11 um die vierfache Länge der Kurbelarme *2* und *4* besorgt.

Abb. 17. Ruteneinrichtung (Güsken)

Die Hauptwelle 1 trägt nun an ihrem freien Ende einen Flansch *12*, an dem ein Zahnrad *13* mittels Schrauben *14* exzentrisch befestigt ist. Das Zahnrad *13* trägt zentrisch einen Bolzen *16*, auf dem ein Lenker *17* drehbar ist. Der Lenker *17* hat an seinem anderen Ende eine Lagerung für eine drehbare Vorgelegewelle *18*. Auf dieser Vorgelegewelle *18* ist an einer Seite ein Zahnrad *19* befestigt, welches in das Zahnrad *13* eingreift, und auf der anderen Seite ein Kettenrad *20*. Dieses ist durch eine Kette *21* mit dem Kettenrad *22* verbunden, welches auf einer vom Webstuhl angetriebenen Welle *23* befestigt ist. Der Abstand zwischen dieser Welle *23* und der Vorgelegewelle *18* wird durch einen Lenker *24* gehalten, indem die Welle *23* sowohl wie die Vorgelegewelle *18* drehbar gelagert sind.

Die Welle *23* wird vom Webstuhl gleichförmig angetrieben und treibt über Kettenrad *22* und Kette *21* das Kettenrad *20* und somit die Vorgelegewelle *18* und das Zahnrad *19*. Dieses wiederum treibt das Zahnrad *13*, das exzentrisch mit der Hauptwelle 1 verbunden ist.

Abb. 18. Ruteneinrichtung (Güsken)

Die jeweilige Winkelgeschwindigkeit der Hauptwelle 1 ist abhängig von dem Abstand ihrer Mitte von der Eingriffsstelle zwischen den Zahnrädern *13* und *19*. Da sich dieser Abstand infolge der exzentrischen Anbringung des Rades *13* an der Welle 1 dauernd ändert, verändert sich auch die Winkelgeschwindigkeit der Hauptwelle 1. Durch den Lenker *17* wird der Abstand zwischen dem Mittelpunkt des Zahnrades *13* und dem des Zahnrades *19* ständig gleichgehalten, so daß die Vorgelegewelle *18* mit Zahnrad *19* und Kettenrad *20* dauernd in der jeweiligen Exzentrizität des Rades *13* gegenüber der Hauptwelle 1 folgt und somit eine Aufundabbewegung vollführt. Um die Ungleichförmigkeit der Antriebsbewegung für die Hauptwelle 1 den jeweiligen Erfordernissen entsprechend einstellen zu können, ist das Zahnrad *13* mit Schlitzen *15* für die Schrauben *14* versehen, so daß die Exzentrizität des Rades *13* in bezug auf die Hauptwelle 1 beliebig gewählt werden kann.

Der Webstuhl ist insgesamt in der Abb. 19 dargestellt.

Die Darstellung von Doppelsamt ist in der Abb. 16 nicht dargestellt. Bei diesen Erzeugnissen werden zwei Gewebebahnen übereinander zur gleichen Zeit gewebt, die durch eine Polkette miteinander verbunden sind. Vor dem Aufwickeln der beiden Gewebebahnen auf separaten Warenbäumen müssen sie durch

Abb. 19. Rutenwebstuhl mit Automat und Jacquardmaschine von Güsken

Abb. 20. Plüschwebstuhl mit 3-Stellung-Schaftmaschine und Schneidvorrichtung von Güsken

Schneidvorrichtung getrennt werden. Hierfür verwendet man in der Konstruktion Schneidvorrichtungen, wie man sie in der Abb. 20 erkennen kann. Es ist ein Messer, das zwischen beiden Gewebebahnen hin- und hergeführt wird und einen Antrieb besitzt, den man mit dem Antrieb der Ruten im Prinzip vergleichen kann. Die konstruktive Sonderheit solcher Webstühle ist die sog. Dreistellungsschaftmaschine bei deren Arbeit zwei Fachöffnungen übereinander gebildet werden. Es wird auch mit zwei übereinanderlaufenden Webschützen gearbeitet.

8. Doppelteppich-Webstuhl

Die Abb. 21 zeigt eine sehr schwere Bauart für höchste Ansprüche von der Firma van de Wiele. In Abb. 22 ist eine leichtere Bauart dargestellt. Es werden besonders konstruierte Webstuhlrahmen verwendet, und alle Hauptwellen sind mit eingebauten Spannhülsen-Pendelkugellagern oder mit Spannhülsen-Pendelrollenlagern ausgerüstet. Außerdem besitzt die Maschine einen speziellen Oberbau für die Jacquardmaschinen mit Flaschenzugsystem, wodurch eine einschützige und auch eine zweischützige Arbeit mit dem Webstuhl ermöglicht wird, wobei sowohl für ein- als auch zweischützige Doppelware eine regelmäßig in beiden Teppichen verteilte Einbindung mit Rückseitenmusterung erzielt wird. Bemerkenswert an diesem Webstuhl ist die Federschlageinrichtung, wobei der Schützenschlag für jede Seite des Webstuhles unabhängig eingestellt werden kann, d. h., daß zwei Schlagfedern unten im Webstuhl eingebaut sind. Diese kräftigen Federn werden während der Drehung des Webstuhles gleichmäßig angespannt, und die zusammengefaßte Spannkraft wird genau in einem vorher bestimmten Augenblick freigegeben, um den Schläger anzuziehen. Hieraus ist klar ersichtlich, daß die Schlagkraft in dieser Weise unabhängig ist von der Geschwindigkeit des Webstuhles, so daß diese Kraft, sofern einmal eine richtige Einstellung erfolgte, immer ausreicht, um die Webschützen durchzutreiben. Dies ist auch dann der Fall, wenn der Webstuhl z. B. mit der Hand oder mit der „Inching Motion“ (Druckknopfschaltung für kleine Bewegungen) getrieben wird. Nachfolgend die Daten dieses Doppelteppich-Webstuhles:

Abb. 21. Doppelteppich-Webstuhl (sehr schwere Bauart) von van de Wiele

Der Webstuhl wird in sämtlichen Breiten bis 15 Fuß (4,57 m) Fertigwarenbreite hergestellt. Die Geschwindigkeit variiert je nach der Breite und nach der hergestellten Teppichqualität.

Leistung. Die normale Leistung für Durchschnittsqualität beträgt bei den verschiedenen *Stuhlbreiten*:

2,00 m:	18–20 m²/Std.	3,60 m:	20–22 m²/Std.
2,50 m:	18–20 m²/Std.	4,57 m:	24 m²/Std.
3,00 m:	20–22 m²/Std.		

Gesamtmaße

Fertigwarenbreite	Breite	Länge
2,00 m	5200 mm	4450
2,50 m	5785 mm	4450
3,00 m	7000 mm	4450
3,60 m	7660 mm	5600
4,56 m	8510 mm	5600

Gesamthöhe, inkl. Jacquardmaschine: 6045 mm.

Abb. 22. Doppelteppich-Webstuhl in leichterer Ausführung

9. Greiferschützen-Webstuhl

1911 hat K. PASTOR in Krefeld ein deutsches Patent eintragen lassen, in welchem er vorschlug, den Schußfaden mit einem leichten Greiferschützen, also ohne spulentragenden, voluminösen Holzschützen, von einer Seite in das Fach einzulegen.

Dieses Patent ist also die Pioniererfindung der Greiferschützen-Webstühle überhaupt.

1928 griff der Ingenieur RUDOLF ROSSMANN die Erfindung von PASTOR auf und ergänzte diese mit eigenen Erfindungen. Er versuchte, den Schußfaden in Form von Kreuzspulen vorzulegen und den Schußeintrag durch einen Greiferschützen praktisch zu verwirklichen. Im Jahre 1930 gelang die erste einfache Ausführung.

Um grundsätzliche Irrtümer zu vermeiden, soll hervorgehoben werden, daß beim *Greiferschützen-Webstuhl* ein *Projektil* (oder Schützen) verwendet wird, daß auf Grund eines kinetischen Antriebes seinen Weg durch das Fach findet.

Beim *Greifer-Webstuhl* trägt ein Greifer — ein Arm — den Schußfaden in das Fach ein und muß vor dem Anschlag wieder zurückgezogen werden.

a) Sulzer-Webstuhl (Abb. 23)

Bei dieser Konstruktion werden geschoßähnliche Greiferschützen aus Stahl von geringer Höhe und nur 40 g Gewicht verwendet (Abb. 24), die den Schußfaden von der seitlich an der Maschine fest angeordneten Kreuzspule in das Webfach einziehen. Dies bedeutet, daß

Abb. 23. Greiferschützen-Webstuhl mit 3 Gewebebahnen von Sulzer

1. das Fach auf Höhe des Schützen nur 15—25 mm geöffnet werden muß und demnach auch die Ladenbewegung entsprechend kurz sein kann,
2. das Wechseln der großen Kreuzspulen nur in längeren Zeitabständen erfolgt, keinen Mechanismus erfordert und zufolge der Möglichkeit, während des Laufes eein Reservespule anzuknüpfen, keine Betriebsunterbrechung verursacht,
3. die Schußfadenspannung durch stationäre Bremseinrichtungen genau geregelt werden kann und die Änderung der Spannung, wie sie beim fortschreitenden Ablaufen von Schußkopsen auftritt, praktisch ausgeschaltet ist (regelmäßiges Gewebebild),
4. infolge der kleinen Massen und Wege eine hohe Arbeitsgeschwindigkeit angewendet werden kann,
5. die Bildung der Gewebeleisten abweichend von den üblichen Webstuhlprinzipien erfolgen muß, z. B. mittels eingelegter Schußenden, Dreherbindung der äußersten Kettfäden oder Verklebung.

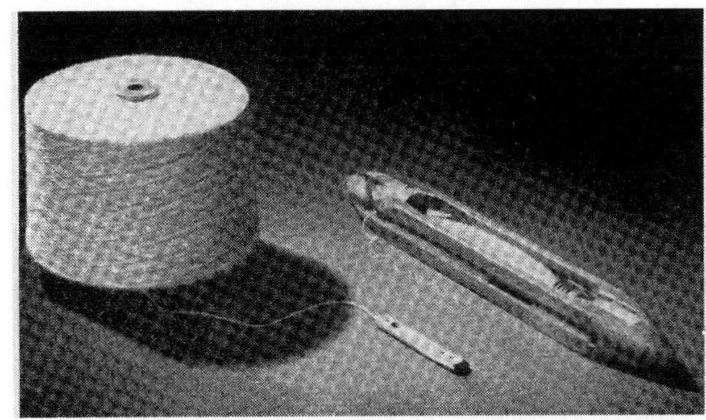

Abb. 24. Vergleich zwischen einem normalen Automaten-Webschützen und dem geschoßähnlichen Greiferschützen von Sulzer

Das Ladengewicht, welches neben dem Schützengewicht die größten Massenkräfte verursacht, wurde durch Verwendung ortsfester Schützenkasten klein gehalten. Dadurch ergibt sich die Bedingung, daß die Lade während des Schützenlaufes stillstehen muß. Man wählte für den Antrieb der Lade ein Nockengetriebe, das eine gleichmäßige und zwangsläufige Bewegung erzeugt (Abb. 25).

Die Mechanismen für das Abschießen und Auffangen des Schützen sind zur Vereinfachung des Aufbaues der Maschine nur je auf einer Seite des Webfaches angeordnet. Damit ergibt sich ein Kreislauf der Schützen, die nur in einer Richtung durch das Webfach laufen, den Rückweg zur Abschußstelle aber außerhalb desselben in einer Fördereinrichtung zurücklegen.

Um dem Schützen auf einer kleinen Strecke (50 mm) die hohe Anfangsgeschwindigkeit bis zu 24 m/sek zu erteilen, wurde ein neuartiges Schlagorgan entwickelt. Die notwendige Kraft wird hierbei von einem Torsionsstab geliefert.

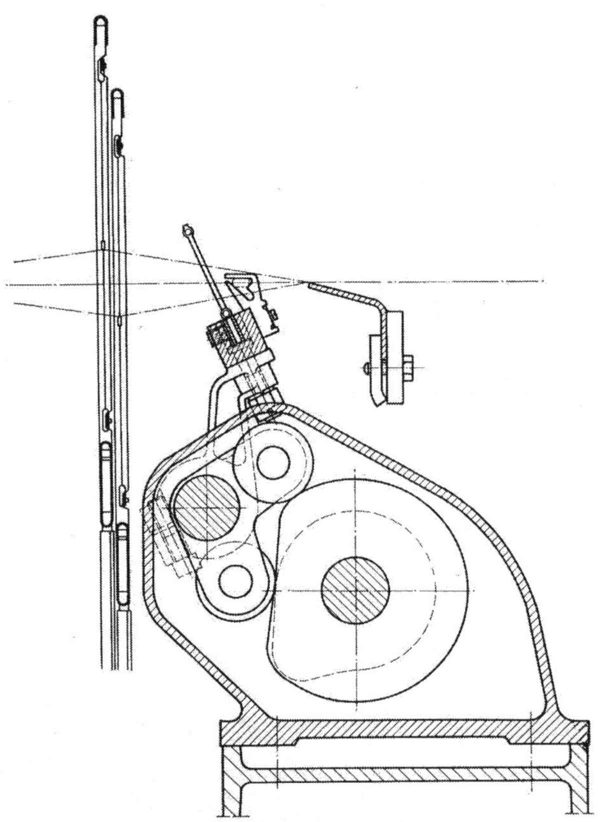

Abb. 25. Ladenbewegung. Schützenführung und Fachbildung am Greiferschützen-Webstuhl von Sulzer

Die Schützen laufen im Webfach in einer rechenartigen Führung (Abb. 25), die zusammen mit dem Webblatt auf der Lade angeordnet ist. Sie berühren dabei weder die Kettfäden noch das Webblatt. Eine unterschiedliche Bremswirkung der verschiedenen Kettmaterialien ist ausgeschaltet.

1. Betrachtung zum Webbereich der Webmaschine[1]. Techniker und Kaufmann müssen sich darüber im klaren sein, wo die Grenzen des Einsatzbereiches einerseits, die besondere Stärke und Vorteile der Maschinen eines Produktionsapparates anderseits liegen. Diese Kenntnisse sind neben den zur Zeit besonders betonten Rationalisierungs- und Modernisierungsbestrebungen von besonderer Wichtigkeit. Fehldispositionen wirken sich in Form von Störungen im Produktionsablauf aus. Die Wirtschaftlichkeit einer Anlage ist nicht zuletzt eine Frage der besten Ausnützung aller Einzelelemente.

Die einzelnen Faktoren, die den Anwendungsbereich der Webmaschine bestimmen, können prinzipiell in zwei Kategorien eingeteilt werden: jene, die durch die Maschinenausstattung bedingt sind, und jene, die sich aus den konstruktiven Voraussetzungen und dem besonderen Arbeitsprinzip der Webmaschine ergeben.

Zur ersten Gruppe gehören im wesentlichen: Bindung, Breite und eintragbare Schußfarben. Über die bindungstechnischen Möglichkeiten sei nur so viel gesagt, daß die Sulzer-Webmaschine, mit ihrer durch Exzenter zwangsläufig gesteuerten Schaftbewegung, im Maximum mit 10 Schäften und einem Schußrapport von 8 Schuß weben kann, während sie nach Anbau einer Schaftmaschine bindungsmäßig bis zu 18 Schäften geht ohne praktische Begrenzung des Schußrapportes. Zu beachten ist hierbei, daß in den meisten Fällen zwei separate Schäfte für das Abbinden der Einlegleiste eingesetzt werden.

Das Prinzip des Webens mit Einlegleiste erlaubt es, mehrere Gewebebahnen mit gleichen, soliden Kanten nebeneinander herzustellen. Dieser Vorzug des mehrbahnigen Webens mit beidseitigen festen Kanten ist ein typisches Merkmal der Webmaschine, das hinsichtlich Breitenvariabilität und Breitenausnützung kaum zu überbietende Vorteile eröffnet. Einige Beispiele (vgl. Abb. 26): Auf der 130″-Maschine können fünf Gewebebahnen von rund 60 cm

[1] Die nachfolgende Erörterung wurde mit freundlicher Genehmigung der Firma Sulzer einer Arbeit von M. Steiner in der „Technischen Rundschau Sulzer“ entnommen.

Blattbreite nebeneinander angeordnet, ohne weiteres aber auch nur eine Gewebebahn von 3,30 m Blattbreite disponiert werden. Sämtliche zwischen diesen zwei Werten liegenden Breiten sind selbstverständlich ebenfalls webbar. Die Möglichkeiten sind in dem aufgezeigten Bereich praktisch unbegrenzt, da auch infolge Verschiebbarkeit des Schützenauffangmechanismus mit nicht voll ausgenutzter Arbeitsbreite gewebt werden kann. Die hier gezeigte schematische Darstellung hält lediglich einige typische Breitenkombinationen fest. Werden mehrere Bahnen gewebt, so können diese untereinander in der Breite verschieden sein. Das Prinzip des mehrbahnigen Webens ermöglicht es, mit zwei Standardmaschinenbreiten auszukommen und alle handelsüblichen Gewebebreiten zu erzeugen, ohne dabei eine wesentliche Einbuße in der Schußeintragsleistung zu erleiden.

Wie Firmen, die Sulzer-Webmaschinen aufgestellt haben, immer wieder bestätigen, hat das mehrbahnige Weben noch andere wesentliche Vorteile. Sie betreffen hauptsächlich den Gewebeausfall und die Gleichmäßigkeit des Gewebes. Unregelmäßigkeiten im Schußgarn treten in geringerem Ausmaß in Erscheinung, da die fortlaufende Schußfadenlänge jeweils auf drei bis vier Gewebebahnen nebeneinander verteilt wird, was einer Mischung gleichkommt. Auch beim einbahnigen Weben bieten sich hinsichtlich Gleichmäßigkeit gewisse Vor-

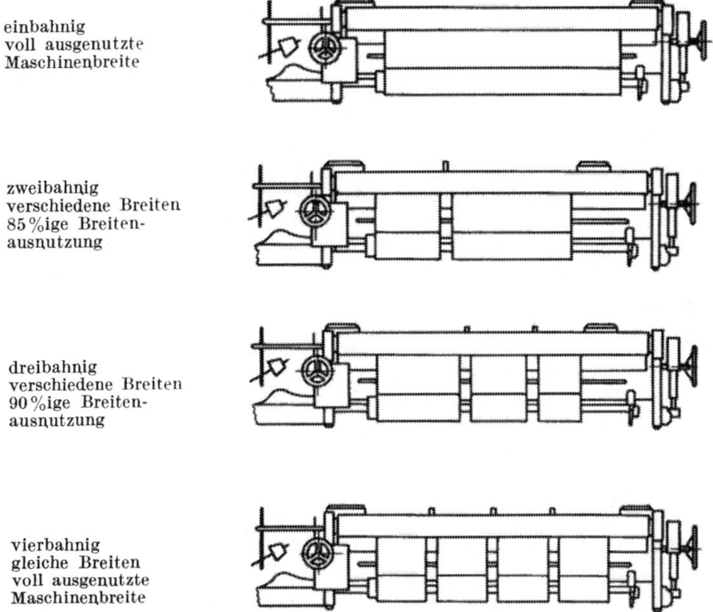

Abb. 26. Breitenausnutzung der Sulzer-Webmaschine

züge, bedingt durch den intermittierten, von einer Seite aus erfolgenden Schußeintrag, wobei kürzere Ungleichmäßigkeiten im Schußgarn getrennt werden und im Gewebe nicht direkt nebeneinander zu liegen kommen.

Mit Bezug auf die Möglichkeit des Schußwechsels (Farbwechsel) ist zu sagen, daß die Webmaschine derzeit wahlweise mit Ein- oder Zweischußwerk ausgerüstet wird. Das Zweischußwerk ermöglicht in der Standardausführung jede beliebige Schußfolge bis zu einem Rapport von rund 200 Schuß. Beträgt die geringste aufeinanderfolgende Schußzahl der gleichen Farbe zwei oder vier, so erhöht sich die mögliche Rapportlänge auf 400 bzw. 800 Schuß. Ohne jegliches Zusatzaggregat kann mit jeder Zweischußmaschine pic-à-pic geschossen werden.

Die zweite Kategorie der für den Webbereich maßgebenden Faktoren umfaßt die Art des Garnmaterials, die Garnfeinheit und die Gewebedichte. Hier ist eine Definition der Grenzen wesentlich schwieriger, da die sehr vielfältigen Einflüsse der Garnerzeugung und -vorbereitung sowie die verschieden gearteten Betriebsverhältnisse recht unterschiedliche Bedingungen schaffen. Es ist deshalb nicht leicht, aus diesem Erfahrungskomplex konkrete und exakte Zahlenangaben herauszuziehen. Trotzdem soll versucht werden, auch hier einen Begriff von den Möglichkeiten der Sulzer-Maschine zu vermitteln. Die angegebenen Zahlen müssen allerdings als Richtwerte aufgefaßt werden. Sie stellen jedoch in jedem Fall in der Praxis erreichte Werte dar und umreißen einen Bereich, der vorsichtig gewählt ist und in den Grenzzonen von Fall zu Fall Überschreitungen ermöglicht.

Materialseitig liegen die Verarbeitungsmöglichkeiten hauptsächlich im Sektor der Baumwoll-, Woll- und Zellwollgarne. Eingeschlossen sind auch die aus Stapelfasern hergestellten synthetischen Garne und alle Beimischungen dieser Rohstoffe zu den natürlichen Faserstoffen. Auf dem Gebiet der düsengesponnenen Fäden liegen vorläufig Versuchsresultate vor. Zu den noch nicht verarbeiteten Materialien zählen außerdem gewisse Spezialgarne, z. B.

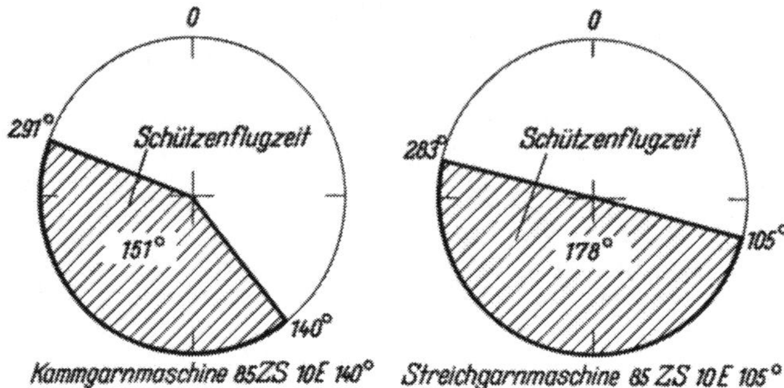

Abb. 27. Schützenflugzeiten der beiden Wollmaschinentypen
Die Schützenflugzeit der Type 85 ZS 10 E 105° für Streichgarn ist gegenüber der Kammgarntype um 18% verlängert. Die Schützengeschwindigkeit kann entsprechend herabgesetzt und das schwache Streichgarn geschont werden

rein animalische Haargarne, Garne aus mineralischen Faserstoffen und eine Reihe von Effektzwirnen aus natürlichen bzw. regenerierten Fasern. Die Verarbeitbarkeit solcher Spezialgarne muß jedenfalls sorgfältig untersucht werden. Alle Wollgarne, gleich ob sie nach dem Kammgarn- oder Streichgarnspinnverfahren hergestellt sind, werden zur Hauptsache auf der 85″ breiten Zweischußmaschine verarbeitet, wobei ein besonderer Maschinentyp auf die speziellen Anforderungen der Streichgarne abgestimmt ist. Es hat sich gezeigt, daß die hochtourige Sulzer-Wollmaschine bezüglich Schützengeschwindigkeit in einem Bereich liegt, dem Streichgarne und einfache Kammgarne im allgemeinen nicht standhalten. Um nun einerseits die Vorteile der im schmäleren Breitenbereich verarbeiteten Kammgarnzwirne durch hohe Drehzahlen zu erhalten und anderseits mit dem schwächeren Streichgarn einen möglichst hohen Wirkungsgrad zu erzielen, wurde für letztere eine Maschine konstruiert, deren Schützenflugzeit wesentlich größer ist (Abb. 27). Hieraus ergibt sich die bereits besprochene geringere Schützengeschwindigkeit und damit die angestrebte Schonung der schwächeren Garne.

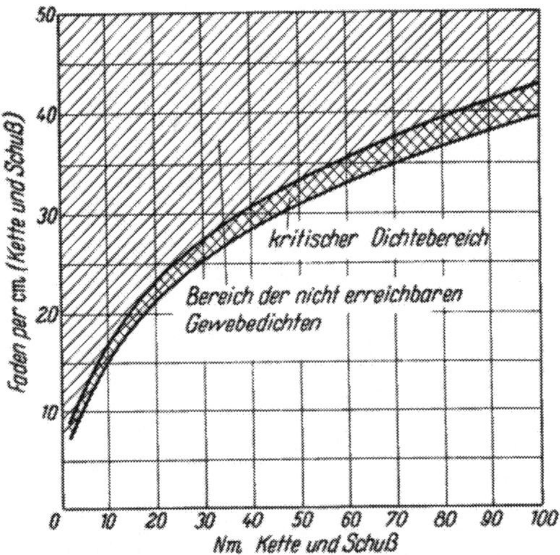

Abb. 28. Dichtebereich der Sulzer-Webmaschine bei quadratisch eingestellten Geweben in L 1/1-Bindung
Dieses als Richtlinie gedachte Diagramm gibt bei Berücksichtigung der dichtemäßigen Zusammenhänge auch Aufschluß über die Webbarkeit leinwandbindiger Gewebe bestimmter Dichte mit ungleichen Kett- und Schußanteilen. — Für 85″ breite Maschinen verschiebt sich die Grenze der Webbarkeit um 15% nach oben

Der Nummernbereich, der auf der Webmaschine mit Erfolg verarbeitet werden kann, reicht praktisch von etwa Nm 3 bei Streichgarnen bis Nm 160 bei Baumwollgarnen. Speziell im Sektor der feineren Baumwollgarne, der noch vor kurzer Zeit bei Nm 90 bis 100 limitiert war, wurden in letzter Zeit beachtliche Fortschritte gemacht.

Eines der wichtigsten Kriterien des Webbereiches ist die Gewebedichte. Obwohl die verschiedensten Formeln und Berechnungsarten im Umlauf sind, war es bis jetzt noch nicht möglich, die Gewebedichte rechnerisch zu erfassen und zu beurteilen. Es spielen derart viele Einzelkomponenten eine Rolle, daß eine zuverlässige Berechnungsart kaum möglich erscheint. Wie in vielen Fällen ist auch hier die Erfahrung das beste Hilfsmittel, wobei bekannte Gewebekonstruktionen als Vergleichsmaßstäbe dienen können. Für derartige Vergleiche und Rückschlüsse dient das obige Diagramm (Abb. 28), in dem die Webbarkeit quadratisch eingestellter, leinwandbindiger Gewebe mit gleichen Nummernpaaren abgelesen werden kann. Dem Fachmann ist es klar, daß sich hier keine scharfe Abgrenzung ergeben kann. Vielmehr entsteht eine kritische Zone, in der von Fall zu Fall zu entscheiden ist, ob ein Gewebe noch innerhalb des webbaren Dichtebereiches liegt. Wie das Diagramm zeigt, ist es möglich, auf der Webmaschine einen relativ schweren Cretonne in der Einstellung 24/24 Fd./cm, Nm 28/28, zu weben, ebenso einen Renforcé in der Einstellung 32/32 Fd./cm, Nm 50/50. Geringe Abweichungen in der Ketteinstellung und Kettgarnnummer verändern die Verhältnisse kaum wesentlich. Erst wenn diese Veränderungen kettseitig etwa 20% übersteigen, müssen sie beachtet werden. Hierin liegt auch der Grund, warum alle bisher existierenden Dichteformeln und Berechnungsarten nicht zutreffende Resultate liefern: sie berücksichtigen den kett- und schußseitigen Gewebeanteil gleichmäßig; in Wirklichkeit muß aber für die Beurteilung des Dichtebereiches der schußseitige Anteil unbedingt höher bewertet werden. Bei einiger Kenntnis der allgemeinen dichtemäßigen Zusammenhänge ist es möglich, auch die Webbarkeit leinwandbindiger Gewebe mit ungleichen Kett- und Schußanteilen aus dem Diagramm abzulesen. Bei andersbindigen Geweben wird infolge der Verschiedenartigkeit der Bindungen und Gewebekonstruktionen die Bestimmung des Dichteverhältnisses sehr erschwert. Um die Möglichkeit der Sulzer-Maschine ungefähr zu charakterisieren, seien hier noch einige Standardartikel der Baumwollrohweberei aufgezählt, die dichtemäßig an der Grenze liegen, jedoch noch gut webbar sind:

Baumwollköper 3/1	37/24 Fd./cm	Nm 28/28
Baumwollköper 2/1	28/18 Fd./cm	Nm 20/18
Kettsatin 4/1	37/26 Fd./cm	Nm 28/24
Schußsatin 1/4	20/42 Fd./cm	Nm 34/20

Diese Grenzartikel beziehen sich vor allem auf die 130″ breite Maschine, die in der Baumwollweberei hauptsächlich Anwendung findet. Auf der schmalen, 85″ breiten Webmaschine liegen die Grenzen der Gewebedichte allgemein höher und man darf hier mit einem ungefähren Zuschlag von 15% rechnen.

Besonders in den letzten Jahren haben Gebrüder Sulzer dem Gebiet des Webbereiches ihre volle Aufmerksamkeit geschenkt und beachtliche Fortschritte in der Erweiterung in jeder der aufgezeigten Richtungen erzielt. Selbstverständlich sind die Konstrukteure derzeit damit beschäftigt, den Kreis der herstellbaren Gewebe zu erweitern. Bereits heute müssen auch die strengen Kritiker der Sulzer-Maschine zugeben, daß der Anwendungsbereich, über den diese Hochleistungsmaschine verfügt, sehr ansehnlich ist, um so mehr als man zu berücksichtigen hat, daß der ganze Webbereich praktisch mit dem gleichen Maschinentyp, ohne Änderung der Maschinenausstattung, beherrscht werden kann. Tatsächlich besteht bekanntlich zwischen einer 3,30 m breiten Baumwollmaschine für feine Garne und einer 2,16 m breiten Wollmaschine für sehr grobe Streichgarne keinerlei Unterschied des Prinzips und der Maschinenorgane. Insbesondere bleiben Schützen und Schußeintragsmechanismus für alle Arbeitssektoren die gleichen.

2. Personalbedarf. Die Sulzer-Webmaschinenanlagen zeichnen sich unter anderem durch minimalen Personalbedarf aus. Der Grund hierfür liegt in der hohen Maschinenleistung bei niederen Stillstandswerten und im sehr geringen Arbeitsaufwand, den die Webmaschine für Bedienung, Wartung, Pflege und Überwachung verlangt.

Um einen Begriff über die personellen Verhältnisse und den Arbeitsanfall zu vermitteln, sei im folgenden der Personalbedarf einer Anlage mit 96 Maschinen wiedergegeben. Es handelt sich um ein praktisches Beispiel aus einer Sulzer-Anlage, die seit geraumer Zeit mit diesem Personalaufwand bei bestem Erfolg arbeitet und deren Ergebnisse sorgfältig getestet und verarbeitet wurden.

Die Anlage besteht aus 96 Sulzer-Webmaschinen Typ 130 ES, die zwei- und dreibahnig mit Baumwollstapelgeweben belegt sind. Die Maschinen laufen mit einer durchschnittlichen Drehzahl von 200/min. Es werden Baumwollartikel im Nummernbereich zwischen Nm 28 und 40 hergestellt. Die Gewebedichte schwankt in der Kette von 24 bis 40 Fd./cm und im Schuß von 24 bis 33 Fd./cm. Die Breitenausnutzung liegt zwischen 85 und 100%. Die Anlage läuft im Dreischichtenbetrieb, wobei der durchschnittlich erzielte Betriebsnutzeffekt 91% beträgt. Es werden Kettbäume mit Scheibendurchmesser von 800 mm verwendet.

Der Personalbedarf ist folgender:

1 Meister, dem die Überwachung der gesamten Anlage, des Maschinenparkes und des Personals obliegt. Er führt die anfallenden Reparaturarbeiten aus und überwacht die mechanischen Funktionen durch periodische Kontrollen. Solche Meister werden in einem vierwöchigen Ausbildungskurs im Werk der Firma Gebrüder Sulzer in Winterthur mit der Arbeitsweise der Maschinen vertraut gemacht.

1 Hilfsmeister, der für die Durchführung der Kettwechsel verantwortlich ist. Er besorgt die Vorbereitung bis zum Anknoten, die daran anschließenden Arbeiten bis zur Übernahme

der webbereiten Maschine durch den Weber sowie die mechanischen Revisionsarbeiten beim Kettwechsel.

1 Anknüpfer für das Anknoten der abgelaufenen Ketten.

1 Putzer, der die Maschinen periodisch reinigt und die gründliche Reinigung beim Kettwechsel vornimmt.

1 Spulenaufstecker und Stückabnehmer versorgt alle Maschinen mit Schußspulen und verknüpft diese mit den Fadenenden der laufenden Spulen. Das Schußmaterial wird in großen, transportablen Behältern aus der Spulerei angeliefert. Außerdem nimmt dieser Mann die vollen Gewebestücke von der Maschine ab, setzt die leeren Warenbäume ein und transportiert die vollen zur Schaumaschine. Der Stückabnehmer wird durch den Weber über eine Signalvorrichtung an die betreffende Maschine gerufen.

4 Weber, die je 24 Maschinen bedienen.

2 Hilfsweber kontrollieren laufend die Ketten von der Kettbaumseite her, vertreten die Weber bei Abwesenheit und verrichten außerdem gewisse Sonderarbeiten, z. B. Anweben nach Kettwechsel usw.

1 Öler für 3 Schichten ölt und schmiert nach einem speziellen Schmierplan periodisch die Maschinen und besorgt den Ölwechsel bei den im Ölbad laufenden Aggregaten.

1 Putzfrau für 3 Schichten, die mit Scherenbesen in einem bestimmten Turnus den Fußboden säubert. Sie besorgt außerdem die Reinigung der Bodensiebe für die Rückluftkanäle der Klimaanlage und hält die Nebenräume rein.

Der gesamte Personalbestand der Anlage beträgt somit $11^2/_3$ Personen pro Schicht. Dies ergibt eine Quote von 24,7 Gewebebahnen pro Person bei dreibahnigem Weben auf jeder Maschine. Der Arbeitsaufwand pro 100000 Schuß beträgt 21,9 Arbeitsminuten.

Dieses Beispiel zeigt deutlich, daß bei einer Anlagengröße von rund 100 Sulzer-Webmaschinen eine besonders rationelle Personaleinteilung möglich ist. Die anfallenden Arbeiten können so verteilt werden, daß von den einzelnen Hilfskräften nur gleichgeartete Arbeiten verrichtet werden müssen, woraus sich eine weitgehende Spezialisierung ergibt, was den flüssigen Arbeitsablauf erheblich fördert. Die Auslastung der einzelnen Arbeitskräfte im vorstehenden Beispiel ist natürlich optimal.

3. Textile Vorbereitung. Die Anforderungen, die die Sulzer-Webmaschine an die textile Vorbereitung stellt, unterscheiden sich kaum wesentlich von denen, die man allgemein in einem geordneten, gut organisierten Textilbetrieb kennt. Es wird immer wieder festgestellt, daß in fast allen Fällen ungenügender Leistung einer Webmaschinenanlage die hauptsächlichen Fehler und Mängel im Vorwerk zu suchen sind. Es ist teilweise erstaunlich, wie wenig man sich manchenorts bewußt ist, welchen entscheidenden Einfluß gerade das Vorwerk auf den Wirkungsgrad einer Weberei ausübt. Was hier versäumt wird, kann in der Weberei trotz größten Anstrengungen und vermehrtem Personaleinsatz kaum mehr wettgemacht werden.

Daß Maschinen gut bedient, richtig eingestellt und gepflegt werden, ist speziell beim Betrieb neuzeitlichen Materials ein wesentlich wichtigerer Faktor als bei den alten, langsam laufenden Aggregaten. Wenn der Webmaschine exakt und sauber vorbereitete Ketten und Spulen vorgelegt werden, können beim Webbetrieb kaum noch entscheidende Mängel auftreten. Gleichlaufend mit der Installation neuer Webmaschinen sollte deshalb immer eine Überprüfung nicht nur der Kapazität des Maschinenparkes stattfinden, sondern vielmehr eine genaue Untersuchung, ob die Vorbereitung modernen Ansprüchen gerecht werden kann. Eine Durchleuchtung wird sich immer lohnen, gleichgültig ob es sich dabei zeigt, daß einzelne Maschinen nicht mehr allen Anforderungen entsprechen oder daß Bedienung und Wartung verbesserungsbedürftig sind.

Die hauptsächlichen Vorwerksfehler, die immer wieder vorkommen, sind:

unsachgemäße und nachlässige Bedienung; Anwendung ungeeigneter und falscher Handgriffe;

ungenügende Sauberhaltung der Maschinen.

Speziell durch ungenügende Sauberhaltung von Spul- und Zettelmaschinen werden die Ketten verunreinigt und verursachen beim Weben Kettfadenbrüche. Außerdem wird der Weber durch erhöhte Überwachungstätigkeit erheblich belastet. Die Forderung nach Sauberhaltung der Vorbereitungsmaschinen von Staub und Flug und die Verminderung großer Flugansammlungen erscheint deshalb als eines der wichtigsten Vorwerksprobleme. Es sollte auch bei der Anschaffung neuer Maschinen ein Augenmerk darauf gerichtet werden, daß die pneumatischen Aggregate Flugansammlungen tatsächlich verhindern und daß eine zweckmäßige Führung des Luftstromes gegeben ist. Aber auch falsche Handgriffe beim Spulen bereiten bei der unmittelbaren Weiterverarbeitung der Schußkreuzspulen teilweise beträchtliche Sorgen. Hier kann nur eine ständige Überwachung und Kontrolle des Arbeitsgutes einwandfreie Verhältnisse schaffen.

Bei der Auswahl der Spulmaschinen für die Schußvorbereitung sollten außerdem die Einflüsse verschiedener Spulenformen und die beträchtlichen Vorteile von Sonnenspulen nicht außer acht gelassen werden.

Die Einstellung des verantwortlichen Webereileiters zum Vorwerksproblem ist von entscheidender Bedeutung für die Wirtschaftlichkeit der Weberei. Stillstände von Webmaschinen sind immer teurer als zum Beispiel die der Spulmaschinen.

4. Kante. Jede Webmaschine, die das Prinzip des schußspulentragenden Schützens verläßt, wird zwangsläufig mit dem schwierigen Problem der speziellen Kantenbildung Bekanntschaft schließen müssen. Hohe Schußfaden-Eintragsleistungen verlangen — soweit dies heute übersehen werden kann — einen Mechanismus, der je Schuß nur eine Schußfadenlänge einträgt, der das Trennen des Schußfadens durch einen Schneidmechanismus nach jedem Einzug erfordert und mit den Schußfadenenden eine Leiste bilden muß.

Auf Sulzer-Maschinen wird zum überwiegenden Teil die sog. Einlegleiste, zu einem kleineren Teil eine Dreherleiste gewoben. Die Einlegleiste genügt bezüglich Strapazierfähigkeit allen Ansprüchen. Sie führt indessen zwangsläufig zu einer Verdickung im Leistensektor dadurch, daß der eingeschlungene Faden die Quantität des Schußgarnes im Kantenbereich erhöht. Es entsteht dadurch in der Leiste ein dichtes Gewebe. Im Gegensatz zur Einlegleiste hat die Dreherleiste den Vorteil, daß die Gewebedichte bis zum Geweberand dem Grund entspricht. Sie hat jedoch den Nachteil der einige Millimeter vorstehenden Fadenenden. Es wäre unverantwortlich, die Schwierigkeiten, die durch Einlegleisten insbesondere bei schußdichten Geweben im Ausrüstungsprozeß entstehen können, zu bagatellisieren. Die Ausrüstspezialisten haben sich im Verlauf der letzten Jahre intensiv mit dem Kantenproblem befaßt und sind beeindruckt von den Fortschritten, die sukzessive erzielt worden sind. Die größten Probleme ergeben sich im Ausrüstprozeß bei schußdichten Waren und damit wesentlich verdickten Kanten dadurch, daß bei solchen Kanten beim Aufdocken — und hier besonders bei Verwendung von Großdocken — überhöhte Ränder entstehen, was zu Spannungsdifferenzen zwischen Kante und Grund führen kann. Hier können sog. Changiervorrichtungen Vorteile bringen, und die Sulzer-Konstrukteure sind damit beschäftigt, auch in diesem Sektor einen Entwicklungsbeitrag zu leisten. Vor besonderen Problemen steht der Ausrüster auch dann, wenn er schußdichte Sulzer-Ware auf dem Riffelkalander hochveredeln will.

Die Sulzer-Fachleute sind sich der Tatsache durchaus bewußt, daß eine weniger dicke Einlegleiste wohl die ideale Lösung darstellen müßte. Man versucht auch hier einen Schritt weiter zu kommen; daß die Lösung des Problems jedoch nicht auf der Hand liegen kann, leuchtet jedem Fachmann ein. Möglicherweise wird in Zukunft die Dreherleiste oder eine Weiterentwicklung eines angewandten Dreherprinzips zu rascheren Fortschritten führen, besonders dann, wenn nicht dem Aussehen der Kante, sondern der wirtschaftlichsten Lösung der Vorrang gegeben wird.

b) Neumann-Webstuhl

Nach dem Prinzip des *Greiferschützens* arbeitet auch eine sehr viel diskutierte und beachtliche Konstruktion aus dem Werk Neugersdorf (DDR). Diese Konstruktion wurde wiederholt sehr eingehend auch in der Literatur[1–3] dargestellt.

Das Kernstück dieser Webmaschinentype bildet der Schützen. Dieser hat auf Grund des speziellen Webverfahrens folgende zusammenhängende Funktionen zu erfüllen:

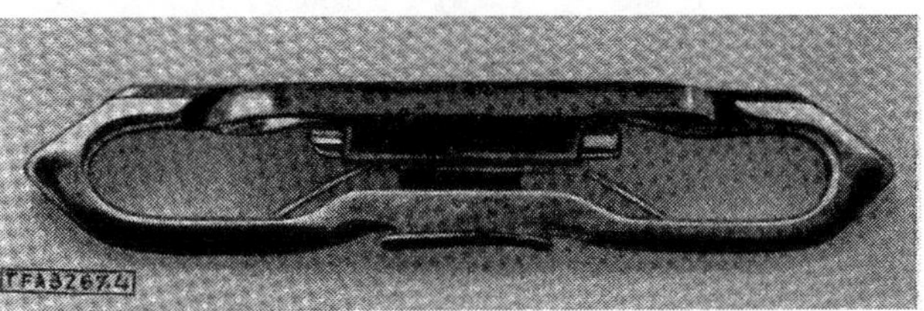

Abb. 29. Greiferschützen System Neumann

a) Greifen des dargebotenen Schußfadens,
b) Einlegen eines Teiles des Schußfadens in die Leiste,
c) Abschneiden des die Leiste bildenden Schußfadens,
d) Eintragen des Schußfadens in den Fachwinkel,
e) Ablegen des Schußfadens.

Der heute verwendete Stahlschützen hat eine Länge von 166 mm, eine Breite von 33 m und ist 13 mm hoch, er wiegt 110 g (Abb. 29).

[1] Mzyk, H.: Stand und Perspektiven der Greiferschützen-Webmaschine — System Neumann. Dtsch. Textiltechnik 7 (1957) H. 1/2 (als Originalveröffentlichung).
[2] Der Neumann-Greiferwebstuhl. Der Spinner und Weber 1956, Nr. 15.
[3] Kirchenberger: Schützenlose Webmaschinen. Öst. Textil-Ztschr. 1957, Nr. 10.

Das Greifen des Schußfadens (Abb. 30) wird dadurch erreicht, daß das vom Geweberand zur Kreuzspule gehende Fadenende über die vordere Schützenwand straff gespannt gehalten wird. Der Faden springt dabei in die Einkerbung vor der Klemme und kommt sicher in den Wirkungsbereich derselben. Das Einlegen

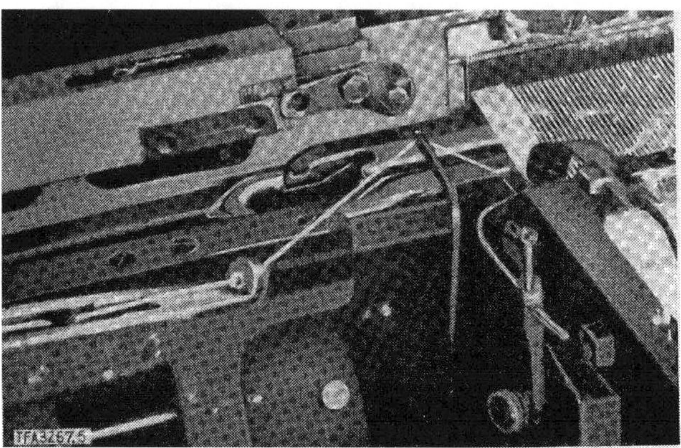

Abb. 30. Greiferschützen übernimmt den Schußfaden

eines Schußfadenteils in die Leiste ergibt sich dadurch, daß der Schußfaden um Leistenbreite außerhalb des Gewebes geklemmt wird. Das Ablegen des Schußfadens in den Fachwinkel kommt durch die Lage der Klemme im Schützen und durch die Stellung des Fadenführers an der Fachspitze der Schußfaden-Einlauf-

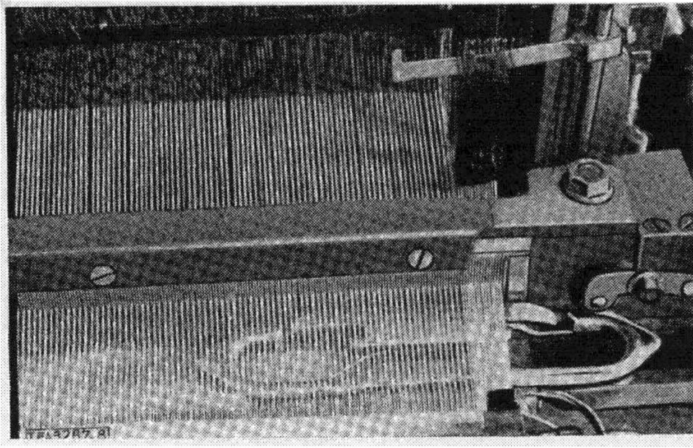

Abb. 31. Greiferschützen kommt an

seite zustande. Die gegenüberliegende Seite erreicht der Schützen mit geklemmtem Fadenende (Abb. 31). Der auf dieser Seite befindliche Fadenführer ist mit dem Faden der diesseitigen Kreuzspule außerhalb seiner Wirkungsstellung, und die Steuerklappe am Schützen ist noch außer Eingriff am Schützenkasten. Im nächsten Augenblick ist die Steuerrolle im Eingriff mit dem Schützen, die Steuerklappe wird heruntergedrückt und nimmt damit den auf der Fadenklemme lastenden Federdruck auf.

10. Greifer-Webstuhl

Die Webstühle bzw. Webmaschinen dieser Konstruktionstype befinden sich gegenwärtig in einem sehr lebendigen Entwicklungsstadium.

Grundsätzlich ist die Idee, den Schußfaden durch Greifer statt durch Schlagmechanismen einzutragen, nicht neu. Bereits in den zwanziger Jahren wurden entsprechende Erfindungen zum Patent angemeldet. Der Nachteil der seinerzeitigen Konstruktionen lag speziell darin, daß bei einem größeren konstruktiven Aufwand und damit bei erheblich höheren Kosten keine Leistungen erzielt werden konnten, die mit modernen Webstühlen seinerzeit verglichen werden durften. Der moderne Maschinenbau der Nachkriegszeit zeigte jedoch durch Verwendung geeigneter Konstruktionselemente und moderner Rohstoffe die Möglichkeiten, durch Reduzierung der Massenbewegungen entsprechende Geschwindigkeitssteigerungen durchzuführen. So erklärt sich auch die Tatsache, daß zur Verwirklichung dieses Prinzips die verschiedenen Wege beschritten wurden.

In der nachfolgenden Darstellung sollen einige Typen kurz benannt werden:

a) Webstuhl von Gabler

Dieses ist die ursprüngliche Konstruktion aller Greifer-Webstühle. Es befindet sich hierbei auf jeder Seite der Ladenbahn ein Greiferstab. Jeder wird von einem unten angebrachten Exzenter bewegt, so daß abwechselnd der linke und rechte Greifer in das Fach hineintritt. Der Schuß wird von zwei Konuskreuzspulen abgezogen, die oberhalb der Gestellwände angebracht sind.

Bei einer Karieeinrichtung werden die jeweiligen farbigen Schußfäden von Farbführern, den Greifern, dargereicht. Diese Farbführer werden durch Musterkarten gesteuert. Es können den Greifern auch mehrere Fäden gleichzeitig vorgelegt werden.

Die Bewegung der Schäfte sowie der Kette und Ware entspricht dem normalen Webstuhl.

Die modernen Greifer-Webstühle

Die neuen Konstruktionen werden in der nachfolgenden Darstellung besprochen.

b) Der Greifer-Webstuhl, Type Ancet-Fayolle[1, 2] (Abb. 32)

Die Schußfäden werden von einem Greifer von einer Seite aus in das Fach eingezogen. Dadurch entsteht auf der linken Seite eine normale feste Leiste, während der rechte Warenrand in Form einer Schnittkante gebildet wird. Auf der Textilausstellung in Brüssel wurde diese Maschine mit Vierfarbenwechsel vorgeführt, wobei eine Musterkarte den Wechselapparate steuerte.

Die Hauptantriebswelle des Webstuhles steht senkrecht, der Antrieb des Schlägers (Lade mit Webblatt) erfolgt zentral, während die Verkreuzung der Kettfäden durch Exzenter geschieht, die unter dem Getriebe direkt auf die Schaftträger einwirken. Die Bewegung des Schußzugorgans geschieht durch ein Pleuel. Der geradlinige Lauf des Schußzugorgans erstreckt sich über die Breite des Gewebes hinaus, wobei ein Teil der Bahn außerhalb des Faches liegt.

Alle Bewegungen werden durch eine vertikale Antriebswelle gesteuert, die in der Symmetrieebene des Webstuhles angeordnet ist. Oben an der Welle, in Höhe der Kettfadenfläche, befindet sich eine Kurbel, die sich in horizontaler Ebene bewegt und zum Antrieb des Schußzugorgans dient. Weiter unten befindet sich noch ein einzelnes Exzenter für den Antrieb des Schlägers (Lade mit Blatt).

Die durch die vertikale Welle angetriebene Kurbel bewegt in hin- und hergehender Bewegung einen horizontal schwingenden Arm. Dieser dreht sich mit einem Ende auf einem Schieber, der auf einer an Stelle der üblichen Ladenbahn

[1] Hesse, E. O.: Der Greifer-Webstuhl System Ancet. Spinner u. Weber 1956, Nr. 14.
[2] Kirchenberger: Schützenlose Webmaschinen. Öst. Textil-Ztschr. 1957, Nr. 7.

seitlich angebrachten Gleitfläche läuft. Das andere Ende des Armes ruht auf einem Schwinglager. Das Pleuel, der Schwingarm und das Schwinglager sind aus Rohr gefertigt.

Zur Betätigung des Schlägers dient eine Nutenscheibe, in deren Nute eine mit einer horizontal verschiebbaren Stange verbundene Rolle läuft. Die Stange ist mit dem Schläger direkt verbunden. Die Nutenscheibe des Schlägers ist gleichzeitig Antriebsscheibe und Regulierschwungrad. Zur Betätigung des Getriebes ist eine Hilfswelle eingesetzt, die so viele Exzenter trägt, wie Schaftträger vor-

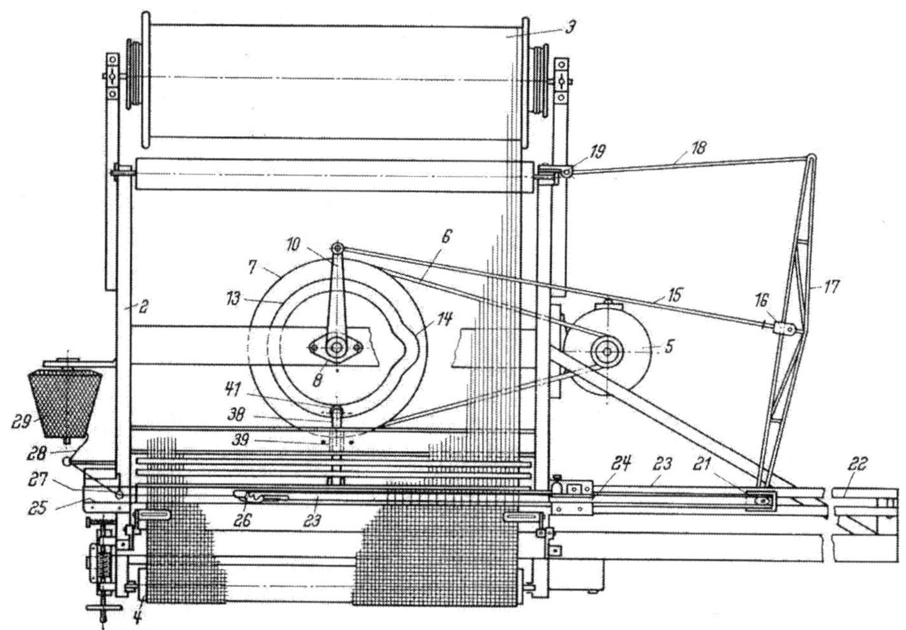

Abb. 32. Greifer-Webstuhl von Ancet-Fayolle (nach KIRCHENBERGER)
2 Webstuhlgestell; *3* Kettbaum; *4* Warenbaum; *5, 6, 7* Antrieb; *8* Lager; *10, 15, 16, 17, 18, 19, 21, 23* Antrieb des Greifers *26* in Führung *22, 24, 25*; *29* Kreuzspule (Schußmaterial); *27, 28* Faden; *13, 14* Kurvenscheibe zum Antrieb der Lade über *41, 38, 39*

handen sind, wobei die Exzenter unterhalb der Schaftträger liegen. Jeder Schaftträger besteht aus einem Gestell mit Fuß und wird durch das zugehörige Exzenter gehoben. Am oberen Teil werden sie in Nuten geführt. Das Zurückgehen der Schaftträger erfolgt durch die Eigenschwere und kann durch Zugfedern unterstützt werden. Außerdem trägt diese Hilfswelle ein Exzenter für den Antrieb bzw. für das Weiterdrehen der Gewebewickelrolle. Durch die Exzenterbewegung wird ein Schaltrad betätigt, das mit geeigneter Übersetzung den Warenwickel des Gewebes bewegt.

c) DEWATEX-Webstuhl

(Deutsche Lizenz-Konstruktion: Engels-Greiftex-Webmaschine)

Der französische Erfinder RAYMOND DEWAS hat, angeregt durch die Erfindung von GABLER, mit der Konstruktion seines Webstuhles „Dewas-Webmaschine“ (DEWATEX) eigene Ausführungswege gezeigt. Die in der Abb. 33 dargestellte Konstruktion ist die deutsche Ausführungsart der Firma Engels.

Die Ausführung dieser Konstruktionstype, die in späterem Zusammenhang detailliert dargestellt wird, kann kurz in folgender Form beschrieben werden.

Am Ende der Kurbelwelle befindet sich eine Scheibe mit verstellbarem Kurbelzapfen. Eine Pleuelstange verbindet diesen Kurbelzapfen mit einem Pendel in leichter Legierung, das ein Zahnsegment aus Celoron trägt. Dieses Zahnsegment treibt durch ein Zahnrad ein konisches Zahnradpaar an, das mittels eines besonderen Zahnrades das perforierte Band des Schußfadeneinzuges antreibt. Die

Abb. 33. Greifer-Webstuhl System Greiftex von A. Engels

Kurbelzapfen, die Pleuelstangen und die Zahnsegmente befinden sich in einem Schutzgehäuse mit leicht abnehmbaren Deckeln, die eine Regulierung des Laufes des Schußfadeneinzuges im Falle verschiedener Warenbreiten ermöglicht. Je nach der Blattbreite des Stuhles kann man die Warenbreite maximal um ein Drittel reduzieren. Somit kann ein Webstuhl mit einer Blattbreite von 2,45 m alle

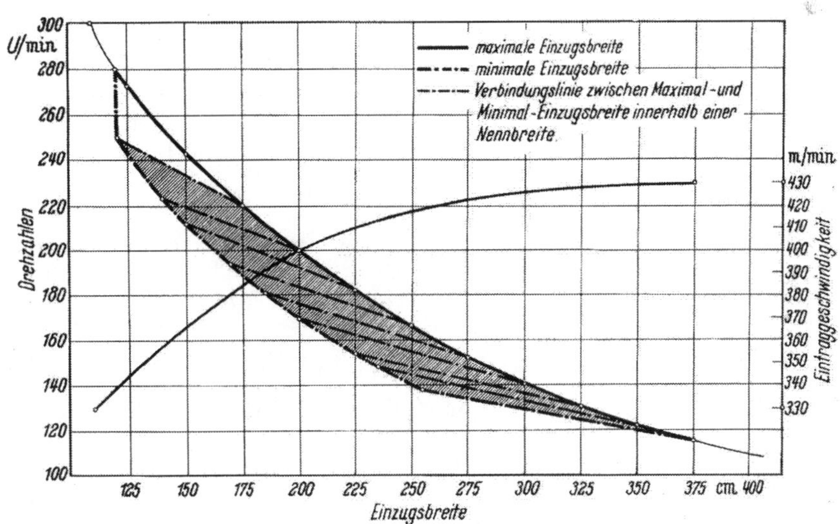

Abb. 34. Drehzahlbereich der Greiftex-Webmaschine

Warenbreiten bis zu 1,60 m weben. Im übrigen ist es möglich, die Schnelligkeit des Webstuhles zu erhöhen, sobald man weniger breit webt.

Der Antrieb des Webstuhles ist vollelektrisch. An- und Abstellen erfolgt durch Schließen und Öffnen von elektrischen Kontakten. Um die Bedienung zu erleichtern, werden diese Kontakte von einer Steuerstange betätigt. Sie sind von jedem Ort des Webstuhles aus leicht zu betätigen. Der Motor ist bei einer Stärke von 3 PS eine gängige Type. Er treibt den Stuhl ohne Kupplung an. Andererseits führt eine Bremse, die durch einen Elektromagneten betätigt wird, einen sofortigen Stillstand des Stuhles herbei. Der Motor treibt durch Keilriemen mit großer Schnelligkeit die durchgehende Antriebswelle an. An ihren beiden Enden treibt diese Welle die Scheibe mit den regulierbaren Kurbelzapfen und ein Element der Kurbelwelle an. Diese beiden Elemente der Kurbelwelle aus Nickel-Molybdän-Guß, genannt „Fonte-aciculaire", betätigen bei hohem Widerstand mittels zwei kurzen Pleuelstangen die Lade. Daraus ergibt sich eine asymmetrische Bewegung der Lade: Kurzer Takt zum Anschlagen des Schußfadens, sehr langer Takt zum Rückgang, der den Durchgang des Schußfadeneinzuges ermöglicht. Alle diese Elemente sind in ihren Funktionen gut aufeinander abgestimmt. Man kann ohne jegliche Regulierung die Schnelligkeit des Stuhles durch den einfachen Wechsel der Scheibe auf dem Motor variieren. Die Maximalarbeitsbreite beträgt 3,50 m, und es ist ein Mischwechsel für Pique à Pique in acht Farben möglich.

Der funktionale Zusammenhang zwischen Drehzahl, Einzugsbreite und Eintragsgeschwindigkeit beim Greiftex-Webstuhl zeigt die Abb. 34. Sie ist sehr interessant, weil aus ihr Vergleiche mit anderen in diesem Werk beschriebenen Konstruktionen möglich sind.

d) **Webstuhl von Ripamonti**[1] (Abb. 35 u. 36)

Die Öffentlichkeit wurde zum ersten Mal im Jahre 1955 durch die Presse mit dieser Maschine bekanntgemacht. Einen authentischen Bericht gab Dipl.-Ing. Professor Julius Ecker, Bundeslehr- und -versuchsanstalt für Textilindustrie, Wien, anläßlich einer Tagung der österreichischen Baumwollspinner und -weber in Verbindung mit dem österreichischen Produktivitätszentrum im April 1956.

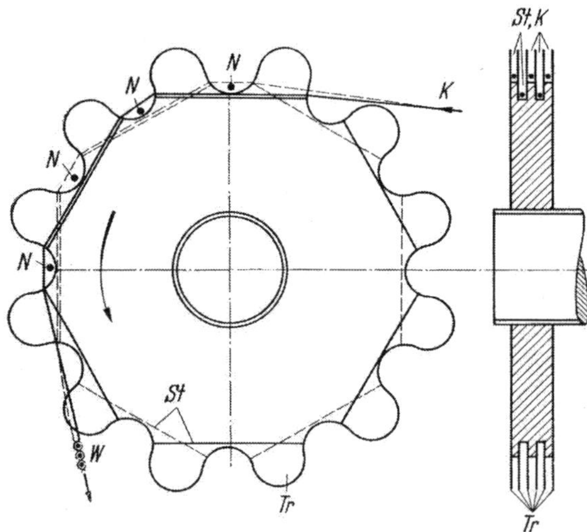

Abb. 35. Die Fachbildungstrommel
K Kette; *W* Ware; *Tr* Trennscheiben; *St* Stützscheiben; *N* Nadeln bzw. Schußfäden

Die gesamte Maschine gliedert sich in zwei Teile: den Kommandokopf und die eigentliche Webmaschine, wobei jeder Teil die Hälfte der Gesamtbreite einnimmt. Im Kommandokopf befindet sich ein Tambour von etwa 1200 mm Durchmesser, auf dessen Umfang sich 24 liegende Spindeln befinden, also in paralleler Lage zur Achse angeordnet sind. Auf jeder Spindel steckt eine Konuskreuzspule von doppelter Länge als sonst üblich, staubgeschützt in einem durchsichtigen Zylinder. Die Fäden werden durch eine Öse ins Freie abgezogen, durch Fadenbremsen ins Innere des Tambours geleitet, wo dann für jeden der 24 Fäden eine Nadel das Abziehen und Eintragen des Fadens ins Webfach besorgt. Der ganze Tambour dreht sich im Uhrzeigersinn. Im Kom-

[1] Kirchenberger: Schützenlose Webmaschinen. Öst. Textil-Ztschr. 1957, Nr. 8.

mandokopf befindet sich außerdem die Schalttafel zur Steuerung der verschiedenen Maschinenaggregate.

Auf der eigentlichen Webmaschine wird die Kette von einem normalen Kettbaum abgezogen, über eine Exzenterwalze (die ein besseres Auflegen auf der Fachbildungstrommel bewirkt) und durch einen Kamm gezogen. Die Verkreuzungsbewegungen erfolgen auf einer sich drehenden Trommel, die aus Scheiben unterschiedlichen Profils besteht. Diejenigen Scheiben, die die Fäden auf- und abbewegen (Stützscheiben), sind sechseckig (für Leinwandbindung), wobei die Ecken abwechselnd versetzt sind (s. Skizze), so daß ein Faden auf einer geraden Kante liegt, der nächste durch eine Ecke gehoben ist. Zwischen den eckigen Scheiben befinden sich Trennscheiben, die im Falle Leinwandbindung mit 12 Einschnitten versehen sind. Durch diese Einschnitte stoßen die Nadeln durch die Kette durch. Die Trennscheiben ersetzen auch den Webkamm und drücken den eingetragenen Schußfaden an den vorhergehenden an, sobald das Gewebe unter-

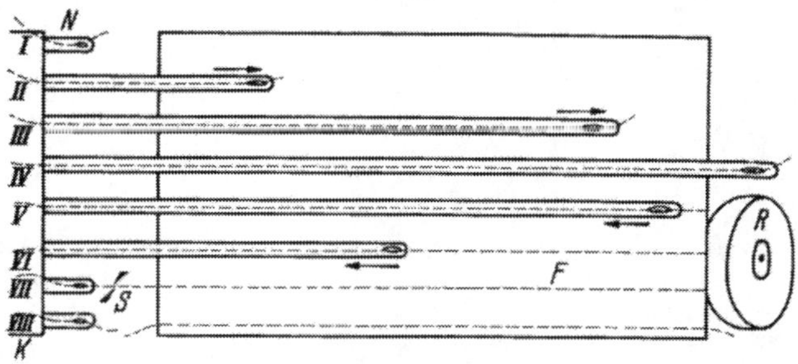

Abb. 36. Die Eintragung des Schusses in 8 Phasen: *K* Kommandokopf; *N* Nadeln; *S* Schneidevorrichtung; *F* Schußfaden; *R* Gummirad

Phase *I*: Die Nadel ist in Ruhestellung
Phase *II–III*: Die Nadel stößt durch die Rillen der Trennscheiben in das Fach ein
Phase *IV*: Die Nadel ist durch das Fach herausgestoßen und hat den weitesten Rechtspunkt erreicht
Phase *V–VI*: Der Schußfaden wird von der Gummirolle festgehalten, die Nadel wird nach links zurückgezogen
Phase *VII*: Die Nadel hat den Ruhepunkt erreicht, die Schneidevorrichtung schneidet den Schußfaden links ab
Phase *VIII*: Der Schußfaden liegt zum Andrücken bereit in der Kette

halb der Trommel diese verläßt. Die Anzahl der Stützscheiben muß also der Kettdichte entsprechen, auch müssen sich die Stützscheiben der Garnstärke anpassen. Für verschiedene Kettdichten oder Bindungen müssen verschiedene Fachbildungstrommeln, jede bestehend aus Stütz- und Trennscheiben, vorrätig gehalten werden. Der Vorteil dieser Fachbildungseinrichtung erscheint in der Einfachheit des Antriebes und in der durch die geringe Fachhöhe bedingten Schonung des Kettmaterials. Ferner entfällt das zeitraubende Einziehen und Kammstechen, da die Kettfäden einfach über die Trommel gelegt zu werden brauchen.

Das Eintragen des Schußfadens besorgen die Nadeln, die in etwa $^1/_4$ sek hin- und zurückgestoßen und durch die Trennscheiben geführt werden. Der Schußfaden wird auf der Maschinenaußenseite durch ein Gummirad festgehalten, auf der Kommandoseite abgeschnitten. Jede Nadel zieht von einer eigenen Konuskreuzspule ab, so daß bei 24 Spulen und 24 Nadeln mit 24 Farben gewebt werden kann. Da die Fadenkreuzung auf der Trommel an mehreren Stellen gleichzeitig erfolgt, können auch mehrere Schüsse gleichzeitig eingetragen werden. Die Nadeln besitzen eine flache Form und eine nach dem Nadelfuß gerichtete Verjüngung.

Laut Angabe des Erfinders lassen sich Bindungen mit bis zu 20 Faden im Rapport herstellen, auch Kettdichten bis zu 20 Faden/cm erreichen. Die Leistenbildung erfolgt als Schnittkante mit Dreherfäden. Die Warenbreite ist 90 cm, soll aber bis 240 cm gesteigert werden können. Die Schußzahl pro Minute soll bei einfacher Warenbreite 800 erreichen, wofür ein Motor von $^3/_4$ PS notwendig ist.

e) Thoumire-Webstuhl[1] (Abb. 37)

(Hersteller Olivier et Vincent, Paris)

Das Prinzip, nach dem diese Maschine arbeitet, wird in Anlehnung an die zitierte Literaturstelle wie folgt beschrieben:

An Stelle der Kurbelwelle besitzt der schützenlose Webstuhl eine Hauptwelle mit u. a. zwei Nutenexzentern für die Ladenbewegung. Der Ladengang beträgt bei einer Ausführungsart nur 67 mm. Rechts und links neben dem Webstuhl finden bis zu je 6 beliebig dimensionierte Kopse oder möglichst große konische Kreuzspulen Aufstellung, deren einzelne Fäden durch Ösen und jeweils 6 übereinander angeordnete Schieber mit dem Gewebe verbunden sind. Von einer „Wechseleinleitung" aus werden die entsprechenden Schieber mit der gewünschten Schußfarbe über Winkelhebel so geschoben, daß sich der betreffende Schußfaden über der Ladenbahn befindet. Ein von der Hauptwelle exzentrisch gesteuerter Fühler drückt den Schußfaden in den Bereich eines Greiferkopfes, dessen Höhe etwa 15 mm beträgt. Wenn jetzt die beiden Greifer gleichzeitig von beiden Seiten in das etwa 4 mm hohe Fach eindringen, so nimmt derjenige Greifer, dem ein Schußfaden vorgelegt wurde, diesen als Schlinge mit und übergibt ihn in der Mitte des Faches dem anderen Greifer.

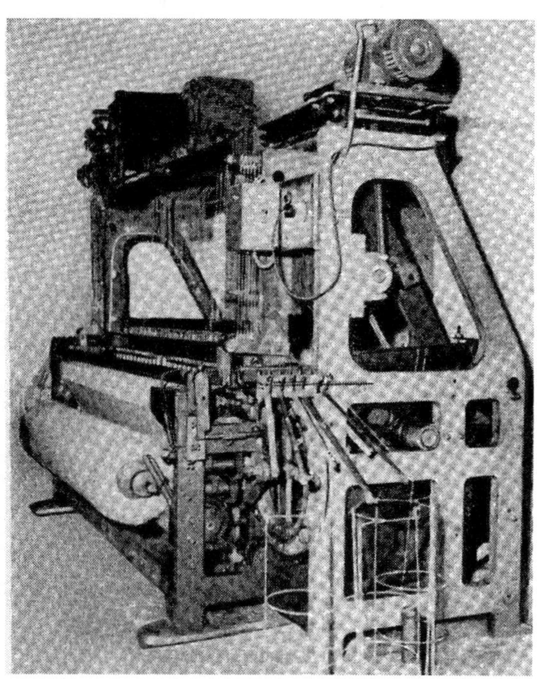

Abb. 37. Greifer-Webstuhl System Thoumire

Bestimmt durch die Kurvenführung der Nutenexzenter auf der Hauptwelle, tritt jetzt ein kurzer Ladenstillstand ein, währenddessen folgende Arbeitsgänge stattfinden:

Von der Hauptwelle gesteuert, klemmt eine Bremse das von der Spule kommende Ende der Schußfadenschlinge fest, und es tritt von unten eine Schneidevorrichtung durch das Fach, die ebenfalls von der Hauptwelle gesteuert wird, und schneidet das andere Ende der Schlinge, etwa im Abstand von 15 mm, von der Leistenkante ab. Die beiden Greifer gehen dann wieder in ihre Ausgangsstellung zurück, und derjenige, welcher die Schußfadenschlingen übernommen hat, schleift das offene Ende bis etwa 10 mm von der gegenüber befindlichen Leistenkante aus. Die Schußfadenenden überlappen sich im Gewebe um etwa 5 mm. (Die Einzelheiten der Schußübergabe werden später beschrieben.)

f) Tumack-Webstuhl[2]

(Hersteller James Mackie & Sons Ltd., Belfast)

Mit dieser Stuhltype wird das Schußgarn mit Hilfe zweier Lanzen (Spear) eingetragen. *Jede* Lanze trägt *zwei* Schußfäden zu *gleicher* Zeit ein. Die Lanzen,

[1] Deussen, J.: Schützenloser Webstuhl. Spinner u. Weber 1957, Nr. 18.

[2] Silk & Rayon Record, Nov. 1957, S. 1182—1184.

die den Schußfaden von großen Spulenkörpern abziehen, sind doppelt vorhanden. Sie sind ferner der Länge nach aufgeschlitzt, so daß jede Zunge der Lanze durch ein eigenes Fach geführt werden kann. Wenn eine solche Doppellanze von der einen Seite in das Fach eingeführt wird (die Führung erfolgt durch einen Tubus), reicht die andere in umgekehrtem Sinn zurück. Auf diese Weise bewegen sich die Spitzen der beiden Lanzen in der gleichen Richtung über die gesamte Webbreite.

Im Exzentersystem, auf dem die Arbeitsweise des Stuhles beruht, ist die Bewegung der Lanzen so eingestellt, daß die Spitzen der Lanzen jeweils in der Mitte des Faches weiter voneinander entfernt sind als an den Gewebeleisten. Es ist wichtig, daß die Lanzen im Fach einen bestimmten Abstand haben, weil dieser Abstand erst die Fachbildung möglich macht. (Einzelheiten der Arbeitsweise werden später bekanntgegeben.)

11. Der Düsenwebstuhl[1, 2]

Seitdem 1952 die ersten Berichte über den schwedischen „Maxbo-Webstuhl" erschienen, ist dessen Entwicklung erheblich vorangetrieben worden. Der Erfinder dieses Webstuhles, MAX PÄÄBO, hat kürzlich über die Anwendung dieser Webmaschine berichtet[3].

a) Maxbo-Webstuhl

Beim Maxbo-Webstuhl wird der Schußfaden mit einer Luftdüse durch das Fach geblasen und nach jedem Einschuß getrennt. Durch Fortfall von Schiffchen und Schiffchenbahn ist es möglich geworden, das Fach umzukonstruieren und

Abb. 38. Maxbo-Webstuhl (Eintragen des Schußfadens mit Luftstrahl, vom Weberstand aus gesehen)

[1] Skinners Silk and Rayon Record, Jan. 1958.

[2] BRUNNSCHWEILER, D.: Schwedischer Düsenwebstuhl für Stapelartikel. Z. ges. Textilind. 1958, H. 8.

[3] Messeberichte. Z. ges. Textilind. 1958, H. 23, S. 995 u. 1959, H. 22, S. 909.

die Wartung durch den Weber zu erleichtern sowie den Bedarf an Bodenfläche zu reduzieren. Der Einschußfaden wird zunächst auf eine Meßtrommel aufgespult, dann führt der Luftstrom den Schußfaden durch das Fach. Eine der Hauptschwierigkeiten hierbei war es, den Luftstromwirbel so zu regeln, daß der Faden beim Durchschuß einwandfrei durch das Fach gelangte, ohne mit den Kettfäden zu kollidieren und sich zu verfangen. Diese Schwierigkeit begrenzt die maximal herstellbare Tuchbreite; für breiteres Tuch müßte erhebliche Arbeit aufgewendet werden zur Umkonstruktion sowohl der Düse, die den Faden durchtreibt, als auch des Saugrohrs an der gegenüberliegenden Seite des Faches. Mit diesem Webstuhl kann eine Breite von etwa 40 Zoll hergestellt werden (Abb. 38).

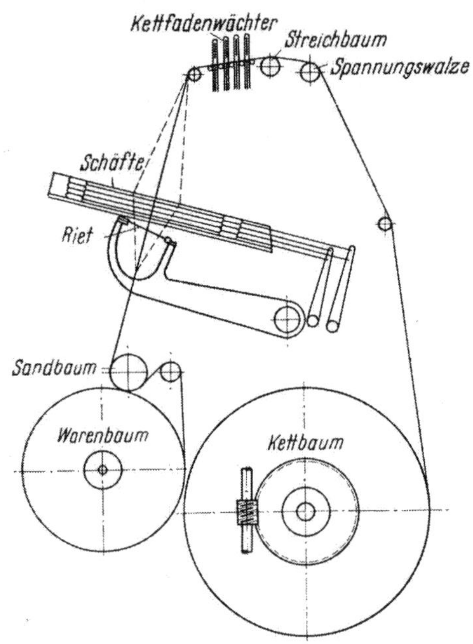

Abb. 39. Schematischer Querschnitt durch den Maxbo-Webstuhl. Es wird der Verlauf von Kette und Ware gezeigt

Der Luftverbrauch für das Durchschießen des Schußfadens beträgt 360 Liter/min bei einem Druck von 0,9 Atü. Die Webgeschwindigkeiten werden mit 320 Schuß/min für Gewebe zwischen 90 und 100 cm Breite bei einem Nutzeffekt zwischen 90 und 95% angegeben. Die Abb. 39 zeigt den schematischen Querschnitt durch den Webstuhl, wobei der Verlauf der Kette und Ware erkenntlich ist. Abb. 40 zeigt die Vorderansicht. — Mit diesem Webstuhl können im Gegensatz zu früheren Modellen außer Leinwandbindung auch drei- und vierbindige Rapporte hergestellt werden. Die Bildung des Webfaches wird hierbei durch

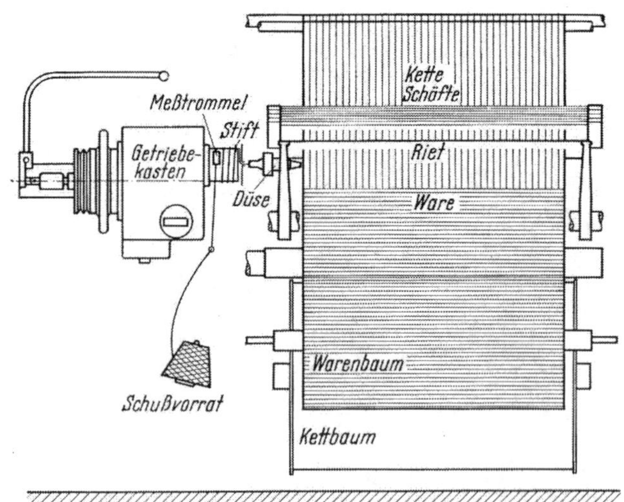

Abb. 40. Maxbo-Webstuhl. Schema der Vorderansicht

Steuernocken, die in Öl laufen, geregelt. Die Gewebeleiste wird in Form einer Dreherkante gebildet, wobei zwei Garnspulen an jeder Kante ständig umeinander rotieren und Webfächer zur gleichen Zeit bilden wie die übrige Kette. Die Schußfransen, die über das Tuchende hinausragen, sind etwa 3 mm lang. Die tatsächlichen Webkanten innerhalb des Gewebes beanspruchen ebenfalls etwa 3 mm Breite. Bei der Gewebekante, die auf diesem Webstuhl hergestellt wird, ist es nicht möglich, die äußeren Webkantenenden herauszuziehen, ohne sie zu zerreißen. Einige der gebräuchlichsten Stoffe, die auf dem Webstuhl in Schweden hergestellt werden, sind dichte Baumwollgewebe, sowohl Leinwand- als auch Drillichstoffe. Der Leistungsbedarf eines solchen Webstuhles beträgt bei 320 Schuß/min 2 PS.

Der Webstuhl wird mit Druckknopfsteuerung an- und abgestellt. *Da das Eintragen des Schußfadens durch Luftstrom erfolgt, hört man nur Luftstromgeräusche* und kein Anschlagen wie beim herkömmlichen Webstuhl.

b) Kovo-Webstuhl

Die tschechoslowakischen Webstühle (Kovo-Svaty) wurden im Jahre 1955 auf der Technischen Messe in Brüssel ausgestellt. Die s. Z. gezeigten Webstühle sind rein konstruktiv interessant, weil außer dem Eintragen des Schusses durch Luft noch die Möglichkeit des Eintragens durch Wasser (der Schußfaden wird auf einem Wasserstrahl durch das Fach getragen) technisch verwirklicht ist.

Der Wasserbetrieb ist zwar interessant, aber wohl für die Praxis undiskutabel, weil dann nur nichthygroskopische Materialien verarbeitet werden dürften.

II. Der Rundwebstuhl

Besonderes Aufsehen erregten die auf den Textilmaschinenmessen gezeigten Rundwebstühle, die von französischen Firmen vorgeführt werden. Bemerkenswerte Konstruktionen sind die der Firmen Fayolle & Cie, Villeurbanne (Rhone) und Saint Frères, Paris.

Bei den gezeigten Konstruktionen war es Tatsache, daß sie ein teilweise Mehrfaches leisten als die Flachwebstühle. Obwohl auf den Messen ausschließlich nur tuchgebundene Waren in der Herstellung gezeigt wurden, ist auch eine andere Musterung möglich. Das Maximum für die Größe des Bindungsrapportes ist durch die Anzahl der Schützen vorgeschrieben. Die Musterungsmöglichkeit ist also sehr begrenzt. Der technische Einsatz ist damit aber keinesfalls in Frage gestellt, da auch die auf Flachwebstühlen hergestellten Artikel für bestimmten Bedarf keine Ansprüche an eine bindungsmäßige Musterung stellen. Trotz der *vorläufig* begrenzten Musterungsmöglichkeit ist der mechanische Vorteil des Rundwebstuhles schon auf den ersten Blick so überzeugend, daß er gleich zu Anfang dieser Darstellung an einigen Zahlen bewiesen werden soll.

Die Kennzeichen des Rundwebstuhles sind, wie schon der Name sagt, die kreisförmig mit konstanter Geschwindigkeit laufenden Schützen. Beim Flachwebstuhl wird der Schützen fortwährend beschleunigt und wieder gebremst, und zwar wird er gebremst, wenn er noch eine Geschwindigkeit von etwa 10 m/sek hat. Der Schützen eines Tuchwebstuhles hat ein Gewicht von 0,85 kg. Die kinetische Energie, die ihm dann bei obengenannter Geschwindigkeit innewohnt, berechnet sich aus:

$$E_{kin} = \frac{1}{2}\,\mathrm{m}\,v^2$$

$$= \frac{1}{2} \cdot \frac{0{,}85}{9{,}81} \cdot 100 = 4 \text{ mkg}.$$

Bei einer Webstuhldrehzahl von 120 U/min wird diese Energie 120 · 60 = 7200 mal in einer Stunde vernichtet. Das sind zusammen

$$4 \cdot 7200 = \underline{28\,800} \text{ mkg.}$$

Für einen Baumwollstuhl, 220 U/min, einem Schützengewicht von 400 und einer zu vernichtenden Geschwindigkeit von 12 m/sek ergibt sich ein Wert von 39000 mkg, die verlorengehen.

Bei diesen Zahlen ist nicht nur der hohe Leistungsverlust das Erschreckende, sondern weit wesentlicher dabei ist, daß es sich beim Bremsen des Schützens und bei der Schlagerteilung um sehr kurzzeitig verzögerte bzw. beschleunigte Bewegungen handelt. Die Reaktion dieser Bewegungen war es, die beim Flachwebstuhl den hohen Verschleiß der Schlagwerkzeuge mit sich bringen mußte. Der bestehende mechanische Vorteil des Rundwebstuhles ist also der *kontinuierliche Schützenantrieb*. Der obenerwähnte nachteilige Schlag, das Auffangen des Schützens und die daraus resultierenden Erschütterungen innerhalb des Stuhles fallen weg und mit ihnen auch die dem Verschleiß am meisten unterliegenden Maschinenteile und -aggregate, wie Schlagexzenter, Schlagnase, Schlagstock, Schlagleder und Picker.

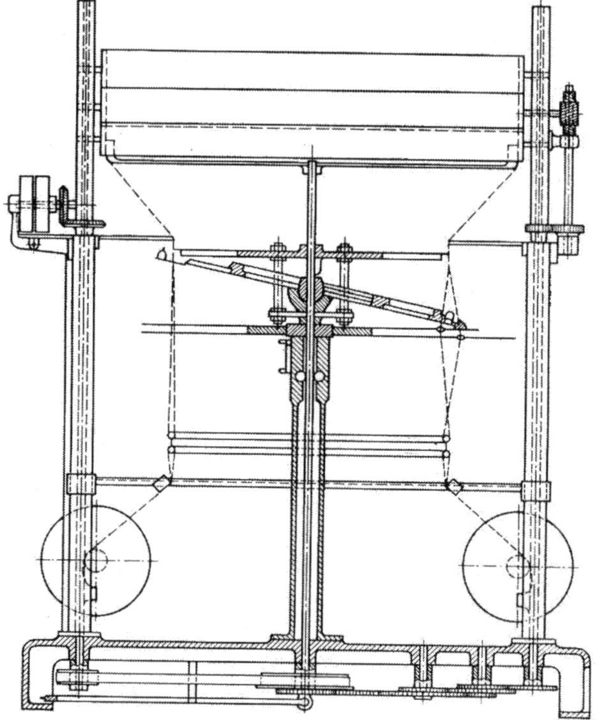

Abb. 41. Rundwebstuhl mit Taumelblatt

1. Die Entwicklung des Rundwebstuhles

Die ersten Anfänge der Entwicklung des Rundwebstuhles gehen schon sehr weit zurück.

Schon in den Jahren 1894 bis 1900 wurden eine Reihe von Rundwebstühlen mit Taumelblatt nach einer Konstruktion von WASSERMANN praktisch verwendet und verschiedentlich prämiiert.

Die Probleme der Konstruktion des Rundwebstuhles waren der Antrieb und die Führung des Webschützens. Die Arbeitsweise des erwähnten Taumelblattes geht aus der vorhergehenden Abb. 41 hervor. Der Webstuhl arbeitete mit einem Schützen, der auf Grund seines Gewichtes immer der tiefsten Stelle des sich taumelnd bewegenden Blattes zustrebte. Das Fach wurde mit Kreisringexzentern gebildet, die den Antrieb der sich axial bewegenden Schäfte betätigten.

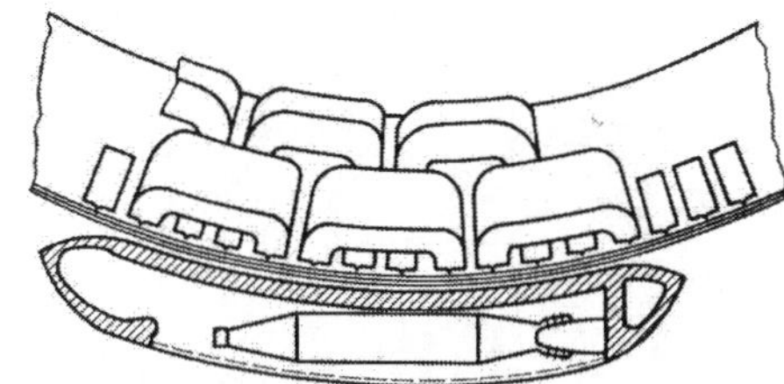

Abb. 42. Antrieb des Webschützens auf dem Rundwebstuhl durch elektrisches Wanderfeld

1925 wurde eine sehr interessante Konstruktion eines Rundwebstuhles von JABOULEY gezeigt, bei der die Kette selbst umläuft. Die Konstruktion konnte sich wegen der großen Empfindlichkeit nicht durchsetzen.

Mehr als 200 Patente wurden auf Konstruktionen von Rundwebstühlen erteilt, bevor die ersten praxisreifen Konstruktionen an die Öffentlichkeit kamen. Das war erst gewährleistet, als man in der Lage war, den Schützen auf elektromagnetischem Wege anzutreiben. Bei den ersten Konstruktionen wurde der Schützen durch ein Wanderfeld bewegt, wie dies die Abb. 42 zeigt. Bei den modernen Stühlen wird der Schützen durch einen rotierenden Elektromagneten bewegt. Dies ist z. B. das Prinzip des Schützenantriebes des Fayolle-Ancet-Stuhles. Die allgemeine Wirkungsweise des Rundwebstuhles kann wie folgt erläutert werden.

Abb. 43. Rundwebstuhl (Ancet-Fayolle)

2. Prinzip der Arbeitsweise

Um ein Bild von der Arbeitsweise eines Rundwebstuhles zu geben (die Abb. 43 bis 45 geben hierzu bildliche Erklärungen), kann der Webstuhl der klassischen Bauweise zu Vergleichszwecken herangezogen werden. Man stelle sich eine Anordnung von Flachwebstühlen um ein geschlossenes Polygon stehend vor, gegen dessen Inneres ein Gewebe geformt ist. In dem Fach, das von den Schäften der in Vieleck stehenden Stühle gebildet wird, dessen Quersektionen horizontal bleiben, findet ein fortlaufendes Zirkulieren der Schützen all dieser Webstühle statt. Die Schützen vor und nach denen sich das Fach öffnet und schließt, legen in kreisförmiger Bahn, das Schlauchgewebe bildend, das Schußgarn ein.

Wenn allenfalls auch einige Prinzipien des Rundwebstuhles demjenigen des Flachwebstuhles verwandt bleiben konnten, mußten doch die meisten von ihnen eine ganz und gar verschiedenartige Konstruktion erhalten.

3. Prinzip des Schützenantriebes

Eines der Hauptprobleme war der Antrieb des Schützens. Die Schwierigkeit ist durch die Tatsache begründet, daß die das Schußgarn tragenden Schützen im Gegensatz zu jenen des Flachwebstuhles während des Webens dauernd innerhalb des Faches bleiben und mit Antriebsenergie versorgt werden müssen.

Abb. 44. Auswechseln der Schußspule (Ancet-Fayolle)

Eine auf den ersten Blick verführerische Lösung ist der in Abb. 42 erwähnte elektromagnetische Antrieb, d. h. ohne mechanischen Kontakt zwischen dem antreibenden Organ und dem Schützen. Ihr Nachteil besteht darin, daß die Leistung (Nutzeffekt) schwach ist, und um die magnetischen Strömungsverluste zu vermeiden, erfordert das System einen großen Raumbedarf. Bei der modernen Lösung von Fayolle verwendet man einen rotierenden Elektromagneten (s. u.).

Eine andere Möglichkeit, den Schützen anzutreiben, ist die auf dem Saint-Frères-Webstuhl durchgeführte Lösung (vgl. Abb. 45). Der Schützen wird mechanisch mittels einer mit Gummi überzogenen Rolle angetrieben, die durch das untere Band des Faches hindurch auf eine rückwärts am Schützen lose montierte Rolle einwirkt.

Eine weitere Schwierigkeit besteht im Auffüllen des Schützens mit Schußgarn bzw. in der Behebung eines Schußfadenbruches.

Abb. 45. Fachbildung und Schützenantrieb (hier mechanisch durch Gummirollen) am Rundwebstuhl von Saint Frères
S 1, 2 Schäfte; *W 1–4* Schützen; *G* Gewebeblatt

Beim Flachwebstuhl geschieht das Auffüllen des Schützens mit Schußgarn bequem, indem der Schützen aus dem Fach entfernt wird. Beim Rundwebstuhl ist es ebenfalls nötig, die Schützen aus dem Fach zu entfernen. Dieses Problem wurde beim Saint-Frères-Rundwebstuhl gelöst, indem alle Schäfte in Tieffachstellung gebracht werden, sobald das Garn eines

Kopses gebrochen oder abgelaufen ist. Die Schützen liegen dann griffbereit auf den Kettfäden. Beim Ancet-Fayolle-Stuhl greift man durch die Kettfäden und füllt so die Schützen neu (Abb. 44).

Auch das Abstellen des Stuhles bei Schußfadenbruch erfordert eine besondere Konstruktion, da sich mechanische Elemente nur schwer in dem dauernd wechselnden Fach anbringen lassen. Bei Saint Frères sorgt ein auf dem Schützen befindlicher sog. Kugelschußwächter auf elektrischem Wege für Abstellung und Tiefstellung der Schäfte bei Schußfadenbruch.

Schließlich sei noch der Schußanschlag erwähnt, der ebenfalls gänzlich von der sonst üblichen Form abweichen muß. Es ist nicht mehr erforderlich, wie beim Flachwebstuhl, den Schuß zwischen jeder Passage des Schützens mittels eines auf eine Lade montierten Rietes anzuschlagen.

Der eingetragene Schuß wird beim Rundwebstuhl durch Nadelräder, die durch die Kette greifen und dem laufenden Schützen direkt folgen, erfaßt und angedrückt. Eine andere Konstruktion verwendet schwingende Riete, die zwischen jedem Durchgang der Schützen einwirken und bei deren Ankunft wieder verschwinden. Die Fachbildung ist im Prinzip die gleiche wie bei den Flachwebstühlen.

C. Die Schaltung von Kette und Ware

In Anlehnung an die in der Abb. 2 dargestellte Gliederung sollen die Aggregate, die der Kett- und Warenschaltung dienen, zuerst besprochen werden.

Zwischen diesen beiden stets zusammenarbeitenden Aggregaten besteht eine gegenseitige Beeinflussung in der Art, daß die Warenschaltung in einem Maße zu erfolgen hat, die durch die Fertigungsvorschrift (d. h. Schußdichte pro cm oder pro m) gekennzeichnet wird. Den durch diese Arbeitsweise bedingten Bedarf an Kette muß die Kettablaßvorrichtung oder das Kettschaltwerk nachlassen bzw. bereitstellen.

I. Kettablaßvorrichtungen

Die Aufgabe solcher Vorrichtungen ist es, die Kette im Sinne der Fertigung nachzulassen. Dieses Nachlassen muß, da die unabdingbare Forderung besteht, daß die Schußdichte eines Gewebes während der ganzen Fertigung, angefangen vom vollen Kettbaum bis zum Abweben desselben, absolut konstant sein; d.h., das Nachlassen muß bei konstanter Kettspannung erfolgen.

Die Erfüllung dieser Forderung besteht grundsätzlich, und es ist hierbei gleichgültig, wie das Nachlassen der Kette mechanisch durchgeführt wird; also ob es

a) durch passiv wirkende Vorrichtungen, durch die Bremsen,
b) durch aktiv wirkende Vorrichtungen, durch die Regulatoren,

erfolgt.

Die Bremsen setzen der Bewegung der Kette durch den Webstuhl im Sinne der Fertigung nur einen Widerstand entgegen, die eigentlich aktive Schaltung wird durch den Warenbaumregulator, die Abzugsvorrichtung für die fertige Ware, durchgeführt. Die Kettablaßregulatoren dagegen schalten den Kettbaum, geben diesem also eine Drehung, so daß Kette nach Maßgabe des Kettbedarfes im Sinne der Fertigung, durch Schaltung mit Hilfe eines Getriebes, in den Webstuhl hinein nachgelassen wird. Obwohl die Bremsen bei den derzeitigen Webstuhlkonstruktionen zahlenmäßig immer noch am meisten vertreten sind, geht doch die Tendenz dahin, bei den modernen Webstühlen allgemein und bei den vollautomatischen Webstühlen grundsätzlich, selbsttätig regelnde Kettablaßgetriebe (sog. Kettschaltwerke) zu verwenden.

Die Wirkungsweise dieser Ablaßvorrichtungen beeinflußt die Güte des herzustellenden Gewebes in entscheidender Weise, und es ist notwendig, sich über die dabei beeinflußbaren Faktoren genauestens zu unterrichten. Die Aufgabe der nachfolgenden Abhandlung ist es, die verschiedenen Konstruktionen zu kennzeichnen, die mechanischen Verhältnisse eindeutig herauszustellen sowie Richtlinien für die Praxis abzuleiten.

1. Nicht automatisch regelnde Kettbaumbremsen

Die Aufgabe der Bremsen ist es, in Verbindung mit dem positiven Warenbaumregulator dem Gewebe eine bestimmte, der jeweiligen Schußdichte entsprechende Spannung zu geben, indem der formschlüssigen Schaltung ein Widerstand entgegengesetzt wird; in Verbindung mit einem negativ wirkenden Warenbaumregulator steht die Größe dieser Spannung in direktem Verhältnis mit der Höhe der Schußdichte.

In anderen Worten heißt das, daß bei Verwendung eines negativen (kraftschlüssigen) Warenbaumregulators die Schußdichte nur durch die Spannung und demnach nur durch die Bremse reguliert wird. Bei Verwendung eines positiven (formschlüssigen) Regulators kann die Schußdichte durch die Spannung nur in kleinen Grenzen geändert werden; und zwar geschieht dies dann auf Kosten der Dehnung des Kettmaterials.

Die fertigungsbedingte zwingende Notwendigkeit, daß das herzustellende Gewebe auf der ganzen Länge eine absolut gleiche Schußdichte aufweisen muß, kennzeichnet die besondere Bedeutung der Kettbaumbremsen und im weiteren Sinne der Kettbaumregulatoren (bzw. Kettschaltwerke). Die an den Webstühlen üblichen Kettbaumbremsen lassen sich gliedern in:

1. Seilbremsen (Anwendung an Reyon- und Baumwollstühlen, seltener in der Tuchindustrie),
2. Kettenbremsen (Anwendung in der Baumwoll- und Wollindustrie),
3. Bandbremsen bzw. Band- und Muldenbremsen (Anwendung in der Wollindustrie),
4. Schalenbremsen (werden seltener angewendet).

Diese verschiedenen Konstruktionsprinzipien sollen zunächst einer Diskussion unterzogen werden.

Die Wirkungsweise der verschiedenen Grundtypen der Kettbaumbremsen

a) Die Seilbremse

Wegen der hohen Elastizität und Schmiegsamkeit des Bremselementes, des Seiles, verwendet man diese Bremse mit besonderer Vorliebe für Webstühle, auf denen eine hochempfindliche und nicht sehr schwere Ware hergestellt wird. Sie ist vorzugsweise in der Reyonindustrie, zu einem großen Teil in der Baumwollindustrie und zuweilen in der Wollindustrie in Anwendung.

Die große Schmiegsamkeit des Seiles gibt jeder augenblicklichen Spannungsänderung der Kette, z. B. bei der Fachöffnung, durch eine geringe Drehung des Kettbaumes sofort nach und nimmt, nachdem die erhöhte Spannung nicht mehr wirksam ist, diese Drehung wieder zurück, so daß, wenn man von den unbedeutenden dynamischen Verhältnissen als Fehlerquellen absieht, die Kette während der Kurbelumdrehung eine gleichmäßige Spannung aufweist.

Diese feinfühlige Wirkungsweise bedingt aber auch, daß diese Arten der Bremsen, mehr als die anderen Arten, einer sorgfältigen Pflege bedürfen, wenn man die möglichen Erfolge erzielen will.

Die Bremsscheibe, sofern mit solchen gearbeitet wird, oder die Gleitfläche des Seiles auf dem Kettbaum müssen sorgfältig geglättet und vor dem Einlegen einer Kette gereinigt werden. Keinesfalls darf die Gleitfläche geölt werden. Es ist empfehlenswert, Haftmittel zu verwenden, die auf die Konsistenz des Seiles keinen schädlichen Einfluß ausüben.

Die Verkrustungen, die durch solche Haftmittel auf den Seilen entstehen, müssen grundsätzlich vor dem Einlegen einer neuen Kette abgeschabt werden, denn verkrustete Haftmittel ergeben auf der gesamten Auflage des Seiles ungleichmäßige Haftung. Die Folge ist: der Kettbaum gibt nicht mehr gleichmäßig nach, sondern er „springt". Diese Erscheinung ist eine der vielen Ursachen für die Entstehung von „Schußbanden" — eine fehlerhafte Schattierung in Schußrichtung in der fertigen Ware.

Die nachfolgende schematische Darstellung einer Kettbaumseilbremse diente der Betrachtung des Kräftespieles und des Bremsvorganges (Abb. 46).

Im Hinblick auf den Abzug der Kette muß man zwei gänzlich verschiedene Fälle diskutieren, je nachdem die Kette in Richtung K oder in Richtung k abgezogen wird.

Es soll zunächst der normale Fall diskutiert werden, wonach ein Abzug der Kette in Richtung K erfolgt.

Da die absolute Bewegung des Kettbaumes während des Bremsvorganges praktisch gleich Null ist, kann man von evtl. fehlerhaften Beeinflussungen auf Grund dynamischer Verhältnisse, wie Massenbeschleunigung, Lagerreibung u. dgl. m. absehen und sich nur auf eine Gleichgewichtsbetrachtung beschränken, die sich aus der Abbildung wie folgt ablesen läßt.

$$B R - q R = K r, \quad (1)$$

$$(B - q) R = K r, \quad (2)$$

$$B = \frac{G a}{b}, \quad (3)$$

$$\left(\frac{G a}{b} - q\right) R = K r, \quad (4)$$

$$K = \left(\frac{G a}{b} - q\right) \frac{R}{r}. \quad (5)$$

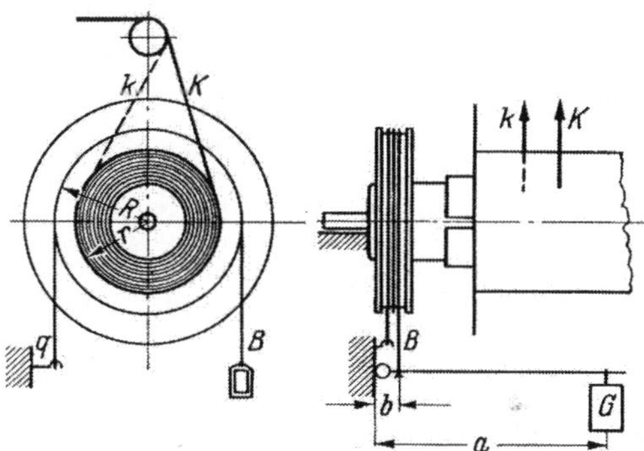

Abb. 46. Schematische Darstellung einer Kettbaumseilbremse zur Betrachtung des Kräftespieles

Den Einfluß des Gewichtes vom Bremshebel kann man vernachlässigen, da er grundsätzlich konstant ist. Er tritt zum Ausdruck $G \frac{a}{b}$ als additive Konstante hinzu.

Die Größe q ist eine Variante, die von der Größe der Seilreibung und dem Belastungszug und auch in gewissen Augenblicken von der Größe der Kettspannung abhängig ist.

Unter der Voraussetzung, daß die Gleitung stetig sei (eine Voraussetzung, die in der Praxis nicht zutreffend ist), kann man für die Ermittlung des Kräftespieles die EYTELWEINsche Gleichung für die Berechnung der Seilreibung

$$B = q\, e^{\mu \alpha} \quad (6)$$

in Ansatz bringen. Durch entsprechende Umwandlungen kommt man über die Gln. (7) bis (9) zu der Gl. (10).

$$q = \frac{B}{e^{\mu \alpha}} = G \frac{a}{b} \frac{1}{e^{\mu \alpha}}, \quad (7)$$

$$K = \left(G \frac{a}{b} - G \frac{a}{b} \frac{1}{e^{\mu \alpha}}\right) \frac{R}{r}, \quad (8)$$

$$K = G \frac{a}{b} \left(1 - \frac{1}{e^{\mu \alpha}}\right) \frac{R}{r}, \quad (9)$$

$$K = G \frac{a}{b} \frac{R}{r} \left(\frac{e^{\mu \alpha} - 1}{e^{\mu \alpha}}\right). \quad (10)$$

Setzt man versuchsweise für den Klammerausdruck Zahlenwerte ein, so wird man feststellen, daß der Klammerwert, begründet durch die Exponentialfunktion

$$e^{\mu \alpha}, \quad (11)$$

sich nur sehr unwesentlich von 1 unterscheidet. Man kann also, ohne einen fühlbaren Fehler zu begehen, den Klammerausdruck ganz vernachlässigen und die Gleichgewichtsbetrachtung als Grundlage für die Betrachtung des Kräftespieles in folgender Form schreiben:

$$K = G \frac{a}{b} \frac{R}{r}. \tag{12}$$

Hiermit kommt man dem praktischen Falle sehr nahe; denn man betrachtet nun die Seilreibung lediglich als ein Mittel zur mechanischen Verbindung (Haftfähigkeit), durch die eine durch die Kettspannung bedingte Drehung, insbesondere während der Spannungsänderungen während des Kurbelumganges, verhindert wird. Diese Verbindung wird, bedingt durch die Erschütterungen des Stuhles im „Rhythmus" der Erschütterungen, teilweise gelöst, die Kette gibt nach und das Gleichgewicht zwischen Kettspannung und Bremsspannung stellt sich neu ein.

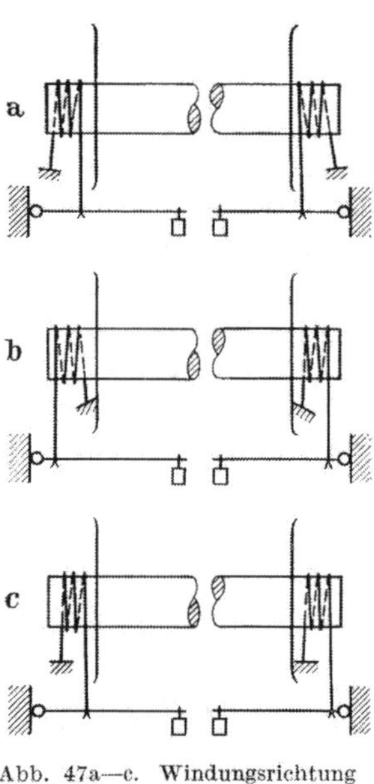

Abb. 47a—c. Windungsrichtung des Bremsseiles

Diese Verhältnisse ändern sich auch dann nicht, wenn der Kettwindungssinn k der Abb. 46 zur Anwendung kommt. Der Unterschied in der mechanischen und technologischen Wirkungsweise ist lediglich der, daß beim Windungssinn K, der augenblicklich bei der Fachöffnung auftretende Kettmehrbedarf dadurch befriedigt wird, daß der Kettbaum ohne Gleitung des Seiles eine für den augenblicklichen Kettmehrbedarf notwendige Drehung in Richtung des in der Abb. 46 eingezeichneten Pfeiles macht. Unter der Wirkung des Gewichtes G und durch Vermittlung des Seiles als „Seiltrieb" wird diese Drehung nach vollendeter Fachbildung wieder zurückgenommen. Beim Kettablaufsinn k besteht diese Möglichkeit nicht. Die Haftung des Seiles und die Befestigung des Endes q an der Traverse verhindert erfolgreich eine Drehung im Augenblick der Fachöffnung. Bei dieser Art der Bremsung kann man, da die Arbeitsweise unelastisch ist, mit einer gehäuften Anzahl von Fadenbrüchen rechnen. Nur zuweilen macht man von dieser Anordnung Gebrauch, wenn es schwierig ist, unter sonst nicht geänderten Verhältnissen die augenblickliche Schußdichte einzutragen. Es ist jedoch nicht ratsam, von dieser Möglichkeit ohne andere Versuche Gebrauch zu machen.

Zuweilen wird in den Kreisen der Praktiker die Frage diskutiert, in welcher Richtung die Seilspirale auf der Bremsscheibe oder auf dem Kettbaum zu winden ist; ob die Seilschraube in Richtung zum Kettbaumflansch oder in Richtung zu den Zapfen zu verlaufen hat. Wie es zu machen ist, soll aus der Abb. 47a bis c entnommen werden.

Abb. 48. Ausgleich der Seillänge

Für leichte und mittelschwere Ware empfiehlt sich die Anordnung der Abb. 47a.

Für schwere Ware die Anordnung der Abb. 47b.

Die Anordnung der Abb. 47c ist nicht möglich, da die Schraube auf der linken Seite in Richtung zum Flansch läuft und auf der rechten Seite in Richtung zum Zapfen. Hierdurch entsteht auf dem Kettbaum eine Tendenz zur Verschiebung zur Seite. Dort tritt dann eine erhöhte, ganz besonders aber eine ungleichmäßige Reibung zusätzlich auf. Die Ungleichmäßigkeit ist eine Ursache für „Schußbanden". Der Zug der Gewichte und unregelmäßige Feuchtigkeit im Betriebe haben zur Folge, daß die Seile sich längen, so daß die Belastungshebel nicht mehr waagerecht stehen. Um diese Schwankungen jederzeit ausgleichen zu können, verwendet man zweckmäßig Vorrichtungen, wie sie in der Abb. 48 dargestellt sind. Man kann mit Hilfe eines Schlüssels durch Drehung des Sperrades den Ausgleich der Seillänge erzielen.

b) Die Kettenbremse

Die Anordnung einer Gliederkettenbremse unterscheidet sich von der der Seilbremse nicht. Auch die Betrachtung des Kräftespieles hat hier seine Gültigkeit, jedoch mit der Einschränkung, daß der viel geringere Reibungskoeffizient zwischen Kette und Bremsscheibe die Gleitfähigkeit erhöht, so daß bei gleicher Kettspannung eine etwa 30% höhere Gewichtsbelastung notwendig ist. Der eigentliche Unterschied liegt vielmehr darin, daß die Gliederkette grundsätzlich stärker belastbar ist. Ihre Anwendung ist daher der Herstellung schwerer Ware vorbehalten und sie wird in der Baumwoll-, Leinen-, Jute- und Wollindustrie angewendet. Da die Haftfähigkeit der Kette auf der Bremsscheibe geringer ist als die des Seiles und somit eine größere Belastung notwendig ist, entfällt der Vorteil der Seilbremse, daß durch eine Drehung des Kettbaumes während der Fachöffnung die erhöhte Spannung kompensiert wird, so daß man, um eine Überdehnung der Kettfäden zu vermeiden, mit einem schwingenden Streichbaum arbeiten muß.

Abb. 49. Riefenbildung bei Kettbaumbremsen mit Ketten

Viel größer als der gekennzeichnete Nachteil der geringen Elastizität ist die Tatsache, daß die Kettenglieder nur eine punktförmige Auflagefläche auf der Bremsscheibe haben. Es entstehen außerordentliche Flächenpressungen, so daß der Ölfilm zwischen Kettenglied und Bremsfläche (die Bremsscheiben sollten vor dem Einlegen einer neuen Kette mit einem öligen Lappen abgerieben werden) abreißt. Die unvermeidbare Folge ist, daß die Glieder sich in die Bremsfläche einfressen. Dieser Vorgang ist nicht mit der Haftreibung bei Seilbremsen zu vergleichen, da die Lösung solcher Verbindungen nicht lediglich durch die Erschütterungen des Webstuhles erfolgt, sondern dazu ist eine beträchtliche Überlastung der Kette notwendig. Der Kettbaum „springt" und gibt Veranlassung zur „Bandenbildung". Dieser Fehler ist um so schlimmer, je größer die für die notwendige Schußdichte erforderliche Spannung der Kette ist. Dieses Anfressen der Materialien ist keineswegs eine theoretische Betrachtung, sondern es führt, wie die nachfolgende Abb. 49 zeigt, zur Riefenbildung auf der Bremsscheibe. Es ist ohne weitere Erklärung verständlich, daß man mit solchen Bremsscheiben nicht in der Lage ist, noch eine einwandfreie Ware herzustellen. Um das Anfressen zu vermeiden, legen die Weber zwischen die Kette und die Bremsscheibe Garnabfälle. Das Unterlegen ist sehr zu empfehlen, jedoch nicht, wie erwähnt, das Unterlegen mit Garnresten und Lappen, sondern hierfür Lederstreifen zu verwenden, denn die Garnreste sind den hohen Flächenpressungen nicht gewachsen, die einzelnen Fäden zwischen den berührenden Elementen können rollen, und so entstehen gänzlich unkontrollierbare Reibungsverhältnisse. Es ist jedoch nicht möglich, bereits entstandene Riefen durch Unterlegen auszugleichen, denn die Kettenglieder drücken sich durch die Zwischenlage durch und betten sich mit der Zwischenlage in die Riefe ein. Muß das Kettenglied nun im Verlaufe der weiteren Drehung aus der Riefe ausgehoben werden, so ist dazu wieder eine beträchtliche Kettspannungssteigerung erforderlich, und dies gibt wieder Veranlassung für eine „Schußbande".

c) Bandbremsen sowie Band- und Muldenbremsen

1. Die Bandbremse. Diese Vorrichtungen sind gekennzeichnet dadurch, daß man als Bremselement ein Stahlband verwendet, das man zum Zwecke gleichmäßiger Reibung mit Filzbelag und in letzter Zeit mit gutem Erfolg auch mit Korkstreifen belegt (Crompton & Knowles). Die reinen Bandbremsen kommen in Webereibetrieben sehr selten vor. Verwendet man ein schmales Band, das zwei- oder dreimal um die Bremsscheibe gewunden wird, oder eine Anordnung, wie sie in der Abb. 50 dargestellt ist, wo das Band einen Umspannungswinkel von 360° hat (Pat. 800168), dann gilt die gekennzeichnete Gl. (10) als Berechnungsunterlage. Häufiger ist jedoch die Anordnung der Abb. 51, und zwar meist in Verbindung mit der Muldenbremse (vgl. Abb. 52). Bei dieser Anordnung liegen die Bremseigenschaften etwas anders insofern, als der geringe Umspannungswinkel des Bandes den Einfluß des Faktors

$$\left(\frac{e^{\mu\alpha}-1}{e^{\mu\alpha}}\right)$$

der Gl. (10) als eine von 1 abweichende Größe in Erscheinung treten läßt. Der Faktor nimmt bei den normal üblichen Konstruktionen Werte von 0,7 bis 0,6 an.

Bei diesen Vorrichtungen handelt es sich also um eine Kombination der Gewichtsbremse mit der Reibungsbremse. Um eine möglichst konstante Kettspannung zu erhalten, ist es also notwendig, für einen konstanten Reibungswert zu sorgen, indem man die Bremse gleichförmig mit Graphit oder Bleiweiß schmiert.

Eine genaue Bestimmung der Kettspannung auf theoretischem Wege für die unmittelbare Anwendung in der Praxis zur Festlegung von Arbeitsrichtlinien ist gar nicht mehr möglich und muß auf rein empirischem Wege für die jeweilige Schußdichte festgelegt werden. Die Vorteile dieser Anordnung sind die große Belastbarkeit und die absolute Unempfindlichkeit.

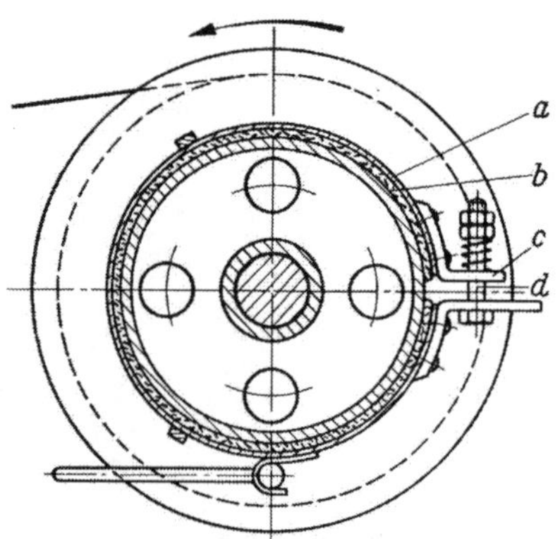

Abb. 50. Bandbremse mit 360° Umspannungswinkel. *a* Bremsband; *b* Bremsbelag; *c* Spannlasche; *d* Spannschraube

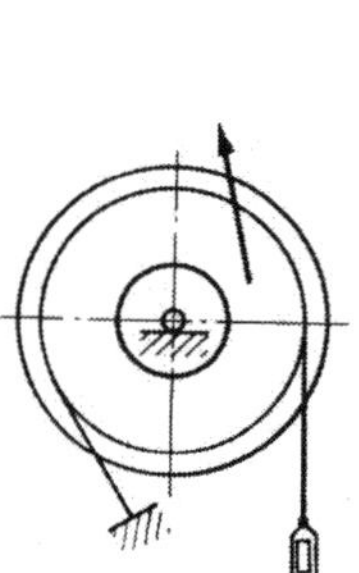

Abb. 51. Bandbremse (Schema)

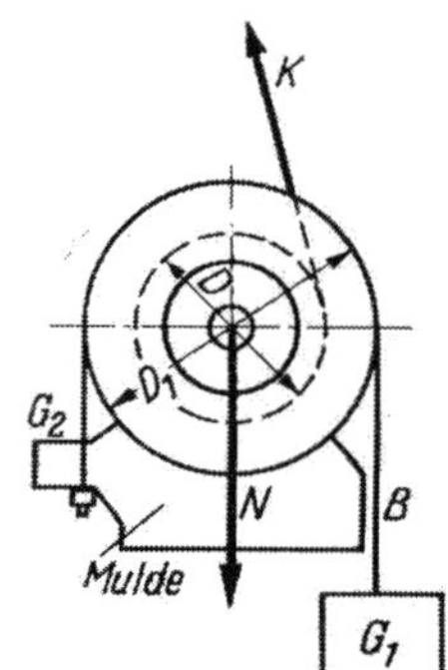

Abb. 52. Band- und Muldenbremse (Schema)

Man verwendet die Bandbremsen — meist jedoch in Verbindung mit Muldenbremsen — in der Wollweberei, weil hier ein kräftiger Ladenanschlag zur Erreichung enger Schußanlage und hohe Kettspannungen infolge hoher Fadeneinstellung notwendig sind. Um während der Fachbildung eine Nachgiebigkeit im Kettmaterial zu bekommen, wird die Spannungserhöhung durch einen Schwingbaum kompensiert.

2. Die Band- und Muldenbremse. Der Kettbaum ist nicht wie bei der reinen Bandbremse mit den Zapfen in Lagern gelagert, sondern er ruht mit dem unteren Teil der Peripherie der Bremsscheibe in einer Mulde (vgl. Abb. 53). Um die Kettspannung zu berechnen, setzt man der Einfachheit halber den Reibungswert μ in der Mulde gleich dem Reibungswert μ zwischen dem Bremsband und der Bremsscheibe. Damit kommt man dem praktischen Falle sehr nahe und macht mit dieser rechnerischen Ungenauigkeit keinen nennenswerten Fehler. Unter diesen Umständen kann man die Kettspannung leicht ausrechnen.

Ist P das Eigengewicht des Kettbaumes, $G_1 (B)$ und G_2 die Bandspannungen, K die Kettspannung, dann ist der Normaldruck der Bremsscheibe gegen die Mulde:

$$N = G_1 + G_2 + P - K. \tag{13}$$

Die am Umfang wirkende Reibung ist demnach:

$$U = N\mu = (G_1 + G_2 + P - K)\,\mu. \tag{14}$$

K errechnet sich allgemein aus der Gleichgewichtsbedingung:

$$K D = (G_1 - G_2 + N\mu)\,D_1. \tag{15}$$

Setzt man in diese den Wert für $N\mu$ ein, so ergibt sich:

$$K D = (G_1 - G_2)\,D_1 + (G_1 + G_2 + P - K)\,\mu D_1 \tag{16}$$

oder

$$K D = (G_1 - G_2)\,D_1 + (G_1 + G_2 + P)\,\mu D_1 - K\mu D_1$$

oder

$$K = \frac{(G_1 - G_2)\, D_1}{D + \mu\, D_1} + \frac{(G_1 + G_2 + P)\,\mu\, D_1}{D + \mu\, D_1}. \tag{17}$$

Nach EYTELWEIN ist:

$$G_1 = G_2\, e^{\mu\alpha}, \tag{18}$$

demnach ist:

$$K = G_1 \frac{e^{\mu\alpha} - 1}{e^{\mu\alpha}} \frac{D_1}{D + \mu D_1} + G_1 \frac{e^{\mu\alpha} + 1}{e^{\mu\alpha}} \mu \frac{D_1}{D + \mu D_1} + \frac{P \mu D_1}{D + \mu D_1}. \tag{19}$$

Aus der Gl. (19) erkennt man, daß in dieser die Gl. (10) sinngemäß enthalten ist. Sie erscheint im ersten Teil und es besteht lediglich der Unterschied, daß für

$$\frac{R}{r} \text{ der Ausdruck } \frac{D_1}{D + \mu D_1}$$

Abb. 53. Wollwebstuhl mit Band- und Muldenbremse

erscheint. Die Gleichung setzt sich aus drei Summanden zusammen, und zwar kennzeichnet der Ausdruck

$$G_1 \frac{e^{\mu\alpha} - 1}{e^{\mu\alpha}} \ldots$$

den Einfluß, der von der Bandbremse als Bremsspannungsorgan herrührt; der Ausdruck

$$G_1 \frac{e^{\mu\alpha} + 1}{e^{\mu\alpha}} \ldots$$

kennzeichnet den Anteil, der durch die Spannungen der Bremsbänder erzeugt wird; und der Ausdruck

$$\frac{P \mu D_1}{D + \mu D_1}$$

kennzeichnet den Einfluß, der durch die Mulde bedingt ist. Gewiß lassen sich in diesem Zusammenhang noch weitere Betrachtungen durchführen. Diese sind jedoch für die praktische Anwendung unbedeutend, da man aus der Gleichung ohne Schwierigkeiten erkennen kann, daß jegliche proportionale Beeinflussung gestört worden ist. Mit anderen Worten: Die der jeweiligen Schußdichte entsprechende Spannung muß empirisch ermittelt werden.

d) Richtlinien für die Praxis

Die richtige Einstellung der Schußdichte ist für die Güte, das Gewicht und nicht zuletzt für das Bild des Gewebes von ausschlaggebender Bedeutung. Wichtig ist vor allem, daß eine einmal eingestellte Schußdichte für den gesamten Webprozeß absolut konstant gehalten wird. Wird z. B. ein Gewebe mit Muster (etwa ein Karo) mit zu gering eingehaltener Schußdichte gewebt, so wird das Karo in Längsrichtung verzerrt und umgekehrt bei zu großer Schußdichte das Bild zusammengedrückt. — Um eine solche Bildveränderung augenscheinlich zu erkennen, sind allerdings große Schußzahldifferenzen notwendig, so daß bei einer nur täglichen Kontrolle der Schußdichte ein augenscheinlich einwandfreies Gewebe entsteht. Empfindlicher macht sich schon eine geringe Schußzahldifferenz als Gewichtsunterschied bemerkbar. Plötzlich auftretende Schußzahldifferenzen ergeben Banden in Schußrichtung. Diese allein und in Verbindung mit geringen Gewichtsunterschieden können dazu führen, daß eine Abnahme verweigert wird. Verantwortlich für die richtige Einhaltung der Schußdichte ist der Weber. Wenn auch die Grundeinstellung der Schußdichte durch Wechselrad am Warenbaumregulator durchgeführt wird, so läßt sich diese in empfindlicher Weise durch eine Änderung der Kettspannung beeinflussen. In diesem Zusammenhang darf nicht unerwähnt bleiben, daß bei Verwendung eines negativen Warenbaumregulators die Schußdichte allein durch Regulierung der Kettspannung an der Bremse durchgeführt wird.

1. Einhalten der richtigen Schußdichte. Um das Problem der Einhaltung der richtigen Schußdichte klarzustellen, können wir auf die Gl. (12) und auf die Abb. 46 zurückgreifen.

Hat sich während des Arbeitsprozesses die Kette vom Radius r auf einen Radius r_1 abgewickelt, dann muß, damit eine konstante Schußdichte garantiert bleibt, auch die Kettspannung konstant bleiben. Demnach gilt, wenn G, b und R konstant bleiben sollen:

$$k = \frac{G\,a\,R}{b\,r}.$$

Da beide Kettspannungen einander gleich sein sollen, resultiert:

$$\frac{G\,a\,R}{b\,r} = \frac{G\,a_1\,R}{b\,r_1}$$

und daraus:

$$\frac{r_1}{r} = \frac{a_1}{a}. \tag{20}$$

Die Gl. (20) zeigt, daß die Bremshebellängen den Kettbaumdurchmessern proportional sind. Gewiß zeigt die Gl. (19), daß eine einwandfreie Proportionalität bei bestimmten Bremsen nicht besteht; aber es ist eine Erfahrungstatsache, die sich auch rechnerisch belegen läßt, daß die Verhältnisse dahingehend tendieren. Mit abnehmendem Kettbaumdurchmesser muß der Weber das Gewicht des Bremshebels mehr und mehr zum Drehpunkt desselben hin verschieben. Dem ungeschulten Weber kennzeichnet man dies am besten optisch, indem man die Gl. (20) der Kennzeichnung zugrunde legt. Man zählt die Kerben zwischen a und a_1 (größtes und kleinstes Maß) auf dem Bremshebel und markiert auf dem Kettbaumflansch auf der Innenseite ebenso viele Kreise zwischen dem größten und kleinsten Durchmesser. Jedesmal wenn der Weber einen neuen Kreis auf dem Flansch sieht, muß er das Gewicht auf die nächste Kerbe hängen. Noch deutlicher und sicherer kann man das gestalten, wenn in der Weberei Stapelware hergestellt wird, indem man die Innenseite des Flansches mit vollen farbigen Ringen versieht und die gleiche Reihenfolge von Farben auf dem Bremshebel zwischen die einzelnen Kerben zeichnet. Liegt z. B. die Peripherie der Kette innerhalb des roten Ringes, so muß auch das Gewicht auf der roten Kerbe hängen. Diese Hilfsvorrichtungen sind jedoch nur möglich, wenn immer der gleiche Artikel mit gleichbleibender Schußdichte, gewebt wird; und auch dann nur, wenn man mit den Bremsen arbeitet, bei denen zwischen der Durchmesserabnahme des Kettbaumes und der Gewichtsverschiebung ein proportionales Verhältnis besteht. Bei der Band- und Muldenbremse ist dies nicht möglich [vgl. Gl. (19)]. Dann bedient man sich eines anderen Hilfsmittels. Man läßt an der Leiste des Gewebes einen Kontrastfaden einweben (die Litze hängt man an einem besonderen Tritt auf), der z. B. 19 Schuß hoch und 1 Schuß tief bindet. Mit einem Standardmaß kann man dann mit einem Blick die Schußzahl messen. Der Kontrastfaden läßt sich auf Grund der geringen Einbindung mit Leichtigkeit aus dem Gewebe herausziehen. Verabsäumt der Weber das Regulieren der Schußdichte längere Zeit, so steigt die Kettspannung. Eine plötzliche Richtigstellung des Fehlers ist, wie dies aus dem Diagramm (Abb. 54) ersichtlich ist, für die Ware von Schaden.

Das Diagramm stellt in der Waagerechten die Arbeitszeit t dar und in der Senkrechten die Schußdichte. Beim Beginn des Webens *1* wird vom Stuhlsteller die richtige Schußdichte eingestellt, die mit der Zeit t bei abnehmendem Kettbaumdurchmesser ansteigt. Bei *2* hat der Weber eine Regulierung vorgenommen. Vergißt der Weber während einer längeren Zeit die Regulierung und regelt er in der Erkenntnis, daß seine Sollschußzahl auf der Wiegekammer durch Nachwiegen geprüft wird, bis unter die Sollgrenze *3*, so muß an dieser Stelle notwendigerweise ein plötzlicher Schußdichtenunterschied entstehen, der sich unbedingt als „schußbandig“ zeigt. Man halte sich stets vor Augen, daß Ungenauigkeiten an dieser Stelle Verluste in dreifacher Hinsicht zur Folge haben. Diese Ungenauigkeiten sind als geschraffte Flächen in das Diagramm eingetragen. Sie sind gekennzeichnet durch einen *Mehraufwand* an *Schußmaterial*, durch Mehraufwand an *Lohnkosten* und durch *Produktionsausfall* auf Grund fehlerhafter Ware. Vorsichtige Dessinateure reduzieren in Erkenntnis dieser Unzulänglichkeit die Schußdichte der Betriebsvorschrift bei gefährdeten Artikeln oftmals um 3—5 Schuß pro 10 cm.

Eine weitere Ursache für die Entstehung von *bandiger Ware* ist die Erfahrungstatsache, daß die Haftfähigkeit der Bremse bei einem stillstehenden Stuhl nur eine Zeitlang aufrechterhalten wird. Vor dem Stillstand eines Stuhles für eine längere Zeit ist es daher erforderlich, daß die Bremse entlastet wird und das Anweben besonders sorgfältig erfolgt.

2. Kettspannung und Schußdichte. Die Herstellung eines Gewebes mit sehr starkem Einschlag (hoher Schußdichte) bereitet in der Praxis in sehr vielen Fällen große Schwierigkeit, weil mit zunehmender Schußdichte auch eine Zunahme an Kettspannung erforderlich ist. Durch die zunehmende Kettspannung tritt eine gehäufte Fadenbruchzahl auf oder aber auch selbst dann, wenn das Gewebematerial stark genug ist, daß also eine Fadenbruchzahl in erhöhtem Maße nicht in Erscheinung tritt, stellt man zuweilen fest, daß es mechanisch nicht möglich ist, die gewünschte hohe Schußdichte einzutragen. Solche Probleme treten vornehmlich bei der Fertigung von Schwergeweben, dies sind meistens technische Gewebe, auf. Für die erwähnten Schwierigkeiten gibt es beeinflussende Faktoren. Es ist einmal das Material selbst, dann die Nummer des Materials und der Rohstoff, die Bindung und schließlich die Webstuhlvorrichtungen. Die Erwähnung dieser Faktoren zeigt ganz eindeutig, daß nicht nur zwischen Schußdichte und Kettspannung ein Verhältnis besteht, wie dies ja vielfach angenommen wird (es ist ja eine bekannte Erfahrung, daß man bei notwendig zunehmender Schußdichte auch *nur* eine Regulierung der Spannung durchführt, wenn man von der mechanisch bedingten notwendigen Änderung der Übersetzung des Warenbaumregulators absieht). Es zeigt, daß auch andere Webstuhlvorrichtungen in dieser Hinsicht Erwähnung finden müssen. Es wird in der Folge dieses Werkes an den geeigneten Stellen darauf hingewiesen werden. Wenn auch, wie in der Einleitung besonders hervorgehoben wurde, die Kettspannung nicht alleinigen Einfluß auf die Schußdichte hat, so mag doch nachfolgend eine Zusammenstellung der hier gebotenen Möglichkeiten wiedergegeben werden. Zur einfachen Fundamentierung dieser Verhältnisse mag von der Gleichgewichtsbetrachtung an der einfachen Kettbaumbremse ausgegangen werden [vgl. Gl. (12) S. 48].

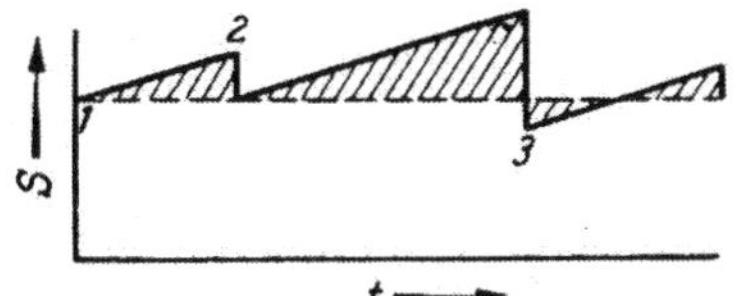

Abb. 54. Schußdichtenänderung mit der Zeit

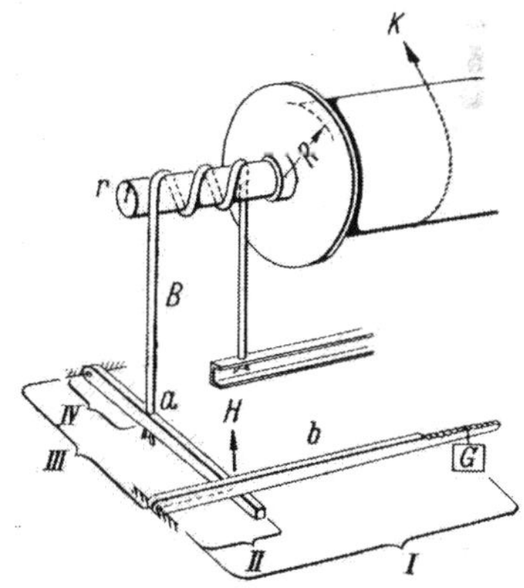

Abb. 55. „Doppelt wirkende Bremse“ für Cordwebstühle. *B* Bremsseil; *H* Bremshebel; *K* Kette

An Hand dieser Gleichung kann man ableiten, daß folgende einfachen Möglichkeiten zur Steigerung der Kettspannung geboten sind:

1. durch Vergrößerung des Gewichtes G,
2. durch Vergrößerung des Bremshebelarmes a,
3. durch Verringerung des Hebels b,
4. durch Verwendung einer größeren Bremsscheibe (dadurch wird der Radius r größer).

Innerhalb eines normalen Kettspannungsbereiches besteht diese Beziehung, wie sie durch die Gleichung ausgedrückt wird, direkt und kann auch für die Praxis zu verschiedenen Sonderkonstruktionen, wie automatische Kettbaumbremsen, führen.

In Cordwebereien findet man zuweilen eine Bremsvorrichtung, wie sie in Abb. 55 dargestellt ist. Man bezeichnet sie in der Praxis vielfach auch als „doppelt wirkende Bremsen“.

Eine Erklärung dieser Vorrichtung erübrigt sich, weil sie aus der Abb. 55 direkt ablesbar ist. Parallel zur obengenannten Gl. (12) möge die Gleichgewichtsbetrachtung für diesen speziellen Fall dargestellt sein.

$$K = \frac{G \cdot I \cdot III \cdot r}{IV \cdot II \cdot R}.$$

Diese letzte Gleichung veranschaulicht eindeutig, daß man eine größere Kettspannung erzielen kann. Es sind im Laufe der Entwicklung auch Konstruktionen bekannt geworden, wobei man dreifache Hebelübersetzung für die Erzielung einer großen Kettspannung konstruiert hat

Obwohl man hier eine sehr große Kettspannung erreicht, die im übrigen ja den Nachteil einer erhöhten Kettfadenbruchzahl in sich trägt, so sind diese Konstruktionen noch durch einen ganz besonderen Nachteil gekennzeichnet. Es werden nicht nur die Übersetzungsverhältnisse entsprechend vergrößert und führen zu einer übersteigerten Kettspannung, sondern es werden auch die Bewegungsverhältnisse stark vergrößert. Man kann im allgemeinen beobachten, daß die Kettgewichte im Rhythmus der Webstuhldrehzahl eine Schwingung verursachen. Diese Schwingung kann, insbesondere wenn sie mit der Eigenschwingung des Kettbaumes übereinstimmt, dazu führen, daß man eine schußbandige Ware bekommt. Die Gefahr ist aber um so größer, je größer diese Schwingungen selber sind. Durch die größere Übersetzung des Hebels werden die Schwingungen vergrößert.

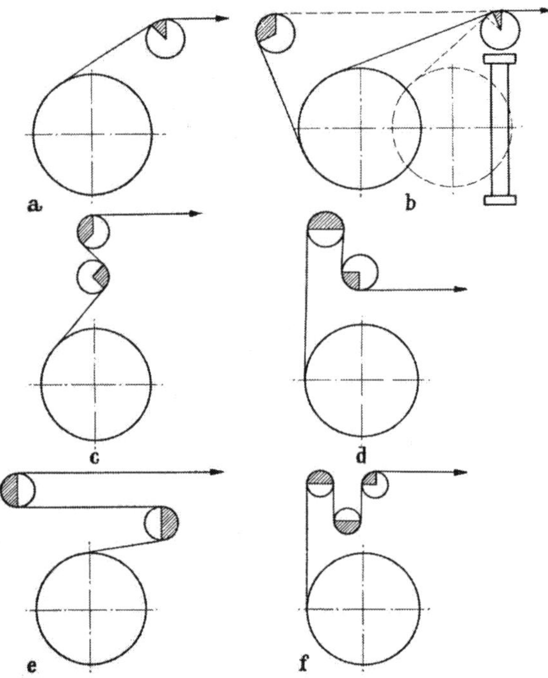

Abb. 56a—f. Verschiedene Anordnungsmöglichkeiten für Streichbäume

Eine weitere Möglichkeit, die Bremswirkung zu verstärken, ist die Vergrößerung des Umschlingungswinkels, gegebenenfalls die mehrmalige Umschlingung der Bremsscheibe durch Kette oder Seil. Die Verhältnisse werden durch die bekannte Eytelweinsche Formel erklärt. Es soll in diesem Zusammenhang auf diese Sonderheit nicht eingegangen werden.

In der Schwergewebeweberei ist man mit Rücksicht darauf, daß bei zu hohen Kettspannungen die Bremselemente überlastet werden, zu einer besonderen Anordnung des Streichbaumes übergegangen. Diese Anordnungen mögen aus der Abb. 56a—f erklärt werden. In der Abb. 56a haben wir eine normale Anordnung von Kettbaum und Streichbaum. Der schwarz ausgezeichnete Umspannungswinkel am Streichbaum, der in diesem besonderen Falle fest stehen muß (er darf sich also nicht drehen), kennzeichnet den Umschlingungswinkel. Es ist nun erklärlich, daß die Kettspannung im Fach mit der Größe dieses Umspannungswinkels wächst. Aus der Abb. 56b erkennt man, wie dieser Umspannungswinkel vergrößert werden kann. Dies ist einmal theoretisch möglich, indem man den Kettbaum mehr in den Stuhl hinein verlegt. Von dieser Möglichkeit kann man bei den meisten Stuhlkonstruktionen jedoch keinen Gebrauch machen, weil, wie dies auch in der Abb. 56b angedeutet ist, die untere Traverse des Stuhles eine solche Verlagerung des Kettbaumes nicht zuläßt. Die andere, meist auch üblichere Änderung ist die, daß der Streichbaum sehr weit zurückverlegt wird. Es ist in der Skizze angedeutet, wie dadurch der Umspannungswinkel vergrößert wird. Die Abb. 56c u. d zeigt drei Möglichkeiten für die Anwendung von zwei feststehenden Streichbäumen. Hier haben wir nicht nur einen vergrößerten Umspannungswinkel, sondern wir haben sogar zwei große Umspannungswinkel, durch die man eine beträchtliche Spannungserhöhung erzielen kann.

3. Kettbaumbremse zur Herstellung von flüchtig eingestellten leichten bis mittelschweren Geweben mit geringer Kettspannung. Wird ein Gewebe mit sehr geringer Schußdichte hergestellt und werden gleichzeitig verschiedene Schußmaterialien verwendet, so ist die Gefahr, daß *Schußbanden* entstehen, außerordentlich groß, weil im Augenblick der Fachöffnung die sehr lose eingestellte Bremse durch die erhöhte Spannung Kette nachläßt. Der gleiche Fehler tritt auch schon bei kurzen Arbeitspausen ein.

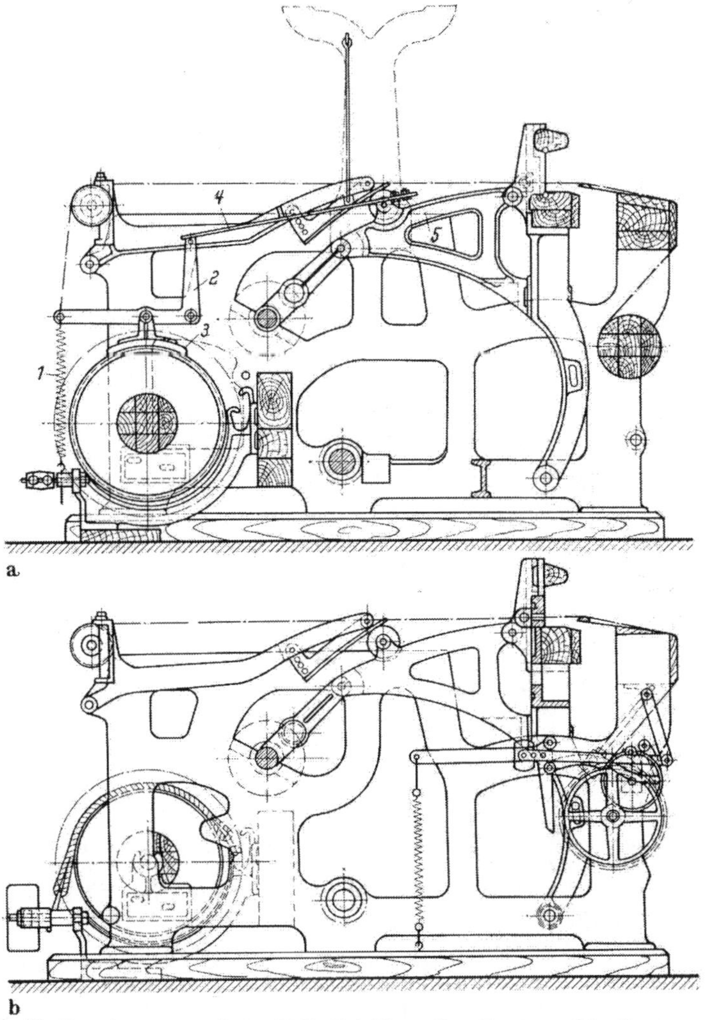

Abb. 57a u. b. Kettbaumbremse an einem Wollwebstuhl zur Herstellung von flüchtig eingestellten leichten bis mittelschweren Geweben mit geringer Kettspannung

Um diese Übelstände zu vermeiden, wurde schon vor dem Kriege von der Sächsischen Webstuhlfabrik eine Konstruktion herausgebracht (DRP 651290), die dadurch gekennzeichnet ist, daß die Bremsung im Augenblick der Fachöffnung sehr stark erhöht wird.

Die Arbeitsweise ist folgende (Abb. 57a u. b): Der in Zapfen gelagerte Baum hat auf der einen Seite eine normale Bremsscheibe mit Seilbremse. Auf der anderen Seite wirkt auf die Bremsscheibe der Bremsbacken *3*, der an dem waagerechten Schenkel des Hebels *2* befestigt ist und dessen Druck durch die einstellbare Feder *1* reguliert werden kann. An dem anderen Schenkel von *2* greift das Zugband *4* an, das mit dem Rollenbolzen des Ladenwinkels *5* verbunden ist. Man erreicht dadurch, daß der Bremsbacken *3* die Kette immer gespannt hält. Lediglich im Augenblick des Ladenanschlages, also wenn die Warmschaltung erfolgt, wird vom Rollenbolzen aus unter Vermittlung des Zugbandes *4* und des Winkelhebels *2* der Backen *3* gelüftet, damit der Kettbaum die erforderliche Kettenlänge nachgeben kann. Bis zum nächsten Ladenanschlag wird der Kettbaum festgehalten und weder durch die Fachöffnung noch durch einen Stillstand des Webstuhles wird Kette nachgelassen.

4. Das Abbremsen der Kettbäume beim Abweben von mehr als einem Kettbaum. Das Abweben von zwei oder gegebenenfalls von mehreren Kettbäumen ist immer dann notwendig, wenn in der Ware Fadenpartien sind, die auf Grund der Bindung oder auf Grund materialbedingter Besonderheiten eine andere Einarbeitung („Einwebung") haben als der Grund des übrigen Gewebes. Florgewebe z. B. müssen grundsätzlich mit einem weiteren Kettbaum gearbeitet werden. Bei solchen Spezialwebstühlen werden die beiden Kettbäume nach bekannten Prinzipien der Kettschaltung nachgelassen, indem für jeden Kettbaum eine besondere Kettbaumbremse oder ein besonderer Regulator vorhanden ist. Besondere Schwierigkeit bereitet das Abweben von einem zweiten Baum in der Woll- und zuweilen in der Baumwollindustrie, weil die in dieser Branche verwendeten Stühle hierfür grundsätzlich nicht vorgesehen sind. Die Notwendigkeit, von einem zweiten Baum abweben zu müssen, ist dann gegeben, wenn man mit Effektfäden arbeitet, die auf Grund einer meist langflottierenden Bindung weniger einarbeiten. Würde man diese Effektfäden mit der Grundkette ge-

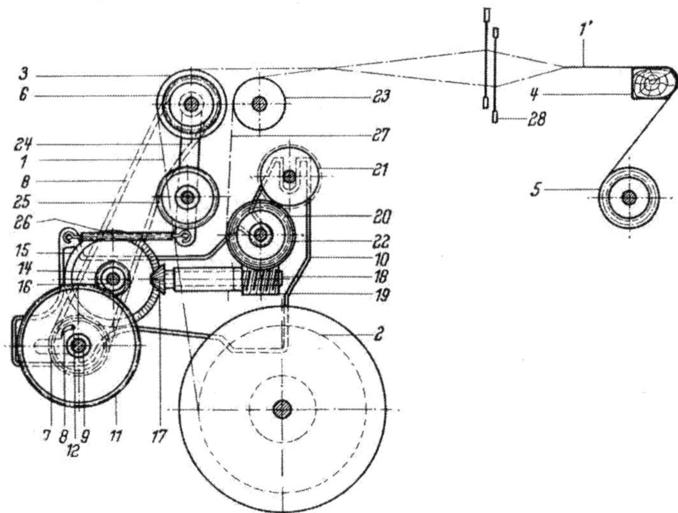

Abb. 58. Antrieb von 2 Kettbäumen

meinsam bäumen und in der bekannten Weise abweben, so ergeben sie im günstigsten Falle einen anderen Effekt, als durch die Musterung ursprünglich vorgesehen ist. Meist aber ist das Übel viel größer. Es wird dann an den Effektstreifen das Gewebe zusammengezogen und kräuselt in Längsrichtung. Arbeiten die Effekte stärker ein als der Grund, so ist eine weitere Folge eine stark überhöhte Fadenbruchzahl.

Den zweiten Baum bockt man in der Regel vor dem anderen Baum auf und bremst ihn mit einer Seilbremse ab. Die Schwierigkeit hierbei ist nun, daß der Weber gefühlsmäßig die richtige Bremsung des zweiten Baumes einstellt und auch für den ganzen Webprozeß die Bremse immer richtig nachreguliert. Man kann also das Weben mit einem zweiten Kettbaum nur dem erfahrenen Weber überlassen. Um den subjektiven Einfluß durch den Weber auszuschalten‘ sind Vorrichtungen entwickelt worden, die als Anbauaggregate an den Webstuhl anmontiert werden und die Kette des zweiten Baumes nach Maßgabe der „Einwebung" in den Webstuhl nachlassen. Die Größe der Einwebung muß auf einem Webstuhl vor dem Arbeitsprozeß empirisch ermittelt werden. Bei Florgeweben (Frottier) wird (nach Rüti) eine Tänzerwalze zur Steuerung der Schaltung verwendet.

Die Grundkonstruktion des Antriebes von 2 Kettbäumen zeigt die Abb. 58 (DRP 654924).

Die Hauptkette *1* läuft vom Kettbaum *2* über den Streichbaum *3* zu den Schäften *28*. *3* ist mit einem Belag überzogen, der das Gleiten der Kettfäden verhindern soll. *3* wird also in Abhängigkeit vom Ketttransport gedreht. Diese Drehung wird durch eine Gallsche Kette *8* und das Getriebe mit der Übersetzung

$$\frac{(6)\cdot(11)\cdot(15)\cdot(19)}{(7)\cdot(14)\cdot(17)\cdot(20)} \text{ auf Rad } 20 \text{ übertragen.}$$

Das Rad *20* ist mit einer Walze gekuppelt, die mit einem Gummiüberzug versehen ist. Der Kettbaum *21* klemmt auf Grund seines Eigengewichtes die Kette gegen die Walze, deren Drehung den Kettnachlaß bestimmt. Das Rad *7* ist ein Wechselrad und kann auf einen Einarbeitungsbereich von 4—10% eingestellt werden. Andere Einarbeitungswerte sind in der Regel nicht üblich. Sie lassen sich aber mit dem gleichen Getriebe ohne weitere Schwierigkeiten einstellen.

2. Automatisch regelnde Kettbaumbremsen

Um die individuelle Betätigung und damit die Fehlerquellen auszuschalten, baut man sowohl automatische Bremsen als auch Getriebe, die eine automatische

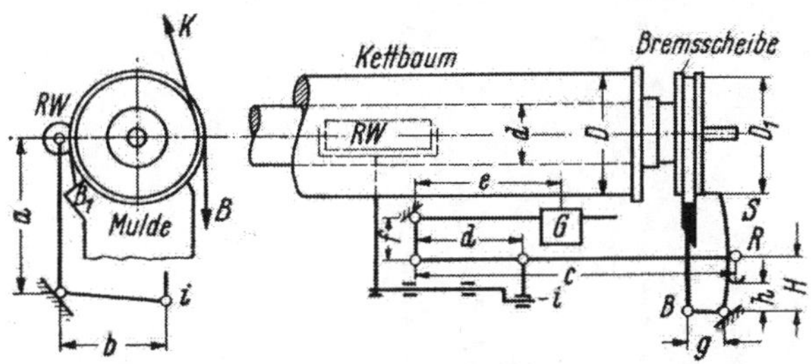

Abb. 59. Schema einer Differential-Band- und Muldenbremse

Schaltung durchführen. Die Getriebe kennen wir unter dem Namen Kettschaltwerke („Kettbaumregulatoren“).

Automatische Bremsen konnten sich nur in der Wollindustrie in bescheidenem Umfange einführen und werden am Kurbel-Buckskin-Webstuhl verwendet.

Abb. 60. Wollwebstuhl mit automatischer Bremse, die dem Schema der Abb. 59 entspricht

Die beiden Modelle, die bekannt wurden, sind:

a) Differential-Band- und Muldenbremse;

b) Differential-Bandbremse.

a) Differential-Band- und Muldenbremse

Die Wirkungsweise der Differentialbremse ist folgende (vgl. Abb. 59):

Die Bremsscheibe liegt direkt auf der Bremsmulde und wird auf etwas mehr als der Hälfte des Umfanges von dem Bremsband B umfaßt. Letzteres ist bei B_1

an der Mulde befestigt und wird entgegengesetzt der Kettbewegungsrichtung von einem Bremsgewicht in Verbindung mit dem dargestellten Hebelwerk belastet. Dieses Hebelwerk besteht aus dem zweiarmigen Gleithebel *S*, dessen kurvenförmiger Teil *H* (mit dem Kurvenradius *c*) senkrecht nach oben steht und durch den Zug der Stange *c* über *g* das Bremsband belastet. Die Belastung wird durch das Gewicht *G* hervorgerufen und wirkt über das Gestänge *e*, *f*, *c*, *H*, *g* und Bremsband *B*. Bei abnehmendem Kettbaumdurchmesser geht die Regulierwalze *RW* einwärts, und das Stängchen *i* senkt den Hebel *c* so, daß die Rolle *R* sich dem Drehpunkt des Belastungshebels nähert.

Das Belastungsgewicht kann der Schußzahl entsprechend verstellt werden.

Der auf das freie Bandende *B* ausgeübte Zug errechnet sich mit:

$$B = G \frac{e}{f} \frac{H}{g} .$$

Das Maß der Verschiebung der Rolle *R* kann aus dem Übersetzungsverhältnis wie folgt bestimmt werden:

Wenn ΔD die Änderung des Durchmessers *D* ist und ΔH die Änderung des Hebels *H*, dann verhält sich

$$\frac{\Delta D}{2} : \Delta H \frac{c}{d} = a : b$$

und die Veränderung des Durchmessers zur Änderung der Hebellänge wie das Gestängeübersetzungsverhältnis

$$\frac{\Delta D}{\Delta H} = 2 \frac{a\,c}{b\,d} .$$

Abb. 61. Automatische Bremse von ASTRA

Dieses Verhältnis $\frac{\Delta D}{\Delta H}$ stellt einen ganz bestimmten Wert dar, durch dessen Größe sich die Übersetzungsverhältnisse leicht bestimmen lassen, indem man die Werte *a* und *b* beispielsweise entsprechend der Höhe der Anordnung des Getriebes zum Kettbaum festlegt und die Werte für *c* und *d* verhältnisgleich berechnet.

Automatische Bremse am ASTRA-Webstuhl (Abb. 61). Der Kettenbaum ist mit seinen Bremsscheiben in bekannter Weise in den Bremsmulden *6* gelagert. Die Bremsung erfolgt mittels Bremsbänder, Bremsstricken oder Bremsketten, welche am Ende *8* der Bremsmulde *6* aufgehängt sind und am anderen Ende von dem im Punkte *9* der Bremsmulde *6* gelagerten Hebel *10* erfaßt werden. Mit dem entgegengesetzten Ende *11* ist der waagerechte Arm des im Punkte *12* gelagerten dreiarmigen Hebels *13* durch ein Gelenkstück verbunden. Durch eine an den nach unten gehenden Arm des dreiarmigen Hebels *13* angelenkte Übertragungsstange *15* wird die gleiche Funktion auf die gegenüberliegende Bremsmulde übertragen.

Am oberen Ende *18* des dreiarmigen Hebels *13* sind die beiden Gleitschienen *19* angelenkt, deren Rolle *20* radial auf dem kurvenförmigen Fortsatz *21* des auf dem Bolzen *22* gelagerten Bremshebels *23* abrollt. Der Bremshebel *23* ist in einem auf dem Hinterriegel *2* befestigten Lagerstück *24* drehbar angeordnet. Bei voll bewickeltem Kettenbaum ist die Fühlrolle *25* in Pfeilrichtung *32* zur Ausschwingung gekommen, wodurch die Fühlerhebel *26*, welche auf der Übertragungsstange *27* sitzen, den Hebel *28* und mit diesem das Fühlgewicht *29* anheben. Hierbei bringt das Fühlgewicht *29*, welches mit seinem Anlenkstück *30* mit den Gleitschienen *19* verbunden ist, letztere mit der Rolle *20* auf dem kurvenförmigen Fortsatz *21* in Richtung des Drehpunktes *22* zur Ausschwingung. Die nunmehr für die entsprechende Warendichte nötige Bremsung wird durch Verschiebung des Bremsgewichtes *31* auf dem Bremshebel *23* eingestellt, und beim Abwickeln der Kette schwingt nun die Fühlrolle in entgegengesetzter Richtung des Pfeiles *32*, bis sie schließlich nach abgewebter Kette gegen den leeren Kettenbaum anliegt. Rolle *20* ist dann auch am unteren Ende des kurvenförmigen Fortsatzes des Gewichtshebels *23* angelangt, so daß das Gewicht *31* jetzt über Gleitschiene *19*, den dreiarmigen Hebel *13* und Bremshebel *10/11* die geringste Bremswirkung auf die Bremsbänder ausübt. Die Kettenspannung bleibt somit ohne Verschieben des Bremsgewichtes *31* auf beiden Seiten konstant.

b) Differential-Bandbremse (Abb. 62)

Das Bremsen geschieht durch die eingezeichneten Bremsbänder, die durch das Gewicht *G* über das Gestänge *1* bis *7* gespannt werden. Bei abnehmendem Kettbaumdurchmesser verschiebt sich die Regulierwalze *RW* über *9* und *10*, die Stange *6* und damit deren Angriffspunkt an *7* nach unten. Dabei wird der wirksame Hebelarm *7* verkürzt und die Bremsspannung läßt nach.

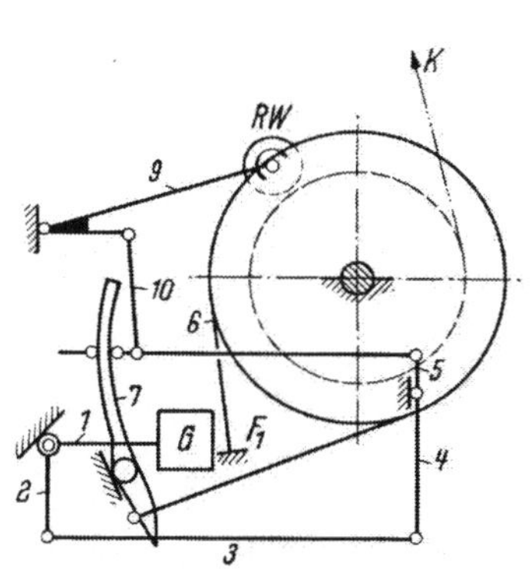

Abb. 62. Differential-Bandbremse

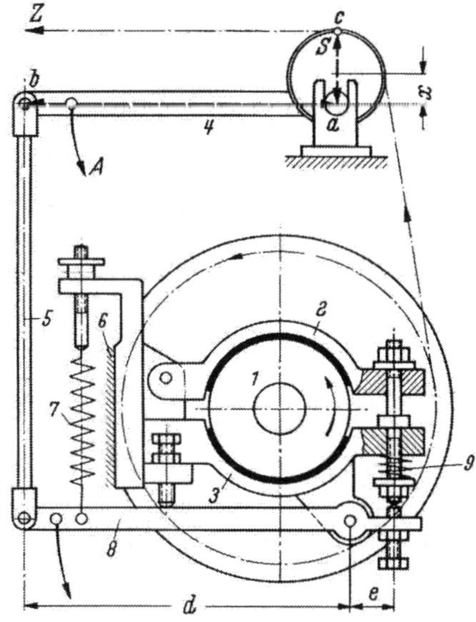

Abb. 63. Kurtz-Bremse

c) Die Kurtz-Bremse[1]

Eine interessante Neukonstruktion zeigt die in der Abb. 63 dargestellte Kurtz-Bremse — eine automatische Kettdämmeinrichtung, die in der Folge noch verschiedene Varianten durch verschiedene Maschinenbauer erfahren hat.

Dieses hier gezeigte Aggregat kann für alle Webstühle als Anbauaggregat verwendet werden.

Eine auf einer Seite mit dem Kettbaum fest verbundene Bremsscheibe *1* ist zwischen zwei mit fast unabnützbaren Belägen versehenen Bremsbacken *2* und *3* so fest eingespannt, daß die zum Weben erforderliche Kettspannung *Z* nicht in der Lage ist, den Kettbaum zu bewegen. Eine Bewegung des Kettbaumes ist erst dann möglich, wenn der Streichriegel, wie auf der Abb. 63 dargestellt, durch den Kettenzug *Z* in der Pfeilrichtung *A* verdreht wird. Der mit dem Streichriegel fest verbundene Hebel *4* und das daran angeschlossene Gestänge *5* folgen der Bewegung und lösen die Bremsbacken ein wenig. Diese Bewegung hört aber sofort wieder auf, wenn der Kettenzug *Z* durch das Nachlassen der Kette verringert und die am Stuhlgestell *6* fest angehängte, in ihrer Spannung aber verstellbare Feder *7* den Bremslösehebel *8* wieder zurückzieht, wodurch die Bremsbacken *2* und *3* die Bremsscheibe *1* wieder blockieren. Gleichzeitig wird dabei der Streichriegel *S* durch das am Bremslösehebel *8* und Streichriegelhebel *4* angeschlossene Gestänge *5* wieder in seine ursprüngliche Stellung (Ruhe-

[1] WEINER: Eine neuartige Kettablaß- und Bremseinrichtung. Melliand Textilber. 2 (1956) S. 163.

stellung) zurückgebracht. Dieser Vorgang wiederholt sich bei jedem Schußeintrag bzw. Blattanschlag. Hieraus ist zu entnehmen, daß die Kettspannung durch die Ausgleichsfeder *7* eingestellt und die Blockierung der Bremsscheibe durch entsprechende Vorspannung der Feder *9* erreicht wird. Die Spannung der Feder *9* bestimmt den Anpreßdruck der Bremsbacken auf die Bremsscheibe.

3. Kettschaltwerke – sog. Kettablaßregulatoren

Im Hinblick auf die bisher aufgezeigte Entwicklung lag es nahe, Getriebe zu entwickeln, die eine selbständige automatische Schaltung vornehmen. So sind die Kettablaßregulatoren entstanden, deren Konstruktionsvarianten heute bei den verschiedensten Modellen anzutreffen sind. Man kann sie nicht alle besprechen. Im Laufe der Entwicklung haben sich jedoch ganz bestimmte Richtlinien in der Wirkungsweise herausgestellt. Dies sind in der *zeitlichen Folge der Entwicklung*:

1. Positiv schaltende Kettablaßregulatoren,
2. kombiniert positiv und negativ schaltende Regulatoren,
3. negativ schaltende Regulatoren.

Für die Besprechung ist es um des besseren Verständnisses willen richtiger, die negativen Schaltwerke vorwegzunehmen.

a) Negativ schaltende Kettablaßregulatoren

Das Wirkungsprinzip dieser Regulatortype ist, daß von einem rhythmisch schwingenden Teil des Webstuhles (z. B. die Schwingung der Ladenstelze oder die Schwingung, die von einem Exzenter auf der Kurbelwelle erzeugt ist) eine Schaltung abgeleitet wird, die durch die *Kettspannung* selbst so reguliert wird, daß eine konstante Kettspannung bei konstantem Schaltbetrag gewährleistet ist.

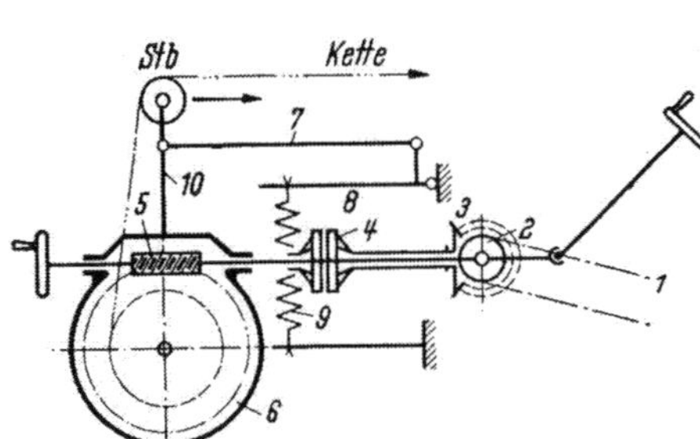

Abb. 64. Negative Kettbaumschaltung

Die prinzipielle Wirkungsweise soll an Hand der Abb. 64 – eine vereinfachte Darstellung einer Erfindung, die in mehreren Patentschriften niedergelegt ist (DRP 408702, 437044, 427955) – gezeigt werden. Hiernach erfolgt der Antrieb durch eine Kette *1*, Kettenrad *2*, Kegelräderpaar *3* auf eine Kupplungshälfte *4*, welche dauernd läuft. Die notwendige Kettspannung wird durch eine Feder *9* über das Gestänge *8*, *7*, *10* erzeugt. Die Kettschaltung wird durch die andere Kupplungshälfte, durch Schnecke und Schneckenrad, eingeleitet. Bei steigender Kettspannung bewegt sich der Streichbaum *Stb* in Pfeilrichtung, und die beiden Kupplungshälften kommen in Berührung miteinander. Der erhöhte Kettnachluß wird somit eingeleitet.

1. Negatives Kettschaltwerk am Tuchwebstuhl. Am Tuchwebstuhl sind negative Schaltwerke besonders vorteilhaft, da die Schußdichte in ihrer Konstanz in weitem Maße auch von der Kettspannung abhängig ist. Bei Tuchware ist schon ein geringfügiger Unterschied von schlechtem Einfluß auf die Güte der Ware.

Die Abb. 65 und 66 zeigen eine Konstruktion am Lentz-Webstuhl für die Herstellung von Wollware.

Von der Kurbelwelle erhalten die vier Nockenscheiben *1* ihren Antrieb im Verhältnis 1:1, und dadurch wird auf den Schwinghebel *3* eine Schwingbewegung übertragen, die auf die Rolle *4* vermittelt wird, wenn die Rolle *4* im Bereich der Schwingungen liegt. Wird die Schwingung auf *4* übertragen, so erhält die senkrechte Welle *8* Drehung durch ein Klinkrad und durch Klinken. Diese Drehung wird durch *7*, *9* und *11* auf den Kettbaum übertragen. Der Kettbaum gibt Kette nach. Ob die gekennzeichnete Rolle *4* im Bereich der Schwingung von *3* liegt, richtet sich nach der jeweiligen Kettspannung. Im Augenblick einer geringfügigen Kettspannungsänderung wird der Streichbaum *12* unter dem Einfluß der Kettspannung entgegen der Wirkung des Gewichtes *19* niedergedrückt. Über *15*, *16* wird die Bewegung so nach *4* übertragen, daß *4* weiter in den Bereich der Schwingbewegung von *3* kommt, so daß ein größerer Schaltbetrag ausgenutzt wird. Jetzt reduziert sich die Spannung wieder. Dies erfolgt in einem dauernden Wechselspiel.

Die vier Nockenscheiben *1* erlauben ein Rückwärtsweben bis zu vier Schuß ohne Schaltung. Um auch beim Ladenanschlag eine starre Lagerung des Streichbaumes zu erhalten, wird in diesem Augenblick durch den Bremsschuh *21* der Hebel *15* festgestellt.

Trotz der schwebenden Anordnung des Streichbaumes ist nicht von der Schwingbewegung des Baumes, die bei größerer Schäftezahl zur Kompensierung der Spannungen dringend notwendig ist, abgegangen worden.

Abb. 65. Negative Kettbaumschaltung von Lentz

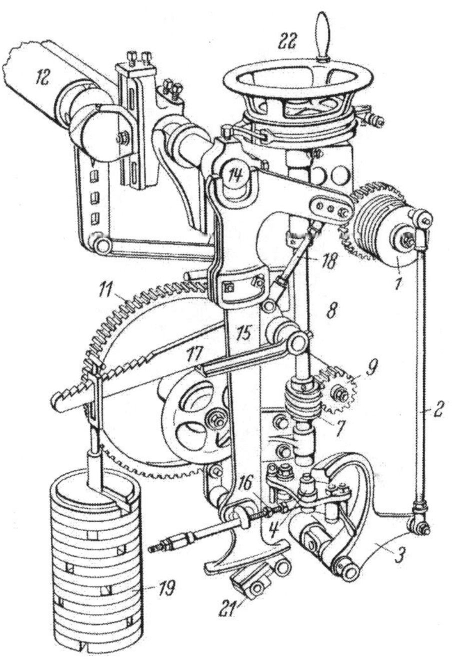

Abb. 66. Perspektivische Darstellung der Abb. 65

Auf der dem Schaltgetriebe gegenüberliegenden Kettbaumseite ist noch eine Bandbremse angeordnet, deren Aufgabe es ist, den Kettbaumregulator, insbesondere die Schnecke *7*, zu entlasten.

2. Negatives Kettschaltwerk von Saurer. Die Wirkungsweise dieser viel verwendeten Vorrichtung geht aus der Abb. 67a—d hervor (Schweizer Patent Nr. 263932 — Saurer).

Der Fadenzug der Kette *8* erzeugt ein auf den Kettbaum *1* im Uhrzeigersinn wirkendes Drehmoment (Abb. 67a u. c). Diesem Drehmoment hält die Feder *16* das Gleichgewicht, deren Kraft über die Hebel *11*, *13* und die Verbindungslasche *14* auf das Gehäuse *5* wirkt, welches durch die Schnecke *6*, das Schneckenrad *4* und das Wellenstück *2* mit dem Kettbaum *1* verbunden ist. Bei vollem Kettbaum nehmen die verschiedenen Organe die in Abb. 67a u. b gezeigte Lage ein. Mit abnehmendem Kettbaumdurchmesser verschwenkt sich der Fühlerhebel *21* und damit der auf der gleichen Welle *20* sitzende Hebel *22* im Uhrzeigersinn, so daß das Bremssegment *24* durch den Bügel *23* langsam in Richtung auf den Drehzapfen *10* des Hebels *11* bewegt wird. Unter Einfluß der parallel zur Zahnstangenabrollbahn des Hebels *11* wirkenden Kraftkomponente der Feder *16* (die Richtung der Federkraft und die Abrollbahn schließen einen spitzen Winkel ein) rollt dabei der Zapfen *27* auf den Zahnrädern *18* ebenfalls in Richtung gegen die Drehachse *10* des Hebels *11*, so daß die Bremsscheibe *19* dauernd auf dem Bremssegment *24* aufläuft. Bei ganz abgelaufenem Kettbaum *1* wird die in Abb. 67c gezeigte Lage der Organe erreicht.

Bei der Ausführungsform entsprechend der Abb. 67d ist an Stelle des in Abb. 67a—c gezeigten Bremssegmentes *24* am Bügel *23* die Klinke *25* vorgesehen. Die kreiszylindrische Scheibe *19* ist hier durch die als Klinkenzahnrad ausgebildete Scheibe *26* ersetzt, wobei die am Zapfen *17* angreifende Feder *16* nicht dargestellt ist. Bei dieser Ausführung greift die Klinke *25* des Bügels *23* in entsprechende Zahnlücken des Klinkenrades *26*. Das Klinkenzahnrad *26* wird an der Drehung im Uhrzeigersinn so lange verhindert, bis, der Verkleinerung des Kettbaumdurchmessers entsprechend, der Fühler *21* unter Wirkung der Feder *28* über die Hebel *22*, *23* jeweils die Klinke *25* aus der entsprechenden Zahnlücke des Rades *26* herauszieht, wobei dann infolge der bereits beschriebenen Wirkung der Federkraftkomponente der Zapfen *27* in Richtung gegen die Drehachse *10* des Hebels *11* rollt, bis der nächste Zahn des Klinkenzahnrades *26* wieder an der Klinke *25* ansteht.

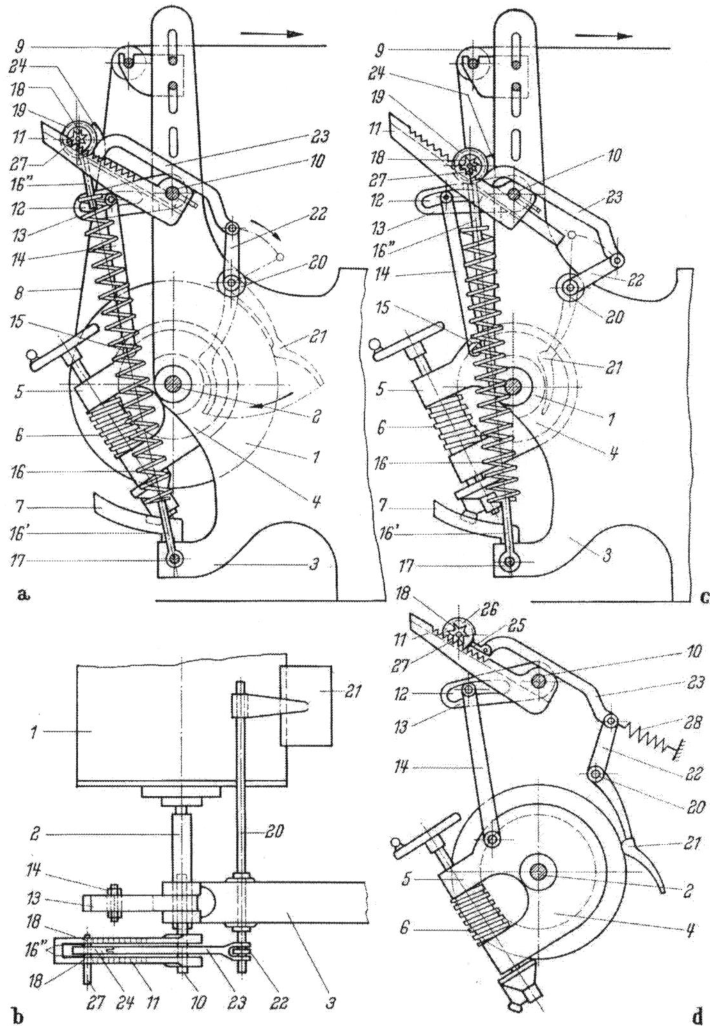

Abb. 67a—d. Negative Schaltung der Kette nach Saurer

Während der langsamen Verschiebung des Federanlenkzapfens *27* von der einen in die andere Endlage wird die Feder *16* stetig entspannt, und gleichzeitig nimmt die wirksame Hebelarmlänge bezüglich der Drehachse *10* ab, so daß das auf den Kettbaum *1* wirkende Bremsmoment kontinuierlich kleiner wird. Die Federcharakteristik und die Hebelübersetzung des Fühlers *21* sind so gewählt, daß dieses Drehmoment mindestens annähernd proportional mit dem Kettbaumdurchmesser abnimmt, daß also die Spannung der Kettfäden *8* dauernd ungefähr konstant bleibt. Die absolute Stärke dieser Fadenspannung kann dabei begrenzt durch Verschieben des oberen Anlenkpunktes der Lasche *14* im Schlitz *12* des Hebels *13* verändert werden.

Da bei der Ausführungsform nach den Abb. 67a—c durch das mit dem Fühler *21* verbundene Bremssegment *24* die Drehbewegung der Scheibe *19* und damit des Zapfens *27* erschwert wird, gelangt nur ein Bruchteil der parallel zum Hebel *11* wirkenden Federkraftkomponente am Fühler *21* zur Wirkung. Durch Vergrößerung des Durchmessers der Scheibe *19* gegenüber demjenigen des Abwälzkreises der Zahnräder *18* (gemäß Zeichnung ist er schon wesentlich größer) kann dieser Anteil weiter verkleinert werden. Bei der Ausführungsform nach Abb. 67d nimmt der Fühler *21* überhaupt keinen Anteil dieser Federkraftkomponente auf und liegt somit nur mit der schwachen Kraft der Zusatzfeder *28* am Kettbaum an. Auf Grund dieser Eigenschaften werden bei den beschriebenen Kettenspannvorrichtungen die Kettfäden weitgehend geschont.

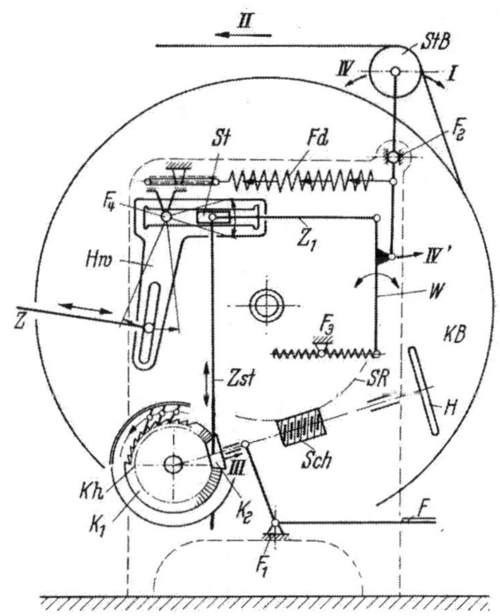

Abb. 68. Negative Schaltung nach Jaeggli

3. Negativ arbeitendes Schaltwerk von Jaeggli. Unter Bezugnahme auf die Abb. 68[1] kann die Wirkungsweise der Konstruktion von Jaeggli wie folgt erklärt werden:

Die regelmäßige Schaltung erfolgt durch die Schwingbewegung bei *Z* über *Hw*, mit dem Drehpunkt F_4, weiter über *St*, *Zst*, *Kh* zum Kettbaum. Die Schaltbeeinflussung erfolgt durch die Kettbespannung.

Bei Kettspannungszunahme wird der Streichbaum entgegen der Wirkung der Feder *Fd* in Pfeilrichtung *IV* gezogen. Hierdurch wird das Gleitstück innerhalb der Kulisse von *Hw* nach rechts verschoben, so daß der Schalthub größer wird.

b) Positiv schaltende Kettablaßregulatoren

Hierunter sind die Kettnachlaßvorrichtungen zu verstehen, die von der Kettspannung gänzlich unabhängig sind und nach einem mathematischen Gesetz so schalten, daß durch die Schaltgröße die Durchmesserabnahme gänzlich ausgeglichen wird.

Dabei unterscheidet man grundsätzlich solche Getriebe, die

a) ihren Antrieb von der Ladenstelze oder von einem Exzenter erhalten und demgemäß intermittierend schalten und

b) die ihren Antrieb durch Zahnräder oder Kettentrieb erhalten.

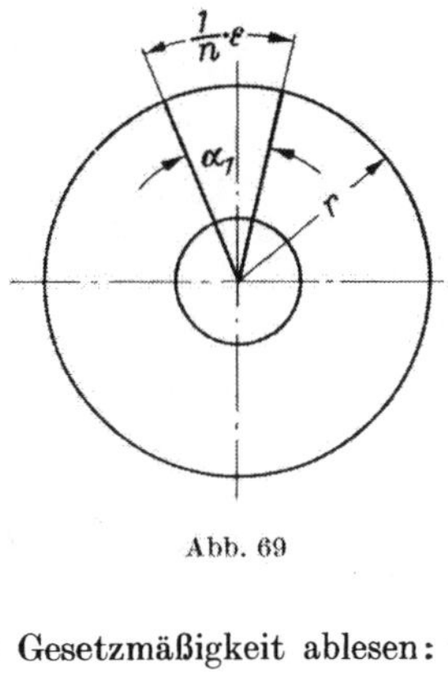

Beim direkt wirkenden Regulator muß man sich bei der Erfassung des Getriebes über die Gesetzmäßigkeit klarwerden, um zu erkennen, wann ein solches Getriebe einwandfrei arbeitet.

Abb. 69

Beim Abwickeln der Kette während des Arbeitsprozesses werden die Garnschichten auf dem Kettbaum dauernd vermindert. Nach Abb. 69 kann man bei diesem Vorgang folgende Gesetzmäßigkeit ablesen:

Es bedeuten:

n Schußzahl/Maßeinheit,
ε Einarbeitungskoeffizient (für die einzelnen Gewebe verschieden),
α_1 Schaltwinkel,
r veränderlicher Radius des Kettbaumes.

[1] Weigel: Messebericht. Textil-Praxis 1956.

Beim Schaltwinkel, bei einer Umdrehung des Stuhles, muß eine Kettlänge $\frac{1}{n}\varepsilon$ abgelassen werden.

Dabei läßt sich folgende Proportion aufstellen:

$$\frac{\alpha_1}{360} = \frac{1\,\varepsilon}{n\,2\,\pi\,r},$$

dann wird:

$$\alpha_1 = \frac{180}{\pi}\,\frac{\varepsilon}{r\,n}. \tag{1}$$

Setzt man die konstanten Größen

$$\frac{180\,\varepsilon}{n\,\pi} = c = \text{const},$$

so ist

$$\alpha_1 = \frac{c}{r}, \quad \text{d. h. eine Hyperbel.}$$

Man erkennt hieraus, daß die Schaltgröße bei abnehmendem Kettbaumdurchmesser hyperbolisch zunehmen muß. Unter Berücksichtigung dieses Gesetzes sind die Schaltgetriebe der positiven Regulatoren durchweg nach der Anordnung der Abb. 70 gebaut:

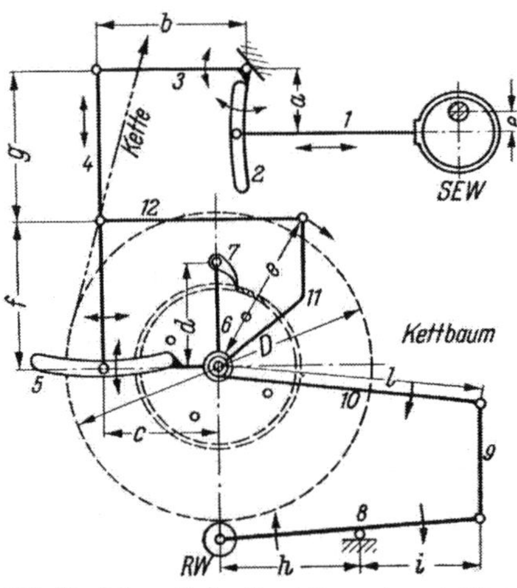

Abb. 70. Schematische Darstellung einer positiven Schaltung des Kettbaumes

In das Schalthebelsystem ist ein Schlitzhebel *5* eingebaut, dessen Bolzen sich dem Drehpunkt in dem Maße nähert, wie der Garnkörper an Durchmesser abnimmt. Dabei wird diese Bewegung durch die Regulierwalze *RW* eingeleitet, durch deren Bewegung über *8, 9, 10, 11, 12* der Hebel *4* in der Kulisse verschoben wird. Die Schaltung wird durch einen Exzenter auf der Schlagexzenterwelle *SEW* über *1, 2, 3, 4, 5, 6* und Schaltklinken *7* ausgeführt. Der Bolzen in der Kulisse *2* ist, der Schußdichte entsprechend, verstellbar.

Damit eine gute Übereinstimmung zwischen dem Schaltwinkel und dem jeweiligen Kettbaumdurchmesser besteht, muß das Verhältnis des Übersetzungsgestänges richtig gewählt werden.

Die Konstruktionsbedingung sei an Hand der Abb. 70 beschrieben:

Bei jedem Hub des Exzenters wird dem Schaltrad eine Drehung von der Größe

$$\frac{2\,e\,b\,d}{a\,c} \quad \text{erteilt.}$$

Diese Schaltung ist wertmäßig zu groß, um sofort auf den Kettbaum übertragen zu werden. Zwischen Schaltrad und Kettbaum ist immer noch eine Untersetzung eingebaut. Ist t die Teilung des Schaltrades, dann ist der vom Schaltrad aufgenommene Hub

$$H = r\,t + a$$

($a < t$ bei Anwendung mehrerer Teilklinken)

$$\frac{2\,e\,b\,d}{a\,c} = r\,t + a = H.$$

Wenn i die Untersetzung zum Kettbaum ist, dann ist $H\,i$ der Betrag an Schaltung, bei dem ein Kettstück von der Größe $1/n\,\varepsilon$ aufgewunden wird. Es verhält sich demnach:

$$\frac{1}{n}\varepsilon : H\,i = D : S,$$

wenn S der Durchmesser des Schaltrades ist,

$$\frac{1}{n}\varepsilon = H\,i\,\frac{D}{S},$$

$$\frac{1}{n}\varepsilon = \frac{2\,e\,b\,d\,i\,D}{a\,c\,S}$$

Alle Werte bis auf D und c sind konstante Werte. Für $1/n\,\varepsilon = \text{const}$ muß also bei einer Änderung von D' auch eine Änderung von c erfolgen, damit auch D/c konstant bleibt.

Dies gilt für einen Anfangsdurchmesser D und für jeden weiteren D'

$$\frac{1}{n}\varepsilon = \frac{D}{c} = \frac{D'}{c'} \quad \text{oder} \quad \frac{D}{D'} = \frac{c}{c'}.$$

Der Hub der Regulierwalze RW bei einer Durchmesserabnahme von D auf D' ist $(D - D')/2$. Man kann deshalb vorteilhaft schreiben:

$$\frac{D - D'}{D'} = \frac{c - c'}{c'},$$

$$\frac{D - D'}{c - c'} = \frac{D'}{c'} = \frac{D}{c} = K,$$

$$c - c' = \frac{D - D'}{2}\,\frac{i}{h}\,\frac{l}{e}\,\frac{f+g}{g},$$

dies entspricht

$$c - c' = \frac{D - D'}{K}.$$

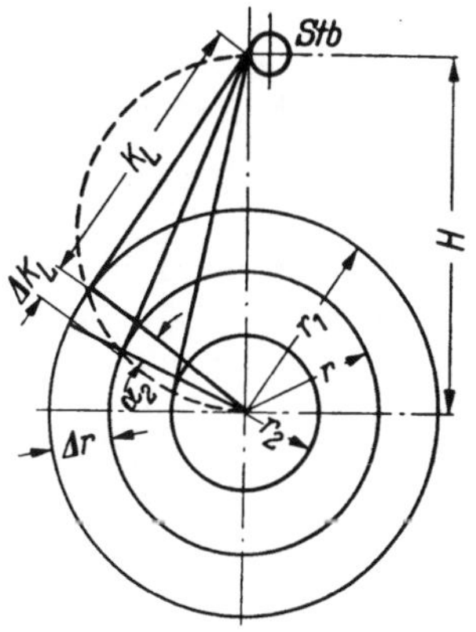

Die Konstruktionsbedingung heißt also:

Das Hebelverhältnis muß sein:

$$\frac{i\,l\,(f+g)}{2\,h\,e\,g} = \frac{1}{K}.$$

Abb. 71

(Für K wählt man am besten die Zahl 2.)

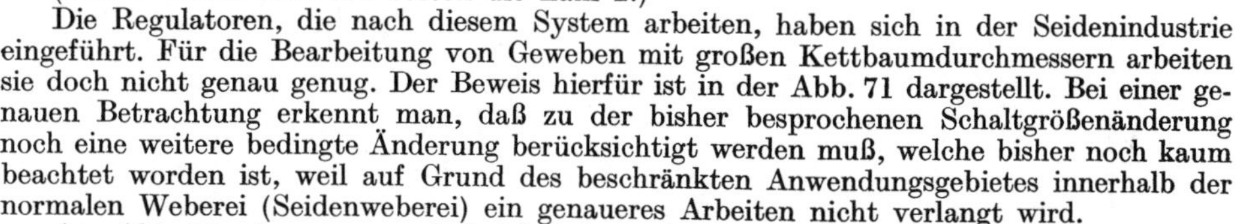

Die Regulatoren, die nach diesem System arbeiten, haben sich in der Seidenindustrie eingeführt. Für die Bearbeitung von Geweben mit großen Kettbaumdurchmessern arbeiten sie doch nicht genau genug. Der Beweis hierfür ist in der Abb. 71 dargestellt. Bei einer genauen Betrachtung erkennt man, daß zu der bisher besprochenen Schaltgrößenänderung noch eine weitere bedingte Änderung berücksichtigt werden muß, welche bisher noch kaum beachtet worden ist, weil auf Grund des beschränkten Anwendungsgebietes innerhalb der normalen Weberei (Seidenweberei) ein genaueres Arbeiten nicht verlangt wird.

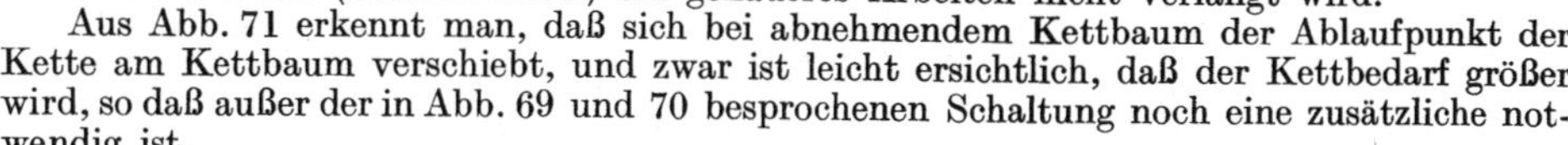

Aus Abb. 71 erkennt man, daß sich bei abnehmendem Kettbaum der Ablaufpunkt der Kette am Kettbaum verschiebt, und zwar ist leicht ersichtlich, daß der Kettbedarf größer wird, so daß außer der in Abb. 69 und 70 besprochenen Schaltung noch eine zusätzliche notwendig ist.

Um die Verhältnisse zu ermitteln, seien die Größen folgendermaßen genannt:

r; r_1; r_2 veränderlicher Kettbaumradius,
Δr die Verminderung des Kettbaumradius,
K_L die freie Kettlänge,
ΔK_L die Verlängerung der Größe K_L,
α_2 Schaltwinkel,
H freier Abstand des Streichbaumes vom Kettbaumlager.

Es ist:

$$\alpha_2 = \frac{180 \cdot \Delta K_L}{\pi r}, \tag{2}$$

ferner ist nach dem Pythagoras:

$$K_L = \sqrt{H^2 - r^2} - \Delta K_L$$

und

$$K_L = \sqrt{H^2 - (r + \Delta r)^2}.$$

Beide Werte gleichgesetzt, vereinfacht und die Glieder ΔK_L^2 und Δr^2 wegen ihrer Kleinheit vernachlässigt ergibt:

$$\Delta K_L = \frac{r}{\sqrt{H^2 - r^2}}\,\Delta r.$$

Diesen Wert in Gl. (2) eingesetzt ergibt:

$$\alpha_2 = \frac{180}{\pi}\,\frac{\Delta r}{\sqrt{H^2 - r^2}}. \tag{3}$$

Die gesamte erforderliche Abwicklung beträgt demnach

$$\alpha_{ges} = \alpha_1 + \alpha_2 = \frac{180}{\pi}\left(\frac{\varepsilon}{n\,r} + \frac{\Delta r}{\sqrt{H^2 - r^2}}\right). \qquad (4)$$

Dies ist eine grundlegende Gleichung für Kettablaßvorrichtungen, wobei alle vorkommenden Veränderungen berücksichtigt worden sind. Weniger schön ist hierbei, daß sich der gefundene Schaltwinkel nicht getriebetechnisch verwirklichen läßt, da das Gesetz kein einfaches Grundgesetz ist.

c) Kombiniert positiv und negativ arbeitende Kettablaßregulatoren

Prinzip: Das in der Zeichnung Abb. 72 dargestellte Regulatorprinzip darf den Anspruch erheben, einen vollständigen Spannungsausgleich zu erzielen.

Die Wirkungsweise ist folgende:

Die Schaltung wird durch die Ladenstelze erzeugt, die ihre hin- und hergehende Bewegung über *1, 2, 3, 4, 5, 6, 7* auf die Schaltklinken überträgt. Dabei dreht sich *2* um den Momentandrehpunkt *18* und *5* um den Momentandrehpunkt *13*. Die Regulierung bei abnehmendem Kettbaumdurchmesser geschieht durch die Regulierwalze *RW*, die ihre Drehung über *8, 9, 10* und *11* so überträgt, daß *12* den Momentandrehpunkt *13* nach unten verlagert, so daß die Schaltung allmählich größer wird.

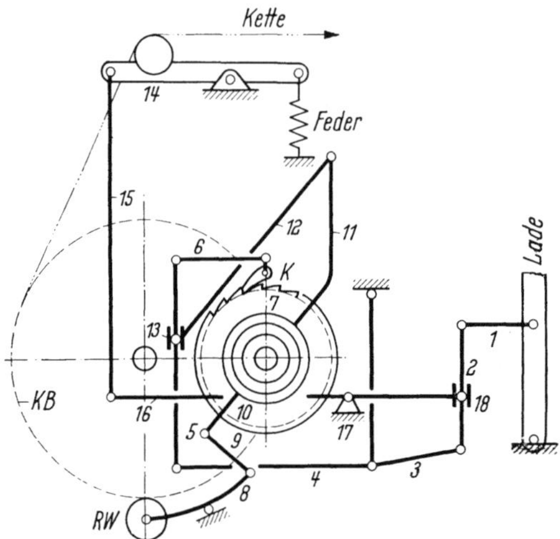

Abb. 72. Prinzip des kombiniert positiv und negativ schaltenden Kettbaumregulators

Die bisher besprochene Einrichtung entspricht derjenigen der Abb. 70. Der [entsprechend der Gl. (4)] noch zu regulierende Restbetrag wird durch den Streichbaum *14* geschaltet, der als schwebender Streichbaum angeordnet ist. Bei Kettstraffung z. B. wird der Streichbaum durch die Kettspannung niedergedrückt und verlagert mit Hilfe von *15* durch Drehung von *16* um *17* den Momentandrehpunkt *18* nach unten, so daß der Schaltbetrag größer wird.

Dieser Vorstoß ist sehr interessant, und die Sicherheit der Arbeitsweise ist 100%. Trotzdem ist das Ergebnis eine unnötige Umständlichkeit, denn, als man mit der Anordnung nach Abb. 70 keinen vollen Erfolg erzielte, griff man, für die noch verbleibende Unregelmäßigkeit, zu einem Getriebe, das im Prinzip nach der Darstellung in Abb. 64 arbeitet und dessen Konstruktionsprinzip man überwinden wollte. Beide Getriebe wurden dann geschickt kombiniert. Man vergaß aber ganz, daß damit rein theoretisch das ganze Getriebe, der positiven Regulator überflüssig wurde.

Man kann sich (bei entsprechender Änderung der Hebelverhältnisse) ohne Beeinträchtigung der Arbeitsweise aus Abb. 72 die Teile *RW, 8, 9, 10, 11, 12* wegdenken; denn, wird auf Grund des abnehmenden Kettbaumdurchmessers der Schaltbedarf bzw. der Kettbedarf größer, so wird ja sowieso durch das Niedergehen des Streichbaumes der Momentandrehpunkt *18* so verlagert, daß die Schaltung größer wird.

Auf Grund dieser Erkenntnis steht der Verfasser auf dem Standpunkt, daß das Streben nach Vervollkommnung des positiven Regulators für Webstühle, auf denen nur glatt gewebte Ware hergestellt wird, unnütz ist. Die negativen Regulatoren erfüllen die gestellte Forderung, eine laufende Schußzahlkontrolle überflüssig zu machen, bei einfachster Arbeitsweise vollkommen. Der positive Regulator hat nur da eine Bedeutung, wo für die Herstellung von Frottierschlingen eine Polkette schneller geliefert werden soll als die Grundkette.

Ausführungsform eines kombiniert wirkenden Schaltwerkes (Engels)

Während die Abb. 72 nur die schematische Wirkungsweise darstellen sollte und mit den wirklichen Ausführungen nur sehr wenig ähnlich ist, zeigt die Abb. 73 eine Ausführung.

Von der schwingenden Ladenstelze *1* wird über *2* auf das Einstellstück *3*, das auf *2* festsitzt und auf *4* gleitet, eine hin- und hergehende Bewegung übertragen. Diese Bewegung wird nach *5* und *4* weitergeleitet, wenn der Keil *22* zwischen *3* und *5* ohne jegliches Spiel

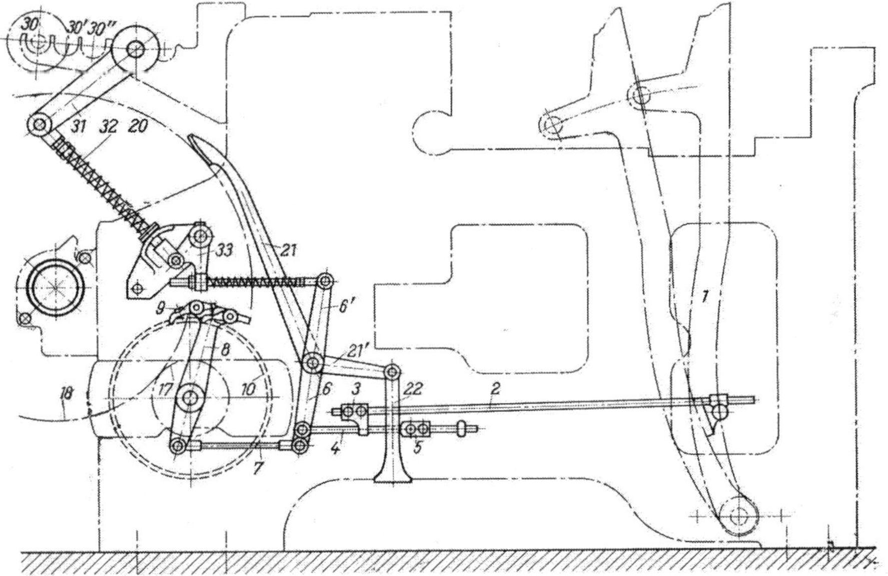

Abb. 73. Kettschaltwerk (Engels)

liegt. Die Größe des toten Hubes ist abhängig von der jeweiligen Einstellung des Keiles *22* sowie von der jeweiligen Stellung des Einstellstückes *5*. Der tatsächliche Schaltbetrag, der aus den jeweiligen Stellungen *22* und *25* resultiert, wird über *4*, *7*, *8* mit Hilfe der Klinken *9* auf das Schaltrad übertragen. Vom Schaltrad zum Kettbaum ist eine hier nicht dargestellte Untersetzung mit Hilfe eines Planetenradgetriebes eingebaut.

Bei abnehmendem Kettbaum muß die Größe der Schaltung zunehmen. Die hierfür notwendige Schaltbeeinflussung erfolgt durch einen, den Kettbaum abtastenden Hebel *21*, indem über *21* der Keil *22* angehoben wird. Hierdurch wird das tote Schaltspiel des Anschlages *3* reduziert. Die Schaltgröße wird außerdem beeinflußt, wenn Kettspannungsschwankungen unbekannter Ursachen und solcher, die oben dargestellt wurden, auftreten. Wird bei einer geringfügigen Kettspannungsänderung (Zunahme) der Streichbaum *30* abwärts gedrückt, so wird über *31*, *32*, *33*, *34*, *6'* und *6*, weiterhin *4* so beeinflußt, daß sich das Einstellstück *5* etwas nach links bewegt und ebenfalls den toten Hub verkleinert und augenblicklich die Schaltung vergrößert.

Die verschiedenen Aussparungen am Streichbaumhebel *30*, *30'*, *30''* sind für verschiedene Kettgrundspannungen vorgesehen. Bei mittelschwerer Ware verschiebt man den Streichbaum nach *30'*, bei schwerer Ware nach *30''*.

II. Warenaufwindevorrichtungen (Warenbaumregulatoren)

Die Aufgabe dieser allgemein als Warenbaumregulatoren bezeichneten Schaltgetriebe ist die Aufwicklung bzw. Abführung des jeweilig fertiggestellten Gewebeteiles.

Zum Unterschied von den Kettschaltwerken sind sie stets aktiv wirkende Getriebeaggregate, deren *mechanische* Leistung in der Vorwärtsbewegung der unter Spannung stehenden Kettfäden besteht und, die neben dieser Tätigkeit auch die *technologische* Einflußnahme auf das herzustellende Gewebe in dem Sinne ausüben, daß sie gemeinsam mit der Kettablaßvorrichtung eine bestimmte *Art der Schußfadenaneinanderfügung* und die Unterbringung einer bestimmten *Anzahl von Schußfäden* in der Längsrichtung des Gewebes erzielen.

Obwohl der Erfolg dieser technologischen Einflußnahme stets als das Resultat beider an der Kettschaltung sich beteiligenden Getriebeaggregate — Kettablaß- und Warenaufwindevorrichtung — anzusehen ist, wird doch dieser Zusammenhang allzuhäufig übersehen und es werden Arbeitseigenschaften, die dem Gesamtschaltgetriebe zuzuschreiben sind, als wesentliche Merkmale des Warenbaumregulators gedeutet, wodurch eine Charakteristik des letzteren geschaffen wird, die mit den Tatsachen in direktem Widerspruch steht. Hierzu wird man verleitet durch die Erkenntnis, daß in einigen praktisch hervortretenden Fällen die Kettablaßvorrichtung eine mehr passive Rolle spielt und die Einflußnahme zum größten Teil dem Warenbaumregulator zufällt.

Die Tatsache, daß der Warenbaumregulator bei gleicher technischer Anordnung je nach Maßgabe des ihm zugeteilten Kettenablaßaggregates seine technologische Arbeitsweise wechseln kann, bringt es mit sich, daß sich der technologische Charakter nicht mit dem konstruktiven Gepräge deckt. Eine Differenzierung der verschiedenen Systeme nach dem technologischen Charakter — wie dies im allgemeinen üblich ist — kann den Typus des Regulators nicht genügend scharf und einwandfrei kennzeichnen. Eine Unterscheidung der verschiedenen Regulatoranordnungen auf Grundlage des individuellen technisch-konstruktiven Aufbaues bietet dagegen absolute Gewähr für einwandfreie Kennzeichnung.

Die Aufgabe der nachfolgenden Darstellungen ist, in einer genau abgewägten Erörterung eine Klassifizierung nach absolutem technischem Aufbau festzulegen, um die oftmals zu Irrtümern führende Differenzierung nach relativen technologischen Gesichtspunkten zu ersetzen. Es wird dabei Wert darauf gelegt, daß die für die Praxis wesentlichen technologischen Eigenschaften nicht zurückgedrängt werden sollen. Der technologische Charakter läßt sich ja auch erst aus dem Zusammenwirken mit dem Kettablaßgetriebe sicher erschließen, und hieraus ergibt sich erst eine strengere Auffassung und sicherere Beurteilung dieser Getriebe.

Der Schußabstand

Um für die technologische Beurteilung des wesentlichsten Ergebnisses der Arbeitsführung des Regulators — des Schußabstandes — zu erhalten, möge der technische Aufbau eines einfachen Gewebes näher betrachtet werden. Die Abb. 74 zeigt den Schnitt und die Draufsicht eines leinwandbindigen Gewebes in schematischer Ansicht. Es interessiert einmal der Verlauf der Kettfäden K_1 und K_2 und der Abstand a der Schußfäden S_1, S_2, . . .

Wie erkenntlich und hier ersichtlich, wird jeder einzelne Faden sowohl in Kett- und Schußrichtung periodisch wiederkehrend abgewinkelt. Die Anzahl und Verteilung dieser Abwinkelungen ist von der Art der Verflechtung — Bindung — abhängig und wird je nach der vorhandenen Fadenspannung des einen oder anderen Systems größer oder kleiner sein.

Es ist ebenfalls aus der Abb. 74 zu ersehen, daß durch diese Verflechtung eine genaue Parallellage der Schußfäden nicht erwartet werden kann; ebensowenig wird man eine vollkommene Anlage des Schußfadens an den zuletzt eingetragenen Schußfaden erzielen können. Jedoch sind zwei Unterschiede prinzipieller Art denkbar. Dies erhellt aus einem Vergleich mit der Abb. 75, in der eine Folge verschieden starker Schußfäden in einem Gewebe dargestellt ist, zum Unterschied zur Abb. 76. Während in der Abb. 75 die Abstände a der einzelnen Schußfäden gleichbleibend sind, ergeben sich für die freien Zwischenräume e unterschiedliche Werte $e_1, e_2, \ldots$ Die Schußfäden erhalten bei einer derartigen Schußlage stets den gleichen Raum im Gewebe zugewiesen, ohne Rücksicht auf die jeweilige Dicke. Die einzelnen Schüsse werden also auf die Längeneinheit gleichmäßig verteilt, und die Ware zeigt ein gleichmäßiges Gefüge, sofern die Schußstärken untereinander absolut gleich sind. Es werden dann entsprechend Abb. 75 nicht nur die Abstände a, sondern auch die Zwischenräume e gleich sein. Wechseln aber dickere und dünnere Schußfäden in unregelmäßiger Folge, wie dies die Abb. 75 zeigt, miteinander, so gibt eine derartige Aneinanderreihung dem Gewebe ein streifiges, bandiges Aussehen, weil sich an den Stellen, wo dickere Schußfäden zusammenkommen, Materialanhäufungen einstellen, während dort, wo einige dünnere Schußfäden nacheinander eingetragen werden, das Gewebe schütter wird. Diese Möglichkeit ist z. B. bei Verwendung von Streichgarn als Schußmaterial gegeben.

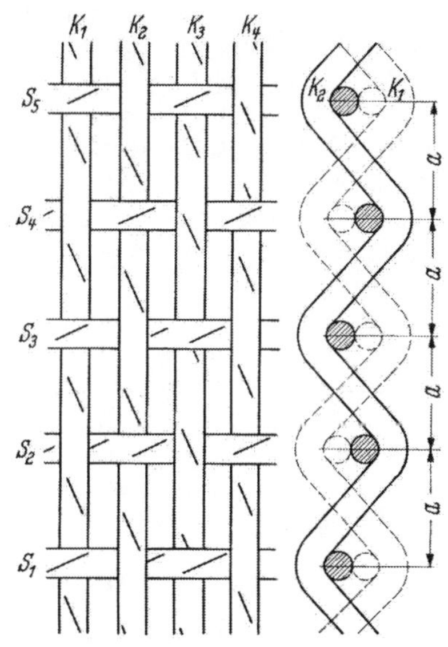

Abb. 74. Schnitt durch ein Gewebe in Leinwandbindung und Draufsicht bei gleichem Abstand der Fadenmitten

Man begegnet diesem Übelstand, indem man nicht eine regelmäßige Verteilung der Schußfäden auf die Längeneinheit der Kettfäden, sondern eine in stets gleichbleibendem Betrag sich vollziehende Annäherung derselben aneinander erzielt. Dies zeigt die Abb. 76. Die Abstände b je zweier benachbarter Randebenen der Schußquerschnitte sind überall die gleichen. So wird an jenen Stellen, wo stärkere Schußfäden eingetragen werden, eine geringere Schußdichte erfolgen als an jenen Stellen mit dünnerem Schuß.

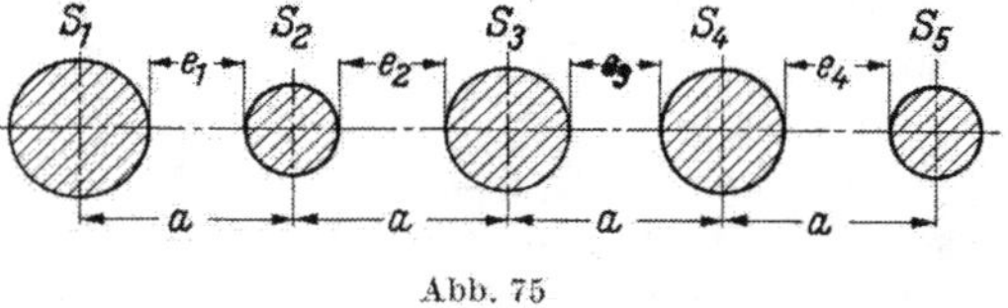

Abb. 75

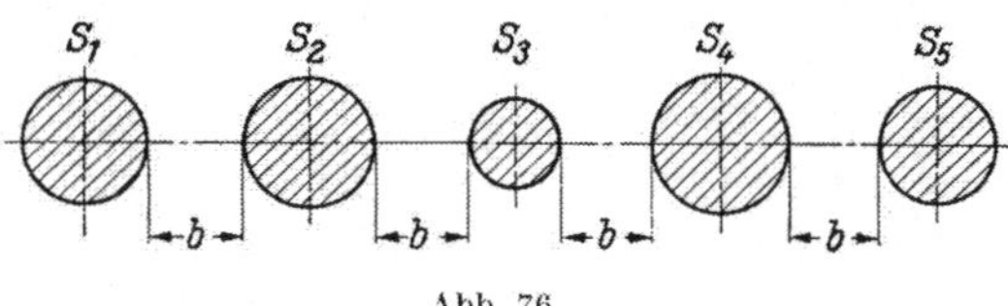

Abb. 76

Die Schußlage nach Abb. 75 möge folgend als „gleichstufig“ und die Schußlage nach der Abb. 76 als „anschließend“ bezeichnet werden. Die Abb. 76 zeigt, daß für diese Schußlage eine regelmäßig fortschreitende und stets mit gleichem Betrag stattfindende Kettschaltung notwendig ist, während für die zweite Art der Schußlage die Kettschaltung sich nach der jeweiligen Schußfadenstärke richten muß.

Man ersieht aus der prinzipiellen Entwicklung, daß ein Regulator, der die gleichstufige Schußlage herbeizuführen hat, für jede Phase des Webstuhlganges einen gleichbleibenden Betrag an Gewebelänge aufwickeln muß, während sich die Tätigkeit eines Regulators mit anschließender Schußlage auf die Aufnahme des ihm von der Lade überwiesenen Gewebeteiles bzw. des in verschiedener Zeit, aber in bestimmtem Ausmaße fertiggestellten Warenbetrages beschränken muß. Die Wahl des einen oder des anderen Verfahrens ist von den jeweiligen besonderen Verhältnissen abhängig. Dem Kettschaltgetriebe bleibt dann die Aufgabe überlassen, den gewünschten Vorgang zu ermöglichen. Die richtige Wahl des einen oder anderen Verfahrens kann in groben Zügen wie folgt gekennzeichnet werden: Ist z. B. das Gewebe mit einer durch die Bindung zu erzielenden Musterung zu versehen (gemusterte Gewebe, Jacquardgewebe usw.), so ist zur Herbeiführung eines gleichmäßigen Warenaussehens, gleicher Figurengröße, gleichbleibender Richtung der Köperlinien usw., die gleichstufige Schußanlage zweckmäßig. Dies gilt gleichermaßen für billige, nach der Schußdichte genau kalkulierte Stapelartikel, für Druckware und andere, während Gewebe, welche gewalkt werden, Strichappretur bekommen oder keinen durch die Bindung erzielten Mustereffekt, sondern ein glattes, gleichmäßig dichtes Gefüge erhalten sollen oder endlich sehr dicht und schlüssig gewebt werden müssen und ungleichen Schuß, wie Streichgarn oder Seide, enthalten, unbedingt mit anschließender Schußlage gewebt werden müssen.

1. Klassifizierung der Warenbaumregulatoren an prinzipiellen Darstellungen

In der Praxis und in der Literatur wird meist der vorbeschriebene technologische Effekt der Schußlage als wesentliches unterscheidendes Merkmal aufgefaßt und es werden in diesem Sinne zwei Regulatortypen als prinzipielle Anordnungen angeführt: Unter der Bezeichnung „positiver Warenbaumregulator" versteht man das System, welches die gleichstufige Schußlage herbeiführt, während der „negative Warenbaumregulator" anschließende Schußlage bewirkt. Es erscheint dabei die Type und der technologische Effekt zu einem Begriff verschmolzen. Die Unhaltbarkeit der Verschmelzung dieser beiden Begriffe läßt sich am besten dadurch charakterisieren, daß beispielsweise ein „negativer Warenbaumregulator" je nach der Größe der Kettspannung „positiv" oder „negativ" schaltet oder bei Anwendung eines Kettbaumregulators sogar auf die Schaltung überhaupt keinen Einfluß ausübt. Die Verschmelzung von Type und technologischem Effekt läßt auch keine Zuordnung des später noch zu erörternden Kompensationsregulators zu, weil hier wesentliche Merkmale des „positiven Warenbaumregulators" und des „negativen Warenbaumregulators" kollidieren.

Bei einer solchen Kritik an der traditionellen Klassifizierung bzw. Differenzierung der Regulatortypen zeigt sich, daß nur der *technische Aufbau* des Regulators als Kriterium für eine Einteilung der verschiedenen Typen herangezogen werden kann. Entscheidend ist, daß bei der einen Gruppe der Warenbaum formschlüssig mit dem Getriebe des Webstuhles verbunden ist und so durch den Lauf des Webstuhles mit Hilfe eines Schaltwerkes die Aufwicklung veranlaßt. Bei der anderen Gruppe wird dem Warenbaum der Impuls zur Wicklung durch den Zug einer Feder oder eines angebrachten Gewichtes gegeben. Die erste Gruppe soll als *formschlüssig* wirkende, die zweite als *kraftschlüssig* wirkende Warenaufwindevorrichtung bezeichnet werden.

a) Formschlüssig wirkende Warenbaumregulatoren

Die Abb. 77 veranschaulicht in prinzipieller Darstellung die Wirkungsweise eines formschlüssig wirkenden Warenbaumregulators. Auf der Achse des Warenbaumes *1* oder statt dessen vorgesehenen Abzugswalze (Riffelbaum, Sandbaum) sitzt ein Antriebsrad *2*, welches in der praktischen Anordnung als Stirn- oder Schneckenrad ausgeführt und durch ein Rädervorgelege von einem Schaltrad *3* angetrieben wird. Das Schaltrad wird durch die Klinke *4* vorwärts bewegt, indem ein mit dem Webstuhlgetriebe (meist mit der Lade) verbundener Bolzen *5* dem Schalthebel *6* schwingende Bewegung versetzt. Die Gegenklinke hindert den Warenbaum, zurückzugehen, wenn er zu einem Hube ausholt.

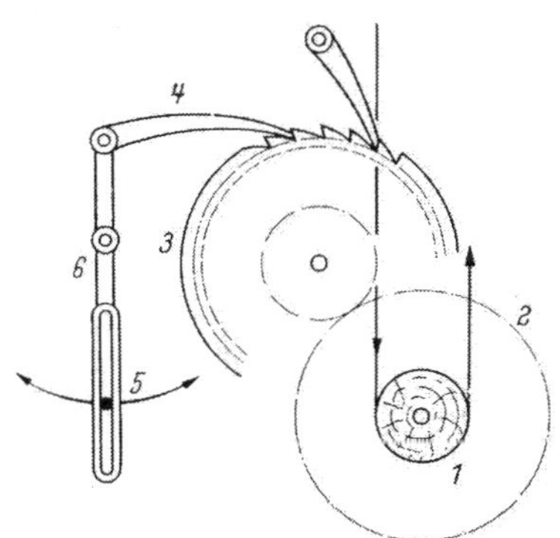

Abb. 77. Arbeitsprinzip des formschlüssig schaltenden Warenbaumregulators

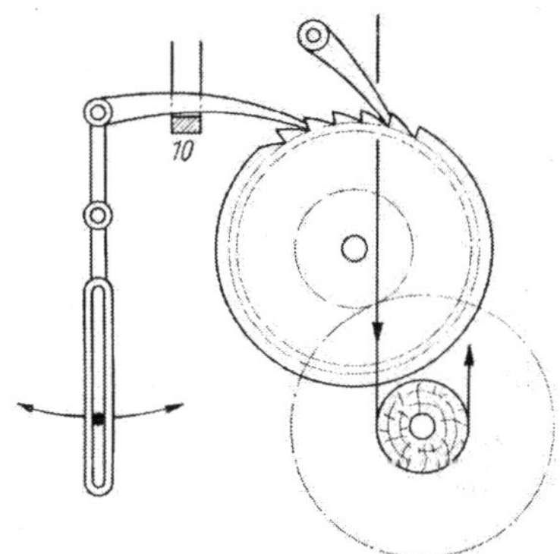

Abb. 78. Arbeitsprinzip des intermittierend schaltenden Warenbaumregulators

In diesem Schema ist das Charakteristische des formschlüssigen Warenbaumregulators dadurch gegeben, daß der Bolzen *5* den Schalthebel unmittelbar in Schwingungen versetzt und die Warenaufwicklung somit durch das Stuhlgetriebe verursacht wird.

b) Intermittierend wirkende Warenbaumregulatoren

Der soeben in seiner prinzipiellen Arbeitsweise erläuterte formschlüssig wirkende Regulator kennt noch eine sehr bedeutsame Variante, den intermittierend wirkenden Regulator. Man bezeichnet diesen intermittierend wirkenden Regulator sehr häufig als Kompensationsregulator. Hierbei wird die Verbindung zwischen dem Stuhlgetriebe und dem Schaltgetriebe nach Maßgabe besonderer Umstände (meist durch variante Schußdicke) periodisch unterbrochen. Wie aus der schematischen Darstellung des intermittierend wirkenden Regulators Abb. 78 erkenntlich ist, unterscheidet sich dieser von dem in der Abb. 77 dargestellten lediglich durch die zusätzliche Hubklinke *10*. Die Klinke *4* geht längs der Gleitfläche *10* hin und her und schaltet in der üblichen Weise. Wird *10* angehoben, so wird *4* am Schalteingriff gehindert. Je nach der Stellung von *10* wird nun die Schaltung stattfinden oder nicht. Üblicherweise wird diese Einstellung von *10* durch ein federnd gelagertes Webeblatt dirigiert. Auf diese Weise macht man die Schaltung von der Schußanlage abhängig, so daß der Regulator hierdurch

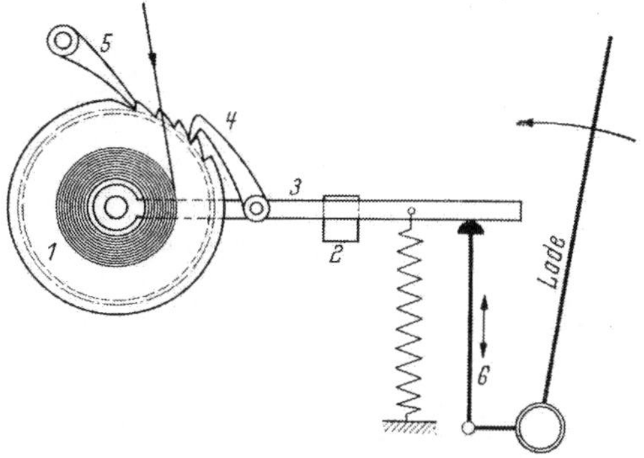

Abb. 79. Arbeitsprinzip des kraftschlüssig schaltenden Warenbaumregulators

eine besondere Arbeitseigenschaft erhält. Der so erhaltene Effekt ist vergleichbar mit dem, den man auf den in der Praxis noch als „negativ wirkende Regulatoren" bezeichneten Vorrichtungen erzielt.

c) Kraftschlüssig wirkende Warenbaumregulatoren

Es handelt sich bei dieser in Abb. 79 dargestellten und in der Praxis vielfach als „negativer Regulator" bezeichneten Vorrichtung um ein Getriebe, dessen Schaltintensität lediglich vom Gewicht *2* und der Hebelarmlänge von *3* abhängt. Der lose auf der Achse des Warenbaumes sitzende Hebel *3* trägt die Zugklinke *4* und wird durch das Gewicht *2* nach abwärts im Sinne der Warenaufwindung gezogen. Die Sperrklinke *5* hält den Baum fest, wenn nach erreichter Tiefstlage des Hebels *3* derselbe durch irgendeine passend angebrachte Aufhebevorrichtung *6* (die Bewegung von *6* wird meistens von der Bewegung der Ladenstelze stelze abgeleitet) wieder emporgehoben und wirkungsfähig gemacht wird.

2. Die Wirkungsweise der Warenbaumregulatoren und deren Anordnung

Im Sinne der vorangegangenen Erörterungen dürfen wir also nun wie folgt unterscheiden:

1. Formschlüssige Warenbaumregulatoren mit der Gruppierung
   a) stetig schaltende Warenbaumregulatoren,
   b) intermittierend schaltende Warenbaumregulatoren.
2. Kraftschlüssig schaltende Warenbaumregulatoren.

a) Formschlüssige stetig schaltende Warenbaumregulatoren

Die Schaltung dieses Regulators findet bei der normalen Stuhlumdrehung ununterbrochen statt. In seinem Aufbau ist dieser in Abb. 77 prinzipiell dargestellte Regulator am nächsten dem positiven Kettbaumregulator verwandt. Ein wesentliches Unterscheidungsmerkmal ist darin zu sehen, daß der Warenbaum durch die Kettspannung einen Zug erhält, dessen Richtung derjenigen *entgegengesetzt* ist, nach welcher der Warenbaumregulator den Baum zu schalten hat. Wie beim Kettbaumregulator werden wir auch hier entsprechend dem periodisch sich abwickelnden Arbeitsvorgang des Webstuhles vorzugsweise ein Klinkenschaltwerk antreffen, welches von irgendeinem schwingenden Teil des Webstuhles, meist der Ladenstelze, die Hin- und Herbewegung bekommt und unter Vermittlung eines entsprechenden Triebwerkes den Warenbaum in ruckweise Fortschaltung bewegt.

1. Stirnradübersetzung — Schneckenradübertragung. Entsprechend dem oben Dargestellten wird zur Sicherung der Lage des Warenbaumes eine Sperrung angewendet werden müssen, welche die beim Rückgang der Schaltklinke sonst eintretende Rückbewegung des Warenbaumes im Sinne der Kettspannung hindert. Während beim Kettbaumregulator zu diesem Zweck ein selbsthemmendes Getriebe eingeschaltet werden muß, genügt beim Warenbaumregulator die Sperrklinke im Schaltgetriebe. Obwohl die Einschaltung eines Schneckenradgetriebes nicht bedingt ist, wird trotzdem sehr häufig auf diese Konstruktionsmethode zurückgegriffen, insbesondere für schwere Ware. Es muß dann in diesem Fall auch für einen Antrieb des Warenbaumes nach der umgekehrten Seite Sorge getragen werden.

So haben sich zwei Typen von Warenbaumregulatoren der hier besprochenen Art herausgebildet. Die einen arbeiten mit *Stirnradübersetzung*, die anderen mit *Schneckenradübertragung*, deren jede ihre besonderen Eigenschaften und ein spezielles Verwendungsgebiet hat.

2. Direkt wickelnde — indirekt wickelnde Warenbaumregulatoren. Es muß noch auf eine weitere maßgebliche Unterscheidung in der Bauart des hier besprochenen Regulators hingewiesen werden. Einmal wird der Warenbaum durch das Schaltwerk selbst angetrieben — wir sprechen dann vom *direkt* wickelnden Warenbaumregulator — oder aber es wird durch das Schaltgetriebe erst der Hilfsbaum angetrieben — dann sprechen wir vom *indirekt* wickelnden Warenbaumregulator. Während die Schaltung für den indirekt wickelnden Regulator konstruktiv ohne jegliche Problematik ist, muß beim direkt wickelndem Regulator in gleicher Weise wie beim positiven Kettbaumregulator zur Erzielung einer gleichbleibenden Schaltung eine besondere konstruktive Vorkehrung getroffen werden, indem durch den wachsenden Warenbaumdurchmesser eine stetige *Abnahme* des Schaltbetrages verwirklicht wird. Es muß also die stetige Durchmesserzunahme des Warenbaumes durch eine Abnahme des Schaltwinkels *kompensiert* werden. Hieraus wird mancherorts die Bezeichnung „Kompensationsregulator" abgeleitet. Für diese Kompensation wird entweder ein entsprechend eingeführter *Fühlwalzen-* und *Kulissenapparat* oder eine durch *Fühlwalze* beeinflußte sonstige *Hubverminderung* verwendet.

3. Räderwechsel — Schalthubwechsel. Hierdurch zum Ausdruck gebracht, kann also das letzte Unterscheidungsmerkmal bei den stetig wirkenden formschlüssigen Warenbaumregulatoren darin gesehen werden, daß die durch die praktischen Bedürfnisse notwendige *Änderungsfähigkeit der Schaltgröße* entweder durch Veränderung der Triebwerkübersetzung *(Räderwechsel)* oder durch Veränderung des Klinkenhubes *(Schalthubwechsel)* herbeigeführt wird.

Ausführungsbeispiele

Die vorangegangene Gliederung möge nachfolgend an Beispielen erörtert und erhärtet werden.

Die Abb. 80 zeigt einen stetig schaltenden formschlüssigen Regulator mit indirekter Aufwindung (positiver Warenbaumregulator), wie er in dieser oder kaum geänderter Form hauptsächlich an Baumwollwebstühlen zu finden ist. Die stetige Schaltung wird von der Schwingung der Ladenstelze abgeleitet und durch die Schaltklinke auf das 56er Schaltrad übertragen. Die jeweilige Stellung des Schaltrades wird durch die in der Zeichnung erkenntliche Sperrklinke gesichert. Durch das in der Abbildung sichtbare Getriebe erhält der Riffelbaum (Umfang 40 cm) seinen Antrieb. Die dabei wirksame Übersetzung bestimmt die Schußdichte und ist variierbar durch Austauschen des Wechselrades X (Räderwechsel). Der Warenbaum X wird nach einer später noch zu besprechenden Vorrichtungsart gegen den Riffelbaum gedrückt und erhält so seine Mitnahme durch Umfangsantrieb.

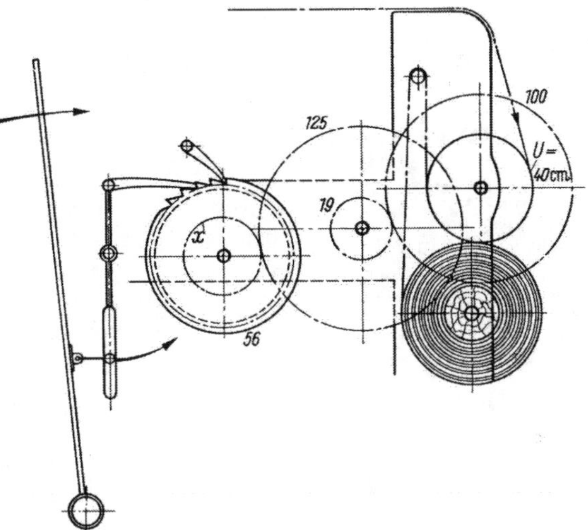

Abb. 80. Formschlüssig stetig schaltender Warenbaumregulator mit Räderwechsel und indirekter Aufwicklung

Auch die Abb. 81 zeigt einen formschlüssigen, stetig schaltenden Warenbaumregulator mit indirekter Warenaufwicklung und Räderwechsel. Dieser Regulator ist im Prinzip nach ähnlichen Gesichtspunkten aufgebaut wie der in Abb. 80 beschriebene, er ist jedoch, wie aus der Abbildung erkenntlich wird, für die Aufwicklung von Doppelplüsch gedacht und zeigt infolgedessen noch eine Erweiterung, die durch den zweiten Warenbaum bedingt ist. Die Wirkungsweise und auch die rechnerische Erfassung dieses Getriebes zeigt jedoch gegenüber dem in Abb. 80 besprochenen keinen Unterschied.

Einen wesentlichen Unterschied findet man jedoch in dem Regulator der Abb. 82. Auch hier handelt es sich um einen formschlüssigen, stetig schaltenden Warenbaumregulator mit indirekter Warenaufwicklung und Räderwechsel. Der wesentliche Unterschied jedoch besteht darin, daß die Schaltung, die in Abb. 80 und 81 durch Klinken von der Ladenstelze aus erfolgt, in diesem Fall direkt durch Untersetzung von der Kurbelwelle aus abgeleitet wird. Außerdem zeigt das Getriebe, daß in die Übersetzung eine Schnecke eingebaut ist.

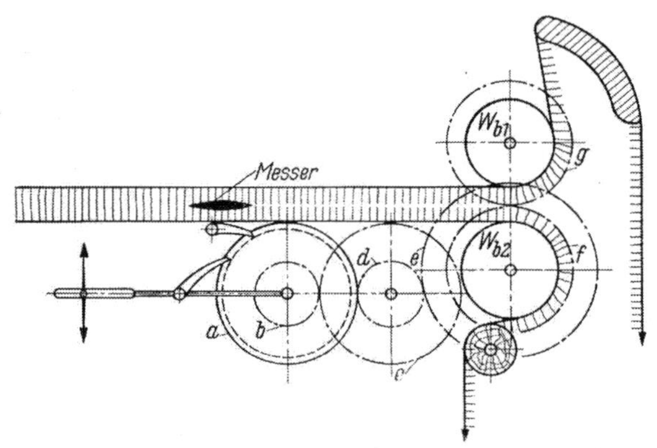

Abb. 81. Warenbaumregulator mit den gleichen Merkmalen wie in Abb. 80
a—*g* Räderübersetzung; W_{b1} und W_{b2} Warenbäume

Hieraus ergibt sich der bereits oben erwähnte besondere Vorteil, daß mit diesem Warenbaumregulator auch schwere Ware herstellbar ist. Die Abb. 83 und 84 zeigen zwei prinzipiengleiche Regulatoren für schwere Kurbelwebstühle. Abb. 83 zeigt den Aufbau des Regulators am Schönherr-Webstuhl, Abb. 84 eine Fotografie des Warenbaumregulators am ASTRA-Webstuhl. Die gemeinsamen technischen Merkmale sind folgende:

Beide Regulatoren sind Schneckenradregulatoren und infolgedessen für schwere Ware besonders geeignet. Die Schaltung erfolgt formschlüssig und die Wicklung indirekt, der wesentliche Unterschied gegenüber der in Abb. 82 besprochenen Konstruktion ist jedoch der, daß hier mit Schalthubwechsel gearbeitet wird. Die Wirkungsweise möge an Hand der Abb. 83

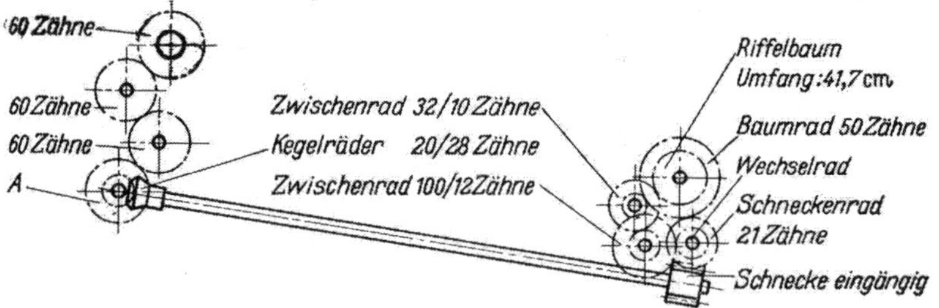

Abb. 82. Regulator mit den Merkmalen wie in Abb. 80, jedoch mit direkter Übersetzung von der Kurbelwelle aus mit Schnecke

erklärt werden, die dann auch sinngemäß für die Abb. 84 gültig ist: Die Schwingung der Ladenstelze *1* wird über *2*, *3* auf den Winkelhebel *4*, der gleichzeitig eine Kulisse hat, übertragen. Die Kulisse *4* ist mit dem Kulissenhebel *6* durch den gemeinsamen und verstellbaren Stein *5* verbunden. Durch die Schwingung von *4* wird somit mit Hilfe von *5* eine Gegenschwingung des Hebels *6* bewirkt, und dadurch erhält die Schaltklinke *7* ihren Hub, der auf Schaltrad *8* über Schnecke *9*, Schneckenrad *10* auf den Warenbaum *11* übertragen wird. Eine notwendige Änderung bei Schußdichtenwechsel ist hier besonders einfach. Man braucht lediglich durch Verstellung des Steines *5* die Größe des Schalthubes zu verändern (Schalthubwechsel). Eine Verstellung von *5* nach oben hat Vergrößerung des Schalthubes und damit

Reduzierung der Schußdichte zur Folge. Es ist durchaus möglich, jedoch für die praktische Arbeit nicht besonders zweckmäßig, die Kulisse *6* mit einer Skala zu versehen, auf der die entsprechenden Schußdichten eingeprägt sind. Tatsächlich aber läßt sich dies nicht mit großer Genauigkeit durchführen, weil ja die letzte Feineinstellung der Schußdichtenprobe vorbehalten bleiben muß. Wie aus der Abb. 84 deutlich ersichtlich ist, wird nicht nur mit einer Schaltklinke gearbeitet, sondern die Teilung des Schaltrades ist durch eine Reihe von Schaltklinken weitestgehend gegliedert worden, so daß auch eine feinste Schaltung und damit eine feinstufige Schußdichtenregulierung möglich ist.

Die Abb. 85 zeigt einen formschlüssigen, stetig schaltenden Warenbaumregulator mit *direkter* Aufwicklung und Schalthubwechsel. Diese Art von Regulatoren ist in der Reyonindustrie besonders bevorzugt. Die Reyonware ist besonders empfindlich gegen Oberflächen-

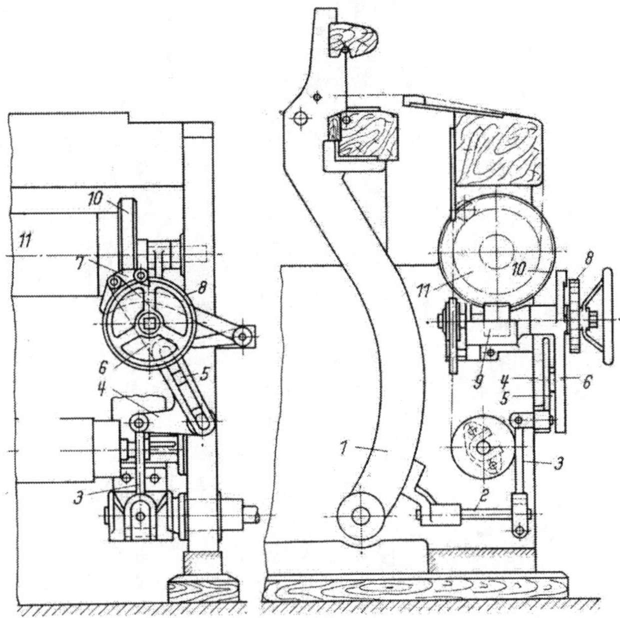

Abb. 83. Warenbaumregulator am Tuchwebstuhl (formschlüssig, stetig schaltend, Schneckenradübersetzung, Schalthubwechsel)

beanspruchung. Es ist deshalb auch bei feinstem Gummibelag eines Riffelbaumes nicht möglich, solche Ware unbedingt gegen Beschädigungen zu schützen. Aus diesem Grunde bevorzugt man die *direkte Aufwicklung* auf den Warenbaum (in Abb. 85 Warenbaumregulator *21*). Wie beim positiven Kettbaumregulator, so besteht bei der direkten Aufwicklung das gleiche Schaltproblem: Während sich der Durchmesser des Warenbaumes ändert, ändert sich auch bei konstantem Schaltbetrag die Länge des geschalteten Umfanges. Aus diesem Grunde verlangt die formschlüssige, stetige Schaltung bei direkter Wicklung Organe, die den Schaltbetrag laufend ändern. Die Größe des Schaltbetrages selbst muß mit wachsendem Warenbaumdurchmesser in hyperbolischem Verhältnis abnehmen. Wie dieses im einzelnen prinzipiell durchgeführt wird — und dieses Beispiel möge für alle ähnlichen Konstruktionen gelten —, zeigt die Abb. 85. Durch die Schwingung der Ladenstelze *1* wird über *2*, *3*, *4*, *5*, *6* der Kulissenhebel *7*,der auf der Welle *III* gelagert ist, in schwingende Bewegung versetzt. Diese Schwingbewegung wird durch die Welle *III* weitergeleitet auf die Kulisse *8*, die mit Kulisse *10* durch den gemeinsamen Stein *9* verbunden ist. Statt einer einzelnen oder auch einer unterteilten Schaltklinke wird bei diesen Regulatoren, die äußerst feinfühlig arbeiten müssen, mit einer Vielzahl von Klinken (Klammerkasten) gearbeitet. Die Schwingung des Hebels *10* wird auf das Schaltrad *11* übertragen, das bei jeder vollen Schwingung den Klammerkasten *12* in einer Richtung weiterdreht, und diese Drehung wird durch das Rädervorgelege *14*, *15*, *16*, *17*, *18*, *19*, *20* auf den Warenbaum *21* übertragen. Innerhalb dieses Schaltweges ist auch die Änderungsmöglichkeit für die Variation der Schußdichte gegeben. Durch eine Stellschraube kann der Stein *9* nach oben und unten entsprechend der jeweiligen Schußdichte reguliert werden (Schalthubwechsel). Eine Verstellung nach oben hat Schaltvergrößerung und damit Schußdichtenreduzierung zur Folge.

Die Kompensation zwischen Schaltgröße und Warenbaumdurchmesserzunahme erfolgt durch eine Fühlwalze *22*, die auf dem jeweiligen Umfang des Warenbaumes aufliegt. Bei wachsendem Durchmesser wird durch die Stange *23* der Stein *6* in der Kulisse aufwärts gehoben. Hierdurch reduziert sich die Schwingungsgröße der Kulisse *7*. Die verschiedenen Hebellängen der Schalthebel und Kulissen müssen konstruktiv und rechnerisch so aufeinander abgestimmt sein, daß auch eine vollständige Kompensation erfolgt.

Abb. 84. Warenbaumregulator für Tuchwebstühle von ASTRA (Merkmale wie in Abb. 83)

Diese Arten von Regulatoren eignen sich vorzüglich zum Ausbau zu formschlüssig wirkenden intermittierend schaltenden Regulatoren, die ja vorzüglich Verwendung in der Seidenindustrie finden. Da aber eine reine Seidenfertigung relativ selten ist, findet man die Normalausführungen nach der Abb. 85 als stetig schaltenden Regulator.

b) Formschlüssig, intermittierend schaltende Warenbaumregulatoren

Der Unterschied des hier besprochenen intermittierend schaltenden Regulators gegenüber dem stetig schaltenden Regulator der Abb. 85 ist lediglich die Einschaltung einer lösbaren Kupplung. Das Ein- und Auskuppeln der letzteren wird von der Stellung des federnd in der Lade gehaltenen Webeblattes abhängig gemacht. Die im Sinne der Konstruktion liegende Arbeitsweise wird jedoch nur unter bestimmten Voraussetzungen bezüglich der Kettablaßvorrichtung gewährleistet. Sinn und Zweck des intermittierend schaltenden Regulators ist, eine anschließende Schußlage zu ergeben.

Es ist selbstverständlich, daß prinzipiell jede vorkommende Type unter den formschlüssigen, stetig schaltenden Warenbaumregulatoren zur Umgestaltung in einen intermittierend schaltenden Regulator geeignet ist. Ebenso kann man auch jeden intermittierend schaltenden Regulator durch Außerbetriebsetzung seiner Verbindung mit dem Webeblatt (Festsetzung) zu einem stetig wirkenden Regulator umwandeln.

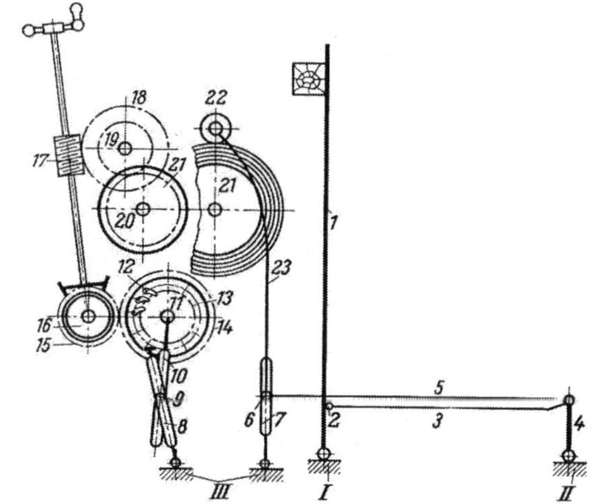

Abb. 85. Warenbaumregulator (stetig schaltend mit direkter Aufwindung)

Um die Wirkungsweise eines intermittierend schaltenden Warenbaumregulators leicht verständlich zu machen, wurde nicht auf eine bestehende Type zurückgegriffen, sondern in der Abb. 86 die Umkonstruktion des formschlüssigen, stetig schaltenden Regulators mit direkter Aufwicklung der Abb. 85 in schematischer Weise durchgeführt. Soweit die Maschinenelemente der Abb. 85 übernommen wurden, sind sie auch gleichlaufend numeriert. Die ab Nr. 30 und fort bezifferten Elemente dienen der intermittierenden Schaltung. Die Wirkungsweise läßt sich wie folgt erklären:

Unter dem Zug der Feder *50* erhält das Gestänge *33*, *34*, *36*, *37* eine der Kraftwirkung der Feder *50* entsprechende Orientierung, die durch Stellschraube *51* begrenzbar ist. Durch die Schwingung der Ladenstelze *1* erhält durch Vermittlung von *30* die Schaltstange *31* eine ständig traversierende Bewegung, die, sofern die Schaltklinke *32* in die Sperrung auf der Stange *33* eingerastet ist, über *33*, *34*, *36*, *37* als Schaltung auf die Kulisse *7* übertragen wird. Die weitere Fortleitung dieser Schaltung wurde bereits oben besprochen. Das Einrasten der Klinke *32* in die Sperrung der Stange *33* wird durch das Webeblatt *40* gesteuert und durch *48* bewirkt. Das Webeblatt *40* ist an einem auf der Ladenstelze drehbar gelagerten Winkelhebel *41*, der durch die Federspannungen der Federn *55* und *43* kraftschlüssig orientiert wird, befestigt. Somit hat das Webeblatt *40* einen gewissen

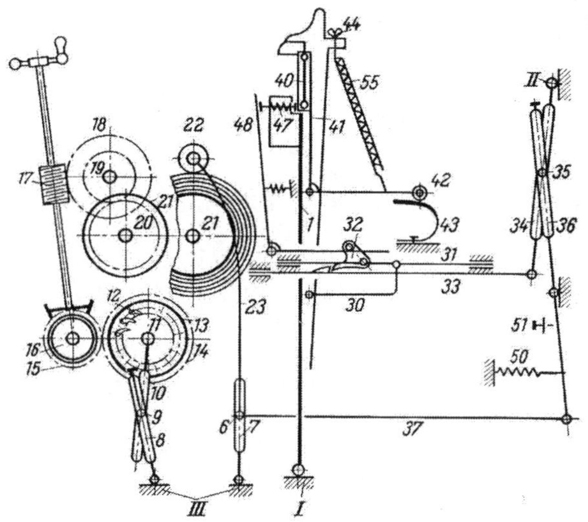

Abb. 86. Formschlüssig intermittierend schaltender Warenbaumregulator

Spielraum, der für die Steuerung ausgenützt wird. Sobald eine Anzahl Schüsse eingetragen ist, wird das Webeblatt *40* durch diese zurückgedrängt (in der Zeichnung nach rechts). Dieser Bewegung folgt der unter Federspannung stehende Stift *47*, so daß *48* eine Rechtsdrehung um den eingezeichneten Drehpunkt macht. Dadurch wird *32* nach unten gelassen und kann zum Eingriff in die Sperrung auf der Stange *33* kommen. Es erfolgt nun eine Zeitlang eine stetige Schaltung, und zwar so lange, bis die anschließende Schußlage aufhört. Unter der Wirkung der Feder *58* orientiert sich dann das Webeblatt *40* wieder nach links, und über *47*, *48* wird die Klinke *32* angehoben, so daß nunmehr die Schaltung unterbleibt.

Soll der Regulator seiner Aufgabe, die Ungleichmäßigkeiten der Schußfadenstärke zu kompensieren, gerecht werden, dann muß die Schaltung wie vorbeschrieben eine intermittierende sein. Somit steht die Schaltung seitens des Warenbaumregulators in inniger Beziehung zur Bewegung der Kette und damit zum Kettablaßgetriebe. Das Kettablaßgetriebe muß also passiv arbeiten. Eine aktiv wirkende Kettablaßvorrichtung würde den für die dichte Heranbringung der Schußfäden notwendigen *Stillstand* der Kette beeinträchtigen.

Wird diese Bedingung erfüllt und die Kette durch eine Bremse zurückgehalten, so ergibt das eigenartige Spiel des Regulators eine *anschließende* Schußlage, da jeder neu eingelegte Schußfaden erst dann einen Rückdruck auf das Webeblatt ausübt und dessen Auslenkung bewirken kann, wenn er selbst an den vorhergehenden Schuß herangetragen ist.

Das Maß des Schußabstandes — die Schußdichte — ist von einigen Faktoren abhängig. Von besonderem Einfluß ist die Größe der *Webeblattfederspannung 55* und *43*. Diese muß von dem sich bildenden Gewebestreifen aufgenommen werden. Um eine möglichst gleichmäßige Einwirkung auf die Schußfäden zu erzielen, ist es zweckmäßig, nicht mit einer zu großen Federspannung zu arbeiten, da die sich immer mehr nach Maßgabe der Auslenkung des Blattes dehnende Feder einen stets größer werdenden Widerstand der Auslenkung entgegensetzt.

Aber auch die *Kettspannung* ist von Einfluß. Eine stark gespannte Kette gestattet, daß sich die Schußfäden, auf die der Webblattdruck senkrecht wirkt, leichter längs der straff gespannten Kettfäden vorwärts schieben lassen, als wenn bei lockerer Spannung der Kettfäden diese beträchtliche Abkrümmungen an den Bindestellen aufweisen. Das andrückende Riet (Webeblatt) wird in diesem letzten Falle den Schußfaden nur unter gleichzeitiger Mitnahme einer entsprechenden Kettfadenlänge vorwärts bringen können, da die Abkrümmungen der Kettfäden einem Gleiten des Schußfadens unter demselben einen um so größeren Widerstand entgegensetzen. Das Resultat hiervon wird also sein, daß die Ware mehr als gewünscht vorarbeitet und die Schußdichte geringer wird.

Weiteren Einfluß haben die Beschaffenheit des Schußfadens und die jeweilige Bindung. Der Schußfaden insofern, als ein schwach gedrehter weicher Faden schlüssiger an seinen Vorgänger angelegt werden kann als ein hart gedrehter und die Bindung insofern, als eine enge Abbindung die Schußfäden weniger nahe bringen läßt als eine stärker flottierende.

Für die Herstellung von Geweben mit mehreren Schußfadensystemen ist von besonderer Bedeutung, daß das Gewebe eine Zeitlang stillsteht. Da die Heranbringung des Schußfadens kraftschlüssig erfolgt, wird man erfahren können, daß ein herangeführter Schußfaden beim Warenrand nach oben oder nach unten ausweicht, sofern es die Art der Abbindung gestattet. Es wird auf diese Weise eine Über- oder Untereinanderlage bestimmter Schußfäden leicht zu erzielen sein.

Obwohl, wie aus der vorangegangenen Erklärung ersichtlich ist, die Größe der anzuwendenden Baumschaltung in gewissem Sinne unbedeutend ist, bleibt sie doch an zwei Grenzwerte gebunden:

Die Schaltung darf nicht unter jenen Betrag sinken, der der Schußfadenstärke bzw. dem reziproken Wert der mittleren Schußdichte entspricht. Geschieht dies dennoch, dann kann der Regulator entweder das entstehende Gewebe nicht aufnehmen. Im günstigsten Falle arbeitet er dann wie ein stetig schaltender Warenbaumregulator. Andererseits darf die Schaltgröße jenen Betrag der Gewebelänge nicht übersteigen, der zwischen der Normalstellung des Blattes beim Ladenanschlag und jener Auslenkung liegt, bei welcher die Einkupplung des Schaltwerkes erfolgt. Dann würde nämlich so viel Gewebe eingezogen, daß der neu eingetragene Schußfaden nicht mehr den früheren Warenrand erreichen kann. Es würden sich Schußstreifen bilden. Die Schaltung muß also dieser Erklärung zufolge einen mittleren Wert einhalten, von dessen Höhe dann die Häufigkeit der Einkupplungen abhängig ist.

Zum rechten Verständnis der Wirkungsweise mag in Erinnerung gerufen werden, daß dieser Regulator so ziemlich die Funktion auf dem Handwebstuhl nachahmt. Es wird beim Stillstand der Kette eine Zeitlang gewebt und gleichmäßig Schuß an Schuß angeschlagen, und nach Fertigstellung eines entsprechenden Gewebestreifens wird dieser aufgewickelt.

c) Kraftschlüssig schaltende Warenbaumregulatoren

Die Bewertung dieser Regulatortype kann aus der Ermittlung des technischen Aufbaues nicht erschlossen werden, da sie noch von äußeren Umständen abhängig ist.

Beim Studium der Fundamentaldarstellung des kraftschlüssig schaltenden Warenbaumregulators in Abb. 79 erkennt man, daß sich seine Wirkungsweise verschieden äußern muß, je nachdem, ob das ihm zugeordnete Kettablaßgetriebe aktiv oder passiv schaltet, und ebenso wird für die Wirkungsweise von Bedeutung sein, in welchem Verhältnis der der Kettabwicklung sich darbietende Widerstand zu dem Zuge steht, welcher vom Regulator auf das Gewebe ausgeübt wird. So müssen wir nachfolgende Möglichkeiten zur Diskussion stellen:

1. Wirkungsweise des Regulators bei aktivem Kettablaß.
2. Wirkungsweise des Regulators bei passivem Kettablaß,
   wenn die Warenabzugskraft größer als der Bremswiderstand oder die Streichbaumbelastung ist,
   wenn der Bremswiderstand größer als die Warenabzugsspannung ist.

1. Wirkungsweise bei aktivem Kettablaß. Würde die Kettabwicklung durch einen positiven Kettbaumregulator stattfinden, dann würden stets gleichbleibende Beträge an Kettenlänge je Stuhlumdrehung freigegeben. Der Warenbaumregulator wird dann unter dem Belastungszug den frei werdenden Schaltbetrag zur Aufwicklung bringen. Unter diesen Umständen wird dem Warenbaumregulator jede Einflußnahme auf die Schußanlage entzogen, denn diese wird vom Kettablaßgetriebe bestimmt. Es verbleibt dem Warenbaumregulator somit nur noch die Aufgabe eines Wickelapparates. Das Belastungsgewicht bzw. die Feder üben aber einen varianten Einfluß auf die Größe der Kettspannung aus, deren Varianz durch die Reduktion des Kettbaumdurchmessers bestimmt ist.

Die Getriebeteile, insbesondere das Schaltrad sowie die Aufhebevorrichtung *6* (vgl. Abb. 79), müssen jedoch so aufeinander abgestimmt sein, daß der gelieferte Betrag auch tatsächlich geschaltet wird. Der maximale Schwingbetrag des Belastungshebels *3* ist von der Aufhebevorrichtung *6* abhängig und wird außerdem noch unter Umständen durch einen eventuellen Leergang der Klinke beschränkt. Aus diesem Grunde muß der Höchstbetrag der Schaltung bei direkt wirkenden Warenbaumregulatoren groß genug gewählt werden, damit er bei leerem Warenbaum und der praktisch vorkommenden kleinsten Schußdichte noch ausreicht.

In dem Maße, in welchem sich der Baum bewickelt, verringert er sich selbsttätig, wobei der Leerlauf der Anhebevorrichtung anwächst.

Das Belastungsgewicht *2* wird zweckmäßigerweise durch eine selbständige Vorrichtung, die vom wachsenden Warenbaumdurchmesser reguliert wird, verschoben, damit das Schaltmoment das sich stets ändernde Rückdrehmoment der Kette am wachsenden Warenbaumhalbmesser ausgleicht.

2. Wirkungsweise bei passivem Kettablaß. Wenn der Kettbaum durch eine der üblichen Kettbaumbremsen zurückgehalten oder von einem negativen Kettbaumregulator betätigt wird, so ergibt sich aus Bremswiderstand und Streichbaumbelastung die Notwendigkeit, auf die Kette einen Zug auszuüben, wenn eine Abwicklung der Kette bzw. eine Aufwicklung der Ware möglich werden soll. Dabei unterscheiden wir im Hinblick auf die Wirkungsweise zwei wesentliche Fälle. Entweder ist der Warenanzug größer als der Bremswiderstand bzw. die Streichbaumbelastung, dann ist der Regulator *allein* in der Lage, die Kettspannung zu überwinden.

Ist dagegen der Warenanzug kleiner als der Bremswiderstand bzw. die Streichbaumlast, dann ist der Warenbaumregulator nicht in der Lage, selbständig eine Schaltung vorzunehmen, und seine Tätigkeit muß sich darauf beschränken, jenen Teil der Gewebelänge periodisch aufzuwickeln, welcher ihm durch die Vorwärtsbewegung der Lade infolge der Verdrängung des letzt eingetragenen Schußfadens beim Anschlag überwiesen wird.

Wirkungsweise des Regulators bei passivem Kettablaß, wenn die Warenabzugskraft größer als der Bremswiderstand oder die Streichbaumbelastung ist. Im ersten Fall (Warenanzug größer als Bremswiderstand) arbeitet das Getriebe in der gleichen Art wie ein formschlüssiger Regulator, von dem er sich technologisch nicht und in technischer Hinsicht nur dadurch unterscheidet, daß beim formschlüssigen Regulator die Verkupplung zwischen Schalthebel und Ladenstelze durch eine formschlüssige, mechanische Verbindung (Bolzen im Hebelschlitz angreifend, vgl. Abb. 88 und 91), beim kraftschlüssigen Regulator durch eine kraftschlüssige Verbindung (Schalthebel an Ladenstelzenfinger angepreßt, vgl. Abb. 87) stattfindet.

Die Bewertung der technologischen Eigenschaften wird daher vollständig mit jener des formschlüssigen Warenbaumregulators übereinstimmen; d. h., er wird eine gleichstufige Schußanlage ergeben und je nach Ausmaß der Schaltgröße die Schußdichte festlegen. Es ist jedoch zu bedenken, daß bei direkter Aufwicklung und bei Formschlüssigkeit zur Konstanterhaltung des Schaltbetrages in das Getriebe eine veränderliche und durch Fühlwalze beeinflußte Hebelübersetzung eingeschaltet werden muß, damit der Schaltwinkel des Warenbaumes in dem Maße verkleinert wird, in dem der Durchmesser des Warenbaumes zunimmt. Eine Einwirkung auf das Belastungsgewicht dagegen ist nicht notwendig, sofern dieses so groß bemessen ist, daß es bei voll gewickeltem Warenbaum noch sicher die Kettspannung überwindet. Ein zu geringes Belastungsgewicht würde die technologische Wirkungsweise des Regulators wesentlich ändern und ihn in die nachfolgend besprochene Kategorie einordnen.

Wirkungsweise des Regulators bei passivem Kettablaß, wenn der Bremswiderstand größer als die Warenspannung ist. Ist der Warenanzug kleiner als der Bremswiderstand, so muß die Lade die zur Überwindung der Kettspannung noch nötige Kraftdifferenz bereitstellen. Dieser Betrag wird als Blattdruck auf den letzt eingetragenen Schußfaden wirksam. Diese Erklärung ist besonders bemerkenswert, denn der Blattdruck beim Anschlag bestimmt einerseits die tatsächliche Vorschaltung des Gewebes und andererseits die besondere Form der Schußanlage.

Aus der Erklärung ist eindeutig ersichtlich, daß die effektive Fortbewegung des Gewebes nur dann stattfindet, wenn das Webeblatt Gelegenheit hat, auf den Warenrand mit entsprechender Kraft einzuwirken. Der Andruck erfolgt aber nur mittelbar durch den neu eingetragenen Schußfaden, sofern sich dieser nicht etwa über oder unter den vorhergehenden einlegen kann. Das Ausmaß der Warenfortbewegung ergibt sich somit nach dem jeweiligen effektiven Raumbedarf des letzt eingetragenen Schußfadens.

Die Größe der sich dabei ergebenden Schußdichte ist somit nicht rechnerisch festlegbar, da sie von einer Reihe von Umständen abhängt.

Die vorangegangene Erklärung und das Studium der Abb. 79 zeigt, daß man eine *große Schußdichte* bekommt, *wenn man mit einer entsprechend starken Kettspannung arbeitet und gleichzeitig ein geringes Gewicht 2 und eine schwache Feder verwendet.* Man gewinnt also Einfluß auf die Schußdichte durch Veränderung der Kettspannung bzw. durch Veränderung der Regulatorbelastung. Diese Einflußnahme ist jedoch nicht proportional und keineswegs in beliebigen Grenzen einstellbar, da die Beschaffenheit des Schußmaterials einen wesentlichen Einfluß ausübt.

Bei solchen Vorrichtungen bzw. bei dieser Arbeitsweise ist es unerläßlich, daß die Kettablaßvorrichtung für eine absolut gleiche Kettspannung sorgt. Treten hierbei Schwankungen auf, so werden sich diese unmittelbar in der Schußdichte widerspiegeln.

Diese vorgenannte Einschränkung erfordert eine Erörterung von störenden Einflüssen:

Ist der Regulator *indirekt* wickelnd, so wird der durch die Gewichtsbelastung hervorgerufene Zug auf das Gewebe so lange konstant bleiben, als die Belastung oder deren Hebelarm nicht verändert wird. Wirkt dagegen das Schaltwerk direkt auf den Warenbaum, so erhöht sich mit der Zunahme des Warenbaumdurchmessers der Kraftarm der Gewebespannung und es muß daher in gleichem Verhältnis auch der Kraftarm des Belastungszuges vergrößert werden, wenn nicht durch das sonst erfolgende Anwachsen des Warenbaumdurchmessers der von der Regulatorbelastung herrührende Zug verringert und infolgedessen die Differenzgröße zwischen Kettbaumspannung und Regulatorzug vergrößert werden soll. Diese Veränderung würde aber, so wurde bereits oben beschrieben, eine dichtere Schußanlage herbeiführen. Es ist also notwendig, das Belastungsgewicht *2* entweder von Hand aus oder automatisch durch Fühlwalzensteuerung vom Warenbaumumfang her vorzunehmen.

Die Übertragung des Vorschubes durch Gestänge ist bei den üblicherweise ausgeführten Konstruktionen nicht vollkommen, weil in der Gestängeausführung eine Reihe von Fehlerquellen vorhanden sind. Allerdings ist der dabei auftretende Schußdichtenunterschied auch nicht sehr wesentlich. Verzichtet man aber, wie dies bei Federbelastung allein oftmals der Fall ist, auf eine solche automatische Verstellung, so tritt der angedeutete Übelstand mehr oder weniger empfindlich hervor.

Ausführungsbeispiele

Die vorhin aufgeführten Ermittlungen haben ergeben, daß der kraftschlüssige Warenbaumregulator an sich kein technologisch bestimmtes Verhalten aufweist, da seine Arbeitsführung je nach Maßgabe äußerer, von ihm unabhängiger Verhältnisse veränderlich ist. Es hat sich gezeigt, daß er in drei verschiedenen Anwendungsformen ausgewertet werden kann:

Er arbeitet entweder nur als *Aufwickelapparat* und hat somit auf die Art und Weise der Schußanlage und die Größe der Schußdichte keinen Einfluß.

Oder er arbeitet als Getriebe zur Erzielung einer *gleichstufigen* Schußanlage mit allen technologischen Eigenschaften des formschlüssigen Warenbaumregulators.

Und schließlich kann er als *kompensierender* Regulator eine anschließende Schußlage ermöglichen.

Obwohl die dritte Ausführungsart in der Praxis dominiert, greift man doch auch gelegentlich auf die anderen beiden Ausführungsarten sehr gern zurück. So ist es also auch aus diesem Grunde unrichtig, wenn die technologische Charakteristik *einer* seiner Anwendungsarten auf ihn in dem Sinne verallgemeinert übertragen wird, daß die Kennzeichnung des gesamten Systems davon abgeleitet wird. Tatsächlich wird aber dieser Fehlgriff fast ausnahmslos gefunden. Man bezeichnet den kraftschlüssigen Regulator als „*negativen*" Warenbaumregulator und definiert ihn dahin, daß er nach Maßgabe der Schußfadendicke schalte. Man verläßt sich also darauf, daß er stets eine anschließende Schußlage garantiert im Gegensatz zum „*positiven*" Regulator, der für jeden Schuß gleichviel Schaltung ergebe und direkt angetrieben werde.

Das wohl bekannteste Beispiel eines kraftschlüssig schaltenden Regulators ist in der Abb. 87 dargestellt. Der unter der Belastung des Gewichtes *4* und der Feder *3* stehende

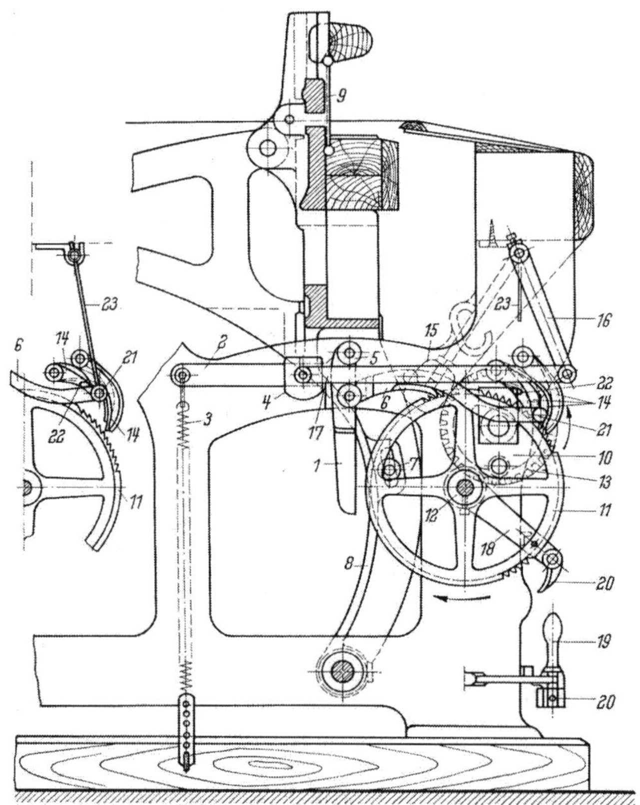

Abb. 87. Kraftschlüssig schaltender Warenbaumregulator

Winkelhebel *1, 2* erhält durch den Bolzen *7* an der Ladenstelze seine Schwingung. Das Zusammenarbeiten von *1* und *7* entspricht der Aufhebevorrichtung *6* in Abb. 79. Die Schaltung erfolgt unter dem Einfluß des Gewichtes *4* und der Feder *3*, deren Kraftwirkung auf den Schalthebel *6* übertragen wird, so daß das Schaltrad *11* Drehung bekommt, die über *12, 13* auf den Warenbaum übertragen wird. Die Sperrklinken *14* sichern die einmalig erreichte Stellung des Schaltrades. Die hier gelöst gezeichnete Schaltklinke *20* am Hebel *18* dient der Betätigung von Hand beim Nachlassen oder Anspannen der Ware. Auf dem gewickelten Warenbaum *13* liegt das Fühlgewicht *15*, das bei Warenbaumdurchmesserzunahme angehoben wird, so daß durch Vermittlung von *16, 17* das Belastungsgewicht auf dem Hebel *4* vom Drehpunkt *5* des Winkelhebels *1, 2* abgerückt wird. Die Abb. 88 zeigt eine Ausführungsform des in Abb. 87 dargestellten Regulators der ASTRA-Werke Hamburg-Bergedorf.

Während die in Abb. 87 und 88 dargestellte Vorrichtung direkt auf den Warenbaum arbeitet, werden in Abb. 89 und 90 indirekt schaltende kraftschlüssige Regulatoren gezeigt (Abb. 89 Konstruktionsform von Schönherr, Abb. 90 Konstruktionsform von Lentz). Die

Aufhebevorrichtung ist auch hier wieder ein Bolzen *1* auf der Ladenstelze und der Anschlaghebel *2*, der mit dem Schalthebel *3* fest verbunden ist. Die Belastung des Schalthebels *3* erfolgt durch die Feder *10*. Eine Regulierung dieser Belastung ist deswegen nicht erforder-

Abb. 88. Kraftschlüssig schaltender Warenbaumregulator (ASTRA) mit direkter Wicklung

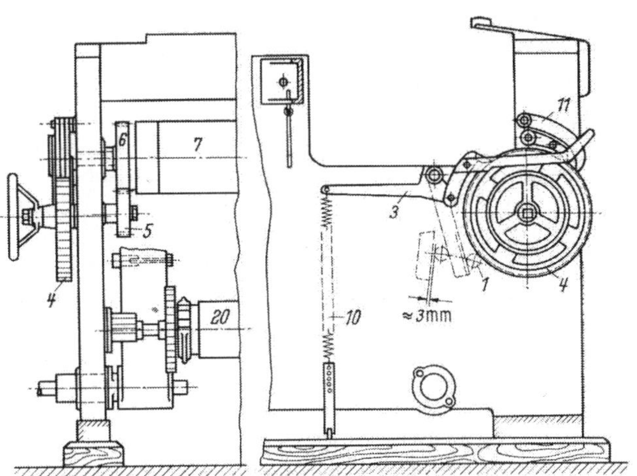

Abb. 89. Kraftschlüssiger Warenbaumregulator mit direkter Wicklung

lich, weil die Schaltung über Schaltklinke, Schaltrad *4*, über die Räder *5*, *6* auf den Riffelbaum übertragen wird, während die Wicklung durch einen speziellen Wickelbaum *20* übernommen wird. Die jeweilig eingenommene Schaltradstellung wird durch die Klinken *11* gesperrt.

Einen wesentlich anderen Aufbau zeigt die Getriebeanordnung der Abb. 90, obwohl die prinzipielle Arbeitsweise sich von den anderen kraftschlüssigen Regulatoren nicht unterscheidet. Es handelt sich um eine Konstruktion von S. Lentz. Unter dem Zuge der Feder *1* wird der Winkelhebel *2* auf dem Zapfen *3* rechtsdrehend bewegt, so daß über *4* eine Schaltung des Schaltrades *6* mit Hilfe der Klinken *5* erfolgen kann. Der jeweilige Gesamtbetrag der Schaltung wird durch die Klinke *7* festgehalten. Das Zurückziehen der Klinken *5* in neue Schaltbereitschaft erfolgt, indem der Hebel *2* durch die Ladenstelze *8* über *9*, *10*, *11* wieder angehoben wird. Auch bei dieser Konstruktion ist eine automatische Regulierung des Regulatorzuges nicht notwendig, da hier die Wicklung auf Riffelbaum erfolgt.

d) Die Umstellung von formschlüssiger auf kraftschlüssige Schaltung oder umgekehrt

Gebietet es die Fertigung, daß hin und wieder eine Umstellung von der kraftschlüssigen Schaltung auf formschlüssige Schaltung oder umgekehrt erfolgen muß, und dies ist besonders in der Tuchindustrie der Fall, in der sehr häufig gewalkte Ware hergestellt wird, die auf Schußdichtenunterschiede sehr empfindlich ist, so muß die Warenschaltung so konstruiert sein, daß ein solcher Wechsel ohne große Schwierigkeit möglich ist. Für die Verwirklichung dieser Umstellung gibt es verschiedene Möglichkeiten.

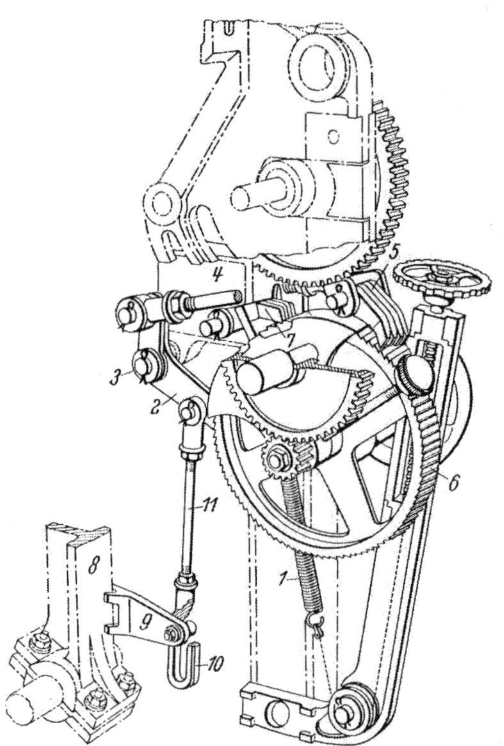

Abb. 90. Kraftschlüssig schaltender Warenbaumregulator (Lentz) mit indirekter Wicklung

Eine naheliegende Lösung ergibt sich aus der oben dargestellten Erklärung, nach der der kraftschlüssig wirkende Regulator zum formschlüssig wirkenden Regulator in dem Augenblick wird, in dem in die kraftschlüssige Aufhebevorrichtung eine feste Verbindung, z. B. an Hand von Abb. 87 zwischen *1* und *7*, gestaltet. Von dieser Möglichkeit wird sehr gern Gebrauch gemacht, und die Abb. 91 zeigt die Ausführungsform von ASTRA. Der in der Abb. 91 dargestellte Bolzen *7* ist hier, bei dieser Vorrichtung nicht feststehend, sondern innerhalb einer Kulisse verstellbar. Man kann ihn durch den Schlitz des Schalthebels *7* hindurchstecken, dann arbeitet die Vorrichtung formschlüssig; man kann ihn auch, wie Abb. 91 zeigt, vor dem Schlitzhebel *7* einstellen, dann besteht Kraftschlüssigkeit. Arbeitet die Vorrichtung formschlüssig, dann muß mit Wickelbaum gearbeitet werden, da sonst die Schußdichte bei wachsendem Warenbaumdurchmesser abnehmen würde. Die Vorrichtung arbeitet mit Schalthubwechsel, und es ergibt sich geringe Schaltung, wenn der Bolzen *1* nach unten verstellt wird.

Die zweite Möglichkeit ist, den Webstuhl sowohl mit einem formschlüssigen als auch mit einem kraftschlüssigen Regulator auszurüsten, deren einer auf der linken, der andere auf der rechten Seite des Webstuhles angeordnet ist. Beide Regulatoren können dann je nach Kupplung den Riffelbaum bedienen. Eine direkte Bewicklung ist nicht möglich. In jedem Fall muß mit einem separaten

Abb. 91. Umstellung der Schaltung von Kraft- auf Formschluß (ASTRA)

Wickelbaum gearbeitet werden. Die Kupplung des Warenbaumes mit dem jeweiligen Regulator ist in Abb. 92 dargestellt. Die Länge des Warenbaumes ist so eingerichtet, daß immer nur eine Seite mit dem Getrieberad des Regulators Kontakt haben kann. Nach dem Abheben der Umwechselschelle läßt sich der Warenbaum zum gewünschten Regulator einstellen, die Schelle wird dann an der ausgekuppelten Seite wieder eingehängt.

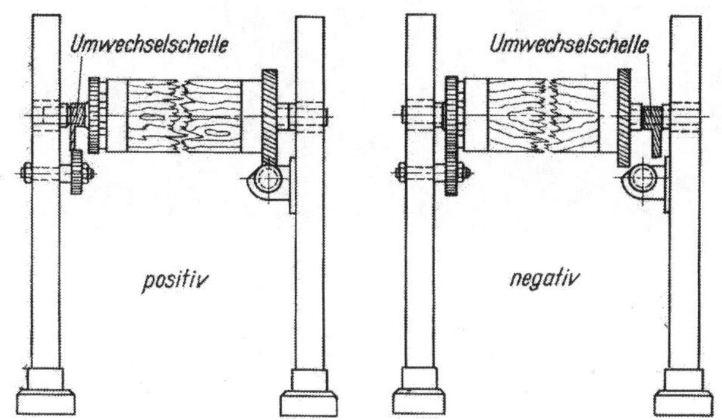

Abb. 92. Umstellung des Riffelbaumes bei zwei verschiedenen Regulatoren

e) Das Aufwickeln der Ware

In den meisten Fällen wird der Regulator für indirekte Warenaufwicklung vorgerichtet, weil sich hieraus eine einfachere Anordnung des Triebwerkes ergibt. Aus diesem Grunde wird man neben dem eigentlichen Warenbaum noch stets einen Hilfsbaum antreffen, der den direkten Impuls, der vom Regulator kommt, aufnimmt. Damit eine sichere Mitnahme des abzuziehenden Gewebes erreicht wird, versieht man den Hilfsbaum mit Riffel oder mit einem künstlich angerauhten Blech, in besonderen Fällen auch mit einem mit Spitzen und Nadeln, ähnlich einer Kratze, ausgeführten Bande oder auch mit Schmirgelleinen, weshalb er auch als Riffelbaum, Nadelbaum oder Sandbaum bezeichnet wird (Abb. 93). Wird sehr empfindliches Gewebe verarbeitet und soll eine direkte Warenschaltung erfolgen, so verwendet man statt der oben bezeichneten harten Angriffsmittel auch Gummibeläge, die im Bedarfsfall geriffelt sind.

Abb. 93. Regulator (indirekte Aufwicklung) mit Riffel- und Warenbaum (Engels)

Dieser Hilfsbaum, nachfolgend stets kurz als Sandbaum oder Riffelbaum bezeichnet, trägt das Stirnrad oder Schneckenrad, welches durch das Triebwerk den vom Schaltwerk kommenden Impuls empfängt.

Der eigentliche Warenbaum ist also in all diesen Fällen lediglich eine Wickelwalze, deren Aufgabe es ist, das fertiggestellte Gewebe nach Maßgabe der Zuführung vom Sandbaum aufzunehmen. Die Bewegung erhält dieser Warenbaum als Wickelwalze entweder durch eine *direkte* Mitnahme, die man durch *Anpressung* an den Sandbaum erzielt, oder durch eine besondere *Antriebsvorrichtung*. Die erste der vorgenannten Ausführungen — die Anpressung an den Sandbaum — wird meist bei schmalen Webstühlen angewendet. Die Anpressung des im Hebel unter Schlitzlager gehaltenen Warenbaumes erfolgt dabei durch Feder oder

Gewichte. Unter Umständen erhält der Warenbaum auch seinen Anpreßdruck durch sein Eigengewicht. Dann muß er aber auf dem Sandbaum derart aufliegen, daß er mit 2 Zapfen an 2 Gleitschienen anliegt. Bei breiten Webstühlen wird das fertige Gewebe von einem Warenbaum aufgewickelt, der durch ein einfaches Klinkenwerk seine Schaltung erhält. In gewissen Ausnahmefällen auch wird das fertige Gewebe abgelegt.

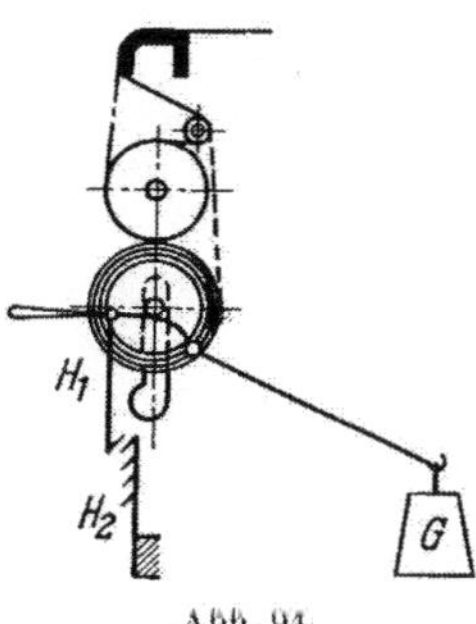

Abb. 94

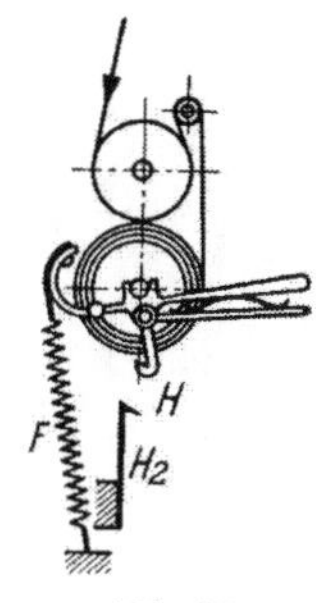

Abb. 95

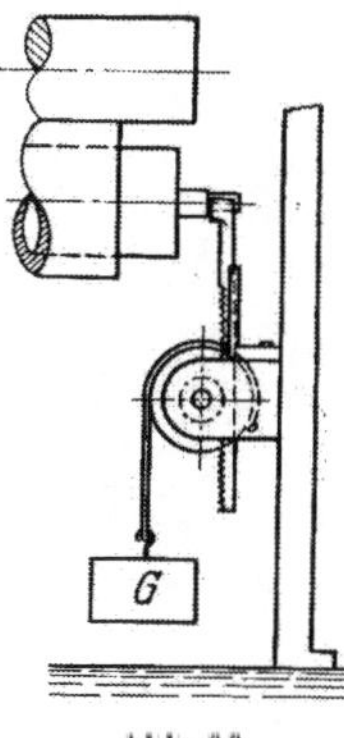

Abb. 96

Die Abb. 94 bis 98 zeigen typische Anordnungen für das Anpressen des Warenbaumes an den Riffelbaum als Skizzen.

Entweder ist es ein Gewicht G, das z. B. (vgl. Abb. 94) an einem Hebelarm wirkt und dem Warenbaum die Pressung gibt, oder es ist eine Feder, z. B. Abb. 95, die den gleichen Zweck verfolgt. Ein Unterschied besteht lediglich in der Art

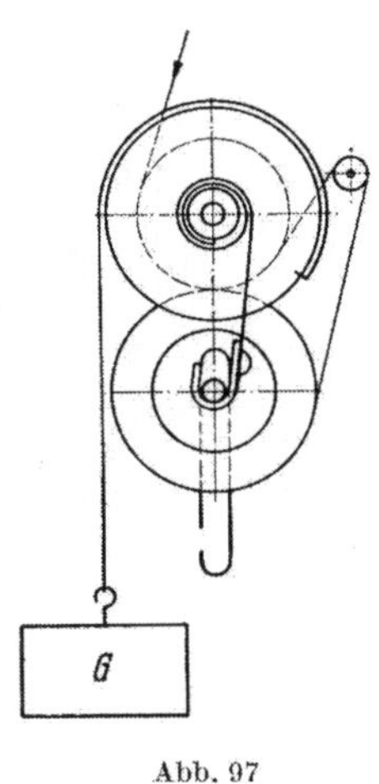

Abb. 97

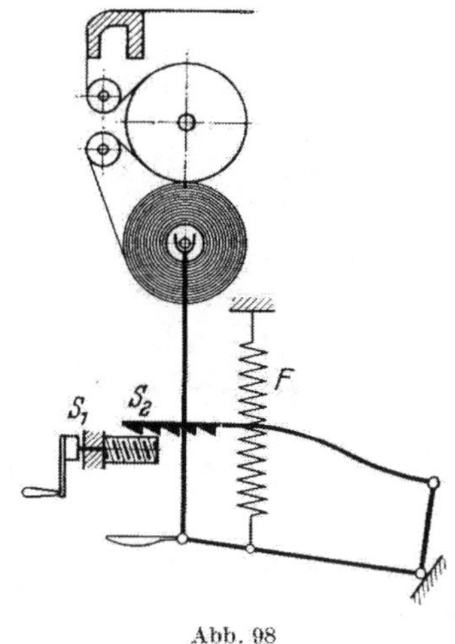

Abb. 98

der Übertragung. Während in Abb. 94 und 95 bzw. auch 98 die Kraftwirkung über Belastungshebel übertragen wird, erfolgt sie in Abb. 96 durch Ritzel und Zahnstange und in Abb. 97 durch Rollenzug. Es wurden in den einzelnen Abbildungen noch die Elemente skizzenhaft dargestellt, die zur Betätigung von Hand zusätzlich erforderlich sind, um den Warenbaum vom Riffelbaum zwecks Abnehmens des Stückes zu trennen. Es sind dies entweder Sperrhaken H_1, H_2 oder Schnecke und Zahnstange, S_1, S_2.

Die Schaltung mit Wickelbaumvorrichtung an breiteren Stühlen erfolgt separat vom Warenbaumantrieb. Hierfür verwendet man entweder ein Friktionsgetriebe (Abb. 99) oder man arbeitet mit einem getrennten kraftschlüssigen Warenbaumregulator, wie dies bereits bei der Besprechung des kraftschlüssigen Warenbaumregulators erwähnt wurde (Abb. 100).

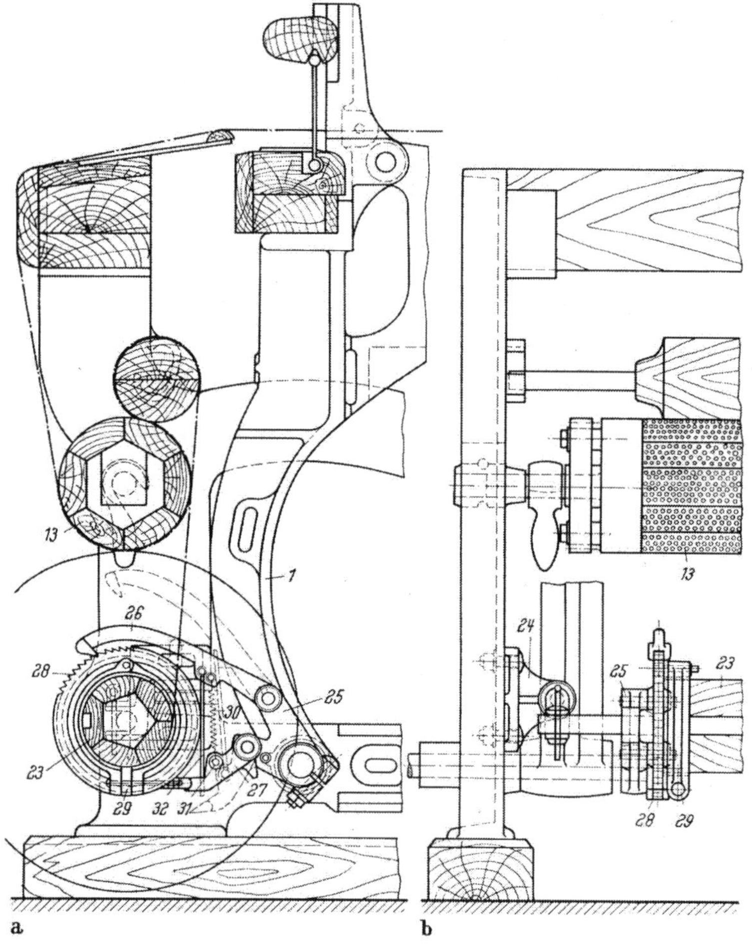

Abb. 99a u. b. Antrieb des Warenbaumes durch Friktion am Tuchwebstuhl

Bei der in Abb. 99 dargestellten Vorrichtung wird durch die Schwingung der Ladenstelze *1* und über *25* mit Hilfe der beiden Schaltklinken *26*, *27* die Schaltung des Schaltrades *28* und damit des Wickelbaumes bewirkt. Das Schaltrad *28* ist nicht fest auf dem Wickelbaum verkeilt, sondern durch eine bei *29* regulierbare Klemme auf dem Wickelbaum gehalten. Das Schaltrad *28* erhält durch die Bewegung der Ladenstelze einen relativ großen Schaltbetrag, der aber, bedingt durch den gleitenden Sitz, nur so weit für die Warenschaltung ausgenützt wird, als dem Warenbaum seitens des Riffelbaumes Ware angeboten wird. Durch Regulierung von *29* kann man die Wickelspannung etwas beeinflussen.

Die Drehung des Wickelbaumes durch einen kraftschlüssigen Regulator zeigt die Abb. 100 (Konstruktion von S. Lentz). Die Schaltung des Warenbaumes *8* erfolgt durch den Kraftschluß der Feder *1*, die den Hebel *2*, der auf *3* gelagert ist, um *3* drehschwingend bewegt. Hierbei schalten die in der Abb. 100 nur andeutungsweise erkennbaren Klinken *4* das Klinkenrad *5*, dessen Drehung über die Schnecke *6* und das Schneckenrad *7* auf den Warenbaum *8* übertragen wird. Durch einen Hebel *9* auf der Ladenstelzachse wird über *10* der Hebel *2* immer wieder aufgerichtet und die Klinken in neue Schaltbereitschaft gestellt.

f) Hinweise für die Konstruktion und Bedienung der Schaltwerksteile

Für die Erzielung einer geeigneten *Schaltabstufung* bei *Schneckenregulatoren* ist hervorzuheben, daß unter bestimmten Umständen, z. B. wenn eine ganz bestimmte Schaltgröße stetig gewünscht wird, ein Auswechseln des Schaltrades empfehlenswert ist. Selbstverständlich muß dann eine Neueinstellung des Schalthubes erfolgen. Man kann aber so auf einfache Weise ermöglichen, gewisse, häufiger vorkommende Schußdichten ganz präzise einzustellen.

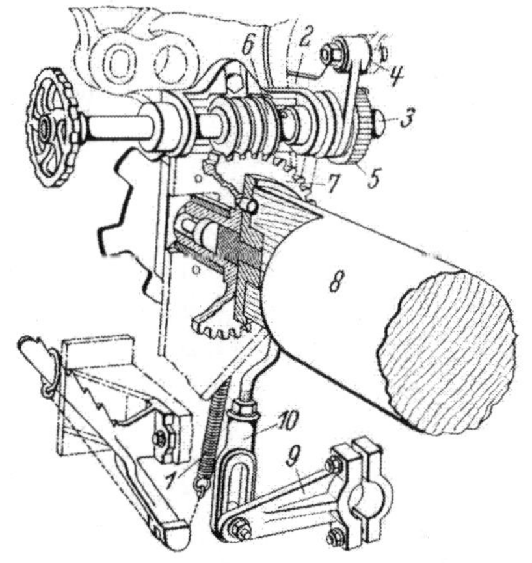

Abb. 100. Antrieb des Warenbaumes durch separaten Regulator

Eine einfachere Bauart zeigt die Schaltwerkanordnung der Wechselrad- bzw. Stirnradtype. Man ist nicht genötigt, für eine möglichst kleine Schaltabstufung Sorge zu tragen, ja, es würde prinzipiell genügen, einen konstanten Schaltbetrag ein für alle Male festzusetzen und bloß dem Räderwechsel zu überlassen, andere Schußdichten herbeizuführen. Es soll jedoch nicht die leichte Umstellbarkeit des Schaltbetrages, wie sie durch die Veränderung des Klinkenhubes erzielbar ist, von der Hand gewiesen werden, aber es bleibt diese Umstellbarkeit nur insofern beschränkt, als man die Schaltung in einer kleinen Anzahl von Abstufungen, meist drei Schaltungen um einen Zahn, zwei oder drei Zähne ändert. Da für diesen Zweck die einfache Teilung des Schaltrades ausreicht, wendet man auch nur eine Klinke an.

Die zweite notwendige Klinke ist eine Sperrklinke. Im Hinblick auf den bei der Schaltung auftretenden toten Klinkenhub muß diese Vorrichtung, da sie fundamentalen Charakter hat, besonders erörtert werden. Zu diesem Zwecke ist in Abb. 101 eine Schaltvorrichtung in der Weise elementarisiert worden, daß das Schaltrad durch eine Schaltstange *8* ersetzt wurde, die unter der Einwirkung einer Feder *9* (identisch der Warenspannung) einen Zug in Richtung des Pfeiles *I* erhält. Durch die Schwingung der Ladenstelze *1* und die Übertragung *2, 3, 4, 5, 6* erhält die Schaltklinke *6* einen Hub *a* in Richtung *II*. Aus der Zeichnung erhellt, daß vom Beginn des Schalthubes von *6* bis zum Beginn der Bewegung der Schaltstange in Richtung *III* zunächst einmal der tote Klinkenhub *a* von der Schaltklinke durchlaufen werden muß. Es soll vorausgesetzt werden, wie dies ja auch üblich ist, daß der Hub *a* in Richtung *II* weitaus größer ist als die Teilung der Schaltklinken *t*. Dann ergibt sich aber auch aus der Erklärung, daß in dem Augenblick, in dem die äußerste Linksstellung der Schaltklinke und damit auch der Schaltstange *8* erreicht ist, zwischen dem Eingriff und der Sperrklinke *7* ein toter Hub *b* bestehen kann. Beim Rückwärtsgehen der Schaltklinke *6* wird auch *8* in Richtung *I* zurückwandern, bis dieser tote Hub *b* überwunden ist. Erst dann bleibt die Schaltstange *8* stehen.

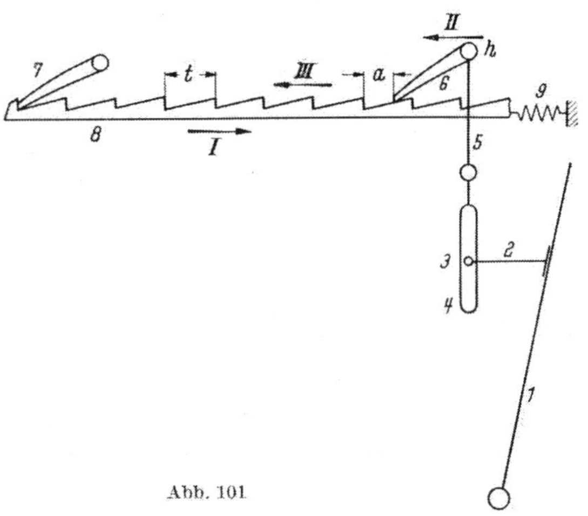

Abb. 101

Der tatsächliche Schalthub, der in dieser Arbeitsperiode wirksam geworden ist, ergibt sich also aus

$$h - a - b\,.$$

Für den Webstuhlkonstrukteur ist es von besonderer Bedeutung, darauf zu achten, daß einer der beiden Tothübe mindestens eliminiert werden muß. Durch Verstellung des Bolzens *3* in *4* ist dies nicht ohne weiteres möglich, da eine Verstellung hier zur Folge hat, daß gleichermaßen a und b beeinflußt werden. Aber eine Änderung des Verbindungssteges *2* in der Länge bietet diese Möglichkeit.

Wenn auch ein geringes Totspiel a oder b auf die Qualität der Ware einen Einfluß haben kann, so muß dieses weitestgehend reduziert werden, indem man erstens mit einer kleineren Teilung b arbeitet und darüber hinaus auch noch mit mehreren Klinken, und zwar unter Umständen mit mehreren Schaltklinken *6* und mehreren Sperrklinken *7*. Die Länge der Klinken muß dann so eingestellt sein, daß die ganze Teilung t in gleichbleibende Beträge unterteilt wird. Man erkennt eine solche Anordnung sehr vorzüglich aus der Abb. 84.

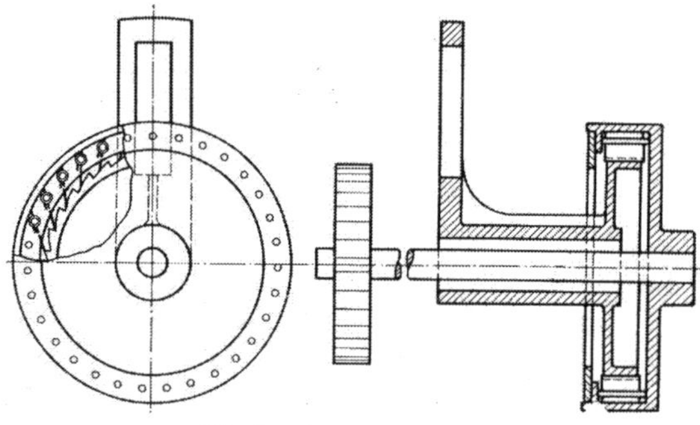

Abb. 102. Klammerkasten

Für die Herstellung von Reyonware und Seide genügt auch nicht eine Reduzierung auf $^1/_7$ oder $^1/_9$ der Schaltradteilung durch Verwendung von 7 oder 9 Klinken. Man arbeitet dann mit dem sog. Klammerkasten, dessen prinzipielle Darstellung in Abb. 102 gezeigt ist. Bei einer solchen Konstruktion hat beispielsweise das Schaltrad 30 Zähne, während um die ganze Peripherie des Schaltrades herum 31 Klinken angeordnet sind. Es kann dann also der 31. Teil der Schaltradteilung noch mit Sicherheit und ganz präzise gehalten werden. Da hier die Anordnung von Sperrklinken nicht möglich ist, muß in die weitere Getriebeübertragung ein selbsthemmendes Getriebe (Schneckenrad) eingebaut sein.

g) Die Berechnung des Wechselrades für den formschlüssig, stetig schaltenden und indirekt wickelnden Regulator

Als Grundlage für die nachfolgende Erklärung des Rechenganges dient die Abb. 80. Es wird davon ausgegangen, daß die Schußdichte je cm S betragen soll und daß bei einem Schalthub auf eine Klinke des Schaltrades mit 56 Zähnen geschaltet wird. Für die Aufstellung der Getriebegleichung fragt man nach der Zahl der Stuhlumdrehungen n pro 1 Umdrehung des Warenbaumes. Es eröffnet sich dann nachfolgende Rechnung

$$S/\text{cm} \cdot U\ [\text{cm}] = n\ [\text{Umdrehungen}] = \boxed{\frac{100 \cdot 125 \cdot 56}{19\ \cdot x}}\,, \tag{1}$$

$$S/\text{cm} = \boxed{\frac{100 \cdot 125 \cdot 56}{19 \cdot U\,[\text{cm}]\ \cdot x}}\,. \tag{2}$$

Die umrandeten Ziffern sowie auch der Warenbaumumfang, der normalerweise konstant 40 cm beträgt, ergeben in der Ausrechnung die Getriebekonstante M. Man kann sodann schreiben

$$S = \frac{M}{x}\,, \tag{3}$$

Die gewünschte Zähnezahl des Wechselrades x erhält man sodann:

$$x = \frac{M}{S}\,, \tag{4}$$

$$\frac{S_1}{S_2} = \frac{x_2}{x_1}\,, \tag{5}$$

indem man also die Getriebekonstante durch die gewünschte Schußdichte dividiert.

Setzt man die Gl. (3) für eine Schußdichte S_1 ins Verhältnis zu einer Schußdichte S_2, so erhält man Gl. (5), die besagt, daß sich die Schußdichten umgekehrt verhalten wie die Zähnezahlen der Wechselräder. Diese umgekehrte Proportionalität wandelt sich jedoch in dem Augenblick, wo das Wechselrad bei anderen Konstruktionen zum getriebenen Rad wird. Wandelt man die Gl. (5) nach x_2 um, so erhält man:

$$x_2 = \frac{S_1 x_1}{S_2} = \frac{\text{alte Schußdichte} \times \text{alter Wechsel}}{\text{neue Schußdichte}} = \text{neuer Wechsel } (x_2) \qquad (6)$$

eine Gleichung, die in Weberkreisen sehr geläufig ist.

Vor dem bedingungslosen Gebrauch dieser Gleichung muß jedoch gewarnt werden. Es ergibt sich nämlich im praktischen Webereibetrieb sehr häufig, daß die so errechnete Zähnezahl für den Wechsel als Wechselrad nicht vorhanden ist. Es werden dann bei gleichzeitiger Regulierung der Kettspannung Auf- oder Abrundungen gemacht, die aber vor der späteren neuen Berechnung bei einer neuen Kette vergessen werden. So kann es vorkommen, daß ein Rechenfehler mehrerer aufeinanderfolgender varianter Fertigungsvorgänge vergrößert wird. Da sich ein solcher Fehler zunächst nur in Spannungszunahmen der Kette zeigt, wird er meistens nicht so sehr beachtet. Die Folge aber ist eine Zunahme der Kettfadenbruchzahl, die leider erst erkannt wird, wenn die Zustände unerträglich werden. Der Gebrauch der Gl. (4) ist auch für den Webmeister weit weniger schwierig.

Sind am Regulator mehrere Wechselstellen, wie z. B. in Abb. 82 gekennzeichnet, so empfiehlt es sich noch mehr, auf die Gl. (4) zurückzugreifen, denn aus der in Gl. (6) zum Ausdruck gebrachten geläufigen Rechnungsweise wird es ein Webmeister niemals richtig erkennen, welche günstigsten Räderkombinationen möglich sind. Selbstverständlich müssen dann für alle Wechselmöglichkeiten gesonderte Getriebekonstanten berechnet werden. So hat der in Abb. 82 dargestellte Regulator vier verschiedene Getriebekonstanten, die sich aus der Getriebeskizze ohne weiteres errechnen lassen. Ist eine solche Berechnung zu unbequem, so muß man eine Wechselrädertabelle anfertigen, um den Gebrauch der Gl. (6) unter allen Umständen zu vermeiden.

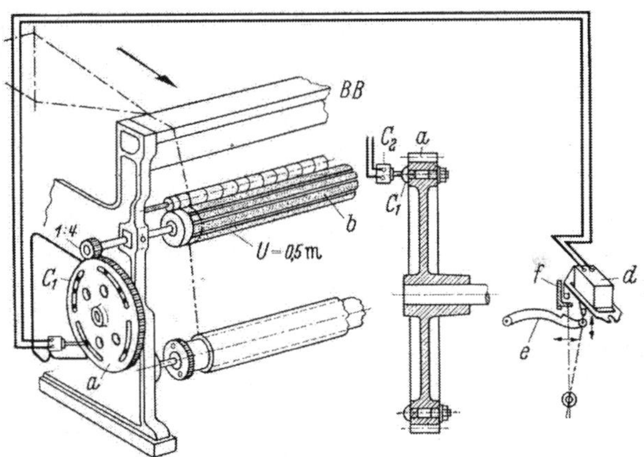

Abb. 103. Abstellvorrichtung für Musterlänge

h) Abstellvorrichtung für Musterlängen am Warenbaumregulator (ASTRA)[1]

An dem automatischen Schlauchkops-Wechsler-Stuhl Modell GML ist eine Meß- und Abstellvorrichtung entwickelt worden. Auf dem an sich glatten, einschützigen Stuhl sollen Putztücher, Woll- und Baumwolldecken gewebt werden. Der Zweck der Einrichtung nach Abb. 103 besteht darin, den Stuhl an *den* Stellen stillzusetzen, an denen der Weber den Automatenschützen gegen einen normalen Schützen mit z. B. buntem Bordenschuß austauschen soll. Die Skalenscheibe *a* wird vom Warenabzugsbaum *b* angetrieben (Untersetzung 1 : 4). Sie hat nach Fertigstellung von etwa 3 m Gewebe eine volle Umdrehung gemacht. Auf ihr werden verstellbare Kontaktnocken *c* so verteilt, wie es die gewünschte Querstreifung verlangt. Durch einen Hubmagneten *d* wird eine Ausrückplatine *e* angehoben. Die zurückschwingende Lade *f* schlägt nun an die ausgehobene Platine und setzt den Stuhl in hinterster Fachstellung still. Die Skalenscheibe gestattet auch die Herstellung von Decken in kürzeren Abmessungen. Zu diesem Zweck wird sie ausgekuppelt und nach jeder fertiggestellten Decke wieder in die Ausgangsstellung (auf Null) zurückgestellt.

3. Maximalschußdichte und Garndurchmesser

Unabhängig von Kettspannung und Webstuhlkonstruktion kann ein Gewebe theoretisch nur so dicht gewebt werden, als auf 1 cm des Gewebes in Kett- und Schußrichtung an Substanzdurchmesser untergebracht werden können. Es ist

[1] Weigel: Messebericht „Webereimaschinen". Melliand Textilber. 1957, Nr. 10.

leicht, aber auch müßig, nun auszurechnen, wie groß die theoretische Schußdichte in einem Gewebe werden kann. Es ist müßig deswegen, weil eine solche Schußdichte niemals erreicht werden kann, denn das Gewebe, das ja aus zwei sich kreuzenden Fadensystemen besteht, muß unter Berücksichtigung der Garnkrümmungen und Garnkreuzungen erklärlicherweise Abstände zwischen je zwei benachbarten Fäden aufweisen. Hieraus erklärt sich auch, daß die wirklich erreichbare größte Schußdichte abhängig ist von der Anzahl der Garnkreuzungen. Darin dürfen wir die Begründung sehen, warum beispielsweise eine leinwandbindige Ware die allergrößten Schwierigkeiten für das Eintragen einer hohen Schußdichte bietet, denn bei leinwandbindiger Ware haben wir die größte Anzahl von Verkreuzungen auf der Flächeneinheit. Nimmt man die mit Hilfe des Substanzdurchmessers errechenbare theoretische Höchstfadendichte pro Maßeinheit gleich 100%, so kann man empirisch ohne Schwierigkeit ermitteln, daß eine leinwandbindige Ware sich normal gut bis bei 70% der theoretisch errechneten Fadendichte herstellen läßt. Will man diese Grenze überschreiten, so bedarf es besonderer Vorrichtungen am Webstuhl. Man darf wohl sagen, daß aber selbst bei Verwendung solcher Vorrichtungen das Überschreiten einer 80%igen Fadendichte nicht möglich ist.

Bedenkt man, daß es die Garnverkreuzungen sind, die dem Eintragen einer hohen Schußdichte entgegenstehen, so erklärt sich auch hieraus, daß an die Webereivorbereitungen besondere Anforderungen für das Herstellen einer hohen Schußdichte gestellt werden müssen. Ein hartes und sprödes Material läßt niemals eine solche Dichteneinstellung zu wie ein weiches und geschmeidiges Material. Dies trifft besonders für Schußmaterial zu. Auf der anderen Seite zeigt sich, daß das Eintragen einer verlangten Schußdichte bei Verwendung von hart geschlichteten Ketten relativ schwierig ist. Also schon beim Schlichten einer Ware ist hierauf Rücksicht zu nehmen, denn will man die fehlende Geschmeidigkeit einer zu hart geschlichteten Kette durch hohe Kettspannung ausgleichen, um die gewünschte Schußdichte zu erreichen, so wird eine hohe Fadenbruchzahl die logische Folge sein. Man bedenke auch, daß eine dicht eingestellte Kette nicht eine so hohe Schußdichte zuläßt, denn bei einer weniger dicht eingestellten Kette können sich die Schußfäden wellig in die Ware einlegen. Sie können den einzelnen Kettfaden z. T. umschlingen, und auch ein stärkeres Ineinanderschieben der Schußfäden ist möglich. Man beachte auch, daß eine hohe relative Luftfeuchtigkeit in diesem Sinne besonders günstig ist. Bei ganz besonders schwierigen Verhältnissen dürfte es sogar empfehlenswert sein, das Schußmaterial vorher anzufeuchten und naß einzuschlagen. Dieses Einfeuchten muß unter ganz bestimmten Vorsichtsmaßregeln deswegen geschehen, damit das ganze Material von gleichmäßiger Feuchtigkeit durchzogen wird. Man muß sonst damit rechnen, daß die Ware streifig wird. Man bedenke, daß nicht alle Rohstoffe eine solche Behandlung vertragen können. Interessant ist, daß in Kammgarnwebereien das Schußfadenmaterial oftmals vor dem Eintragen angeheizt wird. Dabei befindet sich am Webstuhl ein durch Heizschlangen erwärmter Behälter mit doppeltem Boden. Das Schußmaterial wird in den Behälter gelegt, und die Wärme macht das im Faden befindliche Fett sowie die Fasersubstanz weich. Hierdurch erhält der Faden eine größere Geschmeidigkeit und läßt sich leichter und elastischer eintragen. Man erhält also ohne Schwierigkeit eine etwas höhere Schußdichte.

Kettspannungskompensation — Walkbewegung des Streichbaumes

Unter Berücksichtigung der bisher gekennzeichneten Möglichkeiten einer Spannungsvergrößerung ergibt sich die Notwendigkeit, Spannungsspitzen während der Fachbildung weitestgehend zu vermeiden. Es treten während eines Kurbelumganges im Fach zwei Spannungsspitzen auf. Dies ist einmal im Augenblick der Fachbildung selbst und zweitens im Augenblick des Ladenanschlages. Die größte Spannung ergibt sich ohne allen Zweifel im Augenblick des Ladenanschlages selbst. Trotzdem aber ist diese Spannungsspitze im Hinblick auf die möglichen Fadenbrüche nicht so gefährlich wie die Spannungsspitze bei der Fachbildung, denn im Augenblick des Ladenanschlages wird die Spannungsspitze durch sämtliche Kettfäden aufgenommen, während bei der Fachbildung die Kettfäden alle in den Litzenaugen durch Knickung und Reibung bei gleichzeitiger Spannungserhöhung stark beansprucht werden. Es lag somit in der Natur dieser Dinge, eine Kettspannungskompensation mindestens für den Augenblick der Fachbildung zu erzeugen. Es ergibt sich aus dieser Erklärung aber auch, daß diese Kompensation nur eine wirkliche Bedeutung hat, wenn mit Vorrichtungen für Geschlossenfach gearbeitet wird. Die Spannungskompensation wird in der Weise

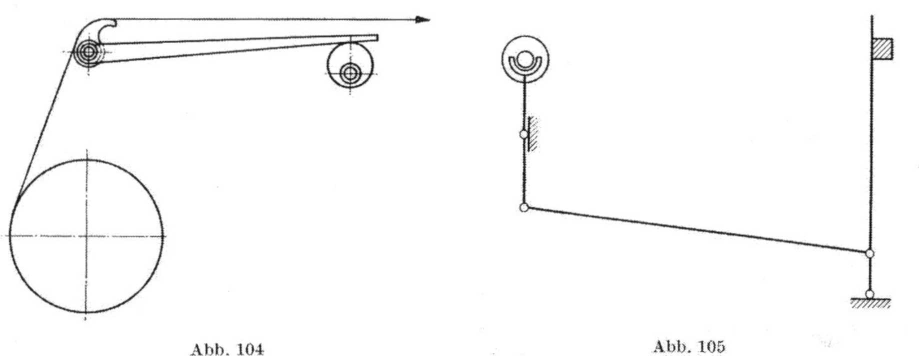

Abb. 104 Abb. 105

durchgeführt, daß man den, bisher als feststehend angenommenen Streichbaum so lagert, daß er im Augenblick der Fachbildung stuhleinwärts schwingt und damit den bei der Fachbildung bedingten Kettmehrbedarf kompensiert. Es erklärt sich hieraus auch, daß eine vollständige Kompensation der Kettspannung nicht möglich ist, wenn mit sehr hohen Schäftezahlen gearbeitet wird, denn bei hoher Schäftezahl ist man bestrebt, die im Stuhl hinten liegenden Schäfte in der Weise höher zu heben und tiefer zu senken, daß man ein sauberes Vorderfach bekommt. Somit werden also die im Stuhl hinten liegenden Schäfte eine größere Kettspannung erzeugen, während der Streichbaum nur eine Kompensation durchführen kann, die entweder auf die vorderen, mittleren oder hinteren Schäfte anspricht. Man wird selbstverständlich möglichst einen Mittelwert anzustreben versuchen. Die einfachste Art einer solchen Kompensation ist durch die Abb. 104 und 105 gekennzeichnet. Während in Abb. 104 der Streichbaum seine Schwingung durch ein Exzenter auf der Hauptwelle bekommt, erhält er nach Abb. 105 seine Schwingung durch die Ladenstelze selbst.

Es wurde bereits darauf hingewiesen, daß diese Kettspannungskompensation besondere Beachtung bei Geschlossenfachmechanismen verdient. Da in der Tuchindustrie vornehmlich mit Geschlossenfachmechanismen gearbeitet wird und daher dieser auch die gebührende Beachtung gegeben wird, wurde schon bereits sehr früh darauf geachtet, daß der Schwingungsbetrag des Streichbaumes an die verschiedenen, teilweise unterschiedlichen Verhältnisse angepaßt werden konnte. Durch die Abb. 106 bis 110 soll die Wirkung dieser Anordnung erklärt werden. Der Streichbaum ist auf einem Winkelhebel mit den Schenkeln *c*, *d* gelagert, der bei *b* seinen Drehpunkt hat. Am Ende des Schenkels *c* ist im Punkte *f*

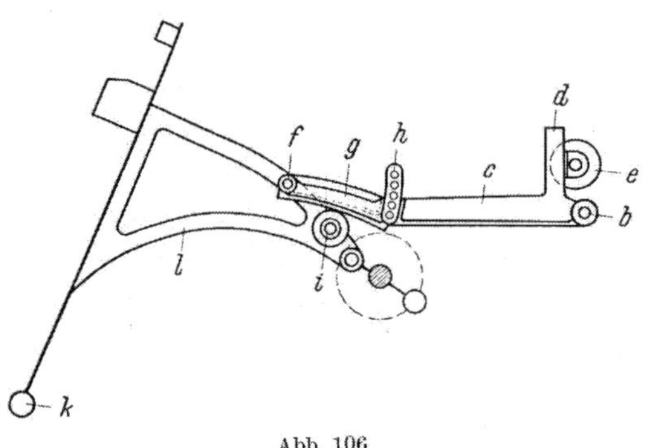

Abb. 106

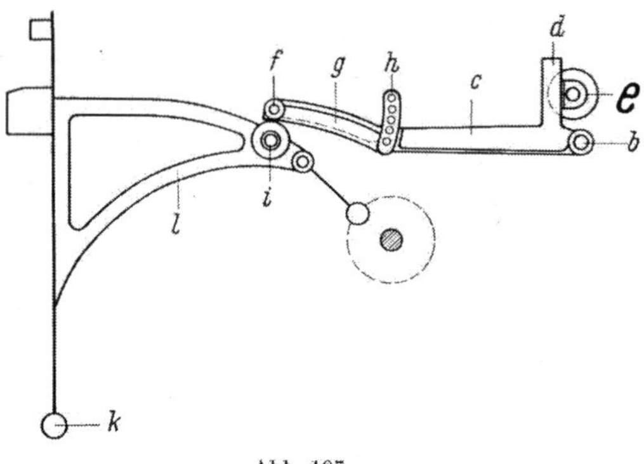

Abb. 107

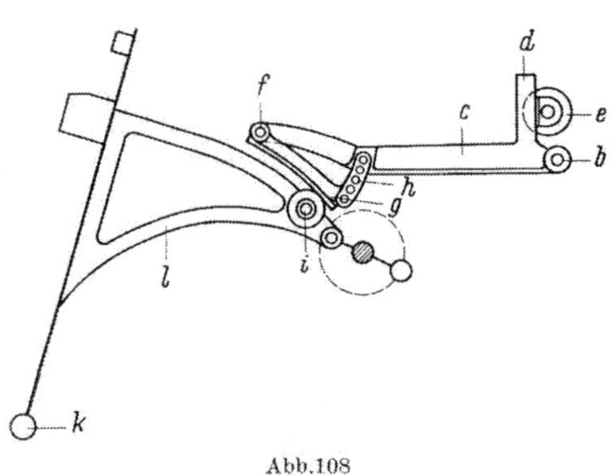

Abb. 108

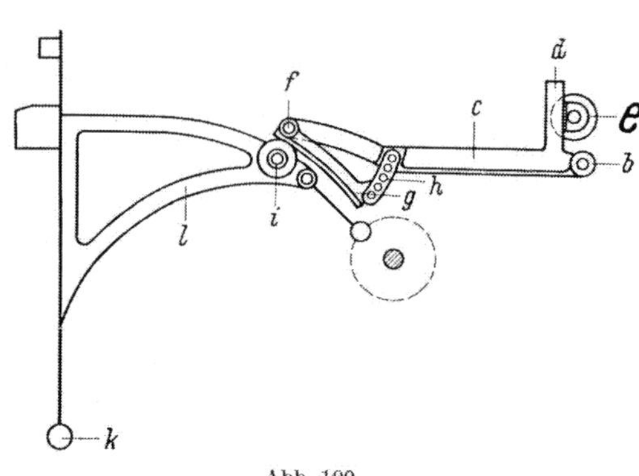

Abb. 109

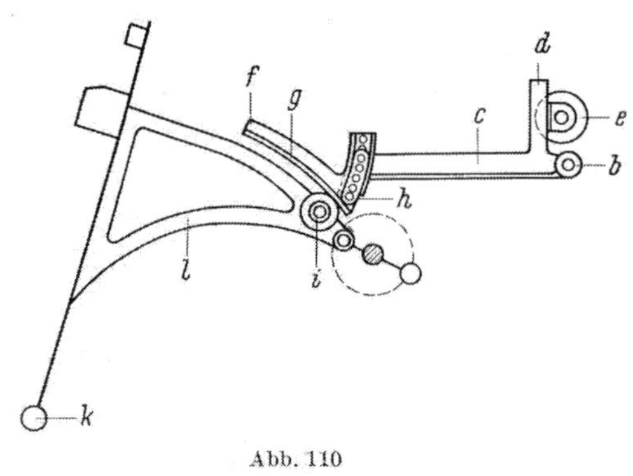

Abb. 110

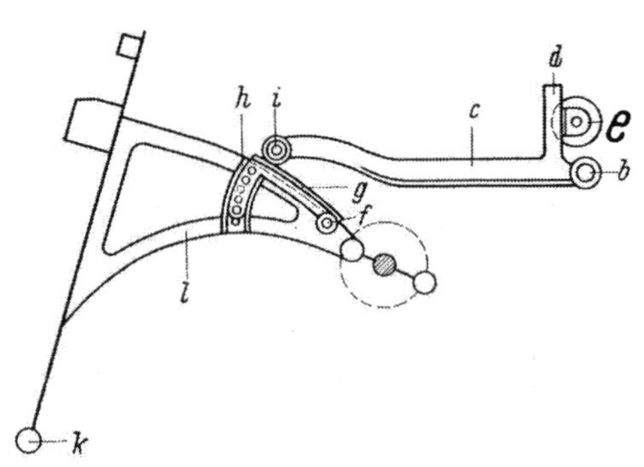

Abb. 111

durch Bolzen ein Segment befestigt, das mit seiner unteren Fläche auf der am Ladenwinkel befestigten Rolle *i* aufliegt. Das Segment *g* kann durch Stifte bei *h* zum Winkelhebel *c* in Abhängigkeit von den gegebenen Verhältnissen unterschiedlich eingestellt werden, wie das die Abb. 106 zum Unterschied zur Abb. 108 deutlich zeigt. Während die Rolle *i* bei der Schwingung der Ladenstelze einen Kreisbogen um *k* beschreibt, ist die Lauffläche der Rolle am Segment *g* zu diesem Kreisbogen beweglich eingestellt oder sie beschreibt, wie dies die Abb. 107 zeigt, einen Bogen, der etwa mit dem Kreisbogen, den *i* um *k* beschreibt, identisch ist. Entsprechend der Abb. 107 dürfte dies heißen, daß hier der Streichbaum keine Schwingbewegung macht, während er in Abb. 108 bei jedem Rückwärtsgang der Lade um ein großes Stück einwärts geführt wird. Die Abb. 110 und 111 zeigen etwas andersartige Konstruktionen für den gleichen Zweck. Bei der Abb. 110 fehlt das Gelenk des Gleitstückes. Die unterschiedliche Einstellung wird lediglich durch Stifte bei *a* vorgenommen. In Abb. 111 ist das Segment am Ladenwinkel selbst befestigt und in gleicher Weise einstellbar, während sich die Rolle am Streichbaumhebel befindet.

a) Die Größe der notwendigen Streichbaumbewegung

Dieses hier gewünschte Maß läßt sich ohne Schwierigkeit aus der auf S. 114 abgeleiteten Gleichung bestimmen.

Allerdings zeigt der dort wiedergegebene funktionelle Zusammenhang auch, daß diese Größe für die Kettfäden der verschiedenen Schäfte variant ist. Es ergibt sich somit, daß man die richtige Größe für alle Kettfäden gar nicht einstellen kann. Man muß sich eines vernünftigen Mittelmaßes bedienen.

b) Das Walken von Kett- und Schußfäden

Unter Walken versteht man in der Ausrüstung der Tuchindustrie einen Ausrüstungsprozeß, bei dem die Ware verdichtet wird. Im übertragenen Sinne hat sich diese Bezeichnung auch auf eine bestimmte Bewegung der Kett- und

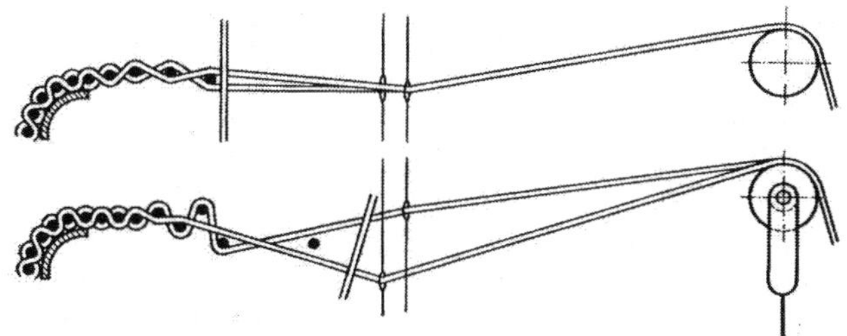

Abb. 112. „Weben im Sack“

Schußfäden auf den Webstuhl übertragen. Man spricht, wenn man bestimmte unterschiedliche Kettspannungen und Schußspannungen zum Zwecke der Schußdichtenerhöhungen meint, von Walkbewegung. Die einfachste Möglichkeit zum Walken der Kett- und Schußfäden ist schon traditionsmäßig in der Baumwollindustrie bekannt. Sie ist im eigentlichen Sinne keine Vorrichtung, sondern eine Einrichtung. Es ist dieses der hochverlagerte Streichbaum. In Weberkreisen spricht man vom „Weben im Sack“. Grundsätzlich ist eine Erleichterung des Schußeintrages gegeben, wenn die verschiedenen Kettfäden unterschiedliche Spannung bekommen. Die Abb. 112 zeigt, daß bei geöffnetem Fach die Fadenpartie des gesenkten Schaftes straffer gespannt ist und daß sich die zuletzt eingetragenen Schußfaden wie auch die lockeren Kettfaden nach den gestrafften

Faden orientieren. Erfolgt jetzt Fachwechsel, so ergibt sich auch ein Spannungswechsel. Hierdurch können die Schußfäden, unterstützt durch den Blattanschlag, einschären, wenn sich dieser Vorgang mehrmals hintereinander wiederholt. Die im Oberfach befindlichen Kettfaden laufen also locker, und der Schuß kann sie bei Blattanschlag leichter nach oben wegdrücken, und dabei kann der Schuß weitaus dichter an den vorhergehenden Schuß angeschlagen werden. Obwohl der Schuß nun mit dieser Vorrichtung, der Höherlagerung des Streichbaumes, besser eingetragen werden kann, ist dabei auf alle Fälle zu überlegen, ob auch die Kettfadenbrüche nicht in zu großer Anzahl in Erscheinung treten werden. Die Stärke der Spannung der im Unterfach befindlichen Kettfäden hat zur Folge, daß diese Kettfäden die gesamte Spannung des geöffneten Faches aufnehmen müssen. Es ist dies eine zusätzliche Beanspruchung für das Kettmaterial. Das Kriterium für das Maß, um das der Streichbaum höher versetzt werden muß, ist die Kettfadenbruchzahl. Es ist empfehlenswert, das optimale Maß empirisch zu ermitteln, indem man an verschiedenen aufeinanderfolgenden

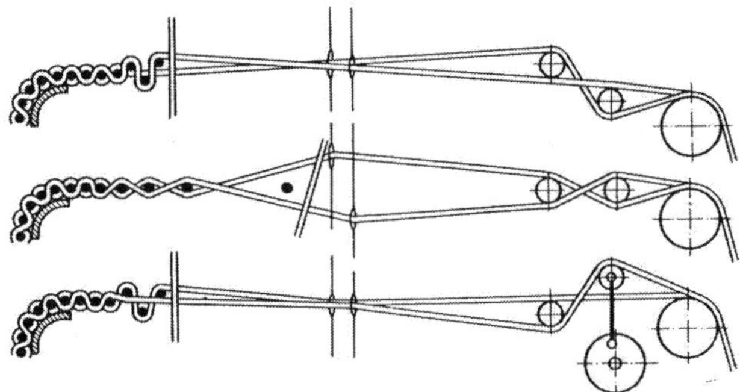

Abb. 113. Fadenkreuzwalke

Tagen entsprechende Fadenbruchmessungen durchführt. Die theoretisch größte Verschiebungsmöglichkeit dürfte dadurch gekennzeichnet sein, daß das Oberfach durch das Litzenauge nicht mehr ausgewinkelt wird. Um dieses Höchstmaß noch im Sinne der Schußdichtensteigerung zu überbieten, wird in Schwergewebewebereien oftmals eine für die Verhältnisse unzweckmäßig große Fachhöhe verwendet, damit eine Überhöhung des Streichbaumes über das normale Maß hinaus möglich ist. Aus der Wirkungsweise läßt sich erkennen, daß dieses „Weben im Sack“ nur möglich ist, wenn mit tuchgebundener Ware gearbeitet wird.

Unabhängig von diesem zum Zwecke der Schußdichtensteigerung höher gestellten Streichbaum kennen wir auch unterschiedliche Streichbaumhöhen in Abhängigkeit von der verwendeten Bindung. So stellt man bei grundsätzlich gleichbindiger Ware (mit gleichvielen Hoch- und Tiefgängen) den Streichbaum in Höhe des Brustbaumes. Bei schußbindiger Ware stellt man den Streichbaum etwas höher, bei kettbindiger Ware etwas tiefer. Hierdurch erzielt man einen vorteilhaften Ausfall der Ware. Die Erklärung hierfür kann aus der Abb. 112 ebenfalls abgelesen werden. Bei schußbindiger Ware wird der größte Teil der Kettspannung durch die im Unterfach liegenden Kettfäden übernommen. Bei kettbindiger Ware wird dann umgekehrt die Kettspannung durch die in der größeren Zahl im Oberfach liegenden Kettfäden übernommen.

In der Tuchindustrie wird im allgemeinen auch bei leinwandbindiger Ware nicht mit hochgestelltem Streichbaum gearbeitet. Hier verwendet man vielfach sog. *Fadenkreuzwalken*-Vorrichtungen, die an den Webstuhl anmontiert werden.

Die grundsätzliche Wirkungsweise dieser Vorrichtungen kann in ähnlicher Weise erklärt werden, wie dies bereits in Abb. 112 erfolgte. Es wird der Spannungsunterschied in Abhängigkeit von der Fachbildung durch besondere Kreuzschienen gebildet. Der wirkliche Unterschied dieser Vorrichtung, deren Wirkungsweise in Abb. 113 dargestellt wird, ist der, daß der Spannungsunterschied in den beiden Systemen Kettfäden beim Anschlag des Webblattes erzielt wird, während in Abb. 112 dieser Spannungsunterschied bei der Fachbildung ersichtlich ist. Das in der Abb. 113 erkenntliche „Kreuzschienenpaar" wird durch eine Übersetzung im Verhältnis 1 : 2 von der Kurbelwelle angetrieben. Die Abb. 114 bis 119 zeigen Darstellungen, bei denen in etwa das gleiche Prinzip verwirklicht worden ist. So zeigt die Abb. 114a u. b zwei Kreuzschienen, die das Fadenkreuz bilden. Es wird die Schiene *a*, die zum Streichriegel hin liegt, bewegt. Durch *f* ist sie drehbar um *g* gelagert. Auf der Schlagexzenterwelle *d* befindet sich ein Exzenter *e*, an dem die Verbindungsstange montiert ist. Auf diese Weise erhält die Schiene *a* ihre Schwingung, wobei bei jedem Webblattanschlag abwechselnd der eine Teil der Kette gespannt, der andere gleichzeitig gelockert wird. Durch die Mittellage der Schiene ist die Möglichkeit gegeben, daß bei geöffnetem Fach die Spannung in der Kette gleichmäßig auf das obere und untere Fach verteilt ist. Damit nun die Bewegung und die sich daraus ergebende Wirkung der einen Kreuzschiene nicht verringert werden kann, indem die Schiene *b* mitschwingt, wird dieselbe festgesetzt. Dies geschieht entweder seitlich an der Gestellwand oder auch mit dem Stab *c*, der unterhalb der Schiene befestigt ist.

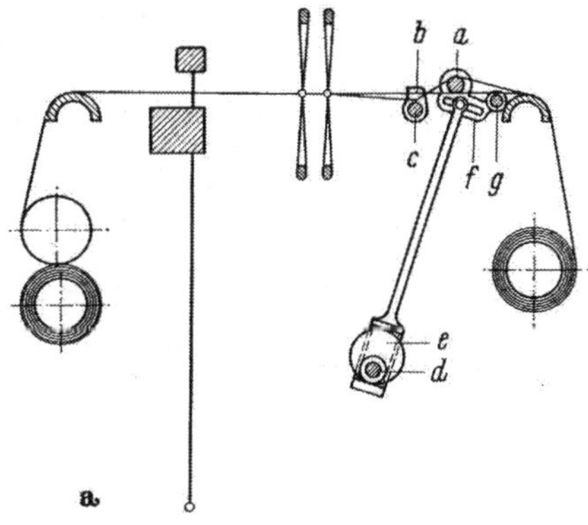

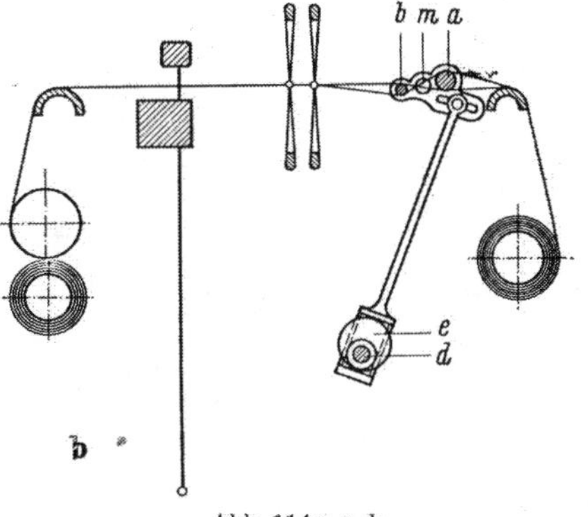

Abb. 114a u. b

Zu dem gleichen Zweck wurde von der Firma Großenhain (heute ASTRA) die Kenavvorrichtung gebaut. Die Kenavvorrichtung weist jedoch andere konstruktive Merkmale auf. Hierdurch ist sie geeignet, für Offenbach- *und* für Geschlossenfachvorrichtungen verwendet zu werden. Die Streichbäume (es wird mit zwei Streichbäumen gearbeitet) sind in einem gemeinsamen Träger gelagert. Von der Weblade aus erhält der Träger eine zusätzliche Bewegung, um die bei Geschlossenfach notwendige Walkbewegung der Streichbäume zu ermöglichen. Somit kann der Streichbaum einmal die Anspannung und das Nachlassen der Kette und schließlich die bei Geschlossenfach erforderliche Schwingbewegung gleichzeitig durchführen. Die Trägervorrichtung für die Streichbäume ist hierbei als ein auf einem Waagehebel befindliches Gelenkparallelogramm konstruiert. Der sog. Waagehebel hat einen Steuerarm, mit dessen Hilfe er innerhalb jeder Kurbelwellenumdrehung hin- bzw. hergeschwungen wird. Die Wirkungsweise ist aus der Abb. 115a—d ablesbar. Am Webstuhlgestell *1* ist der Kettbaum *2* in der bekannten Form gelagert. Es sind zwei Streichbäume *3* und *4* über dem Kettbaum vorhanden. Über die Streichbäume sind zwei Kettfadengruppen geführt. Zur Kettfadengruppe *5* zählen die Kettfäden *1, 3, 5,* zur Kettfadengruppe *4* die Fäden *2, 4, 6.* An beiden Stuhlseiten befinden sich sog. Lenker. Der Lenker *8* ist mit Lager *7* versehen, die den Streichbaum *4* tragen, und der Lenker *10* mit Lager *9* zur Aufnahme des Streichbaumes *3.* Die Lenker selbst sind durch Bolzen *11* und *12* an dem Waagehebel *13* gelenkig befestigt. Die Waagehebel sind wiederum an den Enden einer Achse *14* angebracht. Achse *14* ist schwenkbar im Webstuhl gelagert. Hebel *13* hat einen Arm *15,* an dem ein kurbelartiger Lenker *16* angreift. Auf deren Seite übergreift der Lenker *16* einen Kurbelzapfen *17,* der selbst

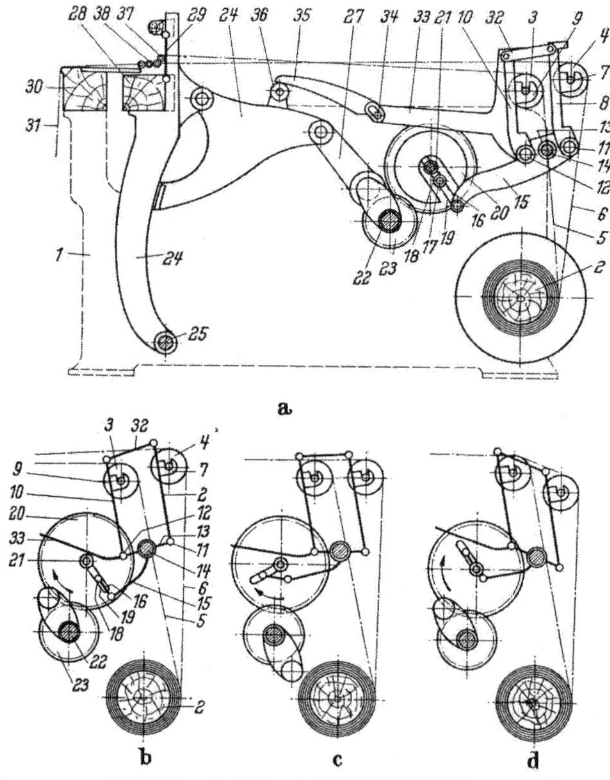

Abb. 115a—d. Kenavvorrichtung (ASTRA)

seine Befestigung an einem Führungsstein *18* hat. *18* ist fest und verstellbar in der Nut *19.* Die Nut wird von einem Stirnrad *20* getragen. Stirnrad *20* sitzt auf Achse *21,* die im Maschinengestell gelagert ist. *20* steht mit *23* (letzteres auf der Kurbelwelle *22* sitzend) in Eingriff. *23* hat die Hälfte der Zähnezahl von *20.* Die Lade *24* hat ihre Lagerung bei *25, 26* ist ein an der Lade befindlicher Ladenwinkel. Er ist mit einer Pleuelstange *27* mit der Kurbelwelle *22* verbunden.

Die oberen Enden der Lenker *8* und *10* sind durch Zwischenstücke *32* verbunden. Auf Grund dieser Verbindung machen die Lenker eine gleichsinnige Bewegung, die durch das Parallelogramm bedingt ist, wenn der Waagehebel *13* schwenkt. Die Lenker *10* besitzen Arme *33,* an deren Ende Kurvenstücke *35* in der Art, wie in der Abb. 115 beschrieben, befestigt sind. Hierdurch erhalten die Streichbäume eine Bewegung, die der Kompensation der Kettspannung entspricht. Die einzelnen Details der Bewegung können aus der Abb. 115b—d entnommen werden. Man erkennt dabei, daß die Streichbäume einmal eine Bewegung im Sinne der Kettfadenwalke durch die Kurbel *16* über *15* erhalten und außerdem eine Bewegung im Sinne der Spannungskompensation durch den Streichbaumhebel *33*.

Soll ohne diese Vorrichtung gearbeitet werden, so braucht sie nicht gebaut zu werden. Beiderseitig sind hierfür die Bolzen *17* in den Nuten *19* über die Mitte der Welle *21* zu stellen. Dadurch bleibt *15* waagerecht in Ruhestellung. Beide Streichbäume üben dann nur noch die normale Kompensationsbewegung aus. Die Kette muß dann ungeteilt nur über einen Streichbaum geleitet werden.

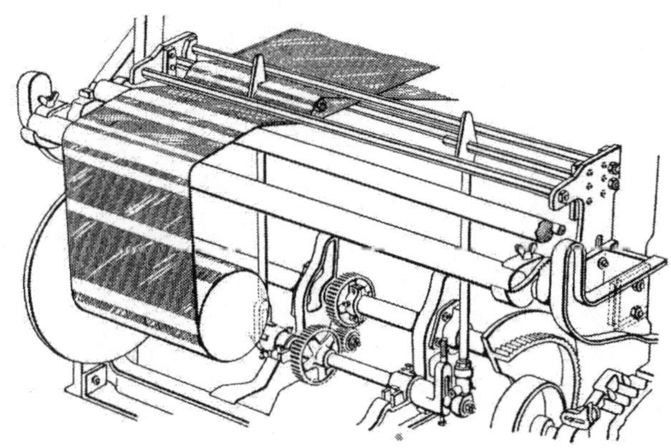

Abb. 116

Es richtet sich hierbei nach dem Kettbaumscheibendurchmesser, ob man den vorderen oder hinteren Streichbaum benützt.

Im The Southern Regional Research Laboratory (SRRL) des US Department of Agriculture in New Orleans wurde eine Vorrichtung entwickelt, die in den Abb. 116 bis 119 dargestellt ist. Das Grundprinzip ist insofern das gleiche, als es auch hier darauf ankommt, die Kettfäden zu gruppieren und während der Kurbelumdrehung der beiden Kettfadengruppen unterschiedliche Kettspannungen zu geben. Die Wirkungsweise läßt sich ohne weiteren Kommentar aus den Abb. 117 und 119 ablesen. Die Abb. 116 stellt die nötigen Übertragungsorgane dar.

In einem Bericht der Zeitschrift „Textile World" Juli 1952 wird die Erhöhung der Schußdichte mit SRRL Loom Attachment mit 38% angegeben. Die nachfolgend in der Tab. 1 wiedergegebenen Werte beziehen sich auf diese Vorrichtung. Sie mögen aber auch deswegen Bedeutung haben, weil ja all diese Vorrichtungen prinzipiell nach ähnlichen Gesichtspunkten gebaut sind und infolgedessen auch ähnliche Werte ergeben werden.

Tabelle 1

Nummer		Fadenzahl		Nummer		ohne Vorr. Fadenzahl		mit Vorr. Fadenzahl		Erhöhung
Ne	Nm	2 inch	1 cm	Ne	Nm	1 inch	1 cm	1 inch	1 cm	in %
34/2	58/2	124	25	22/5	37/5	56	22	72	28	28,6
30/2	50/2	124	25	30/2	50/2	56	22	72	28	28,6
36/2	61/2	124	25	18/2	30/2	52	20	66	26	26,9
15/5	25/5	49	10	15/2	25/3	26	10	36	14	38,5
9	5	82	16	13/4	22/4	29	11	36	14	24,1

Einen Nachteil haben die meisten dieser Vorrichtungen: sie stehen der Automatisierung des Webstuhles, insbesondere der automatischen Überwachung der Kettfadenbrüche, entgegen; denn an dieser Stelle werden die sog. Kettfaden-

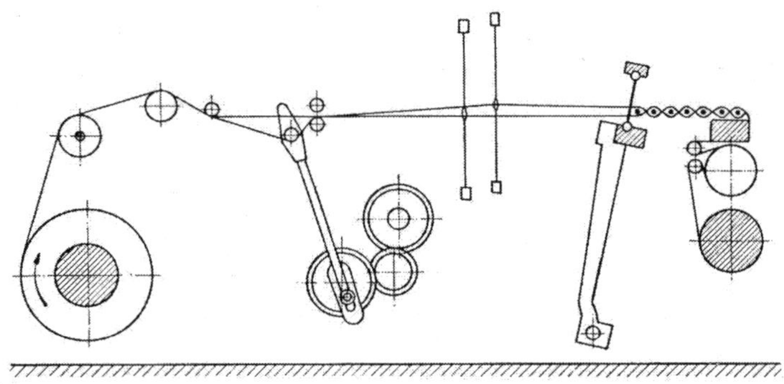

Abb. 117

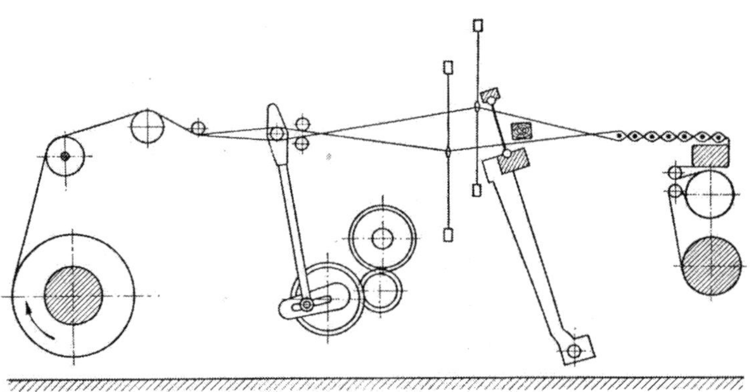

Abb. 118

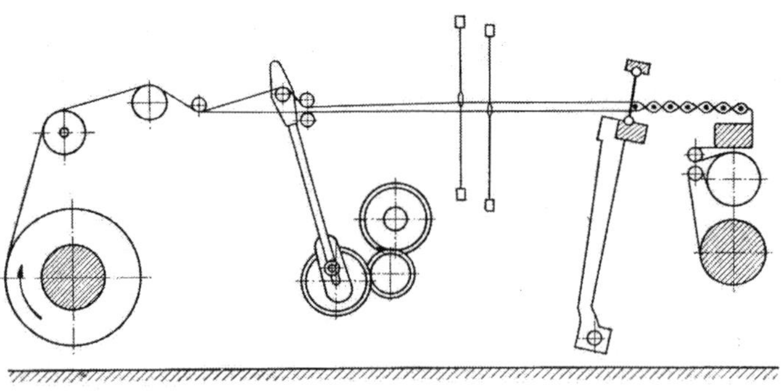

Abb. 119

wächter eingebaut. Kann man auf beide Vorrichtungen nicht verzichten, so muß man für die Überwachung der Kettfadenbrüche sog. Kettfadenwächtergeschirre (s. S. 421) verwenden. Es werden allerdings auch Kettfädenwächter gebaut (Grob & Co.), deren Leitstäbe Walkbewegung ausführen.

D. Musterungsvariation durch Fachbildung

Als *Gewebe* bezeichnet man die nach bestimmten Regeln und Gesetzen stattfindende Verkreuzung von mindestens je einer vertikalen und horizontalen Fadengruppe (Verkreuzung von Kette und Schuß). Hierin sehen wir den wesentlichen Unterschied eines Gewebes gegenüber einem Gewirk. Besteht die vertikale Fadengruppe (Kette) oder die horizontale Fadengruppe (Schuß) aus verschiedenen Materialien, die möglicherweise noch farbliche Unterschiede aufweisen und gesetzmäßig geordnet sind, so spricht man von gemusterten Geweben. Verwendet man in der Kette zwei verschiedene Fadengruppen oder auch im Schuß, so spricht man vom verstärkten Gewebe, wobei man in der Kette zwischen Ober- und Unterkette, bei Schuß zwischen Oberschuß und Unterschuß unterscheidet. Wird sowohl die Kette wie auch der Schuß durch zwei Fadengruppen gebildet, so spricht man vom Doppelgewebe. Auch für dieses Doppelgewebe besteht durchaus die Möglichkeit einer farblichen und materialmäßigen Musterung. Die Verbindung eines Doppelgewebes kann nach verschiedenartigen Gesetzmäßigkeiten durch Kettfäden oder Schußfäden der beiden Gewebe, durch Kett- und Schußfäden gleichzeitig oder durch besondere Bindekett- oder -schußfäden erfolgen.

Die Verkreuzung von Kette und Schuß geschieht fertigungsmäßig auf dem Webstuhl in der bekannten Art, daß die jeweiligen Kettfadengruppen durch Schäfte ausgehoben oder gesenkt werden, so daß vor dem Webeblatt auf dem Webstuhl ein Fachwinkel, kurz Fach genannt, entsteht, durch den man den Schützen mit Hilfe des Schützenantriebes (Schlagvorrichtung) hindurchtreibt. Für die ordnungsmäßige Steuerung der Schäfte ins Ober- oder Unterfach verwendet man fachbildende Mechanismen, die wir je nach dem Anspruch an die Kettmusterung unterscheiden in *Exzentertrittvorrichtungen*, *Schaftmaschinen*, *Jacquardmaschinen*.

Für die Auswahl des jeweils einzutragenden Schusses gelten ähnliche Gesichtspunkte. Selbst dann, wenn man nur mit einer Fadengruppe im Schuß arbeitet (Uni-Schuß), legt man in sehr vielen Fällen in der Praxis Wert darauf, daß auch hier ein ausreichender Wechsel erfolgt, um schußbandige Ware zu verhüten. (Vgl. hierzu S. 237.) Die besondere Aufgabe des Schußwechsels aber ist darin zu sehen, eine schußgemusterte Ware herzustellen; also einen gesetzmäßigen Austausch der Schützen bzw. der Schußmaterialien maschinell und automatisch durchzuführen. Für diese Steuerung verwendet man den Wechselmechanismus.

Der gesamte Umfang der Musterungsmöglichkeit ist also in der gemeinsamen und automatischen Arbeit der Fachbildungsmechanismen mit den Schußwechselmechanismen zu sehen.

I. Grundzüge der Bindungslehre

Mit dem Ausdruck *Gewebe* bezeichnet man die nach bestimmten Regeln stattfindende Verkreuzung *zweier* Fadengruppen. Besteht ein textiles Flächengebilde nur aus einer Fadengruppe, so handelt es sich um ein Gestrick oder ein Gewirk. Die zu einem Gewebe gehörenden Fadengruppen heißen Kette und Schuß und liegen im rechten Winkel zueinander. Beim Weben wird ein Teil der Kettfäden abwechselnd angehoben und gesenkt, so daß zwischen den jetzt z. T. hoch und z. T. tief liegenden Kettfäden der Schußfaden eingelegt werden kann. Die Art der Verkreuzung von Kett- und Schußfäden wird *Bindung* genannt.

Bei jedem Gewebe wiederholt sich die Reihenfolge der Verkreuzungen nach einer gewissen Kett- und Schußfadenzahl. Diese Zahl nennt man den *Rapport*, und zwar die Zahl der Kettfäden den *Kettrapport*, die der Schußfäden den *Schußrapport*.

Zur bildlichen Darstellung der Bindung verwendet man *Patronenpapier*. Zur eindeutigen Festlegung eines Gewebes genügt es, einen vollständigen Schuß- und Kettrapport zu zeichnen, der aber oft der besseren Anschauung wegen einige Male wiederholt wird. Beim Zeichnen der Bindungspatrone sind folgende Richtlinien zu beachten:

Die senkrechten Zwischenräume zwischen den scharzen Linien des Patronenpapiers kennzeichnen die Kettfäden, die waagerechten Zwischenräume die Schußfäden, so daß jedes Quadrat eine Kreuzungsstelle von Kett- und Schußfäden darstellt. Die Kreuzungsstellen, an welchen die Kettfäden über den Schußfäden liegen sollen, werden markiert; alle frei gelassenen Kästchen bedeuten dann Kettiefgang bzw. Schußhochgang.

Die Größe und Art des Bindungsrapportes kann erforderlichenfalls auch durch ein Bindungskurzzeichen angegeben werden. Die Anwendung eines Bindungskurzzeichens läßt sich am einfachsten an einem Beispiel erklären.

$$\text{Köper } \frac{2 \quad 1}{1 \quad 2}\, Z.$$

Der Zähler gibt die Ketthochgänge an, der Nenner die Kettiefgänge. Die Ziffern sind in der Reihenfolge, in der die Hoch- und Tiefgänge gezeichnet werden sollen, versetzt.

Der Buchstabe hinter dem Bruchstrich gibt die Richtung des Bindungsgrates an (Erklärung s. unter Köperbindungen).

Gelesen wird das Zahlensymbol: Köper — 2 hoch, 1 tief, 1 hoch, 2 tief, Z-Grat.

Bei einigen Bindungsarten ist es noch nötig, eine Steigungszahl anzugeben, das ist die Zahl, um die der folgende Ketthochgang nach oben versetzt ist. Die Steigungszahl steht in Klammern hinter dem Bruchstrich.

Beispiel: Atlas $\frac{1}{7}(3)$.

In diesem Werk werden Bindungen nur soweit behandelt, als sie für die Erörterungen der Mechanismen erforderlich sind. Doppelgewebe und Spezialbindungen werden nicht besprochen.

Im allgemeinen teilt man die Bindungen in drei Klassen ein, und zwar:

1. Grundbindungen,
2. abgeleitete Bindungen,
3. zusammengesetzte Bindungen.

1. Grundbindungen

Aus den Grundbindungen sind alle übrigen Bindungen in irgendeiner Form abgeleitet. Sie erfordern beim Weben für jeden Faden des Rapportes einen Schaft, so daß die Schaftzahl bei diesen Bindungen immer so groß ist wie die Rapportzahl. Man unterscheidet drei Grundbindungsarten: *Tuch*, *Köper* und *Atlas*.

a) Tuchbindung

Die Tuch- oder Leinwandbindung ist die Bindung mit dem kleinstmöglichen Rapport $\frac{1}{1}$ (vgl. Abb. 120). Sowohl der Kett- wie auch der Schußrapport kehren schon nach 2 Fäden wieder. Die Verkreuzung ist also die denkbar innigste, und es ist daher begreiflich, daß hier besondere Schwierigkeiten bei der Erzielung großer Schußdichten auftreten. In diesem Zusammenhang wird auf das Kapitel „Fadenkreuzwalke" (vgl. S. 95) hingewiesen. Die Tuchbindung liefert auf Grund der gekennzeichneten Art ein Gewebe, das auf beiden Seiten vollkommen glatt ist.

b) Köper

Unter Köper versteht man Bindungen, bei denen die Ketthochgänge in ununterbrochenen Diagonalen aufsteigen. Die Diagonalen bilden den sog. Köpergrat und entstehen dadurch, daß jeder Ketthochgang zu seinem vorherigen fortschreitend um je einen Schuß nach oben versetzt ist. Bei gleicher Kett- und Schußdichte bilden die Gratlinien sowohl mit der Kette als auch mit dem Schuß einen Winkel von 45°.

Im Hinblick auf Art und Aussehen des Grates unterscheiden wir folgende Köperbindungen:

Entsprechend der Gratrichtung Z- und S-Gratköper (vgl. Abb. 121 u. 122).

Bei einem Z-Gratköper läuft der Grat von links unten nach rechts oben, bei einem S-Gratköper von rechts unten nach links oben.

Abb. 120

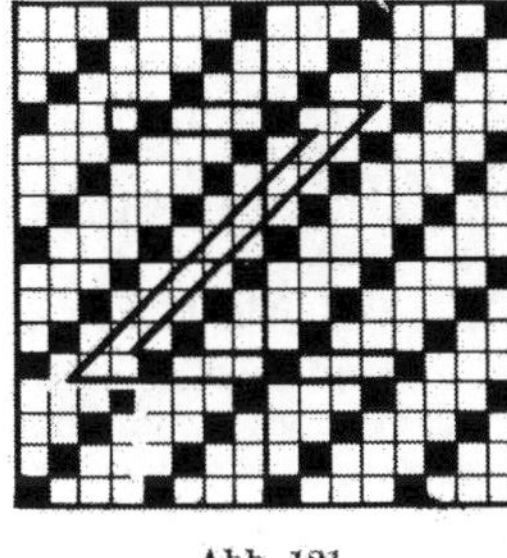
Abb. 121

Abb. 122

Nach der Verteilung von Kett- und Schußhochgängen auf der Warenoberseite teilt man ein in *Kett-* oder *Schußköper*.

Der Kettköper enthält auf der rechten Warenseite mehr Kette als Schuß, der Schußköper mehr Schuß als Kette. Abb. 121, 122 sind Schußköper, Abb. 123 stellt einen Kettköper dar. Weiter unterscheidet man *Eingratköper*, bei denen innerhalb des Rapportes nur ein Köpergrat erscheint, von Mehrgratköpern, die in einem Rapport zwei oder mehr Grate aufweisen. Die Abb. 121, 122 u. 123 sind Eingratköper. Die Abb. 124 zeigt einen Mehrgratköper. Das Warenbild des Köpers nach Abb. 124 weist auf der linken und rechten Warenseite das gleiche

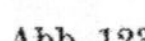
Abb. 123

Abb. 124

Abb. 125

Aussehen auf, wenn man von der Gratrichtung absieht. Derartige Köper nennt man auch gleichseitige oder *Doppelköper*. Der Beweis, daß es sich wirklich um einen Doppelköper handelt, läßt sich führen, indem man die Gleichung, die dem Rapport des Köpers entspricht, umwirft, d. h., man schreibt die Gleichung für die linke Warenseite:

Beispiel a (Abb. 124)

$$\frac{2\quad 1\quad 1}{\quad 1\quad 2\quad 1}\ Z \qquad \frac{\quad 1\quad 2\quad 1}{2\quad 1\quad 1}$$

Beispiel b (ohne Abb.)

$$\frac{3\quad 3\quad 2}{\quad 2\quad 3\quad 3} \qquad \frac{\quad 2\quad 3\quad 3}{3\quad 3\quad 2}$$

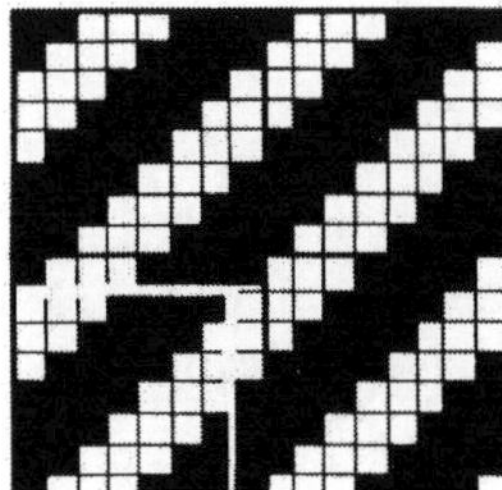
Abb. 126

Bei den Beispielen handelt es sich um echte Doppelköper. Die Reihenfolge der Ketthoch- und Kettiefgänge ist für die linke und rechte Warenseite gleich. Selbstverständlich sind auch alle Eingratköper mit der gleichen Anzahl von Kett- und Schußhochgängen Doppelköper Der bekannteste ist der Köper $\frac{2}{2}$ (vgl. Abb. 125), weitere Beispiele sind $\frac{3}{3}$, $\frac{4}{4}$, $\frac{5}{5}$. Derartige Doppelköper werden auch *Gleichgratköper* genannt.

Als letztes Merkmal seien noch die *Breitgratköper* erwähnt. Dazu gehören alle Köper, deren Gratlinien wenigstens 2 Ketthochgänge und 3 Schußhochgänge aufweisen. Beispiele $\frac{2}{3}$, $\frac{3}{4}$ oder der in Abb. 126 gezeigte Köper $\frac{4}{3}$ Z.

Allgemein ist noch zu sagen, daß das Aussehen der Köpergewebe sowohl durch die Richtung der Grate als durch die Garndrehung beeinflußt wird. Bei S-gedrehter Kette z. B. markieren sich die Z-Grate deutlicher als in entgegengesetzter Richtung.

c) Atlas

Unter Atlas oder Satin versteht man ein glattes Gewebe, bei welchem die Bindestellen so verteilt sind, daß sie 1. einen regelmäßigen Grat bilden und 2. sich nicht berühren, wie es beim Köper der Fall ist. Infolgedessen entstehen auch keine Gratlinien, sondern ein Gewebe mit viel glatterer Oberfläche. Der kleinste Rapport, der eine Atlasbindung zuläßt, ist fünfbindig (Abb. 127). Von hier ab ist jede Schaftzahl für einen Atlas geeignet.

Abb. 127

Die Konstruktion einer Atlasbindung geht wie folgt vor sich: Da die Bindungspunkte sich einander nicht berühren dürfen und jeder Kettfaden nur einmal im Rapport abgebunden wird, muß jeder folgende Bindungspunkt im Rapport um mindestens zwei Schüsse höher liegen. 2 nennt man die Steigungszahl. Sie gibt also an, um wieviel Schußfäden der Bindungspunkt auf der nächstfolgenden Kettlinie nach oben weiterrückt. Als Steigungszahl eignen sich für einen bestimmten Rapport nur immer die Zahlen, deren Summe die Rapportzahl ergibt. Dabei scheiden aber die Werte aus, die einen gemeinsamen Teiler haben.

Abb. 128

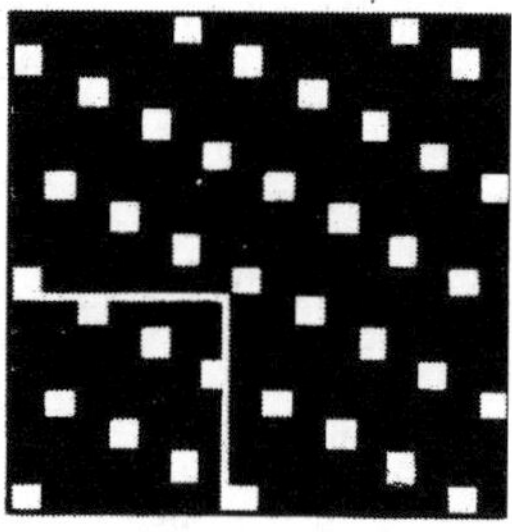

Abb. 129

Beispiele.

5bindiger Atlas, Steigungszahl 2 und 3,
7bindiger Atlas, Steigungszahl 2, 3, 4 und 5
8bindiger Atlas, Steigungszahl 3 und 5,
nicht aber 2 und 6, die den gemeinsamen Teiler 2 haben.

Einen regelmäßigen 6bindigen Atlas gibt es daher nicht (vgl. Abb. 128).

Wird innerhalb eines Rapportes der Kettfaden nur einmal gesenkt, so entsteht ein Kettatlas (vgl. Abb. 129).

2. Farbeffekte der Grundbindungen

Durch Anwendung verschiedener Farbstellungen in Kette und Schuß lassen sich mit Hilfe der Grundbindungen schöne Effekte erzielen. Am besten eignen sich hierzu Bindungen mit gleichviel Kett- und Schußhochgängen. Die zeichnerische Darstellung eines Farbeffektes geht folgendermaßen vor sich:

Zunächst wird der Effektrapport errechnet. Sind Fadenfolge und Bindungsrapportzahl durcheinander teilbar, so ist der Effektrapport gleich der Rapportzahl der größeren von beiden. Köper $\frac{2}{2}$ 4bindig, Fadenfolge 1 hell 1 dunkel, Effektrapport = 4.

Bei ungeraden Bindungen oder ungeradem Fadenfolgerapport ist der Effektrapport das gemeinsame Vielfache. In die errechnete Rapportgröße wird die Bindung nur mit Bleistift punktiert eingezeichnet. Dann werden die Ketthochgänge in der Farbe des Kettfadens und die Schußhochgänge in der Farbe des Schußfadens gezeichnet. Abb. 130 zeigt einen Farbeffekt der Tuchbindung, *Hahnentritt* genannt.

Abb. 131 zeigt einen Farbeffekt der Köperbindung $\frac{2}{2}$, *Pepita* genannt.

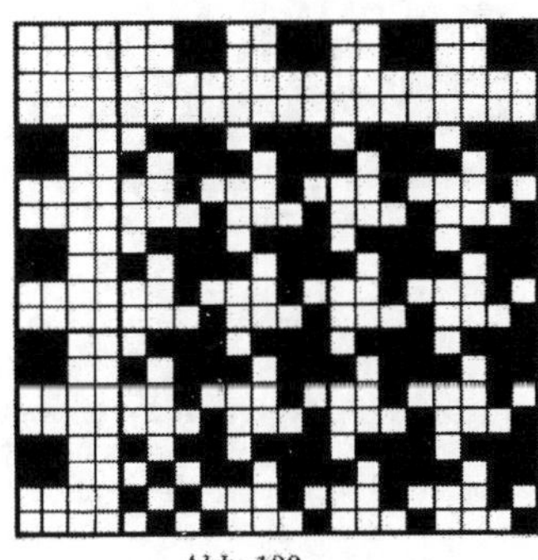
Abb. 130

Abb. 131

3. Abgeleitete Bindungen

Diese Bindungen entstehen dadurch, daß man die Grundbindungen auf irgendeine Weise verändert, entweder durch Erweiterung des Rapportes, durch Vertauschen der Reihenfolge der Kettfäden oder durch Zusetzen bzw. Weglassen von Bindungspunkten. Bei vielen dieser Bindungen ist der Kett- und Schußrapport verschieden groß. Auch läßt sich häufig durch Anwendung reduzierender Geschirreinzüge die Schaftzahl verringern, so daß diese nicht immer so groß ist wie der Kettrapport.

a) Rips

Die Grundkonstruktion des Ripses kann man sich so vorstellen, daß man bei der Tuchbindung immer mehrere Fäden hintereinander oder nebeneinander in gleicher Weise abbinden läßt. Gehören die gleichbindenden Fäden dem Schuß an, so erhält man ein querrippiges Ge-

Abb. 132

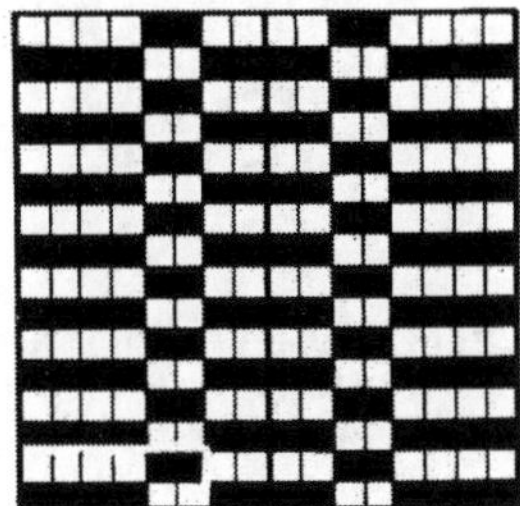
Abb. 133

webe, den *Querrips* oder *Kettrips*. Der Kettrips zeigt auf beiden Warenseiten Ketteffekt. Der Schußfaden ist also ganz in Ketthoch- und Kettiefgänge eingefaßt. Analog hierzu kann man sich die Entstehung des *Schußripses* erklären. Abb. 132 zeigt einen Kettrips, Abb. 133 einen Schußrips.

Sehr interessante Musterungseffekte erzielt man auch mit den sog. *Versetzten Rips*. Sie entstehen dadurch, daß man nach einer beliebigen Kett- oder Schußfadenzahl die Bindung um einige Fäden versetzt. Abb. 134 zeigt einen versetzten Kettrips. Jedesmal nach 8 Fäden ist die Bindung so versetzt, daß an Stelle der starken Rippe die beiden schwachen Rippen stehen.

Um bei Ripsbindungen mit langen Flottierungen das Übereinanderschieben der gleichbindigen Fäden zu vermeiden und um außerdem Gewebe mit größerer Festigkeit zu erzeugen, bindet man beim Kettrips die auf der Rückseite des Gewebes freiliegenden Kettfäden an den in der Mitte liegenden Schuß an, was durch Einsetzen von Bindungspunkten (mit blauer Tusche) in die Kettiefgänge geschieht.

Abb. 134

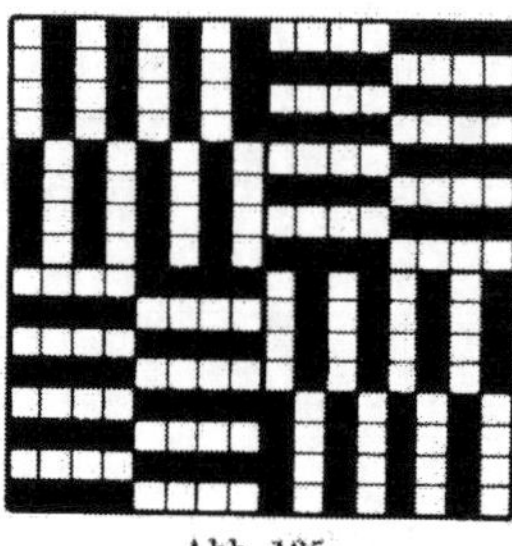
Abb. 135

Bei einem Schußrips mit langen Flottierungen erreicht man die Verstärkung dadurch, daß man durch Weglassen von Ketthochgängen die auf der Rückseite des Gewebes freiliegenden Schüsse mit der Kette anbindet. Die An- bzw. Abbindungspunkte müssen stets so gelegt werden, daß zumindest auf der rechten Warenseite kein Grat entsteht. Sehr ansprechende Musterwirkungen entstehen durch das Zusammenwirken von Kett- und Schußripsen (Abb. 135). Diese Bindungen werden hauptsächlich an Kammgarnstoffen und kahlgeschorenen Waren verwendet, weil sich dabei der Bindungseffekt am deutlichsten markieren läßt.

b) Kautschukbindungen

Dies sind Verschmelzungen von Kett- und Schußrips, bei welchen kurze Kettenrippen in kurze Schußrippen übergehen. Es lassen sich zwei Arten dieser Bindungen unterscheiden. Die erste Art entsteht dadurch, daß man der Bindung eine Verschmelzung von Kett- und Schußrips zugrunde legt, welche den 4. Teil des Rapportes einnimmt. Neben diese Figur setzt man in das 2. Viertel die Rückseite davon derartig, daß die Kettfäden in verkehrter

Abb. 136

Abb. 137

Reihenfolge stehen, alle Tiefgänge des 1. Viertels werden nunmehr zu Hochgängen. Auf diese Weise entsteht die Hälfte des Rapportes, von der man in die 2. Hälfte die Rückseite derartig zeichnet, daß der Schuß in verkehrter Reihenfolge steht. Auch hier werden alle Tiefgänge der 1. Hälfte zu Hochgängen (vgl. Abb. 136). Die 2. Art dieser Bindungen entsteht dadurch, daß die denselben zugrunde gelegte Verschmelzung nur den 8. Teil des Rapportes einnimmt. Man setzt diese Bindung dann zweimal neben- und übereinander, wobei sie jedesmal um 90° gedreht wird. Auf diese Weise entsteht der 4. Teil des Rapportes, welchen man dann weiter durch Zeichnen der Rückseite auf die oben beschriebene Weise ausfüllt (vgl. Abb. 137). Gewebe, die in Kautschukbindung ausgeführt sind, ergeben eine elastische Ware. Daher ist auch der Name dieser Bindung abgeleitet.

c) Panama

Nimmt man bei Tuchbindung in Kette und Schuß gleichzeitig mehrere Fäden, so entsteht Panama (Abb. 138). In Abb. 139 wird ein gemusterter Panama gezeigt. Im allgemeinen ist zu den Panamabindungen zu bemerken, daß jeder Kettfaden durch eine besondere Litze gezogen werden muß, denn nebeneinanderliegende gleichbindende Fäden würden sich zusammendrehen. Oft wird sogar ein Doppelriet verwendet und auch hier jeder Faden einzeln eingezogen. Aus demselben Grunde wird der Schuß einfach geschossen. Das erfordert jedoch

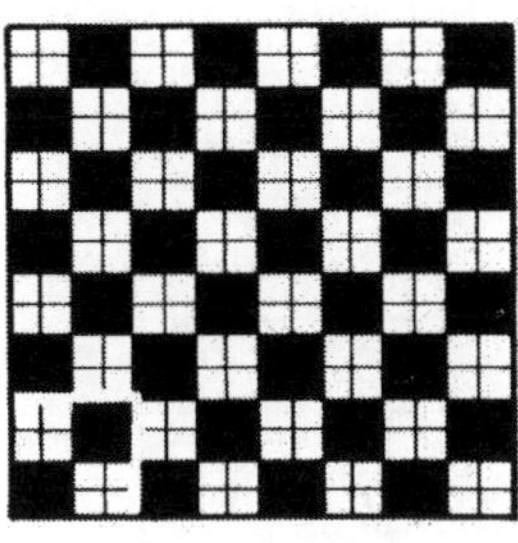
Abb. 138

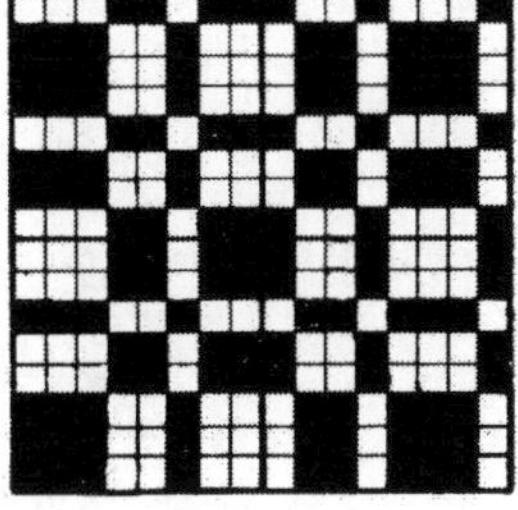
Abb. 139

an den Gewebekanten tuchbindende Fäden (Fangfäden genannt), die bewirken, daß der vorhergehende gleichbindende Schuß festgehalten wird.

4. Musterung durch Einzüge

Die ersten Ableitungen der Köperbindungen entstehen durch Versetzung der Kett- und Schußfäden, wie es durch spitze oder abgesetzte Einzüge in Verbindung mit den entsprechenden Karten vorgeschrieben wird. Mit Hilfe dieser Methode lassen sich sehr wirkungsvolle Muster erzeugen, welches schon aus den wenigen aufgeführten Beispielen ersichtlich ist. Zum besseren Verständnis für den Aufbau dieser Bindungen sollen zunächst die Einzüge nach der heute gültigen DIN-Norm gezeigt werden. Unter „Einzug" versteht man die durch die Gewebefolge bestimmte Reihenfolge der Kettfäden in den Webschäften. Im Hinblick auf die Abb. 140a u. b heißt das: Die Kettfäden sind in der Reihenfolge der Webschäfte, oben mit Schaft 1 beginnend, vom ersten bis zum letzten Schaft (S-Einzug, Abb. 140a) oder umgekehrt (Z-Einzug, Abb. 140b) eingezogen. Für die weiteren Abbildungen gilt analoge Erklärung.

Einzüge nach DIN 61110

Einchorige Einzüge

1. Einzug gerade durch

Abb. 140a

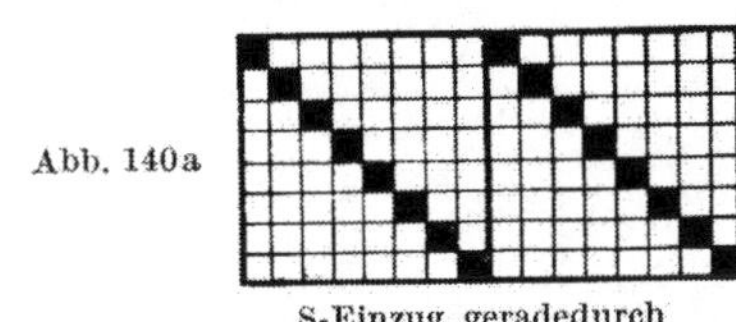
S-Einzug geradedurch

Abb. 140b

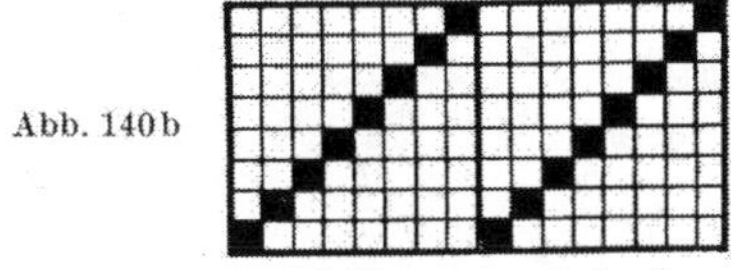
Z-Einzug geradedurch

2. Abgesetzter Einzug

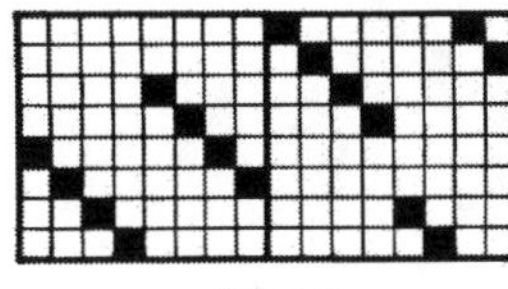
Abb. 141

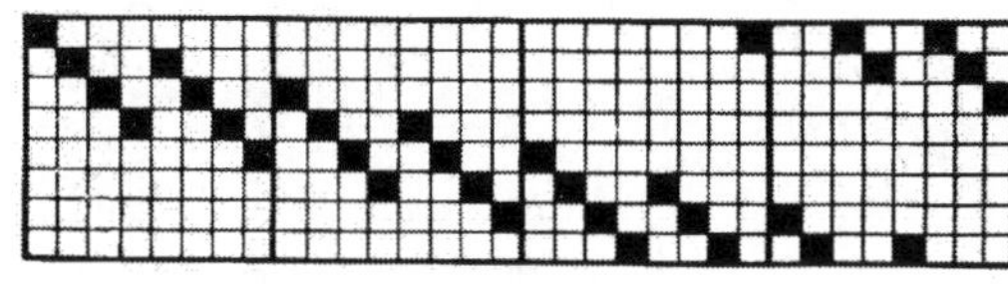
Abb. 142

1. Sprungweiser Einzug in 4 Schäfte

Abb. 143

2. Sprungweiser Einzug atlasartig

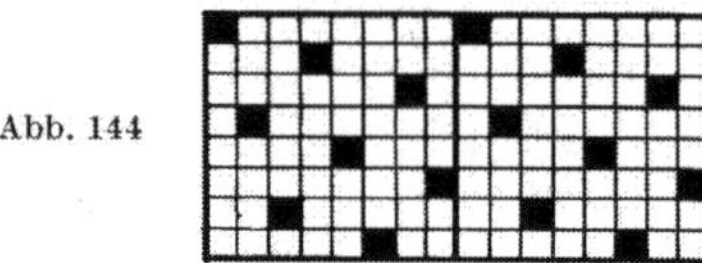
Abb. 144

1. Reiner Spitzeinzug

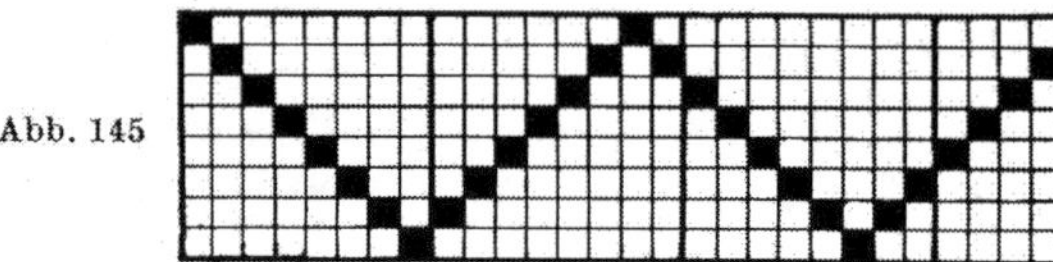
Abb. 145

2. Verlängerter Spitzeinzug

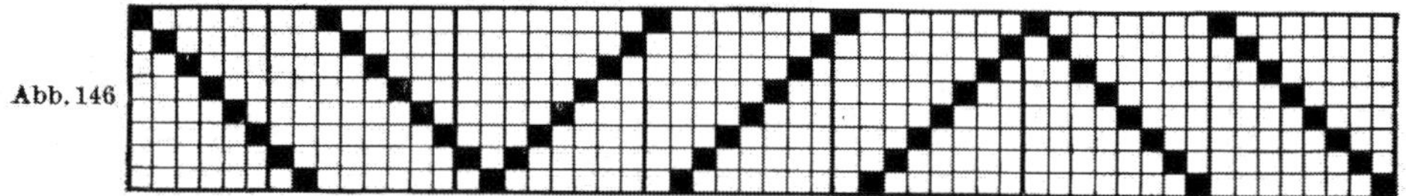
Abb. 146

3. Gemusterter Spitzeinzug

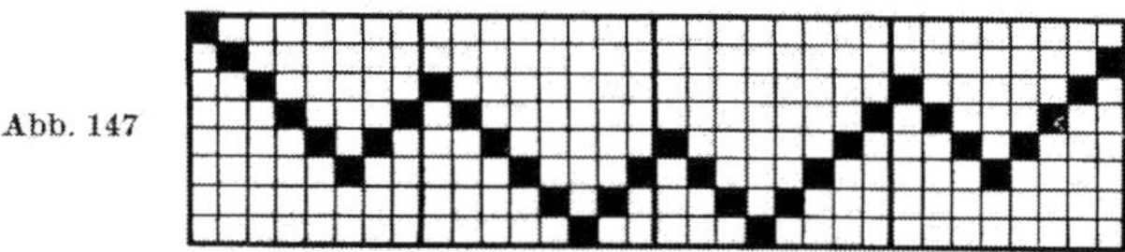
Abb. 147

1. Regelmäßig gebrochener Einzug

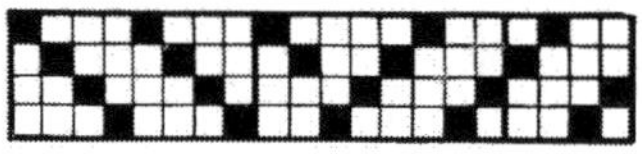

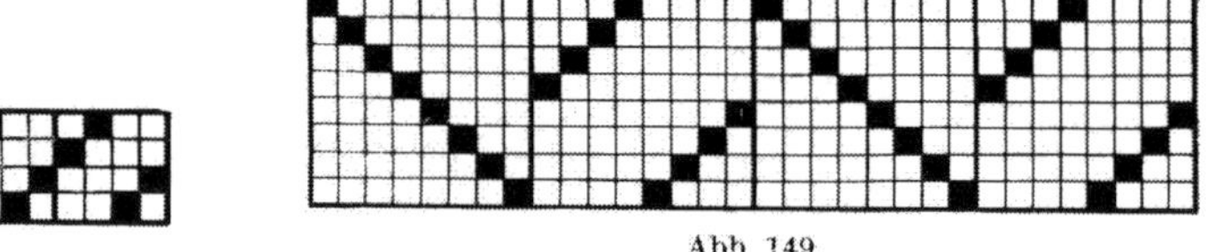
Abb. 149

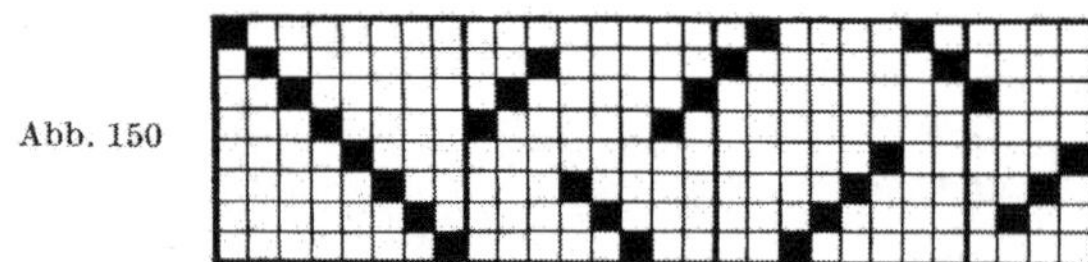
Abb. 148

2. Unregelmäßig gebrochener Einzug

Abb. 150

3. Gebrochener Spitzeinzug

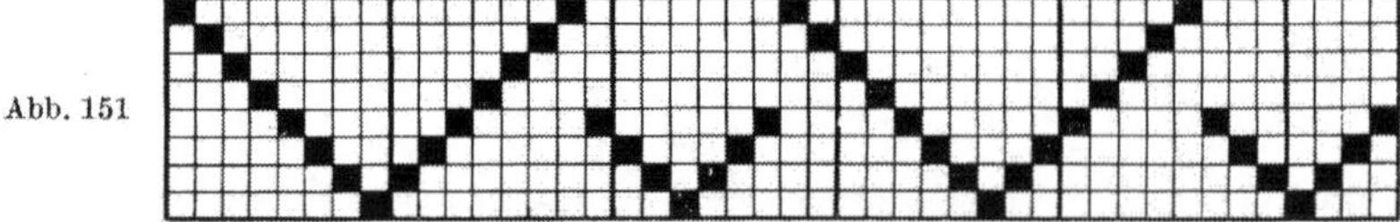
Abb. 151

1. Mehrfacher Einzug

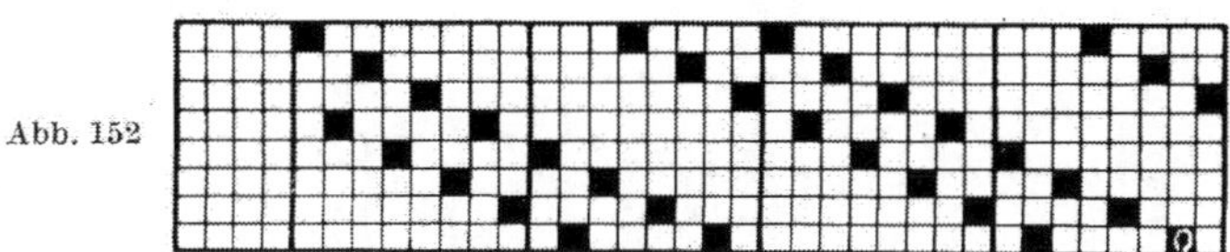

Abb. 152

2. Nebeneinandergesetzter Einzug

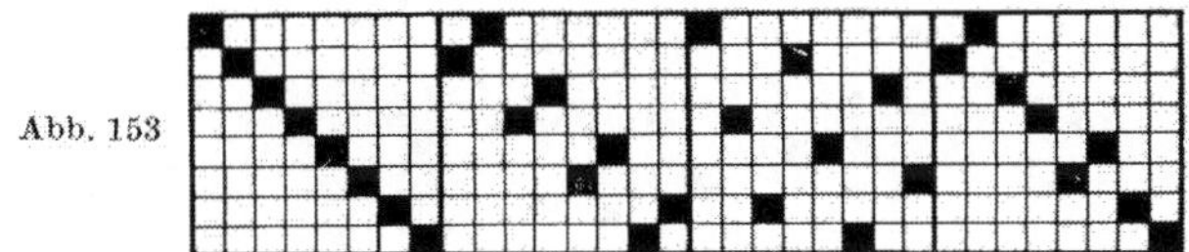

Abb. 153

1. Mustermäßiger Gruppeneinzug

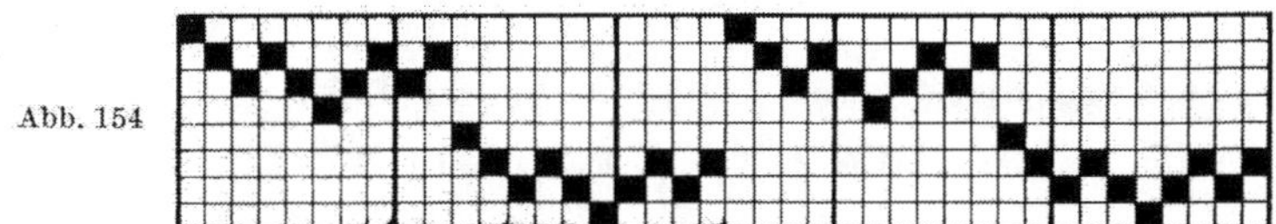

Abb. 154

2. Schaftpartienweiser Mustereinzug, 4bindig mit 3 Partien

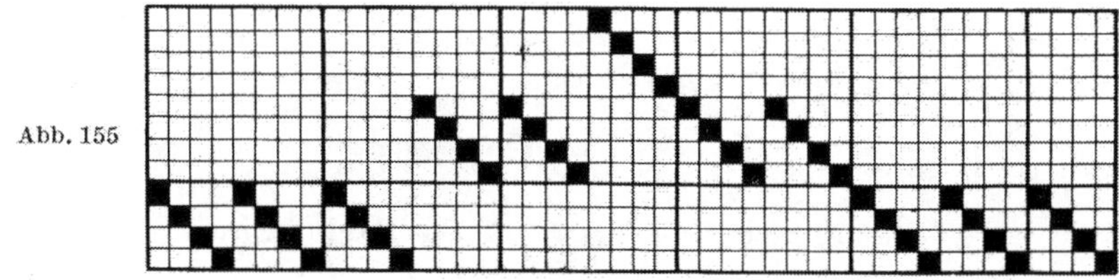

Abb. 155

3. Aus Grund- und Figurschäften zusammengesetzte Einzüge

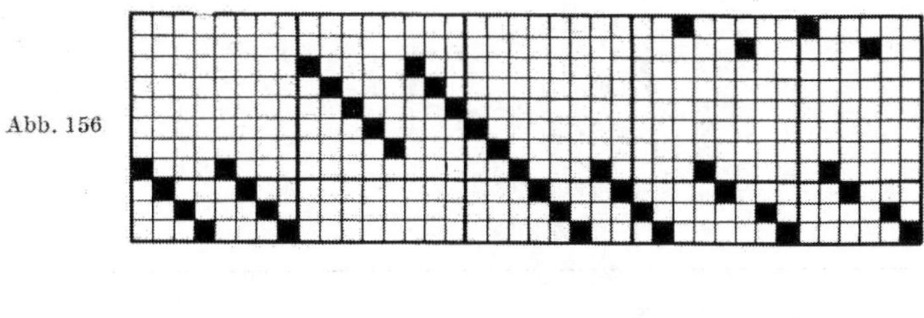

Abb. 156

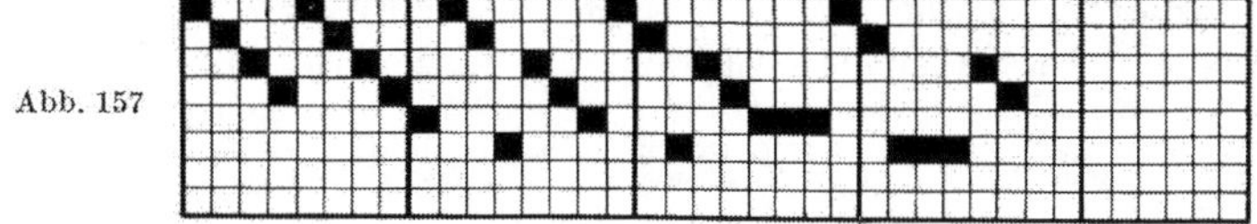

Abb. 157

Mehrchorige Einzüge

1. 2chorig-gleichchoriger Einzug geradedurch in 8 + 4 = 12 Schäfte

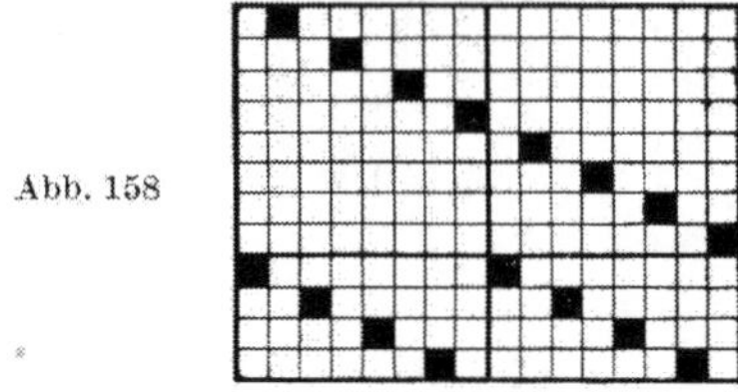

Abb. 158

2. 3chorig-gleichchoriger Einzug geradedurch in 4 + 4 + 4 = 12 Schäfte

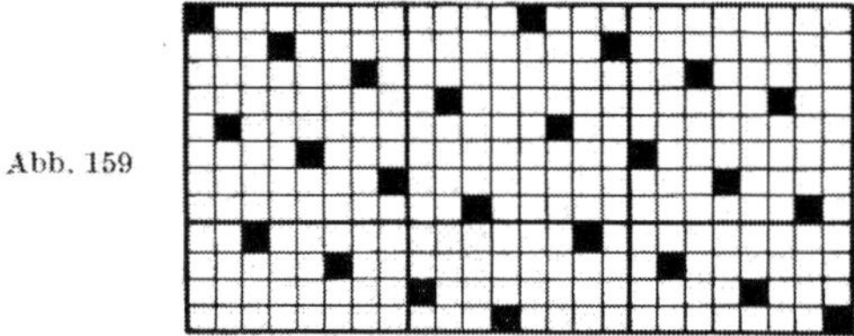

Abb. 159

3. 2chorig-ungleichchoriger Einzug geradedurch in 8 + 4 = 12 Schäfte

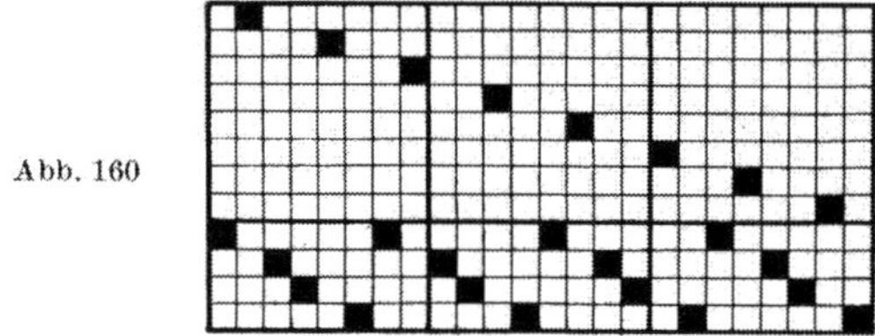

Abb. 160

II. Die Fachbildung

1. Geometrie und Dynamik der Fachbildung

Die Fachbildung für eine zweischäftige Ware ist in der Abb. 161 dargestellt. Zur Orientierung wurden der Brustbaum, die Kreuzschienen und der Streichbaum eingezeichnet sowie auch der Schützen, der sich entsprechend der Abbildung im Vorderfach befindet. Die Gesamtzahl der Kettfäden wird in Gruppen aufgeteilt, jede dieser Gruppen wird durch die Litzen auf einem Schaft hindurchgezogen.

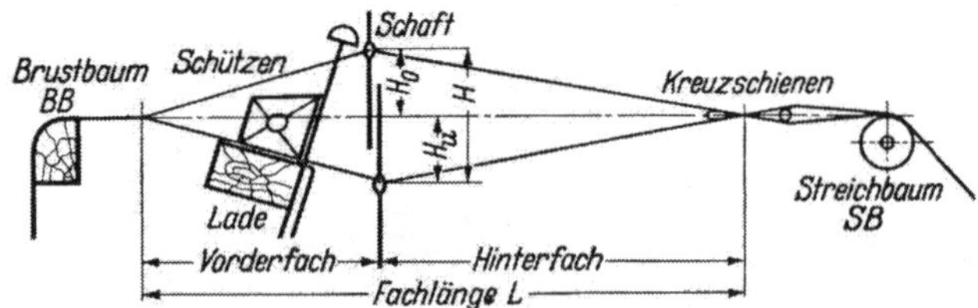

Abb. 161. Fachbildung bei zweischäftigem Gewebe

Für den Schützendurchgang müssen die Schäfte entsprechend der vorgegebenen Bindung hochgehoben oder gesenkt werden, damit ein Vorderfach und damit zwangsläufig auch verbunden ein Hinterfach entsteht, damit der Schützen die in der Abbildung entsprechende Durchtrittsöffnung durch die gruppenweise ausgehobenen Kettfäden vorfindet.

Je nach der Art, wie dieses Fach geometrisch oder mechanisch gebildet wird, unterscheiden wir die verschiedensten *Fachbildungsarten* oder *fachbildenden Mechanismen.*

2. Arten der Fachbildung

Die Abb. 162 zeigt, daß die Kette in der horizontalen Lage vorgerichtet ist, daß aber die Fadengruppe, die ausgehoben werden soll, durch den Schaft ins Oberfach abgehoben wird, während die andere Fadengruppe in der Horizontallage verharrt. Man bezeichnet diese Art der Fachbildung *Hochfachbildung.* Sie hat, wie man aus der Abbildung ohne Zweifel ablesen kann, den Nachteil, daß die ausgehobene Fadengruppe durch eine weitaus höhere Spannung beansprucht wird als die in der Horizontallage verbleibende Fadengruppe. Dieser Spannungsunterschied kann möglicherweise zu fehlerhafter Ware führen. Um diese Fehlermöglichkeit zu beseitigen, wird das Hochfach oftmals auch nach der in Abb. 163 dargestellten Weise vorgerichtet. Hierbei befindet sich die Kette in der Ge-

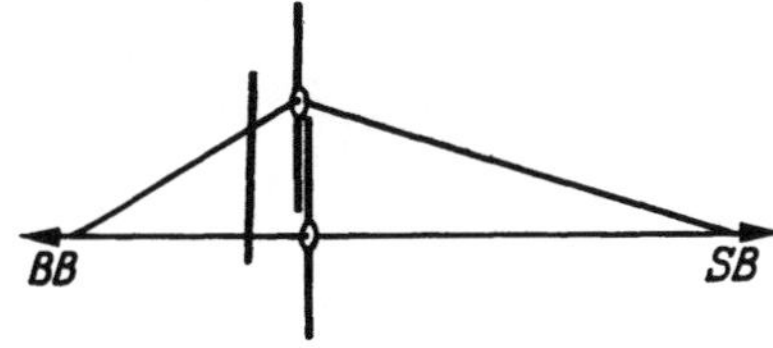

Abb. 162. Hochfach

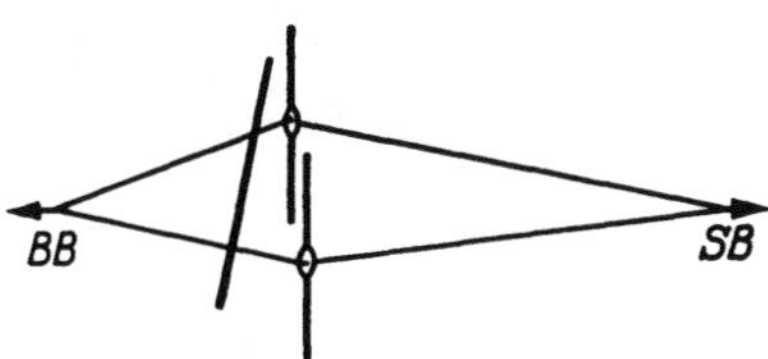

Abb. 163. Hoch- und Tieffach

schlossenfachstellung nicht in horizontal gespannter Lage, sondern sie ist in der Geschlossenfachstellung im Unterfach vorgerichtet. Man spricht vom „Vorrichten der Kette im Sack". Die Fäden, die nun auf Grund der Schaftsteuerung ins Oberfach gehoben werden, bilden gemeinsam mit den in der Normalstellung verharrenden Fäden ein Ober- und Unterfach. Das Unterfach ist dabei meistens nicht so tief durchgesenkt, wie das Oberfach ausgewinkelt ist. Diese Sonderheit ist erforderlich, weil bei dieser Fachbildung wie Abb. 163, die Schäfte mechanisch meist nicht ins Unterfach zwangsläufig gezogen werden, sondern es erfolgt dies durch Gewichte (Jacquardmaschinen) oder durch Federzüge (Hattersleymaschinen). Die zu Abb. 162 erwähnte Fehlermöglichkeit (schußbandige Ware) wird auf diese Weise weitestgehend behoben. Trotzdem hat aber diese Vorrichtung einen wesentlichen Nachteil in mechanischer Hinsicht. Die Gesamtfachhöhe muß allein von dem sich hebenden Schaft oder von den sich hebenden Schäften durchlaufen werden. Dies erfordert Zeit, deshalb können auch Maschinen, die eine derartige Fachbildung ergeben, nicht mit größter Tourenzahl laufen.

Wird das Fach in umgekehrter Weise gebildet, indem aus der horizontal vorgerichteten Kette die Schäfte, die der Bindung entsprechend nach unten gesteuert werden, nach unten bewegt, so spricht man von der *Tieffachbildung.*

Es gibt heute keinerlei mechanische Aggregate, die eine derartige Fachbildung erzeugen, weil es mechanisch nicht vertretbar ist, eine solche Konstruktion zu verwirklichen und außerdem, weil man hierdurch dem Weber beträchtliche Schwierigkeiten aufbürdet bei der Herstellung der jeweiligen Bindungskarte, denn in diesem Falle müssen ja die „Tiefgänger" gesteuert werden. Die ideale und auch heute meistens verwirklichte Art der Fachbildung ist die der Abb. 161.

Hier werden die „Hochgänger" der Bindungskarte durch Exzenter, Schaftmaschine oder Jacquardmaschine hochgehoben, während die Tiefgänger der Bindungskarte kraftschlüssig (Federzugregister oder Gewichte) oder formschlüssig nach unten geführt werden. In diesem Fall braucht jede Schaftgruppe nur die halbe Fachhöhe *Ho* bzw *Hu* zu überwinden. Hierdurch ergibt sich eine beträchtliche Zeitersparnis und somit auch Leistungsersparnis. Nur auf diese Weise ist es möglich, konkurrenzfähige Webstuhldrehzahlen zu erzielen.

Das Reine Fach. Wird mit mehr als zwei Schäften gearbeitet, insbesondere wird mit *hoher* Schäftezahl gearbeitet, so muß besondere Sorgfalt in der Bildung des Vorderfaches beobachtet werden, denn der Schützen darf keine unebene Lauffläche vorfinden, ebenfalls müssen die im vorderen Oberfach befindlichen Kettfäden ausgerichtet sein, mit anderen Worten, das Vorderfach muß sauber ausgerichtet und für das Schützenprofil ausreichend dimensioniert sein. Würde man, wie dies in Abb. 164 dargestellt ist, die Schäfte gruppenweise (Schäfte des Oberfaches sowie die Schäfte des Unterfaches) gleich hoch heben bzw. senken, so würde ein unsauberes Fach entstehen, wie es in der Abb. 164 dargestellt ist.

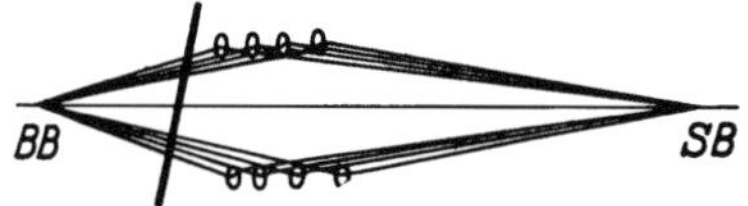

Abb. 164. Unsauberes Fach

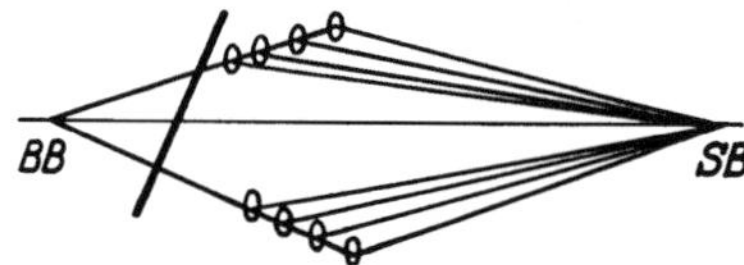

Abb. 165. Reines Fach „Schrägfach"

Das Vorderfach in der Abb. 165 dagegen ist sauber. Hier liegen alle Kettfäden des Oberfaches und alle Kettfäden des Unterfaches in einer Ebene. Gewiß wird das Hinterfach dadurch um so ungleichmäßiger. Bei dieser Art der Fachbildung erhält aber der Schützen einen ganz einwandfreien Lauf. Der Nachteil dieser Art der Fachbildung ist schon aus der Abb. 165 ablesbar: Je mehr Schäfte verwendet werden, um so ungleichmäßiger ist die Kettspannung des ersten Schaftes gegenüber der des letzten Schaftes. Je weiter der Schaft zum Streichbaum liegt, um so stärker werden die Kettfäden auf Zug beansprucht, weil die Fachhöhe zunimmt. Während man noch bei geringer Schäftezahl durch eine entsprechende Walkbewegung des Streichbaumes diese Spannungsdifferenzen kompensieren kann, ist dies bei einer großen Schäftezahl nicht mehr möglich.

Aus der Abbildung selbst kann man noch eine wichtige Verhaltungsmaßregel für die Dessinatur ablesen für den Fall, daß mit Ober- und Unterkette gearbeitet wird. In der Regel ist das Fasermaterial der Unterkette nicht so wertvoll wie das der Oberkette. Üblicherweise wird nun die Unterkette nach hinten orientiert, während die Schäfte für das Vorderfach unmittelbar hinter dem Riet liegen. Es wird dann also das an sich geringwertigere Material durch stärkere Spannung beansprucht als das hochwertige Material der Oberkette. Die Dessinateure führen dagegen an, daß es bedeutend wichtiger ist, daß der Weber die Schäfte der Oberkette im Auge behalten kann, weil Fehler in der Oberkette zur Beanstandung Veranlassung geben. Wenn auch dieses Argument richtig ist, so dürfte man doch in besonderen Ausnahmefällen, insbesondere dann, wenn es sich um sehr schwer zu verarbeitende Ware handelt, von der Regel der Dessinateure eine Ausnahme machen müssen und die Schäfte für die Herstellung der Unterkette zum Weber hin verlegen, während die Oberkette im Webstuhl nach hinten in Richtung Streichbaum verlegt werden.

Die Schrägfachbildung mit gleichzeitigem Steuern der Schäfte ins Hoch- und Tieffach ist heute die allgemein übliche Anwendung.

Offenfach — Geschlossenfach. In Anlehnung an Abb. 161 (Hoch- und Tieffachbildung) unterscheiden wir nach der Art des Fachbildes im Augenblick des Ladenanschlages zwischen *Offenfach und Geschlossenfach.* Im Augenblick des Ladenanschlages findet der eigentliche „Fachumtritt" statt, d. h., in diesem Augenblick muß das Wechseln der Schäfte entsprechend der Bindungspatrone vom Oberfach ins Unterfach oder umgekehrt oder auch das Verharren im Ober- oder Unterfach erfolgen.

Wie das Offenfach aussieht, wird in der Abb. 166 gezeigt. Der erste und dritte Schaft sind ausgehoben bzw. gesenkt, während der zweite und vierte Schaft sich im Augenblick des Ladenanschlages in der Mittelfachstellung befindet. Man kann sich ohne Schwierigkeit vorstellen (wie dies auch in der Abbildung versucht wurde, darzustellen), daß die gehobenen bzw. gesenkten Kettfäden eine relativ große Spannung gegenüber den in der Mittellage sich befindenden Kettfäden haben. Zieht man einen Vergleich zwischen Abb. 166 und der Darstellung des Geschlossenfaches (Abb. 167), so kann man zu folgendem Schluß kommen:

1. *Eine Walkbaumbewegung ist bei Offenfachschaftmaschinen widersinnig,* denn auf welche Spannungsart der Kettfäden sollte die Streichbaumbewegung kompensierend ansprechen.

2. *Das Verhältnis der Spannungsdifferenz wird um so größer und ungünstiger, je mehr Schäfte verwendet werden.* Es ist bewiesen worden, daß die Maximal-Schäftezahl nicht größer als 16 sein sollte[1]. Die beim Rietanschlag lockeren Fäden der umtretenden Schäfte verhindern eine scharfe und exakt gekreuzte Bindung. Somit kann man im Offenfach nur solche Bindungen verarbeiten, die eine scharfe Kreuzung nicht aufweisen. Die Spannungsdifferenzen und die Unmöglichkeit, eine exakte Spannungskompensation auch nur hinreichend zu erzielen, verlangt, daß im Offenfach gut elastisches Kettmaterial verwendet wird. Aus all dem resultiert auch, daß die Schußdichte nicht zu groß sein darf.

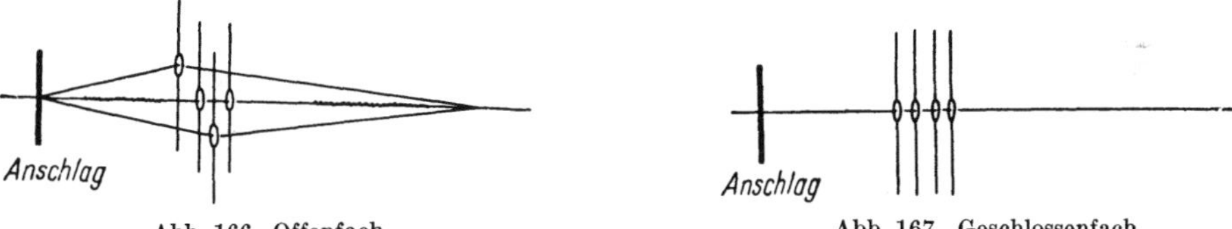

Abb. 166. Offenfach

Abb. 167. Geschlossenfach

Bei hoher Schäftezahl sowie bei stark gekreuzten Bindungen, bei hartem und stark gedrehtem und wenig elastischem Kettmaterial ist die Geschlossenfachschaftmaschine der Offenfachmaschine weit überlegen. Dies ist ganz besonders der Fall, wenn es sich um einen dichten Einschlag handelt.

Oftmals erwähnt man bei Offenfachmaschinen als besonderen Vorteil, daß die Kettfäden durch das Verbleiben der Schäfte im Hoch- bzw. Tieffach geschont werden, weil sie einmal in den Litzenaugen beim Bewegen der Schäfte nicht oder doch nur wenig gescheuert würden und auch weil die Scheuerungen der Kettfäden aneinander weit geringer sein sollten. Bei einer genauen Betrachtung aber kann man diese Ansicht nicht länger vertreten, denn der Warenvorschub erfolgt bei geknickten und gespannten Kettfäden, und dadurch entsteht eine empfindliche Scheuerbeanspruchung im Litzenauge.

Weiterhin entsteht ein Scheuern im Litzenauge dadurch, daß die Kettfäden beim Fachumtritt im Litzenauge bei varianter Spannungskomponente eine Bewegung durchführen.

Bei Geschlossenfachmechanismen entfallen alle diese Argumente, weil im Augenblick der Fachbildung und der Kettspannungssteigerung eine hinlängliche Spannungskompensation durch den Streichbaum stattfinden kann.

---

[1] Schwabe, Kurt: Wann und warum Offenfach-Schaftmaschinen? Textil-Praxis 1952, H. 10, S. 784.

Wenn heute in der Reyon- und Baumwollindustrie die Offenfachbildung vornehmlich vertreten ist, so mag das damit begründet werden, daß die meisten Doppelhubschaftmaschinen mit Offenfach arbeiten. Der Vorzug der Doppelhubschaftmaschine aber ist, daß sie eine weitaus höhere Stuhldrehzahl erlaubt als die Einhubschaftmaschine.

Der bestechende Vorteil der höheren Drehzahl verleitet auch manche Konstrukteure dazu, Offenfachmaschinen in der Tuchindustrie einzuführen. Insbesondere wird in letzter Zeit hier die nach dem Prinzip des Knowlesgetriebes arbeitende Schaftmaschine bekannt. Es kann aber nicht dringlich genug darauf hingewiesen werden, daß Wollwebereien, die ausschließlich nur mit Offenfachschaftmaschinen arbeiten, sich in der Herstellung der Ware gewissen Beschränkungen unterwerfen müssen. Insbesondere ist es die Tatsache, daß dicht geschossene Ware mit Offenfach nicht gut und fehlerfrei hergestellt werden kann.

Die Dehnung des Kettfadens bei Offenfach. Um die Größe der Dehnung des Kettfadens zu bestimmen, wurde in der Abb. 168 das Oberfach eines Offenfaches in geöffnetem Zustande dargestellt. Es wird insgesamt mit S_1 bis S_n Schäften gearbeitet. Die übrigen Maße sind aus der Zeichnung selbst sowie aus der dazugehörigen Legende zu entnehmen.

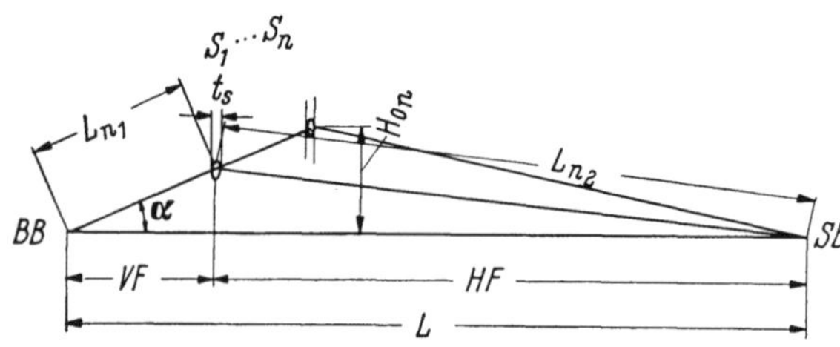

Abb. 168. Zur „Berechnung der Dehnung des Kettfadens“

Die Dehnung des Kettfadens kann wie folgt bestimmt werden:

$$L_n = L_{n_1} + L_{n_2}\,, \tag{1}$$

$$H_{0_n} = VF \cdot \tan\alpha\,. \tag{2}$$

Die Vorderfachlänge VF ist in der Abb. 168 von BB bis zur Mitte des ersten Schaftes vermaßt.

VF_n ist die variante Vorderfachlänge unter Berücksichtigung einer Schäftezahl S_n und unter Berücksichtigung, daß VF jeweils bis zur Mitte des Schaftes gemessen wird,

$$VF_n = VF + n\,t_s + \frac{t_s}{2}\,. \tag{3}$$

Die durch die Fachbildung bedingte Dehnung des Garnes ist eine Funktion der Schäftezahl n

$$\Delta L_n = f(n) = L_n - L = L_{n_1} - L + L_{n_2}\,, \tag{4}$$

$$L_{n_1} = \frac{VF_n}{\cos\alpha}\,, \tag{5}$$

$$L_{n_2} = \sqrt{H_{0n}^2 + HF^2} \quad \text{da} \quad HF = L - VF\,,$$

$$L_{n_2} = \sqrt{H_{0n}^2 + (L - VF_n)^2} \tag{6}$$

setzt man Gln. (5) und (6) in Gl. (4) ein:

$$\Delta L_n = f(n) = \frac{VF_n}{\cos\alpha} - L + \sqrt{H_0^2 + (L - VF_n)^2}$$

$$= \frac{VF_n}{\cos\alpha} - L + \sqrt{VF_n^2 \cdot \tan^2\alpha + L^2 - 2\,L\,(VF_n) + (VF_n)^2}$$

$$= \frac{VF_n}{\cos\alpha} - L + \sqrt{(VF_n)^2\,(1 + \tan^2\alpha) + L^2 - 2\,L\,(VF_n)}\,,$$

$$\Delta L_n = \frac{VF_n}{\cos\alpha} - L + \sqrt{\frac{(VF_n)^2}{\cos^2\alpha} + L^2 - 2\,L\,(VF_n)}\,. \tag{7}$$

Diese funktionale Darstellung ermöglicht es, die Verhältnisse darzustellen. Es zeigen die Abb. 169 und 170: Die Dehnung der Kettfäden durch die einzelnen Schäfte. Als Maße wurden zugrunde gelegt:

konstante Vorderfachlänge (VF) 240 mm,
variante Hinterfachlänge (HF) 220—370 (d. h. von Schaft bis Teilschiene),
Zahl der Schäfte 1—12,
Schaftteilung 12 mm.

Dieser erörterte und berechnete Dehnungsbetrag ΔL_n muß von der Elastizität des Materials aufgebracht werden, weil eine Kettspannungskompensation durch Streichriegel (Schwingbaum) unzweckmäßig ist. Man erkennt nun aus der Funktion, *daß der Dehnungsbetrag mit wachsender Vorderfachlänge* (VF) *wächst, und diese ist wiederum abhängig von der Schäftezahl n.*

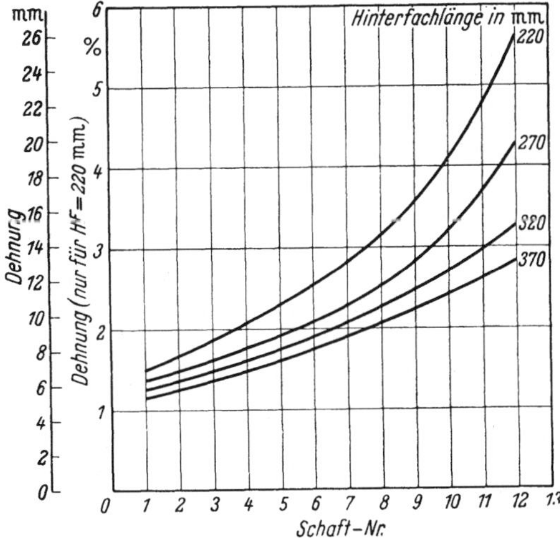

Abb. 169. Die Dehnung des Kettfadens als Funktion der Schäftezahl

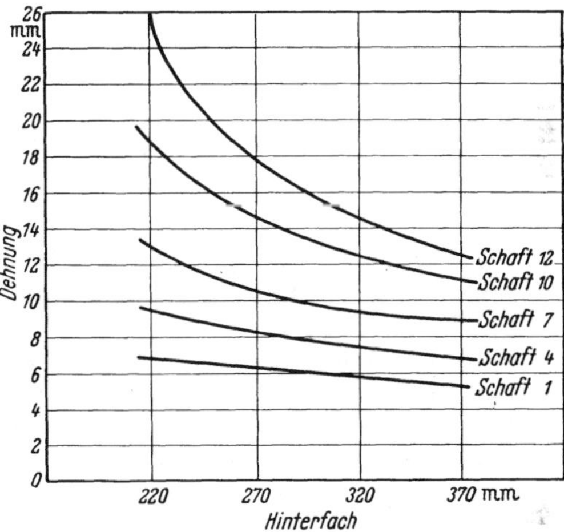

Abb. 170. Dehnung des Kettfadens als Funktion der Hinterfachlänge

Halboffenfach. Dieses ist eine speziell bei Jacquardmaschinen bekannte Art der Fachbildung, die aus diesem Grunde aus der allgemeinen Erörterung herausgelassen werden soll, um in dem Kapitel ,,Jacquardmaschinen" (S. 202) besprochen zu werden.

3. Die Reibung der Kettfäden im Litzenauge

Die als Funktion abgeleitete Dehnungsgröße des Kettfadens bei der Bildung des Fachwinkels hat nun zur Folge, daß sich die Kettfäden in den Litzenaugen scheuern, weil die Spannungen, die durch die Dehnung bedingt sind, sich als Komponenten zerlegen in die beiden Fadenteile des Vorderfaches und des Hinterfaches. Diese Scheuerungen in gespanntem Zustand stellen eine wesentliche Beanspruchung des Kettfadenmaterials dar und haben den Hauptanteil an Kettfadenbrüchen, die während der Fachbildung überhaupt auftreten. Es liegt nun nahe, Verhaltungsmaßregeln abzuleiten, die in dieser Hinsicht besonders günstig wirken.

Wird die Fachbildung mit kraftschlüssigen Mechanismen erzielt, d.h., werden die Schäfte durch Federn oder Federzugregister in das Unterfach gezogen, dann ist dem Webmeister eine gute Möglichkeit geboten, diese Reibungsbeanspruchungen auf ein Minimum, wenn nicht gar auf Null herabzusetzen, denn bei dieser Art der Fachbildung kann man die Kette so vorrichten, wie das in Abb. 163

dargestellt ist. Das Oberfach wird weitaus mehr ausgehoben durch die Schaftmaschine als das Unterfach durch die Federzüge. Wie man beim Vorrichten der Kette hier vorgehen sollte, kann aus den beiden Abb. 171 und 172 abgelesen werden. Die Abb. 171 zeigt eine normal vorgerichtete Kette, bei der nur das Oberfach dargestellt ist. Man erkennt ohne Zweifel, daß die aus der Schaftkraft K_G durch Komponentenzerlegung gewonnene Spannung des Hinterfaches S_H kleiner ist als die Spannung des Vorderfaches S_V. Will man die Reibung im Litzenauge reduzieren oder gleich Null setzen, so ist es erforderlich, daß diese beiden Kettspannungen einander gleich sind, wie das in Abb. 172 dargestellt ist. Dann müssen aber auch die Schäfte in ihrer Bewegungsrichtung etwas nach vorn geneigt sein,

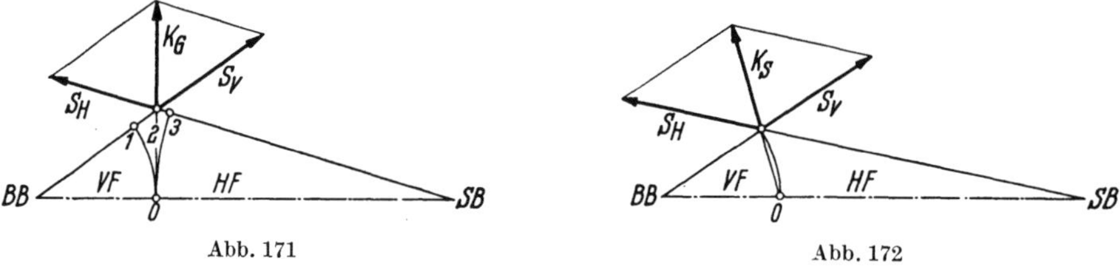

Abb. 171

Abb. 172

wie das aus der Abb. 172 abgelesen werden kann. Man erkennt auch noch einen Vorteil einer solchen Anordnung darin, daß die vom Schaft zu leistende Hubhöhe bei gleichem Vorderfachwinkel kleiner wird. Es wird in diesem Zusammenhang ganz besonders auf eine Veröffentlichung von Mitschelisch hingewiesen[1], in der die Spannungsverhältnisse, die hier andeutungsweise erwähnt wurden, genauestens als Untersuchung dargestellt sind[2]. Im Hinblick auf die Einstellung des Webfaches gilt für Hoch- und Tieffachbildung eine andere Überlegung. Meistens wird die geschlossene Kette nach der Schnur in der Mittelfachlage vorgerichtet. Wird nun in Leinwandbindung gewebt, dann ist die Fadenspannung des Oberfaches gleich der des Unterfaches, so daß sowohl die Kreuzschienen wie auch, das ist das Wesentliche dabei, die Ware selbst sich vollkommen ruhig bei der Fachbildung verhält. Aus der Abb. 173 nun erkennt man das Kräftespiel des Ober- und Unterfaches, das in dem Augenblick entsteht, wo eine unsymmetrische Bindung gewebt wird. Hier in diesem Fall: 3/1. Die Gesamtkettspannung wird im Scheitelpunkt *des vorderen Fachwinkels* zerlegt in die Anteile der jeweiligen Kettfadenzahl. So übernimmt der Kettfaden des Schaftes *4* eine Spannung K_4. Die im Oberfach liegenden Kettfäden sind in ihrer Anzahl dreimal so groß und übernehmen somit eine Kraft, die sich aus der Summe von K_1 bis K_3 zusammensetzt. Hieraus ergibt sich eine Resultierende R, die sowohl auf die Ware und in ähnlicher Weise auch im Hinterfach auf die Kreuzschiene einen Bewegungsimpuls in Richtung A bzw. B hervorruft. Die Kreuzschienen, die im Hinterfach liegen, können dieser Bewegung ohne Schwierigkeit folgen, aber der Breithalter B hält die Ware in der eingestellten Lage fest. Somit können die Kanten des Gewebes dem durch R erzeugten Bewegungsimpuls A nicht folgen, wohl aber die Mitte der Ware, so daß hier die sog. „*schußbogige*“ *Ware*

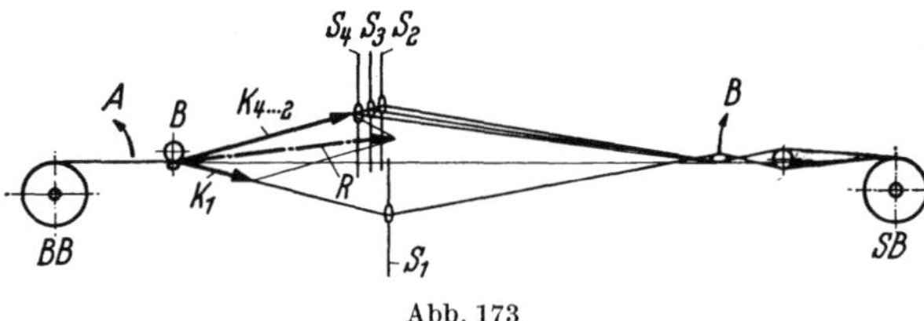

Abb. 173

[1] Mitschelisch: Textil-Praxis 1949, S. 493.

[2] vgl. a. Griese: Die Stellung der Webschäfte zur Kette. Z. ges. Textilind. 1954, S.1284.

entsteht. Ein Fehler, der in Webereien unbeliebt ist, weil er vom Abnehmer jederzeit reklamationsfähig ist.

Eine Abhilfe kann hier nur geschaffen werden, indem die Schäfte in der Geschlossenfachstellung nicht nach der Schnur vorgerichtet werden, sondern indem die Vorrichtung in der Weise erfolgt, daß die später entstehende Resultierende in Richtung der Horizontalen verläuft, d. h., die Schäfte müssen in der Geschlossenfachstellung um den Betrag x (vgl. Abb. 174) je nach der Art der Bindung gehoben oder gesenkt werden. Diesen Betrag x erhält man als Abstand von der Horizontalen, wenn man die Wirkungslinie der Resultierenden R mit der Bewegung des vorderen Schaftes S_4 zum Schnitt bringt. Man kann diesen Betrag x näherungsweise und für die Praxis ausreichend genau nach ULLRICH[1] wie folgt bestimmen:

$$x = \frac{h}{2}\left[1 - \frac{\text{Zahl der gehobenen Schäfte}}{\text{Zahl der gesenkten Schäfte}}\right]$$

(wenn die Zahl der gehobenen Schäfte kleiner ist, im umgekehrten Falle wählt man den umgekehrten Bruch).

Dieses x ergibt sich beispielsweise für eine Fachhöhe von $h = 60$ mm (H und einer Schaftverteilung $\frac{1}{3}$ (einseitiger Köper) mit

$$x = \frac{60}{2}\left[1 - \frac{1}{3}\right] = 20 \text{ mm}$$

über der Schnur. Um die Schäfte hiernach anzuschnüren, zieht man neben der gespannten Schnur vom Streichbaum zum Brustbaum eine zweite Schnur, die so ausgehoben wird, daß sie ab ersten Schaft bei der Lade 20 mm über der gespannten Schnur liegt.

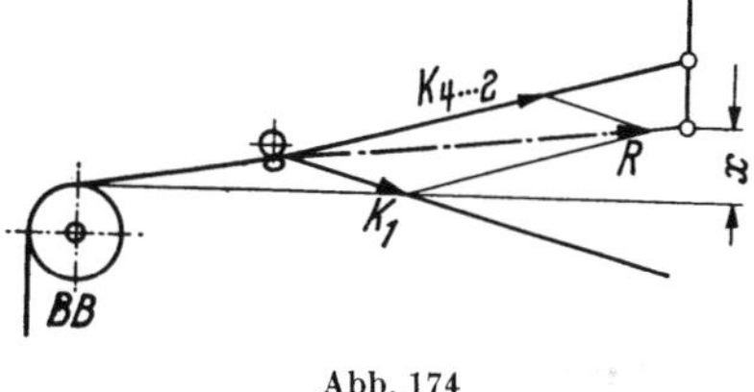

Abb. 174

4. Kraftschlüssige und formschlüssige Schaftbewegung

Den Unterschied zwischen der kraftschlüssigen und der formschlüssigen Schaftbewegung kann man aus den beiden Abb. 175 und 176 ablesen. Nach der Anordnung der Abb. 175 wird der Schaft durch die Schaftmaschine in Richtung des ausgezeichneten Pfeiles bewegt. Der Schaft wird also durch die Maschine ausgehoben, während der Niederzug des Schaftes durch eine Feder erfolgt. Bei der formschlüssigen Schaftbewegung (vgl. Abb. 176) wird durch die geeignete Übertragung der Bewegungsschnüre von der Schaftmaschine zum Schaft dieser sowohl ins Oberfach als auch ins Unterfach gezogen. Aus dem Vergleich dieser beiden Abbildungen kann man ohne weiteres ablesen, daß die formschlüssige Schaftbewegung vorzüglich für die Verarbeitung schwerer Ware gedacht ist, während man sich bei einer kraftschlüssigen Schaftbewegung auf den Zug der Federn unter den Schäften für die Bildung des Unterfaches verlassen muß. Dieser Zug ins Unterfach durch die Feder ist oftmals bei schwerer Ware nicht ausreichend oder aber auch zu elastisch, um eine sichere Führung des Schaftes zu gewährleisten.

Aus der Abb. 177 kann man noch einen besonderen Nachteil der kraftschlüssigen Schaftbewegung ins Unterfach durch Federzüge, die einfach auf dem Boden befestigt sind, ablesen. Nach dem HOOKEschen Gesetz steigt die Federspannung mit der Reckung proportional, d. h., die Belastung des Schaftes wird bei zunehmendem Schaftaushub (ins Oberfach) zunehmen, dagegen wird sie in dem Maße,

[1] ULLRICH: Melliand Textilber. 1948, S. 16.

wie der Schaft gesenkt wird, abnehmen. Tatsächlich aber verlangt man ja, daß die Federkraft mit dem Senken des Schaftes ins Unterfach zunimmt, weil doch die durch die Fadenspannungen bedingten Widerstände größer werden, je tiefer der Schaft nach unten gezogen wird, um so kürzer also die Feder wird, um so größer müßte die Federspannung sein, aber auf Grund der Tatsache, daß sie sich zusammenzieht, wird sie nach dem HOOKEschen Gesetz schwächer werden. Es wird also bei dieser Art der Schaftbewegung durch Federzüge die einwandfreie Tieffachbildung sehr in Frage gestellt. Außerdem, so kann man aus Abb. 177 ablesen, stellt die physikalische Arbeit, die die Schaftmaschine zur Überwindung des Federwiderstandes bei der Hochfachbildung leisten muß, sehr ins Gewicht. Die Strecke *1, 2* stellt die Vorspannung der Feder bei diesem gesenkten Schaft dar. Diese Vorspannung muß so groß sein, daß ein sicheres Senken des Schaftes gewährleistet ist. Mit zunehmendem Fachhub bis zur Mittelfachstellung steigt die Federkraft proportional an. Sie steigt aber auch weiter an bei der Oberfachbildung bis zum Punkte *3*. Die ganze geschraffte Fläche *2, 3, 4* stellt eine Verlustarbeit dar, die man ohne Schwierigkeit zahlenmäßig erfassen kann, sobald die Federkonstante bekannt ist.

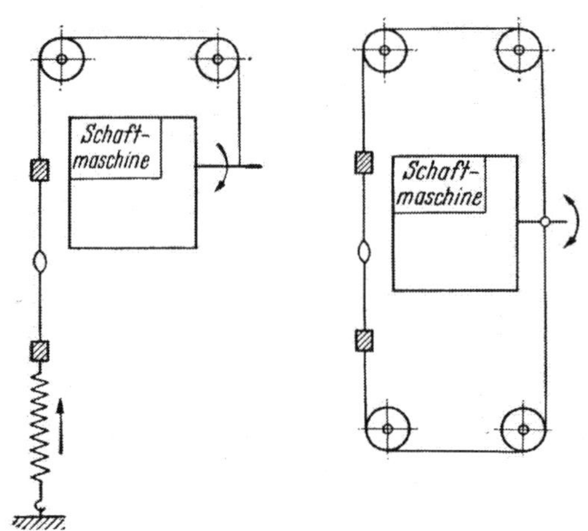

Abb. 175 u. 176. Kraftschlüssige und formschlüssige Schaftbewegung

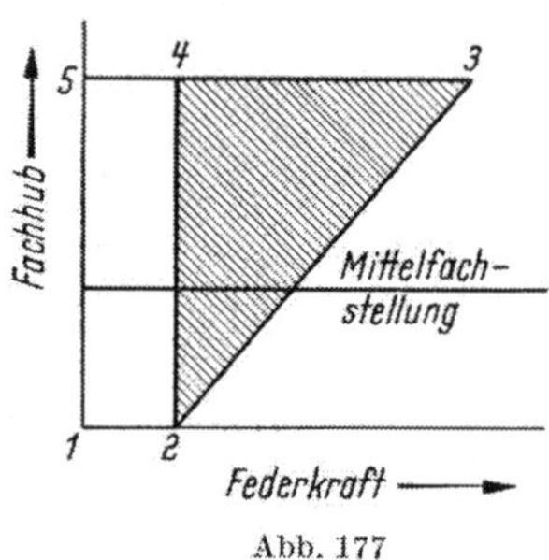

Abb. 177

Diese Verlustarbeit stellt nicht nur einen Verlust an Energie dar, sondern sie führt auch zwangsläufig zu Verschleißerscheinungen und auch zu Schwierigkeiten bei Verarbeitung hochgespannter Ketten, weil dann die Vorspannung *1 2* bedeutend größer sein muß, und außerdem muß auch der Kraftanstieg größer sein, weil man entsprechend kräftigere Federn notwendig hat. Die nach Abb. 175 getroffene Vorrichtung (Befestigung der Feder an einer Bodenleiste) sollte man grundsätzlich aus den dargestellten Erwägungen heraus ablehnen. Statt dessen sind Vorrichtungen empfehlenswert, bei denen der Kraftanstieg *2 3* in der Abb. 177 umgewandelt wird in eine Kraftreduzierung, wobei die von der Schaftmaschine zu leistende Arbeit entgegen der Arbeitsfähigkeit der Feder mit wachsendem Fachhub abnimmt. Wie dies möglich zu machen ist, zeigt in prinzipieller Form die Abb. 178. Der Schaft selbst ist mit den Zügen *1*, Winkelhebel *3*, mit dem Kreisbogenstück *2*, mit der Feder *4* verbunden. Sobald der Schaft angehoben wird, erfolgt eine Drehung des Kreisbogenstückes *2* und auch des Winkelhebels *3*. Hierdurch wird zwar die Feder *4* gereckt, aber sie wird gleichzeitig in eine andere Ebene gehoben. Während ursprünglich der Abstand *a* der Kraftwirkungsarm der Feder war, wird dieser Kraftarm jetzt kleiner und nimmt die Größe *b* an. In dem Maße also, wie durch die Reckung die Federkraft zunimmt, in dem Maße wird der Kraftwirkungsarm verkürzt. So findet zwischen der Spannungszunahme der Feder und dem auf den Winkelhebel *3* ausgeübten Drehmoment eine Kompensation statt. Diese Kompensation muß konstruktiv so gestaltet sein, daß sich der in Abb. 177 dargestellte Verlauf von *2* nach *4* zeigt. Besser noch ist es, wenn die Konstruktion so gestaltet ist, daß mit zunehmender Fachhöhe eine Verminderung der Federzugwirkung sich ergibt.

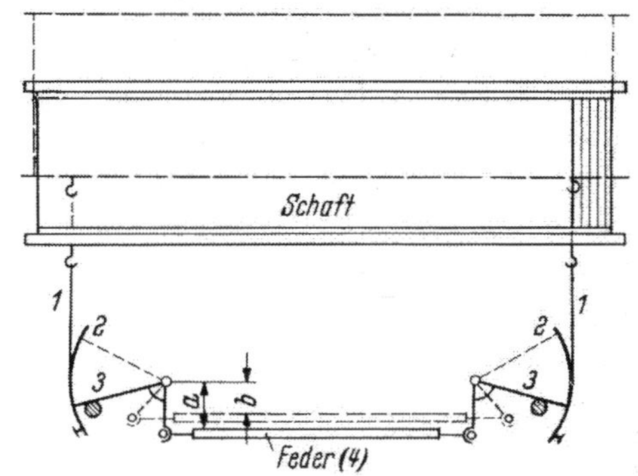

Abb. 178. Federzugregister

Die Abb. 179 zeigt eine Kraft-Weg-(Arbeits-)Messung an einem Federzugregister. Insbesondere erkennt man, wie im Diagramm mit wachsender Fachhöhe der Kraftbedarf abnimmt.

Mit Rücksicht darauf, daß die Webstuhlkonstruktionen untereinander sehr viel verschieden sind, müssen auch die Federzugregister unterschiedliche Konstruktionsmerkmale aufweisen. Lediglich als Beispiel und zur Illustration soll in der Abb. 180 ein Federzugregister der Firma Stäubli wiedergegeben werden. Besonders auffallend ist bei dieser Konstruktion der geringe Raumbedarf, der auch aus den angegebenen Dimensionen ohne weiteres ersichtlich ist. Ein solches Federzugregister wird in der Normalteilung für 10 und 12 mm Schaftdistanz (Distanz von Mitte zu Mitte Schaft) gebaut. Eine Begrenzung der Schäftezahl ist bei dieser Konstruktion überhaupt nicht gegeben. Dagegen ist der Hub begrenzt mit einer

Federlänge	$\Sigma\,\delta z$	P oder K kg	a cm	P_k kg
31,50	0,00	6,0	4,80	2,400
31,80	0,30	6,4	4,60	2 453
32,05	0,55	6,8	4,30	2,436
32,30	0,80	7,2	4,10	2,460
32,60	1,10	7,6	3 75	2,375
32,90	1,40	8,0	3,40	2,266
33,10	1,60	8,3	3,15	2,178
33,35	1,85	8,7	2,85	2,065
33,50	2,00	8,9	2,90	1,850
33,65	2,15	9,1	2,20	1,666
33,80	2,30	9,3	1,90	1,466
33,90	2,40	9,5	1,55	1,226
34,00	2,50	9,7	1	0,966
34,10	2,60	9,8	1	0,816
34,20	2,70	9,9	1	0,825
34,25	2,75	10,0	1	0,833
34,30	2,80	10,2	1	0,850

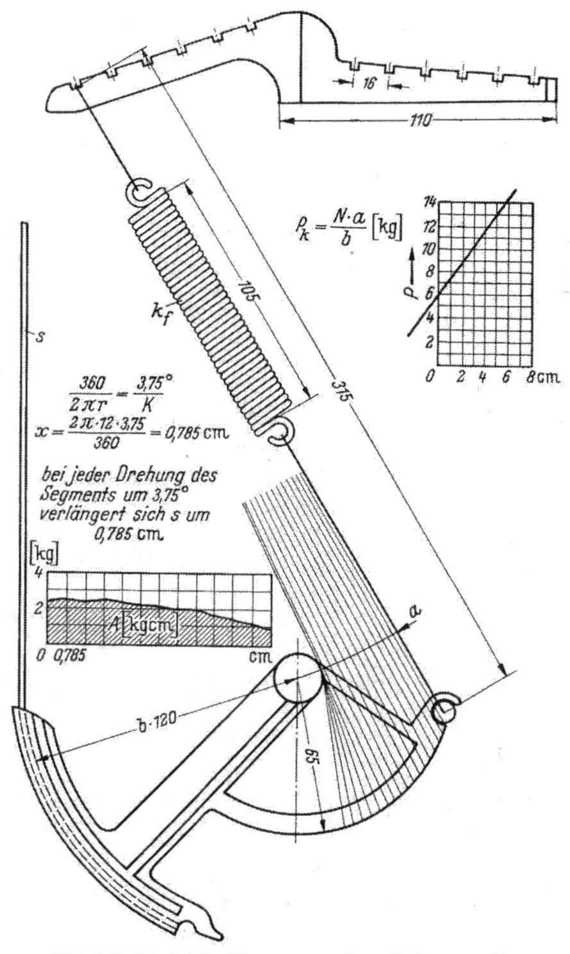

Abb. 179. Kraft-Weg-Messung an einem Federzugregister

Höhe von 20 cm. Als Verbindung zwischen Federzugregister und Schaft wird eine Knotenkette und ein Schaftregler empfohlen. Das Anhängen soll dabei so geschehen, daß in der tiefsten Stellung der Schäfte sich die Segmente noch mindestens 5 mm über ihrem Anschlag befinden, damit die Schäfte nie locker sind. Den Zug der einzelnen Segmente muß man in der Art einstellen, daß die Schäfte wohl einwandfrei in die tiefste Stellung gezogen werden, niemals aber übermäßig belastet sind.

Der stärkste Zug wird erreicht, wenn Hebel *H* in Kerbe *1* liegt und die Federschlaufe in Kerbe *a* eingehängt ist. Die Zugkraft bei Verwendung von einer Feder läßt sich in 6 verschiedenen Stellungen von einem Minimum von etwa 0,6 kg bis auf ein Maximum von etwa 4 kg steigern. Werden weitere Federn angehängt, was mit Leichtigkeit geschehen kann, so steigert sich die Zugkraft entsprechend. Durch Auswechseln der Federschlaufe können maximal 4 Federn verwendet werden, mit denen die Zugkraft bis auf etwa 16 kg gesteigert werden kann.

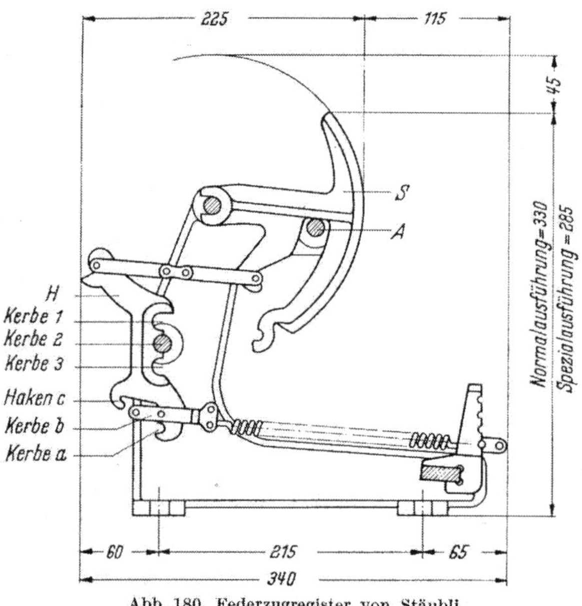

Abb. 180. Federzugregister von Stäubli

Das Verstellen des Hebels *H* geschieht mit Hilfe eines besonderen Handhakens, welcher beim Haken *C* des Hebels *H* eingehängt wird. Nachdem der Hebel *H* nach auswärts gezogen worden ist, kann derselbe auf- oder abwärts in die gewünschte Kerbe (*1*, *2* oder *3*) eingelegt werden. Die Federschlaufe wird ebenfalls mit Hilfe des Handhakens von einer Kerbe *a* in die andere *b* gehängt.

Normalerweise werden Federzugregister nur mit einer Feder bespannt. Es ist darauf zu achten, daß die verschiedenen Drehpunkte des Segmentes wöchentlich einmal geölt werden.

5. Teilstäbe im Hinterfach

Wie man aus der Abb. 161 erkennen kann, verringern die Kreuzschienen die mögliche Maximallänge des Hinterfaches. Hierdurch werden ohne allen Zweifel die Spannungsverhältnisse bei der Bildung des Faches ungünstiger gestaltet. Es eröffnet sich nunmehr die Frage, zu welchem Zweck nunmehr die Kreuzschienen im Hinterfach angeordnet werden.

Kreuzschienen wurden in der mechanischen Weberei übernommen aus der Zeit des Handwebstuhles. Damals hatten sie die Aufgabe, die Ordnung des Hinterfaches zu erhalten, einen gebrochenen Faden leicht finden zu können und wieder ordnungsmäßig einzuziehen. Man verwendet solche Kreuzschienen oder auch Teilstäbe heute noch in sehr vielen Fällen. Einmal um die gleiche Aufgabe wie beim Handwebstuhl (nämlich die Ordnung der Fäden zu erhalten) zu erfüllen. Darüber hinaus schätzt man unter bestimmten Voraussetzungen die etwas höhere Kettfadenspannung im Hinterfach, die durch das Einziehen der Kreuzschienen ohne Zweifel entsteht. Bei allen Garnen, die haarig sind, z. B. Streichgarnen, besteht erfahrungsgemäß immer die Gefahr, daß die Fäden sich sehr schlecht voneinander lösen und ein unsauberes Fach entsteht. Die Verknotungen der abstehenden Fäserchen lösen sich bei einer geringen Faserspannung nur sehr schlecht voneinander. Etwas Ähnliches beobachtet man auch, wenn eine Kette geschlichtet worden ist. Auch hier haften die unmittelbar nebeneinanderliegenden Kettfäden fest aneinander durch die Schlichteverbindung, und auch diese Verbindung muß gelöst werden, wenn man später mit einem sauberen Fach rechnen will. Aber auch selbst dann, wenn nicht geschlichtet worden ist, und auch dann, wenn nicht mit haarigen Garnen gearbeitet wird, werden Kreuzschienen immer wieder verwendet, wenn das Kettmaterial besonders empfindlich gegen mechanischen Abrieb ist, z. B. in der Reyonindustrie. Die Verkürzung des Hinterfaches hat nicht nur eine größere Kettfadenspannung im Augenblick des Fachöffnens zur Folge, sie reduziert auch die Reibung der Kettfäden im Hinterfach aneinander. Die zahlreichen Scheuerungen, die die Kettfäden gegeneinander im Hinterfach ausüben, werden so weit reduziert, wie die Kreuzschienen in das Hinterfach hineinragen. In gleichem Sinne wird auch die Kreuzschiene angewendet, wenn empfindliches Garn geschlichtet worden ist. Die Anwendung solcher Kreuzschienen erübrigt sich in jedem Fall, sobald mit Kettfadenwächtergeschirren gearbeitet wird.

Die Anordnung der Kreuzstäbe (auch Ruten genannt) im Hinterfach

Wie schon der Name sagt, werden die Kreuzschienen im Hinterfach so angeordnet, daß die nebeneinanderliegenden Kettfäden kreuzweise über oder unter die einzelnen Schienen gezogen werden. Wie dies geschieht, kann man aus

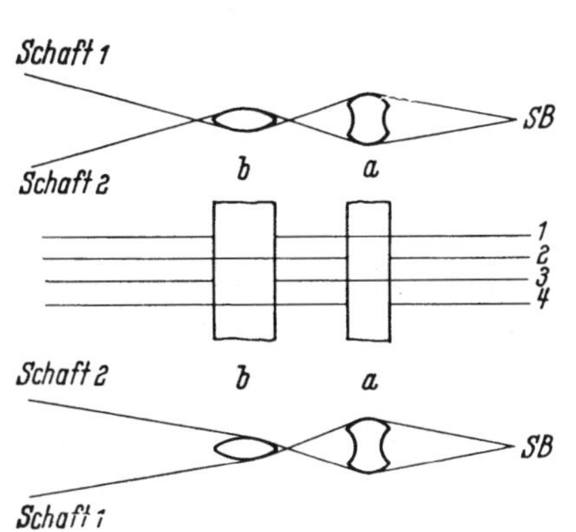

Abb. 181. Kreuzschienen im Hinterfach

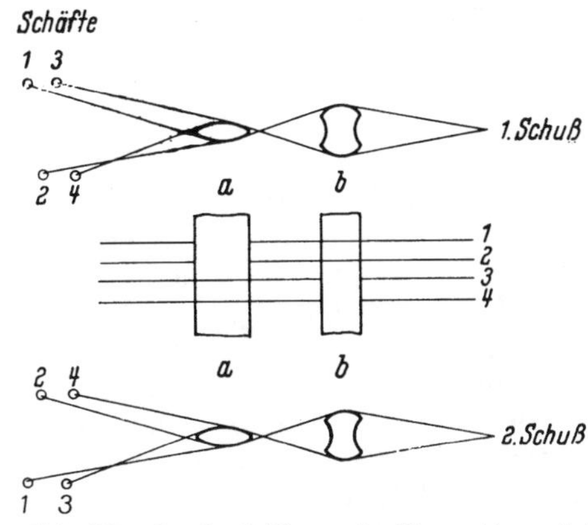

Abb. 182. „Paariger" Einzug der Kreuzschienen bei Tuchbindung

der Abb. 181 ablesen. Aus der Abb. 181 selbst erkennt man noch einen Hinweis darauf, daß die beiden Kreuzschienen möglichst unterschiedliches Profil haben sollen. Die in Richtung zum Fach hin liegende Kreuzschiene *b* sollte dünner dimensioniert sein als die Kreuzschiene *a*, damit die Spannungsunterschiede bei den aufeinanderfolgenden Schaftwechseln nicht zu groß sind. Dieser Einzug $\frac{1}{1}$, der normalerweise angewendet wird, kann jedoch nicht beim Verweben von Tuchbindungen mit Vorteil durchgeführt werden; denn wie man aus der Abb. 181 unten erkennen kann, liegt bei jedem zweiten Schuß die Schiene *b* im Hinterfach offen. Gewiß kann man die beiden Kreuzschienen durch Verschnürung miteinander verbinden (dies ist ja sowieso notwendig, um zu verhindern, daß die Kreuzschienen sich in Richtung der Schäfte hin verlagern). Aber dieser unterschiedliche Spannungsbetrag, der zwischen dem Einkreuzen der Schiene Abb. 181 oben und der offen im Hinterfach liegenden Schiene Abb. 181 unten besteht, hat ganz zwangsläufig zur Folge, daß eine unregelmäßige Ware in Schußrichtung entsteht (schußpaarige Ware). Will man diese Erscheinung bei Tuchbindung hinreichend vermeiden, so muß man die Kreuzschienen „paarig" einziehen, wie dies aus der Abb. 182 ersichtlich ist. Hierbei wird der erste und zweite Kettfaden über a und unter b gezogen, der dritte und vierte Kettfaden unter b und über a gezogen. Ein Vergleich zwischen der Stellung beim ersten Schuß und der Stellung beim zweiten Schuß zeigt ganz eindeutig, daß die vordere Leiste a stets von den Kettfäden eingeschlossen wird. Der aus Abb. 181 ersichtliche Kettfadenspannungsunterschied besteht zwar jetzt auch noch, jedoch, es findet auch ein gewisser Ausgleich statt. Der Spannungsunterschied besteht nur noch zwischen je 4 aufeinanderfolgenden Kettfäden. Ist die Ware so empfindlich, daß sie auch diese schon vergleichmäßigten Spannunterschiede nicht vertragen kann, so muß man zweckmäßigerweise außer den Kreuzschienen noch Klemmschienen nach der Art der Abb. 183 anbringen. Auf diese Weise wird es möglich, die Spannungsunterschiede fast gänzlich auszugleichen und doch die relativen Vorteile einer solchen Anordnung auszunützen.

Abb. 183. Klemmschienen im Hinterfach

6. Der Zeitpunkt des Fachumtrittes

Es ist außerordentlich schwer, über den Zeitpunkt des Fachumtrittes zu diskutieren, denn man muß bei einer Diskussion dieser Fragestellung zwei Dinge gleichzeitig im Auge behalten. Es ist dies

1. Der Ausfall der Ware.
2. Die Beanspruchung des Webstuhles.

Es ist eine Erfahrungstatsache, daß das Gewebebild durch eine zeitliche Verstellung des Fachumtrittes beeinflußt wird. Insbesondere kann man in dieser Hinsicht beobachten, daß durch eine falsche Einstellung die Ware in Kettrichtung streifig wird (Rietstreifigkeit). An der Gleichmäßigkeit des Webstuhllaufes aber kann man besonders bei dem „spät eingestellten Fach" beobachten, daß die Schlagmechanismen besonders stark beansprucht werden.

Die Normalstellung des Fachumtrittes oder des Fachschlusses dürfte, an der Leinwandbindung gemessen, diejenige sein, bei der die Kurbel in Hochstellung steht. Erfolgt der Fachschluß, bevor die Kurbel diese Stellung erreicht hat, so spricht man vom „frühen Fachschluß". Analog dazu erhält man den „späten Fachschluß" beim Fachschluß nach dieser Kurbelstellung.

Mit Rücksicht auf die mechanische Grundeinstellung des Webstuhles sollte man von der Normaleinstellung des Fachumtrittes nur in Ausnahmefällen abweichen, und selbst dann sollte man nur geringfügige Verstellungen vornehmen, denn sowohl das „frühe Fach" wie auch das „späte Fach" zeigen ihre Nachteile.

Die Folgen des zu frühen Faches.

1. Zwischen dem Schützen und den Leistenfäden beim Austritt des Schützens aus dem Kasten entsteht unnötige Reibung und die Folge sind Kettfadenbrüche an den Kanten.

2. Ungünstige Beeinflussung des Schützenfluges. Es entstehen unter Umständen sog. Überschüsse, möglicherweise fliegt auch der Schützen aus dem Fach heraus.

3. Man beobachtet, daß der Schußfaden beim zu frühen Fach ungleichmäßig gespannt ist, und die Gefahr, daß sich Schlingen bilden, ist sehr groß.

Und die Folge einer zu späten Fachbildung?

1. Auch hier besteht die Gefahr der Überschüsse, und zwar diesmal auf der Seite, auf der der Schützen in den Kasten hineinfliegt.
2. Auch hier ist die Gefahr, daß der Schützen aus der Ladenbahn herausfliegt, sehr groß.
3. Besonders erwähnenswert ist, daß die mit zu später Fachbildung gewebte leinwandbindige Ware kettstreifig wird.
4. Das Warenbild wird darüber hinaus auch dadurch unruhig, weil das Fach nach dem Ladenanschlag noch zu lange offenbleibt, wodurch der Schuß nach dem Anschlag wieder zurückspringen kann.

Gewiß hat die zeitliche Verstellung des Fachumtrittes — früh oder spät — auch ihre Vorteile. So ersieht man aus der vorherigen Aufzählung der üblen Folgen, daß die Ware in Leinwandbindung, die zur Rietstreifigkeit neigt, besser mit einem etwas früh eingestellten Fach gefertigt wird.

Mit einem etwas später eingestellten Fachumtritt arbeitet man vorzüglicherweise dann, wenn offene Schußgarne (Streichgarne, Zweizylindergarne u. dgl. m.) verarbeitet werden. Auch die Verarbeitung von sehr dehnungsempfindlichen Garnen empfiehlt einen etwas späteren Fachumtritt.

Verarbeitet man Ware in Köperbindung, so sollte der Fachschluß etwa 20 bis 25 mm vor dem Blattanschlag erfolgen. Auf diese Weise erzielt man ein plastisches Herausheben des Köpergrates.

In der Diskussion über den Zeitpunkt des Fachumtrittes darf nun nicht vergessen werden, daß dieser Zeitpunkt wesentlich durch die Kettfadendichte und Schäftezahl diktiert wird. Eine sehr hohe Kettfadendichte und große Schäftezahl setzt voraus, daß die Fachbildung und damit auch der Fachschluß relativ früh erfolgt, dies setzt weiter voraus, daß auch der Schlag früh einsetzt, damit der Schützen bei gleichbleibender Stuhldrehzahl trotz des durch die erhöhten Spannungen bedingten kleineren Faches rechtzeitig die andere Webstuhlseite erreichen kann.

Aus dieser Diskussion erkennt man, daß es nicht möglich ist, eindeutig feststehende Regeln für den Zeitpunkt des Fachumtrittes zu kennzeichnen. Es muß dem Feingefühl und der fachlichen Erfahrung des Webmeisters vorbehalten bleiben, zu entscheiden, ob und wann geringfügige zeitliche Verstellungen gegenüber der Normalstellung notwendig sind.

Die vorangegangene Darstellung hat gezeigt, wievielerlei Überlegungen für eine einwandfreie Fachbildung notwendig sind. Sowohl die Erfahrung wie auch eine ganze Reihe von Messungen haben bereits unter Beweis gestellt, daß gerade an dieser Stelle in der Weberei noch sehr viel zur wirtschaftlicheren Gestaltung des Fertigungsprozesses getan werden soll. Die Arbeit selbst sollte einmal diese Momente ins Scheinwerferlicht rücken, damit alle, die auf Grund ihres Arbeitskreises zur wirtschaftlicheren Gestaltung des Webprozesses beitragen können, diese Dinge in geordneter Folge sehen.

III. Elemente und Aggregate zur Bildung des Faches

Die erforderlichen Aggregate und Getriebe zur Bewegung des Kettfadens im Sinne der Fachbildung sind durch die Ansprüche an die Musterungsgröße und -variation gekennzeichnet.

In diesem Sinne können wir folgende beiden Unterscheidungsmerkmale treffen:

1. Wird die Bindung eines Gewebes nie oder nur selten verändert und wird, wie dies ja bei einer solchen Anforderung üblich ist, mit einer relativ kleinen Schäftezahl gearbeitet, so wählt man für die Schaftbewegung *Exzentertrittvorrichtungen.* Indem man sich dann einfacher, offener Exzenter oder Nutenexzenter bedient. Obzwar diese Vorrichtungen nur sehr eingeengte Musterungsansprüche befriedigen können, zeichnen sie sich jedoch durch ihre

äußerste Stabilität besonders aus. Sie sind in der Lage, große Kräfte zu übertragen (ein Vorteil für die Herstellung sehr schwerer Gewebe) und zeigen auch keinerlei Anfälligkeit gegenüber einer hohen Webstuhldrehzahl.

2. Wird eine relativ große Schäftezahl verlangt, wie dies bei sehr häufig wechselnden Bindungen üblicherweise der Fall ist, so bedient man sich der *Schaftmaschinen*, die den Vorteil aufweisen, daß ein Bindungswechsel nicht mit irgendeiner Montagearbeit verbunden ist. Der Wechsel ist lediglich durch die Vorlage einer anderen Karte möglich. Als Höchstschäftezahl versteht man bei der Verwendung von Schaftmaschinen je nach Konstruktion 24—32 Schäfte. Das Weben auf einem Webstuhl mit einer solch hohen Schäftezahl verlangt äußerste Beanspruchung der Maschine und des bedienenden Arbeiters. Bedenkt man noch, daß solch hohe Schäftezahlen unter Umständen in das Gebiet der Gebildweberei hineingehört, so ist es empfehlenswert, sich doch in solchen Fällen einer Jacquardmaschine einfacher Art zu bedienen.

3. *Jacquardmaschinen* ermöglichen es, theoretisch (abhängig von der jeweiligen Maschinengröße) jeden einzelnen Kettfaden entsprechend einer Musterung zu bewegen. Mit den hier genannten Aggregaten ist die größte Musterungsvariation zu verwirklichen.

Die Aufgabe des nachfolgend Dargestellten ist es, die Elemente und Aggregate der vorbezeichneten drei verschiedenen Konstruktionen in elementarisierter Form darzustellen, die Probleme aufzuzeigen und durch entsprechende Beispiele aus der modernen Technik zu belegen!

1. Schaftbewegung durch Exzenter

Der erste Schritt in der Entwicklung vom Handwebstuhl zum mechanischen Webstuhl war die Schaftbewegung durch Exzenter und Tritthebel; die bei den Webstühlen älterer Bauart bekannten und in den Abb. 184 bis 187 dargestellten Unterscheidungsmerkmale sind mit gewissen Varianten auch heute noch gültig, obwohl die Bauform des gesamten Webstuhles durch die allgemein übliche oberbaulose Konstruktion andere Ausführungsarten verlangt.

Wegen des fundamentalen Charakters dieser älteren Bauform mögen sie kurz an Hand der Abbildungen beschrieben werden.

a) Innentrittvorrichtung (Abb. 184)

Soll ein Webstuhl grundsätzlich für die Herstellung solcher Gewebe verwendet werden, deren Einstellung und Bindung sich nie oder nur sehr selten einmal ändert, so entschließt man sich, sofern die Schäftezahl nicht allzu hoch ist, in der Regel für eine Innentrittvorrichtung. Wie das Wort schon sagt, werden die Schäfte durch Exzentertritte, die *innerhalb* des Webstuhles liegen, bewegt.

In der einfachsten Konstruktion wurden zwei Taffettrittexzenter auf die Schlagexzenterwelle aufgeschoben. In einem solchen Fall ist ein Bindungswechsel ohne umfangreiche Montage überhaupt nicht mehr möglich.

Der Anwendungsbereich eines solchen Webstuhles ist deswegen sehr begrenzt.

Bei der in der Abb. 184 dargestellten Konstruktion wird der Schlagexzenterwelle noch eine Vorgelegewelle zugeordnet. Jetzt ist ein Bindungswechsel in bescheidenem Rahmen möglich, wenn man die entsprechende Räderübersetzung und ein dem Bindungsrapport entsprechendes Exzenteraggregat verwendet. Die in der Abb. 184 dargestellte Konstruktion ist so eingerichtet, daß beim Kämmen der beiden 42iger Räder eine Tuchbindung, beim Kämmen der Räder 34/51 eine dreibindige Ware entsteht. Wechselt man das 51er Rad gegen ein 56er Rad, so kann eine vierbindige Ware, und wechselt man es gegen ein 60er Rad, so kann eine fünfbindige Ware hergestellt werden; dies jedoch immer nur unter der Voraussetzung, daß das entsprechende Exzenteraggregat verwendet wird. Es ist nicht möglich, ein für einen dreibindigen Rapport konstruiertes Exzenter für eine vierbindige Ware oder ähnlich zu verwenden.

b) Die Außentrittvorrichtung (Abb. 185)

Der in der Abb. 185 dargestellte Webstuhl wurde in den zwanziger Jahren von der Firma Louis Schönherr in Chemnitz hergestellt. Diese Konstruktion arbeitete so, daß auf die Büchse des in der Abbildung erkenntlichen Bundrades

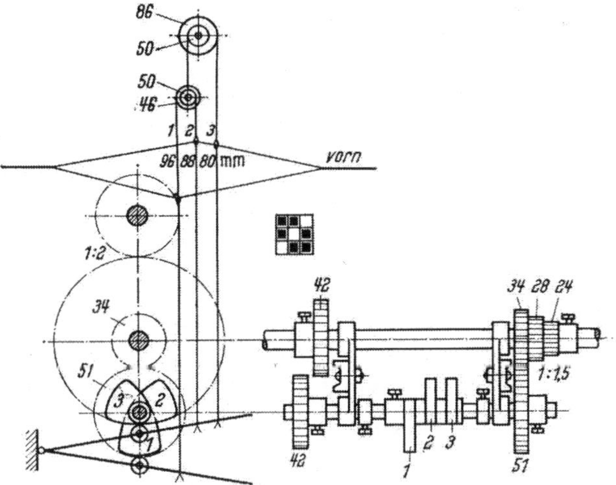

Abb. 184. Innentrittexzenter

das der Bindung entsprechende Exzenteraggregat aufgeschoben wurde. Die Übertragung von den Exzentern über Rollen, Tritthebel, Zugstangen und Vierkantwellen und schließlich durch Bogenhebel zu den Schäften ist aus der Abbildung

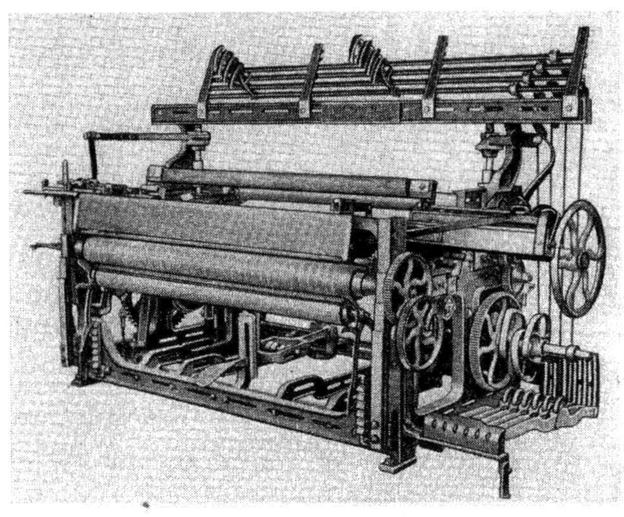

Abb. 185. Außentrittvorrichtung

ohne weiteres zu erkennen. Es ist auch ersichtlich, daß eine solche Konstruktion durchaus geeigneter für einen Bindungswechsel war als die in Abb. 184 dargestellte Form. Der Montageaufwand für einen solchen Bindungswechsel war relativ klein. Der in der Abb. 185 dargestellte Stuhl sollte für 6 Schäfte bestimmt sein. Es sind aber auch solche Konstruktionen bekannt geworden, die bis zu 12 und 14 Schäften aufgewiesen haben. Es ist also ohne weiteres ersichtlich, daß mit einem solchen Webstuhl ein größerer Musterungsanspruch befriedigt werden konnte.

Wenn dieses Stuhlmodell, und die gleiche Erörterung gilt auch für die in Abb. 186 dargestellte Konstruktion, heute nicht mehr gebaut wird, so kann dies

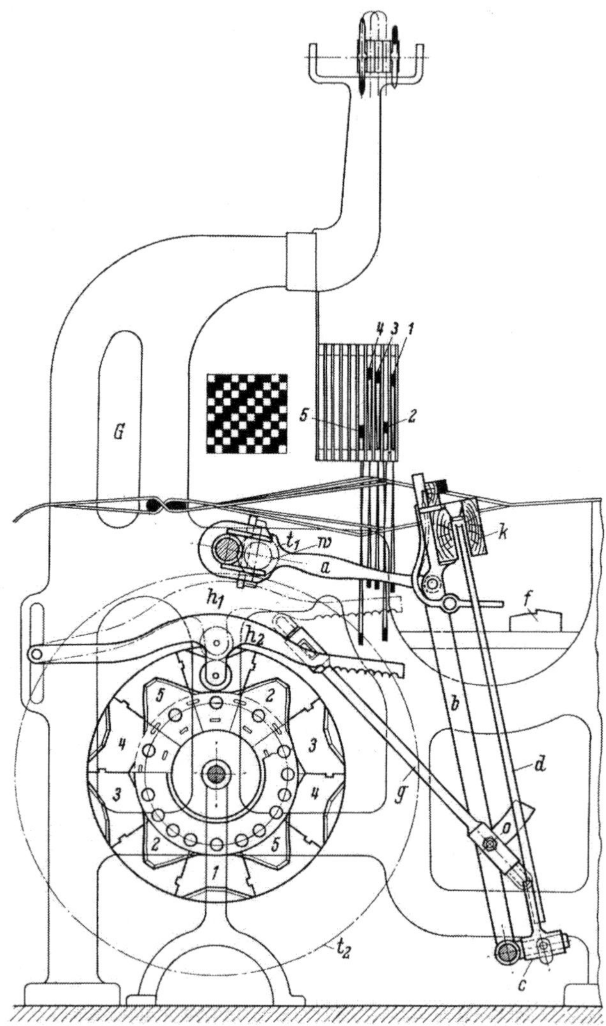

Abb. 186. Außentrommelwebstuhl (alte englische Bauart)
a, b, c, d, g Antrieb von Lade und Schlag; *f* Bock; *k* Ladenbalken; w, t_1, t_2 Antrieb der Segmenttrommel mit den Segmenten *1–5*; h_1, h_2 Tritthebel für die Schäfte *1–5*; *G* Webstuhlschild

folgendermaßen erklärt werden: Wenn schon durch die Eigenart dieser Konstruktion mit der relativ großen Schäftezahl auch ein großer Musterungsanspruch befriedigt werden kann, so ist doch die Möglichkeit einer jederzeitigen und schnellen Änderung deswegen nicht gegeben, weil genau wie bei der Innentrittvorrichtung ein der Bindung entsprechendes Exzenteraggregat geschaffen werden muß oder vorrätig sein muß. In der heutigen schnellebigen Zeit aber erwartet man von einem Webstuhl, auf dem mit größerer Schäftezahl gearbeitet werden kann, daß auch eine jederzeitige beliebige Änderung der Bindung ohne Arbeits- und Kostenaufwand möglich ist. Hiermit soll gesagt sein, daß die Industrie, die sich ursprünglich solcher Webstühle bedient hat (die Baumwollbuntweberei und Seidenstoffweberei), heute Schaftmaschinen bevorzugt, wenn die Ansprüche an die Musterungsvariationen allzu groß sind. In diesem Fall nimmt man dann, wenigstens für einen größeren Teil der Webstühle, den Nachteil der gegenüber Außentrittvorrichtungen langsamer laufender Schaftmaschinen in Kauf.

e) Trommelwebstühle

Werden die Exzenter der Außentrittvorrichtungen als Nutenexzenter (Abb. 189) ausgebildet und in ihrer äußeren Form kreisrund gestaltet, so erhält man bei der Montage der Exzenter ein Trommelgebilde, das vielfach auch als Exzentertrommel angesprochen wird. In diesem Fall handelt es sich um eine Außentrittvorrichtung normaler Art.

Unter Trommelwebstühlen im eigentlichen Sinne versteht man die heute nur noch wenig gebräuchliche Form, die beim alten englischen Webstuhl System Smith Brothers bekannt war (Abb. 186). Hierbei handelt es sich um eine Trommel, die in Einzelsegmente aufgelöst war, deren Form die jeweilige Bewegung des Trittes dirigierte. Bei den verschiedenen Modellen war die Teilzahl der Trommel unterschiedlich. Je nachdem, welche Bindungen vorzüglich in der Weberei verwendet wurden. An die Größe der Bindung wurden im allgemeinen keine besonderen Ansprüche gestellt (diese Webstuhlkonstruktion hat sich hauptsächlich in Cordwebereien eingeführt). Man wollte aber relativ leicht einen Bindungswechsel durchführen, dazu war es auch nicht notwendig, die verschiedensten Exzenteraggregate auf Lager zu halten, man benötigte lediglich eine mehr oder weniger große Anzahl von Segmentplatten für Hoch- bzw. Tiefgang, wie in Abb. 187 dargestellt worden ist.

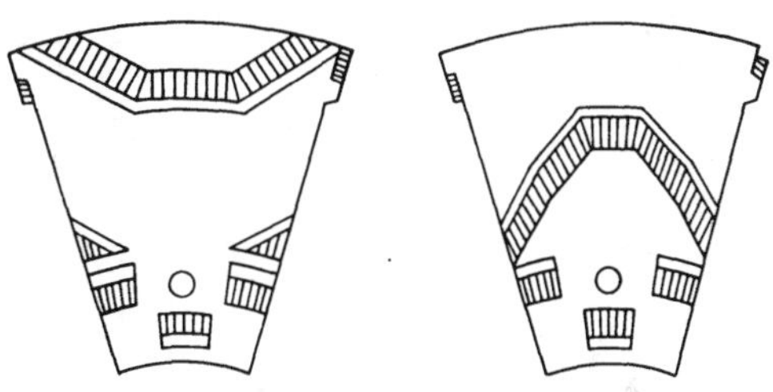

Abb. 187. Segmentplatten für Außentrommel

Auch die Webstühle dieser Konstruktionsart werden heute nur noch in Ausnahmefällen gebaut. Auch hierfür gilt die gleiche Überlegung wie bei Außentrittvorrichtungen. Entweder hat sich die Bindung auf eine bestimmte Form stabilisiert, dann arbeitet man mit den schneller laufenden Außentritttrommeln, oder aber der Anspruch an Bindungswechsel ist so groß, daß man sich zu Schaftmaschinen entschließen muß.

Die Konstruktion des Exzenters. Nachfolgend soll die Konstruktion eines Trittexzenters erklärt werden. Außer den vorher rechnerisch zu bestimmenden Abmessungen ist zu beachten, daß die Bewegung des Schaftes, die durch das Exzenter eingeleitet wird, völlig stoßfrei erfolgt. Die Verwirklichung dieses Anspruches ist jedoch nur möglich, wenn man für die Übergänge vom Hoch- zum Tiefgang eine der gleichförmig beschleunigten Bewegung entsprechende parabolische Kurve verwendet. Hiervon sieht man jedoch ab, da es erstens einmal nicht notwendig ist, bei den relativ kleinen auftretenden Geschwindigkeiten äußerste Exaktheit in der Bewegung zu erzielen, zweitens ist die Herstellung von Exzentern mit parabolischem Charakter in den Kurven etwas kostspieliger.

Aus diesem Grunde wählt man eine harmonische Spirale, die allgemein als Sinusspirale angesprochen werden kann. An Hand der Abb. 188 soll die Konstruktionsweise erklärt werden. Über dem Kreis für den Wellendurchmesser zeichnet man einen zweiten, der die Narbe des Exzenters darstellt. Dann muß man noch einen Kreis zeichnen, der vom zweiten Kreis den Abstand hat, der größer ist als der Radius der später zu verwendenden Rolle. Der nächstfolgende Kreis muß einen Abstand haben, der sich aus der Hebelübertragung und der erforderlichen Fachhöhe rechnerisch bestimmt und die Exzentrizität darstellt.

Soll das Exzenter für eine dreibindige Ware (vgl. Abb. 188) durchkonstruiert werden, so muß das ganze Gebilde in drei gleiche Teile unterteilt werden (*0, 1, 2*). Für die Zeit des Schützendurchganges sollen die Schäfte absolut ruhig stillstehen. Bei breiten Webstühlen bedeutet dies $^1/_3$, bei mittelschweren $^1/_4$, bei leichten Stühlen $^1/_5$ der Kurbeldrehung. Das Exzenter für die dreibindige Ware dreht sich bei einer Kurbelumdrehung 120°. Zu den mit *0, 1, 2* gekennzeichneten Strahlen sind also Winkel zu zeichnen, die entsprechend der Webstuhlbreite für den Stillstand des Schaftes zu berücksichtigen sind. Die Durchführung der Konstruktion soll sich auf einen mittelschweren Webstuhl beschränken. Es ist also jeweils ein Winkel von 30° anzutragen (*0′, 1′, 2′*). Nun ist die Bindung einzutragen, wobei aber zu berücksichtigen ist, daß die Art der Übertragung vom Exzenter zum Schaft auch die Art der Bindungsfestlegung vorschreibt. Handelt es sich, wie meistens üblich, um eine Offenfachbildung, so kann die zwischen *0* und *0′* sowie *1* und *1′* durch die Art der Bindung festliegende Kurve auf dem äußeren Kreis geschlossen werden. Die Übergänge von *0* nach *1* sowie von *1* nach *2* müssen entsprechend konstruiert werden. Zu diesem Zweck zeichnet man über dem Hub einen Halbkreis, den man in ebenso viele Teile unterteilt wie den zum Hub gehörigen Drehwinkel des Exzenters (hier z. B. 6). Von den Teilpunkten errichtet man das Lot auf den Durchmesser dieses Hilfskreises und schlägt um den Mittelpunkt der Welle mit diesen Markierungen Kreise, die sich mit den Teilstrahlen der Drehwinkel schneiden. Anschließend markiert man von *0—IV* ausgehend nach *I—III* jeden nächstfolgenden Schnittpunkt zwischen Kreis und Strahl. Die so entstehende Kurve ergänzt das Exzenter. Sie schreibt den Weg vor, den der Rollenmittelpunkt durchlaufen muß.

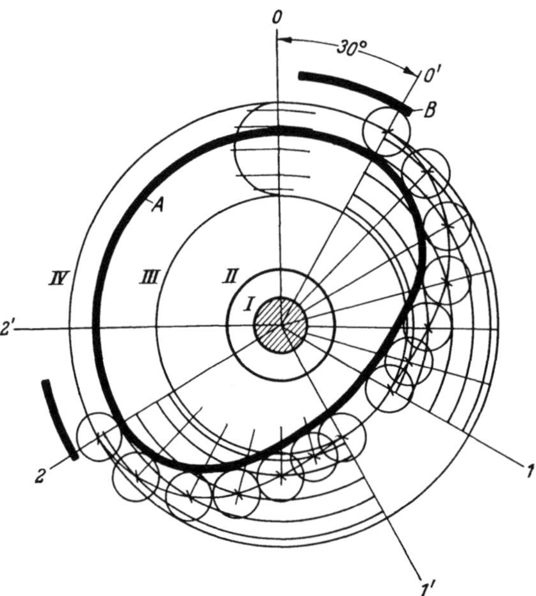

Abb. 188. Konstruktion des Trittexzenters

Die so entstandene Exzenterkurve muß noch in zweifacher Hinsicht korrigiert werden. Einmal muß bedacht werden, daß die Rolle selbst sich auf einem Kreisbogen bewegt und daß dadurch gewisse Unterschiede auftreten, die aber im Sinne der Fachbildung nicht korrigiert werden müssen, weil eine so große Exaktheit in der Konstruktion nicht erforderlich ist. Die zweite Korrektur berücksichtigt den Rollendurchmesser. Die festliegende Exzenterkurve schreibt ja nur den Weg des Rollenmittelpunktes vor. Durch den mehr oder weniger großen Rollendurchmesser jedoch wird diese Bewegung etwas abgewandelt. Man sieht also die Exzenterkurve als den geometrischen Ort aller Rollenmittelpunkte an und vervollständigt die Konstruktion, in der man eine große Anzahl von Rollen zeichnet, deren Mittelpunkt jeweils auf der bisher vorliegenden Exzenterkonstruktion liegt. Es entsteht jetzt eine Hüllkurve, in der wir die richtige Exzenterkurve zu erkennen haben.

Zeichnet man beide Hüllkurven, sowohl die innere als auch die äußere, so entsteht ein Nutenexzenter, wie es für Fachbildvorrichtungen ebenfalls sehr häufig verwendet wird. Die Abb. 189 zeigt zur leichteren Orientierung eine Reihe von Nutenexzentern.

d) Das Trittelieren der Schäfte

Bei der Konstruktion von Trittexzentern für die Steuerung der Leinwandbindung ist außer der kinematischen Konstruktion noch Wert darauf zu legen, daß die Schäfte, wie man in der Fachsprache sagt, „trittelieren“. Gerade bei der leinwandbindigen Ware kreuzen beim Fachumtritt sämtliche Kettfäden in der Geschlossenfachstellung. Dadurch wird eine erhebliche Reibungsbeanspruchung des Kettmaterials entstehen, die man reduzieren kann, wenn man den Durchtritt durch die Fachmitte bei den einzelnen Schäften etwas verschiebt. Das läßt sich einmal erreichen, indem man die Exzenter für die Steuerung der Schäfte nicht jeweils um genau 180° gegeneinander versetzt, sondern um wenige Grade fächerförmig verschiebt oder aber — das ist weitaus besser und empfehlenswerter — man konstruiert die Exzenter so, daß die Kulumination der Hubkurven bei den einzelnen Exzentern gegeneinander etwas verschoben sind. Legt man auf das Trittelieren der Schäfte keinen Wert, so wird man ohne weiteres durch Fadenbruchmessung feststellen können, daß die Fadenbrüche bei einer exakten Führung bei leinwandbindiger Ware weitaus größer sind als bei einer Trittteliervorrichtung.

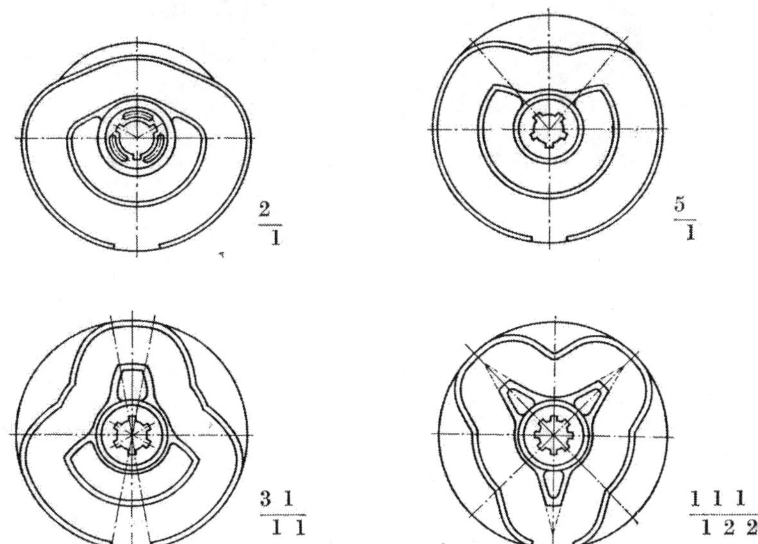

Abb. 189. Verschiedene Nutenexzenter mit den zugehörigen Bindungen

e) Exzentertrittvorrichtungen für oberbaulose Webstühle

Der geringste Unterschied zwischen den Webstühlen mit und ohne Oberbau besteht bei den Stühlen mit Innentritt. Beim Innentrittstuhl mit Oberbau liegen die Gegenzugwelle und die Schnüre für den Schaftantrieb über dem Geschirr. Konstruktiv ist dies die einfachste Art des Schaftantriebes, weil man nur offene Exzenter und Tritthebel mit den Gegenzügen in Verbindung zu bringen braucht (Abb. 184). Mit diesen Gegenzügen hat man immer wieder Schwierigkeiten, wenn man mit mehreren Schäften arbeitet, und es verrutscht einmal ein Knoten. Es bindet dann nicht nur der eine Schaft schlecht im Fach, sondern, da alle Schäfte durch die Gegenzüge zueinander in funktioneller Bewegung stehen, nehmen auch die anderen Schäfte teil an der Veränderung des Faches. Das Fach wird unrein.

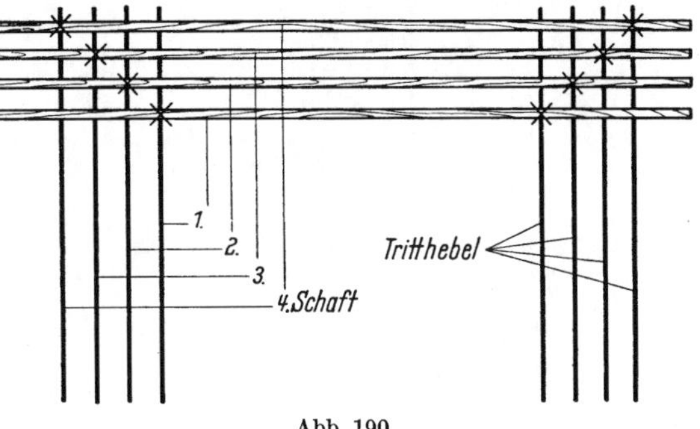

Abb. 190

Beim oberbaulosen Webstuhl läßt sich die exakte Führung der Schäfte und jedes einzelnen Schaftes durch den zwangsläufigen Schaftantrieb auch dann noch bewirken, wenn mit mehreren Schäften gearbeitet wird. Dieser Vorteil wirkt sich besonders aus, wenn schwere Ware hergestellt wird.

Das Auswechseln der Exzentertrommeln ist bei oberbaulosen Webstühlen im allgemeinen schwieriger als bei Stühlen mit Oberbau.

Ein Nachteil der oberbaulosen Form von Innentrittwebstühlen gibt zu ernsthafter Kritik Veranlassung. Wie aus der Abb. 190 ersichtlich ist, verschiebt sich der Angriffspunkt der einzelnen Hubstangen unterhalb der Schäfte in demselben Verhältnis, wie die Tritte zu den Schäften koordiniert sind. Wie aus der Abb. 190 ersichtlich ist, kann jeder Schaft nur den für

Abb. 191. Innentrittwebstuhl (A. Engels)

ihn konstruktiv bestimmten Platz im Webstuhl einnehmen. Es ist also ein größerer Vorrat an Schäften notwendig und ein gelegentliches Umpassieren läßt sich auch nicht immer vermeiden.

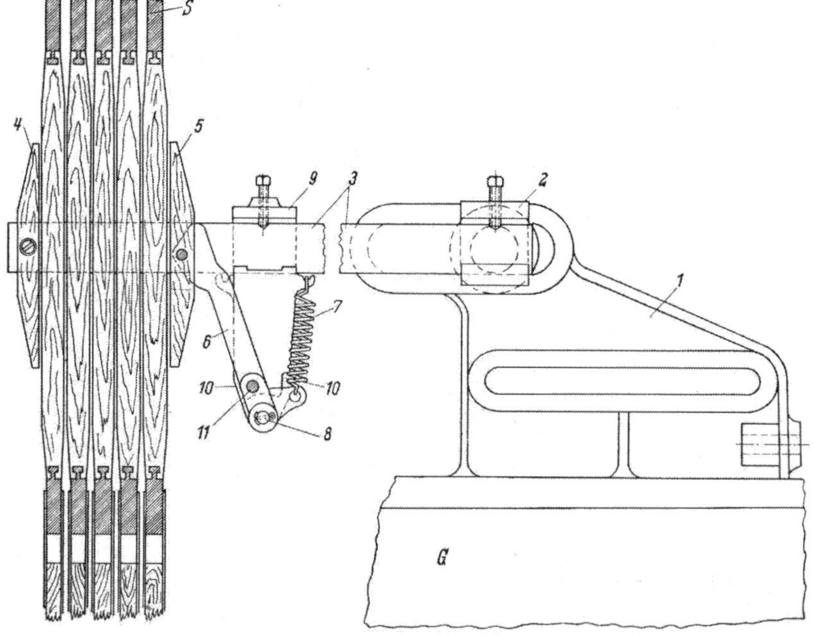

Abb. 192. Führung der Schäfte
S Schäfte; *4* feste Leiste; *5, 6, 7, 8, 9, 10, 11* Stabilisierung der Schäfte; *G* Webstuhl; *1, 2* Trägervorrichtung

Um diesem Nachteil grundsätzlich zu begegnen, wurden Spezialschäfte entwickelt, die eine wahlweise Befestigung ermöglichen. Die Abb. 191 zeigt eine Innentritteinrichtung mit geschlossenen Exzenterscheiben für zwei- bis fünfbindige Ware (August Engels). Man erkennt an der unteren Schaftleiste je 5 Befestigungsaugen für die verschiedenen Hubstangen.

Auch für Außentrittwebstühle können heutzutage keine Vorbehalte mehr geltend gemacht werden. Durch den meist stabileren Antrieb wird eine exaktere Einstellung des Faches sowie der gesamten Schaftbewegung möglich. An Stelle der bei Oberbaustühlen üblichen Maschen und Schnüre verwendet man festgeführte Kettenzüge oder Winkelhebel.

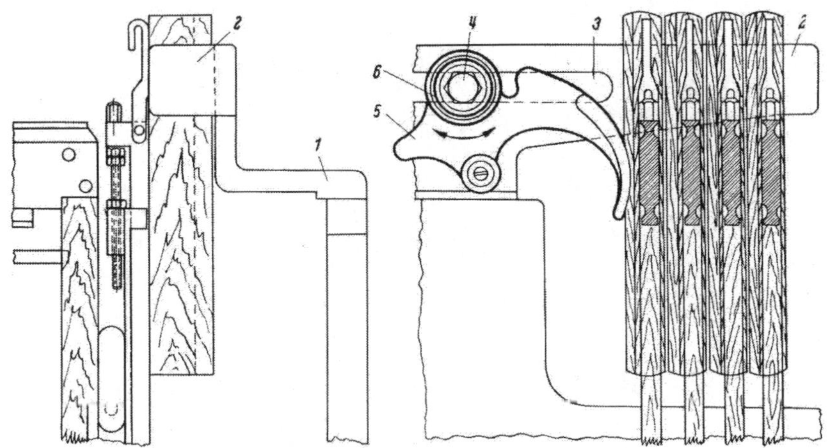

Abb. 193. Führung der Schäfte
1, 2, 3 seitliche Schaftführung; *5* unter Federdruck *6* stehendes, bei *4* befestigtes Segment zum Zusammendrücken der Schaftrahmen

Kettenzüge sind meist seitlich im Stuhl straff geführt. Die Schäfte werden zwischen den Ketten aufgehängt und müssen der Bewegung der Kette exakt folgen. Die Verbindung zwischen Schaft und Kette erfolgt in einfach konstruierten Schaftschlössern, die sich meist mit

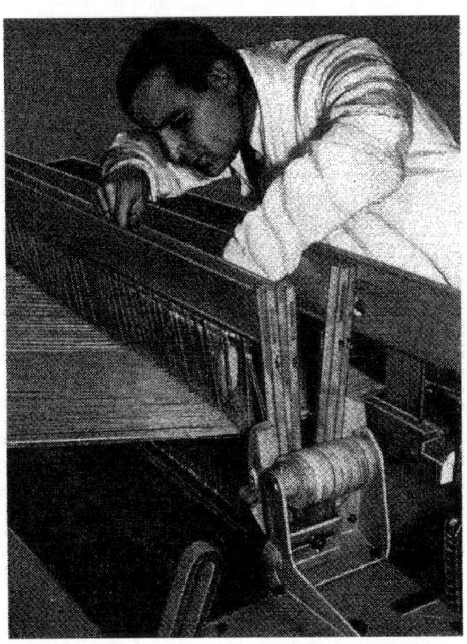

Abb. 194. Elastische Schaftführung

wenigen Handgriffen lösen lassen. Die Regulierung des Schaftes kann auch an den Schlössern vorgenommen werden.

Werden die Schäfte mit Winkelhebeln geführt, dann greifen Zugstangen den Schaft an der unteren Leiste und bewegen ihn durch Schub oder Zug. Die Führung der Schäfte erfolgt durch Halter, deren hauptsächlichste Ausführungsformen in Abb. 192 u. 193 dargestellt sind. Diese elastischen Halterungen der Schäfte sind seitlich auf den Webstuhlschilden montiert und halten die Schäfte durch Federn (vgl. Abb. 192) zusammengedrückt. Sie ermöglichen, wie Abb. 194 erkennen läßt, ohne jede Schwierigkeit das Einziehen eines neuen Kettfadens, oder auch die Kontrolle am Webstuhl.

Abb. 195. Gleichstellung der Schäfte (A. Engels)

Ein besonderer Vorteil der oberbaulosen Form liegt in der Möglichkeit, die Schäfte gleichzustellen, weil so dem Weber bestimmte Arbeiten erleichtert werden. Beim Schaftantrieb durch Winkelhebel wird die Gleichstellung durch Handhebel an der Exzentertrittvorrichtung vorgenommen (vgl. Abb. 195). Bei Kettenzügen ist die Möglichkeit noch handlicher (vgl. Vorrichtung Rüti, Abb. 196).

Abb. 196 Gleichstellung der Schäfte (Rüti)

f) Taffettrittvorrichtungen in oberbauloser Form

Soll Stapelware ausschließlich nur in Leinwandbindung hergestellt werden, dann eignen sich Innentrittvorrichtungen, die man auch als Taffettritt- oder Schiebetrittvorrichtungen kennzeichnet, für die Anwendung in oberbaulosen Webstühlen. Eine so spezialisierte Anwendung ist jedoch verhältnismäßig selten.

Fabrikat Engels (Abb. 197 u. 198). Die in den Abb. 197 und 198 dargestellte Vorrichtung für Taffettritt arbeitet zwangsläufig. Auf jeder Stuhlseite befindet sich ein Exzenter *1*, das

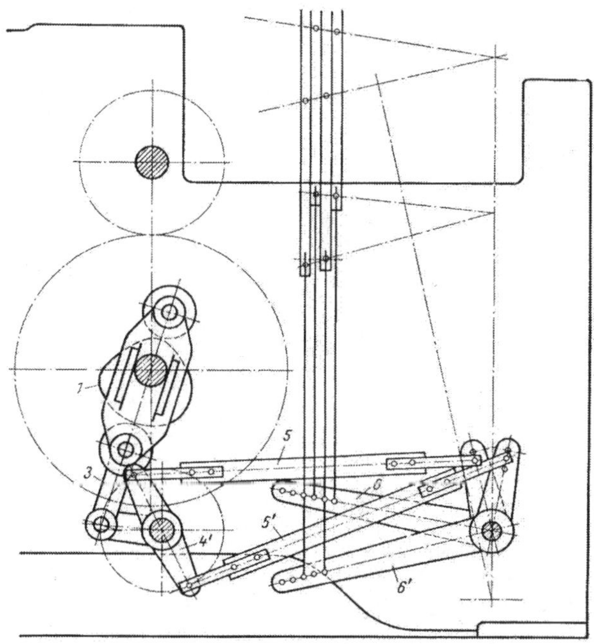

Abb. 197. Taffettrittvorrichtung (A. Engels)

Abb. 198. Taffettrittvorrichtung (A. Engels)

jeweils von zwei Rollen abgegriffen wird. Diese Rollen sitzen gemeinsam auf der Schubstange *3*, die den Hub auf den Schaft mit Hilfe des zweiarmigen Hebels *4* der Schubstange *5* und der Tritthebel *6* überträgt. Bedingt durch den zweiarmigen Hebel *4* machen die Elemente *5, 6* stets eine gegenläufige Bewegung zu den Elementen *5* und *6*. Es entsteht so eine zwangsläufige Gegenzugbewegung.

Fabrikat Rüti (Abb. 199). Zum Unterschied von der oben besprochenen Konstruktion befindet sich nicht auf jeder Seite des Webstuhles ein Exzenter, sondern das Exzenter liegt

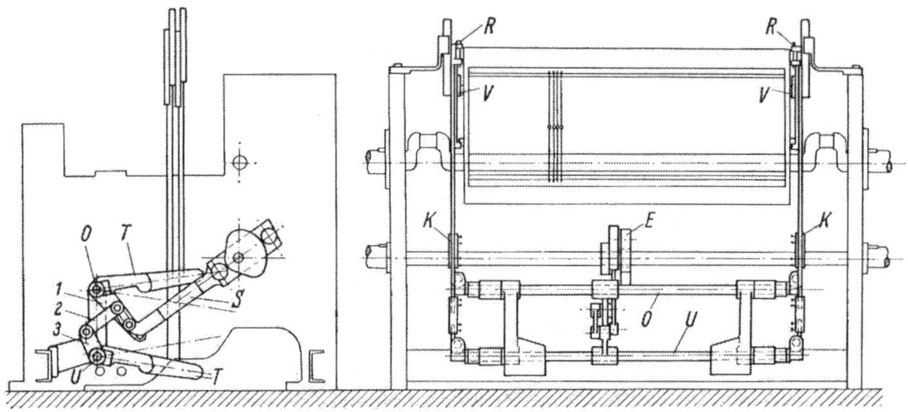

Abb. 199. Taffettrittvorrichtung (Rüti)
E Trittexzenter; *S, T, U, 1, 2, 3, 0, T, K* zu den Schaftverhakungen *V* mit Reglern *R*

in der Mitte des Stuhles. Diese Konstruktion wurde von Rüti so durchkonstruiert, daß man leinwandbindige Ware bis zu 8 Schäften mit reinem Fach herstellen kann.

Fabrikat Dornier (Abb. 200). Eine sehr schöne formschlüssige Konstruktion zeigt die Abb. 200 der Firma Dornier. Der vom Exzenter auf die Rolle übertragene Hub wird von der Zugstange weitergeleitet. Die Tritthebel für den Tritt und den Gegentritt sind durch Zahnräder zwangsläufig miteinander verbunden.

Abb. 200. Taffettrittvorrichtung (Dornier)

g) Innentrittvorrichtungen in oberbauloser Form

Unter Innentrittvorrichtung in diesem Sinne sollen alle die Konstruktionen gemeint sein, bei denen man nicht ausschließlich nur an die Herstellung von Taffetbindung denkt. Es handelt sich also um Konstruktionen, bei denen bis zu 5 Schäften gebraucht werden, und eine Ware bis zu fünfbindig hergestellt werden kann.

Fabrikat Engels (Abb. 201). Die in Abb. 201 dargestellte Vorrichtung von Engels ist die elementarisierte Darstellung der Abb. 191. Es werden Nutenexzenter verwendet, deren Konstruktion bereits besprochen wurde. Der Antrieb der Nutenexzenter erfolgt, wie aus Abb. 201 und ebenfalls aus Abb. 191 erkenntlich ist, durch ein Vorgelege, dessen Übersetzung der

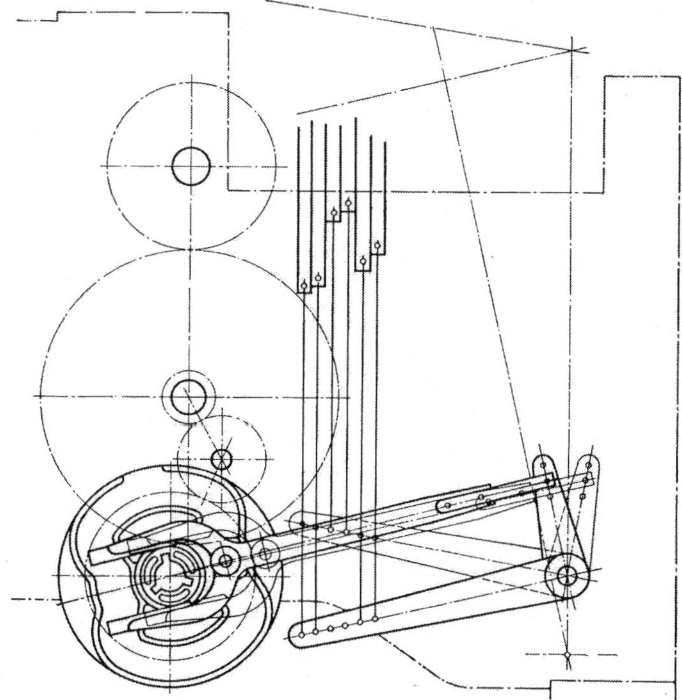

Abb. 201. Innentritt für oberbaulose Webstühle (A. Engels)

Größe des Bindungsrapportes angepaßt sein muß. Wie aus den Abbildungen ersichtlich wird, erhalten die Schäfte ihren Antrieb durch Hubstangen über Winkelhebel, die ihrerseits ihre Drehung durch das Exzenter bekommen. Aus der Abb. 201 ist auch noch ein sehr wichtiger

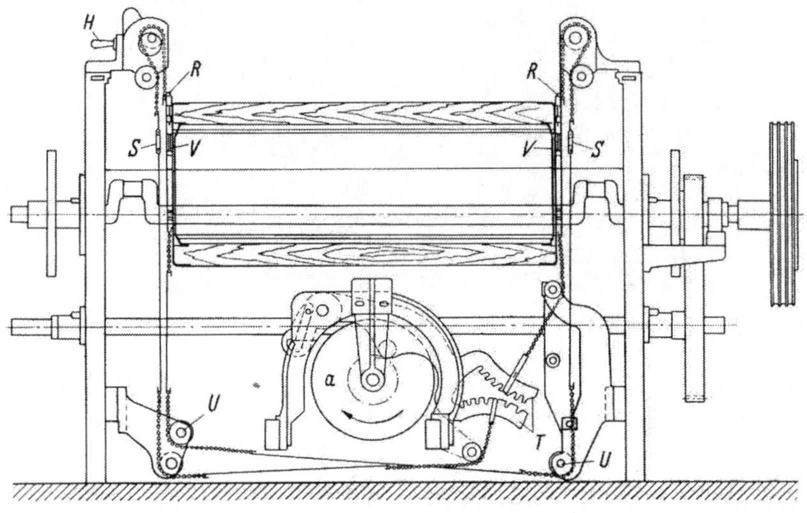

Abb. 202. Innentritt für oberbaulose Webstühle (Rüti)
a Trommel mit Tritten *T*; *U* Umlenkrollen; *R* Schaftaufhängung; *S* Schaftregler; *V* Schaftschloß; *H* Schaftgleichstellung

Gesichtspunkt zu erkennen. Der Drehpunkt der Winkelhebel muß unmittelbar unter dem Warenanschlag liegen. Nur so erhält man ein einwandfrei sauberes Fach. Denn der Winkel, den die Winkelhebel bilden, ist mit dem Winkel, den die Schäfte als Fachwinkel bilden, identisch. Die Befestigung der Schubstange entspricht der Teilung der Schäfte. Auf diese Weise erhält jeder Schaft, ohne daß die Exzenter entsprechend in ihrer Größe variiert werden, eine Hubbewegung, die der reinen Fachbildung entspricht.

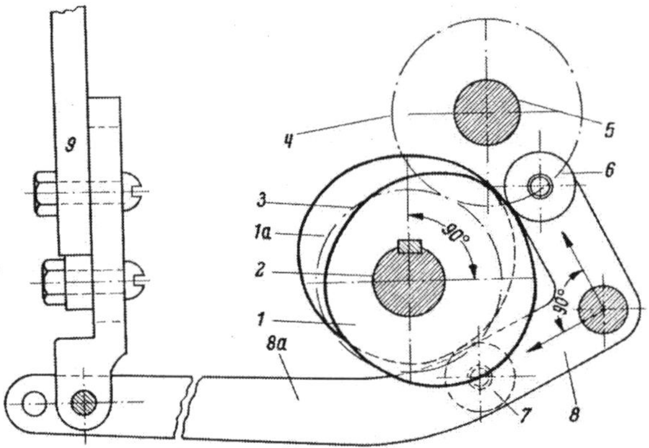

Abb. 203. Innentritt für oberbaulose Webstühle (Picanol)

Fabrikat Rüti. Die Exzentertrommel, die bis zu 10 Exzenterplatten fassen kann, ist mit einer Welle senkrecht zur Stuhlwelle angeordnet. Durch die Tritte *t* werden, wie aus der Abb. 202 ersichtlich ist, die Kettenzüge zur Bewegung der Schäfte angetrieben. Die bei *H* angeordneten Gegenzugrollen sitzen auf einem exzentrisch gelagerten Bolzen, so daß man die Schäfte bequem gleichstellen kann.

Fabrikat Picanol (Abb. 203). Der Webstuhl gestattet eine für Innentrittwebstühle beachtliche Musterungsmöglichkeit bis zu 10 Schäften. Es wird eine Vorrichtung bis zu 5 Schäften

Abb. 204. Innentritt für oberbaulose Webstühle (Picanol)

ohne Exzentergehäuse und bis zu 10 Schäften mit Gehäuse und Ölbad gebaut (Abb. 204). Bei der einfachen Ausführung sind die Exzenter *1* und *1a* (Abb. 203) auf einer Trittexzenterwelle *2* montiert. Der Antrieb erfolgt über die Räder *3* und *4* von der Schlagexzenterwelle aus. Es handelt sich hierbei um offene Exzenter, deren je 2 um 90° gegeneinander versetzt sind und miteinander arbeiten. Die Rollen *6* und *7* laufen über je eines dieser Exzenter und übertragen ihre Bewegung auf den Winkelhebel *8*. Auf diese Weise erzielt man einen zwangsläufigen Antrieb für den Hub und das Senken des Schaftes, indem Exzenter *1* bei größtem Hub Schafthochgang und bei *1a* bei größtem Hub Schafttiefgang erzeugt. Die Übertragung des Hubes erfolgt über *8a* und *9* auf den Schaft. Während bei der fünfschäftigen Vorrichtung durch die Bildung des reinen Faches unterschiedlich große Exzenter angeordnet sind, ist dies bei der zehnschäftigen Vorrichtung nicht notwendig, da diese vor dem Webstuhl angeordnet ist und sich somit auf Grund dieser Lage eine reine Fachbildung ergibt.

h) Außentrittvorrichtungen in oberbauloser Konstruktion

Fabrikat Saurer (Abb. 205). Der Schaftantrieb beim Modell 100 W bzw. 200 W erfolgt zwangsläufig durch Winkelhebel und Zugstangen. Die Trommel ist senkrecht zur Stuhlwand angeordnet. Auf der Exzenterwelle *1* können zwei verschiedene Exzentergruppen unter gebracht werden, so daß man wahlweise die eine oder andere einfache Bindung (Taffet, Köper Satin) weben kann. Zu diesem Zweck sind auf der Antriebswelle *2* zwei verschiedene Ritze aufgebracht, die auf das mit dem jeweiligen Exzentersortiment verbundene Rad *4* treiben

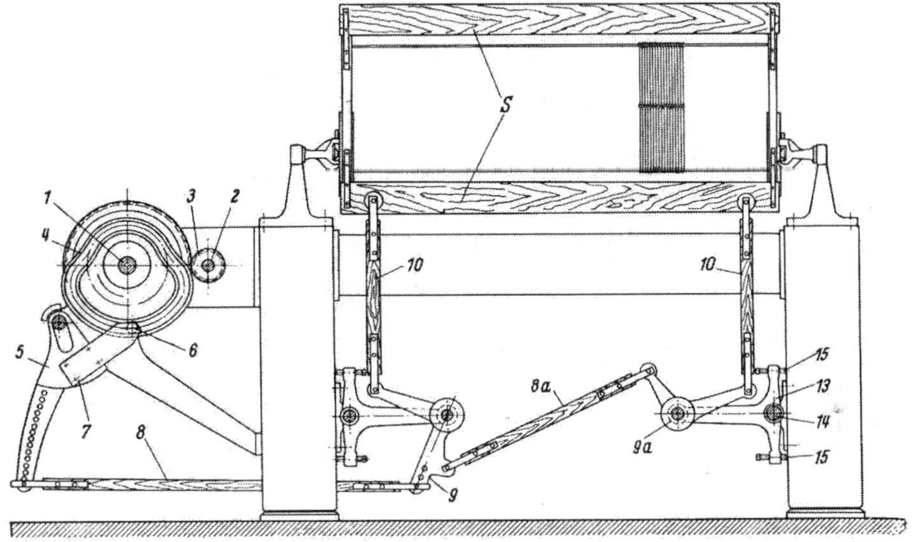

Abb. 205. Außentritt an oberbaulosen Webstühlen (Saurer)
1 Lagerung der Trommel *4*, die durch *2*, *3* angetrieben wird; Übertragung zum Schaft *S*: *5*, *6*, *7*, *8*, *9* (*8a*, *9a*) *10*; Höhenregulierung: *13*, *14* *15*

Bei Verwendung einer kleinen Maschine und nur einer Exzentergruppe kann Ware mit 10 Schäften hergestellt werden. Durch die zweite Exzentergruppe kann die Musterungsmöglichkeit auf 12 Schäfte erhöht werden. Um die Bruchgefahr der Schemel zu vermindern, sind diese nicht aus einem Stück gegossen, sondern die Rolle wird mit einer Stahlnase *7* mit dem gußeisernen Tritt vernietet. Die Befestigung der Zugstangen mit den Schäften erfolgt in denkbar einfacher Weise mit Schnappschlössern, die aus zwei Stahlblechen bestehen. Die auf den Blechen sitzenden Nocken klemmt man in die Bohrung der unteren Schaftleiste ein. Die seitliche Führung der Schäfte erfolgt durch Halter.

Fabrikat Dornier. Die in der Abb. 206 dargestellte Außentrittvorrichtung der Firma Dornier ist insofern interessant, als sie ohne Schwierigkeit sowohl rechts wie links am Webstuhl montiert werden kann — ein bemerkenswertes Beispiel für die Austauschbarkeit aller Elemente und Ersatzteile. Die Maschine wird verwendet für oberbaulose Webstühle zur Herstellung feiner, mittlerer und schwerer Gewebe. Ihrem Aufbau entsprechend eignet sie sich besonders gut für die Herstellung von Standardartikeln. Die Wirkungsweise des Aggregates ist aus der Abb. 206 zu erkennen. Die Maschine weist auch die schon einmal besprochene Sonderheit auf, daß zwei getrennte Exzenterpakete angetrieben werden können. Ein Vorteil, der für die Fertigung bestimmter Arten von Geweben, z. B. Streifendamast, besonders erwähnenswert ist.

Die Einregulierung des Faches und die Fachgleichstellung ist denkbar einfach. Mit der auf der Abb. 206 erkenntlichen Handkurbel kann man alle Hebel *3* der Abb. 207 und 208 verstellen. Dabei verändert man stufenlos die Fachgröße und kann sie, wenn das gewünschte

Maß erreicht ist, durch eine Stellschraube fixieren. Der Hebel *3* läßt sich so weit anheben, daß der dargestellte Bolzen in dem Horizontal-Langauge liegt. Man kann nunmehr die Schäfte beliebig bewegen bzw. gleichstellen.

Abb. 206. Außentritt (Dornier)

Fabrikat Rüti (Abb. 209 u. 210). Wie aus den Abbildungen ersichtlich ist, sind es zwei verschiedene Konstruktionen für den Schaftantrieb für Außentritt, die von der Firma Rüti auf den Markt gebracht werden. Die in der Abb. 209 dargestellte Vorrichtung erzielt Schaft-

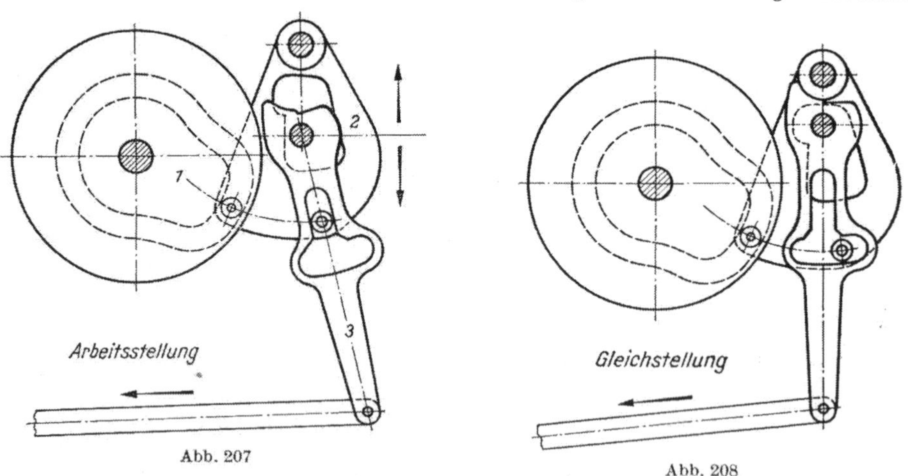

Abb. 207

Abb. 208

antrieb mit Winkelschwingen in Verbindung mit Zugstangen. Besondere Aufmerksamkeit wurde bei der Entwicklung dieses Modells der Konstruktion der Winkelschwingen *W* gewidmet. Der Exzenterhub wird von den Tritten *T* über Zugstangen auf die Winkelschwingen *W* übertragen. Durch die günstige Form dieser Schwingen wird die Horizontalbewegung ohne wesentliche Änderung des Kräftespieles auf die Vertikalbewegung übertragen.

Die in der Abb. 210 dargestellte Vorrichtung mit Kettenübertragung ist praktisch die gleiche Konstruktion, wie sie als Innentrittvorrichtung bereits besprochen wurde. Der eigentliche Unterschied ist nur die Lagerung der Trommel. Sie ist nicht an der Seite des Webstuhles anmontiert, sondern liegt in einem eigenen Gestell, das senkrecht zur Webstuhlwand angeordnet ist.

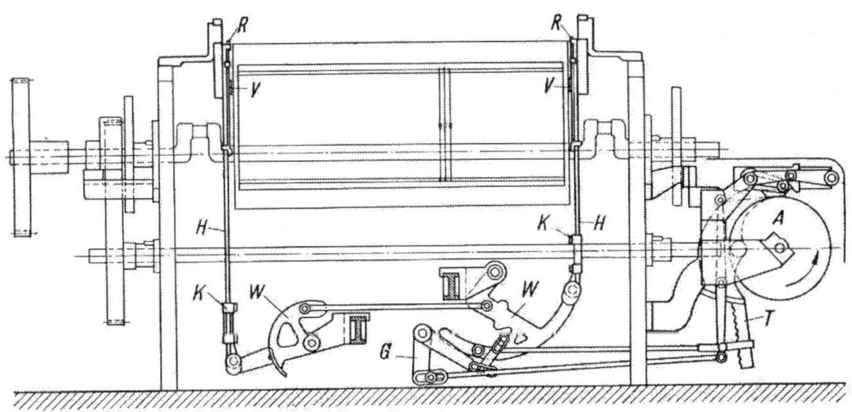

Abb. 209. Außentritt mit Stangenübertragung (Rüti)
A Trommel mit Tritten *T*; Übertragung bis zum Schaft: *T, G, W, K, H, R, V*

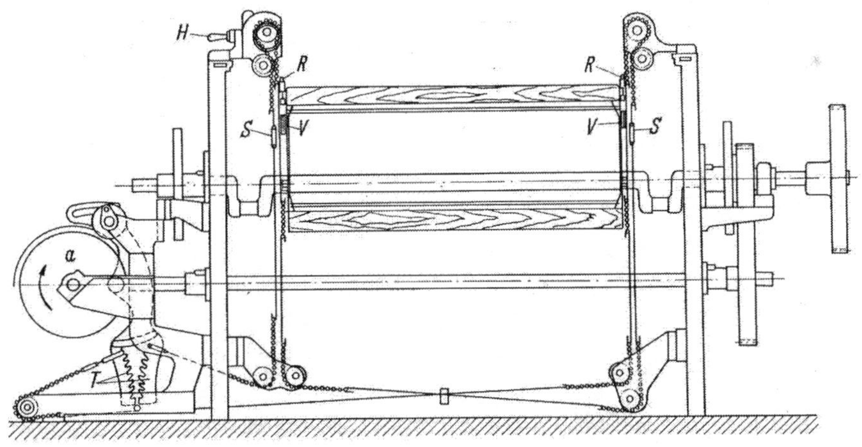

Abb. 210. Außentritt mit Kettenübertragung (Rüti)
a Trommel mit Tritten *T*; *R* Aufhängung; *V* Schaftschloß; *S* Schaftregler; *H* Gleichstellung

i) Der Obertritt

Die in den Abb. 211 und 212 besprochenen Konstruktionen — allgemein als Obertritt bezeichnet — sind speziell für die Seidenindustrie entwickelt worden. Charakteristisch für diese Vorrichtung ist die seitliche Anordnung der Exzenter, und zwar oberhalb der Kurbelwelle. Sie ist in dem konstruktiven Aufbau äußerst einfach und durch ihre Anordnung sehr leicht zugänglich, wodurch sie namentlich bei häufig zu wechselnden Bindungen greifbare Vorteile bieten.

Fabrikat Rüti (Abb. 211). Aufbau und Wirkungsweise dieses Obertrittes nach der Konstruktion von Rüti ist aus der Abb. 211, die in schematisierter Darstellung gezeigt wird, ersichtlich. Die in einem Guß hergestellten Exzenter *E* sitzen auf der Exzenterwelle *W* und werden von der Kurbelwelle aus angetrieben. Bei größtem Exzenterhub werden die Tritte *T* nach links gedrängt und die Schäfte über die Züge ins Hochfach gezogen. Bei kleiner werdendem Exzenterhub wirken die Federzüge mit Schafttiefgang. Der Obertritt in dieser Ausführung eignet sich zur Herstellung von 3-, 4-, 5-, 6- und 8schüssigen Geweben mit 10 bis 12 Schäften. Er wird jedoch auch speziell für Taffetbindungen gebaut. In diesem Falle werden die Schaftzüge im Gegenzug geführt.

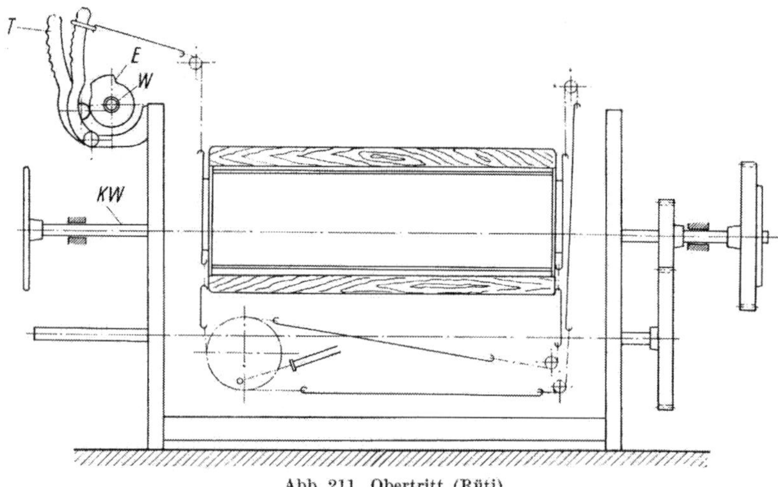

Abb. 211. Obertritt (Rüti)

Fabrikat Stäubli (Abb. 212). Auch Firma Stäubli nahm sich der Entwicklung des Obertrittes an. Diese Vorrichtung wird entsprechend der Abb. 212 in Verbindung mit dem patentierten „Stäubli-Schaftzug" gebaut und kann für alle niedrigen Stuhlsysteme verwendet werden.

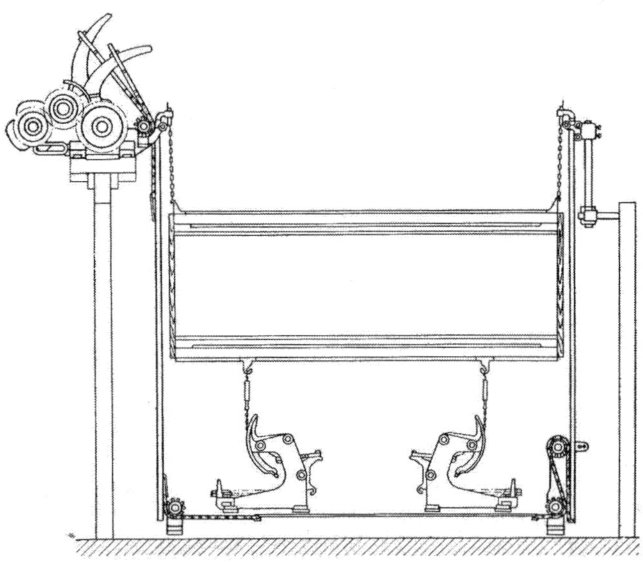

Abb. 212. Obertritt (Stäubli)

Als besonderer Vorteil gilt die Anordnung der Tritte zwischen zwei Exzenterwellen, die in differentem Verhältnis zur Kurbelwelle angetrieben werden können. Hierdurch wird es möglich, zwei Bindungen gleichzeitig nebeneinander zu weben. Da diese Vorrichtung auf einem speziellen Support angebracht ist, kann die Fach- sowie Schafthöhe bequem eingestellt werden. Um das speziell bei Taffetbindungen vorteilhafte „Trittelieren" zu erreichen, lassen sich die Trittexzenter radial etwas gegeneinander verschieben. Wie aus der Abb. 211 weiter zu erkennen ist, sind unmittelbar links und rechts vom Geschirr leichte vertikal geführte Schaftträger angeordnet, die durch geeignete Zugmittel betätigt werden. Am oberen Ende des Schaftträgers sind leicht zugänglich Feinregulierschrauben angebracht, an die über Schaftreglerketten die Schäfte aufgehängt sind.

k) Außentrittmaschine

Die organisatorische Schwierigkeit bei den Außentrittvorrichtungen ganz allgemein ist die, daß man für jede Bindung ein besonderes Exzenteraggregat auf Lager halten muß. Wie aus den Abbildungen oben ersichtlich ist, sind diese Exzenteraggregate relativ groß und gewichtig. Bedenkt man aber, daß Außentrittvorrichtungen überall dort gebraucht werden, wo gelegentlicher Bindungswechsel erforderlich ist, so kann man aus dieser Überlegung auf eine sehr große Lagerhaltung von Exzenteraggregaten schließen. Obwohl Außentrittvorrichtungen gegen hohe Webstuhldrehzahlen praktisch unempfindlich sind, ist diese Einengung oftmals der Grund dafür, warum man sich, wenn es für die Ware eben tragbar ist, für eine Schaftmaschine entschließt.

l) Die Reparaturanfälligkeit der Exzentertrittvorrichtungen

Wie aus der vorangegangenen Darstellung erkenntlich ist, sind die Konstruktionen im allgemeinen sehr grob durchgeführt und entbehren somit der Anfälligkeit, wie sie mit Schaft- oder auch Jacquardmaschinen vergleichbar wären.

Abb. 213

Gewiß ist die relativ schlechte Ölhaltung zwischen Exzenter und Rolle dazu angetan, daß in einer bestimmten Zeit gewisse Verschleißerscheinungen sowohl am Exzenter wie an der Rolle auftreten. Die Folge davon ist eine ungenaue Fachbildung und auch ein Tanzen der Schäfte. Tatsächlich tritt dies erst nach einer Reihe von Jahren auf.

Auch der vorzeitige Verschleiß durch unsachgemäße Behandlung ist bei der Fachbildung durch Exzenter relativ selten, da diese Mechanismen auf Grund ihrer einfachen und stabilen Konstruktion keine besonderen Anforderungen an ihre Wartung stellen.

Ein häufig vorkommender Fehler, der seine Ursache schon in der Montage findet, soll hier lediglich mit Hilfe der Abb. 213 demonstriert werden. Man erkennt eine sehr starke Ausarbeitung einer Tritthebelrolle. Bei der Montage wurde, da der Bolzen der Tritthebelrolle nicht genau in die Bohrung der Rolle paßte, der Durchmesser des Bolzens durch Abschleifen verringert. Bei der Beanspruchung auf Druck wirkte der aus hartem Material gefertigte Bolzen infolge seiner beim Abschleifen erhaltenen kleinen Riefen wie ein Fräser und arbeitete sich in das weiche Material der Rolle ein. Dieser Verschleiß hätte vermieden werden können, wenn man, statt den Bolzen abzuschleifen, die Bohrung der weicheren Tritthebelrolle vergrößert hätte.

2. Schaftbewegung durch Schaftmaschinen

Größer als die Musterungsmöglichkeit mit den besprochenen Exzentertrittvorrichtungen ist die mit Schaftmaschinen.

Dieses sind Steueraggregate, die eine beliebige Steuerung bis 32 Schäfte und mehr zulassen, solange die hierbei zu beachtenden Grundsätze (vgl. S. 111ff.) Berücksichtigung finden.

Die prinzipielle Wirkungsweise ist einfach und, sieht man von den Konstruktionsmaßnahmen ab, mit dem Prinzip der Wirkungsweise von Jacquardmaschinen vergleichbar (Abb. 214).

Jeder Schaft *1* wird durch eine der Platinen p_{1-4} gehoben, falls die jeweilige Platine mit dem schwingenden Messer *2* Kontakt hat. Das Messer, das seinen Drehpunkt bei *3* hat, wird von der Kurbelwelle *4* und durch Kurbel angetrieben über *5*. Wie aus der Abbildung ersichtlich ist, entsteht ohne Schwierigkeit ein reines Fach dadurch, daß die einseitige Lagerung des Messers bei *3* in der Nähe des Angriffspunktes der Stange *5* den größten und in der Nähe des Drehpunktes den kleinsten Hub hat. Die Störung der Platinen *1*—*4* erfolgt durch Steuernadeln n_{1-4}, die jede ihre zugehörige Platine umgreifen, einerseits im Nadelbrett *6* und andererseits im Federkasten *7* gelagert sind. Der Anschlag des Kartenzylinders ergibt bei Vorlage einer entsprechenden Karte eine bestimmte Einstellung der Platinen zum schwingenden Messer. In der Tiefstellung ruhen die Platinen auf dem Platinenboden *8*, der bei der einfachen Hochfachmaschine feststehend gedacht sein kann, oder aber es kann auch, ähnlich wie das Messer *2*, dieser Platinenboden durch die Kurbelwelle einen Antrieb bekommen, und so würde ein Tieffach gebildet. Dieses Tieffach würde ebenfalls ein reines Fach werden, wenn der Platinenboden als einarmiger Hebel ausgebildet würde, der etwa bei *9* seinen Drehpunkt hat (Abb. 214).

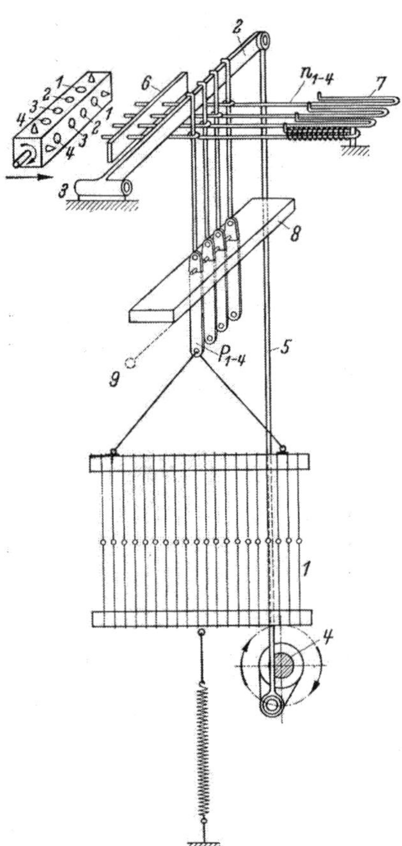

Abb. 214. Einhub-Hochfach-Schaftmaschine

Die vorangegangene prinzipielle Erörterung kann in den elementaren Dingen mit jeder Schaftmaschine, gleich welcher Art, unmittelbar verglichen werden.

a) Die Gliederung der Schaftmaschinen

Die verschiedenen Typen und Ausführungsformen von Schaftmaschinen können nach folgenden Gesichtspunkten gegliedert werden:

1. nach der *Art der Fachbildung*:
   a) Hochfach-Schaftmaschinen,
   b) Tieffach-Schaftmaschinen,
   c) *Hoch- und Tieffach-Schaftmaschinen*;
2. nach der *Form des Faches im Augenblick des Ladenanschlages:*
   a) Geschlossenfach,
   b) Offenfach;
3. nach der *Art der Arbeitsübertragung* von Schaftmaschine zu den Schäften:
   a) kraftschlüssige und
   b) formschlüssige Arbeitsübertragung von Schaftmaschine zu den Schäften.

Es erübrigt sich, hier auf die Vor- und Nachteile der verschiedenen unter 1. bis 3. genannten Fachbildungsarten einzugehen. Es kann auf frühere Darstellungen hingewiesen werden (vgl. S. 111).

Ein letztes Unterscheidungsmerkmal ist technisch-mechanisch und wegen der Auswirkung auch wirtschaftlich von Bedeutung;

4. die *Zuordnung der Bewegung* der Schaftmaschine zur Drehung der Kurbelwelle:

a) Einhubschaftmaschinen,
b) Doppelhubschaftmaschinen.

Abb. 215. Einhub-Hoch- und -Tieffach-Schaftmaschine als Folgeentwicklung des in Abb. 214 dargestellten Prinzipes

Eine jede Schaftmaschine kann je eines der unter 1. bis 4. gekennzeichneten Merkmale aufweisen, z. B.

1. die bekannte Schwingtrommelschaftmaschine ist eine formschlüssig arbeitende Hoch- und Tieffach-Geschlossenfach-Doppelhubmaschine (vgl. S. 149);
2. die Hattersleymaschine ist eine kraftschlüssig arbeitende Hochfach-Offenfach-Doppelhubmaschine (vgl. S. 146).

Es ist leicht, aber auch müßig, zu berechnen, daß nach der Gliederung 24 verschiedene prinzipielle Möglichkeiten gegeben sind, denn manche Kombinationen schalten aus Gründen der Zweckmäßigkeit aus oder haben sich überlebt; z. B. ist heute eine formschlüssig arbeitende Tieffach-Offenfach-Einhubschaftmaschine nicht bekannt, vielleicht auch nicht denkbar.

b) Einhubschaftmaschinen — Doppelhubschaftmaschinen

Der Unterschied zwischen diesen beiden Konstruktionen ist kinematisch-konstruktiver Art und hat keinen unmittelbaren Einfluß auf das textile Erzeugnis. Der mittelbare Einfluß besteht, wie später ersichtlich, darin, daß z. B. Doppelhubschaftmaschinen, sieht man von Sonderkonstruktionen mit Gegenzug ab, nicht formschlüssig arbeiten, so daß die Herstellung schwerer Gewebe fraglich bleibt. Man kann den Unterschied dadurch erklären, daß man den in Abb. 216 dargestellten Kurbelkreis betrachtet, in dem die ungefähren Zeiten und Winkel für die wichtigsten Webstuhlfunktionen dargestellt sind.

Es bedeutet:

1—2 der Winkel für das Öffnen des Faches,
2—3 Durchgang des Webschützens,
3—4 Schließen des Faches,
4—5 Anschlagen des Kartenzylinders,
5—1 Bewegung der Wechselorgane.

Die zwischen *4* und *5* liegende und durch den Winkel gekennzeichnete Zeit ist für diese Diskussion von Bedeutung. Bedenkt man, daß die Steuerelemente der Schaftmaschinen, von nur wenigen Ausnahmen abgesehen, kraftschlüssig arbeiten, dann weiß man, daß für das Anschlagen des Kartenzylinders eine bestimmte Zeit beansprucht wird.

Eine Erhöhung der Stuhldrehzahl setzt also voraus, daß dieser Winkel größer wird. Dies aber ist erklärlicherweise nur so lange möglich, wie eine Kollision mit anderen zum Kurbelkreis koordinierten Bewegungen nicht geschieht. Tatsächlich sind die Webstuhldrehzahlen heute so weit angespannt, daß diese Grenze erreicht ist.

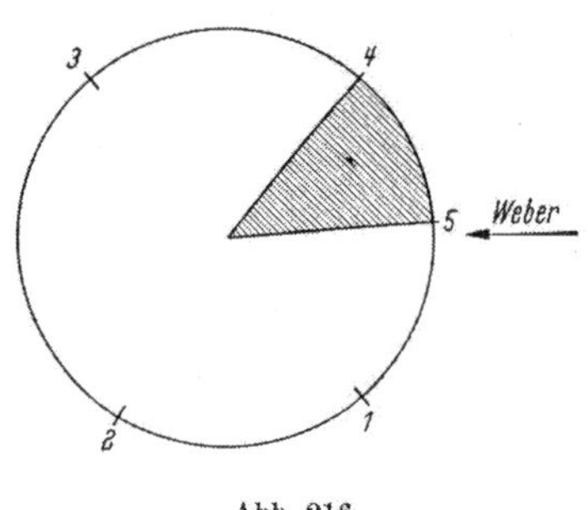

Abb. 216

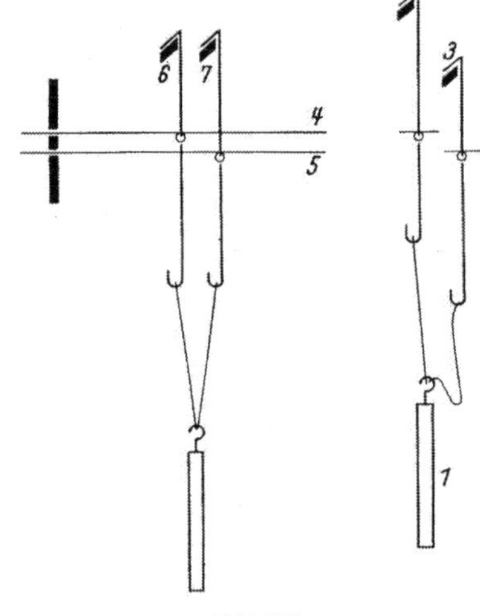

Abb. 217

Verlegt man den für das Anschlagen des Kartenzylinders und für die Auswahl der Schäfte notwendigen Winkel auf die jeweilig vorherige Kurbelumdrehung, indem man je Schaft zwei Arbeitselemente verwendet (Abb. 217), so gewinnt man diese Zeit und kann auf entsprechend höhere Stuhldrehzahlen kommen.

In der Abb. 217 ist dieser Konstruktionsgedanke schematisiert worden. Je Schaft *1* (bei Jacquardmaschinen je Litze) sind zwei Platinenhaken (*2, 3*) angeordnet, die je durch eine Steuernadel (*4, 5*) eingestellt und durch je ein Messer (*6, 7*) bewegt werden. Während z. B. das Messer *7* über *3* den Schaft *1* hebt, schlägt der Kartenzylinder an und steuert über *4* die Platinen *2* je nach Muster zum Messer *6* (Bereitstellung für den nächsten Schuß).

Man benötigt also zwei Kartenzylinder (den einen für die Steuernadel *4* usw., den anderen für die Nadeln *5* usw.), die bei jedem Schuß wechselweise anschlagen, oder einen Kartenzylinder, der bei jedem Schuß anschlägt. Die Messer müssen eine gegenläufige Bewegung machen, die nach 2 Kurbeldrehungen zyklisch beendet ist.

Es ist erklärlich, daß durch den Wegfall der im Kurbelkreis zwischen *4* und *5* zu reservierenden Zeit eine Drehzahlsteigerung der Schaftmaschine und damit des Webstuhles möglich ist. Die Drehzahlsteigerung beträgt etwa 10—20%.

Für die Herstellung schwerer Gewebe ist die Einhubmaschine vorteilhafter.

c) Die Haupttypen von Schaftmaschinen

Auf Grund der Darlegung, daß jede Schaftmaschine vier Merkmale besitzt, deren jedes eine Variationsmöglichkeit aufweist, ist es nicht vertretbar, die Schaftmaschinen nach einer Disposition zu behandeln, der die Merkmale zugrunde liegen. Aus diesem Grunde soll nachfolgend zunächst ein kurzer Überblick über die Haupttypen von Schaftmaschinen gegeben werden, wobei für die Reihenfolge der Benennung die Reihenfolge der Erstentwicklung maßgebend ist.

1. Im Jahre 1866 entwickelte George Crompton, Worcester, Massachusetts (USA), die *Crompton- oder Schemelschaftmaschine.*

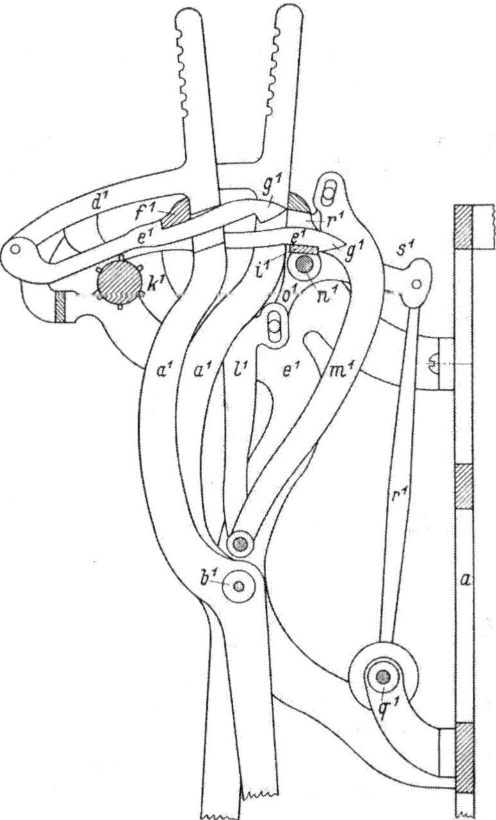

Abb. 218. Pionierkonstruktion der Crompton-Schaftmaschine (engl. Patent von 1868)

Während diese erste Konstruktion sich nicht recht einführen konnte, hat die ebenfalls von Crompton im Jahre 1868 entwickelte Maschine (engl. Patent Nr. 2704) eine bis heute sehr große Verbreitung gefunden. Es ist, wie auch bei anderen Schaftmaschinentypen, besonders erwähnenswert, daß die ursprüngliche Form bis auf den heutigen Tag, abgesehen von nur unwesentlichen Veränderungen und Verbesserungen, beibehalten wurde.

Bei dieser Schaftmaschine handelt es sich um eine formschlüssig arbeitende Hoch- und Tieffach-Geschlossenfach-Einhubmaschine.

Die ursprüngliche, d. h. im Jahre 1868 entwickelte Ausführungsform war gedacht für die Verwendung an Buckskinwebstühlen. Auch heute noch wird sie an den Tuch- und Buckskinwebstühlen verwendet, sie ist aber wegen ihrer großen Stabilität darüber hinaus für alle schweren und schwerste Gewebe empfehlenswert.

Die Abb. 218 zeigt die erste Ausführungsform von Crompton:

Die Schemel *a* besitzen kurz vor ihrem oberen Ende Arme *d*, an denen die mit Haken *f* und *g* versehenen Platinen *e* über dem Kartenzylinder *k* beweglich gelagert sind. Zur Hebung bzw. Senkung des Schaftes wird die Platine *e* mittels Haken *f* bzw. *g* mit dem Hoch- bzw. Tieffachmesser in Eingriff gebracht, so daß also die Karte für eine Hebung des Schaftes mit einem Stift versehen sein muß, während eine leere Stelle der Karte Schaftsenkung bewirkt.

Diese ursprüngliche Schaftmaschine mußte zum Schußsuchen von der Webstuhlwelle losgekuppelt werden, die betreffenden Organe wurden dann von Hand zurückgedreht, so daß der Kartenzylinder ebenfalls rückwärts lief.

Erst in einer späteren Ausführung wurde die Schaltung des Kartenzylinders durch eine umsteuerbare Schaltgabel verbessert.

2. Fast zur gleichen Zeit, und zwar im Jahre 1867, entwickelte RICHARD LONGDEN, Hattersley, und JOHN SMITH, Keighley, eine Doppelhubschaftmaschine, deren prinzipielle Form bis heute beibehalten wurde. Es handelt sich um die in der Reyon- und Baumwollindustrie bestens eingeführte *Hattersley-Doppelhubschaftmaschine*. In der Tuch- und Buckskinweberei hat sie praktisch überhaupt keine Verwendung gefunden.

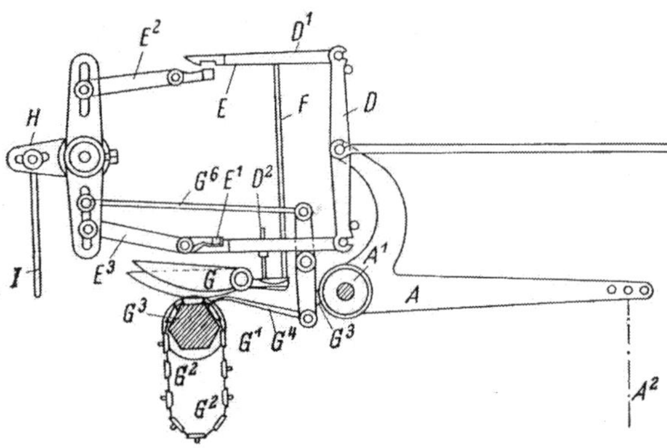

Abb. 219. Pionierkonstruktion der Hattersley-Schaftmaschine aus dem Jahre 1867

Diese Maschine arbeitet kraftschlüssig als Offenfach-Doppelhubschaftmaschine. Erst in der modernen Zeit waren formschlüssige Mechanismen dieser Art bekannt (vgl. S. 158).

Die in der Abb. 219 dargestellte Konstruktion entspricht der ersten Entwicklung: Auf der im Maschinengestell gelagerten Welle A^1 ruhen Schafthebel A; der eine Arm dieser Hebel ist durch eine Schnur A^2 mit einem Schaft C verbunden, während der andere Arm an einem Schwinghebel D_2 befestigt ist; dieser letztere trägt an jedem Ende Platinen D^1 bzw. D^2. Die Platinen greifen in die Messer E und E^1 ein, falls sie nicht durch die auf Hebeln G ruhenden Stäbe F außer Bereich derselben gehalten werden. Die Hebel G werden gehoben durch Stifte E^1 der Musterkarte G^2. Die Messer E^1 gleiten in Schlitzen des Maschinengestelles und werden durch die mit dem dreiarmigen Hebel H verbundenen Stäbe E^2 und E^3 bewegt. Die Schwingbewegung des Hebels H erfolgt durch Stange I, durch die auf der unteren Webstuhlwelle sitzende Kurbel I.

Während bei der ursprünglichen Konstruktion die Schaltung des Kartenzylinders mit Hilfe eines Wendehakens erfolgte, wurde bei einer späteren Verbesserung der Maschine im Jahre 1896 eine zwangsläufige Zylinderschaltung eingerichtet.

Unmittelbar nach dem Bekanntwerden der ersten Konstruktion einer Hattersleymaschine hat die Firma Gebr. Stäubli, Horgen/Zürich, die Fertigung von Original-Hattersley-Schaftmaschinen auf dem Kontinent aufgenommen und diese Produktion in der Folgezeit mit allen Verbesserungen beibehalten.

3. Um 1880 wurde von KNOWLES, Worcester, USA, die *Knowles-Schaftmaschine* entwickelt. Bei dieser Maschine ist die Arbeitsweise formschlüssig mit Hoch- und Tieffachbildung, Offenfachbildung als Einhubschaftmaschinen.

Der Einsatzbereich dieser Maschine ist stets relativ klein geblieben. Einmal wurden sie nur in der Tuchindustrie bekannt, und außerdem hatte sich bereits vorher die Crompton-Schaftmaschine sehr gut eingeführt. Schließlich besteht immer eine gewisse Aversion gegen Einhub-Offenfach-Schaftmaschinen. Gewebe, die mit Offenfachschaftmaschinen gefertigt werden, webt man vorzugsweise auf Doppelhubschaftmaschinen. Der Einsatz dieser Knowles-Schaftmaschine beschränkte sich ausschließlich nur auf Tuchwebstühle, und hier auch nur regional begrenzt. Vorzüglich England, Italien und die Balkanländer haben lange Zeit die Knowles-Schaftmaschine der Crompton-Schaftmaschine vorgezogen. Es ist bei dieser Schaftmaschine besonders hervorzuheben, daß sie eine schnelle Bewegung der Schäfte ins Ober- bzw. Unterfach und einen langen Stillstand des geöffneten Faches ermöglicht.

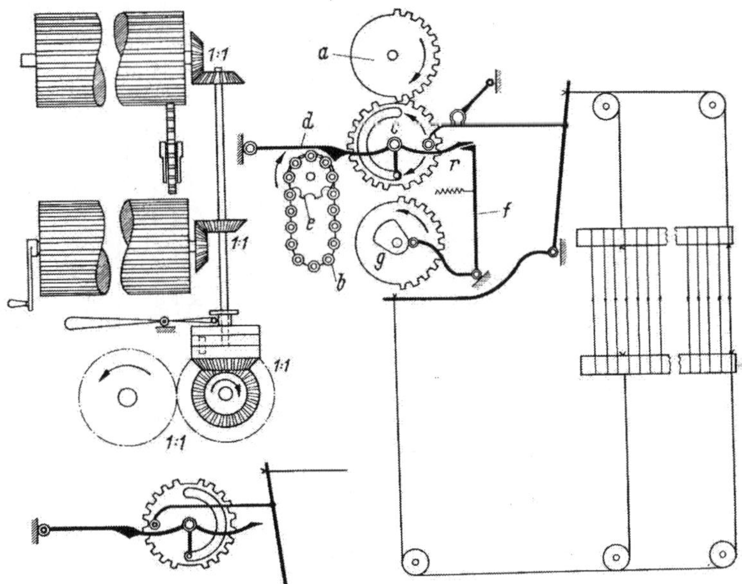

Abb. 220. Pionierkonstruktion der Knowles-Schaftmaschine (1880)

Das Getriebe der Schaftmaschine, „das Knowlesgetriebe“, hat als Wechselkastengetriebe eine weitaus größere Bedeutung gefunden als für die Anwendung in Schaftmaschinen (vgl. S. 240).

Die prinzipielle Darstellung der Wirkungsweise einer Knowles-Schaftmaschine ist aus der Abb. 220 ersichtlich. Zwischen den beiden, auf halbem Umfang verzahnten Zahnwalzen *a* und *b*, die sich im Gegendrehsinn ständig drehen (der Antrieb erfolgt von der Kurbelwelle im Verhältnis 1 : 1), liegen die Steuerräder *c* (je Schaft ein Steuerrad), deren besonderes Kennzeichen die beiden einander gegenüberstehenden Zahnlücken sind (die kleinere Zahnlücke für den Eingriff, die größere Zahnlücke für das ungehinderte Passieren der jeweiligen Zahnwalze). Das Getriebe arbeitet folgendermaßen: Wird eine mit Rolle versehene Karte durch den Kartenzylinder *e* dem Steuerhebel *d* vorgelegt, so wird *d* sowie das Steuerrad *c* angehoben und kommt in den Rotationsbereich der Zahnwalze *a*. Es erfolgt Eingriff der beiden Verzahnungen miteinander und eine Drehung von *c* um 180°. Diese Drehung von 180° wird einmal begrenzt durch ein kreisförmiges Langauge *a* und außerdem durch die Auflage des Bolzens des Schafthebels *i* auf *d*. Unmittelbar vor dem Eingriff der Zahnräder wird, bedingt durch das Exzenter *g*, vermittelt durch Rolle und Hebel *f*, die Kupplung *r* zurückgenommen, so daß eine freie Einstellmöglichkeit des Steuerrades gegeben ist. Die in der Abbildung dargestellte Bindung in Verbindung mit einer Rollenkarte zeigt, wie diese Schaftmaschine eingerichtet werden muß.

4. Drei Jahre später, im Jahre 1883, erfand George Herbert Hodgson in Breadford die *Schaufelschaftmaschine*, deren Name durch die schaufelartige Ausbildung der Messer erklärt werden kann.

Die Maschine arbeitet als kraftschlüssige Offenfach-Doppelhubschaftmaschine.

Somit hat sie die gleichen Merkmale wie die unter 2. besprochene Hattersley-Schaftmaschine.

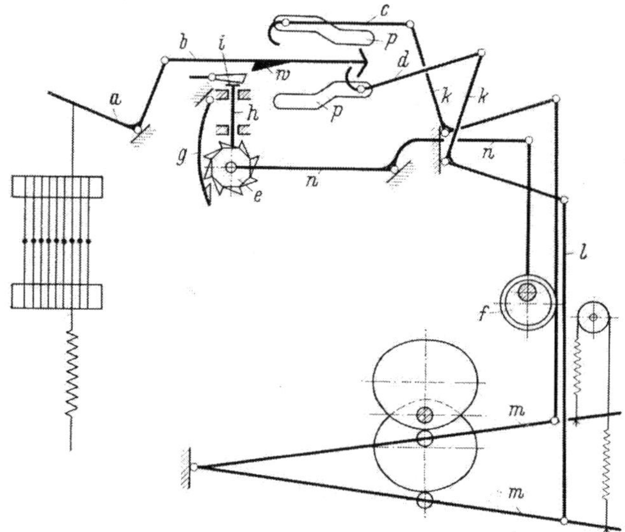

Abb. 221. Prinzipielle Darstellung der Schaufelschaftmaschine

Die gleichen genannten Merkmale sowie die gleichen Vorzüge (hohe Laufgeschwindigkeit) und die gleichen Nachteile (relativ geringe Belastbarkeit) waren Voraussetzung für den gleichen Einsatzbereich (Seide, Reyon, Baumwolle).

Der Vorteil der Schaftmaschine lag in ihrer einfachen Konstruktion, während die Hattersley-Schaftmaschine in ihrer ursprünglichen Form nicht die heute bekannten Vorteile besaß. Die damals bekannten Textilmaschinenfabriken konnten somit eine billige und wirtschaftliche, zuverlässige und robuste Schaftmaschine auf den Markt bringen, die sich in vielen Gegenden Deutschlands, hauptsächlich in den deutschen Ostgebieten, durchsetzte.

Die Tatsache, daß die Schaufelschaftmaschine gegenüber der Hattersley-Schaftmaschine heute immer mehr an Bedeutung verliert und wohl auch in absehbarer Zeit überhaupt nicht mehr gebaut werden wird, ist einmal dadurch begründet, daß die Hattersley-Schaftmaschine durch die zweiseitige Messerführung eine höhere Kraftübertragung gewährleistet. Außerdem hat die Entwicklung der Hatterley-Schaftmaschine zur Pappkartenschaftmaschine die Verwendung der Schaufelschaftmaschine zurückgedrängt. Es war sicherlich die etwas umständliche Kartenschlagregel bei der Schaufelschaftmaschine daran schuld, daß vielerorts eine gewisse Antipathie gegenüber dieser Schaftmaschine bestand.

Daran änderte auch eine im Jahre 1906 patentierte Neuerung der Firma Stäubli, „Schaufelschaftmaschinen mit vereinfachtem Kartenschlag“, nichts.

Die prinzipielle Arbeitsweise der Schaufelschaftmaschine läßt sich aus der Abb. 221 erklären. Das Hauptarbeitselement ist die doppelnasige Platine *b* mit der Arretiernadel *w*. Die beiden Schaufeln *c* und *d* erhalten von der Schlagexzenterwelle (im Verhältnis 2 : 1 von der Kurbelwelle) eine gegenläufige Bewegung (das Kennzeichen der Doppelhubmaschine). Je nachdem, wie durch die Vorlage der Karte auf dem Kartenzylinder *e* die Nadel *h* und die Zunge *i* gehoben oder gesenkt wird, wird die Platine *b* zum Ober- oder Untermesser gesteuert bzw. in ihrer Bewegung rückwärts behindert.

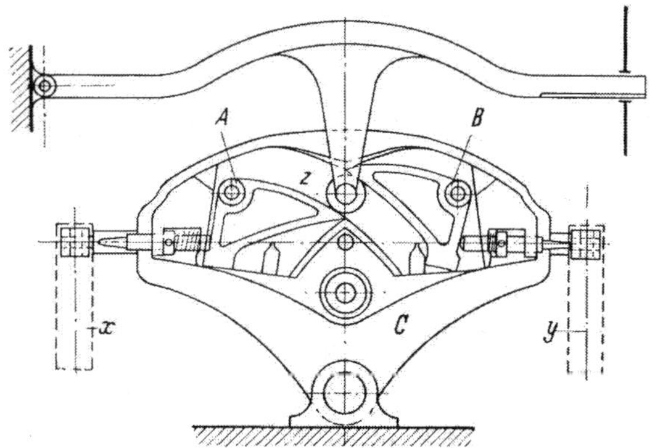

Abb. 222. Pionierkonstruktion der Schwingtrommel-Schaftmaschine
x, *y* Karten; *C* Trommel; *A*, *B* Lagerpunkte der Fallen; *z* Kurvenbahn

5. Gegen Ende des 19. Jahrhunderts baute HACKING im Bury die *Schwingtrommel-Schaftmaschine*, die in den Anfangsjahren auch vielfach als Schaukel-Schaftmaschine bekannt wurde.

Es ist eine formschlüssig arbeitende Hoch-Tieffach-Geschlossenfach-Doppelhubschaftmaschine, die ursprünglich zum Weben von Baumwoll- und Leinenstoffen, wie Bettzeugen, Barchent, Drill usw., verwendet wurde. Während die Schwingtrommel-Schaftmaschine in diesen Branchen in den letzten Jahren an Bedeutung verloren hat, führt sie sich, ausgehend vom Mönchengladbacher Industriebezirk, für die Herstellung von Buckskinstoffen und Kammgarngeweben auf Grund der etwas höheren Drehzahl mehr und mehr ein.

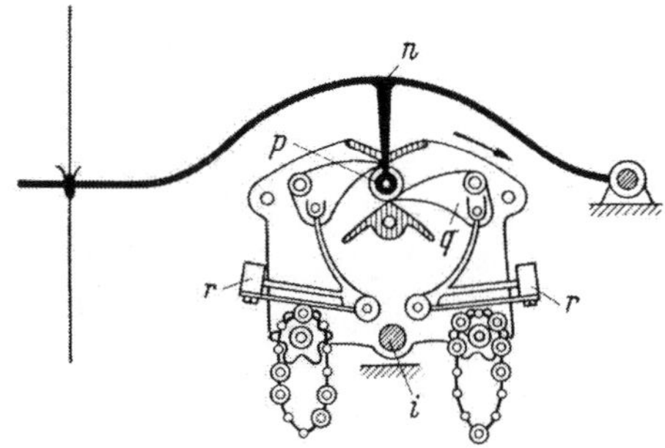

Abb. 223. Ausführung der Schwingtrommel bis etwa 1938

Die ursprüngliche Ausführungsform der Schwingtrommel-Schaftmaschine ist aus der Abb. 222 zu ersehen. Der Schwingkorb, der in der Abb. 223 dargestellt ist, ist bei *i* gelagert und erhält seinen Antrieb von der Hauptwelle aus im Übersetzungsverhältnis 1 : 2 (das Kennzeichen der Doppelhubmaschine). Die im Schwingkorb gelagerten Fallen *q* erhalten von der Karte aus über Winkelhebel *r* ihre jeweilige Einstellung. Durch diese Einstellung wird eine Nutenbahn gebildet, in der sich die Rolle *p* des Tritthebels *n* bewegt. Wie aus der Abbildung ersichtlich, können die Nutenbahnen sowohl eine Bewegung des Tritthebels nach unten als auch nach oben bestimmen.

d) Neuzeitliche Schaftmaschinen

Die heutigen an modernen Webstuhlkonstruktionen verwendeten modernen Schaftmaschinen können, elementarisiert, auf die besprochenen Grundkonstruktionen zurückgeführt werden. Die wesentlichen Merkmale moderner Bauweisen sind die eleganten Konstruktionen, die große Präzision der Bewegung, der mechanische Rücklauf sowie Teilkonstruktionen bezüglich des Kartenzylinders zur Vereinfachung der Musterbildung. Bei den nachfolgenden Erörterungen sollen markante Maschinentypen besprochen werden, die derzeitig in der Industrie Anwendung finden.

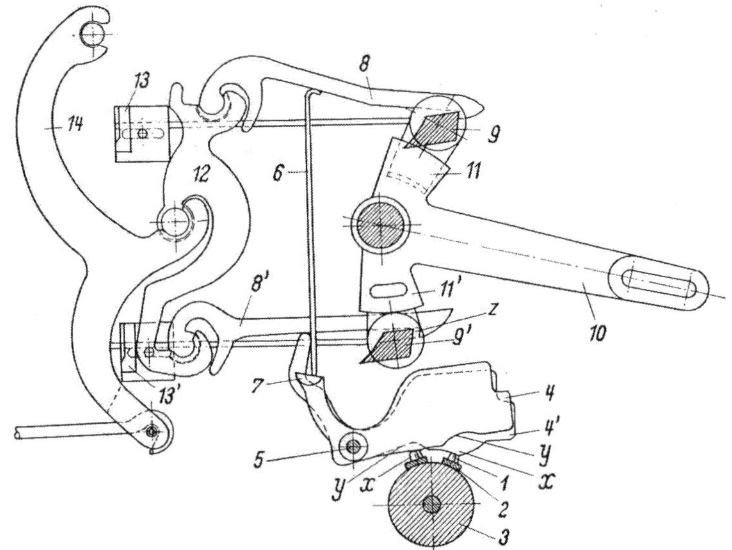

Abb. 224. Doppelhubschaftmaschine, System Stäubli

1. Hattersley-Schaftmaschine. Diese nach DIN als „Doppelhubschaftmaschine“ gekennzeichnete Konstruktion ist eine Offenfach-Hochzug-Schaftmaschine, bei der das Tieffach in der Regel kraftschlüssig durch Federzug oder Federzugregister gebildet wird.

Abb. 225. Doppelhubschaftmaschine, Modell SH A-1 (Grosse)

Die Doppelhubschaftmaschine hat heute eine sehr hohe Vollkommenheit erreicht und wird in der Baumwoll- und Seidenindustrie und für Sonderfertigung wie Damast, Drehergewebe, Samt, Plüsch und abgepaßte Gewebe verwendet.

Die Abb. 224 zeigt eine einfachere Ausführung einer Doppelhubschaftmaschine (Hattersley), System Stäubli, Abb. 225 eine Konstruktion von Grosse.

Die Auswahl der Schäfte erfolgt durch die Holzkarte *2*, die durch das Kartenprisma *3* dem Platinenzwischenhebel *4* bzw. *4'* vorgelegt wird. Die Platinenzwischenhebel *4* und *4'* haben ihren Drehpunkt in *5*. Der Platinenzwischenhebel *4* wirkt durch die Platinennadeln *6* auf die oberen Platinen *8*, während der Platinenzwischenhebel *4'* durch seinen gebogenen Hebel *7* direkt auf die unteren Platinen *8'* einwirkt.

Die Messer *9* und *9'* erhalten ihre Bewegung von der Schlagexzenterwelle (SEW) über Kurbelgetriebe, Messerhebelzugstange, Messerhebel *10* und Messerhebelgegenstück *11* und *11'*.

Bei Stift in der Karte werden über die Platinenhebel *4* bzw. *4'* die Platinennadeln *6* bzw. Hebel *7* gesenkt. Dieser Bewegung folgen die Platinen *8* und *8'*, wodurch bei Auszug der Messer *9* bzw. *9'* der Schaft über Platinenhebel *12*, der seinen Stützpunkt am Verbindungssteg *13* bzw. *13'* findet, und Schafthebel *14* in Hochfachstellung gezogen wird.

Einzelheiten der Hattersley-Schaftmaschine

Der Antrieb der Doppelhubschaftmaschinen. Im Laufe der Entwicklung dieser Schaftmaschinentype sind drei verschiedene Antriebsarten bekannt geworden.

Die ältere Konstruktion ist ein Antrieb durch Kurbelstange. Diese auch unfallgefährliche Konstruktion ist mit sehr viel Unwucht behaftet und läßt sehr

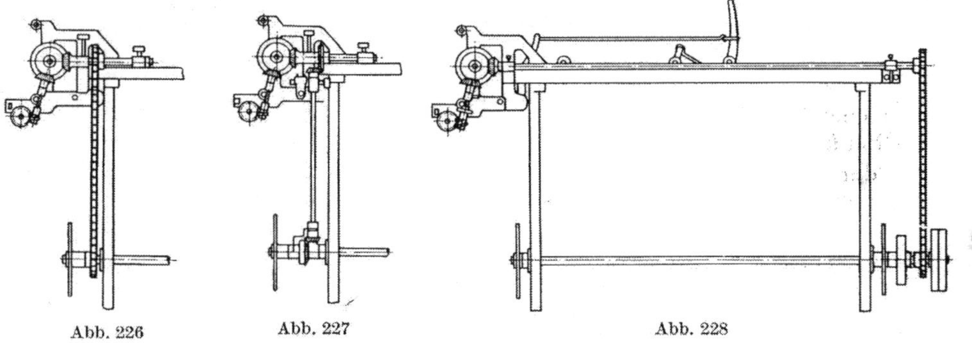

Abb. 226 Abb. 227 Abb. 228

starke und unerwünschte Schwingungen in das gesamte Webstuhlgestell hineingelangen. Bei den modernen Konstruktionen wird ein solcher Antrieb nicht mehr ausgeführt.

Heute kennt man, wie aus den Abb. 226, 227 und 228 ersichtlich ist, den Antrieb durch Ketten (man verwendet Ewart- oder Rollenketten). Der Antrieb der Schaftmaschine erfolgt normalerweise auf die in die Schaftmaschine eingebaute Welle von der oberen Stuhlwelle aus (Abb. 226) oder mit Hilfe von Kegelrädern und Welle (Abb. 227). In den Fällen, wo die Webstuhlorgane die Anbringung des Ketten- oder Kegelrades nahe am Webstuhl nicht erlauben, wird, um die Schaftmaschine nicht über die Webstuhllade vorspringen zu lassen, der Schaftmaschinenantrieb auf die Seite des Webstuhlantriebes verlegt und mittels Durchgangswelle mit der Schaftmaschine verbunden (Abb. 228).

Der Kartenschlag. Der Kartenschlag ist von der vorherigen Schaftstellung unabhängig und sehr einfach. Ungerade Rapporte sind doppelt zu schlagen. Es ist darauf zu achten, ob die Karte für eine Rechts- oder Linksmaschine geschlagen werden muß.

Bei Holzkarten verwendet man (Abb. 224) für den Schafthochgang einen Stift in der Karte, während die leere Karte ohne Holzstift einen Schafttiefgang zur Folge hat, da hierdurch über Platinenzwischenhebel *4* bzw. *4'*, Nadel *6* bzw. Hebel *7*, die Platinen *8* bzw. *8'* aus Bereich der Messer *9* oder *9'* gebracht werden.

Jede Holzkarte ist für zwei Schüsse eingerichtet (Abb. 229). Für jeden Schaft sind zwei Längsreihen *a* und *b* an Löcher erforderlich. Die Abb. 229 zeigt den Kartenschlag für einen fünfbindigen Köper $\frac{2\ 1}{1\ 1}$. Die Karte läuft in Pfeilrichtung ein.

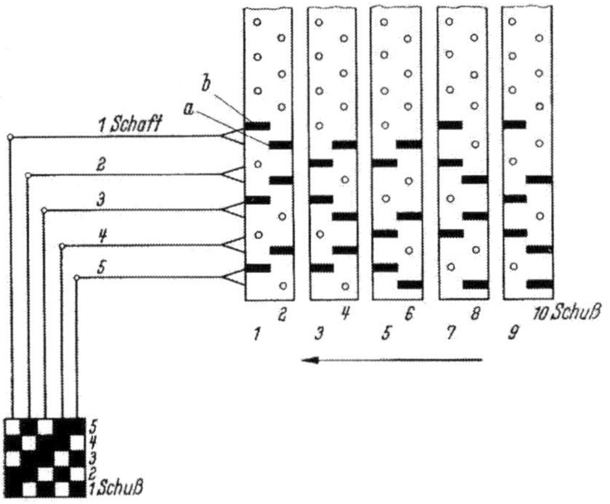

Abb. 229. Kartenschlag für Doppelhubschaftmaschinen

Bei der Papierkarte bzw. *Verdolkarte* kommen auf den Meter Papierkarte 333 Schuß. Zum Schlagen dieser Karte benötigt man eine Kartenschlagmaschine.

Bei der Verdolkarte bedeutet die Lochung Schafthochgang. Auch hier werden gleichzeitig zwei Schüsse durch besondere Vornadelwerke abgetastet.

Platinen, Platinenhebel, Verbindungssteg. Die Form der Platinen und Platinenhebel ergab sich innerhalb der Entwicklung dieser Maschinentype.

Auf Grund der Hebelanordnung ist die Doppelhubmaschine eine Offenfachmaschine. Die Abb. 230 und 231 erklären die Bildung des Offenfaches.

In der Abb. 230 steht der Schaft hoch und soll auch beim nächsten Schuß noch bleiben. Die obere Platine *8* hat sich gesenkt. Um das Stück *y*, das zur Auswahl der Platine zwischen Messer *9* und Platine *8* notwendig ist, geht die untere Platine *9'* mit dem unteren Messer *8'* zurück (Linie *b*), bis das obere Messer *9* in die Platine *8* einhakt; in diesem Augenblick wird der Punkt *A* zum festen Drehpunkt, bis sich der Platinenhebel *12* an den unteren Verbindungssteg *13'* anlehnt und hier zum Drehpunkt wird, da die Messer noch den Weg zurücklegen, der jetzt zur Auswahl der unteren Platinen *8'* nötig ist. Der Punkt *A* kehrt hierdurch in seine Ausgangsstellung *B* zurück. Der Weg, den der Punkt *A* beschreibt, läßt sich rein geometrisch leicht ermitteln und beträgt bei den üblichen Schaftmaschinen etwa 5 mm. Rechnet man noch die Übersetzung der Hebelübertragung zum Schaft hinein, so kann man rein rechnerisch bestimmen, wie groß der schädliche Hub des Schaftes bei der Offenfachstellung („Wippen der Schäfte") ist. Da diese

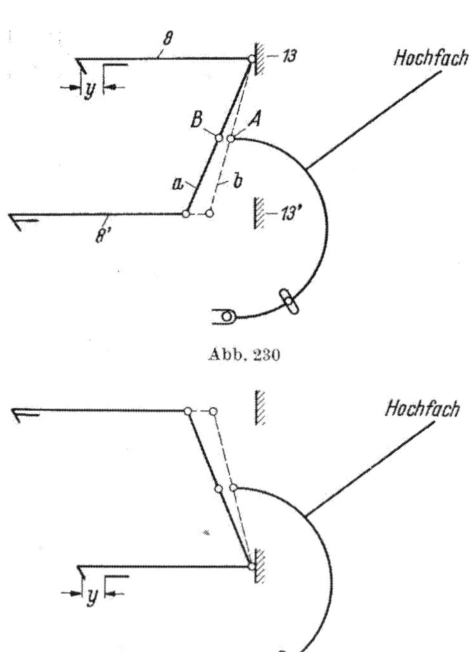

Abb. 230

Abb. 231

schädliche Bewegung der Schäfte bei der Offenfachstellung für das fadenbruchfreie Weben von besonderer Gefahr ist, weisen moderne Schaftmaschinen in dieser Hinsicht besondere Antriebskonstruktionen auf, bei denen der tote Gang y durch die Art des Messerantriebs unterdrückt wird.

Der Antrieb der Messer[1,2]. Betrachtet man die in Abb. 224 dargestellte Antriebsweise der Messer, so scheint hier eine Problematik überhaupt nicht vorzuliegen.

Es wurde aber bereits im vorangehenden Kapitel erwähnt, daß die Schäfte im Augenblick der Fachöffnung weitestgehend ruhig stehen müssen, um eine Beschädigung des gespannten Kettfadens zu vermeiden.

Das Fach soll erst schließen bzw. wechseln, wenn der Webschützen die leicht bindenden Kettfaden verlassen hat. Die Geschwindigkeit des Webschützen ist eine andere, wenn sich die minutliche Schußzahl ändert. Ein idealer Messerantrieb wäre somit gegeben, wenn man den Fachstillstand der jeweils entsprechenden Schützengeschwindigkeit anpassen könnte.

Diese Voraussetzung kennzeichnet die Problematik und verlangt, daß man den Messerantrieb unter diesem Gesichtswinkel diskutiert.

Einen vollständigen Stillstand der Schäfte während des Schützendurchganges wird man voraussichtlich nur dann erreichen, wenn man die Messer durch Kurvenscheiben antreibt.

Es ist jedoch auch bei geeigneter Ausführungsform des Messerantriebshebels möglich, diesen Stillstand *nahezu* zu erreichen. Die Entwicklung im Schaftmaschinenbau ist aber über diese anfänglichen Bemühungen hinaus fortgeschritten, da man einen einwandfreien Fachstillstand letztlich nur durch den Antrieb mit Exzentern erzielen kann. Der Grundgedanke ist, jedes einzelne Messer durch ein separates Exzenter anzutreiben, wobei die Form der Exzenterkurve nach der gewünschten Schaftbewegung konstruiert sein muß.

Von dieser grundsätzlichen Konstruktion, je einen Exzenterantrieb für jedes Messer, weicht lediglich eine Ausführung der Firma Zangs ab, bei der der Exzenterhub größer als der Messerhub ist. Die Rollendrücke sind hierbei sehr klein und ergeben einen sehr leichten Lauf der Maschine. Die Anordnung derBewegungselemente weicht von den üblichen Ausführungsformen insofern ab, als auf jeder Seite der Maschine nur je ein Exzenter sitzt. Die eine Hälfte der Kurvenscheibe ist Steigkurve sowohl für das obere wie für das untere Messer, die andere die Fallkurve.

Die verschiedenen Konstruktionen von Exzenterantrieben der Messer

System Rüti, Modell RH. Diese Konstruktion für Holzkarte ist als Schaftmaschine für oberbaulose Konstruktionen bestimmt. Die Abb. 232 zeigt den Antrieb der Messer, der durch zwei Doppelexzenter *1* und *1'* auf jeder Maschinenseite erfolgt, die jeweils ihren Antrieb durch Kegelräder und Welle von der Kurbelwelle aus bekommen oder durch Rollenketten. Die Exzenterwelle *5* läuft in Kugellagern. Die Doppelexzenter haben einen Fachstillstand von 50 bis 100° der Kurbelwellenumdrehung. Über Rollenhebel *2* und *2'*, Stoßstange *3* und *3'* werden die Messer *9* bewegt.

Durch Druckfeder *4* werden die Rollen *6* und *6'* gegen die Exzenter gedrückt. Dies ist besonders an den tiefsten Stellen der Exzenter wichtig, damit die Platinen rechtzeitig und einwandfrei wechseln können.

Die in der Abb. 232 erkenntliche schräge Messerführung wurde deswegen gewählt, weil damit die Verschiebungsrichtung der Messer dem im Kreisbogen geführten Antrieb des Messerhebels angepaßt wird.

---

[1] Ozga: Schaftbewegung mit Fachstillstand bei Hatterley-Schaftmaschinen mit Kurbelbetrieb. Melliand Textilber. 1951, S. 251.

[2] Ozga: Schaftbewegung mit Fachstillstand bei Kurvenscheiben an getriebenen Hatterley-Schaftmaschinen. Melliand Textilber. 1951, S. 358.

System Grosse. Bei dieser Konstruktion ist durch eine besondere Vorrichtung eine stufenlose Regulierung des Fachstillstandes möglich. Dies kann als besonderes Merkmal dieser Schaftmaschine angesehen werden. Durch diese Vorrichtung kann die Schaftmaschine auf schmalen und breiten Webstühlen verwendet werden, da für einen schmalen Webstuhl ein kürzerer und für einen breiten Webstuhl ein längerer Fachstillstand erforderlich ist und durch diese Konstruktion befriedigt werden kann. Auch bei Verwendung der verschiedenartigen Materialien kann auf deren Beschaffenheit Rücksicht genommen werden. Glatte Garne gestatten einen schnellen Fachwechsel, während bei Streichgarnen ein längeres Öffnen bzw. ein Voreilen des Faches erforderlich ist. Dies geht dann allerdings auf Kosten des Fachstillstandes. Die nachfolgende besprochene Konstruktion läßt eine Regulierung des Fachstillstandes innerhalb eines Bereiches von 45—80° des Exzenters zu. Die Abb. 233 zeigt diese Schaftmaschine Modell SK-H-2 in der Gesamtansicht, während aus der Abbildung 234a—c, die der Patentschrift entnommen ist, die Wirkungsweise deutlich abgelesen werden kann. Man erkennt auf der Abb. 234a, daß die Antriebsform der Messer von den üblichen Konstruktionen wesentlich abweicht. Statt der rotierenden Exzenter sind hier zwei Kurvenscheiben *1* mit ungleichen Steig- und Fallbahnen eingebaut, die eine schwingende Bewegung von der Kurbel *5* über Kurbelstange *5'* und Zahnsegmente *4* und *3* erhalten.

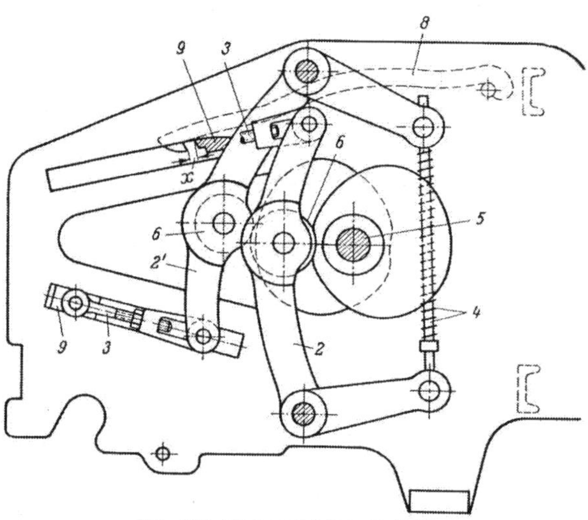

Abb. 232. Messerantrieb nach Rüti

Abb. 233. Doppelhubschaftmaschine (Modell SK-H-2 Grosse)

Für die stufenlose Regulierung des Fachstillstandes kann der Bolzen *7* im Bolzenträger *6* durch ein Handrad *9* verschoben werden. Da der Hub der Kurbelstange *5'* immer der gleiche ist, wird der Winkel α, der in Abb. 234b dargestellt ist, durch Verschieben des Bolzens *7* zum Drehpunkt *8* hin vergrößert und dadurch auch die Schwingung der Kurvenscheiben. Diese sind so konstruiert, daß sie an ihrem einen Ende zu einem Kreisbogen auslaufen und somit der Hub hier der gleiche bleibt.

Die Abb. 234b zeigt drei Einstellungen des Bolzens *7*. Die Bewegung der Messer bei diesen Einstellungen zeigt die linke Hälfte des Diagramms (Abb. 234c).

Im Diagramm bedeutet:

- F Fachstillstand,
- α Stellung des Bolzens,
- R größter Hubradius,
- ϱ/m mittlerer Hubradius,
- r kleinster Hubradius,

ML ist der Leergang der Messer. Es ist aus dem Diagramm ersichtlich, daß bei langem Fachstillstand schneller Fachwechsel erfolgt. (Die Kurve β.)

System Schleicher. Die hier in Abb. 235 besprochene Maschine wurde früher in Greiz hergestellt. Heute wird sie zwar nicht mehr gebaut, sie soll jedoch in diesem Zusammenhang referiert werden, weil noch sehr viele Stühle dieser Art laufen und außerdem weil sie in der

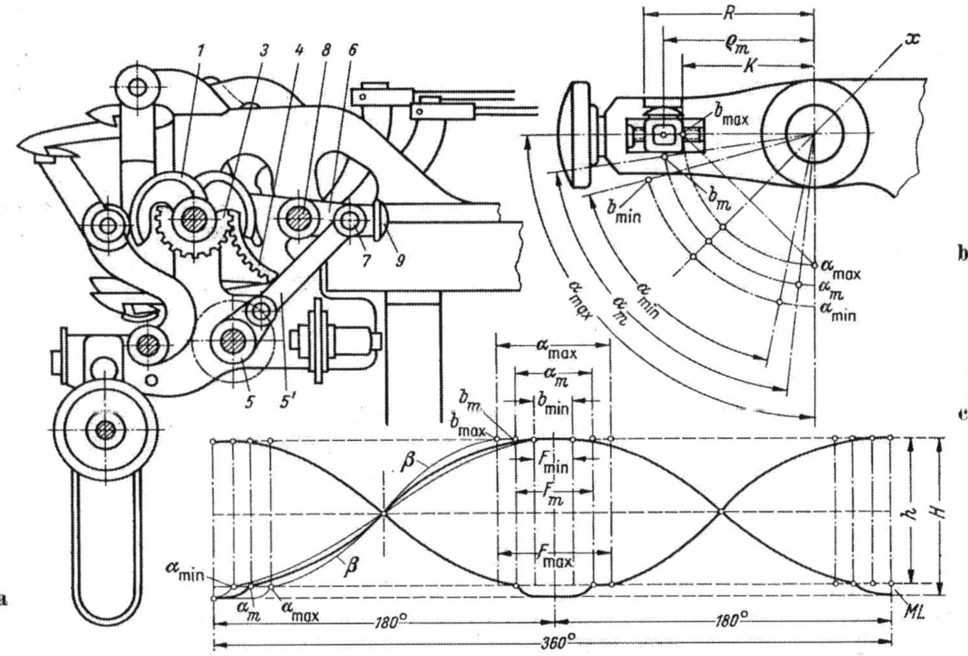

Abb. 234a—c. Messerantrieb mit Bewegungskurven (Grosse)

dispositionellen Besprechung einen wesentlichen Raum einnehmen. Der Antrieb der Messer erfolgt durch Exzenter *1* und *1'*, die über Vorgelege in der bekannten Weise angetrieben werden. Von den Exzentern erhalten die Messer *6* und *6'* ihre Bewegung über *2*, *3*, *4* und *5*. Durch die Feder *7* werden die Rollen gegen die Exzenter gedrückt. Auch bei diesen Maschinen wurden die Messer wegen der durch die Hubbewegung der Hebel *4* entstehenden Hubkreise schräg geführt. Die ebenfalls von Schleicher gebaute Konstruktion der Abb. 236 kann aus der Darstellung selbst erkannt werden. Die Messer werden durch zwei separat angeordnete und angetriebene Exzenter bewegt.

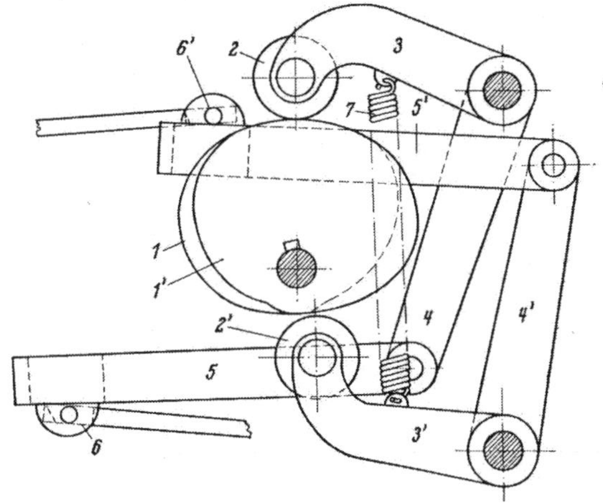

Abb. 235. Messerantrieb nach Schleicher

System Zangs. Bei dieser Konstruktion wird nur mit einem Exzenter *1* auf jeder Seite der Schaftmaschine gearbeitet (Abb. 237).

Der Antrieb des Obermessers *OM* erfolgt vom Exzenter *1* über Rolle *2* und den doppelarmigen Hebel *3*, *3'*, während der Antrieb des Untermessers *UM* direkt von der Rolle *2'* ermittelt wird. Das Wippen der Schäfte wird durch das besonders geformte Exzenter und die freibeweglichen Hebel *5* und *6* so verhindert, daß beim größten Hub des Untermessers, das nun eine Zeitlang in dieser Stellung verharrt, das Obermesser über die Rolle *2*, die am Exzenter den geringsten Hub durchlaufen muß, und über den Hebel *3*, *3'*, Messerhebel *4* den toten Gang zwischen Messer und Platine durchlaufen muß, der notwendig ist, um den Platinenwechsel zu ermöglichen. Das gleiche geschieht nach einer halben Umdrehung des Exzenters mit dem Untermesser. Es ist somit also die eine Hälfte der Kurvenscheibe die Steigkurve sowohl für das obere als auch für das untere Messer, während die andere Hälfte die Fallkurve darstellt.

Schaftmaschinen für die Bildung eines Doppelfaches (*Dreistellungs-Schaftmaschinen*) (vgl. Abb. 239). Florgewebe, insbesondere Samt und Plüsch, werden heute fast ausschließlich auf doppelschützigen Webstühlen hergestellt. Die besondere Eigenart, daß zwei Webschützen zugleich und übereinander die Lade überqueren und dabei den Schußfaden in ein oberes und ein unteres Gewebe eintragen, erfordert die Bildung eines doppelten Faches aus den Kettfäden des Ober- bzw. des Unterwerks. Ein Gleiches gilt, wenn mit dem Schuß im Unterfach eine Rute in das Oberfach eingelegt wird. Gleichzeitig müssen die Polfäden in unterschiedlicher Bindung so bewegt werden, daß sie beim Durchgang der zwei Schützen immer in einer oder mehrerer der Kettfadenebenen liegen. Die Schäfte müssen also, beliebig wählbar, drei Stellungen — Hoch, Mitte, Tief — einnehmen können. Hiermit ist also ein grundsätzlicher Unterschied gegenüber den bisher besprochenen Konstruktionen dargestellt (vgl. Abb. 238).

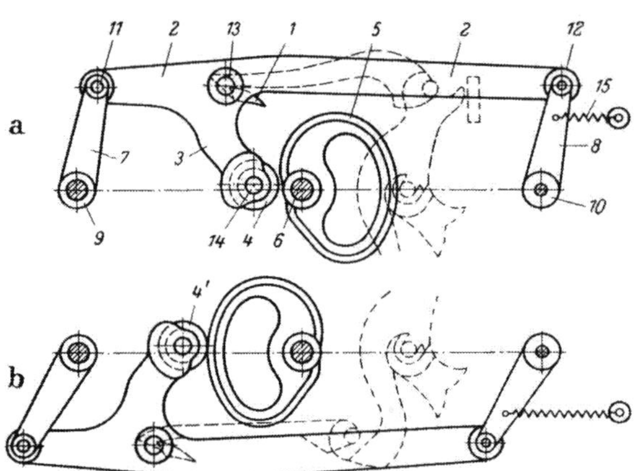

Abb. 236a u. b. Getrennter Messerantrieb nach Schleicher
a) Antrieb und Anordnung des oberen, b) des unteren Messers. *1* Messer mit Befestigung *13*; *2*, *3* Messerhebel mit Stützschwingen *7*, *8*, bei *9* und *10* gelagert und in *11* und *12* gelenkig verbunden; *4*, *4'* Rolle, bei *14* gelagert; *6* Drehpunkt des Exzenters *5*; *15* Feder zur Erzeugung des Rollendruckes

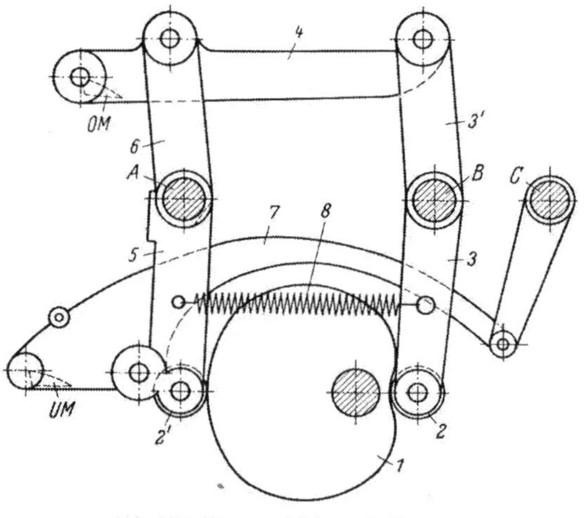

Abb. 237. Messerantrieb nach Zangs

Die Firma Tonnar baut eine diesbezügliche Maschine, die in ihren Grundelementen auf die Steuerung der Hattersley-Schaftmaschine zurückgeführt werden könnte[1]. Die in der Abb. 239 dargestellte Maschine von der Firma Tonnar G.m.b.H., Dülken, ist in ihrer Wirkungsweise wie folgt gekennzeichnet: Jeder Schaft wird von einem zweiarmigen Haupthebel *1* gesteuert. Diesem angelenkt ist der Summierhebel *2*, welcher seinerseits mit je einem Schieber *3* und *3'* drehbar verbunden ist. Die Schieber erhalten ihre Führung in *9* und tragen gelenkig die Platinenträger *4* und *4'*. Diese Platinenträger haben in bekannter Weise obere Anschläge *B*

[1] Osswald: Neuartige Dreistellungs-Schaftmaschine für die Samt- und Plüschindustrie. Melliand Textilber. 1956, S. 397.

und untere C, welche die Grundstellung des Schaftes nach unten begrenzen. Den Platinenträgern angelenkt sind oben die Platine *5* bzw. *5'* und unten *6* bzw. *6'*, die von den Zugmessern *8* bzw. *8'* gezogen werden. Damit der nichtgezogene Schaft entgegen der Kettspannung in der Grundfachstellung bleibt, stützen sich die entsprechenden Platinen *5'* bzw. *6'* mit ihren Drucknasen, in der aus dem Zugmesser ausgehobenen Stellung, gegen die Arretierleisten *7* und *7'*. Während des Platinenwechsels halten die Druckstangen *10* und *10'* die Platinengelenke an den Anschlägen B oder C fest. Das obere und das untere Zugmesser wird zwangsläufig durch Leit- und Gegenexzenter so bewegt, daß ein ausreichender Fachstillstand und eine ruckfreie Auf- und Abwärtsbewegung der Schäfte gewährleistet ist. Jede Stahlkarte hat zwei versetzte Lochreihen, je eine für jeden Schuß. Zwei nebeneinanderliegende Löcher in jeder Schußlochreihe steuern einen Schaft.

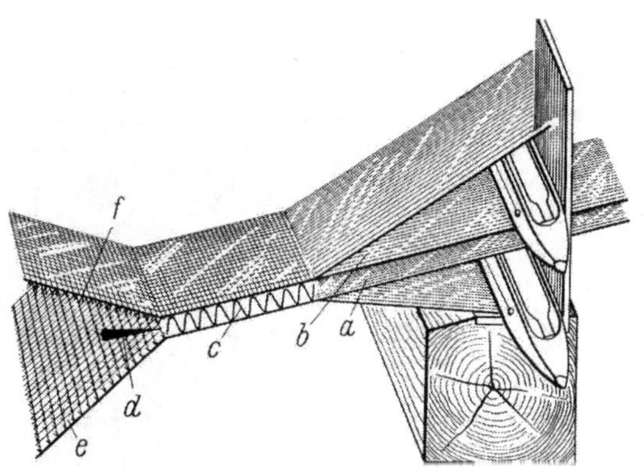

Abb. 238. Doppelfach (nach Osswald)
a obere Stellung des Unterfaches; *b* untere Stellung des Oberfaches; *c* Polfäden; *d* Schneidevorrichtung; *e, f* Florgewebe

Die Kartenschlagregel heißt: Kein Hubkörper ergibt Tiefstellung I, ein Hubkörper gibt Mittelstellung II, zwei Hubkörper Hochstellung III.

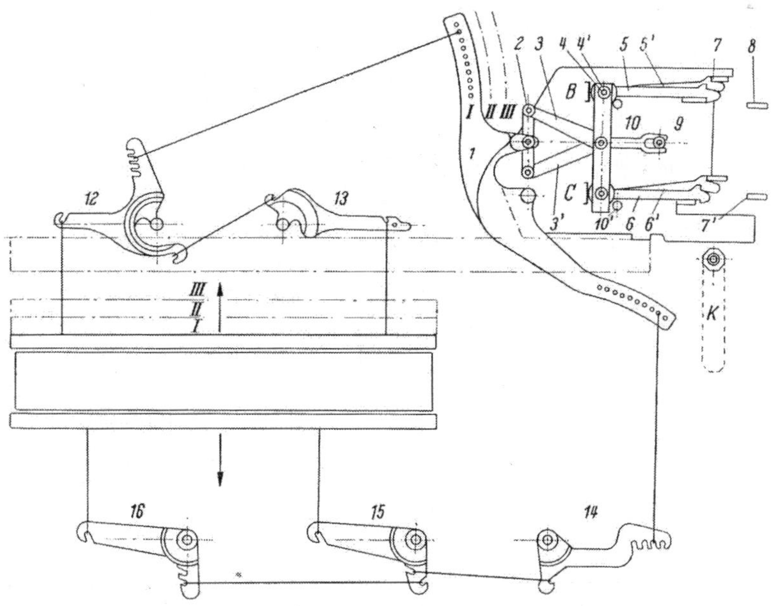

Abb. 239. Dreistellungs-Schaftmaschine (Tonnar)

Formschlüssige Schaftbewegung. Bereits in der Einleitung wurde gekennzeichnet, daß das prinzipielle Merkmal der Hattersley-Doppelhubmaschine die kraftschlüssige Bewegung der Schäfte ist. Im Rahmen einer universellen Verwendung der Hattersley-Schaftmaschine ist dies, so wurde bereits berichtet, ein

Hemmnis insofern, als man bezüglich des Warengewichtes wie der Dichte der Einstellung an bestimmte obere Grenzen gebunden ist, die nicht gegeben sind, wenn der Schaft formschlüssig auf- und abwärts getrieben wird, wenn von der Anordnung von Federn- oder Federzugregister abgesehen wird.

Abb. 240. Spezialschaftmaschine für hohe Drehzahl mit formschlüssiger Schaftbewegung von Saurer

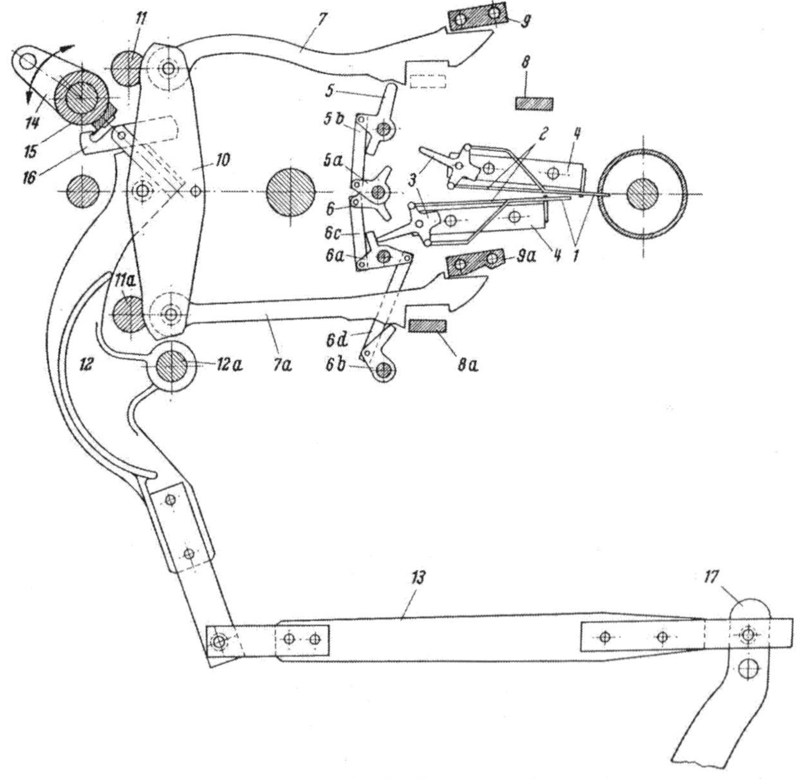

Abb. 241. Skizze zur Spezialschaftmaschine von Saurer

Eine erwähnenswert moderne Konstruktion, die sich schon sehr viele Freunde erwerben konnte, ist die Spezialschaftmaschine der Firma Saurer, die in der Abb. 240 als Querschnittsmodell und in der Abb. 241 im Querschnitt als Skizze dargestellt ist.

Es handelt sich hier um eine durch Papierkarte gesteuerte Schaftmaschine.

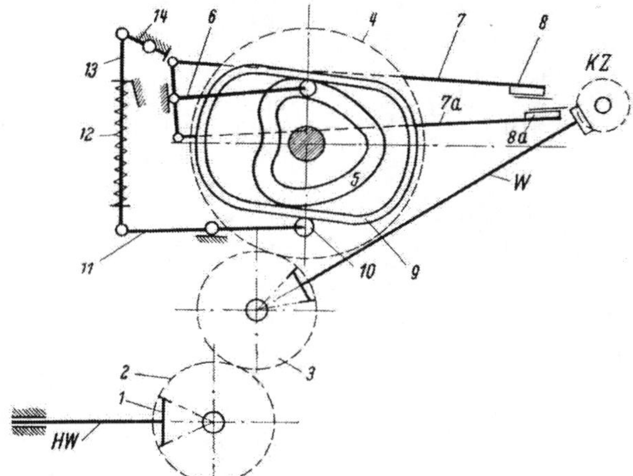

Abb. 242. Antrieb der Saurer-Spezialschaftmaschine

Die Einstellung der Platinenhebel *7* und *7a* durch die Steuerhebel *5* und *5a* sowie *6*, *6a* und *6b* ergibt je nach der Lochung der Karte unterschiedliche Wirkungsweise. Die Platinen befinden sich wechselweise im Eingriff mit den Hubmessern *8*, *8a* oder den Sperrmessern *9* und *9a*, wobei ein Auszug der Platinen durch die Hubmesser Hochgang oder Hochstand und ein Blockieren der Platinen

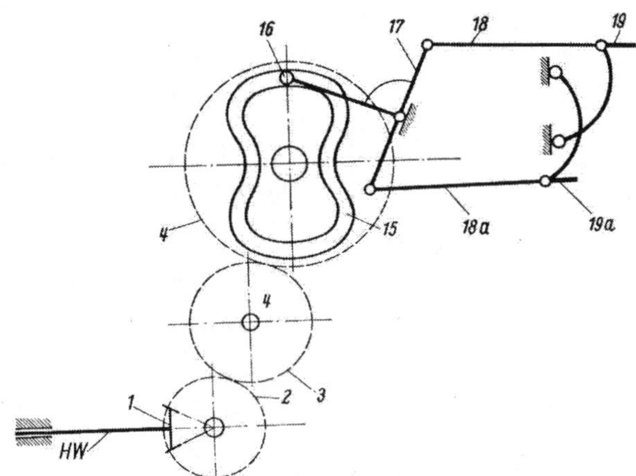

Abb. 243. Messerantrieb zur Maschine Abb. 240

durch die Sperrmesser Tiefgang oder Tiefstand des Schaftes zur Folge hat. Die Platinen üben ihren Zug auf einen Balancehebel *10* aus, der bei Schafttiefgang an den Wellen *11* und *11a* anliegt und einen Auszug der Platinen über die Schwinge *12* und das Verbindungsstück *13* auf den Schaft überträgt. Die durch ein Exzenter in schwingende Bewegung versetzte Entlastungswippe *14* arretiert sämtliche, in der Grundstellung verbleibenden Platinenbalancen so lange, bis die Umsteuerung der Platinen vollzogen ist.

Die Schaftmaschine erhält ihren Antrieb von der Hauptwelle aus, die seitlich aus der Gestellwand heraustritt und mittels des Kegelräderpaares *1* (vgl. Abb. 242) über ein Zahnradvorgelege *2*, *3* die Exzenterscheibe *4* treibt. Durch die Übersetzungsverhältnisse läuft *4* mit der gleichen Drehzahl wie die Schlagexzenterwelle in den Schilden. Die Exzenterscheibe *4* übt dreifache Funktion aus. Durch das Nutenexzenter *5* werden über den Winkel *6* und die Schubstangen *7* und *7a* die Nadelschlitten *8* und *8a* im Gegenzug bewegt. Die zweite Funktion wird durch den äußeren Umfang des Nutenexzenters *5*, der als Doppelexzenter *9* ausgebildet ist, ausgeübt. Eine Rolle *10* am Doppelhebel *11* tastet unter dem Druck der Feder *12* auf dem Hebel *13* den Umfang des Exzenters *9* ab und versetzt die Entlastungswippe *14* in schwingende Bewegung. Das dritte Exzenter befindet sich auf der der Maschine zugekehrten Seite und dient als Nutenexzenter *15* der Messerbewegung (vgl. Abb. 243 u. 244). In dem Nutengang *15* läuft die Rolle *16* am Winkelhebel *17*. Über diesen werden durch die Schubstange *18* und *18a* die Messer *19* und *19*a gegenläufig und in horizontaler Richtung bewegt.

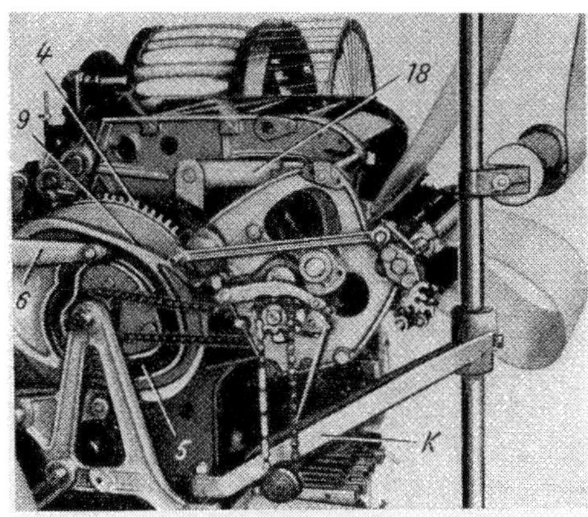

Abb. 244. Messerantrieb zur Maschine Abb. 240

Die Abb. 245 zeigt eine formschlüssig arbeitende Schaftmaschine der hier besprochenen Art von Stäubli, Type LEZDRO, die, je nachdem wie die Übertragungsorgane vorgerichtet werden, gedacht ist für Stühle mit Oberbau und auch für solche ohne Oberbau.

Die mustergebundene Steuerung der Schaftmaschine (Abbildung 246a—c). Da die Doppelhub-Hattersley-Schaftmaschinen allgemein in ähnlicher Weise gesteuert werden, soll zunächst an einem definitiven Beispiel — der Exzenter-Schaftmaschine Modell E von Stäubli — die Steuerung in allen Einzelheiten erklärt werden, um dann anschließend auf Sonderheiten einzugehen.

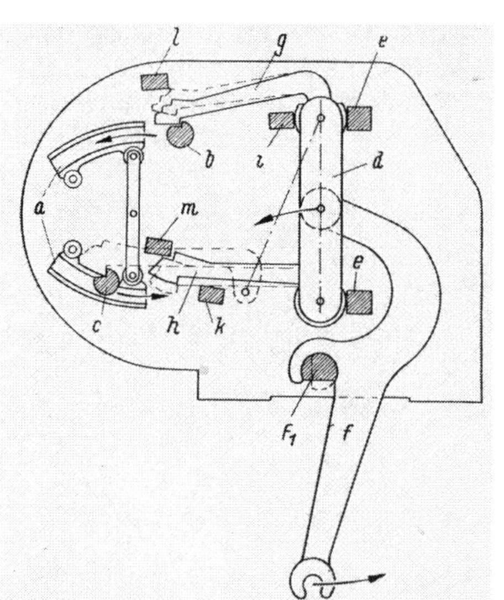

Abb. 245. Gegenzug-Offenfach-Schaftmaschine Type LEZDRO von Stäubli (Hattersley-Doppelhubprinzip).
a Messerführung (Gleitkurven der Kippeinrichtung); *b* oberes Zugmesser; *c* Zwischenhebel (Balance); *e* Anschlagschienen (Festpunkte); *f* Schafthebel (zweiarmig); F_1 Festpunkt der Schafthebel; *g* obere Platine (Haken); *h* untere Platine; *i* oberes Stoßmesser; *k* unteres Stoßmesser; *l*, *m* Abstützmesser

Bei der hier besprochenen Schaftmaschine werden die gewöhnlichen zweireihigen Holzkarten und zum Bestecken derselben Hubkörper, sogenannte Nägel, von einer Höhe von 15 mm verwendet. Das Zusammensetzen der Dessins soll immer durch Verwendung der hierfür erhältlichen Eisen-Ringglieder geschehen. Zur Vermeidung von Hubkörperbrüchen, die meistens nur vom ruckweisen Zurückdrehen des Zylinders von Hand herrühren, empfiehlt sich, Hubkörper aus Preßholz (Lignostone) zu verwenden, die gegenüber gewöhnlichen Holzhubkörpern bedeutend widerstandsfähiger sind. Sie sind den sich rasch abnützenden Eisennägeln vorzuziehen, um so mehr, als die letzteren auch die Platinen nach kurzer Zeit angreifen.

Kartenbesteckung. Auf jeder Holzkarte befinden sich zwei Lochreihen, und zwar bedeutet die in Abb. 246a auf der ersten Karte mit *I* bezeichnete Lochreihe den ersten, die mit *II* bezeichnete Lochreihe den zweiten Schuß. Jeder Nagel bewirkt eine Hebung des zugehörigen Schaftes während des betreffenden Schusses.

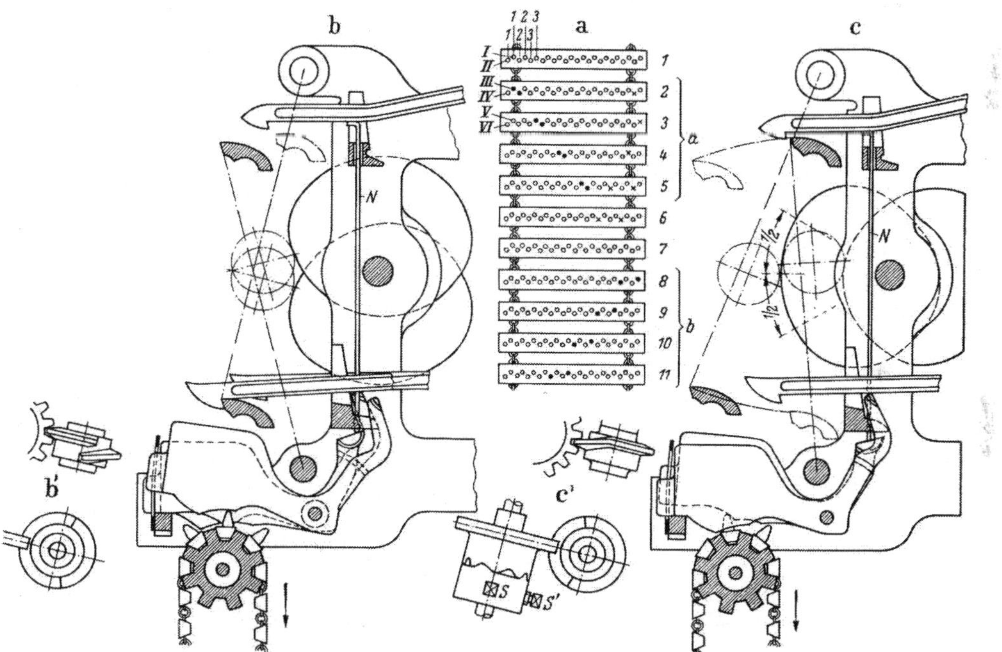

Abb. 246a—c. Mustergebundene Steuerung der Schaftmaschine (Stäubli)

Fachregulierung. Da der Messerhub durch die Exzenter bedingt und unveränderlich ist, kann die Fachregulierung einzig durch Verhängen der Schlaufen an den Schafthebeln vorgenommen werden. Um die Grundstellung der Schäfte durch die Hubverstellung nicht zu verändern, sind alle Schafthebel in entsprechender Form konstruiert.

Schuß-Suchvorrichtung. Diese Vorrichtung besteht im wesentlichen aus einer ausrückbaren Kupplung zwischen Webstuhl und Schaftmaschine. Mittels dieser Vorrichtung kann das Schußsuchen leicht und rasch, ohne das lästige Drehen des Webstuhles erfolgen. Es werden dicke oder dünne Stellen im Gewebe vermieden. Ebenso verschwindet das durch wiederholten Blattanschlag verursachte Abschneiden der Endfäden, speziell bei stark einwebenden Bindungen.

Im Hinblick auf das Schußsuchen bzw. Zurückweben unterscheiden wir vier verschiedene Möglichkeiten bei den verschiedenen Systemen von Schaftmaschinen.

1. Von Hand aus:

Hierbei wird durch eine besondere Kurbel (vgl. z. B. Abb. 233) die Schaftmaschine von Hand aus zurückgedreht, nachdem der Weber vorher die Schaftmaschine vom Webstuhl losgekuppelt hat.

2. Mechanischer Rücklauf:

Hier wird die Schaftmaschine nach Loskuppeln vom Webstuhl und einer konstant sich drehenden Welle aus vor- oder rückwärts getrieben, oder es wird ein separater Motor verwendet (Rüti). Das Schußsuchen soll in offener Fachstellung erfolgen.

3. Beschränkter Rücklauf:

Es wird hierbei verlangt, daß bei Momentabstellung des Webstuhles sich das Fach beim Rückwärtsdrehen des Webstuhles in die hinterste Ladenstellung wieder öffnet.

4. Unbeschränkter Rücklauf:

Es findet ein maschinelles Rücklaufen des gesamten Webstuhles mit reduzierter Tourenzahl statt.

Diese letzte Vorrichtung hat zwar gegenüber den beiden ersten Vorrichtungen den Vorteil, daß der Regulator zurückgeschaltet wird und der Weber seinen Stand nicht zu wechseln braucht. Sie hat aber auch den Nachteil, daß eine Reihe von Leeranschlägen erfolgen, die die bereits oben gekennzeichneten Nachteile auslösen.

Schäfte-Gleichstell-Vorrichtung. Solche Vorrichtungen bieten dem Weber große Erleichterung, indem die Schäfte zum Einziehen der Kettfäden rasch in eine Ebene gesenkt werden können. Es ist ferner von großer Bedeutung für die Schonung der Kette, da vor längeren Stillständen des Webstuhles, d. h. abends oder vor Feiertagen, die Schäfte gesenkt werden können, wodurch alle Kettfäden in gleicher Spannung verbleiben, was speziell bei Reyon von Vorteil ist.

Die Gleichstellung der Schäfte geschieht folgendermaßen: Der Webstuhl wird so abgestellt, daß sich das untere Messer der Schaftmaschine in der innersten Stellung befindet, wodurch alle unteren Haken vom Messer frei werden. Durch das Betätigen einer einfach konstruierten Gleichstell-Vorrichtung (Ziehen an einem Kettchen oder an einem Draht) werden die unteren Haken außer Bereich des Messers gehoben. Jetzt wird die Schaftmaschine mittels des Hand- oder mechanischen Schußsuchers vom Stuhl losgekoppelt und um einen Schuß rückwärts gedreht, wodurch sich alle gehobenen Schäfte in Tieffachstellung senken. Vor Wiederinbetriebsetzung des Webstuhles wird die Schaftmaschine mittels des Schußsuchers um einen Schuß vorwärts gedreht, wodurch der Stuhl wieder betriebsbereit ist. Diese Vorrichtung wird nie Trittfehler herbeiführen. Bei Schaftmaschinen ohne Schußsucher wird gleich verfahren, nur wird hier zum Senken der Schäfte der ganze Stuhl mit der Schaftmaschine rückwärts und vor Inbetriebsetzung wieder um einen Schuß vorwärts gedreht.

Einstellen des Kartenzylinders und seines Schaltmechanismus. Um nach einem Verstellen des Zylinders oder dessen Schaltmechanismus wieder ein richtiges Zusammenarbeiten der Zylinderorgane und der Hubmesser und dadurch ein fehlerfreies Arbeiten zu erzielen, wird wie folgt verfahren:

Zuerst wird auf den Zylinder eine Karte aufgelegt, in welcher, wie in Abb. 246 b ersichtlich, auf Karte 2 die *II*, mit den Nadelplatinen (obere Haken, auf Karte 4 *I*, mit den Hakenplatinen, untere Haken) korrespondierende Lochreihe je ganz mit Nägeln besteckt ist. Die Schnecke wird, wie in Abb. 246 b′ gezeigt, im Schneckenrad auf die Stillstandspartie gestellt. In dieser Stellung dürfen weder die Nägel der Karte 2 noch diejenigen der Karte 4 die Platinen berühren. Sollte die eine oder die andere Reihe der Nägel die dazugehörigen Platinen berühren, so müßte der Zylinder entsprechend verstellt werden. Man löst die beiden Stellschrauben S und S' (Abb. 246 c′), dreht den Zylinder, bis zwischen den beiden Nagelreihen und den dazugehörigen Platinen je etwa 2 mm Zwischenraum vorhanden ist. Nun werden die Stellschrauben wieder festgezogen. Beim Verstellen des Zylinders muß aber die oben angeführte Stellung der Schnecke beibehalten werden.

Wird beim Einstellen nicht ganz genau nach diesen Angaben vorgegangen, so werden unfehlbar Trittfehler auftreten. Zeitlich ganz unregelmäßig erscheinende Trittfehler rühren meistens nicht von nicht einwandfreier Einstellung her.

Nun folgt die Einstellung des Schaltmomentes. Hierzu wird ein nach Abb. 246 a geschlagenes Dessin auf den Zylinder gelegt. Die Stellung der Messer muß so sein, daß das obere Messer sich ganz in seiner innersten Stellung befindet. Die Rollen in den Messerhebeln des unteren Messers müssen sich genau in der Mitte des Stillstandes der Exzenter befinden. In diesem Augenblick muß die Schnecke genau mit der Mitte ihrer Steigung im Eingriff mit dem Schneckenrand sein, wie aus Abb. 246c ersichtlich, wo die Marke die Mitte der Steigung der Schnecke angibt. Wird nun die ganze Maschine vorwärts gedreht, so wird Nagel *4'* in Abb. 246c die Platine heben und den dazugehörenden oberen Haken aufs Messer senken. Wird die ganze Maschine rückwärts gedreht, so wird Nagel *2'* in Abb. 246c die Platine heben und dadurch den dazugehörenden Haken senken. Abb. 246c zeigt also die Platine *2* und *4* leicht gehoben, bzw. die korrespondierenden oberen Haken leicht gesenkt. Die Haken befinden sich in der Kreuzung. Es geht daraus hervor, daß die oberen Haken während des toten Ganges des oberen Messers wechseln müssen, was automatisch herbeiführt, daß auch die unteren Haken während des toten Ganges des unteren Messers wechseln.

Bei fortgesetztem Drehen der Maschine oder des Webstuhles vorwärts ergibt sich die richtige Schußfolge. Z. B. in Abb. 246a bei den Karten *2* bis *5* heben sich die Schäfte der Reihe nach von links nach rechts, beim Rückwärtsdrehen von rechts nach links.

Abb. 247. Doppelhubschaftmaschine (Modell SOE-2, Grosse)

Die Pflege der Maschine. Eine Schaftmaschine dieser Art soll zweimal pro Woche geölt und jede Staufferbüchse noch öfters leicht angezogen werden.

Ist die Exzenterwelle E in Kugellagern gelagert, die in die Maschinenschilde eingebaut sind, dann sollen die Kugellagerdeckel jährlich einmal abgenommen werden, damit man die Lager von altem Fett reinigen und neues Fett einfüllen kann. Nach dem Entfernen des alten Fettes, was zweckmäßig mit einem Kupferdraht zu geschehen hat, empfiehlt sich das Reinigen mit Benzin. Anschließend werden die Lager mit Kugellagerfett neu gefüllt. Beim Wiederanschrauben der Deckel ist darauf zu achten, daß die in die Deckel eingelegten Dochte am Umfang der Exzenterwelle wieder dicht abschließen.

Steuerung durch Papierkarte und Vornadelwerk. Bei großen Musterungsrapporten wird die Steuerung durch Holzkarten unhandlich, weil es schwierig wird, die teilweise großen Karten am Webstuhl unterzubringen. Wie in der Abb. 247 ein Beispiel der Maschinenfabrik Grosse Modell SOE-2 zeigt, verwendet man in solchen Fällen Schaftmaschinen mit Papierkarte und Verdolteilung.

Papierkarten sind jedoch auf Grund ihrer geringen Festigkeit nicht geeignet, die direkte Steuerung der Platinen zu übernehmen. Aus diesem Grunde verwendet man ein Vornadelwerk.

Die Wirkungsweise solcher Vornadelwerke ist prinzipiell bei allen Konstruktionen gleich. Sie unterscheidet sich lediglich in den einzelnen Anordnungen. Nachfolgend sollen einige Beispiele solcher Vornadelwerke diskutiert werden.

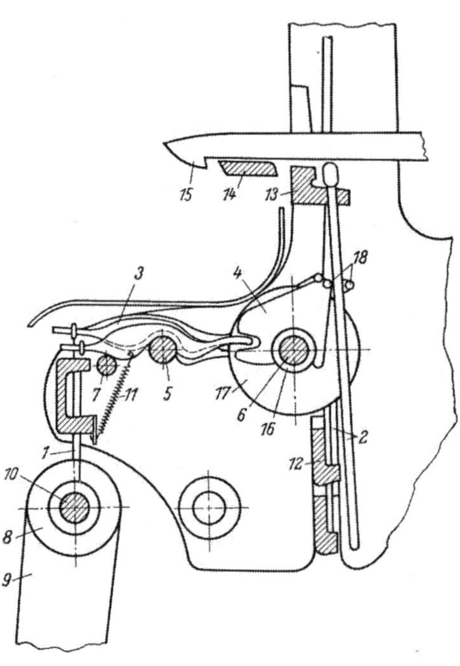

Abb. 248. Vornadelwerk (Grosse)

Abb. 248 zeigt einen solchen Verdolnadelvorsatz (Grosse). Die Lamellen *3* sind auf *5* gelagert. Der stiftförmige Fortsatz des einen Endes wird durch die Einlesenadel *1* jeweils umfaßt, während das andere Ende in der Lamelle *4* angelenkt ist. Die Lamelle *4* ist auf der Stützachse *6* gelagert und zwischen den Ringen *16* und den Distanzscheiben *17* geführt. Im Bereich der Distanzscheiben *17* befindet sich auch der freie Arm von *3* und die Platinennadeln *2*, die somit nicht seitlich verschoben werden können.

Ist die Karte *9* gelocht, so fällt die Lesenadel *1* durch Einwirkung der Feder *11*. Dabei schwingt *3* um *5* sowie *4* um *6*. Die Platinennadel *2* wird, wie aus der Abbildung ersichtlich, durch *18* aus dem Bereich des Messers *12* gedrückt. Die Platine *15* bleibt somit unten und wird durch das Ausziehen der Messer *14* mitgenommen (Schafthochgang). Die in der Abbildung erkenntliche Stange *7* hebt nach jedem zweiten Schuß sämtliche Einlesenadeln aus der Karte heraus, während anschließend das Wenden des Kartenzylinders stattfindet.

Die Abb. 249 und 250 zeigen eine andersartige Vorrichtung dieser Art (Zangs). Insbesondere ist aus dieser Vorrichtung der Mechanismus zu erkennen, durch welchen das Stoß- und das Zugmesser *1* betätigt wird. Das Druckmesser *6* ist fest auf der Achse *7* befestigt, die in der Büchse *5* eine hin- und hergehende Bewegung macht, die von der Kurvenscheibe *4* über Rolle *8* übertragen wird. Das Zugmesser *1* ist an dem Schieber *2* befestigt, der auf *5* gleitet und durch die Kurvenscheibe eine hin- und hergehende Bewegung erhält. Abb. 249 zeigt die Arbeitsweise des Vornadelapparates.

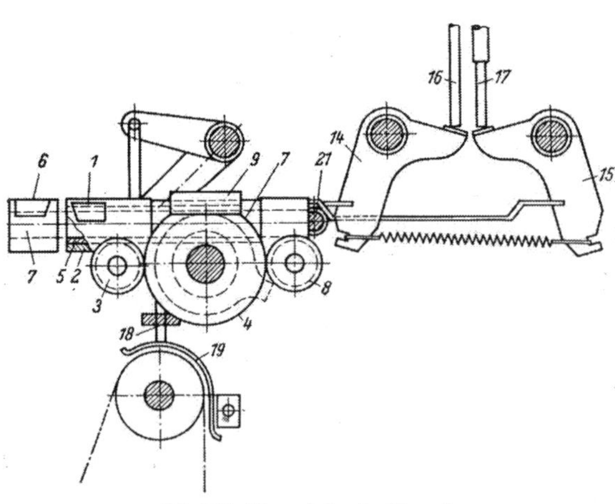

Abb. 249. Vornadelwerk (Zangs)

Die Tastnadeln *18* umfassen bei *22* die Schenkelfeder *20*, die in *21* ihren Drehpunkt hat. In der Öse *23* der Schenkelfeder *20* werden die Druck- und Zugnadeln *13* und *12* geführt. Wird die Schenkelfeder durch *26* freigegeben, so senken sich die Tastnadeln *18* auf die Papierkarte *19*. Ist nun die Karte gelocht, so senkt sich über die Schenkelfeder *20* die in den Ösen *23* gehaltene Zug- bzw. Drucknadel (*12*, *13*) und kommt in den Bereich des ausziehenden oder stoßenden Messers. Die Drucknadel *13* ist mit dem Winkelhebel *15* verbunden, der dann entgegengesetzt zum Uhrzeiger schwenkt (Abb. 249), wodurch über *17* die zugehörige Platine gesenkt und vom ausziehenden Messer erfaßt wird (Schafthochgang).

Bereits aus der Abb. 240 war eine Vorrichtung für Papierkartenschaltung besonderer Art von der Firma Saurer erkenntlich. Die Steuernadeln *1* und *2* sind jedem Schaft sowohl für den ersten als auch für den zweiten Schuß paarweise zugeordnet, wobei die gebogenen Nadeln *1* jeweils für den Schafttiefgang und die geraden Nadeln *2* für den Hochgang bestimmt sind. Wie aus der Skizze Abb. 241 ersichtlich ist, sind die Nadeln *1* jeweils auf der Vorderseite und die Nadeln *2* auf der Rückseite der Steuerwippen gelagert. Daraus ergibt sich, daß die Karte 2 Lochreihen enthalten muß, da die Steuernadeln für den Hoch- und Tiefgang in horizontaler Ebene nebeneinander liegen. Die Nadeln *1* sind an den äußeren und *2* an den inneren Enden der Arme der Steuerwippe *3* drehbar gelagert. Diese drehen sich um Zapfen auf dem Nadelschlitten *4*, die durch ein Exzenter gegenläufig hin- und herbewegt werden, und kommen in hinterster Stellung in den Bereich der verbundenen Steuerhebel *5* und *5a* für die Auswahl der oberen Platine *7* und *6* und *6a*, *6b* für die Auswahl der unteren Platine *7a*. Der weitere von hier aus erfolgende Steuereinfluß auf die Platinen wurde bereits dargestellt.

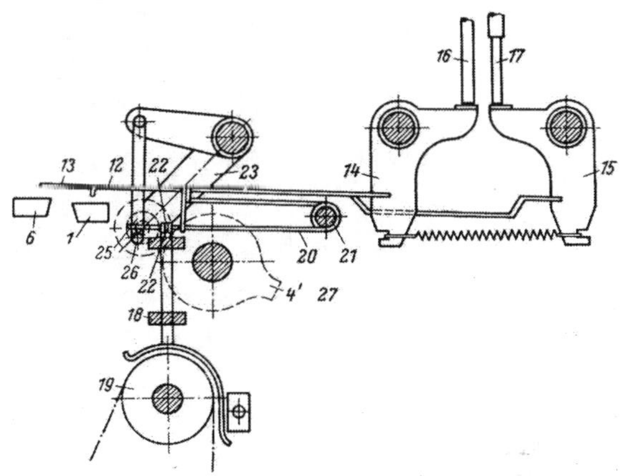

Abb. 250. Vornadelwerk (Zangs)

Der Kartenschlag ist auf Grund der soeben erklärten Sonderheit in der Ausführungsform gegenüber den anderen Kartenschlagmechanismen etwas unterschiedlich; während bei den Vorrichtungen, die in Abb. 248—250 diskutiert wurden, eine Lochung der Karte Schafthochgang ergab, ergibt sich aus der vorgeschriebenen Konstruktion von Saurer die Grundregel, daß die Karte positive und negative Funktionslöcher aufweisen muß. Geschlagen werden auf

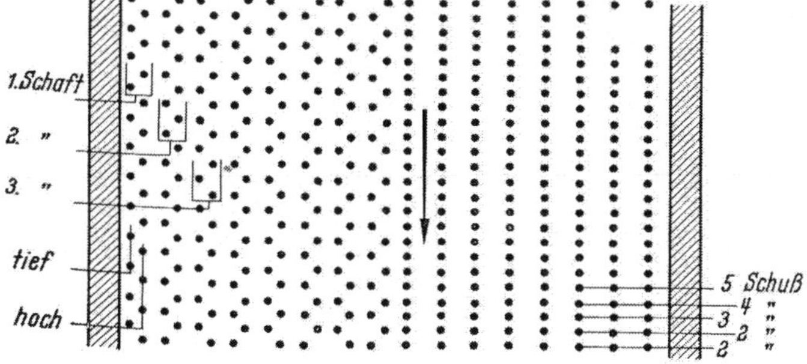

Abb. 251. Kartenschlag für achtschäftige Taffetware auf der Saurer-Spezialschaftmaschine

der Schlagmaschine der Firma Saurer nur die Hochgänge auf der Lochlinie für den Schafthochgang. Die Tiefgänge schlagen sich in der Lochlinie für den Tiefgang selbsttätig. Die Abb. 251 zeigt eine geschlagene Karte für achtschäftige Taffetware. Schaft *9* bis *16* bleiben in der Tieffachstellung, da die negative Funktionsreihe durchgehend gelocht ist.

Die Abb. 252 zeigt die Saurer-Spezialschaftmaschine anmontiert an der Webstuhltype 100 W.

Abb. 252. Saurer-Spezialschaftmaschine am Webstuhl Type 100 W

Doppelhubschaftmaschinen mit zwei Dessinzylindern. Diese Schaftmaschinen werden für die Fertigung von abgepaßten Geweben verwendet und bedeuten eine große Kartenersparnis, da bei Anwendung von zwei Bindungen diese auf separaten Prismen laufen, deren Umschaltung durch einen Schaltzylinder erfolgt.

Obwohl eine solche Vorrichtung in erster Linie bei Holzkarten Bedeutung hat, werden sie auch mit Papierkartensteuerung gebaut.

Die Anordnung einer solchen Maschine ist aus der Abb. 253 ersichtlich. Die Bindungsprismen *Z 1* und *Z 2* sind ortsfest gelagert und wirken mit ihren Karten-

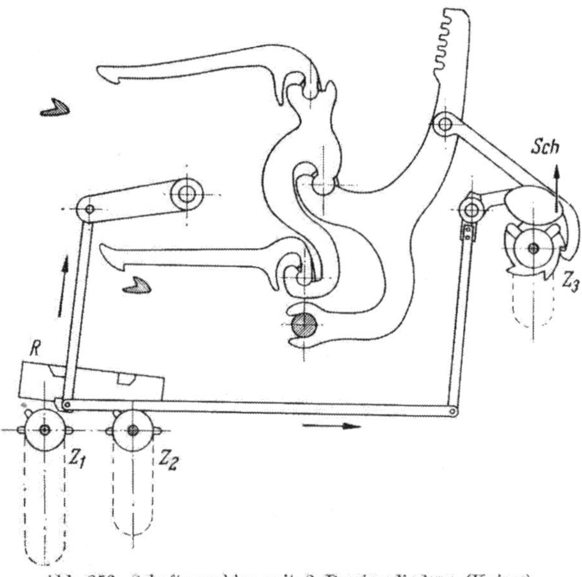

Abb. 253. Schaftmaschine mit 2 Dessinzylindern (Kaiser)

spielen wechselseitig auf den mit Hilfstasten versehenen Rahmen *R*. Die Schwenkung des Rahmens wird von einem dritten Zylinder *Z 3* mit aufgelegtem Zählkartenspiel gesteuert.

Die Prismenschaltung erfolgt mit dem Hub des Obermessers *OM*. Prisma *P'* wird vom Zughaken *11*, Prisma *P* vom Zughaken *10* geschaltet. Auf den Zughaken befinden sich die Nocken *7* und *8*, die sich auf *X* und *Y* des Balancierhebels *13* stützen. Soll nun das Prisma *P* arbeiten, so schwenkt *13* nach rechts, der Haken *11* wird durch *Y* gehoben, während *10* sich senkt und beim nächsten Hub des oberen Messers das Prisma *P* weiterschaltet (Abb. 254).

Die Wahl der Dessinzylinder. Hinter dem in der Abb. 254 erkenntlichen Steuerhebel *13* (vgl. a. Abb. 255b) sind auf der gleichen Welle die Tasten *19* und *20* auf der Schiene *17* aufgehängt. Die Umschaltung von *16* zur Arbeit mit dem einen oder anderen Kartenzylinder erfolgt (vgl. Abb. 255a) durch Schafthebel *1* und durch die Übertragung von *2* auf das Schalt-

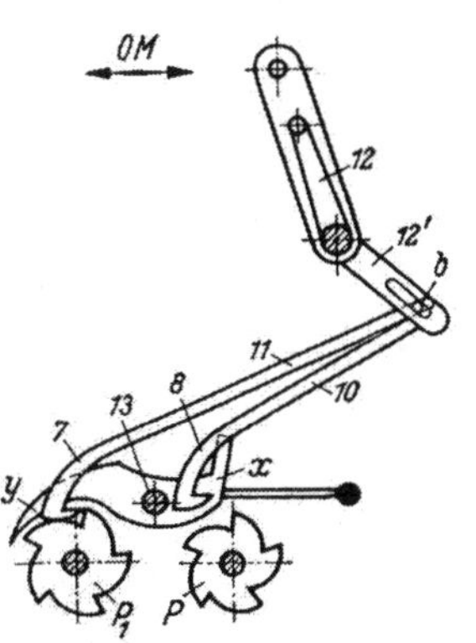

Abb. 254. Antrieb der Kartenzylinder zu Abb. 253

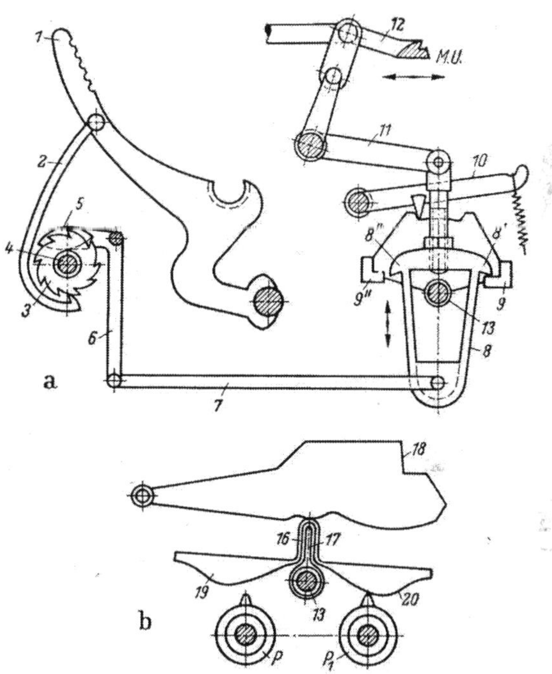

Abb. 255a u. b. Wahl des Dessinzylinders

rad des Kartenzylinders, der so seine Drehung erhält. Es ist dies der Schaltzylinder, der durch den Tasthebel *5* kontrolliert wird. Die Bewegung des Tasthebels, die durch ein Holzpflöckchen oder durch das Fehlen eines solchen hervorgerufen wird, übertragen die Hebel *6*, *7* auf die Schaltkulisse *8*, die dadurch eine seitliche Schwenkung erhalten wird. Andererseits erhält diese Schaltkulisse eine vertikale Schwingbewegung durch das Messer *12* über *11*. Je nach der Schaltung der Kulisse nach rechts oder links stoßen die Nasen *8'* und *8''* auf die Winkel *9'* oder *9''*. Dadurch erhält der Balancehebel und mit diesem die Schiene *17* eine Schwenkung, so daß die entsprechende Taste mit dem entsprechenden Kartenzylinder zusammen arbeitet.

Beispiel für den Kartenschlag. Als Beispiel für die Anwendung einer Zweizylinder-Schaftmaschine soll nachfolgend ein Musterungsbeispiel zitiert werden, das von der Firma Johann Kaiser veröffentlicht wurde (bearbeitet von W. Zahn):

„Es wird angenommen, daß mittels der Zweizylinder-Schaftmaschine ein abgepaßtes Handtuch in der in Abb. 256 skizzierten Form hergestellt werden soll. Bei der Entwicklung der Kartenspiele hat man sich von dem Gedanken leiten zu lassen, die Länge des Zählkartenspieles in vernünftigem Rahmen zu halten, was dadurch gewährleistet wird, daß man die Musterkartenspiele etwas länger nimmt, als es die Rapportgröße angibt.

Z. B. Grund:

Achtbindiges Gerstenkorn = 8 Schuß = 4 Kartenblätter = 1 Rapport. Man nimmt aber wegen der Einsparung von Zählkartenblättern den Rapport dreimal und erhält 12 Karten-

Tabelle 2

Schußfolge			Gerstenkornbindung Prisma I 12 K.-Bl.	Köperbindung Prisma II 24 K.-Bl.	Pflock
1. Kante	96	Fd. Pr. I	4 ×	—	4 mit Pflock
	48	II	—	1 ×	1 ohne ,,
	48	I	2 ×	—	2 mit ,,
	96	II	—	2 ×	2 ohne ,,
	48	I	2 ×	—	2 mit ,,
	48	II	—	1 ×	1 ohne ,,
Tisch	1224	I	51 ×	—	51 mit ,,
	48	II	—	1 ×	1 ohne ,,
	48	I	2 ×	—	2 mit ,,
	96	II	—	2 ×	2 ohne ,,
	48	I	2 ×	—	2 mit ,,
	48	II	—	1 ×	1 ohne ,,
	96	I	4 ×	—	4 mit ,,

blätter auf Bindungsprisma I. Es erfolgt nun erst nach dreimaligem Durchlauf des Rapportes eine Schaltung des Zählkartenprismas.

12 Kartenblätter = 24 Schuß. Daraus ergibt sich, daß diese 12 Kartenblätter viermal umlaufen müssen, um 96 Schüsse abzubinden. Da nun bei jedem Umlauf des Zählkartenzylinders einmal geschaltet wird, werden hier 4 Karten mit Pflöckchen benötigt. Nach dem gleichen Verfahren wird nun auch das Bindungs- und Zählkartenspiel für die Köperbindung in die Tabelle eingetragen. Das Schlagen der Karte bereitet dann keine Schwierigkeit mehr (vgl. Tab. 2).

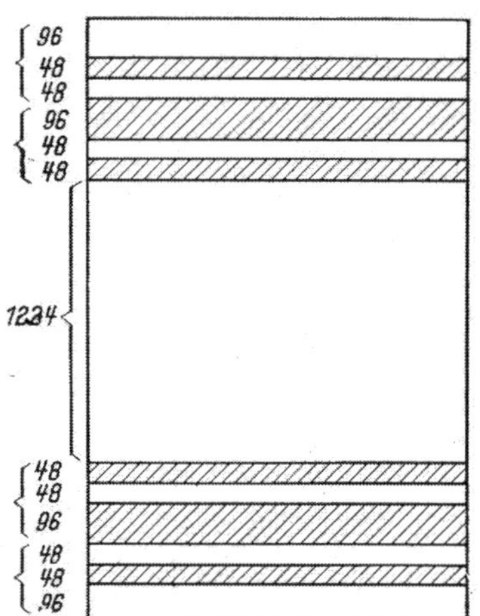

Abb. 256
Grund = 8 bdg. Gerstenkorn
Kante = 4 bdg. Köper
Schußdichte = 20 Fd./cm
Gesamtschüsse:
(96 + 48 + 48) · 4 + 1224 = 1992 Schüsse

Für die 1992 Schußfäden sind 75 Zählkartenblätter erforderlich. Diese Zahl würde sich noch reduzieren lassen, wenn man das Kartenspiel der Gerstenkornbindung auf 24 Blätter verlängert, doch würde die Zahl der Schüsse im Grunde von 1224 auf 1200 oder 1248 umzuändern sein.“

In ähnlicher Weise wie die hier besprochene Schaftmaschine lassen sich die anderen Schaftmaschinen, die nach gleichem oder vergleichbarem Prinzip arbeiten, diskutieren.

2. Die Schaufelschaftmaschine. Die Schaufelschaftmaschine wurde ursprünglich für die Verwendung in der Seidenindustrie gebaut und fand später mehr und mehr Anwendung in der Baumwollindustrie für die Herstellung von leichten und mittelschweren Geweben und bei der Sonderkonstruktion von O. Schleicher, Greiz, Modell HSD und HSID (32 Schäfte) auch für schwere Gewebe.

Abb. 257 zeigt in schematischer Darstellung die Arbeitsweise der Schaufelschaftmaschine. — Die Auswahl der Schäfte erfolgt durch die Platinennadeln *1*, die die Pappkarte *2*, welche durch das Kartenprisma *3* vorgelegt wird, abtasten. Das Kartenprisma *3* ist an dem Kartenprismahebel *4* drehbar befestigt. Durch den Kreisexzenter *5*, der auf dem Kurbelwellenschenkel *6* verkeilt ist, erhält das Kartenprisma *3* über die Exzenterzugstange *7* und Kartenprismahebel *4*, der seinen Drehpunkt in *8* hat, eine Auf- und Abwärtsbewegung.

Befindet sich kein Loch in der Pappkarte *2* und war beim vorangegangenen Schuß der Schaft *11* in Hochfachstellung und die obere Schaufel *9* führt den nächsten Hub aus, so bleibt der Schaft *11* beim nächsten Schuß ebenfalls in Hochfachstellung, weil die Platinenfalle *12* durch Platinennadel *1* hinter die Platinennase *13* gedrückt wurde, wodurch ein Tiefgehen des Schaftes *11* über Platine *25* und Winkelhebel mit Doppelangriff *26* verhindert wird.

Der Antrieb der oberen und unteren Schaufel *9* und *10* erfolgt durch Trittexzenter *14* und *14'*, die auf der Schlagexzenterwelle *15* verkeilt sind, über Tritthebelrollen *16* und *16'*, Tritthebel *17* und *17'*, Tritthebelzugstange *18* — lang — für untere Schaufel *10* und Tritthebelzugstange *18'* für obere Schaufel *9*, Kurbelhebel *19* und *19'* und untere und obere Kurbel *20* und *20'*. Die Schaufeln *9* und *10* werden in den Kulissen *21* und *21'* geführt.

Das Weiterschalten des Kartenprismas erfolgt bei Abwärtsbewegung desselben zwangsläufig durch den Wendehaken *22* um $^1/_8$ des Kartenprismas. Der Bolzen *23* verhindert mittels Feder *24* ein Verdrehen des Kartenprismas im ungegebenen Moment.

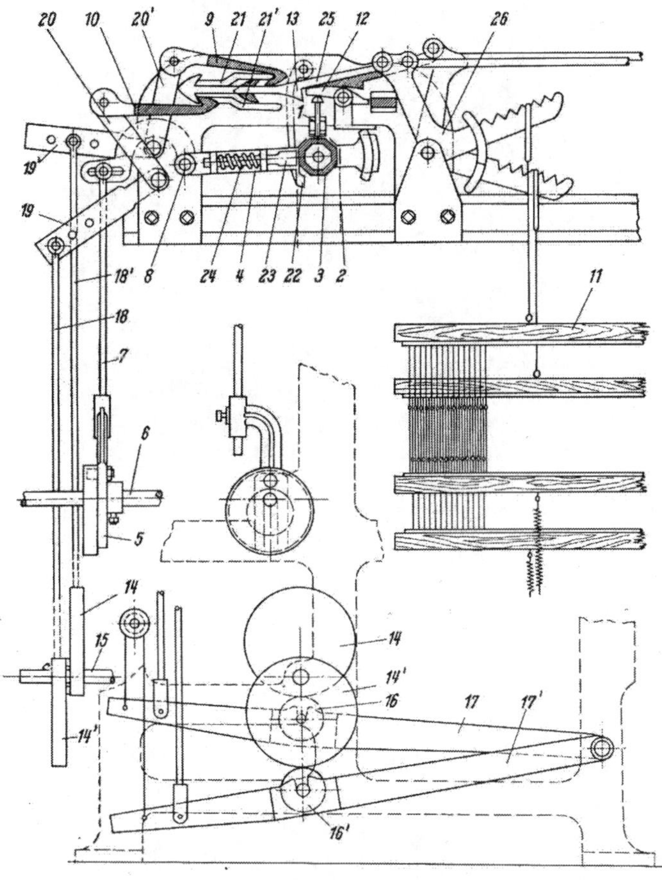

Abb. 257. Schaufelschaftmaschine

Regeln für den Kartenschlag. Wie aus der vorangegangenen Darstellung ersichtlich ist, gelten für die Karten zur Steuerung der Platine zum oberen Messer andere Regeln zum Schlagen als für die Steuerung zum unteren Messer, und zwar:

Für den Zug der oberen Schaufel wird der Tiefgang der Bindungspatrone gelocht. Für den Zug der unteren Schaufel wird die Karte gelocht, wenn die Bindungspatrone einen Wechsel vom Hoch- zum Tiefgang oder umgekehrt zeigt.

Es ist zweckmäßig, mit verschiedenfarbigen Karten zu arbeiten.

3. Schaftmaschinen für die Wollindustrie. Im Hinblick auf das Warengewicht und die Beanspruchung der fachbildenden Organe werden für die Wollindustrie andere Konstruktionen verwendet.

Crompton-Schaftmaschine. Diese Schaftmaschine wird, wie aus den Abb. 258 und 259 erkenntlich ist, in verschiedenen Ausführungen, mit Steuerung durch Rollenkarten und Steuerung durch Pappkarten, gebaut. Sie ist, wie man aus den Dimensionen der Elemente in den Abbildungen erkennen kann, für besonders schwere Ware gedacht. Im Hinblick auf die Anzahl der verwendbaren

Schäfte bestehen, verglichen mit den Musterungsansprüchen der Tuchindustrie, keine Grenzen. So zeigt z. B. die Abb. 259 eine Schaftmaschine für die Verwendung von 33 Schäften. Die Teilung ist dann 12,85 mm. Der Zylinder wird entsprechend der Schemelzahl als 25er und 33er Zylinder ausgeführt.

Abb. 258. Steuerung der Schäfte eines Filztuchwebstuhles (von ASTRA) durch Crompton-Schaftmaschine mit Rollenkarte

Prinzip der Wirkungsweise. Die prinzipielle Darstellung der Wirkungsweise ist aus der Abb. 260 ersichtlich. Der Einfachheit halber soll zunächst die Steuerung durch Rollenkarten geklärt werden.

Durch die Kurbelwelle *1* erhalten die fachbildenden Messer *7*, *8* ihren Antrieb über *2* sowie das Gestänge *3*, *4* und *5*. Das Messer *7* ist das Oberfachmesser,

Abb. 259. Crompton-Schaftmaschine mit Pappkarten (Modell GM-ASTRA)

8 das Unterfachmesser. Die Messer werden beiderseitig durch die Hebel *5'*, *5''*, *6'* und *6''* geführt. Dadurch, daß sie an verschieden langen Hebeln *4'*, *4''* angelenkt sind, ist der Hub des Messers in den Endpunkten unterschiedlich groß zur Erzielung einer reinen Fachbildung, auf die später noch eingegangen wird.

An den Schemeln *9*, deren Drehpunkt bei *15* ist, sind in *10* die Platine *11* angelenkt. Diese besitzen zwei Platinenhaken. Je nach der Steuerung durch eine Rolle *12* oder eine Hülse auf der Karte wird die Platine *11* entweder angehoben, so daß ein Kontakt mit dem Oberfachmesser *7* erfolgen kann, oder gesenkt, so daß eine Verbindung mit *8* zur Bildung des Unterfaches geschieht. Die Schäfte *30* sind durch Verschnürung *31* mit dem Schemel *9* verbunden und erhalten so eine formschlüssige Bewegung, deren Größe durch den Ausschlag des Schemels *9* bestimmt ist. Die Schaltung des Kartenzylinders erfolgt in einfacher Weise durch einen Wendehaken *25*, dessen Antrieb durch ein Kreisringexzenter *20* über das Gestänge *21, 22* und *23* erfolgt. Die Schaltung des Wendehakens *25*

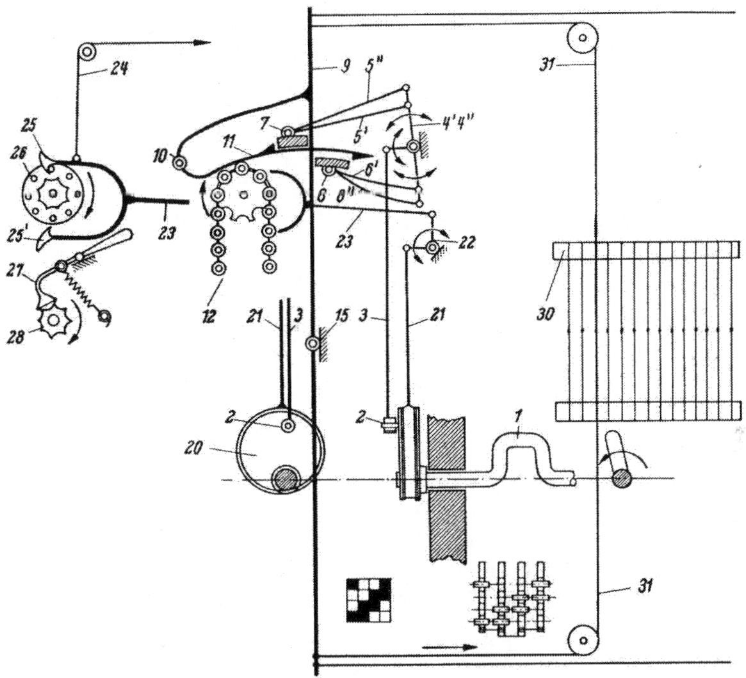

Abb. 260. Prinzip der Wirkungsweise einer Crompton-Schaftmaschine mit Rollenkarte

auf die Triebstockverzahnung *26* wird dem Kartenzylinder unmittelbar mitgeteilt. Die jeweilige Schaltung selbst wird durch eine Arretiervorrichtung *27, 28* kraftschlüssig verbürgt. Das Zurückweben, das bei diesen Schaftmaschinen ohne Schwierigkeiten möglich ist, erfolgt durch den Zug des Riemens *24*, so daß der untere Wendehaken *25'* in die Triebstockverzahnung eingreift.

Da die Steuerung unmittelbar durch die Rollenkarte formschlüssig erfolgt, tritt auch zwischen der Schaltung des Kartenzylinders und der Einstellung der Platine kein Zeitverlust auf, so daß nach dem Schalten des Kartenzylinders beim nächsten Schuß unmittelbar die gewünschte Schafteinstellung erfolgt. Diese Bemerkung ist zum Unterschied gegenüber den Schaftmaschinen für Pappkarten mit Vorwählapparat bedeutsam für die Bedienung des Webstuhles. Beim Schußaufsuchen braucht der Weber lediglich zweimal rückwärts und einmal vorwärts zu weben, um das richtige Fach vorliegen zu haben.

Die Abb. 261 zeigt einen proportional genauen Querschnitt durch die eigentichen Steueraggregate. Man erkennt, wie die Einstellung der Platine *c* mit den beiden Platinenhaken *f* und *g* unmittelbar durch die Rollen erfolgt. Um die richtige Höhenstellung des Rollenzylinders zu ermitteln, dreht man ihn von Hand bei geschlossener Maschine so, daß die Rollen *a* und *b* beide genau die Platine *c* berühren. Diese Platine soll dabei so viel angehoben werden, daß beim Öffnen der Maschine die Messer *d* und *e* die Platinennasen *f* und *g* nicht berühren, sondern daß ein Spielraum von etwa 2 mm bleibt.

Diese Einstellung ist nicht nur aus kinematischen Gründen bedingt, sondern man bedient sich ihrer in dem Falle, wo man eine Kontrolle des Warenbildes durch Senken aller Schäfte ohne Vorlage einer neuen Karte oder Abnahme der vorliegenden Karte bewerkstelligen muß.

Steuerung durch Pappkartenvorwählapparat. Bei großen Schußrapporten empfiehlt sich die Verwendung der leichteren Pappkarten an Stelle der schweren Rollenkarten. Die Verwendung von Pappkarten setzt jedoch eine Umkonstruktion voraus, da die Pappkarten selbst nicht in der Lage sind, eine formschlüssige Bewegung der Platine auf die Dauer ohne Beschädigung auszuhalten. Die ersten Versuche, eine Steuerung mit Pappkarte durchzuführen, sahen etwa so aus, wie in der Abb. 262 dargestellt. Die Übertragung der Kartennadel zur Platine erfolgte durch einen Hebel, dessen Übersetzungsverhältnis so eingerichtet war, daß die Karte nicht mit der vollen Last der Platine belastet war. Es ist jedoch erklärlich, daß diese nur teilweise Entlastung eine Beseitigung der Voraussetzung für Kartenschäden nicht ergab.

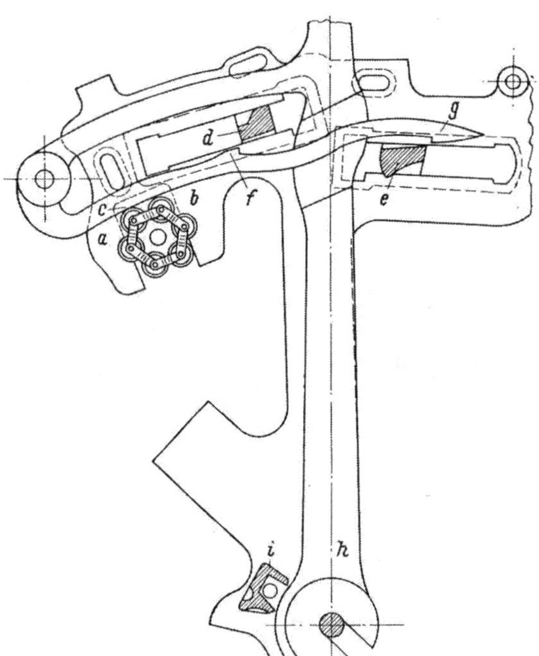

Abb. 261. Proportional genauer Querschnitt durch die Steuerorgane der Crompton-Schaftmaschine (ASTRA)

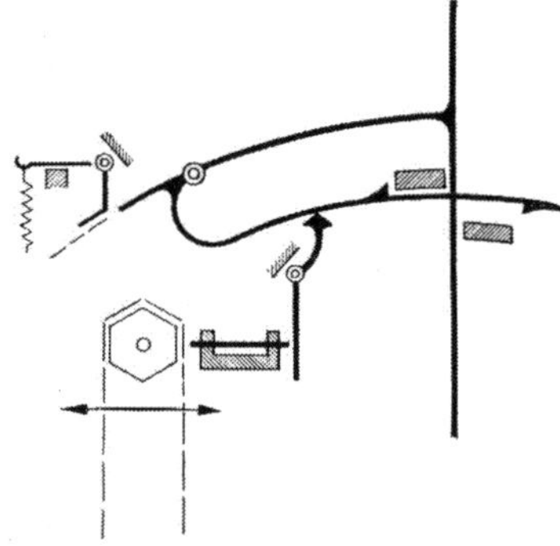
Abb. 262. Alte Ausführung der Pappkartensteuerung

Die Steuerung bei den modernen Maschinen durch Vorwählapparat erfolgt nach dem Prinzip der Relaissteuerung.

Die Steuerung durch Pappkarten verlangt weiter eine sehr präzise Ausführung und Montage aller einzelnen Maschinenelemente. Die Schemel müssen nach Toleranzlehre in der Teilung auf Maß geschliffen, die Platine für reine Schrägfachbildung gefräst werden. Eine Sicherung gegen das Abfallen der Schäfte muß eingebaut sein, um ein fehlerloses Arbeiten zu gewährleisten. Sowohl das Kartenprisma für die Bindungskarte als auch das für den Schützenwechsel (beide sitzen auf gemeinsamer Achse) sind aus massivem Stahlblech zu arbeiten. Nur durch eine präzise Ausführung sind Bindungs- und Wechselfehler ausschaltbar. Auch die Gradführung ist maschinell zu justieren.

Bei den deutschen Ausführungen unterscheiden wir zwei konstruktive Ausführungen: 1. Pappkartenschaftmaschinen von den ASTRA-Werken, 2. eine entsprechende Konstruktion von Schönherr.

Der Vorwählapparat von Astra. Wie aus der Abb. 263a u. b zu erkennen ist, erfolgt der Antrieb der Messer und damit der Schemel *2* in der gleichen Weise, wie bereits dargestellt

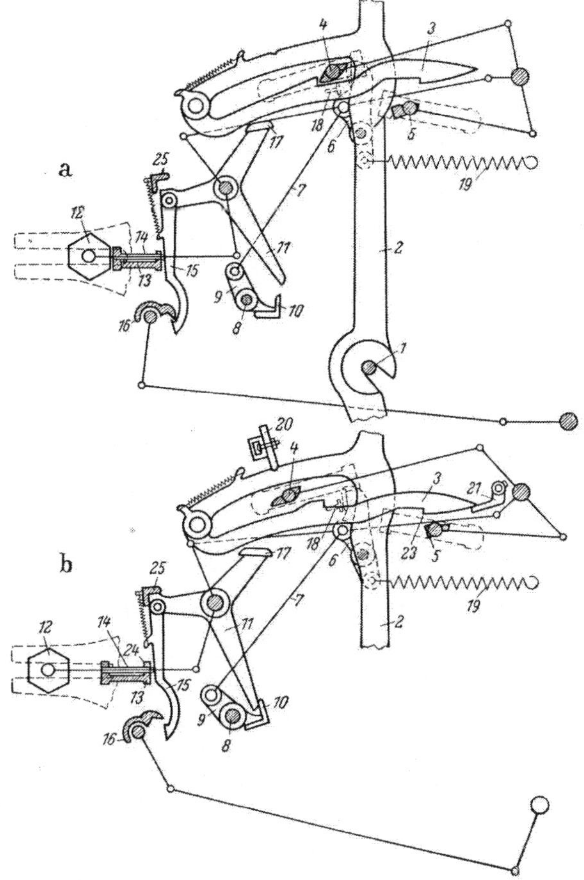

Abb. 263a u. b. Vorwählapparat (ASTRA)

wurde. Der Antrieb der Schaftmaschine und des Kartenzylinders ist gegenüber den besprochenen Konstruktionen für Rollenkartensteuerung etwas unterschiedlich. Häufig findet man den Antrieb der Schaftmaschine durch Kurbel mit einer in der Länge regulierbaren Übertragungsstange, während der Antrieb des Kartenzylinders durch ein Zahnradvorgelege erfolgt. In dem Schnittbild Abb. 263a u. b wird die Wirkungsweise unter besonderer Kennzeichnung der wichtigsten Elemente und speziell die Wirkungsweise der zwangsläufigen Hackersicherung gezeigt.

Die Nadeln *14*, die im Nadelkasten *13* angeordnet sind, werden mit Hilfe von Federn in Richtung des sechskantigen Kartenprismas *12* gedrückt. Sofern in der Pappkarte bindungsmäßig ein Loch ist, bringen die Nadeln *14* die unter Federzug stehenden Zughaken *15* mit dem schwingenden Zughacker *16* in Verbindung, wobei letzterer die Zughaken *15* und damit die dreiarmigen Hebel *11* so weit zur Ausschwingung bringt, daß die Platinen *3* mit dem oberen Schaftmaschinenmesser *4* in Eingriff kommen. Hierbei ist ganz besonders darauf zu achten, daß die Platinen *3* mit ihren Nasen nicht fest an das Messer *4* angedrückt werden, sondern beim Öffnen der Maschine, d. h. beim Ablaufen der Kurven der Platine *3*, auf den Führungsfortsätzen *17* der dreiarmigen Hebel *11* so ablaufen, daß keine Pressung zwischen Platinen und Schaftmaschinenmesser entsteht.

Beim Öffnen der Maschine werden die Steuerungshebel *6* bis an den Anschlag *18* gezogen. Die Hackersicherungsschiene *10* verriegelt zwangsläufig das sog. Gelese, also die dreiarmigen Hebel *11*, wie dies aus Abb. 263b erkenntlich ist.

Ist die Karte ungelocht, so werden die Zughaken *15* bei Anschlag des Prismas durch die Nadeln *14* aus dem Bereich des schwingenden Zughackers *16* gedrückt; die Platinen *3* werden in Eingriff mit dem unteren Messer *5* gebracht. So erfolgt Schafttiefgang.

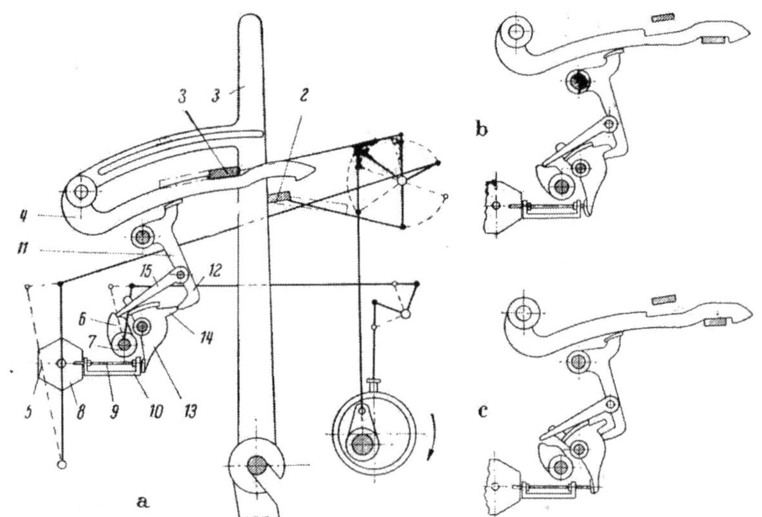

Abb. 264a—c. Vorwählapparat (ältere Bauform)

Aus der Abb. 263b ist weiterhin die Abstellmöglichkeit der nicht arbeitenden Schemel ersichtlich; sie werden durch die Schemelabstellplatten *20* in der Geschlossenfachstellung festgestellt. Die Platinen selbst müssen hierbei auf den Zungenhebeln *21* aufliegen, und zwar so, daß das obere und untere Schaftmaschinenmesser *4* und *5* mit den Angriffsflächen an den Platinennasen vorbeigeht. Schließlich werden die Zughaken *15* aus dem Wirkungsbereich des Hackers *16* durch die Abstellplatten *24* gebracht.

Pappkartenvorwählapparat von Schönherr (ältere Bauform). Die formschlüssige Bewegung erfolgt durch die Messer *1*, *2*, mit denen die Platine auf Grund der nachfolgend beschriebenen Wirkungsweise gekuppelt wird. Der Hacker *6* vermittelt über *15*, *11* das Heben des Platinenhebels *4*, wenn die Karte gelocht ist (Abb. 264a). Durch Vorlage einer gelochten Karte *8* hebt die exzentrische Schulter von *13* die Stoßplatine an, so daß diese nicht in den Bereich des Hackers *6* kommt. Der Erfolg ist, daß die Platine (Abb. 264b) gesenkt bleibt.

Vorwählapparat von Schönherr (neue Bauform). Man erkennt aus der Abb. 265 sogleich den konstruktiven Unterschied dieser für den gleichen Zweck gebauten Maschine. Es soll an Hand der Abb. 265—267 das Heben der Schäfte erläutert werden. Die Karte ist gelocht, die Platinennadel *1* fällt bis zum Begrenzungsring *13* abwärts, die Stoßplatine *7* liegt vor der Stoßschiene *4*. Die Drehung bzw. die Hochstellung des Exzenters *5* bewirkt den Hochgang des Platinenhebels *9*. Dieser wird dann durch den Sperrhebel *15* verriegelt. Auf diese Weise ist also die Schemelplatine *11* ohne Belastung von Karte oder Stoßplatine erfolgt. *11* liegt nunmehr vor dem oberen Schaftmesser *16*. Es erfolgt in der bereits beschriebenen Weise der Schafthochgang. Die Abb. 266 zeigt den Schafttiefgang. Die Karte ist nicht gelocht, so daß die Platinennadel *1* auf der Karte aufliegt. Nunmehr liegt die untere Stoßplatine *3* vor der Stoßschiene *4*. Die gleiche Drehung des Exzenters *5*, die bereits soeben erwähnt wurde, bewirkt nun wieder über *6* die Verschiebung der Stoßschiene *4*. Die in Abb. 265 dargestellte Verriegelung *15* wird gelöst, und *9* bewegt sich infolge des eigenen Gewichtes und durch Unterstützung der Feder *8* bis zur Anschlagwelle *10*. Damit ist die Schemelplatine *11* freigegeben und senkt sich durch ihr Eigengewicht und durch Unterstützung der kleinen Schaftfeder auf das Unterfachmesser *9*. Die Aufgabe der Federn ist es, vor allen Dingen bei höherer Tourenzahl ein schnelles und sicheres Abfallen der Elemente zu erzielen. Abb. 267

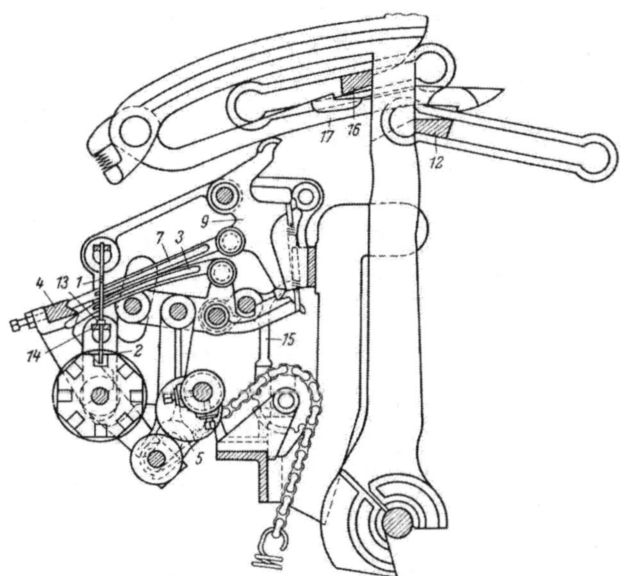

Abb. 265. Vorwählapparat (Schönherr). Schafthochgang

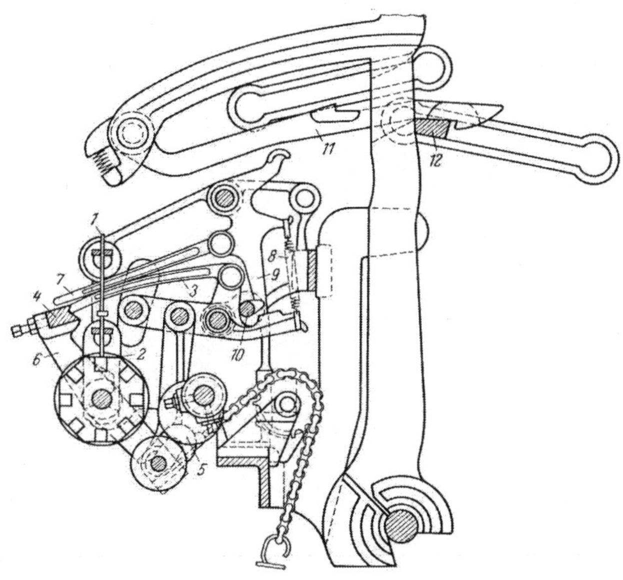

Abb. 266. Vorwählapparat (Schönherr). Schafttiefgang

zeigt die Schaltung des freistehenden achtteiligen Zylinders *17* in der Offenfachstellung. Sämtliche Platinennadeln *1* müssen rechtzeitig aus dem Bereich der Karte gehoben werden. Hebel *6* wird durch zwei Zugfedern *18* über *19* in die Tiefstellung des Exzenters *5* gezogen. *20* hebt über *21* mittels *22* sämtliche Stoßplatinen mit ihren Nadeln *1* aus. Platinenhebel *9* und die Sperrhebel *15* behalten ihre vorgewählte Stellung. Der stillstehende Zylinder stellt einen wesentlichen Vorteil gegenüber dem hin- und herbewegten Zylinder dar, da die Schaftmaschine mit weniger Schwingungen belastet ist.

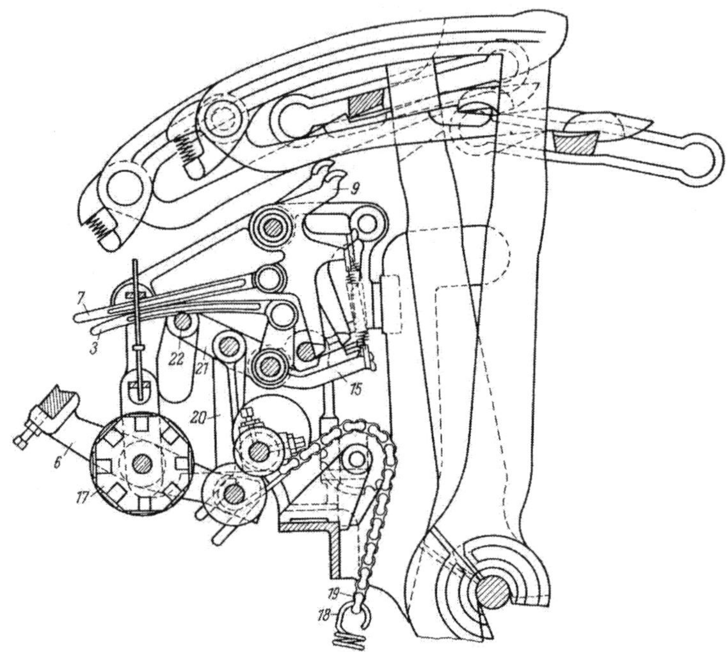

Abb. 267. Vorwählapparat (Schönherr). Oberfach

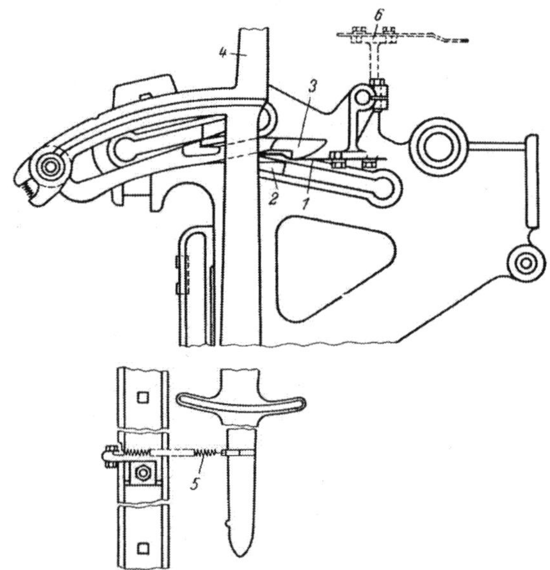

Abb. 268. Feststellen nicht arbeitender Schemel oder Tritte

Das Weben mit geringerer Schäftezahl. Wird mit einer geringeren Schäftezahl gearbeitet, als die Maschine konstruktiv vorzieht, dann ist es zweckmäßig, die nicht arbeitenden Schemel *4* (vgl. Abb. 268) stillzusetzen. Es können dabei je 4 nicht an der Bindung beteiligte

Schemel durch eine Abstellschiene *1*, die zwischen Messer *2* und Schemelplatine *3* geschoben wird, aus dem Mitnahmebereich des Schaftmessers *2* gebracht werden. Gegen Mitnahme durch Reibung sorgt die Feder *5*. Nicht benötigte Abstellschienen können mit Böckchen *6* hochgekippt und oben verklemmt werden. Auf diese Weise vermeidet man es, die nicht arbeitenden Schemel aus der Schaftmaschine herausheben zu müssen.

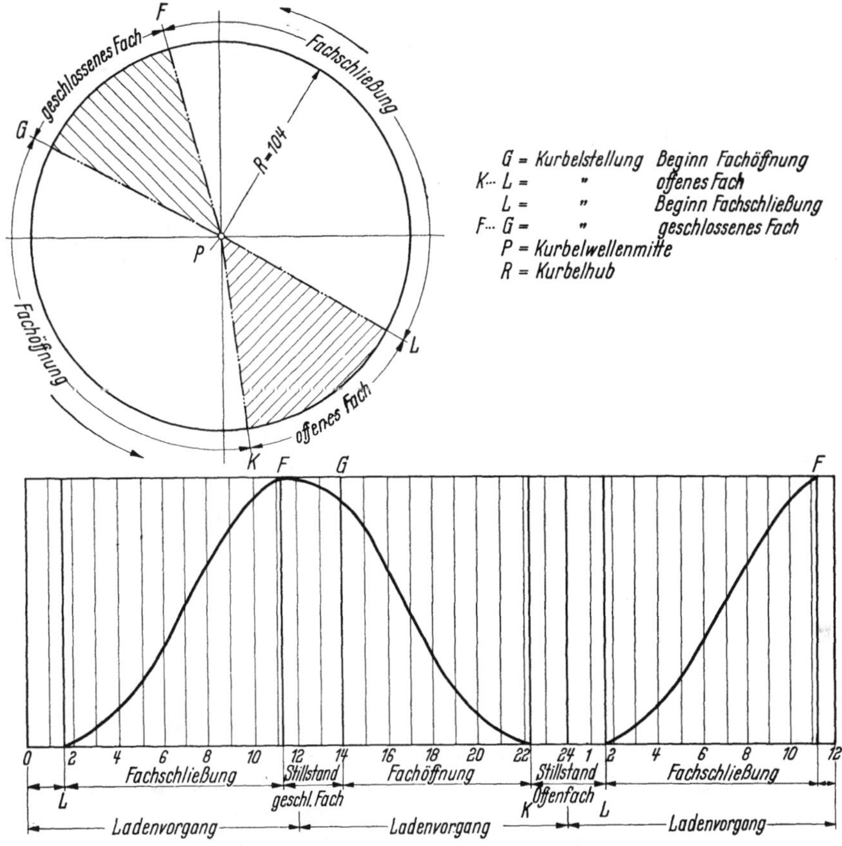

Abb. 269. Kurbeldiagramm der Crompton-Schaftmaschine. (Aufgenommen am Modell ASTRA)

Die Einstellung der Schaftmaschine. 1. Die Einstellung zum Kurbelkreis. Das in Abb. 269 dargestellte Kurbelkreisdiagramm veranschaulicht die Arbeitsstellungen der Schaftmaschine.

Fachöffnung	125°	=	34,7%
Offenes Fach	53°	=	14,7%
Fachschließung	135°	=	37,4%
Geschlossenes Fach	47°	=	13,2%
	360°	=	100 %

Um die Bewegung der Schaftmaschine optisch darzustellen, wurde ein Weg-Zeit-Diagramm konstruiert. Auf der Ordinate ist die Bewegung der Schaftmaschine und auf der Abszisse der Kurbelwinkel in Abhängigkeit von der Zeit aufgetragen.

2. Die Einstellung des richtigen Faches. Es wurde bereits bei der Besprechung der Abb. 260 darauf hingewiesen, daß die Messer *7* und *8* beiderseitige Führung haben. Die Übertragung von den Schwinghebeln *4′* und *4″* zu den Messern ist in ihrer Größe jedoch nicht gleich, da die Hebel *4′* und *4″* von unterschiedlicher Länge sind. Somit vollführen die Gelenke *I*, *II* je eine Kreisbewegung von unterschiedlicher Größe. Damit erhält jedes Messer auf der dem Weber abgekehrten Seite einen größeren Hub als vorn. Das entspricht der reinen Fachbildung.

Beim Einhängen einer neuen Kette muß der Weber durch Benützung der Schaftregler zunächst die in der Mittelfachstellung hängende Kette in der Schnurrichtung ordnen. Beim Anweben muß er die reine Fachstellung kontrollieren und kann an den Einstellpunkten *I* bis *IV* nachstellen (vgl. Abb. 270). So würde eine Verschiebung des Bolzens der Stange *5′* in *I* nach aufwärts bedeuten, daß das Oberfachmesser einen größeren Fachhub vollführt, während es auf der vom Weber abgekehrten Seite den bisherigen Fachhub beibehält. Aus der Betrachtung der Abb. 270 läßt sich ohne weiteres jede Reguliermöglichkeit ablesen.

Wird mit einer Pappkarte gearbeitet, die über die Maßen lang ist, so muß man dem Webmeister eine Vorrichtung empfehlen, die er entsprechend der Abb. 271 am Webstuhl anmontieren muß. Auf diese Weise können größere Kartenspiele ohne Schaden untergebracht werden.

Reparaturanfälligkeit der Crompton-Schaftmaschine. Obwohl, wie bereits dargestellt wurde, die Crompton-Schaftmaschine in ihrer Ausführung so gebildet ist, daß sie äußersten Beanspruchungen standhält, muß auf eine Tatsache besonders hingewiesen werden.

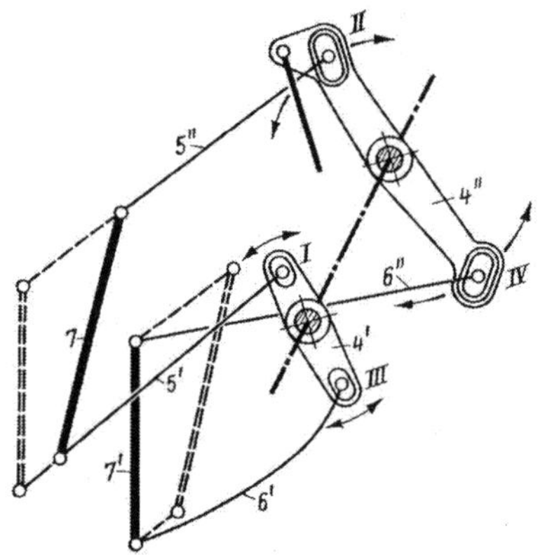

Abb. 270. Regulierung des Messerhubes
7, 7' Messer; 5, 5', 6, 6' Messerhebel; 4', 4'' Messerhubhebel; I, II, III, IV Korrekturpunkte

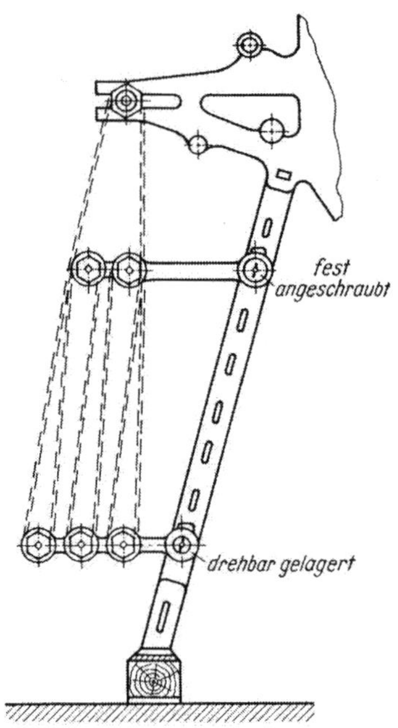

Abb. 271. Anordnung großer Kartenlängen

Nicht immer wird die volle mögliche Schäftezahl der Crompton-Schaftmaschine ausgenützt. In der Regel arbeitet man mit acht, zehn oder zwölf Schäften. Wird unter solchen Betriebsbedingungen die Schaftmaschine über einen großen Zeitabschnitt verwendet, so erfolgt ein einseitiger Verschleiß, wie er in der Abb. 272 u. 273 dargestellt ist. Es ist dann auch nicht ohne weiteres möglich, von der bisher betriebsüblichen Schäftezahl von acht, zehn oder zwölf auf eine höhere Schäftezahl oder gar auf die Ausnützung der Gesamtschäftezahl der Maschine überzugehen, weil dann die Justierung der einzelnen Elemente auf die abgelaufenen Elemente nicht mehr besteht.

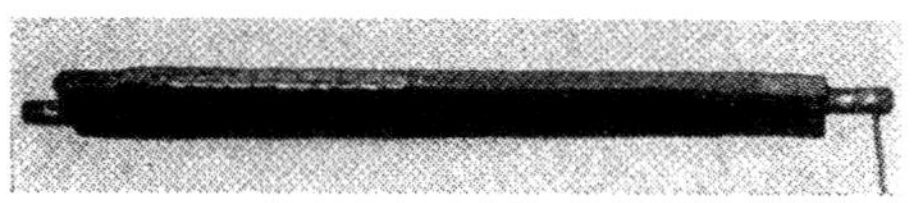

Abb. 272. Einseitiger Verschleiß eines Messers der Crompton-Schaftmaschine

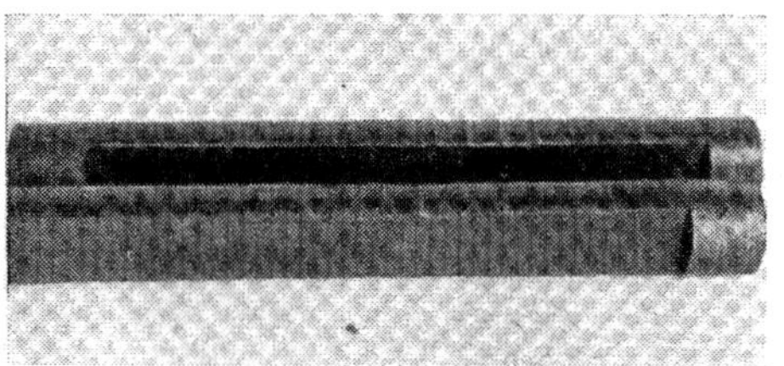

Abb. 273. Einseitig ausgelaufener Schemeltragbolzen

Es ist eine unabdingbare Forderung bei einem solchen Wechsel nach längerer Zeit, die Teile, mindestens die in den Abb. 272 und 273 dargestellten Teile, gegen neue auszuwechseln.

Diese gleiche Überlegung gilt natürlich auch für Einzelteile wie Hacker, Stößel usw., die genauestens daraufhin untersucht werden müssen.

Knowles-Schaftmaschine für Offenfachbildung. In England, Skandinavien und USA bevorzugt man in Tuchwebereien gegenüber der in Deutschland üblichen Geschlossenfachschaftmaschine die Knowles-Offenfachschaftmaschine.

Die Vorteile der Offenfachschaftmaschine liegen in der verminderten Reibung der Kettfäden aneinander, da die Kettfäden, die beim nächsten Schuß in der vorher eingenommenen Stellung weiterbinden, stehenbleiben und nicht in die Geschlossenfachlage bei Ladenanschlag zurückgehen. Dies ist ein Vorteil, der besonders bei rauhen Streichgarnen gern ausgenützt wird. Andererseits ist der Vorteil der Geschlossenfachschaftmaschine in der Tatsache zu sehen, daß die Beanspruchung der Kettfäden beim Warenanschlag von allen Fäden gleichmäßig aufgenommen wird.

Einen modernen Webstuhl — den Allzweck-Webstuhl Type W 3 von Crompton & Knowles mit Knowles-Schaftmaschine — zeigt die Abb. 274. Den heutigen Stand der prinzipiellen Getriebeanordnung zeigen die Abb. 275 (DRP 544055) für Pappkartensteuerung und die Abb. 276 (DRP 677395 vom Juni 1939) (Webstuhlfabrik L. Schönherr) für Rollenkarten.

Abb. 274. Tuchwebstuhl W 3 von Crompton & Knowles

Zwischen den teilverzahnten Trommeln Z^1 und Z^2 sind in bekannter Weise auf Radhebeln *Rh* die Hubräder *Hr* gelagert, die Kurbelzapfen besitzen, an denen Zugbänder *B* angreifen und so den Kurbelzapfenhub auf die Schemel *Sch* übertragen. Mit den Zahntrommeln z^1 ist ein Exzenter E^1 verbunden, das, auf die Rolle *R* einer Zugstange *St* wirkend, den auf seiner Welle *1* befestigten Winkelhebel W^1, W^2 bewegt. Am hinteren Ende der Welle *1* sitzt fest ein zweiter Hebel W^2, der mit dem erstgenannten durch ein unterhalb der Radhebelköpfe verlaufendes Hebemesser *M* verbunden ist.

An den Radhebeln *Rh* sind Stützfallen *F* angelenkt, die sich unter dem Einfluß ihrer Gewichte *F* bei gehobenen Radhebeln *Rh* auf eine ortsfest und einstellbar an der Schaftmaschinenwand gelagerte Stützleiste *L* aufsetzen können, falls sie nicht durch die Musterkarte — im Ausführungsbeispiel eine Pappkarte — auf dem Kartenzylinder *P* mit Hilfe der Nadeln *n* daran gehindert werden. Eine Zuhaltungsschiene *z*, die von einem Exzenter E^2 an der Zahntrommel Z^2 in bekannter Weise durch Hebel h^1, h^2 bewegt wird, die auf der Welle *3* befestigt sind, sichert während des Zahneingriffs die jeweilige Radhebelstellung.

Auf einem Bolzen *4* an der vorderen Maschinenwand hängt der Gleichstellhebel *G* mit dem Handgriff *g*.

Sowie der letzte Zahn der Zahntrommeln Z^1, Z^2 die Eingriffsstelle verläßt, löst das Exzenter E^2 die Zuhaltung *z*. Gleichzeitig hebt das Exzenter E^1 das

Hebemesser *M* und damit alle untenliegenden Radhebel *Rh* so weit an, daß sich die Stützfallen *F* unter dem Einfluß ihrer Gewichte F^1 über die ortsfeste

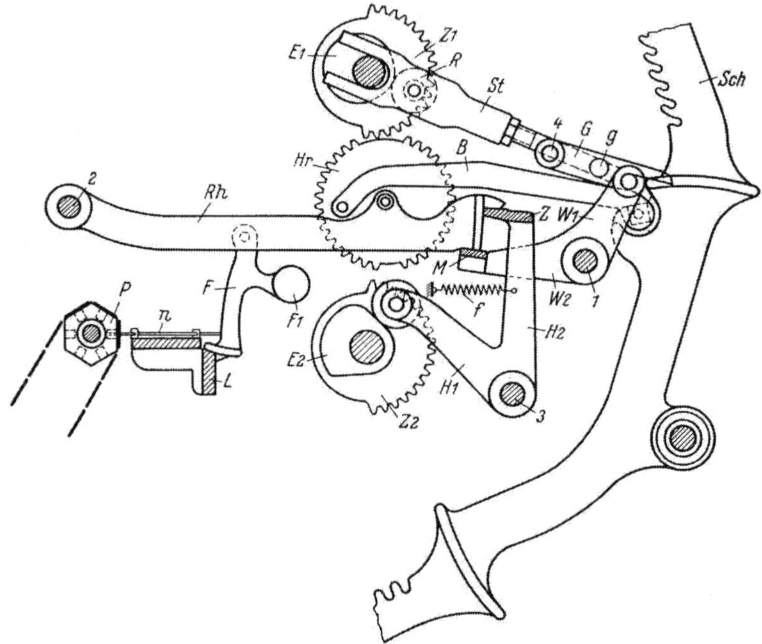

Abb. 275. Knowles-Schaftmaschine, DRP 544055 (Pappkarten)

Stützleiste *L* einstellen können. Drückt jetzt der Kartenzylinder *P* mit der Karte gegen die Nadeln *N*, so werden alle Stützfallen, deren Nadeln *N* kein

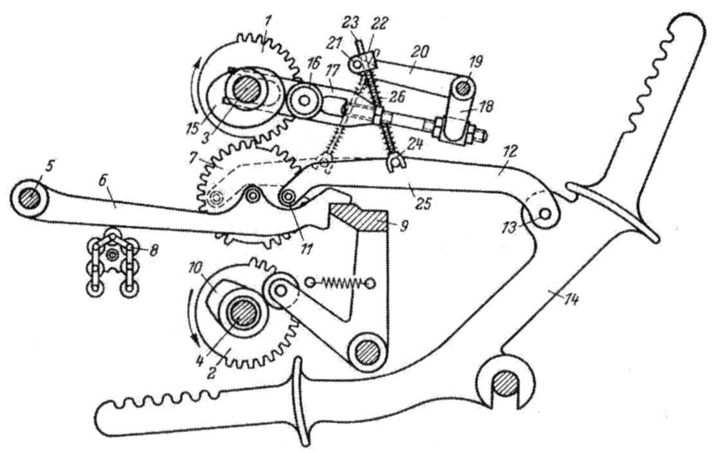

Abb. 276. Knowles-Schaftmaschine, DRP 677395 (Rollenkarten)
1, 2 teilverzahnte Walzen (bei *3* u. *4* gelagert); *5* Lagerpunkt der Trägerhebel *6* für die Steuerräder *7*; Steuerung durch Karte *8* und Feststellung durch *10, 9*; *12, 25* Steuerhebel, bei *13* mit Tritt *14* verbunden; Stabilisierung nach Einstellung von *12* erfolgt durch *15, 16, 17, 18, 19, 20, 21, 22, 23, 24*

Loch in der Karte vorfanden, so weit zurückgedrängt, daß sie beim nunmehr erfolgenden Senken von *M* sich nicht auf die Stützleiste aufsetzen können. Nach dem Senken legt das Exzenter E^2 die Zuhaltungsschiene z wieder ein, worauf die Zahntrommeln in bekannter Weise die Hubräder der zu hebenden und zu senkenden Schäfte um 180° verdrehen. Ist das geschehen, so wird der Schützen durch das so entstandene Webfach geworfen, und das Spiel beginnt von neuem.

Die Abb. 276 zeigt (DRP 677395) dieselbe Anordnung für Rollenkartensteuerung. Hierbei ist besonders die Federkonstruktion *22* zu beachten, und zwar ist diese so eingebaut, daß sie den Hebel *25* immer auf seiner tiefsten Rast mit dem Zahnrad bei *11* niederdrückt, und zwar ist der Federdruck in der jeweiligen Endstellung am größten, um eine sichere Feststellung zu bewirken. Im übrigen unterscheidet sich die Maschine nicht wesentlich von der in Abb. 275 beschriebenen Maschine.

Der unterteilte Zahnzylinder. Gegenüber der Crompton-Schaftmaschine hat die Knowles-Schaftmaschine, insbesondere eine Konstruktion der Firma Crompton & Knowles, einen besonderen Vorteil aufzuweisen, der sich vor allen Dingen beim Verweben von Ketten mit großer Fadendichte oder rauhem Garn bemerkbar macht. Es ist dies die Verwendung eines unterteilten Zahnzylinders.

Dieses Konstruktionselement erlaubt es, die Schäfte so zu betätigen, daß die Kettfäden nicht alle gleichzeitig kreuzen (vgl. Abb. 277). Diese Staffelung des Kreuzens der Fäden ist besonders wichtig beim Weben von Waren mit dichten Ketten oder aus rauhem Garn, da es die Möglichkeit, daß die Kettfäden während des Fachwechsels aneinander hängenbleiben, herabsetzt. Das Einstellen der einzelnen Teile gegenüber dem Hauptzylinder geschieht sehr leicht mit Hilfe zweier Madenschrauben.

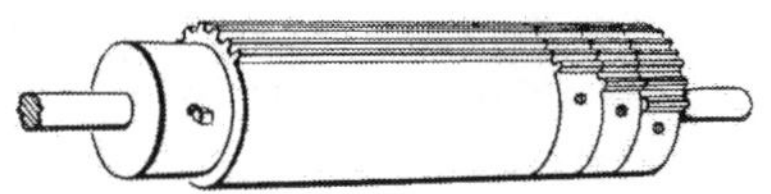

Abb. 277. Unterteilter Zahnzylinder der Knowles-Schaftmaschine

Diese geteilte Anordnung der Zahnzylinder hat auch im Hinblick auf die Reparaturanfälligkeit der Schaftmaschine eine vorteilhafte Bedeutung.

Ein durchgehend gefräster Zylinder würde in ähnlicher Weise, wie dies bei der Crompton-Schaftmaschine in den Abb. 272 und 273 beschrieben worden ist, einen einseitigen Verschleiß ergeben. Dieser einseitige Verschleiß wird sich bei der hier besprochenen Konstruktion auf den Verschleiß einzelner Zahnsegmente beschränken, die, wie bereits oben dargestellt wurde, in einfacher Weise auswechselbar sind.

Die Leistungsfähigkeit der Knowles-Schaftmaschine. Im allgemeinen verwendet man bei der Knowles-Schaftmaschine nicht mehr als 26 Schäfte. Von der Firma Crompton & Knowles wird der in der Abb. 274 dargestellte Webstuhl mit bis zu 25 Schäften gebaut. In der betriebsüblichen Ausführung ist der Webstuhl bis zu einer Nutzbreite von 2895 mm erhältlich.

Die Schwingtrommel-Schaftmaschine. Diese Schaftmaschine bzw. der Lentz-Webstuhl, der mit dieser Schaftmaschine ausgerüstet ist, wurde ursprünglich für die im Gladbacher Industriekreis für die Wollindustrie verwendeten Webstühle gebaut. Die Vorzüge dieser schnellaufenden Maschine für Wollwebstühle haben jedoch vor allen Dingen in den Nachkriegsjahren einen großen Freundeskreis auch außerhalb des Industriebezirkes und außerhalb Deutschlands erwerben können.

Die prinzipielle Wirkungsweise dieser Schaftmaschine wurde bereits oben (vgl. S. 149) dargestellt. Sie soll aber an dem fotografischen Schnittbild (vgl. Abb. 278) noch einmal erläutert werden. Der Antrieb des Schwingkorbes erfolgt durch ein Schubstangenpaar, das seinen Antrieb von der Kurbelwelle im Verhältnis 1 : 2 erhält. Der Drehpunkt des Korbes ist bei der Schwingbewegung bei *I*. Wie die Übertragung der Bewegung der Schäfte erfolgt, ist aus der Abb. 279

des geöffneten Schwingkorbes ersichtlich. Der Schwingkorb ist in eine der Höchstschäftezahl entsprechende Anzahl von Zellen durch Platten unterteilt. Als Höchstschäftezahl rechnet man mit 18—24 Schäften im Maximum. Auf einer solchen Platte wird für die Bewegung der Trittrolle durch die formbedingten Führungen *a*

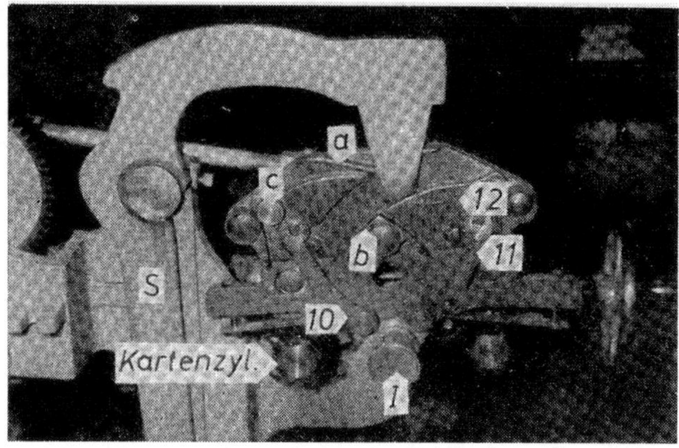

Abb. 278. Schnittbild durch die Schwingtrommelschaftmaschine
S Schafthebel (Tritt); *1* Drehpunkt der Schwingtrommel; *a* obere, *b* untere Rollenführung; *11* Fallenhebel; *12* Falle mit Drehpunkte *c*

und *b* und durch die umsteuerbaren Fallen *12* eine Nutenbahn gebildet. Bedingt durch die Schwingung der Trommel sowie durch die eingestellte Nutenbahn erhält die Trittrolle eine Bewegung in vertikaler Richtung.

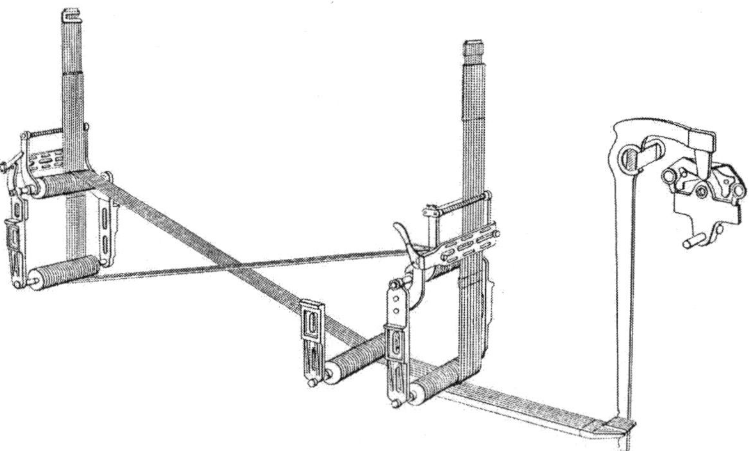

Abb. 279. Verbindung der Schäfte mit der Schwingtrommel

Zur Vermeidung des harten Stoßes beim Auflauf auf die Fallenspitze und der dadurch bedingten Verschleißerscheinungen (s. u.) wird bei der neueren Ausführung die Einzelrolle durch einen Rollenwagen mit zwei hintereinanderliegenden Rollen ersetzt. Hierdurch wird jeder Stoß zunächst einmal zum größten Teil vom flexibel mit dem Tritt verbundenen Wagen abgefangen.

Wie aus der Abb. 279 ersichtlich war, wird die Schaftmaschine quer zum Webstuhl angeordnet, so daß ein großer Teil der auftretenden Schwingungen kompensiert wird. Die Schemel sind auf einem Bolzen gelagert. Durch Verstellen des Kettenschlosses am unteren Ende des Schemels kann der Fachhub reguliert werden. Das notwendige Schrägfach wird in der Grundeinstellung durch unterschiedliche Größen der Trommel erzielt. Das Kettenschloß läßt somit eine evtl. notwendige Korrektur zu.

Die Übertragung der Schaftmaschinenbewegung auf die Schäfte erfolgt durch Kettenzüge oder durch Zugstangen (Abb. 279). Die Ketten werden so über die Umlenkrollen geführt, daß sie mit den Stangen und den Schäften eine liegende 8

Abb. 280. Verschleiß durch falsche Einstellung an den Weichenzungenspitzen

bilden. Sehr gut läßt sich auch in der Abb. 279 erklären, daß man die Schäfte aus dem Webstuhl ohne Änderung herausnehmen kann. Die Schäfte werden lediglich durch einfach zu bedienende Schlösser mit den senkrechten Hubstangen verbunden. Hierdurch ergibt sich bei der Bedienung, insbesondere beim Einlegen einer neuen Kette, eine erhebliche Einsparung von Arbeitszeit.

Reparaturanfälligkeit der Schwingtrommel-Schaftmaschine. Die Tatsache, daß die Schwingtrommel-Schaftmaschine als Doppelhubschaftmaschine arbeitet, dürfte ein Hinweis dafür

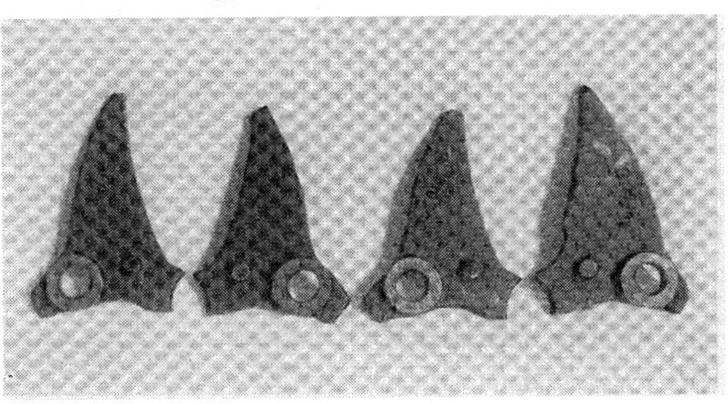

Abb. 281. Durch unrichtige Einstellung und Pflege verschlissene Weichenzungen

sein, daß die ruhiger arbeitenden Elemente im Gegensatz zu der Einhubschaftmaschine einem geringeren Zeitverschleiß ausgesetzt sind. Wie bereits aus der Abb. 278 erkenntlich ist, wird die zur Bildung des Faches erforderliche Kraft an den Kurvenführungen der Weichenzungen zum Angriff kommen, die durch die Trommeltrittrollen abgetastet werden. Die ständige Reibung zwischen Trommeltrittrollen und Weichenzunge läßt diese Organe langsam ausarbeiten. Besonders stark verschleißen dabei die Spitzen der Zungen, die bei Änderung der Bewegungsrichtung am stärksten beansprucht werden. Voraussetzung für eine genaue Einstellung der Weichenzungen ist die sichere Arbeitsweise der Kartenprismen. Eine solche sichere Arbeitsweise kann in Frage gestellt sein, wenn beispielsweise keine einwandfreie Schaltung des Kartenprismas stattgefunden hat, wenn die Wendestifte des Malteserkreuzes ausgearbeitet sind, dann erhält das Kartenprisma nicht mehr die gesamte Drehung, dadurch wirken die Hubkörper nicht voll auf die Blattfedern der Gabelhebel, und die Weichenzungen werden nicht voll aus der Bahn der Trittrolle genommen. Dann läuft die Trommeltrittrolle auf die Spitzen der Weichenzungen auf, und dieses führt zu starker Abnutzung. Eine ähnliche Erscheinung kann auch auftreten, wenn durch Ölverharzungen das freie Fallspiel der Weichenzungen behindert wird. Es ist deswegen unbedingt auf die geeignete Verwendung der Öle und Fette zu achten. Ein zu träges und zu leicht harzendes Öl verzögert die Bewegung der Weichenzungen. Es kann dabei vorkommen, daß die Fallen auf ihren Lagern klebenbleiben und zur Kollision der Schemellaschen führen. Dabei werden die Spitzen beschädigt, und es kann sogar ein Schemelbruch die Folge sein. Fehler dieser Art siehe Abb. 280, 281, 282. Durch die moderne Anordnung von zwei hintereinander in einem Balancehebel angeordneten Trittrollen werden die hier besprochenen Schäden fast vollständig ausgeschaltet.

Die Leistung der Schwingtrommel-Schaftmaschine. Es wurde bereits darauf hingewiesen, daß die Schwingtrommel-Schaftmaschine mit 18 bis 24 Schäften arbeitet. Wenn auch das Doppelhubprinzip es nicht gestattet, daß diese Maschine für allerschwerste Warengattungen eingesetzt werden kann, so muß doch bemerkt werden, daß die Tendenz, allerschwerste Tuche herzustellen, in der modernen Zeit, bedingt durch die Entwicklung des Kraftfahrzeugbaues, sehr stark nachläßt, so daß die üblicherweise gebräuchlichen Gewebe bis zu einem Warengewicht von 1000 g/m auf dieser Maschine ohne Schwierigkeit hergestellt werden können. Überdies ist aber besonders erwähnenswert, daß das Doppelhubprinzip eine Steigerung der Stuhldrehzahl von etwa 20% zuläßt.

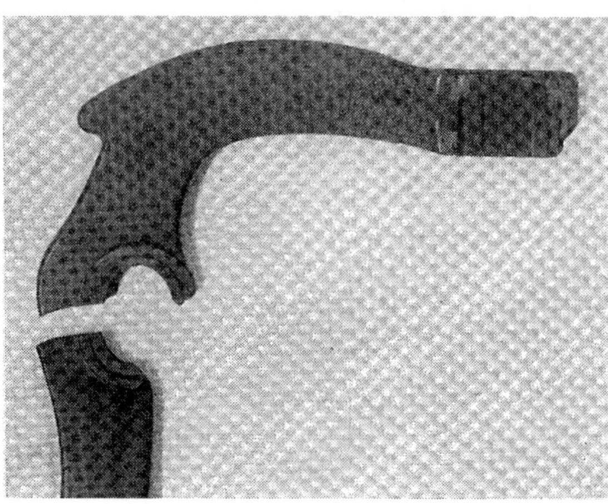

Abb. 282. Schemelbruch durch unsachgemäße Behandlung und Einstellung

e) Oberbaulose Webstühle

Keine mechanische und technologische Entwicklung im Webstuhlbau konnte die Zwiespältigkeit zwischen dem Hang zur Tradition und dem Willen zum wirtschaftlichen Fortschritt so sehr in den Blickwinkel rücken wie die Konstruktion des oberbaulosen Webstuhles.

Diese Konstruktionstendenz im Webstuhlbau — vielfach als eine „Nachkriegserscheinung“ gekennzeichnet — brauchte trotz der ins Auge stechenden Vorteile:

a) Bessere Lichtverhältnisse in den Betrieben,
b) gute Betriebsübersicht,
c) Verhinderung der Gewebeverschmutzung durch tropfendes Öl,
d) getriebemäßiger Antrieb der Schaftmaschine (ohne Schnüre),
e) formschöne moderne Bauweise

seit der Entwicklung des ersten Webstuhles dieser Bauweise — die „Schnurlose Wolfrumschaftmaschine“ — fast 50 Jahre, um sich in den Kreisen der Textilindustrie Anerkennung zu verschaffen.

Es ist bezeichnend, daß die genannte erste Bauform nur deswegen in Vergessenheit geraten ist, weil es für den Weber schwierig war, einen gerissenen Kettfaden in die Litze einzuziehen, weil man die Schäfte nicht gut spreitzen konnte.

Es ist ebenso bezeichnend, daß dieser praktisch belanglose und leicht zu behebende Konstruktionsfehler ausreichend war, um die oberbaulose Bauweise für einige Jahrzehnte in so schlechtes Licht zu stellen, daß es auch ernsthaften Konstrukteuren an dem Mut fehlte, sich dieser Bauweise noch einmal anzunehmen.

Nur den Webstuhlfabriken in der Schweiz (Saurer und Rüti) ist es durch die vor und während des Krieges durchgeführten Entwicklungsarbeiten zu verdanken, daß diese Bauweise nach dem Kriege allgemeine Anerkennung erzielt.

Während der ersten Periode der Entwicklung des Webstuhles allgemein versuchte man, eine Leistungssteigerung nur durch die Erhöhung der Stuhldrehzahl und durch Anbau von Mechanismen, die der Automatik dienten, zu erzielen. Das äußere Bild der Gesamtkonstruktion wurde dabei immer unübersichtlicher.

Abb. 283. Die Weberei früher

Wohin diese Entwicklung geführt hat, wird viel besser als durch Worte durch die Abb. 283 dargestellt.

Die Unübersichtlichkeit des Betriebes durch die Webstuhlaufbauten wird noch wesentlich gesteigert durch das Vorhandensein von Transmissionen, durch die Unterzüge und Säulenteilungen sowie durch die Verteilungsrohre der Klimaanlage.

Nicht nur nach all den fertigungswissenschaftlichen Erkenntnissen der letzten Jahre, sondern schon die psychologische Wirkung beim Betrachten dieser Abbildungen sind Beweis genug für die Behauptung und Erfahrung, daß sich die Unübersichtlichkeit dem gesunden Ablauf des Betriebsgeschehens hemmend in den Weg stellt. Neben den damals noch bestehenden technischen Unzulänglichkeiten spielten die schlechten Sichtverhältnisse und die große Verschmutzungsgefahr der Ware keine unbedeutende Rolle.

Eine nicht unbedeutende Zahl von Fehlern in der Ware hatten ihre Ursache in der Tatsache, daß die Schäfte mit der Schaftmaschine durch Schnüre verbunden wurden. Längung der Schnüre ergab unreines Fach, und häufige Schnurbrüche hatten unverhältnismäßig lange Stuhlstillstände zur Folge, und die schlimmsten Folgen dieser „Schnurwirtschaft" waren die erzieherischen Schwierigkeiten oder Unmöglichkeiten, das Meisterpersonal dazu zu bewegen, Reparaturen nicht nur „mit Nagel und Kordel" vorzunehmen.

Die Beseitigung all dieser Schwierigkeiten, gepaart mit dem Streben nach moderner Formschönheit, führte nach einer viele Jahre dauernden Evolution zur modernen Weberei mit oberbaulosen Webstühlen (vgl. Abb. 284).

Man spricht von Vorteilen dieser Bauform — von Nachteilen spricht man *nur noch*.

Gerade von älteren Webereifachleuten wird *noch* der Einwand erhoben, der Webstuhl sei eine *Maschine* (!) geworden; sie müsse wegen der „komplizierten" Getriebe zum vorzeitigen Verschleiß führen und beanspruche hohen Kostenaufwand für die Inbetriebhaltung. Für unausgereifte Konstruktionen mag dieser

Abb. 284. Moderne Weberei (Tuchfabrik) mit oberbaulosen (Lentz-) Webstühlen

Einwand einmal seine Berechtigung gehabt haben. Stellt man aber in einer Diskussion ausgereifte Konstruktionen gegenüber, dann muß dieser Einwand entfallen.

Eine wesentliche Erhöhung der Produktion ist bei den Webstühlen der bekannten Bauformen nicht mehr zu erreichen, da man die Stuhldrehzahl nicht mehr steigern kann. Der einzig gangbare Weg zum weiteren Erfolg ist, die Stillstandszeiten durch zweckentsprechende Bauformen zu reduzieren. In dieser Hinsicht sind alle Konstruktionen grundsätzlich zu befürworten, die diesem Ziele dienen, auch dann, wenn es für das Personal notwendig wird, die bisherigen Fachkenntnisse noch etwas zu erweitern. Leider kann man einer modernen ausgereiften Webstuhlkonstruktion nicht mehr bei einer gegebenenfalls notwendigen Reparatur mit Hammer, Zange und Bindfaden nahekommen.

Bei einer objektiven Einstellung können diese Nachteile kaum als solche angesprochen werden.

Die Fachbildung bei oberbaulosen Webstühlen. Der geringste Unterschied zwischen den Webstühlen mit und ohne Oberbau besteht bei den Stühlen mit *Innentritt.* Beim Innentrittstuhl mit Oberbau liegen die Gegenzugwelle und die Schnüre für den Schaftantrieb über dem Geschirr. Konstruktiv ist dies die einfachste Art des Schaftantriebes, weil man nur offene Exzenter und Tritthebel mit den Gegenzügen in Verbindung zu bringen braucht. Mit diesen Gegenzügen hat man immer wieder Schwierigkeiten, wenn man mit mehreren Schäften arbeitet und es verrutscht einmal ein Knoten. Es bindet dann nicht nur der ein Schaft schlecht im Fach, sondern, da alle Schäfte durch die Gegenzüge zueinander in funktionaler Bewegung stehen, nehmen auch die anderen Schäfte teil an der Veränderung des Faches. Das Fach wird unrein.

Beim oberbaulosen Webstuhl läßt sich die exakte Führung der Schäfte und jedes einzelnen Schaftes durch den zwangsläufigen Schaftantrieb auch dann noch bewirken, wenn mit mehreren Schäften gearbeitet wird. Dieser Vorteil wirkt sich besonders aus, wenn schwere Ware hergestellt wird.

Das Auswechseln der Exzentertrommeln ist bei oberbaulosen Webstühlen im allgemeinen schwieriger als bei Stühlen mit Oberbau.

Während oberbaulose Innentrittwebstühle mit gewissen Vorbehalten anzuerkennen sind, können solche für oberbaulose *Außentrittwebstühle* nicht geltend gemacht werden. Durch den meist stabileren Antrieb wird eine exaktere Einstellung des Faches sowie der gesamten Schaftbewegung möglich. An Stelle der bei Oberbaustühlen üblichen Marschen und Schnüre verwendet man festgeführte Kettenzüge oder Winkelhebel.

Kettenzüge sind meist seitlich im Stuhl straff geführt. Die Schäfte werden zwischen den Ketten aufgehängt und müssen der Bewegung der Kette exakt folgen. Die Verbindung zwischen Schaft und Kette erfolgt mit einfach konstruierten Schaftschlössern, die sich meist mit wenigen Handgriffen lösen lassen. Die Regulierung des Schaftes kann auch an den Schlössern vorgenommen werden.

Werden die Schäfte mit Winkelhebel geführt, dann greifen Zugstangen den Schaft an der unteren Leiste und bewegen ihn durch Schub oder Zug. Die Führung der Schäfte erfolgt durch Halter (Abb. 192 und 193), die seitlich auf den Webstuhlschilden montiert sind und die Schäfte durch Federn zusammenhalten. Da die Schäfte so elastisch zusammengedrückt werden, kann man sie zum Einziehen eines neuen Kettfadens ohne Schwierigkeiten auseinanderspreizen.

Ein besonderer Vorteil der oberbaulosen Form liegt in der Möglichkeit, die Schäfte gleichzustellen, weil so dem Weber bestimmte Arbeiten sehr erleichtert werden.

Beim Schaftantrieb durch Winkelhebel wird die Gleichstellung durch Handhebel an der Exzentervorrichtung vorgenommen. Bei Kettenzügen ist die Möglichkeit noch handlicher.

Schaftmaschinen für oberbaulose Webstühle weisen prinzipiell gleiche Vorrichtungen und Elemente für die Übertragung der Hubarbeit auf. Da die Schaftmaschine durch die oberbaulose Form bedingt, niedrig angeordnet werden muß, ergeben sich kompensierende Vorteile für den schwingungsfreien Stand des Webstuhles.

f) Das Webgeschirr

Eines der ursprünglichsten Elemente des Webstuhles, das bis auf die primitivsten Anfänge der Handweberei zurückgeführt werden kann, ist das Webstuhlgeschirr, bestehend aus den Schäften und dem Webeblatt.

Es sind der Schaft bzw. die Litzen, die bei modernen Webstühlen besondere Aufmerksamkeit erfordern. Durch die Fachbildung wird, wie bereits an anderer Stelle näher erörtert wurde, der Kettfaden sehr stark mechanisch durch Knickung und Abrieb beansprucht.

Im folgenden wird über die Ausführungsformen berichtet.

1. Der Schaft. Entsprechend der Kennzeichnung in Abb. 285 können wir 5 Aufbauelemente eines Schaftes nennen:

1. Die Geschirrstäbe, bei älteren Ausführungsformen durchweg aus gutem, abgelagertem Kiefernholz, bei modernen Ausführungen aus Anticorodal (Aluminium-Magnesium-Silizium-Legierung).

2. Schaftstützen (aus Flacheisen, Halbrund-Hohleisen, Lingnostone, Stahl oder Anticorodal).

3. Die Trageisen für die Litzen, die entweder als flache Tragstäbe oder als Tragdrähte ausgeführt sind.

4. Die Schaftreiter für die Halterung der Trageisen (ausgebildet als Klammern, Schiebereiter oder Rollenreiter).

5. Die Litzen (Stahldrahtlitzen oder Flachstahllitzen).

6. Aufhängehaken oder Niederzughaken.

1. Die Geschirrstäbe. Als zweckmäßigstes Holz hat sich gutes, amerikanisches Kiefernholz gezeigt. Die Stäbe fallen dadurch einwandfrei gerade und astfrei aus. Die Jahresringe müssen quer zum Profil laufen und nicht, wie bei Bretterware üblich, in Längsrichtung. Denn Bretterware verzieht sich.

Das am besten geeignete und meist gebräuchliche Profil ist 9×45 mm; für doppelreihige Webschäfte, also solche, bei denen zwei Reihen Litzen aufgezogen sind, verwendet man als Stabprofil die Maße 12×45 mm.

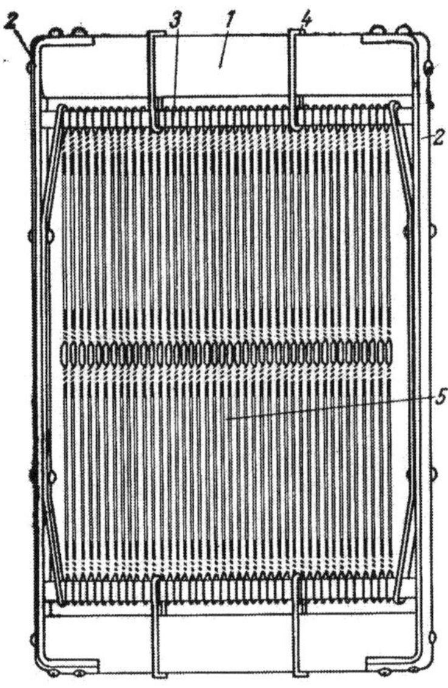

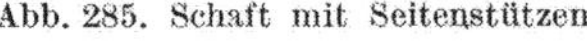
Abb. 285. Schaft mit Seitenstützen

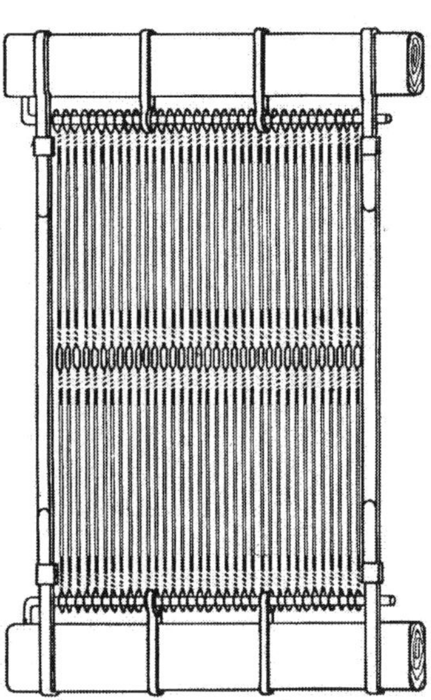
Abb. 286. Schaft mit Schieberstütze

Je nach dem Warengewicht und der Litzenzahl können von diesen Maßen abweichende Größen verwendet werden. Es empfiehlt sich jedoch, dann auf die in DIN 64602 angegebenen Größen Bezug zu nehmen.

Bei modernen Webgeschirren sind die Geschirrstäbe entweder aus veredeltem Holz, aus Stahlprofilen, deren Oberflächen korrosionsgeschützt sind, oder aus Leichtmetall, dem sog. Anticorodal, einer Aluminium-Magnesium-Silizium-Legierung. Den Anticorodalstäben dürfte man wegen des sehr geringen Gewichtes und der hohen Stabilität den Vorzug gegenüber Stahlleisten geben.

Die gebräuchlichsten Profile für die Geschirrstäbe sind in Abb. 287 dargestellt. Wie man erkennen kann, handelt es sich um Profile mit hohem Widerstandsmoment. Die jeweils oben und unten erkenntlichen, kleinen T-Profile dienen der Montage und der Befestigung des Schaftes.

Die Befestigung der Metallstäbe mit den Schaftstützen ist aus den Abb. 288 und 289 zu ersehen.

2. Die Schaftstützen. Die Verbindung der Geschirrstäbe mit den Stützen ergeben erst den sog. Schaftrahmen. Für die bekannten Holzschäfte verwendet man hauptsächlich Flacheisenstützen oder Halbrund-Hohleisenstützen. Die letzteren unterscheiden sich von den erstgenannten durch die Querschnittsform des Eisens. Beide Stützen werden auf Vorrichtungen gebogen, verbohrt und mit den Geschirrstäben fest verschraubt oder vernietet.

Die ebenfalls bei älteren Webschäften bekannten Schieberstützen werden auf die Geschirrstäbe aufgewogen, so daß der Schaft nicht die genügende Starrheit aufweist (vgl. Abb. 286).

Die Schaftstützen modernerer Schäfte (Abb. 288 u. 289) sind entweder aus veredeltem Hartholz (Lignostone) oder aus Anticorodal. Diese Stützen verleihen dem Schaft eine außerordentlich hohe Stabilität, so daß die Schäfte auch stärksten Beanspruchungen gewachsen sind.

Bei oberbaulosen Webstühlen werden an die Stabilität des Schaftes weitaus höhere Anforderungen gestellt, so daß man bei solchen Webstühlen auf moderne Schäfte nicht verzichten kann.

Werden die Seitenstützen aus Lignostone gefertigt, so müssen die Maße so gehalten werden, daß die Stütze selbst als Gleitschiene für den benachbarten Schaft dient. Dieses gilt zwar auch für die aus Anticorodal hergestellten Seitenstützen, man bevorzugt jedoch Seitenstützenkonstruktionen, die auf jeder Seite eine Gleitschutzschicht aufweisen, denn es besteht auch bei dem an sich festen Anticorodal die Gefahr, daß ein Metallabrieb auftritt, der die Gleichmäßigkeit der farblich empfindlichen Ware beeinflussen kann.

Ein solcher Gleitschutz ist auch einseitig auf dem Metallgeschirrstab empfehlenswert, wenn Gefahr besteht, daß Geschirrstäbe miteinander scheuern.

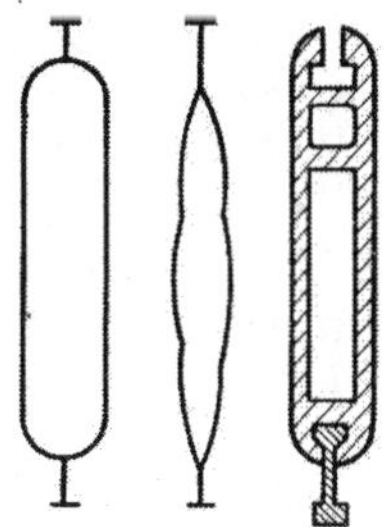

Abb. 287. Profile metallischer Geschirrstäbe

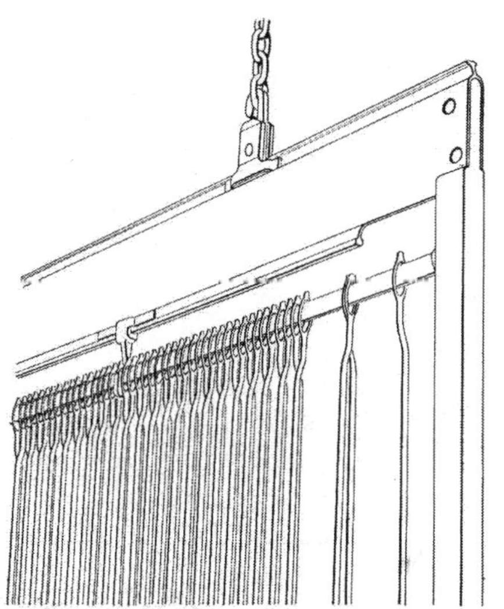

Abb. 288. Befestigung des Geschirrstabes mit der Schaftstütze durch Schiebereiter (Grob)

Ebenfalls aus Gründen einer guten Schaftführung werden die Seitenstützen oft so ausgebildet, daß sie über die Geschirrstäbe nach oben und unten hinaufreichen.

3. Die Tragstäbe. Zum Aufreihen der Litzen verwendet man Tragstäbe, entweder als runde Tragstäbe (Tragdrähte) oder auch Flacheisen. Die Abmessungen dieser Eisen müssen

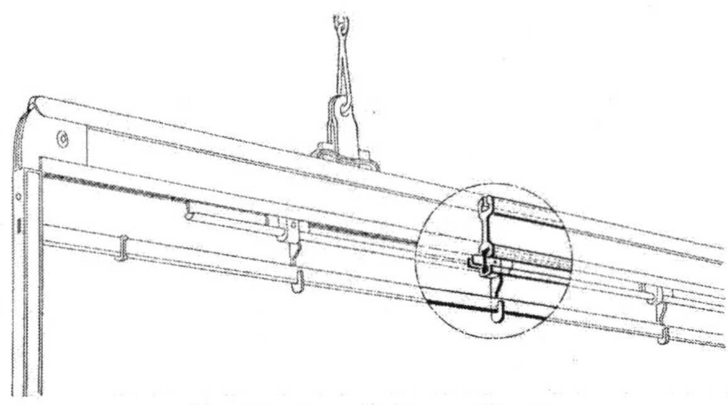

Abb. 289: Querschnitt zu Abb. 288

den Maßen der Endösen der Litzen entsprechen. Für Flachstahllitzen werden ausnahmslos Flacheisen als Tragstäbe verwendet.

Flache Tragstäbe für lange Endösen ergeben einen besseren Webeffekt. Aus diesem Grunde ist es empfehlenswert, sich in jedem Betrieb auf flache Tragstäbe umzustellen. Zweckmäßig stellt man sich dabei zuerst auf lange Endösen um, die bei beiden Formen von Tragstäben ohne Schwierigkeit verwendet werden können.

4. Schaftreiter. Wie aus der Abb. 285 erkenntlich ist, wurden früher als Schaftreiter Klammern verwendet, die um den Geschirrstab gespannt waren und die Trageisen festhielten. Solche Klammern haben den Nachteil, daß die zwischen den Klammern orientierten Litzen sich nicht frei unter dem Zuge des Kettfadens ordnen können. Die Folge davon ist eine sog. Gassenbildung im Gewebe, ein Fehler, den man auch in einer nachfolgenden Ausrüstung nur schwer beseitigen kann.

Die freie Beweglichkeit der Litzen, das sog. Rumoren, muß unbedingt gewährleistet werden. Diese Gewähr ist jedoch nur mit Schiebereitern (vgl. Abb. 288 u. 289) oder mit Rollenreitern gegeben.

Beim Weben von schweren Stoffen, die an die Webeschäfte besondere Anforderungen stellen, ist es von Vorteil, mehr Reiter pro Schaft aufzureihen. In solchen Fällen sollte die Distanz von Reiter zu Reiter zwischen 150 und 200 mm liegen.

Tabelle 3
Anzahl Schiebereiter und Mittelstützen
(Fröhlich AG., Mühlehorn)

Nutzbare Rahmenlänge in mm	Anzahl Reiter pro Schaft	Anzahl Stützen pro Schaft
750— 999	6	—
1000—1249	8	—
1250—1449	10	—
1450—1699	12	—
1700—1799	14	—
1800—1849	12	1
1850—2449	16	1
2450—2949	18	2
2950—3600	24	2

Schiebereiter müssen besonders sorgfältig ausgewählt werden, und auch dann noch besteht die Möglichkeit, daß bei schlechter Luftfeuchtigkeit die Gleiteigenschaften nachlassen. In diesem Zusammenhang ist vielleicht auch ein Schieber aus Kunstharz empfehlenswert.

Rollenreiter sind bei leichten und mittelschweren Waren deswegen so beliebt, weil es sich tatsächlich um die einzige Art der Halterung der Litzentragschiene handelt, die der Litze gestattet, sich frei einzustellen.

Der Normalabstand von Reiter zu Reiter soll 200—250 mm sein. Bei schweren Geweben 150—200 mm. Die nebenstehende Tab. 3 der Firma Fröhlich zeigt das Verhältnis der Rahmenlänge in mm zur Anzahl der Reiter pro Schaft und Anzahl der Stützen pro Schaft. Diese Tabelle gibt nicht nur ausgezeichnete Richtmaße, sondern sie läßt in eindeutiger Weise erkennen, in welchem Zusammenhang die erforderliche Schaftstabilität zur nutzbaren Rahmenlänge steht.

2. Die Litzen. Wir unterscheiden heute zwischen den beiden Hauptgruppen:

1. Stahldrahtlitzen, 2. Flachstahllitzen.

Es ist ein Zeichen zunehmender Automatisierung, daß sich Flachstahllitzen immer mehr Freunde erwerben. Es soll nicht Aufgabe dieser Darstellung sein, einen durch Versuche untermauerten Vergleich zwischen den beiden Litzenarten (vgl. DIN Entwurf 64603) wiederzugeben.

Stahldrahtlitzen für Schaft- und Jacquardweberei. Man sollte bei der Verwendung von Stahldrahtlitzen verlangen, daß diese aus nur bestem Stahldraht hergestellt sind. Auch im Hinblick auf die Verzinnung stelle man möglichst hohe Anforderungen und achte auch darauf, daß die Endösen sorgfältig verlötet sind, damit eine Aufspaltung des Doppeldrahtes vermieden wird.

Werden hochempfindliche Garne verarbeitet, bei denen Gefahr besteht, daß die Garne anschwärzen, empfiehlt es sich, galvanisch vernickelte Stahldrahtlitzen zu verwenden.

Um zu vermeiden, daß die Litzen verkehrt auf die Schäfte aufgereiht werden, färben verschiedene Litzenhersteller die oberen Endösen.

Einsatzlitzen, die zum Ersetzen von beschädigten oder fehlenden Drahtlitzen dienen, sind an den Endösen nicht verlötet, damit sie sich aufdrehen lassen. Jacquardlitzen sollte man oben mit Schlingen versehen, die am Knoten und an der Anschlaufstelle gefirnißt sind. Die sachgemäß angebrachte Schlinge, die als Verbindung vom Chorfaden zur Litze dient, verhindert die Übertragung der Drehung des Chorfadens auf die Litze. Die rostgeschützten Jacquardgewichte werden mit Verbindungsringen an den unteren Endösen befestigt.

Eine große Anzahl Webereien bevorzugt heute Stahldrahtlitzen mit eingesetzten Maillons. Durch diese gehärteten Stahl-Maillons wird das Einarbeiten des Kettfadens in die Lötstelle des Fadenauges vermieden, wie das bei den gewöhnlichen Stahldrahtlitzen der Fall sein kann. Tab. 5 zeigt die Drahtstärken bei einer bestimmten Anzahl von Litzen pro Meter und Schaft.

Zwei Typen von Maillons werden gegenwärtig verwendet:

a) Das scheibenförmige flache D-Maillon für sehr feine Litzen, wie sie die Seiden- und Feinwebereien benötigen. Das Maillon ist nur unmerklich dicker als der umgebende Stahl-

Tabelle 4. *Kettgarn-Vergleichstabelle zur Bestimmung von Stahldrahtlitzen für Schaft- und Jacquardweberei* (Aufstellung von Grob)[1]

Draht Nr.	Draht ∅ mm	Fadenauge	metr. Nummer	Seiden-Titer	Englische Nummern Baumwolle	Streichgarn	Kammgarn	Leinen
		sechseckig mm	Nm	Td	Ne_B	Ne_W	Ne_K	Ne_L
20	0,9	10×3,5	2	—	1	4	—	3
22	0,7	9,5×3	5	—	3	9	—	8
24	0,6	9×2,5	8	—	5	16	—	14
26	0,5	8×2	14	—	8	26	12	22
28	0,4	7×1,5	20	—	12	38	18	32
30	0,35	6×1,2	36	250	20	—	30	58
32 34	0,3 0,25	5×1 5×1	70	120	40	—	60	100
		Maillon oval						
32	0,3	D 1*	36	250	—	—	—	—
34	0,25	D 1/2*	90	100	—	—	—	—
		flachoval						
28	0,4	D 6	34	300	20	—	—	—
34	0,25	D 3	70	120	40	—	—	—
		Maillon oval						
22	0,7	R 420	1	—	1	1 und	—	1 und
24	0,6	R 390	und	—	und	gröber	—	gröber
24	0,6	R 1080	gröber	—	grö-	2	—	2
26	0,5	R 385*	2	—	ber	4	—	3
27	0,45	R 380	4	—	2	8	—	6
27	0,45	R 355*	6	—	3	12	—	10
28	0,4	R 328*	9	—	6	18	8	14
28	0,4	R 1020*	20	—	12	38	18	32
30	0,35	R 1015*	34	300	20	—	30	56
32	0,3	R 1010*	52	180	30	—	46	84
		flachoval						
24	0,6	R 395	8	—	5	16	7	14
26	0,5	R 373	14	—	8	24	12	22
27	0,45	R 370	20	—	12	38	18	32
28	0,4	R 360	36	300	20	72	32	58
30	0,35	R 3000	70	150	40	—	62	110
32	0,30	R 327	100	100	60	—	—	160

draht. Die Litze weist am Fadenauge keine Drehung auf. Sie eignet sich speziell für große Einstelldichten;

b) das ringförmige R-Maillon ermöglicht durch seine äußere Rinne eine dauerhafte Verbindung mit dem Draht der Litzen. Seine perfekte innere Rundung bietet dem Kettfaden einen reibungsfreien Durchlauf.

Die Form der meisten D- und R-Maillons ist oval. Einige Größen sind aber auch in flachovaler Form lieferbar.

Um die Wahl der richtigen Stahldrahtlitzen zu vereinfachen, bediene man sich der Angaben in Abb. 290 und der Tab. 4.

Tabelle 5 (nach Angaben von C. C. Egelhaaf, Reutlingen)

bei	350	400	450	500	550	600	700	800	900/1000	Litzen pro m und Schaft
Draht Nr.	25	26	27	27	28	28	30	30	32	

[1] Die aufgeführten Kettgarnnummern sind die gröbsten Nummern, für welche das angegebene Fadenauge normalerweise empfehlenswert ist. Je nach Art des Rohmaterials, Drehung und Zwirn können sich Abweichungen ergeben.

* von Jacquardwebereien bevorzugte Litzentypen.

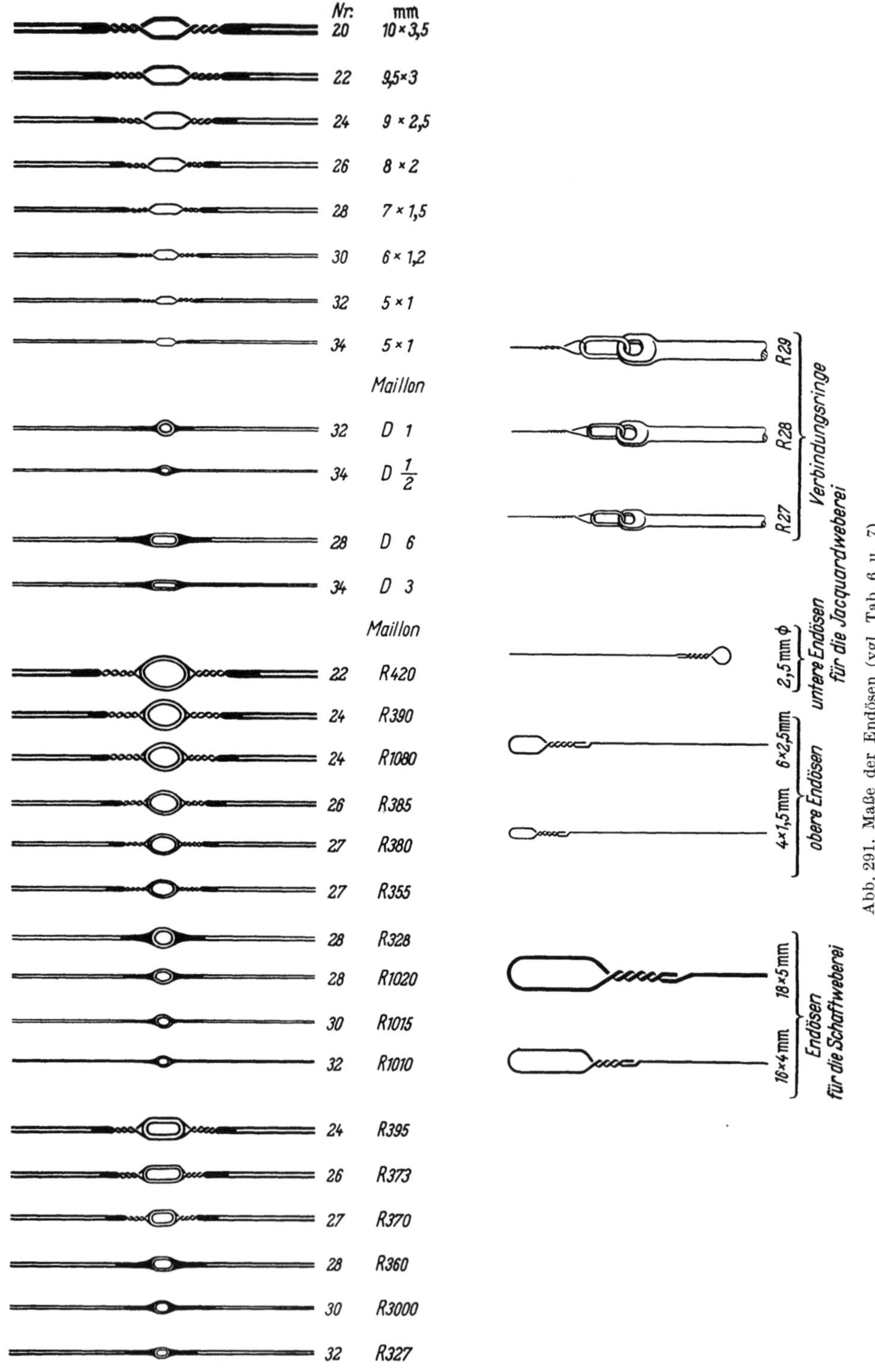

Abb. 290. Drahtlitzen (Bezeichnungen von Grob & Co. AG, Horgen)

Abb. 291. Maße der Endösen (vgl. Tab. 6 u. 7)

Tabelle 6. *Normalien für die Schaftweberei* (nach Angaben von Grob)

Längen:	
für Seide, Reyon, Nylon	330 mm
für Baumwolle und Stapelfasern	280 mm, 300 mm und 330 mm
für Wolle	380 mm, 420 mm, 450 mm und 480 mm
Fadenauge	
in der Mitte, nach rechts offen.	
Endösen flachoval, oben gefärbt:	
Draht Nr. 24 und feiner	16×4 mm
Draht Nr. 22 und gröber	18×5 mm

Tabelle 7. *Normalien für die Jacquardweberei* (nach Angaben von Grob)

Längen:		
für Seide, Reyon, Nylon		
Baumwolle, Stapelfasern	350 mm	
für Wolle	400 mm	
Fadenauge nach rechts offen:		
350 mm lange Litzen	150 mm von oben	
400 mm lange Litzen	190 mm von oben	
Endösen:	obere flachoval	untere rund
Draht Nr. 30 und feiner	4×1,5 mm	2,5 mm ⌀
Draht Nr. 28 und gröber	6×2,5 mm	2,5 mm ⌀

Schlingen an der Anschlaufung gefirnist:

für obere flachovale Endösen von 4×1,5 mm (vgl. Abb. 291): doppelte Schlingen aus Baumwollzwirn Nr. 120/15 normalerweise 120 mm lang, einfach angeschlauft;

für obere flachovale Endösen von 6×2,5 mm

einfache Schlingen aus Baumwollzwirn Nr. 80/30 90 mm lang, doppelt angeschlauft.

Tabelle 8. *Jacquardgewichte*

Litzendraht Nr.	Gewicht g	Länge mm	Verb. Ringe
34	9	370	R 27
32	12	360	R 27
30	15	340	R 28
28	20	360	R 29
26 und gröber	25	360	R 29
	30	310	R 29
	35	315	R 29

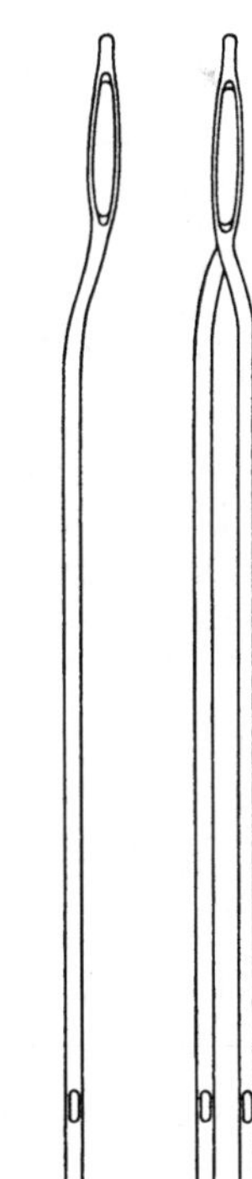

Abb. 292. Mehrzwecklitzen aus Flachstahl von Grob. (Simplex- und Duplex-Litzen)

Flachstahllitzen (Abb. 292). Die Flachstahllitze ist kurz vor der Jahrhundertwende durch den Gründer der Firma Grob, Julius Grob, erfunden worden. Die Litzen werden aus einem Stück gestanzt und weisen darum weder rauhe Drahtwindungen noch weiche Lötstellen auf. Die Oberfläche ist glatt und fein poliert. Jede schädliche Reibung wird vermieden, und sie eignet sich wie keine andere Litze zum Verweben von empfindlichen Garnen.

Das Fadenauge ist hochfein poliert, so daß größtmögliche Schonung des Fadens im Litzenauge möglich ist.

Gegenüber den Stahldrahtlitzen haben sie den Vorteil, daß auch bei höchster Einstelldichte die Fachbildung leicht und gleichmäßig erfolgt. Dies wird noch dadurch begünstigt, daß das Fadenauge 10 mm oberhalb der Mitte liegt, dadurch wird der untere Litzenteil schwerer und die Litze hängt stets senkrecht. Meistens werden die Flachstahllitzen mit vernickelter Oberfläche hergestellt, damit auch helle und zarte Farbtöne ohne Verschmutzung gewebt werden können. Bei sehr hoher Luftfeuchtigkeit empfiehlt es sich, eine kadmierte Ausführung zu verwenden. Auch Ausführungen in rostfreiem Stahl sind bekannt. Jedoch empfiehlt sich, mit Rücksicht auf die Kosten, eine Verwendung nur für extreme Verhältnisse, und um sie gegen den Angriff von Chemikalien immun zu machen. Die Firma Grob

Tabelle 9. *Bestimmung der geeigneten Mehrzwecklitzen mit Angabe der höchsten Aufreihdichten* (nach Angaben von Grob)[1]

Mehrzwecklitze Stärke	Mehrzwecklitze Fadenauge	Höchste Aufreihdichte pro Aufreihschiene				Geeignet für folgende Kettgarne					
		Mod. 12 B SIMPLEX		Mod. 52 B NOVO DUPLEX		Metr. Nummer	Seiden-Titer	Englische Nummern			
								Baumwolle	Streichgarn	Kammgarn	Leinen
mm	mm	pro cm	pro engl. Zoll	pro cm	pro engl. Zoll	Nm	Td	Ne_B	Ne_W	Ne_K	Ne_L
1,8×0,25	5 ×1	16	40	24	60	68	150	40	—	—	—
2 ×0,3	5,5×1,2	12	30	20	50	34	300	20	—	30	56
2,3×0,35	6 ×1,5	10	25	17	43	17	600	10	32	15	28
2,6×0,4	6,5×1,8	9	22	14	35	14	—	8	26	12	22
3 ×0,45	7 ×2	8	20	—	—	8	—	5	15	7	14
4 ×0,5	8 ×2,5	7	17	—	—	2	—	1	—	—	3
*2,3×0,5	6 ×1,5	7	17	12	30	17	—	—	—	—	28
*2,6×0,55	6,5×1,8	6	15	10	25	14	—	—	—	—	22

gibt für die Bestimmung der von ihr hergestellten Mehrzwecklitzen eine Tabelle über die höchste Aufreihdichte bekannt (Tab. 9). Diese Tabelle kann wohl, sinngemäß abgewandelt, verallgemeinert werden. Die Endösendistanz, deren Abmessung der vorstehenden Abb. 291 entnommen wird, ist durch Normen festgelegt und beträgt für Seide, Reyon usw. 330 mm, für Baumwolle, Stapelfasern, Leinen usw. 280 mm, 300 mm, 330 mm, für Wolle usw. 380 mm, 420 mm, 450 mm.

Müssen Ersatzlitzen eingefädelt werden, so empfiehlt es sich nicht, die Endöse mit der Schere abzuschneiden und in den Schaftstab einzuhängen, sondern man verwende hierfür die Ersatzlitze, die eine besonders geformte Endöse hat, wie aus der Abb. 293 erkenntlich ist.

Schlüssellochlitzen aus Flachstahl (System „Drawtex"). Hat man die Absicht, sich im Laufe der Zeit auf vollautomatische Passiermaschinen

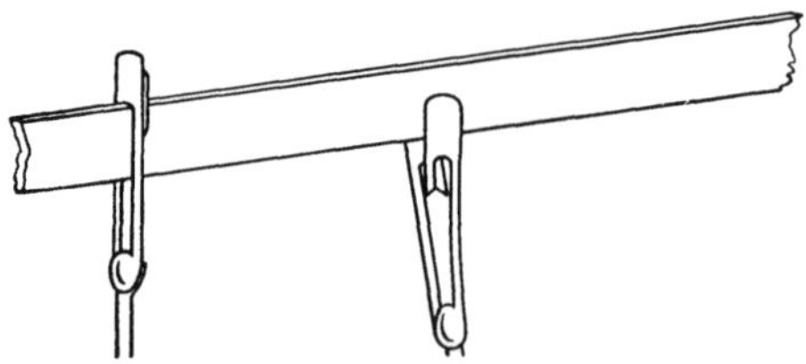

Abb. 293. Endöse einer Ersatzlitze

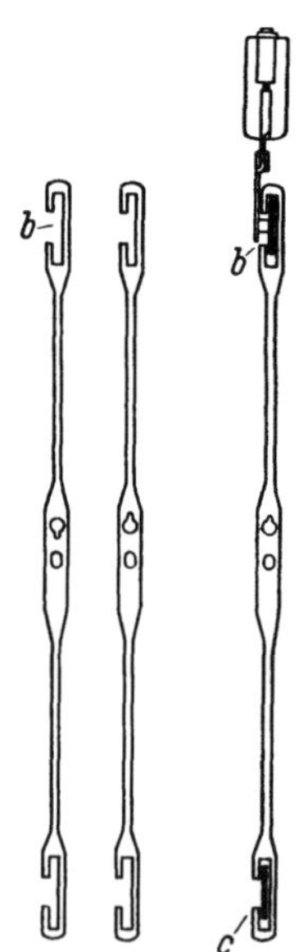

Abb. 294. Schlüssellochlitzen (Drawtex) (C. C. Egelhaaf)

[1] Die aufgeführten Garnnummern sind die gröbsten Nummern, für welche die angegebene Mehrzwecklitze normalerweise empfehlenswert ist; Abweichungen ergeben sich je nach Art des Rohmaterials, Drehung und Zwirn.

* für Leinenwebereien.

nach dem System von Barber & Colman einzustellen[1], so benötigt man Schlüssellochlitzen (Abb. 294). Diese Art Litze ist notwendig, damit der Mechanismus der Barber-Colman-Einziehmaschine in der Lage ist, vermittels einer Abteilschnecke das richtige Litzenauge in die Einziehbahn zu führen. Die Maschine hält die Litzen auf den Schäften aufgereiht und bringt sie durch eine gestanzte Musterkarte rapportgemäß vor die Einziehnadel.

Für die Montage der Drawtexlitzen beachte man folgende Regel: Im Webstuhl soll der Ausschnitt *b* der Drawtexlitzen nach vorne zeigen.

Das Schlüsselloch liegt oberhalb des Fadenauges. Es zeigt abwechselnd nach unten und oben, links beginnend mit der Stellung nach unten.

Das Litzenspiel *c* soll so groß wie möglich sein. Zu berücksichtigen sind dabei die folgenden Unterschiede:

1. Webstuhlart (ob mit oder ohne Oberbau).
2. Der Platz, an dem Schäfte in Stühlen mit Oberbau aufgehängt, bzw. der Platz, an dem Schäfte in Stühlen ohne Oberbau gestoßen oder gezogen werden.
3. Die Warenbreite.

Stühle mit Oberbau bedingen als Ausgleich für den Schaftzug Schäfte mit größerem Litzenspiel. Die Firma Egelhaaf, Reutlingen, empfiehlt als ungefähres Litzenspiel:

Bei Stühlen mit Oberbau 3,5—4,0 mm,
bei Stühlen ohne Oberbau 3,0—3,5 mm.

Erwähnenswert ist noch, daß jede Drawtexlitze, wie auch aus der Abbildung hervorgeht, eine Einsetzlitze ist. Sie kann beliebig entfernt und eingesetzt werden.

Für die gleichen Zwecke stellt die Firma Grob unter dem Namen Grobtex eine Schlüssellochlitze her.

Die Tab. 10 dient der Bestimmung der Litzentype in Abhängigkeit von den textiltechnischen Daten.

Tabelle 10

Litzentyp: Abmessung mm	Litzentyp: Fadenauge mm	Passend für Tragschienen mm	Höchste Aufreihdichte pro cm	Geeignet für folgende Kettgarne: Metr. Nummer Nm	Seiden-Titer Td	Tex-system Tt	Englische Nummern: Baumwolle NeB	Kammgarn NeK
Schlüssellochlitzen								
5,5×0,23 5,5×0,3	7,8×3,8	22×1,7	12 10	6	1500	160	4	5
Grobtexlitzen								
5,5×0,23 5,5×0,3	5,5×1,2	22×1,7	14 12	34	300	30	20	30
5,5×0,23 5,5×0,3	6,5×1,8	22×1,7	8 7	14	—	72	8	12
4 ×0,23 4 ×0,3	5,5×1,2	22×1,2	14 12	34	300	30	20	30
4 ×0,23 4 ×0,3	6,5×1,8	22×1,2	8 7	14	—	72	8	12

Als letzte Neuerung auf dem Gebiete der schiebereiterlosen Webschäfte für Litzen mit seitlich offenen Endösen sind Leichtmetallwebschäfte zu erwähnen, deren Litzentragschienen direkt mit dem Schaftstab verbunden sind (Abb. 296). Diese Webschäfte haben ein ähnliches Schaftstabprofil wie es üblicherweise für Schiebereiterwebschäfte verwendet wird, jedoch mit dem Unterschied, daß die eine Seitenwand des Profils gegen die Schaftmitte verlängert ist und auf diesem Vorsprung die Litzentragschiene unmittelbar befestigt wird. Durch diese Bauart ist es gelungen, den Schaftrahmen außerordentlich niedrig zu halten. Die freie Übersicht der Weberin ist gewährleistet und sie kann unbehindert über das Webgeschirr hinaus reichen und abgebrochene Kettfäden einziehen. Dadurch, daß die Litzentragschiene mit dem Schaftstab fest verbunden ist, trägt sie wesentlich zur Erhöhung seiner Stabilität bei.

Die Firma Fröhlich AG., Mühlehorn/Schweiz, empfiehlt statt des ovalen Fadenauges in der Flachstahllitze ein rechteckiges Fadenauge, mit abgerundeten Ecken. In dem Angebot der Firma wird folgende Auffassung vertreten: Wird mit großer Einstelldichte gearbeitet, so erfahren die Kettfäden beim Durchgang durch die Litzenaugen relativ große Winkelablenkungen aus ihrer gestreckten Lage, weil es die schmalen und an ihren Enden noch ver-

[1] Über die Arbeitsweise der vollautomatischen Passiermaschinen vgl. J. Schneider: Vorbereitungsmaschinen für die Weberei. Berlin/Göttingen/Heidelberg: Springer 1955.

jüngten Fadenaugen nicht anders zulassen. Bei der dadurch bedingten zweimaligen Richtungsänderung jedes Kettfadens beim Durchgang durch das Auge wird der Faden naturgemäß stark beansprucht und deformiert.

Der Sinn dieser Sache ist aus der Abb. 295 I bis III zu erkennen, nach der die von Fröhlich herausgebrachte „Harneßlitze" dem Faden keinerlei Ablenkung gibt.

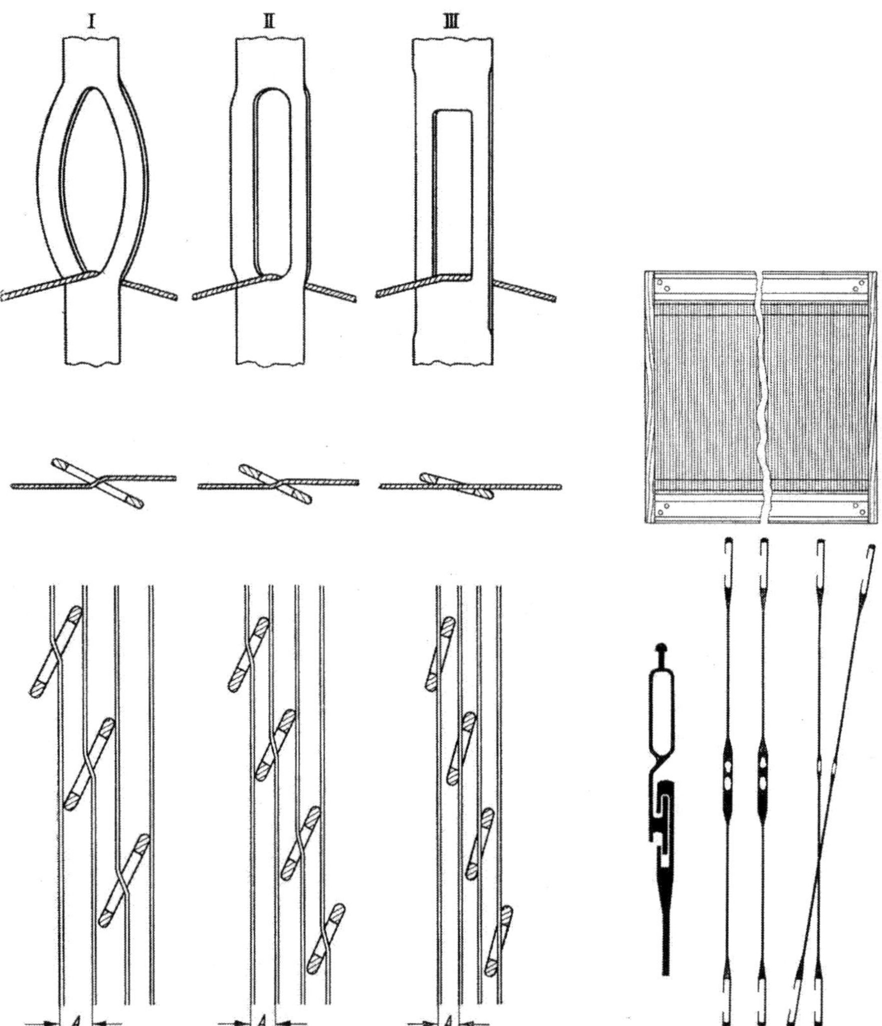

Abb. 295. Fadenabwinklung bei verschiedenförmigen Litzenaugen in Flachstahllitzen (Darstellung nach Fa. Fröhlich AG)

Abb. 296. Grobtex- und Schlüssellochlitzen mit reiterlosem Schaft und Querschnitt

Behandlung und Pflege der Flachstahllitzen. Flachstahllitzen werden auf dünnen Stahlbändern aufgereiht geliefert. Diese sind so dünn, daß sie in den Endösen verbleiben können, wenn die eigentlichen Litzentragdrähte durch die Endösen hindurchgeschoben werden. Der Webschaft wird am zweckmäßigsten bei Ausführung dieser Arbeit flach auf einen Tisch gelegt.

Die Litzentragdrähte, auf die vorher die Litzen aufgeschoben wurden, werden links und rechts in die Schlitze der Seitenstützen gelegt, um dann die Litzentragdrähte einzuziehen; schließlich werden mit Hilfe einer Spezialzange die Schiebeklammern aufgesetzt, die man willkürlich an irgendeiner Stelle im Schaft einfügen kann. Bei Rollenreiterschäften werden die Rollenreiter über die Breite verteilt und der Tragkraft mit Hilfe der mitgelieferten Tragdrahteinführers in die offenen Ösen des Rollenreiters eingehängt. Dabei steht zweckmäßigerweise der mittlere Rollenreiter mit der Öffnung nach hinten, damit der Tragdraht gegen Herausspringen gesichert ist.

Zum Einziehen der Kettfäden sollen nur für das betreffende Litzenöhr passende Reihhäkchen verwendet werden. Zu breite oder zu dicke Reihhäkchen können das Auge verformen.

Teillitzen mit Schiefkopfendösen. Teilschäfte, auch Scheitflügel oder Spattenkämme genannt, werden verwendet, um beim Weben ein Zusammenhaften von Kettfäden zu verhüten, die in der gleichen Blattlücke eingezogen sind. Sie helfen mit, einen regelmäßigeren Gewebeausfall zu erzielen, und gleichzeitig erleichtern sie die Bildung eines sauberen Webfaches. Je nach der Art des Kettmaterials, der Bindung und der Einstelldichte und sobald mehr als drei oder vier Kettfäden in der gleichen Blattlücke eingezogen sind, werden Teilschäfte verwendet. Sind beispielsweise vier Kettfäden in die gleiche Blattlücke eingezogen, so unterteilt sie die Teillitze in zwei Gruppen zu je zwei Fäden.

Teilschäfte werden hauptsächlich in der Seiden- und Reyonweberei gebraucht, aber auch in Baumwoll- und Wollwebereien oft benötigt, um bei dicht eingestellten faserigen Webketten die Fachbildung zu erleichtern.

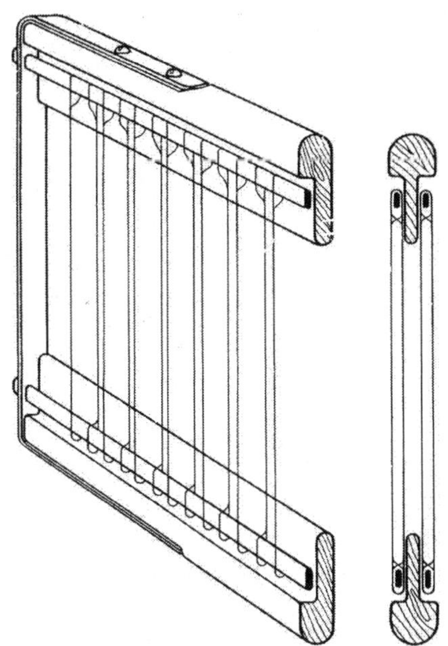

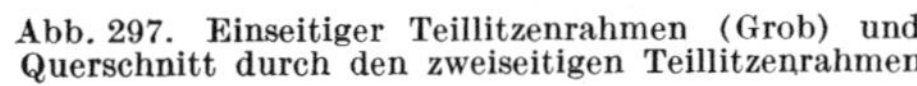

Abb. 297. Einseitiger Teillitzenrahmen (Grob) und Querschnitt durch den zweiseitigen Teillitzenrahmen

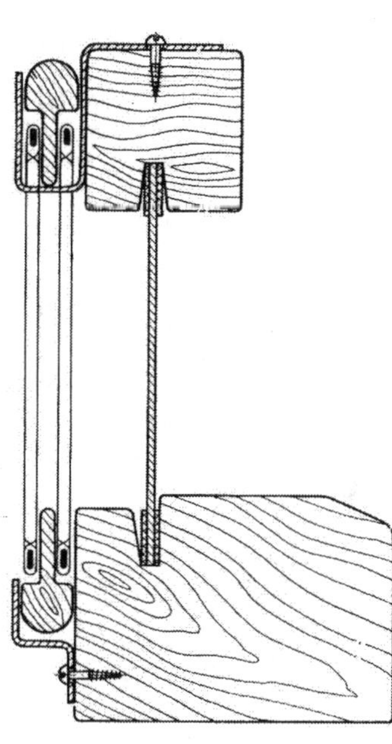

Abb. 298. Zweiseitiger Teillitzenrahmen (Montage)

Die Teillitzen oder Fadenteiler aus einfachem Stahldraht sind verschiebbar auf flache Schienen aufgereiht. Im Gegensatz zu den auch heute noch gebräuchlichen Teillitzen aus Baumwollzwirn haben sie eine unbeschränkte Lebensdauer und sind für jede Einstelldichte verwendbar.

Man unterscheidet zwischen Teillitzen mit gewöhnlichen, in der Litzenachse angeordneten Endösen und solchen mit versetzten, sog. Schiefkopfösen. Die Teillitzen mit Schiefkopfösen haben diejenigen mit gewöhnlichen Endösen weitgehend verdrängt. Weil die Schiefkopfendösen abwechselnd nach links und nach rechts verwendbar geordnet sind, erhält man mit einer Aufreihschiene eine doppelte Reihe Teillitzen, ihre Einstelldichte wird also verdoppelt. Schon für mäßige Einstelldichten sind Schiefkopfteillitzen ohne weiteres verwendbar, so daß diese der Einheitlichkeit halber den Vorzug haben.

Wegen der notwendigen Schonung des Materials empfiehlt es sich, nur vernickelte Teillitzen zu verwenden. Sie sind normalerweise 150 mm lang; längere Teillitzen (von 10 zu 10 mm abgestuft) sind erforderlich für Webstühle mit großer Fachöffnung. Seiden- und Reyonwebereien verwenden Teillitzen aus Stahldraht Nr. 34 und 32 (⌀ 0,25 und 0,3 mm). Für gröbere Kettgarne werden Teillitzen aus Stahldraht Nr. 30, 28, 26 und 24 (⌀ 0,35, 0,4, 0,5 und 0,6 mm) hergestellt.

Die Abb. 297 zeigt einen einseitigen Teillitzenrahmen und den Querschnitt durch einen zweiteiligen Teillitzenrahmen.

Die Anmontage eines solchen zweiteiligen Teillitzenrahmens zeigt die Abb. 298.

Am gebräuchlichsten sind die einseitigen Rahmen, auf denen je cm bis 35 Schiefkopfteillitzen aus Draht Nr. 34 aufgereiht werden können. Die doppelseitigen Teillitzenrahmen werden für außerordentlich hohe Einstellungen verwendet.

Die Montage ist verhältnismäßig einfach.

Die Teillitzenrahmen werden an beiden Enden in hinter dem Webblatt anzubringende Tragwinkel aus Bandeisen eingehängt. Um ein Durchbiegen zu vermeiden, sind breite Rahmen zusätzlich in der Mitte zu befestigen. Es ist darauf zu achten, daß zwischen Blattrahmen und Teilschaft einige Millimeter Raum vorhanden sind, um ein freies Verschieben der Schaftreiter und damit der Teillitzen zu ermöglichen. Der Teillitzenrahmen soll hingegen in den oberen und unteren Tragwinkeln festsitzen, um ein Abnützen der profilierten Holzstäbe bei der ständigen Hin- und Herbewegung der Weblade zu vermeiden.

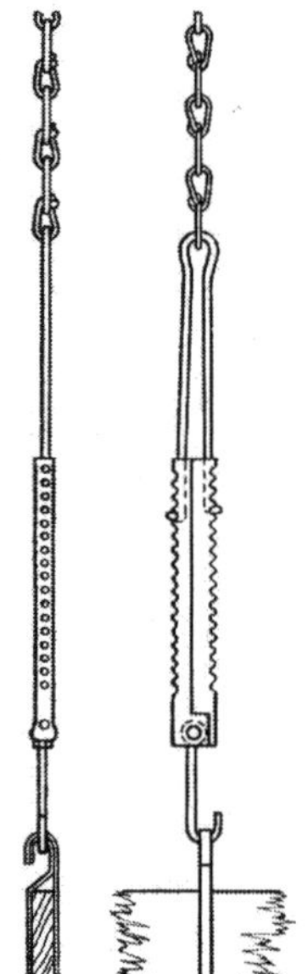

Abb. 299. Schaftregler

3. Die Aufhänge- und Niederzugelemente richten sich in ihrer Form nach den konstruktiv bedingten Anforderungen. Für jedes Schaftmodell werden von den Herstellerfirmen Elemente gebaut, die geeignet sind 1. für Gliederkettenzug, 2. für Gelenkkettenzug, 3. für Schnurzug, 4. für Lederriemenzug, 5. für Schnurzug offen, 6. für Riemenzug kombiniert mit s-Haken.

Eine direkte Verbindung zwischen Schaft- und Zugelement ohne die Zwischenschaltung eines Schaftreglers ist nicht empfehlenswert, weil sich sonst die leichte Einstellung des Schaftes schwierig gestaltet. Insbesondere gilt dieser Hinweis, wenn mit Schaftmaschinen gearbeitet wird, statt mit Exzentertrittvorrichtungen. Die Abb. 299 zeigt einen solchen Schaftregler als Niederzugelement. Die Schlaufe kann mit dem Haken in der mit Löchern ausgerüsteten Hülse in gewünschter Höhe eingestellt werden (Vorrichtung von Stäubli). Oberbaulose Webstühle haben vielfach eine seitliche Aufhängung.

Die Ausführungen zeigen, von welch großer Bedeutung die richtige Auswahl der Schäfte und Litzen ist, um mit ihnen eine gute Ware herzustellen.

3. Jacquardmaschine

Die dritte große Gruppe der fachbildenden Aggregate sind die Jacquardmaschinen. Ihr Einsatz ist immer dann erforderlich, wenn die Größe des Bindungsrapportes eine über die technisch mögliche und steuerbare Anzahl von Schäften hinausgehende Schaftzahl verlangt. Über diese Zahl wurde bereits bei der Erörterung der Schaftmaschinen näher gesprochen.

Die erste Jacquardmaschine wurde von Joseph Marie Jacquard im Jahre 1805 entwickelt. Mit dieser Erfindung gelang es Jacquard eine Mechanisierung der Kunstweberei, deren Entwicklungsgeschichte bis in das Altertum zurückgeht, zu erreichen. Vor seiner Zeit war zur Herstellung von Stoffen mit bildreichen Mustern auf dem Handwebstuhl für die Bildung des Webfaches die Anbringung einer sehr komplizierten Einrichtung notwendig, die es ermöglichte, jeden einzelnen Kettfaden durch ein Schnürensystem zu bewegen. Die Gesamtheit dieser Schnüre nannte man den „Harnisch". Die Bedienung erfolgte nicht durch den Weber, sondern durch einen zweiten, meist jugendlichen Arbeiter, den „Latzenzieher" oder „Ziehjungen" genannt.

Die Arbeitsweise eines solchen Zugstuhles ist in der Abb. 300 dargestellt[1]. Die Betätigung der Kettfäden durch die seitlich angeordnete Zugvorrichtung (Semper) wird durch die Abb. 300 und die dazugehörige Legende beschrieben.

[1] Vgl. Weigel: Jacquards Erfindung, technische Kennzeichnung und Entwicklung bis heute. Melliand Textilber. 1953, Nr. 1.

Nachdem die Einlesung im Semper S nach den Angaben der Patrone getätigt ist (Levieren), kann das Weben beginnen. Die Querlatzen L im Semper trennen die „genommenen Kettfäden" (die Hochgänge in der Patrone) von den „gelassenen".

Der Weber kann nach einer solchen Manipulation des Ziehjungen anschließend den Schußfaden eintragen.

Jacquards Erfindung und die aus dieser Erfindung bis heute entwickelten Konstruktionen hatten den Erfolg, daß die manuelle Handhabung des Sempers durch eine mechanische, durch Karten gesteuerte Vorrichtung ersetzt wird. Es ist beachtlich, daß die von Jacquard zuerst entwickelte Konstruktion in ihrem prinzipiellen Aufbau bisher erhalten geblieben ist. Die heute kenntlich gemachten differenzierten Unterschiede beschränken sich lediglich auf die Fachbildung selbst. Die Entwicklungen, die über Jacquards Erfindungen hinausgegangen sind, die Entwicklung der Doppelhub-Jacquardmaschine sowie der Verdolmaschine haben an dem prinzipiellen Mechanismus nichts geändert, sondern lediglich eine Verfeinerung der Steuerorgane bewirkt.

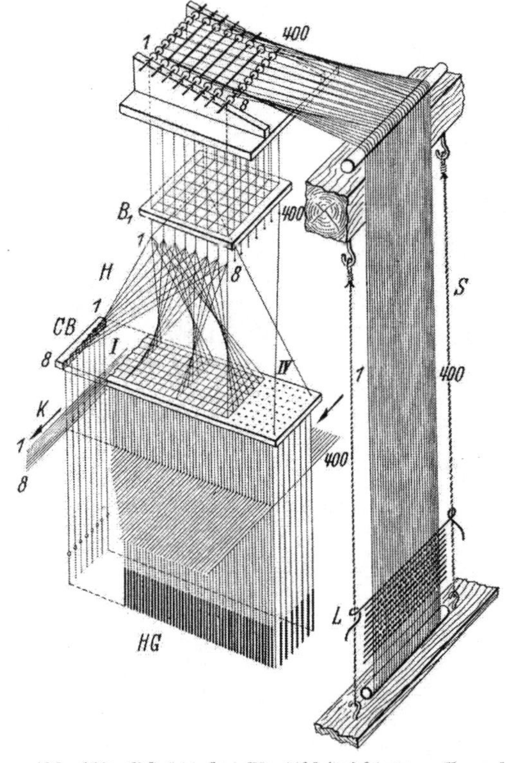

Abb. 300. Schema der Zugstuhleinrichtung — Zampelstuhl — aus der Zeit von Jacquard. Der Weber sitzt vor dem Chorbrett CB, die Kette K kommt auf ihn zu; der Zugjunge steht neben dem Stuhl und betätigt die Zugschnüre im Semper S. Unterhalb des Bodens B_1 erfolgt die Choraufteilung im Harnisch H. HG Harnischgewichte; L Querlatzen, dem Schuß im Gewebe entsprechend

Der prinzipielle Aufbau und die Wirkungsweise der Jacquardmaschine. In der Abb. 301 wird eine einfache Jacquardmaschine gezeigt, so wie man sie derzeit noch bei Handwebstühlen verwendet. Die hier dargestellte Konstruktion ist in ihrem äußeren Aufbau identisch mit der von Jacquard selbst entwickelten Konstruktion.

Es handelt sich um eine Hochfach-Jacquardmaschine mit Holzplatinen.

Die Kartenschaltung. Für das Ausheben der Kettfäden zum Eintragen eines Schusses wird durch die Schwingung der Prismenlade *1* mit Hilfe der Wendehaken *2* die Schaltung des Kartenzylinders *3* und damit der Karte bewirkt. Die Prismenlade bekommt ihre Schwingbewegung durch die an ihr angebrachte Kulisse *4*, in der eine Führungsrolle gleitet, die ihre Hubbewegung durch Fußbetätigung über einen Schlitten erhält. Mit dem Schlitten wird auch gleichzeitig der Messerkasten *5* bewegt, so, daß die drei Elementarbewegungen, Messerkastenbewegung, Prismenladungbewegung und Wenden des Kartenzylinders miteinander koordiniert sind.

Platinenauswahl. Senkt sich der Messerkasten, dann schwingt die Prismenlade einwärts, und das Prisma schlägt mit der Karte auf die Fläche der aus dem Nadelbrett austretenden Nadeln. Finden die Nadeln eine gelochte Karte vor, dann bleiben sie in ihrer Stellung oder werden bei ungelochter Karte nach einwärts gedrückt und stoßen mit ihren Enden die Platinen (p_1 bis p_8) so zurück, daß das Erfassen der Platinenhaken durch Messer im Messerkasten nicht erfolgt. Die Nadeln sind durch eine Umschlingung mit den Platinen verbunden und erhalten durch die Federn im Federhaus *6* jeweils den Rückimpuls in Richtung auf das Nadelbrett.

Platinenaushebung. Bei dem nun folgenden Hochgang des Messerkastens können die entsprechenden Messer die mit ihren Nasen weggedrückten Platinen

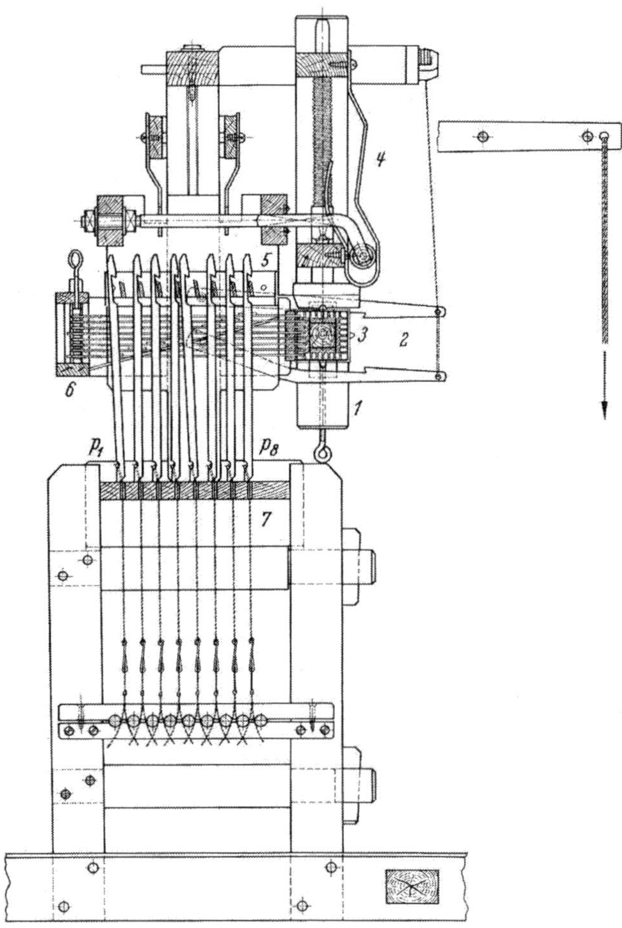

Abb. 301. Aufbau einer Hochfach-Jacquardmaschine
1 Prismenlade; *2* Wendehaken; *3* Kartenzylinder; *4* Kulisse; *5* Messerkasten; p_1 bis p_8 Platinen; *6* Federkasten; *7* Platinenboden

nicht erfassen. Diese Platinen bleiben somit in der Ruhestellung. Ausgehoben werden lediglich diejenigen Platinen, die mit ihren Nasen auf Grund einer gelochten Karte gegen das Messer gerichtet sind. Wie aus der Abb. 301 selbst ersichtlich ist, stehen die Platinen in der Ruhestellung auf dem sog. Platinenboden. Die Verbindung der Platinen durch den Platinenboden hindurch mit Hilfe der sog. Struppen und weiter durch die Harnischschnüre der Litzen sagt somit, daß die Ruhestellung der Platinen auf dem Platinenboden zwangsläufig die Tieferstellung ergeben muß.

a) Technische sowie technologische Gruppierung der verschiedenen Jacquardmaschinentypen

Wie der vorgenannte Dispositionspunkt zeigt, gibt es für die Jacquardmaschinen verschiedene Unterscheidungsmerkmale. Damit haben wir eine ähnliche Schwierigkeit wie bei der Unterscheidung der verschiedenen Schaftmaschinentypen. Gewisse Parallelen lassen sich ohne weiteres erkennen.

In technischer Hinsicht unterscheiden wir insbesondere nach der Art der Bewegung von Messerkasten und Platinenboden folgende Maschinentypen:

1. Jacquardmaschinen für Hochfach. Bei dieser Maschinentype bewirkt die Bewegung des Messers, daß ein Teil der Kettfäden ins Oberfach gehoben wird, während der Rest im Ruhestand verharrt, d. h. während die Platinen auf dem Platinenboden aufliegen bzw. während die entsprechenden Kettfäden auf der Ladenbahn aufliegen (vgl. Abb. 301).

2. Jacquardmaschinen für Hoch- und Tieffach. Bei der Fachbildung durch die hier gekennzeichnete Jacquardmaschine wird ein Teil der Kettfäden gehoben,

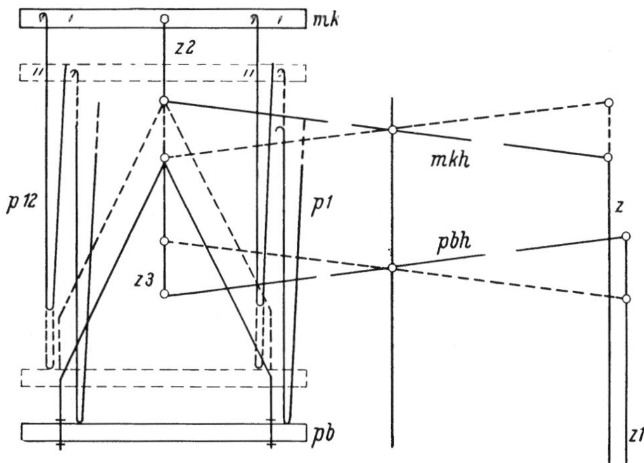

Abb. 302. Hoch- und Tieffach-Jacquardmaschine (Prinzip)
mk Messerkasten (bewegt durch *z*, *mkh*, *z2*); *pb* Platinenboden (bewegt durch *z1*, *pbh*, *z3*); *p1* bis *p12* Platinen

der andere Teil gesenkt. Dies ist, verglichen mit der in Abb. 302 dargestellten Konstruktion, nur dadurch möglich, daß der Platinenboden selbst eine Bewegung nach unten macht, die der Aufwärtsbewegung des Messerkastens entspricht. Zum Unterschied der unter 1. genannten Vorrichtung wird hierbei die Kette in der Geschlossenfachstellung in der horizontalen Linie zwischen Brustbaum und Streichbaum liegen, während die unter 1. genannte Vorrichtung vorzüglich im Sack vorgerichtet wird.

3. Das Doppelhub-Prinzip. Bezieht man den Arbeitsrhythmus der Jacquardmaschine auf die Winkelgerade der Kurbelwellenumdrehung, so muß innerhalb des Kurbeldrehwinkels eine Zeit von etwa $^5/_{16}$ (normale Drehzahl vorausgesetzt) reserviert werden (vgl. S. 217), während der der Kartenzylinder anschlägt und die Auswahl der für den nächsten Schuß geforderten Platinen erfolgt. Diese hier zu reservierende Zeit kann bei den modernen schnellaufenden Webstühlen nicht mehr reduziert werden. Eine Steigerung der Drehzahl selbst würde sogar voraussetzen, daß der bereitzustellende Winkel für die Auswahl der Platinen vergrößert würde, damit der effektive Zeitanteil erhalten bleibt.

Das Doppelhubprinzip ist im Gegensatz zu der soeben gekennzeichneten Wirkungsweise dadurch gekennzeichnet, daß zwei Platinen gemeinsam die Betätigung der zugehörigen Litzen vornehmen. Während die eine Platine Arbeitsleistung vollbringt, befindet sich die andere in einer Ruhestellung, in der die Auswahl durch Anschlag des Kartenzylinders getroffen werden kann. Daraus ergibt sich, daß die Doppelhub-Jacquardmaschine eine volle Arbeitsleistung erst nach zwei Stuhlumdrehungen vollbracht hat. Dies ist, wie auch bei den Schaftmaschinen, das typische Merkmal des Doppelhubprinzips. Man gewinnt durch diese Arbeitsmethode an Zeit für den Winkel, den man innerhalb des Kurbeldrehkreises für die Auswahl der Platinen und für den Anschlag des Kartenzylinders vorsehen mußte. Somit können Doppelhub-Jacquardmaschinen grundsätzlich um den gekennzeichneten Betrag schneller laufen, sofern die Fachhöhe und sonstige die Drehzahl behindernde Einflüsse gleichgehalten werden.

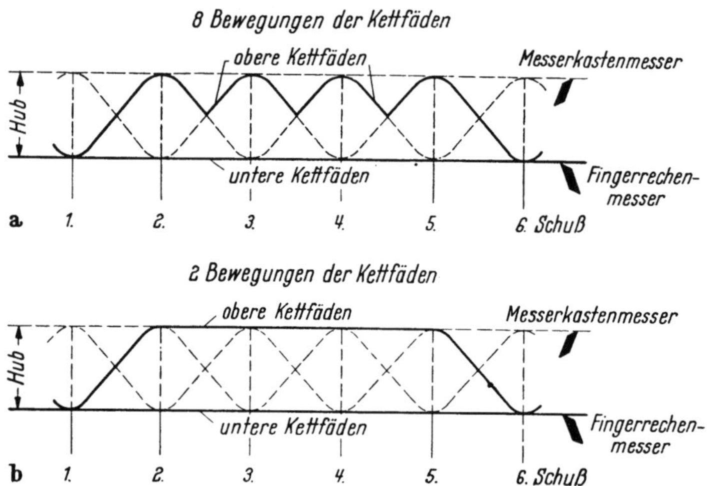

Abb. 303a u. b. Bewegungsdiagramm a) der Doppelhub-Halboffenfach-, b) der Doppelhub-Ganzoffenfach-Jacquardmaschinen

Doppelhub-Jacquardmaschinen sind aus den gekennzeichneten Gründen unumgänglich notwendig, wenn mit großer Fachhöhe gearbeitet wird. Auf der anderen Seite ermöglichen sie bei normaler Fachhöhe eine Stuhldrehzahl, die den Anforderungen an einen modernen Webstuhl durchaus gerecht werden. Darin ist auch eine ganz besondere Sicherheit der Betriebsweise moderner Jacquardmaschinen, die nach dem Doppelhubprinzip arbeiten, gegeben.

Halboffenfach — Offenfach. Die nach dem Doppelhubprinzip arbeitenden Jacquardmaschinen kennen noch zwei bedeutsame Varianten: die Halboffenfach-Jacquardmaschine und die Ganzoffenfach-Jacquardmaschine.

Der technologische Unterschied ist aus der Abb. 303a u. b ersichtlich, die Gegenüberstellung der Platinenbewegung bei einer Doppelhub-Halboffenfachmaschine und einer Doppelhub-Ganzoffenfachmaschine (die Darstellung wurde an Hand von Konstruktionen der Webereimaschinen-GmbH. Grosse durchgeführt).

Halboffenfach heißt: Die Kettfäden, die mehrere Schuß hintereinander hochbinden, gehen nicht nach jedem eingetragenen Schuß zurück in das Unterfach. Sie werden nur um die Hälfte des Messerhubes gesenkt, gehen also in die *Halboffenfachstellung* und werden von dem nach oben gehenden Messer wieder in die Offenfachstellung angehoben. So zeigt die Abb. 303a, wie eine Platine, die beim ersten Schuß tief bindet, während der Schüsse *2* bis *5* hoch bindet, wobei sie jedesmal zurück in die Mittelfachlage geht. Beim sechsten Schuß bindet die Platine wieder tief.

Ganzoffenfach heißt: Die Kettfäden, die mehrere Schüsse hintereinander hochbinden, gehen nicht nach jedem eingetragenen Schuß in die Halboffenfachstellung zurück, sondern die dazugehörigen Platinen werden in der Offenfachstellung durch einen separaten Messerrechen mustergemäß arretiert (aufgehängt). Der betreffende Messerrechen ist über den Platinenmessern angeordnet und wird durch Kurvenexzenter horizontal gesteuert. Die Arretierung wird nach jedem eingetragenen Schuß bzw. nach jeder Einlesung erneuert, und zwar so, daß das nach oben gehende Hubmesser die auf dem Arretiermesser hängenden Platinen etwa 3—4 mm kurz anhebt, diese dann aber wieder dem Arretiermesser übergibt, sofern der zu arretierende Platinenschenkel durch die Karte nicht abgedrückt ist. Die Bewegung der Kettfäden ist aus der Abb. 303b ersichtlich. Man erkennt, wie vergleichsweise ein Kettfaden beim ersten und sechsten Schuß tief, dazwischen aber in der Hochfachstellung stehenbleibt.

Vergleicht man diese beiden Bewegungsarten an Hand des Diagramms, so erkennt man, daß die Halboffenfachmaschine gegenüber der Offenfachmaschine sehr viel nutzlosen Hub der Platine steuert. Im Hinblick auf die Beanspruchung der Kettfäden ergibt sich noch der Schuß, daß die Kettfäden bei den nahezu stillstehenden Platinen im Oberfach bei der Ganzoffenfach-Jacquardmaschine eine geringere Beanspruchung erfahren als bei der Halboffenfachmaschine, eine Tatsache, die sich jederzeit durch Fadenbruchmessungen überprüfen läßt.

4. Die Schrägfachjacquardmaschine findet ebenfalls ihre Parallele zur Schrägfachbildung bei der Schaftmaschine. Die Schrägfachbildung wird hier durch eine Winkelführung sowohl des Messerkastens als auch des Platinenbodens in einer noch näher zu erörternden Weise erzielt.

5. Jacquardmaschinen für spezielle Gewebe können einer unter 1. bis 4. angeführten Abteilung angehören, jedoch sind diese Maschinen so gebaut, daß sie nur für eine bestimmte Warengattung einsatzbereit sind, d. h. z. B. Jacquardmaschinen für Doppelplüsch, für Frottiergewebe, für Damaste, Drehergewebe usw.

6. Verdolmaschinen unterscheiden sich von den anderen gebräuchlichen Jacquardmaschinen lediglich durch die Vorschaltung eines weiteren Nadelsystems. Die prinzipielle Wirkungsweise der Jacquardmaschine wird durch die Vorschaltung eines solchen Verdolsystems nicht geändert. Vielmehr ist es möglich, daß ein Verdolnadelsystem einer jeden unter 1. bis 6. beschriebenen Konstruktion vorgeschaltet werden kann. Der Vorteil des Verdolsystems ist lediglich die Steuerung der einzelnen Platinen mit Hilfe einer Papierkarte. Die Vollendung einer Papierkarte erfordert aber eine Relaisübertragung, und damit ist auch die Wirkungsweise des Verdolaggregates insofern verständlich, als ja Papierkarten nicht die ständige Wechselbelastung des schlagenden Kartenzylinders übernehmen können. Es ist also fraglich, ob man die Verdolmaschine wie hier als 6. unter den verschiedenen Jacquardmaschinen ansprechen soll oder ob sie nicht eine andere Zuordnung haben müßte.

In technologischer Hinsicht unterscheiden wir die verschiedenen Jacquardmaschinentypen nach dem *Stich*, d. h. nach der Entfernung der einzelnen Bohrungen am Kartenzylinder bzw. am Nadelbrett, gemessen von Lochmitte zu Lochmitte. Gleichzeitig mit diesem Unterscheidungsmerkmal wird in der Regel in der Praxis auch die Maschinengröße mitdiskutiert, d. h. die Zahl der in einem Jacquardmaschinenaggregat enthaltenen separat steuerbaren Platinen.

Nach dem Stich unterscheiden wir heute (vgl. Tab. 11):

Tabelle 11

Stichart	Lyoner Grobstich	Wiener Feinstich	Vincenzi	Endl. Papierkarte
Teilung „a"	6,85 mm	5,78 mm	4,00 mm	5,20 mm
Lochdurchmesser in der Karte „b"	5,0 mm	3,8 mm	3,0 mm	2,4 mm
Nadelstärke „c"	1,7 mm	1,7 mm	1,5 mm	0,7 mm
Verhältnis Lochdurchmesser Nadelstärke	1 : 2,90	1 : 2,29	1 : 2,00	1 : 3,43

Chemnitzer-, Wiener-, Lyoner-, Berliner- usw. *Grobstich*, Wiener-, Elberfelder-, Krefelder-, Lacasse-, Vincenzi- und französischen usw. *Feinstich* sowie den *Verdolstich* (auch „endlose Papierkarte").

Von den hier genannten Sticharten gewinnt in der moderneren Zeit der Verdolstich immer mehr an Bedeutung. Dies ergibt sich aus der mit Verdolstich resultierenden größeren Betriebssicherheit sowie aus den wirtschaftlichen Vorteilen.

b) Die Betriebssicherheit der verschiedenen Kartensysteme

Diese hängt weitestgehend von dem Zahlenverhältnis zwischen dem Lochdurchmesser in der Karte und der Stärke der Nadel ab, also von dem Maß des Spielraums, den die Nadel in dem Kartenloch besitzt. Die in nachfolgender Tabelle aufgestellte Vergleichsmöglichkeit läßt ein eindeutiges Urteil zu. Aus der Tabelle kann man neben der bildlichen und größenordnungsmäßigen Darstellung der verschiedenen Sticharten die übrigen Maße wie die Teilung und den Lochdurchmesser sowie die Nadelstärke sehr leicht ablesen. Im Vergleich der verschiedenen Sticharten untereinander erkennt man, daß im Hinblick auf die Betriebssicherheit die Vincenzi-Teilung (französischer Feinstich) das ungünstigste Bild ergibt, während die Teilung der endlosen Papierkarte das vorteilhafteste Verhältnis zwischen Nadel- und Lochdurchmesser aufweist. Der hier bildlich dargestellte Vorteil ist darin zu sehen, daß die Nadel einen größeren Bewegungsspielraum im Kartenloch besitzt. Ein Vorteil, der sich bei Maßschwankungen des Papiers bei klimatischen Änderungen ergibt; desgleichen bei geringfügigem Spielraum der Nadeln selbst.

Die wirtschaftlichen Vorteile der endlosen Papierkarte gegenüber der Pappkarte gehen daraus hervor, daß z. B. je 8 Karten Wiener Feinstich eine Gesamtkartenlänge von 69,5 cm, dagegen 8 Schuß bei der endlosen Papierkarte nur eine Länge von 22 cm aufweisen. Zu dieser leicht erkennbaren Ersparnis an Fläche tritt ein wesentlicher Gewichtsunterschied:

100 Karten 800er Wiener Feinstich wiegen etwa 8,4 kg,
100 Schuß endloses Papier dagegen nur etwa 0,160 kg.

Hieraus ergibt sich an weiteren Vorteilen: Raumersparnis beim Lagern, erleichtertes Ein- und Aushängen der Kartenspiele.

Hinzu kommt noch der geringe Anschaffungspreis und der Fortfall des Schnürens.

Mit den hier gekennzeichneten verschiedenen Sticharten kann man bei geeigneten sonstigen Vorrichtungen am Webstuhl jede Bindungstechnik herstellen und jede Musterung zur Ausführung bringen. Es ist mit Rücksicht auf die Nadelteilung und verbunden damit die in der Jacquardmaschine unterzubringende maximale Platinenzahl erklärlich, daß, je größer der Musterungsanspruch wird, um so mehr die Entscheidung für Jacquardmaschinen mit feinerer Teilung fallen muß. Mit den Grobstichmaschinen können also praktisch nur grobfädige Gewebe hergestellt werden bzw. auch feinfädige Gewebe, aber mit Rücksicht darauf, daß Grobstichmaschinen keine so große Platinenzahl bei vernünftigen Maschinenabmessungen enthalten können, ist es nicht möglich, bei feinem Seidengewebe im allgemeinen ihre üblichen Musterungsansprüche zu befriedigen. Maßgebend für die Entscheidung, ob Grobstich- oder Feinstichmaschinen verwendet werden sollen, ist also in erster Linie die Anzahl der muster- und bindungsmäßig zu steuernden verschiedenen Kettfäden. Für die großgemusterten Gewebe kommen nur die Feinstichmaschinen in Frage, die, wie bereits betont, ein größeres Fassungsvermögen für Platinen auf gleichem Bauraum aufweisen.

Es ist zu berücksichtigen, daß die Grobstichmaschinen einfacher gestaltet sind und weitaus übersichtlicher und somit auch anspruchsloser sind. Bei den Feinstichmaschinen gilt das Gegenteil. Man kann somit sagen, daß man die Arbeit bei den Feinstichmaschinen nur dem besser qualifizierten Arbeiter übertragen sollte, und durch diese Unterscheidung ist auch ein Hinweis gegeben auf den möglichen Einsatzbereich.

Die in der nachfolgenden Tab. 12 dargestellten Maschinengrößen geben eine Übersicht bei verschiedenen Stichzahlen.

Tabelle 12[1]

Maschine	Reihen Längs	Reihen Quer	Platinen
		I. Wiener oder sächsische grobe Teilung	
100er	4	26	= 104
200er	4	51	(25:26) = 204
200er	8	26	(26) = 208
300er	6	51	(25:26) = 306
400er	8	51	(25:26) = 408
500er	10	51	(25:26) = 510
600er	12	51	(25:26) = 612
800er	12	68	(34:34) = 816
1000er	12	87	(25:26:25:11) = 1044 usw.
		II. Feine Wiener Teilung	
100er	4	28	(28) = 112
200er	4	55	(27:28) = 220
300er	6	55	(27:28) = 330
300halbe	12	28	= 336
400er	8	55	(27:28) = 440
500er	10	55	(27:28) = 550
600er	12	55	(27:28) = 660
700er	14	55	(27:28) = 770
800er	16	55	(27:28) = 880
900er	12	82	(27:28:27) = 984
1000er	14	82	(27:28:27) = 1148
1200er	16	82	(27:28:27) = 1312

[1] Entnommen aus STAENGLE: Gedanken zur rationellen Vorrichtung der Jacquardmaschinen. Textil-Praxis 1947, S. 235.

Tabelle 12 *(Fortsetzung)*

Maschine	Reihen Längs	Reihen Quer	Platinen
			III. Grobe Elberfelder Teilung wie I. mit folgenden Abweichungen
400er	8	52	(26:26) = 416
600er	10	62	(31:31) = 620
800er	10	80	(27:26:27) = 800
900er	10	84	(28:28:28) = 840 usw.
			IV. Grobe Berliner Teilung wie I. mit folgenden Abweichungen
400er	8	52	(26:26) = 416
600er	12	55	(28:27) = 660
800er	12	70	(5:20:20:20:5) = 840
900er	12	83	(4:25:25:25:4) = 996 usw.
			V. Grobe englische Teilung
300er	8	44	(15:14:15) = 352
			VI. Feine englische Teilung
1000er	16	72	(36:36) = 1152
			VII. Lacasse — oder französische feine Teilung
100er	4	28	4×(28) − 8 = 104
200er	8	28	8×(28) − 8 = 216
300er	6	56	6×(28:28) − 16 = 320
400er	8	56	8×(28:28) − (4×4) = 432(!)
400er	16	28	16×(28) − 8 = 440(!)
600er	12	56	12×(28:28) − 16 = 656(!)
880er	16	56	12×(28:28) − (4×4) = 880(!)
1000er	12	84	12×(28:28:28) − 24 = 984
1100er	14	84	14×(28:28:28) − 24 = 1152
1300er	16	84	16×(28:28:28) − 24 = 1320(!)
1700er	16	112	16×(28:28:28:28) − 32 = 1760
2200er	16	140	16×(28:28:28:28:28) − 40 = 2200
2600er	16	168	16×(28:28:28:28:28:28) − 48 = 2640
			VIII. Feine Schroersche Teilung
400er	6	67	= 402
500er	8	67	(33:34) = 536(!)
600er	6	100	= 600
600er	10	67	= 670
800er	8	100	= 800
800er	12	67	(33:34) = 804(!)
1000er	10	100	= 1000
1000er	16	67	(34:33) = 1072(!)
1200er	12	100	(33:34:33) = 1200(!)
1400er	14	100	= 1400
1600er	16	100	(33:34:33) = 1600(!)
Verdolstich			
100er	4	28	= 112
200er	8	28	= 224
300er	12	28	= 336
400er	16	28	= 448
400er	8	56	= 448
600er	12	56	= 672
800er	16	56	= 896
900er	12	84	= 1008
1200er	16	84	= 1344

Wegen des besonderen Interesses, das man heute den endlosen Papierkarten unter den oben gekennzeichneten Gesichtspunkten entgegenbringt, soll die Ausführungsart dieser Papierkarte noch einmal durch nachfolgende Tabelle genauer dargestellt werden. Die Platinenzahl der Maschine basiert auf 448; die anschließenden Größen stellen jeweils ein Vielfaches dieser Zahl dar (vgl. Tab. 13).

Tabelle 13. *Normal-Ausführungen*

Platinenzahl	448	896	1344	1792	2688
Karten-einteilung	einkartig	einkartig	einkartig oder 896 + 448	896 + 896	1344 + 1344 oder 896+896+896

Die Unterteilung des Kartenzylinders, wie dies aus der Tabelle ersichtlich ist, darf als das gegebene Mittel anzusehen sein, um atmosphärische Einflüsse auf das Kartenpapier herabzumindern, daß sie keine Störungen mehr hervorrufen können.

Weiterhin kann diese Unterteilung mit Rücksicht auf die Eigenart der betreffenden Musterung erfolgen.

Die Größe der notwendigen Jacquardmaschine hängt also von der Gewebemusterung, d. h. von der Gesamtgewebedichte sowie von der Breite eines Bindungsrapportes ab. Man berechnet die erforderliche Jacquardmaschinengröße nach einer einfachen Gleichung:

Kettfadendichte pro cm × Rapportbreite in cm,

z. B. 20 Kettfaden pro cm × Rapportbreite 30 cm gibt 600 Kettfäden pro Musterrapport. Es ist also eine 600er Maschine erforderlich.

Dabei kann man sich entsprechend der Tab. 12 zu einer bestimmten Maschinenart, d. h. Stichart, entscheiden. Diese Entscheidung wird wesentlich dadurch beeinflußt, welche Jacquardmaschinen im Betrieb bereits laufen. Hier ist ein wesentlich organisatorisches Problem insofern zu erkennen, als man sich in der Wahl der jeweiligen Webstühle keiner Beschränkung unterwerfen möchte. Man will in der Lage sein, den gleichen Artikel heute auf diesem oder jenem Webstuhl herstellen zu können. Wer also für das obengenannte Beispiel eine 600er Grobstichmaschine oder mehrere derselben hat, wird sich bei neuem Bedarf auch wieder zu einer solchen Maschine entscheiden müssen. Im Falle einer Neuanschaffung von Jacquardmaschinen überhaupt, wird man zweckmäßig auf modernere Typen, d. h. Papierkartenmaschinen, übergehen.

c) Die Jacquardmaschinentypen

Die in der Abb. 301 dargestellte Maschine ist in dieser Ausführungsform heute nur noch für die Verwendung auf Handwebstühlen zu Musterungszwecken denkbar.

Die Verwirklichung dieses Konstruktionssystems für die Verwendung auf schnellaufenden mechanischen Webstühlen ist in erster Linie deswegen nicht möglich, weil diese nur mit Hochfach arbeitende Maschine eine zu geringe Drehzahl im Vergleich zum mechanischen Webstuhl hat (vgl. S. 218).

Für die Verwendung auf mechanischen Webstühlen kommen nur zwei Grundtypen von Jacquardmaschinen in Frage:

1. Jacquardmaschinen für Hoch- und Tieffach,
2. Jacquardmaschinen für Doppelhub.

1. Jacquardmaschinen für Hoch- und Tieffach. Bei der Fachbildung durch eine Hoch- und Tieffach-Jacquardmaschine wird ein Teil der Kettfäden aus der horizontalen Ruhelage in das Oberfach gehoben, der andere Teil in das Unterfach gesenkt.

Mit Hilfe des Messerkastens wird die Hebung der Platinen und somit auch der Kettfäden aus der Mittelstellung heraus ins Oberfach vorgenommen. Der für die Fachbildung abwärtsgehende Platinenboden läßt die Platinen, deren Nasen von den Messern weggedrückt wurden, nach unten folgen. Die Kettfäden werden durch den Zug der Anhängeeisen abwärts ins Unterfach bewegt. Bei dieser Maschine wird also nicht nur der Messerkasten, sondern auch der Platinenboden auf- und abwärts bewegt.

Bei einer Hoch- und Tieffach-Jacquardmaschine wird das Kettfadenmaterial durch die Fachbildung weniger beansprucht, da sich die Fachhöhe aus der Hebung und Senkung je einer Fadenpartie zusammensetzt. Hierdurch ist eine wesentliche Beeinflussung der Webstuhldrehzahl gekennzeichnet (vgl. S. 218).

Die Abb. 302 soll das oben gekennzeichnete Bewegungsprinzip erläutern. Hiernach werden die Zugstangen *z* und *z 1* und durch diese die Jacquardmaschinenhebel *mkh* und *pbh* von der Kurbelwelle aus durch Exzenter bewegt. Durch *mkh* erfolgt eine Bewegung des Messerkastens *mk*, durch *pbh* eine Bewegung des Platinenbodens *pb*. Zur schematisierten Darstellung sind die beiden Platinen *p 1* und *p 12* (z. B.) noch dargestellt.

Moderne Hoch- und Tieffach-Jacquardmaschinen werden nicht mehr in der hier in prinzipieller Darstellung gezeigten Weise angetrieben. In der Regel findet man heute bei dieser Maschinentype die gleichzeitige Kombination mit der Schrägfachbildung.

2. Jacquardmaschine für Schrägfach. Wie bereits bei der Schaftmaschine besprochen, so ergibt sich auch bei der Jacquardmaschine ein unreines Fach,

Abb. 304. Hoch- und Tieffach-Jacquardmaschine für Schrägfachbildung (Zangs) (Steuerung der Platinen durch Verdol-Vornadelwerk)

wenn der Harnisch eine über nur wenige Zentimeter hinausgehende Tiefe enthält, denn zwangsläufig erhält man bei einem sehr tiefen Harnisch ein strahliges, unreines Fach. Dabei erfahren die hinteren Kettfäden, da sie mehr auf der Ladenbahn aufliegen als die vorderen, eine größere Reibung. Aus diesem Grunde sollen die hinteren Jacquardlitzen um so viel höher gehoben bzw. tiefer gesenkt werden, daß alle Kettfäden bei geöffnetem Fach in der gleichen Linie liegen. Sollen die hinteren Kettfäden höher gehoben bzw. tiefer gesenkt werden, so muß die Platinenzahl je Querreihe in der Jacquardmaschine mit der Anzahl der Bohrlöcher je Querreihe im Chorbrett übereinstimmen. Dann ist eine Schrägfachbildung durch die Jacquardmaschine möglich.

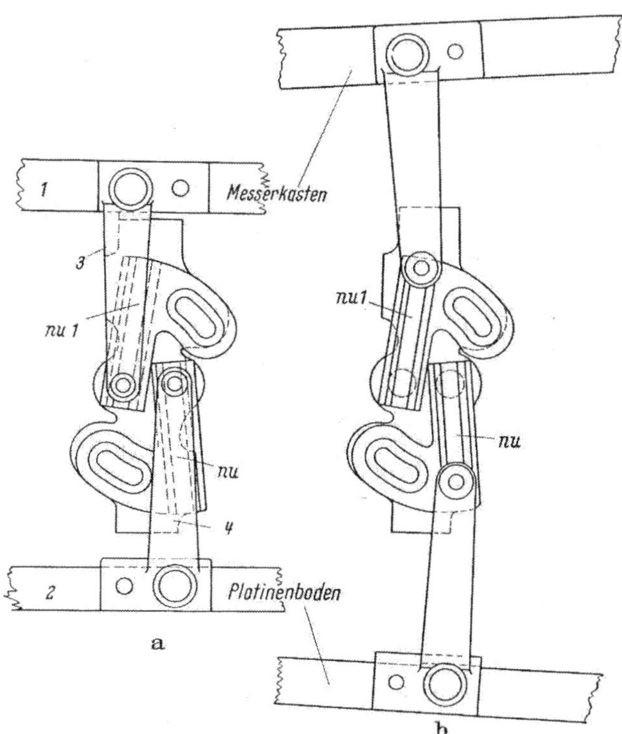

Abb. 305a u. b. Die Schrägfachbildung

Die Abb. 304 zeigt ein Querschnittsfoto durch eine Hoch- und Tieffach-Jacquardmaschine für Schrägfachbildung. (Es wird gleichzeitig darauf hingewiesen, daß die Steuerung der Platinen durch ein Verdol-Vornadelwerk erfolgt.) Die Betätigung von Messerkasten und Platinenboden erfolgt durch den in der Abb. 304 erkenntlichen Doppelhebel oberhalb des Messerkastens. Die Schrägführung ist aus der Abb. 305a zu erkennen. Der Messerkasten *1* wird durch einen Hebel *3* über Rolle in einer Nut (*nu 1*) stabilisiert. Desgleichen wird der Platinenboden *2* über Hebel *4* in einer Nut (*nu*) stabilisiert. Während der Messerkasten eine Aufwärtsbewegung macht, muß die Rolle in der Nut der jeweiligen Schrägeinstellung folgen. Das gleiche gilt für den Platinenboden. So erfolgt, wie aus der Abb. 305b erkenntlich ist, sowohl eine Schrägstellung des Messerkastens als auch des Platinenbodens. Mit Hilfe der in den Abbildungen erkenntlichen Langaugen ist die jeweilige Schrägstellung der Nuten regulierbar und somit auch das reine Fach.

Jacquardmaschine für Doppelhub. Wie bereits bei Schaftmaschinen (und auch S. 144) besprochen wurde, erreicht man durch das Doppelhubprinzip eine höhere Drehzahl. Dies ist in besonderem Maße bei der Jacquardmaschine kennzeichnend. Bei den Jacquardmaschinen ist es nun für die Erzielung des Doppelhubprinzips notwendig, daß alle steuernden Aggregate doppelt vorhanden sind, d. h. man braucht für die Doppelhub-Jacquardmaschine je Harnischstruppe zwei Platinen und somit für die kraftschlüssige Bewegung zwei Messerkästen und entsprechend zwei Steuernadelsysteme und schließlich auch zwei Prismen.

Auf S. 202 wurde hervorgehoben, daß wir bei Jacquardmaschinen zwischen *Halboffenfach-Jacquardmaschinen* und *Ganzoffenfach-Jacquardmaschinen* oder in der Folge kurz *Offenfach-Jacquardmaschinen* unterscheiden. Bei beiden Maschinentypen haben wir eine Arbeitsweise, die als Doppelhub anzusprechen ist.

3. Halboffenfach-Jacquardmaschinen. Eine solche prinzipielle Anordnung ist aus der Abb. 306 ersichtlich. Die Platinen P_1 und P_2 betätigen gemeinsam eine Platinenstruppe und damit auch die entsprechenden Harnischschnüre. Während die Platine P_1 durch eine Nadel *1* und durch den Kartenzylinder Z_1 gesteuert wird, erhält die Platine P_2 ihre Steuerung durch eine Nadel *2* und einen Kartenzylinder Z_2.

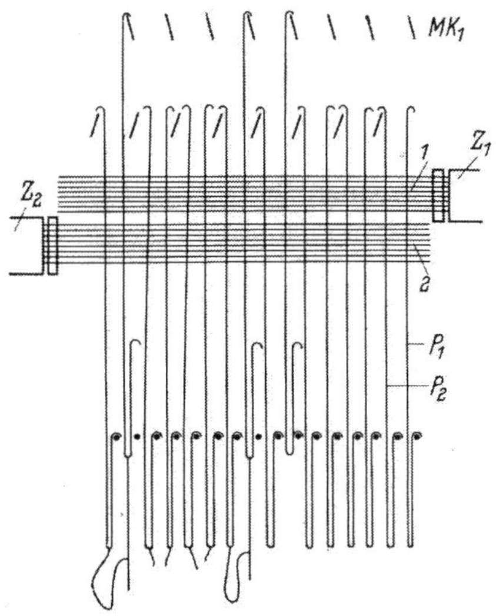

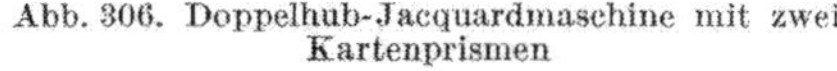
Abb. 306. Doppelhub-Jacquardmaschine mit zwei Kartenprismen

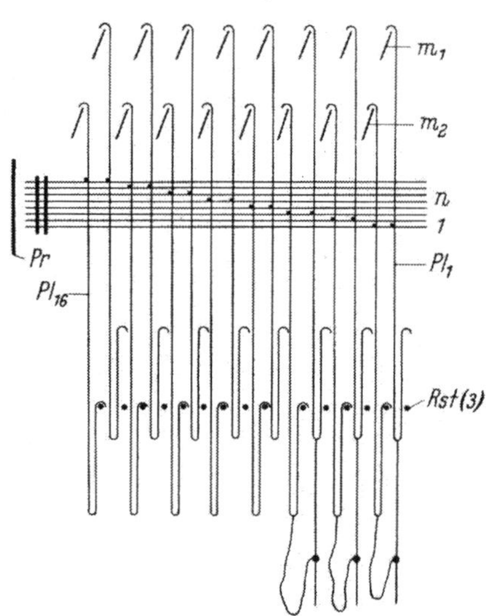

Abb. 307. Doppelhub-Jacquardmaschine

Es ist aus der Zeichnung ersichtlich, daß jedes Nadelsystem durch einen besonderen Messerkasten *3* oder *4* formschlüssig betätigt wird.

Diese Konstruktion, die in echter Weise das Doppelhubprinzip vertritt, hat, wie schon aus der Abbildung erkenntlich ist, für die Praxis den Nachteil, daß bei großer Platinenzahl die Verdoppelung der Steuerorgane zu einer sehr großen Unübersichtlichkeit führt. Eine Vereinfachung, die jedoch das Grundprinzip grundsätzlich beibehält, zeigt die Abb. 307.

Die Platinen P_1 und P_2 werden durch eine einzige Nadel *1* und schließlich vom zugehörigen Kartenzylinder aus gesteuert. Während z. B. die Platine P_1 auf einem Messer m_1 aufliegt, erfolgt durch den zwischenzeitlichen Anschlag des Kartenzylinders mit Hilfe der Nadel *1* die Steuerung der Platine P_2 zum Messer m_2. Die arbeitende Platine P_1 wird durch den Anschlag des ungelochten Kartenzylinders und durch die damit verbundene Bewegung der Nadel *1* etwas durchgekrümmt, damit eine Steuerung der Platine P_1 erfolgen kann. Die Platinen sind

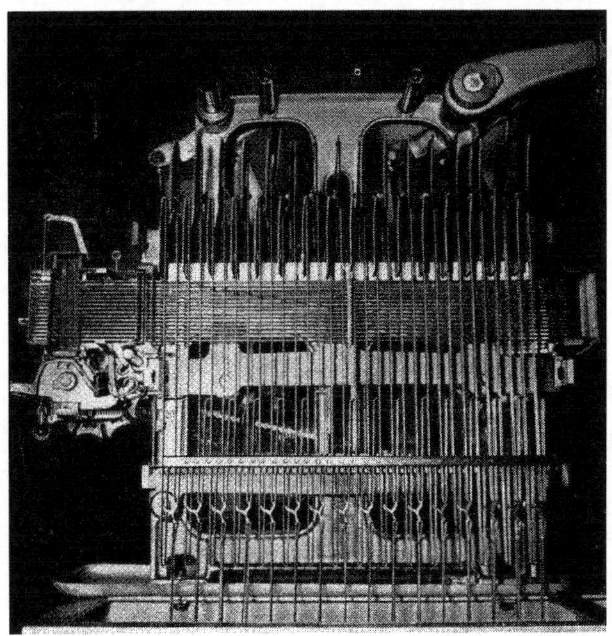

Abb. 308. Doppelhub-Jacquardmaschine mit Verdol-Vornadelwerk (Zangs)

nach unten durch Füße ausgebildet, die in der Ruhelage auf dem sog. Platinenrost *3* aufstehen. Wie das hier gezeigte Prinzip in der Praxis verwirklicht worden ist, zeigt eine Querschnittsabbildung (Abb. 308) durch eine Doppelhub-Jacquardmaschine mit Verdol-Vornadelwerk.

Aus der Abb. 309 ist eine schematische Darstellung als Gegenüberstellung von Doppelhubplatinen verschiedener Art gekennzeichnet. Es handelt sich um Ausführungsarten von Grosse.

Dem einfachen Nadeleinsatz sind zwei Platineneinsätze zugeordnet. Diese Anordnung ergibt sich durch die gegenläufige Arbeitsweise der beiden Messerkästen. Es ist dies das typische Kennzeichen des Doppelhubprinzips und hat den Vorteil zur Folge, daß jeder Messerkasten bzw. jeder Platineneinsatz nur mit der halben Webstuhldrehzahl läuft. Jeder Nadel sind also zwei Platinen zugeordnet, die im Zusammenspiel,

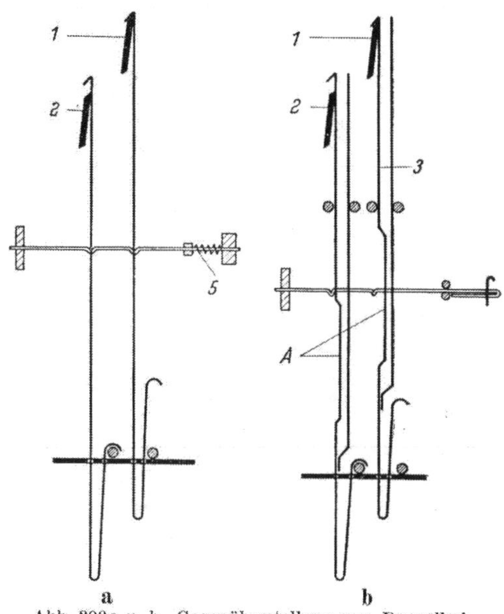

Abb. 309a u. b. Gegenüberstellung von Doppelhub-Jacquardplatinen

bewegt durch die Messer *1* des Messerkastens und Messer *2* des Fingerrechens, über einen Dreibockhaken den Harnischfaden bzw. den Kettfaden dirigieren (vgl. Abb. 309a).

Das in der Abb. 309b dargestellte System ist ein neuartiges Nadel- und Platinenwerk (Grosse), das ein leichtes Auswechseln der Nadeln und Platinen ermöglicht. Die selbstfedernd ausgebildete Platine hat eine Kröpfung *A*, durch die verhindert wird, daß die im Offenfach auf dem Hubmesser hängende Platine von der auf Abdruck stehenden Nadel erfaßt und durchgebogen wird, wie man dies an der Platine *3* in Abb. 309b ablesen kann. Außerdem entfallen bei dieser Platinenausführung die kleinen Federn *5* am Nadelschloß (vgl. Abb. 309a).

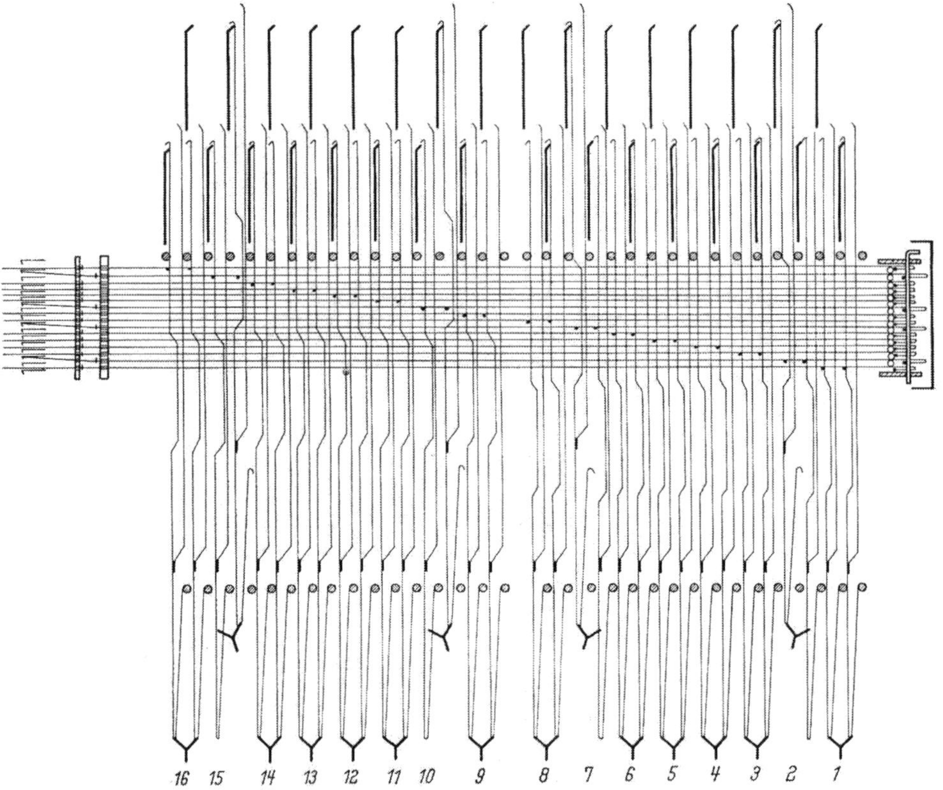

Abb. 310. Patent-Nadel- und Platineneinsatz einer Doppelhub-Jacquardmaschine für endlose Papierkarten (Verdol) (Modell IEDH — Grosse)

Auch hier sind dem einfachen Nadelsystem, bedingt durch das Doppelhubprinzip, zwei Platineneinsätze zugeordnet. Es ergeben sich die gleichen Vorteile, die bereits erwähnt wurden. Die Abb. 310 zeigt in schematischer Darstellung das Nadel- und Platinensystem einer solchen Doppelhubmaschine für endlose Papierkarte mit den auswechselbaren Platinensätzen der Abb. 309b.

4. Gegenüberstellung der Hoch- und Tieffach-Jacquardmaschine mit der Doppelhub-Jacquardmaschine. Die chronologische und dispositive Abhandlung der verschiedenen Jacquardmaschinentypen könnte den Eindruck erwecken, daß für die Hoch- und Tieffach-Jacquardmaschinen keine Daseinsberechtigung mehr erblickt werden kann. Aus diesem Grunde sollen hier noch einmal Gegenüberstellungen erfolgen.

Bei den Doppelhub-Jacquardmaschinen werden diejenigen Kettfäden, die entsprechend der Musterpatrone beim nächsten Schuß in der eingenommenen Fachlage verharren, nur in die Halboffenfachlage zurückgeführt oder verharren überhaupt in der eingenommenen Lage. Daraus ergibt sich eine besondere Schonung des Kettfadenmaterials. Die Drehzahlen der Doppelhub-Jacquardmaschinen sind höher als bei Hoch- und Tieffach-Jacquardmaschinen. Doppelhub ist also besonders günstig bei der Verarbeitung von Ketten mit sehr dichter Einstellung und bei rauhen Garnen. Für die dicht geschlagene Ware ist die Doppelhub-Jacquardmaschine jedoch nicht besonders geeignet, weil die Kette im Sack vor-

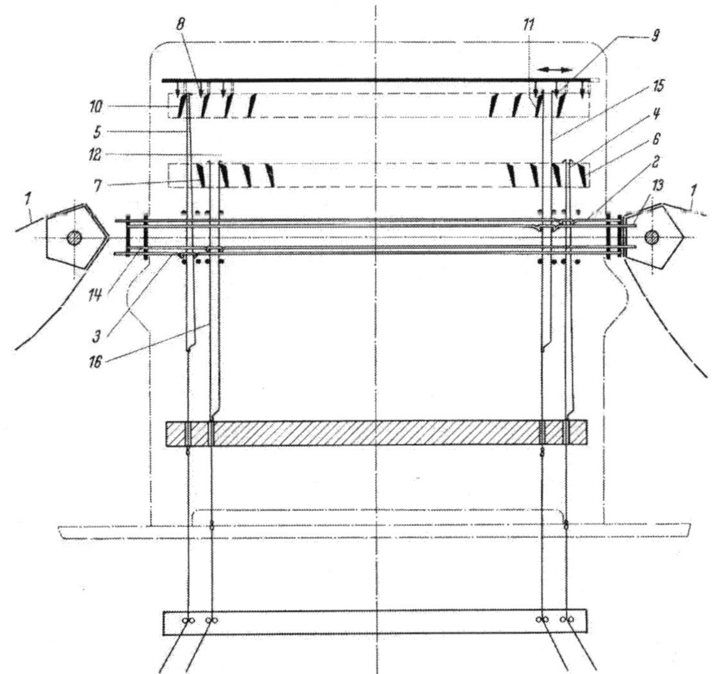

Abb. 311. Schema der 2-Zylinder- (Ganz-) Offenfachmaschine (Mod. 1Or — Grosse)

gerichtet werden muß. Schon für mittelschwere Ware benötigt die Doppelhub-Jacquardmaschine schwerere Anhängeeisen als die Hoch- und Tieffach-Jacquardmaschine, weil sonst die Vielzahl der Anhängeeisen beim Ladenanschlag zu tanzen beginnt. Die Harnischabnützung aber ist wesentlich abhängig von der Schwere der Anhängeeisen und der Drehzahl der Maschine. Man muß auch bedenken, daß die Doppelhubmaschine bei gleicher Maschinengröße teurer als die Hoch- und Tieffach-Jacquardmaschine ist.

5. Offenfach-Doppelhub-Jacquardmaschine. Bei den nachfolgend beschriebenen Maschinentypen wird die Bewegungsart der Abb. 303 verwirklicht.

Die prinzipielle Arbeitsweise dieser Ganzoffenfach-Jacquardmaschinen erklärt sich unter Benutzung der Abb. 311 am einfachsten. Die Maschine hat *ein Nadelsystem*, das wechselweise von *zwei Kartenprismen* betätigt wird. Jeder Nadel ist eine Platine zugeordnet, deren beide Schenkel mit einer nach außen stehenden „Nase“ versehen sind. Jeder Schenkel bzw. jede Nase arbeitet mit einem der beiden im Gegenlauf sich bewegenden Messerkasten zusammen (Doppelhubprinzip). Gegenüber der Doppelhubmaschine, bei der jeweils ein Platinenpaar mit einer Nadel zusammenarbeitet, ergibt sich hier der Vorteil, daß keine Dreibockhaken notwendig sind, deren Auswechseln bei den damit ausgerüsteten Maschinen oft Schwierigkeiten macht.

Aus der Abb. 311 sind die vier verschiedenen Platinenstellungen ersichtlich: Die Platine *4* steht in der Unterfachstellung. Der von der Nadel *2* abgedrückte Platinenschenkel kann vom Hubmesser *6* nicht erfaßt werden. Die Platine bleibt somit in der Grundstellung.

Die Platine *16* steht ebenfalls in der Unterfachstellung. Die Nadel *14* steht nicht auf Abdruck (Loch in der Dessinkarte). Die Platine wird vom Messer *12* in die Offenfachstellung gehoben.

Die Platine *5*, die entweder auf dem Arretiermesser *8* arretiert war oder durch das Hubmesser *10* ausgehoben wurde, ist durch die Nadel *3* so bewegt worden, daß die dem Arretiermesser *8* zugeordnete Platinennase nicht mehr von diesem erfaßt werden kann; das Hubmesser *10* bringt die Platine nach unten.

Die Platine *15* befindet sich in der Offenfachstellung im arretierten Zustand durch das Arretiermesser *9*. Diese Stellung kann die Platine schon mehrere Schuß hintereinander eingenommen haben. Sie kann aber auch eben durch das Hubmesser *11* nach oben gebracht worden sein. Da die Nadel *13* aber nicht auf Abdruck steht und somit der dem Arretiermesser *9* zugeordnete Schenkel in dem Bereich dieses Arretiermessers liegt, wird die Platine in dieser „Offenfachstellung" aufgehängt oder „arretiert".

Die Vorteile dieser Art der Bewegung der Kettfäden ergab sich aus der zur Abb. 303 ausgeführten Darstellungsweise.

6. Die Jacquardmaschine mit Verdol-Vornadelwerk. Die Steuerung der Jacquardmaschinen durch Papierkarten wurde erst durch die Erfindung von Jules Verdol möglich. Wie aus dieser Erklärung hervorgeht, handelt es sich

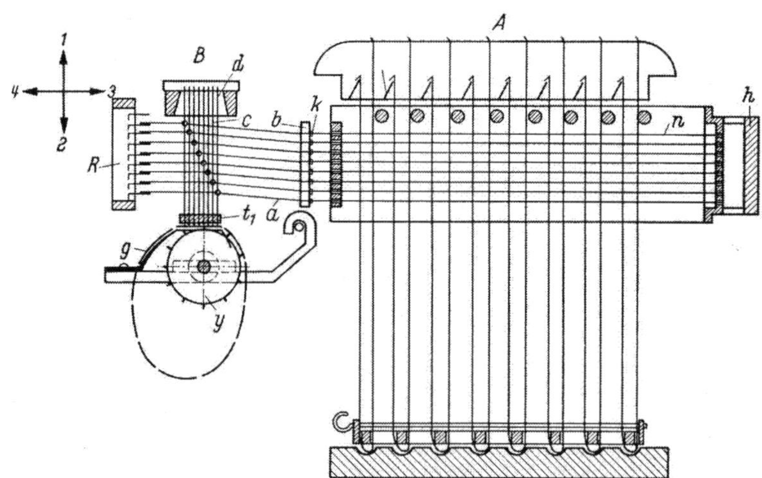

Abb. 312. Wirkungsweise des Verdol-Vornadelwerkes

1, 2, 3, 4 Bewegungsrichtungen des Vornadelwerkes; *R* Rechen; *B* Führung der Fallnadeln *c, d*; t_1 Anschlag (Nadelbrett); *y* Kastenzylinder; *g* Kartenführung; *a* Stoßnadeln mit Führung *b*; *k* Nadelköpfe; *A* Messerkasten; *n* Steuernadeln; *h* Nadelkarten

also lediglich um eine besondere Steuerung. Die eigentliche Jacquardmaschine unterscheidet sich in nichts von den bereits besprochenen Typen. Man sollte daher zur Vermeidung von Irrtümern nicht global von einer Verdolmaschine, sondern, wie bereits in den vorangegangenen Abbildungen, von einer typengebundenen Jacquardmaschine mit Verdol-Vornadelwerk sprechen.

Das der Steuerung dienende Vornadelwerk ist, da es auf relativ schwaches Papierkartenmaterial ansprechen muß, durch eine große Präzision gekennzeichnet. Damit wird diese Maschine gegen Flugstaub und starke klimatische Schwankungen anfällig. Auf der anderen Seite ist eine solche Maschine durch die große Ersparnis an Kartenmaterial, durch die leichte Kopierbarkeit und den gänzlichen Wegfall der Kartenbinderei sehr vorteilhaft.

Die prinzipielle Wirkungsweise dieses Verdol-Vornadelwerkes ist aus den Abb. 312 und 313 ersichtlich. Nach dem gleichen Prinzip arbeiten die Vorrichtungen der Abb. 304 und 308.

Es handelt sich bei der Darstellung um die prinzipielle Wirkungsweise mit dem Winkelschienenrechen.

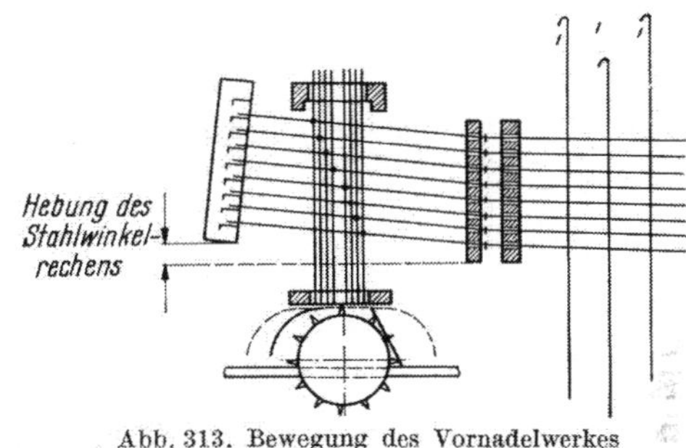

Abb. 313. Bewegung des Vornadelwerkes

Der in der Abb. 312 dargestellte Rechen *R* macht die vier Bewegungen, die in der Zeichnung aufgeführt sind. Zunächst hebt er sich an (*1*), dabei werden die Nadeln *5* von der Karte abgehoben (diesen Zustand zeigt die Abb. 313). Anschließend senkt sich der Rechen wieder (*2*), wobei die Nadeln die Karte abtasten und gegebenenfalls durch die gelochte Karte hindurchfallen. Die Steuernadeln *a* erhalten somit eine dem Musterbild entsprechende Einstellung zum Rechen, der anschließend eine Bewegung nach rechts macht (*3*). Die Steuer-

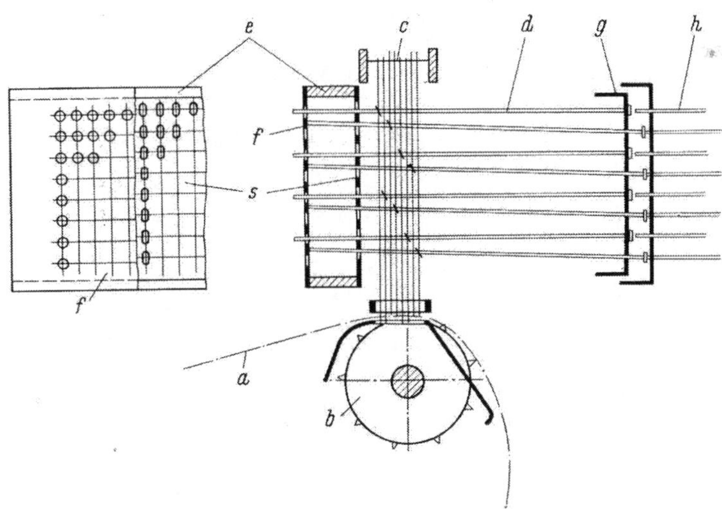

Abb. 314. Druckrost (von Zangs)

nadeln, die auf Grund einer ungelochten Karte angehoben worden sind, werden bei dieser Bewegung des Rechens nach rechts geschoben und es erfolgt eine entsprechende Beeinflussung der Jacquardplatinennadeln *n*. Die Platinen selbst werden dabei vom Messer *m* zurückgedrängt und es erfolgt kein Hochgang. Dagegen werden bei einer gelochten Karte die Steuernadeln gesenkt, sie liegen damit auf der jeweiligen unteren Winkelschiene auf und werden durch den Winkel des Steuerrechens nicht erfaßt. Unter dem Einfluß der Platinenfedern wird damit die Platine selbst gegen das Messer gedrückt und es erfolgt ein Hochgang.

Eine besondere Konstruktion des Druckrechens oder Druckrostes zeigt die Abb. 314 nach einer Konstruktion von Zangs. Die Führung der Stoßnadeln und auch die Druckerteilung wird hier durch die gestanzten Lochscheiben *f*, *s* vorgenommen. Es handelt sich bei der in Abb. 314 dargestellten Konstruktion um die Prinzipienskizze der in den Abb. 304 und 308 gezeigten Querschnittsfotos. Durch die Druckplatte bzw. den Druckrost *f*, der im übrigen die gleichen Bewegungen macht, die bereits in der Abb. 312 beschrieben wurden, werden die Drucknadeln *d* in der bereits dargestellten Weise beeinflußt. Der Unterschied in dieser Vorrichtung besteht darin, daß die von der Karte ausgehobenen Fallnadeln *c* die Drucknadeln *d* so anheben, daß sie von den Stegen zwischen den

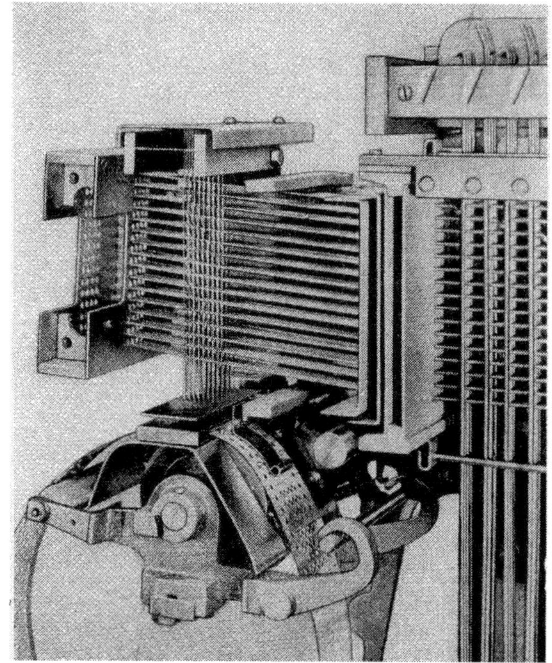

Abb. 315. Vornadelwerk nach Abb. 314 als Querschnittsphoto (Zangs)

einzelnen Lochungen in der gleichen Art beeinflußt werden wie ursprünglich durch die Winkelschienen. Die Druckrostkonstruktion ist dadurch weitaus einfacher geworden, wie auch aus der Abb. 315 ersichtlich ist.

d) Die Drehzahl der Jacquardmaschine

Die Grenze der Höchstdrehzahl ist durch die Grenze der Fallgeschwindigkeit der Harnischgewichte festgelegt. Hierfür bzw. für das Fallen der Gewichte kann man etwa $^5/_{16}$ des Kurbelkreises annehmen (vgl. Abb. 316).

Zwischen Drehzahl und Fachhöhe besteht demnach ein funktionaler Zusammenhang, der in der Abb. 317 dargestellt ist.

Die Weg-Zeit-Funktion des freien Falles

$$h = \frac{g}{2} t^2 \qquad (1)$$

ist eine parabolische Funktion.

Soll die Jacquardmaschine möglichst stoßfrei laufen, dann muß dafür Sorge getragen werden, daß die fallenden Gewichte in der zweiten Hälfte der Fallbewegung nach dem gleichen Gesetz verzögert zum Stillstand kommen.

Aus Gl. (1) leitet sich die Fallzeit mit

$$t = \sqrt{\frac{2h}{g}} \tag{2}$$

ab.

Wird zur Vereinfachung angenommen, daß von der Hälfte des Fallweges ab verzögert wird, dann ist

$$t = 2\sqrt{\frac{h}{g}}. \tag{3}$$

Demnach lautet die Funktion zwischen Drehzahl n und Fachhöhe h

$$n = \frac{60}{t \cdot \frac{16}{5}} = \frac{60 \cdot 5}{32\sqrt{\frac{h}{g}}} = \frac{29{,}343}{\sqrt{h}}. \tag{4}$$

An Hand dieser Gleichung erhält man eine Funktionstabelle, deren diagrammatische Darstellung Abb. 317 zeigt.

Man erkennt:

1. daß es sich um einen hyperbolischen Kurvenverlauf handelt,
2. daß die Drehzahl im praktisch verwendeten Bereich sehr niedrig ist.

Die max. Drehzahlen liegen (entsprechend der Fachhöhen) bei

1. für Seide und Reyon
   $h = 5-9$ cm $\quad n = 131-97{,}8$ U/min,
2. Baumwolle (mittelfein)
   $h = 9-12$ cm $\quad n = 97-84$ U/min,
3. für Wolle
   $h = 12-15$ cm $\quad n = 84-75-69$ U/min,
4. für Teppiche
   $h = 15-30$ cm $\quad n = 75-53$ U/min.

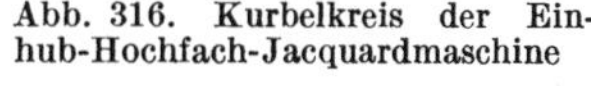

Abb. 316. Kurbelkreis der Einhub-Hochfach-Jacquardmaschine

Diese Berechnung bezog sich, wie aus der Entwicklung der Funktion unter Berücksichtigung des freien Falles und des Fallweges h erkenntlich ist, auf die Hochfach-Jacquardmaschine — also auf ein System, das, wie bereits gekennzeichnet wurde, für mechanische Webstühle heutzutage nicht mehr verwendet wird.

Die nächste Entwicklungsstufe zeigt die Verringerung des Fallweges bei gleicher Fachhöhe durch die sog. Hoch- und Tieffach-Jacquardmaschine. Die Fäden, die auf Grund der Musterbildung in das Oberfach gesteuert werden sollen, werden ausgehoben, während die anderen gesenkt werden (vgl. S. 207). Aus diesem Grunde machen alle Litzen während eines Arbeitsganges nur einen Hub, der der Hälfte der Fachhöhe entspricht.

Die Hoch- und Tieffach-Jacquardmaschine wurde bereits in der Abb. 304 dargestellt.

Da bei dieser Maschine die Platinen und die Harnischgewichte nur den halben Fallweg zurückzulegen haben, erreichen sie für alle Fachaushebungen eine höhere Drehzahl als die einfache Hochfach-Jacquardmaschine.

Die Funktion für diese Maschinen ist in der Abb. 317 dargestellt.

An Hand des Diagramms erkennt man, daß eine beträchtliche Drehzahlsteigerung erzielt werden konnte:

1. für Seide und Reyon
   $h = 5-9$ cm $\quad n = 185-138$ U/min,
2. für Baumwolle (mittelfein)
   $h = 9-12$ cm $\quad n = 138-119$ U/min,
3. für Wolle
   $h = 12-15-18$ cm $\quad n = 119-107-96{,}5$ U/min,
4. für Teppiche
   $h = 15-30$ cm $\quad n = 107-75{,}5$ U/min.

Obwohl diese Maschine eine gute Entwicklung in bezug auf Drehzahlsteigerung ist, darf man nicht vergessen, daß die errechneten Drehzahlen bei dem vorgegebenen Drehwinkel Maximalwerte darstellen und daß bei der Drehzahlsteigerung dem Kartenzylinder immer weniger Zeit zur Verfügung steht, um bei ruhigem und erschütterungsfreiem Anschlag eine sichere Platinenauswahl zu treffen, denn nach der schematischen Darstellung der Abb. 316 steht dem Kartenzylinder nur $^1/_{16}$ der Zeit für eine Kurbelumdrehung zur Verfügung. Diese Grundzeit kann aber bei einer Drehzahlsteigerung nicht verkürzt werden, da sonst die Gefahr besteht, daß eine Fehlauswahl der Platinen und damit ein Bindungsfehler entsteht. Eine Einhaltung der Grundzeit auf Kosten der übrigen Zeiten ist aber nicht möglich, da dann nicht mehr genug Zeit für die übrigen Bewegungen (Schützendurchgang und Fachbildung) zur Verfügung steht. Die beiden Diagramme (Abb. 317 u. 318) stimmen also nicht mit dem tatsächlichen Verlauf der Drehzahlsteigerung überein. Die hier auftretende Fehlerdifferenz wird um so größer, je größer die Fachhöhen selbst werden und je schwerer das zur Musterung zu steuernde Kettmaterial.

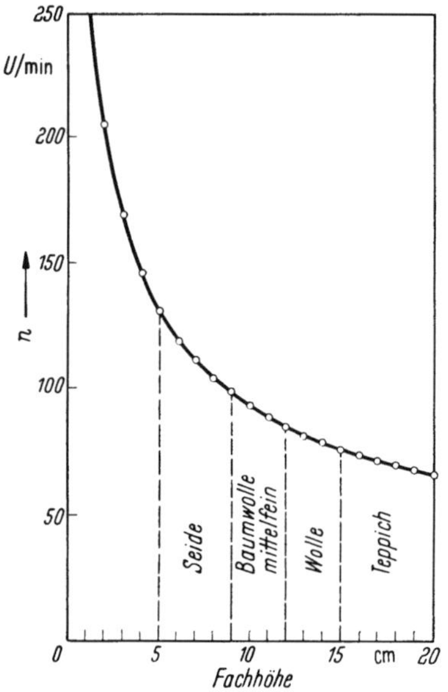

Abb. 317. Drehzahlverlauf bei der Einhub-Hochfach-Jacquardmaschine als Funktion der Fachhöhe

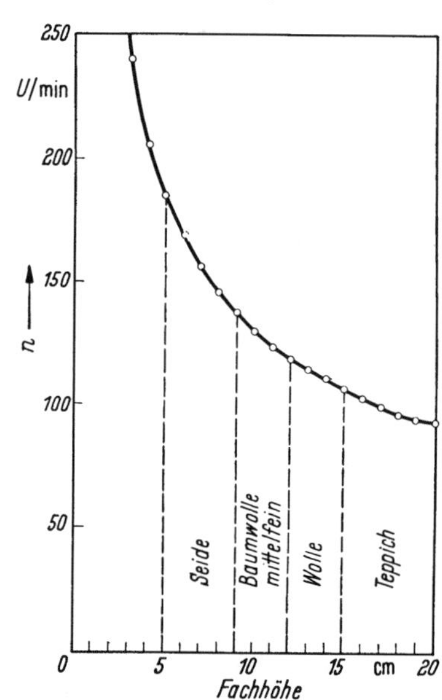

Abb. 318. Drehzahlverlauf bei der Hoch- und Tieffach-Jacquardmaschine

Größer sind die Möglichkeiten bei einer Drehzahlsteigerung bei einer sog. Doppelhub-Jacquardmaschine.

Da die Platinenauswahl für einen der Messerkörbe immer dann stattfindet, wenn das Platinensystem des anderen Messerkorbes arbeitet, kann der für die Platinenauswahl reservierte Winkel der Abb. 316 wegfallen, so daß eine weitere Drehzahlsteigerung gegenüber der Hoch- und Tieffach-Jacquardmaschine möglich ist, ohne zusätzliche Geschwindigkeiten von den arbeitenden Mechanismen zu verlangen.

e) Konstruktion und Arbeitsweise moderner Jacquardmaschinen

Die Grenze der Höchstdrehzahl von Jacquardmaschinen wird durch das Fallgesetz bestimmt (vgl. S. 216) und ist somit funktional abhängig von der Fachhöhe. Aus den oben gekennzeichneten Gründen geht hervor, daß moderne schnelllaufende Webstühle mit Jacquardmaschinen ausgerüstet sein müssen, die dem Lauf des Webstuhles entsprechen. Eine Erhöhung der Stuhldrehzahl mit Jacquardmaschinen durch Reduktion der Fachhöhe ist aus Gründen der Wirtschaftlichkeit kaum diskutabel. Mit der Verwendung von Einhub-Jacquardmaschinen werden die heute in der Praxis geforderten Drehzahlen nicht erreicht oder die Jacquardmaschine wird mit der maximalen Drehzahl beansprucht, bei der die Sicherheit der einwandfreien Abbindung fraglich und die Reparaturanfälligkeit groß wird.

Reparaturen an Jacquardmaschinen aber sind zeitraubend und kostspielig. Für die Befriedigung moderner Ansprüche an den Webstuhl mit Jacquardmaschine im Hinblick auf die Sicherheit der Arbeitsweise und Geschwindigkeit kann nur noch an Jacquardmaschinen gedacht werden, die nach dem Doppelhubprinzip arbeiten.

In der nachfolgenden Darstellung sollen einige Doppelhub-Jacquardmaschinen in ihrer Wirkungsweise beschrieben werden.

1. Doppelhub-Halboffenfach-Jacquardmaschinen. Die Abb. 319 zeigt eine Doppelhub-Jacquardmaschine für die Verwendung von endlosen Papierkarten. Es handelt sich bei der hier dargestellten Form um eine Ausführung der Firma Grosse, Neu-Ulm. Die Wirkungsweise der Maschine ergibt sich aus den Abb. 319 bis 322. Im Maschinengestell ist der Platinenboden *1* stationär und der Fingerrechen *2* sowie der Messerkasten *3* in der Vertikalen beweglich angeordnet. Sowohl der Fingerrechen *2* als auch der Messerkasten *3* werden durch die Balancehebel *4*, die auf beiden Seiten der Maschine angebracht sind, betätigt. Sie bewegen sich im Gegenlauf, d. h., während sich z. B. der Messerkasten *3* nach oben bewegt, geht

Abb. 319. Doppelhub-Jacquardmaschine für endlose Papierkarten (Grosse)

der Fingerrechen *2* nach unten. Das ist das bereits erwähnte Doppelhubprinzip. Sobald die einander entgegenbewegten Messerkästen sich auf gleicher Höhe begegnen, erfolgt auch die Übergabe des Harnischfadens von der aus dem Oberfach kommenden Platine an die mit ihr korrespondierende Platine, die durch das nach oben gehende Messer mitgenommen wird, sofern der Kettfaden für den nächsten Schuß wieder angehoben werden soll. Der Antrieb des oszillierenden Hebels *4* erfolgt in der bekannten Form von der Kurbelwelle aus durch Kette oder vertikale Welle auf ein Vorgelege, von dem durch Kurbel die Bewegung der Balancehebel erfolgt.

An der Kurbel des Vorgeleges für den Antrieb der Balancehebel *4* kann auch die Einstellung der Webfachhöhe vorgenommen werden. Der Kurbelbolzen ist mit Hilfe einer gezahnten Platte befestigt und kann beliebig im Kurbelradius verstellt werden. Es ist jedoch unbedingt erforderlich, sowohl den Messerkasten *3* als auch den Fingerrechen *2* in der Höhe neu einzustellen, wenn eine Kurbelverstellung vorgenommen worden ist. Man geht dabei von der Grundstellung der Platine aus. Das ist die Geschlossenfachstellung. Bei tiefster Messerstellung sowohl des Messerkastens *3* als auch des Fingerrechens *2* muß zwischen der Oberkante des Messers und dem höchsten Punkt der Platinenmasse ein Abstand von etwa 8—10 mm sein. Mit diesem Abstand ist die Gewißheit gegeben, daß ein einwandfreies Kuppeln der Platine oder auch Lösen mit dem Messer erfolgen kann.

Da die grundsätzliche Arbeitsweise einer Jacquardmaschine mit einer Platinensteuerung durch endlose Papierkarte bekannt ist, soll hier in diesem Zusammenhang von einer bildlichen Darstellung Abstand genommen werden. Nur eine kurze Erklärung soll auf die spezielle Arbeitsweise der hier besprochenen Maschine hinweisen:

Dem Nadelwerk ist — wie allgemein bekannt — das Vornadelwerk vorgeschaltet. Eine „Fallnadel" tastet die Dessinkarte, die durch den Papierkartenzylinder schrittweise geschaltet wird, ab und dirigiert eine in der Horizontalen bewegliche „Stoßnadel". Ein Druckrechen ist der Stoßnadel vorgelagert und drückt bei entsprechender Stellung der Fallnadel diese Stoßnadel ab, die dann ihrerseits die „Hauptnadel" des Nadeleinsatzes beeinflußt.

Aus der Abb. 320 „Stoßrechenanordnung einer Jacquardmaschine für endlose Papierkarten" erkennt man die spezielle Anordnung des Druckrechens *44*, der durch die in der Abb. 319 erkenntlichen Organe *34*, *37*, *26*, *28*, *27*, *30* usw. — einem Kurbel-Koppel-Getriebe —,

Abb. 320. Stoßrechenanordnung

deren kombinierte Wirkungsweise in diesem Zusammenhang nicht näher beschrieben zu werden braucht, eine zwangsläufige Bewegung erhält. Die Art der hierdurch erzeugten Koppelkurve ist in der Abb. 321 dargestellt. Es handelt sich, wie man erkennen kann, um eine zusammengesetzte Horizontal- und Vertikalbewegung, die sowohl den Nadelabdruck als auch das Ausheben der Fallnadeln zum Zwecke der Kartenschaltung bewirkt.

Die Welle *27* erhält durch das über das Winkelgetriebe *25* angetriebene Kreisringexzenter *26* und über die Zugstange *28* eine oszillierende Bewegung. Aus der Abb. 322 ist ersichtlich, wie diese Bewegung von der Welle *27* durch den mit *27* fest verbundenen Hebel *29* auf die Verbindungsstange *30* und schließlich auf den Schwinghebel *31* übertragen wird. Im Punkt *32* des Schwinghebels *31* ist ein Hebel *33* gelagert, dessen oberer Drehpunkt *34* die Verbindung mit dem Druckschieber *35* herstellt. *31* ist auf der Welle *36* drehbar gelagert. Es ergibt sich aus dieser Darstellung, daß der Punkt *32* sich also in einer kreiskurbelförmigen Bahn um den Drehpunkt *36* bewegt. Der Stützhebel *37*, der im Gelenkpunkt *39* an der Maschinenwand gelagert ist und mit seinem Punkt *38* eine kreisförmige Bahn um den Punkt *39* beschreibt, stützt den Hebel *33* ab. Die Resultierende aus den beiden kreisbogenförmigen Bewegungsbahnen der Punkte *32* und *38*, die in einer bestimmten geometrischen Lage einander zugeordnet sind, stellt die schon erwähnte Koppelkurve des Punktes *34* dar. Hierbei verläuft *der* Teil der Bewegungsbahn, der für den Nadelabdruck gebraucht wird, *gradlinig*, damit keine Verschiebung bzw. Reibung zwischen dem den Abdruck betätigenden Element und der Stoßnadel eintritt. Der Geschwindigkeitsverlauf dieser Druckrechenbewegung (vgl. Abb. 321) ist so gestaltet, daß in der mit *A* bezeichneten Stellung des Druckrechens (vgl. Abb. 322) eine Verzögerung eintritt, die die Fallnadeln genügend lange in der ausgehobenen Stellung verharren läßt und damit ein sicheres Weiterschalten der Papierkarte ermöglicht. Die verzögerte Bewegung resultiert aus der Totpunktlage des Ringexzenters *26* mit der gleichzeitigen, angenäherten Strecklage der Gelenkpunkte *27*, *40* und *41*. Die entgegengesetzte Stellung des Koppelgetriebes ergibt die im Diagramm mit *B* gekennzeichnete Stellung, d. h. in Abdruckstellung (die nicht ins Hochfach gehenden Platinen sind vom Messer abgedrückt).

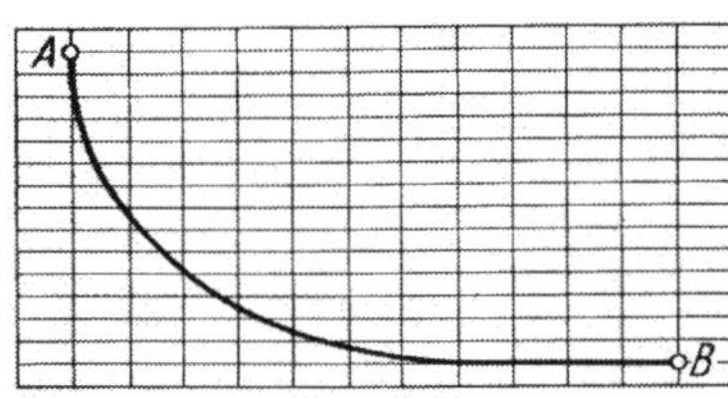

Abb. 321. Koppelkurve der Abdruckrostbewegung

Die Größe des Nadelabdruckes ist regulierbar. Der an der Stellplatte *42* verstellbar befestigte Druckschieber *35* kann durch die Einstellschraube *43* in der Horizontalen verstellt werden. Dadurch läßt sich der Nadelabdruck größer oder kleiner einrichten.

Mit Hilfe des Malteserkreuzes *45* (vgl. Abb. 322) erfolgt die Kartenschaltung. Das Malteserkreuz wird durch den auf der Welle *36* sitzenden Mitnehmer *46* angetrieben. Will man die Schaltung zur Abdruckbewegung früher oder später einstellen, so läßt sich dies auf bequeme Weise durch Versetzen des Stellringes *47* durchführen.

Abb. 322. Aggregat zur Bewegung des Druckrechens (Kurbel-Koppel-Getriebe)

Die Abb. 320 demonstriert noch die Maschine mit gesenktem und ausgezogenem Kartenzylinder zum Auflegen oder Abnehmen der Karte. Dabei wird die Zylinderhaube von der rechten Spindel *48* etwas abgehoben. In dieser Stellung kann die Dessinkarte leicht aufgelegt oder abgenommen werden.

Die Abb. 323 zeigt eine Doppelhub-Jacquardmaschine für französischen Feinstich. Die Arbeitsweise dieser Maschine ist mit der besprochenen Maschine in Abb. 319 mit Ausnahme der Steuerung selbst direkt vergleichbar. Lediglich die Vorrichtung für den Nadelabdruck sowie die Kartenschaltung bedarf einer besonderen Erörterung:

Der Nadelabdruck erfolgt durch ein in der Abb. 323 deutlich erkenntliches fünfkantiges Holzprisma *9* oder durch ein Metallprisma mit eingelegten Stahlstäben zur Auflage für die Karte (Metallprismen haben im Gegensatz zu den Holzprismen den Vorteil, daß sie einer Längenänderung der Karte gegenüber unempfindlicher sind und auch selbst bei klimatischen Schwankungen nicht in dem gleichen Maße reagieren).

Das Holzprisma bzw. das Metallprisma ist in den Ladenstelzen *10* drehbar gelagert. Die Rundspindeln *11* dienen der Führung der in der Horizontalen bewegten Prismenlade. Diese Rundspindeln sind an der Maschinenwand in angeschraubten Lagern geführt. Die Kreisring-

Abb. 323. Doppelhub-Jacquardmaschine für französischen Feinstich (Grosse)

exzenter, die auf den Ladenstelzen *10* auf den Wellen *13* aufgekeilt sind, vermitteln die hin- und hergehende Bewegung. Die Welle *13* wird vom Vorgelege her über ein Kegelrad- oder Kettengetriebe angetrieben. Man kann das Kegelrad *14* gegenüber der Nabe *15* etwas verstellen. So ergibt sich als Vorteil, daß ein genaues Einstellen bzw. Nachstellen des Nadelabdruckes zur Messerbewegung in zeitlicher Hinsicht möglich ist.

Die Schaltung der Karte bzw. des Prismas erfolgt über das Maltesergetriebe *19* durch die Mitnehmer *18*. Durch ein vorgeschaltetes Verzögerungsgetriebe wird der Geschwindigkeitsverlauf der Schaltung so gestaltet, daß die Karte ruckfrei und mit einem Minimum an Geschwindigkeit geschaltet wird. Das Verzögerungsgetriebe besteht im wesentlichen aus einem exzentrischen Zahnrad *16* auf der Welle *13*, das sich im Eingriff mit dem elliptischen Zahn-

Abb. 324. Offenfach-Doppelhubmaschine für französischen Feinstich (Grosse)

rad *17* befindet. Durch die stetige Veränderung der Berührungskreise dieser Zahnräder ändert sich die Winkelgeschwindigkeit des elliptischen Rades *17*. Die Einstellung von *17* zum Maltesermitnehmer *18* ist so, daß in der Schaltmittelstellung die größte Verzögerung auftritt.

Auch bei dieser Maschine ist der Nadelabdruck regulierbar. Die Zugstange *20*, die im Exzenterring der Exzenter *12* befestigt sind, lassen sich gegenüber den Kreuzköpfen *21*, die

Abb. 325. Rückseite der in Abb. 324 gezeigten Offenfach-Doppelhubmaschine

am Maschinengestell drehbar gelagert sind, durch Nachstellung der Befestigungsmuttern regulieren. Es ist so möglich, den Nadelabdruck kleiner oder größer einzustellen.

Nur wenn sich das Kartenprisma außerhalb des Bereiches der Nadeln befindet, kann man die Karte selbst beim Schußsuchen zurückdrehen. Um Fehler in diesem Punkte zu vermeiden, ist eine Sperre *22* eingebaut. Der Kupplungshebel *23* zum Entkuppeln des Zahnrades *16* kann nur dann betätigt werden, wenn die Sperre *22* ein Schalten des Hebels *23* erlaubt. Nach dem Entkuppeln kann mit Hilfe einer Kurbel am Webstuhl über ein Kettengetriebe und der Übertragungswelle *24* das Prisma Karte um Karte zurückgedreht werden. Auf diese Weise ist jegliche Möglichkeit der Beschädigung von Nadel und Karte genommen.

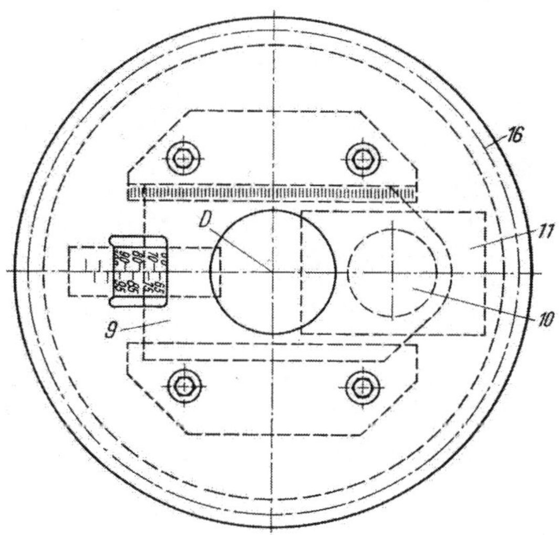

Abb. 326. Kurbelzahnrad mit einstellbarer Kurbel

2. Doppelhub-Offenfach-Jacquardmaschine. Die mechanische Wirkungsweise der Maschine von Grosse ist aus den Abb. 324 und 325 ersichtlich.

Die Maschine wird in der üblichen Weise durch den Webstuhl und mit Hilfe eines Vorgeleges angetrieben, wobei man sich einer elastischen Kupplung (vgl. Abb. 326) bedient. Der

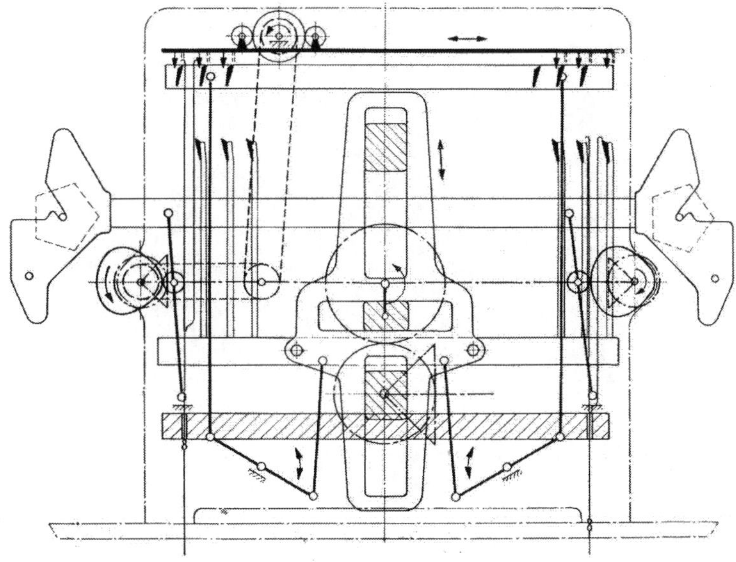

Abb. 327. Funktionsprinzip der Abb. 324

Trieb erfolgt weiter über Kegelräder im Gehäuse *14* und auf eine in den beiden Maschinengestellen gelagerten Welle *15*. Das Innere des Radgehäuses *17* ist in der Skizze Abb. 327 dargestellt. Abb. 327 zeigt das Funktionsprinzip.

Die an einem Kurbelzahnrad *16* verschiebbar angeordnete Platte *9* mit Kurbelbolzen *10* und Gleitstein *11* läßt sich zum Drehpunkt *D* des Kurbelzahnrades *16* so verstellen, daß der Kurbelradius in Stufen von 5 zu 5 mm verändert werden kann. Der Einstellbereich erlaubt einen maximalen Messerhub von 120 mm.

Innen an den Maschinenwänden sind vertikal bewegliche Schieber *18* (vgl. Abb. 324) angeordnet, die mit einer waagerecht verlaufenden Führungsnut ausgerüstet sind, in welcher

Abb. 328

sich ein Gleitstein des Kurbelzahnrades *16* bewegt. Die Schieber werden durch eine Kurbel angetrieben, so daß der Geschwindigkeitsverlauf nach der Form einer Sinuskurve erfolgt. Dies bedeutet für beide Messerkasten, die sich ja gegenläufig bewegen, gleiche Bewegungsverhältnisse in der Zeiteinheit, ein Gesichtspunkt, der insbesondere in den Totpunktlagen von Bedeutung ist.

An den beiden Vertikalschiebern *18* ist der Fingerrechen *19* festgemacht, an dessen nach oben ragenden Vierkantstäben *20* (vgl. a. Abb. 328 u. 329) die Hubmesser *21* befestigt sind.

Abb. 329

Der Messerkasten *22* (Abb. 325) wird zum Fingerrechen gegenläufig bewegt (Doppelhubprinzip). Der unten im Maschinengestell befindliche, aus Hartholz mehrfach verleimte Platinenboden ist in einem massiven Gußrahmen *26* stationär, jedoch in der Höhe einstellbar untergebracht.

Über dem Messerkasten befindet sich innerhalb der Führungsschienen *27* (Abb. 328 u. 329) ein horizontal beweglicher Rahmen *29*, der die Arretiermesser *28* trägt. Dieser Rahmen ist in der Höhe zu den Hubmessern einstellbar. In der Regel liegt die Oberkante des Arretiermessers *28* etwa 3—4 mm unterhalb der höchsten Stellung des Hubmessers vom Messerkasten oder Fingerrechen. Die Einstellung erfolgt an den dafür vorgesehenen Aufhängevorrichtungen *30* (vgl. Abb. 330 u. 331). Auch die genaue Einstellung des Arretiermessers *28* erfolgt an der Aufhängung *30*.

Die Steuerung der Arretiermesser erfolgt über zwei Kurvenexzenter *31* (vgl. Abb. 330), die auf der Welle *32* aufgekeilt sind. Der in der Abb. 324 erkenntliche Kettentrieb *33* vermittelt, wie man in Abb. 330 erkennen kann, den Antrieb dieser Welle. Die Horizontalbewegung dieser Arretiermesser beträgt etwa 7 mm. Die Abb. 329 zeigt die linke Extremstellung der Arretiermesser. Die Platinen sind mit ihren rechten Schenkeln *35* an den Arretiermessern aufgehängt. Die linken Platinenschenkel *36* stehen frei. Die Abb. 330 zeigt die Draufsicht

Abb. 330

auf die Arretiermesser in der in Abb. 329 gekennzeichneten Stellung. Es ist zu erkennen, daß das Kurvenexzenter *31* mit seinem radial verlaufenden Teil der Kurve an den Rollen *37* anliegt. Die Arretiermesser befinden sich also in der Ruhestellung. Erst wenn sich die Messer *21* mit den daraufliegenden Platinen den Arretiermessern *28* nähern, erfolgt die Umsteuerung in die rechte Extremstellung. Dabei darf die auf dem Hubmesser hängende Platine in ihrer Bewegung nach oben mit dem Arretiermesser nicht in Berührung kommen. Dies würde zu einem Verschleiß der Platinennasen führen. Die Abb. 331 und 328 zeigen die Arretiermesser *28*

Abb. 331

in der rechten Extremstellung bei gleichzeitiger höchster Hubstellung der Messer des Fingerrechens. Die linken Schenkel der Platinen stehen etwa 3—4 mm über den Arretiermessern und werden beim Zurückgehen des Hubmessers *21* auf diese Arretiermesser aufgehängt, sofern sie nicht auf Abdruck stehen.

Nadelabdruck und Kartenschaltung. Der Nadelabdruck erfolgt durch zwei Prismen, die sich Schuß um Schuß abwechseln, wobei das Prisma *I* die ungeraden Schüsse, das Prisma *II* die geraden Schüsse einliest. Beide Kartenprismen sind in Prismenladen *38* (Abb. 325) verschiebbar befestigt und in Kugellagern gelagert. In der Vertikalen können sie genau eingestellt, werden, um sie genauestens zu den Nadeln auszurichten. In den an der Maschinenwand befestigten Führungslagern *41* bewegt sich die Führungsschiene *39* auf Kugellagern

Abb. 332

a

b

Abb. 333 a u. b. Offenfach-Jacquardmaschine mit Doppelhub (Grosse) für endlose Papierkarten
a) Vorderseite, b) Rückseite

und wird durch Kurvenexzenter *42* (vgl. Abb. 332) betätigt. Der Bewegungsablauf des Kurvenexzenters *43* wird über *43*, *44* auf die Prismenlade übertragen. Die Kurvenexzenter sind so eingerichtet, daß die Abdruckbewegung für beide Prismen zwangsläufig erfolgt.

Der radial verlaufende Teil des Kurvenexzenters *42* bewirkt, daß die durch die Karte abgedrückten Platinen, die, angehängt an einem Hubmesser, nach unten gehen, von dem gleichzeitig nach oben gehenden Hubmesser des anderen Messerkastens nicht erfaßt werden. Außerdem ist durch die Ruhestellung der Prismenlade in der äußeren Stellung ein sicheres Schalten der Karte gewährleistet.

Der Antrieb der beiden Exzenterwellen *34* erfolgt durch die in der Abb. 324 erkenntlichen Kegelradwelle *46*, die über ein Kegelradgetriebe angetrieben wird, vom Kurbelzahn-

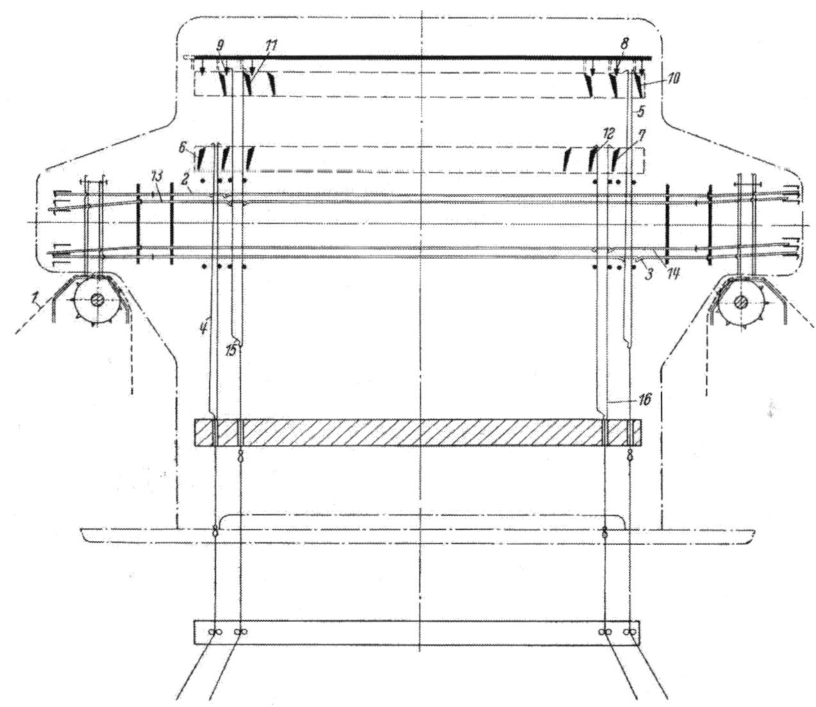

Abb. 334. Querschnitt und Funktionsprinzip zu Abb. 333
1 Karte; *2*, *3*, *13*, *14* Platinennadeln; *4*, *5*, *15*, *16* Platinen; *6*, *7* und *10*, *11*, *12* Messerkästen; *8*, *9* Arretierung

rad *16* (vgl. Abb. 327). Das Kegelradgetriebe *47* ist durch eine leicht lösbare Kupplung *48* mit der Welle *46* verbunden, damit beim Auflegen oder zum Durchdrehen einer Karte von Hand der Prismenantrieb von der Fachbewegung getrennt werden kann. Die Kartenschaltung erfolgt über ein Maltesergetriebe *49* und *50* (vgl. Abb. 332), die durch Vorschalten einer umlaufenden Kurbelschleife *51* und *52* mit ungleichförmiger Winkelgeschwindigkeit angetrieben werden. Hieraus ergeben sich die gleichen Vorzüge, wie bei der Kartenschaltung der Halboffenfach-Schaftmaschine durch Malteserkreuz besprochen wurde. Vom Kerrenrad *53* aus, das auf der Welle *34* aufgekeilt ist, erfolgt der Antrieb der beiden Kartenprismen. Ein zweiteiliges Doppelkettenrad *65* überträgt mit Hilfe der Ketten im eingekuppelten Zustand die Bewegung an den mit einem Kettenrand fest verbundenen Kurbelarm *52* auf der Seite des Haupt-Kartenprismas. Über die Welle *56*, Schraubenräder *57*, Welle *58* und Schraubenräder *59* wird die Bewegung auf die Welle *60* übertragen, auf welcher der zweite Kurbelarm *52* für die Schaltung des zweiten Kartenprismas aufgekeilt ist, und über die Kurbelschleife *51*, den Mitnehmer *49* für das Malteserkreuz *50* betätigt. Die Stellung des Kurbelarmes *52* zur Kurbelschleife *51* muß so sein, daß die Punkte *A* und *B* in der Verlängerung der Geraden *C* liegen (vgl. Abb. 332).

Zum gemeinsamen Rückwärtsdrehen beider Kartenspiele ist eine über dem Webstuhl angeordnete Kurbel zu betätigen, die sich im ausgekuppelten Zustand des Doppelkettenrades *65* drehen läßt. Eine volle Umdrehung dieser Handkurbel bedeutet ein Zurückdrehen beider Prismen um je eine Karte. Nur dann, wenn beide Prismenladen sich außerhalb des Nadelbereiches befinden, ist ein Zurückdrehen der Kartenzylinder möglich. Hierfür sorgt eine Sperrscheibe *62*.

Die in Abb. 333a u. b dargestellte Offenfach-Jacquardmaschine mit Doppelhubprinzip von Grosse für die Verwendung endloser Papierkarten hat die gleichen mechanischen Kennzeichen wie die Offenfach-Jacquardmaschine für die Verwendung des französischen Feinstiches. Die Ausnahme bildet erklärlicherweise das Nadelvorwerk und die Kartenschaltung. Die Bewegung der beiden Druckrechen erfolgt zwangsläufig durch ein Koppelgetriebe. An die Stelle des Ringexzenters tritt ein Kurvenexzenter *1* (vgl. Abb. 333a), das über den in jeder Exzenterstellung anliegenden Kugelroller *2* den Schieber *3* betätigt, der dem Koppelgetriebe seine Bewegung verleiht. Die Wirkungsweise des Koppelgetriebes soll hier nicht näher erörtert werden. Die Abb. 334 zeigt den prinzipiellen Querschnitt durch die Maschine. Man erkennt, daß sie sich gegenüber der zuletzt besprochenen Maschine nur in dem Vornadelwerk unterscheidet.

f) Der Harnisch

Als *Harnisch* bezeichnet man die Gesamtheit aller Schnüre, die eine Verbindung zwischen den Litzen und den Platinen ergeben. Man rechnet auch noch die Anhängeeisen, mit denen die Litzen ins Unterfach gezogen werden. Jede Platinenbewegung wird durch eine Harnischschnur auf die entsprechenden Litzen (je eine in einem Harnischrapport) übertragen, um hier eine mustergebundene, bindungsabhängige Steuerung zu ermöglichen. Der *Harnischrapport* ist der Teil des Harnisches, mit dem das von der Karte und der Jacquardmaschine gesteuerte Bild verwirklicht wird. Mehrere Rapporte nebeneinander in der Webbreite ergeben das gesamte Warenbild. Es ist z. B. eine 400er Jacquardmaschine fähig, 400 Platinen und Litzen zu bewegen. Eine Kette von 2000 Kettfäden kann von einer 400er Jacquardmaschine nur gesteuert werden, wenn 5 Harnischrapporte eingerichtet werden. In jedem Rapport bindet ein Kettfaden gemeinsam mit einem entsprechenden der anderen Rapporte. Es erscheint somit das von der Jacquardmaschine gesteuerte Bild 5mal in der gesamten Warenbreite. Jede der 5 gleichbindenden Harnischschüre ist mit der gleichen Platine durch eine Struppe verbunden.

Die Musterung auf der Jacquardmaschine ist also durch zwei Komponenten bestimmt:

1. durch die Kartenbindung,
2. durch die Harnischordnung — die Gallierung.

Die Ordnung des Harnisches erfolgt durch das *Harnisch-*, *Chor-* oder *Gallierbrett.* Es ist dies ein perforiertes Brett, das oberhalb des Faches angeordnet ist. Die Harnischschnüre sind durch die Perforation nach bestimmter Regel, der *Gallierung*, durchgezogen. Die Perforation im Harnischbrett ist in Längs- und Querreihen geordnet, und es ist zweckmäßig, die Querreihen des Chorbrettes nach der Anzahl der Querreihen der Jacquardmaschine zu wählen oder so, daß doppelt soviel Querreihen als Platinenquerreihen vorhanden sind. Es ist ratsam, beim Einrichten des Chorbrettes die höchstzulässige Löcherzahl zu wählen, damit es für mehrere Dichten verwendet werden kann. Grundsätzlich muß die Löcherzahl pro Einstellbreite mit der Kettfadenzahl übereinstimmen.

Harnischeinzüge oder Gallierungen. Eine wesentliche Beeinflussung der Musterung erfolgt durch die bereits erwähnte Gallierung oder auch, wie man dies noch bezeichnet, durch den Harnischeinzug.

Es ist die Kenntnis der hier gebotenen Möglichkeiten ein spezielles und weites Fachgebiet, das im Rahmen dieses Werkes, in dem in der Hauptsache maschinentechnische Erörterungen niedergeschrieben wurden, nicht vollinhaltlich behandelt werden kann. Im Bedarfsfall muß man sich eines entsprechenden Spezialwerkes bedienen[1].

---

[1] STAENGLE, H. J.: Jacquardgewebe, 4 Bde. Stuttgart: Konradin 1950.

Wir unterscheiden Harnischeinzüge je nach der Anordnung:

1. Die glatten oder geraden Harnischeinzüge.
2. Spitzgallierungen.
3. Englische oder offene Harnischeinzüge.
4. Zwei- oder mehrteilige bzw. zwei- oder mehrchorige Harnischeinzüge.
5. Zusammengesetzte oder gemischte Harnischeinzüge.
6. Ineinandergesetzte oder gesprungene Harnischeinzüge.
7. Mehrfädige, gerade Harnischeinzüge.
8. Mehrfädig gesprungene Harnischeinzüge.
9. Harnischeinzüge mit Vorderschäften.
10. Harnischeinzüge mit Vorderschäften zur Damastherstellung.
11. Harnischeinzüge mit Hebelschäften (Tringles-Vorrichtungen).

Die nachfolgende Erörterung zu diesen vorgenannten Punkten soll nur eine Übersicht in dem oben gekennzeichneten Rahmen darstellen.

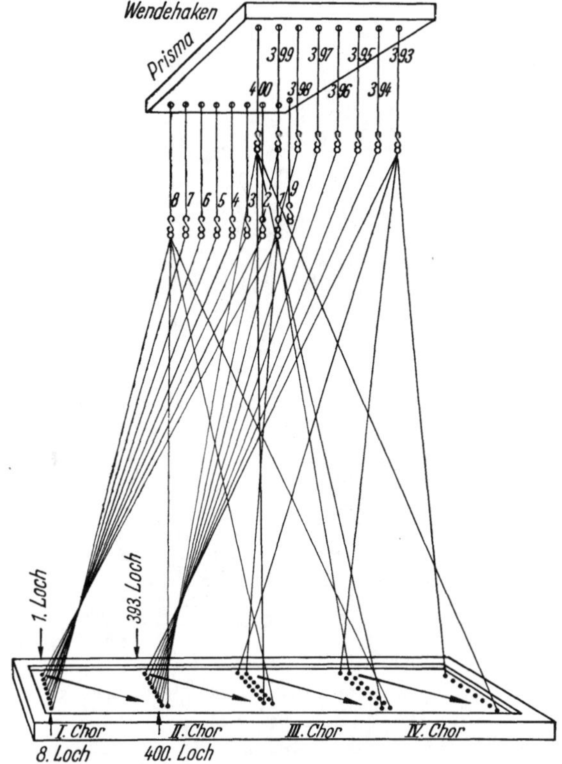

Abb. 335. Der glatte oder gerade Harnischeinzug

1. Der glatte oder gerade Harnischeinzug. Von diesem Einzug werden alle anderen Einzüge abgeleitet. Auch bedient man sich zur Herstellung der meisten Jacquardgewebe des geraden Einzuges. Die Gallierung in Abb. 335 zeigt in prinzipieller Anordnung den hier gemeinten Einzug. Die mit 1—8 bzw. 393—400 bezeichneten Struppen sind unmittelbar an den Platinen der Jacquardmaschinen befestigt. Wichtig ist bei der Betrachtung dieser Abbildung, zu erkennen, daß die 1. Platine rechts hinten liegt, die 8. Platine links hinten. Von den einzelnen Struppen 1—8 bzw. 393—400 werden die Harnischschnüre abgeleitet, und zwar in der Zahl der Harnischrapporte, die in der Abbildung mit 4 Choren (4choriger Einzug) ersichtlich ist. Von der 1. Platine aus führen die Harnischschnüre zum Chorbrett und werden dort, wie aus der Abbildung erkenntlich wird, durch das erste Loch, links hinten in einem jeweiligen Rapport hindurch gezogen und führen von dort aus zu den Litzen. Die Querreihen der Jacquardmaschinen sind also, vom Chorbrett aus gesehen, um 90° geschränkt. Die Pfeile auf dem Chorbrett deuten die Richtung der Gallierung an.

2. Die Spitzgallierung. Aus der Abb.336 erkennt man den Unterschied gegenüber der geraden Gallierung. Die Harnischschnüre der 1. Querreihe der Jacquardmaschine werden wie bei der glatten Gallierung in den Querreihen des Chorbrettes von hinten nach vorn eingezogen. Diese Richtung wird während des ganzen 1. Chorrapportes beibehalten. Im 2. Rapport fällt das Bild um. Es wird mit der 400. Platine in der 1. Querreihe des 2. Rapportes von hinten nach vorn begonnen, die 1. Harnischschnur befindet sich im 2. Rapport vorn rechts. Entsprechend der Zeichnung fällt das Bild nach jedem Rapport um.

Im allgemeinen wird man jedoch neben der 400. Harnischschnur des 1. Rapportes und der 400. Harnischschnur des 2. Rapportes, die ja beide dicht beieinander liegen, eine der beiden Fäden weglassen, um den unangenehmen panamaartigen Bindungseffekt an der Umbruchstelle zu verhindern.

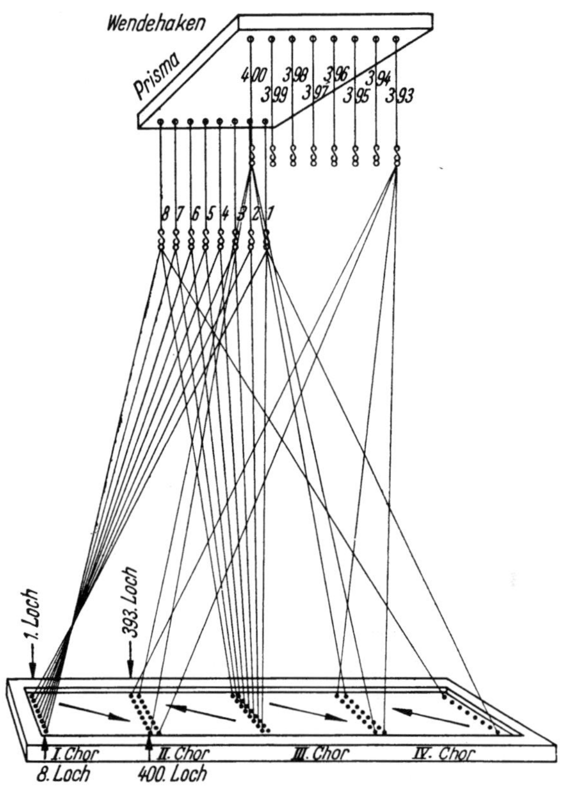

Abb. 336. Der spitze Harnischeinzug (Spitzgallierung)

3. Die englische oder offene Gallierung (Abb. 337). Die Jacquardmaschine ist in der Weise auf dem Webstuhl angebracht, daß sich das Prisma auf der Kettbaumseite befindet. Die 1. Platine befindet sich in der äußersten linken Querreihe und ist in der Abbildung hinten zu erkennen. Beim Einzug in das Harnischbrett wird die 1. Harnischschnur der 1. Platine in das erste Loch des 1. Chorrapportes eingezogen usw. Wie man aus der Abbildung erkennt, ist das Bild dieses Harnisches dadurch etwas anders geworden, daß die Schränkung wegfällt und dadurch eine mehr oder weniger flächenartige Führung der einzelnen Querreihen erfolgt. Dies hat einmal den Vorteil, daß man gebrochene Harnischschnüre relativ leicht auffinden kann, auf der ander n Seite aber ist die Anordnung des Kartenzylinders oberhalb der Kette oder auch oberhalb des Webers von Nachteil; denn das Gewebe selbst ist durch die mit der Pflege der Maschine verbundene Ölhaltung oder auch bei notwendigen Reparaturen durch herabfallende Teile immerhin gefährdet, und außerdem sind die ohnehin schlechten Lichtverhältnisse an dieser Art der Jacquardmaschine weiter ungünstig.

4. Der zwei- oder mehrteilige Harnischeinzug. Sollen mehrkettig-mehrschüssige Gewebe hergestellt werden, z. B. für bestimmte Decken- oder Teppicharten (Gobelins), so bedient man sich des zwei- oder mehrchorigen Einzuges. Bei solchen Geweben arbeiten verschiedenartige Kett- und Schußfäden entweder als Grund oder als Muster. Zur Herstellung solcher

Gewebe braucht man, je nach der Anzahl der übereinanderliegenden Gewebelagen, zwei oder mehr verschiedenfarbige Ketten oder zwei oder mehr verschiedenfarbige Schüsse. Deshalb wird die Grundkettfadenzahl verdoppelt oder vermehrfacht. Der Bindung entsprechend bindet man abwechselnd die eine Kettfarbe mit der einen Schußfarbe und die andere Kettfarbe mit der anderen Schußfarbe, bald an der Ober-, bald an der Unterseite bzw. bei drei verschiedenartigen Kettfadenanlagen zwischen Ober- und Unterseite in einen der Grundbindungen. Mischtöne werden durch das Verkreuzen der verschiedenen Schuß- mit den verschiedenen Kettfäden erzielt.

5. *Der zusammengesetzte oder gemischte Harnischeinzug.* Sollen Gewebe hergestellt werden, bei denen der Grund ein anderes Muster zeigt als der Rand, z. B. bei Decken, Tüchern usw., so verwendet man einen zusammengesetzten Harnischeinzug. Ein solcher Einzug besteht

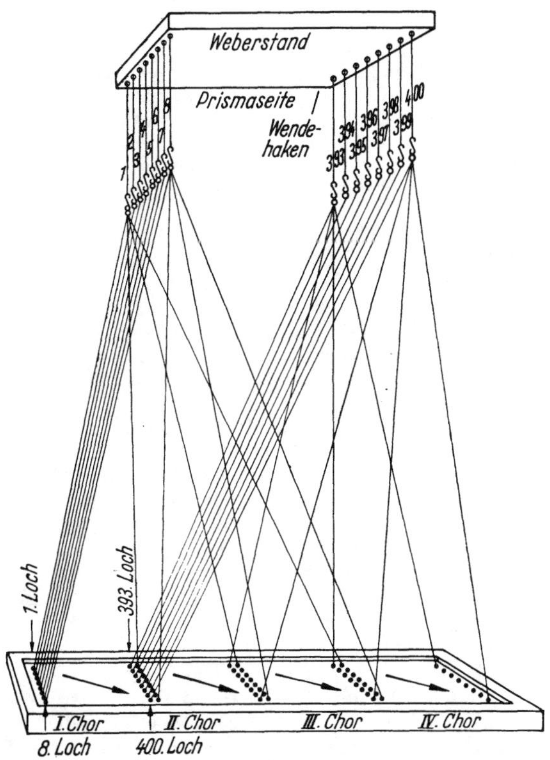

Abb. 337. Offener (englischer) Harnischeinzug

aus Grund und Kante. Die Kanten sind zueinander im Spitz eingezogen, der Grund ist für sich z. B. Xmal gerade durch eingezogen, oder er kann auch dem Gewebe entsprechend spitz eingezogen werden.

6. *Die ineinandergesetzte Gallierung oder der gesprungene Harnischeinzug.* Wird ein Gewebe mit sehr hoher Kettfadendichte hergestellt und verlangt es zu seiner Musterung eine größere Jacquardmaschine, dann enthält das Chorbrett häufig 16 Längsreihen. Bei der Fachbildung liegen nun infolge der hohen Anzahl der Längsreihen die Kettfäden der vorderen Längsreihen viel mehr auf der Ladenbahn auf als die Kettfäden der hinteren Längsreihen. Dadurch werden die Kettfäden in der vorderen Längsreihe viel straffer gespannt sein als die der hinteren Längsreihen. Diese verschiedene Spannung kann streifige Ware verursachen. Man verhindert diese Möglichkeit durch einen gesprungenen Einzug. Es ist dies eine Gallierung, die besonders bei den Jacquardmaschinen erforderlich sein kann, bei denen nicht mit Schrägfach gearbeitet wird.

7. *Der mehrfädige gerade Harnischeinzug.* Soll man auf einer verhältnismäßig kleinen Jacquardmaschine ein mehrkettiges Gewebe mit großem Musterrapport herstellen, so bedient man sich des mehrfädigen geraden Harnischeinzuges. Um diesen größeren Rapport zu erreichen, zieht man von jeder Platine zwei oder drei oder auch mehr Harnischschnüre hintereinander in das Chorbrett ein. Hierdurch wird die Anzahl der Kettfäden und auch die Größe

des Rapportes verändert. Es muß jedoch darauf hingewiesen werden, daß die Musterkonturen sehr stark abgestuft werden.

8. Der mehrfädige gesprungene Harnischeinzug. Der Zweck dieses Einzuges ist der gleiche wie beim mehrfädigen geraden Harnischeinzug, nur sollen die stufigen, zackigen Mustergrenzen verhindert werden. Deshalb zieht man die Kettfäden gesprungen in das Chorbrett ein.

9. Der Harnischeinzug mit Vorderschäften. Bei dieser Vorrichtung sind vor dem Harnisch Schäfte angebracht, deren Zahl je nach der zu hebenden Bindung zwei, drei, vier oder noch mehr beträgt. Nach der Art der herzustellenden Ware, die die Vorderschäfte verlangt, können Schäfte mit verschiedenartigen Litzen verwendet werden:

1. solche mit gewöhnlichen Litzen,
2. mit offenen Litzen,
3. mit Litzen mit Langaugen.

Der Harnischeinzug mit Vorderschäften und gewöhnlichen Litzen wird verwendet, wenn Stoffe mit glattem Rand und bemusterten Kanten hergestellt werden sollen. Dabei wird der Grund aus einer Kette in Leinwand-, Köper- oder Atlasbindung hergestellt. Die gemusterten Kanten, zu welchem man eine andere Kette verwendet, werden mit Hilfe des Harnisches gewebt. Bei einkettigen Kanten wird dann bei der Kante abwechselnd ein Faden in den Grundschaft und ein Faden in den Harnisch eingezogen. Bei zwei-, drei- oder vierkettigen Kanten zieht man einen Faden in den Grundschaft, zwei, drei oder vier Fäden in den Harnisch ein usw.

Gewöhnliche Litzen mit Vorderschäften werden auch da verwendet, wo außer mehreren bunten Ketten eine sog. Bindekette gebraucht wird, wie es beim Weben von Decken, Möbelstoffe usw. der Fall sein kann.

Harnischeinzüge und Vorderschäfte mit offenen Litzen werden verwendet, wenn mit der Jacquardmaschine jedes beliebige Muster und mit dem Vordergeschirr irgendeine Grundbindung erzielt werden soll. Bei dieser Vorrichtung wird das Muster auf der Jacquardmaschine selbst gebildet. Die Bindung für die von der Jacquardmaschine gelassenen Fadengruppen wird von den Vorderschäften gebildet.

Harnischeinzüge mit Vorderschäften, deren Litzen 8—10 cm lange Augen besitzen, verwendet man, wenn bei einem Gewebe eine Musterung erfolgen soll, die durch zwei, drei, vier Fäden oder ganze Fadengruppen, die von einer Platine betätigt werden, hervorgerufen wird.

10. Harnischeinzug mit Vorderschäften zur Herstellung von Ganzdamast. Unter Ganzdamast versteht man eine Ware, bei welcher die Grenzen des Musters nicht durch Einzelfäden, sondern von ganzen Fadengruppen gebildet werden. Dadurch, daß ein gewöhnliches Jacquardgewebe zwei-, drei- oder mehrfädig vergrößert wird, d. h., daß man je nach der Vergrößerung zwei, drei oder mehr Kettfäden in ein Litz zieht, erhält man Ganzdamast. Mit Hilfe dieser Vorrichtung kann man bei einer sehr hohen Warendichte und einer kleinen Jacquardmaschine einen verhältnismäßig großen Musterrapport erzielen.

11. Harnischeinzug mit Hebestäben (Tringles-Einrichtung). Bei dieser Einrichtung sind unterhalb des Chorbrettes oder unterhalb des Platinenbodens Tringles-Stäbe, dünne hölzerne oder eiserne Schaftstäbe, wie die Schaftstäbe eines Geschirres, hintereinander angebracht. Diese Stäbe werden durch Schlaufen in den Struppen oder in den Litzen hindurchgezogen. Man verwendet solche Tringles-Vorrichtungen bei sehr großen Musterrapporten, um eine einwandfreie Grundbindung zu erzielen.

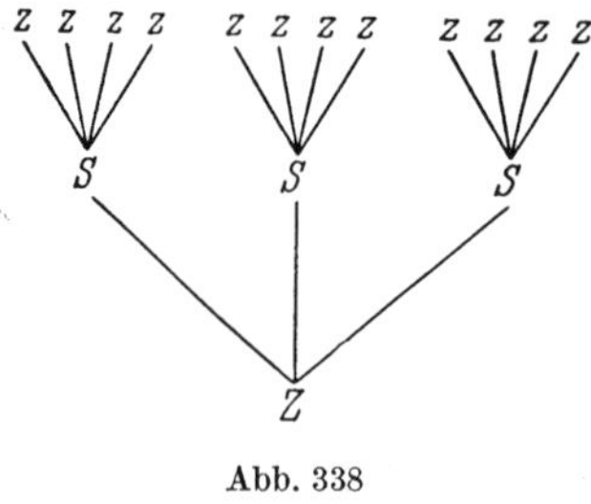

Abb. 338

Dadurch, daß die Schleifen in Ruhestellung auf den Tringles-Stäben ruhen und diese sich während der Fachbildung durch die Jacquardmaschine hochziehen lassen, werden die Kettfäden entweder gruppenweise oder in gesprungener Reihenfolge gehoben. Bei der Anfertigung der Patrone für Gewebe, die auf Jacquardstühlen mit Hebestäben hergestellt werden, wird die Grundbindung nicht in die Patrone eingetragen und folglich auch nicht geschlagen.

12. Die Harnischschnur. Für den reibungslosen Ablauf des Webvorganges mit Hilfe der Jacquardmaschine ist die Güte der Harnischschnur von besonderer Bedeutung.

Als Rohstoff wird Flachs, Ramie und neuerdings auch Perlon und Nylon verwendet. Die einfache Vorlage wird nach dem in Abb. 338 gekennzeichneten Verfahren verzwirnt. Man bedient sich folgender Schreibweise, z. B.

$$30/3 \times 4.$$

Es bedeutet, daß vier Garne N_{eL} den Vorzwirn bilden, und drei dieser Vorzwirne bilden die fertige Harnischschnur.

Diese handelsübliche Schreibweise weicht von der in DIN 60052 vorgeschriebenen Form ab. Danach hat die Zahl der Vorzwirnfachung vor der Zahl der Nachzwirnfachung zu stehen, also 30/4×3. Geflochtene Harnischkordel dreht sich zwar nicht auf, hat aber eine geringere Festigkeit. Folgende Harnischkordelstärken sind gebräuchlich[1]:

Tabelle 14

Harnischkordelstärken:	
Seidenwebereien für Kleiderstoffe	30/3×2
Seidenwebereien für Krawattenstoffe	40/3×2
Leinen- und Halbleinenwebereien	30/3×3, 25/3×3
Baumwollbuntwebereien	25/3×3, 25/4×3, 30/4×3
Teppichfabriken	20/4×5, 25/4×6, 35/4×3, 25/4×5, 25/4×4
Gardinenwebereien	30/3×3, 30/4×3
Frottierwebereien	25/4×3, 25/3×3, 25/4×4, 20/3×3 25/12, 30/12 geflochten
Drellwebereien	25/3×3, 35/4×3, 30/3×3
Wolldeckenfabriken	18/3×3, 20/3×3, 20/4×3
Bandfabriken	25/3×2, 30/3×3
Möbel- und Vorhangstoffwebereien	30/3×3, 25/4×3, 20/3×3, 25/3×3, 25/4×4, 30/4×3

Zur weiteren Übersicht sind für einige Stärken die Reißfestigkeiten und die Verhältniszahlen für die Scheuerfestigkeit angegeben, die in Serienversuchen unter gleichen Versuchsbedingungen aus mehreren hundert Einzelmessungen einen Durchschnitt ausreichender Genauigkeit darstellen:

Tabelle 15

Stärke N_{eL}	Reißfestigkeit kg	Scheuerfestigkeit %
40/3×2	6,300	100
30/3×2	8,400	140
30/3×3	12,700	320
25/3×3	15,000	460
20/3×3	19,000	580
20/4×3	24,800	820
25/4×5	33,600	1,450
25/4×6	43,000	1,800

In dieser Skala erhöht sich die Reißfestigkeit vom ersten zum letzten Wert um das Siebenfache, die Scheuerfestigkeit um das Achtzehnfache, was bestätigt, daß die Scheuerfestigkeit sehr stark vom Querschnitt und der Konstruktion abhängig ist und in den höheren Stärken eine enorme Steigerung erfährt, wodurch sich die Lebensdauer beträchtlich verlängern läßt. Für besondere Ansprüche ist der 4fach-Nachzwirn zu empfehlen, da sich hier die günstigste Struktur und die beste Rundung = geringste Angriffsfläche schaffen läßt. Zur schnellen Orientierung über die etwas verwirrende Fülle der Stärken errechnet man leicht die Grundnummer, indem man die Garnnummer durch das Produkt der Fachungen dividiert. Beispiel: $25/4\times 3 = \frac{25}{12} = 2{,}1$ oder $30/3\times 2 = \frac{30}{6} = 5$. Je höher die Grundnummer, um so feiner ist die Harnischkordel.

Behandlung und Pflege. Vorrichter und Weber sollen sich bemühen, die guten Eigenschaften der Harnischkordel bei ihren Manipulationen des Vorrichtens und Einziehens zu erhalten, sie unbeschädigt ihrer Bestimmung zuzuführen. Leicht kann der Faden beim Auf- und Abwickeln in der Vorrichterei aufgerauht, beschädigt und auch beschmutzt werden. Beim Knüpfen der Arkaden ist darauf zu achten, daß der Knoten parallel und nicht überschlagend geführt wird. Die Lagerung der Harnischkordel beeinflußt ihre Eigenschaften. Trockene Wärme macht die Appretur spröde, läßt den Faden aufspringen, beeinflußt Reiß-, Scheuerfestigkeit und Knotenhaftigkeit negativ. Nässe erweicht die Appretur, kann diese trotz vorgenommener Stabilisierung säuern und verändert die Struktur des Fadens. Kühle, trockene Lagerung erhöht den Gebrauchswert der Harnischkordel auf praktisch unbegrenzte Zeit.

[1] Kappel: Harnischkordel — ein Element des Jacquardwebstuhles. Melliand Textilber. 1956, S. 1394—1399.

An den Hersteller werden oft Wünsche nach Sonderausrüstungen herangetragen. In den meisten Fällen ist es so, daß diese Behandlungen die eine oder andere der klassischen Eigenschaften negativ beeinflussen. Z. B. ergaben die Versuche mit der vielfach geforderten flammwidrigen Ausrüstung der Harnischkordel, daß die Scheuerfestigkeit nach Erreichen des gewünschten Effektes ganz erheblich abfiel, weil die Oberfläche durch die Auflagerung ihre Glätte verliert, sogar etwas klebrig wird, wodurch sich der Reibungswiderstand stark erhöht Die Versuche in dieser Richtung laufen weiter, sollten aber auch parallel mit der Schaffung· eines nicht brennbaren Firnisses gehen.

Keine Frage der Harnischkordelverbraucher an den Hersteller wird so häufig gestellt wie die nach dem bestgeeigneten Firnis. Und in keinem Fall kann eine Patentlösung gegeben werden, sondern nur Richtlinien und unverbindliche Empfehlungen. Rezepte gibt es sicherlich zu Hunderten. Mischungen für die Selbstbereitung werden vorgeschlagen und fertige Präparate in den Handel gebracht. Die Wahl des richtigen Firnisses hängt von vielen, örtlich oft ganz verschieden zu bewertenden Faktoren ab. Ganz gleich, welchen Firnis man bevorzugt, vor allem gilt allgemein der Grundsatz, daß er keine Anteile enthalten darf, die sich nicht mit der Kordel oder der Appretur vertragen. Der größte Feind der aus Zellulose bestehenden Harnischschnur sind Anteile anorganischer Säuren, die die Appretur lösen und schon in Spuren den Zwirn schwächen und allmählich zersetzen. Grundsätzlich gilt weiter, daß der Firnis nur als dünner Film in Drehungsrichtung der Kordel sehr fein verteilt aufgetragen — nicht eingerieben — werden darf und gut eintrocknen muß, möglichst langsam, in staubfreiem Raum, bei normaler Temperatur. Dazu gehört allerdings Zeit. Die neuen Mittel enthalten durchweg ein Sikkativ, das die Trocknung beschleunigt und die Trockenzeit auf 24—48 Stunden herabsetzt. Die Frage, ob das gut ist, soll offenbleiben, auf keinen Fall darf aber der Harnisch eher in Lauf gesetzt werden, bis der Firnis gut eingetrocknet ist und die Fäden anschließend mit Talkum oder Specksteinpuder gründlich nachgeglättet wurden. Klebrige Harnischfäden bieten zu großen Reibungswiderstand, und damit erhöht sich die Gefahr des Aufscheuerns, wobei diese durch das leichtere Ansetzen von Staubklümpchen und Faserflug noch vergrößert wird.

Neben den altbekannten Firnisanteilen, wie Leinöl, Bienenwachs, Harze, Talg, Glyzerin u. a., gibt es heute synthetische Mittel, z. B. auf Polyakrylbasis, die einfache Anwendung, schnellere Trocknung und beste Wirkung versprechen. Auch Lacke und Harnischhärter, die nicht brüchig werden sollen, werden zum Nachtragen vorgeschlagen. Es gibt auch Firmen, die gar nicht firnissen, sondern die Kordel ohne weitere Präparation als der vom Hersteller aufgetragenen Appretur verwenden und dabei gut gefahren sind. Andere begnügen sich damit, die gefährdeten Stellen wiederholt mit Paraffin zu bestreichen. Selbsterprobung und lange Erfahrungen zeigen den Webern den für ihre Verhältnisse richtigen Weg.

In diesem Zusammenhang wird die Frage häufig diskutiert, ob der Harnisch ganz oder nur teilweise zu firnissen ist. Das Firnissen hat den Zweck, den Faden zur Erhöhung der Lebensdauer an den der Reibung besonders ausgesetzten Stellen durch einen gut haftenden Überzug zusätzlich zu schützen, also vor allem am Chorbrett. In der freien Hänge ist er nicht gefährdet, also empfiehlt sich beim offenen Harnisch kein Ganzfirnissen. Dagegen beim geschränkten Harnisch mit sehr dichter Einstellung ist ein zusätzliches Präparieren an den Kreuzungsstellen dann besonders zu empfehlen, wenn es sich um einen schnell und unruhig laufenden Stuhl handelt und durch Aneinanderreiben der Fäden ein frühzeitiger Verschleiß zu befürchten ist. Zum Schutz gegen Verdrehungen durch starke Feuchtigkeitsschwankungen zieht man in nicht klimatisierten Websälen auch das Ganzfirnissen vor. Dieser Schutz ist jedoch auch nicht zuverlässig, er verleiht keine vollkommene Unempfindlichkeit. Ein wichtiger Hinweis: Firnistücher nach Gebrauch sofort vernichten, sie neigen zur Selbstentzündung.

Weitere Faktoren oder Maßnahmen, die den Verschleiß der Harnischkordel beeinflussen:

1. Beschaffenheit des Chorbretts. Die Bohrungen sollen versenkt sein und so groß, daß die Kordel reichlich Spiel hat. Da, wo es eine grobe Einstellung ermöglicht, bewähren sich konisch geformte Porzellaneinlagen. Die Chorbrettchen sollen gut einjustiert werden, eine zusätzliche Glättung der Oberfläche und der Bohrungen wird empfohlen. Da die Scheuerbeanspruchung der Kordel an den Außenseiten, vor allem bei sehr breiten Harnischen, durch den spitzeren Scheuerwinkel ungleich höher ist als bei der geraden oder schwach gewinkelten Durchführung, sind diese mehr gefährdet und verschleißen auch relativ schneller. Dazu kommt, daß die Außenkordeln oft leerlaufen und tanzen, was den Verschleiß zusätzlich beschleunigt. Darum ist es ratsam, die unbenutzten Schnüre hochzubinden und seitlich abzusetzen. Bei längerem Stilliegen setzen sie reichlich Staub an und sind vor dem Wiedereinsatz gut zu säubern. Das Chorbrett darf sich in feuchter Luft nicht verziehen. Neben den bevorzugten Hölzern aus Birnbaum und Ahorn werden heute verstärkt Vulkanfiber und Kunststoffmaterialien zu seiner Herstellung verwendet.

Im Chorbrett findet die stärkste Scheuerung statt. Die Firnisauftragung wird daher, vor allem in der Anlaufzeit, gut überprüft und vielfach wiederholt. In manchen Webereien ist es üblich — und das kann bei besonderer Beanspruchung zweifellos empfohlen werden —, in größeren, aber regelmäßigen Zeitabständen die Einstellung des Chorbretts etwas höher und etwas niedriger gegenüber der Normallage zu verändern, natürlich nur so wenig, daß ein Nachegalisieren nicht erforderlich wird. Dadurch verlegt man den Schwerpunkt der Scheuereinwirkung und erhöht die Lebensdauer des Harnischs. Bei sehr breiten Stühlen ist diese Praxis nur bedingt gültig.

2. Je ruhiger der Lauf des Harnischs ist, desto länger ist die Lebensdauer der Schnüre zu erwarten. Schwerere Harnischeisen beruhigen den Lauf. Aus webtechnischen Gründen sind hier Schranken gesetzt, aber es empfiehlt sich, vor allem bei schnellaufenden Stühlen, mit der Vorbelastung der Schnur bis an die Streckgrenze zu gehen. Je gerader die Kordeln niedergezogen werden, um so geringer ist das gefährliche Schleudern des Harnischs. Das Schwingen kann man bekanntlich auch durch Einbau eines Rostes im Harnischkopf vermindern. Dabei ist zu empfehlen, die Stellen der Kordel, die mit den Roststäben in Berührung kommen, auch zu firnissen.

3. Es wurde schon erwähnt, daß sich besonders in staubigen Betrieben leicht Klümpchen an der Kordel bilden, die einen guten Angriffspunkt für Aufreibung bieten, vor allem bei Feuchtigkeit. Öfteres Ausblasen am Chorbrett und Beseitigung des Faserflugs vermindern diese Gefahr. Manche Harnische sieht man übersät mit schwarzen Punkten, herabtröpfelndes Öl von der Schmierung der Jacquardmaschine. Das kann gefährlich werden, wenn diese Öle Säure oder andere zersetzende Bestandteile enthalten. Bei einer Reklamationsbearbeitung wurde festgestellt, daß die Kordel an solchen Punkten weit unter der Normalfestigkeit lag.

4. Das Einknoten der zusammengefaßten Kordeln zu den Arkaden und deren Aufhängung wird nach verschiedenen Methoden vorgenommen. Bei nachlässiger Ausführung fanden wir, daß Einzelfäden so in Querlage eingeklemmt waren, daß sie nach der Belastung in einiger Zeit mit ganz glatten hakenförmigen Trennstellen abgeknipst wurden. Reißstellen und auch Scheuerbrüche an Harnischkordel zeigen ausgefaserte Enden. Sind diese glatt und wie abgeschnitten, wird nie die Qualität der Kordel verantwortlich sein. In Mehrschichtbetrieben ist die Gefahr des Verkommens der Harnische stärker gegeben als in Einschicht- oder Tagesschichtbetrieben und entsprechend die Pflegesorgfalt zu verdoppeln.

E. Musterungsvariation durch Schußwechsel

Bindungseffekte können in vollem Umfange nur dann zur Wirkung gebracht werden, wenn ein systematischer Wechsel des Schußmaterials Schuß um Schuß oder mindestens nach je zwei Schüssen möglich ist. Die Möglichkeit, den Wechsel nach jedem Schuß durchzuführen, setzt voraus, daß der Webstuhl rechts und links einen Wechselkasten hat. Bei einseitigem Wechsel ist nur eine „paarige Schußfolge“ möglich.

Die Zahl der Wechselkästen je Stuhlseite ist unterschiedlich. Die Regel ist der vierzellige Wechselkasten. Darüber hinaus kennt man den fünf-, sechs- und in seltenen Fällen den achtzelligen Wechsel.

Eine größere Kastenzahl als 4 hat getriebetechnische Schwierigkeiten zur Folge und verlangt auch eine schwierige und sorgfältige Einstellung der Wechselkästen und besondere Pflege.

1. Die Einstellung des Kastens

Die Kastenbacke wird zum Schützen so eingestellt, daß dieser bei zurückgezogener Backe noch etwa 5 mm Spielraum im Kasten hat. Folgende Gesichtspunkte sind zu berücksichtigen, wenn der Webstuhl mit einer Wechsellade arbeitet: Während man bei einschützigen Webstühlen grundlegend die Einstellung festsetzen kann, so daß der Stuhl auch lange Zeit hindurch arbeitet, ist dies bei Verwendung von Webstühlen von Wechselkästen deswegen nicht möglich, weil diese durch die stetige Arbeit über das getriebene Gestänge Veränderungen in der Einstellung verursachen, die laufend, mindestens aber beim Anfang einer neuen Kette, nachgeprüft und einreguliert werden müssen.

Das größte Gefahrenmoment ist die Einstellung der Kastenbodenplatte zur Ladenbahn. Steht die Kastenbodenplatte nur geringfügig tiefer als die Ladenbahn, so wird die Kante der Ladenbahn den Schützen immer aus der Fluchtlinie herausschleudern. Die Gefahr besteht auch dann noch, wenn die Kante (Kastenbodenplatte und Ladenbahn) bei stillstehendem Stuhl gleichgerichtet eingestellt ist, denn der laufende Stuhl wird das Kastengestänge stets so belasten, daß der Kasten sich um 1—2 mm gegenüber der Einstellung senkt. Um diesen Betrag soll man den Kasten höher einstellen. Bei mehrzelligem Wechselkasten ist dieses Verhältnis für alle Kästen nachzuprüfen, indem man das Wechseln des Webstuhles bewußt herbeiführt. Hierbei verfährt man so, daß man z. B. beim vierzelligen Wechsel zunächst den ersten Kasten zur Ladenbahn richtet, dann wird der Sprung vom ersten zum zweiten und schließlich vom ersten zum dritten Kasten reguliert. Der Sprung zum vierten Kasten dürfte dann in der Regel stimmen. Diese drei Regulierungen sind jeweils so vorzunehmen, daß sie sich einander nicht beeinflussen. Man kommt sonst niemals zurecht.

2. Die Einstellung des Wechsels

Um in diesem Zusammenhang nicht alle Wechsel besprechen zu müssen, möge folgende allgemeine Regel gelten: Der erste Kasten wird an der Kastenstange eingestellt, wenn die Lade in der hinteren Totpunktlage steht. Diese Einstellung wird dann bei der Ladenstellung nachkontrolliert, bei der der Schützen aus dem Kasten austritt und in das Fach hineinfliegt. Diese Nachkontrolle ist deswegen unerläßlich, weil sich bei den meisten Stuhlmodellen der Kasten während des Laufens nicht ruhig zur Ladenbahn einstellt: „Der Kasten tanzt."

Die Ursache für diese Unzulänglichkeit ist die Tatsache, daß der Kastenstangendrehpunkt nicht mit dem Drehpunkt der Ladenstelze übereinstimmt und demzufolge während der Arbeit verschiedene Kreisbogenwölbungen in Erscheinung treten.

Bei modernen Webstühlen ist dieser Nachteil durch besondere Konstruktion des Kastenantriebgestänges weitestgehend ausgeschaltet. In gleicher Weise wird auch bei der Einstellung des Sprunges vom ersten zum zweiten Kasten verfahren. Die Regulierung wird aber nicht mehr an der Kastenhubstange durchgeführt. Deren Einstellung liegt jetzt fest. In der Regel ist im Übertragungsgestänge vom Wechsel zum Kasten, meist am Winkelhebel zum Antrieb der Kastenstange, eine Kulisse mit festem Bolzen angebracht, an der sich durch Verwendung des Hebelverhältnisses der Hub regulieren läßt.

Der Sprung vom ersten zum dritten Kasten kann nun weder an der Kastenhubstange noch am Gestänge reguliert werden. Für diese Einstellung muß man den Hubmechanismus für den zweizelligen Hub regulieren (meist im Getriebe). In gleicher Folge hat auch die Regulierung von Wechseln zu erfolgen, die noch mehr Kästen aufweisen.

Das Wechselverhältnis — Wechselschema. Bezüglich der Wahl des Wechselverhältnisses gelten für die einfarbig geschossene Ware folgende Grundsätze:

1. In der Baumwollweberei kann einfarbig geschossene Ware in *jedem* Falle einschützig hergestellt werden.
2. In der Wollindustrie ist das in *keinem* Falle möglich.

Hier besteht die Forderung auf Herstellung einer absolut gleichmäßigen Ware. Die Gleichmäßigkeit wird aber beim Weben mit einem Schützen deswegen beeinträchtigt, weil zwischen dem Anfang und Ende des Garnes auf einer Spule eine geringfügige Nummerndifferenz besteht. Außerdem wird der Schußfaden bei der fast abgelaufenen Spule durch die mehrmalige Umwindung um den Spindelschaft kräftig gespannt, so daß beim Einsetzen einer neuen Spule infolge des Spannungs- und geringfügigen Nummernunterschiedes ein Schußstreifen und evtl. eine „Schußbande" entsteht.

Es ist also des Ausgleiches wegen notwendig, mit mindestens zwei Schützen zu weben. In der Regel wird man hier das Weben im „dreispuligen Rundlauf" empfehlen. Hierbei wird mit drei gleichen Farben der gleichen Partie gewebt, und das Schußverhältnis ist 1 : 1 : 1 eingestellt. Unbedingt ist in diesem Falle der Weber darauf aufmerksam zu machen, daß er nicht alle drei Spulen gleichzeitig durch neue ersetzt, weil ja dann wieder fast alle Voraussetzungen erfüllt sind, die eine bandige Ware zur Folge haben. Durch das dreispulige Weben soll das ja gerade verhindert werden. Das Wechselverhältnis für einen „dreispuligen Rundlauf" zeigt die nachfolgende Tab. 16.

Tabelle 16. *Dreispuliger Rundlauf*

Schuß Nr.	Linke Kastenseite I	II	III	IV	Schützen Nr. von Kasten / nach Kasten	von ——>—— nach / nach ——<—— von	Kasten nach / Kasten von	Rechte Kastenseite I	II	III	IV
	1	2						3			
1					I	1>	II				
		2						3	1		
2					I	<3	I				
	3	2							1		
3					II	2>	I				
	3							2	1		
4					II	<1	II				
	3	1						2			
5					I	3>	II				
		1						2	3		
6					I	<2	I				
	2	1							3		
7					II	1>	I				
	2							1	3		
8					II	<3	II				
	2	3						1			
9					I	2>	II				
		3						1	2		
10					I	<1	I				
	1	3							2		
11					II	3>	I				
	1							3	2		
12					II	<2	II				

Der gesamte Rapport dauert 12 Schüsse. Der besondere Vorteil für den Weber ist der, daß er an einer Kastenseite den Schützenverlauf und den *Schützenablauf* beobachten kann, denn jeder Schützen kommt einmal an jeder Kastenseite in den oberen Kasten. Dieses Prinzip war ausschlaggebend für die Entwicklung des automatischen Webstuhles (s. Mischwechselautomat) in der Wollweberei.

Die Wechselfolge ist in der so dargestellten Weise auch besonders vorbildlich und übersichtlich, weil der Webmeister, dessen Aufgabe es ist, die Wechselkarte zu bestecken, auf der Tabelle den Verlauf des Schützens erkennen kann. Zeichnet er sich zwischen den Zeilen in die mittlere Spalte noch den Verlauf des Schützens auf, so kann er an dem Kastensprung jeweils die notwendige Kartenbesteckung vornehmen.

Es wechselt der linke Kasten in der Folge: I, I, II, II, I, I usw. und der rechte in der Folge: II, I, I, II, II, I usw. Bei der Herstellung einer Zweischußware im Verhältnis 1 : 1 ist immer diejenige Farbe zweischützig zu weben, die im Hinblick auf die oben dargestellten Faktoren am empfindlichsten ist. Diese Empfindlichkeit hängt von der Farbverteilung in Kette und Schuß ab. Ist die Kette dunkel und wird der Schuß im Verhältnis 1 hell : 1 dunkel gewebt, dann ist die hellere Farbe empfindlicher. Bei heller Kette und gleichem Schußverhältnis ist die dunkle Farbe empfindlicher. Ist die Einstellung der Kette 1 hell : 1 dunkel und der Schuß ebenfalls 1 hell : 1 dunkel (z. B. Pfeffer und Salz), wählt man in der Regel noch (gleiche Farben vorausgesetzt) die helle Farbe zweischützig.

Der „Schußbrief" — das Wechselschema — sieht in diesem Falle wie folgt aus:

Tabelle 17. *Schußfolge: 1 hell : 1 dunkel* (hell zweispulig)

Schuß Nr.	Linke Kastenseite I	II	III	IV	Schützen Nr. von Kasten nach	(von → nach / nach ← von)	Kasten nach von	Rechte Kastenseite I	II	III	IV
	h_1	d	h_2								
1					I	$h_1>$	III				
		d	h_2							h_1	
2					II	$d>$	II				
			h_2						d	h_1	
3					III	$h_2>$	I				
								h_2	d	h_1	
4					II	$<d$	II				
		d						h_2		h_1	
5					I	$<h_1$	III				
	h_1	d						h_2			
6					II	$d>$	II				
	h_1							h_2	d		
7					III	$<h_2$	I				
	h_1		h_2						d		
8					II	$<d$	II				
	h_1	d	h_2								

Es bedeutet: h_1, h_2 je eine helle Schußspule; d = eine dunkle Schußspule.

Wie aus dem vorliegenden Wechselschema zu erkennen ist, macht der Kasten an keiner Stelle der Wechselfolge einen höheren Kastensprung als um einen Kasten nach oben oder unten. Leider läuft der dunkle Schußfaden immer vom zweiten Kasten zum zweiten Kasten. Dieser Nachteil muß besonders erwähnt werden, weil der dunkle Schützen eher als die beiden anderen Schützen abläuft. Der zweite Kasten ist aber schwerer zu beobachten. Jede andere Form der Schützenverteilung und jedes andere Wechselschema hat aber den Nachteil, daß der Kasten mehrmals im Wechselrapport über mehr als einen Kasten springen muß. Um dem Weber eine gewisse Erleichterung zu ermöglichen, ist es zweckmäßig, an die Schußspulerei die Anweisung zu erteilen, die Schußspulen mit heller Kreide in der ganzen Länge zu zeichnen. Der Einfachheit halber läßt man dies machen, kurz bevor die Spule auf der Schußspulmaschine volläuft; denn dann wird die Spule rundherum gefärbt. Der weiße Kreidespiegel läßt es nun zu, daß der Weber diese Spule auch noch beobachten kann, wenn die Spule im zweiten Kasten läuft. Oberster Grundsatz bei der Herstellung von Schußbriefen ist, stets darauf zu achten, daß der Kasten möglichst beim Wechseln nicht „springt" (also vom ersten zum dritten oder gar zum vierten Kasten), damit die oben beschriebenen Belastungen nicht zu falschen Einstellungen des Stuhles führen. Man achte weiter darauf, dem Weber die Beobachtung des Schützenlaufes durch ein zweckentsprechend gestaltetes Wechselschema zu erleichtern.

Leider sind diese Anforderungen bei den gegebenen Mustern nicht immer zu erfüllen. Wenn es aber möglich ist, ändere man zum Schutze des Webstuhles das Schußmuster.

Getriebe zur Durchführung der Wechselkastenbewegung

Bei einfachen Webstühlen der Baumwollindustrie verwendet man (mit abnehmender Bedeutung) den Revolverwechsel.

Moderne Webstühle arbeiten durchweg mit *Steigkastenwechsel*, weil hier die Variation der Musterung größer ist.

1. Der Revolverwechsel (Abb. 339)

Es ist dies ein zwangsläufig getriebener Wechsel mit abhängigem Kartenschlag und eingeschränkter Wechselfolge. Man baute diese Konstruktion als vier- und sechszellige Ausführung, gelegentlich auch zweiseitig.

Die Steuerung kann aus der Abb. 339 abgelesen werden:

Der Kasten *1* erhält eine Rechts- oder Linksdrehung, je nachdem, ob die Platine *2* oder *3* zieht. Die Formschlüssigkeit dieser Bewegung ergibt sich, wenn auf Grund der auf der Welle *12* sitzenden Exzenter der Hebel *14* angehoben wird und durch die Steuerung vom Kartenzylinder *10* über *8*, *9* eine Kupplung der Platinen *6*, *7* mit *14* erfolgt ist.

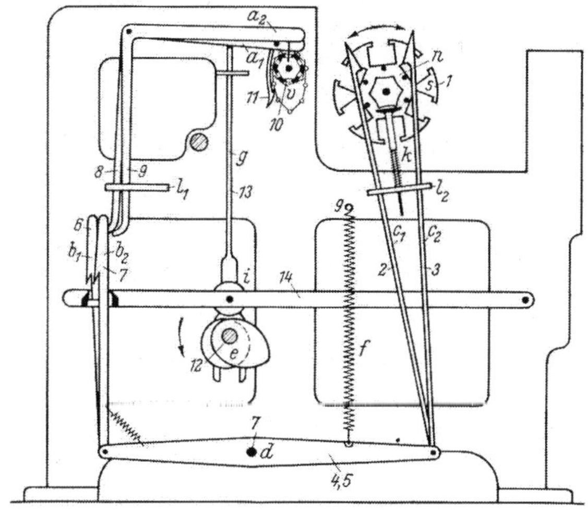

Abb. 339. Der Revolverwechsel (sechszellig)

Die vorangegangene Erklärung zeigt, daß immer nur die Farbe beim Wechsel zur Vorlage kommen kann, die rechts oder links vom derzeitig tätigen Kasten liegt. Eine andere Wechselfolge wäre nur möglich, wenn der Kasten um mehr als eine Kastenzelle gedreht werden könnte.

Auch für die Verwirklichung dieser Möglichkeit wurden Konstruktionen gebaut, die sich gar nicht besonders einführen konnten. Sie werden heute nur noch in sehr seltenen Fällen gebaut. Gemeint ist die Revolver-Überspringereinrichtung.

2. Der Revolver-Überspringer (vgl. Abb. 340)

Das in der Abb. 340 gezeigte Wirkungsschema eines Revolver-Überspringers nimmt auf kein bestimmtes Fabrikat Bezug. Die Darstellung ist von Einzelheiten vollständig entblößt.

Eine fünfteilige Karte übernimmt die Steuerung der Hebel *1* bis *5*. Der Formschluß erfolgt durch die auf einer Exzenterwelle untergebrachten Exzenter *16*, *17*, *18*, *19*, die ver-

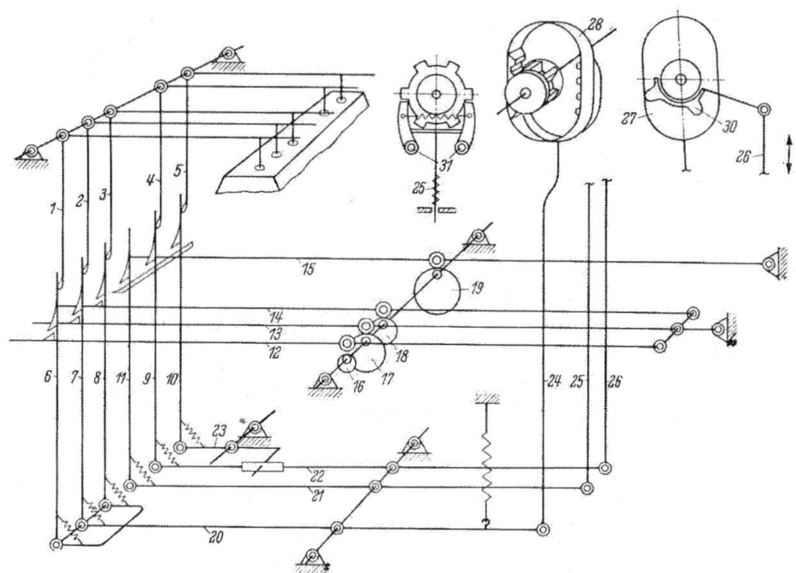

Abb. 340. Steuerungsschema des Revolver-Überspringerwechsels

schiedene Hubhöhen haben. Die Hubhebel *12, 13, 14* vermitteln je nach der Steuerung die getrennte Bewegung der Platinen *6, 7, 8*. Aber der Hubhebel *15* übernimmt nach Kupplung die Bewegung von *9 oder 10* und *gleichzeitig* von *11*. Das Zahnritzel in der Zahnkulisse *28* sitzt mit der Revolvervorrichtung auf gemeinsamer Welle und erhält unterschiedliche Drehung, je nachdem, ob das Ritzel, wie in der Zeichnung dargestellt, an der linken oder rechten Zahnung der Kulisse anliegt und je nachdem, ob die Kulisse einen Hub oder eine Senkung macht. Die rechte oder linke Anlage wird durch die Steuerung des Hebels *26* und des Formstückes *30* in der in d8r Zeichnung dagestellten Art bewirkt.

Ein Loch in der Karte und die Betätigung des Steuerhebels *1* hat Kupplung mit *6* und über *20, 24* ein Senken der Kulisse *28* und schließlich in der gezeichneten Darstellung eine Linksdrehung der Trommel zur Folge. Da hierbei das kleinste Exzenter *16* tätig war, entspricht das einer Drehung um eine Kastenzelle. Die Tätigkeit des Exzenters *18* (Kupplung *3, 8* und gleiche Übertragung) ergibt eine Drehung um zwei Kastenzellen. Exzenter *17* und Kupplung *2, 7* ergibt die Drehung von drei Zellen. Die Drehungsrichtung wird durch die Kupplungen *4, 5* mit *9, 10* bewirkt. Kupplung *4, 9* hat über *22, 26, 30* eine Kämmung rechts und die Kupplung *5, 10* über *23, 22, 26, 30* eine Kämmung links zur Folge. Die stets erfolgende Kupplung mit *11* soll über *21, 25* die Sperrung gegen eine ungewollte Trommeldrehung vor dem Wechsel lösen.

3. Schützenwechselkastenbewegung durch Zahnradgetriebe (Knowlesgetriebe)

Unter den Getrieben, die der Wechsel- oder Hubkastenbewegung dienen, nimmt speziell das Knowlesgetriebe mit seinen verschiedenen Konstruktionen einen breiten Raum ein. Die getriebetechnischen Vorteile, die sich mit dem Abwälzen der Zahnräder und durch die Zwangsläufigkeit ergeben, sind so bestechend, daß das Getriebe selbst nicht nur für Wechsel, sondern auch als Steuermechanismus für Schaftmaschinen, bei schwereren Webstühlen auch bei modernen Konstruktionen beliebt ist und immer wieder angewendet wird. Bevor auf die verschiedenen Konstruktionsvarianten eingegangen wird, möge die Elementarform des Getriebes an einer Skizze erklärt und beschrieben werden.

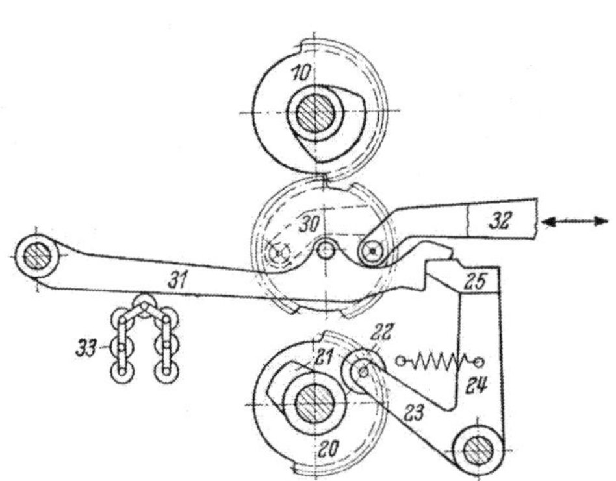

Abb. 341. Elementarform des Knowlesgetriebes

a) Elementarform des Knowlesgetriebes (Abb. 341 aus Abb. 275 abgeleitet)

Die Abb. 341 zeigt die Elementarform des Knowlesgetriebes, wie es sowohl für die Steuerung des Faches als auch für die Bewegung des Wechselkastens gedacht werden kann.

Zwei mit gegenläufigem Drehsinn laufende und auf halbem Umfang verzahnte Walzen *10* und *20* sind ortsfest gelagert. Fast durchweg erhalten diese Walzen ihren Antrieb im Verhältnis 1 : 1 von der Kurbelwelle. Zwischen diesen beiden Walzen liegen die Räder *30*, die jedes auf einem schwenkbaren Hebel *31* gelagert sind. Die Zahl der Räder *30* richtet sich nach dem Zweck der Steuerung. Für die Steuerung einer Schaftmaschine benötigt man für jeden Schaft ein solches Rad *30* mit den entsprechenden Steuerhebeln *31, 32, 33*. Für die Steuerung von Wechselkästen benötigt man für einen zweizelligen Kasten eins, für die Steuerung eines vierzelligen Kastens zwei und für die Steuerung eines sechszelligen Kastens drei dieser Räder *30*. Höhere Zellenzahlen je Wechselkasten sind im allgemeinen nicht üblich. Das Kennzeichen dieser Räder *30* ist, daß sie auf der einen Seite eine Zahnlücke von einem Zahn und auf der diametral gegenüberliegenden Seite eine Zahnlücke von zwei Zähnen aufweisen. Hieraus erklärt sich die Wirkungsweise wie folgt:

Wird durch irgendeine Form der Steuerung *33* der Hebel *31* angehoben, dann erfolgt ein Eingriff der Verzahnung der Walze *10* in die Verzahnung von *30*, und es erfolgt entsprechend der Skizze eine Rechtsdrehung von *30*. Die kleine Zahnlücke ermöglicht ein sicheres Eingreifen der Zähne, insbesondere wird das Aufeinandertreffen der Zahnköpfe vermieden. Das Rad dreht sich dann um 180°, bis also die große Zahnlücke eine weitere Drehung unmöglich macht. Durch die Drehung von *30* nach rechts erhält *32* eine Bewegung nach rechts (gestrichelt), die dann zum Wechselkasten oder zur Schaftmaschine übertragen wird. Solange nun der Steuerhebel sowie das Rad *30* in der so erreichten Stellung verharrt, erfolgt keinerlei Bewegung von *32* mehr. Erst wenn die Steuerung *33* nach unten geht, wenn also die jetzt unten befindliche kleine Zahnlücke des Rades *30* gegen die Walze *20* angedrückt wird, erfolgt eine gegenläufige Drehung. *32* geht in die gezeichnete Ausgangsstellung zurück.

In der Regel erfolgt die Bewegung der Steuerstange *33* zwangsläufig, wie dies aus der Skizze ersichtlich ist. Die obere Walze *10* treibt mit einem angegossenen Exzenter *11* über Rolle *12*, Hebel *13* ein Messer *14* an, zu dem die Steuerstangen *33*, die dann in der Regel als Haken ausgebildet sind, durch die Steuerorgane der Karte eingestellt werden.

Aus dieser Darstellung erkennt man, daß man in der Betrachtung dieses Webstuhlaggregates gliedern muß in:

1. Die konstruktive Gestaltung des Getriebes.
2. Die Gestaltung der Steuerorgane.

b) Die konstruktive Gestaltung des Getriebes

Die Knowleswechsel sind formschlüssig arbeitende Getriebe mit unabhängigem Kartenschlag und unbeschränkter Wechselfolge. Bei der älteren Bauart, die um die Jahrhundertwende von Louis Schönherr übernommen wurde, war der Wechsel fast vollständig mit der Schaftmaschine kombiniert. Dieses erste Modell ist heute in der Industrie fast nicht mehr zu finden. Eine Weiterentwicklung, die gleich von Anfang von Schönherr betrieben wurde, ist jedoch noch viel bekannt. Das ist der Wechsel für leichtere Tuchwebstühle der Firma Schönherr Modelle C und B.

Das Knowlesgetriebe als Wechselgetriebe wurde und wird von allen Firmen, die Tuchwebstühle in der als Kurbelwebstuhl bekannten Bauweise herstellen, verwendet.

1. Wirkungsweise des Schönherr-Wechsels am Webstuhl Modell C und B. Bei diesen Webstuhltypen wurde mit einem einseitigen fünfkästigen Wechsel gearbeitet. Die baulichen Zusammenhänge und die Wirkungsweise sind aus der Abb. 342 zu ersehen.

Die Steuerung erfolgt durch eine Rollenkarte. Beim Vorliegen einer Rolle wird durch Vermittlung der Übertragungsorgane *501—502* der Winkelhebel *503* rechtsdrehend geschwenkt. Die Sperrklinke *504* blockiert dann die Abwärtsbewegung des Balancierhebels *505*, der seinen Antrieb durch Exzenter *11* über *506* erhält. Zwangsläufig muß dann auch *507* (dieser bildet mit *31* zusammen einen Winkelhebel) nach unten, und damit erhält *31* eine Schwenkung nach links. Das Steuerrad *30* erhält Eingriff mit der Zahnwalze *20*. Die Stellung wird sofort, noch bevor eine Drehung von *30* richtig begonnen hat, vom Messerhebel *24* (durch Vermittlung von *21*, *22*, *23*) blockiert. Die Rechtsdrehung von *30* ergibt eine Abwärtsbewegung von *32*. Für den fünfzelligen Wechsel sind dann drei

Steuerräder *30* notwendig. Obzwar der Hub der einzelnen Steuerräder untereinander gleich groß ist, wird die Größe des Hubes durch das in *6* aufgehängte Gestänge in geeigneter Weise übersetzt, wie man dies aus der Zeichnung ohne Schwierigkeit ablesen kann.

Wird durch Vorlage einer Hülse auf der Karte in der bereits beschriebenen Weise die Blockierung zwischen *504* und *505* gelöst, so wird der Hebel *507* unter der Wirkung der Feder *7* eine Aufwärtsbewegung machen. *31* macht eine Rechtsschwenkung, und *30* kommt mit *10* zum Kämmen.

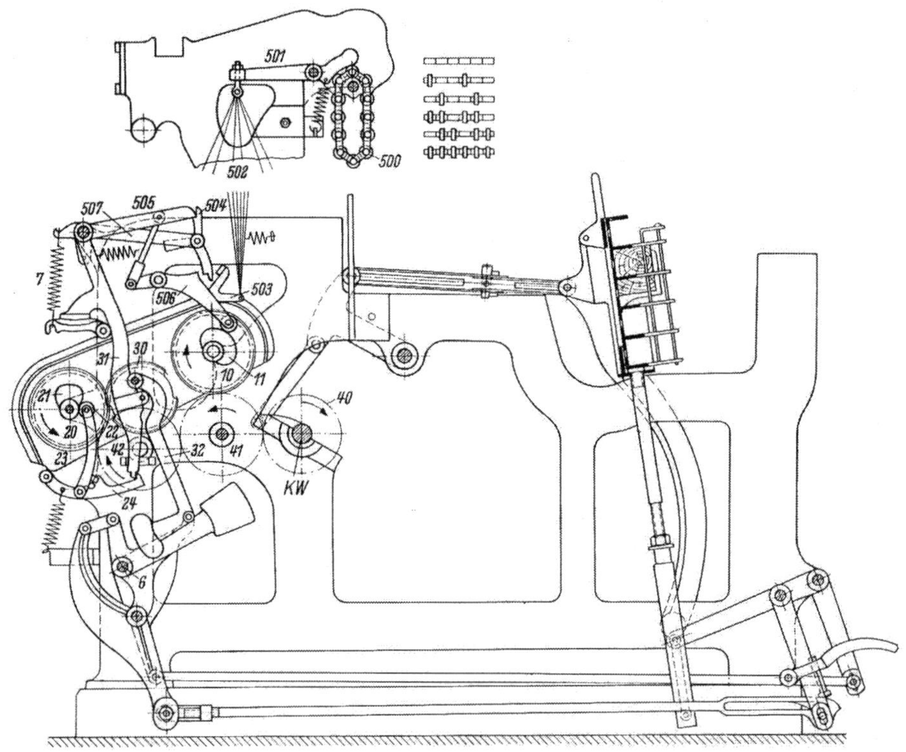

Abb. 342. Schönherr-Wechsel

2. Der Wechsel am SG 4-Webstuhl. Auch dieser Wechsel, der an dem speziell für den Industriekreis M.-Gladbach entwickelten Webstuhl SG 4 von Schönherr verwendet wurde, wird heute nicht mehr gebaut. Interessant an dieser Konstruktion war, daß die ursprünglich zwei auf halbem Umfang verzahnten Walzen in einer Zahnwalze vereinigt wurden, die zwei getrennte Zahnsegmente aufweist. (Eine Entwicklung, die bei dem bekannten Kipp- und Schiebezahnwechsel grundsätzlich geworden ist.) Das Steuerrad kann sich bei jedem Kämmen mit einem Zahnsegment um 180° drehen. Es dreht sich aber nicht wie bei der besprochenen Konstruktion hin und her, sondern fortlaufend weiter.

Die Abb. 343 möge darüber Auskunft geben.

Kurz vor dem möglichen Wechsel wird durch das Exzenter *2* durch Vermittlung von *3*, *4* die Blockierung *5*/*6* freigegeben. Wird nun infolge der Steuerung seitens der Karte *1* angehoben, so wird in der aus der Skizze ersichtlichen Weise das Steuerrad *7*, das bis dahin durch den konkaven Sicherungshebel in Ruhestellung festgehalten wurde, nach oben angehoben, kämmt mit dem Zahnsegment und dreht sich um 180°. Kurz vor dem nächsten möglichen Wechsel wird die Blockierung *5/6* wieder gelöst. Je nach der dann erfolgenden Steuerung durch die Karte wird das Steuerrad in der erreichten Stellung belassen; d. h., der Kasten wechselt wieder, diesmal aber umgekehrt; oder aber das Steuerrad wird gesenkt, dreht sich also nicht; d. h., der Kasten bleibt vorerst in der einmal erreichten Stellung stehen. Da der Webstuhl mit zweiseitigem vierzelligem Wechsel gebaut wurde, brauchte man für jede Webstuhlseite zwei Steuerräder *7*. Die Drehung des ersten Steuerrades *7* ergab durch die Gestängeübertragung *10, 12, 14, 15* nach *16* einen einzelligen Hub. Die Drehung des zweiten Steuerrades *7* ergab durch die Übertragung *11, 13, 16* einen Hub um zwei Kastenzellen. Die gleichzeitige Betätigung beider Steuerräder hat einen Kastensprung um drei Zellen zur Folge, wenn die Bolzen von *10* und *11* gleiche Ausgangsstellung haben. Ist die Ausgangsstellung der beiden Bolzen nicht gleich, dann subtrahieren sich die Hübe.

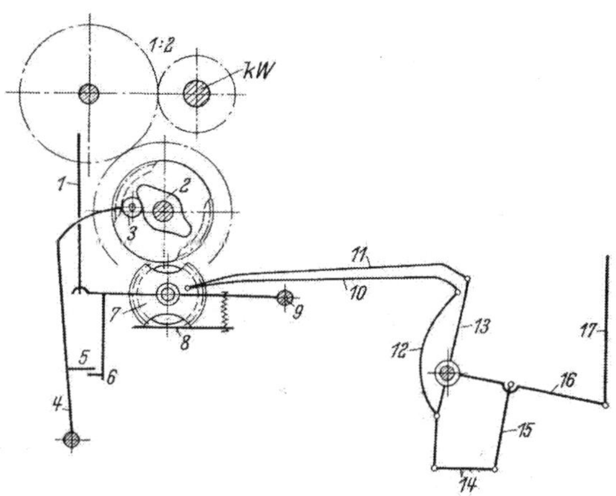

Abb. 343. Zahnradwechsel (SG 4)

Zum Unterschied gegenüber der obengenannten Konstruktion und auch zu den weiter besprochenen Konstruktionen ist also dieser am SG 4-Webstuhl verwendete Wechsel abhängig von der jeweilig vorherigen Kastenstellung.

3. Der Wechsel am Hartmann-Kurbelwebstuhl. Solange die Firma Hartmann in Chemnitz Tuchwebstühle gebaut hat (das Produktionsprogramm in Webstühlen ist bereits vor dem Kriege von der Firma Hartmann an die Firma Schönherr abgegeben worden), wurde das Knowlesgetriebe an den Hartmann-Kurbelstühlen so angeordnet, daß die beiden auf halbem Umfang verzahnten Hubwalzen in einer Höhe hintereinander lagen. Diese grundsätzliche Art der Anordnung wird ja auch heute noch an den Webstühlen der ASTRA-Werke (s. u.) bevorzugt. Wie aus einem Vergleich der entsprechenden Abb. 344 ersichtlich ist, besteht ein grundsätzlicher Unterschied nicht.

Bevor auf die beiden heute ausnahmslos üblichen Konstruktionen ASTRA-Schönherr in vergleichender Betrachtung eingegangen wird, möge die prinzipielle Wirkungsweise des Hartmann-Wechsels an Hand der Abb. 344 erklärt werden.

Die beiden Zahnwalzensegmente *10* und *20* liegen in gleicher Höhe. Dazwischen befinden sich die Steuerräder *30*, die auf den (zum Unterschied gegenüber Abb. 341) stehend angeordneten Hebeln *31* gelagert sind. Kurz bevor seitens der Karte eine Steuerung der Räder *30* erfolgen soll, wird durch das Exzenter *21*, das diesmal nicht auf einer Trommel sitzt, das Messer *24* angehoben und die Sperrung von *32* gelöst. Es erfolgt nun in der aus der Abb. 344 ersichtlichen Weise die Einstellung zu einer der Segmentwalzen *10* oder *20*. Unmittelbar danach wird das Messer *24* wieder gesenkt, damit während des Kämmens der Zahnräder der radial wirkende Zahndruck aufgefangen wird. Das ganze Getriebe war für einen zweiseitigen Wechselstuhl mit je vier Kästen gebaut, so daß für jede Webstuhlseite zwei Steuerräder *30* miteinander arbeiten müssen. Wie aus der Abbildung ersichtlich, wird die Drehbewegung entweder über *32, 81, 84, 85, 86* zum Wechsel-

16*

kasten übertragen oder über *32, 82, 83, 85, 86*. Die beiden Gestängeübersetzungsverhältnisse sind dabei so abgestimmt, daß die eine Übertragung einen Kastenhub aus zwei Zellen, die andere einen um eine Zelle bewirkt.

Auf diese Gestängeübertragung soll, genauso wie bei den bisherigen Abbildungen, nicht eingegangen werden, dies soll vielmehr der Beschreibung der heute üblichen Konstruktionen vorbehalten bleiben (s. u.).

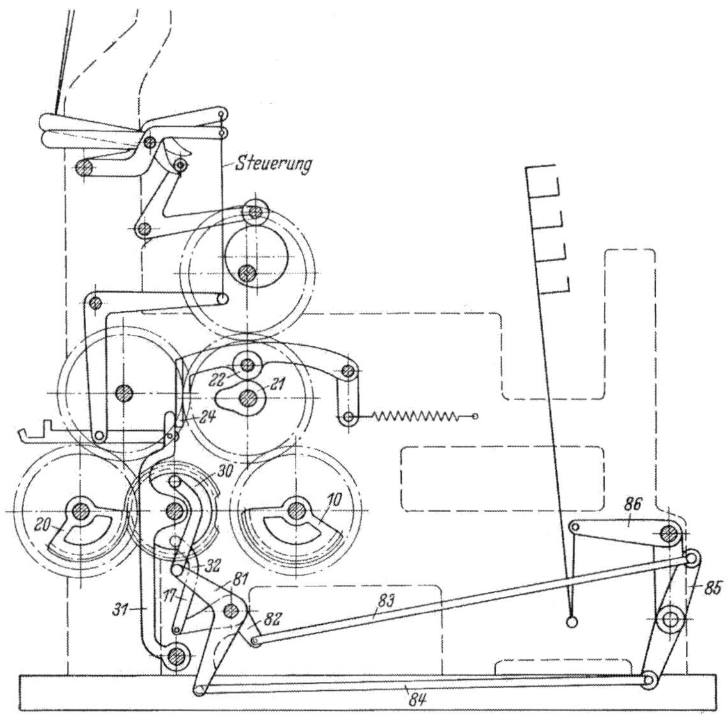

Abb. 344. Zahnradwechsel am Hartmann-Webstuhl

c) Vergleichende Betrachtung der Knowles-Wechselgetriebe am Schönherr-Webstuhl und am ASTRA-Webstuhl

Der elementare Aufbau des Getriebes ist bei beiden Konstruktionen, sowohl bei dem Getriebe von Schönherr wie auch bei dem der ASTRA-Werke, gleich. Im Prinzip stimmt auch die Hebelübertragung, ausgehend vom Getriebe zum Wechselkasten, bei beiden Konstruktionen überein. Aus diesem Grunde soll im nachfolgenden das Prinzip dieser Übertragungsweise an einer einfachen kinematischen Abbildung geklärt werden (vgl. Abb. 345). Die von den Steuerrädern übertragene Bewegung wird durch das Gestänge *320* sowie *321* auf die beiden Winkelhebel *330* sowie *33*, die beide lose drehbar auf einem Bolzen gelagert sind, übertragen. Der Summierhebel *36/38* ist an einem Balancierhebel *37* zur Ausgleichung der Kreisbogenbewegung aufgehängt. Das Ende von *36* sowie der Lagerpunkt von *36* sind, wie aus der Abb. 346 ersichtlich ist, durch die Stangen *350* und *35* mit den Winkelhebeln *330* sowie *33* verbunden. Eine Drehung der Winkelhebel *330* bzw. *33* hat sofort eine Änderung der Lage des Schwinghebels *36/38* zur Folge, die dann durch die in der Zeichnung dargestellte Zugstange und durch die weiter erkenntliche Hebelübertragung zum Kasten hin weitergeleitet wird.

Ein Schaltradhub, der durch *320* auf *330* und *350* und schließlich auf *36* übertragen wird, macht aus dem Hebel *36/38* einen zweiarmigen Hebel. Wie in der Skizze dargestellt ist, ergibt dies einen Kastenhub um eine Kastenzelle. Eine durch *321* über *33*, *35* zum Hebel *36/38* übertragene Bewegung dagegen macht aus *36/38* einen einarmigen Hebel, bei dessen Bewegung, wie aus der Abb. 346 ersichtlich ist, ein Hub um zwei Kastenzellen erfolgt, obwohl die Hubbewegung von *321* grundsätzlich die gleiche Größe hat, wie bei *320* beschrieben.

Das Kinematische Prinzip bei der Hubübertragung, wie sie von der Firma Schönherr gebaut wird, ist grundsätzlich nicht anders, wie dies aus der Abb. 347

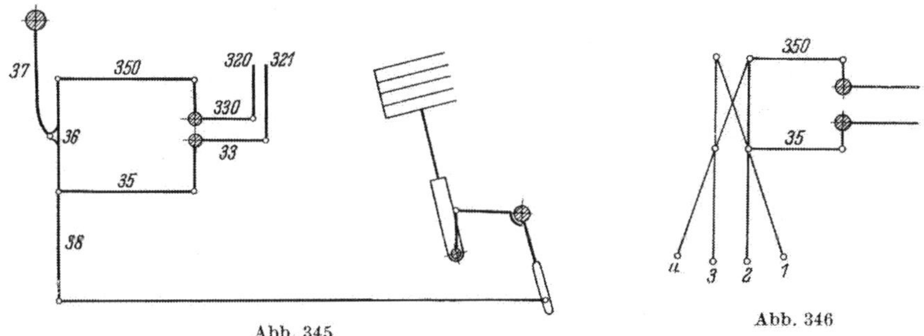

Abb. 345

Abb. 346

ersichtlich ist. Der Unterschied der Übertragung gegenüber der in Abb. 345 besprochenen kann lediglich dadurch begründet werden, daß die Hubtrommeln bei der Konstruktion von Schönherr übereinander gelagert sind, während sie bei der Konstruktion von Astra nebeneinander gelagert sind. Die beiden Hebel, die den Hub in das Gestänge hineinleiten, sind in der Abb. 347 auch wieder bezeichnet mit *320* und *321*. Der Hebel *323* ist lose auf dem an der Maschine fest gelagerten Bolzen *324* drehbar, desgleichen auch der Hebel *322*, jedoch ist *322* unterhalb des Bolzens *324* fortgesetzt und endet an dem Bolzen *327*. Auf diesem Bolzen *327* ist der Summierhebel *326* lose drehbar gelagert, und *326* ist durch Zugstange *325* und *323* verbunden. Eine Hubbewegung von *321* wird somit unmittelbar von *322* und auf den Summierhebel *326* übertragen und ergibt, wie aus der Skizze ersichtlich ist, einen Hub des Wechselkastens um zwei Zellen. Ein Hub von *320* dagegen wird durch die Stange *325* auf den Summierhebel *326* umgeleitet, dabei dreht sich *326* auf dem jetzt feststehenden Bolzen *327* und ergibt nur einen Hub des Wechselkastens um eine Kastenzelle. Wie bereits in der Abb. 346 besprochen, so ist es auch hier möglich, daß beide Hubstangen *320* und *321* gleichzeitig eine Bewegung vollbringen. Dabei wird dann der Hub durch *321* sowie der Hub durch *320* durch den Hebel *326* bei der Bewegung von *327* addiert und man erhält einen Hub des Wechselkastens um drei Kastenzellen.

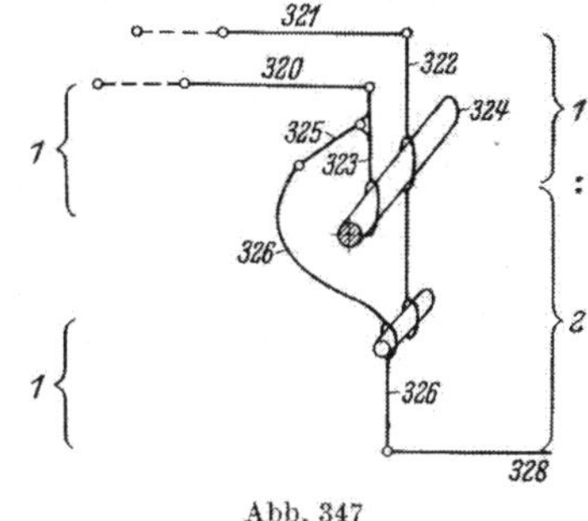

Abb. 347

Zur Erläuterung der Hubverhältnisse sind die Hebelübersetzungsverhältnisse eingezeichnet. Man erkennt aus der Abb. 347, daß der Hebel *322* eine Hebelübersetzung von 1 : 2 bis zum Angriffspunkt an Stange *328* ergibt, während das Hebelübersetzungsverhältnis für *323* sich mit 1 : 1 ergibt, weil man als Hebelübersetzung lediglich die Strecke für den Angriffspunkt *320* bis zum Bolzen *324*, wie von Bolzen *327* bis zum Angriffspunkt *328* gelten lassen kann.

Bei einer vergleichsweisen Betrachtung zwischen Abb. 345 und Abb. 347 erkennt man, daß man einen Hub um eine Kastenzelle erhält bei Bewegung des Hebels *320*, einen Hub um zwei Kastenzellen bei Bewegung des Hebels *321* wie einen Hub um drei Kastenzellen, wenn *321* und *320* gemeinsam bewegt werden.

Erheblich schwieriger sind die Verhältnisse beim fünfzelligen Wechsel, wie aus der Abb. 348 hervorgeht, sowie beim sechszelligen Wechsel. Sowohl beim fünf- als auch beim sechszelligen Wechsel braucht man drei Übertragungsorgane, die ihre Bewegung von den entsprechenden Hubrädern zwischen den Trommeln erhalten. Die Übertragungsorgane *300*, *3000* und *302* empfangen in der bereits dargestellten Weise ihre Bewegung, und dabei wird ein Hub um eine Kastenzelle durch die Stange *300* sowie durch die Stange *3000* übertragen, und ein Hub um zwei Kastenzellen erfolgt durch die Bewegung der Stange *302*. Beim sechszelligen Wechsel gilt dies im übertragenen Sinne auch, jedoch ist hier der Hub der drei Übertragungsorgane insofern unterschiedlich, als zwei Übertragungsorgane einen Hub um zwei Kastenzellen und das letzte Übertragungsorgan einen Hub um eine Kastenzelle ergibt. Es soll in diesem Zusammenhang darauf hingewiesen werden, daß der sechszellige Wechsel von seiten der Weber augenblicklich wenig gefragt ist.

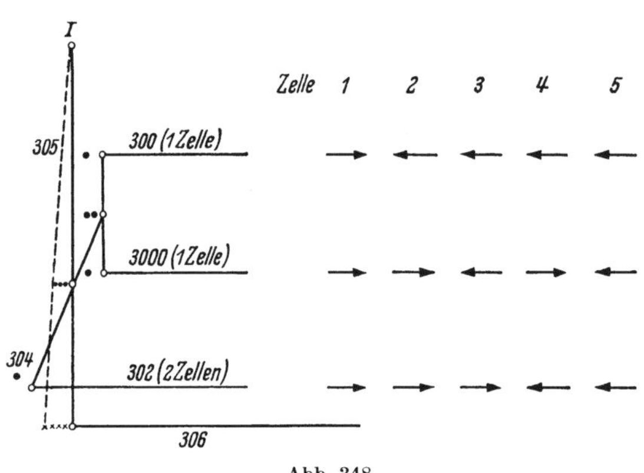

Abb. 348

Die prinzipielle Wirkungsweise des fünfzelligen Wechsels und damit im übertragenen Sinne auch des sechszelligen Wechsels läßt sich aus der Abb. 348 durch Beobachtung der kinematischen Zusammenhänge ohne weiteres ablesen. Zur Vereinfachung der Darstellung wurden noch die Bewegungsrichtungen für den Hub der jeweiligen Kastenzelle eingetragen. Bei einem genauen Studium dieser Abb. 348 erübrigt es sich auch, die Wirkungsweise des fünfzelligen und sechszelligen Schönherr-Wechsels darzutun, da die prinzipielle Wirkungsweise sich ohne Schwierigkeiten auf diese Verhältnisse übertragen läßt.

d) Zweiseitig vierkästiger Schützenwechsel des ASTRA-Webstuhles

Wie aus der Abb. 349 ersichtlich ist, liegen auch hier die beiden Segmentwalzen waagerecht nebeneinander. Der Antrieb der Walzen erfolgt durch die Kurbelwelle im Übersetzungsverhältnis 1 : 1.

Die Wirkungsweise soll an Hand der Abb. 349 erklärt werden.

Bei gelochter Karte wird über Zugdraht *501* der Fallenhebel *502* mit Falle *503* aus dem Bereich des schwingenden Messers *112* gebracht. Der Radhebel *31* und somit das Steuerrad *30* bleibt angestellt gegen die auf halbem Umfang verzahnte Segmenttrommel *20*. Die Blockierung während des Wechselvorganges erfolgt durch Exzenter *21* über *22*, *23*. Durch die Einwirkung von *10* erhält Steuerrad *30* eine Drehung von 180°. Die in *A* drehbar gelagerte Schwinge *37* überträgt die Bewegung über *36*/*38*, *39*, *40* über die Sicherung *41* und weiter über *42*, *43* auf die Kastenspindel *44*. Der Wechselkasten führt eine Abwärtsbewegung aus. Bei ungelochter Karte bleibt der Fallenhebel *502* mit Falle *503* im Bereich des schwingenden Messers. Steuerrad *30* wird durch Steuerhebel *31* an die rechte Trommel *10* gebracht, die den entgegengesetzten Drehsinn zur linken Trommel *20* aufweist. Verfolgt man nun die bereits oben dargestellte Betrachtung, so erkennt man, daß sich nun der Wechselkasten aufwärts bewegt.

Das Hubrad ist wie bei der prinzipiell besprochenen Konstruktion in Abb. 341 gegen Überdrehung durch eine große Zahnlücke gesichert. Eine diametral gegenüberliegende kleine Zahnlücke ist notwendig für den sicheren Eingriff der Zahnräder.

Die Übertragung der unterschiedlichen Hubhöhen, die aus den bisher besprochenen Abbildungen möglicherweise schlecht zu erkennen war, läßt sich speziell an der Konstruktion von Astra sehr leicht erklären. Der Hebel *330* ist nach oben abgewinkelt. Dadurch wird bei einer Bewegung von *321, 330* der Hebel *36/38* zum zweiarmigen Hebel mit dem Übersetzungsverhältnis 1 : 1. Dies ergibt unter Berücksichtigung der weiteren Gestängeübersetzung einen Hub von einer Kastenzelle. Die Abwinklung von *33* nach unten läßt *36/38* bei einer Bewegung von *320, 33, 35* zu einem einarmigen Hebel mit dem Übersetzungsverhältnis 1 : 2 werden, mit einem Hub von zwei Kastenzellen.

Einstellung. Vor Beginn der Einstellung sind die drei verstellbaren Bolzen *a*, *b* und *c* auf Mitte Schlitz einzustellen. Durch Vorlegen der Karte *3* wird die dritte Zelle in die Ladenbahn gebracht und die Zugstange *39* so eingestellt, daß die Kulissenrollen *50* in einer Achse liegen.

Zuerst erfolgt die Einstellung der Zelle *4* durch Muttern an der Hubstange zum Kasten. Hierbei werden durch Vorlegen der Karte *4* die Bolzen *51* und *52* gesenkt und Zelle *4* dann durch Muttern auf der Kastenstange in die richtige Höhe gebracht.

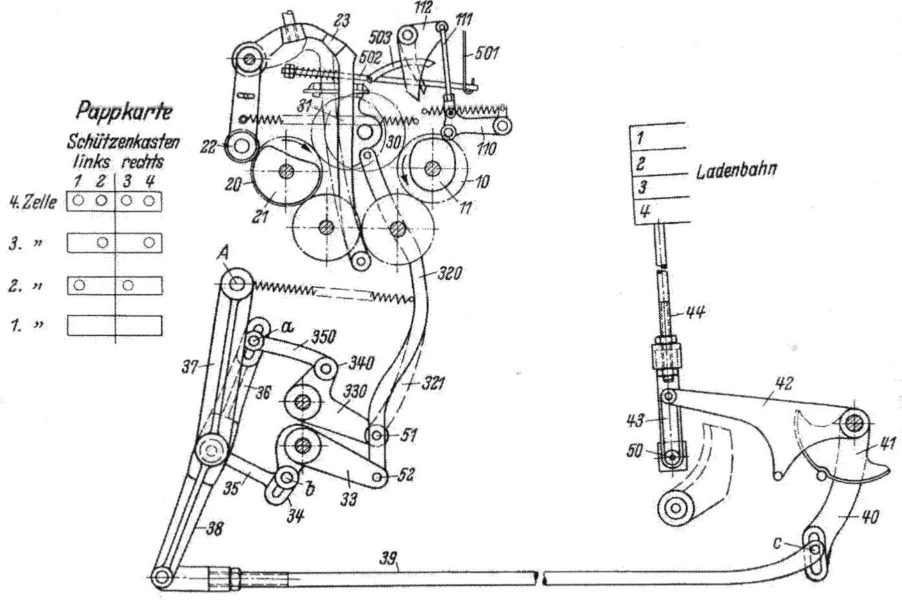

Abb. 349. Vierzelliger Wechsel (ASTRA)

Durch Vorlegen der Karte für Zelle *1* kommt jetzt Zelle *1* in Ladenhöhe und wird durch Bolzen *c* genau eingestellt. Durch Karte *3* kommt jetzt Zelle *3* in die Ladenbahn und wird durch den Bolzen *a* richtig eingestellt. Die Einstellung von Zelle *2* erfolgt durch Verstellen von Bolzen *b* in gleicher Weise. Sobald alle Kastenzellen mit der Ladenbahn gleichgestellt worden sind, wird der Schützenkasten durch Verdrehen der Muttern an der Kastenhubstange noch um etwa 1—2 mm, je nach Webbreite, höher gestellt.

e) Zweiseitig fünfkästiger Wechsel

Wie bereits dargestellt, unterscheidet sich die Konstruktion des fünfkästigen Wechsels durch eine andere Gestängeübertragung. Prinzipiell ist jedoch die Wirkungsweise die gleiche, wie beim vierkästigen Wechsel beschrieben.

Einstellung (Abb. 350). Vor Beginn der Einstellung der einzelnen Kastenzellen sind erst sämtliche verstellbaren Bolzen (*a*, *b*, *c*, *d*, *e*, *f*) auf Mitte Schlitz zu stellen. Dann wird der Kasten *3* in Höhe der Ladenbahn gebracht und die Zugstange *39* mit der Mutter *390* so verstellt, daß die Kulissenrolle *50* in Achse liegt. Dann werden die Bolzen *g*, *h*, *e* durch Vorlegen der Karte *5* gesenkt und die Kastenzelle *5* durch die auf der Kastenstange sitzende Mutter mit der Ladenbahn gleichgestellt. Anschließend wird der gesamte Kastenhub durch Verschieben des Bolzens *f* eingestellt, und zwar so, daß die Zelle *5* und die Zelle *1* genau in der

Ladenbahn liegen. Dies ist nochmals zu wiederholen und gegebenenfalls zu korrigieren. Die Zelle *4* wird nun mit Bolzen *h* eingestellt. Die Zelle *3* stellt man mit Bolzen *b* ein. Die zweite Kastenzelle reguliert man am Bolzen *c*.

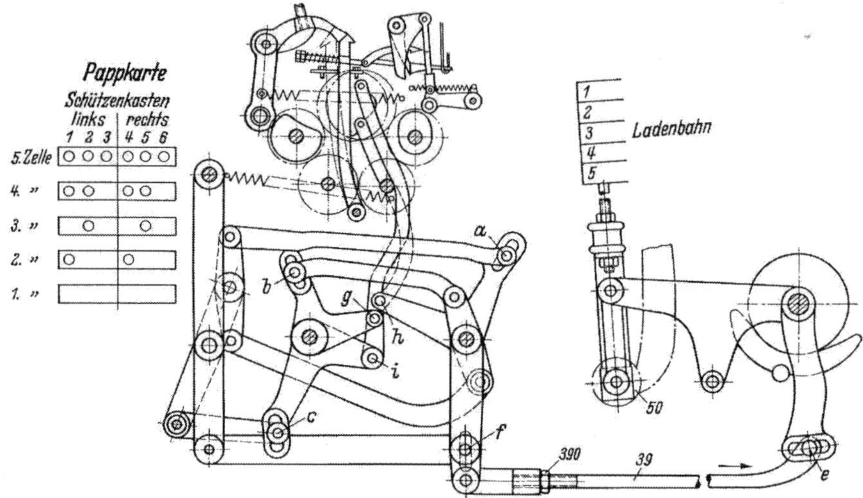

Abb. 350. Fünfzelliger Wechsel (ASTRA)

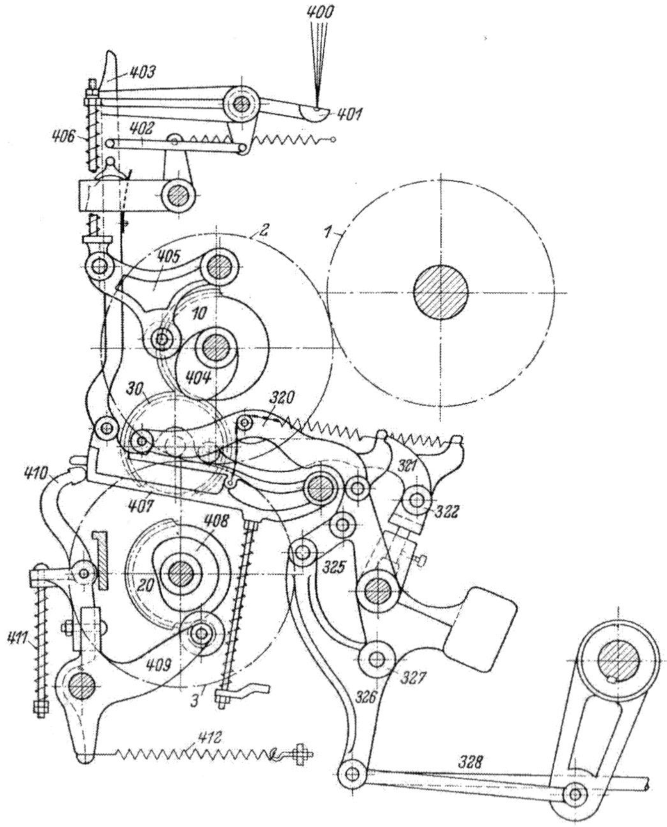

Abb. 351. Schützenwechsel von Schönherr

f) Zweiseitig vierkästiger Schützenwechsel von Schönherr (vgl. Abb. 351)

Prinzipiell besteht zwischen dieser Konstruktion und der bereits besprochenen Konstruktion von Astra kein Unterschied.

Der konstruktive Unterschied, der wirklich besteht, läßt sich aus der Abb. 351 ohne jegliche Schwierigkeiten erkennen. Die beiden Hubtrommeln *10* und *20* sind übereinandergelagert; sie erhalten in gleicher Weise ihren Antrieb durch die Räder *1, 2, 3* von der Kurbelwelle aus mit dem Übersetzungsverhältnis 1 : 1. Die einzelnen Hubräder *30* sind auf dem Hebel *407* gelagert, der mit den Platinen *403* in Verbindung steht. Die Steuerung von der Karte her erfolgt über die Drähte *400,* über den Winkelhebel *401,* Zugstange *402,* die mit der Platine gelenkig verbunden ist.

Beim Zug des Drahtes *400,* gesteuert durch die Karte, erfolgt ein Zug von *402,* die Platine *403* wird so zurückgenommen, daß sie durch das in der Abb. 351 nicht erkenntliche Messer, das seinen Antrieb *404, 405, 406* erhält, nicht erfaßt wird. Ein Senken von *400* hat das Erfassen der Platine *403* zur Folge, und dadurch wird *407* angehoben. Das Hubrad wird an die obere Trommel angehoben. Die Blockierung der Zahnräder, der Hubräder mit den Hubtrommeln, erfolgt hier, ausgehend von einem Exzenter *408,* über Hebel *419.* Unmittelbar

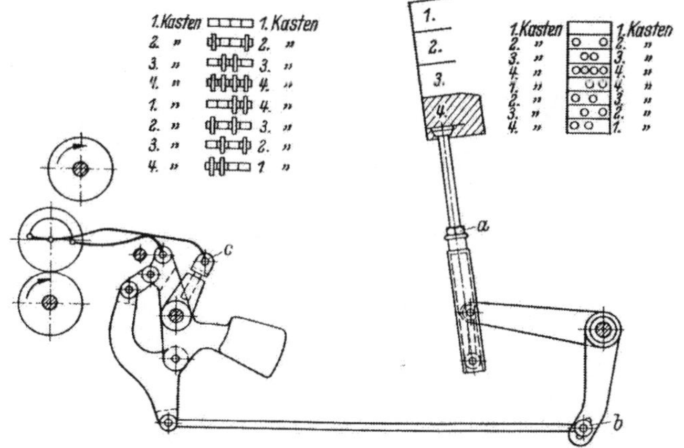

Abb. 352. Einstellung des vierzelligen Wechsels

vor dem Umstellen der Hubräder bzw. des Hebels *407* wird vermittels des Exzenters die Blockierung *410* zurückgenommen, damit eine freie Einstellungsmöglichkeit gegeben ist. Feder *411* ist lediglich als Sicherung gegen Bruch gedacht. Die Feder *412* soll für eine sichere Anlage der Rolle an *409* am Exzenter Sorge tragen. Die Übertragung von den Hubrädern auf die Kastenzelle braucht in diesem Zusammenhange nicht mehr erwähnt zu werden, sie ist aus der Abb. 347 ohne jegliche Schwierigkeit zu ersehen und kann zur Erleichterung mit der Abb. 351 verglichen werden, da hier die gleichen Kennziffern eingetragen sind.

Einstellung. Die Einstellungsrichtlinien mögen den nachfolgenden Abb. 352 und 353 entnommen werden.

Einstellung des vierkästigen Wechsels: Zunächst stellt man mittels Mutter *a* den ersten Kasten mit der Ladenbahn genau gleich und läßt dann zum zweiten Kasten wechseln. Durch Verstellung des Bolzens *b* stellt man den zweiten Kasten mit der Ladenbahn gleich. Sobald der Hub vom ersten zum zweiten Kasten stimmt, läßt man zum dritten Kasten wechseln und stellt die Hubhöhe vom ersten zum dritten Kasten durch Verstellen des Klobens *c* ein. Nach jeder Verstellung läßt man zunächst immer wieder den ersten Kasten zur Ladenbahn wechseln und stellt denselben genau ein. Stehen die ersten drei Kästen genau gleich mit der Ladenbahn, so wird der dritte Kasten von selbst richtig stehen.

Die Einstellung des fünfkästigen Wechsels: Nachdem der erste Kasten mit der Ladenbahn gleichgestellt ist, läßt man bis auf den zweiten Kasten wechseln und stellt den Bolzen im Schlitz *b* so, daß der erste und zweite Kasten mit der Ladenbahn in genau gleicher Höhe stehen. Hierauf läßt man auf den dritten Kasten wechseln. Steht letzterer zu hoch, so stellt man den Kloben *c* des Hebels *2* etwas heraus, steht der dritte Kasten dagegen zu tief, so stellt man den Kloben etwas hinein; stehen nun der erste, zweite und dritte Kasten mit der Ladenbahn gleich, so wird auch der vierte Kasten mit ihr gleichstehen. Mit dem fünften Kasten verfährt man genau wie mit dem dritten Kasten. Steht er zu hoch, so stellt man den Kloben des Hebels *2* etwas heraus, steht er zu tief, so stellt man den Kloben etwas hinein. Es ist ganz besonders darauf zu achten, daß Hebel *1* den Schützenkasten von *1* auf *2* hebt und Hebel *3* von *4* auf *5* und nicht umgekehrt.

Auf die Konstruktion und die Einstellung des sechszelligen Wechsels soll in diesem Zusammenhang nicht eingegangen werden, weil die Verwendung dieses Getriebes verhältnismäßig selten ist.

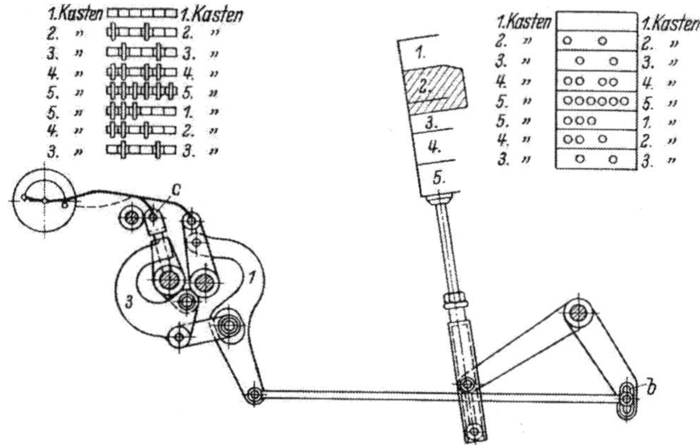

Abb. 353. Einstellung des fünfzelligen Wechsels

4. Schützenwechselkastenbewegung durch Exzenter

Die Aufgabe der nachfolgenden Abhandlung ist es, über die andere große Konstruktionsgruppe, die der Exzentersteuerung, zu berichten. Hier kennen wir ebenfalls eine Reihe von Konstruktionsvarianten, die im einzelnen beschrieben werden sollen.

Der besondere Vorteil der Exzentersteuerung ist der, daß die übliche traversierende Bewegung der Getriebeeinzelteile hier durch eine Rotationsbewegung des Exzenters ersetzt wird. Die elementare Bauform des Exzentergetriebes sowie die Übertragung von Kreisringexzenter auf den Wechselkasten ist bei allen Getrieben nahezu gleich. Der Unterschied besteht lediglich im Antrieb des Exzenters selbst und in der Steuerung des Exzenters. Aus diesem Grunde soll auch hier zunächst die Elementarform der Steuerung durch Kreisringexzenter vorweggenommen werden.

a) Die Elementarform der Steuerung des Wechselkastens durch Kreisringexzenter

Nach der Anordnung, die in Abb. 354 erkenntlich ist, sind auf zwei getrennt voneinander gelagerten Wellen die Kreisringexzenter *1* und *2* angeordnet. Bei einer Drehung der Exzenter werden die durch die Exzentrizität der Exzenter bestimmten Hübe durch die Zugstangen *10* und *20* auf den Verbindungshebel *3* über die Kastenhubstange *4* auf den Kasten übertragen. Die Exzentrizität der beiden gekennzeichneten Kreisringexzenter ist bei dieser Darstellung gleich. Die durch die Drehung der Exzenter *1* und *2* möglichen Einstellungen des schwebenden Hebels *3* ist gestrichelt (*3'*, *3''*, *3'''*) dargestellt. Man kann ohne Schwierigkeit hieraus die Kastenbewegung des Wechselkastens ableiten. Die getrennte Anordnung der beiden Exzenter *1* und *2* hat sich aus den Anfängen der Entwicklung bis in die heutige Zeit gehalten und wird bei modernen und schnellaufenden Webstühlen besonders bevorzugt. In der Zwischenzeit jedoch wurden noch Abwandlungen bekannt, wie sie schematisch in den Abb. 355, 356 dargestellt sind. Die schematische Darstellung der Abb. 355 kennzeichnet die Übertragung, wie sie am Webstuhl von Schwabe üblich ist. Hier werden die beiden Exzenter *1* und *2* auf einer Welle gemeinsam angeordnet, jedoch getrennt und unabhängig voneinander gesteuert. Die Übertragung von den Kreisringexzentern zum Kasten ist aus der Skizze ohne weiteres ersichtlich. In der Abb. 356 und 357 sind die beiden Exzenter *1* und *2* so ineinandergeschachtelt, daß Exzenter *1* die Welle von Exzenter *2* ist. Es wird nun noch eine Übertragungsstange *20* zum Hebel *3* benötigt. Zum Unterschied von den in Abb. 354 und 355 dargestellten Exzentern haben die Exzenter in Abb. 356, 357 unterschiedliche Exzentrizität, und zwar ist die Exzentrizität bei einem vierkästigen Wechsel von *1* so, daß eine Drehung

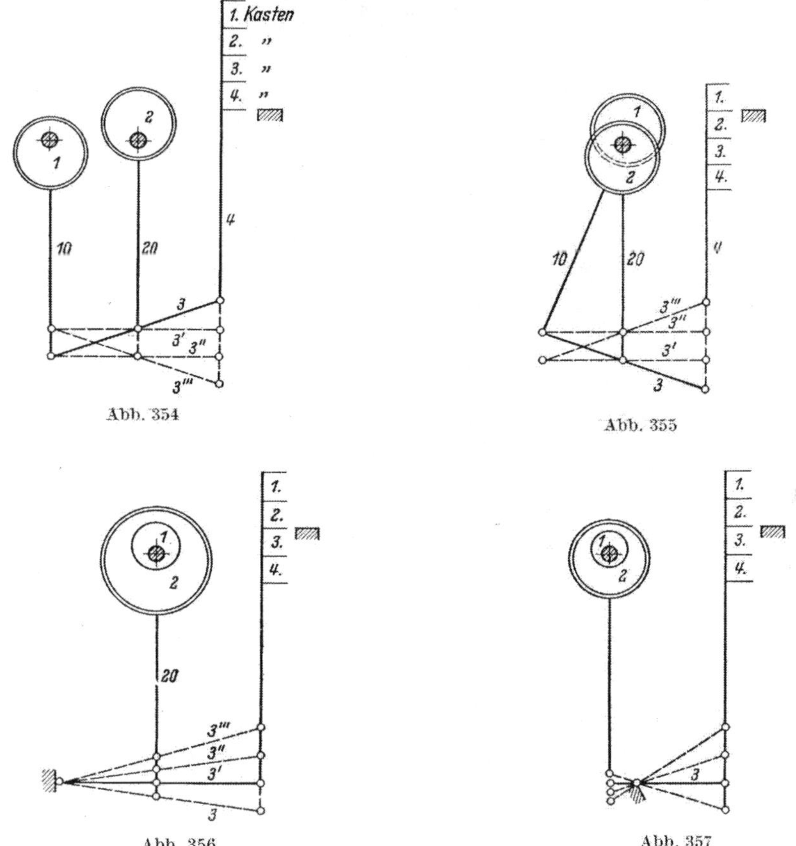

Abb. 354 Abb. 355 Abb. 356 Abb. 357

von *1* um 180° eine Bewegung des Hubkastens um eine Kastenzelle, eine Drehung von *2* um 180° eine Bewegung des Hubkastens um zwei Kastenzellen und eine Bewegung von *1* und *2* gemeinsam eine Bewegung um drei Kastenzellen erfolgt. Der Gesamtbetrag der Bewegung ist additiv und läßt sich aus der nachfolgenden Tabelle ablesen.

Tabelle 18

	1.	2.	3.	4.	Kasten
Exzenter *1*. . .	u	o	u	o	
Exzenter *2*. . .	u	u	o	o	

Der Unterschied zwischen Abb. 356 und Abb. 357 besteht lediglich darin, daß in Abb. 356 die Stange *3* ein einarmiger Hebel und in Abb. 357 ein zweiarmiger Hebel ist. Hieraus ergibt sich auch ein Unterschied in der Anordnung der Tabelle (die Tab. 18 wurde auf Abb. 356 bezogen).

Es ist auch ohne weiteres möglich, und dies wurde wiederholt konstruktiv verwirklicht, drei Exzenter ineinanderzuschachteln (vgl. Abb. 358), wobei man diese drei Exzenterwechsel zur Steuerung eines sechs- bzw. eines achtzelligen

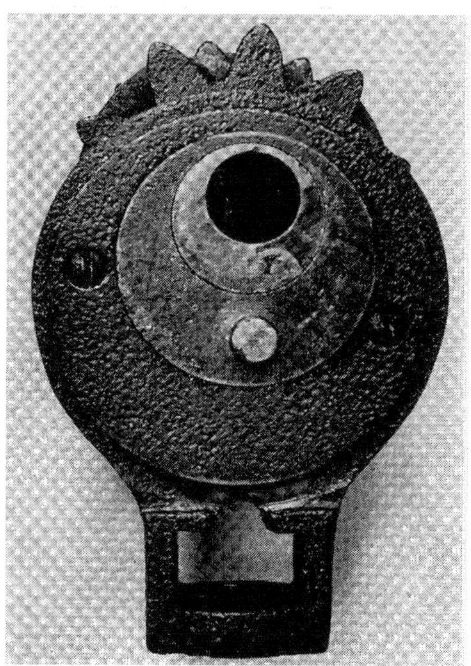

Abb. 358. Hackingwechsel mit 3 Exzentern

Hubkastens verwendet (vgl. Abb. 359). Die Größe der Exzentrizität der drei ineinandergefaßten Exzenter ist so abgestimmt, daß beim sechszelligen Wechsel das Hubverhältnis 1 : 2 : 2 und beim achtzelligen Wechsel 1 : 2 : 4 besteht. Der sechszellige wie auch der achtzellige Wechsel haben sich in der Praxis wenig eingeführt und sind heute ganz aus dem Handel verschwunden.

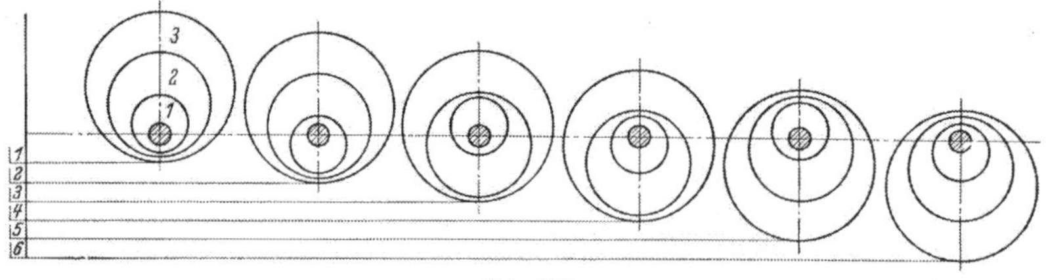

Abb. 359

b) Steuerung zweier getrennt auf Wellen gelagerter Kreisringexzenter
(nach dem prinzipiellen Schema der Abb. 354)

Die auf zwei verschiedenen Wellen gelagerten Kreisringexzenter *1* und *2* erhalten ihren Antrieb durch eine einzige entsprechend verzahnte Trommel, die entsprechend der Einstellung seitens des Kartenzylinders auf das Steuerrad des Exzenters *1* oder *2* oder auf beide gemeinsam treibt.

In der Steuerung des Eingriffes zwischen dieser verzahnten Trommel und den mit den Exzentern verbundenen Steuerrädern unterscheidet man verschiedene Konstruktionen.

Wir kennen hier:

1. den Kippzahnschützenwechsel von Schönherr,
2. den Schützenwechsel mit radial verschiebbarem Zahn von Hartmann (beide Schützenwechsel werden heute nicht mehr gebaut),
3. Schützenwechsel mit axial verschiebbarem Zahn. (Dieses ist der Wechsler, der heute hauptsächlich noch gebaut wird; z. B. von den Firmen Saurer, Rüti, Güsken, Zangs usw.)

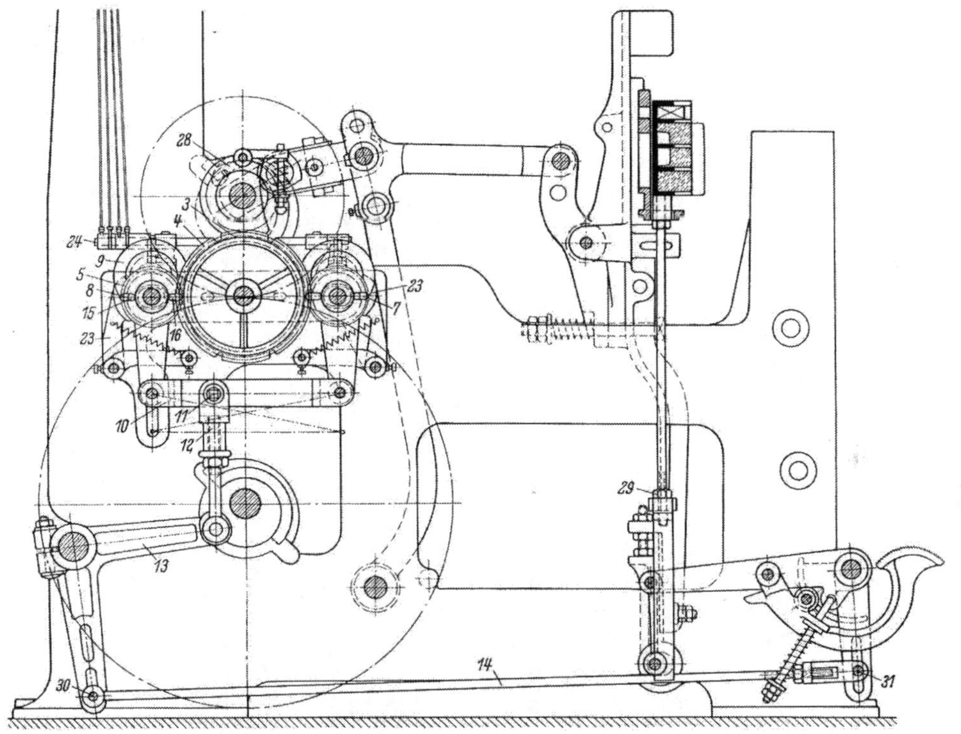

Abb. 360. Kippzahnschützenwechsel

Der Kippzahnschützenwechsel von Schönherr (vgl. Abb. 360 und 361). Die Abb. 360 zeigt den Wechsel in der Seitenansicht, die Abb. 361 zeigt den Schnitt. Auf der Kurbelwelle sitzt das Wechselantriebsrad mit der Sicherungskupplung *28* und treibt mit Hilfe des Zahnrades *1* im Verhältnis 1 : 2 die teilverzahnte Wechseltrommel *3*, die mit den Sperrscheiben *4* versehen ist. Zu beiden Seiten der Wechseltrommel sind die Wechselhubräder *5* mit dem Kreisexzenter *9* angeordnet. Der Hub wird mit Hilfe des Summierhebels *10* und des Gestänges *12*, *13* und *14* auf die Kastentrittkupplung und damit auf die Schützenkästen übertragen. Die Sperrscheibe *4* an der Wechseltrommel *3* bildet mit den Gegensperrscheiben der Wechselhubräder *5* ein Zylindergesperre, das die Hubräder gegen Überwerfen sichert. Gegen die Haltescheiben *22* der Distanzbüchsen *21* legen sich unter Federwirkung stehende Drücker *23*, um eine unbeabsichtigte Drehung der am Wechselvorgang jeweils unbeteiligten Hubräder zu verhindern. Der Kipp- oder Schwingzahn *8* ist das kennzeichnende Merkmal dieser Konstruktion. Er ist am Hubraddeckel *17* gelagert und wird in den Nuten *7* des Hubrades geführt. Er steht einerseits unter der Wirkung der Drehfeder *19*, die in einer Bohrung des Hubradkörpers untergebracht ist, und wird andererseits beeinflußt von dem Steuerstift *18*, der in der Bohrung *15* von der Steuerbüchse *20* axial verschoben werden kann. Die Steuerung der Büchse *20* erfolgt von der Wechselkarte aus unter Vermittlung der Wechselzugdrähte *27* und der Wechselsteuerhebel *26*. Der Kippzahn *8* selbst besteht aus einem den Hubradbolzen umfassenden abgewinkelten Bügel mit zwei um 180° versetzten Angriffszähnen. Einer dieser Zähne steht in der Ebene der Hubradzähne, der andere ragt seitlich darüber hinaus.

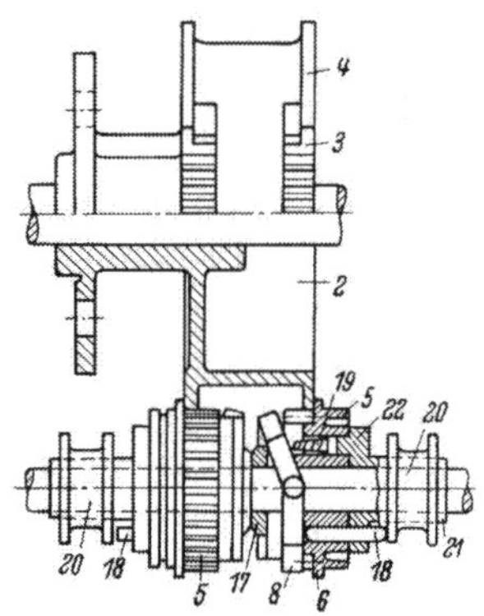

Abb. 361. Kippzahnvorgelege im Schnitt

Der Kippzahnwechsel arbeitet folgendermaßen:

Wenn der Kippzahn so steht, wie es die Abb. 361 zeigt, bleiben die Wechseltrommeln *2* und das betreffende Hubrad *5* außer Eingriff. Wenn aber durch den Druck des Steuerstiftes *18* der andere Angriffszahn in die Ebene der Hubradzähne kommt, können die Zähne *3* der Wechseltrommel *2* das Hubrad um 180° drehen. In dieser Stellung bleibt es so lange, bis durch ein anderes Kartenbild die Steuerbüchse *20* freigegeben wird, dann bringt die Druckfeder *19* den anderen Angriffszahn wieder in die Ebene der Hubradzähne, und das Hubrad wird in entgegengesetzter Richtung gedreht. Auf die spezielle Übertragung für den sechszelligen Wechsel soll hier verzichtet werden, da diese Konstruktion ohnehin nicht mehr gebaut wird. Abb. 362 zeigt das Bild des Schiebezahnes.

Der Schiebezahnwechsel von Hartmann. Dieser Wechsel wurde schon vor dem besprochenen Kippzahnwechsel entwickelt, er ist aber dann auch später nicht in größerem Umfange hergestellt worden. An Hand der Abb. 363 soll der Vollständigkeit halber die prinzipielle Wirkungsweise dargestellt werden. Den Kontakt mit Antriebstrommel erhält das Zahnrad *3* durch radiale Verschiebung des Zahnes *9*. Die Einstellung erfolgt durch Wendehaken, der von außen das Einstellstück *8* betätigte.

Abb. 362. Kippzahnwechsel (Ergänzung zu Abb. 361)

Schiebezahnwechsel mit axial verschiebbarem Zahn (Konstruktionen von Zangs und Güsken). Antrieb und Steuerung des Wechsels ist aus der Abb. 364 zu ersehen. Der Antrieb der gesamten Wechseleinrichtung erfolgt von der Kurbelwelle mit Hilfe einer Sicherheitskupplung auf das Zahnrad *1* (vgl. Abb. 364). Der Antrieb des Kartenzylinders und die Übertragung der Steuerung erfolgt von dem von *1* direkt angetriebenen Zahnrad *2* mit Hilfe des Exzenters *13* über *15*, *14* zum Kartenmechanismus. Gleichzeitig aber wird auch das Zahnrad *3* angetrieben, welches auf der Welle sitzt, auf der (vgl. Abb. 365) das teilverzahnte Rad *4* — die eigentliche Wechseltrommel — sitzt. Die beiden mit den Hubrädern *5* verbundenen teilverzahnten Räder liegen mit der Wechseltrommel *4* in einer Ebene. Die Hubräder *5* werden so lange in Ruhestellung verharren, bis die als Detail gezeichneten Schiebezähne *28* die zwischen Wechseltrommel *4* und Wechselrad *5* liegende Zahnlücke geschlossen ist. Die Verschiebung des Schiebezahnes *28* erfolgt durch eine Klauenkupplung *27*.

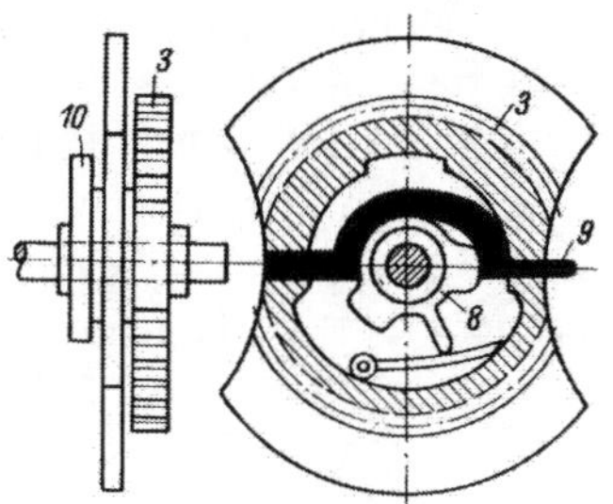

Abb. 363. Schiebezahnwechsel mit radial verschiebbarem Zahn (Hartmann)

Die Wirkungsweise des Schiebezahnes ist aus der Abb. 366 sowie aus der ergänzenden Abb. 367 zu erklären. Abb. 366a zeigt, daß der Zahnschieber nicht geschaltet hat (*28a* linke, *28b* rechte Seite der Abb. 366). Beide Schiebezähne *28a* und *28b* stehen außerhalb des Eingriffsbereiches mit der Wechsel-

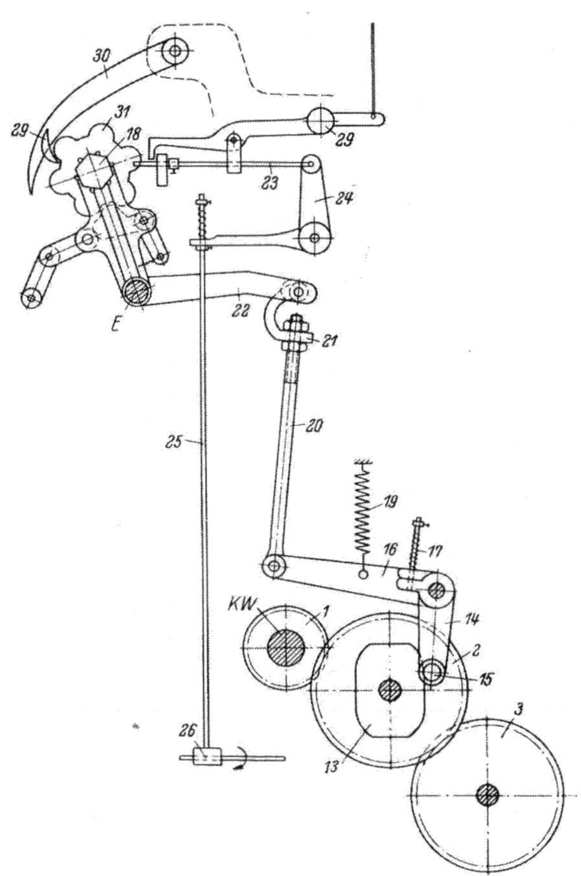

Abb. 364. Steuerung des Wechsels mit axial verschiebbarem Zahn (Zangs und Güsken)

trommel *4*. Es erfolgt somit auch keine Drehung der in Abb. 367 erkenntlichen Hubexzenter *7a* bzw. *7b*. Der Schützenkasten verbleibt in der alten Stellung. In Abb. 366b hat die Klauenkupplung *27b* geschaltet. *28b* ist in den Bereich der sich ständig drehenden Trommel *4* gestellt worden. Es erfolgt nunmehr eine Drehung um 180°, sodann steht die rechte Zahnlücke von *28b* gegenüber von *4*, so daß eine weitere Drehung nicht erfolgen kann. Das Exzenter *7b* ist nunmehr um 180° gedreht worden und hat den dabei entstehenden Hub über das in Abb. 367 erkenntliche Gestänge auf den Wechselkasten übertragen. Das Ende dieser Bewegung zeigt Abb. 366c. Eine weitere Drehung des Exzenters *7b* erfolgt erst, wenn *28* durch *27b* zurück verschoben wird in die Stellung Abb. 366a. Dies ist aus Abb. 366b ersichtlich.

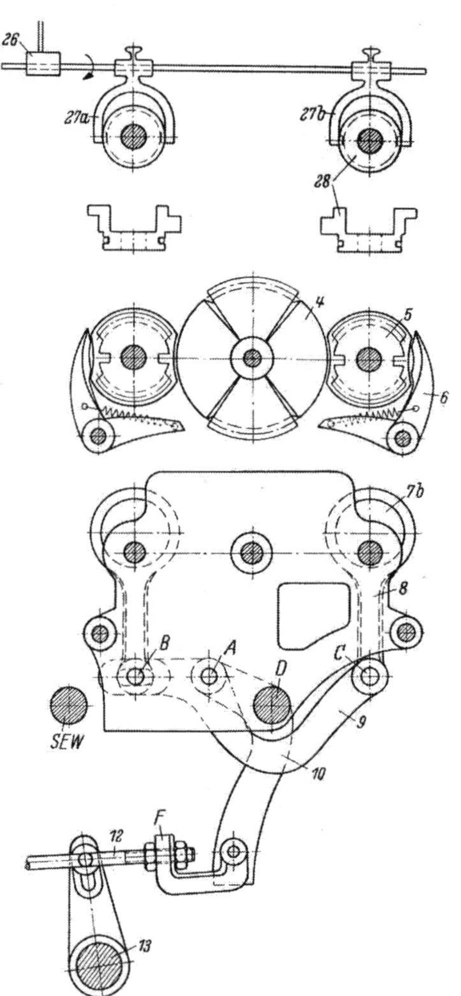

Abb. 365. Steuerung des Wechsels mit axial verschiebbarem Zahn der Abb. 364

In gleicher Weise kann man auch die Drehung des linken Exzenters erklären.

Die Übertragung der Hübe von den Exzentern auf den Wechselkasten werden in Abb. 367 in schematischer Darstellung wiedergegeben. Ein Vergleich der Abb. 367 mit der Abb. 365 erklärt auch, wie durch die gleiche Exzentrizität der beiden Exzenter *7a* und *7b* in Verbindung mit einer geeigneten Übersetzung eine Drehung von *7a* einen Hub des Wechselkastens um zwei Kastenzellen, dagegen eine Drehung von *7b* einen Hub des Wechselkastens um eine Kastenzelle bewirkt.

Die Steuerung des Wechselgetriebes kann man aus der Abb. 364 ablesen. Durch das Exzenter *13* auf dem Exzenterrad *2* wird der Antriebshebel *14* in Schwingung versetzt. Eine Laufrolle *15* tastet das Exzenter *13* ab. Die Laufrolle auf dem Exzenterrad für die Bewegung des Kartenzylinders läuft auf dem vorderen doppelseitigen Teil bei Stühlen mit zweiseitigem Steigkastenwechsel. Der Antriebsdeckel *14* ist mit dem Antriebshebel *16* durch eine Druckfeder *17* elastisch verbunden. Diese Druckfeder hat die Aufgabe, ein Nachgeben der beiden Antriebshebel zueinander bei Blockierung des Kartenzylinders *18* oder dessen Steuermechanismen zu ermöglichen. Damit die Laufrolle nun eine gleichmäßige Anlage an das Exzenter erfährt, ist am Antriebshebel *16* eine Zugfeder *19* angebracht. Die schwenkende Bewegung von *14* und *16* wird durch Zugstange *20* und Zugstangenkopf *21* auf den Zylinderhebel *22*, der im Punkt *E* gelagert ist, übertragen. Durch die auf- und abwärtsgehende Bewegung von *20* wird der Kartenzylinder *18* an die Nadel *23* herangerückt. Die ungelochten Karten bewirken nun ein Zurückgehen der Nadeln, welches als Drehbewegung von Winkelhebel *24*, Zugstängchen *25* und Schalt-

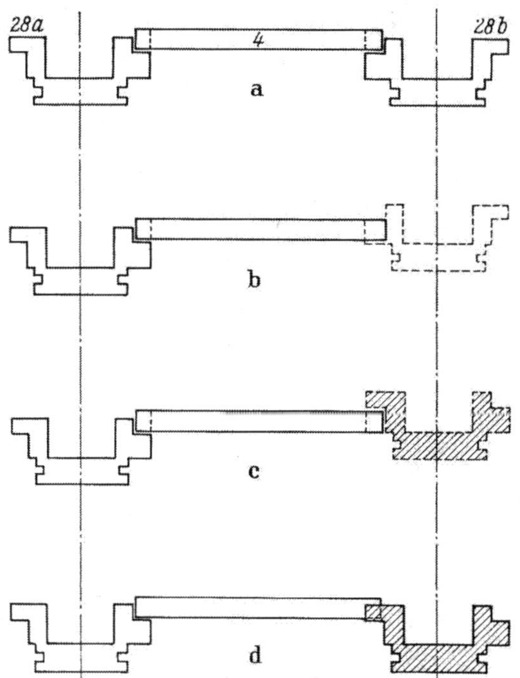

Abb. 366 a—d. Prinzip der Zahnverschiebung

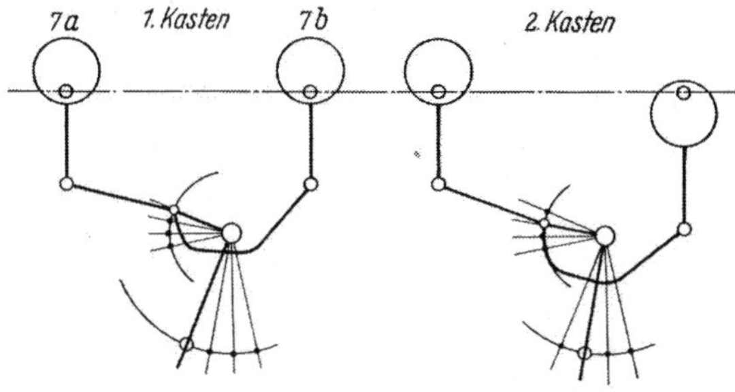

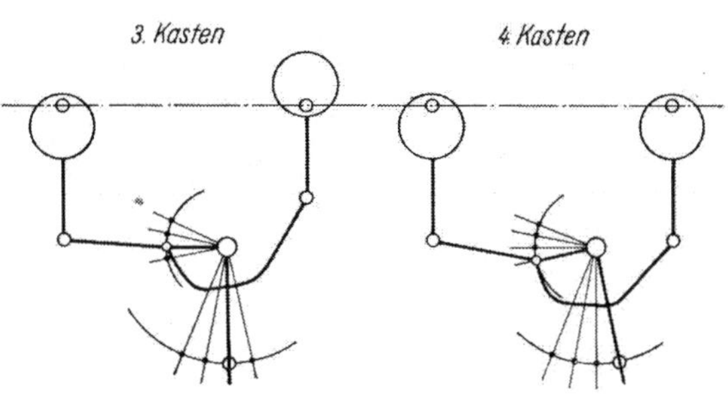

Abb. 367. Hubübertragung zum Kasten

bügel *26* auf den Zahnschieber *27* und dann auf den Schiebezahn *28* übertragen wird. Bei Hochgehen der Schubstange *20* erhält der Kartenzylinder *18* eine Bewegung nach links, wobei die Nase des Schalthakens *30* die Schaltnocken *21* des Kartenzylinders *18* erfaßt und so dem Kartenzylinder eine Rechtsdrehung, also die Vorlage einer neuen Karte, ermöglicht.

c) Kartenschlagregel

Aus der Wirkungsweise ist zu erkennen, daß eine ungelochte Karte eine Schaltung des Schiebezahnes bewirkt. Eine Schaltung des Schiebezahnes kann Stillstand oder Wechsel bedeuten. Bei dem beschriebenen Wechsel sind vier Nadeln zum Steuern von acht Schützenzellen vorhanden. Mit zwei Exzentern besteht die Möglichkeit zum Schalten von drei verschiedenen Hüben. Jedes Exzenter besitzt eine eigene Nadelführung. Nach Anordnung der Exzenter und Art der Übertragung der Hübe erhält man auf dem Kartenzylinder des Stahlkartenapparates folgende Reihenfolge von außen nach innen:

Loch 1: Steuerung für kleinen Hub }
Loch 2: Steuerung für großen Hub } beide auf der Anstellerseite
Loch 3: Steuerung für großen Hub }
Loch 4: Steuerung für kleinen Hub } auf der Wechselseite

Regel. Vorlage einer ungelochten Karte ergibt bei Exzenter in Grundstellung einen Hub des Exzenters, sonst Stillstand. Vorlage einer gelochten Karte ergibt bei Exzenter in Wechselstellung Hub des Exzenters, sonst Stillstand.

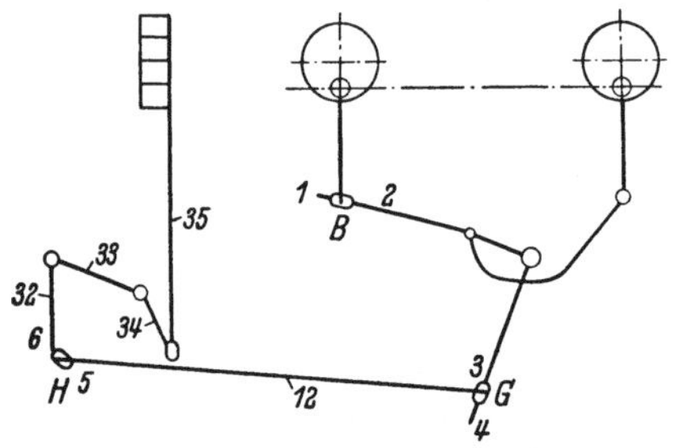

Abb. 368. Einstellung des Kastens

Einstellung. Der Augenblick des Wechselbeginns ist vom Schützenlauf abhängig. Der Zeitpunkt liegt kurz nach Ankunft des Schützens und die Beendigung des Wechselvorgangs kurz bevor ein neuer Schlag erfolgt. Eine zeitliche Harmonie zwischen Schützenlauf und Schützenwechsel ist aus dem Kurbelkreis zu bilden. Durch Verstellen der Wechselkurbel auf der Kurbelwelle kann Verschieben der Zahnräder untereinander erfolgen. Es besteht also die Möglichkeit einer zeitlichen Verstellung. Der Zeitpunkt zum Schalten des Schiebezahns *24* ist so zu wählen, daß die Wechseltrommel *4* noch etwa 10 mm vor dem Schiebezahn des Hubrades *5* steht. Dieses ist notwendig, da die Zähne der Wechseltrommel nur dann mit dem Schiebezahn und dadurch auch mit dem Zahnrad des Hubrades kämmen können, wenn der Schiebezahn in seiner gewünschten Lage vollständig eingerückt ist. Die zeitliche Einstellung der Schiebezahnschaltung geht von der Einstellung des Exzenters *13* auf dem Exzenterrad *2* aus. Einstellmöglichkeiten der einzelnen Schützenzellen auf Höhe und Tiefe sind aus der nachfolgenden Abb. 368 zu erklären. Durch Verschieben von *B* werden Kästen *2* und *3* gleichzeitig verstellt. Durch Verschieben von *G* werden Kästen *2*, *3* und *4* gleichzeitig verstellt. Durch Verschieben von *H* wird Kasten *4* verstellt. Beim Verstellen des Bolzens im Punkte *H* ist darauf zu achten, daß die Zugstange *12* entweder verlängert oder verkürzt wird, so daß der erste Kasten mit der Ladenbahn gleichsteht. Eine Verstellung nach *6* macht Verlängerung und nach *5* Verkürzung der Zahnstange nötig.

Nach Verstellung der Bolzen im Punkte *B* und *G* ist der Kasten *1* mit Hilfe der Stellschrauben der Stange *35* in gleiche Höhe mit der Ladenbahn einzustellen. Beim Verstellen im Schützhebel der Wechselwelle wird durch Verlängerung des treibenden Armes bzw. durch Verkürzung des getriebenen Armes eine Vergrößerung des Gesamthubes wie im Punkt *G* bewirkt. Eine Verkürzung des treibenden Armes oder eine Verlängerung des getriebenen Armes ergibt für den Kasten *2*, *3*, *4* gleichzeitig tiefere Stellung.

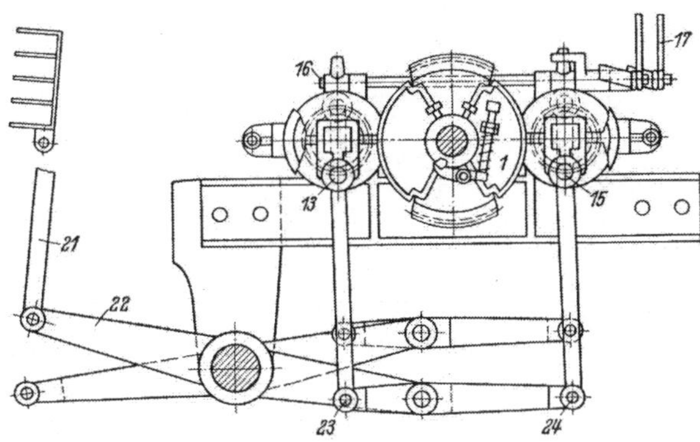

Abb. 369. Schützenwechsel von Zangs

1 Segmentzahnrad; *13*/*15* Zapfen der Hubexzenter; *16*/*17* Steuerung der Kupplung; *23*/*24* Gelenkpunkte der Balancierhebel; *22*, *21* Übertragungsgestänge

Der Aufbau und die Wirkungsweise des Schützenwechsels von Zangs stimmt mit der bisher besprochenen Konstruktion von Güsken überein. Die Abb. 369 soll lediglich noch zeigen, daß Zangs im allgemeinen eine andere Übertragung zum Kasten hin wählt. Da das Prinzip dieser Übertragung in kinematischer Hinsicht jedoch das gleiche ist, soll von einer Erörterung abgesehen werden.

S c h i e b e z a h n w e c h s e l v o n S a u r e r (Abb. 370 bis 374). Obwohl der Wechselapparat von Saurer nach kinematisch gleichen Prinzipien gebaut ist wie das erörterte Prinzip des Schiebezahnwechsels, so weist er jedoch wesentliche Unterschiede in den Konstruktionsmerkmalen auf, die dazu geführt haben, daß sich der Wechselmechanismus baulich auf einem bedeutend geringeren Raum unter-

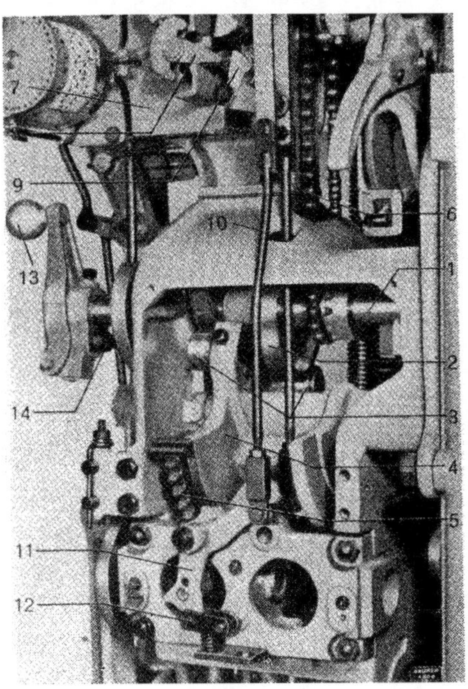

Abb. 370. Wechsel von Saurer mit Umschaltmechanismus und Kettenantrieb zur Kastenwalze

bringen läßt. So wird die bei den bisher besprochenen Konstruktionen ständig rotierende Wechseltrommel ersetzt durch ein Zahnsegment, welches eine schwingende Bewegung macht. Der bisher besprochene Schiebezahn fällt weg, statt dessen wird ein axial verschiebbares doppeltes Zahnsegment verwendet. Die beiden Zahnsegmente *1* (vgl. Abb. 371) sind gegeneinander um 180° versetzt und außerdem sind sie in axialer Richtung um die Breite des Zahnes des Zahnsegmentes *3* versetzt. Ein solches Steuersegment *1* kann also nur eine Drehung um 180° auf das in Abb. 373 erkenntliche Exzenter vermitteln. Diese Konstruktion soll in den nachfolgenden Abbildungen näher erörtert werden. Der Antrieb des Wechsels erfolgt vom Stirnrad der Exzenterwelle über ein Doppelzahnrad auf die Welle *1* (Abb. 370). Auf der Welle *1* sind Exzenter *2* angeordnet, welche über Rolle *3* den Schwinghebel *4* und damit das Zahnsegment *5* in eine schwingende Bewegung setzen. Die Exzenterkurven *2* sind derart konstruiert, daß das Zahnsegment *5* in den beiden Endstellungen der Schwingbewegung einen Stillstand erhält. In diesem Augenblick wird der Zahnkolben *1* (Abb. 371) (die bisher benannten Steuerräder einschließlich Schiebezähne) auf der Welle *2* verschoben und kommt in Zahnsegment *3* zum Eingriff. Abb. 370 zeigt die Kette *6*, welche den Schlitten *7* mit den Wippen *8* in Bewegung setzt.

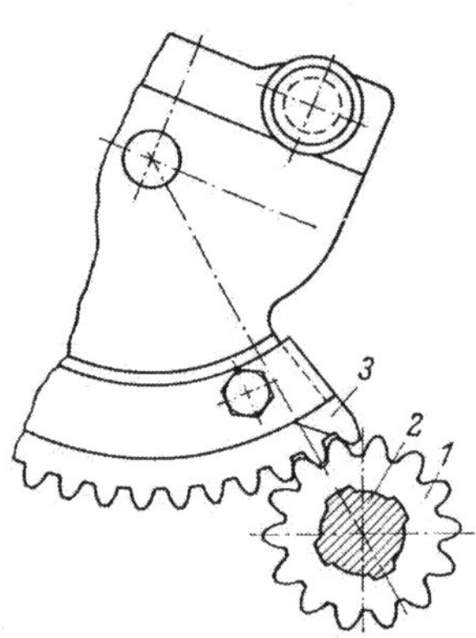

Abb. 371. Zahnsegment und Zahnkolben in der Umschaltstellung

Wenn das Zahnsegment *5* von der Bewegung zum Stillstand übergeht, muß die Wippe *8* auf den Umschalthebel *9* zu drücken beginnen. Die Umschaltung erfolgt über Verbindungsstange *10* und Hebel *11* und soll beendet sein, bevor sich das Zahnsegment wieder in Bewegung setzt.

Abb. 370 zeigt die soeben erfolgte Umschaltung sowie Hebel *11* in Sicherung *12* arretiert. Die zeitliche Einstellung kann nur an der Kette *6* erfolgen, und die Kontrolle soll durch Drehen der Kurbel *13* in Stuhllaufrichtung gemacht werden.

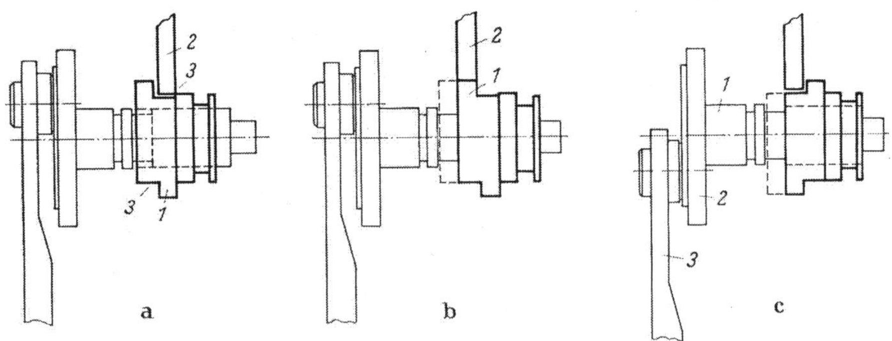

Abb. 372a–c. Zahnsegment, Zahnkolben und Umstellkurbel im Wechselapparat

Solange der Zahnkolben *1* (Abb. 372a) in seiner Stellung verbleibt, schwingt das Segment *2* frei in der Ausnahme (Ausfräsung) *3* hin und her. Ist nun der Zahnkolben *1* (Abb. 372b) in Eingriff von Segment *2* gekommen, so wird er um 180° mitgenommen. Mit dieser Umdrehung wird die Umstellkurbel *1* (Abb. 372c) sowie die Exzenterscheibe *2* mitgenommen und die Schubstange *3* nach unten gestellt. Letztere verbleibt so lange in dieser Stellung, bis der Zahnkolben wieder umgesteuert wird.

In Abb. 373 zeigen *1* und *2* die beiden Exzenterscheibenstellungen mit Schubstange *3*, welche durch die Bolzen *4* mit dem Balancehebel *5* verbunden sind.

Abb. 373. Exzenterscheibe, Schubstange und Umstellhebel am Wechsel von Saurer

Der Balancehebel ist durch einen Bolzen mit Umstellhebel *6* fest verbunden. Der Umstellhebel *7* bringt über eine Kurvenplatte das Rohr *8* und damit den

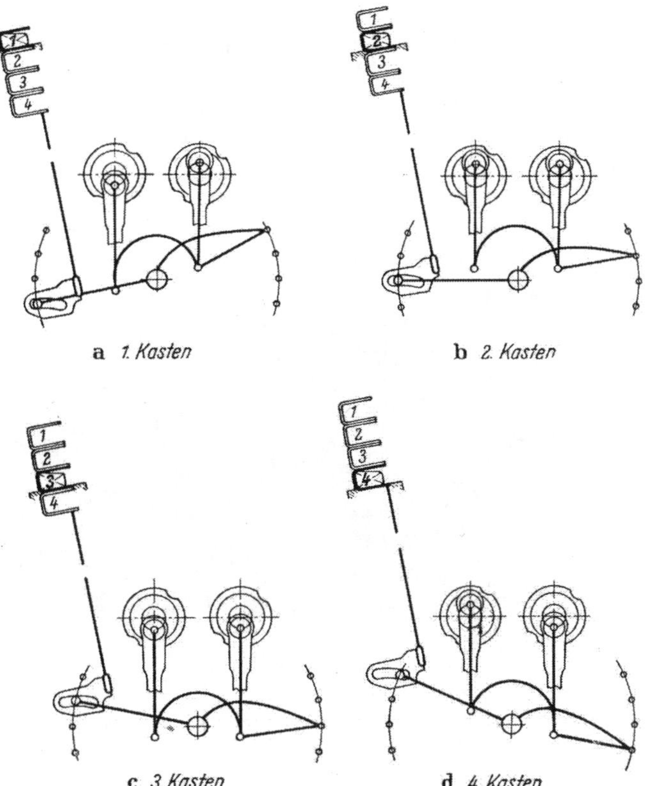

Abb. 374a—d. Die vier Schützenkastenstellungen, die sich aus den verschiedenen Kurbelscheibenstellungen ergeben

Steigkasten in die gewünschte Stellung. Das Rohr *8* muß in der Führung *9*, welche an den Schrauben *10* eingestellt werden kann, gleiten. Um dies zu kontrollieren, wird der Bolzen, der in die Kurvenplatte eingreift, entfernt und der Steigkasten ganz nach unten gedrückt. Beim plötzlichen Freilassen soll nun der Kasten von der Druckfeder *11* bis in die oberste Stellung gestoßen werden.

Bei Stühlen mit Jacquardmaschinen wird der Wechselapparat so eingestellt, daß für den ersten Kasten kein Loch auf die Steuerkarte geschlagen werden muß.

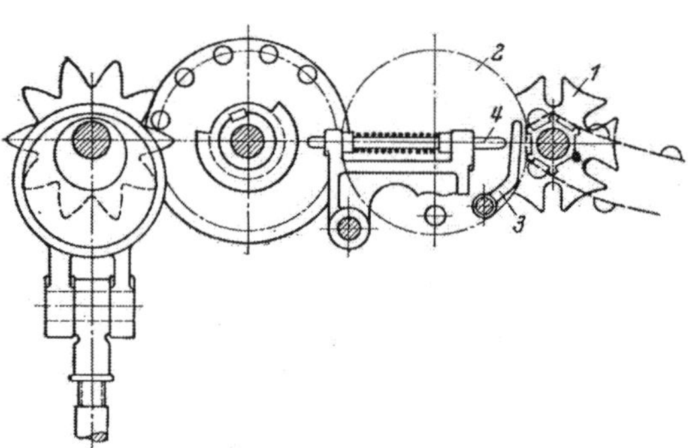

Abb. 375. Hackingwechsel von Lentz

Hackingwechsel. Das besondere Kennzeichen des Hackingwechsels ist (vgl. Abb. 356 u. 357), daß die beiden Hubexzenter *1* und *2* und gegebenenfalls (beim sechszelligen und beim achtzelligen Wechsel) die Hubexzenter *1*, *2* und *3* gemeinsam auf einer Welle sitzen und so ineinandergefügt sind, daß jeweils das kleinere Exzenter Drehpunkt für das größere Exzenter ist. Ein weiteres Kennzeichen des Hakkingwechsels ist, daß es sich um einen zwangsläufig getriebenen Exzenterwechsel mit abhängigem Kartenschlag und unbeschränkter Wechselfolge handelt.

Steuerung des Hackingwechsels. Abb. 375 zeigt die Steuerung durch Hubkörperkarten, die von der Firma Lentz für Modell HBS II und HBS III verwendet wird. Wird das Prisma *1* von der Nocke *2* gedreht und befindet sich ein Hubkörper auf der Karte, so wird über den Zwischenhebel *3* die Nadel *4* abgedrückt und die Schal-

Abb. 376. Hackingwechsel

tung eingeleitet. Dieses System arbeitet schnell und sicher, da beim Drehen des Prismas die Karte an dem Zwischenhebel *3* angedrückt bleiben kann. Daraufhin wird das Nockenrad *3* durch die Feder *5* wieder aus dem Bereich des Sternrades gebracht. Dadurch, daß die mit dem Sternrad fest verbundene Scheibe *11* mit ihren konkaven Aussparungen auf dem Nockenrad *3* schleift, wird die Stellung des Exzenters stabilisiert. Der Wechselvorgang ist beendet. Soll jetzt der Wechselkasten wieder in Grundstellung gehen, so muß das Exzenter nochmals wie oben beschrieben um 180° gedreht werden. Das gleiche gilt auch für die Bewegung des kleinen Exzenters *12*. Hieraus folgt, daß jede Kastenstellung von der vor-

Abb. 377. Steuerung des Hackingwechsels

herigen Stellung abhängig ist. Die Lage der Exzenter bei den einzelnen Kastenstellungen ist bereits in der Tabelle wiedergegeben worden.

Schwabewechsel (Zahnstangenwechsel) (vgl. hierzu Abb. 378 bis 381). Es handelt sich hierbei um einen zwangsläufigen Wechsel mit unabhängigem Kartenschlag. Die Steuerung des Wechselaggregates wird durch Rollenkarte oder Pappkarte vorgenommen. Der Antrieb des Wechsels erfolgt entsprechend Abb. 379 von der Kurbelwelle *5* aus über die Kegelräder *6*, *7*, die Kurbel *8* an *7* und Stange *9* auf dem

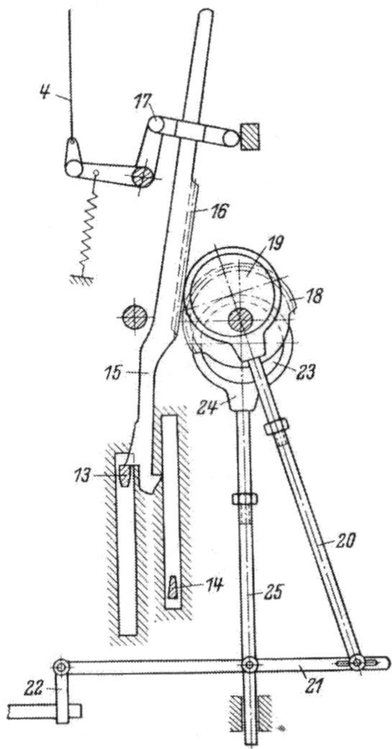

Abb. 378. Wechsel von Schwabe

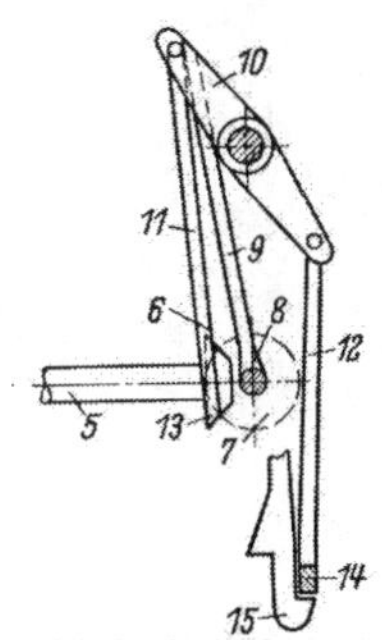

Abb. 379. Antrieb des Wechsels

Wiegehebel *10*. Dieser trägt zwei weitere Stangen *11* und *12*, die die beiden Messer *13* und *14* bewegen.

Zwischen den Messern hängt die Platine *15*, die mit ihren zwei Nasen in Messern *13* bzw. *14* eingreifen kann.

Abb. 380. Der Wechsel von Schwabe (vgl. Kennzeichnung mit Abb. 378)

Abb. 381. Antrieb des Wechsels von Schwabe (Kennzeichnung wie in Abb. 379)

Bei der Vorlage einer Rolle kommt die Platine *15* durch Vermittlung von *17* mit ihrer gezahnten Flanke *16* mit dem Messer *13* in Eingriff. Durch den Hub des Messers wird das Zahnrad *18* und das auf gleicher Welle befindliche Exzenter *19* um 180° gedreht. Es erfolgt über Stange *20* Hebel *22* eine Hebung des Schützenkastens um eine Zelle. Für einen vierkästigen Wechsel sind zwei Platinen *15* und zwei Zahnräder *18* notwendig. Das zweite Zahnrad *18* wirkt auf das Exzenter *23* und Kreisring *24* Hebel *20*, der über den einarmigen Hebel *21* den Wechselkasten um eine Kastenzelle hebt. Gleichzeitige Betätigung der Exzenter *19* und *23* bewirkt durch Messer *13* einen Kastenhub um 3 Zellen.

Kommen die Platinen mit Messer *14* in Eingriff, so erfolgt eine Kastensenkung um 1, 2 oder 3 Zellen.

Sicherungsvorrichtungen. Alle Wechselkastenantriebsaggregate müssen mit Sicherheitsvorrichtungen ausgerüstet sein, damit im Falle eines Fehlwechsels oder Blockierung der Schützenkastenbewegung durch den Schützen selbst oder auch durch den Picker eine Sicherheit gegen Bruch gegeben ist.

Der Schußwechsel an der Sulzer-Webmaschine. Im Hinblick auf die Schußwechselmöglichkeiten werden von der Firma Sulzer die Webmaschinen für drei verschiedene Schußwechsel nach Bedarf ausgebaut:

Das Einschußwerk (ES), mit dem man den Schußfaden von einer feststehenden Spule an der Seite des Webstuhles abzieht. Eine Wechselmöglichkeit ist in diesem Falle nicht gegeben.

Das Zweischußwerk (ZS) zieht den Faden auch von der Seite des Webstuhles von einem Gestell ab. Es kann in diesem Falle mit zwei Farben oder zwei verschiedenen Schußgarnarten oder auch mit der gleichen Schußgarnsorte im Austausch gearbeitet werden. (Rapportgröße 200 bzw. 400 oder 800 Schuß bei zwei- bzw. vierfacher Repetition jedes Schußfadens.)

Das aus dem Zweischußwerk entwickelte Vierschußwerk VS bietet eine vollendete Musterungsmöglichkeit.

An Hand der nachfolgenden Abbildungen und der dazugehörigen Erklärung soll zunächst einmal die Wirkungsweise dieser Vorrichtung dargestellt werden.

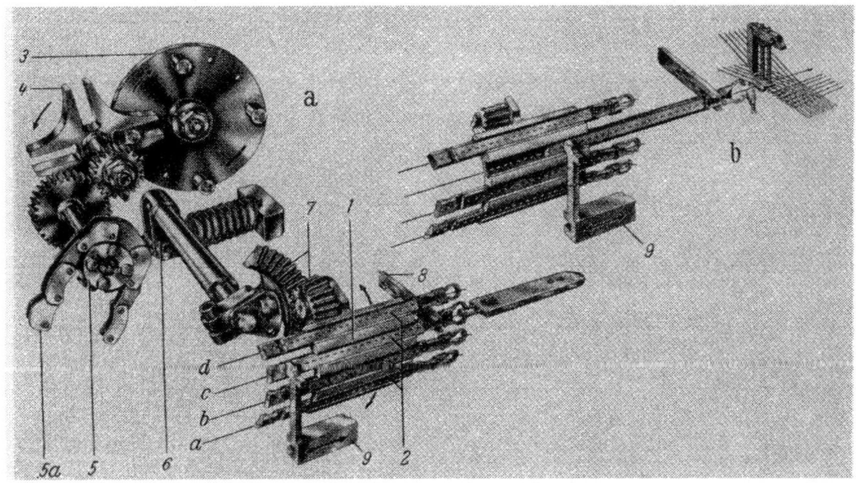

Abb. 382a u. b. Vierfarbenwechsler von Sulzer

1 Wechsler; *2* Fadengeber; *3* Zapfenscheibe; *4* Malteserkreuz; *5* Steuerkettenrad; *5a* Steuerkette; *6* Rollenhebel; *7* Kegelradsegmente; *8* Öffner; *9* Rückholerhebel

Der Wechsler und seine Steuerung. Die Abb. 382 soll die wesentlichen Merkmale dieses Vierfarbenschußwerkes darstellen. Die vier Fadengeber *2* sind kreisbogenförmig angeordnet und überreichen dem jeweilig arbeitenden Schützen den Faden entsprechender Wahl, der von einer Aufsteckvorrichtung seitlich des Web-

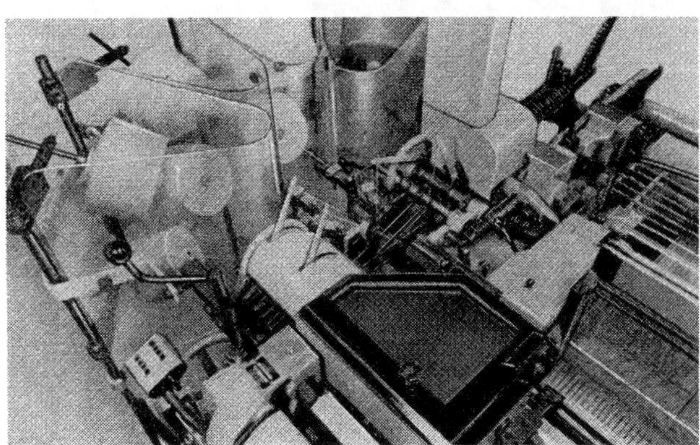

Abb. 383. Vierschußwerk mit Spulenablauf

stuhles von Kreuzspulen abgezogen wird (Abb. 383). Diese Fadenverbindung ist mit den Buchstaben *a*, *b*, *c*, *d* in der Abb. 382 gekennzeichnet. Einer der vier Fadengeber befindet sich jeweils in Arbeitsstellung, d. h., wie es auch in der Abbildung ersichtlich ist, in der Schützenebene (in der Abb. 382 der Fadengeber *c*). Je nachdem, welche Farbe dem arbeitenden Schützen vorgelegt werden soll, muß der Wechsler *1* eine entsprechende Drehschwingbewegung machen. Diese Drehschwingbewegung wird in ihrer Größe, abhängig von dem vorzulegenden Faden, geleitet durch die Steuerkette *5a*, die ihren Schaltimpuls durch das in der Abbildung erkenntliche Getriebe, insbesondere durch die Zapfenscheibe *3*,

Abb. 384. Sulzer-Webmaschine mit Vierfarben-Schußwerk

über das Malteserkreuz *4* und das Übersetzungsgetriebe erhält. Die Steuerkette beeinflußt den Rollenhebel *6*, der je nach der Höhe der Nockenkette einen mehr oder weniger großen Hub auf das Zahnsegment *7* und das dazugehörige Ritzel überträgt (vgl. Abb. 385). Diese Drehbewegung ist, da sie unmittelbar auf den

Abb. 385. Nockensteuerung mit Kette

Wechsler *1* übertragen wird, für die jeweilige Stellung des Wechslers und für den jeweilig arbeitenden Fadengeber größenordnungsmäßig bestimmt.

Die Kettenglieder der Steuerkette *5a* können so ausgeführt werden, daß der Übergang von einer Farbe auf eine beliebige andere gesteuert werden kann, und auch so, daß das Verbleiben des Wechslers in der betreffenden Stellung bewirkt wird.

Aus dieser Darstellung ergibt sich ein wesentlicher Vorteil dieser Automatik gegenüber Automatenwebstühlen der üblichen Art für die Herstellung mehrfarbiger Schußware dadurch, daß man tatsächlich in der Lage ist, „Einschußware“ herzustellen oder, um eine alte gebräuchliche Bezeichnung zu verwenden, pic-à-pic zu weben.

Die Abb. 382 zeigt in schematisch-kinematischer Form die Fadenübergabe vor dem Schußeintrag. Man erkennt, daß es sich hier um das gleiche System wie bei der Einschußwebmaschine handelt. Der Faden wird von der Schützenklammer gefaßt; bei Betätigung durch den Öffner *8* gibt die Fadengeberklammer den Faden frei; der Schützen wird beschleunigt und zieht den Faden in das Webfach ein. Man erkennt, wie der Fadengeber nach Eintragung des Fadens dessen Ende in der Nähe des Geweberandes faßt. Anschließend wird der Faden durchschnitten und der Fadengeber mittels des Rückholerhebels *9* in die Ausgangsstellung zurückgeführt.

Der Einfluß des Wechslers auf die Maschineneinstellung und Maschinendrehzahl (Maschineneinstellung grundsätzlich S. 28).

Die Maschineneinstellung im Hinblick auf den Schützenabschuß. Es wird von der Firma Sulzer bekanntgegeben, daß der Schützenabschuß bei der Vierfarbenwebmaschine bei einer Maschineneinstellung von 125° erfolgt.

Es erscheint angebracht, diese neue Einstellung einmal mit der schon bewährten Zweischußmaschine zu vergleichen. Die Zweischußmaschine wird, wie schon die Typenbezeichnung unterscheidet:

85 ZS 10E 140° 85 ZS 10E 105°

mit zwei verschiedenen Maschineneinstellungen gebaut. Man erkennt, daß gegenüber der ersteren Type, hauptsächlich in der Kammgarnweberei und für gut verarbeitbare Schußgarne angewendeten Zweischußtype, der Abschuß bei der Vierfarbenmaschine um 15° *früher* erfolgt. Dies bedeutet, daß trotz des größeren Weges der Wechselorgane bei Vierschuß gegenüber Zweischuß ein kleinerer Teil des Arbeitszyklus für den Wechselvorgang vorgesehen wird, die maximal anwendbare Tourenzahl also kleiner sein muß. Tatsächlich kann die Vierfarbenmaschine im allgemeinen nur bis zu 235 Schuß pro Minute leisten, während die mit 140° Abschuß arbeitende Zweischußmaschine bis zu 265 Schuß/min einträgt. Der große Vorteil des früheren Abschusses der Vierfarbenmaschine liegt aber darin, daß sie bis zu einer größeren Webbreite mit 235 Touren arbeiten kann als die Zweischußmaschine mit 140° Maschineneinstellung. Dies ist z. B. bei den breiteren Artikeln der Streichgarnwebereien sehr wichtig. Wird andererseits die mit maximaler Tourenzahl anwendbare Breite nicht ausgenützt, so kommt bei sonst gleichen Verhältnissen die Maschine mit dem früheren Abschuß mit einer niedrigeren Schützengeschwindigkeit aus. Dies wirkt sich in einer sehr merklichen Schonung des Schußmaterials aus und erlaubt einen wirtschaftlichen Betrieb auch mit weniger regelmäßigen Schußgarnen.

Gegenüber der anderen Zweischußtype 85″, die bereits mit dem sehr frühen Abschuß von 105° arbeitet und ebenfalls maximal 235 Schuß/min eintragen kann, arbeitet die Vierfarbenmaschine mit einem um 20° *späteren* Abschuß. Die größte Arbeitsbreite, bis zu der diese Schußfolge angewendet werden kann, ist demnach — gleiche Schützengeschwindigkeit vorausgesetzt — bei der Vierfarbenmaschine kleiner. Diese Konzession mußte wohl offenbar in Anspruch genommen werden, um den größeren Wechselvorgang von einer Schußgarnsorte zur nächsten bei gleichgebliebener maximaler Tourenzahl von 235 pro Minute zu ermöglichen.

Bei den üblichen Webstühlen bedeutet ein Wechsel von der Sorte a zur Sorte b (Einschrittwechsel) im allgemeinen keine Sorge, auch der Zweischrittwechsel von der Sorte a nach c wird einem Webstuhlwechsel im allgemeinen keine Schwierigkeiten bereiten. Aber der Dreischußwechsel wird prinzipiell vermieden.

Da das Wechselaggregat an der Sulzer-Webmaschine relativ klein ist (das Gesamtgewicht dieses Aggregates beträgt nur 0,55 kg, soweit es sich um die bewegten Teile handelt), ist diese Webmaschine weitaus weniger empfindlich, so daß der Ein- und Zweischußwechsel ohne jede Änderung der Maschineneinstellung erfolgen kann. Bei der Verwendung eines Dreischußwechsels wird die Drehzahl der Maschine jedoch zweckmäßig auf 215 U/min beschränkt. Durch diese Beschränkung jedoch steigt die größte Arbeitsbreite, bis zu der diese Schußfolge angewendet werden kann, an.

Um den speziellen Vergleich der verschiedenen Typen durchzuführen, soll nachfolgend eine tabellarische Gegenüberstellung aufgeführt werden:

Tabelle 19

Webbreite bis	Zweischußmaschine		Vierschußmaschine 85 VS 125°	
	85 ZS 105°	85 ZS 140°	1- und 2-Schritt	3-Schritt
1,66 m	235/min	265/min	235/min	215
1,89 m	235/min	235/min	235 min	215
1,97 m	235/min	225/min	235/min	215
2,07 m	235/min	215/min	225/min	215
2,16 m	235/min	207/min	215/min	215

Die vorgenannten Beispiele sind auf eine Schußgarnnummer Nm 14 bezogen, und außerdem wurde mit Rücksicht darauf, daß diese Garne in der Regel eine mindere Festigkeit aufweisen, mit einer maximalen Schützengeschwindigkeit von nur 22 m/sek getestet.

Man erkennt aus dieser Gegenüberstellung den Unterschied der beiden Zweischußtypen. 85 ZS 140° läuft mit der höchsten Tourenzahl 265/min bis zu einer Webbreite von 1,66 m. Darüber hinaus sinkt aber die anwendbare Tourenzahl bis auf 207/min bei einer vollen Arbeitsbreite der Maschine von 2,16 m.

85 ZS 105° läuft auch bei kleinen Webbreiten mit 235/min. Diese Tourenzahl kann aber bis zur vollen Arbeitsbreite von 2,16 m eingehalten werden.

85 VS 125° läuft bei Verwendung des Ein- und Zweischrittwechsels bis zu einer Webbreite von 1,97 m ebenfalls mit 235/min und bei voller Arbeitsbreite der Maschine immer noch mit 215/min. Beim Dreischrittwechsel ist die Tourenzahl bei allen Webbreiten gleichbleibend 215/min.

Der Einsatzbereich der Vierfarbenmaschine. Mit der voraufgegangenen Darstellung wurde erörtert, wie die durch unterschiedlich empfindliches Material bedingten Schwierigkeiten durch eine entsprechende Maschineneinstellung beseitigt wurden. Damit ist der Einsatzbereich dieser Maschine nur noch von der Musterungsmöglichkeit abhängig, die beim Vierfarbenschußwechsel besonders groß ist, weil, bedingt durch das relativ kleine Gewicht des Wechslers, eine außerordentliche Wechselgeschwindigkeit möglich ist.

Um das Einsatzgebiet des Vierfarbenwechslers an der Sulzer-Webmaschine richtig zu umreißen, mögen vorab die Möglichkeiten der Steuerung aufgeführt werden.

Die Steuerkette wird normalerweise bei je einem Schuß um ein Glied weiter geschaltet. Durch die Entfernung zweier gegenüberliegender bzw. von drei Zapfen auf der Steuerscheibe *3* (vgl. Abb. 382) kann jedoch die Schaltung der Steuerkettenscheibe *3* zeitweise unterbrochen werden; dies bewirkt, daß der einem bestimmten Steuerkettenglied entsprechende Faden zwei- bis viermal nacheinander eingetragen wird. So ergibt sich die freie Wahl der Schußfolge. D. h., es kann Einzelschuß (pic-à-pic) sowie Ein-, Zwei- oder Dreischrittwechsel erfolgen. Daraus ergibt sich eine vielfältige Musterungsmöglichkeit, indem man mit 1—4 verschiedenfarbigen oder verschiedenartigen Schußgarnen arbeiten kann.

Bei Verwendung als Mischwechsler sind demgemäß folgende Kombinationen möglich:

1. Eine Schußgarnsorte von vier verschiedenen Spulen gemischt,
2. zwei Schußgarnsorten von je zwei Spulen gemischt,
3. eine Grundsorte von zwei Spulen gemischt plus zwei verschiedenen Effektfäden,
4. eine Grundsorte von drei Spulen gemischt plus einem Effektfaden.

Mit diesen Hinweisen zeigt sich für den Fachmann, daß das prädestinierte Einsatzgebiet die Kammgarn- und Streichgarnindustrie sein wird, überdies, da hierfür Arbeitsbreiten bis zu 216 cm im Blatt sowie eine Mischung der gleichen Schußgarnsorte oder Schußwechsel zu Musterungszwecken bis zu einem Rapport von 200 Schuß genügen. In einigen Fällen wird sich damit auch der Einsatz in Baumwollwebereien rechtfertigen. Es wird von der Firma Sulzer in Aussicht gestellt, daß für größere Arbeitsbreiten von z. B. 130″, entsprechend 330 cm, wie sie in der Baumwollweberei günstig sind, weil somit mehrbahnig gewebt oder sehr breite Ware hergestellt werden kann, eine 85″-Maschine zur Verfügung stehen wird. Es wird diese Entwicklung kurzfristig in Aussicht gestellt. Mit Rücksicht darauf jedoch, daß in der Baumwollindustrie der Dreischrittwechsel nicht gebraucht wird, soll wohl diese Maschine ohne Berücksichtigung dieser Wechselmöglichkeit gebaut werden, d. h., es wird nur der Schußgarnwechsel von einer Schußgarnsorte zur nächsten oder zur übernächsten möglich werden. Man dürfte sich wohl zu dieser Einschränkung entschließen, weil dadurch die Leistung der Maschine beträchtlich gesteigert werden kann, denn damit wird für den Schußwechsel nicht soviel Zeit vorgesehen werden müssen, und der Abschuß kann, wie bei der Zweischußtype 85″, bereits bei 105° erfolgen.

Die in Aussicht gestellten Leistungszahlen der 130″-Vierfarbenmaschine werden approximativ angegeben, da die Entwicklung als noch nicht abgeschlossen bezeichnet wird.

Die Firma Sulzer gibt hierzu speziell wörtlich folgendes bekannt:

Vorauszuschicken ist, daß wir die Bewegungsvorgänge im Hinblick auf eine optimale Leistung bei Einschrittwechsel, also beim Wechsel von einer Schußgarnsorte zur nächstliegenden, ausgelegt haben, z. B. von a nach b, von b nach c usw. Die maximale Tourenzahl wird in diesem Falle gleich wie bei den 130″-Einschuß- und Zweischußtypen 210 Schuß/min betragen. Die größte Kettbreite, bis zu der diese Schußfolge angewendet werden kann, ist prinzipiell gleich wie bei den bisherigen 130″-Typen. Zu beachten ist allerdings, daß die gute Verarbeitbarkeit von Baumwollgarnen oft durch das Färben leidet und daher gegebenenfalls eine niedere Schützengeschwindigkeit angewendet werden muß. In einem solchen Falle oder wenn der Schußwächter auf der Fangseite nötig ist, muß mit einer Reduktion der Leistung gerechnet werden, und zwar in der Größenordnung von 10—20%. Beim Zweischrittwechsel, d. h. beim Wechsel von einer Schußgarnsorte zur übernächsten, wird im praktischen Webbetrieb eine Schußfolge von mindestens 185/min erreichbar sein, und zwar je nach den Bedingungen, die durch das zu verarbeitende Schußmaterial gegeben sind, bis zu der vollen Arbeitsbreite von 3,3 m.

Der Dreischrittwechsel wurde, wie bereits erwähnt, beim 130″-Vierschußtyp nicht in Betracht gezogen, da er durch Aufstecken der Schußspulen in geeigneter Reihenfolge praktisch immer vermieden werden kann.

Um die zukünftig von der Firma gelieferten Maschinen der Zweischußtypen durch eine kleine Montage, durch Hinzufügung einzelner Teile und ohne große Kosten auf ein Vierschußsystem ausbauen zu können, sind die Maschinen zukünftig so ausgerüstet, daß diese Wechselmöglichkeit gegeben ist. Diese Maschinentype soll die Bezeichnung 85 ZSC 105° tragen.

F. Lade, Ladenantrieb und Schützenantrieb

I. Lade

Während in den bisher besprochenen Aggregaten und Vorrichtungen die *Steuerungsaggregate* angesprochen wurden, die für die Erzeugung einer bestimmten Art von Ware oder Musterung notwendig waren, werden mit den in der Überschrift angesprochenen Vorrichtungen die *Arbeitsorgane* des Webstuhles gekennzeichnet.

Die Lade übernimmt die Führung des Schützens und schlägt den eingetragenen Schuß an den Warenrand an. Der Schützen muß, abgesehen von den Greifervorrichtungen, einen schlagartigen Antrieb haben, weil er sich selbständig durch das Fach bewegen muß.

Die hier angesprochenen Vorrichtungen unterliegen auf Grund der oben gekennzeichneten Aufgaben in Konstruktion und Funktion ganz bestimmten kinematischen Gesetzen, die zum restlosen Verständnis der Vorrichtungen überhaupt mitdiskutiert werden müssen.

a) Einfluß der Ladenbewegung auf die Gleichmäßigkeit der Webstuhldrehzahl

Die Lade hat die Aufgabe, dem Schützen, der durch das Fach hindurcheilt, eine Führung zu geben und den so eingetragenen Schuß an die Ware anzuschlagen. Für die Arbeit sind daher zwei wesentliche Fragen von besonderer Bedeutung:

1. Wie bewegt sich die Lade während des Schützendurchganges?
2. Wie hat der Laden- bzw. der Webeblattanschlag an die Ware zu erfolgen?

Zu 1. Während der Schützen durch das Fach hindurcheilt, ist er von jeder festen Führung durch die Maschine losgelöst. Er wird lediglich durch Reibung beeinflußt, die durch das Gleiten

a) mit dem Boden über das Unterfach und
b) mit der Rückwand am Webeblatt (und dies nur von der zweiten Hälfte der Durchgangszeit an, wenn nämlich die Lade wieder nach vorn kommt)

entsteht und durch die Größe der Fadenspannung des einzutragenden Schusses, die von der Größe der Bremsung im Schützen abhängt. Damit der Schützen bei seinem Durchgang

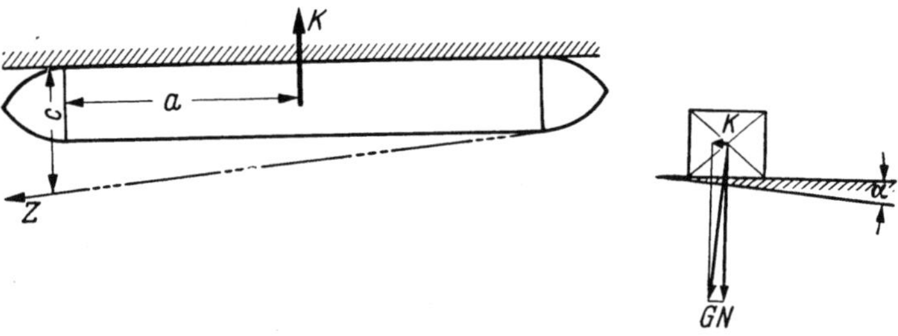

Abb. 386

durchs Fach nicht von der vorgeschriebenen Bahn abweicht und aus dem Fach herausfliegt, muß er gewisse Bedingungen erfüllen, die von Ing. Paul Beckers in „Textilmaschinen“ (Handbuch für den Textilmaschinentechniker) festgelegt sind. Hiernach besteht die Gefahr, daß der Schützen aus dem Fach herausgeschleudert wird, nicht, wenn er die richtige Schwerpunktlage hat. Hält man den Schützen an den Spitzen waagerecht fest, so daß er sich leicht um seine Achse drehen kann, dann muß er, wenn man ihn leicht anstößt, sich so einstellen, daß die Rückseite des Schützens tiefer zu liegen kommt.

Das Kräftespiel am Schützen ist in der Abb. 386 wiedergegeben. Die Schußfadenspannung Z wirkt am Hebelarm c und sucht den Schützenkörper um den Punkt A im (+)-Uhrzeigersinn zu drehen. Das Schützengewicht G, welches im Schwerpunkt angreift, würde bei waagerechter Schützenbahn mit der Normalkraft N in seiner Wirkungsrichtung übereinstimmen, so daß dem Fadenspannungsdrehmoment $Z \cdot c$ kein anderes Moment gegenüberstehen würde. In diesem Falle hätte der Schützen tatsächlich das Bestreben, aus seiner Bahn herauszufliegen. Gibt man jedoch der Ladenbahn eine Neigung von α^0, so entsteht das in Abb. 386 dargestellte Kräfteparallelogramm mit einer neuen Kraft K, welche auf dem Schützen ebenfalls ein Drehmoment $K \cdot a$ hervorruft. (a ist der Abstand des Schützenschwerpunktes vom möglichen Drehpunkt.) Dieses Moment $K \cdot a$ ist dem Moment $Z \cdot c$ entgegengerichtet. $K \cdot a$ muß demnach eine Mindestgröße besitzen, die größer ist als $Z \cdot c$, damit der Schützen nicht zu flattern beginnt. Bezeichnet man den Reibungskoeffizienten mit μ, dann muß folgende Gleichung bestehen:

$$(K - N\mu)\, a = Z \cdot c - N\mu \frac{c}{2},$$

$$K \cdot a = Z \cdot c + N\mu \left(a - \frac{c}{2}\right),$$

$$a \cdot G \cdot \sin\alpha = Z \cdot c + \left(a - \frac{c}{2}\right) N\mu .$$

Nimmt man die Neigung der Ladenbahn mit 7° an, den Abstand a mit 130 mm, den Abstand c mit 50 mm, das Schützengewicht G mit 130 g, so wäre im Grenzfall bei einem Reibungskoeffizienten $\mu = 0{,}1$

$$0{,}13 \cdot 0{,}13 \cdot 0{,}122 = Z \cdot 0{,}05 + 0{,}13 \cdot 0{,}1 \cdot 0{,}105$$

$$Z \simeq 14\ \mathrm{g}\,.$$

Also bis zu Fadenspannungen von 14 g ist ein ordnungsgemäßer Lauf des Schützens gesichert. Diese Berechnung ist zwar recht ungenau, aber sie zeigt, daß bei einer richtigen Form des Schützens die Gefahr des Herausfliegens aus der Bahn nicht besteht; auch dann nicht, wenn keine Kette eingezogen ist.

Die Lade, die die Aufgabe hat, den Schützen während der Schußbewegung zu führen, wird im allgemeinen durch eine Kurbel angetrieben. Ladenantriebe mittels Exzenter sind verhältnismäßig selten.

Da während der Ladenbewegung der Schützen fast freifliegend durch das Fach hindurcheilt, müssen an die Form der Bewegung eine Reihe von Bedingungen gestellt werden, die einerseits kinematischer und andererseits wirtschaftlicher Bedeutung sind:

1. Während des Schützendurchgangs soll die Hubgeschwindigkeit der Lade dem Wert 0 zustreben, damit
   a) der Weg des Schützens möglichst gradlinig ist und
   b) die volle Fachhöhe ausgenützt werden kann, d. h. damit die Verwendungsmöglichkeit eines größtmöglichen Schützens gegeben ist; oder
   c) damit man bei vorhandener Schützenhöhe den Fachhub reduzieren kann und durch eine geringere Kettfadendehnung größere Materialschonung erzielt.
2. Die Bewegung der Lade soll möglichst stoßfrei vor sich gehen, d. h., das Ladendiagramm soll möglichst keine Knicke aufweisen, desgleichen sind starke Krümmungen und große Unsymmetrie zu vermeiden.

Für eine Steigerung der Drehzahl und der Wirtschaftlichkeit ist namentlich der Punkt 1 von besonderer Bedeutung. Unregelmäßigkeiten von Punkt 2 gehen auf Kosten des Kraftbedarfs; allerdings mit der einen Einschränkung, daß ein Diagramm im Augenblick des Ladenanschlages keine zu starke Krümmung aufweisen darf. Nur unter Berücksichtigung von Punkt 1 lassen sich Kurbelgetriebe, die wie ein einfaches Gelenkviereck arbeiten, nach W. Lichtenheldt (Melliand Textilber. 1933) theoretisch konstruieren.

Für die Ermittlung der Abmessungen der einzelnen Gliedlängen werden hierbei Methoden der Getriebesynthese angewendet, und zwar wird nach Lichtenheldt folgender Weg vorgeschlagen:

Man betrachtet die beiden Festpunkte des Gelenkvierecks als gegeben und ermittelt die übrigen Abmessungen so, daß die zwischen den Totpunkten liegenden Drehwinkel ψ und φ von Ladenstelze und Kurbel vorgeschriebene Werte besitzen (vgl. Abb. 387). Hierin bedeutet: a Kurbelkröpfung, b Ladenpleuel (Koppel), d Webstuhlgestell (Steg), φ ist der Winkel zwischen den Totlagen der Kurbel (im Webstuhl: zwischen dem Warenanschlag und der größten Fachöffnung), φ_1 und φ_2 sind die halben Drehwinkel der Kurbel während des Schützendurchganges, ψ Drehwinkel der Ladenstelze zwischen den Totlagen, ψ_1 halber Drehwinkel während des Schützendurchganges. ψ_1 ist ein Wert, der normalerweise nicht geändert werden kann, weil dann andere Schützenkästen erforderlich sind und damit ein größerer Umbau des Webstuhles notwendig ist. Beim Festlegen von φ dagegen kann man eine Bedingung über den Ladenbewegungsverlauf erfüllen: z. B. gleichmäßiger Ladengang erfordert $\varphi = 180°$, rascher Schußanschlag erfordert $\varphi < 180°$, sanfter Anschlag $\varphi > 180°$. Damit ist die Aufgabe aber noch nicht völlig bestimmt, sondern es ergeben sich als geometrische Orte für die Totlagen von Kurbel und Schwinge Kreise. Diese sind entartete Kreispunktkurven, die sich aus der Lage der Relativpole von Kurbel und Schwingenebene ermitteln lassen. Man kann daher eine Zusatzbedingung genau oder mehrere Zusatzbedingungen mit guter Annäherung erfüllen. Für die Schwinge (Lade) wird gefordert, daß sie während des Schützendurchgangs möglichst wenig Bewegungen macht. Wenn man das durchsetzen kann, dann ist es möglich, daß der Schützen in das Fach eintritt, wenn die Lade sich in der hintersten Totpunktlage befindet. In der gleichen Ladenstellung verläßt der Schützen auch das Fach. Man kann dann den vollen Fachraum ausnützen. Macht die Lade jedoch eine Bewegung, dann muß bei gleicher Schützengröße der Fachmechanismus

1. eher in Tätigkeit treten,
2. länger in Tätigkeit bleiben.

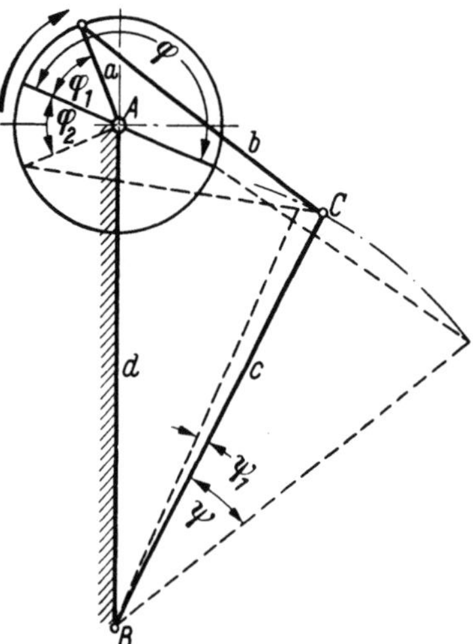

Abb. 387. Gelenkviereck als Webladenantrieb

Es bleibt dann aber bei gleicher Drehzahl ein zu kleiner Wert für den Kurbeldrehwinkel, der für das Heben und Fallen der Platinen reserviert werden muß, sobald die Drehzahl schnell sinkt. Wird bei gleicher Fachhöhe gearbeitet, dann kann, da der Schützen bereits in das Fach eintritt, wenn die Lade noch hinten steht und demnach noch nicht die volle Fachtiefe erreicht ist, nicht der volle Fachraum ausgenützt werden.

Der Ladenstillstand in der hinteren Totpunktlage hat aber außer den besprochenen Vorzügen für eine Steigerung des Wirkungsgrades noch den Nachteil, daß bei gleichmäßiger Kurbeldrehung der große Stillstand in der hinteren Totpunktlage, der sich über einen relativ großen Kurbeldrehwinkel verteilt, durch eine um so größere Geschwindigkeit beim Ladenanschlag aufgeholt werden muß. Die Bedingung, die dem Getriebe der Abb. 387 gestellt wird, heißt zunächst: Beim Kurbeldrehwinkel φ_1 bzw. φ_2 soll der Ladendrehwinkel möglichst klein sein. Dann können nach H. ALT[1] die Abmessungen der einzelnen Gliedlängen durch eine Getriebesynthese nach folgender Methode ermittelt werden.

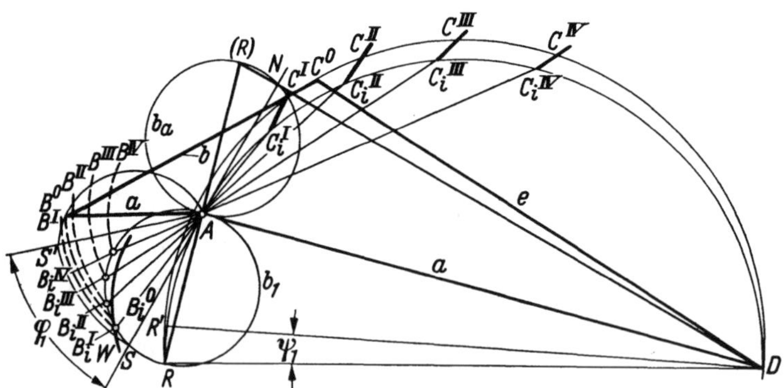

Abb. 388. Methode von H. ALT zur Ermittlung des Gelenkviereckes auf Grund von vorgeschriebenen Bedingungen

Gang der Konstruktion (vgl. Abb. 388):

Man zeichnet in A und D, den beiden Gestellpunkten, nach beiden Seiten den halben Drehwinkel der Kurbel zwischen zwei Totpunktlagen (bei A) und den halben Drehwinkel der Lade (bei D) ein. Die freien Schenkel treffen sich in R bzw. (R). Die Kreise über AR und $A(R)$ bzw. DR und $D(R)$ sind die geometrischen Orte für die Totpunktlagen der Lade. b_a wird von e in N geschnitten. Die Gerade NA ergibt auf b_1 den Punkt S. Die Kurvenseite b_1 von $A \div S$ und b_a von $A \div N$ sind für die Konstruktion brauchbar. Der Bogen SA wird um den Kurvenwinkel φ_1 und RD um den Ladendrehwinkel Ψ_1 ge-

[1] ALT, H.: Über die Totlagen des Gelenkvierecks. Z. angew. Math. Mech. 1925, S. 337.

dreht (Bedingungssatz für die Konstruktion). Wählt man auf dem brauchbaren Bogen SA eine Anzahl Punkte (B_i, B_i'', B_i''', B_i^{IV}) und verbindet diese durch A mit C_i, so erhält man dort die Punkte (C_i', C_i'', C_i''', C_i^{IV}). Durch Kreisbogen um A erhält man auf dem um A gedrehten Kreisbogen SA ($S'A$) die Punkte (B', B'', B''', B^{IV}). Auf dem Kreisbogen $R'D$ erhält man durch Kreisbogen die Punkte C', C'', C''', C^{IV}. Trägt man auf c_i' B_i' und c_i'' B_i'' usw. von c_i'' aus die Strecken $C'B'$, $C''B''$ usw. ab, so erhält man eine Kurve W, die SA bei B_i^0 schneidet. B_i^0 ergibt

1. auf C_i den Punkt C_1^0,
2. auf $R'D$ den Punkt C^0,
3. $S'A$ den Punkt B^0.

Damit ist das Gelenkviereck AB^0C^0D gefunden, welches die gestellte Bedingung erfüllt. Die praktische Verwendbarkeit muß jeweils geprüft werden. Für eine solche müssen gegebenenfalls die wählbaren Größen verändert werden.

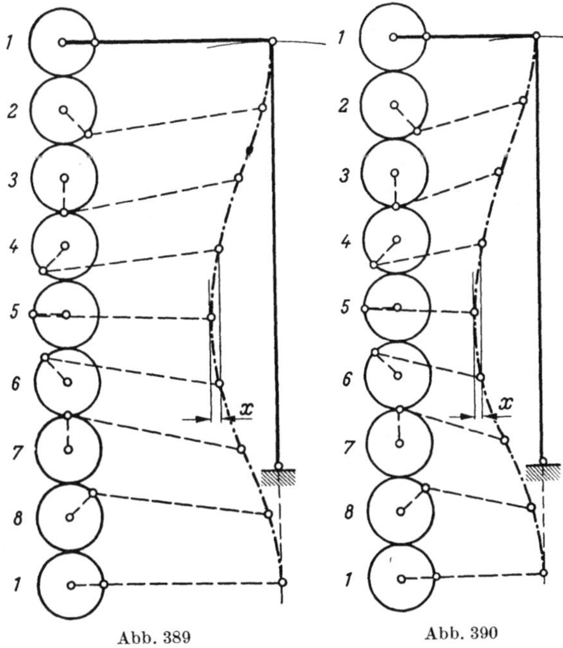

Abb. 389 Abb. 390

Die gesteigerten Anforderungen, die man an die Weblade heute stellt, machen aber diese Art der Konstruktion recht schwierig. Besser ist es, dem Ziel auf empirisch-konstruktiver Grundlage näherzukommen, indem man, von einer Grundeinstellung ausgehend, bei systematischen Konstruktionsänderungen die entsprechenden Bewegungsänderungen graphisch in einem S-t-Diagramm festhält. In dem bereits erwähnten Handbuch „Textilmaschinen" von Ing. Paul Beckers wird der mathematische Beweis erbracht, daß die Bewegung in den Totpunkten um so geringer ist, je kürzer der Ladenarm wird. Die konstruktive Versuchsreihe der Abb. 389 bis 399 jedoch zeigt, daß die Stangenverhältnisse nicht den alleinigen Einfluß auf die Bewegungsart ausüben. In der Abb. 389 ist z. B. ein Ladenantrieb mit dem Kurbel-Koppelverhältnis 1:5 aufgezeichnet. (Die geometrischen Konstruktionen sind so nebeneinanderliegend eingezeichnet, daß die einzelnen Bewegungsphasen gut zu erkennen sind.)

Man erkennt, daß die Kurve, die der Ladenangriffspunkt während einer Kurbelumdrehung macht, augenscheinlich symmetrisch ist. Das besagt, daß die Lade sowohl durch den vorderen wie auch durch den hinteren Totpunkt mit gleicher Geschwindigkeit hindurchgeht bzw. daß der Stillstand in der vorderen wie hinteren Totpunktlage gleich lange dauert. Der Weg, den die Lade während des Schützendurchganges zurücklegt, ist hier wie in den folgenden Abbildungen mit x eingezeichnet. Dieser Weg x ist mit Rücksicht auf die oben angestellte Überlegung sehr groß (der Kurbelweg während des Schützendurchgangs sei x). Gleichzeitig aber erkennt man, daß die Kurve sehr schön symmetrisch ist, so daß man bei dieser Konstruktion mit möglichst weichem Ladenanschlag rechnen kann. In der Abb. 390 ist die gleiche Konstruktion mit verkürzter Koppel (Stangenverhältnis 1 : 3) eingezeichnet. Man erkennt, daß der schädliche Ladenweg während des Schützendurchgangs (x) kleiner geworden ist. Gleichzeitig aber tritt eine augenscheinliche Unsymmetrie der Kurve in Erscheinung. Diese Unregelmäßigkeit hat unweigerlich einen unregelmäßigeren Verlauf der Maschine zur Folge.

Welche Folgeerscheinungen resultieren nun aus solchen Unregelmäßigkeiten

a) in bezug auf die Maschine,

b) in bezug auf das Webgut?

Zu a) Die durch die Kurvenverzerrung bedingte Erschütterung ist für die Maschine dann von Nachteil, wenn sich diese vor dem Ladenanschlag geltend macht, denn gerade dann hat die Maschine eine Reihe von Funktionen zu erfüllen, die für die Sicherheit des Webgutes von Bedeutung sind:

1. Der Lauf des Schützens muß überwacht werden, damit bei eventuellen Störungen im Schützenlauf der Webstuhl abgestellt wird, bevor der Schützen angeschlagen wird und dadurch einen Fachbruch verursacht.

2. Der eingetragene Schußfaden muß abgetastet werden, um Bindungsfehler im Gewebe bei gebrochenem Schußfaden oder abgelaufener Schußspule zu vermeiden.

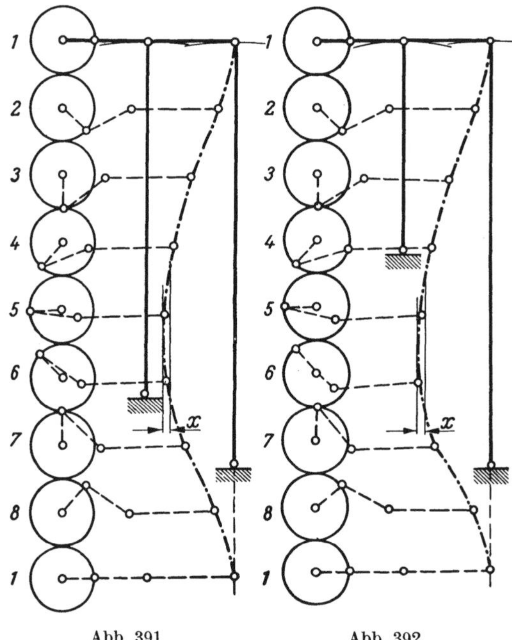

Abb. 391 Abb. 392

Die zu diesen Funktionen nötigen Sicherheitsvorrichtungen arbeiten in der Regel kraftschlüssig und können in der Sicherheit der Kontrolle bei Erschütterungen beeinflußt werden.

Zu b). Die durch die Kurvenverzerrung bedingte Erschütterung ist immer mit einem Geschwindigkeitszuwachs und damit mit vergrößerter Kraftwirkung verbunden. Sie ist demnach, wenn sie im Augenblick des Ladenanschlages wirksam wird, von besonderer Bedeutung. Grundsätzlich kann man auf dem Standpunkt stehen, daß der Ladenanschlag so schonend sein soll wie eben möglich. Ein harter Ladenanschlag bedingt u. a. sehr viele Kettfadenbrüche. Sehr übel ist es, wenn durch den Anschlag des Rietes der bereits eingetragene Schuß zerschlagen wird. Da der Schußwächter nur auf den lose im Fach liegenden Schußfaden anspricht, wird ein durch das Riet zerschlagener Schuß den Stuhl nicht stillsetzen. Ein mit solchen Fehlern behaftetes Gewebe wird erst nach der Ausrüstung als solches erkannt und wird unverkäuflich sein. Demnach soll sich ein Geschwindigkeitszuwachs erst nach dem Ladenanschlag auswirken.

Sowohl mit Rücksicht auf a) als auch auf b) ist also ein Geschwindigkeitszuschlag vor dem Ladenanschlag nicht wünschenswert. Von dieser Warte aus gesehen ist die Anordnung der Abb. 390 trotz des verringerten schädlichen Ladenwegs x keine bemerkenswerte Verbesserung; denn die Krümmung der Kurve ist vor dem Ladenanschlag (*7*, *8*, *1*) größer als nachher (*1, 2, 3*) $\left(\text{größere Krümmung des } s\text{-}t\text{-Diagramms bedingt größere Werte des Differentialquotienten } \frac{ds}{dt}\right)$. Es empfiehlt sich, hierzu die Kurven der Abb. 394 und 398 zu vergleichen Hier sind die Ladenanschläge (*7, 8, 1*) sanft gegenüber den Rückschlägen (*1, 2, 3*). Bei Ladenkonstruktionen ist also folgendes Ziel anzustreben:

1. Der Ladenstillstand in der hinteren Totpunktlage muß möglichst so langfristig sein, daß der Schützen auf einer geraden Bahn durch das Fach eilt.

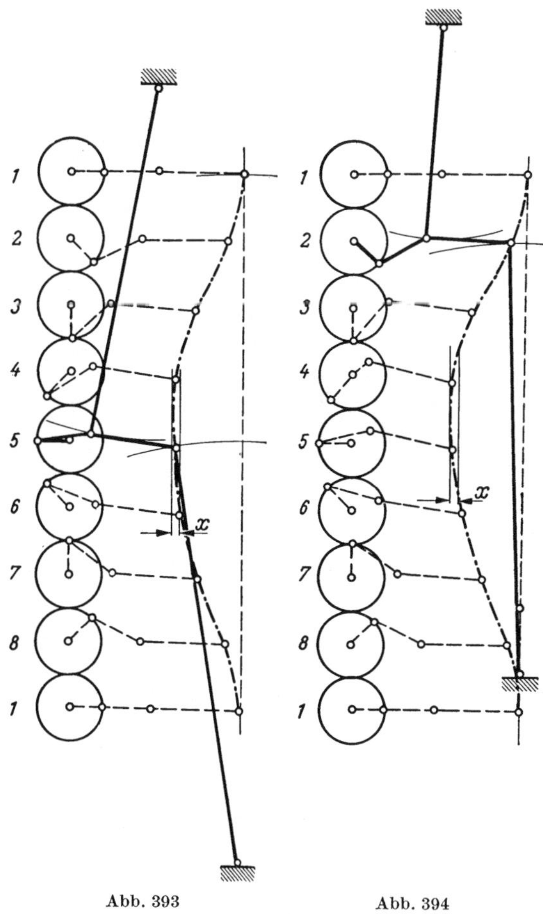

Abb. 393 Abb. 394

2. Die dadurch bedingte Unsymmetrie muß so sein, daß der Kurventeil *1—3* schwach gekrümmt ist. (In den Abbildungen erscheint dann der Kurvenbauch nach oben verlagert.)

In den Abb. 391 und 392 ist, um das Stangenverhältnis noch mehr zu verkürzen, eine Hilfsschwinge zwischen Lade und Ladenarm angebracht. Man erkennt sofort, daß die Anwendung mit langer Hilfsschwinge kinematisch günstiger ist, denn bei gleichem Weg x ist die Kurve *6* weniger verzerrt als die der Abb. 392.

Die Abb. 393 und 394 sind als sehr schöne Lösungen anzusehen, denn bei geringem Weg x ist ein sanfter Ladenanschlag vorhanden. Auch hier ist die lange Schwinge kinematisch vorteilhafter. Die Abb. 395 zeigt das Schema eines Kurbel-Buckskin-Stuhles. Das Wesentliche bei dieser Anordnung ist, daß der Kurbelwellenmittelpunkt sehr viel tiefer gelagert ist als der Ladenangriffspunkt, x ist wiederum kleiner. Der Ladenanschlag ist energisch, wie es speziell für Buckskins notwendig ist. Der Charakter des Kurvenbildes ist gut. Die Anordnung Abb. 396 ist nicht zu verwenden, dagegen ist bei der Abb. 397 lediglich der bewegliche Ladenwinkel höher gelagert als die Kurbelwelle, während sonst alle Maße beibehalten wurden. Die Anordnung der Abb. 397 ist sehr gut. Die Abb. 398 zeigt, daß das Verlagern der Kurbelwelle nach unten bei der Abb. 394 keine wesentlichen Vorteile bietet.

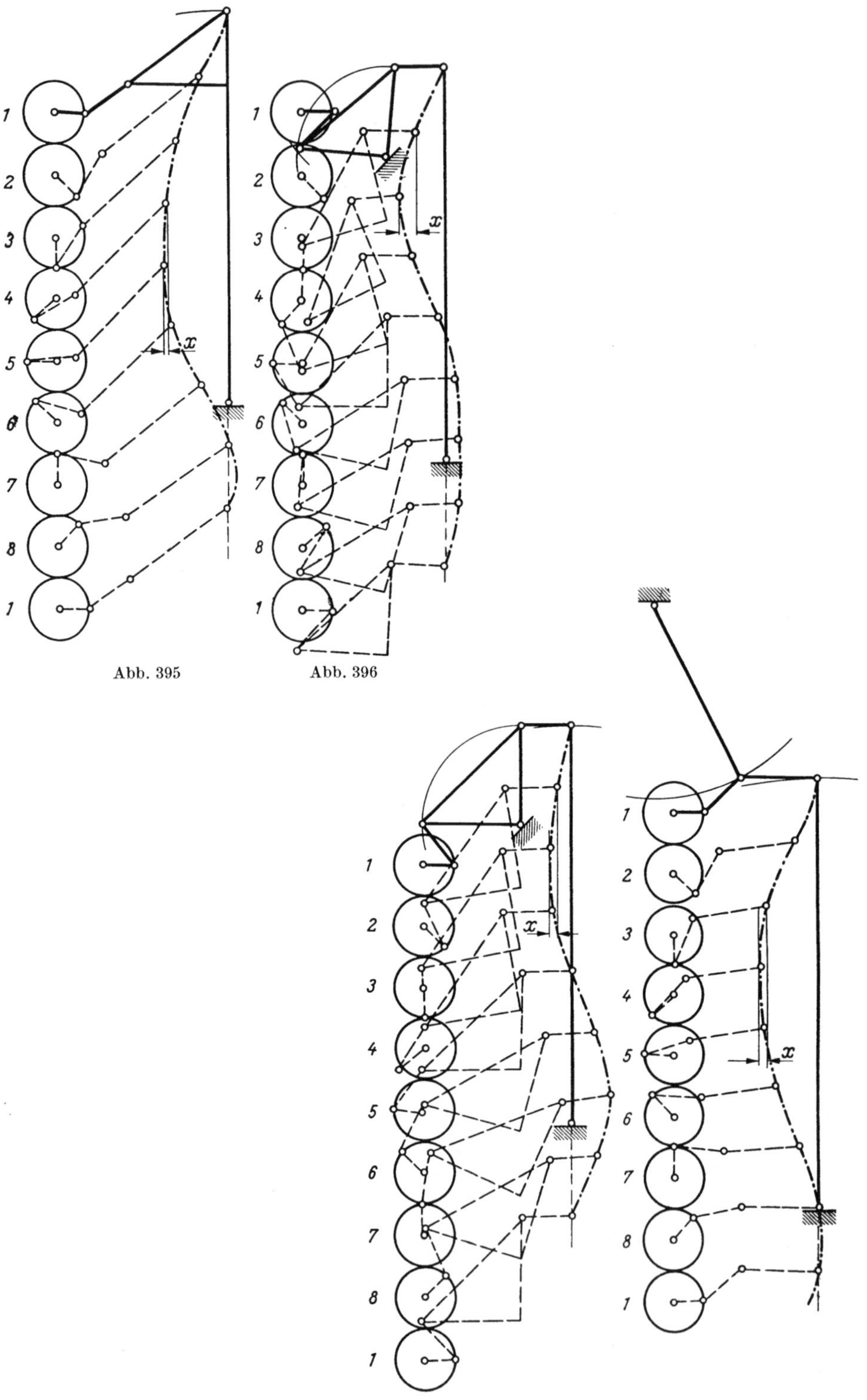

Abb. 395

Abb. 396

Abb. 397

Abb. 398

Um die mit der zweimaligen Kröpfung einer Welle verbundenen Schwierigkeiten im Hinblick auf die Steifheit der Welle zu vermeiden, Schwierigkeiten, die sich immer dann zeigen, wenn Störungen des Schützenlaufes oder Blockierungen oder Unwuchtfehler auftreten, wurde von der Firma Saurer die in der Abb. 399 gezeigte Antriebsart entwickelt. Bei dieser Antriebsart ist zwischen der Antriebswelle und dem Kurbelgetriebe ein Vorgelege angeordnet. Die Antriebswelle ist mit *2* gekennzeichnet.

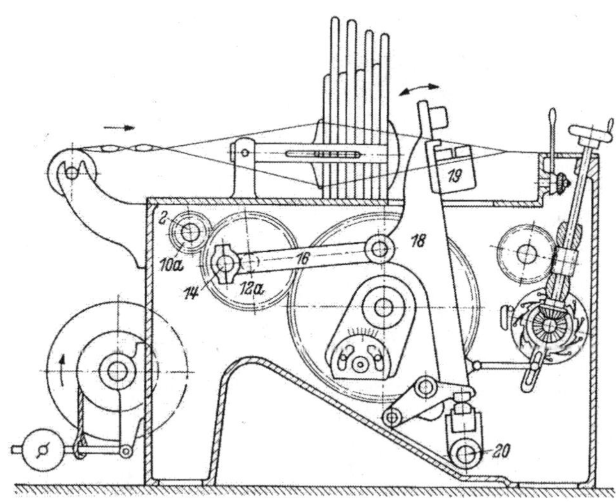

Abb. . 399. Antrieb am Webstuhl von Saurer

2 Hauptrolle; *10a/12a* Vorgelage zum Kurbelrad; *14* Kurbelzapfen; *16* Pleuel; *18* Ladenstelze mit Drehpunkt *20*; *19* Ladebalken

b) Ladenbewegung bei der Herstellung von Frottierwaren

Bekanntlich bezeichnet man mit Frottierwaren Gewebe, an deren Oberfläche sich einseitig bzw. zweiseitig Schlingen befinden. Sie bestehen aus zwei Kettfadensystemen, der Grund- und der Polkette, und einem Schußfadensystem. Grundkette und Schuß bilden ein Grundgewebe in engkreuzender Bindung. Die Polkette dient zur Schlingenbildung, sie bindet in das Grundgewebe ein. Die Schlingenbildung wird erreicht, indem man die Schüsse nicht einzeln, sondern in Gruppen von drei bzw. vier Schußfäden — in einem Abstand von 0,5 bis 1,5 cm vom Warenrand entfernt — einträgt und mit dem letzten Schuß die Grupp-gemeinsam anschlägt. Innerhalb jeder Schußgruppe wird die zwischen den Grundfäden eine gezogene Polkette durch einen oder zwei Schußfäden mit dem Grundgewebe verbunden und fest eingeklemmt. Drückt man die ganze Schußgruppe auf einmal an den Warenrand, so gleiten die Schußfäden mit der eingebundenen, lose gespannten Polkette an den straff gespannten Grundkettfäden entlang. Dadurch werden die Polkettfäden um eine bestimmte Fadenlänge, die der Schlingenhöhe entspricht, hereingezogen und je nach ihrer Einbindung auf der Ober- bzw. Rückseite des Gewebes zu einer Schlinge aufgeworfen. Die Höhe der Schlinge wird im wesentlichen durch den Abstand der Schußgruppe vom Warenrand bestimmt. Dieses Maß bezeichnet man mit Vorschlaglänge. Je größer die Vorschlaglänge, desto höher werden die Schlingen.

Webtechnische Voraussetzungen. 1. Einrichtung zur Knickung der Kurbelschere. Die bisher zuverlässigste Art ist die Knickung der Kurbelpleuel durch Exzenter bzw. Nutexzenter (Abb. 400 und 401). Leider kann auch diese Ausführung nicht restlos befriedigen, weil durch die dauernde Veränderung der Kurbelpleuel ein harter und unruhiger Gang des Webstuhles herbeigeführt wird und einer Erhöhung der Tourenzahl des Webstuhles vorzeitig Grenzen gesetzt werden.

Die Abb. 402 und 403 zeigen weitere Möglichkeiten zur Bildung von Schlingen. Während bei der einen Konstruktion das Webblatt während der Vorschlagschüsse durch ein an der Ladenstelze angebrachtes, drehbares Mittelstück ausgeschwenkt wird, wird bei der anderen Erfindung von einer Veränderung des Ladenganges sowie des Webblattes abgesehen. Die Schlingenbildung erfolgt hier durch eine hin- und hergehende Bewegung von Brustbaum und Streichwalze, die untereinander durch ein Gestänge verbunden sind. Dadurch erhält die Kette nach 3 bzw. 4 Schüssen die entsprechende Verschiebung.

2. Einrichtung für zwei Kettbäume: Grund- und Polkette. Die Grundkette wird straff, die Polkette locker gespannt. Unterscheidung der Frottiergewebe nach folgenden Gesichtspunkten:

a) nach der Schlingenbildung: in ein- bzw. beidseitig,
b) nach der Poleinstellung: in ein- bzw. zweipolig,
c) nach der Schußfolge: in 3- bzw. 4-Schußware,
d) nach der Musterung: in Schaftfrottier- bzw. Jacquardfrottiertechnik.

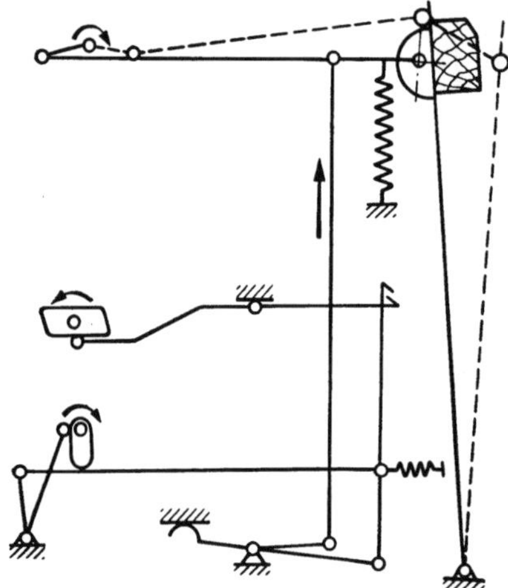
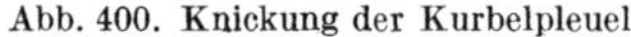

Abb. 400. Knickung der Kurbelpleuel

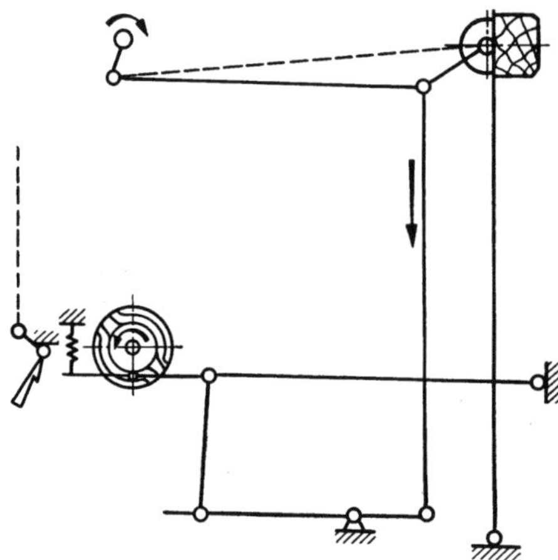

Abb. 401. Knickung der Kurbelpleuel nach unten

Die Anwendung der Schaftmaschine hat den Vorteil, daß man bei Änderungen der Gewebebreiten und der Kettdichte viel beweglicher und wirtschaftlicher sein kann als bei der Jacquardmaschine. Um jedoch den Ansprüchen der Käuferschaft von Frottierwaren in bezug auf figürliche Musterung gerecht zu werden, ist die Jacquardmaschine in der Frottierweberei immer mehr zur Notwendigkeit geworden. Während man die Grundkette auf Hinterschäfte

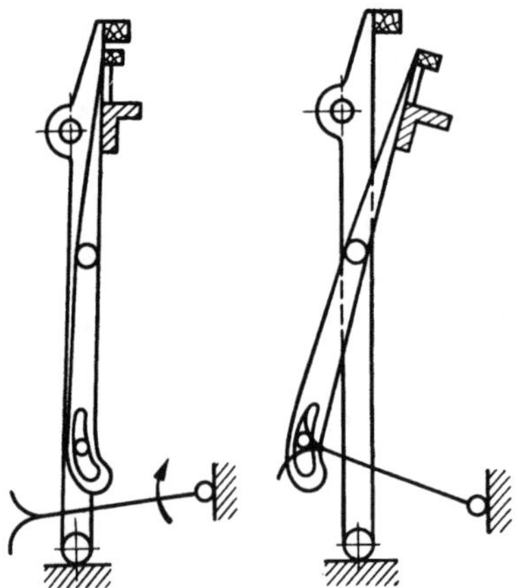

Abb. 402. Ausschwenken des Webblattes

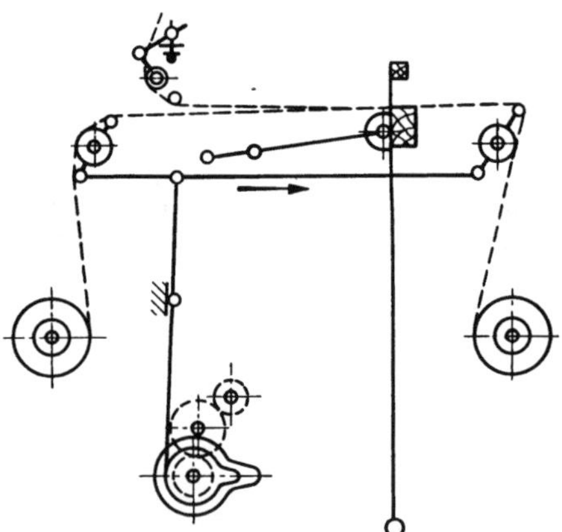

Abb. 403. Verschiebung der Kette durch Schenkelbewegung von Brust- und Streichbaum

einzieht und durch Innentrittexzenter in Rips 2:1 oder 2:2 binden läßt, verwendet man für die Polkette eine Spezial-Jacquardmaschine mit verschiebbarem Messerkasten und doppelnasigen Platinen, wobei man für vier bzw. drei Schuß nur ein Kartenblatt benötigt. Der zweite Vorschlagschuß wird stets bei gewendeten Messern eingetragen, die übrigen Schüsse einer Gruppe mit normaler Messerstellung.

Bei allen Frottierwaren erfolgt der Blatteinzug von der linken Seite bis zur Mitte mit: 1 Pol-, 1 Grundfaden und dann von der Mitte bis zur rechten Seite mit 1 Grund-, 1 Polfaden.

Das mittelste Rohr erhält dadurch 3 Fäden: 1 Pol-, 1 Grund- und 1 Polfaden. Durch diesen Blatteinzug wird eine bessere Schlingenbildung gewährleistet, weil die straffen Grundfäden die Polfäden zwischen den Blattrieten nicht einklemmen können. Es ist jedoch Bedingung, daß die Fäden von der Umkehrstelle aus rechts und links die gleiche Spannung haben, was besonders durch die Lage der Breithalter und des Kettbaumes bestimmt wird.

Bei der Einbindung der Schlingenkette sind folgende Regeln zu beachten:

1. Damit die Schlingenbildung sicher erfolgt, muß die Einbindung der Polkette beim letzten Schuß der vorhergehenden Schußgruppe und beim ersten Schuß der nachfolgenden Schußgruppe gleich sein.
2. Nach dem schlingeneinbindenden Schuß muß innerhalb der Schußgruppe sofort ein Bindungswechsel der Grundkette erfolgen, damit die Schlinge und der Schuß fest in der Ware sitzen und beim Ladenrückgang nicht wieder herausgezogen werden können.
3. Die Schußgruppenabteilung hat so zu erfolgen, daß zwischen dem ersten und letzten Schuß einer Schußgruppe ein Bindungswechsel der Grundkette erfolgt.

Für gemusterte Waren ist die Dreischußbindung nicht besonders geeignet, da an den Stellen, wo die Polkette mustermäßig ihre Stellung ändert, die Schlingenkette nach oben und unten durchrutschen kann. Wird bei gemusterten Waren trotzdem die Dreischußbindung verwendet, so entstehen unreine und schlechte Konturen.

Eine reine Kontur erhält man, wenn man zur Vierschußbindung greift, mit der sämtliche gemusterte Waren hergestellt werden können.

Da bei Schaftfrottier der Wechsel der Schlingen meist streifen- oder blockartig erfolgt, hilft man sich damit, daß man an den Wechselstellen einen sog. Wechselschuß (4. Schuß) einlegt. Es muß aber die Knickung der Kurbelschere von der Schaftmaschine erfolgen, ebenso die Bewegung der Grundschäfte. Der Anschlag erfolgt dann beim 3. und 4. Schuß.

c) Das Webeblatt

Die Beschaffenheit des Webeblattes ist mit entscheidend für den Ausfall der gewebten Ware. Je höher und je größer die Anforderungen an die gewebte Ware, in bezug auf Dichte, Gleichmäßigkeit und das glatte Aussehen sind, um so größer sind auch die Schwierigkeiten, die sich beim Weben ergeben können. Fehler in der Ware und ein schlechter Lauf des Webstuhles hängen sehr oft von einem schlecht gepflegten, aber auch von einem unsachgemäß eingebauten Webeblatt ab.

Durch den schlechten Sitz des Webeblattes in der Rille des Ladenbalkens und Ladendeckels entsteht zwischen dem Webeblatt, das dem Schützen während seines Laufes über

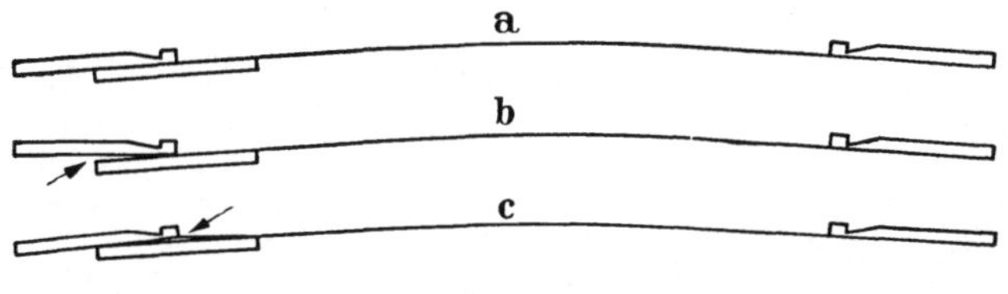

Abb. 404a—c

die Ladenbahn den rückwärtigen Halt geben soll, größere Reibung, die zu Beschädigungen des Webeblattes führen und damit auch den vorzeitigen Verschleiß des Webschützens verursachen. Die Beschädigungen am Webeblatt können so stark sein, daß die einzelnen Stäbe Ausbuchtungen erfahren, der Schuß nicht mehr gleichmäßig angeschlagen wird und sich in der fertigen Ware Moiré-Effekte zeigen. Es können auch durch die Fertigung im Laufe der Zeit scharfe Webeblattstäbe entstehen, die beim Ladenanschlag den Schuß anschneiden und Schußplatzer verursachen. Allerdings werden diese oft auch durch einen falschen Blattstich verursacht, und zwar dann, wenn die Blattlücke zu breit ist. Der Schußfaden setzt dann dem Blattanschlag bei Geschlossenfach zu großen Widerstand entgegen. Umstellungen am Webstuhl, spätes Fach, zeitliche Änderung des Schlages, Verändern des Streichriegels und ähnliches mehr, wird nicht immer zum gewünschten Ziel führen. In einem solchen Falle ist es vorteilhafter, mit einem Webeblatt größerer Feinheit und geringerer Fadenzahl je Lücke zu arbeiten. Beim Einsetzen eines Webeblattes ist darauf zu achten, daß die Webeblattstäbe weder oben noch unten eingeklemmt sind. Das Webeblatt darf nur durch den an beiden Seiten des Blattes befindlichen Bund gehalten werden. Werden die Stäbe eingeklemmt, so daß sie nicht federn können, ergeben sich Blattstreifen in der Ware. Zur Hinterkastenrückwand muß das Blatt so eingestellt werden, daß beide Teile eine Linie bilden. Ein Eisenlineal muß vom Blatt zur Rückwand, wie von der Rückwand zum Blatt, ohne anzustoßen hin- und hergeführt werden können. Nur so lassen sich Betriebsstörungen am Webstuhl, bedingt durch ein unsachgemäß eingebautes Blatt, vermeiden (vgl. Abb. 404a—c).

Es dürfte auch als bekannt vorausgesetzt werden, daß der Blattwinkel, also der Winkel des Webeblattes zur Ladenbahn, mit dem Winkel des Webschützens übereinstimmen muß.

1. Webeblattberechnung. Um die Berechnung einer Blattbreite durchführen zu können, sind die Kettfadenzahl, das Blatt und der Stich je Rohr (Blattlücke) festzulegen, z. B. bei einer Kettfadenzahl von 3200 Fd. und einem Blatt 50/4/fdg., bei dem also 4×50 Fäden = 200 Fäden auf 10 cm stehen.

Teilt man nun die 3200 Fäden durch die Fadenzahl je 10 cm, so erhält man die Blattbreite von 16 dm. Dies wäre gleichzeitig die Web- bzw. Blattbreite. Ist allerdings die Blattnummer zu errechnen, so ist zuerst die Fadenzahl je Blattbreite festzulegen. Bei einer Fadenzahl von 3200 Fäden, einer Blattbreite von 160 cm und vierfädigem Einzug je Blattlücke würde die Blattfeine

$$\frac{3200 \cdot 10}{4 \cdot 160} = 50 \text{ je } 10\,\text{cm betragen.}$$

Ist ein gemischter Einzug notwendig, 5× 4 Fäden
1× 5 Fäden
6× 4 Fäden
2× 5 Fäden
14 59, also 59 Fäden auf 14 Stäbe.

Eine Ketteinstellung von 3600 Fäden und ein Webeblatt 52 je 10 cm würde folgende Ausrechnung ergeben:

$$\frac{59 \cdot 52}{14} = 219 \text{ Fd. auf } 10\,\text{cm}\,,$$

$$\frac{3600 \cdot 10}{219} = 164\,\text{cm Blattbreite}$$

oder

$$\frac{3600 \cdot 10 \cdot 14}{164 \cdot 59} = 52 \text{ r Blatt}\,.$$

Die Dichte eines Gewebes erhält ihre endgültige Festlegung durch das Webeblatt. Die Feinheit des Blattes wird durch die Blattnummer ausgedrückt. Diese gibt an, wieviel Stäbe auf einer bestimmten Breite untergebracht sind. Man unterscheidet: Krefelder Feine 10,48 mm, Elberfelder Feine 11 mm; die Lyoner Feine rechnet man nach franz. Zoll. Die Einstellung 20 Lyoner Feine heißt, 20 Stäbe auf 2,7 cm. Englische Feine richtet sich nach engl. Zoll, 2,54 cm. Nach sächs. und Wiener Zoll wird nicht mehr gearbeitet.

Heute trifft man in der Mehrzahl der Betriebe die einheitliche Regelung an, daß die Anzahl der Stäbe auf metrische Feine, also auf 10 cm angegeben wird. Bei der Herstellung eines Artikels nimmt das Webeblatt zur Erreichung einer bestimmten Webbreite entsprechend seiner Feinheit einen oder mehrere Fäden in eine Rohrlücke auf. Auch dann, wenn das theoretische Ergebnis vorliegt, wird man die Entscheidungen unter Umständen nach den gemachten Erfahrungen etwas korrigieren müssen. Der Blatteinzug muß genau überlegt sein, gleichgültig ob das Webeblatt einfädig oder mehrfädig gestochen werden soll. Dabei ist erwähnenswert, daß Webeblätter entsprechend ihrer Feinheit unterschiedliche Drahtstärken aufweisen. So kann ein Webeblatt mit der metrischen Feine 40, also 40 Stäbe auf 10 cm, ein Stabmaterial von 0,69 mm haben. Ein Webeblatt dagegen mit der metrischen Feine 50, also 50 Stäbe auf 10 cm, kann eine durchschnittliche Drahtstärke von 0,63 mm aufweisen. Würden nun beide Webeblätter vierfädig je Rohr beschickt, so bedeutete es beim 40. Blatt, daß 4×40 Fäden = 160 Fäden auf 10 cm stehen würden, und beim 50. Blatt, 4×50 Fäden = 200 Fäden per 10 cm. Unter Berücksichtigung der einzelnen Drahtstärken ergibt sich, daß 160 Fäden nicht auf 10 cm oder 100 mm arbeiten, sondern der tatsächliche Arbeitsbereich für 160 Fäden ist nur 100 — 40×0,69 = 72,4 mm groß. Das Webeblatt mit der Feine 50 Stäbe auf 10 cm würde demnach beim selben Blattstich 4×50 Fäden = 200 Fäden und einer Drahtstärke von 0,63 mm nur 100 — 50×0,63 = 68,5 mm Arbeitsbereich bei 40 Fäden mehr haben. Man sieht hier eine Tatsache, die nicht unberücksichtigt bleiben darf.

In diesem Zusammenhang wird auf die Norm DIN 64599 hingewiesen. (Stabzahl auf 100 mm Arbeitsbreite.) Diese Normen schreiben im wesentlichen vor:

von Nm 8— 42 um einen Stab steigend, also 8, 9, 10, 11,
von Nm 44— 80 um zwei Stäbe steigend, also 44, 46, 48, 50,
von Nm 82—120 steigend mit den Endzahlen 2, 5, 8, 0, also 82, 85, 88, 90,
von Nm 125—155 um fünf steigend, also 125, 130, 135, 140,
von Nm 160—300 um zehn steigend, also 160, 170, 180, 190, 450, 480, 500, 530, 600 Stäbe auf 100 mm.

2. Die Blattstellung. Man hat oft in der Praxis erfahren müssen, daß ein Artikel durch falsche Blattstellung beeinflußt und ein einwandfreies Weben unmöglich gemacht wurde. Da der Webprozeß selbst durch eine falsche Blatteinstellung nicht beeinflußt werden darf, wird ein erneutes Blattstechen manchmal unumgänglich. Nun ist die Festlegung des Blattstiches je Rohr von der Materialstärke, von der Bindung und von der Passierung abhängig. Von der Materialstärke insofern, daß ein geknoteter Faden ohne jede Störung eine Blattlücke durchwandern muß. Mancherorts empfiehlt man bei Blättern über Nm 60 die Verwendung von Blattstäben mit elliptischem Querschnitt. Der erwähnenswerte Nachteil ist die Schwächung des Blattstabes, die rund $^1/_5$ ist, jedoch der Knoten gleitet leichter durch — ein bemerkenswerter Vorteil.

Bei Ketten mit verschiedenen Garnen ist oft ein gemischter Blattstich notwendig. Der mehrfädige Blattstich muß dabei im richtigen Verhältnis zur Größe des Bindungsrapportes

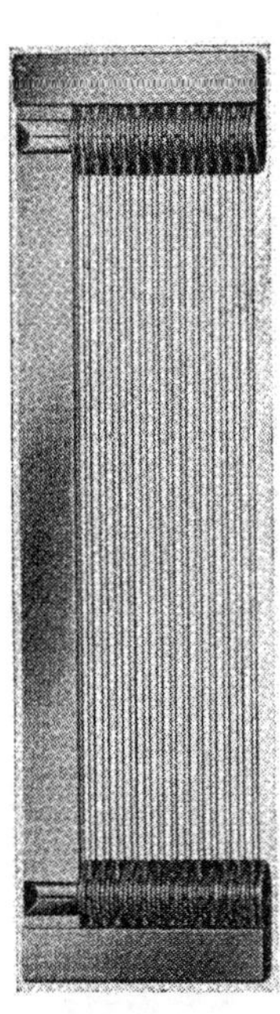

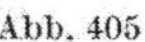

Abb. 405

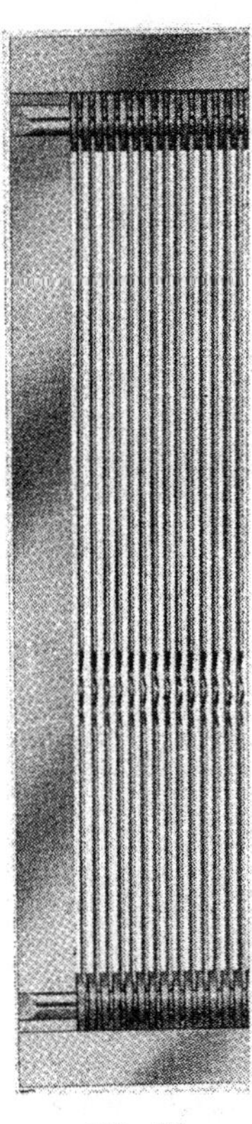

Abb. 406

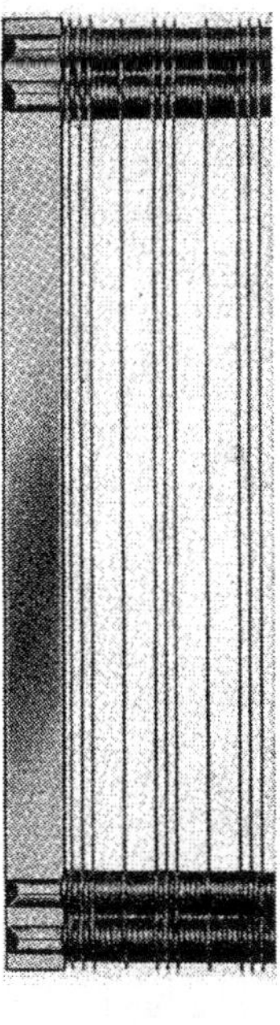

Abb. 407

stehen, damit Blattstreifigkeit zuverlässig verhindert wird. Ein idealer Blattstich wäre bei drei-, sechs- und neunbindigem Kettrapport ein dreifädiger Einzug. Ist aber die Kettfadenzahl bei derartigen Bindungen sehr hoch, so daß ein zu feines Webeblatt genommen werden müßte, dann sollte der Blattstich so gewählt werden, daß er in zwei, höchstens drei Blattstichen einmal aufgehen würde. Bei geradzahligen Bindungen 4, 8, 12, 16, mit Ausnahme von zwölfbindigen, die sich auch mit ungeradzahligem Blattstich arbeiten lassen, webt man vorteilhafter mit einem geradzahligen Blattstich. Um allen Schwierigkeiten aus dem Wege zu gehen, ist es ratsam, ungeradzahlige Bindungen nicht mit geradzahligen und geradzahlige Bindungen nicht mit ungeradzahligem Einzug zu versehen, es könnte unter Umständen bei gewissen Geweben ein Scheingrat entstehen. Diese Einschränkung trifft aber nur für Stuhl- und Waschware zu, während der Fehler sich bei Walkwaren aufhebt.

Gewebe, die nebeneinander gleichbindende Fäden aufweisen, müssen durch den Blattstich getrennt werden. Ist dies nicht der Fall, so haben sie das Bestreben, sich bei gleichmäßigem Auf- und Abbewegen umeinander zu drehen. Handelt es sich dann um verschiedenfarbiges Material, so kann dies dazu führen, daß an einzelnen Stellen der Effekt hierdurch in der Längsrichtung unterbrochen wird. Sollte aus irgendeinem Grunde der passende Blattstich nicht angewandt werden können, dann ist ein Doppelblatt zu verwenden (Abb. 405). Es handelt sich um zwei Webeblätter in einem Bund, die Stäbe stehen bei dem einen Webeblatt vor den Lücken des anderen. Die Rohre des vorderen wie des hinteren Webeblattes nehmen nun die einzelnen Fadengruppen auf und werden jeweils durch einen Blattstich getrennt. Alle nicht getrennten Fadengruppen werden durch den Fach- bzw. Bindungswechsel ausgehoben. Diese Blätter eignen sich nicht für feine Dichten.

Bei scharf kreuzenden Bindungen soll der Blattstich nicht zu hoch genommen werden, da ein schnelles und einwandfreies Weben durch den hierdurch ungünstig beeinflußten Fachwechsel Schwierigkeiten ergeben könnte.

Bei Bindungen, bei denen markante Einschnitte in Kettrichtung erwünscht sind, muß der Blattstich zwischen zwei entgegengesetzt bindende Fäden gelegt werden. Grundbedingung ist in jedem Fall, daß die Ware glatt und ohne Blattstreifen gewebt werden kann.

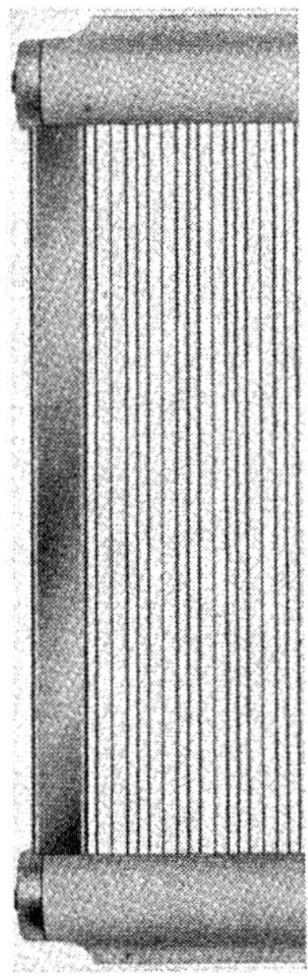

Abb. 408

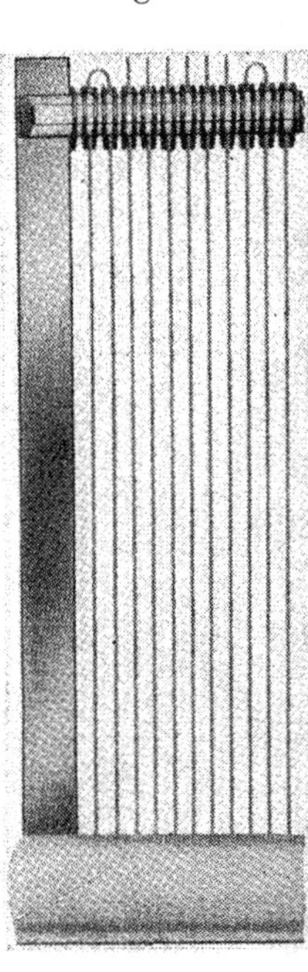

Abb. 409

3. Spezial-Webeblätter. Neben den normalen Webeblättern gibt es auch verschiedene Sonderanfertigungen, die für einige Spezialbranchen Verwendung finden. Hier wäre zunächst das Zackenblatt zu nennen. Es wird verwendet zur Herstellung von Doppelmoketts und doppelschützigem Doppelteppich. Die einzelnen Stäbe sind ziemlich stark, die Blatthöhe beträgt etwa 18—20 cm in Gußbundanfertigung. Ein Weben in dieser Branche ist ohne diese Blätter wohl kaum möglich, es sei denn, daß mit schwankenden Florlängen gerechnet werden muß (s. Abb. 406).

Eine weitere Abart von Gewebeblättern sind die Lisierenblätter. Die Anordnung der Stäbe ist beispielsweise so: Drei Stäbe stehen normal nebeneinander, dann fehlen ein oder zwei Stäbe, es folgen dann wieder drei normal eingesetzte Stäbe, dann wieder ein oder zwei fehlende Stäbe. Dies wiederholt sich auf der ganzen Blattbreite. Es lassen sich hier die verschiedensten Zusammenstellungen ermöglichen. Diese Blätter verwendet man für Chenilleware (Abb. 407 u. 408).

Blätter mit verstärkter Kante werden meist in der Schirmstoffweberei verwendet. Bei diesen Blättern sind oft die Kantenstücke dichter gehalten als das übrige Gewebeblatt.

Gewebeblätter mit verstärkter Mitte sind so eingestellt, daß bei einer angenommenen Breite von 140 cm die ersten 20 cm 14 Stäbe je cm stehen, die weiteren 20 cm 16 Stäbe je cm aufweisen, die dann folgenden 60 cm, die als Mitte gelten, haben 18 Stäbe je cm. Es kommen dann wieder 20 cm mit 16 Stäben je cm und weitere 20 cm mit 14 Stäben je cm.

Diese Zusammenstellung kann auch anders gewählt werden, es hängt von der zu webenden Ware ab. Baumwollwebereien, die Bettücher und Tischdecken herstellen, arbeiten sehr oft mit Webeblättern, die eine verstärkte Mitte aufweisen.

Pechbundblätter mit einem federnden Bund verwendet man in der Papier- und Asbestweberei. Die Stäbe liegen in Federn und weichen den jeweiligen Garnverdickungen aus, springen dann aber in ihre ursprüngliche Lage zurück (Abb. 409).

Eine besondere Art sind die Fächer. In ihrer starken Ausführung in Zinnbundguß sind die Stäbe rapportweise konisch angeordnet. Das Blatt bewegt sich langsam während des Webens hoch und tief. Hierdurch werden die einzelnen Fadengruppen aus ihrer Lage nach beiden Seiten verdrängt, und es entstehen schlangenförmige Linien im Gewebe (Abb. 410).

Das Drahtbundblatt gestattet ein Herausnehmen und Wiedereinsetzen der einzelnen Stäbe. Es eignet sich für Gewebe mit verschiedenen Effektgarnen und Garne mit Kräuseleffekten (Abb. 411).

Neben den hier besprochenen Gewebeblättern gibt es noch einige Spezialausführungen, die wegen ihrer Seltenheit nicht näher besprochen werden. Auch die teilweise noch im Betrieb befindlichen Dreherblätter werden nicht erwähnt, da sie zum größten Teil durch Dreherlitzen überflüssig gemacht wurden.

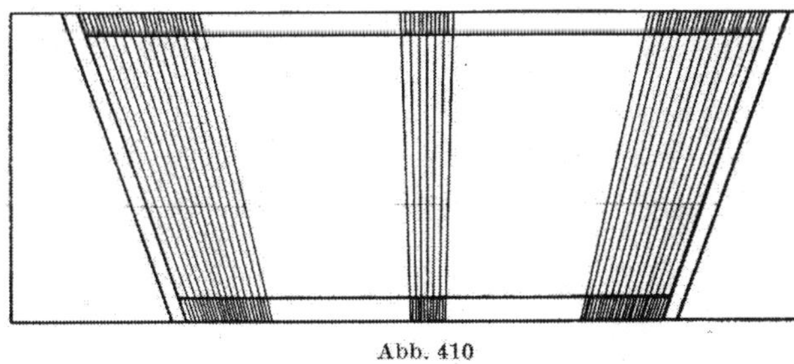

Abb. 410

Abb. 411

Hinweise bei der Herstellung und Lagerung von Webeblättern. Dem Blattmacher ist bei der Bestellung zu sagen, welche Ware mit dem Blatt gewebt werden soll. Man gibt hiermit dem Blattmacher die Möglichkeit, die Auswahl des Stabmaterials entsprechend zu wählen.

Man sollte die Webeblätter so lagern, daß dieselben niemals senkrecht aufgestellt werden. Ein guter, trockener Raum mit waagerecht gelagerten, bis zu 20 mm starken Brettern, die als Unterlage dienen, ist für die Webeblätter der geeignete Aufbewahrungsort. Alle Webeblätter sollten mit gut sichtbaren Nummern versehen und bei auftretendem Rost mit harzfreiem Öl abgerieben werden.

II. Eintragen des Schußfadens in das Webfach

Die Arbeitsweise des Webstuhles bzw. der Webmaschine ist durch die Fertigung selbst — durch die Verkreuzung von Kett- und Schußgarn — gekennzeichnet. Der Schußfaden wird in das von den Kettfäden gebildete Fach eingetragen und durch die Lade mit Hilfe des Rietes bzw. Blattes an das fertige Gewebe angeschlagen. Zum Zeitpunkt des Anschlagens darf sich im Fach kein Organ des Antriebes mehr befinden. Deshalb muß der Schußfaden seinen Weg durch das Fach durchlaufen, indem man ihn auf bzw. in einem Materialträger — Hülse und Schützen — unterbringt, der nach einer vorherigen Beschleunigung seinen Weg durch das Fach findet und anschließend aufgefangen wird. Dieses ist die herkömmliche Art. Nach einer weiteren Methode trägt man den Schuß durch Stangen — sog. Greifer — ein, die aber vor dem Anschlagen des Schusses wieder zurückgezogen werden müssen. Diese Funktionen sind durchaus diskontinuierlich und begrenzen in gewissem Sinne auch die Steigerung der Maschinendrehzahlen. Dies ist auch der Gesichtspunkt, der den wesentlichen Unterschied gegen Maschinen anderer Art kennzeichnet. Eine solche Art der Erzeugung wird unumgänglich bleiben, solange das textile Erzeugnis aus zwei Fadensystemen — aus Kette und Schuß — hergestellt wird.

Die Aufgabe der nachfolgenden Darstellung ist es, die Konstruktionen zu kennzeichnen, die hier ihre Anwendung finden.

1. Mechanismen zum Eintragen des Schusses

Wie bereits in der Einleitung dargestellt, wird der Schußfaden in das dem Muster entsprechende geöffnete Fach eingetragen, indem das Trägerorgan nach anfänglicher Beschleunigung den Weg auf Grund kinematischer Verhältnisse selbst findet und anschließend der Anschlag des eingetragenen Schusses erfolgt, oder das Fadenführungsorgan führt den Schußfaden ganz durch das Fach und wird vor dem Anschlag wieder auf dem gleichen Weg zurückgeholt.

Auf Grund dieser Zweiteilung haben sich im Laufe der Entwicklung nachfolgend genannte Konstruktionen herausgebildet:

a) Schlagvorrichtungen — Federschlag, Exzenterschlag —, die aus dem Prinzip der Handweberei übergeleitet wurden.
b) Antriebsorgane für schützenlose Webstühle (shuttle-less-looms).

Da das Prinzip der Arbeitsweise des Rundwebstuhles von dem des Flachwebstuhles abweicht, liegen auch die kinematischen Verhältnisse anders. Es soll deshalb nicht versucht werden, die Antriebsvorrichtungen von Rundwebstühlen, die sich ebenfalls in gewissem Sinne in ähnliche Gesichtspunkte aufteilen lassen, wie vorgenannt, in die bereits dargestellte Disposition hineinzuzwängen. Die Broschierlade wird im Rahmen dieses Werkes nicht besprochen.

a) Schlagvorrichtungen als Schützenantriebsaggregate

Im Laufe der Entwicklung des Flachwebstuhles sind verschiedene Schlagvorrichtungen entwickelt worden, deren handelsübliche Bezeichnungen meist keine erschöpfende Auskunft über den konstruktiven Aufbau geben. Meist wird mit einer solchen Bezeichnung nur eines der am Schlagmechanismus teilhabenden Organe gekennzeichnet.

Die Bezeichnungen Ober- und Unterschlag sagen z. B. nur über die Lage des Schlagstockes etwas aus. Andererseits wird mit der Bezeichnung „Kurbel- oder Fingerschlag" nur eine Kennzeichnung des schlagauslösenden Elementes gegeben. Es erübrigt sich, auf weitere Beispiele solcher fehlerhaften Darstellungen einzugehen. Aber mit solchen detaillierten Bezeichnungen tritt zwangsläufig die Gefahr von Überschneidungen und damit von Mißverständnissen auf, da man für ein und dieselbe Schlagvorrichtung verschiedene Namen kennt, die auch u. U. den Eindruck der Verschiedenartigkeit erwecken können.

Um eine Schlagvorrichtung klar und eindeutig zu kennzeichnen, muß man über folgende Merkmale Auskunft geben:

a) Lage des Schlagstockes. Der Schlagstock befindet sich entweder horizontal oberhalb der Lade und wird als Oberschlag bezeichnet oder steht unterhalb der Lade und gehört somit zur Gruppe der Unterschläger. Mit dieser Definition wird von der oftmals gebräuchlichen Bezeichnung „Mittelschlag" Abstand genommen, indem sie zu den Unterschlägern koordiniert werden. Hiermit soll unter anderem die in der Fachliteratur deutlich ersichtliche Unsicherheit hinsichtlich der Zuordnung des Mittelschlages vermieden werden.

b) Schlagauslösung. Sie kann durch Kurbel-, Scheiben-, Scheibendoppel- oder Nasenexzenter von der Schlag- oder Kurbelwelle aus oder durch Schlagfedern erfolgen.

c) Schlagübertragung auf den Schlagarm. Dieses erfolgt durch Schlagspindeln, Schlagtritte (Schlagbalken oder Schlaghebeln).

d) Schlagsteuerung. Sie ist nur erforderlich, wenn der Antrieb des Schlages von der Kurbelwelle erfolgt. Die Schlagsteuerung kann formschlüssig (positiv), kraftschlüssig (negativ) oder elektromagnetisch arbeiten.

e) Pickerführung. Die Pickerführung kann als Lospicker mit und ohne Spindel oder als Festpicker mit Parallelschlag erfolgen. Beim Parallelschlag ist noch die Konstruktion zu kennzeichnen, die eine parallele Pickerführung bewirkt (Wiegefuß, Pendel- oder Prudelführung (Viergelenkkette).

Abb. 412. Oberschlag an einem Schnelläufer-Webstuhl alter Bauart

Wenn in der nachfolgenden Erörterung dieses Dispositionspunktes die konventionellen Bezeichnungen für die Schlagvorrichtungen weiter gebraucht werden, so nur deswegen, um Verwirrung und gegenseitiges Mißverständnis zu vermeiden. Bei der detaillierten Darstellung jedoch sollen die vorgenannten Kriterien und gleichzeitig ihre Variationen Berücksichtigung finden.

1. Der Oberschlag (vgl. Abb. 412 und 413). Der Oberschlag ist — wie schon der Name besagt — oberhalb der Weblade wirksam. Da sich die sog. Schnellade, die JOHN KAY 1733 erfand, zur Bewegung des Schützens am Handwebstuhl auch über der Lade befand, dürfte der Oberschlag die älteste mechanische Schlagart sein. In der Abb. 413 ist eine Oberschlagvorrichtung mit Scheibenexzenter, stehender Schlagspindel und Lospicker mit Spindelführung dargestellt. Andere Bauformen gibt es bei dieser Konstruktion nicht, so daß eine Aufgliederung nach den eingangs gekennzeichneten Richtlinien nicht nötig ist, und die Bezeichnung „Oberschlag" diese Schlagvorrichtung schon genügend kennzeichnet.

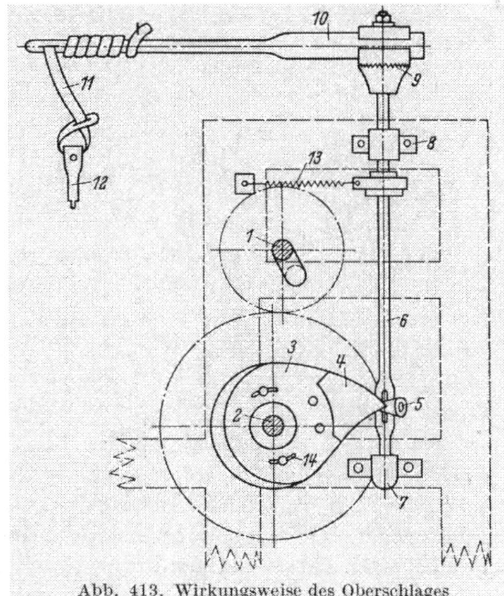

Abb. 413. Wirkungsweise des Oberschlages

Der Antrieb erfolgt von der Kurbelwelle *1*. Diese treibt durch Übersetzung auf die Schlagexzenterwelle *2* im Verhältnis 2 : 1. Auf dieser sitzt beiderseitig innerhalb des Webstuhles je eine Schlagscheibe *3*, die exzentrisch gelagert ist und als Schlagexzenter bezeichnet wird. Durch zwei Schrauben ist die Schlagnase *4* auf der Schlagscheibe befestigt. Somit ist ein Auswechseln der Nase möglich, die auch bei sorgfältiger Schmierung von Schlagrolle und Exzenter und deren richtiger Einstellung einem relativ großen Verschleiß unterliegt. Von Zeit zu Zeit ist das erforderlich, weil sich durch Verschleiß die Form der Exzenternase und somit die Bewegung des Schützens verändert. Das Exzenter ist so konstruiert, daß der Schützen eine gleichmäßige Beschleunigung erhält. Die beiden Schlagexzenter *3* sind zueinander um 180° versetzt, weil sich die Schlagexzenterwelle nach einer Kurbelwellenumdrehung (ein Schuß) nur um 180° dreht. Der Schlag erfolgt somit abwechselnd von rechts nach links. Die Schlagnase wirkt auf die Schlagrolle *5*, die in dem Langauge der Schlagspindel *6* durch eine Schraube befestigt ist. Im Fußlager *7* und Halslager *8* ist die Schlagspindel senkrecht drehbar gelagert. Durch Einwirken der Schlagnase auf die Schlagrolle erhält die Schlagspindel drehende und der rechtwinklig damit durch eine verstellbare Zahnkupplung *9* verbundene Schlagstock *10* oszillierende Bewegung, die sich über Schlagriemen *11* und Picker *12* auf den Schützen überträgt. Der Picker gleitet auf einer Spindel, wodurch der Schützen während des Schlages eine exakte Führung erhält.

Nach erfolgtem Schlag zieht die Feder *13* die Schlagspindel in die Ausgangsstellung zurück.

Einstellungshinweise für den Oberschlag. Die Schlagstärke kann vergrößert werden, wenn

a) das Exzenter näher an die Schlagspindel herangebracht,
b) die Exzentrizität (Schlagnase) vergrößert,
c) die Schlagrolle tiefer gesetzt,
d) der Schlagarm verlängert oder
e) der Schlagriemen verkürzt wird (dies jedoch nur, wenn die Verringerung der Schlagintensität auf eine Alterung des Schlagriemens zurückzuführen ist).

Das in der Praxis zur Verstärkung des Schlages oft übliche Ausfeilen der Schlagnase ist nicht ratsam, weil dadurch die Bewegungsform des Schützens, die von der Form des Exzenters abhängig ist, geändert wird. Es treten dadurch kinematische Veränderungen auf, die einen größeren Verschleiß der Schlagteile, unter Umständen auch ein Abschlagen der Kopse oder andere Störungen verursachen können.

Anwendungsbereich. Die Oberschlagvorrichtung findet hauptsächlich bei leichten bis mittelschweren schnellaufenden Webstühlen der Baumwoll-, Zellwoll-, Leinen- und Seidenindustrie mit einer Gewebebreite bis höchstens 140 cm Anwendung. Für schwere Gewebe und breite Stühle eignet sich der Oberschlag weniger, da er einen relativ weichen Schlag hat, der zum großen Teil durch den langen, elastischen Schlagriemen bewirkt wird.

Beurteilung und Kritik. Wegen der Anordnung des Schlagarmes oberhalb der Lade ist der Oberschlag für den Weber besonders gefährlich. Nur allzu leicht treten Unfälle auf, wenn der Weber in den Bereich des sich bewegenden Schlagarmes kommt.

Ein weiterer Nachteil ist der, daß bei einer Oberschlagvorrichtung Kopswechselautomaten nur unter Umständen verwendet werden können. Wegen des großen Aktionsradius des Schlagstockes sind hierfür nur Halbrundautomaten zu gebrauchen, wobei spezielle Picker und eine besondere Spindelanordnung notwendig sind. Einer Verwendung von Schützenwechselautomaten steht der Oberschlag nicht im Wege. In Verbindung mit Steigkastenwechseln wird der Oberschlag sehr selten angetroffen, denn auch hierfür wäre, wie in Verbindung mit Kopswechselautomaten, eine Sonderausführung von Picker und Spindelanordnung erforderlich. An Revolverwechselstühlen wird der Oberschlag dagegen ausschließlich verwendet. In Zukunft dürfte er aber mehr durch den Unterschlag verdrängt werden, weil die Webstuhlfabriken bestrebt sind, oberbaulose Webstühle zu konstruieren, wobei der Oberschlag unbedingt störend wirken würde. Absolut positiv zu werten ist jedoch die durch richtiges Einstellen der Pickerspindel gewährleistete sichere Führung des Webschützens.

Die relativ groß dimensionierten Schlagexzenter gestatten eine kinematisch exakte Abwälzung der Schlagexzenterrolle, eine unbedingte Voraussetzung für gleichmäßige Schützenbeschleunigung.

2. Der Unterschlag. Beim Unterschlag liegen alle Elemente zur Bewegung des Schützens außer dem Picker unterhalb der Ladenbahn. Während man beim

Abb. 414. Balkenschlag (Rolle am Kurbelarm auf der Schlagexzenterwelle)

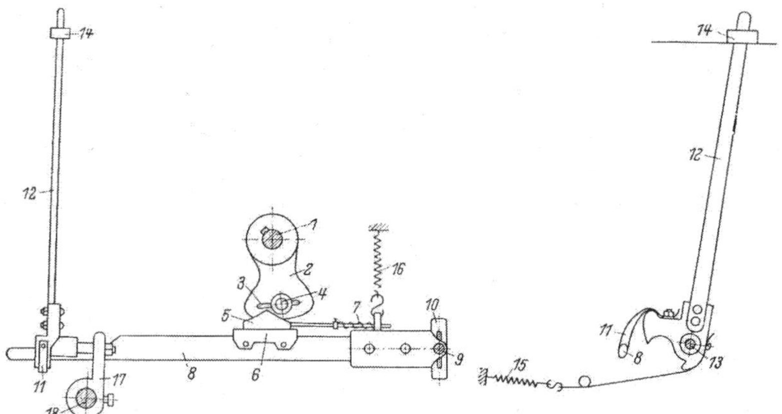

Abb. 415. Orientierungsskizze zu Abb. 414

Oberschlag nur eine Standardausführung kennt, gibt es beim Unterschlag verschiedene Systeme.

Balkenschlag. Die hiermit angesprochene Vorrichtung ist die einfachste und primitivste Art als Unterschlag. Im Hinblick auf die Erzeugung der Bewegungsverhältnisse unterscheiden wir:

a) den Balkenschlag mit einer feststehenden Kurvenscheibe auf dem Schlagbalken und der mit der Kurbelwelle rotierenden Rolle,

b) den Balkenschlag mit der am Schlagbalken festmontierten Rolle und einer drehenden Kurvenscheibe auf der Kurbelwelle.

Beschreibung zu a) (vgl. Abb. 414 und 415). Der Schlag erfolgt wie beim Oberschlag von der Schlagexzenterwelle *1* aus, auf der außerhalb der Webstuhlwände je eine um 180° gegeneinander versetzte Kurbel *2* verkeilt ist. In ihrem konzentrischen Langauge *3* ist die Schlagrolle *4* durch eine Schraube befestigt. Die Schlagrolle wirkt auf die Schlagnase *5*, die im Schlitten *6* einseitig blockiert wird. Die Blockierung erfolgt deshalb nur einseitig, damit beim Rückwärtsdrehen des Stuhles kein Schlag erfolgt; demnach kann die Schlagnase der Schlagrolle ausweichen und wird nachher durch die Feder *7* wieder an den Anschlag gedrückt. Die Schlagnase kann auch ortsfest am Schlagbalken montiert sein, wodurch auch beim Rückwärtsdrehen des Stuhles der Schlag erfolgt. Der Schlitten ist auf dem Schlagbalken *8* befestigt, der bei *9* drehbar gelagert ist und in der Kulisse *10* verstellt werden kann. Das vordere Ende des Schlagbalkens steckt in einer Lederschlaufe *11*. Durch das Einwirken der Schlagrolle auf die Schlagnase wird der Schlagbalken nach unten „getreten" (daher die Bezeichnung „Schlagtritt") und der Schlagstock *12*, der bei *13* drehbar gelagert ist, in Schußrichtung bewegt, wobei der Picker *14* den Schützen treibt.

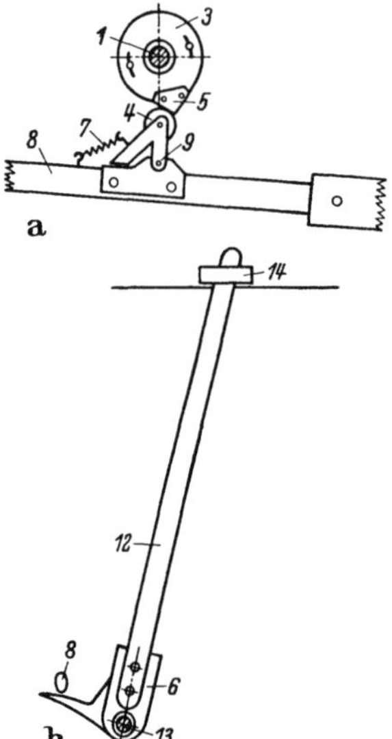

Abb. 416a u. b. Balkenschlag (Rolle auf Balken)

Die Rückführung des Schlagstockes geschieht durch die kräftige Feder *15*, wodurch — unterstützt durch die schwächere Feder *16* — auch der Schlagbalken wieder in Ausgangsstellung gebracht wird. Durch *17* ist der Schlagstock mit der Ladenstelzenwelle *18* verbunden, so daß er die Bewegung der Lade zwangsläufig mitmacht.

Einstellung. Die Regulierung der Schlagstärke ist außer durch die Verwendung eines neuen Exzenters noch durch die Verstellung des Schlagbalkens in dem Langauge *10* möglich. Die Versetzung des Bolzens *9* nach oben hat Schlagverstärkung zur Folge.

Die zeitliche Verstellung des Schlages erfolgt durch Versetzen der Rolle *4* in dem Langauge *3*.

Beschreibung zu b) (vgl. Abb. 416a u. b). Der Balkenschlag mit Scheibenexzenter ist im Prinzip gleich dem mit Kurbelexzenter. Ein Vergleich zwischen Abb. 415 und 416, in denen gleiche Teile gleich beziffert sind, läßt erkennen, daß praktisch nur Schlagrolle *4* und Schlagnase *5* miteinander vertauscht worden sind. Während die Abb. 416 das Schlagexzenter am drehenden und die Schlagrolle am beweglichen Teil zeigt, ist dies in Abb. 415 umgekehrt. An Stelle der Kurbeln *2* sind in Abb. 416 zwei um 180° versetzte Schlagscheiben *3* auf jedem Ende der Schlagexzenterwelle *1*, und an Stelle der Schlagnase ist die Schlagrolle auf jedem Schlagbalken *8* befestigt. Wenn die Nase der Schlagscheibe auf die Rolle wirkt, bewegt sich der Schlagbalken nach unten. Diese Bewegung überträgt sich durch den Schlagstockschuh *6* auf den Schlagstock *12* und über Picker *14* auf den Schützen.

Die Rolle kann beim Rückwärtsdrehen des Stuhles der Schlagnase ausweichen, weil sie bei *9* gelenkig gelagert ist, so daß kein Schlag erfolgt. Die Feder *7* zieht die Gelenkrolle wieder in Arbeitsstellung.

Diese Schlagvorrichtung wird auch für die Übertragung der Schlagbewegung vom Schlagbalken auf den Schlagstock mit Hilfe einer Lederschlaufe *11* (Abb. 415) gebaut.

Anwendungsbereich. Der Balkenschlag mit Kurbelexzenter kann eigentlich für alle Webstuhltypen verwendet werden. In der Baumwollweberei findet man ihn gegenüber anderen Webereien besonders oft.

Die Ausführung mit der Lederschlaufe ergibt einen relativ weichen Schlag. Fehlt diese, so wirkt der Schlagbalken direkt auf den Schlagstockschuh, einem Ansatz am unteren Ende des Schlagstockes, wodurch der Schlag kurz, hart und kräftig wird (Abb. 416). Diese Ausführung eignet sich gut für schwere, breite Stühle.

Der Balkenschlag wird heute nur noch wenig gebaut.

Beurteilung und Kritik. Der große Vorteil des Balkenschlages ist seine robuste Ausführung. Bei genauer Einstellung und guter Wartung der miteinander arbeitenden Teile kann man geringen Verschleiß feststellen.

Beim Balkenschlag kann — wie bei allen Unterschlagvorrichtungen — sowohl mit Schützen als auch mit Kopswechselautomaten gearbeitet werden, weil der Schlag von unten erfolgt, so daß oberhalb des Schützenkastens Platz für den Automaten bleibt. Auch lassen sich Steigkasten, dagegen keine Revolverwechsel an Stühlen mit Balkenschlag verwenden.

Für den oberbaulosen Webstuhl ist der Unterschlag am zweckmäßigsten.

Ein großer Nachteil besteht beim Balkenschlag unbedingt in der nicht ganz sicheren — weil nicht zwangsläufigen — Pickerführung. Dies begrenzt auch die Webstuhldrehzahl.

3. Fingerschlag. Nach den festgelegten fünf Unterscheidungsmerkmalen ist die in Abb. 417 und 418 dargestellte Schlagvorrichtung ein Unterschlag mit Nasenexzenter, Schlagspindel und Lospicker. Die Art der Schlagsteuerung ist aus der Skizze nicht ersichtlich.

Bei allen bis jetzt besprochenen Schlagarten erfolgt die Auslösung des Schlages von der Schlagexzenterwelle aus. Der Fingerschlag dagegen wird von der Kurbel- oder Hauptwelle *1* angetrieben. Da der Schlag abwechselnd von rechts und links erfolgen muß, die Kurbelwelle sich aber bei jedem Schuß dreht, ist es notwendig, daß die Schlagauslösung durch eine besondere Vorrichtung gesteuert wird. Auf die verschiedenen Arten der Schlagsteuerungen wird noch näher eingegangen werden.

Die Schlagnasen *2* sind an den beiden Schwungrädern *3*, die auf der Kurbelwelle *1* sitzen, an der gleichen Stelle durch zwei Schrauben befestigt. Durch die Rotation der Kurbelwelle wirkt die Schlagnase auf den Schlagfinger *4*, wenn dieser durch den Schlagfingerheber *5* hochgedrückt wird. Der Schlagfinger weicht der Schlagnase aus, wodurch die bei *6* und *7* drehbar gelagerte Schlagspindel *8* über das Lederzeug *9* den Schlagstock *10* bewegt. Wird dagegen der Schlagfingerheber durch die Schlagsteuerung nicht angehoben, dann bleibt auch der Schlagfinger in Tiefstellung, so daß die Schlagnase über ihn hinweggeht und kein Schlag erfolgt.

Um die Reibung zwischen Schlagnase und -finger zu verringern, wird erstere durch einen Schmierpinsel *11* ständig geölt, indem sie bei jeder Umdrehung der Kurbelwelle am Pinsel vorbeistreicht. Nach erfolgtem Schlag zieht die Feder *12* den Schlagstock in die Ausgangsstellung zurück, wobei die Schlagspindel nach richtiger Spannung von Feder *13* durch Schraube *14* vom Riemen *15* sanft aufgefangen wird.

Einstellung. Wenn die Kurbel der Hauptwelle *1* senkrecht nach unten steht, wird die Schlagnase *2* so am Schwungrad *3* montiert, daß sie seitlich in Drehrichtung der Hauptwelle vor dem Schlagfinger *4* anliegt. Die Schlagspindel *8* hat durch ihre beiden Lager *6* und *7* bestimmte Stellung, die nicht verändert werden kann. Es ist darauf zu achten, daß bei Schlagbeginn die Oberkante des senkrecht zur Gestellwand stehenden Schlagfingers mit Hilfe des Schlagfingerhebels *5* etwa 2 mm über der Kante der Schlagnase steht. Diese Einstellung ist erforderlich, weil sich der Schlagfinger infolge der schrägen Lage der Schlagspindel durch die Schlaggebung nach unten wegdreht und bei zu tiefer Einstellung des Schlagfingers die Möglichkeit besteht, daß der Finger vor Beendigung des Schlages unter der Nase wegrutscht.

Da der Schlagfinger bei Schlagbeginn senkrecht zur Gestellwand stehen soll, muß der Schlagriemen *9* so lang sein, daß er in dieser Stellung gut am Schlagstock *10* anliegt. Der bei Bolzen *16* drehbar gelagerte Schlagstock ist mit Hilfe der Stellschraube *17* so einzustellen, daß der Bolzen in der Kulisse mit der Kontermutter befestigt wird. Durch Verstellen des Bolzens nach rechts erhält man einen weichen, durch Verstellen nach links einen härteren Schlag.

Abb. 417. Fingerschlag an einem Webstuhl älterer Bauart

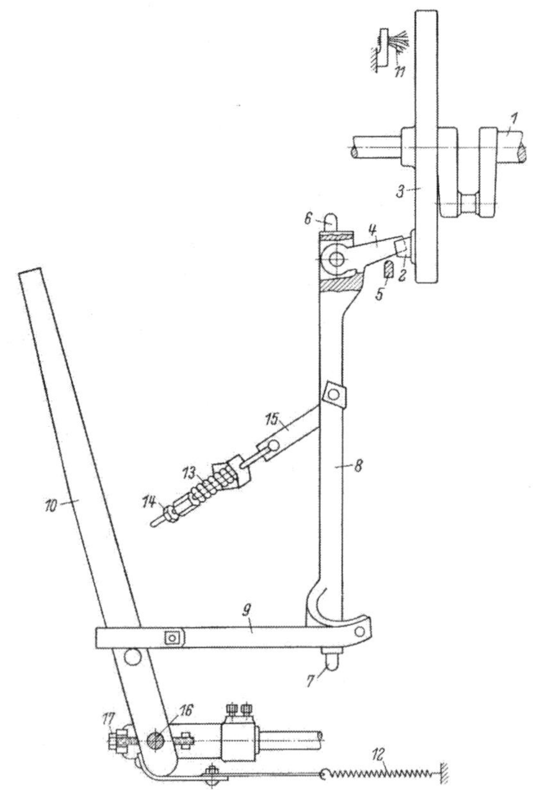

Abb. 418. Orientierungsskizze zu Abb. 417

Die Rückzugfeder *12* muß so gespannt werden, daß der Schlagstock nach erfolgtem Schlag rechtzeitig in seine Ausgangsstellung zurückgezogen wird. Die Feder *13*, die den Rückschlag der Schlagspindel dämpfen soll, muß mit der Stellschraube *14* so eingestellt sein, daß bei Schlagbeginn das Leder *15* leicht gespannt ist und die Schlagspindel beim Zurückschnellen sanft aufgefangen wird.

Anwendungsbereich. Der harte Fingerschlag eignet sich für schwere Baumwoll-, Leinen- und Wollwebstühle und findet auch an Plüschstühlen Verwendung.

4. Federschlag. Der Federschlag stellt gegenüber allen anderen Schlageinrichtungen eine Besonderheit dar; denn er arbeitet ohne Exzenter (s. Abb. 419). Er ist zuerst von der Firma Schönherr für schwere, breite Tuchwebstühle, Filztuch- und Teppichwebstühle gebaut worden. Heute findet man ihn noch vereinzelt an Teppichwebstühlen, die sehr langsam laufen (etwa 60 U/min). Bei der

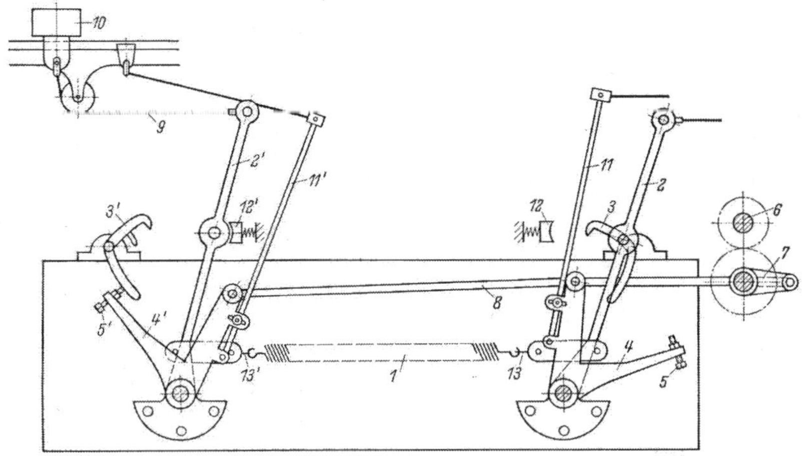

Abb. 419. Federschlag

niedrigen Tourenzahl und der großen Breite ist die notwendige Schützengeschwindigkeit durch Exzenter nur schwer zu erreichen. Um nun von der Drehzahl des Stuhles in bezug auf Erzeugung der Schlagenergie unabhängig zu sein, verwendet man Federkraft.

Der Schlag erfolgt durch plötzliches Entspannen der starken Zugfeder *1*, die an den beiden Schlagstöcken *2*, *2'* oberhalb ihrer Drehpunkte befestigt ist und für die Schlaggebung von beiden Seiten dient. Die Feder kann sich nur dann entspannen, wenn die Falle *3*, *3'* durch die am Schnellwinkel *4*, *4'* befestigte Stellschraube *5*, *5'* ausgeklinkt und somit der Schlagstock *2*, *2'* frei wird. Durch die von der Hauptwelle *6* im Verhältnis 2 : 1 angetriebene Kurbel *7* werden über die Stange *8* die Schnellwinkel *4*, *4'* so bewegt, daß der Schlag abwechselnd von links durch *3* und *5* und rechts durch *3'* und *5'* ausgelöst wird. Gibt die Falle *3*, *3'* den Schlagstock *2*, *2'* frei, so schnellt dieser durch Entspannung der Feder *1* nach innen. Diese Bewegung wird über den Riemen *9* auf den Picker *10* übertragen, der den Schützen treibt.

Bei der Vorbereitung der Schlagauslösung von der gegenüberliegenden Seite wird über Stange *8* gleichzeitig der Schieberhebel *11*, *11'* nach außen geschoben, der dabei den Schlagstock und den Picker in die Ausgangsstellung zurückbringt, wodurch die Feder *1* wieder gespannt wird. Die Puffer *12*, *12'* federn den Schlagstock ab.

Dieser Federschlag eignet sich nur für glatte, einschätzige Webstühle, wo der Schlag abwechselnd rechts und links erfolgt. Um das Anwendungsgebiet zu erweitern, hatte die Firma Schönherr ihn weiterentwickelt für beidseitige Wechselstühle. Der eigentliche Schlagmechanismus ist der gleiche geblieben, nur erfolgt der Antrieb der Kurbel *7* im Verhältnis 1 : 1 von der Hauptwelle aus, so daß sich beide Schnellwinkel *4*, *4'* gleichzeitig nach innen bewegen. Damit aber nicht auch gleichzeitig auf beiden Seiten geschlagen wird, besitzen die Fallen *3*, *3'* einen Schieber, gegen den die Stellschrauben *5*, *5'* stoßen, wenn die Fallen gehoben werden sollen. Über einen Fühlhebel, der die Schützenkastenzungen abtastet, wird der Schieber beeinflußt und so gesteuert, daß ein leerer Schützenkasten auf der gegenüberliegenden Seite den Schlag auslöst (s. a. „Schlagsteuerungen").

Die Schlagstärke kann durch die Verbindungsdrähte *13* reguliert werden. Der Schlag wird stärker, wenn man diese verkürzt. Durch Verstellen der Kurbel *7* erfolgt der Schlag früher oder später. Der Federschlag wird in dieser Arbeit nur der Vollständigkeit halber erwähnt; denn er hat mehr und mehr an Bedeutung verloren. In den Baumwoll- und Wollwebereien ist er gar nicht mehr und in der Teppichindustrie nur für spezielle Konstruktionen anzutreffen.

5. Schlag am Kurbel-Buckskinstuhl. Es handelt sich bei dem Schlag am Kurbel-Buckskinstuhl um einen Unterschlag mit Scheibenexzenter, Schlaghebel,

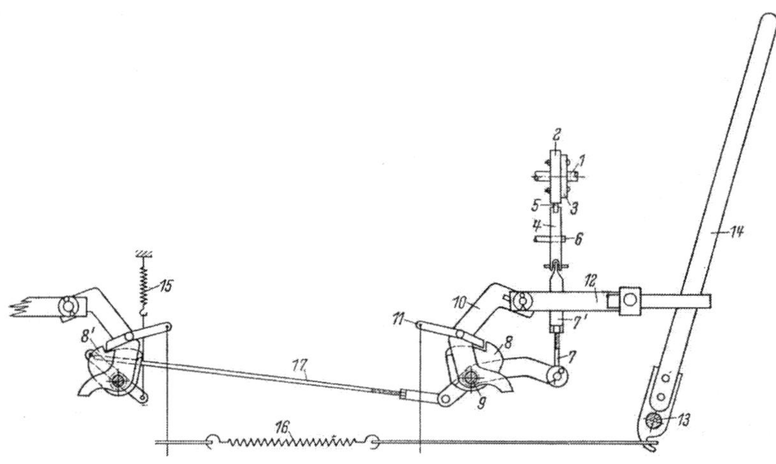

Abb. 420. Schlag am Kurbel-Buckskinstuhl

negativer Schlagsteuerung und spindelgeführtem Lospicker. Die Art der Schlagsteuerung ist aus der Abb. 420 nicht ersichtlich. Der Picker wird deshalb von einer Spindel geführt, weil dieser Schlag nur bei Webstühlen mit beidseitigem Steigkastenwechsel verwendet werden kann. Durch Steuerung der Schlag- und Wechselkästenfolge können neben pic-à-pic die verschiedensten Schußmusterungen erfolgen.

Wie beim Fingerschlag erfolgt auch am Buckskinstuhl der Schlag von der stabilen und tiefliegenden Kurbel- oder Hauptwelle *1* aus, auf der an einer Seite außerhalb der Webstuhlwand eine zweiteilige Schlagscheibe *2* mit Schrauben in den Nutengängen des aufgekeilten Einstellstückes *3* befestigt ist. Damit die Schlagnase im Bedarfsfall leicht ausgewechselt werden kann, ist sie auf der Schlagscheibe montiert. Die Schlagnase wirkt auf die im Doppelhebel *4* gelagerte Schlagrolle *5*, wodurch der Hebel um seinen Drehpunkt *6* bewegt wird. Diese

Bewegung wird als Zug auf die Zugstange *7* und von dort als Drehbewegung auf den Schlagsektor *8*, der auf der Schlagwelle *9* drehbar gelagert ist, übertragen. Wenn die am Schlaghebel *10*, der ebenfalls lose auf der Schlagwelle sitzt, befestigte Schlagfalle *11* in die Nase des Schlagsektors einrasten kann, wird die Bewegung derselben über den Schlagriemen *12* auf den bei *13* drehbar gelagerten Schlagstock *14* und von dort über den Picker auf den Schützen übertragen. Die Zugfeder *15* bewirkt, daß die Schlagrolle immer an der Schlagscheibe anliegt.

Nach erfolgtem Schlag zieht die Feder *16* den Schlagstock in die Ausgangsstellung zurück.

Wie schon erwähnt, ist diese Schlagvorrichtung nur an einer Seite des Webstuhles angebracht. Die Verbindung mit dem Schlagsektor auf der anderen Seite des Webstuhles erfolgt über die lange Zugstange *17*.

Da der Schlag von der Kurbelwelle aus erfolgt, muß die Schlagübertragung gesteuert werden (vgl. unten).

Einstellung. Die Schlagscheibe *2* wird mit zwei Schrauben in der Mitte der Nutengänge der Exzentermuffe *3* befestigt. Nachdem die Lade auf Warenanschlag gedreht worden ist, wird die Muffe so auf der Kurbelwelle *1* verkeilt, daß die Schlagnase senkrecht nach oben steht. Die Länge der Zugstange *7* muß so reguliert werden, daß vor Beginn des Schlages zwischen der Nase des Schlagsektors *8* und der Schlagfalle *11* ein freies Spiel von etwa 8 bis 10 mm bleibt. Die Regulierung der Länge der an ihrem oberen Ende mit einem Gewinde versehenen Zugstange geschieht durch Eindrehen derselben in den Stangenkopf *7'* und wird durch eine Mutter gekontert. Die lange Zugstange *17*, die den Schlag auf die dem Exzenter gegenüberliegende Seite überträgt, wird in ihrer Länge so bestimmt, daß beide Schlagsektoren *8* und *8'* die gleiche gegeneinandergerichtete Stellung haben. Die Zugfeder *15* muß stark genug sein, daß die im Schlaghebel *4* gelagerte Schlagrolle *5* über Hebel und Stangen immer an der Schlagscheibe anliegt.

Die Zugfeder *16* wird für die Rückführung des Schlagstockes *14* in bekannter Weise eingestellt.

Ein Verstärken des Schlages geschieht dadurch, daß man den Angriffspunkt des Schlagleders *12* auf dem Schlagstock nach unten, also näher zum Drehpunkt *13* verschiebt. Verringert wird die Schlagstärke entweder durch Vergrößerung des Totspiels zwischen der Nase des Schlagsektors und der Schlagfalle (unzweckmäßig) oder durch Verändern der Länge des Schlagriemens; am zweckmäßigsten jedoch durch Versetzen der Schlagriemenkappe am Schlagstock *14* nach oben oder unten.

Anwendungsbereich. Der Schlag am Kurbel-Buckskinstuhl wird nur für schwere, breite, beidseitige Wechselstühle der Woll- und Möbelstoffweberei verwendet.

Beurteilung. Interessant und gegenüber anderen Schlageinrichtungen neuartig ist die Schlagsteuerung. Neben der erwähnten Steuerung mit Schlagfallen *8* in Abb. 420 kennt man die Knickschlagsteuerung, die mit Hilfe von Knickgelenken arbeitet. Die Kraftübertragung durch Knickgelenk zeigt neben den Steuerorganen die Abb. 432 bis 436. Die Knickschlagsteuerung ist der Schlagfallensteuerung unbedingt vorzuziehen, weil bei letzterer zu oft Störungen durch Verschleiß der Schlagfallen auftreten. Außerdem arbeitet der Knickschlag ruhiger und stoßfreier.

Da der Picker durch eine Spindel geführt wird, fliegt der Schützen relativ ruhig und genau.

Der Schlag am Kurbel-Buckskinstuhl ist an sich ein „Spezialschlag" für die Wollweberei, die auf Grund ihrer Forderung nach großen Musterungsmöglichkeiten einen Schlag benötigt, der das mehrmalige Aufeinanderfolgen von Schüssen von einer Seite zuläßt.

6. Schlag am Seidenstuhl. Es handelt sich hierbei um einen Unterschlag mit Scheiben- (oder Scheibendoppel-) Exzenter, Schlagspindel und Schlagstock-Lospicker (und evtl. Schlagsteuerung), vgl. Abb. 421. Die Scheibendoppelexzenter (Abb. 422) und Schlagsteuerungen verwendet man nur an Seidenwebstühlen mit beidseitigem Steigkastenwechsel. Die Schlagsteuerung kann wie beim Schlag am Kurbel-Buckskinstuhl über Schlagfallen oder Knickgelenke erfolgen. Man muß in dieser Schlagvorrichtung eine Umkehrung des Oberschlages in bezug auf Anordnung von Schlagspindel und Schlagstock sehen. Denn beim Oberschlag wirkt das Schlagexzenter auf die an der senkrechten Schlagspindel montierte Schlagrolle und von dort auf den waagerechten Schlagarm; dagegen wird bei dieser Schlageinrichtung der Schlag vom Exzenter über die Schlagrolle auf die waagerecht liegende Schlagspindel und dann auf den in senkrechter Richtung stehenden Schlagstock übertragen. Der Schlag am Seidenwebstuhl muß ruhig, weich und gleichförmig beschleunigt erfolgen; ebenso wichtig ist, daß der Schützen sanft und gleichmäßig abgebremst und aufgefangen wird. Dadurch verhindert man weitgehend ein Abschlagen der glatten, seidenen Schußkopse.

Es soll die Schlagvorrichtung für Seidenwebstühle mit einseitigem Wechsel beschrieben werden:

Das auf der Schlagexzenterwelle *1* befestigte Schlagexzenter *2* wirkt auf die Schlagrolle *3* und drückt diese nach oben. Über Hebel *4*, Spindel *5* und Schlaghebel *6* wird

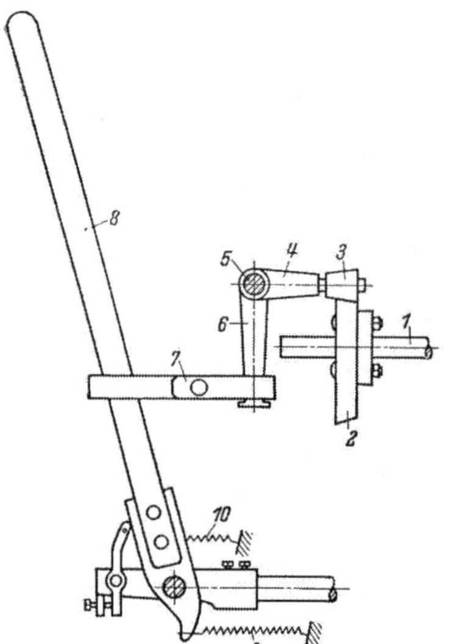

Abb. 421. Schlag am Seidenstuhl

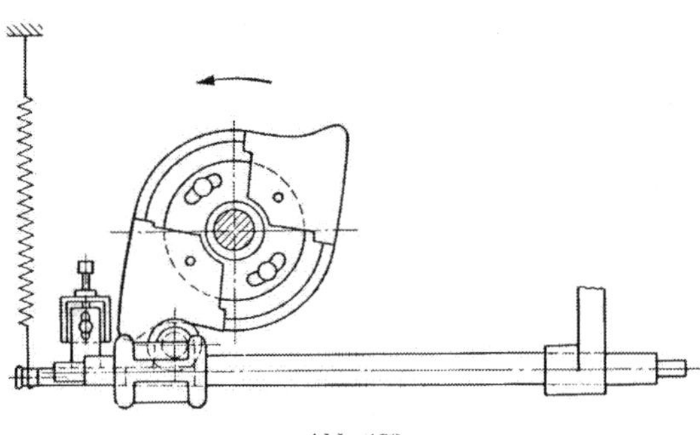
Abb. 422

diese Bewegung als Zug auf den Schlagriemen *7* übertragen, der dadurch den Schlagstock *8* in Schußrichtung bewegt.

Die Schlagstockrückzugfeder *9* zieht den Schlagstock nach erfolgtem Schlag in die Ausgangsstellung zurück, wobei er von der Feder *10* aufgefangen wird.

Einstellung. Die Einstellung der einzelnen Teile (Schlagexzenter, Schlagrolle, Schlagschuh, Schlagstock u. a.) erfolgt so, wie sie beim Oberschlag und Unterschlag beschrieben worden ist. Der Schlag beginnt also bei Tiefstand der Kurbelkröpfung.

Wenn der Schlaghebel *6* senkrecht steht, muß bei hochstehender Kurbelkröpfung der Schlagriemen *7* so lang sein, daß der Schlagstock *8* mit dem Picker bis hinten in den Schützenkasten gedrückt werden kann, ohne daß sich dabei der Schlaghebel aus seiner senkrechten Ruhestellung bewegt. Die Schlagstockrückzugfeder *9* muß so stark gespannt sein, daß sie nach dem Schlag den Schlagstock schnell zurückzieht, den dann die Feder *10* wieder etwas nach vorn bringt. Trifft nun der Schützen auf den Picker, so wird er durch Ausweichen des Schlagstockes elastisch aufgefangen.

Die Schützenblockierung muß so eingestellt sein, daß zu Beginn des Schlages die Stecher- und Blockierungshebel die Schützenkastenzungen auf beiden Seiten freigeben, so daß der Schützen den Kasten gut verlassen und auf der anderen Seite weich aufgefangen werden kann.

Die Pickerspindel ist hinter der Wechsellade angebracht, damit ein Verschmutzen des Schußgarnes vermieden wird. Sie steht am Pickerkopf etwa 3 mm näher zum Wechselkasten als hinten, wodurch der Webschützen an das Riet gedrückt und sicher geführt wird.

Durch Verkürzen des Schlagriemens und durch Tieferstellen desselben wird der Schlag verstärkt.

Anwendungsbereich. Diese Art der Schlagvorrichtung wird hauptsächlich am Seidenstuhl verwendet, seltener findet man sie in der Baumwollindustrie. Da der Schlag am Seidenwebstuhl sehr weich und gleichmäßig sein muß, haben sich diese und ähnliche Konstruktionen im allgemeinen durchgesetzt, z. B. kann die Schlagspindel unterhalb der Schlagexzenterwelle gelagert sein.

7. Parallelschlag (Abb. 423). Der mit einem verhältnismäßig kleinen, an der Schlagstockspitze festgeschraubten Picker arbeitende Parallelschlag ist mit dem Northrop-Webautomaten aus den USA zu uns gekommen. Er weist gegenüber den Unterschlagvorrichtungen mit Lospicker mehrere nennenswerte Vorteile auf.

Mit der Einführung der Webautomaten wurden an die Schlageinrichtungen erhöhte Anforderungen in bezug auf Exaktheit und Präzision gestellt, die von dem Schlag mit Lospicker ohne Spindelführung nicht erfüllt werden können. Der Webautomat, der die Wirtschaftlichkeit und Rentabilität des Webprozesses steigern soll, muß mit höchstmöglicher Tourenzahl laufen. Mit steigender Tourenzahl wird eine erhöhte Anforderung an die Führung des Pickers während der Beschleunigung notwendig, um einen ruhigen Flug und eine präzise Stellung des Schützens im Kasten — vor allem auf der Automatenseite — zu gewährleisten. Die für den automatischen Kopswechsel erforderliche genaue Stellung des Schützens wird durch den Festpicker ermöglicht, weil er infolge der starren Verbindung mit dem Schlagstock nach erfolgtem Schlag in eine immer gleichbleibende Ausgangsstellung zurückgeht.

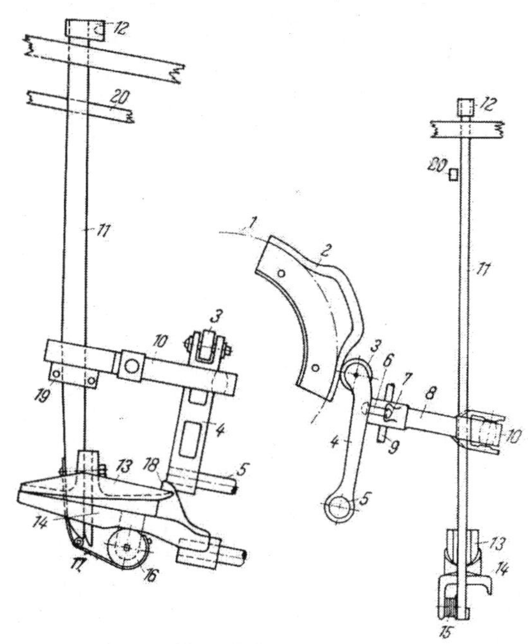

Abb. 423. Parallelschlag

Da ein am Schlagstock festgeschraubter Picker bei der Schlaggebung einen kreisförmigen Bogen beschreiben würde, muß eine Vorrichtung vorhanden sein, die diesen Kreisbogen dahingehend kompensiert, daß der Picker eine zum Schützenkasten vollkommen parallele Bewegung ausführt. Als kompensierendes Aggregat wird gegenwärtig von den Webstuhlfabriken der Wiegenfuß oder eine Viergelenkkette verwendet. Ein weiterer Vorteil dieses kleinen, entweder aus Leder gewickelten oder aus Kunststoff massiv gefertigten Festpickers ist der relativ niedrige Anschaffungspreis und seine weitaus größere Lebensdauer gegenüber anderen Pickerarten.

Parallelschlag mit Wiegenfuß. Der Wiegenfuß ist die ursprüngliche von der Firma Northrop (USA) entwickelte Form der Parallelführung des Festpickers. Bei dieser Vorrichtung tritt an Stelle eines festen Schlagstockdrehpunktes eine entsprechende Wälzfläche.

Die Wirkungsweise des Wiegenfußes läßt sich am besten durch einen Vergleich mit einem drehenden Wagenrad erklären. Der Wiegenfuß ist in diesem Falle mit einem Felgenabschnitt, der Schlagstock mit einer Speiche und der

Picker mit der Radnabe identisch. Beim Drehen des Rades rollt (die Felge) der Wiegenfuß auf einer Ebene ab. Dabei wird der Picker (die Nabe des Rades) um

Abb. 424. Wiegefuß am Schlagstock

Abb. 425. Parallelschlag mit Viergelenkkette am Webstuhl Saurer Type 100 W

den Betrag der abgewälzten Länge parallel zur Ebene bewegt. Das Profil des Wiegenfußes stellt also einen Kreisabschnitt dar, dessen Mittelpunkt in der Mitte der Pickerkerbe liegt.

Im folgenden Abschnitt wird ein Unterschlag mit Schlagnasenexzenter, Schlaghebeln und Festpicker mit Wiegenfußführung der Firma A. Engels erläutert (Abb. 424 u. 425).

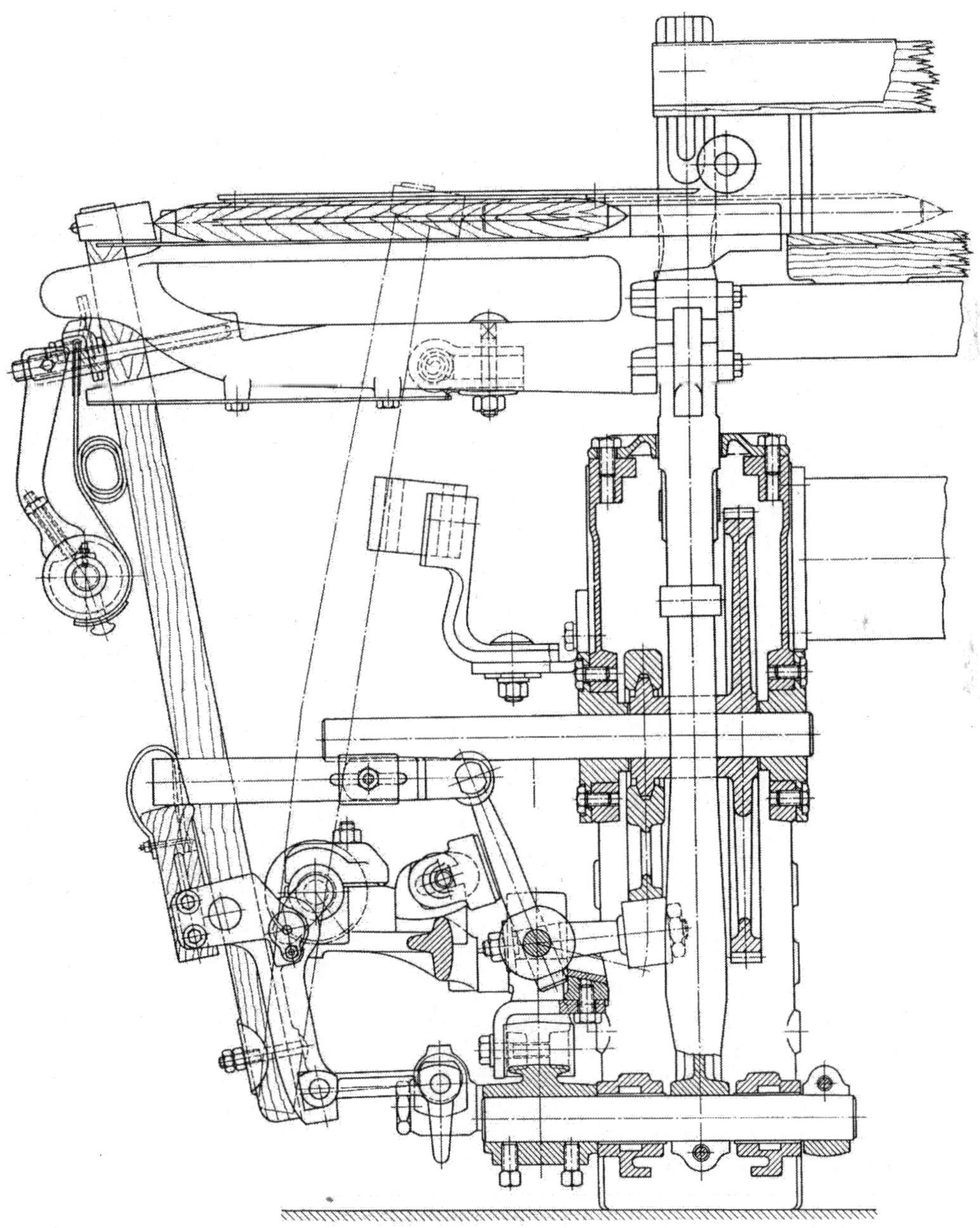

Abb. 426. Orientierungszeichnung zur Abb. 425. Zu beachten ist hierbei die gestrichelt gezeichnete Geradführung des Schlagstockes

Der Schlag erfolgt von der Schlagexzenterwelle aus, die beidseitig durch Zahnräder *1* von der Kurbelwelle angetrieben wird. Dieser beidseitige Antrieb wirkt sich bei Webstühlen mit hoher Tourenzahl dadurch günstig aus, daß er ein Tordieren der Schlagexzenterwelle verhindert, das eine einseitig spätere Schlagauslösung zur Folge hätte. An beiden Zahnrädern sind zwei um 180° zueinander versetzte Schlagexzenternasen *2* montiert. Durch Drehung des Schlagexzenters wird die Schlagrolle *3* mit ihrem Hebelarm *4* um den Bolzen *5* drehend nach rechts bewegt. Diese Bewegung wird über die Druckstange *6*, Kugelpfanne *7* und den Hebel *8*, der um Bolzen *9* drehend eine horizontale Schlagbewegung macht, auf den Schlagriemen *10* übertragen. Der Schlagriemen zieht den Schlagstock *11* nach innen, der den Picker *12* in eine zur Ladenbahn parallele Bewegung versetzt, weil er sich mit dem Wiegenfuß *13* auf der Wälzfläche *14* abwälzt.

Für eine gute Auflage des Wiegenfußes auf der Wälzfläche sowie für die Schlagstockrückführung nach erfolgtem Schlag sorgt der Zug der Axialfeder *15*, der über Rolle *16* und Riemen *17* auf den Schlagstock übertragen wird.

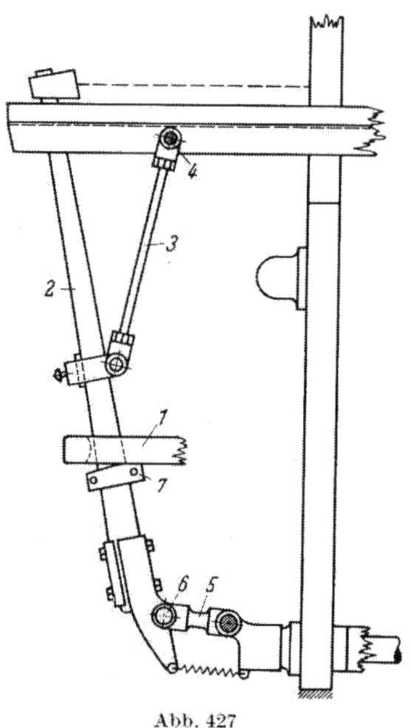

Abb. 427

Um ein horizontales Verschieben des Wiegenfußes auf seiner Wälzfläche und somit ein Verdrehen von Schlagstock und Picker zu verhindern, greift der Zapfen *18* in die Nut des Wiegenfußes ein.

Anwendungsbereich. Der Parallelschlag mit Wiegenfuß eignet sich infolge seiner präzisen Schützenführung für hochtourige Webstühle der Baumwoll- und Seidenindustrie. In der Baumwollindustrie ist diese Ausführung für leichte bis mittelschwere Stühle zu empfehlen.

Beurteilung. Obwohl der Wiegenfuß seinen kinematischen Anforderungen gerecht wird, erweist sich die Konstruktion bei der Verwendung von schweren Schützen und der Herstellung von breiter Ware in dieser Ausführung als nicht stabil genug. Diese Erkenntnis war mit die Ursache dafür, daß die Webstuhlfabriken versucht haben, die Parallelführung des Pickers durch eine Viergelenkkette zu ersetzen, die im folgenden diskutiert werden soll.

Parallelschlag mit Viergelenkkette. Die Parallelführung des Pickers durch eine Viergelenkkette wird handelsüblich als Pendel- und von der Firma Saurer (Schweiz) (vgl. Abb. 425 u. 426) als Prudelführung bezeichnet.

Die Aufgabe des Pendels besteht darin, die bei ortsfestem Drehpunkt des Schlagstockes auftretende kreisbogenförmige Bewegung des Festpickers beim Schlag durch einen entgegengerichteten Kreisbogen des Pendelangriffspunktes an den Schlagstock dahingehend zu kompensieren, daß der Schlagstock anstatt nach oben nunmehr nach unten ausweicht, und der Stand des Pickers in vertikaler Richtung nicht verändert wird.

Diese Schlageinrichtung wird von verschiedenen Firmen in entsprechenden Varianten gebaut.

Die in Abb. 427 skizzierte Schlagvorrichtung ist in ihrem technischen Aufbau und ihrer Wirkungsweise bis auf die Viergelenkkette, die hier an Stelle des Wiegenfußes die Parallelführung des Pickers übernimmt, gleich, wie oben beschrieben.

Wird durch den Schlagriemen *1* der Schlag auf den Schlagstock *2* übertragen, so bewegt sich dieser nach innen, indem er sich mit Hilfe des Pendels *3* auf dessen ortsfesten Drehpunkt *4* abstützt, wodurch der Picker parallel geführt wird, weil der Schlagstock mit Hilfe des Gelenkstückes *5* nach unten ausweichen kann.

Die Einstellung der Schlagteile erfolgt in gleicher Weise wie beim Wiegenfuß. Die Montage und jegliche Veränderung der Einstellung an der Viergelenkkette sollte nicht vom Meister vorgenommen werden. Wenn man die geometrische Konstruktion der Viergelenkkette kennt, so wird unbedingt klar, daß jede noch so geringe Veränderung der Pendellänge oder dessen Angriffspunkt am Schlagstock eine Störung der Schlagkinematik zur Folge haben muß.

b) Die Schlagsteuerungen

Eine Steuerung des Schlages ist immer dann erforderlich, wenn der Schlag von der Kurbel- oder Hauptwelle ausgelöst wird, wie es beispielsweise beim Finger- oder Buckskinschlag der Fall ist. Man unterscheidet grundsätzlich zwischen positiver und negativer Schlagsteuerung. Bei glatten und einseitigen Wechselstühlen verwendet man die positive Schlagsteuerung.

1. Positive Schlagsteuerungen. Die positiven Schlagsteuerungen sorgen für eine regelmäßige wechselseitige Schlagfolge. Sie arbeiten zwangsläufig mit Hilfe von Nutengängen oder Exzentern und werden beim Fingerschlag verwendet.

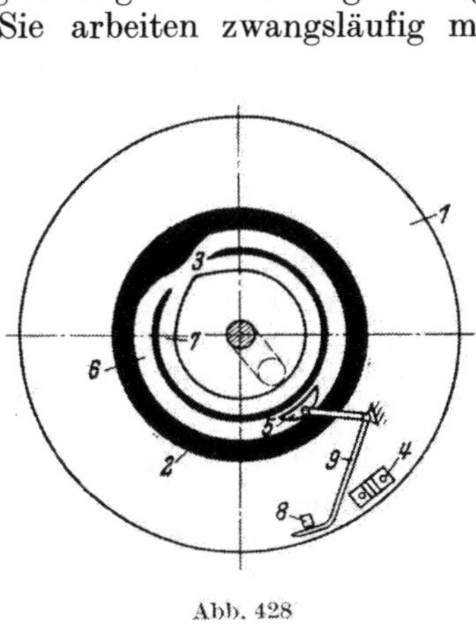

Abb. 428

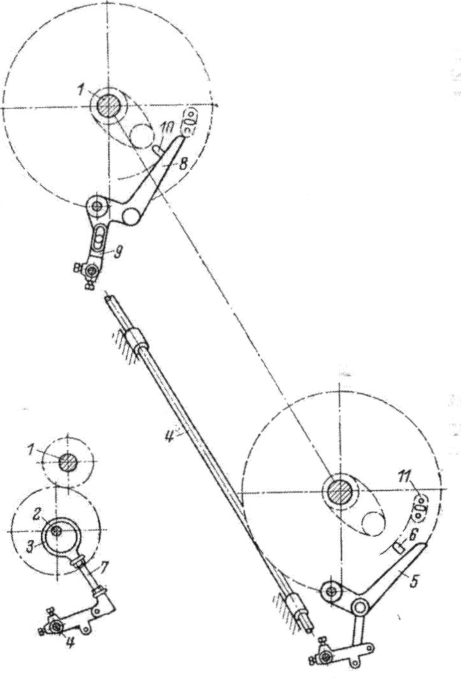

Abb. 429. Schlagsteuerung durch Exzenter

Schlagsteuerung durch Nutengänge. Damit beim Fingerschlag nicht gleichzeitig von beiden Seiten der Schlag erfolgt, müssen die beiden Schlagfinger entsprechend gesteuert, d. h. abwechselnd gehoben und damit aus dem Bereich der Schlagnase gebracht werden. Das kann durch Nutengänge erfolgen (vgl. Abb. 428).

Zwischen Stuhlwand und Schwungrad *1* ist an letzterem an beiden Seiten des Webstuhles ein Nutenexzenter *2* so geschraubt, daß der Nutengangwechsel *3* der Schlagnase *4* gegenübersteht. In den Nutengängen wird ein Gleitstück *5* geführt, das zwangsläufig von der äußeren *6* in die innere *7* Nutenbahn und umgekehrt wechselt. Die Gleitstücke müssen an der einen Seite des Webstuhles in der inneren, an der anderen Seite in der äußeren Nutenbahn laufen. Befindet sich das Gleitstück in dem äußeren Nutengang, so bleibt der Schlagfinger *8* in Ruhestellung und kann von der Schlagnase erfaßt werden, wodurch der Schlag erfolgt. Läuft dagegen das Gleitstück in der inneren Nutenbahn, dann wird vom Schlagfingerhebel *9* der Schlagfinger ausgehoben, so daß kein Schlag erfolgen kann.

Schlagsteuerung durch Exzenter. Ein abwechselndes Schlagen von rechts und links kann beim Fingerschlag auch durch Exzenter gesteuert werden (vgl. Abb. 429). Von der Kurbelwelle *1* wird die Exzenterwelle *2* mit einer Untersetzung von 2 : 1 angetrieben. Vom Exzenter *3* aus wird die Steuerwelle *4* jeweils vor- und zurückgedreht.

Wenn die Kurbelkröpfung senkrecht nach unten steht, muß bei tiefstehendem Exzenter der Schlagfingerhebel *5* etwa 5 mm unter dem Schlagfinger *6* stehen, was durch die Zugstange *7* reguliert werden kann. Nach einer Kurbelwellenumdrehung wird der Schlagfingerhebel *8* auf der Gegenseite bei hochstehendem Exzenter durch Verdrehen von Hebel *9* auf der Welle *4* ebenfalls etwa 5 mm unter den Schlagfinger *10* gestellt.

Steht nun das Exzenter nach unten, so bleibt der Schlagfingerhebel *5* auf der Exzenterseite in Ruhestellung und somit im Bereich der Schlagnase *11*. Auf der anderen Seite wird dann der Schlagfinger *10* durch den Schlagfingerhebel *8* ausgehoben, so daß kein Schlag erfolgen kann.

2. Negative Schlagsteuerungen. Negative Schlagsteuerungen werden nur bei Stühlen mit beidseitigem Steigkastenwechsel angewendet, wenn der Schlag von der Kurbelwelle oder durch Doppelexzenter von der Schlagexzenterwelle ausgelöst wurde. Die Schlagfolge ist nicht wie bei den positiven Schlagsteuerungen zwangsläufig wechselseitig, sondern sie wird durch den Schützen dirigiert, der in dem Schützenkasten steckt, der mit der Ladenbahn auf gleicher Höhe steht. Und zwar erfolgt von links kein Schlag, wenn sich rechts ein Schützen im Kasten befindet, dagegen erfolgt ein Schlag, wenn der gegenüberliegende Schützenkasten leer ist, d. h. daß ein Schützen im Kasten den Schlag auf der Gegenseite abstellt.

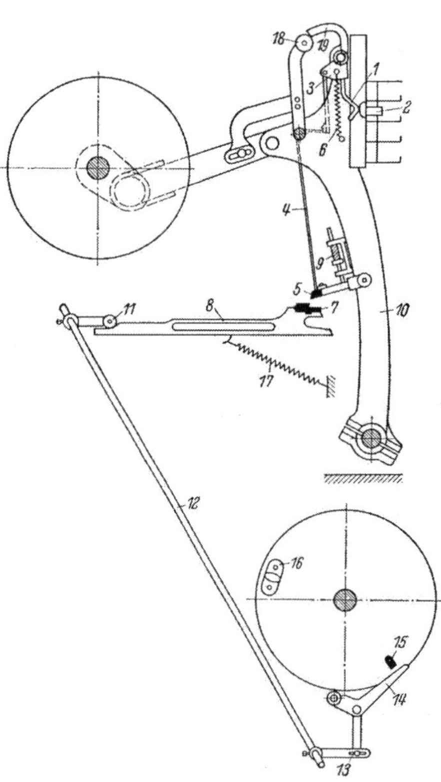

Abb. 430. Negative Schlagsteuerung für den Fingerschlag

Man unterscheidet eine negative Schlagsteuerung für den Fingerschlag und für den Schlag am Buckskinstuhl. Bei letzteren kann die Steuerung der Schlagauslösung durch eine Schlagfalle oder durch ein Knickgelenk erfolgen.

Schlagsteuerung für den Fingerschlag. Die Webstuhlfabrik S. Lentz nennt ihre negative Schlagsteuerung für den Fingerschlag Patentschlageinrichtung (Abb. 430). Das Patent besteht im wesentlichen darin, daß nicht wie bei der Steuerung durch Schlagfallen der Schlag erfolgt, wenn die Schlagfalle in den Schlagsektor einrastet, sondern daß umgekehrt der Schlag dann erfolgt, wenn der Stecher nicht in die Kerbe des Stößers sticht. Die Schlagsteuerung muß also unbedingt funktionieren (Stecher ausheben), wenn ein Schlag erfolgen soll. Darin besteht auch der große Vorteil der Patentschlageinrichtung; weil nämlich beim Versagen der Schlagsteuerung (Hebelbruch, Riemenlängung oder -riß) kein Schlag erfolgen kann, während bei der Schlagfallensteuerung gerade dann ein Schlag erfolgt, wodurch große Störungen auftreten.

Die Schlagsteuerung für den Fingerschlag arbeitet wie folgt: Der Schützenfühler *1* tastet die Wechselkastenzungen *2* ab, wodurch über Segment *3* und Riemen *4* der Stecher *5* gesteuert wird. Befindet sich kein Schützen im Kasten, dann kann die Feder *6*, die bewirkt, daß der Fühlhebel *1* immer an den Kastenzungen anliegt, den Fühlhebel am weitesten zum Schützenkasteninnern ziehen, wodurch der Stecher ausgehoben wird und dabei etwa 3 mm über die Stößerspitze *7* stehen soll. Bei ausgehobenem Stecher erfolgt von der anderen Seite der Schlag, weil die Schlagsteuerung für den gegenüberliegenden Schlagfinger nicht bestätigt wird. Ist dagegen ein Schützen im Kasten, so wird der Fühlhebel nach außen gedrückt; dadurch längt sich der Riemen *4*, und der Stecher kann in die Kerbe des Stößers *8* einrasten. Auch bei dieser Stellung muß die Druckfeder *9* noch unter Spannung stehen. Die Schwingungen der Ladenstelze *10* übertragen sich dann durch den Stecher auf den Stößer, der sich dadurch unter die Hebelrolle *11* schiebt, wobei diese durch den Ansatz des Stößers ausgehoben wird. Dieser Hub wird über die Welle *12* zur gegenüberliegenden Stuhlseite übertragen, wo mit Hilfe eines Hebels *13* der Schlagfingerhebel *14* den Schlagfinger *15* aushebt. Dadurch kann dieser nicht mehr von der Schlagnase *16* erfaßt werden, so daß kein Schlag erfolgt. Die Feder *17* zieht bei Ladenrückgang den Stößer wieder in die Ausgangsstellung zurück.

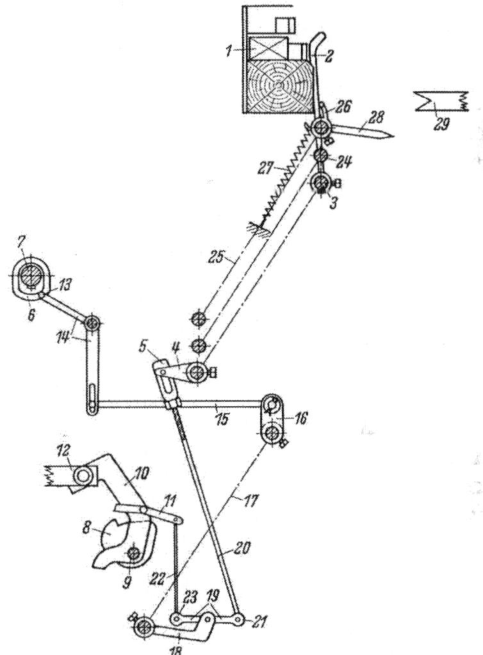

Abb. 431. Schlagfallensteuerung am Buckskin-Webstuhl

Kurz bevor der Schlag erfolgt, läuft die Rolle *18* unter das Kurvenstück *19*, wodurch der Fühlhebel die Schützenkastenzunge entlastet. Dadurch wird bei der Schlaggebung Kraft gespart, weil die Bremsung des Schützens im Kasten beim Aus- und Eintritt vermindert wird.

In Ruhestellung muß der Schlagfingerhebel 3 mm unter dem Schlagfinger stehen. Diese Einstellung ist mit Hilfe der Stellschraube des Hebels *13* möglich. Wird der Schlagfinger nicht aus dem Bereich der Schlagnase gehoben, so ist dies durch Versetzen des Bolzens im Schlitz des Hebels *13* nach außen zu erreichen.

Schlagsteuerung am Kurbel-Buckskinstuhl. An Buckskinstühlen kennt man zwei verschiedene Arten der Schlagsteuerung. Während sie bei der älteren Ausführung mit Hilfe von Schlagfallen erfolgt, übernehmen bei neueren Konstruktionen sog. Knickgelenke diese Funktion. Auch hier erfolgt die Schlagsteuerung über Schützenkastenzungen.

Schlagsteuerung durch Steuerung der Schlagfallen. Wenn die Steuerung der Schlagfallen direkt über Fühlhebel, Gestänge und Riemen erfolgt, so werden dadurch und durch das Auf- und Abgehen der vollen und leeren Steigkästen die Schlagfallen nie ruhig liegen, was zu Fehlschlägen führen kann. Dasselbe geschieht durch Längen der Riemen, weil dann die Schlagfalle nicht hoch genug gezogen und somit von der Nase des Schlagsektors erfaßt wird.

Um diese Nachteile zu beheben, wird die Schlagsteuerung durch Fühlhebel mit einem Nutenexzenter kombiniert (Abb. 431). Durch diese Kombination wird erreicht, daß nur während des Schlages eine der beiden Schlagfallen hochsteht und sonst beide Schlagfallen ruhig auf den Schlagsektoren aufliegen. Dies ist möglich, weil der Fühlhebel die Steuerung nicht allein übernimmt, sondern das Gestänge nur in Arbeitsbereitschaft für das Nutenexzenter bringt, das dann die Schlagfalle aushebt. Die genaue Arbeitsweise der in Abb. 431 skizzierten Vorrichtung ist folgende: Der im Schützenkasten steckende Schützen *1* drückt den Fühlhebel *2* nach außen, wodurch die Stange *3* durch Rechtsdrehung den Hebel *4* auf Anschlag in der Kulisse *5* bringt. Dies ist die Ausgangsstellung für die Arbeitsbereitschaft des Nutenexzenters *6*, das auf der Kurbelwelle *7* verkeilt ist. Durch das Exzenter wird die in seiner Nut laufende Rolle *13* nach unten gedrückt, und der Winkelhebel *14* schlägt nach rechts aus. Über Stange *15*, Hebel *16* und Welle *17* wird diese Bewegung auf den Hebel *18* übertragen, der den Doppelhebel *19* nach unten zieht. Weil durch den Fühlhebel und den Hebel *4* die Stange *20* in der Kulisse blockiert ist, kann die Stange nicht nach unten gehen; der Doppelhebel dreht sich im Gelenk *21*, wodurch ein Zug auf die Stange *22* ausgeübt wird, der die Schlagfalle *11* aushebt.

Befindet sich kein Schützen im Kasten, so bewegt sich der Fühlhebel *2* nach innen. Über Stange *3* wird dann der Hebel *4* in der Kulisse *5* nach unten bewegt. Nun ist der Hub

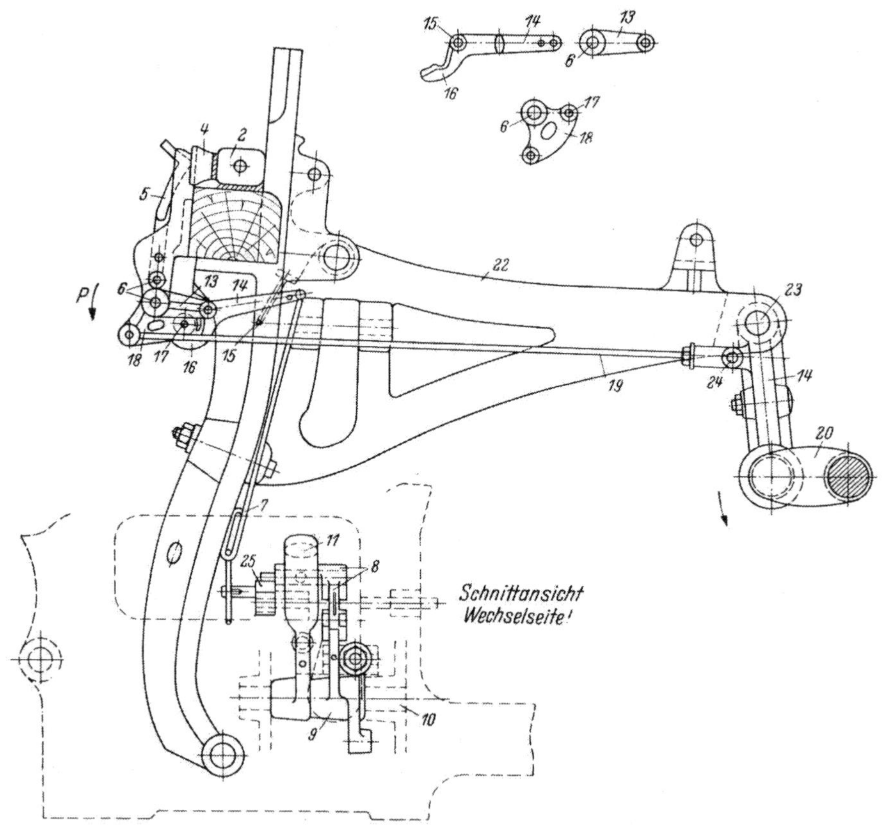

Abb. 432. Knickschlagsteuerung (ASTRA) (Ansicht von der Wechselseite)

des Exzenters *5* zu gering, um die Schlagfalle *11* auszuheben, weil sich durch Senken des Hebels *18* der Doppelhebel *19* im Gelenk *23* dreht und die Stange *20* — geführt in der Kulisse — nach unten gleitet. Die Schlagfalle bleibt also im Schlagsektor *8* liegen, und der Schlag erfolgt auf der dem leeren Schützenkasten gegenüberliegenden Seite. Die Steuerung des Schlages vom linken Schützenkasten geschieht in der gleichen Weise über die Stange *24*.

Wenn sich in keinem der beiden gegenüberliegenden Wechselkästen ein Schützen befindet, werden die an beiden Enden der Stange *25* angebrachten Finger *26* durch die Feder *27* mit der Stange nach links abgedreht, wodurch der auf der gleichen Welle montierte Stecher *28* durch die Feder *27* mit der Stange nach links gedreht, wodurch der auf der gleichen Welle montierte Stecher *28* angehoben wird. Durch die Ladenbewegung stößt er gegen die Raste *29* des Ausrückhebels und stellt den Stuhl ab.

Schlagsteuerung durch Steuerung der Knickgelenke. Diese Art der Schlagsteuerung hat gegenüber der Steuerung der Schlagfallen den Vorteil, daß sie sicherer und ruhiger arbeitet und keine Störungen und Fehlschläge durch den relativ hohen Verschleiß der Schlagfallen auftreten. Die Aufgabe der Schlagfallen übernehmen die Knickgelenke.

Die Einleitung des fallenlosen Knickschlages erfolgt in bekannter Weise von der Schlagscheibe aus. Hierbei ist das Knickgelenk *8* einmal an dem den Schlaggurt *12* tragenden Schlaghebel *11* angelenkt, auf der anderen Seite an den Schlagsektor *9*. Wird das Knickgelenk *8* angehoben, so schwingt der Sektor *9* leer aus, im anderen Falle stützt sich das Knickgelenk auf letzteren ab und der Sektor *9* bringt den Schlaghebel *11* und damit den Schlaggurt *12* und schließlich über den Schützenschläger den Picker und damit den Schützen über die Ladenbahn.

Die Wirkungsweise der Knickschlagsteuerung mit *Fühlerentlastung* ist folgende (vgl. Abb. 432 bis 436):

Sobald der Webschützen *2* in die Kastenzelle *3* einpassiert, kommt die Kastenklappe *4* mit dem auf der Welle *6* sitzenden Fühlerhebel *5* und dem auf der gegenüberliegenden Seite sitzenden Hebel *13* in Richtung des Pfeiles *P* zur Ausschwingung. Der Auslegehebel *14* mit

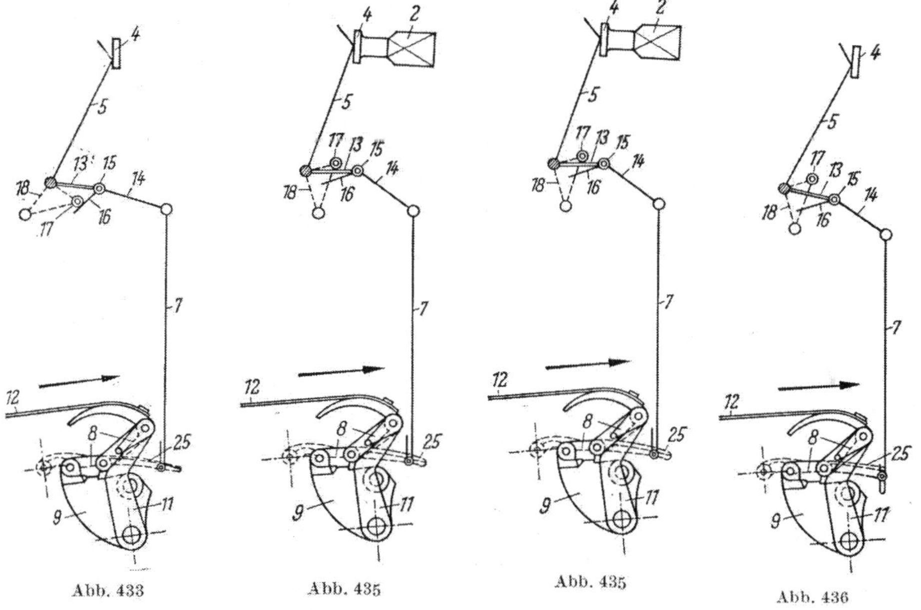

Abb. 433 Abb. 435 Abb. 435 Abb. 436

seinem daumenförmigen Fortsatz *16* ist im Punkte *15* an den Hebel *13* angelenkt. Vom Auslegehebel *14* aus geht ein regulierbarer Steuerdraht *7* nach dem in der Wand gelagerten Auslegehebel *25*, welcher auf das Knickgelenk *8* einwirkt. Gleichzeitig ist auf der Fühlerwelle *6* lose schwenkbar ein Winkelhebel *18* angeordnet, von welchem aus die verstellbare Zugstange *19* die Kurbelschere *21* im Anlenkpunkt *24* erfaßt. Durch die Bewegung der Kurbelschere wird der Winkelhebel *18* während der Ladenbewegung hin- und hergeschoben. Hierbei läuft die auf dem Winkelhebel sitzende Rolle *17* auf den daumenförmigen Fortsatz *16* des Auslegehebels *14* auf und bringt selbigen so zur Ausschwingung, daß Verbindungsdraht *7* und Auslegehebel *25* das Knickgelenk *8* anheben bzw. freigeben.

Abb. 432 zeigt eine Schnittansicht der Knickgelenksteuerung Richtung Wechselseite. Abb. 433 bis 436 sind schematische Darstellungen der Knickgelenkschlagsteuerung.

Wenn sich der Fühlerhebel *5* in Ruhelage befindet, also auf der Kastenklappe *4* eines leeren Schützenkastens aufliegt und ist der daumenförmige Fortsatz *16* des Hebels *14* in der höchsten Stellung, so entsteht das schematische Bild nach Abb. 436.

Bringt in dieser Stellung die Zugstange *19* den Winkelhebel *18* zur Ausschwingung, und zwar so, daß die Rolle *17* auf dem Daumen *15* aufläuft, so wird der Auslegehebel *14* nach oben ausgeschwungen. So entsteht ein Bild (Abb. 433). Diese Ausschwingung reicht aber nicht zu, um das Knickgelenk *8* anzuheben, also aus dem Schlagbereich zu bringen, sondern es ist hier erst die entlastete Bereitschaftsstellung vor dem Einpassieren des Schützens herbeigeführt.

Sobald nun der Schützen *2* in die betreffende Kastenzelle einpassiert und den Fühlerhebel *5* über die Kastenklappen *4* zur Ausschwingung bringt (Abb. 435), so wird auch in dieser Stellung der Auslegehebel *14* nicht so viel angehoben, um das Knickgelenk *8* anzuheben, also unwirksam zu machen, weil in dieser Stellung die Stange *19* den Winkelhebel *18* noch nicht nach unten zur Ausschwindung gebracht hat, also keine Bereitschaftsstellung erreicht ist.

Das Knickgelenk *8* bleibt also so lange in Ruhestellung (also im Eingriff mit Sektor *9* und Schlaghebel *11*), wie sich Fühler *5* (Abb. 436) in Ruhelage befindet und Winkelhebel *18* nicht ausgeschwungen ist.

Sobald aber (s. Abb. 434) der Fühlerhebel *5* durch den einpassierten Schützen *2* vermittels Klappe *4* zur Ausschwingung gebracht ist und hierbei die Rolle *17* auf den daumenförmigen Fortsatz *16* des Hebels *14* bei *Ausschwingung* des durch die Stange *19* gesteuerten Winkelhebels drückt, kommt der volle Hub des Auslegehebels *14* zustande, das Knickgelenk *8* wird angehoben, der Schlag unwirksam, der Sektor *9* schwingt leer durch.

Der Hauptvorteil besteht darin, daß die Aushebung des Knickgelenks *8* auf der gegenüberliegenden Seite (Abb. 434) infolge der Ausschwingung der Kurbelschere *21* erst unmittelbar vor dem Austreiben des Schützens *2* aus der Zelle *3* erfolgt, wobei gleichzeitig das Knickgelenk auf der entgegengesetzten Seite freigegeben wird und der Schlag erfolgen kann.

Die Schlagübertragung erfolgt hierbei vermittels einer Stahlrohrstange *27*, welche den Schlagsektor *9* der Antriebsseite im Punkte *28* und den Schlagsektor *9* der Wechselseite im Punkte *29* erfaßt. Die Schlaghebel *11* werden vermittels Puffer *26* beim Rückganghub begrenzt. Die Nachstellung dieser Puffer erfolgt vermittels Regulierschrauben *30*.

Die Schlagsicherungen. Die Aufgabe der Schlagsicherungen besteht darin, bei einer Blockierung des Schlages entweder die Energie nicht auf den Schlagstock zu übertragen oder die vom Schlagstock aufgenommene Energie durch Verlagerung des Drehpunktes am Schlagstock nicht auf den Picker zu übertragen.

Die Störungen, die den Schlag blockieren, können verschiedener Art sein:

1. Der Schützenkasten steht nicht genau zur Ladenbahn (bedingt durch ein Versagen des Wechselmechanismus).
2. Ein schadhafter Picker hat sich im Schützenkasten verklemmt.
3. Der Webschützen sitzt verkantet im Kasten.

Die drei angeführten Punkte stellen die häufigsten Ursachen von Schlagstörungen dar. In jedem der drei Fälle ist eine normale Schlaggebung unmöglich. Da diese aber vom Exzenter her zwangsläufig erfolgt, müßten die erzeugten Kräfte vom Schlagmechanismus aufgenommen werden, was meistens Brüche und somit Reparatur- und Materialkosten zur Folge hätte.

Trotzdem wird die Wichtigkeit der Schlagsicherung in der Praxis oft nicht erkannt. Auch Webstuhlfabriken verwenden diese Sicherungen meist nur bei Wechselstühlen, weil der nicht richtig wechselnde Schützenkasten die größte Gefahr für Schlagstörungen darstellt.

Die verschiedenen Arten der Schlagsicherung werden nachfolgend besprochen.

Schlagsicherung durch Verlagerung des Drehpunktes am Schlagstock (Abb. 437). Die Wirkung derselben ist folgende:

Wird dem Schläger *1* in der Richtung des Pfeils *3* ein großer Widerstand entgegengesetzt, so gibt die federnde Zunge *4* den Drehzapfen *2* frei, damit derselbe in die mit x bezeichnete Stellung gelangen kann. Dabei werden die Federn *5* und *6* zusammengedrückt, die Kupplungsfeder *7* ausgezogen und der Drehzapfen *2* nach Beseitigung des großen Hemmnisses wieder automatisch in die Kerbe der Zunge zurückgeführt. Die Federspannung wird durch die Regulierschrauben *8* und *9* so abgestimmt, daß bei normalem Betrieb der Drehzapfen *2* in seiner Kerbe verbleibt.

Soll der Schützenschlag recht weich gestaltet werden, so werden die Federn *5* und *6* nur so angespannt, daß sich die Zunge *4* vom Zungenunterteil *10*, dort, wohin der Pfeil *11* gerichtet ist, während der Schützenaustreibung aus seiner Zelle um etwa 1 mm entfernt. Die bekannte Schlägerrückzugfeder wird hier, sowie auch auf der anderen Stuhlseite, mit Vorteil gleichzeitig durch die Kupplungsfeder *7* ersetzt, denn infolge der federnden Zunge *4* kommt nur eine schwache Kupplungsfeder *7* zur Anwendung. Das mit *12* bezeichnete Teil ist eine Sicherung, welche die Regulierschrauben *8* und *9* gegen unbeabsichtigte Drehung schützt.

Beim Auskuppeln kommt also der sog. Schlägerschuh *13* gar nicht mehr in Berührung mit dem Widerlager links vom x, was durch die Federkraft *7* bewirkt wird. Bei Zurückführung des Drehzapfens *2* in seine normale Lage, wie aus der Abbildung hervorgeht, muß das Maul der durch die Teile *4* und *10* gebildeten Schere geöffnet werden, so daß die Spannung bzw. Wirkungsweise der Feder *7* abgebremst wird.

Die Kupplung kann also bequem und mit größter Leichtigkeit einreguliert werden, einesteils um den Schlag beliebig weich zu gestalten und zugleich die Elastizität der Kupplung zu fixieren.

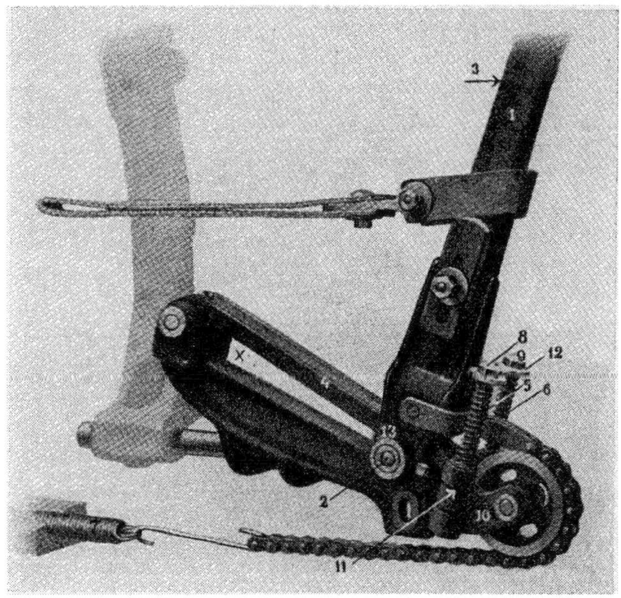

Abb. 437. Doppelsicherung gegen Bruch der Schlagteile

Des weiteren wirkt die Kupplung in ihren beiden Einstellungen bremsend und hemmend auf den Gelenkbolzen *2*, und dann ersetzt die Kupplung mit absoluter Sicherheit die bekannte Schlägerrückzugfeder.

Abb. 438. Schlagsicherung durch Unterbrechung der Schlagübertragung

Ferner wird noch hervorgehoben, daß die Doppelsicherung jederzeit in Kupplungsbereitschaft steht und sofort in Tätigkeit tritt, so daß nicht erst Zeit verlorengeht zur Beeinflussung irgendwelcher Mechanik, zwecks Entriegelung der Kupplung od. dgl.

Schlagsicherung durch Unterbrechung der Schlagübertragung auf den Schlagstock. Die von der Firma Texo (Schweden) hergestellte Schlagsicherung dieser Art ist in Abb. 438 und 439 dargestellt.

Die Schlagübertragung erfolgt vom Exzenter *1* über Schlagrolle *2*, Schlaghebel *3*, Kupplung *4* und Hebel *5* auf den Schlagsektor *6*. Wird der Schlagsektor durch eine Verklemmung des Schlagstocks blockiert, dann muß die Kupplung die vom Exzenter übertragene Energie aufnehmen, wobei Kräfte auftreten, die die Kupplungsfeder *7* überwinden, so daß die Kupplungshälfte *4''* dem Schlage folgend nach oben ausweicht, während die andere Hälfte *4'* in ihrer blockierten Stellung bleibt. Die Druckstärke der Feder *7* ist durch eine Mutter *8* regulierbar, um sie der jeweiligen Schlagstärke anpassen zu können.

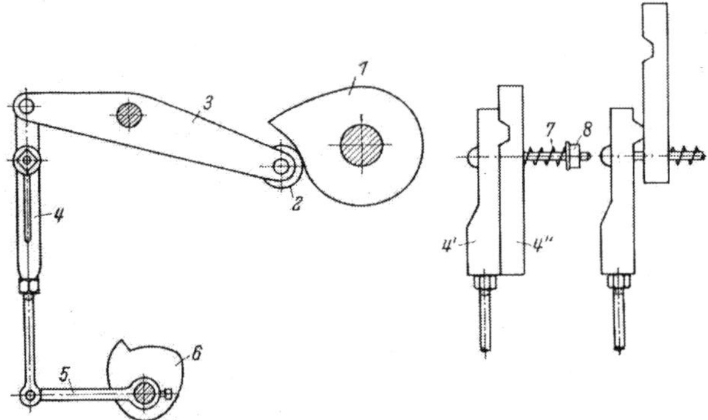

Abb. 439. Schlagsicherung durch Unterbrechung der Übertragung

Der Federdruck muß so groß sein, daß bei normaler Schlaggebung eine rutschfreie Kraftübertragung von *4''* auf *4'* gewährleistet ist; bei einer Blockierung des Schlages dagegen muß sich die Kupplung lösen, bevor Brüche im Schlagmechanismus auftreten. Sind diese Voraussetzungen erfüllt, arbeitet die Schlagsicherung unbedingt zuverlässig. Sie wirkt bei jeder Blockierung des Schlagstockes gleich welcher Art.

Eine von der Firma Schönherr verwendete Schlagsicherung ist in Abb. 440 dargestellt.

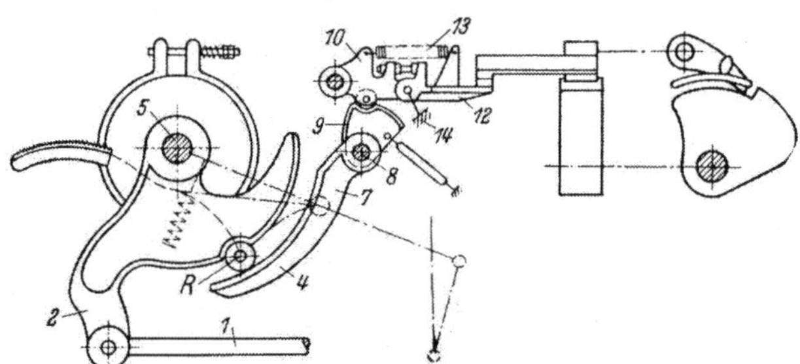

Abb. 440. Schlagsicherung durch Ausheben der Schlagfalle

Diese Konstruktion spricht aber nur auf Schlagstörungen an, die vom Wechselkasten verursacht werden.

Die Wirkungsweise ist folgende:

Über das Gestänge *1* wird vom Wechselmechanismus, je nachdem, ob de· Kasten heben oder senken soll, eine nach rechts oder links gerichtete Bewegung auf den Kupplungshebel *2* übertragen. In einer Nut dieses Hebels liegt die Rolle *3*, die am Hebel *4* befestigt ist. Bei Drehung des Kupplungshebels um seinen Drehpunkt *5* wird diese Bewegung über die Hebel *4* und *6* auf den Schützenkasten übertragen.

Wird nun der Schützenkasten und mit ihm der Hebel *6* blockiert, so kann die Rolle der Bewegung des Kupplungshebels nicht folgen, wodurch sie sich aus der Nut des Hebels heraushebt. Durch diesen Vorgang wird der Hebel *7* um den Bolzen *8* drehend bewegt. Mit dem Bolzen dreht sich das kleine Exzenter *9*, das den Hebel *10* anhebt und dadurch die Schlagfalle außer Bereich des Schlagsektors bringt.

Will der Weber die Wechselkästen bei Stillstand des Stuhles mit dem Fußhebel *11* bewegen, wenn die Schlagfalle im Sektor bereits eingerastet ist, dann gibt die die beiden Hebel *10* und *12* verbindende Feder *13* nach, so daß die Hebel im Gelenk *14* durchknicken können, wodurch Brüche verhindert werden.

Da diese Schlagsicherung nicht auf alle Arten von Schlagstörungen anspricht, wurde sie bei verschiedenen Konstruktionen mit einer der im vorigen Kapitel besprochenen Konstruktionen kombiniert.

Nach Ansicht des Verfassers ist eine derartige Kombination überflüssig, da die Schlagsicherung durch Verlagerung des Schlagstockdrehpunktes allein auf Schlagstörungen jeder Art reagiert. Wahrscheinlich sollte aber auf die letzt besprochene Konstruktion nicht verzichtet werden, weil sie schon vor der Schlagblockierung wirksam wird und damit ein unliebsames Kräftespiel innerhalb der Schlagmechanismen verhindert wird.

2. Antriebsorgane zum Eintragen des Schußfadens an „schützenlosen Webstühlen" (shuttle-less-looms)

Während die Darstellung des Schußeintrages bisher die Ausführung und Wirkungsweise an konventionellen Bauarten von Webstühlen erörterte, soll in dem nachfolgend besprochenen Teil zu diesem Thema insbesondere auf die Mechanismen moderner Ausführungsformen eingegangen werden, die für die Zukunft andere Fertigungsmethoden in mechanischer Hinsicht in Aussicht stellen.

In diesem Sinne unterscheiden wir, wie dies auch schon aus der Besprechung der Webstuhltypen (vgl. S. 24) hervorging:

Eintragung des Schusses

a) durch Greiferschützen,
b) durch Greifer,
c) durch Preßluft,
d) durch elektrisches Wanderfeld.

Die Reihenfolge der vier vorgenannten Punkte entspricht weder der Reihenfolge der Erfindungsdaten noch der Notwendigkeit fachlicher Folge, sondern vielmehr der augenblicklichen Bedeutung, also einer Bewertung, die sich in der Folgezeit ändern kann und vielleicht auch ändern wird.

Die hier aufgeführten Konstruktionen haben ausnahmslos eine jahrzehntelange Entwicklungsgeschichte hinter sich und sind von den Initiatoren in zäher Arbeit zu heute sehr beachtlichen Ausführungsformen ausgebildet worden. Der Grund bzw. Anreiz, solche Konstruktionen zu entwickeln, erklärt sich aus dem auch für den Laien schon ersichtlichen großen Kraftverzehr, den ein Schützen, ob leer oder voll, für sich beansprucht, um in der kurzen Zeit der Fachbildung seinen Weg zurückzulegen. Die hier notwendigen hohen Beschleunigungen und Verzögerungen, über die der Verfasser an anderer Stelle geschrieben hat (vgl. S. 328), erklären, daß die im produktiven Sinne erstrebenswerte hohe Drehzahl des Webstuhles bzw. der Webmaschine unter Ausnutzung konventioneller Methoden bald ihre Grenzen gefunden hat. Man möchte annehmen, daß diese Grenze zum gegenwärtigen Zeitpunkt erreicht ist.

Auch eine andere, die Wirtschaftlichkeit des Webstuhles beeinflussende Größe, die Kopswechselzahl und die daraus resultierenden Verlustzeiten muß in diesem Zusammenhang als Wertmaßstab diskutiert werden. Außer bei dem in Punkt d) genannten Verfahren entfällt der Kopswechsel und mit ihm die diesbezügliche Verlustzeit, weil der Abzug des Schusses von seitlich am Webstuhl aufgestellten großformatigen Kreuzspulen erfolgt, die auch überdies so miteinander verknüpft sind, daß praktisch ein kontinuierlicher Betrieb möglich ist.

Somit sind solche modernen Konstruktionen schon dann im Vergleich mit normalen Webstühlen diskutabel, wenn sie nur eine mit konventionellen Webmaschinen vergleichbare Drehzahl/min haben.

Aber die durchweg höheren Kosten solcher Webmaschinen verlangen, wie übrigens auch schon moderne Automaten-Webstühle, daß alle vermeidbaren Stillstände durch Fadenbrüche ausgeschaltet werden, denn sobald der kontinuierliche Betrieb fraglich wird, ist die Wirtschaftlichkeit eines modernen Verfahrens unmöglich.

a) Eintragung des Schußfadens durch Greiferschützen

Zwei bemerkenswerte Konstruktionen dieser Art haben sich die Anerkennung der Fachleute verschafft:

1. die Konstruktion von Sulzer (Schweiz),
2. die Konstruktion von Neumann (DDR).

In beiden Fällen wird ein Greiferschützen verwendet, der, verglichen mit normalen Schützenformen, sehr klein ist, weil er nicht Trägerorgan des Garnkörpers selbst, sondern nur Greifervorrichtung für den Faden ist. Aus diesem Grunde kann mit einem kleinen Fach gearbeitet werden, so daß außer der geringen Kettfadenspannung auch kinematisch alle Möglichkeiten zur Steigerung der Webstuhldrehzahl geboten sind — Vorteile, die den kontinuierlichen Betrieb fördern.

1. Eintragen des Schußfadens an der Sulzer-Webmaschine. Im Gegensatz zum Schlagmechanismus des üblichen Webstuhles ist das Schlagwerk der Sulzer-

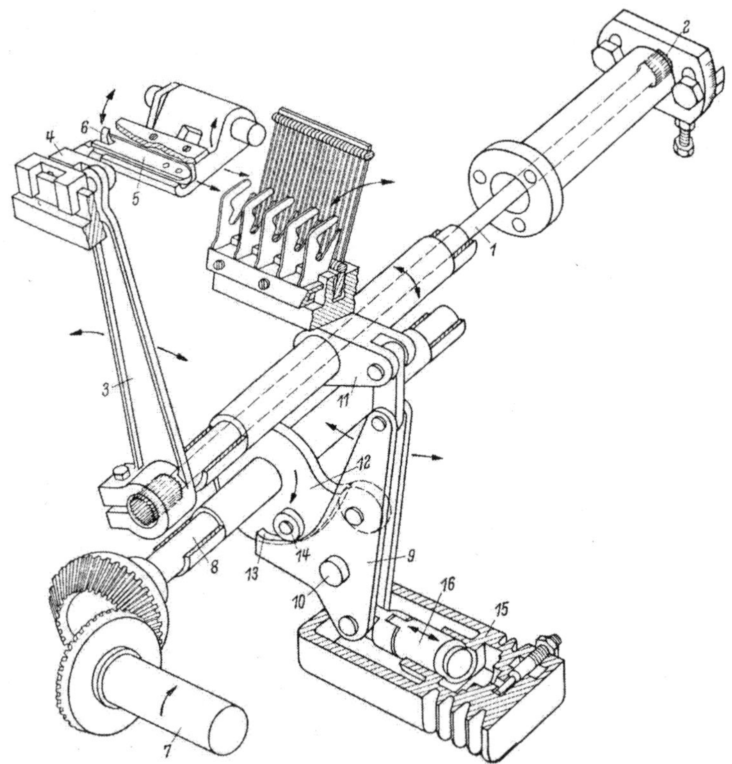

Abb. 441. Der Schlagmechanismus der Sulzer-Webmaschine. Im Verlauf seiner Drehung streckt der Nocken *12* den Kniehebel *9*, wobei der Torsionsstab *1* gespannt wird. Die Rolle *14* bringt den Kniehebel zum Einknicken, wodurch der Abschuß des Schützens *5* durch den Torsionsstab *1* und den Schlaghebel *3* ausgelöst wird

1 Torsionsstab; *2* Feste Einspannstelle des Torsionsstabes (im Betrieb einstellbar); *3* Schlaghebel (in der Abschußstellung); *4* Schlagstück (in der Abschußstellung); *5* Schützen (in der Abschußstellung); *6* Schützenöffner; *7* Hauptwelle der Webmaschine; *8* Antriebswelle des Schußwerkes; *9* Kniehebel (in gestreckter Lage); *10* Drehachse des Kniehebels; *11* Spannhebel des Torsionsstabes; *12* Der zum Strecken des Kniehebels bzw. Spannen des Torsionsstabes dienende Nocken; *13* Steuerkurve des Kniehebels; *14* Auf dem Nocken *12* angeordnete Rolle, die mit der Steuerkurve *13* das Einknicken des Kniehebels bewirkt; *15* Ölbremse; *16* Kolben der Ölbremse

Webmaschine so beschaffen, daß die Schußenergie und damit auch die Anfangsgeschwindigkeit des Schützens von der Drehzahl der Maschine selbst unabhängig ist.

Die Wirkungsweise des Schlagmechanismus ist aus der Abb. 441 zu ersehen.

Kurz vor dem Abschuß ist die Schußenergie in einem Torsionsstab *1* aufgespeichert. Es ist dies ein 900 mm langer Stab mit einem Durchmesser von 15 mm, der bei *2* fest eingespannt ist. Auf der anderen Seite ist der Schläger *3* fest auf diesem Torsionsstab angeordnet und mit diesem auch die Büchse mit dem Hebel *11*. Dieser Hebel ist mit einem kurzen Zwischenhebel mit dem Kniehebel *9* verbunden. Im Kniehebel selbst ist gestrichelt gezeichnet eine Rolle angebracht. Über die Kegelräder auf den Wellenstümpfen *7* und *8* erhält die Welle *8* und mit ihr die Nockenscheibe *12* ihre Drehung, durch die der Torsionsstab gespannt wird. Auf diese Weise wird im Torsionsstab unter Zwischenschaltung des Kniehebels die erforderliche Antriebsenergie aufgespeichert. Die Größe der Spannung und damit die Geschwindigkeit des Schützens ist abhängig von der Verdrehung des Torsionsstabes selbst. Die Verdrehung beträgt 32°. Durch den Nocken *12* wird das Kniegelenk *9* gestreckt, sogar etwas durchgeknickt. Dieser Zustand ist bei 50° Maschinenstellung erreicht. Hier hat der Nocken seine größte Exzentrizität und verläßt dann die Rolle. Zwei andere Rollen *14* liegen auf der Steuerkurve *13* und verhindern das sofortige Auslösen des Schlages. Es tritt hierbei einen Augenblick der Fall auf, daß der Kniehebel *9* freiliegt. Der Schlag kann aber nicht erfolgen, da das Knickgelenk, wie oben beschrieben, etwas durchgedrückt ist. Die Steuerkurven des Kniehebels bewirken anschließend, daß das Knickgelenk entgegengesetzt etwas eingeknickt wird, die im Torsionsstab aufgespeicherte Energie frei wird und der Schlag erfolgen kann. Der Schläger legt seinen Weg von 110,5 mm zurück, dies entspricht einem Winkel von 34°30′. Der Beschleunigungsweg längs des genannten Wegbetrages ist 50 mm, ab dann setzt die Bremsung ein. Mit dem Beginn des Abbremsens verläßt der Schützen das Schlagstück. Die Abbremsung des Schlägers erfolgt durch eine Ölbremse *15, 16*, die mit dem Kniehebel *9* verbunden ist. Die Bremswirkung kommt dadurch zustande, daß der Kolben das Öl im Zylinder verdrängt, welches durch ein Ventil austreten kann. Die Intensität des Bremsens ist abhängig von der Größe der Ventilöffnung (im Bild vorn), welche durch die sichtbare Regulierschraube eingestellt werden kann. Die Bremse ist dann richtig eingestellt, wenn der Schläger nach dem Abschuß schwingungsfrei zum Stillstand kommt. (Bei Messungen, die seitens der Herstellerfirma vorgenommen wurden, hat man festgestellt, daß bei der Abbremsung ein Druck von 200 Atm. herrscht). Dies läßt in etwa erkennen, welche Energien kurz vor dem Abschuß im Torsionsstab aufgespeichert sind. Deshalb sind auch Torsionsstab, Schläger, Schlagstück und Schützen aus hochwertigem Stahl. Unbedingt ist darauf zu achten, daß der Schützen stoßfrei beschleunigt wird, d. h., Schützen und Schlagstück dürfen beim Schlage keinen größeren Abstand als 0,5 mm aufweisen. Die Zeit des Abschusses kann geringfügig auf „früher" oder „später" geändert werden. Der Nocken *12* kann durch Lösen von zwei Schrauben versetzt werden.

Die Beschleunigung des Schlägers ist abhängig von der aufgespeicherten Energie im Torsionsstab, und diese wiederum von der Stabverdrehung. Wie aus der Abbildung ersichtlich ist, wird der Stab an seinem Ende *2* eingestellt, d. h., die Graduierung, um die der Torsionsstab verdreht werden kann, ist regulierbar.

Der Schützen. Die Abmessung des Schützens beträgt: 6,35 × 14,3 × 89 mm; das Gewicht ist 40 g. Die Form des Schützens ist auf S. 25 dargestellt. Man erkennt auch die Klemmen zum Greifen des Fadens. Die ideale Form des Schützens wäre die zylindrische, da nur eine strichförmige Berührung mit der Schützenführung vorhanden wäre und somit sehr geringe Reibungsverluste auftreten würden. Diese Form konnte bei der hier besprochenen Sulzer-Webmaschine nicht verwendet werden, da der Schützen beim Einflug in das Fangwerk immer genau dieselbe Stellung zum Öffnen der Klemme durch das Fangschwert haben muß.

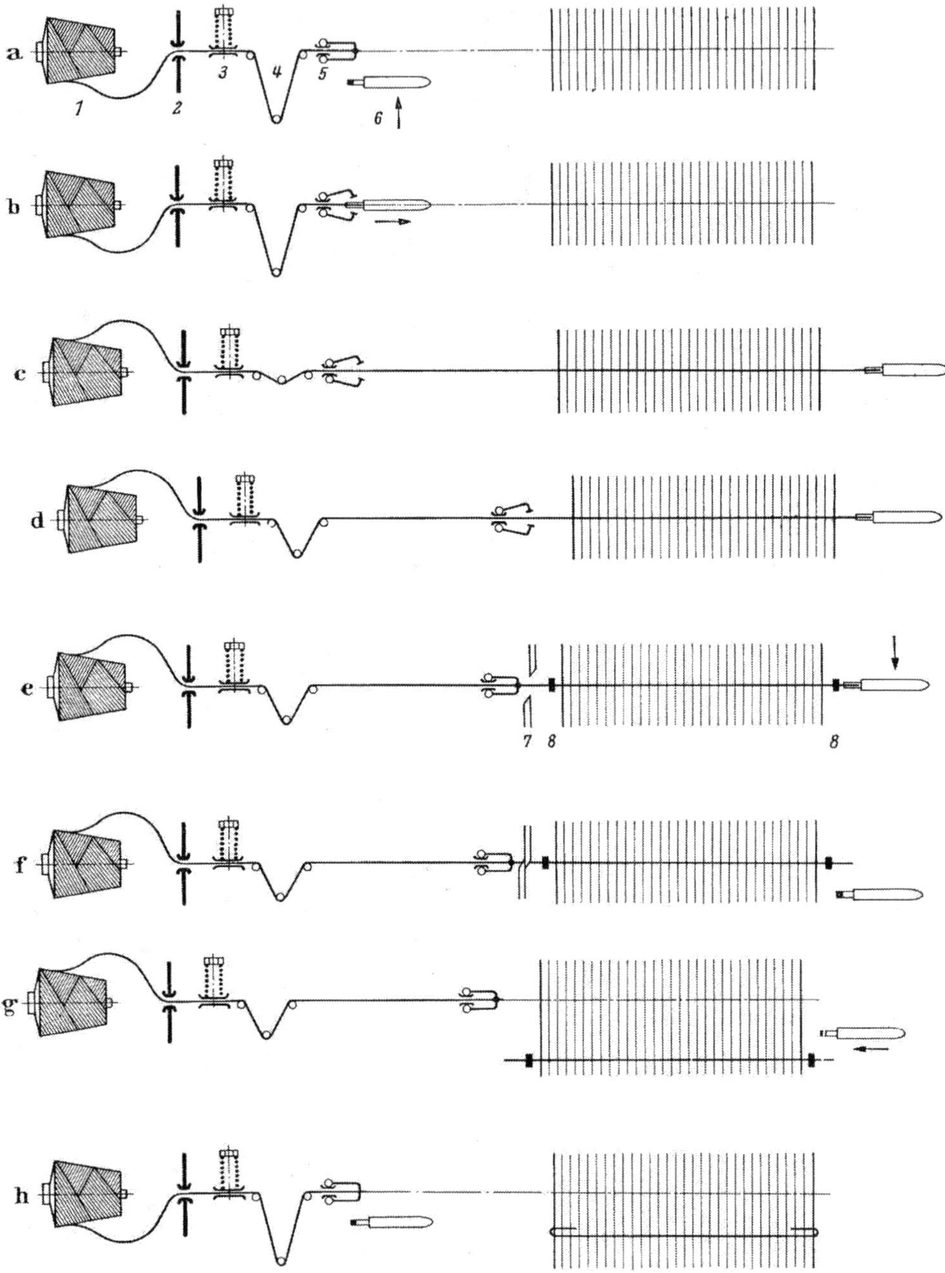

Abb. 442a—h. Schema des Webvorganges auf der Webmaschine von Sulzer

1 Kreuzspule; *2* Fadenführung; *3* Fadenbremse; *4* Fadenspanner; *5* Fadengeber; *6* Schützen; *7* Schere, *8* Leistenklemme

Vorgang:

a) Der Schützen *6* kommt in die Abschußstellung.

b) Der Fadengeber *5* öffnet sich, nachdem der Schützen das dargebotene Schußfadenende übernommen hat.

c) Der Faden ist vom Schützen durch das Fach gezogen worden, wobei sich der Fadenspanner *4* und die Fadenbremse *3* entspannen. Die Bewegungen sind derart aufeinander abgestimmt, daß der Faden beim Abschuß keine ruckartigen Beanspruchungen erfährt.

d) Der Schützen wird im Fangwerk in seine vorgeschriebene Endlage zurückgeschoben, während der Fadenspanner den Schußfaden leicht nachzieht und ausgestreckt hält. Gleichzeitig bewegt sich der Fadengeber gegen die Kante hin.

e) Der Fadengeber *5* übernimmt den Faden, während die Leistenklemmen *8* den Schuß auf beiden Seiten des Gewebes fassen.

f) Der Schußfaden wird von der Schere *7* durchgeschnitten und vom Schützen im Fangwerk freigegeben.

g) Der von den Leistenklemmen *8* gehaltene Faden wird vom Webeblatt an das Gewebe angeschlagen. Der Schützen wird auf die Transportseite ausgestoßen, die ihn außerhalb des Webfaches an die Abschußstelle zurückbringt.

h) Während der Fadengeber zur Abschußstellung zurückgelangt, zieht der Fadenspanner den Faden nach. Der nächste Schützen wird in die Abschußstellung gebracht. Die Leistennadeln legen die Fadenenden in das nächste Webfach ein.

Das gleiche gilt auch für den Eintritt in den Schützenheber. Bei der zylindrischen Form würde sich der Schützen auch drehen. Das Gewicht des Schützens ist nach unten hin begrenzt, weil durch die für das Mitnehmen des Fadens aufzuwendende Kraft ein zu leichter Schützen in seiner Zugeigenschaft stark beeinträchtigt würde.

Im Hinblick auf die Pflege des Schützens muß erwähnt werden, daß nach bestimmten Zeitabständen die Klemmkraft (etwa 1800 g), die Klemmflächen und die zentrische Lage der Klemmen geprüft werden müssen. Dies ist für den reibungslosen Ablauf des Webprozesses von besonderer Wichtigkeit. Im übrigen ist der Verschleiß des Webschützens sehr klein, weil er aus bestem Stahl angefertigt wird und auch im Fangwerk um 180° nach jeder Passage gewendet wird.

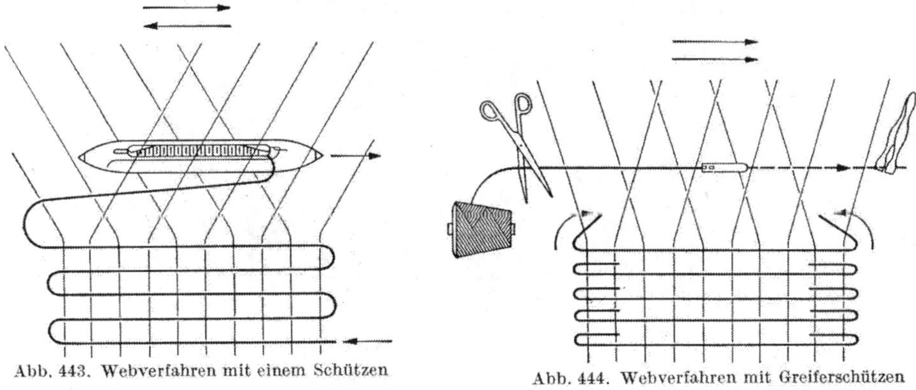

Abb. 443. Webverfahren mit einem Schützen

Abb. 444. Webverfahren mit Greiferschützen

Die schematische Darstellung des Webvorganges. Die Abb. 442a—h zeigt in kinematischer Folge das Eintragen des Schusses.

Zwei Abbildungen in einem Prospekt des amerikanischen Lizenznehmers von Sulzer stellen in sehr anschaulicher Weise das alte Webverfahren dem neuen gegenüber. Diese beiden Abbildungen sollen dem lernenden Leser nicht vorenthalten werden. Man erkennt aus der Abb. 443, wie bei dem alten Webverfahren der Schützen hin- und hergeführt wird und eine Fadenschleife nach

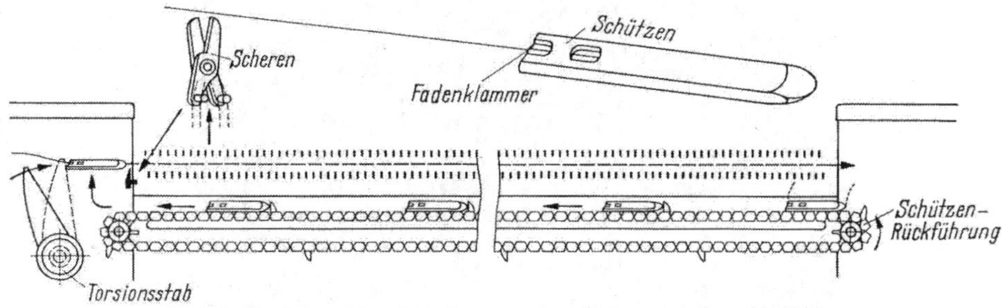

Abb. 445. Schützenschlag, Klemmung des Schußfadens, Schützen-Rückführung

der anderen als Schußfaden einlegt, bis der Materialträger, der Schützen, leer ist. Die Abb. 444 zeigt, wie der Greiferschützen den Faden von der einen auf die andere Warenseite führt, wie das Abschneiden auf der Zuführerseite erfolgt, während auf der Fangseite eine Greifervorrichtung das Fadenende übernimmt. Beide überstehenden Fadenenden werden bei der nächsten Fachbildung in das Fach hineingelegt. Dieses Verfahren setzt voraus, daß die stets nur von einer Seite geschossenen Greiferschützen durch eine Transportvorrichtung in die Ausgangsstellung zurückgeführt werden müssen. In sehr anschaulicher Weise wird dies an Hand der Abb. 445 die ebenfalls aus dem amerikanischen Prospekt entnommen worden ist, dargestellt. Man erkennt, wie der Greiferschützen durch den Torsionsstab über die Ladenbahn befördert wird und im Fangwerk aufgefangen, um 180° gedreht wird und durch eine Transportkette wieder in die Abschußstellung zurückgebracht wird. Die unterschiedliche Geschwindigkeit setzt

Abb. 446. Schußgarnvorlage als Kreuzspulen

voraus, daß mit mehreren Schützen an einem Webstuhl gearbeitet werden muß. Denn wie man aus der Abbildung erkennt, befinden sich eine Reihe von Schützen auf dem Transport in der Rückführung. Je nach der Webstuhlbreite arbeitet man mit 11—17 Schützen an dem Webstuhl.

Abb. 447. Führung des Schützens

Die Abb. 446 zeigt die ruhend angeordneten Schußfadenspulen (Kreuzspulen) auf der Schußgeberseite der Sulzer-Webmaschine. Das Fadenende der gerade benutzten Spule ist mit dem Fadenanfang einer Ersatzspule zusammengeknüpft. Der Spulenwechsel bedingt daher keine Betriebsunterbrechung. Hinter der linken Spule: die Bremse und der Fadenspanner. Die Abb. 447 zeigt den in einer rechenförmigen Führung durch das Fach gleitenden Schützen sowie den nachgezogenen Schußfaden. Durch die Profilierung der Ladenbahn erfolgt gar keine Berührung der Kettfäden und auch nicht des Blattes. Das Fadenende des vorhergehenden Schusses ist festgehalten und wird von der Leistennadel in das nächstfolgende Fach eingelegt und verwebt. Es entsteht so eine feste Kante.

Die Lade selbst mit Blatt und Schützenführung (vgl. Abb. 448) wird durch Nockenpaare zwangsläufig angetrieben. Je nach Maschinenbreite sind zwei bis drei Nockengehäuse gleichmäßig verteilt auf dem Mittelträger der Maschine

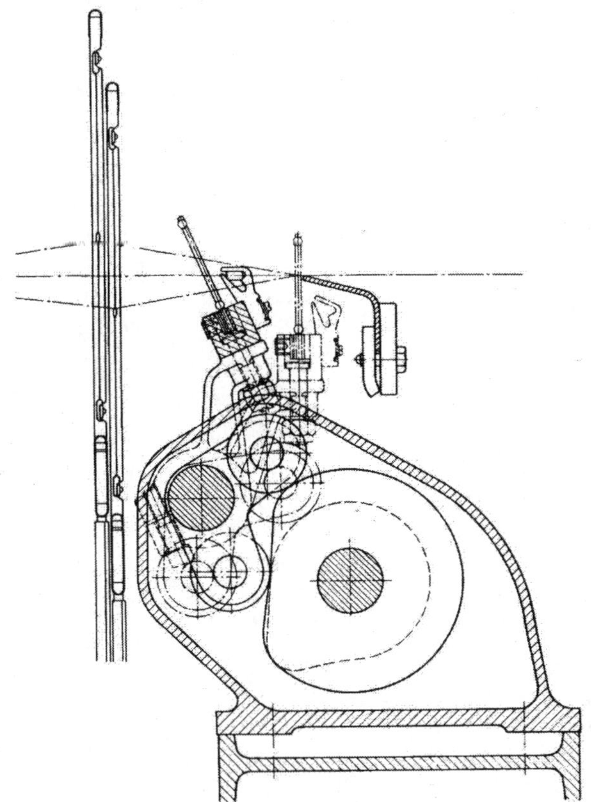

Abb. 448. Doppelnockenantrieb der Lade. Beim Ladenanschlag tritt die rechenförmige Schützenführung aus dem Fach heraus

montiert. Die Lade ist daher den Deformationen durch die Massenkräfte weitgehend entzogen, so daß der Schußfaden über die ganze Webbreite sehr gleichmäßig angeschlagen wird. Wie aus der Abbildung ersichtlich ist, tritt die rechenförmige Schützenführung beim Anschlag aus dem Fach heraus (gestrichelt gezeichnete Stellung).

Die Konzeption des Schußeintrages[1]. Ausgangspunkt dieser Betrachtung ist der Greiferschützen, dessen Gewicht 40 g beträgt. Seine Masse bestimmt die Auslegung der Schuß- und Bewegungsmechanismen in allen Belangen.

Der Arbeitszyklus selbst ist in zwei Funktionengruppen unterteilt, nämlich das „Füllen“ des Gewebes mit Schußgarn und das Anschlagen des Schußfadens

[1] Mit freundlicher Genehmigung der Firma Sulzer einer Arbeit von M. Steiner in der Technischen Rundschau Sulzer entnommen.

und das Verkreuzen der Kettfäden. Die Entwicklung der Leistungssteigerung erfolgte bei der Webmaschine in zwei Hauptrichtungen. Einerseits ist ein möglichst großer prozentualer Anteil des Arbeitszyklus für den Schußeintrag gewonnen worden, anderseits wurden die Mittel gefunden, in diesem Zeitabschnitt möglichst viel Schußfaden einzutragen.

Nach dem hier gezeigten Schema (Abb. 449) steht die Lade mit dem Webblatt und der Schützenführung während des Schußeintrages still und bewegt sich nur für den Anschlag des Schußfadens. Je länger sie im Stillstand verweilen kann, desto mehr Zeit steht für den Schußeintrag zur Verfügung. Eine optimale Verkürzung der Anschlagdauer wird durch die stabile, verwindungsfreie Bauweise des Ladenrahmens mit mehrfacher Abstützung und Lagerung in der Drehachse sowie durch die Verkürzung des Ladenhubes und die präzise Steuerung der Bewegung mit geschliffenen Nocken in geschlossenen Gehäusen erreicht. Durch geeignete Wahl des Bewegungsverlaufes konnte mit dem Nockengetriebe auch für hohe Drehzahlen den webtechnischen und kinematischen Ansprüchen Rechnung getragen werden. Gebrüder Sulzer verwenden heute zwei verschiedene Nockentypen mit 105° bzw. 140° Drehwinkel der Hauptwelle für die Ladenbewegung; und zwar die mit 105° für Maschinendrehzahlen bis 235/min, und jene mit 140° bis 280/min. Für das Beschleunigen, das Traversieren und das Abbremsen des Schützens stehen im ersten Fall 60% und im zweiten Fall 50% des vollen Arbeitszyklus zur Verfügung. Dieses Intervall wird als Schützenflugzeit bezeichnet und beträgt je nach Maschinentyp und -breite 100 bis 180 Tausendstelsekunden.

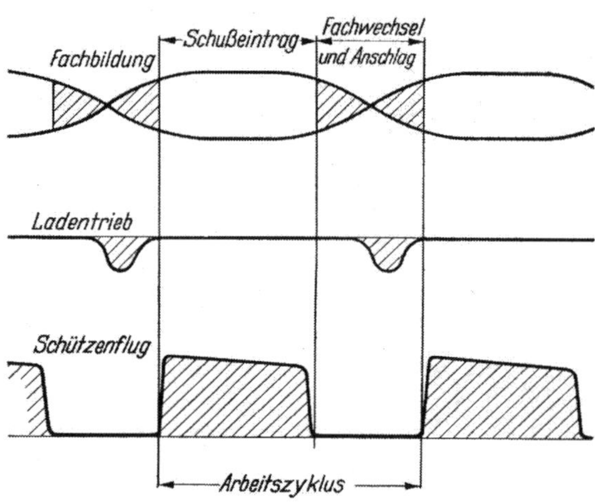

Abb. 449. Bewegungsschema des Schützens

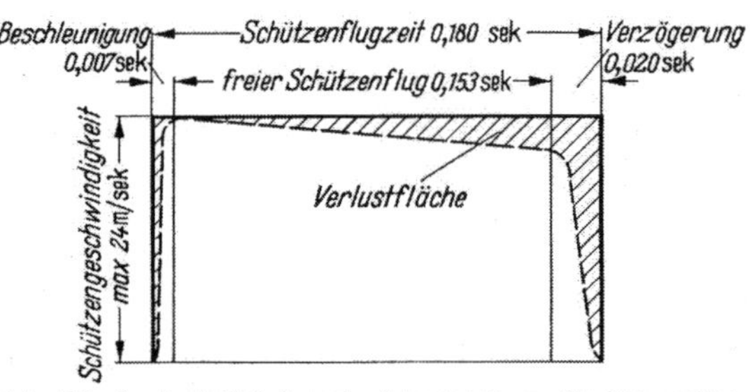

Abb. 450. Geschwindigkeitsverlauf des Schützens für 330 cm Webbreite und 220 U/min

Die bestmögliche Ausnützung der Schützenflugzeit führte zu weiteren markanten Konstruktionsmerkmalen. Abb. 450 zeigt ein Beispiel des Geschwindigkeitsverlaufes des Schützens innerhalb 0,18 sek. Der Flächeninhalt unterhalb der Geschwindigkeitskurve, multipliziert mit der Drehzahl der Maschine, ist maßgebend für die Schußeintragsleistung. Als Idealfall kann die Rechteckfläche und als Verlust die schraffierte Differenzfläche bezeichnet werden. Die adäquate Formgebung und Masse des Schützens, die möglichst reibungsfreie Ausbildung der Schützenführung und die hohe Leistungsfähigkeit des Schlägers und der Schützenbremse führten im Verlauf der Entwicklung schrittweise zu einer weitgehenden Annäherung der Geschwindigkeitskurve an die Rechteckform. So gelang es, den Schützen in 7 Tausendstelsekunden zu beschleunigen und in etwa 20 Tausendstelsekunden abzubremsen. Der Geschwindigkeitsabfall in der Schützenführung beträgt je Meter Webbreite nur etwa 1 m/sek.

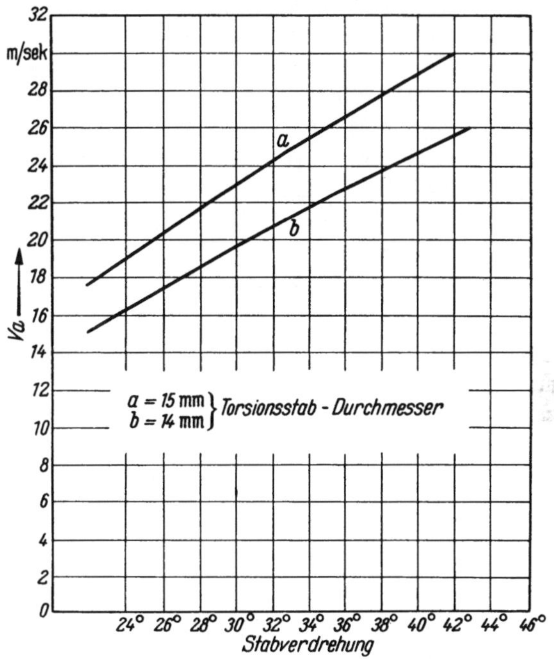

Abb. 451. Anfangsgeschwindigkeit des Schützens

Damit der Schußfaden nicht mit der hohen Abschußbeschleunigung von der Spule weggezogen werden muß, wird die Beschleunigungszeit des Fadens gegenüber derjenigen des Schützens um das Zwei- bis Dreifache verlängert, indem eine vor dem Abschuß gebildete Fadenschleife im Fadenspanner progressiv abgebaut wird. Die Praxis hat gezeigt, daß sich ein großer Bereich von Schußgarnen mit Schützengeschwindigkeiten bis zu 24 m/sek verweben läßt. Bei Garnen mit geringer Festigkeit und ganz allgemein bei groben Garnen kann die zulässige Grenze weiter unten liegen.

Zu beachten ist (Abb. 451), daß diese an sich sehr hohen Leistungen unter schweren Bedingungen erzielt werden müssen, in erster Linie unter Fernhaltung von Schmiermitteln im Schützenkreislauf und teilweise unter Einwirkung stark erosiver Staubpartikeln einzelner Fasermaterialien.

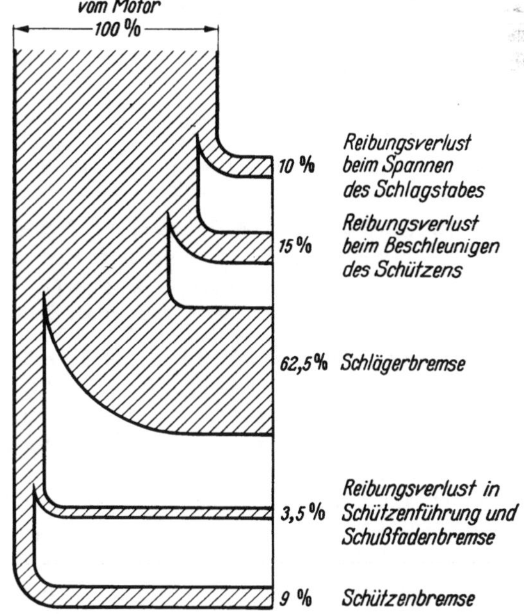

Abb. 452. Energiebilanz des Schußeintrages für Normalbetrieb

Abb. 452 zeigt die Energiebilanz des Schußeintrages an Hand eines praktischen Beispiels aus dem Webbetrieb: die aufgewendete Energie wird in Wärme umgewandelt, und zwar zum größten Teil in der Schlägerbremse. Die Schützenbremse selbst vernichtet nur rund 9%. Diese durchschnittlich geringe Bremsleistung weist aber kurze, intensive Leistungsspitzen bis zu 40 mkg/sek während des Abbremsens auf. Es ist dies ein außergewöhnlicher Belastungsfall für eine Reibungsbremse dieser kleinen Dimension.

Aus den oben kurz analysierten Einzelkomponenten ergibt sich, daß die Leistung der Webmaschine durch drei Hauptkomponenten bestimmt wird, nämlich die Schützengeschwindigkeit, die Dauer des Ladenstillstandes und die Webbreite.

2. Eintragen des Schußfadens bei der Webmaschine, System „Neumann". Während bei der bisher besprochenen Sulzer-Webmaschine der Schußfaden stets von *einer* Seite mit Hilfe des Greiferschützens in das Fach eingetragen wird, erfolgt bei der Webmaschine, System „Neumann", der Eintrag von beiderseits der Webmaschine angeordneten Kreuzspulen mit Hilfe eines einzigen Greiferschützens, der von der Antriebsvorrichtung hin- und hergeschleudert wird. In diesem Merkmal ist also ein wesentlicher Unterschied zu erkennen, obwohl in der dispositiven Ordnung beide Typen als „Greiferschützen-Webmaschinen" angesprochen wurden.

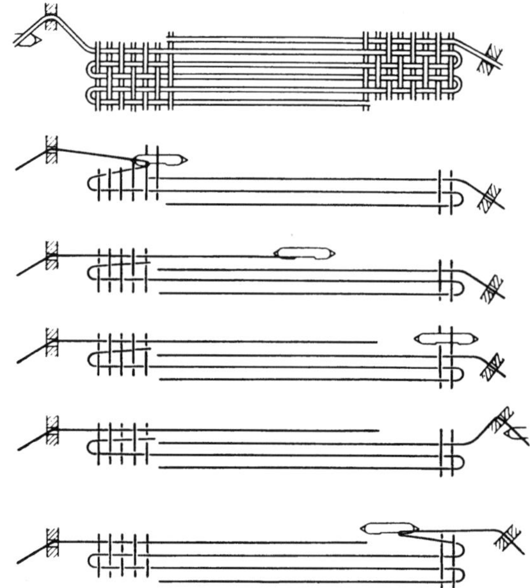

Abb. 453. Schema des Schußeintrags nach dem System Neumann

Wirkungsweise der Webmaschine, System „Neumann".

Der Greiferschützen hat folgende Funktionen auszuführen:

1. Ergreifen des dargebotenen Schußfadens.
2. Einlegen eines Teiles des Schußfadens in die Leiste.
3. Abschneiden des Schußfadens, der die Leiste bildet.
4. Eintragen des Schußfadens in das Fach.
5. Ablegen des Schußfadens.

Um das Greifen des Schußfadens zu ermöglichen, wird das vom Geweberand zur Kreuzspule gehende Fadenende über die vordere Schützenwand straff gespannt gehalten. Dabei springt der Faden in die vordere Einkerbung vor der Klemme. Das Einlegen des Schußfadens in die Leiste wird dadurch ermöglicht, daß der Schußfaden im Abstand der Leistenbreite vom Geweberand festgeklemmt wird (vgl. Abb. 453). Etwa am Rande des Grundgewebes bildet der Faden einen spitzen Winkel, in dessen Scheitel sich ein Messer befindet. An dieser Stelle wird der Faden beim Anwachsen der Fadenspannung getrennt. Das Ablegen des Schußfadens in den Fachwinkel kommt durch die Lage der Klemmen im Schützen und durch die Stellung des Fadenführers an der Fachspitze der Schußfadeneinlaufseite zustande. Mit dem eingeklemmten Fadenende erreicht der Schützen die andere Seite des Webstuhles.

Der schematische Verlauf dieses ganzen Vorganges ist aus der Abb. 453[1] zu ersehen.

Den folgerichtigen Verlauf dieses Fertigungsschemas kann man aus der Abbildung erkennen, die für sich spricht.

Die Arbeitsweise der Maschine[2]. Zum Eintragen der Schußfäden in das Fach dient der Greiferschützen, der in der ersten Ausführungsform aus der Grundplatte *1* und der darin

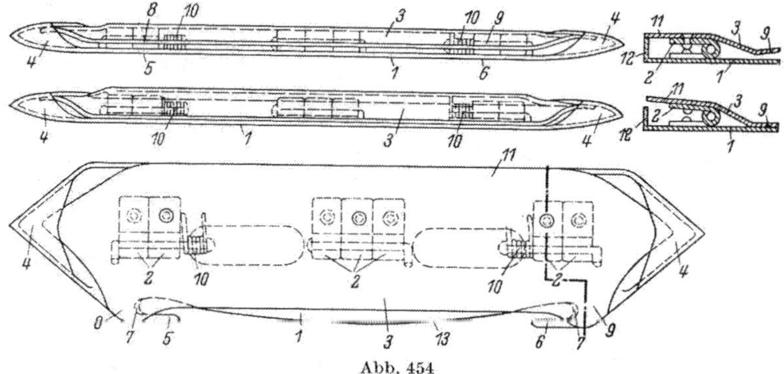

Abb. 454

durch die Scharniere *2* angelenkten Klappe *3* besteht. Die Achse der Scharniere *2* liegt in der Längsrichtung des Schützens. Die spitz auslaufenden Enden *4* der Grundplatte *1* sind taschenartig gestaltet. In diese Taschen reichen die Spitzenenden der Klappe *3* hinein, so daß sich beim Durchgang des Schützen durch das Fach kein Kettfaden an der Klappe *3* verfangen kann (vgl. Abb. 454).

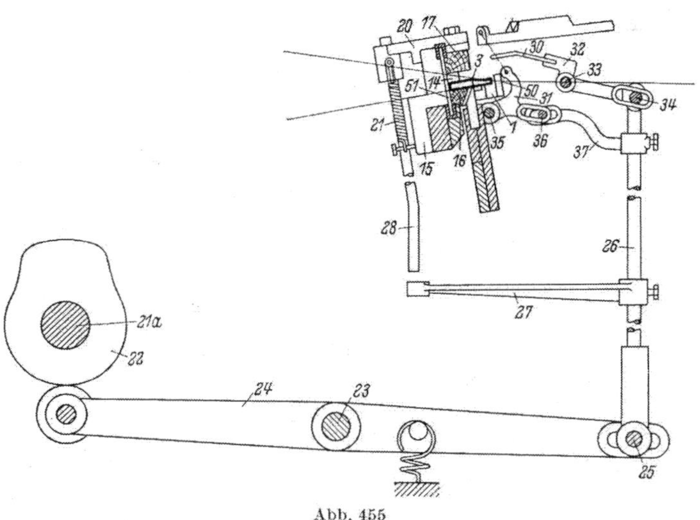

Abb. 455

An den Enden derjenigen Längsseite der Grundplatte *1*, die beim Durchgang des Schützens durch das Fach der Fachspitze *50* (vgl. Abb. 459) zugekehrt, also vom Webblatt *51* weggerichtet ist, ist je ein Fanghaken *5* bzw *6* angebracht. Die offenen Seiten dieser Fanghaken sind einander zugekehrt, so daß der jeweils in das Fach einzutragende Schußfaden stets sicher von dem in der Bewegungsrichtung hinten befindlichen Fanghaken erfaßt und mitgenommen wird. Der Grund *7* beider Haken *5* und *6* ist messerartig zugespitzt, so daß zum Abschneiden

[1] Mzyk: Stand und Perspektive der Greifenschützen-Webmaschine, System „*Neumann*". Dtsch. Textiltechnik 1957, H. 1, 2.

[2] Der Neumann-Greiferwebstuhl. Spinner u. Weber 1957.

des jeweils neu erfaßten Schußfadens von dem mit dem Warenende noch verbundenen Fadenstück keine besonderen Messer an dem Schützen angebracht werden müssen.

Rings um den Grund *7* eines jeden der beiden Fanghaken *5* und *6* legen sich vorspringende Teile *8* bzw. *9* der Klappe *3* unter dem Einfluß der an dieser angreifenden Federn *10* an die Grundplatte *1* an, wodurch Klemmstellen für den Schußfaden gebildet werden, in die

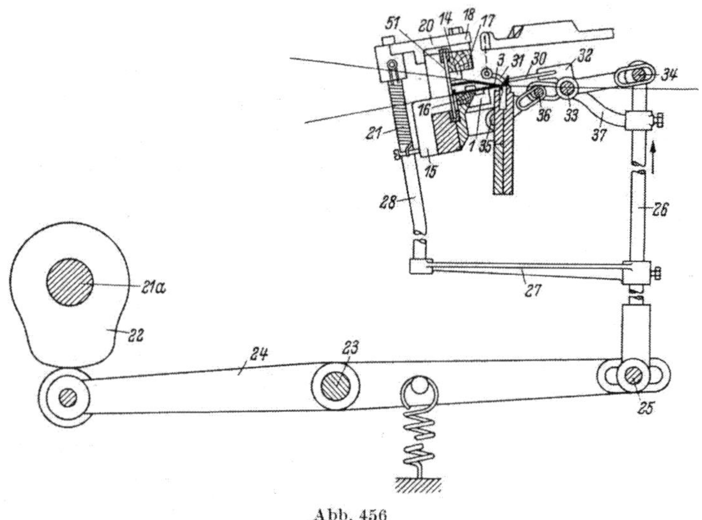

Abb. 456

sich letzterer hineinzieht, wenn er beim Vorbeigang des Schützens an einer Fadenzuführstelle in einen der Fanghaken gelangt ist. Der den Klemmstellen abgekehrte Rand *11* (Abb. 454) der Klappe ist jeweils dann, wenn die Klemmstellen geschlossen sind, von der Grundplatte *1* abgehoben. Um die Klemmstellen zu öffnen und damit das jeweils festgehaltene Schußfaden-

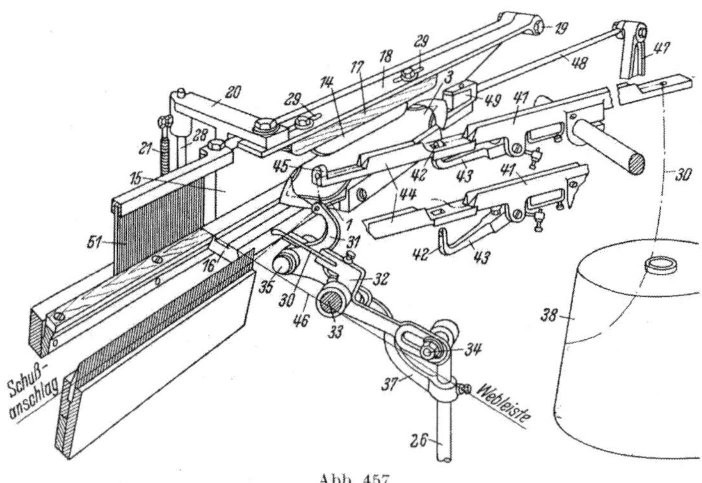

Abb. 457

stück frei zu geben, ist der Klappenrand *11* in Richtung nach der Grundplatte *1* hin niederzudrücken, wobei sich der Klappenrand *11* gemäß Abb. 454 auf der oberen Kante der Rückwand *12* des Schützens abstützen kann, um den zum Abbremsen des Schützens erforderlichen Druck der Schützenkastenzunge *14* (Abb. 457 bis 459) sicher abfangen zu können.

Zwischen den Fanghaken *5* und *6* ist die Grundplatte *1* in Form eines flachen Bogens *13* (Abb. 454) etwa ebenso weit vorgewölbt, wie die Haken *5* und *6* vorspringen. Dieses Bogenstück *13* sichert einen störungsfreien Lauf des Schützens entlang der Fachspitze *50* (Abb. 459).

Zum Niederdrücken des Klappenrandes *11* dient die Schützenkastenzunge *14*, die zu diesem Zweck nicht in der Seitenwand *15* des Schützenkastens, sondern über dem Boden *16* des letzteren senkrecht bewegbar angeordnet ist. Der aus Kunststoff hergestellte Teil *14* der Schützenkastenzunge ist an einer Holzleiste *17* und diese an dem metallenen Hebel *18* befestigt, der um den Zapfen *19* auf und nieder schwenkbar ist. An dem freien Ende des Hebels *18*

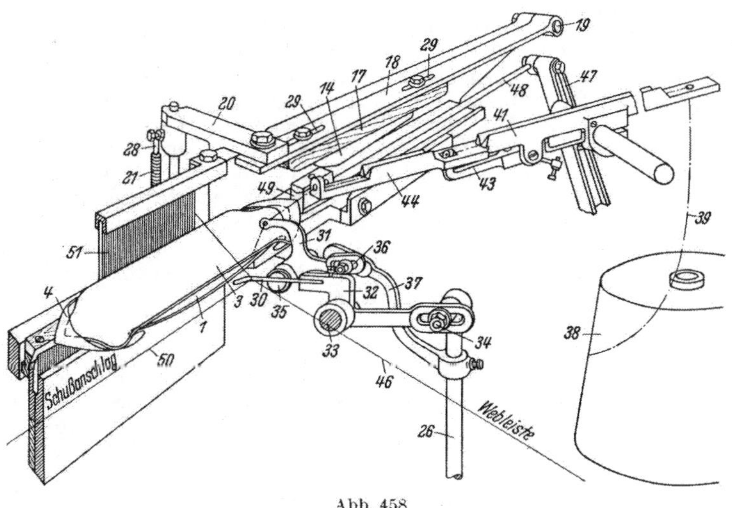

Abb. 458

ist ein Querraum *20* angebracht, der durch die Feder *21* niedergezogen wird, bis sich die Schützenkastenzunge *14* auf dem Schützen oder, falls sich dieser nicht in dem betreffenden Kasten befindet, der Querarm *20* auf dem oberen Rand der Seitenwand *15* des Schützenkastens abstützt. Um die Schützenkastenzunge *14* bei Beginn einer Schützenbewegung anheben zu können, ist folgende Vorrichtung getroffen:

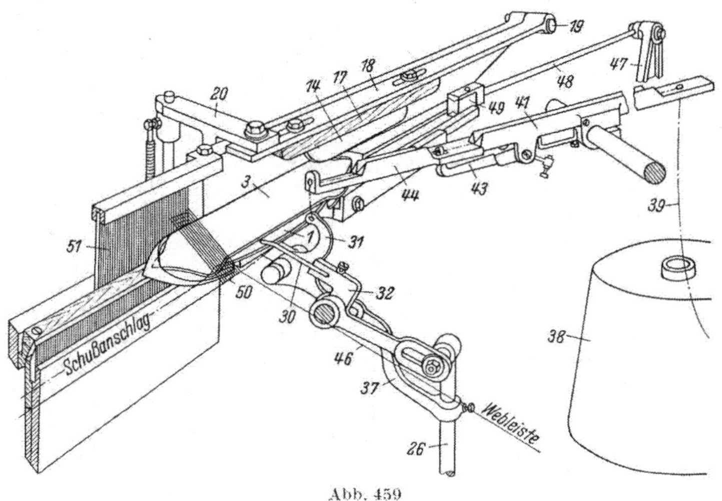

Abb. 459

Auf jeder Maschinenseite sitzt auf einer Welle *21a* eine Kurvenscheibe *22*, durch die ein doppelarmiger, bei *23* am Maschinengestell gelagerter Hebel *24* auf und nieder bewegt wird. Der freie Arm dieses Hebels *24* trägt mit Hilfe des in einem Langloch verstellbaren Gelenkbolzens *25* eine Stellstange *26*, an der verstellbar ein Querraum *27* befestigt ist. Beim Aufwärtsbewegen der Stange *26* trifft das freie Ende des Querarmes *27* auf das untere Ende der an dem Querarm *20* der Schützenkastenzunge *14* befestigten Antriebsstange *28* auf und hebt dann diese gemeinsam mit der Schützenkastenzunge *14* an. Dies geschieht jeweils bei demjenigen Schützenkasten, von dem aus der Schützen durch das Fach hindurchzutreiben ist, während in dem gegenüber befindlichen Kasten die Schützenkastenzunge niedergedrückt sein muß, um die Klemmvorrichtung des Schützens bei dessen Einlaufen in den betreffenden Kasten öffnen und den Schützen abbremsen zu können. Demgemäß sind die Kurvenscheiben *22* auf den beiden Maschinenseiten um 180° gegeneinander verdreht (Abb. 455 und 456).

Damit man den Augenblick des Öffnens der Klemmvorrichtung genau den jeweiligen Erfordernissen entsprechend einstellen kann, ist die Schützenkastenzunge *14* zusammen mit der sie haltenden Leiste *17* in Richtung der Schützenbahn verstellbar an dem Hebel *18* befestigt, der zu diesem Zweck Längsschlitze *29* für die Halteschrauben der Leiste *17* besitzt. Die Stellstange *26* dient ferner zur Verstellung eines Fadensenkers *30* und eines Fadenführers *31*. Diese Teile haben die Aufgabe, den jeweils in das Fach einzutragenden Schußfaden derart an die Längskante *13* des Schützens bei dessen Vorbeilauf heranzuhalten, daß dieser Faden zuverlässig in den betreffenden Fanghaken *5* oder *6* gelangt und zwischen diesem und dem zugehörigen Klemmteil *8* bzw. *9* eingeklemmt wird.

Der drahtförmige Fadensenker *30* ist an einem Hebel *32* befestigt, der bei *33* am Maschinengestell vor dem Schützenkastenboden *16* neben der fertigen Stoffbahn gelagert ist. Der freie Arm dieses Hebels *32* besitzt ein Langloch, in dem der Gelenkbolzen *34* verstellbar befestigt ist. An diesem Bolzen *34* ist die Stellstange *26* angelenkt, die dadurch eine sichere Führung besitzt.

Der Fadenführer *31* ist bei *35* unterhalb des Schützenkastenbodens *16* am Maschinengestellt gelagert. Ein Seitenarm des Fadenführers *31* besitzt ein Langloch, in dem der Bolzen *36* verstellbar befestigt ist. An diesem greift mit Hilfe eines Langloches der Querarm *37* an, der in der Höhe einstellbar von der Stange *26* getragen wird.

Beim Aufwärtsbewegen der Stange *26*, als jeweils dann, wenn die Schützenkastenzunge *14* zur Freigabe des Schützens für dessen Durchlauf durch das Fach angehoben wird, wird auch der Fadensenker *30* abwärts bewegt, wobei er das von dem Fadenführer *31* zum Warenrand reichende und mit letzterem verbundene Stück des neu in das Fach einzutragenden Schußfadens erfaßt und unter die Ebene des Schützenkastenbodens herunterdrückt, während daneben der Fadenführer *31* über den Weg des Schützens eingestellt wird und das vom Fadensenker *30* zu ihm hinreichende Fadenstück in steil aufwärts gerichteter Lage derart in den Weg des nun vorwärts zu treibenden Schützens hält, daß sich dieses Fadenstück beim Vorbeigang des Schützens an dessen Randteil *13* andrückt und dann in den nachfolgenden Fanghaken *5* oder *6* gelangt, an dem der Faden festgeklemmt wird. Danach zieht sich das von dem betreffenden Fanghaken zum Warenrand reichende Fadenstück bei der Weiterbewegung des Schützens straff, wobei es von dem messerartig zugeschärften Grund *7* des betreffenden Fanghakens durchschnitten wird.

Wenn der Schützen an dem Fadensenker *30* vorbeigegangen ist, wird dieser wieder in eine wirkungslose Lage gehoben und auch der Fadenführer *31* wieder in die Ruhestellung von dem Schützenkasten zurückgezogen und dabei so eingestellt, daß sich das Öhr des Fadenführers *31* im Ruhezustand annähernd in der gleichen Höhe wie die Fachspitze befindet, die durch den jeweils vorher eingetragenen Schußfaden bestimmt ist. Hierdurch wird erreicht, daß sich der vom Schützen mitgeführte Schußfaden beim Eintragen in das Fach möglichst wenig an den Kettfäden reibt.

Damit der Faden von dem Fadenführer *31* und dem Fadensenker *30* zuverlässig in der vorgesehenen Weise dem Schützen zum Erfassen dargeboten werden kann, ist es notwendig, ihn schwingungsfrei dem Fadenführer *31* zuzuleiten. Daher wird der von der Spule *38* abgezogene Faden *39* nach dem Durchmesser durch eine Fadenbremse über die mit einer Rille versehene Führungsschiene *41*, durch das Öhr *42* des an der letzteren gelagerten und mit einem Kontaktheberarm versehenen Fadenwächterhebels *43*, ferner über die Führungsschiene *44* und durch das mit dieser verbundene Auge *45* dem beweglichen Fadenführer *31* und von diesem aus dem Warenrand *46* zugeführt. Dies ergibt außerdem den wesentlichen Vorteil, daß der Schußfadenwächter *43* in unmittelbarer Nähe des Schützenkastens angeordnet und daher beim Bruch des Schußfadens keine Verzögerung der Maschinenabstellung zu befürchten ist.

Der Antrieb des Schützens erfolgt mit Hilfe des Schlaghebels *47* und einer daran angelenkten annähernd in der Richtung der Schützenbahn angeordneten Stoßstange *48*, an deren freiem Ende ein aus Gummi oder dergleichen hergestellter und wie ein Picker wirkender Treibklotz *49* befestigt ist, der in einer Längsnut des Schützenkastenbodens geführt wird.

Die in der Fotografie S. 31 dargestellte Ausführungsform des Schützens ist eine neuere Konstruktion, die jedoch im Prinzip nach der gleichen Weise wie beschrieben arbeitet. Die Größe des Greiferschützens ist 160 mm Länge, 33 mm Breite, die Höhe ist vorn 2 mm, hinten 12 mm, das Schützengewicht ist 90 g.

b) Das Eintragen des Schußfadens auf Greifer-Webstühlen

Das System der Fertigung auf Greifer-Webstühlen ist grundsätzlich anders als auf Greiferschützen-Webstühlen. Während der Greiferschützen den Faden erfaßt und mit diesem durch das ganze Fach hindurcheilt, muß der Greifer vor dem Schließen des Faches aus diesem zurückgezogen werden. Um die hierdurch erklärliche Zeitschwierigkeit zu überwinden, sind die Greifer-Webstühle fast ausnahmslos mit beiderseits arbeitenden Greifern ausgerüstet, von denen der eine den Faden bis zur Mitte führt und dort dem anderen sich rückwärts bewegenden Greifer übergibt. In der nachfolgenden dispositiven Behandlung sollen einige Konstruktionen dieser Art erläutert werden.

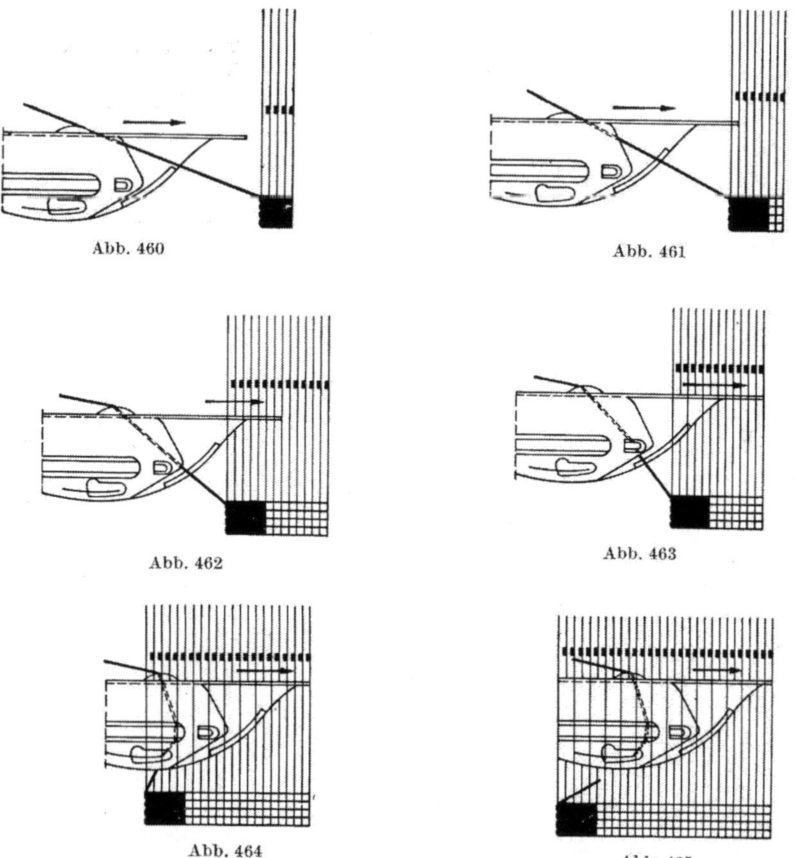

Abb. 460 Abb. 461

Abb. 462 Abb. 463

Abb. 464 Abb. 465

1. Die Engels-Greiftex-Webmaschine. Bei dieser Ausführungsart handelt es sich um eine Konstruktion, die in Lizenz nach der Erfindung von RAYMOND DEWAS gebaut wird. Dieses System führt in der prinzipiellen Anordnung zurück auf die ersten, seinerzeit von Gabler gebauten Webstühle. Die erste betriebsreife Konstruktion dieser Art wurde auf der Internationalen Textilmaschinenmesse in Lille zum ersten Mal gezeigt. Das Prinzip der Arbeitsweise ist aus den vorstehenden Abb. 460 bis 474 ersichtlich.

Auf der Lade sind zwei Führungen mit Profilierung für die Greifer montiert. Diese übernehmen gegenläufig zusammenarbeitend den Schuß und tragen ihn ein. Der Geberkopf auf der Eintragsseite (die linke Seite hat einen schmalen

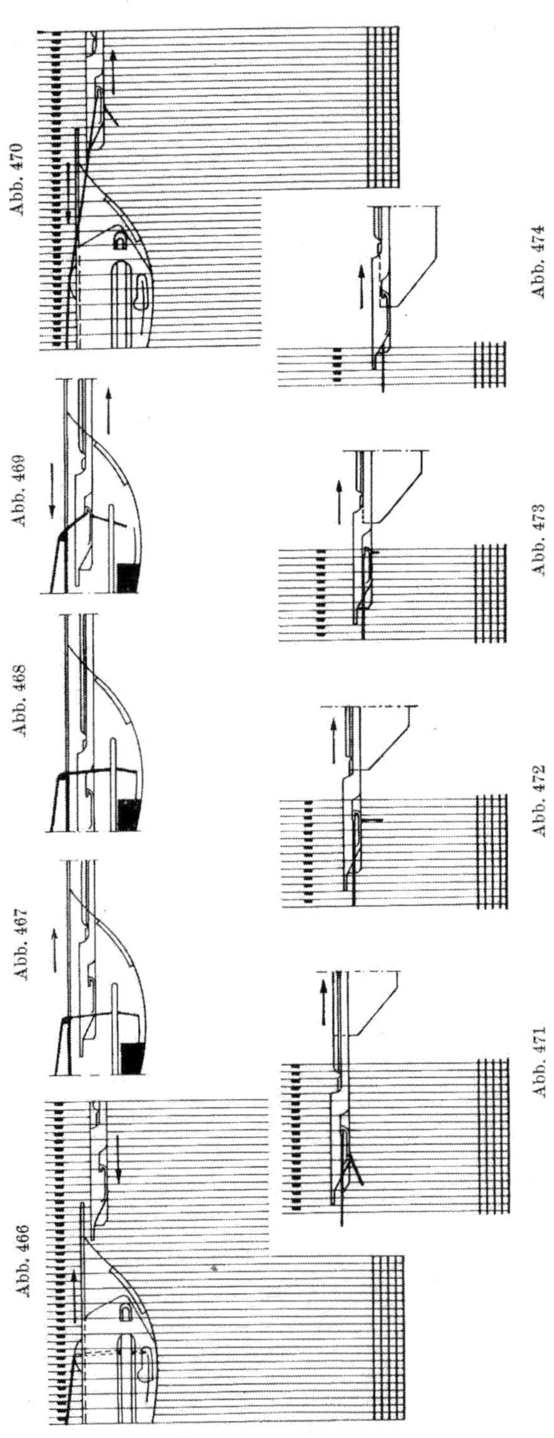

Abb. 466 Abb. 467 Abb. 468 Abb. 469 Abb. 470

Abb. 471 Abb. 472 Abb. 473 Abb. 474

Führungskopf, vgl. Abb. 460). Dieser erfaßt beim Eintreten in das Webfach den vorgespannten Schußfaden bei voller Geschwindigkeit (Abbildungen 461 bis 463). Der Schußfaden wird dabei innerhalb der Kante durchschnitten (vgl. Abb. 464), und das abgeschnittene Fadenende wird, wie aus der Abbildung ersichtlich, in die Kante eingelegt (vgl. Abb. 465). Auf diese Weise entsteht eine feste, solide Kante. Der nun einmal erfaßte Schußfaden wird von der Spule abgezogen und bis zur Mitte des Faches geführt (vgl. Abb. 466). In der Zwischenzeit ist von der rechten Seite aus der zweite Greifer, der „Nehmer", ebenfalls in das Fach eingeführt, und dieser hat die Aufgabe, den vom „Geber" dargereichten Faden zu erfassen. Die Übergabe des Schußfadens ist in den Abb. 467 bis 471 dargestellt. In der Abb. 467 begegnen sich noch beide Greifer, während in der Abb. 468 der Totpunkt der Bewegungen beider Greifervorrichtungen erreicht ist. Der „Geber" und „Nehmer" sind so tief in das Fach eingeführt worden, daß ein kleiner Haken des „Nehmers" links neben das Ende des Schußfadens zu liegen kommt. Beim Rücklauf des Greifers wird dieser Haken den Schußfaden unfehlbar erfassen. Das zeigen die Abb. 467 bis 470, bei denen die Vorderwand des Führungskopfes zur besseren Darstellung weggelassen worden ist. Bei der Übergabe berühren einander weder Geber noch Nehmer. Beim Austritt des Nehmers aus dem Webfach (Abbildungen 471 bis 474) wird der Schußfaden bei voller

Geschwindigkeit freigegeben. Das sich dabei schließende Fach verhindert ein Zurückspringen des Schußfadens. Die Bildung der Kante auf der rechten Warenseite erfolgt durch eine besondere Vorrichtung, durch die das überstehende Fadenende in das nächste Fach eingelegt wird.

2. Das System Thoumire[1]. Es handelt sich hier um eine Konstruktion von ALFRED THOUMIRE aus Mazamet. Es ist eine Konstruktion, die eine prinzipiell ähnliche Verwirklichung der Eintragung des Schußfadens zeigt. Die Abb. 475 kennzeichnet in 7 Phasen die Bewegung am Webstuhl.

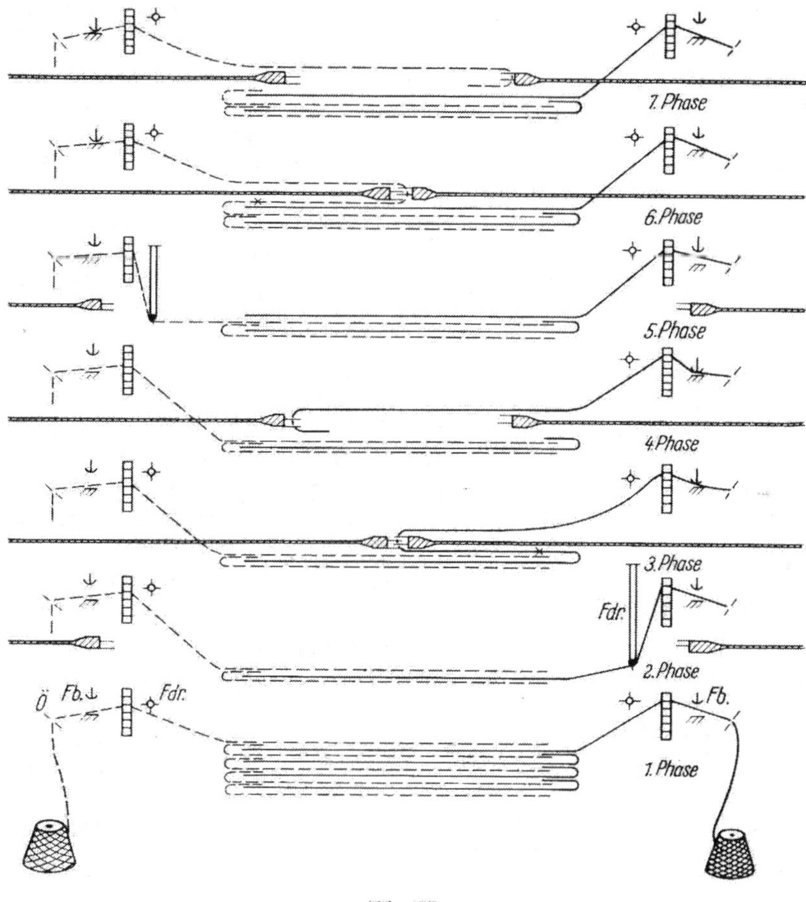

Abb. 475

1. Phase: Der letzte graue Schuß (gestrichelt gezeichnet) ist von links nach rechts eingetragen worden. Sein freies, von der grauen, links neben dem Webstuhl stehenden konischen Spule kommendes Ende wird durch die Öse *Ö* an der geöffneten Fadenbremse *Fb* vorbei und durch den dritten der Schieber bis zur Gewebekante geführt.

2. Phase: Von der „Wechseleinleitung" gesteuert, wurde der schwarze (voll ausgezeichnete) Schuß auf der gegenüberliegenden Seite durch den Schieber über die Ladenbahn und in den Bereich des nach unten schwingenden Fadendrückers

[1] DEUSSEN, JULIUS: Schützenloser Webstuhl. Spinner u. Weber 1957, Nr. 18.

ψdr gebracht, so daß er von dem auf dieser Seite herannahenden Stahlbandgreifer mitgenommen werden kann. Fadenbremse *Fb* ist noch geöffnet.

3. Phase: Die beiden Greifer sind gleichzeitig von beiden Seiten in das Fach eingedrungen. Der rechte Greiferkopf hat den ihm dargebotenen schwarzen Schuß erfaßt und während eines kurzen Fachstillstandes dem linken Greiferkopf übergeben. In diesem Augenblick hält die Fadenbremse *Fb* den von der konischen Kreuzspule kommenden schwarzen Schuß fest, und gleichzeitig schneidet eine von unten durch die Leiste geführte Schere den Faden im Abstand von etwa 15 mm von der Außenkante an der mit × bezeichneten Stelle ab.

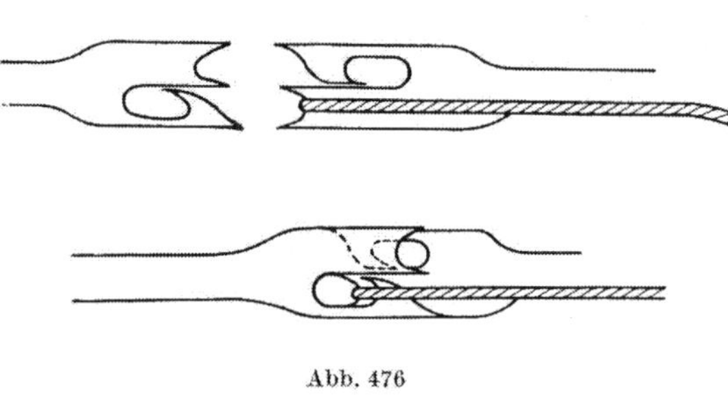

Abb. 476

Die Übergabe der Schußfadenschlinge ist aus den Abb. 476 zu ersehen: der rechte Greiferkopf ist unten zu einer Gabel und oben zu einem Karabinerhaken ausgebildet. Am linken Greifer ist die gleiche Anordnung, aber umgekehrt. Der rechte Greiferkopf hat somit die Schußfadenschlinge in den Karabinerhaken des linken Greiferkopfes gedrückt.

4. Phase: Die beiden Greifer kehren in ihre Ausgangsstellung zurück, wobei der linke Greiferkopf das lose Ende der Schlinge mitschleift.

5. Phase: Dieses Schlingenende reicht bis zu einem (einstellbaren) Abstand von etwa 10 mm an die linke Leistenkante. Das abgeschnittene kurze Ende und der gestreckte schwarze Schußfaden werden — bei Leinwandbindung für die Leiste — auf der rechten Seite wie in einem Fach eingebunden, gleichsam in Ripsbindung. Nunmehr wiederholt sich der gleiche Vorgang mit dem grauen Schußfaden auf der linken Seite. Es entsprechen dann die 5. Phase der 2., die 6. Phase der 3. und die 7. Phase der 4. in entgegengesetzter Richtung.

3. Der Tumack-Webstuhl[1]. In der zitierten Veröffentlichung wird dieser Webstuhl mit Rapier-Loom. bezeichnet. In der wörtlichen Übersetzung dürfte

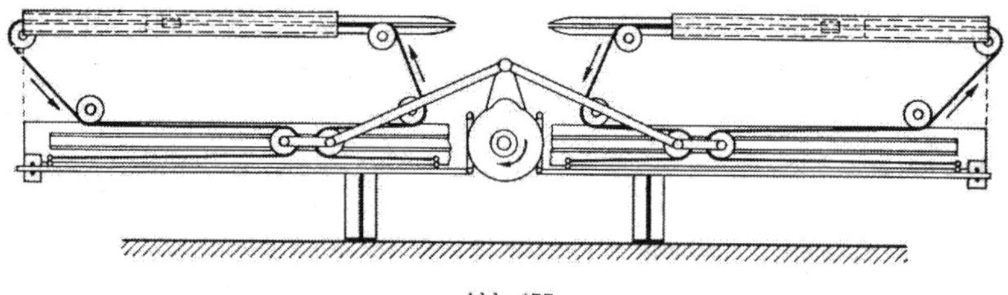

Abb. 477

man also zu diesem Stuhl Lanzenwebstuhl sagen. Der Webstuhl wird gebaut von der Firma James Mackie & Son Ltd. in Belfast. Das Schußgarn wird mit Hilfe von zwei Lanzen eingetragen, deren jede zwei Schußfäden zur gleichen Zeit führt. Diese Lanzen, die den Schußfaden von den seitlich vom Stuhl angeordneten Kreuzspulen abziehen, sind doppelt vorhanden. Sie sind der Länge nach aufgeschlitzt, so daß jede Zunge der Lanze durch ein eigenes Fach geführt werden kann. Wird die eine Doppellanze von der einen Seite des Webstuhles in das Fach eingeführt, so weicht die andere im umgekehrten Sinne zurück. Auf diese

[1] Silk & Rayon Record, Nov. 1957, S. 1182—1184.

Weise bewegen sich die Spitzen der beiden Lanzen in der gleichen Richtung über die ganze Webbreite.

Die Abb. 477 zeigt den Mechanismus für die hin- und hergehende Bewegung der Doppellanzen, mit denen der Schußfaden eingetragen wird. Jede Lanze ist an einem Zug befestigt, der durch ein zentrales Exzentersystem gesteuert wird.

Aus der Abb. 478 ist der Bewegungsmechanismus des Schaftes ersichtlich. Unter Federspannung stehen die Schaftrahmen, die den Fachwechsel ermöglichen, während die eine Lanze in das Fach eintritt und die andere das vorhergehende verläßt. Die Steuerexzenter sind unterhalb der Züge sichtbar. Es wird darauf hingewiesen, daß jede Litze zwei Augen besitzt, die für das Doppelfach erforderlich sind (in Zusammenarbeit mit doppelter Lanze).

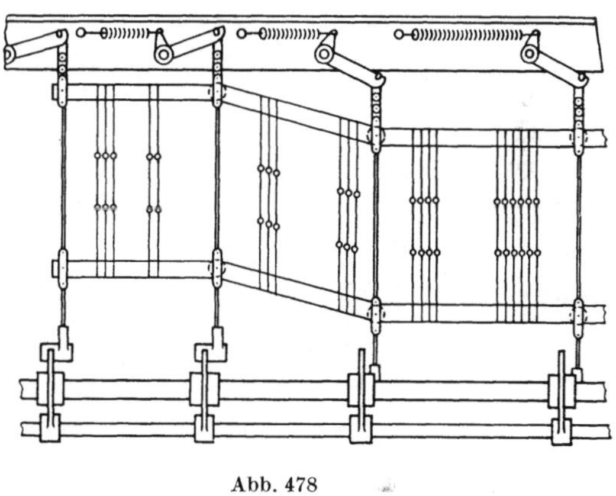
Abb. 478

Auf beiden Seiten des Webstuhles befinden sich je eine besondere Gruppe von Litzen, die eine kleine Zahl von Kettfäden bewegen, aber nur ein *einziges* Fach für die Gewebeleiste bilden. So entsteht auf jeder Seite eine schmale Kante, die doppelt so viele Schußfäden enthält wie das übrige Gewebe, das auf diesem Webstuhl als Schlauchgewebe entsteht. Die Kante wird durch einen besonderen Apparat gebildet. Dieser Apparat besteht aus einer einfachen Nadel, die zwischen die Schußfäden und die Lanze tritt, und einem Messer an ihrem Schaft. Dieses Messer wird benützt, um den Faden abzuschneiden, wenn sich die Nadel abwärts bewegt und ein kurzes Stück Faden im Fach zurückläßt, das in die Kante eingewebt wird.

Die Arbeitsfolge ist wie jetzt beschrieben gekennzeichnet: Hat eine Lanze den Schuß gerade über die ganze Webbreite in das Fach eingetragen, so wird dieser Faden dicht an der Gewebekante abgeschnitten und bleibt als Schuß im Gewebe zurück. Dieselbe Lanze kehrt nun über die ganze Gewebebreite zurück in die Ausgangsstellung und schleppt an ihrer Spitze ein kleines Fadenstück mit. Während der Rückbewegung tritt eine Klammer in Funktion, die verhindern soll, daß Schußgarn von der Spule abgezogen wird. Eine besondere ,,Aufnahmevorrichtung“ nimmt den lose werdenden Faden zurück, in dem Maße, wie sich die Lanze in die Ausgangsstellung zurückbewegt (ohne einen Schußfaden im Fach abzulegen!). In der Zwischenzeit ist die Gegenlanze auch in das Fach eingetreten, aber ohne einen Faden abzulegen. Auch diese Lanze schleppt ein kurzes Fadenende mit sich, sie nimmt jedoch das Garn nicht von der Spule weg, sondern von der aufgespeicherten Fadenlänge in der Aufnahmevorrichtung.

Diese Lanze läßt nun das Fadenende in der gegenüberliegenden Kante zurück und damit auch in demselben Fach den ganzen Schußfaden, den sie freigibt, wenn sie wieder in die Ausgangsstellung zurückgeht. Von der anderen Seite rückt die andere Lanze, jedoch auch ohne Schuß abzulegen, aber ein kleines Fadenende mit sich schleppend, nach. Sie bewegt sich dabei aber bereits im neuen Fach. In der äußersten Stellung wird die Schußfadenlänge wieder der Aufnahmevorrichtung entnommen.

Je nach einem beendeten Hin- bzw. Hergang über die ganze Webbreite steht eine Lanze ganz außerhalb, die andere liegt mit der ganzen Länge im Fach und der Schuß wird an den Warenrand angeschlagen. Sobald die Bewegungsumkehrung erfolgt, ist auch das kurze Schußfadenende in der Kante befestigt und ein neuer Schuß wird in das Fach eingetragen, während die andere Lanze ihr langes Ende um das kurze, gerade eingewebte legt und dieses festhält, obwohl es in einem anderen Fach liegt.

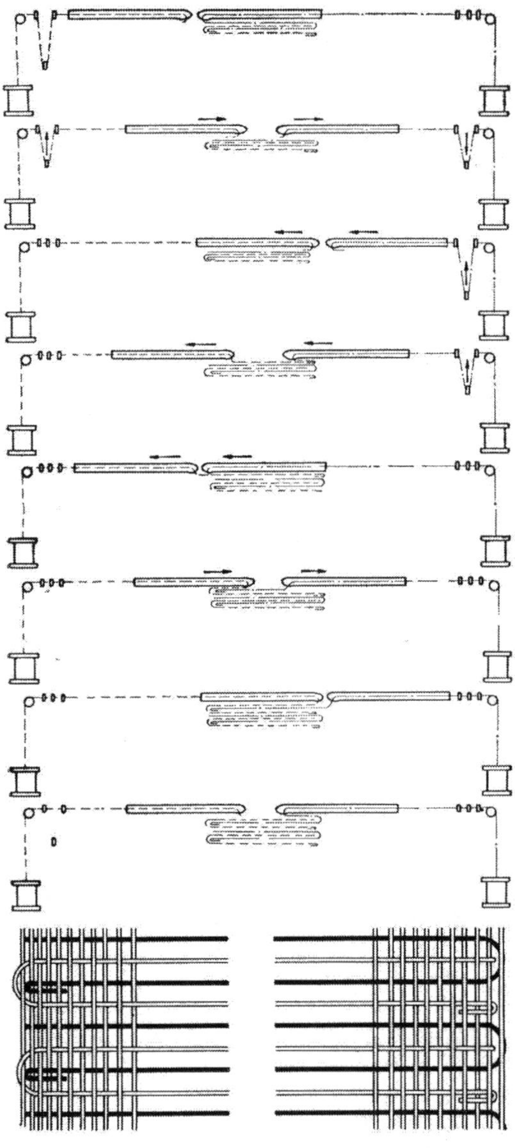

Abb. 479. Arbeitsweise bei Schußfolge 1:1

Während eine glatte Schußfolge mit der Kantenbindung die einfachste Möglichkeit darstellt, erkennt man aus der Abb. 479 eine Schußfolge 1 : 1 und darüber die Art der Herstellung. Die verschiedenen Bewegungsphasen können wie folgt erläutert werden (von oben nach unten):

1. Die rechte Lanze zieht sich zurück, die linke bewegt sich vorwärts in das Fach hinein, indem sie den Schußfadenvorrat mit sich zieht.

2. In der Mitte der Webbreite haben die Lanzenspitzen einen größeren Abstand voneinander als an den Gewebekanten. Wenn die linke Lanze zurückgezogen wird, bleibt der Schußfaden im Fach zurück (3. und 4. Bildzeile).

Derselbe Vorgang wiederholt sich nun von rechts. Nach dem Eintragen des nächsten Schusses von links wird die Biegung der Schußschlinge festgehalten und der Faden in der Nähe des Fadenauges der Lanze abgeschnitten. Das wiederholt sich rechts ebenfalls.

Wenn sich die linke Lanze zurückzieht, kommt die Schuß-Aufnahmevorrichtung zwischen der Spule und der Lanze zur Wirkung. Dies ist auch für die rechte Lanze in Bildzeile 2 bis 4 dargestellt[1].

3. Musterungsmöglichkeit und Kantenbildung auf den schützenlosen Webmaschinen

Wie aus den vorangegangenen Darstellungen ersichtlich ist, bestehen bei den schützenlosen Webmaschinen in dieser Hinsicht gewisse Probleme. Wird der

[1] Vgl. Rehlein: Englische Neuschöpfung — der Tumack-Webstuhl. Spinner u. Weber 1958, Nr. 2, S. 84.

Schußfaden nur von einer Seite des Webstuhles eingezogen, so ist eine mehrfarbige Schußmusterung auf jeden Fall möglich. In diesem Fall verwendet man einen durch Karte gesteuerten Fadenhinreich-Apparat, der die richtige Schußfolge dem jeweiligen Greiferschützen oder Greifer vorlegt. Dies ist der Fall bei der Sulzer-Webmaschine und auch beim Greiftex-System. Bei den beiderseits angeordneten Schußspulaggregaten ist zunächst einmal eine glatte Musterung, dann eine Schußfolge 1 : 1 auf jeden Fall möglich. Soll mit noch mehr Farben gearbeitet werden, so besteht im Hinblick auf den Konstruktionsaufwand auf jeden Fall eine gewisse Schwierigkeit.

Diesem Problem wendet man sich — von Ausnahmen abgesehen — derzeitig noch nicht sehr intensiv zu, weil man mit solchen Webmaschinen in erster Linie dem Automaten-Webstuhl Konkurrenz bieten möchte, der ja bekanntlich auch in der Musterungsmöglichkeit gewisse Einengungen zeigt.

Die Kantenbildung wurde innerhalb der vorangegangenen Darstellung wiederholt erwähnt. Das grundsätzliche Prinzip, das heute bei den Konstruktionen verwirklicht wird, ist das Einbinden des überstehenden Schußfadenendes in das nächstfolgende Fach. Hieraus ergeben sich in der Weiterverarbeitung ganz bestimmte Schwierigkeiten. Zunächst einmal wird die Kante selbst etwas härter als das Grundgewebe — eine Schwierigkeit, mit der der Weber durch die Wahl einer geeigneten Kantenbindung fertig werden muß, andererseits verlangt eine so gewebte Kante in der Regel die Verarbeitung in der Ausrüstung über Kluppenketten. Nadelketten sind für derartige härtere Kanten in der Regel nicht geeignet. Wegen der geringeren Festigkeit der Kante wird auch verlangt, daß das überstehende Schußfadenende ausreichend lang genug ist (etwa 1—1,5 cm). Das ist für die Verarbeiter hochwertigster Qualitäten gegebenenfalls ein Hinderungsgrund, weil hier eine zusätzliche Materialverbrauchsstelle gesehen werden muß. Jedenfalls ist das ein Hinweis, der gelegentlich gemacht wird. Im Hinblick aber auf die weitaus höhere Wirtschaftlichkeit solcher Systeme dürfte dieser kleine Verlust durchaus in Kauf genommen werden müssen. Manchmal diskutiert man auch, eine Kante durch Verwendung von Dreherlitzen zu erzeugen, um später auf einer geeigneten mechanischen Vorrichtung die überstehenden Fadenenden abzuschneiden. Die Verwendung von Dreherkanten setzt jedoch voraus, daß die Ware niemals unter Schußspannung in der Ausrüstung verarbeitet wird. Außerdem ist eine Dreherkante sehr unsauber im Vergleich zu den sehr sauberen Kanten, wie sie beispielsweise auf der Sulzer-Webmaschine und ähnlichen kantenbildenden Maschinen entstehen. Diese Kanten sind durchaus in ihrer Sauberkeit mit den üblichen Kanten der Gewebe auf normalen Webstühlen vergleichbar.

1. Eintragen des Schußfadens durch Wasser oder Preßluft. Dieser Weg für das Eintragen des Schusses wurde zum ersten Male auf der Internationalen Messe für Textilmaschinen in Lille gewiesen. Eine tschechische Firma (Kovo) zeigte einen Webstuhl, bei dem (es wurde mit Polyamid-Faser-Garnen gearbeitet) der Schußfaden durch einen Wasserstrahl durch das Fach getragen wurde. Bei einem anderen abgewandelten System wurde der Schußfaden durch einen Preßluftstrahl getragen. Man begegnete diesen Konstruktionen, insbesondere dem Antrieb durch Wasserstrahl, mit besonderer Skepsis. Man kann auch beobachten, daß sich die Art der Schußeintragung durch Wasser nicht durchsetzen konnte. Der Grund ist wohl die Einengung eines universellen Anwendungsbereiches bei den durchweg hygroskopischen Textilien.

Aber der Antrieb durch Luft blieb weiterhin interessant. Eine neue schwedische Konstruktion wurde dem Westen im Jahre 1958 als Neuentwicklung vorgestellt: der schwedische Düsenwebstuhl von Pääbo. Diese Konstruktion wurde bereits auf S. 39 beschrieben.

2. Eintragen des Schusses durch ein elektromagnetisches Wanderfeld. Es gibt eine Reihe von Patentschriften, die auf diese Möglichkeit hinweisen. Auch an Versuchen der Verwirklichung hat es nicht gefehlt. Die Wirtschaftlichkeit des Antriebes bleibt jedoch immer noch sehr fraglich.

Die Wirkungsweise einer solchen Vorrichtung ist etwa so wie bei einem synchron laufenden Motor. Unterhalb der Ladenbahn oder entlang des Blattes wird durch Wicklungen ein elektrisches Wanderfeld angeordnet, mit dem der Schützen läuft. Das Wanderfeld kehrt nach jedem Eintrag um und der Schützen ebenfalls. Die dabei auftretenden Beschleunigungen und Verzögerungen erfordern jedoch eine hohe Energie.

Interessant wird dieser Antrieb, wenn die hin- und hergehende Schützenbewegung in eine stete Bewegung umgewandelt werden kann. Diese Möglichkeit ist bei der Arbeitsweise des Rundwebstuhles geboten.

4. Kinematische Analyse der Laden- und Schützenbewegung

In der Ausarbeitung über den „Einfluß der Ladenbewegung auf die Gleichmäßigkeit der Webstuhldrehzahl" (vgl. S. 270) wurde zum Ausdruck gebracht, daß an die Form der Ladenbewegung eine Reihe von Bedingungen gestellt werden müssen, die einerseits kinematischer und andererseits wirtschaftlicher Bedeutung sind. Es wurden dabei folgende Forderungen gekennzeichnet:

1. Während des Schützendurchganges soll die Hubgeschwindigkeit der Lade dem Wert 0 zustreben, damit
   a) der Weg des Schützens möglichst geradlinig ist und
   b) die volle Fachhöhe ausgenützt werden kann, d. h., damit die Verwendungsmöglichkeit eines größtmöglichen Schützens gegeben ist; oder
   c) damit bei vorhandener Schützenhöhe der Fachhub reduziert werden kann und durch eine geringere Kettfadendehnung größere Materialschonung erzielt wird.
2. Die Bewegung der Lade soll möglichst stoßfrei vor sich gehen, d. h., das Ladendiagramm soll möglichst keine Knicke aufweisen, desgleichen sind starke Krümmungen und große Unsymmetrie zu vermeiden. In dem vorgenannten Kapitel wurden diese Bedingungen richtungsweisend für die Durchführung selbst und die Ermittlung sowie die Kritik der verschiedensten Ladendiagramme an Hand prinzipieller theoretischer Konstruktionen dargestellt.

Während in dem vorgenannten Kapitel lediglich die reine Bewegung der Lade an theoretischen Konstruktionen erörtert wurden, soll in der nachfolgenden Abhandlung das Verhältnis zwischen Ladenbewegung und Schützenbewegung durch Untersuchungen und Berechnungen an bestehenden Webstuhlkonstruktionen erörtert werden.

Schützenflugbahn und Ladenbewegung

Zwischen dem Schützenlauf und der Ladenbewegung muß eine unmittelbare Beziehung bestehen; denn bei seinem Flug durch das Webfach unterliegt der Schützen starker kinematischer Beeinflussung. Diese Einflüsse sind gekennzeichnet durch die Bewegung der Ladenbahn senkrecht zum Schützenflug und durch die Reibung des Schützens im Fach und am Blatt.

Für die verhältnismäßig labile Flugbahn des Schützens ist die Verschiebung seiner Laufbahn äußerst kritisch. Hierbei treten Krafteinwirkungen auf, die durch die Gesetze der Rotationsbewegung geklärt werden können. Die dabei auftretenden Verhältnisse bergen die Gefahr in sich, daß der Schützen aus der Bahn herausgeschleudert wird.

Die Reibungsverluste zwischen dem Schützen, dem Blatt und den Kettfäden wirken sich als Verzögerung auf die Schützengeschwindigkeit aus. Die dabei auftretenden höheren Kraftaufwendungen setzen eine besondere Auswahl der Gleitflächen voraus.

Der einwandfreie Schützenflug ist ein sehr wichtiges Kriterium für den einwandfreien Lauf des Webstuhles. Somit müssen bei der Konstruktion der Lade die hierfür gesammelten Erkenntnisse und Erfahrungen berücksichtigt werden. Neben diesen Faktoren müssen bei der Konstruktion des Ladenantriebes auch andere Dinge, wie der Lauf der Maschine, der Schußanschlag und der Kraftbedarf sowie das Drehmoment berücksichtigt werden. Obwohl die Erörterung solcher Dinge über den Rahmen und das Thema der vorliegenden Arbeit hinausgeht, mögen sie doch, soweit sie von dringlichem Interesse sind, am Rande mit diskutiert werden.

Der besondere Wert dieser Arbeit soll darin gesehen werden, daß die zunächst wiedergegebenen Messungen an bestehenden Konstruktionen durch die mathematischen Ermittlungen bestätigt werden, die dann ihrerseits eine Verallgemeinerung ermöglichen.

a) Die Ladenbewegung

Die Bewegung der Lade ist eine Funktion des Ladenantriebes. Ganz allgemein ist zur Ladenbewegung unter Beziehung auf den Schützenlauf zu sagen, daß der Hubweg und die Hubgeschwindigkeit während des Schützendurchganges möglichst dem Wert 0 zustreben sollen. Besonders kritisch ist dieses Problem bei breiten, schnellaufenden Webstühlen, da es nicht möglich ist, ohne einen Kompromiß im Hinblick auf die dynamischen Faktoren zu konstruieren. Der Schützenlauf muß organisch in die Arbeitsweise des Webstuhles eingefügt werden. Man rechnet mit $^1/_3$ bis $^1/_5$, bei sehr breiten Stühlen bis $^2/_5$ der Kurbelumdrehung für den Schützendurchgang. Die für den geringen Ladenhub während dieser Zeit verantwortlichen Konstruktionsmerkmale sind:

1. Das Stangenverhältnis (Kurbelkröpfung: Ladenarm).
2. Die Höhe der Lager und der Kurbelwelle gegenüber dem Ladenangriffspunkt.

Je kleiner das Stangenverhältnis ist (z. B. Kurbelwebstuhl 1 : 1,6), um so geringer ist der Ladenhub während des Schützenlaufes. Die gleiche Wirkung hat eine Verlagerung der Kurbelwelle nach unten zur Folge.

Das Ladendiagramm verschiedener Webstuhlkonstruktionen. Um konstruktive Unterschiede möglichst klar herauszustellen, sollen die Diagramme verschiedener Stuhltypen in Verbindung mit den maßstabgerechten Skizzen von Lade und Ladenantrieb verglichen und diskutiert werden. Für die Untersuchungen wurden die Ladendiagramme direkt durch Aufnahme an Webstühlen ermittelt. Dabei wurde folgendermaßen vorgegangen: Auf die Kurbelwelle wurde eine Scheibe mit Gradeinteilung von 0—360° aufgeschraubt. Mit Hilfe eines am Webstuhlgestell angebrachten Zeigers konnte eine Drehung der Kurbelwelle in den Intervallen von 10° genau ermittelt werden, wobei gleichzeitig die Entfernung Brustbaum—Riet in mm gemessen und die so erhaltenen Werte in das Koordinatenkreuz eingetragen wurden. Auf der Abszisse wurde zur besseren Ermittlung der Geschwindigkeiten die Gradeinteilung durch die Zeiten in Sekunden ersetzt. Die Ordinate stellt den Ladenweg in mm dar. Die den Winkelgeraden entsprechenden Zeitwerte ergeben sich aus der nachfolgenden Beziehung:

$$\frac{360\,n}{60} = 6\,n \text{ (Winkelgeschwindigkeit)} \quad n = \text{Webstuhldrehzahl.}$$

$$10^\circ \text{ entsprechen } \frac{1 \cdot 10}{6\,n} \text{ sek.}$$

Als Nullpunkt wurde für sämtliche Diagramme die vordere waagerechte Lage der Kurbelkröpfung festgehalten. Dieser Nullpunkt ist nicht identisch mit dem vorderen Ladentotpunkt. Die Lade hat vielmehr in diesem Punkt schon eine erhebliche Geschwindigkeit erreicht. Hiervon machen einige wenige Konstruktionen eine Ausnahme.

Aus den aufgestellten Weg-Zeit-Kurven sind die Geschwindigkeits-, Zeit- und Beschleunigungs-Zeitkurven durch graphische Differentiation ermittelt worden.

Aus dem Vergleich der drei Diagramme lassen sich die kritischen Punkte während des Schützendurchganges bequem ablesen.

Im wesentlichen wurde die Diskussion nur auf den Teil der Kurve bezogen, der mit dem Schützendurchlauf in unmittelbarem Zusammenhang steht. Die -.-.-Begrenzung auf den Diagrammen kennzeichnet Anfang und Ende der gesamten Schützenbewegung, die ---Begrenzung die Zeit, in der die Schützen sich im Fach befindet. Der Weg, den die Lade während des Schützendurchganges zurücklegt, ist mit x bezeichnet worden (Abb. 481, 483 u. 485).

Der Texo-Kurbelwebstuhl. Das Kennzeichen aller Kurbelwebstühle ist die besonders tief gelagerte Kurbelwelle, die kurze Pleuelstange und das weit nach hinten ausgeführte starre Ladendreieck (Abb. 480).

Wie aus dem s-t-Diagramm zu ersehen ist (Abb. 481), erhält man durch diese Konstruktion während einer verhältnismäßig langen Zeitdauer eine außerordentlich geringe Bewegung der Lade vor und nach dem hinteren Totpunkt. Der schädliche Ladenweg x beträgt 39 mm, das sind 21,6% von der Gesamtbewegung. Die geringe Ablenkung x bringt einen ruhigen Schützenlauf mit sich. Letzteres ist auch leicht aus dem Geschwindigkeits-Zeitdiagramm zu schließen. Die Geschwindigkeit fällt in einem flachen Bogen bis 0 (hinterer Totpunkt der Lade) und steigt in entgegengesetzter Richtung wieder an. Die entgegengesetzte Richtung der Ladenbewegung äußert sich im Diagramm durch ein negatives Vorzeichen.

Die Beschleunigungs-Zeitkurve läßt erkennen, daß auch die Umfangsbeschleunigung der Ladenbahn während des Schützendurchganges in geringen Grenzen variant ist. Das bedeutet, daß der Schützen mit geringem Druck gegen das Blatt gedrückt wird und wenig an Geschwindigkeit durch Reibung verliert. Weiter ist aus der b-t-Kurve ersichtlich, daß die Beschleunigung während des gesamten Schützenlaufes nach dem hinteren Totpunkt ansteigt. Der Schützen kann nicht durch Zentrifugalkraft aus der Bahn geschleudert werden (vgl.: Zweck und Art der Ladenbahnkrümmung, s. u.).

Diese Konstruktion hat zwar einen günstigen Schützenlauf zur Folge, ist aber auch durch den Nachteil gekennzeichnet, daß der Zeitverlust, der durch die geringe Bewegung in der

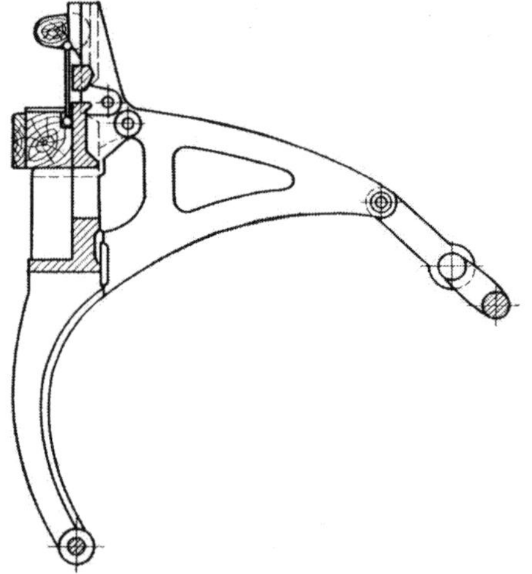

Abb. 480. Lade mit Antrieb bei Kurbelwebstuhl (Texo)

hinteren Totpunktlage entstanden ist, durch anschließend schnellere Ladenbewegung wieder aufgeholt werden muß. Aus diesem Grunde ist dann auch der Webstuhllauf nicht ganz stoßfrei, weil die Beschleunigung plötzlich ansteigt. Der Kraftaufwand ist höher und eine hohe Drehzahl kann nicht erreicht werden.

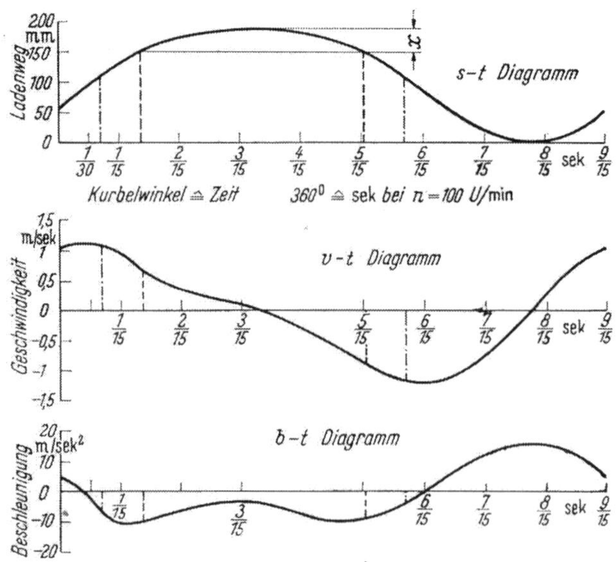

Abb. 481. Ladendiagramme (Texo)

Tuchwebstuhl Modell HBS II von Lentz. Bei diesem Webstuhl ist die Kurbelwelle hochgelagert und die Kröpfung ist mit der Lade durch eine lange Pleuel verbunden. Das Verhältnis von Kröpfung zur Pleuel ist etwa 1 : 4 (vgl. Abb. 482).

Das Weg-Zeit-Diagramm (Abb. 483) zeigt, daß die Lade während des Schützendurchganges innerhalb einer kleineren Zeiteinheit einen größeren Weg zurücklegt als beim Kurbelwebstuhl. Dabei beträgt der schädliche Ladenweg $x = 53$ mm. Vergleicht man diesen Wert

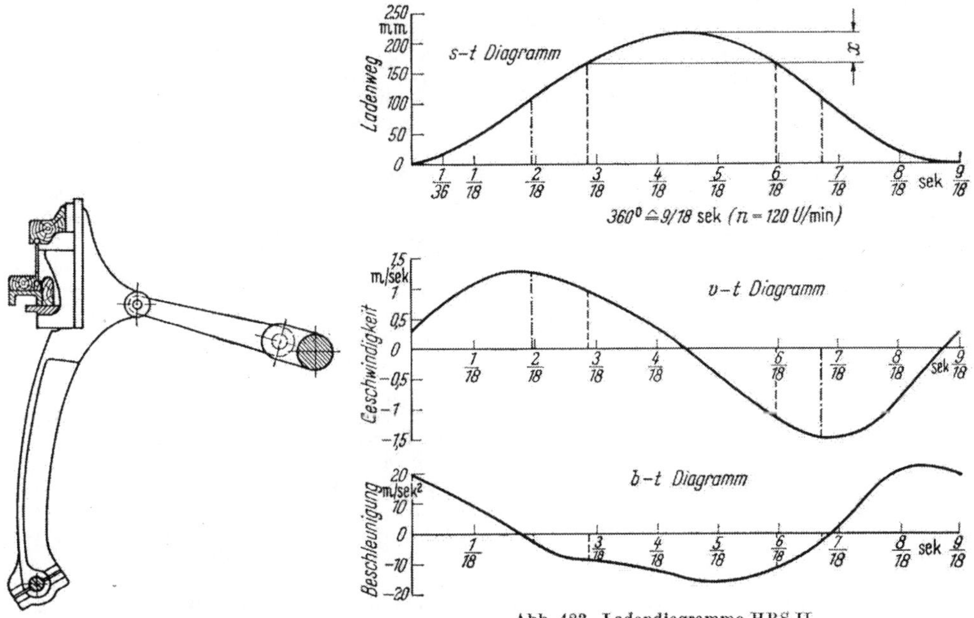

Abb. 482. Lade mit Antrieb (HBS II)

Abb. 483. Ladendiagramme HBS II

mit dem beim Texo-Webstuhl gemessenen von 39 mm, so erkennt man, daß der schädliche Weg beim Texo-Webstuhl 26,4% geringer ist. Das Ergebnis wird also ein etwas ungünstigerer

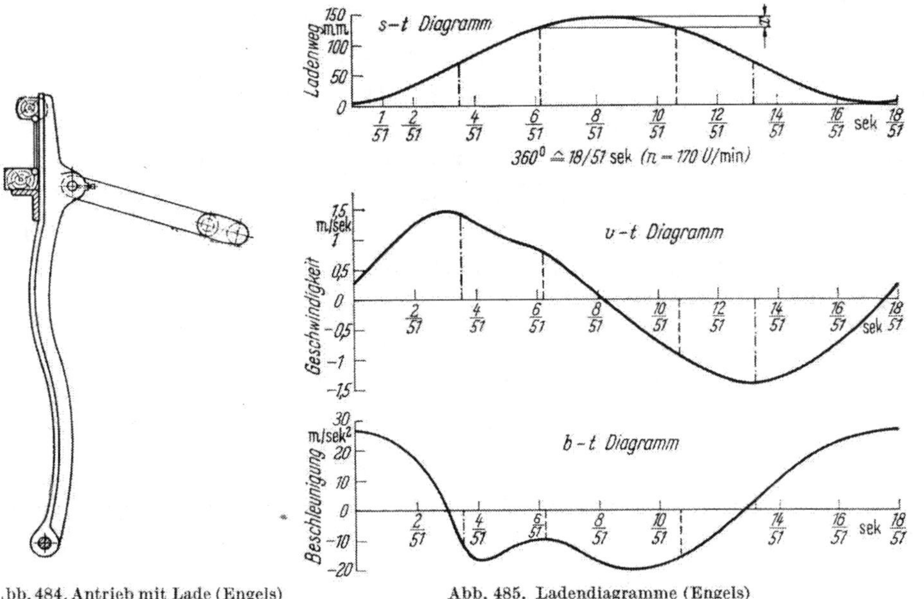

.bb. 484. Antrieb mit Lade (Engels)

Abb. 485. Ladendiagramme (Engels)

Schützenlauf sein. Auch aus der Geschwindigkeits-Zeitkurve ergibt sich im Hinblick auf den Schützenlauf ein etwas ungünstigeres Bild. Die Kurve steigt zwar sehr gleichmäßig, aber steil an. Dieses setzt eine höhere Krafteinwirkung auf den Schützen voraus.

Die Beschleunigungs-Zeitkurve hat zwischen der ---Markierung einen sehr schönen Verlauf, da sich ihre Steigung nur wenig ändert.

Da die Lade kürzere Zeit für das Durchlaufen der Totpunkte benötigt, ergibt sich ein gleichmäßigerer Maschinenlauf als beim Texo-Stuhl. Die Weg-Zeit- und Geschwindigkeits-Zeit-Kurven laufen fast symmetrisch.

AE-Webautomat (August Engels). Im Vergleich zu den Wollwebstühlen sollen die kinematischen Verhältnisse eines schmalen Baumwollwebstuhles untersucht werden. Der Stuhl hat eine hoch gelagerte Kurbelwelle und ein Stangenverhältnis von etwa 1 : 5 (vgl. Abb. 484). Die Blattbreite beträgt 1,2 m. Infolgedessen ist kein sehr langes Verharren der Lade in dem hinteren Totpunkt notwendig, da der Schützen beim Durchgang durch das Fach nicht viel Zeit braucht.

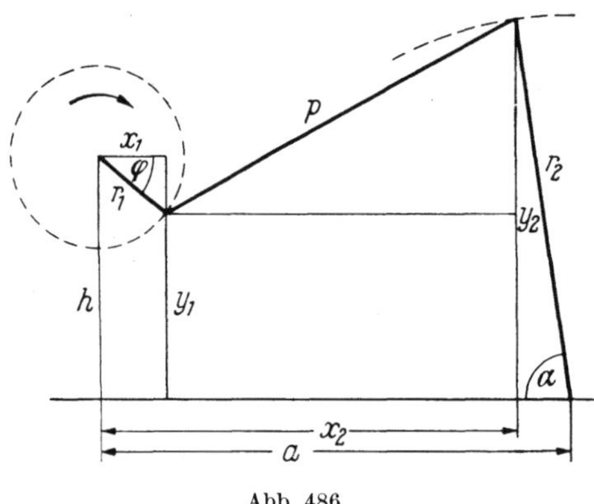

Abb. 486

Das s-t-Diagramm (vgl. Abb. 485) zeigt einen entsprechend kleinen schädlichen Ladenweg ($x = 20$ mm). Gemäß der hohen Webstuhldrehzahl weist die Geschwindigkeits-Zeitkurve hohe Werte auf. Die Beschleunigungs-Zeitkurve verläuft ausgeglichen. Der Maschinenlauf und die Kraftaufnahme sind relativ gleichmäßig.

Die mathematische Funktion des Ladendiagramms. Die Ladenbewegung wird durch ein Kurbelgetriebe hervorgerufen. Da die Lade selbst dabei als Schwinge arbeitet, handelt es sich, insgesamt betrachtet, um ein Koppelgetriebe. Der Ladenweg soll als eine Funktion $s = f(\varphi)$ des Kurbeldrehwinkels (φ) betrachtet werden. Es soll gleich zu Anfang darauf hingewiesen werden, daß viele Faktoren berücksichtigt werden müssen, um zu einem exakten mathematischen Ergebnis zu kommen und sich damit der funktionelle Zusammenhang sehr schwierig gestaltet. Für die Anlage der mathematischen Erörterung soll die in Abb. 486 dargestellte Skizze benützt werden.

Die Weg-Zeit-Funktion.

$$p^2 = (x_2 - x_1)^2 + (y_2 - y_1)^2, \tag{1}$$

$$x_1 = r_1 \cos\varphi; \qquad x_2 = a - r_2 \cos\alpha, \tag{2}$$

$$y_1 = h - r_1 \sin\varphi; \quad y_2 = r_2 \sin\alpha;$$

$$p^2 = (a - r_2 \cos\alpha - r_1 \cos\varphi)^2 + (r_2 \sin\alpha - h + r_1 \sin\varphi)^2, \tag{3}$$

$$p^2 = a^2 + r_2^2 \cos^2\alpha + r_1^2 \cos^2\varphi - 2\,a\,r_2 \cos\alpha - 2\,a\,r_1 \cos\varphi + 2\,r_1 r_2 \cos\alpha\cos\varphi + \\ + r_2^2 \sin^2\alpha + h^2 + r_1^2 \sin^2\varphi - 2\,r_2 h \sin\alpha + 2\,r_1 r_2 \sin\alpha\sin\varphi - 2\,r_1 h \sin\varphi;$$

$$p^2 = a^2 + r_2^2 - r_2^2 \sin^2\alpha + r_1^2 - r_1^2 \sin^2\varphi - 2\,a\,r_2 \cos\alpha - 2\,a\,r_1 \cos\varphi + 2\,r_1 r_2 \cos\alpha\cos\varphi + \\ + r_2^2 \sin^2\alpha + h^2 + r_1^2 \sin^2\varphi - 2\,r_2 h \sin\alpha + 2\,r_1 r_2 \sin\alpha\sin\varphi - 2\,r_1 h \sin\varphi. \tag{4}$$

Durch Zusammenfassung und Kürzung erhält man:

$$0 = r_1^2 + r_2^2 + a^2 + h^2 - p^2 + 2\,r_1 r_2 (\cos\alpha\cos\varphi + \sin\alpha\sin\varphi) - \\ - 2\,a\,r_2 \cos\alpha - 2\,a\,r_1 \cos\varphi + 2\,r_2 h \sin\alpha - 2\,r_1 h \sin\varphi. \tag{5}$$

Eine gewisse Vereinfachung erzielt man, wenn man zunächst durch $2\,r_1 r_2$ dividiert:

$$0 = \frac{r_1^2 + r_2^2 + a^2 + h^2 - p^2}{2\,r_1 r_2} + \cos\alpha\cos\varphi + \sin\alpha\sin\varphi - \frac{a}{r_1}\cos\alpha - \\ - \frac{h}{r_1}\sin\alpha - \frac{h}{r_2}\sin\varphi - \frac{a}{r_2}\cos\varphi;$$

$$0 = \frac{r_1^2 + r_2^2 + a^2 + h^2 - p^2}{2\,r_1 r_2} - \cos\alpha\left(\frac{a}{r_1} - \cos\varphi\right) - \sin\alpha\left(\frac{h}{r_1} - \sin\varphi\right) - \frac{a}{r_2}\cos\varphi - \frac{h}{r_2}\sin\varphi. \tag{6}$$

Dann faßt man folgende Ausdrücke zusammen:

$$K = \frac{r_1^2 + r_2^2 + a^2 + h^2 - p^2}{2\,r_1 r_2},$$

$$A = K - \frac{a}{r_2}\cos\varphi - \frac{h}{r_2}\sin\varphi,$$

$$B = \frac{h}{r_1} - \sin\varphi,$$

$$E = \frac{a}{r_1} - \cos\varphi.$$

Man erhält dann den Ausdruck

$$A - B\sin\alpha - E\cos\alpha = 0, \tag{7}$$

$$A - B\sin\alpha = E\sqrt{1-\sin^2\alpha} = 0; \tag{8}$$

$$A^2 - 2\,A\,B\sin\alpha + B^2\sin^2\alpha = E^2 - E^2\sin^2\alpha, \tag{9}$$

$$\sin^2\alpha\,(B^2+E^2) - 2\,A\,B\sin\alpha + A^2 - E^2 = 0. \tag{10}$$

$$\sin^2\alpha - \frac{2\,A\,B}{B^2+E^2}\sin\alpha + \frac{A^2-E^2}{B^2+E^2} = 0. \tag{11}$$

Diese Gleichung 2. Grades bringt nach $\sin\alpha$ aufgelöst folgende Form:

$$\sin\alpha_{1,2} = \frac{A\,B}{B^2+E^2} \pm \sqrt{\left(\frac{A\,B}{B^2+E^2}\right)^2 - \frac{A^2-E^2}{B^2+E^2}}. \tag{12}$$

Oder nach Vereinfachung:

$$\sin\alpha_{1,2} = \frac{A\,B + E\sqrt{B^2+E^2-A^2}}{B^2+E^2}. \tag{13}$$

Für $\sin\alpha_{1,2}$ kann man einfach $\sin\alpha$ setzen, da *ein* Ergebnis als undiskutabel fortfällt.

Der Winkel α_x (vgl. Abb. 487), den die Lade beschreibt, ergibt sich aus folgender Betrachtung:

$$\alpha_x = \alpha_{max} - \alpha.$$

α_{max} entspricht dem Stand der Lade im vorderen Totpunkt.

Der Weg s, den die Lade zurücklegt, ist der zu α_x gehörende Bogen. Somit läßt sich s über den Weg als Funktion von α_x schreiben

$$s = \frac{\pi\,R\,\alpha_x}{180}. \tag{14}$$

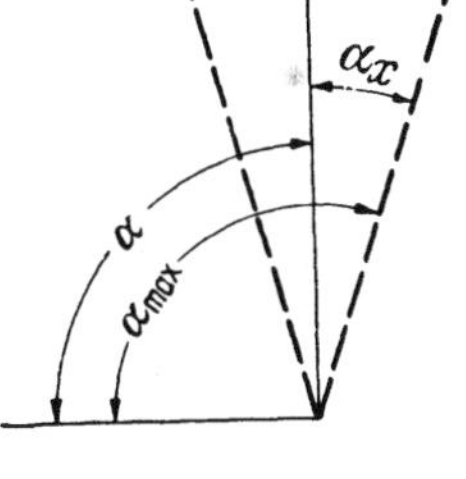

Abb. 487

Bei der Verwendung dieser Gleichung zur Aufstellung eines Ladendiagramms ergeben sich zu den am Webstuhl gemessenen Werten geringe, *nicht nennenswerte* Differenzen, da am Webstuhl der gerade Abstand Webblatt—Brustbaum gemessen wird.

Mit den Abmessungen des Webstuhles HBS II wurde nach Gl. (14) das Ladendiagramm aufgestellt. Dabei ergab sich, wie man leicht aus einem Vergleich der Tab. 20 mit dem in Abb. 483 dargestellten Diagramm feststellen kann, *völlige Übereinstimmung.*

Die Abmessungen am HBS II:

$r_1 = 0{,}100$ m, $a = 0{,}680$ m,
$r_2 = 0{,}788$ m, $h = 0{,}683$ m,
$p = 0{,}388$ m, $R = 0{,}810$ m (Radius des Ladenbogenkreises).

Die Geschwindigkeits-Zeitfunktion. Die Kurbelwelle mit dem Kurbelradius r_1 läuft mit konstanter Winkelgeschwindigkeit ω_1. Der Drehwinkel der Kurbel ist also

$$\varphi = \omega_1\,t.$$

Aus dem Winkel α, den die Ladenstelze bei rotierender Kurbel zurücklegt, läßt sich ihre Winkelgeschwindigkeit ω durch Bildung des 1. Differentialquotienten berechnen

$$\omega = \frac{d\alpha}{dt}.$$

Man geht der Einfachheit halber von der Gl. (11) mit der allgemeinen Form

$$f(\varphi,\alpha) = 0$$

aus, in der α eine Funktion von φ ist.

Tabelle 20. *Werte für die Errechnung des Ladendiagramms*

φ	α	α_x	s [mm]
0	75,15	0,40	5,65
20	74,23	1,42	20,00
40	72,45	3,20	45,20
60	70,50	5,60	79,00
80	67,59	8,06	114,20
100	65,30	10,35	146,40
120	63,15	12,50	176,00
140	61,75	13,90	196,90
160	60,55	15,10	213,00
180	60,10	15,55	220,00
200	60,63	15,02	212,00
220	61,90	13,75	194,00
240	64,00	11,65	165,00
260	66,95	8,70	123,00
280	69,70	5,95	84,10
300	72,15	3,50	49,50
320	74,30	1,35	19,10
340	75,30	0,35	4,95
360	75,65	0	0

Um jeden Irrtum auszuschalten, muß darauf hingewiesen werden, daß man in der nachfolgenden Ermittlung nicht von der Gl. (11) ausgehen kann, wenn man die Frage nach dem Maximum präzise beantworten will, denn in der Gl. (11) sowie in der nachfolgenden Ableitung ist α noch vorhanden. In dem Falle muß man schon von der Gl. (13) ausgehen. Da aber diese Ableitung sehr umfangreich ist und die Frage danach sehr selten einmal gestellt werden könnte und schließlich, weil das Maximum mit hinlänglicher Genauigkeit aus der nachfolgenden Ableitung durch Aufzeichnen der Funktion bestimmt werden kann, soll in diesem Zusammenhang davon Abstand genommen werden.

Da die Geschwindigkeit der 1. Differentialquotient des *Weges* nach der *Zeit* ist, müssen die Winkel φ und α in funktionalem Zusammenhang mit der Zeit ausgedrückt werden.

Die Kurbel r_1 läuft mit konstanter Winkelgeschwindigkeit ω_1 um. Dann ist:

$$\varphi = \omega_1 t. \tag{15}$$

Die Ladenschwinge r_2 bewegt sich in der gleichen Zeit mit der Geschwindigkeit ω. Dann ist:

$$\alpha = \omega t. \tag{16}$$

Da φ und α jetzt von einem gemeinsamen Parameter t abhängen, sind sie bei der parallelen Differentiation nach t als Funktion einer Funktion nach der Kettenregel zu behandeln.

$$f(\varphi, \alpha) = 0, \quad \varphi = \omega_1 t, \quad \alpha = \omega t; \tag{17}$$

$$\frac{\partial f}{\partial \varphi} \frac{d\varphi}{dt} + \frac{\partial f}{\partial \alpha} \frac{d\alpha}{dt} = 0, \tag{18}$$

$$\frac{d\alpha}{dt} = \omega = -\omega_1 \frac{\dfrac{\partial f}{\partial \varphi}}{\dfrac{\partial f}{\partial \alpha}} = -\omega_1 \frac{f_\varphi}{f_\alpha}. \tag{19}$$

Die partiellen Differentiationen $\frac{\partial f}{\partial \varphi}$ und $\frac{\partial f}{\partial \alpha}$ aus der Gl. (19) haben die Form:

$$\begin{aligned} \frac{\partial f}{\partial \varphi} &= 2\,(a - r_2 \cos\alpha - r_1 \cos\varphi)\, r_1 \sin\varphi + 2\,(r_2 \sin\alpha - h + r_1 \sin\varphi)\, r_1 \cos\varphi \\ &= 2\,(a\, r_1 \sin\varphi - r_1 r_2 \sin\varphi \cos\alpha - r_1^2 \sin\varphi \cos\varphi + r_1 r_2 \cos\varphi \sin\alpha - h\, r_1 \cos\varphi + \\ &\quad + r_1^2 \sin\varphi \cos\varphi) \\ &= 2\,[a\, r_1 \sin\varphi - h\, r_1 \cos\varphi - r_1 r_2 (\sin\varphi \cos\alpha - \cos\varphi \sin\alpha)] \\ &= 2\, r_1\, [a \sin\varphi - h \cos\varphi - r_2 \sin(\varphi - \alpha)]; \end{aligned} \tag{20}$$

$$\begin{aligned} \frac{\partial f}{\partial \alpha} &= 2\,(a - r_2 \cos\alpha - r_1 \cos\varphi)\, r_2 \sin\alpha + 2\,(r_2 \sin\alpha - h + r_1 \sin\varphi)\, r_2 \cos\alpha \\ &= 2\,(a\, r_2 \sin\alpha - r_2^2 \sin\alpha \cos\alpha - r_1 r_2 \cos\varphi \sin\alpha + r_1 r_2 \sin\varphi \cos\alpha + \\ &\quad + r_2^2 \sin\alpha \cos\alpha - h\, r_2 \cos\alpha) \\ &= 2\,[a\, r_2 \sin\alpha - h\, r_2 \cos\alpha + r_1 r_2 (\sin\varphi \cos\alpha - \cos\varphi \sin\alpha)] \\ &= 2\, r_2\, [a \sin\alpha - h \cos\alpha + r_1 \sin(\varphi - \alpha)]. \end{aligned} \tag{21}$$

Daraus ergibt sich für

$$\frac{d\hat{\alpha}}{dt} = -\omega_1 \frac{r_1}{r_2} \frac{a \sin\varphi - h \cos\varphi - r_2 \sin(\varphi - \alpha)}{a \sin\alpha - h \cos\alpha + r_1 \sin(\varphi - \alpha)}. \tag{22}$$

Extremwerte von α. Unter bestimmten Umständen möchte man *genau* wissen, ob die in Abb. 483 ermittelten Extremwerte stimmen. Um dies zu erfahren, muß man

$$\frac{\partial f}{\partial \varphi} = 0 = 2 r_1 (a \sin\varphi - h \cos\varphi - r_2 \sin\varphi \cos\alpha + r_2 \cos\varphi \sin\alpha) = 0 \;\Big|\; : \cos\varphi$$

setzen.

$$a \tan\varphi - h - r_2 \tan\varphi \cos\alpha + r_2 \sin\alpha = 0,$$
$$a \tan\varphi - r_2 \tan\varphi \cos\alpha = h - r_2 \sin\alpha,$$
$$\tan\varphi\,(a - r_2 \cos\alpha) = h - r_2 \sin\alpha,$$

$$\boxed{\tan\varphi = \frac{h - r_2 \sin\alpha}{a - r_2 \cos\alpha}}. \tag{23}$$

Würde man hier die Gl. (11) einsetzen, so würde eine große, kaum übersichtliche und daher unzweckmäßige Rechnung erscheinen.

Zweckmäßig ist der umgekehrte Weg, die Nachprüfung des konstruktiv gefundenen Wertes.

Z. B. in Abb. 483 wird das Maximum bei 180° erwartet. $\alpha = 60{,}1$ (vgl. Tab. 20). Trifft die Erwartung zu, dann muß die obige Gleichung bestätigt werden:

$$\tan 180^\circ = 0 = \frac{0{,}683 - 0{,}788 \cdot 0{,}8669}{0{,}68 - 0{,}788 \cdot 0{,}4985} = \frac{0{,}683 - 0{,}683}{0{,}68 - 0{,}393} = 0.$$

Man sieht, dies trifft zu.

Das Minimum wird in $\varphi = 345^\circ$ ($\alpha = 75{,}4$) erwartet. Die Frage, ob diese Erwartung zutrifft, bestätigt sich nicht;

$$-0{,}2679 = \frac{0{,}683 - 0{,}788 \cdot 0{,}9677}{0{,}68 - 0{,}788 \cdot 0{,}2521} = -0{,}1685.$$

Korrigiert man sich, indem man die Erwartung $\varphi = 350^\circ$ ($\alpha = 75{,}65$) ausspricht, so erkennt man:

$$-0{,}1763 = \frac{0{,}683 - 0{,}7645}{0{,}68 - 0{,}1952} = -0{,}0815.$$

Man hat sich dem Ziel merklich genähert. Weitere Fragestellungen führen zum Ergebnis.

Mit Hilfe dieser Ableitung läßt sich die Winkelgeschwindigkeit der Ladenstelze für jeden Kurbelwinkel genau ermitteln. Die Geschwindigkeit der Ladenbahn ergibt sich durch Multiplikation mit R,

$$v_u = R\,\omega.$$

Mit den Abmessungen des HBS II ergab sich für nebenstehende Tab. 21.

Die Kurve aus diesen Werten stimmt mit dem graphisch differenzierten Geschwindigkeits-Zeit-Diagramm der Abbildung 483 überein.

Die unterschiedlichen Vorzeichen zeigen die gegenläufigen Bewegungen an.

Tabelle 21

$\omega_1 t$	ω (sek^{-1})	v_u [m/sek]
0	—0,330	—0,267
20	—0,954	—0,723
40	—1,345	—1,089
60	—1,578	—1,278
80	—1,562	—1,266
100	—1,370	—1,110
120	—1,124	—0,911
140	—0,806	—0,654
160	—0,452	—0,366
180	0	0
200	0,519	0,420
220	1,043	0,845
240	1,443	1,170
260	1,768	1,430
280	1,748	1,415
300	1,590	1,288
320	1,022	0,828
340	0,257	0,208

Die Beschleunigungs-Zeitfunktion. Die Beschleunigung ε ist die 2. Ableitung des Weges nach der Zeit:

$$\varepsilon = \frac{d^2\hat{\alpha}}{dt^2}.$$

Um ε zu berechnen, geht man zweckmäßig von der allgemeinen Form der Geschwindigkeit aus ($\varphi = \omega_1 t$)

$$\frac{\partial f}{\partial \varphi}\frac{d\varphi}{dt} = \frac{\partial f}{\partial \alpha}\frac{d\alpha}{dt} = 0 \quad \text{(s. o.)}.$$

Wegen einer einfachen Schreibweise setzt man

$$\frac{\partial f}{\partial \varphi} = f_\varphi, \qquad \frac{\partial f}{\partial \alpha} = f_\alpha,$$

$$f_\varphi \frac{d\varphi}{dt} + f_\alpha \frac{d\alpha}{dt} = 0. \tag{24}$$

Nach der Kettenregel erhält die partielle Differentiation in der 2. Ordnung folgende Entwicklung:

$$\frac{\partial\left(\frac{\partial f}{\partial \varphi}\right)}{\partial \varphi}\frac{d\varphi}{dt}\frac{d\varphi}{dt} + \frac{\partial\left(\frac{\partial f}{\partial \varphi}\right)}{\partial \alpha}\frac{d\varphi}{dt}\frac{d\alpha}{dt} + \frac{d\alpha}{dt}\frac{\partial\left(\frac{\partial f}{\partial \alpha}\right)}{\partial \varphi}\frac{d\varphi}{dt} + \frac{\partial f}{\partial \alpha}\frac{d^2\alpha}{dt^2} + \frac{\partial\left(\frac{\partial f}{\partial \alpha}\right)}{\partial \alpha}\frac{d\alpha}{dt}\frac{d\alpha}{dt} = 0. \tag{25}$$

Vereinfacht man die Schreibweise, indem man für die Differentialquotienten nachfolgende Bezeichnungen einführt, so erhält man:

$$\frac{\partial\left(\frac{\partial f}{\partial \varphi}\right)}{\partial \varphi} = f_{\varphi\varphi}; \qquad \frac{\partial\left(\frac{\partial f}{\partial \alpha}\right)}{\partial \alpha} = f_{\alpha\varphi};$$

$$\frac{\partial\left(\frac{\partial f}{\partial \varphi}\right)}{\partial \alpha} = f_{\varphi\alpha}; \qquad \frac{\partial\left(\frac{\partial f}{\partial \alpha}\right)}{\partial \alpha} = f_{\alpha\alpha},$$

und berücksichtigt man, daß (nach AMANDUS SCHWARZ)

$$f_{\varphi\alpha} = f_{\alpha\varphi},$$

so erhält man folgende einfachere Schreibweise:

$$f_{\varphi\varphi}\left(\frac{d\varphi}{dt}\right)^2 + 2 f_{\varphi\alpha}\frac{d\varphi}{dt}\frac{d\alpha}{dt} + f_{\alpha\alpha}\left(\frac{d\alpha}{dt}\right)^2 + f_\alpha \frac{d^2\alpha}{dt^2} = 0. \tag{26}$$

Setzt man nun den Wert für $\frac{d\alpha}{dt}$ (1. Differentialquotient, s. o.) ein, dann erhält man:

$$f_{\varphi\varphi}\left(\frac{d\varphi}{dt}\right)^2 + 2 f_{\varphi\alpha}\frac{d\varphi}{dt}(-)\frac{f_\varphi}{f_\alpha}\frac{d\varphi}{dt} + f_{\alpha\alpha}\frac{f^2\varphi}{f^2\alpha}\left(\frac{d\varphi}{dt}\right)^2 + f_\alpha\frac{d^2\alpha}{dt^2} = 0,$$

$$\left(\frac{d\varphi}{dt}\right)^2\left[f_{\varphi\varphi} - 2 f_{\varphi\alpha}\frac{f_\varphi}{f_\alpha} + f_{\alpha\alpha}\frac{f^2\varphi}{f^2\alpha}\right] = -f_\alpha\frac{d^2\alpha}{dt^2},$$

$$\omega_1^2\left[\frac{f_{\varphi\varphi} f^2\alpha - 2 f_{\varphi\alpha} f_\varphi f_\alpha + f_{\alpha\alpha} f^2\varphi}{f^2\alpha}\right] = -f_\alpha\frac{d^2\alpha}{dt^2}.$$

$$\varepsilon = \boxed{\frac{d^2\alpha}{dt^2} = -\omega_1^2\frac{f_{\varphi\varphi} f^2\alpha - 2 f_{\varphi\alpha} f_\varphi f_\alpha + f_{\alpha\alpha} f^2\varphi}{f\alpha^3}.} \tag{27}$$

Die einzelnen partiellen Ableitungen ergeben folgende Werte:

$$f_{\varphi\varphi} = 2 r_1 [a\cos\varphi + h\sin\varphi - r_2\cos(\varphi - \alpha)],$$

$$f_{\alpha\alpha} = 2 r_2 [a\cos\alpha + h\sin\alpha - r_1\cos(\varphi - \alpha)],$$

$$f_{\varphi\alpha} = f_{\alpha\varphi} = 2 r_1 r_2 \cos(\varphi - \alpha),$$

$$f_\varphi = \text{s. o.}$$

$$f_\alpha = \text{s. o.}$$

Setzt man die partiellen Ableitungen in Gl. (27) ein, so erhält man die Beschleunigungs-Zeitfunktion

$$\frac{d^2\alpha}{dt^2} = -\omega_1^2 \frac{\begin{aligned}&2r_1[a\cos\varphi + h\sin\varphi - r_2\cos(\varphi-\alpha)]\,4r_2^2[a\sin\alpha - h\cos\alpha + r_1\sin(\varphi-\alpha)]^2 - 2[2r_1r_2\cos(\varphi-\alpha)]\times\\ &\times 2r_1[a\sin\varphi - h\cos\varphi - r_2\sin(\varphi-\alpha)]\,2r_2[a\sin\alpha - h\cos\alpha + r_1\sin(\varphi-\alpha)] + 2r_2[a\cos\alpha +\\ &+ h\sin\alpha - r_1\cos(\varphi-\alpha)]\,4r_1^2[a\sin\varphi - h\cos\varphi - r_2\sin(\varphi-\alpha)]^2\end{aligned}}{8r_2^3[a\sin\alpha - h\cos\alpha + r_1\sin(\varphi-\alpha)]^3}$$

Nach Vereinfachung erhält man:

$$\frac{d^2\alpha}{dt^2} = -\omega_1^2 \frac{r_1 r_2 [a\cos\varphi + h\sin\varphi - r_2\cos(\varphi-\alpha)][a\sin\alpha - h\cos\alpha + r_1\sin(\varphi-\alpha)]^2 - 2r_1^2 r_2\cos(\varphi-\alpha) \times [a\sin\varphi - h\cos\varphi - r_2\sin(\varphi-\alpha)][a\sin\alpha - h\cos\alpha + r_1\sin(\varphi-\alpha)] + r_1^2[a\cos\alpha + h\sin\alpha - r_1\cos(\varphi-\alpha)][a\sin\varphi - h\cos\varphi - r_2\sin(\varphi+\alpha)]^2}{r_2^2[a\sin\alpha - h\cos\alpha + r_1\sin(\varphi-\alpha)]^3} \tag{28}$$

Berücksichtigt man nun noch, daß

$$b = r\,\varepsilon$$

ist, dann kann man beim Einsetzen der Werte die Beschleunigung für jeden Kurbeldrehwinkel ermitteln.

Um dem Leser die Möglichkeit zu geben, die Richtigkeit dieser Gleichung nachzuprüfen, werden nachfolgend in Form einer Tabelle die Werte für charakteristische Winkel bekanntgegeben.

Tabelle 22

t [sek]	$\omega_1 t = \varphi^\circ$	$\omega t = \alpha^\circ$	ε [sek^{-2}]	b [m/sek]
0	0°	75,15	− 24,4	− 19,8
0,125	90°	66,4	+ 6,26	5,07
0,25	180°	60,1	+ 17,2	13,92
0,417	360°	72,15	− 14,2	− 11,5

b) Die Schützenbewegung

Die dem Schützen durch den Schlagmechanismus erteilte Geschwindigkeit muß groß genug sein, damit dieser in der im Kurbelkreis vorgesehenen Zeit durch das Fach hindurcheilen kann. Dabei treten recht hohe Beschleunigungsvorgänge auf. Es muß bei der Überlegung dieser Dinge berücksichtigt werden, daß die Geschwindigkeit durch Reibung im Fach und am Blatt sowie durch die auftretende Schußfadenspannung verringert wird. Somit müssen Faktoren, die diese Reibung verursachen oder vergrößern, tunlichst ausgeschaltet werden. Besonders kritisch ist die Reibung des Schützens im Fach am Fachanfang und Fachende. Bei diesen Schützenstellungen ist das Fach noch nicht bzw. nicht mehr ganz geöffnet. Auch befindet sich die Lade nicht mehr im hinteren Totpunkt (vgl. Abb. 488).

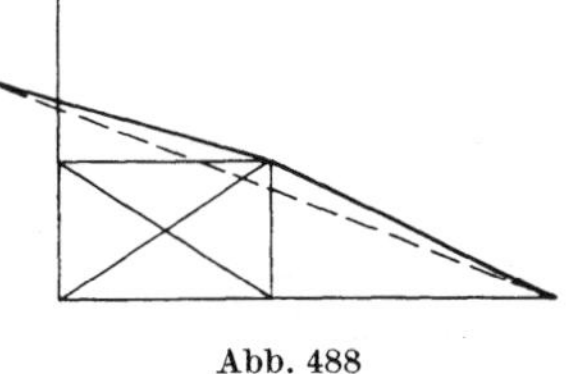

Abb. 488

Wollte man die zusätzliche Reibung durch das Oberfach ausschalten, müßte der Schützen später und sehr schnell durch das Fach getrieben werden. Die Schützengeschwindigkeit läßt sich aber nicht beliebig steigern; denn der Energieaufwand wächst entsprechend dem Gesetz von der kinetischen Energie mit dem Quadrat der Geschwindigkeit. Übermäßig starke Energieaufwendungen würden aber zu starken Verschleiß der Schlagwerkzeuge und einen unruhigen Webstuhllauf zur Folge haben.

Die Bestimmung der Schützengeschwindigkeit. Die sehr schnelle Geschwindigkeit des Schützens läßt es nicht zu, daß man durch die bloße Beobachtung des Vorganges selbst irgendwelche Rückschlüsse auf die Einzelheiten der Bewegung schließen könnte. Infolgedessen wird die Geschwindigkeit des Schützens vielerorts nur rein gefühlsmäßig beurteilt. Eine solche Beurteilung ist erklärlicherweise sehr ungenau und schaltet dadurch eine durchgreifende Verbesserung der Fertigungsvorgänge von vornherein aus. Erst eine genaue Erfassung des Bewegungsvorganges läßt eine Beurteilung und einen Vergleich verschiedener Konstruktionen zu.

Die technischen Wissenschaften haben heute vielerlei Möglichkeiten an der Hand, schnelle Bewegungsvorgänge generell und damit auch die Bewegung des Schützens ohne Schwierigkeiten meßtechnisch verfolgen zu können. Insbesondere sind meßtechnisch folgende Verfahren bekannt:

1. Messung durch Zeitlupe,
2. durch Photozellen,
3. durch Einwirkung eines Magneten im Schützen auf in der Flugbahn angebrachte Solenoide.

In diesem Zusammenhang möge auf eine sehr interessante Veröffentlichung von FRIEDRICH WEGMANN[1] hingewiesen werden.

WEGMANN bestimmt in dieser sehr ausführlichen Untersuchung die Schützengeschwindigkeit nach dem 3. der oben gekennzeichneten Verfahren. Bei diesen Untersuchungen liegt der Gesamtschützenflug als Oszillogramm vor.

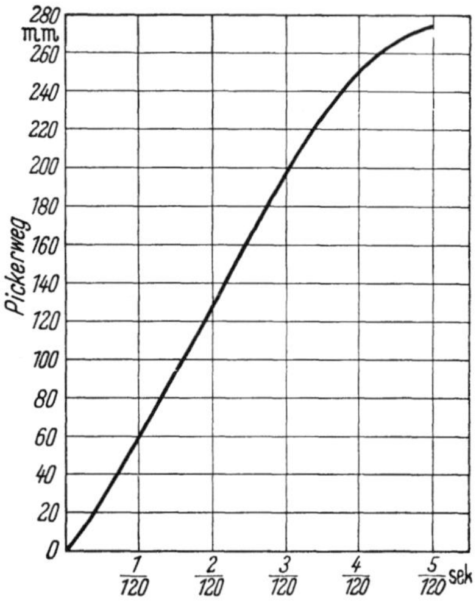

Abb. 489. Schlagdiagramm Texo

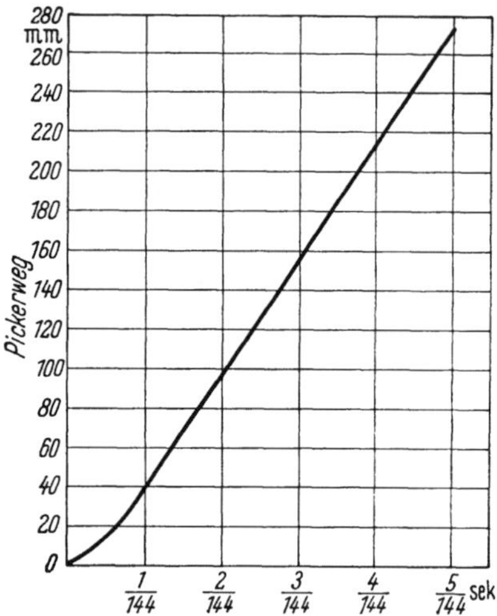

Abb. 490. Schlagdiagramm HBS II

Diese äußerst genauen Verfahren haben selbstverständlich wissenschaftlich eine hohe Bedeutung — geben sie doch die Möglichkeit, eine *fertige* Konstruktion auf differentielle Details hinzu untersuchen.

Diese Verfahren sind aber alle nicht geeignet, um eine noch nicht ausgeführte Konstruktion zu untersuchen. Der Aufwand solcher Untersuchungen und die damit verbundenen Kosten rechtfertigen auch nicht, vergleichende Teste auf diesem Wege durchzuführen. Hieıfür müssen einfache Verfahren aufgezeigt werden, die dem Konstrukteur Ergebnisse mit genügend großer Genauigkeit bieten und die ohne jeglichen umfangreichen Montageaufwand an einer Reihe von laufenden Webstühlen angewendet werden können. Auf solche einfachen Methoden soll nachfolgend hingewiesen werden:

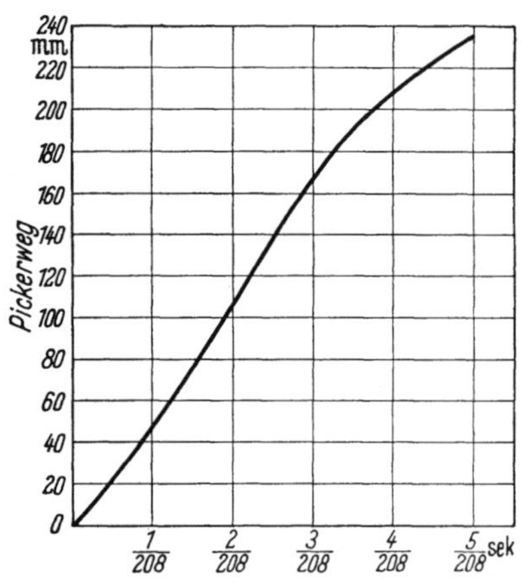

Abb. 491. Schlagdiagramm AE

Die Anfangsgeschwindigkeit. Auf die Kurbelwelle wurde eine Scheibe mit Gradeinteilung und Anzeigevorrichtung, wie zur Ermittlung des Ladendiagramms, befestigt. Der Zeitpunkt des Schlagbeginns wurde mit 0 bezeichnet, der Schützen in den Kasten geschoben und die Kastenzunge entlastet. Der Weg in mm, den der Picker und damit auch der Schützen bei Drehung der Kurbelwelle in Intervallen von 2,5° zurücklegte, wurde auf die Ordinate eines Achsenkreuzes aufgetragen, während auf die Abszisse die dem Winkel 2,5° entsprechende Zeit übertragen wurde (vgl. die Abb. 489, 490 u. 491). An Hand des Kurvenverlaufes läßt sich leicht ablesen, an welcher Stelle die größte Steigung besteht. Durch graphische Differentierung wurde an dieser Stelle die Geschwindigkeit ermittelt.

Dieses Verfahren hat, verglichen mit den exakten Untersuchungsmethoden, ohne Zweifel den Nachteil, daß eine Reihe von Ungenauigkeiten auftreten, die aber so lange im Vergleich der Konstruktionen untereinander unbedeutend sind, solange der Schlag kinematisch richtig

[1] WEGMANN, F.: Ein Mittel zur genauen Erfassung der Flugbahn des Webschützens. Textil-Praxis 1952, Nr. 4, S. 286.

abgewickelt wird. Erfolgt das Antreiben des Schützens schlagartig und ohne konstante Beschleunigung, dann treten bei dieser hier dargestellten statischen Untersuchung möglicherweise große Abweichungen gegenüber der tatsächlichen dynamischen Beanspruchung auf. So konnten bei den nachfolgend aufgeführten drei Werten die Werte vom Texo- und vom Engels-Stuhl einer einwandfreien Nachprüfung standhalten, während der Wert zum HBS II-Webstuhl trotz wiederholter Versuche nicht mit den tatsächlichen Werten in Einklang gebracht werden kann.

Differentiation ergab für die einzelnen Stuhltypen folgende Werte: Texo 8,4 m/sek, HBS II 8,1 m/sek, August Engels 14 m/sek.

Durch eine Rechnung läßt sich bestätigen, daß der Wert zum HBS II mit 8,1 m/sek unmöglich stimmen kann. Für den Schützenlauf werden beim HBS II etwa 120°, das entspricht $^1/_6$ sek, benötigt. Die Blattbreite beträgt 1,90 m. Dies erfordert eine mittlere Geschwindigkeit während des Fachdurchganges von

$$v_m = \frac{s}{t} = \frac{1{,}9}{0{,}167} = 11{,}4 \text{ m/sek.}$$

Die Anfangsgeschwindigkeit muß also noch beträchtlich höher als 11,4 m/sek liegen. Der Wert 8,1 kann folglich nicht stimmen.

Zum Schlagdiagramm HBS II mag noch erwähnt werden, daß die Kurve ihre größte Steigung in einer Zeit erreicht, die mindestens die Hälfte kleiner ist als bei den anderen Kurven. Das bedeutet, daß die Energieabgabe, die mit dem Quadrat der Geschwindigkeit steigt, in dieser Zeit viermal so hoch ist wie in der entsprechenden Zeit bei den anderen Webstühlen.

Die mittlere Geschwindigkeit. Ganz eindeutig läßt sich die dem Thema entsprechende Geschwindigkeit des Schützens im Fach als mittlere Geschwindigkeit bestimmen. Die Durchführung einer solchen Untersuchung soll am Webstuhl Modell HBS II gekennzeichnet werden.

Da die mittlere Geschwindigkeit in sehr starkem Maße durch die fertigungstechnischen Daten beeinflußt wird, müssen diese der Versuchsanordnung vorbenannt werden.

Fertigungsdaten:

Material: Nm 36/2 reine Wolle,
Einstellung: 4300 Fäden in der Kette,
Schußdichte: 230/10 cm,
Blattbreite: 180 cm,
Blattstich: 60/4fädig,
Fachhöhe: 6,5 cm,
Schützengewicht: 820 g (mit Spule),
Schützenabmessungen: Höhe 4,2 cm, Breite 5,3 cm, Länge 45,4 cm.

Bei dem Versuch wurde von der Tatsache ausgegangen, daß ein bestimmter Drehwinkel der Kurbelwelle einem bestimmten Abstand der Lade vom Brustbaum entspricht (Ladendiagramm). Aus dem jeweiligen Stand der Lade, und zwar:

1. während der Schützen in das Fach einläuft und
2. während er das Fach verläßt,

läßt sich der dazugehörige Kurbeldrehwinkel, daraus die Graddifferenz und schließlich die Zeit ermitteln, während der der Schützen das Fach durchläuft.

Aus dieser Zeitdifferenz läßt sich mit Hilfe der Wegzeitformel $s = v \cdot t$ die mittlere Geschwindigkeit errechnen.

Zwischen Brustbaum und Gestellwand wurde ein Zentimetermaß aus Stahlblech befestigt, das die Entfernung Brustbaum—Schützenkastenwand (s. Abb. 492, 493, 494) abzulesen gestattete. Diese Vorrichtung wurde gleichzeitig mit dem Schützen beim Eintritt bzw. beim Verlassen des Faches bei vollem Webstuhllauf fotografiert. Da es sich hierbei um Geschwindigkeiten handelt, die sich mit dem bloßen Auge nicht erfassen lassen, war es nur so möglich, zu einem genauen Ergebnis zu gelangen. Aus der Fotografie läßt sich der genaue Ladenstand ablesen. In welcher Richtung der Schützen fliegt, ist am nachgeschleppten Schußfaden zu erkennen. Zur weiteren Auswertung wurde der Webstuhl in die fotografierte Ladenstellung gedreht und der Abstand Brustbaum—Blatt wie beim Ladendiagramm gemessen. Es ergaben sich folgende Werte:

Schützen läuft in das Fach ein (vgl. Abb. 492),
Abstand 324 mm entspricht lt. Ladendiagramm 117,2°.

Der Schützen verläßt das Fach (Abb. 493), der Abstand betrug 335 mm, und dieses entspricht einem Winkel von 228° lt. Ladendiagramm.

Abb. 492

Abb. 493

Abb. 494

Daraus ergibt sich die Differenz von 110,8° für den Schützenflug. Bei einer Stuhldrehzahl von 120 U/min entsprechen

$$110{,}8^\circ \ldots \quad \frac{110{,}8}{6\,n} = \frac{110{,}8}{6 \cdot 120} = 0{,}154 \text{ sek.}$$

Blattbreite 180 cm

$$v_m = \frac{s}{t} = \frac{1{,}80}{0{,}154} = 11{,}7 \text{ m/sek.}$$

Die Endgeschwindigkeit. Aus der gleichen Versuchsanordnung und den gleichen Stuhldaten läßt sich die Endgeschwindigkeit berechnen. Als Grundlage für die Berechnung dienen die Aufnahmen Abb. 493 und 494. Auf beiden Abbildungen verläßt der Schützen das Fach. Durch Rekonstruktion der Aufnahmen am stillstehenden Webstuhl ließen sich folgende Werte abmessen:

Abb. 493: Abstand Blatt—Brustbaum 335 mm.
Dies entspricht dem Kurbelwinkel von 228°.
Abb. 494: Abstand Blatt—Brustbaum 346 mm.
Entspricht dem Kurbelwinkel von 219°.
Dies macht eine Graddifferenz von 9° aus.
Umgerechnet ergibt sich eine Zeit von

$$\frac{9}{6 \cdot 120} = 0{,}0125 \text{ sek.}$$

Die Wegdifferenz des Schützens bestimmt sich aus Abb. 493 und 494 mit 0,133 m.

$$v_e = \frac{s}{t} = \frac{0{,}133}{0{,}0125} = 10{,}6 \text{ m/sek.}$$

Die Berechnung der Verzögerung. Aus der Anfangs- und Endgeschwindigkeit des Schützens und der dazwischenliegenden Zeit läßt sich die Verzögerung berechnen. Die Anfangsgeschwindigkeit kann man aus der Endgeschwindigkeit und aus der mittleren Geschwindigkeit errechnen.

Es bedeutet:

v_a Anfangsgeschwindigkeit,
v_m mittlere Geschwindigkeit = 11,7 m/sek,
v_e Endgeschwindigkeit = 10,6 m/sek,
t Zeit = 0,154 sek.

$$v_m = \frac{v_a + v_e}{2},$$

$$v_a = 2\,v_m - v_e,$$

$$v_a = 2 \cdot 11{,}7 - 10{,}6,$$

$$v_a = 12{,}8 \text{ m/sek.}$$

Der Schützen verliert an Geschwindigkeit bei seinem Durchgang durch das Fach (bei 1,80 m Blattbreite) 2,2 m/sek.

Die Verzögerung b berechnet sich nunmehr nach folgender Darstellung:

$$b = \frac{v_a - v_e}{t},$$

$$b = \frac{12{,}8 - 10{,}6}{0{,}154},$$

$$b = 14{,}3 \text{ m/sek}^2.$$

Wie sich aus der Berechnung selbst ergibt, ist $b = 14{,}3$ m/sek² eine Durchschnittsverzögerung. Bei Fachanfang und Fachende ist die Verzögerung größer, in der Mitte kleiner als 14,3 m/sek².

In der Abb. 495 ist mit den errechneten Anfangs- und Endgeschwindigkeitswerten des HBS II eine Geschwindigkeitskurve gezeichnet worden, wie sie logischerweise verlaufen müßte, d. h. mit unregelmäßiger Verzögerung an den Fachkanten. Die gestrichelte Linie stellt den Geschwindigkeitsverlauf bei gleichmäßiger Verzögerung $b = 14{,}3$ m/sek² dar.

Es kann unter bestimmten Umständen einmal interessant sein, zu wissen, wieweit die soeben bestimmte Beschleunigung von 14,3 m/sek² dynamisch bzw. statisch bestimmt ist.

Um hier ein einwandfreies Ergebnis zu bekommen, ermittelt man zweckmäßigerweise die durch statische Einflüsse bedingte Beschleunigung. Aus der Differenz zwischen der soeben bestimmten Beschleunigung und der durch statische Einflüsse bedingten Beschleunigung läßt sich der durch die Kinematik bedingte Beschleunigungsbetrag ermitteln.

Für die Bestimmung wurde der Schützen mit Hilfe einer Federwaage durch das offene Fach gezogen. Der Angriffspunkt der Federwaage war die Schützenspitze. Dieser Versuch wurde ebenfalls am HBS II-Webstuhl durchgeführt und es ergaben sich bei einem Schützengewicht von 820 g $= G$; Kette Nm 36/2 reine Wolle ein Reibungswiderstand von 330 g $= P$

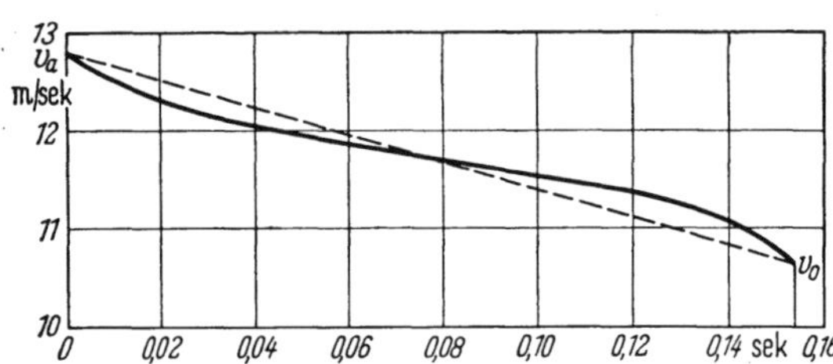

Abb. 495. v_a Schützengeschwindigkeit beim Eintritt in das Fach; v_o Schützengeschwindigkeit beim Austritt aus dem Fach

$$\mu = \frac{P}{G} = 0{,}403 .$$

Die Verzögerung errechnet sich mit

$$P = m\,b ,$$

$$b = \frac{P\,g}{G} ,$$

$$b = \frac{330 \cdot 9{,}81}{820} = 3{,}96 \text{ m/sek}^2 .$$

Die Differenz zu dem durch Berechnung gewonnenen Wert

$$b = 14{,}3 \text{ m/sek}^2$$

stellt die durch die Kinematik der Schützenbewegung bedingte Verzögerung dar.

c) Zweck und Art der Ladenbahnkrümmung

Es wurde bereits zum Ausdruck gebracht, daß die Lade während des Schützenlaufes in jeder Richtung einen Weg von etwa 4 cm macht. Die Geschwindigkeit der Lade bei Schützeneintritt in das Fach beträgt rund 0,7 m/sek und fällt bis zum hinteren Totpunkt auf 0 ab, um anschließend langsam wieder anzusteigen bis auf rund 0,8 m/sek (vgl. Ladendiagramme). Der Schützen wird dabei auf einem Kreisbogen geführt, so daß sich hier eine Zentrifugalkraft von der Größe

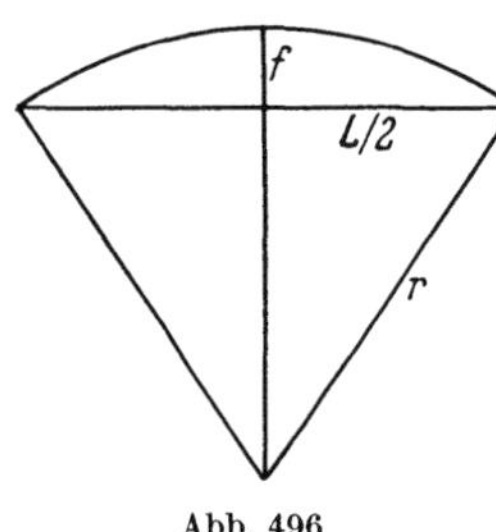

Abb. 496

$$C_1 = \frac{m\,v_1^2}{r_1}$$

bemerkbar macht.

Es bedeutet:

m die Masse des Schützens,
v_1 die Geschwindigkeit der Lade,
r_1 den Radius der Lade (Abstand Drehpunkt bis Ladenbahn).

Die aus der Zentrifugalkraft und dem Gewicht G des Schützens resultierende Kraft R ist die Kraft, mit der der Schützen auf die Ladenbahn gegen das Blatt gedrückt wird. Sobald sich die Richtung der Ladenbewegung im Totpunkt ändert, wirkt die Zentrifugalkraft entgegengesetzt. Da aber die Geschwindigkeit der Lade vom hinteren Totpunkt bis zum Eintritt des Schützens in den Kasten beschleunigt ist und keinen Maximalwert aufweist, wird der Schützen, durch seine Trägheit bedingt, gegen das Blatt gedrückt. Unter Berücksichtigung des Schützengewichtes entsteht eine ähnliche Resultierende wie bei Ladenrückgang. Demnach wird der Schützen während seines ganzen Fluges gegen das Blatt gedrückt und müßte einen ruhigen Lauf haben. Die praktischen Erfahrungen zeigen aber, daß dies nicht der Fall ist, der Schützen „flattert". Das Flattern bedeutet einen Materialverschleiß und Unsicherheit des Schützenfluges. Der Schützenflug muß somit über die durch die kinematischen Bedingungen gegebenen Sicherheiten hinaus weiter stabilisiert werden.

Aus der Praxis ist bekannt, daß durch eine Ausbuchtung der Blattfluchtlinie und der Ladenbahn das Flattern vermieden wird. Nach einer Faustregel ist die Größe der Ausbuchtung in der Mitte der Lade etwa 1—2 mm je m Ladenbreite. Der Schützen erhält hierdurch eine kreisbogenförmige Flugbahn mit großem Radius. Die sich hieraus ergebende Zentrifugalkraft drückt den Schützen gegen das Blatt und festigt seinen Flug.

Bei 2 m Ladenbreite soll die Ausbuchtung 3 mm betragen. Der Radius der Flugbahn ist dann (vgl. Abb. 496)

$$\left.\begin{aligned} (r-f)^2 + \frac{L^2}{4} &= r^2, \\ r^2 - 2\,r\,f + f^2 + \frac{L^2}{4} &= r^2, \\ 2\,r\,f &= f^2 + \frac{L^2}{4}, \\ r &= \frac{f^2 + L^2/4}{2\,f}, \\ r &= \frac{f}{2} + \frac{L^2}{8\,f}; \end{aligned}\right\} \qquad (29)$$

in Zahlen:

$$r = \frac{0{,}003}{2} + \frac{4}{8 \cdot 0{,}003},$$

$$r = 167 \text{ m}.$$

Die Zentrifugalkraft beträgt bei einem Schützengewicht von 820 g

$$C = \frac{m\,v^2}{r} = \frac{0{,}082 \cdot 11{,}7^2}{167} = 0{,}067 \text{ kg}.$$

Der Schützen erhält also einen zusätzlichen Druck von 0,067 kg gegen Blatt und Ladenbahn.

Rechnerische Ermittlung der notwendigen Größe der Ladenbahnausbuchtung. Man ist unterschiedlicher Auffassung über die Notwendigkeit der Ladenbahnkrümmung allgemein und über deren Größe speziell. Es wurde oben ein Maß als Faustregel genannt und es mag sein, daß man dieses Maß als zu groß empfunden hat. Sicher aber ist, daß ein zu geringes Maß einen unruhigen Schützenlauf zur Folge hat.

Aus diesen Überlegungen heraus dürfte es angebracht sein, das Mindestmaß rechnerisch festzulegen.

Die Notwendigkeit der Ladenbahnkrümmung ist, wie aus dem vorigen Abschnitt dargestellt wurde, durch die Zentrifugalkraft des Schützens bedingt, der auf der Peripherie eines Kreisbogens geführt wird. Hierauf begründet sich auch die Berechnung für die Mindesttiefe.

Bei richtiger Einstellung des Unterfaches auf die Ladenbahn muß der Schützen durch sein Gewicht die Fäden des Unterfaches zur Berührung mit der Ladenbahn bringen.

Beim Flug des Schützens bewegt er sich auf einem Kreisbogen mit der Lade.

Dadurch entsteht die Zentrifugalkraft:

$$C_1 = \frac{m\,v_1^2}{r_1}.$$

Die auf die Ladenbahn gerichtete Zentrifugalkraft durch die Bewegung des Schützens ist

$$C = \frac{m\,v^2}{r}.$$

Es bedeutet:

m die Masse des Schützens,
v die Fluggeschwindigkeit des Schützens,
r den Krümmungsradius der Ladenbahn.

Zwischen diesen beiden Zuständen muß Gleichgewicht herrschen.

$$C_1 = C = \frac{m\,v_1^2}{r_1} = \frac{m\,v^2}{r} \quad \text{oder} \quad r = \frac{v^2\,r_1}{v_1^2}.$$

Ist L die Länge der Ladenbahn und f die Ausbuchtung in der Mitte der Ladenbahn unter der Voraussetzung, daß die Ladenbahnkrümmung ein Kreisbogen ist, dann kann man folgende Beziehung aufstellen [vgl. Gl. (29)]:

$$r = \frac{f^2 + L^2/4}{2\,f} = \frac{v^2\,r_1}{v_1^2} \qquad f_{1,2} = \frac{v^2\,r_1}{v_1^2} \pm \sqrt{\frac{4\,v^4\,r_1^2 - L^2}{4\,v_1^4}}. \qquad (30)$$

Somit kann man für jeden Webstuhl die notwendige Ausbuchtung bestimmen.

Wenn man gleichzeitig die Blattfuge im selben Maße ausbuchtet, so kann man dafür zwar keinen rechnerischen Beweis für die Notwendigkeit finden, andererseits gibt es aber auch keinen Einwand, der dergleichen verbietet; gewiß wird man damit aber auch die Flugsicherheit noch erhöhen, weil hierdurch ein größerer Anpreßdruck gegen das Riet entsteht.

d) Die Flugbahn des Schützens

Während in dem Vorangegangenen die Laden- und Schützenbewegung jeweils getrennt erörtert wurde, ergibt die Flugbahn des Schützens eine Synthese beider Bewegungen[1].

Trägt man mit fortschreitender Zeit den Weg, den der Schützen im Fach zurücklegt, auf eine Abszisse auf, und benützt man die Ordinate zur Auftragung der seitlichen Ablenkung von der geraden Flugbahn, so entsteht die Laufbahn des Schützens. Das Idealbild einer Schützenlaufkurve wäre demnach eine Gerade, parallel zur X-Achse. Das bedeutet aber einen Ladenstillstand während des gesamten Schützendurchlaufes.

Da in der Flugbahn des Schützens Laden- und Schützenbewegung miteinander verbunden sind, lassen sich umgekehrt aus einer vorhandenen Kurve diese Bewegungsgrößen bestimmen. Der Ladenweg kann direkt abgelesen werden. Auf die Ermittlung der Schützengeschwindigkeit aus der Flugbahn soll nachfolgend eingegangen werden.

1. Die empirische Ermittlung der Flugbahn des Schützens. Die Ermittlung der Flugbahn auf photometrischem Wege dürfte keine besondere Schwierigkeit bereiten. Noch einfacher aber läßt sich die Flugbahn aufschreiben, wenn man mit einem Wechselwebstuhl

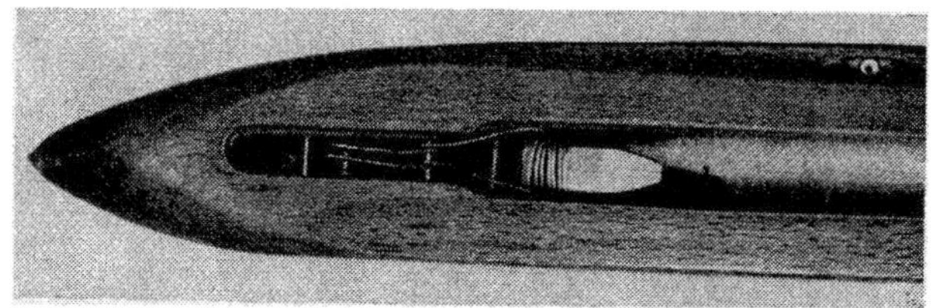

Abb. 497. Schützen mit Zeichenstift

arbeitet. Die Abb. 497 und 498 zeigen eine solche Schreibvorrichtung, der man vielleicht den Vorwurf machen könnte, daß durch die von der Kreide ausgelöste Reibung ein geringfügiger Fehler entsteht. Wie aber die nachfolgende weitere Betrachtung zeigt, ist dieser Fehler tatsächlich so geringfügig, daß er nicht nachweisbar ist. Die Kurve wird, wie aus der

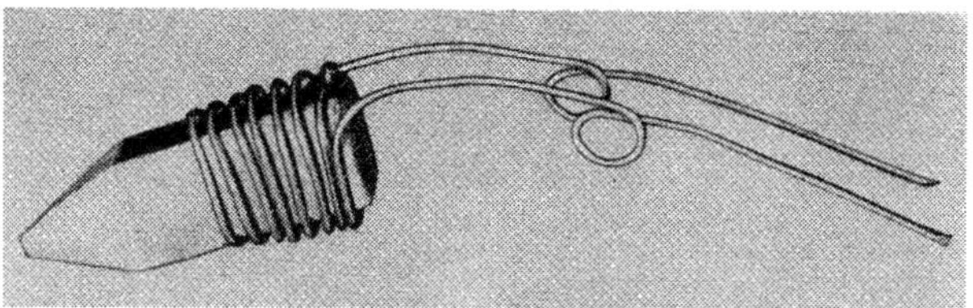

Abb. 498. Zeichenstift

Abb. 500 erkenntlich ist, auf dem Unterfach aufgezeichnet. Nach mehrmaligem Zurückweben, je nach der Bindung, erscheint die Kurve auf dem Oberfach. Um ein genaues Ergebnis zu erhalten, wurden die Aufnahmen bei vollem Lauf des Webstuhles durchgeführt, wobei dann der „schreibende Schützen" erst beim zweiten und beim dritten Schuß nach dem Einschalten des Webstuhles in das Fach geschlagen wird. Die Federung der Schreibvorrichtung wurde sehr sorgfältig eingestellt, damit der Schützen normal auf seiner Flugbahn aufliegt.

Die durch den Schützen aufgeschriebene Kurve wurde *maßstabgerecht* in ein Koordinatensystem übertragen. Gemessen wurde im Intervall von 10 cm der Abstand Ladenanschlag—Schützenlaufkurve auf dem Oberfach (vgl. Abb. 499). Die Abb. 500 zeigt die Fotografie dieser Kurve am HBS II-Webstuhl.

---

[1] Vgl. zu dieser Fragestellung auch W. A. Naumow: Theorie und Einstellungsverfahren des Schlages am Webstuhl nach der Flugbahn des Schützens. Textil-Praxis 1950, S. 49.

Man erkennt sofort, daß die Kurven einige charakteristische Punkte aufweisen.

P_1 kennzeichnet den Eintritt des Schützens in das Fach.

P_{max} Durchgang der Kurbel durch den hinteren Totpunkt, d. h. also, hierdurch ist das Maximum der Flugbahn des Schützens gekennzeichnet.

P_n Austritt des Schützens aus dem Fach.

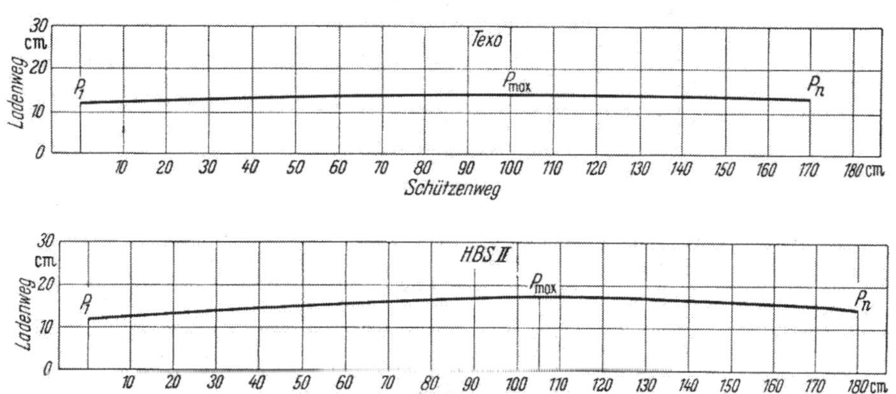

Abb. 499. Schützenlaufkurven

Die Lage der drei Punkte ist abhängig vom Beginn des Schlages (früher oder später Schlag) und der Schützengeschwindigkeit. Bei gleicher Schützengeschwindigkeit, aber früher einsetzendem Schlag ändern sich die Ordinaten von P_1 und P_n, y_1 wird keiner, y_n wird größer. Die Ordinate von P_{max} bleibt gleich, aber die Abszisse muß größer werden, d. h., P_{max} verschiebt sich in Richtung P_n; bei später eintretendem Schlag verhält es sich genau umgekehrt.

Abb. 500. Schützenlaufkurven, auf dem Fach aufgezeichnet

Bei Vergrößerung der Schützengeschwindigkeit muß das Gesamtbild der Kurve flacher werden, d. h., y_1 und y_n werden größer, P_{max} verschiebt sich in Richtung P_n.

Einen weiteren Einfluß auf die Krümmung der Kurve übt die Ladenbewegung während des Schützenlaufes aus. Ein großer Ladenweg ergibt eine hohe Wölbung der Kurve. Ein geringer Ladenweg zeigt eine flache Kurve.

Hieraus resultiert, daß eine hohe Schützengeschwindigkeit und eine geringe Ladenbewegung die günstigste Form der Flugbahn ergibt. Die Schützengeschwindigkeit ist meist schon ein Maximum. So bleibt nur übrig, mit Hilfe eines großen Ladenstillstandes eine flache Laufkurve zu erzeugen. Andererseits wurde der Nachteil des großen Ladenstillstandes bereits eingehend erörtert. Wie bei der Diskussion der Ladenbewegung, so läßt sich aus den aufgenommenen Flugbahnen der Unterschied bei den einzelnen Stuhltypen genauestens festlegen. So zeigt die Abb. 499, daß die Flugbahn des Schützens beim Texo-Webstuhl geradliniger ist als beim HBS II. Dies ist ein Ergebnis, das bereits bei der Diskussion der Ladendiagramme bestätigt war. Interessant ist die Tatsache, daß das Maximum der beiden Flugbahnen und, wie man auch ohne Schwierigkeit bei anderen Webstuhlmodellen feststellen kann, bei allen anderen Webstühlen nicht in der Mitte, sondern in der zweiten Hälfte der Lade liegt. Die Ursache hierfür ist, daß bei normalem Schlagbeginn

1. die Ladengeschwindigkeit zum hinteren Totpunkt hin weniger abfällt, als sie nach dem Totpunkt ansteigt,
2. die Schützengeschwindigkeit zu Anfang höher und der Weg in der Zeit dadurch größer ist.

Tabelle 23
Wertetabelle für Schützenlaufkurven

Texo		HBS II	
x	y	x	y
0	11,8	0	11,5
10	12,3	10	12,8
20	12,7	20	13,5
30	12,9	30	14,2
40	13,0	40	14,7
50	13,2	50	15,2
60	13,3	60	15,8
70	13,4	70	16,4
80	13,7	80	16,8
90	14,0	90	17,1
100	*14,2*	100	17,3
110	14,1	*105*	*17,4*
120	14,1	110	17,3
130	14,0	120	17,1
140	13,9	130	17,0
150	13,8	140	16,7
160	13,5	150	16,4
170	13,3	160	16,0
		170	15,4
		180	14,0

2. Berechnung der Schützengeschwindigkeit aus der Schützenlaufkurve. Als Grundlage für die Berechnung benützt man wieder die Tatsache, daß sich hier aus zwei verschiedenen Ladenständen die Wegzeit, bezogen auf den Kurbelwinkel, berechnen läßt. Den Ladenstand gibt die Ordinate y der Schützenlaufkurve an. Die entsprechenden Kurbelwinkel wurden aus dem Ladendiagramm übernommen.

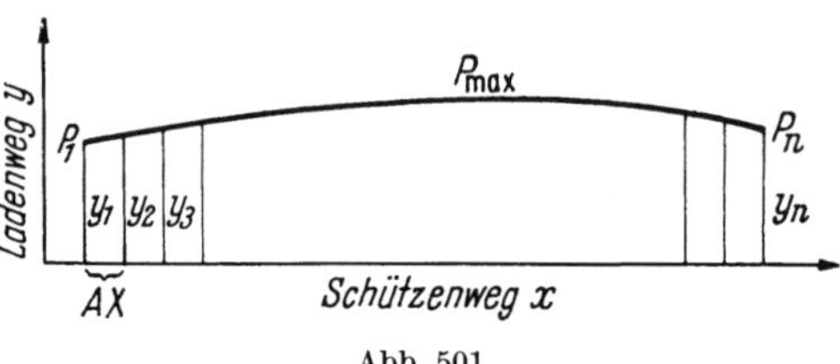

Abb. 501

Die Schützengeschwindigkeit ließe sich theoretisch in Intervallen von 10 cm berechnen, praktisch aber scheitert eine solche Berechnung an den Ableseungenauigkeiten und dem geringen Ladenweg in der Nähe des hinteren Totpunktes. Sollte es einmal vorkommen, daß man auf solche differenziellen Ergebnisse nicht verzichten kann, so bleibt eben nur noch die oszillographische Messung zur Lösung dieses Problems. Im Verlaufe dieser Darstellung wird daher nur mit der mittleren Geschwindigkeit auf einer größeren Strecke gerechnet.

Für die Berechnung ist (vgl. a. Abb. 501) zu berücksichtigen, daß der tatsächliche Weg, den der Schützen zurücklegt, durch die Flugbahn des Schützens gekennzeichnet ist. Die seitliche Ablenkung erhält der Schützen aber durch die Ladenbewegung. Aus diesem Grunde ist für eine Geschwindigkeitsberechnung nur der Weg, den die Ladenbahnlänge angibt, maßgebend.

In der nachfolgenden, zunächst allgemeinen Berechnung bedeutet:

φ_1 Kurbelstand bei y_3,
φ_2 Kurbelstand bei y_{n-2},
ω Winkelgeschwindigkeit der Kurbelwelle,
s Schützenweg,
v_m mittlere Geschwindigkeit.

$$\varphi_2 = \varphi_1 + \omega t,$$

$$s = v_m t,$$

$$t = \frac{s}{v_m},$$

$$\varphi_2 = \varphi_1 + \omega \frac{s}{v_m},$$

$$v_m = \frac{\omega s}{\varphi_2 - \varphi_1}.$$

Die Berechnung bezieht sich entsprechend der Abbildung nur auf die Strecke, die zwischen den Ordinaten y_3 und y_{n-2} liegt, und zwar wurde dies getan, um Ungenauigkeiten, die durch den Breithalter bedingt sein können, auszuschalten.

Durch das Einsetzen der Zahlen kommt man zu folgenden mittleren Geschwindigkeiten.

v_m — *Texo* ($n = 100$ U/min)

$$\omega = \frac{360 \cdot n}{60} = 600^\circ/\text{sek},$$

$$\varphi_1 = 78^\circ, \qquad \varphi_2 = 180^\circ, \qquad s = 13 \cdot \Delta x = 1{,}3\ m,$$

$$v_m = \frac{600 \cdot 1{,}3}{180 - 78} = 7{,}65\ \text{m/sek}.$$

v_m — *HBS II* ($n = 120$ U/min)

$$\omega = 720^\circ/\text{sek},$$

$$\varphi_1 = 122^\circ, \qquad \varphi_2 = 210^\circ, \qquad s = 14 \cdot \Delta x = 1{,}4\ \text{m},$$

$$v_m = \frac{720 \cdot 1{,}4}{210 \cdot 122} = 11{,}5\ \text{m/sek} \quad \text{(vgl. oben)}.$$

3. Rechnerische Ermittlung der Schützenlaufkurve. Legt man diese allgemeine Berechnung zugrunde, so besteht die Möglichkeit, die Flugbahn des Schützens mathematisch zu erfassen. Es muß jedoch berücksichtigt werden, daß es nicht möglich ist, alle mitwirkenden

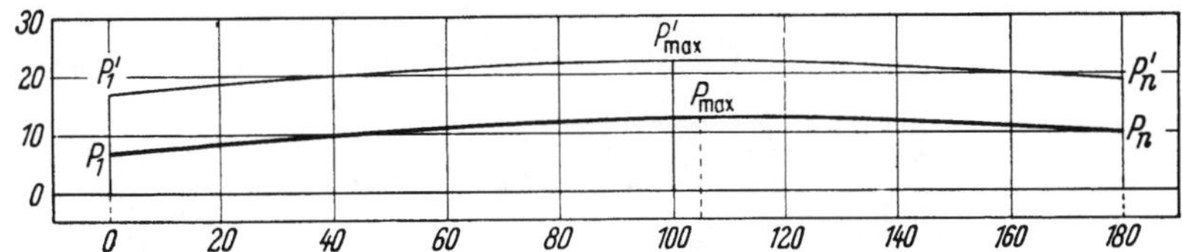

Abb. 502. Mathematische Schützenlaufkurve (HBS II)
P_1' P_n' mathematisch ermittelte Flugbahn; P_1 P_n empirisch ermittelte Flugbahn

Komponenten in die Rechnung einzubeziehen, weil sich diese dann zu kompliziert gestalten würde. Man müßte zur Berücksichtigung aller Komponenten ein dreidimensionales Koordinatensystem verwenden. Der in der Abb. 502 durchgeführte Vergleich der experimentiell ermittelten Kurve mit dem mathematischen Ergebnis zeigt jedoch, daß eine solche überaus große Sorgfalt nicht notwendig ist. Es soll deshalb auf Faktoren verzichtet werden, die das Ergebnis nur unwesentlich beeinflussen können.

Während der Schützen auf Grund seiner Geschwindigkeit den Weg x zurücklegt, wird er von der Lade um den Weg y abgelenkt (vgl. Abb. 501)

$$x = v_m t,$$

$$y = s = \frac{\pi R \alpha_x}{180}.$$

Bei der Berechnung von α_x aus Gl. (13) u. (14) muß für φ eingesetzt werden:

$$\varphi = \varphi_1 + \omega t, \qquad t = \frac{x}{v_m},$$

$$\varphi = \varphi_1 + \omega \frac{x}{v_m}.$$

Es bedeutet:

φ Kurbeldrehwinkel,
φ_1 Kurbeldrehwinkel bei Eintritt des Schützens in das Fach,
ω Winkelgeschwindigkeit der Kurbelwelle.

Die Tab. 24 zeigt folgende Zahlen.

Tabelle 24

x	0	20	40	60	80	100	120	140	160	180
y	17,0	18,5	19,9	21,0	22,0	22,2	21,9	21	20,2	18,8

Überträgt man diese Zahlen in ein Koordinatensystem und zum Vergleich dazu die empirisch ermittelte Flugbahn (gestrichelt gezeichnet), so ergibt sich fast völlige Übereinstimmung. Die größere Ordinate y und die Verschiebung von P_{max} ergibt sich aus der verwendeten mittleren Schützengeschwindigkeit.

4. Schützenauffang. Sowohl die Praxis wie auch die in der theoretischen Erörterung des Schlagvorganges ersichtlichen Zahlen lehren uns, daß die Restenergie des ankommenden bzw. einlaufenden Schützens noch vernichtet werden muß. Die Vernichtung dieser Energie hat möglichst stoßfrei zu erfolgen. Rein theoretisch wäre es wohl auch denkbar, und es zeigen die verschiedensten Patentschriften, die noch im Schützen enthaltene Energie zu speichern, um sie beim nächsten Schlag wieder frei werden zu lassen. Es sind aus der Literatur genügend Berechnungsbeispiele bekannt, die genauestens ausrechnen, wieviel Energie man dadurch im Laufe einer gewissen Zeit sparen könnte. Leider läßt sich diese Überlegung nicht verwirklichen, weil die immerhin sehr kleine Restenergie nur sehr zeitaufwändig gespeichert werden könnte. Dies steht in direktem Gegensatz zu dem Bestreben, die Drehzahl der Webstühle immer noch zu steigern.

Zur Vernichtung der Restenergie braucht man zur Zeit noch ausnahmslos Schützenkastenzungen, wie eine in der Abb. 503 dargestellt ist. Die Konstruktion solcher Zungen erfolgt nach streng kinematischen Gesetzen, um den Schützen, wie bereits oben als Forderung gekennzeichnet, stoßfrei abzufangen. Die in der Abb. 503 dargestellte Schützenzunge ist für

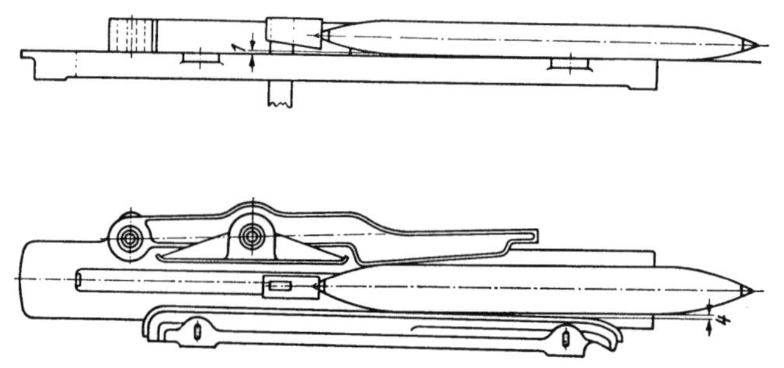

Abb. 503. Bremsen des Schützens durch Bremszungen

einen einschützigen Webstuhl gedacht. Für den mehrschützigen Wechselwebstuhl ist die Ausführung etwas anders in der Form. Prinzipiell handelt es sich aber um die gleiche Vorrichtung.

Um stets für die gleiche Stellung des eingelaufenen Schützens in den Kasten zu sorgen (es ist dies ganz besonders wichtig bei den Wechselwebstühlen und den Automatenwebstühlen), vernichtet man den letzten Bruchteil der Bewegungsenergie nicht mit der Bremszunge, sondern mit einer Fangvorrichtung. In der einfachsten Ausführung handelt es sich dabei um einen Fangriemen, aber es werden auch präzise arbeitende Vorrichtungen verwendet.

Im allgemeinen haben die Schützenbremsen gemein, daß sie aus der Praxis entstanden sind, empirisch eingestellt und reguliert werden und sich kaum rechnerisch erfassen lassen.

Im folgenden sei die Verwendung des Zarnpuffers als hydraulische Schützenauffangvorrichtung beschrieben[1]. Wie weiter unten näher ausgeführt, beruht die Wirkungsweise dieser Puffer auf einem Gesetz der Physik, welches einen dem Bedarf angepaßten Bremseffekt liefert. Die dem Schützen entzogene kinetische Energie wird sogleich in Wärme umgesetzt und abgeführt, ohne Abnützung irgendwelcher Bestandteile. Aus diesem Grunde kann die Herstellerin der Puffer, die Zama AG., Zürich 33, im Heimatlande eine dreijährige Garantie geben, was wohl im Textilmaschinenbau eine Sonderleistung ist.

Theoretische Grundlage. Der Bremseffekt des Puffers beruht im Widerstand einer Flüssigkeit, welche aus einem Behälter durch eine kleine Ausflußöffnung verdrängt wird. Aus diesem Vorgang ist ersichtlich, daß dieser Bremseffekt geschwindigkeitsabhängig ist. Je schneller die verdrängende Bewegung, um so größer der Widerstand der Flüssigkeit.

Um die theoretischen Zusammenhänge abzuklären, denken wir uns den Puffer vereinfacht, bis er auf einen mit Flüssigkeit gefüllten, konisch gebohrten Zylinder reduziert ist. Den in den Zylinder eindringenden Kolben denken wir uns mit dem Schützen und Picker vereint mit der Gesamtmasse m (Abb. 504). Die geradlinig geführte Masse m trifft mit der Geschwindigkeit v in den mit Flüssigkeit gefüllten Zylinder. Die Flüssigkeit wird sogleich mit einer Geschwindigkeit c durch den Spielraum f zwischen Kolben und Zylinder entweichen.

[1] Entnommen aus A. Zarn: Hydraulische Schützenauffangvorrichtungen am Webstuhl mittels Zarnpuffer. Melliand Textilber. 1956, H. 4, S. 399—401.

Der in der Flüssigkeit entstehende Druck p übt einerseits eine bremsende Kraft $K = pF$ auf die Masse m und erzeugt andererseits die Ausflußgeschwindigkeit c. Die bremsende Kraft K wird längs des Bremsweges s die bewegte Masse m zum Stillstand bringen, indes die Geschwindigkeit c durch die Ausflußfläche f den Zylinder von der Flüssigkeit entleert.

Der Zusammenhang zwischen den einzelnen Größen läßt sich auf Grund einfacher Gesetze der Mechanik formulieren:

Kinetische Energie E der Masse m zu Beginn des Bremsvorganges:

$$E = \frac{m v^2}{2}. \tag{1}$$

Zusammenhang zwischen Verzögerung b und bremsender Kraft K auf Masse m:

$$K = m b = p F. \tag{2}$$

Aus der Ausflußformel für nicht elastische Flüssigkeiten folgt die Beziehung zwischen Geschwindigkeit c und Druck p:

$$c = \sqrt{\frac{2g}{\gamma} p} \quad \text{oder} \quad c^2 = \frac{2g}{\gamma} p. \tag{3}$$

Da die vom Kolben verdrängte Flüssigkeit gleich derjenigen durch f ausgeflossenen ist, folgt:

$$c f = v F. \tag{4}$$

Unter Wahrung obiger Zusammenhänge [Gln. (1) bis (4)] kann in weiten Grenzen ein beliebiger Bremseffekt erzielt werden, durch entsprechende Variation der Ausflußfläche f und des Bremsweges s. Von dieser Eigenschaft wird z. B. bei Verwendung von Zarnpuffern an Wechselstühlen Gebrauch gemacht, wo der Schützen zum Stillstand kommen muß, bevor der Kolben den ganzen Hub durchlaufen hat (s. weiter unten).

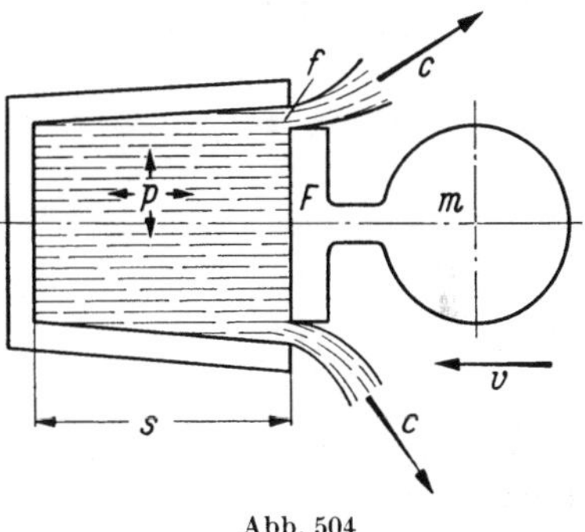

Abb. 504

Bei der Berechnung wurde angenommen, daß es sich um eine reibungsfreie Flüssigkeit handle. In Wirklichkeit wird jedoch beim Zarnpuffer Öl verwendet, welches eine mehr oder weniger große Zähigkeit aufweist. Der ganze Vorgang bleibt im Wesen gleich, nur muß dabei berücksichtigt werden, daß die Ausflußgeschwindigkeit des Öles geringer ist als dem Drucke entsprechend. Da die Schützenmasse jedoch je nach Stuhltyp ebenfalls große Verschiedenheiten aufweist, besteht in der Wahl eines Öles mit entsprechender Viskosität die Möglichkeit, ein und denselben Puffer unter ganz verschiedenen Betriebsverhältnissen einzusetzen.

Da die Ausflußfläche die Bremscharakteristik bestimmt, hat man die Möglichkeit, eine gleichmäßige Verzögerung zu erzielen. Dies besagt, daß die Bremskraft K längs des Bremsweges s konstant ist, somit auch der Druck der Flüssigkeit p und als Konsequenz die Ausflußgeschwindigkeit c. Bei gleichmäßiger Verzögerung ist der Geschwindigkeitsverlauf längs des Bremsweges bekannt; es ist eine Parabel. Daraus folgt, daß die Ausflußfläche ebenfalls längs des Bremsweges nach dem gleichen Gesetz abnehmen soll, um die Ausflußgeschwindigkeit c beizubehalten.

Wie auch die Bremscharakteristik gewählt werde, aus Gl. (3) folgt, daß die bremsende Kraft sich wie das Quadrat der Geschwindigkeit ändert. Da die kinetische Energie ebenfalls mit dem Quadrat der Geschwindigkeit zu- und abnimmt, bleibt der Bremsweg immer derselbe.

Um auf die normalen Verhältnisse am Webstuhl zurückzukommen, besagt diese Eigenschaft, daß der hydraulische Puffer den Bremseffekt „nach Maß" liefert. Kommt der Schützen etwas langsamer auf den Picker, so ist der Pufferwiderstand geringer. Umgekehrt wird der Puffer eine viel größere Bremskraft liefern, wenn der Schützen heftiger in den Picker prallt. Als Ergebnis kommt der Schützen in beiden Fällen an derselben Stelle auf der Weblade zum Stillstand.

Aufbau des Zarnpuffers. Es waren große konstruktive Schwierigkeiten zu überwinden, einen Puffer mit einer vieljährigen Lebensdauer zu bauen, welcher monatlich mehrere Millionen Arbeitshübe ausführen muß. Das Ergebnis ist ein Produkt jahrzehntelanger Anstrengungen.

Abb. 505 zeigt einen Zarnpuffer im Schnitt. Der mit Öl und Druckluft gefüllte Behälter *1* enthält den Druckzylinder *1a*, in welchem der im Lager *2* geführte Kolben *5* sein hin- und hergehende Bewegung ausführt (Hublänge s). Die Luft wird mit einer gewöhnlichen Fahrradpumpe durch das Ventil *4* eingepumpt und erfüllt die Aufgabe, den unbelasteten Kolben wieder nach vorn zu schieben (Begrenzung des Hubes durch Anschlag *7*). Das konstruktiv schwierigste Bauelement bildete der Gummistulpenring *3*, welcher praktisch ohne Reibung und demzufolge ohne Abnützung arbeitet und trotzdem ein einwandfreies Abdichten gewährleistet. Wie gering der Ölverbrauch ist, geht daraus hervor, daß je Schicht und Jahr ein Ölwechsel empfohlen wird. Nicht selten sind die Fälle, wo während drei Jahren kein Öl nachgefüllt wurde und der Puffer nur noch mit einem Rest einer schmutzigen Flüssigkeit unbehindert weiter funktionierte.

Als Kompensation für die veränderliche Tiefe des Treiberloches ist der Pufferkopf *6* in der Länge verstellbar und mit einer Gegenmutter gesichert.

Montage des Zarnpuffers an glatten Stühlen. Abb. 506 zeigt die prinzipielle Montage an glatten Unterschlägern. Der Schlagstock kommt auf den Pufferkopf zu liegen und ist noch um die Bremslänge S von der hintersten Lage entfernt. Nicht dargestellt ist die übliche Bremszunge, welche auch hier den Schützen weitgehend abbremsen soll. Im dargestellten Momente trifft der Schützen mit einer restlichen Geschwindigkeit auf den Treiber und wird entsprechend seiner Geschwindigkeit mehr oder weniger stark abgebremst, um bei eingedrückten Pufferkolben zum Stillstand zu kommen. Die Reibung der Bremszunge genügt, den Schützen in dieser extremen Stellung festzuhalten. Erst wenn der nächste Schlag erfolgt, kann der Pufferkolben wieder, infolge der Druckluft im Gehäuse, in seine vordere Lage gelangen.

Wie erwähnt, spielt die auftretende Schützengeschwindigkeit für die Einstellung des Puffers keine Rolle, da die Bremskraft sich automatisch dem Bedarfe anpaßt. Diese Eigenschaft gestattet es, den Puffer zum Abbremsen des Schlagstockes nach dem Schlage zu verwenden. Die Raumverhältnisse am Stuhl erlauben jedoch nur in den wenigsten Fällen, den Puffer unter der Lade, gegen den Stuhlschild hin, anzubauen. Wo die Montage jedoch möglich ist, ist der Versuch überzeugend.

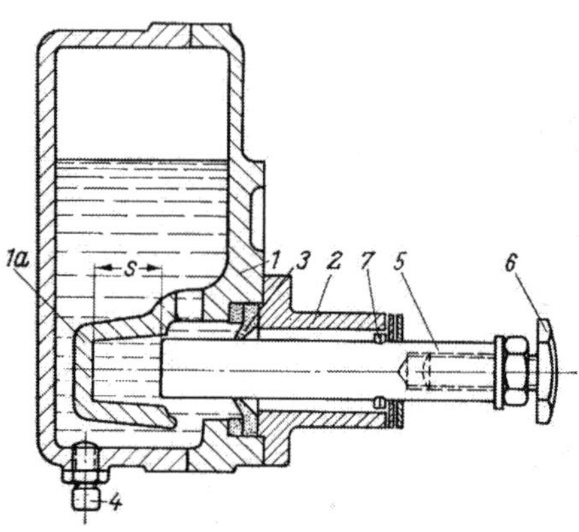

Abb. 505. Zarnpuffer im Schnitt

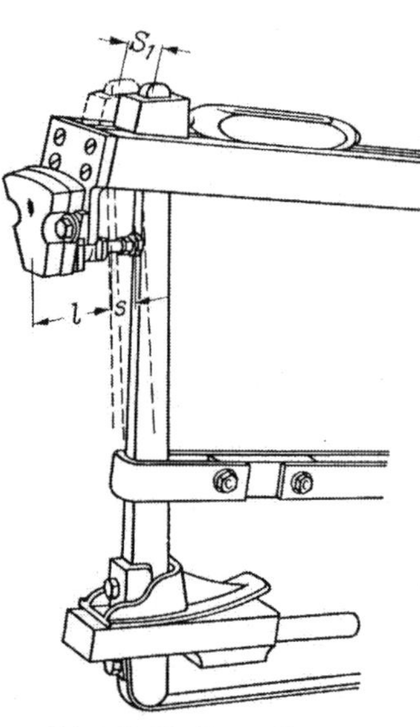

Abb. 506. Montierter Zarnpuffer

Montage des Zarnpuffers an Wechsel- und Lancierstühlen. Um den Zarnpuffer auf der Hubkastenseite eines beliebigen Stuhles montieren zu können, wird von einer dem hydraulischen Vorgang verbundenen Eigenschaft Gebrauch gemacht. Wie weiter oben dargestellt, kann der Puffer eingestellt werden, so daß der Schützen zum Stillstand kommt, bevor der Kolben den ganzen Hub durchlaufen hat. Das einfachste Mittel ist die Verwendung eines dickflüssigeren Öles. Sobald der Schützen stillsteht, sorgt eine einfache Rückzugvorrichtung dafür, daß der Kolben in die hinterste Lage gedrückt wird. Wie üblich, sorgt die Rückzugfeder am Schlagstock dafür, daß letzterer der Bewegung folgt und daß der Treiber den Schützen freigibt. Nun kann der Hubkastenwechsel ungehindert stattfinden.

Abb. 507a—c zeigt das Abbremsen des Webschützens mit anschließendem Pickerrückzug in drei Bewegungen.

Abb. 507a gibt den Augenblick vor dem Eintreffen des Schützens wieder. Der Treiber *3* ist noch um den Bremsweg S_I und die Rückzuglänge S_{II} von der hintersten Stellung entfernt.

Abb. 507b. Der ankommende Schützen *1* ist auf den Treiber gestoßen, und beide sind bis zum Stillstand abgebremst worden. Der Kolben *11* hat jedoch noch nicht den ganzen Hub zurückgelegt und ist im Zylinder *10* um die Länge S_2 von der hintersten Lage entfernt.

Abb. 507c. Die Pickerrückzugvorrichtung ist in Funktion getreten und hat bewirkt, daß der Treiber noch um die Rückzuglänge S_{II} weiter zurückgegangen ist. Die Schützenspitze ist somit freigegeben worden, und der Kastenwechsel kann unbehindert stattfinden.

Die dargestellte, zum Patent angemeldete Rückzugvorrichtung ist denkbar einfach und kann an jedem Lancierstuhl angebracht werden. Ein durch ein Zugband *4* betätigter Hebel *5* dreht sich um eine Achse des der Weblade *16* angebauten Supports *6*. Das andere Ende des Zugbandes wird um eine an der Weblade angebrachte Umlenkrolle geführt und am Stuhlschild befestigt. Bei vorrückender Weblade wird das Zugband somit gespannt, und das untere Ende des Hebels *5* greift in die Nocken *14* des Pufferknopfes und drückt den Kolben in die hinterste Stellung. Beim Rückwärtsgang der Lage wird der Riemen wieder entspannt und der Kolben, infolge der Druckluft *7* im Gehäuse, gelangt wieder in seine Bereitschaftsstellung.

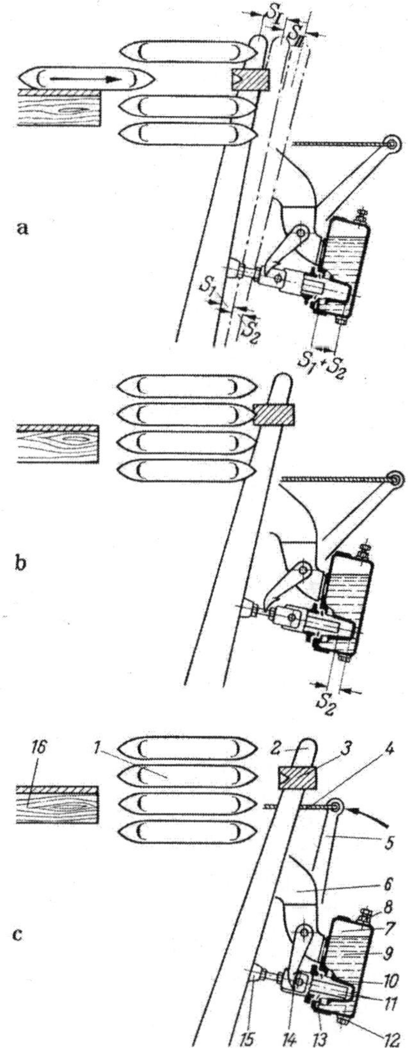

Abb. 507a—c. Montage des Zarnpuffers an Wechselwebstühlen

Zarnpuffer werden in derselben Ausführung für die verschiedensten Webstuhltypen, sowohl alte wie neue, geliefert. Mit der unbegrenzten Lebensdauer der Apparate und der Auswechselbarkeit aller Bestandteile dürfte dieses wichtige Webstuhlelement den höchsten Ansprüchen genügen.

5. Der Picker

Ohne Zweifel ist der Picker ein Zubehör, aber nicht nur Zubehör schlechthin, er ist im engeren Sinne das *Werkzeug* des Webstuhles, und als Werkzeug steht er im Brennpunkt des Interesses. Nur das gute Werkzeug gewährleistet eine fehlerfreie Produktion, und die Pflege dieses Werkzeuges senkt weitestgehend die Kosten für die Fertigung. Solche Erkenntnis läßt sich ohne Änderung oder Einschränkung auch auf den Picker übertragen.

Die nachfolgende Erörterung soll dem Picker als Werkzeug dienen und zu Gedanken zu diesem Problem anregen.

Die Aufgabe des Pickers. Beim Eintritt des Schützens in das Webfach hat er eine Geschwindigkeit von 10—18 m/sek, je nach Warenbreite und Stuhldrehzahl. Bei einem mittleren Schützengewicht von 700 g bedeutet das, daß der Schützen eine kinetische Energie von rund 5 mkg aufweist. Diese Energie muß vom Picker auf den Schützen übertragen werden, und zwar in der sehr kurzen Zeit, die für den Durchgang des Pickers durch den Kasten für den Schlag zur Verfügung steht. Das bedeutet eine Leistungsspitze von rund 60 mkg/sek. Die Vernichtung der Energie des einlaufenden Schützens erfolgt ebenfalls durch den Picker. Der so gekennzeichnete Leistungsaufwand hat einen unvermeidlichen Alterungsverschleiß zur Folge, der einmal abhängig ist von dem für die Picker verwendeten Rohstoff und besonders von der mechanischen Beanspruchung während des Schlages.

Die dem Schützen notwendigerweise zu verleihende Energie von der Größe

$$E = \frac{m v^2}{2}$$

verlangt eine Antriebskraft während des Schlages, die nach dem „Gesetz vom Antrieb“ aus der Mechanik

$$P t = m v \rightarrow P = \frac{m v}{t}$$

mit der Zeit im umgekehrt proportionalen Verhältnis steht. Die für den Antrieb notwendige Kraft — und damit der Verschleiß — erreicht ein Minimum, wenn die Beschleunigung während des Antriebes gleichförmig ist, wenn also die Schlagkurve einen parabolischen Verlauf zeigt. Mit Rücksicht auf den Pickerverschleiß ist also dringend davon abzuraten, durch Ausschleifen der Schlagnase auf dem Schlagexzenter eine Schlagverstärkung zu erzielen. Wenn eine andere Möglichkeit nicht zur Verfügung steht, den Schlag zu verstärken, dann sollte man die vorliegende Nase des Schlagexzenters gegen eine andere mit größerer, aber gleichförmiger Beschleunigung austauschen.

Schlagexzenter sind kinematisch konstruierte Kurven, die unter diesem Gesichtspunkt den geringsten Pickerverschleiß gewährleisten. Diese dürfen also unter keinen Umständen ausgeschliffen werden!

a) Rohstoff, Lieferbedingungen und Vorbehandlung für Picker

Die Picker für Oberschlagstühle, Wechselstühle und Automatenstühle werden aus Rohhaut hergestellt. Nur die Picker für Unterschlagwebstühle bestehen aus Leder. Bislang wurden die besten Rohhautpicker aus den Häuten der indischen Wasserbüffel gefertigt. Nur Picker aus diesen Häuten sind wegen ihrer Härte und Zähigkeit in der Lage, die Kraft des Schlages auf die Dauer auszuhalten. Sie haben auch die Elastizität, um die beim Schlag auftretenden Erschütterungen zu dämpfen und in sich aufzunehmen. In den Zeiten der Not wurden statt der von Indien importierten Rohhäute auch einheimische Häute verarbeitet. Es hat sich jedoch immer erwiesen, daß diese nicht in der Lage sind, die notwendigen Eigenschaften unter der ständigen Schlagbelastung beizubehalten.

Obwohl die aus den importierten Häuten hergestellten Picker beste Erfolge beim Weben zeigten, bereiten sie immer noch eine Menge Sorgen. Für eine erfolgreiche Verwendung müssen sie entsprechende Bedingungen (Lieferbedingungen) erfüllen und außerdem von der Lieferfirma oder vom Webmeister zweckmäßig vorbehandelt werden.

Die Lieferbedingungen für Rohhautpicker sind genormt und müssen von den Lieferfirmen eingehalten werden. Nachfolgend eine Zusammenstellung der Lieferbedingungen aus den Normblättern DIN 64650, 64651, 64652, 64653:

1. Alle Lagen der Picker müssen aus bestgeeigneten Büffelhäuten hergestellt sein und überall ohne Zwischenräume gut aneinanderliegen, soweit es die Haut als Naturprodukt zuläßt.
2. Die Pickerbohrung muß bei Lieferung mit einem genau auf Maß gearbeiteten Holzstab verschlossen sein.
3. Die äußere Oberfläche der Nietköpfe, Scheiben und Krampen müssen glatt sein, sie dürfen auf der Oberfläche nicht vorstehen. Die Nietköpfe müssen auf der Schließkopfseite genügend großen Durchmesser haben.
4. Wenn nicht anders vereinbart, werden die Picker roh (ungeölt) geliefert.
5. Die genormten Maße sind Trockenmaße, die durch Eintrocknen nach etwa einjähriger Lagerung erreicht werden sollen. Für rohe fabrikneue Picker sind entsprechende Maßzugaben zu wählen. Für geölte und fertig getrocknete Picker sind Maßabweichungen bis etwa $\pm 1\%$ (DIN 64652, 64653) und $\pm 2\%$ (DIN 64650, 64651) von den in den Normen festgelegten Zeichenmaßen zulässig.

Die Spezifizierung der Lieferbedingungen für die einzelnen Typen möge man den entsprechenden Normblättern entnehmen.

Auch die Lieferbedingungen für Lederpicker, wie sie an Unterschlagwebstühlen verwendet werden, sind genormt (vgl. DIN 64655). Die wesentlichen Merkmale dieser Bedingungen sind jedoch auch in den obengenannten Bedingungen enthalten.

Die Vorbehandlung. Der auf Grund der Lieferbedingung 4 vorliegende Picker ist für den direkten Einsatz im Webereibetrieb ungeeignet, weil er zu spröde ist und schon nach sehr kurzer Zeit aufreißen würde. Er muß, wie schon aus der Fassung der Lieferbedingungen hervorgeht, geölt werden. Diese Behandlung ist wie folgt durchzuführen: Man hängt die Picker zunächst etwa 2—3 Wochen in einen zugigen, mäßig geheizten Raum, damit sie vollständig lufttrocken werden. Unterschiedliche Feuchtigkeit verhindert sonst das gleichmäßige Aufziehen des Öles und reduziert die Gebrauchseigenschaften. Dann hängt man die Picker für sechs Monate in ein Ölbad (Spermöl). Bei den Herstellerfirmen wird diese Zeit stark reduziert, indem man die Tränkung mit Öl in Kesseln unter Druck durchführt. Nach dem Ölen werden die Picker während einer Zeit von sechs Monaten getrocknet, indem man sie locker und ohne jegliche Spannung in die zugige Luft eines mäßig geheizten Raumes hängt. Vom Trocknen im heißen Raume ist dringend abzuraten, weil dadurch die Leimsubstanz der Haut angegriffen wird, was die Gebrauchstüchtigkeit des Pickers außerordentlich reduziert. Die große Gefahr während des Trocknens ist grundsätzlich die, daß die Picker unter Zwang aufgehängt werden und sich dadurch verwerfen (vgl. Abb. 508) und ihre Form verlieren. Es wird dann notwendig, dem Picker die Form durch Zurechtbiegen und Feilen wiederzugeben, was mit einer beträchtlichen Schwächung des Pickers verbunden ist. Es ist auch eine bekannte Erfahrungstatsache, daß der Picker diese durch die Nachbehandlung mit Schraubstock und Feile erzwungene Form bei der Arbeit nicht beibehält. Erst nach dieser einjährigen Vorbehandlung sind die Picker für die Verwendung in der Weberei geeignet.

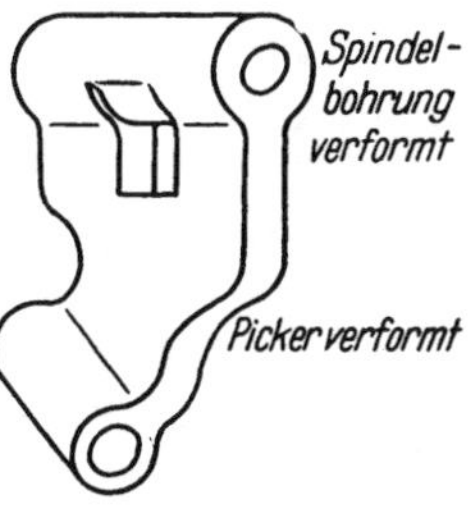

Abb. 508

Schon während des Trocknens und erst recht bei einer nachfolgenden Lagerung ist darauf zu achten, daß die relative Feuchtigkeit der Luft nicht größer als 65—70% ist, da die Picker sonst an Härte und Zähigkeit und somit an Gebrauchswert verlieren. Als Beweis für diese Tatsache ist eine Arbeit von Haag interessant[1], worin durch Versuche belegt wird, wie groß der Einfluß der unterschiedlichen klimatischen Verhältnisse in einem Betriebsraum auf die Härte der Picker ist. Das Ergebnis dieser Versuche soll hier als Tabelle wiedergegeben werden.

Tabelle 25

Ort	Mittl. Temperatur	Mittl. relative Luftfeuchtigkeit	Härte (100 : d²)
Versuchsraum I (ungeheizt)	+ 5 °C	90%	71
Versuchsraum II (geheizt)	+ 13 °C	68%	100
Versuchsraum III (geheizt)	+ 18 °C	41%	210

Vorbenannte Unterschiede können in Webereibetrieben, in denen die Konstanthaltung der Feuchtigkeit auf Grund des Produktionsprogramms nicht notwendig ist, sehr leicht vorkommen, was sich dann beim Gebrauch der Picker

[1] Haag: Melliand Textilber. 1934, Nr. 5.

empfindlich bemerkbar macht. Schon eine Erhöhung der relativen Feuchtigkeit von 65 auf 80% (grob interpoliert) hat eine Härteminderung von etwa 20% zur Folge.

Sind gebrauchsfertige Picker durch langes Lagern wieder hart geworden, so ist empfehlenswert, sie nochmals für eine kurze Zeit ins Ölbad zu hängen. Dieses Nachölen sollte die Zeit von sechs Wochen keinesfalls überschreiten, da sonst die Picker zu quellen beginnen und die Möglichkeit besteht, daß die Nieten gesprengt werden.

Der gesprengte Niet muß allerdings nicht allein in dieser Tatsache seine Ursache haben. Es ist ebenso möglich, daß als Nietmaterial zu weiche Stifte verwendet wurden. Grundsätzlich ist der Vernietung auch während des Arbeitsprozesses auf dem Webstuhl besondere Beachtung zu schenken. Der vorstehende Niet kann sich leicht verfangen und die Veranlassung von Schützenschlägen sein.

Picker aus anderen Rohstoffen. Die oftmals durch äußere Umstände in Frage gestellte Rohstoffversorgung zur Herstellung der Picker, die Notwendigkeit einer einjährigen Lagerung und Vorbehandlung sowie die außerordentliche Empfindlichkeit bei unsachgemäßer Vorbehandlung und Lagerung lassen seit geraumer Zeit nach gütegleichen Austauschstoffen suchen. Die neuere Entwicklung zeigt insbesondere drei Richtungen: 1. Die Verwendung von gummiimprägnierten Geweben (TEX-Hide der Gates-Rubber Company, Denver, Colorado, und eine Parallele in Deutschland bei den Contiwerken in Hannover) für Picker. 2. Die Verwendung von Kunstharzen (Dynamit AG, Troisdorf) für Picker. 3. Versuche mit Nylonpicker.

Die Verwendung der unter 1. genannten Picker zeigte bisher außerordentlich gute Ergebnisse. Die unter 2. genannten Picker wurden mit gutem Erfolg nur bei Automatenstühlen bisher erprobt. Die unter 3. genannten Picker sind bisher lediglich zu Versuchszwecken verwendet worden.

Die auf den Versuchsständen der Webstuhlfabriken laufenden neuen Picker aus diesen Austauschstoffen geben zu der Vermutung Veranlassung, daß Picker in Zukunft nur noch gelegentlich auszuwechselnde Ersatzteile sind, die einem geringen Verschleiß unterliegen. Leider liegen noch keine Ergebnisse aus der Praxis vor.

b) Die Ausführungsformen für Picker

Die durch die Natur des Rohstoffes und durch die Empfindlichkeit gegen falsche Behandlung bedingten unterschiedlichen Verschleißerscheinungen haben zu den verschiedensten Formen von Pickern geführt. Bis zu den 30er Jahren war es so weit, daß fast jeder Betrieb seinen eigenen Picker verwendete. Durch einheitliche Normung sind die Formen und Maße weitestgehend reduziert worden, so daß man heute die Zahl der Ausführungsformen wieder übersehen kann. Es würde über den Rahmen dieser Abhandlung hinausgehen, wenn auf die verschiedenen Formen und auf alle Details eingegangen würde. Es soll darauf verzichtet werden, weil das alles aus den Normblättern ersichtlich ist. Um das Nachschlagen zu erleichtern, sollen im folgenden die Normblätter und deren Bezeichnungen genannt werden:

Picker für leichte Oberschlagwebstühle	DIN 64650
Picker für Jutewebstühle	DIN 64651
Picker für Seidenwebstühle	DIN 64652
Picker für Buckskinwebstühle	DIN 64653
Pickerschoner	DIN 64654
Picker für Unterschlagstühle	DIN 64655
Picker für Automatenwebstühle	DIN 64658

Mit Ausnahme der unter DIN 64655 und 64658 genannten Picker sind in Deutschland genormte Picker zweiseitig verwendbar, so daß man den Picker wenden kann, wenn die Schützenspitze die Vorbohrung in der Aufschlagstelle zu weit ausgearbeitet hat. Will man jedoch den Picker wenden, dann darf nicht durch das Einschlagen des Schützens der Picker bereits einseitig völlig deformiert sein; also rechtzeitig auswechseln.

c) Der Pickerverschleiß

Unter normalen Arbeitsbedingungen erfolgt der gebrauchsbedingte Verschleiß vorzugsweise an drei Stellen:

1. Der Picker verliert seine gute Führung dadurch, daß die Bohrung für die Pickerspindel ausarbeitet.
2. Der Schlagstock durchbricht zu der Seite hin das Pickerprofil, zu der die Kraftübertragung erfolgt (Abb. 509 u. 510).
3. Das Treibstück für den Schützen — der Pickerkopf — bricht ab (Abb. 510).

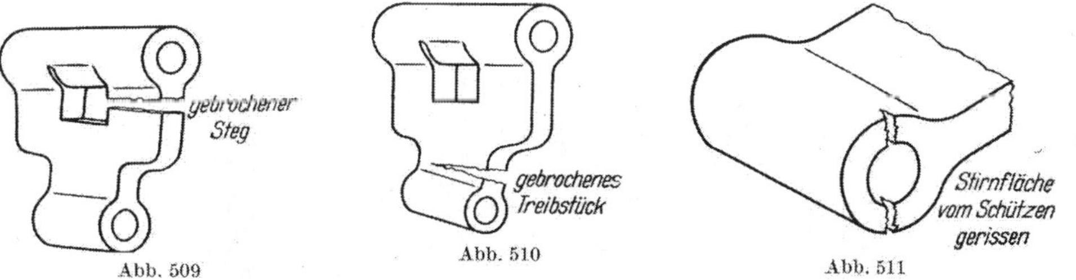

Abb. 509 Abb. 510 Abb. 511

Um sowohl diesen gebrauchsbedingten Verschleiß als auch den überdurchschnittlichen Verschleiß in normalen Grenzen zu halten, sind folgende Richtlinien zu beachten:

1. Die Spindelbohrung im Picker ist vor der Ingebrauchnahme mit einem Wischer sorgfältig zu säubern, um Unreinigkeiten (wie Staub und Späne) zu beseitigen, die den späteren erhöhten Abrieb beschleunigen.

Abb. 512. Verschleiß durch falsche Einstellung des Pickers zum Schützen

2. Die Spindel ist zu richten, und zwar so, daß das Treibstück in der gleichen Richtung verläuft, wie der Schützen durch den Kasten geführt wird.
3. Die Spindel ist außerdem so zu richten, daß die Schützenspitze ziemlich genau in das Zentrum des Treibers einschlägt. Das macht man so, daß man den eingebauten Picker einige Schläge machen läßt. Liegen die Einschläge der Schützenspitze auf dem Picker verstreut, so ist in den Führungen zu viel Spiel vorhanden oder die Spindelbohrung ist etwas zu groß. Deshalb nimmt man den Picker wieder heraus und bohrt ihn mit einem Senkbohrer etwa 3 mm tief ein. Diese Bohrung muß 2—3 mm höher und 2—3 mm weiter nach vorn liegen als das Zentrum der Einschläge, damit der Schützen eine richtige Führung erhält. Diese Manipulation ist besonders bei Mittel- und Unterschlagstühlen wichtig. Trifft der Schützen nicht ziemlich genau auf die Mitte des Treibstückes, so ist ein vorzeitiger Verschleiß unvermeidlich (s. Abb. 511 u. 512).

4. Das Prelleder auf der Pickerspindel ist so einzurichten, daß die Pufferung nicht eher beginnt, als die Schlagwirkung zu Ende ist. Es schlägt sich sonst der Schlagstock vorzeitig durch den vorderen Verbindungssteg. Die gleiche Überlegung gilt auch für die Schützenfangvorrichtung. Diese muß so eingestellt sein, daß der Picker nicht schlagartig in seiner Ausgangsstellung zum Stillstand kommt. Es besteht dann die Möglichkeit, daß der Picker die rückwärtige Wand des Pickers zerschlägt.

5. Die Schützenfangvorrichtung ist besonders bei Wechselstühlen sehr vorsichtig einzustellen. Hier tritt sehr häufig der Fehler auf, daß mit Rücksicht auf die gute Pufferung in der Ausgangsstellung ein zu kurzer Auffangriemen gewählt wird. Dann tritt ein typischer Verschleiß ein, der in der Abb. 513 u. 511 dargestellt ist. Die im Wechselkasten sitzenden Schützen durchstoßen nach unten und oben die Stirnfläche des Treibstückes und zerstören vorzeitig die Schlagfläche des Pickers.

6. Von Zeit zu Zeit ist zu prüfen, ob der Picker auch ohne jeglichen Zwang auf der Spindel läuft.

7. Die zu tief eingestellte Oberleiste des Kastens schleift den Picker von oben ab und vermindert durch Querschnittsreduzierung die Gebrauchszeit.

8. Der zu starke Schützenschlag muß vermieden werden, indem man alle Grundursachen für den zu starken Schlag abstellt, indem man ein größeres Fach wählt, den Schlag früher stellt, kleinere Schützen wählt, die Stechervorrichtung kontrolliert usw.

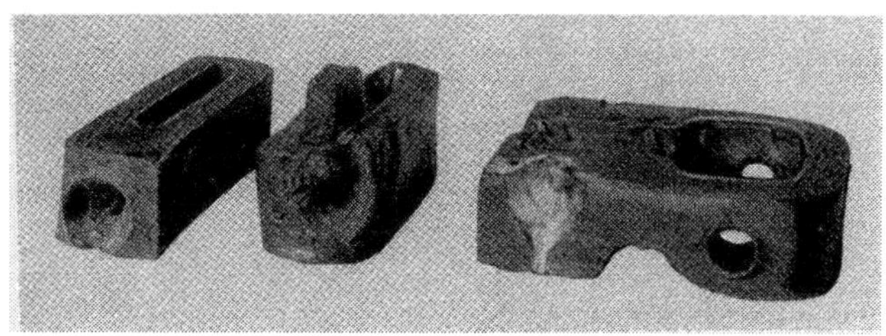

Abb. 513. Verschleiß durch falsche Einstellung des Pickers zum Schützen

9. Ein besonderes Augenmerk ist auf den Schlagstock zu richten. Beim Unter- und Mittelschläger sind schlecht angepaßte Schlagstöcke von besonders schlechtem Einfluß auf den Pickerverschleiß. Durch die beim Schlag auftretende Reibung tritt sowohl beim Schlagstock als auch beim Picker ein Verschleiß ein, der meist wechselseitig ist. Ein Schlagstock, der durch das harte Pickerleder angefressen ist, splittert schnell ab und wird rauh. Diese rauhen Stellen sind sauber abzuhobeln, damit nicht die Picker aufgerieben und dadurch unbrauchbar werden, indem die Nieten freigelegt werden. Ein zu dünner Schlagstock schneidet sich in den Picker ein und gibt diesem eine schlechte Führung, so daß die Schützenspitze nicht vorschriftsmäßig auf die Kerbe trifft. Bei zu dicken Schlagstöcken schleift der Picker und schleißt schnell ab, da er sich an den Kastenwandungen nicht frei einstellen kann.

d) Arbeitstechnische Folgen, die durch falsche Pickerführung bedingt sind

1. Der *Schützen hüpft*, weil er keine horizontale Führung hat. Er bindet dann teilweise und unregelmäßig über Fäden des Oberfaches oder unter Fäden des Unterfaches. Es sind meist die nicht ganz sauber oder mit zu geringer Spannung im Fach liegenden Fäden, durch die dieser Fehler ausgelöst wird. Die Ursache ist eine unregelmäßige Anfangsgeschwindigkeit des Schützens.

2. *Glanzstellen* in der Ware entstehen, insbesondere bei sehr empfindlicher feinfädiger Ware, durch das Hüpfen des Schützens, weil der Schützen keine einheitliche Flugbahn hat und an einigen Stellen der Ladenbahn mit größerem Druck (kurzem Schlag) auftrifft. Dieser Fehler ist dann besonders schlimm, wenn die Ladenbahnlauffläche aus Hartholz ist.

3. Viele *Kettfadenbrüche* verursacht ein Schützen, der durch eine unausgeglichene Flugbahn verschiedene Anschlagstellen aufweist. Es handelt sich dabei meist um Eckschläge gegen die Kastenwandung. An diesen Stellen ist der Schützen leicht gesplittert und nimmt beim Eintritt in das Fach den einen oder anderen Faden mit der Kerbe mit und zerreißt ihn.

4. Wird der Schützen durch eine fehlerhafte Pufferung im Kasten geringfügig wieder zurückgeschnellt, so bilden sich insbesondere an den Kanten *Fadenschlingen*.

5. Kantet der Picker und hat er keine richtige Führung, so bleibt er u. U. in der Kastenwandung stecken und verursacht *Schlagstockbrüche*, wenn der Webstuhl nicht mit einer besonderen Abstellvorrichtung für einen solchen Fall ausgerüstet ist.

6. Sind durch die unterschiedlichen Energieübertragungen des Schlages die Erschütterungen des Stuhles unterschiedlich, so soll nach Ansicht verschiedener Fachleute ein unterschiedlicher Kettablaß durch die Bremsen besonders dann möglich sein, wenn mit hoher Schußdichte gearbeitet wird. Das soll eine oft zu beobachtende Ursache für unregelmäßige *Schußbanden* sein.

6. Webschützen

Webschützen gehören zum Webstuhlzubehör. Sie sind jedoch nicht Zubehör schlechthin, sondern stellen wie die Picker ein Werkzeug dar. Ein Werkzeug, das dem Eintragen des Schusses unmittelbar dient. Solange man beim klassischen Webprozeß bleibt und die in den letzten Jahren immer wieder diskutierten „non woven fabrics" nicht zum Inbegriff der Webereifertigung und der Mode werden, solange bleibt der Webschützen aller Wahrscheinlichkeit nach das unüberwindliche Hindernis für eine wirklich revolutionierende Umgestaltung des gesamten Webprozesses, für eine rotierende Fertigung auf einer Webmaschine. Solange ist es auch eine geborene Notwendigkeit, sich mit dem Schützen, seiner Arbeitsweise, seiner Verwendung und seinem *Verschleiß* zu beschäftigen, um auf diese Weise die Kosten für den laufenden Ersatz, der durch den unvermeidlichen Verschleiß bedingt ist, zu senken. Gewiß spielt in diesem Zusammenhange auch die Form des Schützens eine wesentliche Rolle.

Auf die Ausgestaltung der verschiedenen, teilweise nur in der Spezialfertigung benötigten Schützen soll in diesem Zusammenhange jedoch nicht eingegangen werden.

Wie wichtig eine solche Betrachtung sein wird, kann aus einer Veröffentlichung in L'Industrie Textile 1950, Nr. 2, S. 69 herausgelesen werden, die in der Folge auszugsweise wiedergegeben werden soll.

a) Über den Verbrauch von Webschützen

Das französische Ministerium für Industrie und Handel hat eine Umfrage über den Verbrauch von Webschützen in der französischen Industrie durchgeführt. Insgesamt wurden 41245 Baumwollwebstühle untersucht. Diese verbrauchten in einem Jahre 85538 Webschützen, d. h. also, 2,17 Schützen pro Webstuhl. Die Anzahl der im Betrieb und auf Lager gehaltenen Webschützen betrug 135907 Stück, dies war also ein Vorrat von 1,5 Jahren. 96432 Webschützen waren aus importiertem Holz hergestellt, das sind 71%. 25639 Schützen waren aus heimischem Holz hergestellt, das sind 19%, und 13836 Schützen bestanden aus besonders imprägniertem Holz, das sind 10%. Die mittlere jährliche Produktion betrug 850 kg Baumwollgewebe. Mit einem Schützen kann man also bis zu seinem Verschleiß im Mittel 390 kg Gewebe herstellen. Von den untersuchten Webstühlen waren 44% Automatenwebstühle und 56% gewöhnliche Webstühle. (In der franz. Baumwollindustrie sind 32% der Webstühle Automaten und 68% gewöhnliche Webstühle.) Die Untersuchungen in der Wollindustrie erstreckten sich auf 3154 Webstühle, diese verbrauchten im Jahr 6296 Webschützen, also 2,2 Schützen pro Webstuhl. An Reserveschützen und Schützen im Gebrauch waren 20436 Stück vorhanden, sie reichen also für 3 Jahre. 51% der Schützen bestanden aus importiertem Holz, 21% aus einheimischem Holz und 27,5% aus vergütetem Holz. Die Untersuchungen erstreckten sich auf 35% Automaten und 65% Nichtautomaten. In der franz. Wollindustrie laufen 18% Automatenwebstühle und 82% Nichtautomaten.

Veranlaßt durch diese statistische Mitteilung, die besagt, daß ein Webschützen eine Laufzeit von rund einem halben Jahr hat, und auf Grund der Erfahrung, daß in vielen Betrieben die Laufzeit mit nur zwei Monaten angesetzt wird, wurde vom Verfasser eine große Zahl von Webschützen mit Verschleißmerkmalen auf deren Verschleißursachen untersucht. Das Ergebnis dieser Untersuchung zeigte vielerlei auffallende Wiederholungsfälle. Es soll jedoch darauf verzichtet werden, das Ergebnis in statistischer Form auszuwerten, vielmehr sollen die einzelnen gemachten Erfahrungen zusammengestellt werden, um so der allgemeinen Aufklärung zu dienen.

b) Die Auswahl der Webschützen

Ist ein Webschützen nicht mehr gebrauchsfähig, dann ist es in den meisten Betrieben üblich, daß der Weber im Lager gegen Aushändigung des verschlissenen Webschützens einen neuen Schützen ausgehändigt bekommt. In Webereien, in denen einschützige Ware ohne jeglichen Schützenwechsel gearbeitet wird, kann dies nicht beanstandet werden. Wird aber, wie wohl in den meisten Betrieben, mit Schützenwechsel — einseitig oder zweiseitig — gearbeitet, so ist dies keinesfalls angängig. Die Schützen einer Sendung weisen, wie man sich leicht überzeugen kann, immer unterschiedliche Gewichte auf. Schwankungen bis zu 50 g sind dabei in vielen Fällen keineswegs besonders erwähnenswert. Der in der Schlagstärke richtig eingestellte Webstuhl reagiert auf unterschiedliche Gewichte sofort. Für den schwereren Schützen ist der Schlag zu schwach, der Webschützen kommt nicht ganz auf der anderen Seite in den Kasten. Auf Grund der *Sicherheitsvorrichtung* stellt der Webstuhl sofort ab. Meist ist der Fehler jedoch nicht so auffällig. Der Webschützen kommt zwar ganz in den Kasten hinein, liegt aber mit seiner Spitze nicht fest gegen den Picker. Beim nächsten Schlag geht der Antriebsbewegung des Schützens die Anfangsbeschleunigung verloren, so daß die Schützenspitze beim Eindringen in den Kasten einen noch größeren Abstand vom Picker aufweist. Der Abstand vergrößert sich bei jedem Schlag mehr, bis die Sicherheitsvorrichtung — die Pufferung — anspricht und den Webstuhl stillsetzt. Diese Erscheinung erkennt man dann immer daran, daß der Webstuhl nach mehreren Schüssen „in die Böcke" stößt.

Wird mehrschützig gearbeitet, so zeigt sich diese Erscheinung erst nach mehreren Stuhlumdrehungen. Die gleiche Erscheinung zeigt sich, wenn der Schützen zu leicht oder der Schlag für den Schützen zu stark ist. Der Webschützen dringt zwar in den gegenüberliegenden Kasten ganz ein, aber er springt vom Picker wieder ab. Zwischen Schützenspitze und Picker bildet sich dann ein Luftspalt. Durch die nun fehlende Anfangsbeschleunigung wird der kommende Schlag zu schwach und es zeigt sich der gleiche gekennzeichnete Verlauf bis zum Abstellen des Webstuhles. Der Weber ist dann bestrebt, den Webschützen als „schlecht" auszuscheiden. Es ist interessant, zu beobachten, daß manche Weber bis zu zwei oder drei solcher „schlechten" Schützen in ihrem Abfallbeutel aufbewahren, bis der geeignete Zeitpunkt gekommen ist, diese verschwinden zu lassen.

Diese „schlechten" Schützen zu untersuchen und mit den „guten" Webschützen zu vergleichen, ist eine lohnende Aufgabe. Man wird dann immer feststellen, daß zwei Fehler für den schlechten Lauf einzeln oder gemeinsam die Ursache für den schlechten Lauf sind.

Es zeigt sich dann immer, daß die „schlechten" Webschützen einen Gewichtsunterschied oder Maßunterschiede gegenüber den „guten" Schützen aufweisen.

Aus dieser Erkenntnis heraus ist es immer empfehlenswert, beim Eintreffen einer Sendung Schützen eine Auswahl mit der Waage und der Schieblehre durchzuführen. Man geht dabei so vor, daß man alle Schützen nach Gewichtsklassen aufteilt (z. B. 600, 605, 610, 615 g usw.). Innerhalb jeder Gruppe schafft man Untergruppen, indem man mit der Schieblehre die Breite der Schützen prüft (Unterschiede von 0,5 mm sollten zu unterschiedlichen Klassifizierungen führen). Man bindet dann die zu einem Webstuhl gehörige Anzahl von Webschützen (z. B. drei Laufschützen und drei Reserveschützen) zusammen und händigt diese dem Weber aus gegen die am Webstuhl befindlichen Webschützen, sobald der Weber durch den Ausfall eines Reserveschützens nicht mehr ohne Behinderung arbeiten kann. Man hüte sich davor, den Weber zu veranlassen, mit seinem Satz Schützen weiterzuarbeiten, wenn ein Schützen ausgefallen ist, weil dieser sich den fehlenden Schützen an einem stillstehenden Webstuhl ausborgt. Nach dem Aushändigen eines neuen Schützensatzes wird der Schlag des Webstuhles auf diesen neu eingerichtet. Die zurückgenommenen Schützen werden auf einer Webschützenabrichtmaschine abgehobelt, die Spitze geschliffen, und anschließend wird mit Waage und Schieblehre die oben gekennzeichnete Klassifizierung durchgeführt.

c) Das Holz des Schützens

Von den vielen zur Schützenherstellung verwendeten Holzarten sind Persimon-, Cornel-, Hickory-, Pockholz sowie das deutsche Rotbuchenholz am gebräuchlichsten. Das Holz für die Schützenherstellung muß astfrei sein, und die Fasern müssen geradlinig verlaufen. Ist dies nicht der Fall, dann kann es vorkommen, daß das Holz splittert. Die gleiche Gefahr besteht, wenn das Holz nicht richtig abgelagert ist. Weißbuche hat sich für die Verarbeitung zu Schützen nicht bewährt. Dieses Holz ist zu spröde und hält die starken Beanspruchungen während des Webens nicht aus. Welches von den möglichen Hölzern die größten Vorteile bietet, ist außerordentlich schwer zu sagen. Die vor dem Kriege mit bestem Erfolg verwendeten, mit Vulkanfiber bewehrten Schützen haben sich nach dem Kriege nicht mehr vorteilhaft einführen können, weil man allgemein die Erfahrung machen mußte, daß man nicht mehr in der Lage ist, Vulkanfiber in der für die Verwendung an Webschützen notwendigen Güte herzustellen. Im Hinblick auf die Laufzeit des Schützens haben sich die schweren und harten Hölzer in der Art von Hickory und die entsprechend veredelten deutschen Hölzer besonders gut bewährt. Jedoch haben diese schweren Webschützen den großen Nachteil, daß die notwendige Massenbeschleunigung beim Schlag eine außerordentliche Belastung für den ganzen Webstuhl darstellt und die Ursache eines starken Verbrauches des Lederzubehörs ist. Im Hinblick auf die bewegungstechnischen Vorgänge im Webstuhl ist der leichte elastische Webschützen vorzuziehen. Ist dabei jedoch das Holz weich, so kann man beim Verarbeiten von hart gezwirnten Ketten oder stark geschlichteten Ketten einen merkwürdigen Verschleiß beobachten. Die in der Abb. 514 ersichtichen starken Verschleißerscheinungen traten beim Weben einer stark geschlichteten Kette bereits nach einer Woche auf. Nachdem der Schützen einmal in der dargestellten Art durch die Kette „angesägt" war, machte der weitere Verschleiß so große Fortschritte, daß der Weber praktisch nicht mehr in der Lage war, die laufend entstehenden Riefen abzuschmirgeln. Ein solcher Verschleiß läßt sich nur bei Verwendung der Harthölzer-Schützen verhindern.

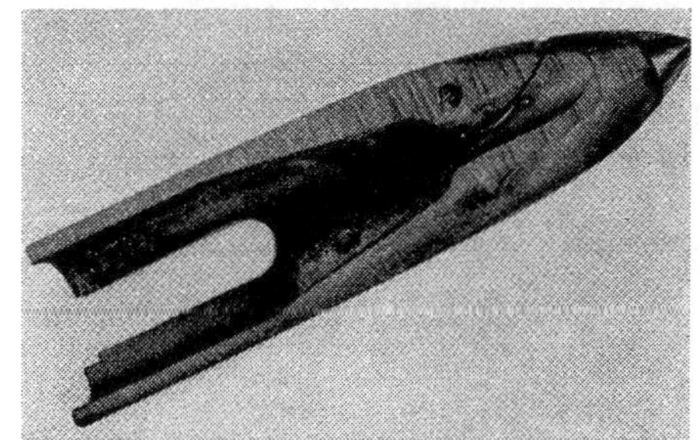

Abb. 514

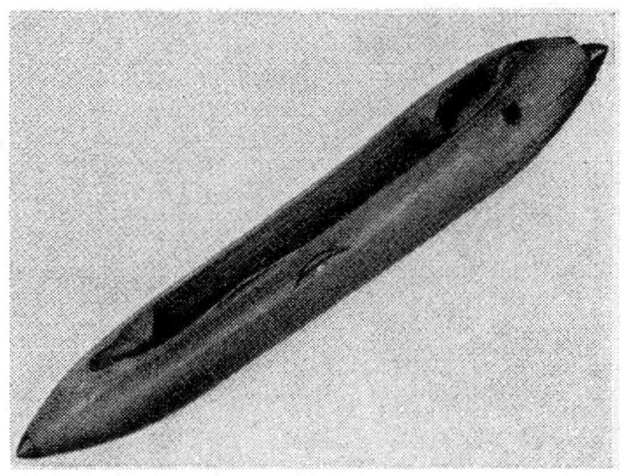

Abb. 515

Buchenholz ist sehr empfindlich gegen Feuchtigkeitsschwankungen. Diese Tatsache läßt unter bestimmten Voraussetzungen von der Verwendung von Webschützen aus unveredeltem Buchenholz abraten.

Der in der Abb. 515 dargestellte Webschützen aus Rotbuche wurde für eine drastische Beweisführung eine Nacht einseitig einer intensiven Feuchtigkeit ausgesetzt. Man beobachte, wie sich der Schützen einseitig beträchtlich deformiert hat und oben einen kräftigen Riß zeigt. Die daraus abzuleitenden Richtlinien für die Auswahl sind erklärlich. Wichtig ist aber, darauf hinzuweisen, daß man es dem Weber untersagen soll, seine Schützen über Nacht unter den Webstuhl zu legen; der Boden ist immer kälter und feuchter. Geringe Verwerfungen des Webschützens sind unvermeidlich und führen, insbesondere in den ersten Webstunden, zu unbefriedigenden Webergebnissen.

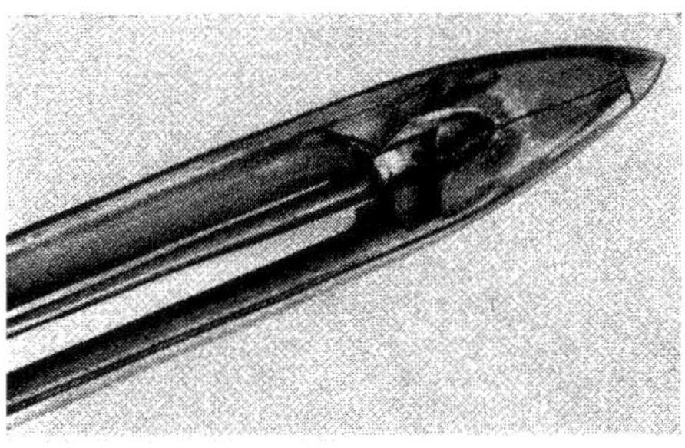

Abb. 516

Der in der Abb. 516 erkenntliche Längsriß zur Schützenspitze hin ist in diesem Falle ohne allen Zweifel durch die Feuchtigkeitsbehandlung entstanden. Tritt jedoch der gleiche Riß beim trockenen Schützen während des Arbeitsprozesses ein, so ist dies ein sicheres Zeichen dafür, daß die Schützenspitze während der Fertigung des Schützens unter zu großen Spannungen eingesetzt wurde. Dies ist dann bei wiederholtem Auftreten ein Grund zur Reklamation.

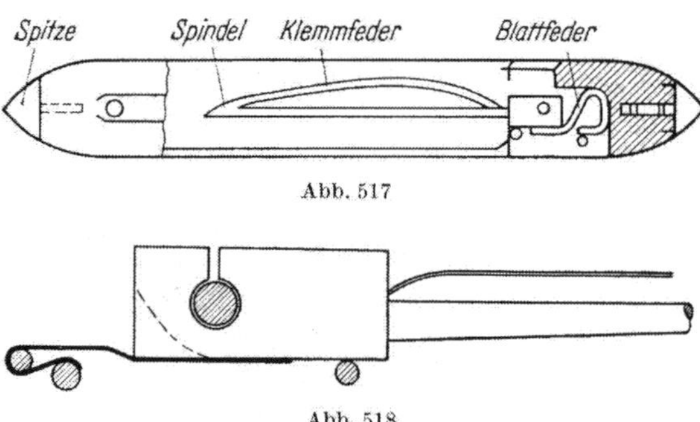

Abb. 517

Abb. 518

1. Der natürliche Verschleiß des Webschützens. Die Abb. 517 zeigt in vereinfachter Darstellung den Aufbau eines normalen Webschützens. Die Einzelteile eines solchen Schützens unterliegen einem gewissen Verschleiß, der sich, wird er nicht rechtzeitig bemerkt, empfindlich auf den Webprozeß auswirkt.

Die Schützenspindel ist, wie aus der Abb. 517 und 518 ersichtlich ist, mit einem Vierkantfuß und einer Blattfeder gegen Auf- oder Zuspringen gesichert. Es ist nun erklärlich, daß sich der Vierkant beim Gebrauch in der Art der gestrichelten Linie abarbeitet und die Blattfeder nach unten abgebogen wird. Dann sitzt die Schützenspindel nicht mehr einwandfrei fest während des Schützendurchgangs. Nicht selten wird sie sich dann aufrichten, wenn der Schlag in Richtung zur Spindelspitze erfolgt, und die Folge ist ein Fachbruch.

Ist das Loch im Vierkant oder der tragende Stift ausgeschlissen, dann wird der Schußfaden nicht mehr einwandfrei abgezogen, er kann sich an der Spitze klemmen und reißt. Ist der Schußfaden sehr stark, so kann durch den Zug des Fadens der Schützen aus seiner Bahn gerissen werden. Nicht selten bricht auch der Spindelstift auf Grund des Verschleißes, oder der Haltestift für die Blattfeder löst sich. Auch das Holz unterliegt einem natürlichen Verschleiß. Durch die Reibung am Riet und an den Schützenkastenzungen verschleißt der Webschützen an der Rückwand, er wird rund oder geriffelt (vgl. Abb. 519). Auch dies kann eine Ursache für das Herausfliegen des Schützens sein, weil die für den Flug notwendige glatte Führung am Riet nicht mehr gegeben ist. Dieser Fehler kann ein- oder auch zweimal durch Abziehen des Schützens auf einer Abziehmaschine beseitigt werden.

Nicht selten geben auch die Schützenspitzen Anlaß zu Störungen. Sie verlieren durch Abarbeitung ihre Form und den richtigen Sitz. Die Übergangsform von der Spitze zum Holz ist nicht mehr einwandfrei, und an der Ansatzstelle bleiben die Kettfäden hängen und zerreißen.

2. Die Behandlung des Webschützens. Ob man die Webschützen vor dem Gebrauch mit Leinöl vorbehandeln soll oder nicht, darüber gehen die Ansichten der Webereifachleute z. T. sehr weit auseinander. Harthölzer und solche Schützen, deren Holz speziell für die Verarbeitung zu Webschützen veredelt wurden, brauchen wohl nicht vorbehandelt zu werden. Hier genügt das tägliche Abreiben mit einem öligen Lappen. Nicht veredelte und feuchtigkeitsempfindliche Schützen sollte man jedoch vorbehandeln.

In diesem Falle verfährt man so, daß die eingelieferten Webschützen zunächst zur restlosen Trocknung etwa 3—4 Wochen in einem mäßig warmen, etwas zugigen Raum aushängen. Nach dieser Trocknung legt man sie 4—5 Wochen in ein Leinölbad, wobei darauf zu achten ist, daß alle Webschützen restlos in das Öl eintauchen. Anschließend werden sie dann in mäßig warmer, zugiger Luft getrocknet. Diese Trocknung soll mindestens 4 Wochen dauern. Niemals darf der Schützen mit Maschinenöl behandelt werden, weder im Bad noch bei der täglichen Pflege, denn eine solche Behandlung hat mit Sicherheit den vorzeitigen Verschleiß des Schützens zur Folge.

Reparaturen des Schützens beschränken sich nur auf ein Mindestmaß. Es ist dies einmal das Abziehen auf einer Spezialrichtmaschine, die man sich in größeren Betrieben leisten kann. Hierbei werden die in der Abb. 519 erkenntlichen Riefen abgehobelt. Gelegentlich ist es auch notwendig, die Schützenspitze nachzuschleifen. Man kann dies bei sorgfältiger Beobachtung auf einem normalen Schleifstein machen. Die bereits erwähnten Abziehmaschinen haben jedoch eine besondere Einspannvorrichtung mit einem Schleifstein. Beim Schleifen der Spitzen ist darauf zu achten, daß konzentrisch geschliffen wird.

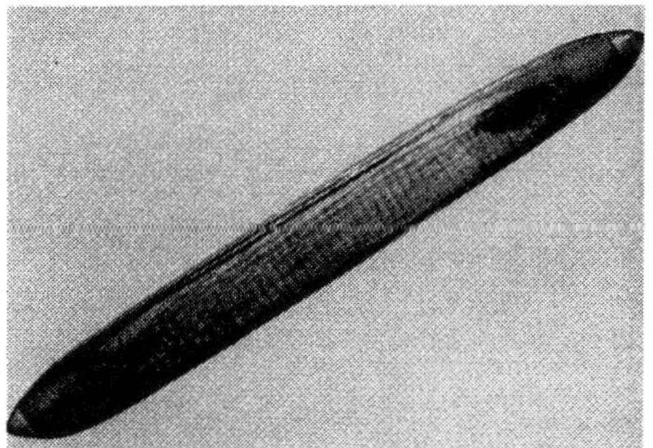
Abb. 519

Lockert sich gelegentlich die Spitze, dann kann man sie mit einem entsprechenden Klebemittel (oftmals Schellack) neu einpressen. Damit wäre dann aber die Reihe der möglichen Reparaturen dargestellt. Einen Schützen, der gesplissen oder gar gebrochen ist, kann man zwar reparieren, aber es ist wegen der dabei auftretenden schlechten Laufeigenschaften nicht empfehlenswert.

d) Ursachen und Folgen für das Herausfliegen des Schützens

Das Herausfliegen des Webschützens kann die Folge eines defekten Schützens sein, meist jedoch ist die Ursache eine falsche Einstellung des Webstuhles; immer aber ist es die Ursache für weiteren Schützenverschleiß.

Erfolgt der Fachumtritt zu früh oder zu spät, ist das Fach unrein oder zu hoch, so daß das Unterfach nicht auf der Ladenbahn aufliegt, dann ist die Gefahr des Herausfliegens gegeben. Zeitlich falsche Einstellung des Wechselkastens oder dessen falsche Einstellung zur Ladenbahn wirken sich besonders nachteilig auf die Haltbarkeit des Schützens aus. Erfolgt der Kastenwechsel zu spät, so fliegt der Schützen leicht heraus. Steht der Kasten zu hoch gegenüber der Ladenbahn, dann flattert der Schützen durch das Fach, und steht er zu tief, dann wird er durch die Kante vorn angehoben und fliegt heraus. Besonders schlimm wirkt sich die falsche Einstellung aus, wenn der Fehler nicht so groß ist, daß der Schützen herausfliegt, sondern nur einen flatternden Flug hat, dann gelangt er nicht exakt in den gegenüberliegenden Kasten, schlägt gegen die Kastenbodenplatte des oberen Kastens oder gegen die Kastenvorderwand. Dies hat schon nach sehr kurzer Zeit eine Zerstörung des Schützens in der Nähe der Spitzen zur Folge. Man erkennt diesen Fehler an den meist dunkel gefärbten Aufschlagstellen. Für den flatternden Lauf kann auch die falsche Einstellung der Pickerspindel sowie der falsch angebohrte Picker verantwortlich sein.

e) Das Kräftespiel am Webschützen

Während der Schützen durch das Fach hindurcheilt, ist er von jeder festen Führung durch die Maschine losgelöst. Er wird lediglich durch die Anlage gegen den Boden der Lade und gegen das Blatt geführt. Beeinflußt wird sein Flug aber durch die Schlagrichtung sowie auch durch die Schußfadenspannung des ablaufenden Fadens. Damit der Schützen bei seinem Durchgang nicht aus der Bahn geschleudert wird, muß er gewisse Bedingungen erfüllen, die aus der Abb. 520 abgelesen werden können. Durch die Schlagwirkung muß neben der Antriebsleistung ein Drehmoment erzeugt werden, durch das der Schützen gegen das Blatt gedrückt wird, und durch ein anderes Drehmoment muß er gegen die Ladenbahn gedrückt werden. Aus der Abb. 520 ist ersichtlich, daß die Schützenspitze aus der Mitte heraus etwas versetzt ist, und zwar nach oben zur Erzeugung des Drehmomentes zur Ladenbahn hin. Die Versetzung aus der Mitte nach vorn (vom Webblatt weg) soll das Drehmoment in Richtung zum Blatt erzeugen.

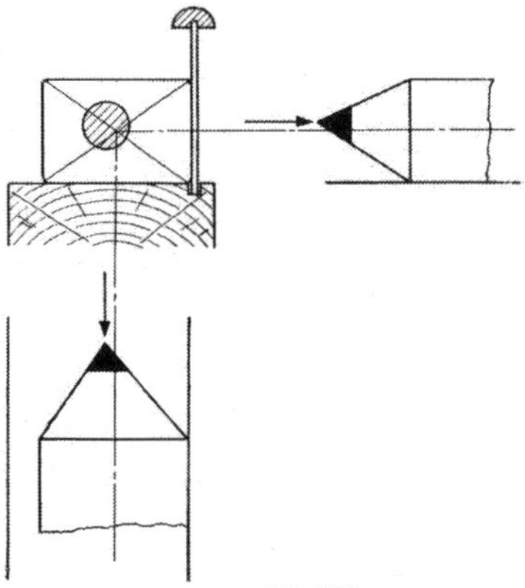

Man kann die richtige Lage der Spitzen sehr leicht prüfen, wenn man den Schützen an den Spitzen waagerecht festhält, so daß er sich leicht drehen läßt. Stößt man ihn dann leicht an, so muß er sich so einstellen, daß die Rückseite des Schützens tiefer zu liegen kommt.

Man prüfe in dieser Hinsicht bei der Abnahme (Stichproben) besonders sorgfältig, ob nicht die Spitzen an den beiden Enden des Webschützens eine unterschiedliche Lage aufweisen. Mit einem Holzwinkel, den man an den Innenkanten mit Kreide bestrichen hat, stellt man fest, ob die Spitzen an den beiden Seiten den gleichen Anstrich auf dem Kreidebelag aufzeichnen. Man prüfe in dieser Art besonders solche Schützen nach, die bei der Gewichts- und Maßklassifikation für gut befunden wurden und trotzdem schlecht laufen.

Abb. 520

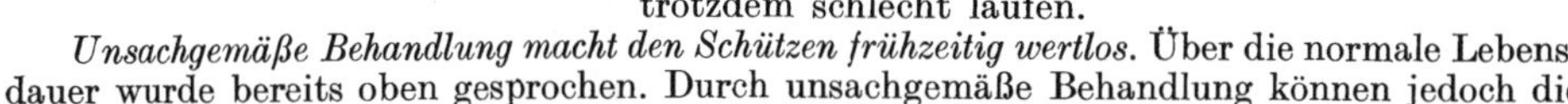

Unsachgemäße Behandlung macht den Schützen frühzeitig wertlos. Über die normale Lebensdauer wurde bereits oben gesprochen. Durch unsachgemäße Behandlung können jedoch die als natürlicher Verschleiß gekennzeichneten Erscheinungen schon recht frühzeitig auftreten und die Veranlassung zu frühzeitigem Aussortieren sein.

Abb. 521

So kann der normale Verschleiß an Spindel, Vierkant, Blattfeder und Haltebolzen durch wöchentliches Ölen sehr eingeschränkt werden. Beim Spulenaufstecken darf der Weber die Spindel nicht verbiegen. Zum Wochenende soll der Weber die Webschützen einölen. Beim Beginn des Webens zum Anfang der Woche wird das Öl, das nicht eingezogen ist, abgewischt. Zum Eintrocknen dieses Öles soll er die Schützen nicht unter den Webstuhl auf den Boden legen, weil dann die Gefahr des Werfens für das Holz besteht. Wird der Schützen nicht in dieser Weise geölt, dann verliert er seine Widerstandsfähigkeit und splittert leicht (vgl. Abb. 521). Rauhe Stellen an den Schützen sollen frühzeitig mit Schmirgelleinen und Öl geglättet werden. Auf keinen Fall darf man dazu ein Messer verwenden.

7. Breithalter

Durch die Schußumkehrung wird die Ware an den Kanten eingezogen. Damit die Kettfäden beim Blattanschlag nicht zu stark eingezogen und somit beschädigt werden, wird das Gewebe durch sog. Breithalter der „Temple“ in der richtigen Breite gehalten. Der Handweber bedient sich des sog. Spannstabes, der nach Fertigstellung eines Stückes Ware zum Blatt hin weiter versetzt wird.

An den mechanischen Webstühlen werden größtenteils Walzenbreithalter und Stachelringbreithalter verwendet. Bei den *Walzenbreithaltern* sind zwei mit angestanzten Dornen versehene Walzen vorhanden, auf die die Ware durch den Deckelansatz gedrückt wird. Beim Vorwärtsrücken der Ware werden die Walzen durch das Gewebe gedreht. Die Dorne greifen in die Ware und verhindern ein Zusammenziehen.

Der Stachelbreithalter (Abb. 522) besteht aus einzelnen, mit spitzen Stacheln versehenen Stahl- oder Messingringen, die exzentrisch um einen Bolzen drehbar sind. Die Stacheln wirken durch die exzentrische Führung der Ringe so, als würden sie einzeln aus der Walze herausgeschoben und wieder zurückgezogen. Die richtige Einstellung der Ringe ist deshalb unbedingte Voraussetzung.

Die Breithalter sollen so eingestellt sein, daß die bei Schußanschlag direkt am Blatt stehen. Bleibt der Schützen zwischen Riet und Breithalter stecken, dann wird der Breithalter, der durch Federn der verschiedensten Art gehalten wird, zum Brustbaum hin zurückgedrückt.

Bei den Walzen- und Stachelringbreithaltern wird das Gewebe besonders an den beiden Enden, die der Beschädigung am meisten unterworfen sind, durch die Breithalterdeckel verdeckt, außerdem lastet der Druck des stark gespannten Gewebes auf den Deckelkanten und sucht den Deckel zu heben. Das geringste Nachgeben des Deckels verursacht ein Lösen

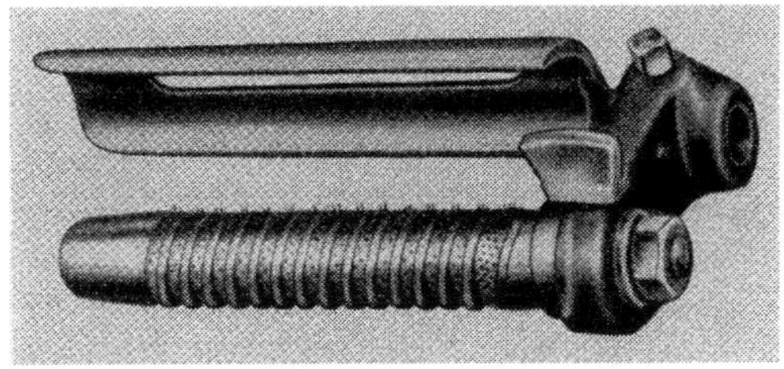

Abb. 522. Stachelbreithalter

der Nadeln aus dem Gewebe und damit eine Verminderung der Breithaltung. Der *deckellose Breithalter* beseitigt diese Nachteile. Bei diesen Breithaltern wird das Gewebe nicht über, sondern unter dem Zylinder geführt. Zwei mit dem Halter aus einem Stück bestehende Leisten bilden die Führung für das Gewebe, damit eine möglichst große Anzahl von Nadeln in dasselbe eingreifen. Ein Schlitz im Halter gestattet leicht das Einführen des Zylinders und eine einfache Regulierung der Breithaltung durch Heben und Senken des Zylinders.

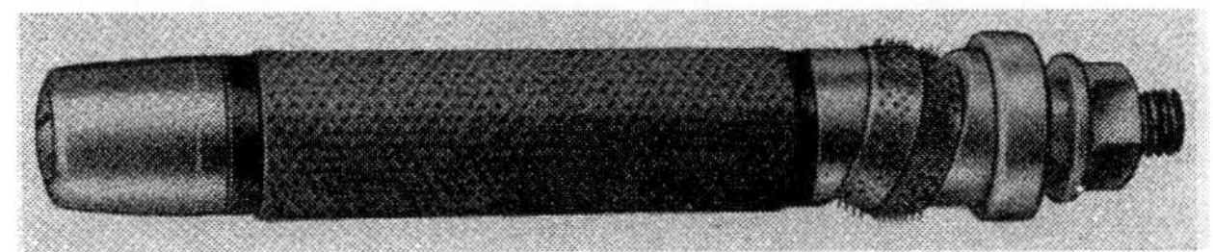

Abb. 523. Gummiwalzenbreithalter

In der Seiden- und Reyonindustrie benutzt man gern Breithalter, bei denen *Gummiwalzen oder Gummiringe* vorhanden sind. Diese Breithalter vermeiden das durch die Nadeln hervorgerufene Rissigwerden der Ware. Bei einigen Konstruktionen dieser Breithalter sich nach außen zwei Ringe mit Stahlspitzen vorhanden (Abb. 523).

Bei *Breithaltern für Automatenwebstühle* wird für die Automatenseite eine Schere zum Abschneiden der Fadenenden mit eingebaut.

G. Die Automatisierung des Webstuhles

Zur restlosen Automatisierung des Webstuhles gehören alle Vorrichtungen, die den Weber von einer individuellen Behandlung und Bedienung des Webstuhles entlasten.

Nichtautomatisch ist im strengen Sinne dieser Definition also nur der Handwebstuhl. Die Mechanisierung des Webstuhles, d. h. die Ausrüstung mit einem mechanischen Schlagaggregat, mit Wechselvorrichtungen, Kett- und Warenschaltung sowie Kontrollaggregaten, die bei Kettfadenbruch oder Schußfadenbruch in Tätigkeit treten, Schützenwächter u. dgl. m. stellen im eigentlichen Sinne je einen Teil der Automatisierung dar.

Unter Automatisierung speziell versteht man aber den Automaten selbst. Insbesondere steht eine Manipulation — das Auswechseln der leergelaufenen Schützen oder der leergelaufenen Kopse — im Brennpunkt dieses Interesses.

Der Stillstand des Webstuhles bzw. der Webmaschine bei Kett- oder Schußfadenbruch ist vom Webvorgang her beurteilt zweckentsprechend und daher auch sinnvoll. Der Stillstand jedoch, der das Einlegen einer neuen Schußspule bedingt, wird als störend empfunden, insbesondere deswegen, weil dieser Stillstand in einem stets fast gleichbleibenden Rhythmus erfolgt. Es darf nicht vergessen werden, daß durch diese Manipulation und durch ihre Notwendigkeit eine Reihe von Fehlermöglichkeiten im Hinblick auf die fertige Ware gegeben sind. Zum Unterschied von dieser rhythmisch gebundenen Stillstandszeit durch das Auswechseln sind die Stillstandszeiten für Kett- und Schußfadenbrüche nur bedingt oder zufällig und abhängig von der Qualität des gefertigten Materials.

Es liegt in der Natur des technischen Entwicklungsganges, daß man diese rhythmischen Stillstandszeiten, die letzten Endes eine Monotonie in der Fertigung darstellen, durch selbsttätig arbeitende Aggregate ausführen lassen will, bzw. daß man durch geeignete Konstruktion diese Zeiten in ihrer Häufigkeit bis auf ein Mindestmaß reduzieren will.

1. Großraumschützen ein Programm der Automatisierung?

Seit der Entwicklung der ersten Automaten, die in der Praxis einwandfrei funktioniert haben, bis auf den heutigen Tag hat die Frage nach den Vor- und Nachteilen des Großraumschützens im Vergleich zum Automatenwebstuhl die Gemüter der Fachleute erhitzt. Will man auf diese Frage überhaupt eine verbindliche Antwort geben, so muß zunächst einmal eine andere Frage geklärt werden: *Was ist ein Großraumschützen zum Unterschied vom Normalschützen?* Diese Frage läßt sich wohl am besten durch einen Quotienten klären, indem man das Materialfassungsgewicht des Schützens zum Gesamtgewicht des Schützens ins Verhältnis setzt. Diesen Faktor A errechnet man bei Normalschützen durchweg mit 0,1, während der Großraumschützen hier einen Faktor $A = 0{,}2$ bis 0,3 aufweist. Damit wird ausgeschlossen, einen großen Schützen als Großraumschützen anzusprechen. Die in der Wollweberei üblicherweise gebräuchlichen großen Schützen können somit nicht als Großraumschützen angesprochen werden. Die natürlichen Grenzen für die Anwendung eines Großraumschützens können auf physikalischem Wege leicht erklärt werden.

Die Bewegung des Schützens erfordert einen ziemlich großen Energieaufwand, wie bereits an anderer Stelle dargestellt wurde (S. 349). Dies jedoch ist nicht so sehr problematisch wie die Tatsache, daß der Großraumschützen mit dem Faktor $A = 0{,}2$ oder 0,3 eine ziemliche Energievarianz zeigt in dem Vergleich der Verhältnisse zwischen dem Schützen mit einer vollen Spule und einer leeren Spule. Diese Varianz ist beim leichten Webstuhl weitaus bedeutungsvoller als beim schweren Webstuhl, wo diese Varianz nur einen sehr kleinen Bruchteil des Gesamtenergieaufwandes darstellt. Mithin ist die Frage des Großraumschützens bei leichten Baumwollwebstühlen und bei Seidenwebstühlen undiskutabel. Bei Tuchwebstühlen haben wir den soeben gekennzeichneten Zustand. Der Tuchwebstuhl verbraucht für die Bewegung des Webschützens sehr große Energien, weil das Gewicht des Tuchwebschützens selbst 750—1000 g mißt. Außerdem läuft der Webstuhl relativ langsam, verglichen mit Webstühlen anderer Branchen. Große Webschützen verlangen eine große Fachöffnung und große Kastenzellenteilung. Dadurch sind die natürlichen Voraussetzungen für die Drehzahlsenkung gegeben. Eine Voraussetzung, die bei Tuchwebstühlen aus anderen Gründen ohnehin gegeben ist. Somit kann man in der Tuchindustrie den Großraumschützen tatsächlich zur Diskussion stellen. Diese Diskussion wird jedoch bei objektiver Betrachtung eine bejahende Antwort zum Großraumschützen nur dort geben, wo andere

Schwierigkeiten der Automatisierung im Wege stehen. Solches kann man z. B. für die Fragestellung in der Wollweberei überlegen. Die eingangs gestellte Frage muß also verneint werden. Großraumschützen sind nicht ein Programm der Automatisierung, sie sind lediglich ein Ersatz dort, wo die Automatisierung nicht oder kaum möglich ist. In diesem Sinne ermöglichen sie eine Rationalisierung der Fertigung.

2. Die Voraussetzung für die Automatisierung

Eine einfache Rechnung umreißt in vorbildlicher Weise die notwendigen Voraussetzungen für eine Automatisierung. Sinn und Zweck der Automatisierung ist doch letzten Endes, einem Weber mehr Stühle zur Bedienung zu geben, als dies bei einem nichtautomatischen Webstuhl möglich ist.

Es empfiehlt sich also, einmal an Hand einer möglichst schulmäßig vereinfachten Rechnung zu ermitteln, wieviel Webstühle ein Weber bedienen kann.

Nach einer alten Faustregel kann ein Weber bei Mehrstuhlsystem in einer Stunde bis zu 40 Stuhlstillstände beheben. Diese runde Zahl ergibt sich, wenn man im Durchschnitt eine Minute für das Beseitigen eines Stuhlstillstandes rechnet und außerdem 10 Minuten für Beaufsichtigung und weitere 10 Minuten für Pausen[1].

Hiernach rechnet man die Anzahl der Stühle, die ein Weber im Mehrstuhlsystem bedienen kann, indem man einen Quotienten bildet, aus 40 und der Summe aller während einer Stunde auf einem Webstuhl auftretenden Stillstände.

Es bedeutet:

K Durchschnitt der Kettfadenbrüche je Stuhl und Stunde,
S Durchschnitt der Schußfadenbrüche je Stuhl und Stunde,
U Durchschnitt der unvorhergesehenen Stillstände je Stuhl und Stunde,
z Anzahl der Stühle je Weber,
n Tourenzahl des Webstuhles je Minute,
B Webbreite in m,
G Gewicht der vollen Spule in g,
N_m Schußgarnnummer,
T die Laufzeit einer Spule in min.

Es ergibt sich

$$40 = (K + S + U)\,z + \frac{60\,z}{T} \tag{1}$$

oder mit

$$T = \frac{G\,N_m}{n\,B}$$

$$z = \frac{40\,G\,N_m}{(K + S + U)\,G\,N_m + 60\,B\,n}. \tag{2}$$

Aus dieser hier entwickelten Funktion kann man die Faktoren, die der Automatisierung im Wege stehen, sehr leicht ablesen und andererseits aber auch noch einen Rückblick auf Großraumschützen finden. Man erkennt bei der Diskussion dieser Funktion, daß die Kett- und Schußfadenbrüche sowohl wie die Zahl der unvorhergesehenen Stillstände den Wert des Quotienten stark reduzieren. Dieses sind Argumente, die gleichermaßen beim Nichtautomaten wie beim Automaten von Bedeutung sind. Aus dieser Funktion kann man die Verhältnisse für den Automaten ablesen, wenn man in der Gl. (1) den additiven Quotienten einfach wegläßt. Es ergibt sich dann als Stuhlzahl pro Weber:

$$z = \frac{40}{K + S + U}.$$

[1] Schwabe: Die natürlichen Grenzen des Großraumschützens. Textil-Praxis 1955, S. 255.

Es ist leicht zu erkennen, daß die Automatisierung völlig uninteressant und undiskutabel werden kann, wenn die im Nenner erscheinenden Größen für Kettfadenbrüche, Schußfadenbrüche und für unvorhergesehene Stillstände ein bestimmtes Maß überschreiten. In einem solchen Fall kann die Automatisierung eher nachteilige als vorteilhafte Folgen haben; denn der Automat bzw. eine größere Anzahl von Automaten je Arbeiter wird durch solche Stillstände ungerechtfertigt kostenmäßig belastet. Die Einführung von Automaten setzt also voraus, gutes Material zu verarbeiten und alle auftretenden Fadenbrüche durch genaueste Fadenbruchanalysen zu klären. In diesem Sinne spielen die Vorbereitungsarbeiten für Kett- und Schußgarn eine besondere Rolle. Ebenso ist auch an dieser Stelle die Frage des geeigneten Knotens von Bedeutung[1, 2].

Eine alte Faustregel sagt, daß Automatisierung überhaupt keinen Sinn hat, wenn die oben gekennzeichneten Stillstandsursachen eine Minderung des Webstuhlwirkungsgrades unter 80% zur Folge haben (gute Arbeiter vorausgesetzt). Wird der hier gekennzeichnete Prozentsatz unterschritten, dann lohnt sich, da kaum Investitionskosten entstehen, die Diskussion des Großraumschützens. Wird der Prozentsatz überschritten, so muß die Fragestellung unabdingbar zugunsten des Automaten entschieden werden, wenn die Automatisierung überhaupt durchführbar ist.

Die Automatisierung kennt außer den durch den Wirkungsgrad gekennzeichneten Grenzen noch eine weitere Einengung für ihre Anwendung:

1. Die im allgemeinen noch fragwürdige Automatisierung beim Weben von Pic-à-Pic auf rein mechanischem Wege. (Auf diese Sonderheit soll später noch einmal zurückgekommen werden.)
2. Das Verweben von grobem Material.

Dieser zweite Gesichtspunkt, der der Automatisierung voranzustellen ist, soll auch in der Erörterung zu diesem Thema vorgezogen werden.

3. Großraumschützen mit Superkopsen (Pirn-Kopse)

Wird grobes Material verarbeitet, so muß bei Automatenspulen stets mit einer Fadenreserve gespult werden, und diese Fadenreserve muß eine Mindestlänge aufweisen, die dadurch gekennzeichnet ist, daß der Schützen nach dem Arbeitsbeginn des Spulenfühlers mindestens noch zweimal den Weg hin und zurück über die Ladenbahn finden muß. Je nach der Stuhlbreite, die man für diese Erörterung im Mittel mit 2 m ansetzen kann, ist dies also immerhin eine Länge von 8 m, die, wie man erfahrungsgemäß voraussetzen kann, nicht immer ganz abgewebt wird, sondern in ihrer Länge nur einen Sicherheitsbetrag repräsentiert. Hieraus resultiert also, daß bei grobem Garn erstens einmal die Fadenreserve sehr stark aufträgt, so daß der maximal zulässige Durchmesser der Automatenspule von 36 mm bald überschritten ist, und außerdem wird sehr viel Material in den Abfall gelangen, weil die Gesamtgarnlänge bei grobem Garn relativ kurz ist, so daß der Abfall selbst prozentual sehr stark zunimmt.

Dies ist übrigens auch ein Gesichtspunkt für die Schwierigkeiten, Automaten in die Kammgarnindustrie einzuführen, weil dort selbst auch niedrige Prozentsätze an Abfällen verhältnismäßig große Kosten verursachen.

Ein Ausweg aus dieser Schwierigkeit ist ein modernes Behelfsmittel — der Großraumschützen mit Superkopsen (sog. Pirn-Kopse). Es handelt sich bei diesen

---

[1] Vgl. J. SCHNEIDER: Vorbereitungsmaschinen für die Weberei. Berlin/Göttingen/Heidelberg: Springer 1955.

[2] WEGENER-SCHNEIDER: Die Bedeutung der Knotenart für die Herabminderung der Fadenbrüche. Forschungsbericht Nr. 338 des Wirtschafts- und Verkehrsministeriums NRW. Köln u. Opladen: Westdeutscher Verlag.

Kopsen um eine Art Schlauchkops. Schlauchkopse können eigentlich als die Vorläufer dieser Ausführungsart angesehen werden, nur können sie für wertvollere Materialien nicht in Gebrauch genommen werden, weil die Ablaufeigenschaften des Schlauchkopses zu schlecht sind. Dies gilt insbesondere dann, wenn es sich um ungezwirnte feinere, wertvollere Garne handelt. Der Pirn-Kops wird auf der Spulmaschine gefertigt, indem man einen kurzen Holzansatz verwendet. Dieser Holzansatz und der Pirn-Kops werden auf eine meist gewundene Schützenspindel aufgesteckt, und der Kops selbst wird wie jeder andere Kops über die Spitze abgezogen. Da die Schützenspindel selbst nur einen relativ kleinen Durchmesser hat und auch verhältnismäßig kurz ist, kann auf diese Weise sehr viel Material auf einem Kops untergebracht werden.

Die ASTRA-Werke rüsten ihre Tuchwebmaschinen in Sonderausführung mit solchen überdimensionalen Schützen aus, wobei die Kästen 65-mm-Teilung gegenüber der Normalteilung von 60 mm aufweisen, so daß, abgesehen von längeren, auch stärkere Garnkörper verwendet werden können; und zwar von 50 mm ∅ und 380 mm Länge bei Hülsenspulen und 400 mm Länge bei Schlauch- oder Superkopsen.

Bunse[1] berechnet den Erfolg einer solchen Vorrichtung wie folgt:

Es bedeuten:

n Tourenzahl des Webstuhles = 100/min,
e Nutzeffekt = 90%,
b Einzugsbreite im Webblatt = 200 cm,
G Fassungsvermögen des Superkopses 45×420, im Mittel 280 g,
Nm 14,
Lauflänge des Schützens $L = g \cdot \text{Nm} = 280 \cdot 14 = 3920$ m.

Verbrauch an Schußgarn je Stunde

$$G = n\,e \cdot 60\,b = \frac{100 \cdot 90 \cdot 60 \cdot 2}{100} = 10800 \text{ m}.$$

Auftreten des Schützenwechsels je Stunde

$$\frac{G}{L} = \frac{10800}{3920} = 2{,}75.$$

Während in dieser Hinsicht also Superkopse alle Voraussetzungen eines wirtschaftlichen Erfolgs bieten, darf nicht der bereits geltend gemachte Einwand verschwiegen werden, daß die Schlagbedingungen durch die veränderlichen Schwungmassen ungünstiger werden — ein Einfluß, dem der Automat nicht unterworfen ist. Schließlich auch hat das Material selbst gewisse Kraftbeanspruchungen zu überwinden, die möglicherweise, je nach der Empfindlichkeit des Materials, nicht überwunden werden können.

Es muß bedacht werden, daß die für den großen Schützenschlag notwendige Energie letzten Endes auch zu einem Teil vom Garnkörper selbst abgefangen werden muß. Das setzt auch voraus, daß der Spulprozeß unter besonders harten Bedingungen erfolgen muß, damit feste und harte Spulen hergestellt werden. Es ist sonst durchaus möglich, daß bei der Schlagerteilung, insbesondere wenn der Schlag in Richtung auf die Spindelbefestigung erfolgt, ein Auseinanderreißen des Kopses erfolgen kann. Diese Kraftbeanspruchung, die das Material zu übernehmen hat, ist bei kürzeren Spulen durchaus geringer.

Aus diesem Grunde müssen die oftmals erwähnten Vorteile solcher Superkopse wie z. B.[1]:

---

[1] Bunse: Rationalisierung durch Großraumschützen. Melliand Textilber. 1957, S. 262.

Tabelle 26. *Webkosten und Leistungen*

Voraussetzung	24 Nichtautomaten 100 cm KBr.	24 Automaten 100 cm KBr.
Maschinenpreis total . . . . DM	21000,–	126000,–
Amortisation 10% . . . . DM	2100,–	12600,–
Zins 5% . . . . DM	1050,–	6300,–
Wochenlohn je Weber . . . . DM	61,25	61,25

Kostenberechnung

Voraussetzungen	Nichtautomaten	Automaten	
Anzahl Stühle je Arbeiter	2	8	16
Tourenzahl der Stühle . . . . n	190	190	190
Nutzleistung . . . . %	78	88	86
Leistung je Minute je Stuhl . . . . Schüsse	148	167	163
Leistung je Stunde je Stuhl . . . . Schüsse	8880	10020	9780
Leistung je Tag (8 Std.) je Stuhl . Schüsse	71040	80160	78240
Leistung je Woche (48 Std.) je Stuhl. Schüsse	426240	480960	469440
Leistung je Jahr (300 Tage) je Stuhl. Schüsse	21312000	24048000	23472000
Leistung je Minute je Arbeiter. . . Schüsse	296	1336	2608
Leistung je Stunde je Arbeiter. . . Schüsse	17760	80160	156480
Leistung je Tag (8 Std.) je Arbeiter. Schüsse	142080	641280	1251840
Leistung je Woche (48 Std.) je Arbeiter. Schüsse	852480	3847680	7511040
Leistung je Jahr (300 Tage) je Arbeiter. Schüsse	42624000	192384000	375552000
Weblohn je Tag (8 Std.) je Arbeiter . . DM	10,20	10,20	10,20
Weblohn je Woche (48 Std.) je Arbeiter. DM	61,25	61,25	61,25
Weblohn je Tag (8 Std.) je Stuhl . . . DM	5,10	1,275	0,64
Weblohn je Jahr (300 Tage) je Stuhl . . DM	1530,–	382,50	192,–
Weblohn je 1000 Schüsse je Stuhl . . . DM	0,0718	0,0158	0,0082
Weblohn je 1000000 Schüsse je Stuhl . DM	71,80	15,80	8,20
Preis je Stuhl . . . . DM	875,–	5250,–	5250,–
Im ersten Betriebsjahr			
Amortisation 10% je Stuhl und Jahr DM	87,50	525,–	525,–
Verzinsung 5% je Stuhl und Jahr DM	43,75	262,50	262,50
Ersatzteile je Stuhl und Jahr DM	40,–	80,–	80,–
Weblohn je Stuhl und Jahr DM	1530,–	382,50	192,–
Gesamtkosten je Stuhl . . . . DM	1701,25	1250,–	1059,50
Gesamtkosten je 1000 Schüsse . . . . . DM	0,0798	0,052	0,0451
Gesamtkosten je 1000000 Schüsse . . . DM	79,80	52,–	45,10
Im 6. Betriebsjahr (nach 5jähriger Amortisation)			
Amortisation 10% vom Anfangswert . . DM	87,50	525,–	525,–
Verzinsung 5% vom nichtamort. Betrag . DM	21,90	133,–	133,–
Ersatzteile je Stuhl . . . . DM	40,–	80,–	80,–
Weblohn je Stuhl . . . . DM	1530,–	382,50	192,–
Gesamtkosten je Stuhl . . . . DM	1679,40	1120,50	930,–
Gesamtkosten je 1000 Schüsse . . . . . DM	0,0788	0,0466	0,0396
Gesamtkosten je 1000000 Schüsse . . . DM	78,80	46,60	39,60
Im 11. Betriebsjahr (nach kompl. Amortisation)			
Ersatzteile je Stuhl . . . . DM	40,–	80,–	80,–
Weblohn je Stuhl. . . . . DM	1530,–	382,50	192,–
Gesamtkosten je Stuhl . . . . DM	1570,–	462,50	272,–
Gesamtkosten je 1000 Schüsse . . . . . DM	0,0737	0,0192	0,0118
Gesamtkosten je 1000000 Schüsse . . . DM	73,70	19,20	11,80

1. Universelle Anwendung für alle Gewebe. Auch Buntgewebe bis zu neun Farben können pic-à-pic gewebt werden.
2. 70%ige Einsparung des Schußgarnabfalles im Vergleich zu gewöhnlichen Webstühlen und Webautomaten.
3. Der Aufbau erfordert keine Umschulung des Personals.
4. Senkung der Lohnkosten von mindestens 6 Stühlen je Weber.
5. Geringe Investierungskosten bei kurzer Amortisation.
6. Hoher Nutzeffekt durch Fortfall aller Komplikationen.

mit sehr viel Vorsicht diskutiert werden. Eine Entscheidung ist nur von Fall zu Fall tatsächlich möglich.

4. Die wirtschaftliche Seite der Automatenweberei

Wie aus der Tab. 26, die an Hand von Rüti-Webstühlen durchgerechnet wurde, hervorgeht, besteht bei der Automatisierung der Baumwollweberei auf jeden Fall ein wirtschaftlicher Vorteil. Das zeigte sich bereits auch aus den genannten Statistiken. Viele Betriebe haben sich daher auf Automaten umgestellt.

Schwieriger ist auf jeden Fall die Automatisierung in der Wollweberei. Dies ergibt sich aus den Untersuchungen von KÖSTER. Nach diesen Ausführungen tritt eine Rentabilität von Automaten in der Tuchfabrik erst auf, wenn 12—18 Automaten in einer Einheit bedient werden.

KÖSTER gibt auch auf die Frage, ob sich die Automatenweberei in der Tuchindustrie überhaupt rentiert, folgende Rechnung bekannt[1]:

Als Einzelzeiten ergaben die Zeitstudien:

1. Kettfadenbruch 0,9 Min. × 3 Kettfadenbrüche	= 2,7	$\frac{\text{Min./Std.}}{\text{Stuhl}}$
2. Schußfadenbruch 0,45 Min. × 1,5 Schußfadenbruch	= 0,675	„
3. Stückabzieh. $\frac{0{,}0613\ \text{Min.}/1000 \times 282000\ \text{Schuß}}{48\ \text{Std.} \times \text{St.}}$	= 0,36	$\frac{\text{Min./Std.}}{\text{Stuhl}}$
4. Materialfehler 30% von 1 und 2	= 1,00	„
5. Maschinenstörungen 20% von 1 und 2	= 0,67	„
6. Ölen und wöchentliche Reinigung 105 Min.: 48	= 2,19	„
7. Pers. Verteil. — Überlappungszeit	= 3,00	„
	10,595	„

Das sind 17,6% Stillstände oder mit anderen Worten: Der Webstuhlwirkungsgrad kann nicht höher als 100 — 17,6 = 82,4% sein, wenn überhaupt kein Kettwechsel eingerechnet wird.

Bezieht man den Kettwechsel nun ebenfalls auf Min./Std. und Stuhl, so wird diese Zeit in hohem Maße von der Kettlänge und von der Schußdichte abhängen.

$$\text{Diese Zeit ist} = \frac{\text{Kettwechselzeit} \times \text{theor. Schußzahl/Woche}}{\text{Anzahl der Stücke} \times \text{Stücklänge} \times \text{Schuß/m} \times 48}.$$

Für die vorausgesetzten Werte, d. h. 50 m Kettlänge und 100 Stuhltouren je Min., ergeben sich die in den vorliegenden Diagrammen dargestellten Nutzeffekte des Webstuhles. In welch hohem Maße hierbei der Stillstand des Stuhles während des Kettwechsels entscheidend ist, zeigt der Vergleich der beiden Diagramme, wobei einmal der Stuhl 220 Min. (Abb. 524), das andere Mal 45 Min. während des Kettwechsels steht (Abb. 525). Bei der langen Kettwechselzeit würde der geforderte Nutzeffekt von 80% erst erreicht, wenn 6stückige Ketten mit einer Schußdichte von etwa 30/cm gewebt würden, während bei 10/cm ein Nutzeffekt von 80% überhaupt nicht zu erreichen wäre.

Gelingt es dagegen, durch eine evtl. innere Umorganisation des Betriebes eine Kettwechselzeit von 45 Min. Stuhlstillstand zu erreichen, dann würde bei 10/cm schon ab 4stückigen Ketten ein 80%iger Nutzeffekt erzielt, während bei höheren Schußdichten schon ab 2stückigen Ketten der geforderte Nutzeffekt erreicht würde (s. Abb. 525). Dieses Diagramm zeigt aber auch, daß es wenig interessant ist, mehr als 5- bis 6stückige Ketten zu weben, da durch die längere Kette keine spürbare Steigerung des Nutzeffektes des Webstuhles zu erreichen ist. Dieser kürzere Stillstand bei Kettwechsel läßt sich u. a. dadurch erreichen, daß das Lamellenstecken beim Stuhllauf durchgeführt wird, und zwar durch zusätzliche Lamellensteckerinnen. Das wären also die Hilfskräfte, die vorher kurz erwähnt wurden. Auch diese wären nur voll ausgelastet, wenn eine größere Anzahl Automaten vorhanden sind.

[1] KÖSTER: Probleme der Automatenweberei. Spinner u. Weber 1956, S. 581.

Eine Gegenüberstellung von Nichtautomaten, Schützenwechselautomaten und Spulenwechselautomaten in der Reyon- und Seidenweberei zeigt die Tab. 27[1].

Insbesondere ist aus dieser Tabelle sehr deutlich die Fragestellung zwischen Spulenwechselautomat und Schützenwechselautomat herausgehoben. Es ergibt sich auch aus dieser Tabelle, daß dem Spulenwechselautomaten auch in der Seidenindustrie eine größere Zukunft als dem Schützenwechselautomaten bevorsteht.

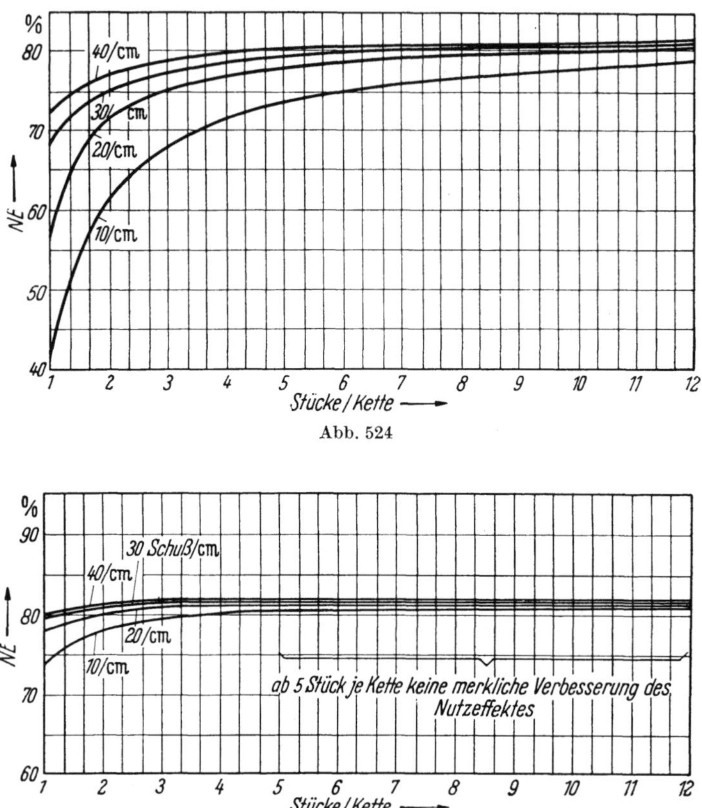

Abb. 524

Abb. 525

I. Pionierkonstruktionen des Automatenwebstuhles

Der heutige vollautomatische Webstuhl ist dadurch gekennzeichnet, daß alle fertigungsbedingten Überwachungen durch automatische Vorrichtungen vom Webstuhl übernommen werden: Die Kontrolle des eingetragenen Schusses durch den *Schußwächter;* der gleichmäßige Transport der Kette und Ware durch den Webstuhl im Sinne der Fertigung durch *Kett-* und *Warenbaumregulatoren;* die Kontrolle des Schützenfluges durch Stechereinrichtungen und Patentschlagvorrichtungen; durch *Kettfadenwächter,* die den Webstuhl beim Bruch eines Kettfadens zum Stillstand setzen. Das besondere Kennzeichen des automatischen Webstuhles jedoch ist der *Automat,* der selbständig das Nachfüllen des ablaufenden Schußmaterials vornimmt.

Nachfolgend wird die Entwicklung dieses Teilaggregates, des *Automaten,* aufgezeichnet.

[1] Melliand Textilber. 1957, S. 140.

Tabelle 27

Handzeiten in 1/100 min	Nichtautomat	Schützen-wechselautomat	Spulen-wechselautomat
Schützen füllen und wechseln	50		
Schützen füllen und einlegen		30	
Spule einlegen			7,5
Zuschlag für Weg, Verteilzeiten und Ermüdung 25%	12,5	7,5	1,9
Total jede Spule	62,5	37,5	9,4
Stundenlohn einschl. Sozialaufwendungen und lohnabh. Gemeinkosten . . . DM	2,95	2,15	2,15
Kosten je 100 Spulen . . . DM	3,07	1,34	0,34
Beispiel 1: Reyon-Futterstoff, 150 cm Breite im Blatt, Schußgarn 120 Deniers, 32 Schuß/cm. 40 Mill. Schuß/Jahr = 12500 m/Jahr			
Materialgewicht auf Spule . . . g	32	32	25
Garnlänge je Spule . . . m	2400	2400	1875
Anzahl der Spulen je 100 Gewebemeter	200	200	256
Kosten je 100 Gewebemeter . . . DM	6,15	2,69	0,86
Kosten je Webstuhl und Jahr . . . DM	768,—	336,—	107,—
Beispiel 2: Nylon-Gewebe, 150 cm Breite im Blatt, Schußgarn 30 Deniers, 40 Schuß/cm. 40 Mill. Schuß/Jahr = 10000 m/Jahr			
Materialgewicht auf Spule . . . g	22	22	18
Garnlänge je Spule . . . m	6600	6600	5400
Anzahl Spulen je Gewebemeter	91	91	111
Kosten je 100 Gewebemeter . . . DM	2,79	1,22	0,37
Kosten je Webstuhl und Jahr . . . DM	279,—	122,—	37,—
Beispiel 3: Reyon/Zellwolle-Gewebe, 150 cm Breite im Blatt, Schußgarn Nm 20, 20 Sch/cm. 40 Mill. Schuß/Jahr = 20000 m/Jahr			
Materialgewicht auf Spule . . . g	32	32	19
Garnlänge je Spule . . . m	640	640	380
Anzahl Spulen je Gewebemeter	469	469	790
Kosten je 100 Gewebemeter . . . DM	14,41	6,30	2,65
Kosten je Webstuhl und Jahr . . . DM	2881,—	1260,—	531,—

	Schützen-wechselautomat gegenüber Nichtautomat	Spulen-wechselautomat gegenüber Schützen-wechselautomat	Spulen-wechselautomat gegenüber Nichtautomat
Jährliche Ersparnis in DM			
Reyon-Futterstoff 120 Deniers	432,—	229,—	661,—
Nylon-Gewebe 30 Deniers	157,—	85,—	242,—
Reyon/Zellwoll-Gewebe Nm 20	1621,—	729,—	2350,—

Es ist allgemein bekannt, daß wir die Automaten nach den beiden großen Gruppen:

Schützenwechselautomaten und

Spulenwechselautomaten

unterteilen.

Es ist auch bekannt, daß die Zahl der Schützenwechselautomaten gegenüber der der Spulenwechselautomaten weit zurücksteht. Weniger bekannt ist jedoch die Tatsache, daß der erste Automat ein Schützenauswechselautomat war, der im Jahre 1840 von Charles Parker gebaut wurde (Brit. Pat. 8664), also 50 Jahre vor dem ersten Spulenwechselautomat von James H. Northrop.

Diese Tatsache soll die Veranlassung sein, dem Schützenwechselautomaten in der Besprechung der Entwicklung den Vorrang zu geben.

a) Die Entwicklung des Schützenwechselautomaten

Von dem Stand der heutigen Entwicklung aus gesehen scheint das Problem, den leergelaufenen Schützen durch einen neuen, vollen, zu ersetzen, verhältnismäßig einfach. Wir kennen nach dem heutigen Entwicklungsstande zwei verschiedene Konstruktionsarten:

Schützenwechselautomaten, bei denen der Webstuhl zum Auswechseln des Schützens angehalten wird; das Auswechseln erfolgt mit besonderem Aggregat mit eignem Motor und

Schützenwechselautomaten, die das Auswechseln des Schützens ohne Unterbrechung des Webstuhllaufes durchführen — sog. „non-stop-Automaten".

In den Anfängen der Entwicklung trachtete man jedoch danach, den Wechsel ohne Anhalten des Webstuhles durchzuführen. Bedenkt man, daß auch die Web-

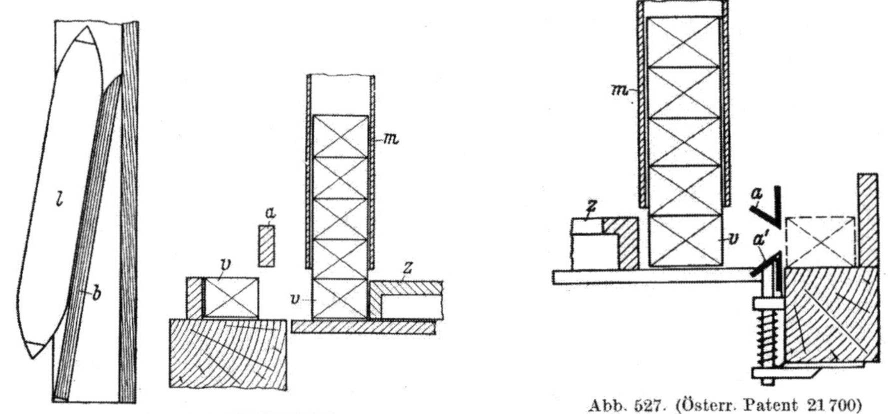

Abb. 526. (DRP 94256)

Abb. 527. (Österr. Patent 21700)

stühle damals schon zwischen 160 und 180 U/min machten, dann erklärt sich daraus eine beträchtliche Konstruktionsschwierigkeit.

Die Pionierkonstruktionen können in zwei Gruppen eingeteilt werden:

1. Konstruktionen, bei denen das Auswerfen des leeren Schützens mit Zubringer und beweglichen Schützenkastenwänden in der gleichen Kastenzelle durchgeführt wurde.
2. Konstruktionen, bei denen man zwei oder mehrere Schützenkastenzellen benötigte.

Eine deutsche Patentschrift (DRP 94256 aus dem Jahre 1896) der Kunstweberei Claviez & Co. in Leipzig zeigt, wie das Auswerfen des leeren Schützens erfolgen sollte (vgl. Abb. 526).

Der leere Schützen *l* wird durch Schrägstellung der Schützenkastenrückwand *b* ausgeworfen. Der volle Schützen *v* wird mit Hilfe eines Zubringers *z* aus dem Magazin, das mit vollen Schützen gefüllt ist, nach Anheben einer Schützenkastenvorderwand *a* in den Schützenkasten geführt.

Das Anheben der Schützenkasteuvorderwand bedingt Steuermechanismen, deren Wirkung auf den Umlauf der Kurbelwelle abgestimmt sein müssen, die also aus diesen Gründen sehr empfindlich waren. Wohl aus diesen Gründen hat William Williamson & John Collinson 1903 in Manchester (Österr. Pat. Nr. 21700) die zwangsläufige Steuerung der Schützenkastenvorderwand durch eine kraftschlüssige Konstruktion ersetzt (vgl. Abb. 527). Der leere Schützen wird in ähnlicher Weise ausgeworfen. Die Schützenkastenvorderwand ist allerdings durch zwei winklige Längsschienen ersetzt (*a* und *a'*). Der dadurch entstehende, auf der Abbildung ersichtliche Längsschlitz wird beim Zuführen eines Schützens durch den

Zubringer z durch vertikale Verschiebung der Schiene a' so erweitert, daß der neue Schützen in den Kasten eingeführt werden kann.

Weiter als bis hierhin war die Entwicklung des Schützenwechselautomaten nicht gediehen, als die Konstruktion von NORTHROP — der Spulenwechselautomat — bekannt wurde. Das Einschlagen des Kopses in den Schützen von oben beim Northrop-Automaten muß wohl für WILLIAM HENRY BAKER (USA) (DRP Nr. 119303) anregend gewesen sein, und er konstruierte gemeinsam mit FRÉDÉRIC ELLWORTH KIP in Montclair im Jahre 1899 einen Automaten, der, wie aus der Abb. 528 ersichtlich ist, gewisse gemeinsame Merkmale mit dem Northrop-Automaten hat. Der arbeitende Schützenkasten besteht aus der festen Vorder- und Rückwand mit darunter verlängertem Schacht. Die sonst übliche Kastenbodenplatte ist durch zwei federnde Stützen c ersetzt, die dem Schützen eine Bodenführung geben.

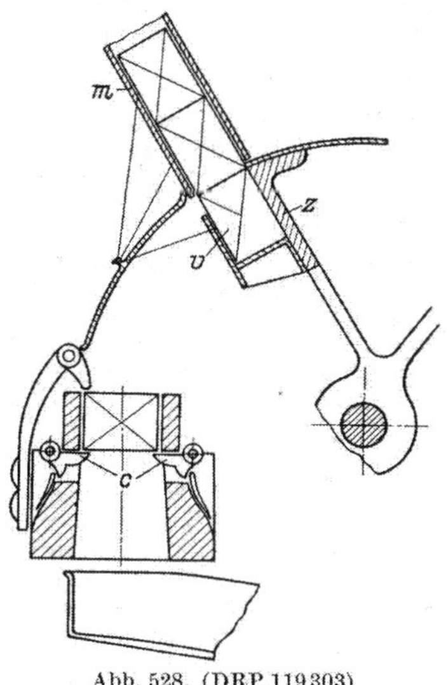

Abb. 528. (DRP 119303)

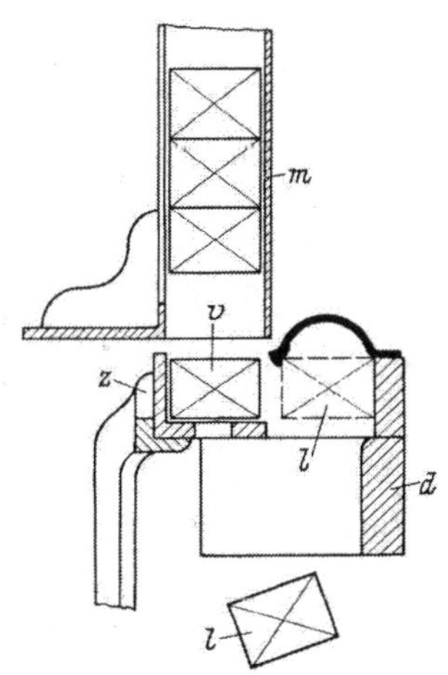

Abb. 529. (DRP 126267)

Der Zubringer z entnimmt dem als schrägen Schacht ausgebildeten Magazin in der dargestellten Art den Schützen, führt ihn oberhalb des Kastens auf den arbeitenden leeren Schützen, der durch kräftigen Druck verdrängt wird. Eine prinzipiell ähnliche Konstruktion wird auch in der Patentschrift DRP Nr. 114691 von B. Crossley in Burnley gezeigt. Hier erfolgte das Verdrängen des leeren Schützens nach oben. Diese beiden Konstruktionen müssen wohl, wie man sich leicht überlegen kann, einen beträchtlichen Verschleiß an Schützen zur Folge gehabt haben. Man hat auch nie etwas über eine dergleichen Anwendung gehört. Es ist auch bezeichnend, daß die gleichen Erfinder BAKER und KIP nur wenig später eine neue Konstruktion anzeigten (DRP Nr. 126267,) durch die der leere Schützen mit größerer Schonung ausgewechselt wurde. Wie aus der Abb. 529 ersichtlich ist, besteht der Zubringer aus einem Winkeleisen, das Kastenbodenplatte und Kastenrückwand ersetzt. Die Kastenvorderwand d ist fest angeordnet. Ist der arbeitende Schützen leer gelaufen, dann weicht der Zubringer zurück und der leere Schützen l fällt durch einen Schacht nach unten. Aus dem Magazin m wird dann ein voller Schützen v auf den Zubringer nachgefüllt, und nun fügt sich Zubringer und Kastenvorderwand wieder zum Kasten zusammen. Der Nachteil dieser Konstruktion ist wohl der gewesen, daß der einlaufende leere Schützen zu wenig Bremsung erfahren mußte und auch so einem großen Verschleiß ausgesetzt war.

In der deutschen Patentschrift Nr. 126304 vom Jahre 1901 zeigten die Brüder Lötzsch aus Chemnitz eine Lösung, die erst nach dem zweiten Weltkriege durch die Möglichkeit des Einsatzes elektrischer Steuerelemente zu einem vollen Erfolg führen konnte. In dieser Patentschrift wurde der Vorschlag gemacht, den leeren Schützen nach Ausheben des Pickers samt seiner Spindel unter diesen hinweg durch das hintere offene Schützenkastenende austreten zu lassen und hinterher den vollen Schützen durch die gleiche Öffnung mit Hilfe einer besonderen Schlagvorrichtung aus dem Schützenmagazin durch das Fach zu schleudern. Nach dem damaligen Stand der Technik jedoch war eine Verwirklichung dieses Gedankens nicht möglich.

Wenn nun trotz der erfolgreichen Einführung des Northrop-Automaten immer noch weiter an der Entwicklung des Schützenwechselautomaten gearbeitet wurde, so kann man das vom Standpunkt der damaligen Zeit nur als eine Verbissenheit der Erfinder bezeichnen, denn damals wurden noch keine empfindlichen Reyongarne verarbeitet.

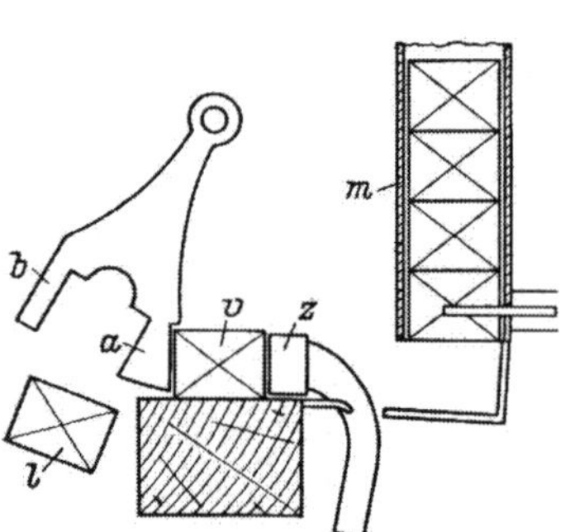

Abb. 530. (Österr. Patent 16747)

Wahrscheinlich war es der große Verschleiß der Schützen an den wenigen Versuchswebstühlen, die um die Jahrhundertwende zu anderen Konstruktionsprinzipien führten.

Es muß wohl die Form des Revolverwechsels der damals sehr viel gebräuchlichen Revolverwebstühle gewesen sein, die auf die neuartige Konstruktionstendenz hingewiesen hat.

1901 waren es wieder die schon wiederholt zitierten Erfinder Baker und Kip, die den in der Abb. 530 dargestellten Vorschlag machten (Österr. Pat. Nr. 16747). Die aus Holz gearbeitete Kastenzelle mit den Wänden *a* und *b* war als Schwinge gestaltet. *a* und *b* bildeten normalerweise den Schützenkasten, bis der Zubringer *Z* auf Grund des Ansprechens der Fühler aus dem Magazin den vollen Schützen in dem Augenblick zubrachte, wenn der leere Schützen in den Kasten eingelaufen war. Durch kräftigen Druck des Zubringers wurde die Schwinge in der dargestellten Weise ausgeschwenkt und der leere Schützen *l* konnte nach unten fallen. Die Rückwand der Schwinge und der Zubringer bildeten für den Anschlag beim ersten Schuß den provisorischen Kasten.

Wohin diese Konstruktionsgedanken führten, zeigt die Abb. 531. Die Konstruktion der Abb. 531 ist eine Erfindung von C. F. Klein-Schlatter aus Barmen (DRP Nr. 98504, DRP Nr. 104464 und 141338). Der bekannte Revolverwechselkasten wurde zum Schützenwechselautomaten. Ein Zubringer war nicht mehr erforderlich. Beim Ansprechen der Führervorrichtung dreht sich der Kasten um eine Kastenzelle, der leere Schützen wird aus der Flugbahn des Schützens geführt, und eine neue Kastenzelle mit vollem Schützen *v* kommt in die Flugbahn. Der Webprozeß kann ungehindert weitergehen.

Die Abb. 532, eine Erfindung der Brüder Walker in Norwood Green bei Halifax, England (Österr. Pat. Nr. 17678), zeigt einen vierzelligen Kasten. Bei dieser Konstruktion wird wohl der älteren Überlieferung entsprechend noch ein Zubringer benützt.

Warum ist dieses Konstruktionsprinzip ausgestorben?

Lange Zeit wurden dann keine besonderen Neuerungen auf dem Gebiet des Schützenwechslers bekannt. Der Kopswechsler schien doch Herr geworden zu sein; bis auch die Reyonindustrie an die Automatisierung dachte. Die Einführung einiger Northrop-Automaten führten zu großen Mißerfolgen. Der Reyonfaden, der aus vielen wenig gedrehten Kapillaren hergestellt ist, ist sehr empfindlich gegen äußere mechanische Beanspruchung, somit auch gegen die Beanspruchung, die durch den Schlag mit dem Automatenhammer beim Wechseln entsteht. Die Folge waren viele Fadenbrüche, und wenn nicht dies, sodann aufgerauhte Schuß-

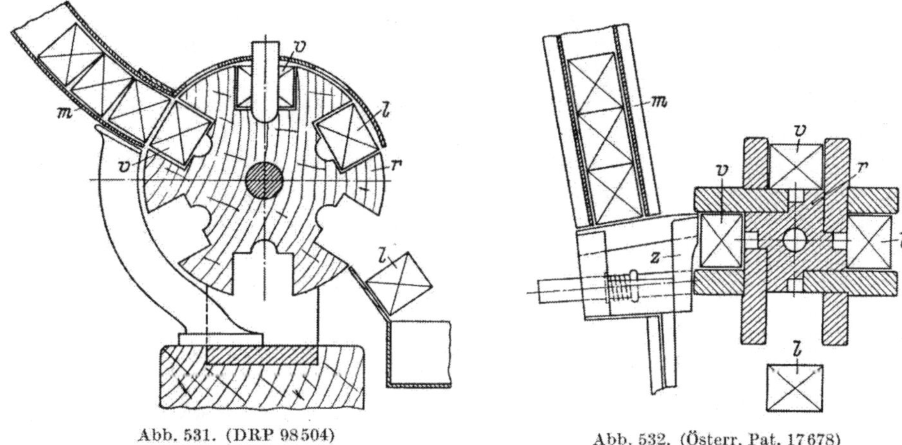

Abb. 531. (DRP 98504)

Abb. 532. (Österr. Pat. 17678)

fäden. Durch diese Mißerfolge des Kopswechslers war wieder eine Basis gegeben, um Schützenwechsler zu konstruieren.

Gleich vom Anfang an zeichneten sich hier zwei bemerkenswerte Richtlinien ab, die durch zahlreiche Patentschriften in allen Einzelheiten festgelegt sind. Heute werden Schützenwechsler kaum noch gebaut.

b) Die Entwicklung des Kopswechselautomaten

Zum Unterschied vom Schützenwechselautomaten ist von einer eigentlichen Entwicklung nicht zu sprechen. Der Amerikaner James H. Northrop war es, der im Jahre 1890 den ersten Webstuhl mit Kopswechsler baute. Die Firma George Draper & Sons stellte im Jahre 1895 den Webstuhl in der bekannten Form her, die sich, abgesehen von der modernen Konstruktionsweise, bis heute nicht geändert hat. Das bekannte Prinzip dieser Automatenkonstruktion ist in der nebenstehenden Abb. 533 dargestellt.

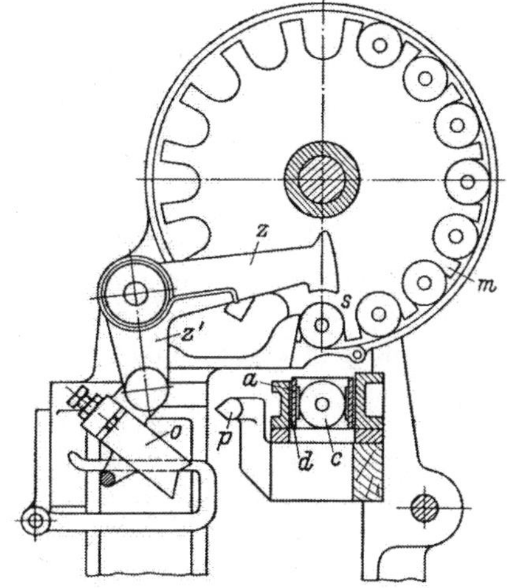

Abb. 533. Northrop-Automat

Die Schützenspule sitzt nicht wie bei einem normalen Webstuhl auf einer Spindel. Sie besitzt einen mit Stahlringen bewehrten Kopf, der durch Stahlklammern im Schützen gehalten wird. Ein kräftiger Druck auf den Spulenkopf genügt, um die Spule nach unten durch den unten offenen Schützen hindurchzudrücken. Dieses Durchdrücken wird durch den Hammer *z* des Automaten bewirkt, der in dem Augenblick, in dem die Lade in ihrer vorderen Totpunktlage einen Augenblick verharrt, eine volle Spule *s* aus dem kreisförmigen Magazin *m* herausdrückt, auf die Spule im Schützen aufdrückt und durchschlägt. Die neue

Spule nimmt dann den Platz ein, den die alte Spule bislang noch gehabt hat. Die Kraft für diesen Durchschlag wird von der Massenwirkung der Lade abgeleitet. Spricht der auf der anderen Webstuhlseite befindliche mechanische oder elektrische Fühler auf die leere Spule an, dann wird durch eine Einschaltwelle zur Automatenseite hin der drehbare Frosch *o* angehoben, und zwar so weit, daß er in Höhe des Stechers *p* an der Ladenstelze liegt. Kommt nun die Lade beim nächsten Ladenanschlag nach vorn, so stößt *p* in *o*, so daß über *z'*, *z* die für das Durchschlagen notwendige Bewegung und auch die notwendige Kraft entwickelt wird. Die Rückwärtsbewegung des Hammers wird zum Schalten der Trommel um eine Spulenteilung nutzbar gemacht.

Von einer eigentlichen nachfolgenden Entwicklung des Kopswechslers kann man, sieht man von der Entwicklung zum Buntautomaten ab, nicht mehr sprechen. Lediglich die Form des Magazins war in vielen Konstruktionen und Patent-

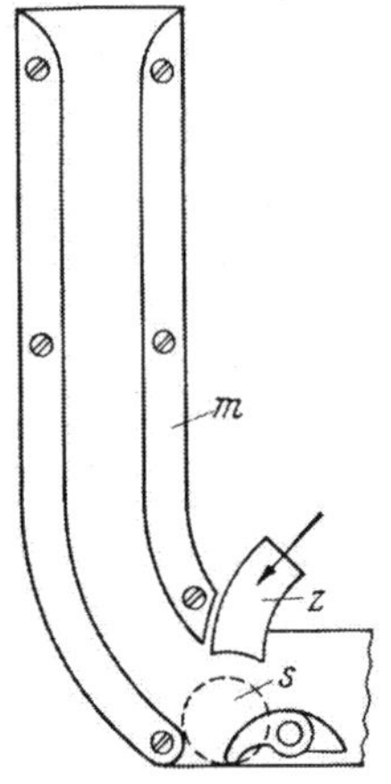

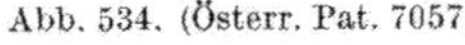
Abb. 534. (Österr. Pat. 7057)

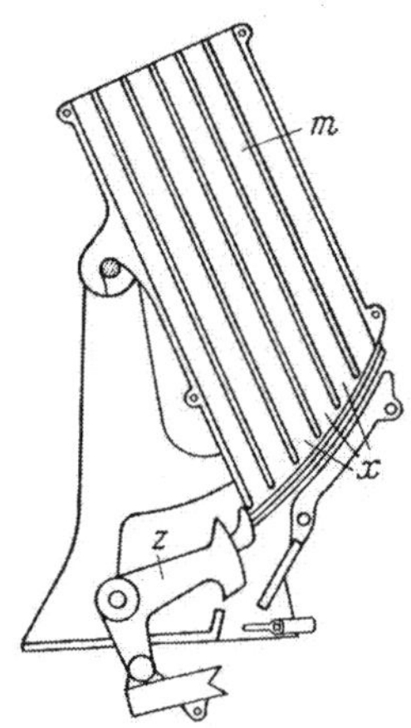

Abb. 535. (Österr. Pat. 25311)

schriften Gegenstand von Veränderungsvorschlägen. Es war einmal das Bestreben, die Fassungskraft des Magazins noch zu erhöhen. Aus diesem Grund wurden Vorschläge gemacht, wie sie in den Abb. 534 und 535 dargestellt sind. Einen oder mehrere senkrechte Magazinschächte (Abb. 534) zeigt das Österr. Pat. Nr. 7057 mit einer Schachtform, die bei der Entwicklung des Buntautomaten Bedeutung gewann; Abb. 535 zeigt eine Konstruktion der Firma Northrop Loom Company — US-Pat. und in Österreich unter der Nr. 25311 patentiert — bei der 6 Fallschächte in einem schwingenden Rahmen untergebracht sind). In dem US-Pat. Nr. 759325 wird sogar empfohlen, endlose Ketten zu verwenden, zwischen denen die Spulen gelagert sind (Erfinder: S. Stone in Lowell, 1904).

Es waren aber wahrscheinlich andere Bestrebungen, die die Umgestaltung des Magazins erforderlich oder wenigstens wünschenswert machten. Denkt man an die Entwicklung, so darf man nicht vergessen, daß diese Entwicklung in eine Zeit fällt, in der die Industrialisierung in weitestem Maße bereits begonnen hatte. Die vielen Firmen, die zu dieser Zeit doch fast neue Webstühle in Betrieb genommen hatten, sahen sich nun gezwungen, eine Lösung zu finden, ihre nichtautomatischen Webstühle mit Automaten zu „ergänzen“, um gegenüber den neuen Automaten Konkurrenz zu bieten. Zu dieser Zeit begann dann auch das Suchen und Finden von Konstruktionen, die für Anbauautomaten geeignet waren. Sowohl zu dieser Zeit wie auch jedesmal in den Jahren nach den beiden

Weltkriegen schien das Geschäft mit Anbauautomaten vielversprechend zu sein. Man wollte automatisieren, gleichgültig, ob die vorhandenen Webstühle Oberschläger oder Unterschläger waren. Der neue anzubauende Automat durfte weder

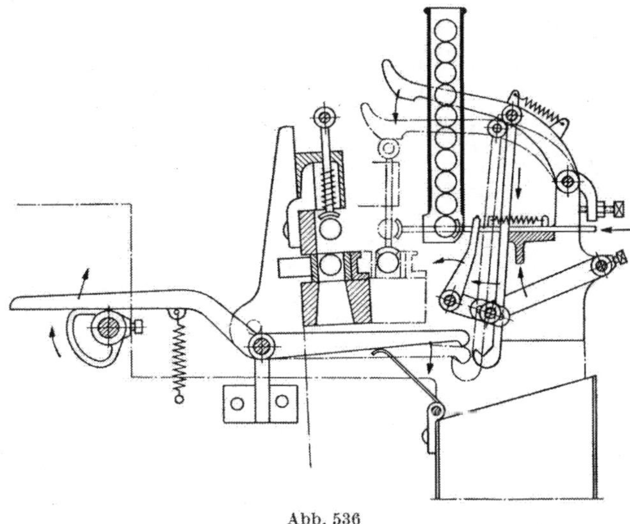

Abb. 536

dem Picker auf der Pickerspindel beim Oberschläger noch dem Schlagstock beim Unterschläger hinderlich sein. Aus diesen unterschiedlichen Anforderungen ergaben sich zwangsweise die verschiedenartigsten Magazin- und Automatenkonstruktionen.

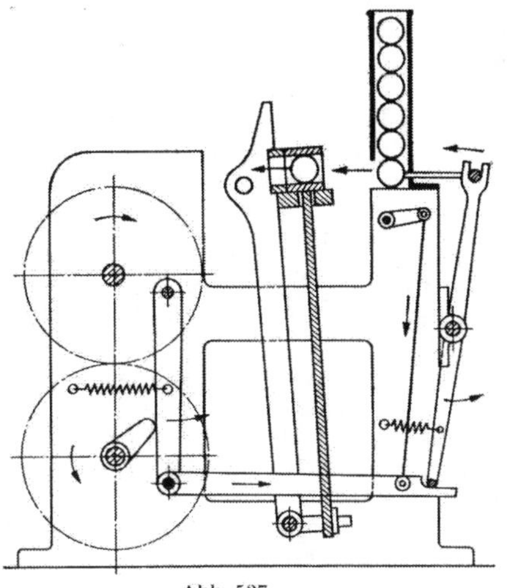

Abb. 537

Die tendenziösen Richtlinien, die sich anbahnten, zeigen die beiden Abb. 536 und 537, die dem Aufsatz von G. Schällebaum[1] entnommen sind. Die Abb. 536 zeigt eine Konstruktion für einen Unterschläger mit dem von oben durchbrochenen Schützen. Die Abb. 537 zeigt eine Konstruktion für einen Oberschläger mit einem in der Horizontalen durchbrochenen Schützen.

Aber alle Bemühungen in dieser Richtung haben sich nicht durchsetzen können, und von allen Firmen, die sich auf diesem Gebiete versucht haben, sind nur wenige mit Rang und Namen übriggeblieben. In Deutschland wurden die Firmen Valentin, Auerbach, und die schweizerische Firma Fischer in Schaffhausen bekannt. Die genannten Firmen haben jedoch die strenge Anlehnung an das Northrop-Prinzip vorgezogen.

1. Eine Gefahr bei der Automatisierung[2]

Oftmals ergeben sich durch zuwenig überlegte Akkordvorgaben willkürlich begrenzte, nicht auf der effektiven Arbeitsbelastung basierende Maschinenzuteilungen, die den Fort-

[1] Schällebaum, G.: Textil-Praxis 1949, S. 171.

[2] Hausmitteilung von Rüti (Zürich) (März 1957).

schritt erschweren. Das Entlohnungssystem und der Einsatz der Arbeitskräfte müssen so geplant sein, daß die vielfach nur unter größeren Kapitalaufwendungen möglichen Verbesserungen in der Weberei und in den Vorwerken sich auch kostenmäßig in einer Verminderung der veränderlichen Kosten auswirken.

In den meisten Webereien wird heute noch viel zuviel in Webstuhlzuteilungen gerechnet und gedacht, statt in Arbeitsbelastung. Für die persönliche Anstrengung und Leistung des Webers ist aber nicht die Webstuhlzuteilung maßgebend, sondern ausschließlich die Arbeitsbelastung. Es sollte deshalb selbstverständlich sein, daß sich die Bezahlung der Arbeiter nach der Arbeitsbelastung richtet, unabhängig davon, wie viele Maschinen bedient werden.

Ein Beispiel zeigt dies deutlich. Messungen in einem Betriebe haben ergeben, daß die Weberinnen bei einer Zuteilung von 60 Webstühlen durch die Behebung der Webstuhlstillstände nur zu 33,9% belastet sind. Dazu kommen dann noch die sachlichen Verteilzeiten (kleine, aber für Produktion oder Qualität unerläßliche Arbeiten, z. B. Kette säubern bei laufender Maschine, Meister rufen usw.) mit 9,5% und der Weg mit 11,8%, was eine totale Arbeitsbelastung von 55,2% ergibt. Es wäre sicher nicht richtig, wenn die auf diesen Webstühlen arbeitenden Weberinnen wesentlich mehr verdienen würden als Weberinnen auf anderen Webstühlen bei geringerer Webstuhlzuteilung, aber gleicher oder höherer Arbeitsbelastung. Eine gewisse Steigerung des Lohnes bei höheren Maschinenzuteilungen, z. B. beim Übergang von Nichtautomaten- auf Automatenwebstühle, ist zweifellos gerechtfertigt, da der Arbeiter bei höheren Zuteilungen die Verantwortung über mehr Maschinen und eine größere Produktion übernehmen muß. Diese Lohnsteigerung muß aber auch in einem vernünftigen Verhältnis zur Steigerung der Anforderungen an die Persönlichkeit des Arbeiters stehen. Um in dieser Beziehung eine gerechte Basis zu schaffen, ist es notwendig, eine umfassende Arbeitsplatzbewertung durchzuführen. In diesem Zusammenhang ergibt sich ferner die Frage, ob es nicht gerechter und zweckmäßiger wäre, vom „Geldakkord" zum „Zeitakkord" überzugehen, der auch für Akkordarbeiten neben der Arbeitsplatzbewertung eine Persönlichkeitsbewertung erlaubt.

Wenn man sich einmal darüber klar ist, daß die Arbeitsbelastung die Grundlage für die Entlohnung sein muß, tritt die Frage auf, wie die Arbeitsbelastung gemessen werden kann.

Grundsätzlich ergibt sich die Belastung je Einheit (in der Weberei z. B. je 1000 Schuß) aus der Häufigkeit, mit der die einzelnen Arbeiten auftreten, multipliziert mit dem entsprechenden Normalzeitaufwand (Handzeit), der für die Durchführung dieser Arbeit notwendig ist. Dabei ist die Häufigkeit gewisser Arbeiten genau meß- oder berechenbar (z. B. Schützen füllen und wechseln bei Nichtautomatenwebstühlen, Gewebestücke abnehmen), bei andern Arbeiten mehr oder weniger genau meßbar (z. B. Webstuhlstillstände beheben), während gewisse Tätigkeiten überhaupt nicht meßbar sind (z. B. Überwachung der laufenden Maschinen), so daß man sich mit Schätzungs- und Erfahrungswerten behelfen muß. Zu den meßbaren Tätigkeiten kommen noch die kleinen Arbeiten und persönliche Verlustzeiten, die in der Häufigkeit oder dem Zeitaufwand stark schwanken und deshalb nur in ihrer Summe einigermaßen genau ermittelt werden können und die man in Form von sogenannten Verteilzeitzuschlägen als Prozentsatz zu den meßbaren Arbeitszeiten hinzuschlägt. In der Tab. 28 ist der Aufbau einer solchen Vorgabezeit- und Arbeitsbelastungsberechnung für ein Beispiel aus der Weberei dargestellt.

Für die Ermittlung der Häufigkeit der Maschinenstillstände werden Stillstandsaufnahmen in Form der üblichen Listen gemacht, in welchen mit Strichen die einzelnen Ereignisse eingetragen werden. Diese geben nicht nur über die Häufigkeit, sondern auch über die genauen Ursachen der Webstuhlstillstände Auskunft und stellen damit die unerläßliche Grundlage für die Verminderung der Zahl der Stillstände dar.

Auf dem Gebiet der Handzeiten- und Verteilzeitenermittlung sind, allerdings hauptsächlich für die Metallindustrie, bereits wesentliche Vorarbeiten geleistet worden (z. B. Refa in Deutschland). Dabei dürfen aber die in der Metallindustrie gebräuchlichen und zweifellos auch bewährten Verfahren nicht unbesehen auf die Textilindustrie übertragen werden, da die Arbeitsweise in diesem Industriezweig doch in mancher Hinsicht von derjenigen in der Metallindustrie grundsätzlich abweicht. Eine gewisse Anpassung an die spezifischen Eigenheiten der Textilindustrie wird deshalb notwendig sein.

Das Hauptmerkmal der Arbeit in der Textilindustrie ist die Mehrstellenbedienung, der unregelmäßige Anfall der Arbeitszeiten, die große Streuung der Handzeiten und die Beschränkung der Haupttätigkeit der Arbeiter auf verhältnißmäßig wenige, immer gleiche Arbeiten, wie z. B. Kettfadenbrüche beheben, Schußbruch beheben, Gewebestücke abnehmen usw., in der Weberei.

Die Mehrstellenbedienung und der unregelmäßige Anfall der Arbeitszeiten bedingt einerseits Arbeiterwartezeiten (Zeit für freie Beobachtung) und anderseits Maschinenwartezeiten. Zwischen Arbeiter- und Maschinenwartezeiten besteht eine Wechselwirkung in dem Sinne,

Tabelle 28

	Häufigkeit je 1000 Schuß bzw. Ansatz	Handzeit HM je Stillstand	Arbeiterzeit HM je 1000 Schuß	Maschinenzeit HM je 1000 Schuß
Stillstandsbehebung (Häufigkeit gemessen durch Stillstandsaufnahmen)				
Kette	0,075	100	7,5	7,5
Schuß	0,06	50	3,0	3,0
mechanische Stillstände (Stillstände ohne Kett- oder Schußfadenbruch)	0,015	25	0,4	0,4
total Stillstände	0,15		10,9	10,9
Nebenarbeiten				
Gewebestücke abnehmen (Häufigkeit berechnet)	0,005	350	1,8	0,9
total Nebenarbeiten			1,8	0,9
Grundzeit (Stillstandsbehebung + Nebenarbeiten)			12,7	11,8
Sachliche Verteilzeiten (%-Sätze gemessen)				
bei Maschinenstillstand	20%		2,5	2,5
bei Maschinenlauf	10%		1,3	
total sachliche Verteilzeiten	30%		3,8	2,5
Tätigkeitszeit (Grundzeit + sachliche Verteilzeit)			16,5	14,3
Persönliche Verteilzeit	10%		1,6	
Freie Beobachtung	20%		3,3	
Weg (evtl. gleichzeitig mit Beobachtung)	0,15	13	2,0	2,0
Gesamtzeit (entspricht Vorgabezeit)			23,4	16,3
Maschinenwartezeit (Stillstandsüberlappungen)	190%			31,0
Reine Maschinenlaufzeit (Geschwindigkeit: 150 Schuß/min)				666,7
Maschinenzeit total				714,0
Arbeitsbelastung je Webstuhl (23,4/714,0)				3,28%
Theoretische Stellenzahl[1] (714,0/23,4 = 100/3,35)				30,5
Artikel Nutzeffekt (ohne Stillstände durch Reparaturen, Kettwechsel usw.) 66,7/714,0)				93,4%

daß bei Abnahme der Arbeiterwartezeiten (höhere Arbeitsbelastung) die Maschinenwartezeiten zunehmen und umgekehrt.

Die Maschinenwartezeiten werden als Überlappungsstillstände bezeichnet und sind außer von der Arbeitsbelastung auch noch von der Zahl der einem Weber zugeteilten Maschinen abhängig. Die Überlappungsstillstände sind Maschinenzeiten und keine Arbeitszeiten und liegen größenordnungsmäßig normalerweise bei etwa 150—200% der Arbeitszeit am stehenden Webstuhl.

Für die Bestimmung der Handzeiten sind immer Zeitstudien und nie Einzelzeitmessungen durchzuführen. Dabei sind alle eindeutig als unvermeidlich für die Erreichung der Produktion erkennbaren Arbeiten (Stillstände beheben usw.) von den übrigen Arbeiten zu trennen. Es dürfen nicht alle Arbeiten, die der Weber während der Dauer der Aufnahme ausführt, als gegeben hingenommen werden, denn es besteht eine rein menschliche Neigung beim Weber, während der Zeit, in welcher er unter der Kontrolle des Zeitstudienmannes steht, viele Arbeiten, die für die Erreichung der Produktion und die Erzielung einer einwandfreien Gewebequalität gar nicht notwendig sind, auszuführen; er tut dies besonders dann, wenn er unterbelastet ist und weil er mangels Übersicht immer noch glaubt, die Zeitstudien seien nur dazu da, ihm zu viel Arbeit aufzubürden, während es in Wirklichkeit nur darum geht, die Arbeit

[1] Gerechnet für einen Leistungsgrad des Arbeiters von 100% und für einheitliche Belegung aller Webstühle mit dem gleichen Artikel. Wenn verschiedene Artikel gewoben werden, was meistens der Fall ist, können so viele Webstühle zugeteilt werden, bis die Summe der Arbeitsbelastung 100% erreicht. Wenn aus technischen Gründen 100% nicht erreicht werden, so ist die Unterbelastung dem Weber zu vergüten.

gerecht zu verteilen. Grundsätzlich sind aber nur diejenigen Arbeitszeiten in der Akkordberechnung zu berücksichtigen, die für die Erreichung von Produktion und Qualität unerläßlich sind, selbstverständlich unter Zuzug der für Ruhe und persönliche Bedürfnisse nötigen Zeit.

Alle nicht genau meßbaren Zeiten, wie Kettpflege usw., sowie die nur unwesentlich ins Gewicht fallenden Nebenarbeiten, wie z. B. Inbetriebsetzung der Webstühle bei Arbeitsbeginn, sind pauschal als Verteilzeitzuschlag vorzugeben.

Um mit einem Minimum an Zeit- und Arbeitsaufwand ein Maximum an zuverlässigen Erkenntnissen zu gewinnen, sind bei der Durchführung von Zeitstudien die Einzelzeiten direkt in Häufigkeitstabellen (Strichlisten mit Zeitnetz) einzutragen. Die Genauigkeit der Aufnahmen wird dadurch kontrolliert, daß die Summe aller Einzelzeiten die gesamte Aufnahmedauer ergeben muß. Infolge der großen Streuung der Handzeiten ist es notwendig, eine möglichst große Zahl von Messungen an einer großen Zahl von Personen durchzuführen. Da in der Textilindustrie immer wieder die gleichen Arbeiten vorkommen, ist es möglich, für die einzelnen Tätigkeiten und für bestimmte Gewebeartikel und Webstuhltypen Normal-Handzeiten auszuarbeiten, die eine allgemeine Gültigkeit haben. Wenn solche Zahlenwerte einmal bekannt sind, kann die Arbeitsbelastung auf Grund von Stillstandsaufnahmen ermittelt werden, ohne daß jedesmal Zeitstudien durchgeführt werden müssen.

Neben der Messung der Handzeiten können diese auch nach der „**M**ethods-**T**ime-**M**easurement“-Methode (MTM) aus den Griffelementen berechnet werden. Dieses Verfahren stellt eine wichtige Ergänzung zu den Messungen dar und kann auch als Grundlage für die Ausarbeitung von Arbeitsbestverfahren dienen.

Für die Ermittlung der Verteilzeiten sind neben den normalen Zeitstudien auch Erhebungen nach dem Multimomentverfahren durchzuführen. Diese Methode ist auch zur Ermittlung der Arbeitsbelastung der Webermeister, Zettelaufleger, Öler usw. geeignet, also derjenigen Leute, die mit gewöhnlichen Zeitstudien nicht leicht erfaßt werden können. Der große Vorteil dieses Verfahrens liegt darin, daß dabei die Arbeitsweise des Arbeiters nicht beeinflußt wird. Diese Aufnahmen sind nach zwei Richtungen zu machen, nämlich erstens ausgerichtet auf die Maschinen und zweitens ausgerichtet auf die Arbeitskräfte.

2. Die Zahl der Webautomaten pro Arbeitskraft

Über die Zahl der Automaten, die ein Weber und weiter ein Meister zu bedienen in der Lage sind, gehen die Ansichten, wenn man die Weltliteratur nachliest, sehr weit auseinander. Alle vorliegenden hervorragenden Zahlenwerte sind relative Werte und sind darüber hinaus nur möglich geworden, weil man die Vorbereitungsmaschinen so sehr verbesserte, daß sie nicht nur mit der Produktionsgröße Schritt halten konnten, sondern letztlich auch dadurch, daß Fehler der Vorbereitung, namentlich solche, die Stulstillstände zur Folge haben, gänzlich ausgeschaltet wurden. In den amerikanischen Betrieben geht man so weit, daß man eine ständige Fehler- oder besser Fadenbruchüberwachung durchführt. Mit dieser Aufgabe sind Techniker beauftragt, die lediglich festzustellen haben, wodurch ein Fadenbruch entstanden ist. Es wird also nicht lediglich ein Fadenbruch (durch den Weber) beseitigt, sondern auch die Ursache soweit wie möglich festgestellt.

Über die Bedeutung solcher Untersuchungen schreibt Brown[1]:

Die Bedeutung der Fadenbrüche in der Automatenweberei mit 200 Webstühlen geht daraus hervor, daß bei einem Kettfadenbruch pro Stuhlstunde, für dessen Beseitigung 45 sek notwendig sind, und bei 0,5 Schußfadenbrüche pro Stuhl und Stunde mit einer Stillstandszeit von 15 sek ein Verlust von 1000 Yards Gewebe während einer 45-Stunden-Woche sich ergeben, wobei 750 Yards auf die Kettfadenbrüche und 250 Yards auf die Schußfadenbrüche kommen. Es wurden von Brown umfangreiche Untersuchungen über die Natur der Kettfadenbruchursachen angestellt. Hierbei ergab sich, daß 20,8% auf Knoten, 13% auf Verunreinigungen, 7,8% auf Fadenschnitte am Kettbaumflansch, 13% auf Abscheuern, 2,6% auf weiches Garn, 33,8% auf unbekannte Ursachen, 6,5% auf verdrehte Kettfäden und 2,5% auf verklebte Fäden zurückzuführen waren. Insgesamt kamen 24,7% auf das Schlichten, 41,6% auf Ursachen, die nicht mit dem Schlichten zusammenhingen, und 33,7% auf un-

[1] Brown, B. J.: J. Text. Inst. 1949, S. 301—316.

bekannte Ursachen. Der hohe Prozentsatz für Kettfadenbrüche durch Knoten wird auf die nicht einwandfreie mechanische Knotung zurückgeführt, da die Handknoten der Weber sich nicht lösten[1].

In diesem Zusammenhang ist es erklärlich, daß nur beste Rohstoffe zu optimalen Werten führen.

Wenn so viele Faktoren die Stuhlzahl, die von einem Weber bedient werden, beeinflussen, dann dürfte es als ganz ausgeschlossen gelten, hier durch ein Diktat die zu bedienende Stuhlzahl festzulegen. Es sind, wie dies auch schon in vorangegangenen Kapiteln gesagt wurde, umfangreiche Messungen sowohl vom Arbeitszeitstandpunkt als auch statische Messungen notwendig.

Aus der Sowjetunion sowie aus den Vereinigten Staaten wird berichtet, daß dort 80—150 Webstühle von einem Arbeiter bedient werden.

Man fragt sich nun, wie eine solche betriebliche Gestaltung möglich ist und kommt nach einem objektiven Vergleich mit der amerikanischen Automatenweberei, die ja in diesem Entwicklungzweig große Fortschritte zu verzeichnen hat, zu der Erkenntnis, daß nicht nur die innerbetriebliche Verbesserung der Vorbereitung zu diesem Ergebnis führt, sondern daß eine andere als bei uns übliche Organisation zu diesem äußeren Ergebnis führen muß. Nach zuverlässigen Mitteilungen werden in den USA 45—50 Webautomaten von einem Meister (sprich Stuhlsteller) betreut. Alle Arbeiten wie Ketteneinlegen, Ölen, Putzen, Füllen der Magazine mit vollen Spulen, Abziehen der fertigen Ware usw. werden von Hilfskräften durchgeführt.

In einem so gegliederten Betrieb war die Personalbesetzung folgende: 1 Weber bedient 90 Webstühle, diese Stühle wurden von 2 Stuhlstellern (Hilfsmeistern) betreut. Auf je 15 Webstühle kommt eine Hilfskraft für Einlegen der vollen Spulen in die Magazine, für Ketteneinlegen bzw. für das Kettenandrehen sind bei 360 Webstühlen 4 Mann tätig. Der Nutzeffekt des Betriebes war 95%. Betrachten wir diese Zusammenstellung, so erscheint es durchaus möglich, daß bei einer anderen Gliederung auch eine höhere Stuhlzahl auf den Weber entfallen kann.

In Deutschland macht man von dieser Besetzung deswegen keinen Gebrauch, weil man in dem Bestreben, beste Qualität herzustellen, lieber auf einige Hilfskräfte verzichtet und dafür gelernte Weber einsetzt. Nicht zuletzt spielen hier soziologische Erwägungen und gewerkschaftliche Bestrebungen eine Rolle.

Betrachten wir die Gliederung eines gut gegliederten deutschen Betriebes:

30 Stühle werden von einem Weber bedient,
45 Stühle werden von einem Stuhlsteller betreut,
20 Stühle werden von einer Hilfskraft bedient.

Es entfallen also:

Auf den amerikanischen Betrieb	auf den deutschen Betrieb
bei 90 Webautomaten	
1 Weber	3 Weber
2 Stuhlsteller	2 Stuhlsteller
6 Hilfsarbeiter	4,5 Hilfsarbeiter
9 Arbeitskräfte	9,5 Arbeitskräfte

Aus diesen Zahlen dürfte man sehr anschaulich erkennen, daß nicht die Benennung der Stuhlzahl pro Weber, sondern die Benennung der Arbeitseinheiten pro Arbeitskraft (in den beiden genannten Fällen rund 10 Stühle pro Arbeiter) richtiger wäre.

[1] Vgl. hierzu weitere Untersuchungen Wegener-Schneider: s. Fußnote 2, S. 366.

3. Die Bedeutung des Anbauautomaten

Anbauautomaten sind Einzelaggregate, die an bereits laufende Webstühle angebaut werden können.

Da aber, wie bereits einmal betont, das Automatenaggregat nicht allein die Automatisierung eines Webstuhles kennzeichnet, sondern daß auch alle anderen Aggregate auf modernsten Stand gebracht werden müssen, setzt das Anbauen eines Automatenaggregates an einen gebrauchten Webstuhl die völlige Restaurierung des Stuhles voraus.

Die Vorliebe für Anbauaggregate ist nach dem ersten Weltkrieg bekannt geworden und hat auch nach dem zweiten Weltkrieg eine besondere Nachfrage gehabt. Der nach den Kriegen besonders starke Bedarf und andererseits der Mangel an Arbeitskräften und wirtschaftlich arbeitenden Maschinen hat die Entwicklung des Anbauautomaten begünstigt.

Wenn auch der Anbauautomat aus einem gebrauchten Webstuhl längst keinen Vollautomaten im eigentlichen Sinne macht, so können doch eine ganze Reihe von Vorteilen gekennzeichnet werden.

Die Arbeiter und Meister sind auf ihre bekannten Webstühle eingearbeitet. Sie brauchen also nur noch die Fachkenntnisse der Automaten zu erwerben.

Die Umbaukosten eines Automaten sind, verglichen mit den Neuanschaffungskosten eines vollautomatischen Webstuhles, gering. Überdies kann man die Kosten für die Anschaffung von Anbauautomaten über Betriebskosten sofort abbuchen.

Zum mindesten ist die Einrichtung von Anbauaggregaten der erste Schritt zur Vollautomatisierung eines Betriebes.

II. Automaten

Die Einteilung der Automaten

Die Gegenüberstellung (s. u.) kennzeichnet Arten und Einsatzmöglichkeiten der verschiedenen automatischen Aggregate. In dem Kapitel „Pionierkonstruktion des Automatenwebstuhles“ wurden die Bemühungen der Erfinder in der Entwicklung des Automatenwebstuhles gekennzeichnet. Aus dieser Darstellung erkennt man das Ringen um die entscheidende Antwort auf die auch in der Gliederung erkenntliche Frage „Schützenwechselautomat oder Spulenwechselautomat?“.

Weiß die moderne Textiltechnik eine Antwort auf diese Frage zu geben?

Die stereotype, didaktische Formulierung der Antwort auf diese Frage nach dem geeigneten Automatentypus lautete bisher etwa so: „Für Wolle und Baumwolle sowie Zellwolle muß die Frage immer zugunsten des Spulenwechslers beantwortet werden. Für feine Reyonware jedoch ist die Anwendung eines Schützenwechslers zu empfehlen.“

Fragt man heute bei den modernen Webstuhlfabriken nach, so erhält man, unterstützt durch die Auftragsstatistik, die Antwort, daß zur Zeit immer mehr Reyonweber auf die Verwendung von Spulenwechselautomaten übergehen. Gewiß kann man nicht umhin, zu gestehen, daß der Schützenwechsler eine größere Schonung des Textilmaterials gewährleistet; aber dieser Einwand scheint mit der Entwicklung im Maschinenbau, mit der Präzisierung der Fertigung im Webstuhlbau nicht mehr ganz stichhaltig zu sein. Überdies ist auch die in der Tab. 27 auf S. 371 dargestellte wirtschaftliche Betrachtung ausreichend, um das Bestreben, Spulenwechselautomaten einzuführen, zu kennzeichnen.

Eine entscheidende Antwort auf die oben gekennzeichnete Frage kann also gegenwärtig noch nicht gegeben werden. Man nimmt lediglich zur Kenntnis, daß die Entwicklung des Schützenwechslers augenblicklich stillsteht, während der Spulenwechsler lebhaften Zuspruch findet.

Wir unterscheiden:

Automaten

Spulenwechsler

1. Northrop-Automaten
2. Mischwechselautomaten
3. Mehrfarbenautomaten
   a) Zweifarbenautomaten
   b) Vierfarbenautomaten
   sowohl für 2-Schuß-Ware wie für 1-Schuß-Ware (pic-à-pic)
   c) Sechsfarbenautomaten (für 2-Schuß-Ware)
4. Schlauchkopswechsler

Schützenwechsler

1. Schützenwechsler einfarbig
2. Schützenwechsler zwei- und vierfarbig

je
   a) mit Wechsel im Stillstand
   b) mit Wechsel im Flug.

a) Spulenwechselautomaten

Der Northrop-Automat. Es wurde bereits einmal darauf hingewiesen, daß das Arbeitsprinzip des Northrop-Automaten bis auf den heutigen Tag beibehalten wurde. Die typische Konstruktion ist das Rundmagazin mit einem Fassungsvermögen von 24 Spulen. In dieser Form wird der Automat sowohl als Anbauautomat wie auch als serienmäßige Ausführung von den verschiedensten Firmen gebaut.

Abb. 538. GF-Spulenwechsler Modell TM für Unterschlagstühle (Anbauautomat)

Der GF-Spulenwechsler „TM" als Beispiel für Unterschlagstühle. Die Abb. 538 zeigt dieses Modell mit Rundmagazin. Es faßt 24 Automatenspulen von 27 bis 30 mm Ringdurchmesser. Da die Spulen alle einzeln gehalten werden, ohne sich zu berühren, kann empfindliches Schußmaterial bei diesem Automaten verwendet werden. Die Spulenlänge kann sich innerhalb der Grenzen von 170 bis

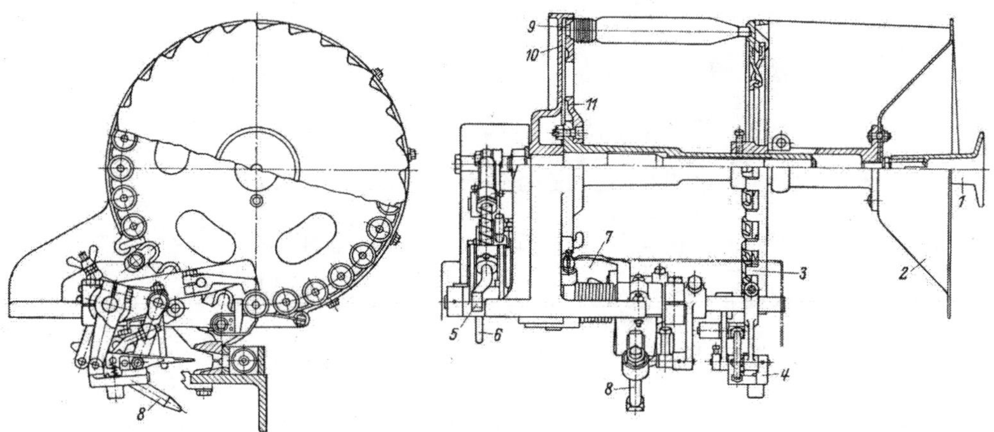

Abb. 539

1 Fadenhalter; *2* Fadenscheibe; *3* Spulenspitzenscheibe; *4* Außenschere; *5* Zugstange; *6* Schützenwärter; *7* Spulenhammer oder Einsetzhammer; *8* Stößel; *9* Volle Spule; *10* Hauptsupport; *11* Spulenkopfscheibe

240 mm bewegen. Das Trommelmagazin ist nach allen Seiten einstellbar; die Schaltung erfolgt nach Rückkehr des Hammers in die Normallage. Beim Wechselvorgang ist die Trommel gegen Drehung gesichert, und eine Sicherung verhindert den Wechsel während einer Drehbewegung zum Spuleneinlegen

Abb. 540. Ansicht auf den Schützenwächter

Die Einleitung des Wechsels wird bei diesem Automaten ebenfalls durch den Schußfühler auf die Einschaltwelle übertragen. Der Stößel *8* (Abb. 539) hebt sich und wird von der voreilenden Lade zurückgestoßen. Der Spulenhammer wird zwangsläufig gesenkt und drückt die neue Spule ein.

In der Abb. 540 ist die Ansicht auf den Schützenwächter freigelegt, indem die Verkleidung geöffnet wurde. Ist der Webschützen nicht in der zum Wechsel richtigen Stellung, so werden Stößel und Außenschere rasch und sicher aus dem Arbeitsbereich gebracht.

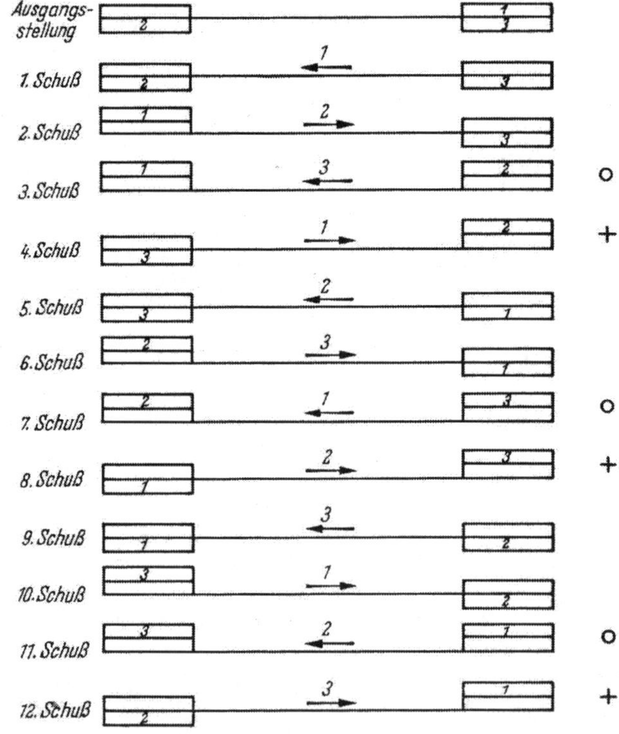

Abb. 541. Dreispuliger Rundlauf, bei ○ Abfühlen der Spule; bei + Wechselmöglichkeit

Alle Automaten sind mit Scheren ausgerüstet, die den nach dem Wechsel vom Warenrand abhängenden Faden abschneiden. Wir unterscheiden in diesem Sinne Außenschere und Breithalterschere.

Die Betätigung erfolgt durch den Wechsel und den Rhythmus der Ladenbewegung. Konstruktionen der vorbeschriebenen Art werden in ihrem prinzipiellen Aufbau von allen Webstuhlfabriken hergestellt.

1. Der Mischwechselautomat. Diese Bezeichnung ist für die Northrop-Automaten an Wollwebstühlen gewählt worden. Bei solchen Webstühlen wird bei der Verarbeitung von Unischuß immer, wie bereits bei der Besprechung der Wechselaggregate zum Ausdruck gebracht wurde, im dreispuligen Rundlauf gearbeitet. „Mischwechsel“ besagt nun, daß die drei laufenden Schützen laufend überwacht

Abb. 542. Mischwechsler von Georg Fischer an einem Tuchwebstuhl

werden. Sobald eine der drei Schützen leer läuft, dann wird in der geeigneten Stellung von Schützenkasten und Lade der Austausch mit einer vollen Spule durchgeführt.

Die Möglichkeit ist bei dreispuligem Rundlauf durchaus gegeben, weil jede Spule, bedingt durch die Eigenart des Wechselvorganges, für die Zeit von 2 Stuhlumdrehungen im Wechselkasten stehenbleibt.

Zur näheren Erläuterung sei der Schützenlauf beim Mischwechsel kurz skizziert (vgl. Abb. 541).

Nach dem zwölften Schuß ist die Ausgangsstellung wieder erreicht, und die Schützenfolge beginnt von vorn. Bei den mit einem Kreis (○) gekennzeichneten Schüssen wird jedesmal der im Kasten befindliche Schützen abgefühlt, und bei den mit einem Kreuz (+) markierten kann die Spule gewechselt werden.

Man benutzt nun die Zeit des ersten Schusses, während sich der Schützen in der oberen Kastenzelle auf der Automatenseite befindet, zum Abfühlen der Spule und die Zeit des zweiten Schusses zum Auswechseln desselben.

Die Abb. 542 zeigt eine Ausführungsart von G. Fischer. Man erkennt deutlich den zweizelligen Wechselkasten mit dem Auswurfschacht.

2. Zweifarbenautomat (Modell WMA 2 von Schönherr). Die Automatisierung in der Wollweberei nimmt durch die Rationalisierungsmaßnahmen immer größeren Raum ein. Bisher stand, wie bereits beschrieben, für die Tuchindustrie der Mischwechselautomat im Vordergrund.

Mit diesem Mischwechselautomaten konnte man etwa 15% der in der Tuchindustrie anfallenden Gewebe herstellen. Einen viel breiteren Raum nehmen in

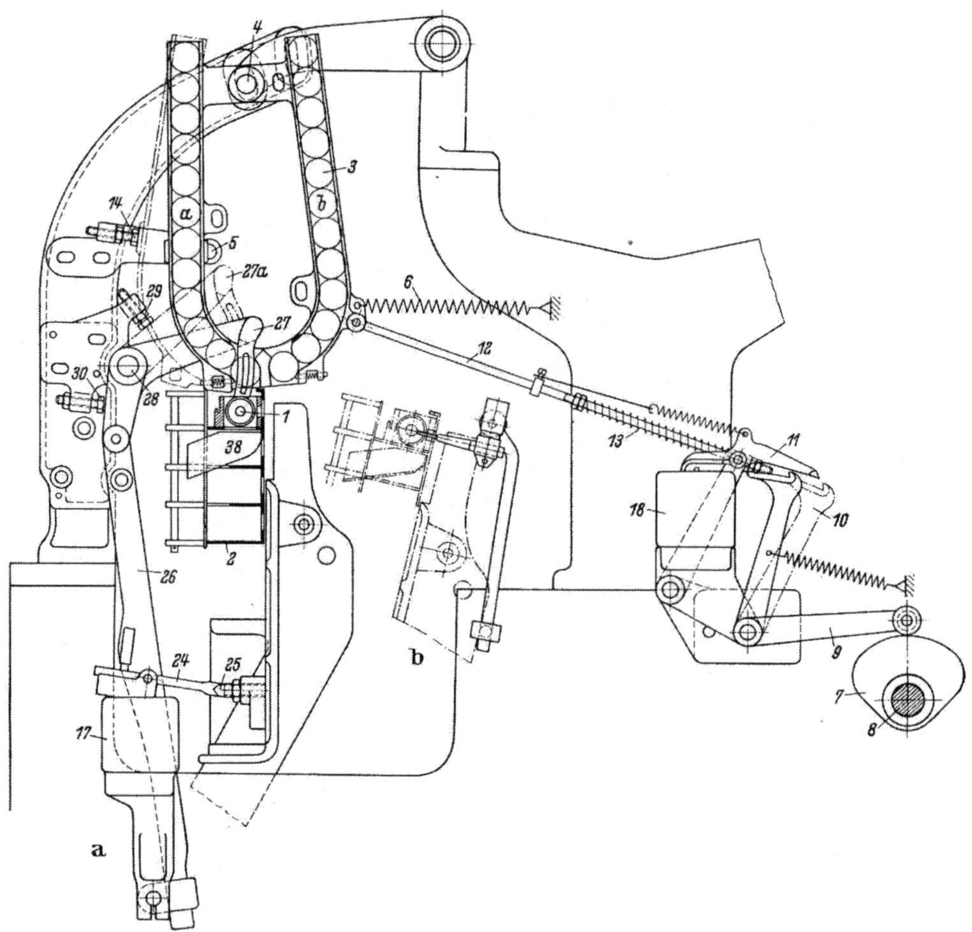

Abb. 543a u. b. Zweifarben-pic-à-pic-Webautomat Mod. WMA 2 von Schönherr
a) Seitenansicht; b) hintere Ladenstellung mit Abfühlung

der Tuchindustrie die gemusterten Gewebe ein (etwa 65%), die mit zwei Farben pic-à-pic herzustellen sind.

Da nun der Zweifarbenautomat gleichzeitig die Herstellung von Mischwechselautomat-Geweben zuläßt, ist die Möglichkeit einer etwa 80%igen Automatisierung in der Tuchindustrie gegeben.

Der Zweifarbenautomat wird hier wie folgt beschrieben:

In den Abb. 543a u. b bis 547 ist der Zweifarbenautomat in verschiedenen Teilskizzen sichtbar.

Jeder am Webvorgang beteiligte Schützen muß im Wege des Kreislaufes die für die Abfühlung und Auswechslung vorgesehene erste Kastenzelle des Automatenkastens *2* passieren. Die Abfühlung der Spule erfolgt in der hinteren Ladenstellung (Abb. 543 b). Das Auswechseln der leeren Spule gegen eine volle erfolgt bei Kontaktgabe unmittelbar in vorderster Ladenstellung unter dem Spulenmagazin ohne Stillstand.

Dieses Magazin *3* besteht aus zwei getrennten Führungen, zur Aufnahme von Schußspulen für zwei Farben. Der eine Schenkel des U-förmigen Rahmens

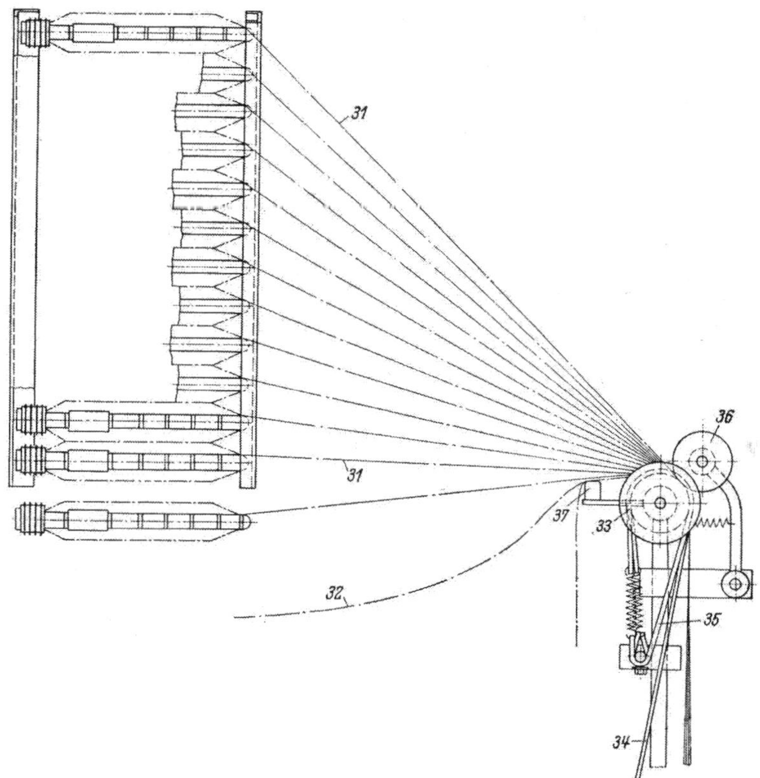

Abb. 544. Vorderansicht vom Spulenmagazinende mit Fadenspanneinrichtung

ist für die Aufnahme von Schußspulen der Farbe a und der andere Schenkel für die Aufnahme der Farbe b bestimmt. Das Magazin ist schwenkbar bei *4* gelagert und befindet sich in seiner Grundstellung im Anschlag bei *5*, gehalten durch Zugfeder *6*. Dadurch ist jederzeit Farbe a in Bereitstellung. Die Bereitstellung der Farbe b erfolgt durch Magazinschwenkung über folgende Steuereinrichtung. Mechanischerseits wird durch Exzenter *7* auf Kurbelwelle *8* Hammerhebel *9* mit Hammer *10* gesteuert. Kommt Stechernase *11* in Eingriff mit Hammer *10*, so wird durch Stoßstange *12* und Überdruckfeder *13* das Magazin frei geschwenkt bis zum begrenzenden Anschlag *14*.

Nach erfolgtem Spulenwechsel der Farbe b wird das Magazin wieder in die Grundstellung vermittels Hammer *10* und Zugfeder *6* zurückgeführt.

Als Voraussetzung, um wahlweise mit Farbe a oder b arbeiten zu können, sind die Schützen mit zwei verschiedenen Durchbrüchen für die dreifachen Fühler versehen. Für den Spulenwechsel der Farbe a kommt jederzeit ein Schützen *15 mit Fühlerschlitz* in Frage. Für den Spulenwechsel der Farbe b wird jederzeit ein Schützen *16 mit zwei Fühlerbohrungen* benötigt (vgl. Abb. 547).

Ist Farbe a im Schützen (mit Fühlerschlitz) abgelaufen, so lösen die beiden inneren Fühler *19* und *20* auf der freien Kontakthülse durch die dadurch zustande kommende Stromkreisschließung den ersten Stoßmagnet *17* aus. Hierdurch werden alle Funktionen eingeleitet, die beim Spulenwechsel der Farbe a erforderlich sind.

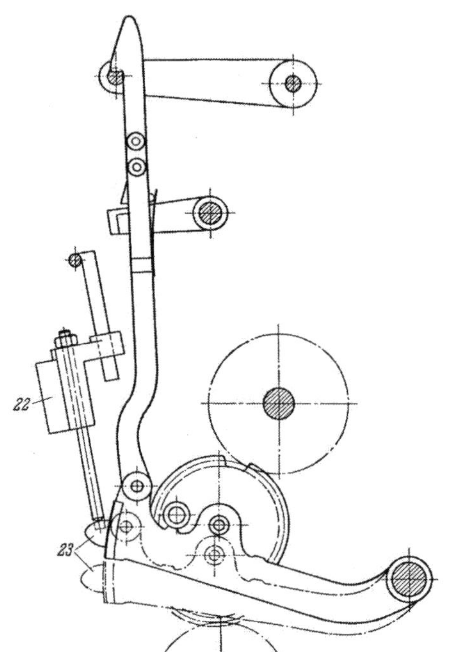

Abb. 545. Kontakteinrichtung für Fühler, durch Wechselhebel gesteuert

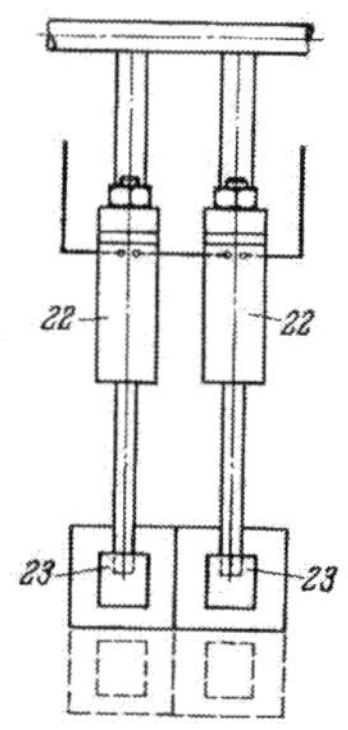

Abb. 546. Seitenansicht der Kontakteinrichtung

Ist Farbe b im Schützen *16* (mit zwei Fühlerbohrungen) abgelaufen, so wirken von drei Fühlern *19* bis *21* die beiden äußeren *19* und *21* auf die Kontakthülse

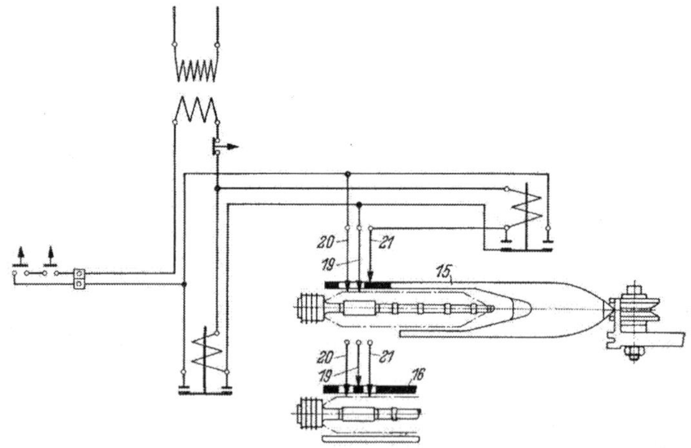

Abb. 547. Schaltschema für Fühleinrichtung zur Betätigung der Stoßmagnete

einleitend, während der mittlere Fühler *20* durch den Steg im Schützen zurückgehalten wird. Das hat zur Folge, daß nunmehr der Stromkreis geschlossen wird, der zum zweiten Stoßmagnet *18* führt und die Stechernase *11*, wie vor beschrieben, betätigt. Der zweite Stoßmagnet *18* löst zwangsläufig den Stromkreis für den ersten Stoßmagnet *17* aus, wodurch die Spulenwechselfunktion für die Farbe b eingeleitet wird.

Diese zwangsweise Steuerung von Stoßmagnet 18 und im Nachgang Stoßmagnet 17 schließt das Einschlagen einer falschen Farbe aus.

Da jeder arbeitende Schützen in der Abtast- und Wechselzelle *1* über zwei Touren in dieser ersten Zelle verbleibt, erfolgt folgerichtig auch eine zweimalige Abfühlung. Es bedarf aber nur bei der ersten Tour eine Abfühlung erfolgen, um, wie zuvor bereits erläutert, die Spulenauswechslung beim Vorgehen der Lade vorzunehmen.

Bei der zweiten Tour muß der Stromkreis im Fühler *19* bis *21* unterbrochen sein. Diese Vorkehrung ist notwendig, weil bei der zweiten Tour der vorgehenden Lade der Schützenkasten tief geht und der ausgelöste Spulenhammer eine volle Spule ins Leere schlagen würde.

Die Stromzuführung in die Fühler *19* bis *21* erfolgt durch die beiden Endschalter *22*, welche über den beiden Radhebeln *23*, die die vierte Zelle zur Ladenbahn bringen, angeordnet sind, zur richtigen Zeit. Da die Einleitung des Wechsels früher liegt, wird beim Hochgehen beider Radhebel *23*, welche die erforderliche Kastenstellung bedingen, der Fühler periodisch unter Strom gesetzt. Beim zweiten Mal Fühlen des gleichen Schützens ist der Radhebel (einer oder beide) je nach erforderlicher Kastenstellung durch den Vorlauf des Wechsels bereits tief gegangen und unterbricht rechtzeitig den Fühlerstrom.

Hierdurch erübrigen sich jegliche Sondereinrichtungen und zusätzliche Steuerelemente.

Die Spulenhammerbewegung wird eingeleitet durch ersten Stoßmagnet *17* über Stecher *24*, Stechernase *25* und Stecherbefestigungsnase *26*. Der Spulenhammer *27*, drehbar im Punkt *28* gelagert, ist in seiner Normalstellung *27a* durch oberen Anschlag *29* begrenzt. Der Spulenhammer *27a* gelangt beim Spuleneinschlag bis zum unteren Anschlag *30*, dabei wird die jeweils vor dem Hammer liegende Farbe a oder b in den Schützen eingeschlagen und die leere Spule in bekannter Weise wie beim Mischwechselautomaten durch die Ausstoßzelle *38* nach außen geführt.

Die Straffhaltung der Fadenenden *31*, gemäß Abb. 544, der im Magazin befindlichen Spulen und Herausführung abgeschnittener Fadenreste *32* neu eingeschlagener Spulen Farbe a und b wird wie folgt durchgeführt.

Eine abgestufte Holzwalze *33* wird durch einen Schaltriemen *34* und Sperrriemen *35* durch Ausnutzung der Ladenbewegung in langsam rotierende Bewegung versetzt. Eine federnd angeordnete Gegenwalze *36* aus Weichgummi bewirkt die gleichmäßige Straffhaltung der im Fadenrechen *37* verteilten Spulenfäden *31* und den Abzug der losen Fadenenden *32*.

Die bei diesem Zweifarbenautomaten verwendeten Fadenhalte- und Abschneidevorrichtungen in Form von schwingender Seitenschere mit Fadenklemme und Breithalterschere (nicht gezeichnet) sind die gleichen wie am Mischwechselautomaten und dadurch hinreichend bekannt.

3. Vierfarben-Spulenwechsler. Die modernen Vierfarben-Spulenwechsler sind durch folgende Konstruktionen gekennzeichnet:

1. Vierfarbenwechsler von Rüti mit senkrechtem Schachtmagazin.
2. PM-Magazin von Rüti für vier Farben mit Spitzenwicklung.
3. Vierfarbenwechsler von Saurer mit Rundmagazin.

4. Vierfarbenwechsler von Saurer mit senkrechtem Magazin und formschlüssiger Spulenführung.
5. Vierfarbenwechsler von Zangs.
6. Vierfarbenwechsler von Schwabe mit elektrischer Steuerung.

Die Vierfarben-Spulenwechselautomaten sind mit einem einseitigen vierzelligen Wechselkasten ausgerüstet. Mit solchen Automaten kann also eine paarige Schußmusterung in vier Farben ausgeführt werden. Der Automat befindet sich auf der anderen Webstuhlseite, auf der nur ein Automatenkasten zur Ladenbahn steht. Ordnet man jedem der vier Kästen auf der Wechselkastenseite eine bestimmte, dem Muster entsprechende Farbe zu, so kann die Wechsel-

Abb. 548. Vierfarben-Spulenwechselautomat von Rüti

folge, der Hub des Kastens, als Steuerung für die Farbauswahl dienen. Die konstruktive Schwierigkeit besteht lediglich darin, dafür zu sorgen, daß die durch die Schußmusterung bedingte Farbauswahl nicht auch zum zwangsläufigen automatischen Wechsel führt. Der Automat soll nur die Spulen auswechseln, die auch tatsächlich leergelaufen sind. Dies setzt voraus, daß unter Berücksichtigung des Schußmusters ein Spulenwechsel nicht unmittelbar erfolgen muß, wenn seitens des Schußfühlers eine Anzeige für leergelaufene Schützen erfolgt. In der Zwischenzeit kann ja ein Kastenwechsel erfolgt sein. Der Leerlauf der Spule muß also vorgemerkt werden, und der Wechsel muß erfolgen, sobald die leergelaufene Spule wieder zur Automatenseite geschlagen wird.

Wie aus der späteren Betrachtung ersichtlich ist, findet der automatische Wechsel nach den gleichen Prinzipien statt, wie dies auch schon beim Northrop-Wechsel beschrieben wurde.

1. Vierfarben-Spulenwechsler von Rüti. Die Merkmale des Webstuhles von Rüti, dessen Automat in der Folge besprochen werden soll, sind:

Oberbaulose Konstruktion, automatische Kettspannungs- und Nachlaßvorrichtung, regulierbare Streichwalze, Stillstand des Webstuhles nach Kettfadenbruch in der Geschlossenfachstellung, Einstellung jeder beliebigen Ladenstellung durch den Anlaßhebel.

Die Gesamtansicht des Webstuhles wird durch die Abb. 548 dargestellt. Es handelt sich um einen breiten, oberbaulosen Wechsel mit großem Spulenmagazin

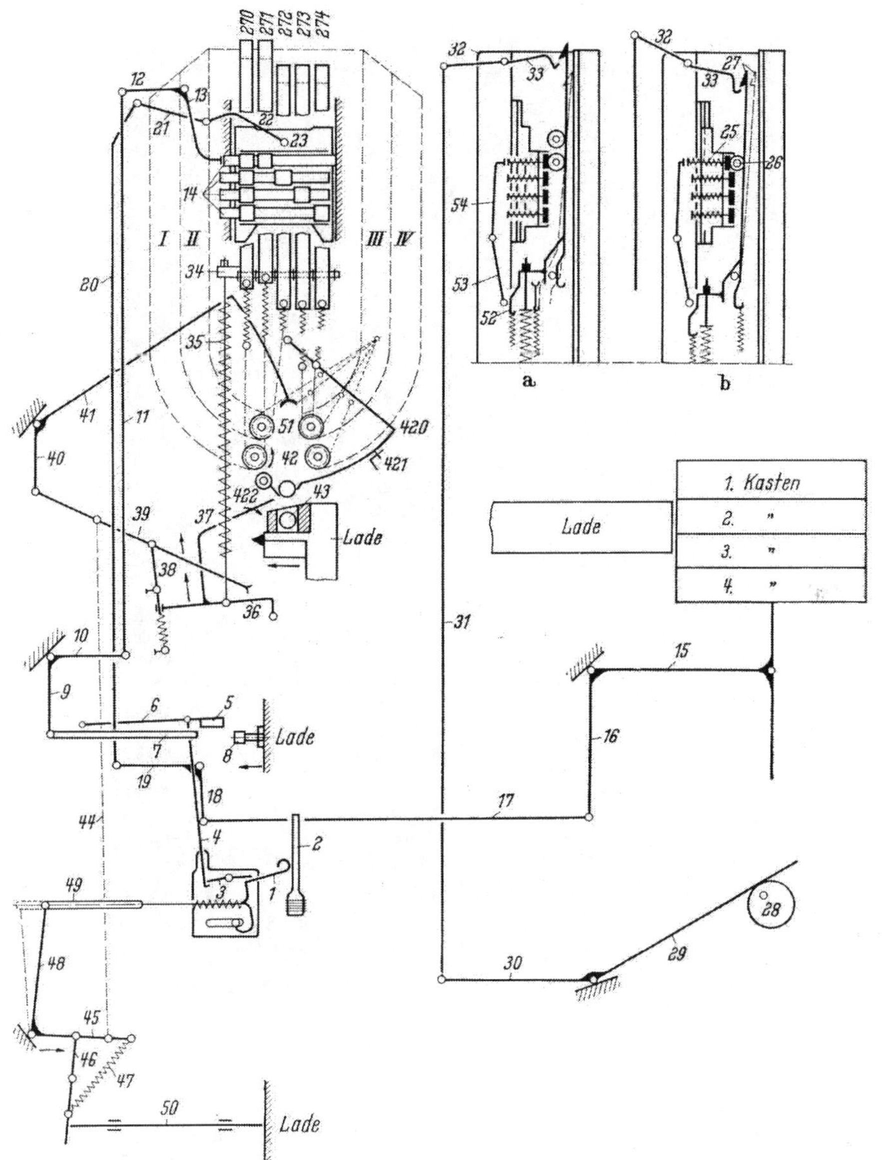

Abb. 549a u. b. Schema der Steuerung des Automaten der Abb. 548

für getrenntes Einlegen der Spulen mit verschiedenfarbigem Schuß. Die in der Abbildung erkenntliche Schaftmaschine ist nach dem Grundprinzip von Hattersley gebaut und bietet die bekannte große Musterungsmöglichkeit.

Schema der Steuerung des Vierfarben-Spulenwechselautomaten. In der Abb. 549 sind alle Schalt- und Steuermechanismen zusammengefaßt dargestellt. Man erkennt so das Zusammenwirken aller Einzelteile, die an der Wirkung des Automaten Anteil haben. Dieses Zusammenspiel soll der späteren Erörterung der Einzelteile vorweggenommen werden.

Das *Schußfühlergehäuse* ist an der dem Hubkasten gegenüberliegenden Seite angeordnet. Der Rüti-Automat arbeitet mit einem mechanischen Fühler. Sobald die Schußspule leergelaufen ist, gleitet der mit einer Spirale umwundene Fühler *1*

Abb. 550. Antrieb des Farbenwählers

auf dem glatten konischen Teil der Hülse ab. Durch diesen Vorgang wird die gesamte Automatik ausgelöst. Durch Vermittlung der Stängchen *3*, *4* wird das Zwischenstück *5* am Hebel *6* zwischen die Stellschraube *8* und dem Auslöser *7* eingestellt. Die sich in Pfeilrichtung bewegende Lade stößt nun mit Hilfe von *5* gegen den Auslöser *7*. Diese Bewegung wird durch das Gestänge *9*, *10*, *11*, *12*, *13* auf eine der vier Tasten *14* des Farbwählers *23* so übertragen, daß eine der vier Tasten *14* nach Art der Abb. 549 einwärts gedrückt wird. Jede der vier Tasten vermittelt die Bereitschaft des Automaten für einen bestimmten Magazinschacht, d. h. für eine bestimmte Farbe. Welche der vier Farben ausgewählt wird, bestimmt der auf der gegenüberliegenden Seite befindliche vierzellige Wechselkasten. Jede Farbe wird einem bestimmten Kasten zugeteilt. Die Bewegung des Kastens wird vom Wechselgetriebe in der üblichen Weise eingeleitet und gleichzeitig über das Gestänge *15, 16, 17, 18, 19, 20, 21, 22* auf den Farbwähler *23/25* übertragen (vgl. Abb. 550), der sich dann entsprechend der Bewegung des Kastens in einer Gleitführung auf- und abwärts bewegt. Es kommt also immer die der jeweiligen Farbe entsprechende Taste *14* vor dem Drücker *13* zu liegen. Wird nun eine der Tasten *14* in der beschriebenen Weise einwärts gedrückt, dann wird den Rollen *26* der Platinen *27* (Bild b) die Möglichkeit einer seitlichen Bewegung gegeben. Die Platinennasen kommen in den Bereich des Messerhebels *33*, der seine schwingende Bewegung von einem Exzenter auf der Schlagexzenterwelle über ein Gestänge *29, 30, 31, 32* erhält. Der Druck einer Taste *14* hat zur Folge, daß in der beschriebenen Weise immer die Platine *270* und eine der Platinen *271* bis *274* durch den Messerhebel *33* angehoben wird. Durch die Platine *270* wird der Wechsel nach der Art des Northrop-Prinzips eingeleitet, während die Bewegung einer der Platinen *271* bis *274* eine Drehung des Löffels *51* zur Folge hat. Die Drehung des Löffels gibt eine Spule *42* des betreffenden Magazins frei, die dann nach der Art der Abbildung in Bereitschaft liegt, um durch den Hammer *41* in den Schützen geschlagen zu werden. Die Bewegung der Platine *270* überträgt sich über *34, 35* (*35* mit einer Sicherungsfeder gegen Bruch) auf *36*. Die Bewegung von *36* aufwärts hat einmal zur Folge, daß sich der Protektor in Pfeilrichtung bewegt und die richtige Stellung des Schützens kontrolliert; gleichzeitig aber wird auch über *38* die Stoßstange *39* in den Bereich des Stechers an der Lade gebracht. Die Bewegung der Lade in Pfeilrichtung vermittelt über *39, 40* die Bewegung von *41*. Die Taste *14* des Farbwählers wird nach Beendigung des Wechsels wieder in die Ausgangsstellung zurückgebracht, indem das Formstück am Fuße der Platinen durch Vermittlung der Rolle den Hebel *53, 54* betätigt und die Taste wieder in Normalstellung bringt (vgl. Bild a).

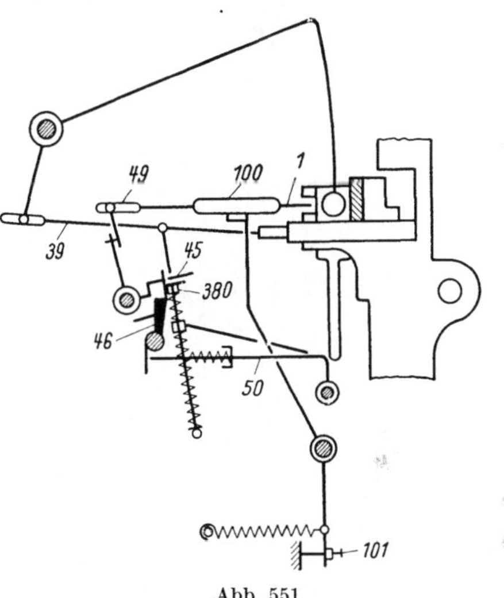

Abb. 551

In dem Augenblick, wo die Spule *42* durch den Hammer *41* in den Schützen *43* beim automatischen Wechsel eingeschlagen wird, muß der Spulenfühler *1* mit seinem ganzen Gehäuse zurückgezogen werden, damit die einschlagende Spule diesen nicht beschädigt. Dieses Zurückziehen wird durch die Bewegung der Stoßstange *39* eingeleitet, indem das Spulenfühlergehäuse über *44, 45, 48, 49* in die gestrichelt gezeichnete Lage zurückgezogen wird. Unter der Wirkung der Feder *47* setzt sich dann *46* unter einen Nocken auf *45* und hält den Spulenfühler in dieser Lage fest, bis die vorkommende Lade durch den Anstoß gegen *50* die Verbindung *46/45* löst (Pfeilrichtung) (vgl. Abb. 551).

Die Einzelaggregate des Vierfarben-Spulenwechslers. Durch die vorangegangene Darstellung des Steuerschemas sollte das Zusammenwirken der Einzelteile erkannt werden. In der folgenden Darstellung sollen diese Einzelteile gesondert betrachtet werden. Dies soll insbesondere deswegen geschehen, weil die Steuer- und Schaltskizze überhaupt keine Beziehung zur räumlichen Gestaltung weder zur Form noch zur Lage hat (vgl. a. Abb. 552).

Der Spulenfühler. Die Einordnung und die Wirkungsweise des Spulenfühlers, der bei den Rüti-Automaten als Abgleitfühler arbeitet, ist in der Abb. 549 anschaulich dargestellt.

Die Regulierung des Abgleitfühlers in seiner vordersten Stellung wird durch die Stellschraube *101* mit einem leeren Schützen vorgenommen. Die Distanz von der Fühlernadel bis zur inneren hinteren Kante des Schützens soll 2 mm betragen

Abb. 552. Vorderansicht des Automaten mit Schere

(vgl. Abb. 553). Durch die Abgleitwirkung der Fühlernadel *1* wird durch den Steller *4* das Zwischenstück *5* (Abb. 549) vor den Hebel *7* gedrückt, und die Stellschraube *8* stößt Hebel *7* nach hinten, und der Spulenwechsel ist somit eingeleitet.

Der Fühlerkasten *100* wird so fixiert, daß die Nadel *1* genau auf die Mitte der Spule *42* zeigt. In vorderster Stellung soll die Nadel *1* bis auf 2 mm an die Hinterwand des Schützens *43* reichen und seitlich etwa 7 mm Abstand vom Fühlerschlitz im Schützen haben. Winkelhebel *13* wird durch eine Mutter *110* nahe an die Tasten des Farbwählers *23* gestellt. Dadurch kann die Schraube *8* verkürzt werden, und der Fühler hat dann mehr Zeit, die Flachfeder *6* beiseite zu drücken. Bei Spulenwechsel wird durch die Bewegung des Stechers *39* der Kreuzkopf *440* nach oben gezogen. Dadurch wird die Fühlernadel *1* über Rückzugdraht *49* und Winkelhebel *48* zurückgezogen und der Weg für die neue Spule freigegeben. Hebel *46* hält den Winkelhebel *48* in der Rückzugstellung fest, bis die Kurbel eine ganze Umdrehung gemacht hat. Eine eventuell vom Magazin herunterfallende Spule würde also nicht durch die Nadel *1* behindert. Die Schlagstockführung *430* bringt mit Hilfe der Stange *50* die Hebel *46* und *48* wieder in Normalstellung. Kreuzkopf *440* soll in Normalstellung nicht auf Stoßer *50* aufliegen. Der Rückzug des Fühlers erfolgt bei der Hebung des Stechers *39* durch einen Anschlag *380*, der auf den Winkelhebel *45* wirkt. In der obersten Stellung des Stechers *39* ist die Fühlernadel *1* ganz vom Schützen zurückgezogen. Der Untersteller *46* hat Hebel *45* arretiert. Die Fühlernadel *1* soll so weit zurückgezogen werden, daß die Fühlernadel *1* im Gehäuse *100* noch 3–4 mm Spiel bis zum Anschlag der hintersten Stellung hat.

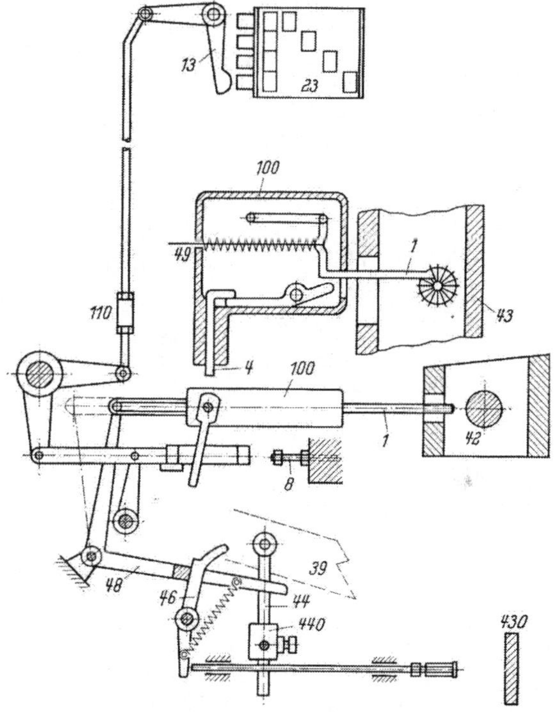

Abb. 553. Spulenfühler mit Übertragung zum Farbenwähler

Es ist sehr wichtig, zu kontrollieren, ob beim nächsten Ladenanschlag und in der vordersten Ladenstellung der Anschlag *430* den Auslöser *50* genügend zurückstößt, um den Hebel *45* auszulösen.

Es ist darauf zu achten, daß bei nicht erfolgtem Spulenwechsel durch den Wächter die Fühlernadel *1* so lange zurückgezogen bleibt, bis die volle Spule in die Spulenkiste gefallen ist und ja nicht durch die Fühlernadel im Fall behindert wird. Dies wird durch zeitliche Einstellung des Exzenters auf der Schlagexzenterwelle erreicht.

Feststehendes Vierfarben-Spulenmagazin (vgl. Abb. 552). Beim festen vertikalen Spulenmagazin müssen die Spulen immer mit gleichem Durchmesser zylindrisch bewickelt sein. Dieser Durchmesser entspricht dem Ringdurchmesser. Eine schwache Toleranz von minus 0,5 mm ist immer empfehlenswert, während schon eine gleiche Plus-Toleranz das einwandfreie Arbeiten der Spulenlöffel beeinträchtigen kann. Auch würde die Spulenklappe *422* eine an der Spitze zu dünne Spule schlecht zurückhalten und würde sie in einer Lage lassen, in welcher die Lade in ihrer Vorwärtsbewegung die Spule mitreißen würde.

Die *Einstellung* erfolgt durch die Schraube *421* (Abb. 549) der beweglichen Spulenklappe *420*. Nachher soll bei geöffneter Spulenklappe *422* kontrolliert werden, ob eine dickere Spule noch frei passieren kann, für den Fall, wo die Spulenauswechslung nicht stattgefunden hatte.

Bei einer Spule mit zulässigem Bewicklungsdurchmesser soll die Einstellung der Öffnung zwischen Spulenklappe *422* und der hinteren Spulenklappe *420* so reguliert sein, daß die Spule gut im Sack liegt und der Spulenwirtelkopf auf der hinteren Magazinseite zur Hälfte sichtbar ist, d. h., die volle zur Auswechslung vorgesehene Schußspule darf höchstens 2—3 mm über der vorderen Schützenwand liegen.

Der Löffel *51* ist in seiner Ruhestellung so weit geöffnet, daß der Spulenwirtel 1—2 mm Spielraum hat.

Die Bewegung des Messers *33* wird derart reguliert, daß es in seiner unteren Stellung etwa 2—3 mm unter dem Kopf des Hakers *27* zu liegen kommt. Diese Stellung wird durch die Zugstange *31* reguliert. Das Exzenter *28* bestimmt den Hub des Messers *33*. Es ist auf der Schlagexzenterwelle befestigt, und seine Einstellung erfolgt, wenn der Wechsel des Schützenkastens beendigt ist. In dieser Stellung soll Messer *33* den Haken *27* berühren.

Die richtige Höhenstellung des Tasterkastens *23*, die mit der betreffenden Kastenstellung übereinstimmen

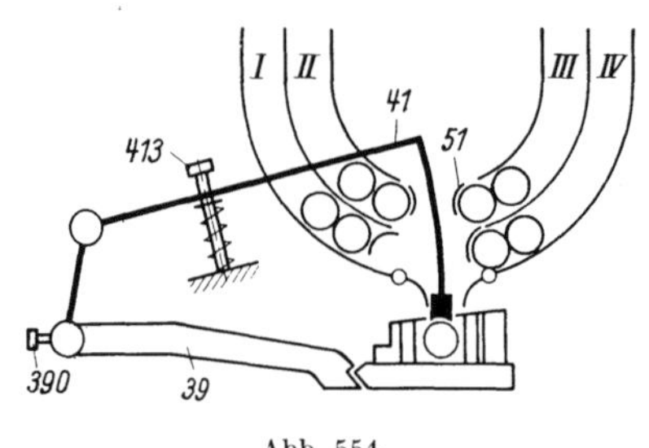

Abb. 554

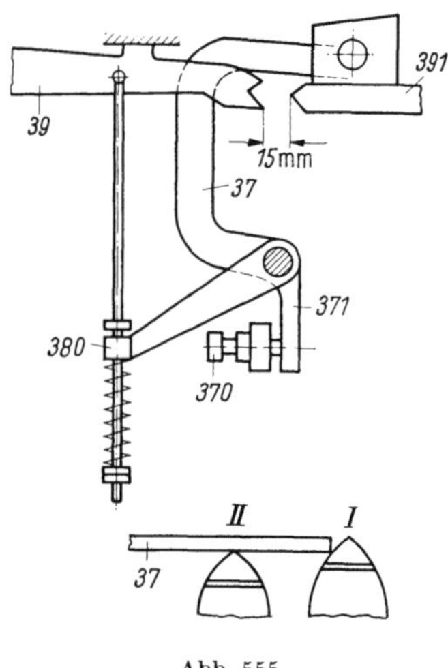

Abb. 555

muß, wird durch Einstellung des Hubes am Hebel *21* (durch Langloch) in Verbindung mit der Stange *20* erreicht.

Die Bewegung des Hebels *13* wird durch die Schraube *8* bestimmt. Die Länge dieser Schraube soll derart reguliert werden, daß in der vordersten Ladenstellung der Hebel *13* die entsprechende Taste sicher und spielend auskuppelt. Der Haken *270* (Abb. 549) betätigt den Spulenwechsel. Die mit diesem in Verbindung stehenden Organe werden wie folgt reguliert: Der Protektor *37* wird von Hand bis zum Anschlag in die hinterste Stellung gedrückt, dann wird der Stellring auf Zugstange *35* bis zum Anschlag an das Rohr gebracht. Nachher wird die Schraubenmutter auf Zugstange *35* leicht gelöst, so daß zwischen dem Nocken am Haken *270* und der Schraubenmutter von Zugstange *35* ein Spielraum von 0,5 mm ist. Wenn Haken *270* gezogen ist, stellt man die Zugstange *38* ein, und zwar so, daß der Stecher *39* fest am Spulenmagazinträger anliegt.

Bei der Einstellung des Hammers geht man folgendermaßen vor: Zuerst wird der Schützenkasten rechts eingestellt. Zwischen eintretenden Schützen und Kastenvorderwand müssen 1—2 mm Zwischenraum sein. Die Spitze des ganz eingetretenen Schützens soll genau auf Mitte Schlitz in der Kastenplatte zeigen.

Zwischen Spulenkopf und Hammer soll in der vordersten Ladenstellung ein Spielraum von 1,5—2 mm sein (Regulierung erfolgt mit Schraube *390*, Abb. 554). Zwischen Spule und Hammer soll noch ein Spielraum von 1 mm bleiben, wenn man den Hammer *41* von Hand nach unten drückt.

Um den Protektor einzustellen, wird die Lade nach vorn gedreht (vgl. Abb. 555), bis zwischen der Schneide des Ladenstoßers *391* und der oberen Schneide des Stoßers *39* 15 mm Zwischenraum verbleiben. Stecher *39* soll dabei am Träger (Schraffur) anliegen.

Der Wächter *37* wird nun mittels Muttern *370* so weit gegen die Lade hin verstellt, bis er die Schützenspitze berührt (s. Abb. 555). Die Schraube *370* soll dann die Klappe *371* berühren.

Wenn die Schützenspitze den Wächter *37* streift (s. Abb. 555 II), darf noch ein Spulenwechsel stattfinden; es sollen aber drei Ringe in der Klemmfeder halten.

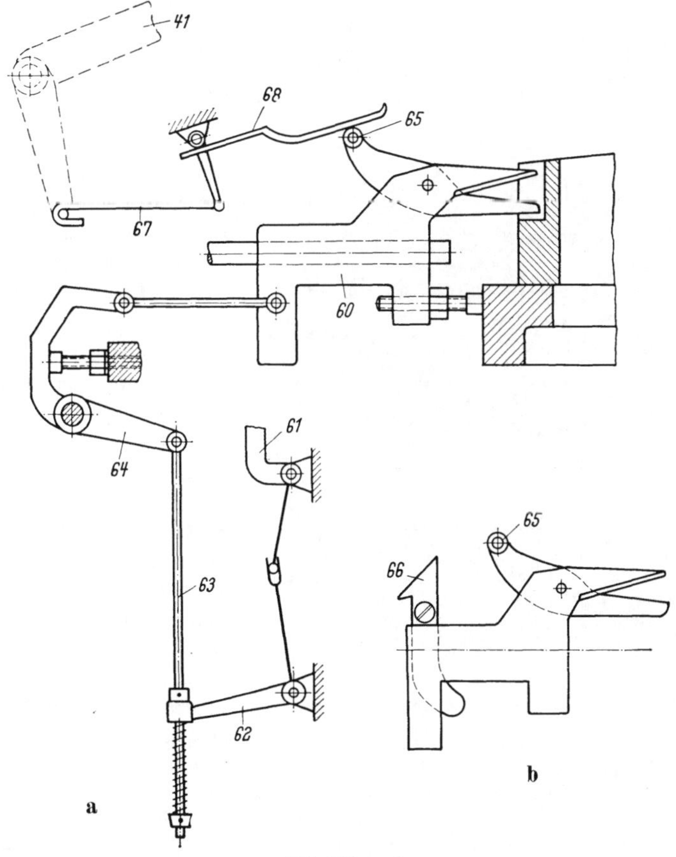

Abb. 556a u. b

Nötigenfalls ist *37* etwas nach rechts zu richten. Der Wächter *37* soll, wenn er in seiner hinteren Ruhestellung anliegt und die Lade in der vordersten Stellung ist, noch 2—3 mm Spielraum zwischen der Schützenvorderwand eines nicht ganz im Schützenkasten sitzenden Schützens haben.

Die Schneidevorrichtung. Der Faden der auszuwechselnden Spule muß beim Wechsel durch eine Vorrichtung abgetrennt werden. Das Scherengleitstück *60* (Abb. 556a) wird durch Winkelhebel *61* über *62*, *63*, *64* so nach vorn gebracht, daß die Schere in die Aussparung des Schützens reicht. Beim Vorgehen von *60* wird Rolle *65* durch *66* ortsfest nach oben bewegt und die Schere somit geöffnet (vgl. Abb. 556b).

Beim Niedergehen des Hammers *41* wird über *67*, *68*, *65* die Schere geschlossen und der Faden abgeschnitten. Beim Rückwärtsgang von *61* wird die Schere in ihre Ausgangsstellung zurückgeführt.

2. Vierfarben-PM-Magazin. In sehr interessanter Weise hat die Methodik der Spitzenwicklung (vgl. S. 419) die Konstruktion der Vierfarbenautomaten beeinflußt. Man erkennt aus der Abb. 557 das neue Vierfarbenmagazin am Rütiwebstuhl und sieht sehr deutlich, daß die Magazinenschächte nach vorn offen sind. Hieraus ergibt sich ein wesentlicher Vorteil bezüglich der Bedienung. Die Arbeiterin kann die Magazinenschächte einfach dadurch füllen, daß die Spulen von vorn in den Schacht eingesteckt werden; man braucht sie nicht mehr, wie früher üblich, von oben einzulegen. Eine Sperre sorgt dafür, daß die eingesteckte Spule nicht wieder aus dem Schacht nach vorne heraus kann. Die Arbeiterin braucht auch nicht mehr wie bisher das Fadenende der Spule zu suchen und von der Spule abzuziehen, sondern es werden Spulen mit Spitzenwicklung verwendet.

Abb. 557. Vierfarben-PM-Magazin von Rüti

Die Steuerung der Automatik des Vierfarbenautomaten unterscheidet sich nur unwesentlich von der Steuerung des besprochenen Rüti-Vierfarbenautomaten. Wesentlich ist bei dieser Konstruktion als Neuerung, daß die vorn im Bild erkenntliche Vakuumanlage auf einen Saugadapter arbeitet, dessen Aufgabe es ist, die Spitzenwicklung im Augenblick des Wechselns abzusaugen, außerdem arbeitet diese Vakuumanlage auf die Außenschere.

Die Konstruktion des hier beschriebenen Vierfarbenmagazines hat bezüglich der Wirtschaftlichkeit in der Beschickung zwei wesentliche Vorteile:

1. Die Spulen können ohne Schwierigkeit, so wie man sie aus dem Kasten entnimmt, in das Magazin eingeschoben werden.

2. Die Arbeiterin braucht nicht das Fadenende zu suchen und in der bekannten Weise abzuziehen. Diese Arbeit übernimmt der Adapter durch seine Saugwirkung, unterstützt durch die Spitzenwicklung.

3. Vierfarben-Spulenwechsler von Saurer. Die Merkmale des Webstuhles Type 100 W, dessen Vierfarbenautomat in der Folge besprochen werden soll, sind: oberbaulose Konstruktion, automatische Kettspannungs- und Nachlaßvorrichtung, regulierbare Streichwalze, Stillstand des Webstuhles nach Kettfadenbruch in der Geschlossenfachstellung, Einstellung jeder beliebigen Ladenstellung durch den Anlaßhebel.

Die Gesamtansicht des Webstuhles wird in der Abb. 558 dargestellt. Es handelt sich um einen oberbaulosen Webstuhl. Die Stuhlung besteht aus zwei doppelwandigen, kastenförmigen Seitenständern, welche durch zwei Hohltraversen miteinander verbunden sind. Infolge der geringen Bauhöhe der Ständer ist die Kette seitlich frei zugänglich, und der Schwerpunkt des Webstuhles ist nach unten verlegt. Durch diese Anordnung weist das Gestell des Webstuhles eine außerordentliche Stabilität auf. Der Antriebsmotor ist auf einem angebauten Träger befestigt, wobei die Kraftübertragung vom Motor zur Webstuhlantriebsscheibe mittels zwei Gummikeilriemen erfolgt. Dadurch ist ein weicher, geräuschloser Gang der Antriebsorgane gewährleistet. Die verstellbare Keilriemenscheibe des Motors erlaubt eine leichte Einstellung der optimalen Tourenzahl für den zu webenden Artikel.

Der Rücklauf ist so eingerichtet, daß das früher notwendige Drehen des Handrades durch den Weber wegfällt, weil der Webstuhl durch Betätigung der

Abb. 558a. Ansicht des Webstuhls

Abb. 558a u. b. Vierfarben-Spulenwechsler mit Rundmagazin am Saurer-Webstuhl Type 100 W

Steuerorgane vom Motor aus leicht vorwärts und rückwärts gedreht werden kann. Der Weber vermag somit leicht die Lade in die gewünschte Stellung zu drehen.

Der Antrieb erfolgt zum Unterschied der bekannten Konstruktionsweise nicht durch eine einteilige gekröpfte Kurbelwelle, sondern durch eine durch die hintere Hohltraverse gehende ungekröpfte glatte Welle. Diese Hauptwelle läuft dreimal schneller als die Ladenantriebskurbeln und ergibt mit Hilfe entsprechend dimensionierter Schwungmassen einen regelmäßigen Gang des Webstuhles.

Die schnellaufende Welle treibt mittels je zweier Zahnritzel die beidseitig in den Schilden unabhängig voneinander gelagerten, als Doppelstirnräder abgebildeten Ladenantriebskurbeln an. Dadurch erhält die Lade eine präzise Führung. Durch Auswechseln der Kurbeln kann der Ladenhub verändert werden.

Der Warenregulator arbeitet positiv. Er ist zum Schalten feiner und schwerer Gewebe in gleicher Weise geeignet. Jede benötigte Schußzahl kann durch einfaches Verstellen einer graduierten Einstellschraube eingestellt werden.

Der Dämmapparat arbeite ohne Gewichte und Bremsen vollständig automatisch und bewirkt eine stets gleichbleibende Kettspannung vom vollen bis zum leeren Baum und ein gleichmäßiges Abrollen der Kette. Diese Dämmvorrichtung ist in gleicher Weise für feine und schwere Gewebe geeignet. Zum Weben dicht geschlagener Stoffe wird ein zweiter Streichbaum angebracht und die Dämmvorrichtung, wenn notwendig, mit einem Bremsmechanismus zur Blockierung des Kettbaumes für den Augenblick des Ladenanschlages vervollständigt.

Als Schaftmaschinen verwendet die Firma Saurer eine eigene Konstruktionstype, die als Offenfachschaftsmaschine arbeitet. Auf die Einzelheiten dieser Konstruktion kann im Rahmen dieser Abhandlung nicht eingegangen werden.

Schema der Steuerung des Vierfarben-Spulenautomaten. In der Abb. 558b sind alle Schalt- und Steuermechanismen zusammengefaßt dargestellt. Man erkennt so das Zusammenwirken aller Einzelteile, die an der Wirkung des Automaten

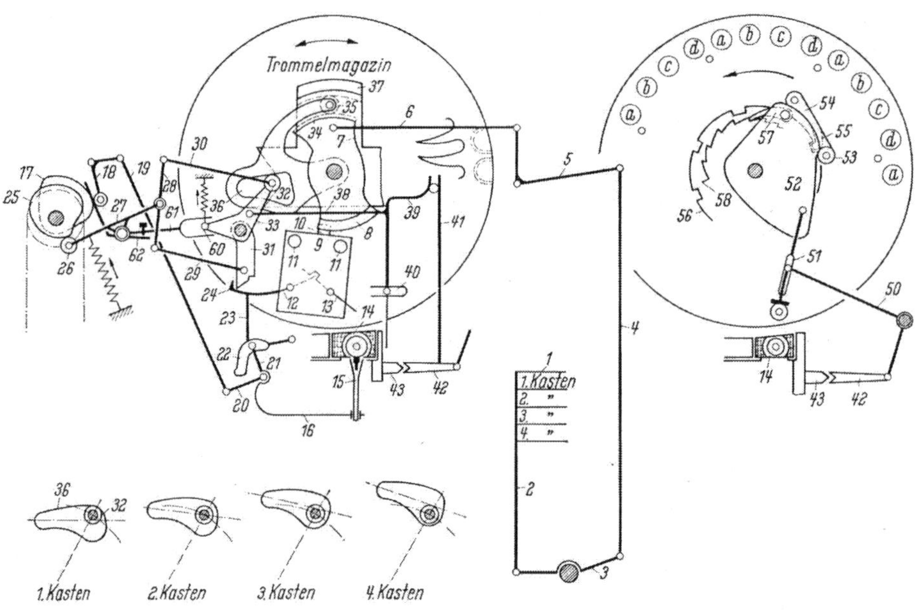

Abb. 558 b. Schema der Steuerung

Anteil haben. Dieses Zusammenspiel soll der späteren Erörterung der Einzelteile vorweggenommen werden.

Der Schußfühler ist an der dem Hubkasten gegenüberliegenden Seite angeordnet. Es wird mit einem mechanischen Fühler gearbeitet. Kurz nach dem Einlaufen des Schützens in den Kasten wird die Spule *14* durch den Spulenführer *15* abgetastet, indem dieser von unten gegen die Spule gedrückt wird. Diese Bewegung wird durch ein Exzenter *17* eingeleitet, das seinen Antrieb durch Kette von der Schlagexzenterwelle aus erhält. Der durch das Exzenter erzeugte Hub wird durch das Gestänge *18*, *19*, *20* und mit Hilfe von *16* auf den Spulenfühler *15* übertragen. *16* ist mit *21* als Winkelhebel ausgebildet, während *20* mit den beiden Hebeln *16* und *21* elastisch mit einer Feder unter Spannung verbunden ist. Solange die volle Spule abgetastet wird, wird der gesamte durch das Exzenter über *18*, *19*, *20* übertragene Hub durch die im Gelenk befindliche Feder abgefangen. Trifft aber der Fühler *15* auf eine leere Spule, dann gleitet er längs der Hülse ab, und *16* sowie *21* folgen somit der Bewegung. Der Bolzen im Kurvenstück *22* beschreibt einen Kreisbogen, durch den *22* selbst sowie *23* angehoben wird. Hierdurch wird eine der vier Platinen *24* gehoben. Damit ist der automatische Spulenwechsel eingeleitet. Um die Eigenart der Wirkungsweise der Farbenauswahl zu kennzeichnen, muß vorausgeschickt werden, daß dieser Saurer-Vierfarbenautomat mit einem Rundmagazin arbeitet, welches 36 Spulen faßt, zum Unterschied der auf S. 407 u. 412 besprochenen Konstruktion. Dieses Magazin sowie die Automatik gestattet die Umstellung auf einen Vierfarben-, Dreifarben- und Zweifarbenwechsel. Wird mit dem Vierfarbenwechsler gearbeitet, so umfaßt das Magazin 9 Felder mit den je vier Farben, bei drei Farben 12 Felder und bei zwei Farben 18 Felder (Abb. 559—561). Es wird jeweils ein Wechselfeld für den Wechsel bereitgestellt. Sobald ein Wechsel erfolgt ist, dreht sich das Magazin automatisch zum nächsten Wechselfeld, schaltet also um eine Teilung von vier, drei oder zwei Spulen weiter. So wird ein Fehlwechsel vermieden. Der Arbeiter muß in den einzelnen Feldern jeweils die fehlenden Spulen ersetzen. Die Farbenbereitstellung und Farbenauswahl findet stetig statt. Auf der Wechselkastenseite ist jedem Kasten eine bestimmte Farbe zugeordnet. Die Bewegung des Kastens wird durch zwei auf eine zur Automatenseite führende Welle übertragen und von dort durch *3*, *4*, *5*, *6* zum Automaten geleitet. So erhält das Teil *7* eine stetige Schwingung, die der jeweiligen Wechselkastenbewegung entspricht. Durch eine schräg

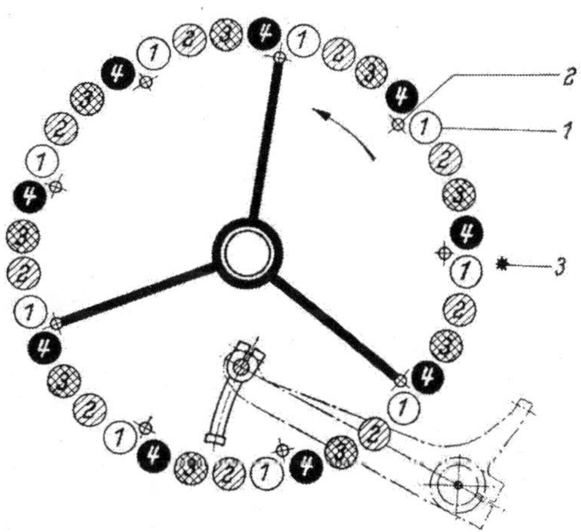

Abb. 559. Spuleneinteilung für Vierfarbenrapporte

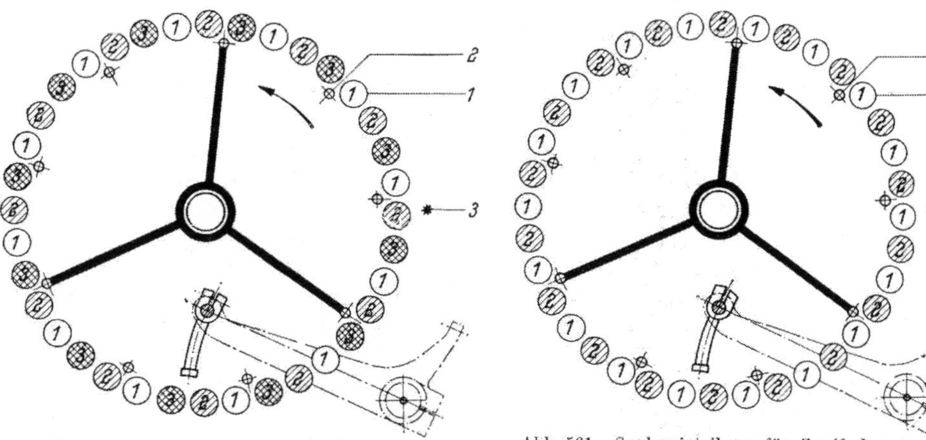

Abb. 560. Spuleneinteilung für Dreifarbenrapporte

Abb. 561. Spuleneinteilung für Zweifarbenrapporte

in die Bildebene verlaufende Nutenbahn *8* und durch das Gleitstück *10* erhält der Farbwähler *9* eine Bewegung quer zur Richtung der Bildebene, so daß die der jeweiligen Farbe entsprechende Platine *24* durch *23* beim Ansprechen des Spulenführers angehoben wird. *9* verschiebt sich dabei auf den beiden Gleitbolzen *11*. Die angehobene Platine wird sofort festgestellt, indem die Verlängerung *12* in eine Raste von *13* einklinkt. So wird der notwendige Wechsel „registriert". Dies ist notwendig, weil es immerhin möglich ist, daß die Spule bzw. der Schützen, der ja noch einmal zum Wechselkasten zurückläuft (der Spulenwechsel erfolgt erst, wenn der Schützen nochmals zur Automatenseite kommt), auf der Wechselkastenseite wechselt und erst nach einer Zahl von Schüssen anderer Farbe zurückkommt.

Die Bereitstellung des Magazins erfolgt durch die Hubbewegung des ebenfalls von der Schlagexzenterwelle angetriebenen Exzenters *25* (vgl. Abb. 562). Die von der Rolle *26* abgenommene Hubbewegung wird als Schwingbewegung über *27*, *28*, *29* auf die Klinke *31* übertragen; *30* macht keine Bewegung. Sobald wieder durch die Kastenbewegung auf der Wechselseite und durch die bereits bekanntgegebene Übertragung die bereits angehobene Platine *24* vor die Klinke *31* zu liegen kommt, wird deren Bewegung blockiert. Nunmehr wird die von der Rolle *26* über *27*, *28* übertragene Bewegung nach *30* geleitet. Die nun erfolgende Bewegung der Rolle *32* bewirkt eine Bewegung des Kurvenstückes *36*, deren Größe von der jeweiligen Stellung des Kurvenstückes *36* abhängig ist (s. Abb. 558b unten). Die Einstellung des Kurvenstückes wird durch die Bewegung des Maschinenteiles *7* eingeleitet. Die Verzahnung *34* veranlaßt, daß sich das Rad *35* auf der Verzahnung abwälzt. Nachdem diese Einstellung stattgefunden hat, erfolgt der Hub der Rolle *32*. Nun wälzt sich das Rad *35* auf der fest stehenden Verzahnung *34* des Teiles *7* ab und überträgt einen Antrieb auf *37* und auf das Trommelmagazin, dessen Größe von der Größe der Bewegung des Kurvenstückes *36* abhängig ist. Je nach der Stellung von *36* wird die Trommel um eine oder zwei Spulenteilungen nach links oder rechts bewegt. Gleichzeitig mit der Drehung der Trommel wird auch der Spulenwechsel eingeleitet. Bei der Bewegung der Rolle *32* wird durch Vermittlung des Hebels *33*, *38*, *39*, *40* nach links gezogen. Die Kurve *39* gibt die Rolle am Hebel *41* frei. *41* bewegt sich nach oben, gibt die Trommelsicherung frei und hebt den Stecher *42* an, bis dieser vor dem Ladenbock *43* liegt. Nun erfolgt der Spulenwechsel nach der vom Northrop-Automaten her bekannten Weise durch den Hammer *50*.

Abb. 562. Farbenbereitstellung

Unmittelbar nach dem Spulenwechsel muß die Trommel um ein Teilfeld weitergeschaltet werden. Beim Niedergehen des Hammers wird *51* nach unten gezogen, *52* macht eine Rechtsdrehung, und die Umfangskurve von *52* hebt die Rolle *53* an, und dadurch wird die Klinke *55* aus der Raste der Teilscheibe *56* gehoben. Das Magazin wird für die Weiterschaltung freigegeben. Bei der Aufwärtsbewegung des Hammers wird die Linksdrehung von *52* durch Klinke *57* auf das Schaltrad *58* übertragen. Dabei dreht sich das Trommelmagazin, bis die Klinke *55* in die nächste Sperre von *56* einrastet. Das Trommelmagazin dreht sich dabei in Pfeilrichtung. In dem Augenblick, in dem die Spule vom Hammer durchgeschlagen wird, muß der Spulenführer aus dem Bereich der durchfallenden Spule gebracht werden. Zu diesem Zweck wird durch die Bewegung von *33* und auch von *60* der Gabelhebel *61* nach unten bewegt. Durch die Vermittlung einer Stellschraube wird *62* so bewegt, daß die Rolle am Hebel *18* ganz vom Exzenter *17* abgehoben wird, wodurch Fühler *15* außerhalb der nach unten ausgeworfenen Schußspule kommt.

Naturgemäß muß nach dem Spulenwechsel die vom Fühler angehobene Wählerplatine wieder ausgeschaltet werden, damit das Farbenwähleraggregat für die nächstfolgende Spulenauswechslung wieder einsatzbereit ist.

Das Ausschalten erfolgt durch eine am Spulenhammer angebrachte Regulierschraube, welche am Schlusse der Hammerbewegung auf die entsprechende Klinke *13* (Abb. 558b) einwirkt, wodurch Platine *24* in ihre Ausgangsstellung zurückgeht.

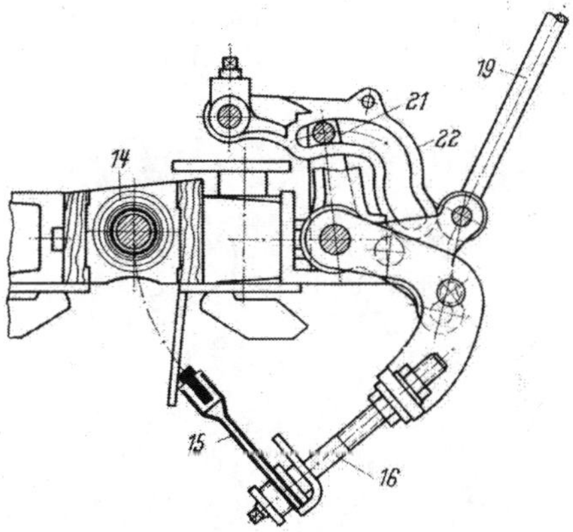

Abb. 563. Fühler in zurückgezogener Stellung

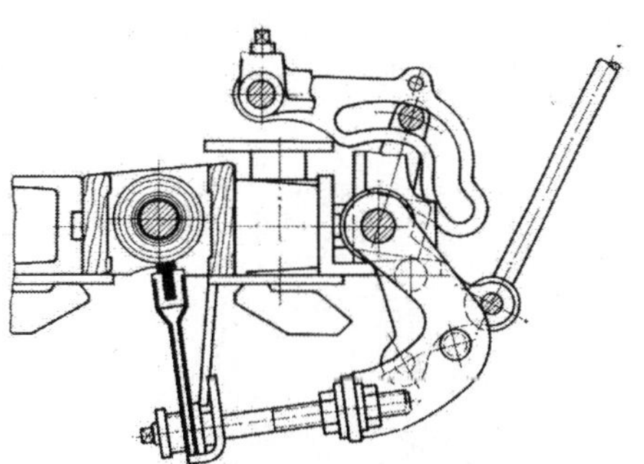

Abb. 564. Fühlerstellung mit Fühlertaster auf voll bewickelter Spule

Die Einzelaggregate des Vierfarben-Spulenwechslers. Durch die vorangegangene Darstellung des Schaltschemas sollte das Zusammenspiel der Einzelteile erkannt werden. Nachfolgend sollen diese Einzelteile, soweit noch notwendig, einer gesonderten Erörterung unterzogen werden, weil die Schaltskizze keine direkte Beziehung zur räumlichen Gestaltung hatte.

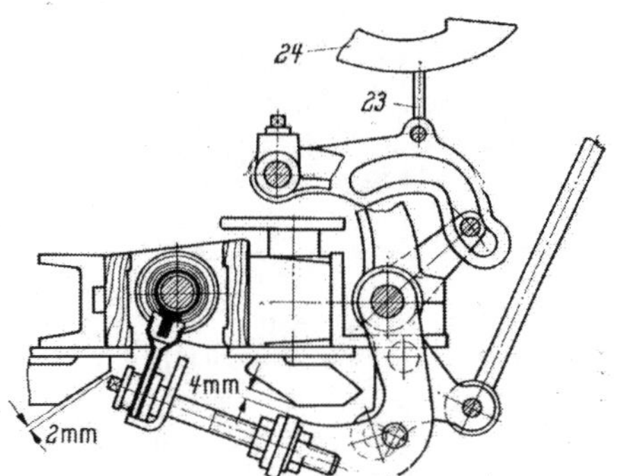

Abb. 565. Fühlerstellung mit ausgeschwenktem Fühlertaster

Der Spulenfühler. Die Wirkungsweise des Spulenfühlers ist aus der Abb. 558b nicht recht zu erkennen. Deshalb soll an Hand der nachfolgenden Abb. 563 bis 565 die Funktion der einzelnen Organe nochmals erläutert werden. Die in diese Abbildungen eingetragenen Bezeichnungen sind aus der Schaltskizze entnommen. So erkennt man aus der Abb. 563, wie der Spulenfühler von unten in den Schützen eindringt und die Spule auf ihren Inhalt abtastet. Dieses Abtasten von unten ist besonders erwähnenswert, weil hierdurch vermieden wird, daß der Schützen, wie sonst üblich, an der Vorderwand durchbrochen und geschwächt wird.

Solange die Spule noch gefüllt ist, werden die Garnlagen ein Abrutschen des Spulenfühlers verhindern. *16* sowie *21* folgen der Bewegung der Stange *19* nur bis zu dem Augenblick, bis der Spulenfühler auf die Spule auftrifft. Die weitere Bewegung der Stange *19* wird durch eine in der Zeichnung nicht erkennbare Feder aufgefangen. Sobald aber die Spule leergelaufen ist, rutscht der Spulenfühler in Richtung der Längsachse der Spule bzw. Hülse ab (vgl. Abb. 565). Nunmehr folgen die Hebel *16* und *21* der Bewegung von *19*. Dabei wird der Bolzen am Hebel *21* auf Grund seiner Bewegung in einem Kreisbogen ein Anheben des Langloches *22* sowie von *23* und damit der Platine *24* erzielen. Die räumliche Anordnung dieser Vorrichtung läßt sich auch aus der Abb. 566 erkennen.

Trommelnachschaltung. Bemerkenswert ist, daß die Firma Saurer bei der Konstruktion des Magazins nicht von der bewährten prinzipiellen Aufbauform des Northrop-Automaten abgegangen ist. Die Vorteile sind offensichtlich. Die Spule, die durch den Hammer wechselt, liegt in der Bereitschaft unmittelbar über dem Schützen. Sie wird von dem Augenblick an, in dem der Hammer mit dem Schlag beginnt, bis zum vollendeten Wechsel sicher geführt. Der Spule wird keine Gelegenheit gegeben, durch freien Fall eine eigene und für den Wechsel möglicherweise ungünstige Lage einzunehmen.

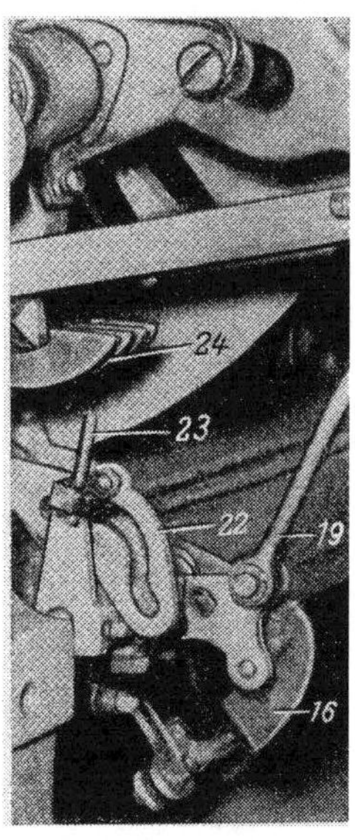

Abb. 566. Ansicht des Spulenfühlers

Abb. 567. Trommelnachschaltung

Bereits oben wurde darauf hingewiesen, daß es notwendig ist, die Spulen in einer vorbestimmten Reihenfolge in die Trommel einzulegen. Die Weiterschaltung bzw. die Blockierung nach vollendeter Schaltung wurde in der Schaltskizze besprochen. In diesem Zusammenhang soll noch darauf hingewiesen werden, welche Organe an dieser Bewegung beteiligt sind. Zur Illustration dienen die Abb. 567 und 568.

Die Trommelschaltung wird von der Hammerbewegung betätigt. Die Schlaufe *51* (vgl. a. Abb. 568) wird vom Hammer nach abwärts gezogen und nimmt über den Bolzen *2* die Hubscheibe *52* mit. Mit der Hubscheibe *52* wird über die Rolle *53* und Hebel *54* die Klinke *55* aus der Raste der Teilscheibe *56* gehoben.

An der Hubscheibe *52* ist die Klinke *57* befestigt, die in die Zahnscheibe *58* eingreift. Sobald der Hammer *50* nach erfolgtem Spulenwechsel aus der Leitscheibe *60* herauskommt, erfolgt die Trommelschaltung. Die Feder *61* dient dazu, die Trommel zu drehen, bis die Klinke *55* in die nächste Raste eingreift (diese Feder muß nach längerer Betriebszeit etwas nachgestellt werden).

Wie man aus der Abb. 567 erkennen kann, befinden sich drei Teilscheiben *56* nebeneinander geordnet. Man sieht auch, daß die Teilung der einzelnen Rasten unterschiedlich groß ist. Hier ist die Möglichkeit gegeben, die Einstellung des Automaten auf einen vier-, drei- oder zweifarbigen Wechsel umzustellen. Man braucht lediglich die Klinke *54* auf ihrem Bolzen in Richtung des Bolzens zu verstellen, bis sie der jeweiligen Teilscheibe *56* zugeordnet ist.

4. Vierfarbenwechsler von Saurer mit senkrechtem Magazin. Das voran besprochene Rundmagazin hatte ohne Zweifel den Vorteil, daß sehr empfindliche Garne dadurch in keiner Weise verletzt werden konnten, daß die Spulen im Rundmagazin nur bei den Hülsen erfaßt wurden. So empfindliche Garne sind jedoch sehr selten, und außerdem hatte das Rundmagazin den Nachteil, daß das

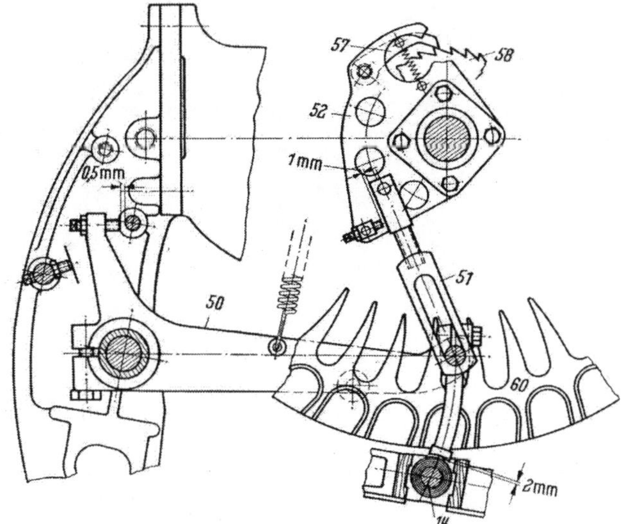

Abb. 568. Hammer in der tiefsten Stellung mit Nachschaltvorrichtung

Fassungsvermögen des Magazines zu gering war, ein Nachteil, der sich in letzter Zeit immer mehr herausgestellt hat und ganz besonders bei der Verwendung von groben Garnen sichtbar wurde. Aus diesem Grunde wurde das Schachtmagazin entwickelt, das nach Aussagen seitens der Firma mit 85% gegen 15% beim Rundmagazin versendet wird. Um die Erfindung genauer zu umreißen, soll aus der Patentschrift Nummer 329686 des „Eidgenössischen Amtes für geistiges Eigentum" zitiert werden:

„Die Erfindung betrifft eine Einrichtung zum Auswechseln von Schußspulen an einem Webstuhl mit einem Vorratsbehälter, der nebeneinander angeordnet, je zur Aufnahme einer Spulengruppe dienende Abteile aufweist; die Fäden der Spulengruppe können sich gegenseitig in ihrer Beschaffenheit, sei es hinsichtlich der Farbe oder Fasern oder beidem, unterscheiden. Bei bekannten Auswechseleinrichtungen dieser Art fällt die von der Spulenfühlervorrichtung im Webstuhl ausgewählte volle Schußspule durch ihr Eigengewicht vom Vorratsbehälter in die Bereitschaftslage, aus der sie durch den Einsetzhammer in den Webschützen eingebracht wird unter gleichzeitigem Herausdrücken der zu ersetzenden Spulen. Bei diesen Einrichtungen wird aber oft durch auftretende Klemmwirkung das Fallen der Ersatzspule verzögert, und weiterhin ist nachteilig, daß oft die in die Einsetzbereitschaftslage gekommene Schußspule in dieser Lage verharrt, wenn ihr ordnungsmäßiges Einsetzen nicht zustande kommt. Diese Nachteile zu beseitigen ist der Zweck der Erfindung, welche sich dadurch auszeichnet, daß jedem Behälterabteil ein beweglicher Spulenfänger zugeordnet ist, welcher sich normalerweise direkt unterhalb der untersten Spule des betreffenden Behälterabteiles befindet, und daß jeweils der für den Spulenwechsel ausgewählte Spulenfänger

Abb. 569. Spulentransport unter den Einsetzhammer durch Spulenfänger

selbsttätig aus der Normalstellung in eine allen Spulenfängern gemeinsame Abgabestellung oberhalb des mit einer Spule zu beschickenden Webschützens bewegt wird.“

Die Erklärung dieser Erfindung besagt also, daß die Spule aus jedem Magazinschacht durch einen Spulenfänger (je einer jedem Magazinschacht zugeordnet)

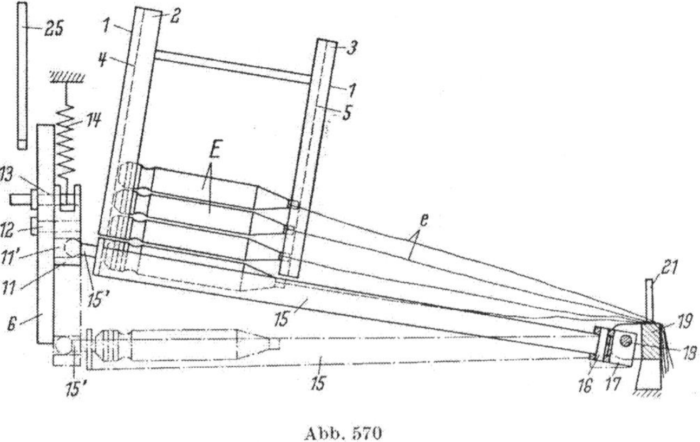

Abb. 570

entnommen und dem Automaten angeboten wird. Abb. 569 zeigt diesen Vorgang bei einem Saurer-Automaten, indem der Automat im Augenblick des Spulentransportes unter den Einsetzhammer von unten fotografiert wurde. Man sieht in der Abbildung deutlich, die bereitgestellte Spule im Spulenfänger liegen. Die Abb. 570 zeigt einen Seitenriß dieser Vorrichtung, die Abb. 571 zeigt je zur Hälfte zwei in verschiedenen Horizontalebenen durchgeführte Schnitte bei einem Vierfarbenautomaten. Es muß hierbei erwähnt werden, daß der später noch zu besprechende Sechsfarbenautomat prinzipiell nach gleichen Gesichtspunkten arbeitet. Abb. 572 zeigt in größerem Maßstab quer durch die Behälterabteile hindurch einen senkrechten Teilschnitt, wobei auch hier wieder erwähnt werden muß, daß es sich in der Skizze um die prinzipielle Darstellung eines Vierfarbenautomaten handelt,

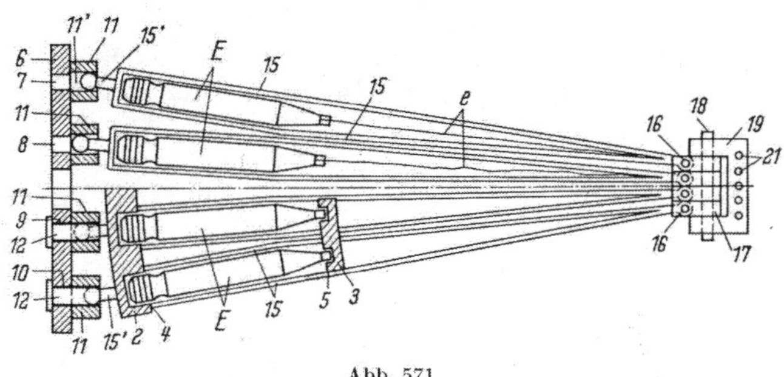

Abb. 571

die in dieser Form auch für den auf S. 412 besprochenen Sechsfarbenautomaten gültig ist. Am besten kann man sich orientieren aus der Abb. 571, die zeigt, daß die Magazine bzw. auch die darunter angeordneten Spulenfänger *15* in der Form eines Kreisringsektors angeordnet sind. Die Abb. 570 läßt das senkrechte Schachtmagazin erkennen, indem sich die Spulen in den Nuten *4* und *5* befinden. Unterhalb eines jeden Schachtes ist der Spulenfänger *15* angeordnet, während die gestrichelte Darstellung des Spulenfängers *15* die Lage ist, in der der eigentliche Wechsel erfolgen kann. Die Bewegung des Spulenfängers *15* wird durch den Stoßhebel *25* (vgl. Abb. 570) beim Auftreffen auf den Führungsbolzen *13*, dem eigentlichen Träger des Spulenfängers *15*, durchgeführt. Die Abb. 572 zeigt die verschiedenen Phasen dieser Automatik. Man erkennt (hier ist die Skizze für den Vierfarbenautomaten dargestellt, sie gilt auch für den auf S. 412 dargestellten Sechsfarbenautomaten) vier Abteile *A*, *B*, *C*, *D* mit den darin liegenden Spulen. Unterhalb der Spulenschächte *A*—*B* befinden sich Spulenfänger *15*, in denen die untere Spule des Schachtes federnd eingebettet ist. Der Spulenfänger *15* unterhalb des Schachtes *A* ist oberhalb des Schützens dargestellt, d. h., es ist der Wechsel eingeleitet worden. Die Sicherung *32*, *33*, *34* verhindert ein unbeabsichtigtes Nachfallen weiterer Spulen. Der Einsetzhammer *30* des Automaten kann nunmehr das Auswechseln der vollen Spule gegen die leere Spule im Schützen *G*, in der bekannten Weise, wie bei allen Automaten durchführen. Auf die Darstellung einer Gesamtansicht wird in diesem Zusammenhang verzichtet, weil sie äußerlich kaum von von dem auf S. 412 dargestellten Sechsfarbenautomaten abweicht.

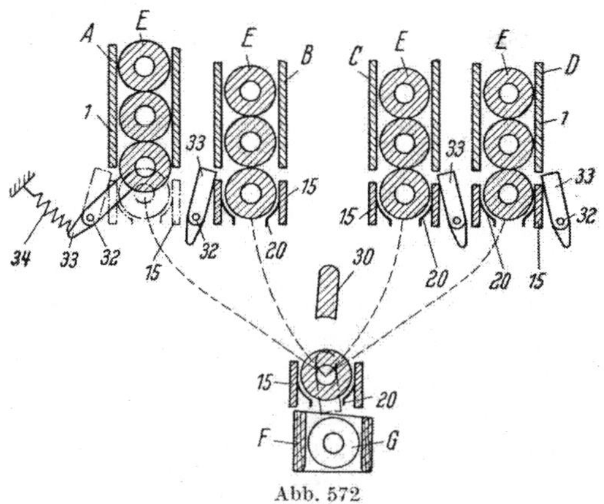

Abb. 572

5. Vierfarben-Spulenwechsler von Zangs. Bei diesem Automaten erfolgt die Spulenüberwachung fotoelektrisch, und zwar an der Wechselkastenseite.

Das Gerät besteht aus:

1. Lichtkopf mit Glühlampe,
2. Empfängerkopf mit Blende und fotoelektrischem Widerstand,
3. Schaltkasten mit Röhrenverstärker.

Eine dem Lichtkopf vorgesetzte Linse bündelt das Licht zu einem starken, scharfen, parallelen Strahl, welcher kurz vor dem völligen Ablauf der Schußspule, d. h. bei Beginn der Transparenz der Spule durch den Schlitz der Schußspule hindurch auf den Empfängerkopf trifft. (Der Schlitz wird bei dem Spulenwechselautomaten durch kleine, etwa 2 mm starke Bohrungen über der gesamten Peripherie des Spulenkonus hin ersetzt. Dadurch erreicht man, daß die Spule

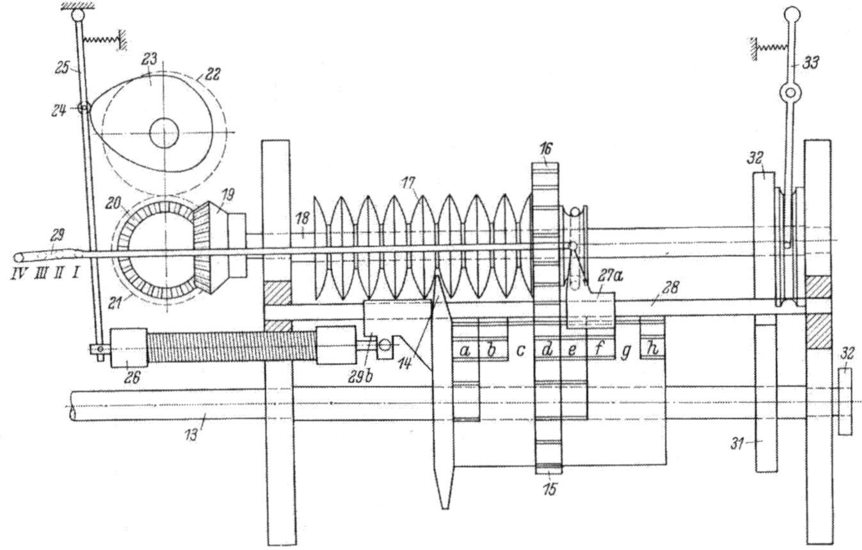

Abb. 573. Farbwähler am Zangs-Vierfarbenautomat

in jeder Lage in den Schützen geschlagen werden kann, dieses wiederum bedeutet Zeitersparnis für den Spuleneinleger.)

Die Lichtstrahlen werden durch eine Linse aufgefangen und konzentriert auf ein sog. Bimetall gestrahlt. Hierdurch entsteht eine geringe elektrische Spannung, welche im Schaltkasten durch einen Röhrenverstärker verstärkt wird. Diese erhöhte Spannung von etwa 6 V betätigt ein Arbeitsrelais, welches den Spulenwechsel einleitet.

Der Farbenwähler. Da der Automat ein Trommelmagazin besitzt, in welchem die verschiedenen Spulenarten einzeln in der Folge der Wechselkästen angeordnet sind, muß auch der Stand der Trommel berücksichtigt werden. Die Trommel schaltet nach erfolgtem Spulenwechsel nicht weiter, sondern beharrt bis zur neuen Farbenwahl in ihrer alten Stellung. Die Weiterschaltung erfolgt durch ein Zahnradgetriebe, welches von der Kurbelwelle seinen Impuls erhält. Das Schaltgetriebe besteht im wesentlichen aus einem achtstufigen Segmentzahnrad (Abb. 573) und der achtteiligen Schaltwalze *17*. Das Stufenrad ist beweglich auf der Vierkantwelle *13* angeordnet und wird vom Exzenter *23* (Wählerscheibe) axial (nach dem Stand des Trommelmagazins) verschoben. Die achtteilige Schaltwalze *17* mit dem Ritzel *16* ist ebenfalls in axialer Richtung zu bewegen und wird vom Wechselkasten gesteuert. Die Hebelübersetzung ist so abgepaßt, daß ein

Wechselkastenhub gleichbedeutend ist mit der Schaltung zur nächsten Stufe. Ebenso hat eine Drehung der Wählerscheibe von 90° die Verschiebung von einer Teilung des Stufensegmentzahnrades zur Folge.

Schaltgemeinschaft zwischen Trommelmagazin und Wechselkasten. Bei dem Zusammenwirken von Steigkastenwechsel und Magazinstand ist zunächst folgendes festzustellen:

1. Beim höchsten Stand der Wählerscheibe *23* (Abb. 573) steht der leere Spulenhalter der vierten Spulenart unter dem Hammer *56*, während beim niedrigsten Wählerscheibenhub die erste Spulenart unter dem Hammer liegt.

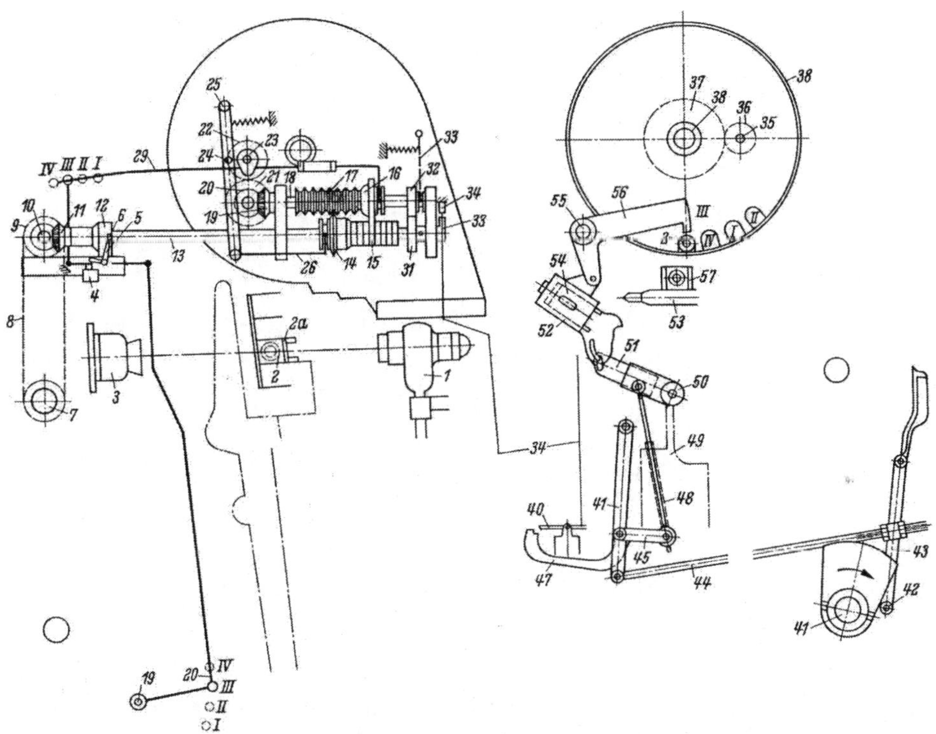

Abb. 574. Schema der Steuerung des Vierfarbenwechslers von Zangs

2. Die Spulenweiterschaltung errechnet sich wie folgt:

$$\text{Spulenweiterschaltung} = \frac{\text{Zahnzahl der arbeitenden Segmentstufe} + 1}{2}.$$

3. Bei dem gezeichneten Beispiel (Abb. 573) wird das Stufensegmentzahnrad *15* nicht verschoben, d. h., die Weiterschaltung soll immer vom leeren Spulenhalter IV ausgehen.

4. Die einzelnen Stufen des Stufensegmentzahnrades haben folgende Zahnzahlen von links nach rechts (die einzelnen Stufen werden im Laufe der Beschreibung mit den Buchstaben klein *a* bis *h* bezeichnet):

Stufe *a* — 5 Zähne	Stufe *e* — 5 Zähne
Stufe *b* — 3 Zähne	Stufe *f* — 3 Zähne
Stufe *c* — 1 Zahn	Stufe *g* — 1 Zahn
Stufe *d* — 7 Zähne	Stufe *h* — 3 Zähne

Es muß die richtige Anzahl Spulen weitergeschaltet werden. Nachfolgend wird der Stand des Wechselkastens und sein Einfluß auf die Spulenschaltung näher erläutert. Nach der Abb. 574 wird davon ausgegangen, daß unter dem Hammer *56* der leere Spulenhalter der vierten Spulenart liegt.

In der nachfolgenden Tabelle sollen alle Möglichkeiten des Getriebestandes aufgezeigt werden.

Tabelle 29

Möglichkeiten	Leerer Spulenhalter unter dem Hammer	Wechselkasten-stand	Zahl bzw. Bezeichnung der Schaltstufe	Anzahl der Spulenweiterschaltung
1	4	4	*d*	4
2	4	3	*e*	3
3	4	2	*f*	2
4	4	1	*g*	1
5	3	4	*c*	1
6	3	3	*d*	4
7	3	2	*e*	3
8	3	1	*f*	2
9	2	4	*b*	2
10	2	3	*c*	1
11	2	2	*d*	4
12	2	1	*e*	3
13	1	4	*a*	3
14	1	3	*b*	2
15	1	2	*c*	1
16	1	1	*d*	4

Bemerkenswert ist, daß bei einer eventuellen Umstellung zu einem Zweifarbenautomaten nur das Exzenter (Wählerscheibe) ausgewechselt werden braucht. Die Spulen werden dann in der Folge 1, 2, 1, 2 usw. eingelegt, d. h. der dritte und vierte Spulenhalter würde ebenfalls die erste und zweite Spulenart aufnehmen.

Die Arbeitsweise der gesamten Automatik. Wie die Abb. 574 zeigt, ist der dritte Wechselkasten in Tätigkeit. Unter dem Hammer *56* liegt der leere Spulenhalter der dritten Spulengruppe. Ist das Material der Spule verbraucht, so wird durch auftretende Transparenz der Spule *2* vom Empfängerkopf *3* ein Lichtstrahl empfangen, welcher in einen Schwachstrom umgewandelt wird. Nachdem dieser Schwachstrom über einen Röhrenverstärker verstärkt ist, wird er dem Magneten *4* zugeführt.

Der Magnet zieht den Winkelhebel *5* an, wodurch die Kupplung *11, 12* in Tätigkeit gesetzt wird. Der Antrieb erfolgt von dem auf der Kurbelwelle befindlichen Kettenrad *7* über die Kette *8*, Kettenrad *9*, Kegelräder *10*, Kupplung *11* und *12* auf die untere Welle *13* des Farbenwählers und damit auf das Stufensegmentzahnrad *15*. (Das Stufensegmentzahnrad *15* mit der Trennscheibe *14* wird, wie schon beschrieben, von der Wählerscheibe *23* über Rolle *24*, Hebel *25*, Zugstange — Feder — *26* hin und her bewegt. Da sich die dritte Spulenart unter dem Hammer *56* befindet und der dritte Wechselkasten in Tätigkeit ist, ist laut Aufstellung die siebenzähnige Stufe *d* mit dem Ritzel *16* im Eingriff.) Die siebenzähnige Stufe *c* treibt das Ritzel *16* über Vierkantwelle *18*, Kegelräder *19* und *20*, Zahnräder *21* und *22*, Welle *35*, Zahnräder *36* und *37* wird die Trommel *34* um vier Spulen entsprechend der Einstellung weitergeschaltet. Gleichzeitig hebt sich das Exzenter *33*, wodurch die Tätigkeit des Hammers *56* eingeleitet wird. Das Stufensegmentzahnrad verlangt eine Sperrvorrichtung, da sonst das Magazin während des Stillstandes (d. h. nachdem die Zähne des Stufensegmentzahnrades das Ritzel verlassen haben) sich um mehrere Spulen verdrehen kann. Die Sperrvorrichtung besteht aus den beiden Sperrädern *31* und *32*. Wird nun die untere Welle *13* gedreht, so wird gleichzeitig das Sperrad *31* mitgedreht. Erfolgt eine Schaltung der oberen Welle *18* durch die Drehung des Stufensegmentzahnrades *15*, so können sich die Spitzen des Sperrhebels *32* in die Einkerbungen des Sperrades *31* abwälzen. Die Welle *13* mit dem Sperrad *31* wird um 360° gedreht, so daß nach jeder Drehung von *13* mit *31* immer der gleiche Stand erreicht wird. Das Sperrrad *32* liegt fest auf der Oberfläche des Sperrades *31* auf, so daß eine feste Lage des Magazins gewährleistet wird.

6. Vierfarben-Spulenwechsler von Schwabe (für Wollwebstühle). Dieser Webstuhl, Type Jura, ist der einzige Vollautomat, der der Musterungsmöglichkeit in der Wollindustrie keine Einschränkungen auferlegt. Es ist, wie die Abb. 575 zeigt, ein oberbauloser Vollautomat mit Schaftmaschine, beidseitigem fünfkästigem Hubkasten und der Möglichkeit der automatischen Spulenauswechslung für vier Farben. Die Schützen sind nicht an eine zugehörige Hubkastenzelle gebunden und es kann daher, wie zumeist erforderlich, fil à fil gearbeitet werden. Durch die Verwendung beidseitiger Hubkästen ist die bei allen auf das System Northrop aufbauenden Spulenwechslern übliche Anordnung von Spulenüberwachung und Auswechslung nicht mehr möglich, und es wurden beim Schwabe-Automaten völlig neue Wege durch elektrische Steuerung beschritten. Eine gewisse, oft unbegründete Zurückhaltung wird diesem Webstuhl gegenüber geübt, da die Verwendung von elektrischen Steuerungen in solchem Maße an einem Webstuhl bislang unbekannt war. Im nachfolgenden wird der Stuhl in den Grundzügen seiner Wirkungsweise erläutert.

Abb. 575. Vierfarben-Spulenwechsler von Schwabe mit beiderseitigem Wechsel zur Herstellung von Geweben mit der Schußfolge 1:1

Übersicht über die Wirkungsweise. Das Spulenmagazin ist vierteilig zur Aufnahme von vier verschiedenen Spulengruppen zu je 10 Spulen, also insgesamt 40 Spulen. Es kommen spezielle Automatenspulen mit Metallhülsen zur Verwendung. Die Spulenauswechselvorrichtung arbeitet elektrisch mit Schwachstrom. Alle elektrischen Einrichtungen sind gekapselt und Umwelteinflüssen vollkommen entzogen. Alle Leitungen sind gekennzeichnet und geschützt verlegt. Es werden ferner spezielle Automatenschützen verwendet, die sich voneinander unterscheiden, und zwar je nach dem Schußgarn, das sie enthalten. Schützen, die verschiedenes Schußgarn enthalten, tragen verschiedene Kennzeichen. Das Auswählen einer neuen Spule mit dem jeweils benötigten Schußgarn erfolgt durch die Schützen, unabhängig von der Schützenkastenstellung.

Die Fühleinrichtung befindet sich auf der linken Seite der Lade. Bei abgelaufener Spule wird der Auswechselvorgang vor Beginn des Schlages eingeleitet. Der Schützen durchläuft die Schützenkastenzelle auf der rechten Seite und gelangt in einen dahinter angeordneten besonderen Auswechselkasten. Inzwischen wurde eine neue Spule in Übereinstimmung mit dem Schußgarn auf der abgelaufenen Spule unter dem Hammer bereitgestellt. Der Stuhl wurde ferner ausgerückt, so daß er in tiefster Ladenstellung für den Bruchteil einer Sekunde stehenbleibt. Das Einstoßen der neuen Spule in den Schützen erfolgt bei absolutem Stillstand der Lade.

Sofort nach erfolgter Auswechslung wird der Schützen automatisch in diejenige Schützenkastenzelle zurückgeschoben, in welche er auch gelangt wäre, wenn keine Auswechslung der Schußspule stattgefunden hätte. Gleichzeitig wird der Stuhl wieder eingerückt. Der Schützen mit der neuen Spule kann beliebig lang im rechten Schützenkasten verbleiben, d. h., nach dem Spulenwechsel kann ein anderer Schützen beliebig geschossen werden. Die beiden, bei einem Auswechselvorgang entstehenden Schußfadenenden, und zwar das Fadenende der ablaufenden und das Fadenende der neu einlaufenden Spule werden von einer Schere erfaßt, gehalten und geschnitten. Die Fadenenden werden mittels einer Ausziehvorrichtung entfernt.

Sicherheitsvorrichtungen verhüten das Einstoßen der Spule bei ungenauer Schützen- oder Ladenstellung sowie bei Vorkommen einer falschen Spule, d. h. einer Spule, deren Garn nicht mit dem Garn auf der abgelaufenen Spule im Schützen übereinstimmt.

4. Sechsfarben-Spulenwechsler (von Saurer). Für besonders hohe Ansprüche an die Musterung wurde von der Firma Saurer unter gleichen konstruktiven Gesichtspunkten wie beim Vierfarbenautomaten mit senkrechtem Magazin auf S. 406 besprochen, der Sechsfarbenautomat entwickelt, der wohl die größten Variations-

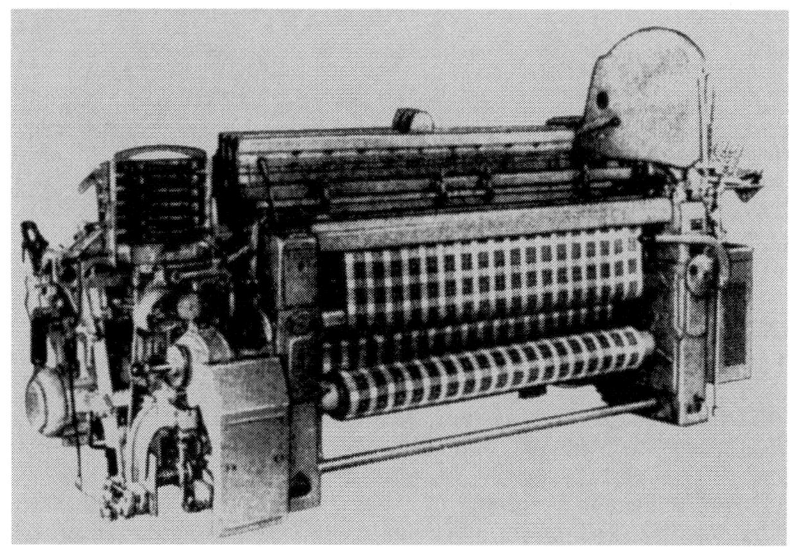

Abb. 576. Sechsfarbenautomat mit senkrechten Magazinen von Saurer am Saurer-Webstuhl Type 100 W

möglichkeiten in der Musterung gestattet. Die Abb. 576 zeigt eine Gesamtansicht des Webstuhles, und nachfolgend soll mit Hilfe der Abb. 577 und 578 das Zusammenspiel der Einzelfunktionen erklärt werden. Im Hinblick auf die Beschreibung der Konstruktion soll auf die Erörterungen auf S. 406 verwiesen werden, denn der konstruktive Aufbau dieses hier besprochenen Sechsfarbenautomaten entspricht als Erweiterung der Konstruktion dem Aufbau des Vierfarbenautomaten.

In dem Zusammenspiel der automatischen Schaltvorgänge sind drei Einzelfunktionen zu beachten:

1. Die Farbwahl, durch die entsprechende Bewegung des Kastens.
2. Das Auslösen der Automatik durch den Spulenfühler.
3. Das Auswechseln der leeren gegenüber der vollen Hülse durch den Einsetzhammer.

Diese drei Einzelfunktionen sind aus der Abb. 577 ersichtlich. Der sechszellige Wechselkasten befindet sich auf der dem Automaten gegenüberliegenden Seite und wird durch eine Wechselkarte in der bekannten Art gesteuert. Die Bewegung dieses Wechselkastens wird durch die Kastenhubstange *1* über die Hebel *2*, *3*, *4*, *5* auf einen schwingend gelagerten Kreissektor *6* übertragen, der unten eine Nut aufweist, die bei der im Rhythmus der Kastenbewegung erfolgenden pendelnden Bewegung von *6* eine in Richtung quer zur Zeichenebene erfolgende Bewegung des Farbwählers *11* ermöglicht. Innerhalb dieses Farbwählers *11*, der übrigens genau die gleichen Merkmale aufweist wie der Automat mit Rundtrommel, befinden sich entsprechend der Anzahl der Kästen *2*, *4* und in diesem Falle *6* Platinen *12*, die normalerweise so tief nach unten durchgesenkt sind, daß die ständige schwingende Bewegung der Klinke *13* ungestört erfolgen kann. Mit der pendelnden Schwingung von *6* wird aber gleichzeitig über *7*, *8*, *9*, *10* der Schieber *10* stets im Rhythmus der Kastenbewegung so bewegt, daß er sich im Falle der Betätigung des Automaten immer über dem richtigen Bolzen *30*, dem Führungsbolzen für den Spulenfänger *31* befindet. Das zeigt im übrigen auch die gestrichelte Darstellung für die Bewegung von *10*. Somit ist also der Schieber immer entsprechend der jeweiligen Kastenstellung zur Ladenbahn bereit, den dieser Kastenstellung entsprechenden Spulenfänger *31*, also die entsprechende Farbe, dem Automaten anzubieten. Die automatische Auswechslung der Spule muß auf anderem Wege erfolgen. Das Exzenter *20* treibt über *21*, *22*, *23*, *25* in bekannter Weise den Spulenfühler *24* des Saurer-Automaten an, der, sobald die Spule abgelaufen ist, über

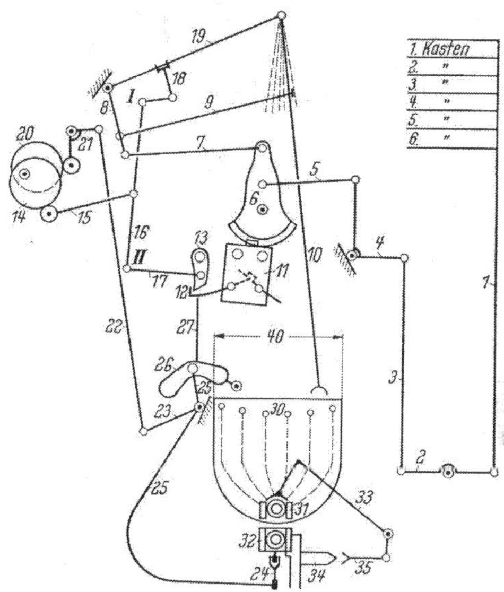

Abb. 577. Schema der Steuerung des Sechsfarbenautomaten von Saurer

Abb. 578. Querschnittsaufnahme des Sechsfarbenautomaten von Saurer

26, *27*, die der jeweiligen Kastenstellung entsprechenden Plantine *12* anhebt, diese wird im Farbwähler *11* festgestellt, bis wieder die nunmehr auszuwechselnde Spule unter den Automaten einläuft. In der Zwischenzeit wird durch die angehobene Platine *12*, die vom Exzenter *14* über *15*, *16*, *17* bewirkte schwingende Bewegung der Klinke *13* gehemmt, so daß der Momentandrehpunkt des Hebels *16 I* nach *II* verlagert wird, so daß *19* eine senkrechte Bewegung des Schiebers *10* zur Folge hat. Der untere Greifer des Hebels *10* erfaßt den Bolzen *30* des Spulenfängers *31* und schiebt den Spulenfänger unter den Einsatzhammer *33*. Das Auswechseln der Spule erfolgt in der bekannten Weise über *34*, *35*, *33* unter Ausnützung der Ladenwucht. Die Sonderheit der Konstruktion des Farbenwählers *11* ermöglicht es auch, daß jede durch den Spulenführer dirigierte notwendige Auswechslung der leeren Spule bei *11* registriert werden kann, bis auch die entsprechenden Spulenträger wieder unter dem Automaten erscheinen. Mit *40* soll der Lage entsprechend das Magazin dargestellt werden, um zu zeigen, daß sich die Führung des Spulenträgers *31* unterhalb des Magazines befindet, wie dies übrigens bereits in der Abb. 569 ersichtlich ist.

b) Der Schlauchkopswechselautomat

Bei der Verarbeitung grober Garne ist der normale Automat durch seine sehr große Kopswechselhäufigkeit stark beansprucht. Ein weiterer Nachteil ist die

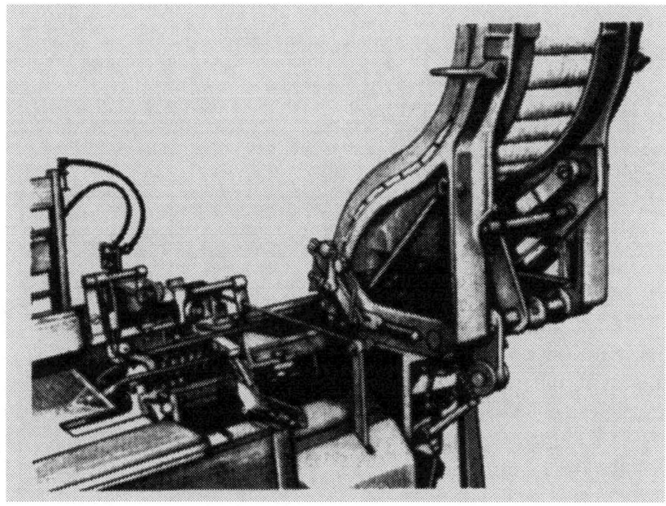

Abb. 579. Schlauchkopswechselautomat (Göricke)

Tatsache, daß auf der Spule immer noch eine gewisse Reserve bereitgehalten werden muß, um nach dem Ansprechen der Wächtervorrichtung noch den Rücklauf des Schützens in den Kasten ohne Fadenbruch zu ermöglichen.

Eine Vergrößerung der Automatenspule liegt aber nicht im Interesse der Automatenkonstruktion. Um nun die Kopswechselzeiten und den Abfall zu reduzieren, müssen Verarbeiter von sehr grobem oder teurem Garn mit Schlauchkopswechselautomaten arbeiten.

Die Kinematik des Schlauchkopswechslers ist mit der des normalen Northrop-Automaten direkt vergleichbar.

In der Abb. 579 ist eine Ausführungsform der Firma Göricke-Werke gezeigt. Diese Ausführung hat, wie übrigens in der neueren Zeit bei allen Schlauchkopswechslern üblich, einen Restkopsauswerfer. Wegen der Vergleichbarkeit mit dem Northrop-Automaten soll die Wirkungsweise nur ganz allgemein erklärt werden:

Wenn der an die Weblade montierte Kopsfühler (Bügelfühler mit breiter Auflage für den Kops) die restlichen Windungen des abgelaufenen Kopses zusammengedrückt hat, leitet er den Kopswechsel ein.

Der Kopsrestauswerfer wird mit seinem abgefederten Haken in die Bewegungsbahn des Webschützens eingeschwenkt. Der Haken öffnet die Fädlung des einlaufenden Schützens auf der Magazinseite, zieht den Kopsrest aus dem Webschützen heraus und schleudert ihn ab. Aus dem Magazin wird ein neuer Kops in den Webschützen eingeführt und die Webstuhlarbeit geht ununterbrochen weiter.

c) Schützenwechselautomaten

Der bisher besprochene Spulenwechsler stellt größere Anforderungen an die Güte des Materials als der Schützenwechsler. Dafür ist auf der anderen Seite nicht zu vergessen, daß die Beanspruchung des Webschützens beim Schützenwechsler größer ist. Diese Gegenüberstellung verpflichtet, bei sehr empfindlichen Materialien Schützenwechsler zu verwenden. Ob diese Argumente zur Zeit noch richtig sind, ist schon zweifelhaft, weil die Konstruktion des Spulenwechslers einen sehr hohen Stand erreicht hat. Führende Maschinenfabriken haben den Schützenwechsler vom Programm gestrichen.

Die Tatsache gibt dem Verfasser Veranlassung, die Besprechung des Schützenwechslers kurz zu gestalten.

Wir unterscheiden in den Konstruktionen zwei große Hauptrichtungen:

1. Konstruktionen, die den Schützen bei ununterbrochener und unverminderter Drehzahl durchführen (non-stop-Automaten).

2. Konstruktionen, bei denen der Webstuhl für die Zeit von etwa 3—6 sek stillsteht, um den Wechsel mit Hilfe eines Motors oder durch Einschaltung einer Kupplung durch den Hauptmotor durchzuführen.

Bei der ersten Konstruktion führt man als Vorteil die bei gleicher Webstuhldrehzahl höhere Produktion an, während bei den anderen Konstruktionen die größere Schonung des Webschützens ausschlaggebend ist. Ohne auf die näheren Einzelheiten einzugehen, soll nachfolgend die Besprechung der prinzipiellen Dinge bei den beiden genannten Ausführungsarten erfolgen.

1. Der Non-stop-Wechsler (Fliegender Schützenwechsel). Bei dieser Type sind zwei Ausführungsarten bekannt geworden. Die Abb. 580 zeigt eine Ausführungsart, wie sie die Firma Benninger baute. Man erkennt, daß die Schützenkastenvorderwand als eine Weiche ausgebaut ist, die beim Einlauf des leeren Schützens die Schützenflugbahn so abwinkelt, daß der Schützen aus der Bahn herausfliegen muß. Gleichzeitig öffnet sich die Schützenkastenhinterwand und ein Schützenzubringer führt den neuen vollen Schützen auf die Ladenbahn.

2. Schützenwechsel bei Stillstand des Webstuhles. In der Abb. 581 ist das Wechselschema beim Varitex-Automaten (Valentin) dargestellt. Hierbei wird der volle Schützen durch den Zubringer *14* vorgeschoben. Die ankommende Lade vermittelt die Kraft, den Schützen in den Trichter *c* hineinzudrücken. Der leere Schützen *a* wird durch die Bewegung der Lade nach Umwicklung der Schützenkastenvorderwand herausgedrückt. Die Abb. 581 zeigt die drei Phasen der Bewegung.

Die einzelnen Bewegungsphasen dieser Konstruktionsart sind folgende:

1. Der Schußfühler stellt den Webstuhl still, und der Schützenwechsel wird eingeleitet.

2. Der Schützen mit der vollen Spule wird durch den Schützenwechselmechanismus vom Magazin auf den Zubringer gebracht.

3. Die vordere Schützenführung wird gehoben, und der Schützen mit der bis auf den Rest leergelaufenen Spule wird sanft herausgeschoben.

4. Der Schützenzubringer trägt den Schützen zum Schützenkasten.

5. Der Zubringer geht zurück, und die bewegliche Schützenkastenwand schließt sich.

6. Der Schützen ist betriebsfertig ausgewechselt. Der Zubringer ist wieder in seiner Ausgangsstellung, und der Webstuhl wird durch Schützenwechselmechanismus wieder in Betrieb gesetzt.

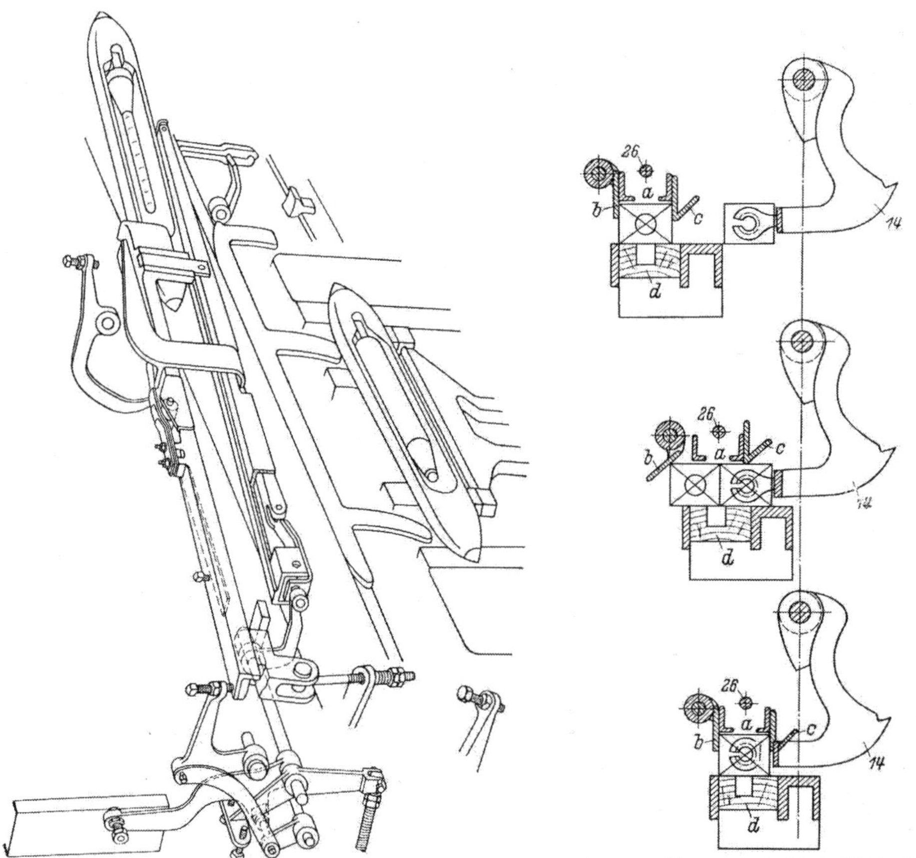

Abb. 580. Non-stop-Wechsler nach Patenten von Benninger

Abb. 581. Schützenwechsel bei Stillstand des Webstuhles (Varitex-Automat von Valentin)

d) Box-loader bzw. box-container und Loom-winder

Bei der Besprechung der verschiedenen Automatenkonstruktionen wurde auf die sehr unterschiedliche Ausführungsart von Spulenmagazinen nicht näher eingegangen. Aus den verschiedenen Abbildungen und Darstellungsweisen ist jedoch erkenntlich geworden, daß man im wesentlichen unterscheidet zwischen dem Rundmagazin und dem Fallschachtmagazin. Die Vor- und Nachteile dieser beiden Ausführungsarten können in knapper Form wie folgt umrissen werden:

Das Rundmagazin hat ein geringeres Fassungsvermögen als das Fallschachtmagazin, dafür hat das Fallschachtmagazin den Nachteil, daß die Spulenführung im Falle eines Wechsels nicht unbedingt mit der gleichen Präzision erfolgt, wenn nicht besondere Führungsorgane für den Spulentransport eingebaut sind, die die Spule bis unter den Hammer legen.

Zu diesen beiden Systemen sind nun in letzter Zeit noch zwei weitere Systeme hinzugekommen, die bei aufmerksamer Betrachtung geeignet erscheinen, die bisherigen Magazinausführungen in der Zukunft ganz zu verdrängen, wenn nicht mehrfarbig gearbeitet wird. Diese beiden Konstruktionen, die im folgenden ausführlicher besprochen werden sollen, sind wohl entstanden aus dem Bestreben, den einzigen nichtautomatischen Arbeitsvorgang am Webstuhl, das Füllen des

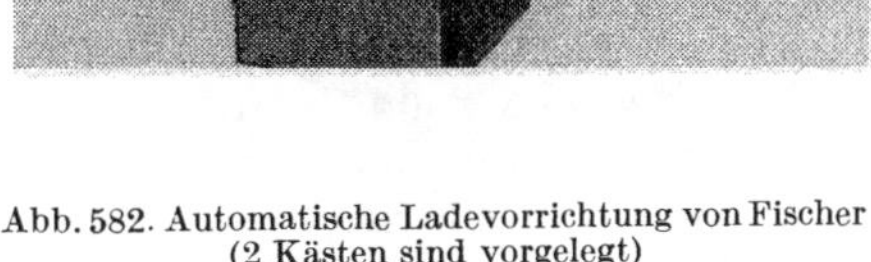

Abb. 582. Automatische Ladevorrichtung von Fischer (2 Kästen sind vorgelegt)

Abb. 583. Automatische Ladevorrichtung von Fischer (zur Abb. 582)
Man erkennt auf dieser Abbildung 1. das Ausschieben des leeren Kastens; 2. die Form des Kastens

Magazins, auch noch automatisch zu gestalten. Bedenkt man, daß man für das Nachfüllen der Magazine immerhin in den Webereien durchschnittlich für je 15 Webstühle eine Hilfskraft braucht, so kann man bei Verwendung von Vorrichtungen, die auch diesen Arbeitsvorgang automatisch gestalten, eine Wirtschaftlichkeit sehr gut errechnen.

Die automatische Ladevorrichtung (*Box-loader oder box-container*, auch Automatische Ladevorrichtung ALV genannt). Die in großen Vorratsbehältern auf dem Webstuhl befindlichen Schußspulen sind mit einer speziellen Spitzenreserve versehen und kommen selbsttätig in die Vorbereitungs- und Wechselstellung. Der Einschlag der Spule in den Automatenschützen geht normal vor sich. Alle Bewegungsvorgänge für die Vorbereitung der Spulen zum nächsten Wechsel werden pneumatisch durch ein Programmlaufwerk gesteuert. Die Spitzenreserve der zum Wechsel kommenden Spule wird von einer Abstreifzange in den Sog einer Düse (dem Adapter) abgestreift und sodann geklemmt. Hierdurch wird die vom gewöhnlichen Spulenwechselautomaten her bekannte Wechselfadenstellung erreicht. Für eine saubere Kante sorgt eine Breithalterschere. Da die Ladevorrichtung von der Hammerbewegung des letzten Wechsels aus gesteuert wird, kann die Spulenvorbereitung in aller Ruhe vor sich gehen. Die beiden Abb. 582 und 583 zeigen die Ausführung dieser Ladevorrichtung von der Firma Georg Fischer. Ähnliche Ausführungsarten werden von allen Webstuhlfabriken gebaut. Im prinzipiellen Aufbau gibt es dabei nur einen Unterschied. In der vorliegenden Erklärung zur Ausführung von Fischer wird erwähnt, daß mit einer Spitzenreserve gearbeitet wird, die während der Vorbereitung durch einen Saugluftstrom abgesogen wird. Diese Spitzenreserve kann unter Umständen, ganz besonders z. B. bei Verwen-

Abb. 584. Beschickung eines Webstuhles von Rüti mit normalen Kästen (box-container) (zu beachten ist das Magazin zwischen den Magazinkästen und dem Automaten)

dung von grobem, sprödem Garn, sehr wenig widerstandsfähig sein und sich bei geringsten Erschütterungen selbst abspulen. Aus diesem Grunde wurden auch Konstruktionen entwickelt, bei denen ganz ohne Saugluft und Spitzenreserve gearbeitet wird. Hierbei übergreift ein Greifermechanismus die Spulenspitze und zieht das Fadenende ab.

Eine interessante Entwicklung auf dem Gebiet der Großmagazin-Automatik ist der box-container von Rüti, das PM-Magazin. Bei dieser Vorrichtung ist es auch nicht mehr notwendig, daß man den Webereibetrieb auf Spezialkästen umstellen muß, denn diese Konstruktion ist so gebaut, daß jeder Kasten verwendet werden kann, sofern er in der Breite, d. h. also die Länge der Spulen betreffend, die erforderliche Toleranz aufweist. Bezüglich der Höhe und der Länge des Kastens sind keine Vorschriften gesetzt; ebenso ist es auch möglich, betriebsübliche Holzkästen für die Vorlage zum Großmagazin zu verwenden. Die Abb. 584 zeigt die Beschickung des Webstuhles durch Kästen. Von rechts erkennt man auf dem Bild den Automaten mit dem Magazin. Oberhalb der Vorrichtung befindet sich der Spulengreifer. Diese Vorrichtung wird vom Webstuhl mechanisch angetrieben und arbeitet sehr langsam und sorgfältig in der Weise, daß der Greifer sich bis auf die vorliegenden Spulen im Kasten senkt, während eine Nadel die Spulen von unten umfaßt und festhält, anschließend wird die Spule aus dem Kasten herausgehoben und in das Automatenmagazin, das auf der Abbildung deutlich erkenntlich ist, eingelegt. Dieses Automatenmagazin enthält etwa 20 Spulen und dirigiert auf mechanischem Wege die Tätigkeit des Spulenhebers, die unterbrochen wird, sobald das Magazin des Automaten ausreichend gefüllt ist. Dieses Zusatzmagazin zum Automaten hat den ganz besonderen Vorteil, daß hier auch dann eine ausreichende Reserve zum Weben einer weiteren Zeit geschaffen worden ist für den Fall, daß der Nachschub an Schußmaterial einmal nicht kontinuierlich erfolgt ist. Sobald also ein Kasten leer geworden ist, hat der Webstuhl noch 20 Kopse zu verarbeiten. Der weitere Vorteil dieses Spulenmagazins ist, daß bei dem Durchwandern der durch die 20 Spulen gekennzeichneten Strecke eine sehr schöne Ordnung des Hülsen- und Spulenmaterials möglich ist.

Abb. 585. Unifil-loom-winding der Universal Winding Company's an einem Webstuhl angebaut

A Ablaufspule, leere Hülsen (vorgelegt); *B* Spule in Arbeitsstellung; *C* volle Schußspule (gerade fertig gestellt); *D* volle Spulen im Magazin; *E* Hülsenreinigung; *F* Elevator für leere Hülsen

Neu an dieser Vorrichtung ist eine durch Kurzschlußankermotor getriebene Pneumatik, die im wesentlichen beim automatischen Wechsel zwei Funktionen durchzuführen hat.

Die Pneumatik arbeitet,

1. wenn der neue Faden abgesaugt wird, d. h. also zum Abziehen der Spitzenwicklung beim Wechsel. Zu diesem Zweck schiebt sich ein Saugstutzen über die Spitze der Spule und nimmt die Spitzenwicklung fort, der sog. „pneumatische Adapter". Er wird mechanisch angetrieben, streift die Spitzenreserve mechanisch ab und hält dann das so freigelegte Fadenende pneumatisch fest;

2. wenn das Absaugrohr neben der Außenschere den alten Faden absaugt. Die Steuerung dieser Elemente erfolgt rein mechanisch. Der Impuls für diese Bewegungen wird von der Bewegung der Außenschere abgeleitet. Der Saugadapter hat für den Webprozeß einen wesentlichen Vorteil dadurch, daß der abgesaugte Faden völlig elastisch, aber gestrafft gehalten wird, so daß der in das Fach einlaufende Faden praktisch nicht durch plötzliches Anstraffen reißen kann.

Schußspulen direkt auf dem Automatenwebstuhl[1,2] (Unifil-loom-winding). Die Universal Winding Company's haben eine Spuleinrichtung entwickelt, die unmittelbar an den Automatenwebstuhl angebaut wird. Es handelt sich um das „Unifil-System", das zuerst 1950 auf der Textilmaschinen-Ausstellung in Atlantic

[1] Marsden, H.: Der Unifil-Schußspulapparat. Melliand Textilber. 1958, Nr. 4, S. 381.
[2] Man-Made Fibres, H. 3, 63.

City der Öffentlichkeit vorgeführt wurde. In der Zwischenzeit wurden im Großbetrieb umfangreiche Dauerversuche durchgeführt, um die Einzelheiten sowohl technischer als auch wirtschaftlicher Natur zu studieren. Es hat sich gezeigt, daß beim Verweben von Reyon 150 den. sich die Unifil-Anlage in 4 Jahren amortisiert hat. Es wird erwartet, daß bei Baumwolle und Zellwolle die Amortisationszeit noch geringer ist. Der Unifil-Spulautomat arbeitet so, daß mit 10—20% höherer Geschwindigkeit gespult wird, als Schußfaden verschossen wird. Die Konstruktion von Unifil ist so, daß keine Differenzen mit dem Spulenwechsel des Stuhles eintreten. Im Maximum benötigt man 11 Spulen für den Unifil und den Automaten-

Abb. 586. Unifil-Aggregat während des Wechselns der Spule im Spulprozeß

webstuhl. 7 Spulen sind davon im Magazin des Stuhles, und je eine arbeitet im Stuhl, in der Spulvorrichtung, beim Spulenreiniger und eine im Leermagazin. Unifil arbeitet folgendermaßen: Die leere Schußspule wird durch Greiferarme vom leeren Spulenmagazin gegriffen und in Spulposition gebracht. Ist das Spulen zu Ende, wird die volle Spule in das Füllmagazin gebracht. Zu gleicher Zeit wird die Garnspannungsvorrichtung freigegeben, das Fadenende abgeschnitten und in eine Spanntrommel gelegt, die das Ende immer in einer horizontalen Lage hält. Wenn die leere Spule ausgestoßen wird und der Faden abgeschnitten ist, passiert die Spulenhülse die Reinigungsvorrichtung, die aus einer rotierenden Bürste besteht. Die Hülse wird dann auf ein Transportband mit magnetischen Fingern gebracht und kommt in das Magazin für die leeren Hülsen, von wo dann die Greiferarme sie in die Spuleinrichtung legen.

Die Abb. 585 und 586 zeigen die vorhin genannte Konstruktion. Die Abb. 585 zeigt die Bauweise, während man auf der Abb. 586 den Spulenwechsel des Spulprozesses erkennen kann.

Der Spulenwechsel auf dem Webstuhl erfolgt in der gleichen Weise, wie beim Northrop-Automaten erklärt wurde.

H. Kontroll- und Überwachungsvorrichtungen am Webstuhl

Keine Automatik ist ohne Kontroll- und Überwachungsvorrichtungen denkbar. Einmal muß der Fertigungsprozeß selbst überwacht werden, damit eine fehlerfreie Produktion gesichert ist; zum anderen erfordern die Aggregate eine Überwachung, damit der Webstuhl selbst bei einer Störung keinen Schaden leidet.

Erst durch die Zuordnung solcher Aggregate wird der Automatenwebstuhl zum Automaten. Nicht nur die Anordnung eines Automaten der besprochenen Bauart ist für den Automaten kennzeichnend. Ein moderner automatischer Webstuhl ist nicht mehr denkbar ohne folgende Einrichtungen: Automatische Kettablaßvorrichtung, Kettfadenwächtervorrichtungen, automatischer Schußfadenwächter, Spulenfühler und Schützenwächter sowie der Automat selber. Darüber hinaus ist man sogar bestrebt, den Webstuhl nicht nur bei einem Kettfaden- oder Schußfadenbruch lediglich stillzustellen, sondern eine ganze Reihe moderner Konstruktionen zeigen auch, daß der Stillstand des Stuhles bei einer bestimmten Fadenstellung erfolgen soll, je nachdem, ob ein Kettfadenbruch oder ein Schußfadenbruch erfolgt ist. Bei einem Kettfadenbruch ist man bestrebt, den Webstuhl so stillzustellen, wie er vom Weber vorgefunden werden will, damit er ohne schwierige Manipulationen den gerissenen Kettfaden wieder einziehen kann, also die Lade in vorderer Stellung, etwa 1—3 cm vor Ladenanschlag. Dagegen soll bei einem Schußfadenbruch die Lade in hinterster Stellung zum Stillstand kommen. Solche Kontrollvorrichtungen sind das typische Kennzeichen der modernen Webstuhlentwicklung. Man braucht heute nicht mehr darüber zu diskutieren, ob sie notwendig sind oder nicht, die Arbeitsweise, insbesondere das Mehrstuhlsystem, setzt solche Vorrichtungen einfach voraus. Es wäre müßig, darüber zu diskutieren, ob beispielsweise ein Kettfadenwächter notwendig ist; es ist aber interessant, einmal zu hören, daß noch Franz Reh in der zweiten Auflage seines Lehrbuches „Die mechanische Weberei", das um die Jahrhundertwende herausgegeben worden ist, folgendes geschrieben hat:

„Vorrichtungen, die den Stuhl abstellen, sobald ein Kettfaden reißt, haben sich bei mechanischen Webstühlen nicht praktisch bewährt und werden daher kaum irgendwo an denselben verwendet. Sie sind zwischen Kreuzschienen und Streichbaum angebracht und zeigen daher die meisten Fadenbrüche verspätet an, und sie erziehen leicht den Arbeiter zu Unaufmerksamkeit, die sich in anderer Weise immer wieder bitter rächt."

Diese Zeilen sollten zitiert werden, weil es heute immer noch eine Reihe von Webereifachleuten gibt, die die Notwendigkeit der Kettfadenwächter in Abrede stellen wollen. Es mag hierzu gesagt sein, daß dies Ansichten einer Zeit sind, in der es üblich war, den Weber nur einen Webstuhl bedienen zu lassen. Diese Zeit ist aber überholt. Es dürfte also auch die Ansicht überholt sein, obwohl man noch immer mal hier und da in dieser Weise argumentieren hört.

I. Kettfadenbruchüberwachung am Webstuhl

Kettfadenwächter dürften in zwei verschiedenen Hauptgruppen unterteilt werden; das sind

1. die Kettfaden-Lamellenwächter,
2. Kettfadenwächtergeschirre.

Die Kettfaden-Lamellenwächter-Vorrichtungen können weiterhin gegliedert sein in mechanische und elektrische Kettfadenwächtervorrichtungen. Es liegt in der Natur der Entwicklung, daß zuerst die mechanischen Kettfadenwächter entwickelt wurden. Es ist aber so, daß diese mechanischen Kettfadenwächtervorrichtungen in der heutigen Zeit nicht vorbehaltlos durch elektrische Kettfadenwächtervorrichtungen ersetzt worden sind. Man findet nach wie vor — auch bei modernen Webstühlen — immer noch sehr häufig mechanische Kettfadenwächtervorrichtungen vertreten, da sie ohne allen Zweifel auch ihre Vorzüge haben.

1. Mechanische Kettfadenwächtervorrichtungen

Das prinzipielle Funktionsschema des mechanischen Kettfadenwächters ist bei den heute verwendeten Systemen nahezu unterschiedslos, deswegen mag die

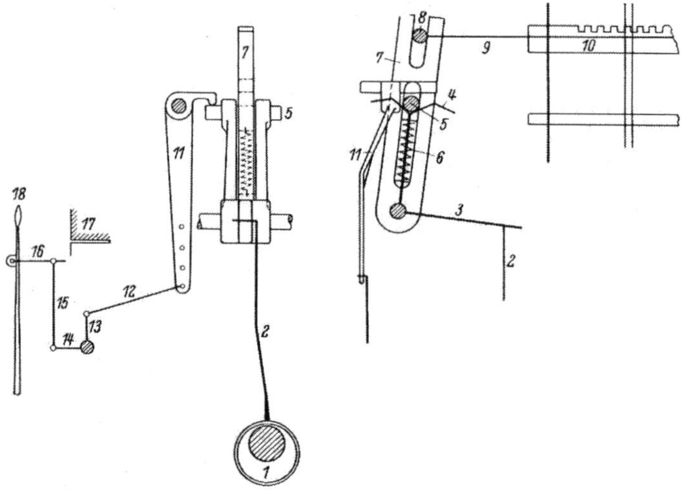

Abb. 587. Prinzipielles Funktionsschema des mechanischen Kettfadenwächters

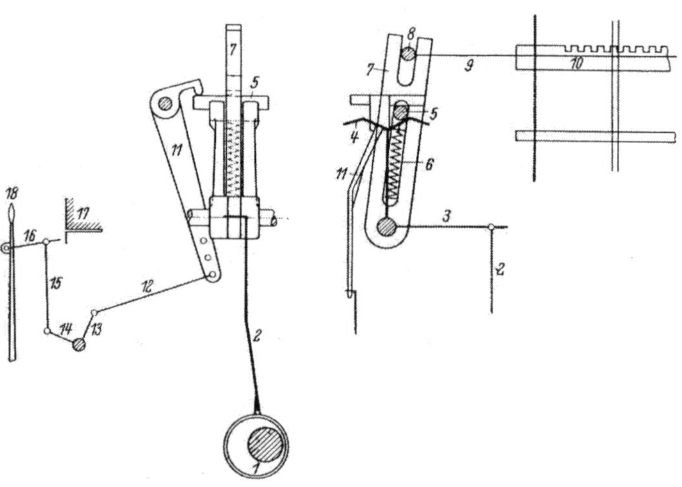

Abb. 588

Funktion mit Hilfe einer einfachen Skizze (vgl. Abb. 587 u. 588) erklärt werden. Durch ein auf der Schlagexzenterwelle angebrachtes Kreisexzenter *1* wird durch

Zugstange *2* und Winkelhebel *3* die gabelförmig geformte Kulisse *4* schwingend nach rechts und links bewegt. In der Kulisse *4* ruht ein Stift *5*, der durch die Feder *6* so gehalten wird, daß er, sofern kein Widerstand erfolgt, immer in dem tiefsten Punkt der Kulisse ruht und deshalb die Schwingungen nach links und rechts mitmacht (vgl. Abb. 587). Diese schwingende Bewegung wird durch den Stift *5* auf den Hebel *7* übertragen. In den oberen Schlitz des Hebels *7* ist der Stift *8* geführt, der nun infolge seiner nach links und rechts stattfindenden Bewegung eine gezahnte Schiene *9* ebenfalls hin und her bewegt, die in einer zweiten feststehenden, ebenfalls gezahnten Schiene *10* geführt wird.

Über den gezahnten Schienen reiten auf den Kettfäden Lamellen, die, wenn sie durch die Kettfäden gehoben sind, die seitliche Bewegung der gezahnten Schiene nicht hindern. Erst wenn ein Kettfaden gerissen ist, fällt die Lamelle in die gezahnte Schiene *9* und *10* herunter, so daß nun eine Verschiebung der Schiene *9* nicht mehr möglich ist.

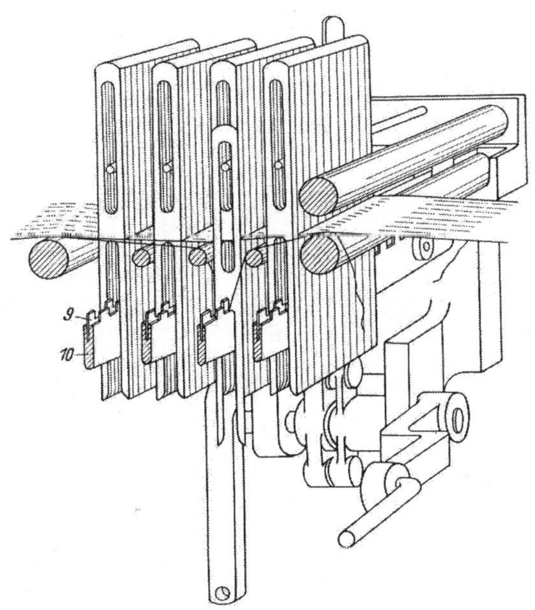

Abb. 589. Querschnitt durch eine Lamellenwächtervorrichtung; ein Faden ist gerissen

Das Abstellen des Webstuhles erfolgt nun in folgender Weise: Der Stift *8* kann den Hebel *7*, weil die gezahnte Schiene *9* nicht folgt, nicht seitlich bewegen. Der Stift ist also in seiner seitlichen Bewegung ebenfalls behindert. Da aber die Kulisse *4* *zwangsläufig* ihre seitliche Bewegung ausführen muß, steigt der Stift *5* an der schiefen Ebene der Kulisse *4* nach oben, die Feder *6* dehnt sich aus, der Stift stößt beim Hochgehen an den Anschlaghebel *11*, der somit in Drehung versetzt wird und durch die Hebel *12*, *13*, *14*, *15* schließlich den Stecher *16* hebt, so daß beim nächsten Vorgang der Lade *17* diese an den Stecher stößt und demzufolge die Ausrückstange *18* aus der Rast bringt und dadurch den Webstuhl abstellt (vgl. Abb. 588). Will nun der Weber die Stelle, wo der Kettfaden gerissen ist, schnell finden, dann drückt er den Hebel *7* mit der Hand seitlich, so daß nun in den Lamellen dort eine Lücke bzw. eine Bewegung entsteht, wo eine Lamelle in den Einkerbungen der Schiene *9* und *10* ruht, also wo ein Kettfaden gerissen ist (vgl. hierzu Abb. 589).

Unterschiede in der Ausführungsform

Die Abb. 590 zeigt die Anordnung eines modernen Kettfadenwächters an einem Rüti-Stuhl. Die Wirkungsweise kann ohne jegliche Schwierigkeit aus der Abb. 591 abgelesen werden, daher soll auch auf eine nähere Beschreibung hier verzichtet werden. Die hier dargestellte Konstruktion ist gemäß ihrem Aufbau und ihrer Ausführungsweise beispielhaft für die heute gebräuchlichen Konstruktionen von mechanischen Kettfadenwächtern. Unterschiede auf diesem Gebiete gibt es heute kaum noch. Die Unterschiede, die es wirklich einmal gegeben hat, waren so, daß die ursprünglich zuerst entwickelten Kettfadenwächter unterhalb der Zahnschienen zwei schwingende Schienen besaßen, und sobald ein Kettfaden gerissen ist und die entsprechende Lamelle nach unten durchgefallen war, dann mußte die Lamelle die Schwingung dieser beiden Schienen unterbrechen und die Schwingungsunterbrechung wurde dann auf den Ausrücker des Webstuhles übertragen. Solche Konstruktionen, auf deren Skizzierung in diesem Zusammenhang verzichtet werden soll, hatten den Nachteil, daß die Kraftbeanspruchung der Lamellen zu groß war. Die Lamellen wurden verbogen und die ganze Vorrichtung schon frühzeitig unwirksam gemacht. Zuweilen sieht man heute noch Unterschiede insofern, als es Konstruktionen gibt, bei denen die Zahnschiene oberhalb, und andere Konstruktionen, bei denen die Zahnschienen unterhalb der Kette

Abb. 590. Anordnung des Kettfadenwächters im Hinterfach (Rüti)

angeordnet sind. Die Konstruktionen, bei denen die Zahnschienen unterhalb der Kette angeordnet sind, konnten sich nicht durchsetzen, man findet sie nur noch hier und dort in Einzelausführungen. Der Nachteil war der, daß die Flugwolle die Zahnschiene vorzeitig verunreinigte und dadurch das sichere Eingreifen der Lamellen zwischen den Zähnen verhindert wurde. Alle modernen Konstruktionen sind in der bereits dargestellten Ausführung so gebaut, daß die Zahnschienen oberhalb der Kette angeordnet sind. Dadurch sind alle beweglichen Teile, insbesondere die Zahnschienen selbst, außerhalb des Bereiches der von der Kette fortwährend abfallenden Fasern usw. Es ist also eine Verflaumung des Kettfadenwächters gänzlich ausgeschlossen. Auch in der Normung finden wir in dem Blatt DIN 64608 von vier gezeigten Beispielen nur noch ein Beispiel für einen Kettfadenwächter, bei dem die Zahnschienen unterhalb der Kette angeordnet sind. Die oben beschriebene moderne Konstruktion, Anordnung der Zahnschienen oberhalb der Kette, hat sich bei modernen Webstühlen grundsätzlich durchgesetzt. Lamellenschienen sind genormt in DIN 64609. Die Abb. 592a—k zeigt eine Auswahl der verschiedenen Lamellenformen. Wir erkennen aus dieser Abbildung, daß wir grundsätzlich unterscheiden müssen zwischen den offenen Lamellen (vgl. f, g) (f ist die Ausführungsform für elektrische Lamellenwächter) und den geschlossenen Lamellen, d. s. die übrigen Formen. Die Lamellen a und g sind die gebräuchlichen Ausführungsformen, während die Lamellen b und c verwendbar sind bzw. speziell gedacht sind, beim Arbeiten mit einer automatischen

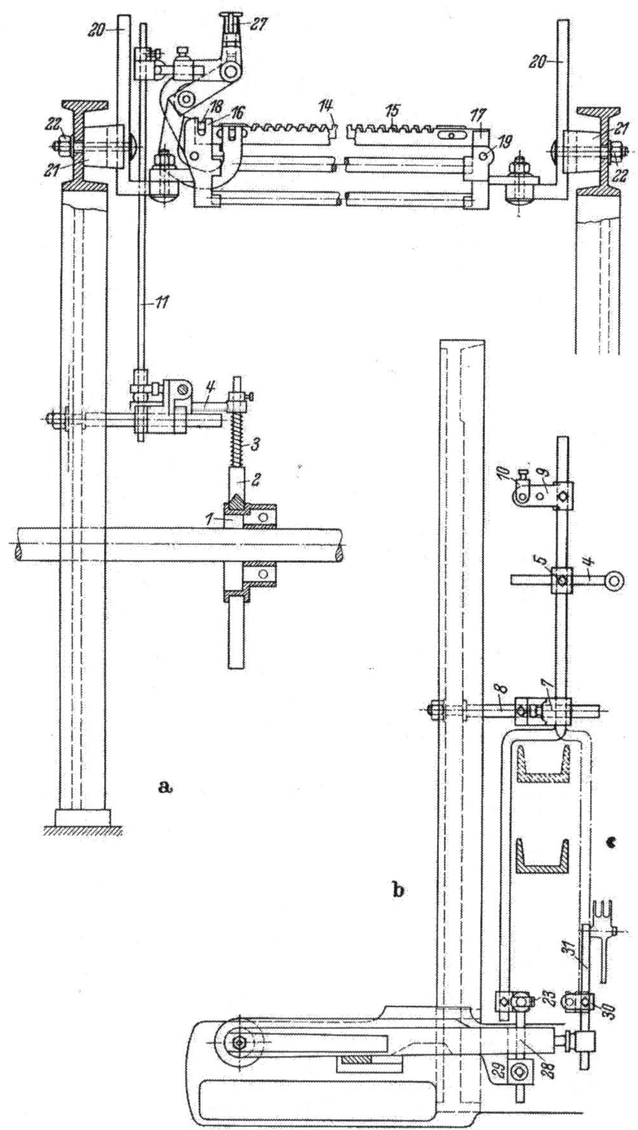

Abb. 591 a u. b. Mechanischer Lamellenwächter (Rüti)
Antrieb: *1, 2, 3, 4, 11, 18* auf die Schiene *14*, die in *15* (diese bei *17* und *18* gelagert) verschiebbar ist. Ausrücken des Webstuhles: wird *14* durch Lamelle auf *15* blockiert, dann Übertragung *4, 5, 7, 8, 9, 10, 23, 28, 29* auf Abstellhebel (*30, 31* Schußwächter; *20, 21, 22* Befestigung)

Passier- und Lamellensteckmaschine verwendet zu werden, etwa wie sie von der Firma Barber & Colman gebaut wird[1]. Hier findet die Steuerung der Maschine

[1] Vgl. hier ausführliche Beschreibung der Passier- und Lamellensteckmaschine in J. Schneider: Vorbereitungsmaschinen für die Weberei. Berlin/Göttingen/Heidelberg: Springer 1955.

statt, indem die Schlüssellochstanzung unterhalb des Fadenauges verwendet wird. Auch unter diesen Beispielen finden sich nur zwei Ausführungsformen von Lamellen, die gedacht sind, bei Kettfadenwächtern, deren Zahnschienen unterhalb der Kette liegen, verwendet zu werden. Man darf also ohne Übertreibungen sagen, daß solche Vorrichtungen, bei denen die Zahnschienen unterhalb der Kette liegen, kaum noch verwendet werden.

Das Rohmaterial solcher Lamellen sollte nur aus besten Stahlqualitäten sein, und zwar grundsätzlich in rostfreier Ausführung.

Die Zahnschienen sollen ebenfalls nur aus bestem Stahl hergestellt sein, und zwar ausschließlich nur gefräst. Sie dürfen nicht genietet und auch nicht gebogen sein. Sie müssen vernickelt, also vollständig rostfrei sein. Auch die Zahnschienen sind genormt, und zwar gibt das Normblatt DIN 64609 über die Abmessungen und Ausführungsformen genauestens Auskunft.

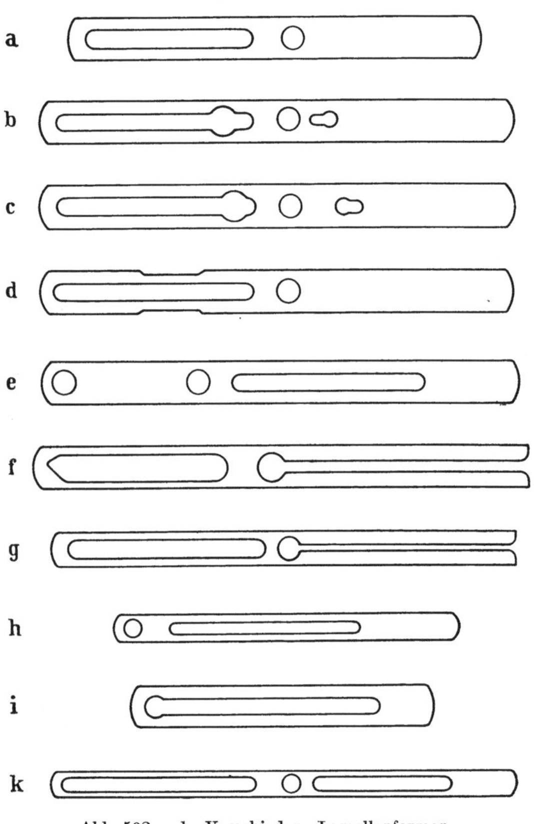

Abb. 592a—k. Verschiedene Lamellenformen

Die Feinheit der Verzahnung richtet sich nach der Zahl der verwendeten Lamellen und insofern auch nach der zur Verarbeitung kommenden Garnnummer. Grundsätzlich dürfte man sagen, daß die allzu grob geteilten Zahnschienen für ein einwandfreies Arbeiten deswegen nicht so vorzüglich sind, weil immerhin die Möglichkeit besteht, daß eine Lamelle auf dem oberen Profil einer solchen Zahnschiene ein längere Zeit hin- und hergeschoben wird, bevor sie in den Schieneneinschnitt fällt. Es kann also dann immerhin sein, daß es einige Stuhlumdrehungen dauert, bis tatsächlich der Stuhl stillgestellt wird.

Es ist sicherlich ein Vorteil für den mechanischen Lamellenwächter, daß er zu allen Materialien eingesetzt werden kann. Er ist außerdem auch sehr übersichtlich, denn ein Fadenbruch zeigt sich durch eine gefallene Lamelle an. Man kann auch durch die Betätigung eines speziell dafür vorgesehenen Handgriffes von Hand aus die Bewegung der inneren Zahnschiene hervorrufen, so daß man an der dabei auftretenden Bewegung der Lamellen an einer erkennbaren Lücke, beispielsweise im Lamellenpaket, sofort den gebrochenen Faden finden kann.

Auf einen besonderen Vorteil soll schon in diesem Zusammenhang hingewiesen werden, obwohl die nähere Erörterung zurückgestellt werden muß bis zur Besprechung der Wächtergeschirre. Die mechanischen Kettfadenwächter arbeiten vollkommen getrennt von den fachbildenden Mechanismen. Sie sind somit in keiner Weise abhängig von der Umdrehungszahl des Webstuhles oder auch von der Fachhöhe.

Tabelle 30. *Die Verwendung der verschiedenen Lamellen* (nach Angaben der Firma E. Fröhlich AG., Mühlehorn)

Kettgarn-Nummern	Abmessungen mm	Gewicht je Stück Lamelle g
Seide, Reyon und Nylon bis zu 150 Den.	125× 7×0,20	1,00
	125× 8×0,20	1,15
Baumwolle, Zellwolle Ne 60 und feiner	127× 7×0,20	0,70
	127× 8×0,20	0,90
	126× 7×0,20	0,60
	126× 8×0,20	0,80
	140× 7×0,20	0,85
	140× 8×0,20	1,05
Seide und Reyon gröber als 150 Den.	125×11×0,20	1,70
	136×11×0,20	1,50
Baumwolle, Zellwolle und Wolle Ne 30—60	146× 8×0,20	1,30
	156× 8×0,20	1,20
Baumwolle, Zellwolle Ne 16—30	125×11×0,30	2,50
Wolle, Leinen, Jute Nm 28 und feiner	136×11×0,30	2,20
	166×11×0,20	2,40
	177×11×0,20	2,10
	146×11×0,20	2,00
	156×11×0,20	1,95
Baumwolle, Zellwolle Ne 8—16	146×11×0,40	4,00
Wolle, Leinen, Jute Nm 14—28	156×11×0,40	3,70
	166×11×0,30	3,50
	125×11×0,40	3,30
	177×11×0,30	3,15
	146×11×0,30	3,00
	136×11×0,40	2,85
	156×11×0,30	2,85
Wolle Nm 14 und gröber, Baumwolle Ne 8 und gröber	166×11×0,40	4,60
	177×11×0,40	4,20

Höchstzulässige Aufreihdichten je Reihe und Zentimeter

15—20 Lamellen 0,20 mm
11—14 Lamellen 0,30 mm
7—10 Lamellen 0,40 mm } Die Stärke des Kettmaterials ist dabei entsprechend zu berücksichtigen

Sobald man jedoch mit einer großen Fadendichte arbeitet, ist es nicht mehr empfehlenswert, normale Lamellen zu verwenden, denn in einem solchen Falle kommt es wiederholt vor, besonders bei stark gedrehten Fäden, daß sich die gerissenen Fäden mit den Nachbarfäden zusammen verdrehen, weil die Lamelle nicht genügend Gewicht hat, um nach unten durchfallen zu können. Aus diesem Grunde sind Versuche mit schweren Lamellen gemacht worden. Man hat dann auch damit eine wesentliche Besserung der Arbeitsweise der Wächtereinrichtung erzielt.

Es muß noch dringend auf die Notwendigkeit hingewiesen werden, daß man mit Kettfadenwächter nur solche Ketten verarbeiten kann, die einwandfrei gebäumt sind, denn befinden sich innerhalb der gesamten Webbreite Kettfäden, die zu lose aufgebäumt sind, das ist oftmals an der Kante der Fall, dann erfolgt ein Abstellen des Webstuhles, obwohl gar kein Kettfaden gebrochen ist.

Zum Schluß dieser Erörterung soll noch auf ein Problem hingewiesen werden, daß aber grundsätzlich für alle Kettfadenwächtervorrichtungen gleichermaßen Bedeutung hat. Etwa 10% aller vorkommenden Kettfadenbrüche treten zwischen dem Ladenanschlag und dem Geschirr auf. Da aber der Kettfadenwächter hinten im Hinterfach angeordnet ist, besteht immerhin die Möglichkeit, daß ein solcher Kettfadenbruch zu spät angezeigt wird. Die Verwendung eines Wächtergeschirres ist in dieser Hinsicht günstiger als die Verwendung eines normalen Kettfadenwächters. Aber es handelt sich hierbei um ein Problem, das noch irgendwie einer Lösung bedarf.

2. Der elektrische Lamellenwächter

Elektrische Lamellenwächter haben gegenüber den mechanischen Lamellenwächtern den besonderen Vorteil, daß sie keine Übertragungsorgane wie Exzenter, Gestänge usw. verwenden müssen. Das Prinzip der Wirkungsweise läßt sich sehr einfach erklären. Die bisherige Zahnschiene ist durch zwei Kontaktschienen ersetzt, eine U-förmig und darin isoliert eine flache Zahnschiene, deren Profil etwas höher ist. Beide Schienen sind stromführend. Sobald ein Kettfaden bricht, wird

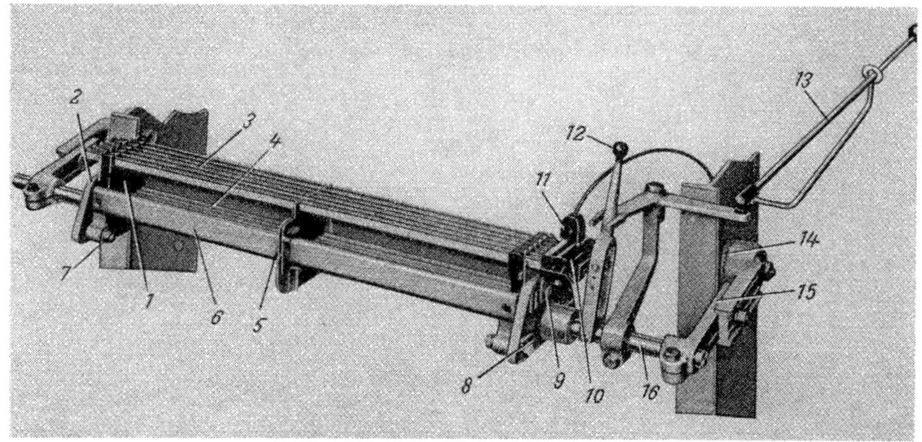

Abb. 593. Kettfadenwächter für Seide

der Kontakt zwischen den beiden Schienen durch die Lamelle, die beim Fadenbruch abwärts fällt, geschlossen. Dieser Stromkontakt wird dann über eine Relaisschaltung den Hauptstromkreis des Webstuhles unterbrechen und den Stuhl so kurzfristig zum Stillstand bringen, daß die Lade 2—3 cm vor dem Anschlag zum Stillstand kommt.

Elektrische Lamellenwächter haben weiterhin gegenüber den mechanischen Lamellenwächtern den Vorteil, daß die Teilung der Zahnschienen nicht mehr maßgebend für die Sicherheit der Arbeitsweise ist, wie das bereits im vorigen Abschnitt erwähnt wurde. Auch hier haben die Zahnschienen eine Zahnteilung, meist sägezahnförmig, jedoch ist diese nur dafür gedacht, das Auffinden des gebrochenen Kettfadens zu erleichtern. Die Unterschiede der elektrischen Lamellenwächter, wie wir sie zwischen den Wächtern für Seide, Wolle und Baumwolle finden, sind lediglich in den äußeren Abmessungen zu sehen. Einen Unterschied in der Wirkungsweise gibt es nicht. Da es sich hier um eine heute viel gebräuchliche Konstruktion handelt, mögen drei Konstruktionsbeispiele von Grob diskutiert werden.

1. Kettfadenwächter für Seide. Dieser wurde aus einer älteren Type entwickelt und genau wie der ältere Wächter den heutigen Wächtertypen für Wolle und Baumwolle zugrunde gelegt. Der Wächter arbeitet mit 4, 6, 8, 10 und sogar 12 Kontaktschienen. Für feinere Gewebe genügen 0,2 mm dicke Lamellen, wovon sich auf jeder Schiene bis 20/cm aufreihen lassen. Ein zwölfreihiger Wächter z. B. überwacht also dichtest eingestelltes Gewebe mit bis 240 Fäden/cm.

Arbeitsweise und Bauart. Zur Erläuterung der Arbeitsweise diene die Abb. 593. In die aus widerstandsfähigem Preßmaterial gefertigten Schienenträger *1* werden oben die Kontaktschienen eingesetzt, und in ihrem Fuße lagern die Führungsschienen *4*. Durch leichten Druck auf den im Schienenträger eingebauten Schiebeverschluß können die Kontaktschienen *3* freigegeben und einzeln oder zusammen herausgehoben und eingesetzt werden (*2*). Das gegenseitige Verfangen der Lamellen wird durch die Führungschienen *4* zwischen den Lamellenreihen verhindert. Die stabile zweiteilige Mittelstütze *5* läßt sich rasch einsetzen und herausnehmen. Die abklappbaren Fadentragrohre *6* sind bei jeder Kontaktschienenzahl unmittelbar neben der äußersten Lamellenreihe angeordnet. Nach Wegnehmen der Mittelstütze *5* und Lösen der Schraubenmutter *7* können die Fadentragrohre *6* heruntergeklappt werden. Die gußeisernen Rahmenschilder *8* verleihen dem Wächterrahmen Stabilität. Die Schienenträger *1* mit den Kontaktschienen lassen sich zu den Rahmenschildern höher oder tiefer stellen. Dadurch wird die Fallhöhe der Lamellen kleiner oder größer. Eine ausziehbare Kupplung verbindet den Stromkreis des Kettfadenwächters mit demjenigen der Abstellvorrichtung *11*. Die Fadenbruchanzeigevorrichtung *12* ermöglicht das rasche Auffinden des gebrochenen Kettfadens, indem durch den Suchhebel die Kontaktschienen hin- und hergeschoben werden. Ein Winkelhebel mit Stange *13* erlaubt die Bedienung der Fadenbruchanzeigevorrichtung vom Weberstand aus. Mit einer Planverzahnung *14* steht der Tragarm in Eingriff und ist gegen unerwünschtes Verdrehen gesichert. Der Tragarm für den Apparat ist zweiteilig und in der Länge durch *15* verstellbar. Die Tragzapfen sind in den Rahmenschildern verstiftet und halten den Wächter sicher in der gewünschten Lage *16*. Der hier beschriebene elektrische Kettfadenwächter arbeitet mit Niederspannung von 12 V und 1 A. Reißt ein Kettfaden, so sitzt die zugehörige Lamelle auf die Kontaktschiene auf, und indem sie gleichzeitig deren beide von einander isolierten Pole berührt, schließt sie den Stromkreis (vgl. Abb. 594).

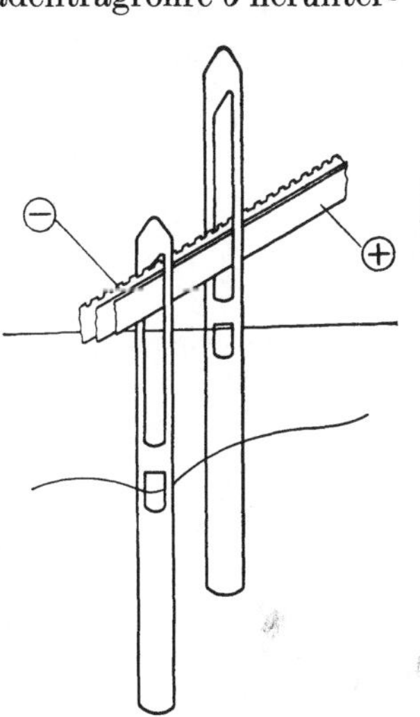

Abb. 594. Kontaktgabe der Lamelle bei Kettfadenbruch

Der hier besprochene Wächter von Grob & Co. ist in erster Linie für die Seidenwebereien, die vielfach offene Lamellen verwenden, konstruiert worden. Jedoch kann auch ohne Umstellungen mit geschlossenen Lamellen gearbeitet werden, indem man im Gegensatz zum alten System die untere Führungsschiene zwischen den einzelnen Lamellen gelagert hat.

2. Kettfadenwächter für Wollgarne. Da in der Wollweberei die Beanspruchung größer ist, hat man diesem Punkte bei der Konstruktion von elektrischen Wächtern für Wollgarne besondere Beachtung geschenkt, indem der Apparat in der Kettrichtung durch entsprechende Bügel *1* verstärkt wurde (vgl. Abb. 595 u. 596).

Dieser Wächter beansprucht im Webstuhl wenig Platz, da er an der breitesten Stelle bei der Tragvorrichtung 280 mm mißt. Die Lamellen sind durch auswechselbare Kontakt- und Führungsschienen *3* und *4* gehalten. Zur Sicherung dienen die Stifte *5*. Durch Mittelstützen *6* werden diese Schienen in der richtigen Distanz gehalten und am Durchbiegen gehindert. Die Lamellen bleiben dadurch frei beweglich und können den Bewegungen in der Fachrichtung ungehindert folgen. Die Fachhöhe der Lamellen ist regulierbar. Je nach der Art des Kettmaterials oder Artikels kann mit größerer oder kleinerer Fallhöhe gearbeitet werden.

Der Apparat wird im ersten Fall unempfindlich gegen lockere Kettfaden oder aber er reagiert bei jedem lockeren Faden sofort. Diese Verstellbarkeit erweist sich besonders günstig bei häufigem Artikelwechsel. Zwei drehbare Fadentragstangen *7* dienen als Auflage für die Webkette. Der ganze Apparat ist durch eine verstell-

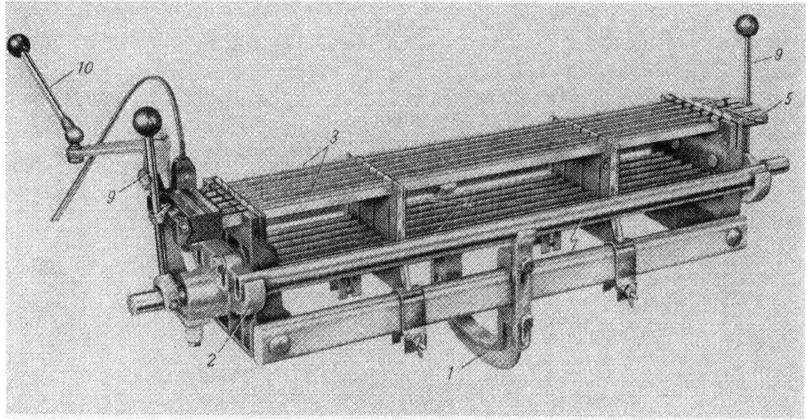

Abb. 595. Elektrischer Kettfadenwächter für Wolle (Grob & Co.)

bare Tragvorrichtung im Webstuhlschild fest verbunden. Er läßt sich in der Kettrichtung wie auch in der Höhe rasch verstellen. Die Fadenbruchanzeigevorrichtung kann sowohl hinten am Webstuhl mittels eines Suchhebels *9* als auch vorn vom Weberstand aus durch Zugstange *10* bedient werden. Durch eine einfache Hebel-

Abb. 596. Elektrischer Lamellenwächter für Wolle (Grob & Co.), eingebaut in einen Wollwebstuhl

übertragung lassen sich die Kontaktschienen seitlich bewegen. Eine bei Fadenbruch gefallene Lamelle bildet durch die Hin- und Herbewegung der gezahnten Schiene eine Gasse in der Webkette, so daß die Stelle des Fadenbruches gut sichtbar wird (vgl. Abb. 597). Für diesen Kettfadenwächter wird Schwachstrom von 10—20 V gebraucht. Das Ausrücken des Stuhles erfolgt durch Elektromagnet, der eigens von der Firma Grob & Co. konstruiert wurde. Das Exzenter auf der Stuhlwelle kann so eingestellt werden, daß der Webstuhl in der gewünschten Stellung, d. h. etwa 2—3 cm vor Blattanschlag, zum Stillstand kommt, also in der für das Anknüpfen des gebrochenen Fadens günstigen Stellung. Der Anschluß am Apparat geschieht mit einer scherenartigen Anschlußkammer *11*, die auf die Kontaktschiene geklemmt wird. Es ist gleichgültig, ob man den Strom vom Motor oder vom Lichtnetz abzweigt. Jedoch empfiehlt es sich bei dem heutigen Stand der Dinge. Webstühle werden fast nur noch mit Einzelantrieb ausgerüstet, für jeden Webstuhl ist ein separater Transformator vorzusehen. Das hat den Vorteil, daß keine langen Zuleitungen notwendig sind. Stromverluste werden dadurch auf ein Minimum reduziert, die nötige Spannung garantiert, und eventuelle Störungen lassen sich rasch beheben.

Abb. 597. Auffinden eines gebrochenen Kettfadens

3. Der elektrische Lamellenwächter für Baumwolle. Der prinzipielle Aufbau dieser Vorrichtung ist, wie sich leicht aus einem Vergleich mit der Abb. 598 feststellen läßt, der gleiche wie der elektrische Wächter des Seidenwebstuhles. Besonders erwähnenswert ist in diesem Zusammenhang jedoch, daß, mit Rücksicht darauf, daß Baumwollgarne häufig stark geschlichtet sind und auch sehr stark während des Webprozesses flusen, die Konstruktion nach unten vollständig offen gehalten wird, so daß der ganze Staub, der gerade in den Lamellenwächtern abfällt, nach unten zwischen die Führungsschienen durchfallen kann.

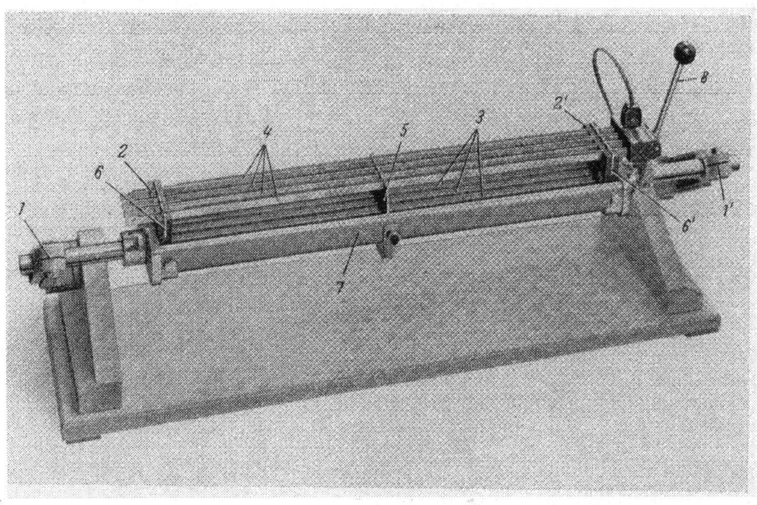

Abb. 598. Elektrischer Lamellenwächter für Baumwolle (Grob & Co.). Der Wächter ist umstellbar auf Seide, durch Auswechseln weniger Teile kann man die Schienenteilung von 12 mm für Seide auf 16 mm für Baumwolle und umgekehrt einstellen. Das ist bei häufigem Wechsel der Musterung sehr vorteilhaft

Mit der verstellbaren Tragvorrichtung *1* und *1'* (Abb. 598) kann der Apparat an irgendeinen Webstuhlschild montiert werden. In den aus widerstandsfähigem Preßstoff hergestellten Seitenschildern *2* und *2'* sind die Führungsschienen *3* und die Lamellen- oder Kontaktschienen gelagert. Je nach der Breite des Wächters werden eine oder mehrere verschiebbare Mittelstützen *5* eingesetzt, welche die Kontakte und Führungsschienen in der richtigen Lage halten und am Durchbiegen verhindern. Die Kontaktschienen werden durch Sicherungsstifte *6* und *6'* vor dem Herausfallen gesichert. Die beiden Stahlrohre *7* geben dem Apparat einen stabilen Rahmen und dienen gleichzeitig als Fadenauflage. Zum raschen Auffinden des gebrochenen Kettfadens dient die bekannte Fadenbruchanzeigevorrichtung *8*.

Dieser Wächter arbeitet mit 8—12 V und 1 A.

Entsprechend der Nummer des Kettgarnes werden leichte oder schwere Lamellen im Gewicht von 1,7—8,1 g verwendet. Der Kettfadenwächter ist mit vier Lamellenschienen ausgerüstet, und auf jede Kontaktschiene können pro cm bis zu 20 Lamellen besteckt werden. Diese höchste Einstelldichte wird erreicht bei Verwendung von 0,2 mm dicken Lamellen für feine Baumwoll- und Stapelfasergarne. Gröbere Garne erfordern schwere Lamellen, und gleichermaßen wird auch die Einstelldichte vermindert.

4. Schaltung und Stromführung bei elektrischen Lamellenwächtern (Abb. 599). Der am Webstuhl befestigte Transformator *13* wird an das Licht- bzw. Kraftstromnetz angeschlossen. Vom Transformator führt ein Schwachstromkabel zum Abstellmagneten *14* mit eingebautem Ausschalter, der bei stillstehendem Webstuhl den Stromkreis zwangsläufig unterbricht. Vom Abstellmagneten aus läuft das Kabel weiter zum Anschlußstift *15*, der am Kettfadenwächter die Verbindung mit den Kontaktschienen herstellt. Das zweite Schwachstromkabel verbindet den Transformator *13* unter Zwischenschaltung des Unterbrechers *16* mit dem anderen Pol des Anschlußstiftes *15*. Dieser Unterbrecher wird durch die auf der unteren Webstuhlwelle angebrachte Nockenscheibe *17* gesteuert. Die Nocken können derart eingestellt werden, daß der Webstuhl in der günstigsten Ladenstellung stillgesetzt wird, d. h. 2—3 cm vor Anschlag. In dieser Stellung ist das Fach geschlossen und der Weber kann den gebrochenen Faden unverzüglich anknoten. Ein mühsames Drehen mit dem Handrad erübrigt sich.

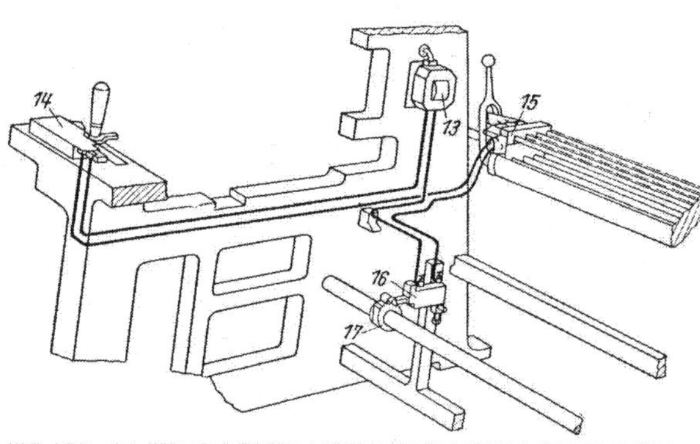

Abb. 599. Schaltung und Stromführung beim elektrischen Lamellenwächter

5. Einsatzfähigkeit des elektrischen Kettfadenwächters gegenüber dem mechanischen Fadenwächter. Die besonderen Vorteile des elektrischen Kettfadenwächters, so kann man aus der vorausgegangenen Darstellung erkennen, sind wohl die einfachere Aufbauweise einerseits und auch die Tatsache, daß die Abstellung des Stuhles schneller und sicherer erfolgt. Es besteht lediglich eine bestimmte Schwierigkeit, wenn insbesondere für Wollgarne stark geschmälzte Garne verwendet werden, denn die Schmälzöle bilden durch ihre Verharzung auf den Kontaktschienen eine Isolierschicht, die ein einwandfreies Schalten unterbinden kann und dadurch Kettfadenbrüche nicht angezeigt werden.

3. Der elektrische Geschirrwächter

In vielen Fällen moniert man bei Kettfadenwächtern die Verkürzung des Hinterfaches, in anderen Fällen findet man Wächtervorrichtungen im Hinterfach hinderlich für die Arbeit, und nicht selten wird auch darauf hingewiesen, daß solche Wächtervorrichtungen sorgfältige Pflege brauchen und mit empfindlichen Mehrkosten in der Anschaffung verbunden sind.

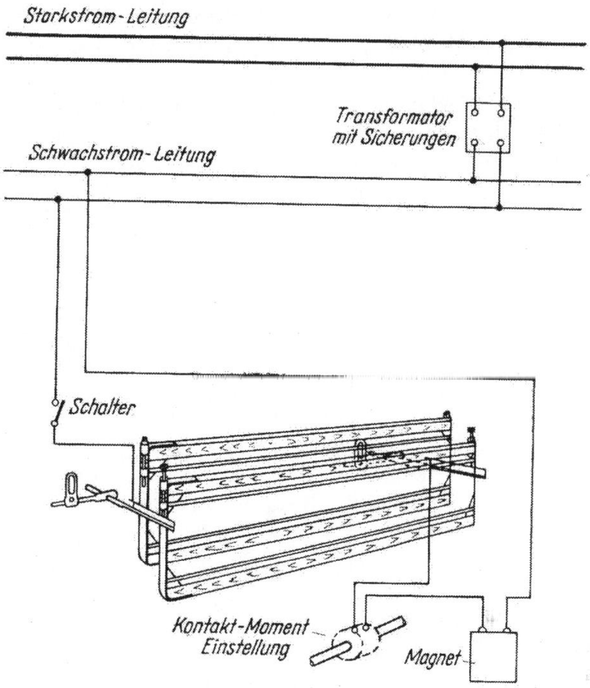

Um solchen Einwendungen aus dem Wege zu gehen, wurde von der Firma C. C. Egelhaaf, Reutlingen, die sich mit der Konstruktion von Lamellenwächtern auch sehr verdient gemacht hat, ein Wächter*geschirr* konstruiert. Hierbei werden Schäfte verwendet, in denen die Litzen als Kontaktgeber arbeiten. Die Arbeitsweise dieser Vorrichtung mag der Abb. 600 entnommen werden. Die Wächtergeschirre arbeiten elektrisch ohne Lamellen. Die Litzen sind als Lamellenlitzen ausgebildet (vgl. Abbildung 601) und ruhen auf einer Kontaktschiene, von der sie im unteren Fach durch die Kettfäden abgehoben werden. Während sie gehoben sind, setzt der Wellenkontakt die Kontaktschienen unter Spannung. Ist ein Kettfaden gerissen, so wurde seine Litze nicht von der Kontaktschiene auf Grund der Kettfadenspannung abgehoben. Der Stromkreis schließt sich und betätigt einen Magneten. Dieser Magnet hebt einen am Absteller gelagerten Schellenhebel so weit an, daß er in die Laufbahn der Lade gelangt. Dadurch wird beim Zurückgehen der Lade der Abstellhebel aus seiner Raste geschlagen und der Stuhl ist abgestellt.

Abb. 600. Schaltschema für elektrische Wächtergeschirre (C. C. Egelhaaf)

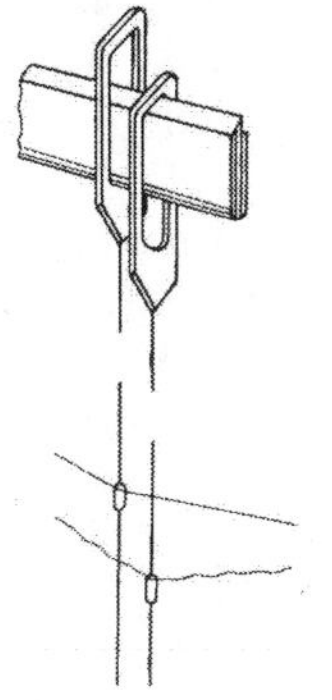

Abb. 601. Litzen als Kontaktgeber

Um die zeitliche Wirkungsweise des Geschirrwächters darzustellen, ist in der Abb. 602 ein Diagramm gezeichnet, aus dem die Bewegung der Schäfte, die Bewegung der Schützen, die Zeit des Wellenkontaktes sowie die Zeit des Schaftkontaktes ersichtlich ist.

1. Praktische Hinweise für das Kettfadenwächtergeschirr mit Kontaktlitzen. Das Kettfadenwächtergeschirr wird wie ein gewöhnliches Geschirr eingezogen und eingehängt. Das Prinzip des Wächtergeschirres bedingt, daß sämtliche Litzen im Unterfach gehoben, also alle Kettfäden *gleichmäßig gespannt und gezettelt sein müssen.* In eine Litze darf nur ein Faden eingezogen werden. Vor dem Einziehen der Kette ist stets darauf zu achten, daß die positiven und negativen Leitungen je auf gleicher Seite liegen. Sind übrige Litzen vorhanden, so müssen diese entfernt oder hochgebunden werden. Fehlende oder gebrochene Litzen werden durch Ersatzlitzen ersetzt. Es ist selbstverständlich, daß Kontaktlitzen sorgfältiger behandelt werden müssen wie die bisher verwendeten gewöhnlichen Drahtlitzen. Besonders beim Einsetzen der Ersatzlitzen während des Webprozesses ist darauf zu achten, daß die an einer Seite zerschnittenen Plättchen der Reservelitzen keine Gelegenheit bieten, sich an den Nachbarlitzen einzuhaken. Es muß auch die Schiene von Zeit zu Zeit vom Schmutz gereinigt werden. Außerordentlich wichtig für das einwandfreie Arbeiten des Geschirres ist ein gutes Anschnüren beim Einlegen der Kette in den Webstuhl. Jeder einzelne Schaft muß mit gleichmäßig verteiltem Zug angeschnürt werden. Wobei darauf zu achten ist, daß zu starkes Anschnüren die Schäfte durchbiegt, während sich die Schäfte bei zu loser An-

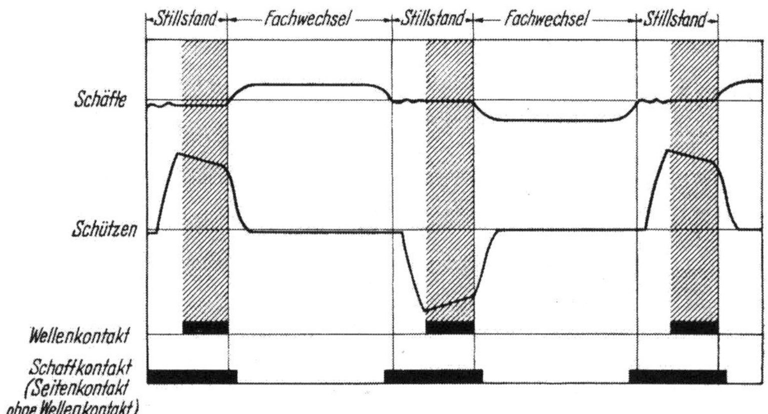

Abb. 602. Zeitdiagramm für die Wirkungsweise des Geschirrwächters

schnürung, besonders im Tieffach, durch den zu starken Zug der Kette nach innen durchbiegen.

Die Streichwalze wird zweckmäßig etwas über die normale Höhe gestellt, damit die Kettfäden im Unterfach etwas stärker gespannt sind, wodurch unnötiges Abstellen vermieden wird.

Da beim Anweben einer Kette, ebenso beim Auslaufen derselben die Kettfäden nicht gespannt sind, ist an jedem Stuhl ein Ausschalter montiert.

Der Litzenwächter erfordert Schwachstrom von 24 V.

Es empfiehlt sich, ein neues Litzenwächtergeschirr beim Einlaufen einen Tag lang ohne Strom laufen zu lassen, damit sich die Kontakte einspielen können.

2. Der Vergleich des Geschirrwächters gegenüber dem Lamellenwächter. Betrachtet man das Einziehen, Andrehen oder Anknoten einer Kette, so unterscheidet sich diese Vorrichtung in keinem Punkt von einem normalen Geschirr. Es sind also für die obenerwähnten Arbeiten keine zusätzlichen Löhne erforderlich. Diese Wächtereinrichtung sorgt wohl durch den Fortfall der Lamellen für eine größtmögliche Schonung der Kettfäden. Es ist immerhin denkbar und z. T. auch schon erwiesen, daß die Kettfadenbruchzahl erheblich geringer wird.

Hält man nun die Nachteile den Vorteilen entgegen, so erkennt man, daß sich beide das Gleichgewicht halten.

Bei leinwandbindiger Ware z. B. arbeitet dieses System ausgezeichnet und drängt alle anderen Wächter in den Hintergrund. Bei mehrbindiger Ware allerdings setzt diese Vorrichtung den Stuhl bei Fadenbruch erst dann still, wenn sich der betreffende Schaft senkt. Bei Verwendung vieler Musterschäfte kann dies dazu führen, daß ein Fadenbruch erst nach wiederholten Stuhlumdrehungen angezeigt wird, und zwar erst dann, wenn der Schaft ins Unterfach gesteuert wird. In einem solchen Falle würde es sich daher empfehlen, die Schußseite nach oben zu weben.

Weiter ist die elektrische Einrichtung der Schäfte sehr empfindlich, wie gegen Beschädigungen, die bei häufiger Änderung der Litzenzahl je Schaft leicht auftreten können. Es ist immerhin ratsam, nur gleichartige Ware auf Webstühlen mit diesen Geschirrwächtern herzustellen. Hat man lose Fäden in der Kette, so sind diese bei der Verwendung von Lamellenwächtern schnell gefunden, wohingegen das Wächtergeschirr dort Schwierigkeiten aufweist. Verringern könnte man derartige Fehler höchstens dadurch, daß ein größeres Fach und eine größere Kettspannung eingestellt wird. Dies geht aber auch nur so weit, wie es das Kettmaterial vertragen kann. Auch im Hinblick auf die Stuhldrehzahl sind Grenzen gesetzt. Sie arbeiten bis zu 160 U/min einwandfrei. Darüber hinaus beginnen die Litzen zu pendeln.

II. Schußfadenbruchüberwachung am Webstuhl

Die Ursachen für Schußfadenbrüche sind so mannigfaltig, daß es nicht zweckmäßig wäre, mit wenigen Worten in einer Einleitung auf diese hinzuweisen sowie auf deren Beseitigungsmöglichkeiten einzugehen. Die Aufgabe der nachfolgenden Abhandlung soll sein, die verschiedenen Konstruktionen von Schußfadenwächtern sowie von Vorrichtungen zu besprechen, die den Webstuhl in geeigneter Weise zum Stillstand bringen. Unter solchen Vorrichtungen sind nicht nur Konstruktionen zu verstehen, die lediglich den Webstuhl im Falle eines Schußfadenbruches abstellen, sondern auch Konstruktionen bzw. Getriebe, die den Webstuhl entweder in der gewünschten Form abstellen, d. h. Lade in hinterer Totpunktstellung, oder aber den Webstuhl, sofern (entsprechend der jeweiligen Konstruktion) der Webstuhl weitergelaufen ist, wieder in die sog. offene Fachstellung zurückdrehen.

Wir unterscheiden also entsprechend dieser Darstellung:

1. Vorrichtungen, die den Webstuhl im Falle eines Schußfadenbruches abstellen, so daß er im Auslauf zum Stillstand kommt.
2. Vorrichtungen, die den Webstuhl im Falle eines Schußfadenbruches stillsetzen. Die Lade kommt dabei nicht zum Anschlag.
3. Vorrichtungen, die den Webstuhl, sofern die Lade bereits angeschlagen hat, wieder in die offene Fachstellung und in die hintere Totpunktlage zurückdrehen.

Im Hinblick auf die Form des Organs, das den Schußfaden abtastet, unterscheiden wir zwei grundsätzlich verschiedenartige Konstruktionen:

1. den Gabelschußwächter,
2. den Nadelschußwächter.

Beide fühlen den Schußfaden ab und leiten die Vorgänge ein, die zum Stillstand des Webstuhles in der oben entsprechend dargestellten Gliederung führen. Diese Kontrollmöglichkeiten sprechen an, wenn der Schußfaden gerissen ist oder aber auch, wenn eine Schußspule leergelaufen ist.

1. Der Gabelschußwächter

Der Gabelschußwächter, auf dessen Konstruktion in Abb. 603 hingewiesen ist, wird seitlich am Stuhl angebracht. Er gehört mit zu den ältesten Konstruktionen von Schußwächtervorrichtungen und wird überall dort angewendet, wo schußfehlerfreie Ware nicht primäres Gebot ist, denn der Gabelschußwächter, der einseitig am Webstuhl angeordnet ist, kann nur nach je zwei eingetragenen Schüssen den Schußfaden kontrollieren. Es besteht somit immerhin die Möglichkeit, daß eine „Schußplatte" (fehlender Schußfaden) über $1^1/_2$ Stuhlumdrehungen sich in der Ware befindet. Die Wirkungsweise ist aus der Abb. 603 und 604 er-

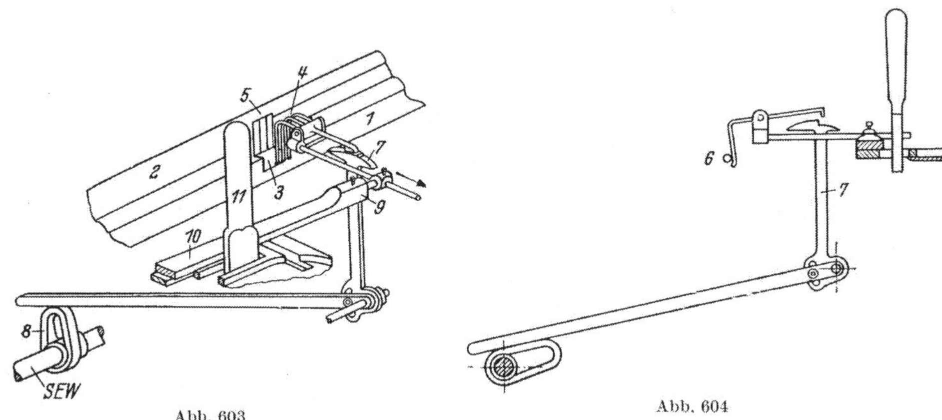

Abb. 603

Abb. 604

sichtlich. Der Ladenbalken ist zwischen der Ladenbahn *1* und dem Schützenkasten *2* und *3* eingenutet, damit die Gabel *4* bei der Vorwärtsbewegung der Lade durch diese Nut streichen kann. In der vorderen Totpunktlage der Lade greifen die Zinken der Gabel *4* in den Rechen *5*, der am Ladendeckel und an

Abb. 605. Gabelschußwächter in Verbindung mit der Einschaltwelle (*EW*) zum Spulenwechselautomaten

der Ladenbahn befestigt ist. Wenn der eingetragene Schuß vorhanden ist, dann werden durch den Faden die Zinken der Gabel *4* beim Vorwärtsgang der Lade zurückgedrängt (Abb. 603), wobei der vordere Haken angehoben wird. Der Schußhammer *7*, der seinen Antrieb durch ein Exzenter *8* auf der Schlagexzenterwelle erhält, kann ungehindert durchschwingen. Fehlt jedoch der eingetragene Schuß, dringen also die Zinken *4* in den Rechen *5* ein, so wird der vordere Haken von der Einkerbung des Schußhammers *7* erfaßt und der Befestigungshebel *9* für die Gabel wird in Pfeilrichtung zurückgedrängt. Der Hebel *10* drückt dann den Andrückhebel *11* so nach vorn, daß er nicht mehr in der Sperre liegt. Der Stuhl wird abgestellt. Obwohl dieser Gabelschußwächter den bereits erwähnten Nachteil aufweist, daß er nur jeden zweiten Schußfaden abtastet, wird er sehr häufig für einfache Automatenwebstühle verwendet und dann auch, sofern es nicht auf gänzlich fehlerfreie Qualitäten ankommt, meistens in Verbindung mit dem Einrückmechanismus des Northrop-Automaten. Dies zeigt auch die Abb. 605, wo der Schußhammer seine Bewegung auf den Einrückschlitten für den Automaten überträgt. Die Bewegung des Schlittens wird über den Hebel *12* auf die Einschaltwelle zum Automaten hin übertragen. Macht man von dieser Schaltung Gebrauch (die Konstruktion ist wechselweise nach Bedarf einstellbar), dann wird beim Ansprechen des Schußwächters nicht der Webstuhl stillgesetzt, sondern es wird auf der Automatenseite die gerissene Schußspule durch eine neue aus dem Magazin des Automaten ersetzt.

Selbstverständlich kann man von dieser Schaltung nur dann Gebrauch machen, wenn im allgemeinen mit gänzlich einwandfreiem Material gearbeitet wird und auch, wenn gelegentliche Fehler nicht den Verkaufswert der Ware herabsetzen.

2. Der Nadelschußwächter

Die Tatsache, daß der bereits beschriebene Gabelschußwächter nicht in jedem Falle sofort anspricht, führte zwangsläufig zur Konstruktion des Nadelschuß-

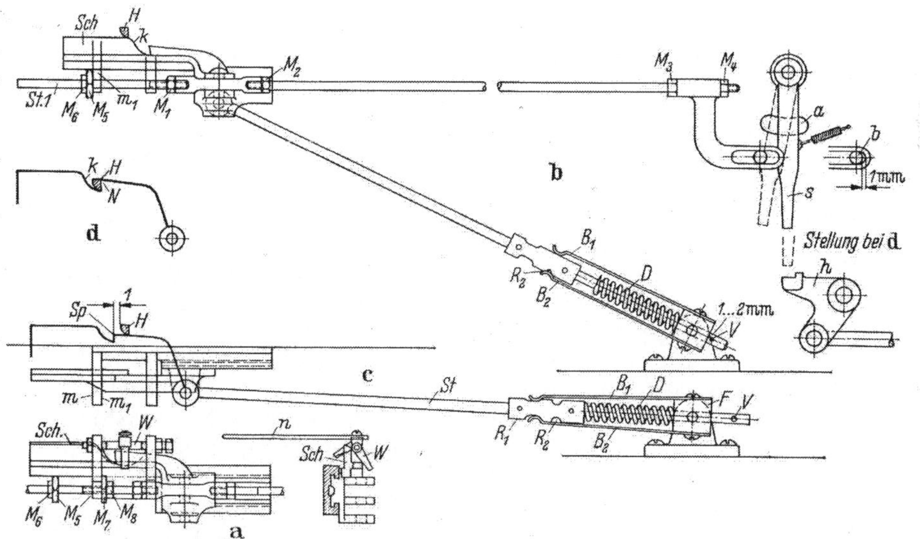

Abb. 606a—d. Doppelschußwächter am Kurbel-Buckskin-Webstuhl

wächters, der, in der Mitte des Stuhles angebracht, den Namen Zentralschußwächter hat oder als Doppelschußwächter bekannt ist, wenn auf der Ladenbahn zur genauesten Kontrolle zwei Schußwächter angebracht sind, die meistens gemeinsam angetrieben werden. Dieser Schußwächter ist heute fast an allen modernen Webstühlen vorhanden und wird in den verschiedensten Ausführungsformen gebaut. Die prinzipielle Wirkungsweise des Nadelschußwächters, wie er in der Ausführung Doppelschußwächter in einfacherer Form bekannt ist, zeigt Abb. 606a—d.

Während beim einfachen Nadelschußwächter die Schußwächternadel in der Mitte der Ladenbahn angeordnet ist, wird beim Doppelschußwächter je auf dem ersten Drittel von der Blattseite aus gesehen eine Schußwächternadel angebracht. Die Steuerung der jeweils beiden Nadeln des Doppelschußwächters ist die gleiche wie die eines Mittelschußwächters. Der Unterschied ist nur in der in der Abb. **606c** erkenntlichen Verbindungsstange *St* zu sehen, die sich während des Arbeitens verkürzt und verlängert, um die Nadeln *n* schneller anzuheben. Die Wirkungsweise ist folgende:

Ist die Nadel *n* in der hintersten Stellung (Bild b), so ist *H* vom Nadelwellchen *W* gehoben, und die Blattfedern *B 1* und *B 2* sitzen in den Rasten *R 2*. Dabei legt sich die Mutter *M 5* an *m* an. Zwischen dem Vorstecker *V* und dem Kopf *F* besteht ein Zwischenraum von 1 mm. Beim Vorgang der Lade senkt sich *H* an *k* entlang und nimmt bei vorhandenem Schuß die Stellung des Bildes c ein. Dabei stößt die Mutter *M 7* an die Fläche *M 1* (Bild a) an und drückt die Blattfedern in die Rasten *R* ein. Ist der Schuß gerissen, verhindert *H* durch Einfallen bei *N* (Bild d) die Weiterbewegung des Schiebers *Sch*. Die Druckfeder *D* wird zusammengedrückt und der Ausrückstößer *S* bewegt den Winkel *h* zum Ausrücker des Stuhles. Rückt der Weber den Stuhl zum Zwecke des Schußsuchens wieder ein, so dreht sich zunächst die Druckfeder wieder auf und bringt die Blattfedern, die über die Rasten *R 1* geschoben wurden, in ihre Stellung zurück. Diese Maßnahme ist notwendig, um zu verhindern, daß sich die Schußwächternadel *n* vorzeitig hebt und beim Rückgang der Lade die Ware von unten zerstört.

Diese hier dargestellte einfache Art einer Steuerung der Schußwächtergabel ist von universeller Bedeutung. Es soll daher auch die Einstellung des Schußwächters erörtert werden, wobei sich die Erörterung auf die in Abb. **606** dargestellte Wächtervorrichtung des Kurbel-Buckskin-Stuhles (CFS) bezieht:

Die beiden Schieber *Sch* werden mit der Stange *St 1* so verbunden, daß die Flächen *H* der Nadelwellchen *W* an den Flächen *N* der Schieber gleichmäßig anliegen (Bild d). Die Mutter M_1 (Bild b) wird fest angezogen, damit ein nachträgliches Verstellen während des Arbeitens nicht vorkommen kann. In dieser Stellung wird gleichzeitig der Ausrückstößer *S* eingestellt. Bei *h* muß *S* anliegen, bei *b* etwa 1 mm Luft haben. Die Muttern *M 2, M 3* und *M 4* sind ebenfalls fest anzuziehen. Hiernach werden die Nadelwellchen *W* durch die Schieber in die gehobene Stellung gehoben (Bild b). Fläche *H* steht auf der höchsten Spitze. Die Mutter *M 5* wird an die Fläche *m* herangedreht und die Mutter *M 6* gegen *M 5* fest gegengezogen. In dieser Stellung müssen die Nadelpaare *n* mit dem Ladenblech einen gleichen Winkel bilden, und zwar so, daß der Schützen ohne zu streifen hindurch kann. Bei vorhandenem Schuß (Bild c) muß die Spitze *Sp* 1 mm vor *H* stehen. Die Mutter *M 7* wird an die Fläche m_1 herangedreht und mit der Mutter *M 8* gegengezogen. Hierbei ist zu beachten, daß beim Auflegen der Nadel *n* auf den Schuß die Spitzen *Sp* an *H* nicht hängenbleiben. Nach dem Versuch, daß beide Schieber mit Stange und dem Ausrückstößer sich leicht bewegen, wird die Stange *St* eingebaut. Bild b zeigt die Stange in hinterster Ladenstellung. Hierbei liegen die Blattfedern *B 1* und *B 2* in Rasten *R 2*. *V* muß von *F* 2 mm abstehen. In der vordersten Ladenstellung (Bild c) ruhen die Blattfedern in Rasten *R 1*. Ist man gezwungen, die Nadeln etwas später heben zu lassen, so ist der Zwischenraum *H* und *Sp* wenig zu vergrößern.

3. Doppelschußwächter mit Exzentersteuerung

Die soeben besprochene Konstruktion zeigte im praktischen Betrieb gewisse Nachteile. Einmal war die Beständigkeit der Einstellung des Schußwächters des-

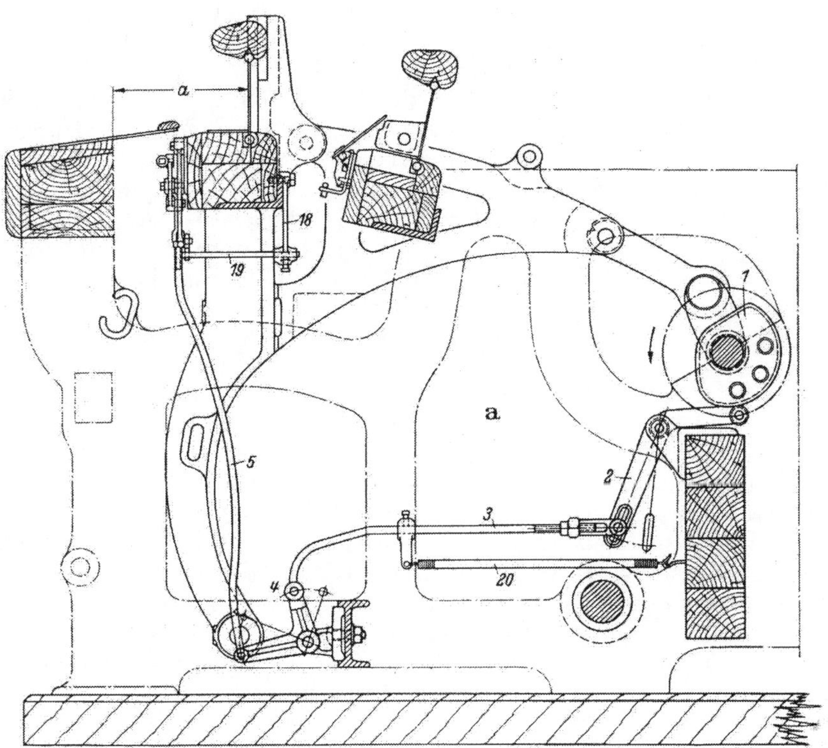

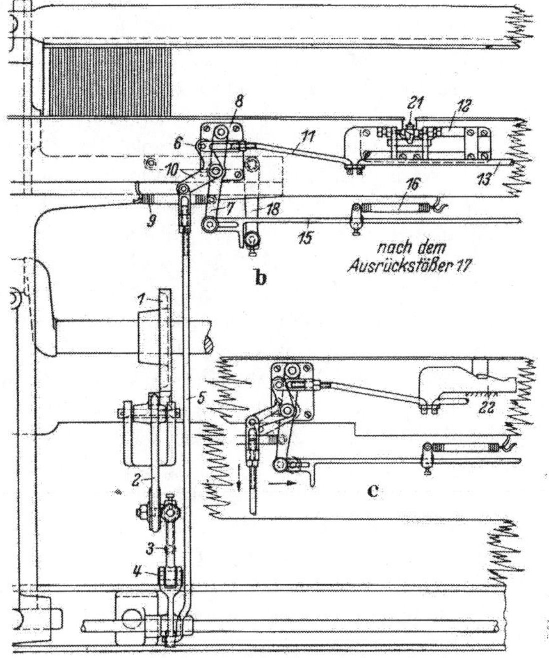

Abb. 607a—c. Doppelschußwächter mit Exzentersteuerung

wegen sehr labil, weil sämtliche Teile, insbesondere auch der Ausrückstößer, ständig in Bewegung waren. Außerdem tritt bei dem Gleiten von Gußeisen auf Gußeisen ein sehr starker Verschleiß der zusammenarbeitenden Teile ein. Um diesen Verschleiß zu vermeiden, wurde schon früh die Gehäusegrundplatte des Schußwächters aus Stahlblech hergestellt, die Schieberführung aus Gußeisen bzw. Temperguß und der Schußwächterschieber wiederum aus Stahlblech. Hierdurch erhält der Schieber selbst eine fast unbegrenzte Lebensdauer,

Außerdem bleibt bei der in Abb. 6J7 dargestellten Vorrichtung beim normalen Arbeiten der Ausrückstößer in Ruhe. Er wird lediglich bei Schußbruch beiseite gedrückt und in den Bereich der Ausrückteile gebracht. Infolgedessen arbeitet der hier genannte Schußwächter wesentlich ruhiger, und auch hierdurch wird seine Lebensdauer in günstigem Sinne beeinflußt.

Der Schußwächter ist in der Abb. 607a—c dargestellt und arbeitet folgendermaßen:

Das auf der Kurbelwelle festgeklemmte Exzenter *1* überträgt seinen Hub durch das Hebelgestänge *2, 3, 4, 5, 6, 11, 13* auf die beiden Schußwächterschieber, von denen nur der linke (*12*) dargestellt ist. Der Winkelhebel *6* ist schwenkbar um einen auf dem einarmigen Hebel *7* befindlichen Bolzen; der Hebel *7* kann wiederum um einen an der Platte *8* befestigten Bolzen schwenken und wird von der Feder *9* nach links an Anschlag *10* gezogen. Die mit Schlitz und Anschlagstift versehene Zugstange *15* verbindet den Hebel *7* mit dem Ausrückstößer *17*. Sie wird nach rechts gezogen von der Feder *16*, die nur so stark ist, daß das linke Ende des Zugstangenschlitzes leicht an den Bolzen des Hebels *7* anliegt.

Durch den Zug der starken Feder *20*, die die Rolle des Winkelhebels *2* an die Laufbahn des Exzenters *1* drückt, werden, wenn die Rolle am kleinen Exzenterdurchmesser anliegt, die Schußwächterschieber nach rechts geschoben und dadurch die Schußwächternadeln angehoben. Bei vorhandenem Schuß kann das Nadelwellchen, wie bekannt, nicht durchfallen und läßt deshalb den Schieber ungehindert nach links zurückgehen. Fehlt der Schuß, dann fällt das Nadelwellchen in den Bereich der Schiebernase und sperrt den Schieber und damit auch den Winkelhebel *6*. Der weitere Hub des Exzenters *1* wird infolgedessen auf den Hebel *7* übertragen, der deshalb nach rechts ausschwingt. In diesem Augenblick wird die Zugstange *15* von der Feder *16* nach rechts gezogen und bringt hierbei den Stößer *17* in den Bereich der Ausrückteile. Beim Schußsuchen von Hand aus wird der mit dem Schlagfallenriemen verbundene Hebel *18* mit dem Anschlagbolzen *19* nach links gezogen und verhindert dadurch, daß der Ausrückstößer *17* bei fehlendem Schuß in Tätigkeit tritt.

Da man die Möglichkeit hat, durch Einstellen des Exzenters auf der Kurbelwelle das Abfühlen des Schusses früher oder später vorzunehmen und da die verbindenden Zugstangen sämtlich mit Zustangenköpfen und Spannschlössern versehen sind, ist die Einstellung des Schußwächters denkbar einfach. Dieser Doppelschußwächter ist verwendbar für Webstühle sowohl mit und auch ohne Schußsucher als auch für solche mit selbständiger Rücklaufvorrichtung (vgl. unten). Bei Stühlen mit Rücklaufvorrichtung wird lediglich die Zugstange *15* mit dem an der Außenladenstütze drehbar angeordneten Hebel verbunden.

1. Schußwächtervorrichtungen am Seidenwebstuhl. Obwohl die oben genannten Vorrichtungen von Nadelschußwächtern prinzipiell an allen anderen Webstühlen angeordnet werden können, ist die einwandfreie Verwendung an Seidenwebstühlen begrenzt. Der Grund hierfür ist wohl darin zu suchen, daß die einfachen Schußwächtervorrichtungen im allgemeinen etwas träge arbeiten, insbesondere wirkt sich die Gestängeträgheit dadurch aus, daß die Schußwächternadel selbst bei vollständiger Entlastung den Schußfaden nach unten durchbiegt. Hierdurch entstehen auf der rückwärtigen Seite der Ware bekannte und auch berüchtigte Garnschlaufen. Es war also notwendig, Schußwächtervorrichtungen zu konstruieren, die wohl eine prinzipiell ähnliche Arbeitsweise aufzeigen, wie bereits besprochen, die aber eine weitaus geringere Trägheit der Schußwächternadel zeigten.

2. Mittelschußwächter am Seidenwebstuhl von Zangs (vgl. Abb. 608). Während die Lade *1* bei ihrer Arbeit die normale Schwingbewegung ausführt, erhält die Wächternadel *2* ihren Antrieb durch ein feststehendes Stück *3* über *4*, *5*, *6*, *7*. Sie wird beim Durchlauf des Schützens angehoben und anschließend auf Grund ihres Eigengewichtes sowie unter dem Zug der Wirkung der Feder *9*, die beim Anheben entspannt wird, nach unten gezogen. Fehlt der eingetragene Schuß, so betätigt das Klemmstück *10* über *11* den Stecher *12*, der in die Kerbe des Schlosses *13* einstößt und über Rolle *14* und *15* den Stuhl über die Einrückstange *16* abstellt. *11* und *12* wird dabei unter der Wirkung einer Torsionsfeder, deren Stärke regulierbar ist, gegen *10* angedrückt. Zwischen dieser Torsionsfeder *16* und der Feder *9* muß man, entsprechend der Feinheit des Schusses, einen vernünftigen Ausgleich schaffen, damit eine Schlingenbildung unmöglich wird. Da der Antrieb des Schußwächters nicht wie bei den bisher besprochenen Konstruktionen formschlüssig ist, besteht während des Eintragens des ersten Schusses nach dem Anstellen des Webstuhles die Gefahr, daß der Schußwächter sofort den Stuhl abstellt, weil der Schußfaden nicht die notwendige Spannung aufweist. Aus diesem Grunde ist das Schloß *13* so konstruiert, daß nach dem Einrücken des Webstuhles das Schloß die in der Abb. 608 gekennzeichnete Stellung einnimmt. Dabei wird der Stecher *12* durch die exzentrische Auflage so angehoben, daß er nicht in die vordere Kerbe des Schlosses einstoßen kann. Erst das Winkeleisen *17* wird beim Vorwärtsgehen der Lade ungefähr in der Endstellung das Schloß wieder in die Normalstellung, bei der die Rolle *14* in der Aussparung des Schlosses liegt, zurückdrängen. Anschließend ist der Schußwächter für die weitere Arbeit richtig eingeschaltet. Das Langauge *18* gestattet eine Verstellung des Drehpunktes der Stange *4* so, daß für unterschiedliche Webstuhlbreiten eine unterschiedliche Zeit für das Anheben der Wächternadeln *2* ermöglicht wird.

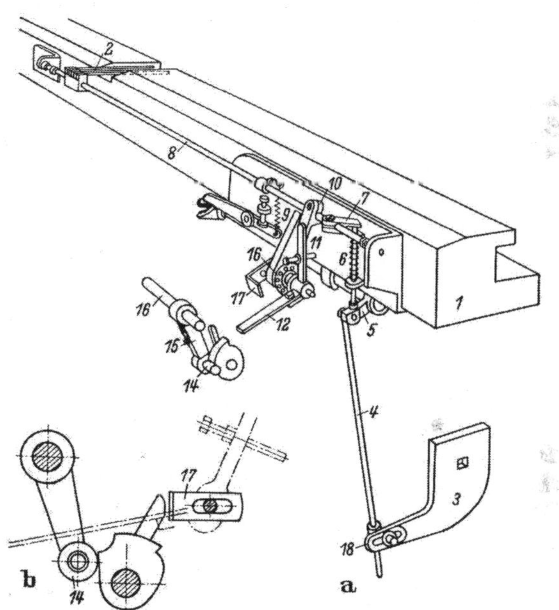

Abb. 608a u. b. Schußwächter am Seidenstuhl (Zangs)

4. Zentralschußwächter am Saurer-Webstuhl

Hier wird der Zentralschußwächter durch ein Exzenter, welches auf der Schlagexzenterwelle befestigt ist, angetrieben. Das Exzenter *1* (Abb. 609b) ist zweiteilig und kann je nach Stuhlbreite eingestellt oder geblättert werden.

Auf der Kurve *2* in Abb. 609b wird der Hebel *3* und somit auch die Schußgabel nach oben gestellt. Der radiale Teil *4* hält die Schußgabel für den Schützendurchgang oben.

Die Kurve *5* läßt den Hebel *3* und damit die Schußgabel nach unten gleiten. Die zeitliche Einstellung erfolgt an der Stellschraube *1* (Abb. 609a). Bei einer Einstellung des Zentralschußwächters wird die Weblade in den hintersten Totpunkt und das Exzenter mit Punkt *2* unter den Hebel *3* gestellt. Der Stuhl bleibt unverändert in dieser Position, bis die Schußgabel eingestellt ist. Mit der Schraube *4* wird der Antriebshebel *3* am Flansch *5* festgeschraubt, welcher, wie auch der Kurvenhebel *7*, seinerseits auf der Welle *6* befestigt ist.

Mittels der beiden Stellschrauben *8* und *9* wird der Kurvenhebel *7* so einreguliert, daß dieser zum Ladenträger *10* ein Spiel von 1 mm aufweist. Es ist wichtig, dieses Spiel beim Einlauf der Stühle öfters zu kontrollieren. Die Hebel *1* und *2* in Abb. 610 sind auf der Welle *3* festgeschraubt. Mit Hilfe der Löcher auf dem Hebel *2* kann der gewünschte Weg der Schußgabel je nach Größe des

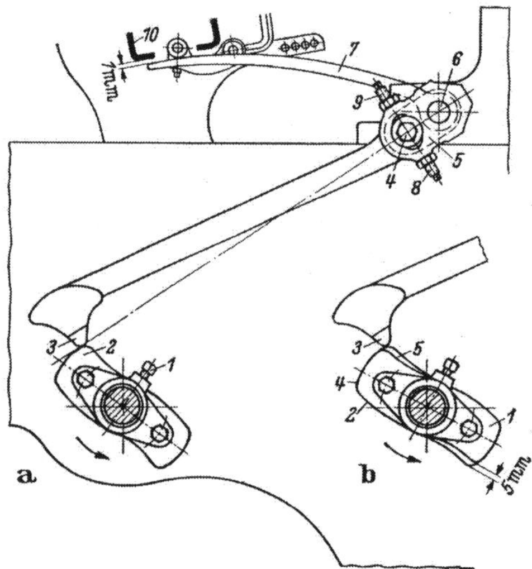

Abb. 609a u. b. Exzenter zum Zentralschußwächter mit Antriebshebel und Kurvenhebel (Saurer)

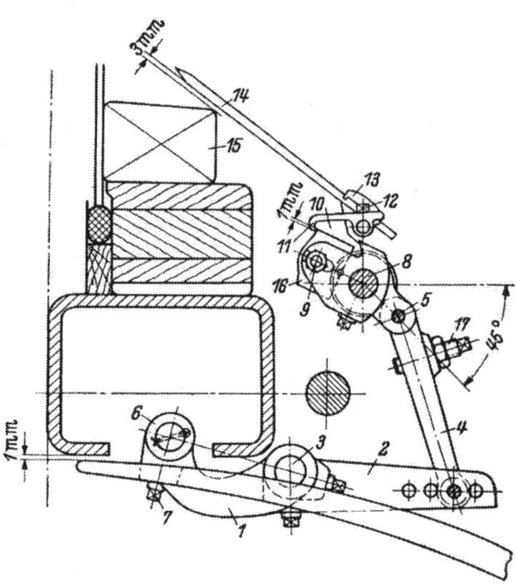

Abb. 610. Zentralschußwächter mit Schußgabelstellung oben

Schützens gewählt werden. Hebel *2* ist durch die Verbindungsstange *4* mit dem Hebel *5* verbunden. Wenn die Rolle *6* auf den Kurvenhebel *7* aufliegt, muß Hebel *2* so gestellt sein, daß Hebel *5* mit 45° zur Ladenbahn steht. Es ist besonders darauf zu achten, daß diese 45° bei mäßiger Spannung der Torsionsfeder auf Welle *8* eingehalten werden.

Auf der Welle *8* wird der Halter *9* mit Nocken *10* so eingestellt, daß der Haken *11* um 1 mm auf dem radialen Teil des Nockens *10* zu liegen kommt. An der Schraube *12* muß der Schußgabelhalter *13* mit Schußgabel *14* etwa 3 mm über dem Schützen *15* eingestellt werden. Für kleine Schützen ist der radiale Teil *16* anwendbar, während bei großen Schützen der Nocken *10* etwa 2 mm über den Halter *9* hinausgestellt sein soll.

Nachdem der Stuhl in unveränderter Stellung bis zur Einstellung der Nadel bleibt, wird nun die Lade so weit in Laufrichtung nach vorn gedreht, bis die Schußgabel den Schuß berührt. Bei doppeltem Zentralschußwächter muß der Schuß beidseitig bis zum Stoffanschlag zurückgenommen werden, damit die beiden Schußgabeln gleich eingestellt werden können. Mit der Büchse *1* in Abb. 611 soll der Druck des Stiftes *2* so reguliert sein, daß die Schußgabel den Schußfaden nicht auf das Unterfach drückt. In der Hülse *3* (Abb. 611) ist eine Torsionsfeder eingebaut, welche mit der randrierten Spannhülse *4* reguliert werden kann. Diese Feder hat die Aufgabe, die Schußgabel möglichst weich auf den Schußfaden zu legen. Bei dichter Ketteinstellung muß diese Feder etwas stärker gespannt sein, damit die Schußgabel das Unterfach überwindet, während bei leichter Kett-

Abb. 611. Regulierbare Druckfeder zur Schußgabelbewegung

einstellung eine schwache Spannung genügt. Es besteht sonst die Gefahr von Schußfadenschlaufenbildung. Die Wirkungsweise des Schußwächters selbst ist am besten aus den beiden Abb. 612 und 613 zu erklären, so zeigt z. B. die Abb. 612 die Stellung der Schußgabel bei eingetragenem Schuß und die Abb. 613 die

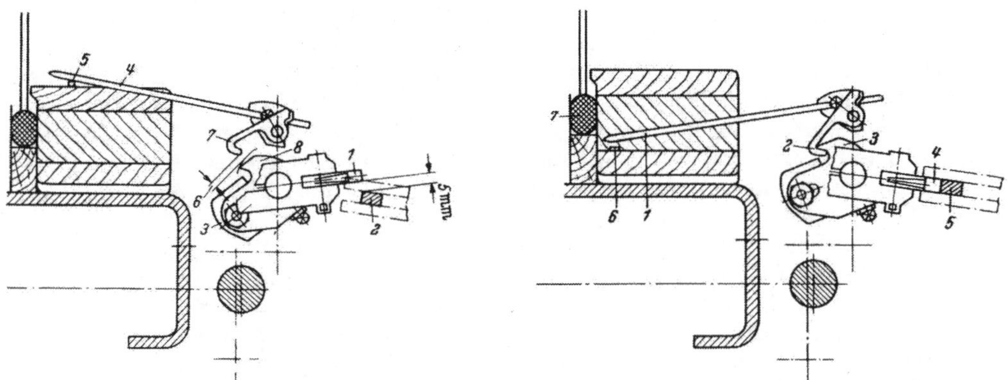

Abb. 612. Stellung der Schußgabel auf dem Schuß

Abb. 613. Schußgabelstellung bei gebrochenem Schuß

Stellung der Schußgabel bei gebrochenem Schuß. Ist der Schußfaden gebrochen, so wird die Schußgabel *1* (Abb. 613) in die Aussparung der Ladenbahn gedrückt, und der Haken *2* hängt in Nase *3* ein. In dieser Position wird die Klinke *4* auf der Höhe der Gegenklinke *5* aufgehalten und betätigt die Abstellstange der Momentabstellung. Die Schußgabel *1* soll in ihrer tiefsten Stellung *6* nicht aufschlagen, und es ist ferner darauf zu achten, daß sie auch nicht im Blattbund *7* ansteht. Die Torsionsfeder *1* (Abb. 614) wird an Stellring *2* reguliert. Sie soll etwas nachgespannt werden, wenn Klinke *1* die Gegenklinke *2* (Abb. 612) berührt, ohne daß ein Schußfadenbruch vorliegt.

Abb. 614. Regulierbare Torsionsfeder zum Zentralschußwächter

5. Vorrichtungen zum Schußsuchen

Bei Webstühlen mit zweiseitigem Wechsel, insbesondere beim Kurbel-Buckskin-Webstuhl, wird der Webstuhl bei Schußbruch oder Ablauf einer Spule durch den Schußwächter abgestellt. Durch mehrmaliges Rückwärts- und Vorwärtsarbeiten muß der gerissene Schuß gesucht werden, wobei darauf zu achten ist, daß Bindung und Schützenwechsel wieder in die richtige Stellung zueinander kommen. Für den Weber bedeuten diese Handgriffe einen fühlbaren Zeitverlust, den er nach Möglichkeit zu vermeiden sucht, indem er die Spulen nicht vollständig ablaufen läßt. Die hierbei auf den Hülsen verbleibenden Garnreste gehen meistens verloren, weil das Umspulen unwirtschaftlich ist. Um dem Weber die die Arbeit des Schußspulens abzunehmen und die Schußspulen restlos auszunützen, wurden schon sehr früh von den Webstuhlfabriken, die Webstühle für die Tuchindustrie herstellen, selbständige Schußvorrichtungen konstruiert. Die Wirkungsweise dieser Vorrichtungen soll an Hand der Abb. 615a—f erklärt werden.

Das auf der Kurbelwelle *1* festgeklemmte Kreisringexzenter *2* ist durch den Exzenterbügel *3* und durch Zugstange *4* mit dem Wendehaken *5* verbunden und läßt diesen bei jeder Umdrehung der Kurbelwelle einen Hub ausführen (Bild a u. b). Ist ein Schuß ordnungsmäßig in das Fach eingetragen, dann verhindert der Sperrhebel *6*, daß der unter dem Einfluß der Zugfeder *7* stehende Wendehaken *5* die Wendelaterne *8* drehen kann. Sobald aber ein Schuß fehlt oder ein Schußbruch entsteht, so tritt der Ausrückstößer *9*, dessen Bewegung beispielsweise nach Abb. 606 und 607 erklärt werden kann, bei Vorwärtsgang der Lade an den Winkelhebel *10*, der die Welle *12* gegen Drehung sperrt, und löst dadurch diese Sperrung, so daß die Welle *12* dem Zug der Feder *13* folgen kann. Die Welle dreht sich jetzt entsprechend der in Bild a dargestellten Pfeilrichtung $x—y$ entgegen der Uhrzeigerdrehrichtung. Die Zugstange *15* überträgt diesen Hub auf den zweiarmigen Sperrhebel *6* und bringt ihn in die in Bild b dargestellte Stellung. Jetzt ist der Wendehaken *5* frei, und er wendet auf Grund der vom Kreisring-

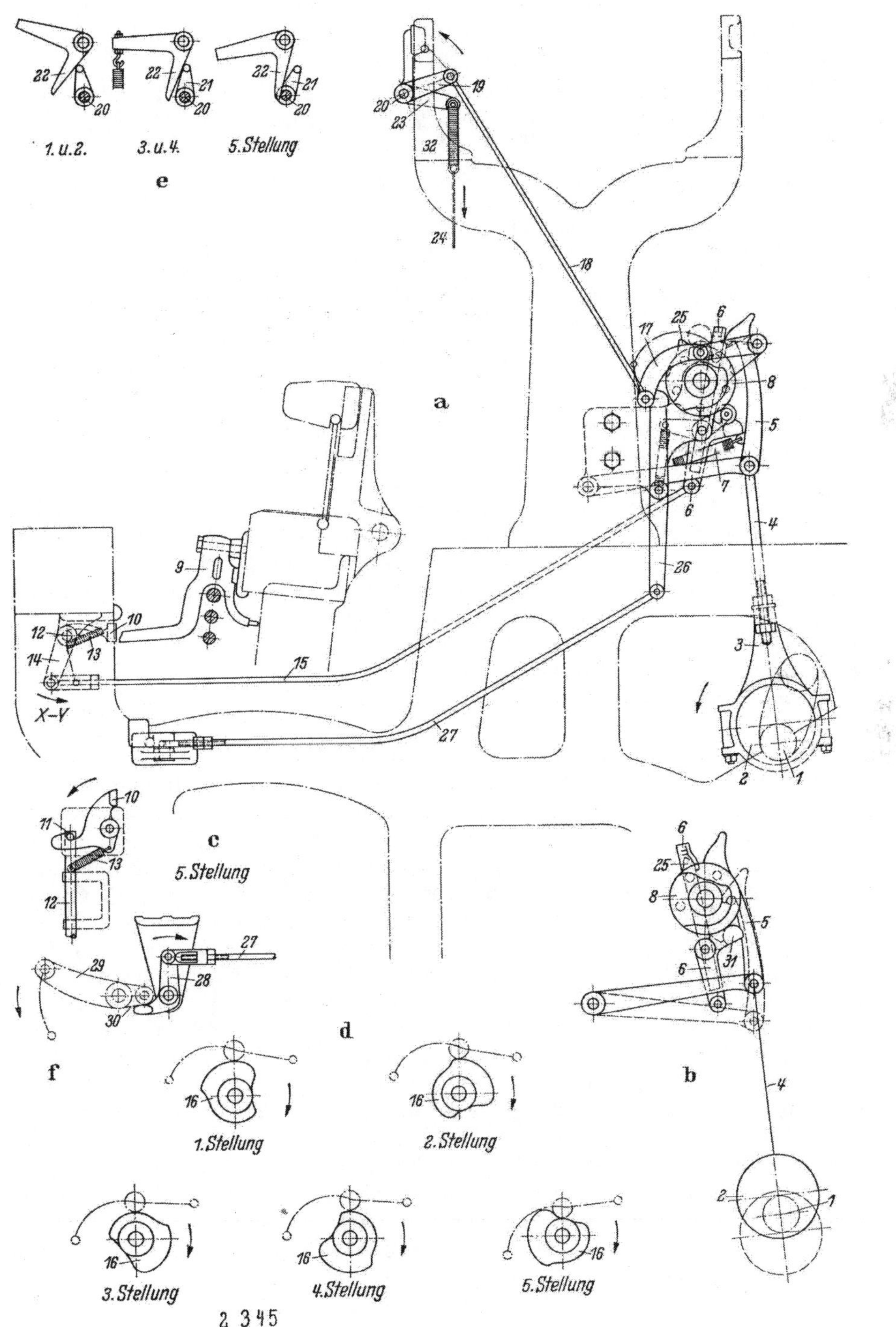

2 3 4 5

Abb. 615 a—f. Schußsuch-Vorrichtung am Kurbel-Buckskin-Webstuhl

exzenter *2* erteilten Hubbewegung die fünfteilige Laterne *8* und gleichzeitig die mit dieser verbundenen Exzenter *16, 25* und *31* bei jeder der folgenden fünf Webstuhlumdrehungen um $^1/_5$. Hierdurch werden fünf Arbeitsgänge des Schußsuchens ausgelöst:

1. Das Exzenter *16* steuert über Gestänge *17, 18, 19, 20, 21* und *22* den Wendehaken der Schaftmaschine auf Rückwärtsgang, wendet die Schaftmaschinen- und Wechselkarte um ein Blatt rückwärts und hebt durch Hebel *23* und *24* die Schlag- und die Warenbaumregulatorfallen aus.

2. Der Schaftmaschinenwendehaken wendet beide Karten um ein zweites Blatt rückwärts. Die Fallen bleiben ausgehoben.

3. Exzenter *16* steuert über das gleiche Gestänge wie beim ersten Arbeitsgang den Schaftmaschinenwendehaken wieder auf Vorwärtsgang, die Fallen bleiben weiter ausgehoben.

4. Schaftmaschinen- und Wechselkarte wenden um ein zweites Blatt vorwärts, die Fallen bleiben ausgehoben. Das Exzenter *25* rückt über das Gestänge *26, 27, 28,* die Ausrückkurbel *29* den Stuhl bei offenem Fach in hinterster Ladenstellung aus (Bild a u. f). Der gerissene bzw. abgelaufene Schuß liegt dann im offenen Fach oder hängt über den Warenrand hinaus. Er muß vom Weber ergänzt oder neu eingetragen werden.

5. Beim nachfolgenden Wiedereinrücken des Webstuhles durch den Weber wird der Sperrhebel *6* vom Exzenter *31* (Bild b) in der Uhrzeigerdrehrichtung verschwenkt. Er kommt also wieder in die in Bild a gezeigte Stellung, bringt dadurch den Wendehaken *5* wieder außer Eingriff mit der Laterne *8* und drückt zugleich die Zugstange *15* und die Hebel *10* und *14* wieder in die Ausgangsstellung.

Bei eingerücktem Stuhl muß der Hebel *28* bei *30* an der Ausrückkurbel *29* anliegen; ferner muß zwischen Hebel *26* und Exzenter *25* sowie zwischen Sperrhebel *6* und Exzenter *31* ein Zwischenraum von etwa 1 mm bleiben.

Beim ersten Arbeitsgang des Schußsuchens muß der Riemen *24* gespannt und die Feder *32* etwas überzogen sein, damit beim dritten und vierten Arbeitsgang die Fallen noch etwas ausgehoben bleiben, während der Schaftmaschinenwendehaken wieder auf Vorwärtsgang gesenkt wird.

Wenn ein größeres Stück zurückgewebt werden soll, muß die Schuß-Suchvorrichtung dadurch außer Tätigkeit gesetzt werden, daß der Ausrückstößer *9* mit dem über dem Ladendeckel laufenden Fallenausheberriemen verbunden wird.

Die Vorteile und Nachteile. Diese Schußsuchapparate mit Rücklaufeinrichtungen haben ohne Zweifel eine ganze Reihe Vorzüge. So hört der Weber am Gang des Webstuhles, wenn der Apparat arbeitet und kann sich für die vorzunehmende Arbeit in Bereitschaft stellen. Es ist auch unmöglich, daß die Karten verschlagen werden, denn der Schußwächter hat ja jetzt die Aufgabe, den Schußsucher in Tätigkeit zu setzen. Es treten auch keinerlei Zeitverluste dadurch auf, daß der Weber das Schützenspiel neu einregulieren muß. Aber trotz all dieser Vorteile überwiegen die Nachteile. Der fünffache Schußanschlag ohne neue Schußeintragung hat bei allen Geweben, die in Kette und Schuß Kontrastfarben aufweisen, unbedingt zur Folge, daß der zuletzt eingetragene Schuß zu fest eingetragen wird. Dadurch entsteht in dem Augenblick eine Schußbande, wenn wieder regulär weitergewebt wird. Dieser Fehler tritt besonders in Erscheinung, wenn die für Mantelstoffe und Jackenstoffe gewebte helle Kette mit dunklem Schuß eingeschlagen wird. Es entsteht jedesmal nach der Arbeit des Schußsuchapparates eine solche Fehlerstelle. Die Folge davon ist, daß eine vozügliche Qualität überhaupt nicht hergestellt werden kann. Diese Nachteile führten zur Konstruktion der Rücklaufeinrichtungen für Webstühle. Hierbei wird der gebrochene Schuß nicht einmal bis zur Ware angeschlagen, sondern die Lade kommt schon zum Stillstand, bevor der Anschlag erfolgt ist, und fällt wieder in die rückwärtige Totpunktlage zurück. Hiermit ist ein weiterer besonderer Vorteil gegenüber der Schuß-Suchvorrichtung gekennzeichnet. Die Gesamtstillstandszeit, die mit einem Schußbruch verbunden ist, wird um die Zeit von vier Kurbelumdrehungen verkürzt.

6. Der selbsttätige mechanische Rücklauf

Der Vorteil des mechanischen Rücklaufes, der nachfolgend beschrieben wird, gegenüber dem beschriebenen Schußsuchen von Hand oder auch durch mechanische Schußsuchapparate liegt darin, daß die Lade den abgelaufenen oder ab-

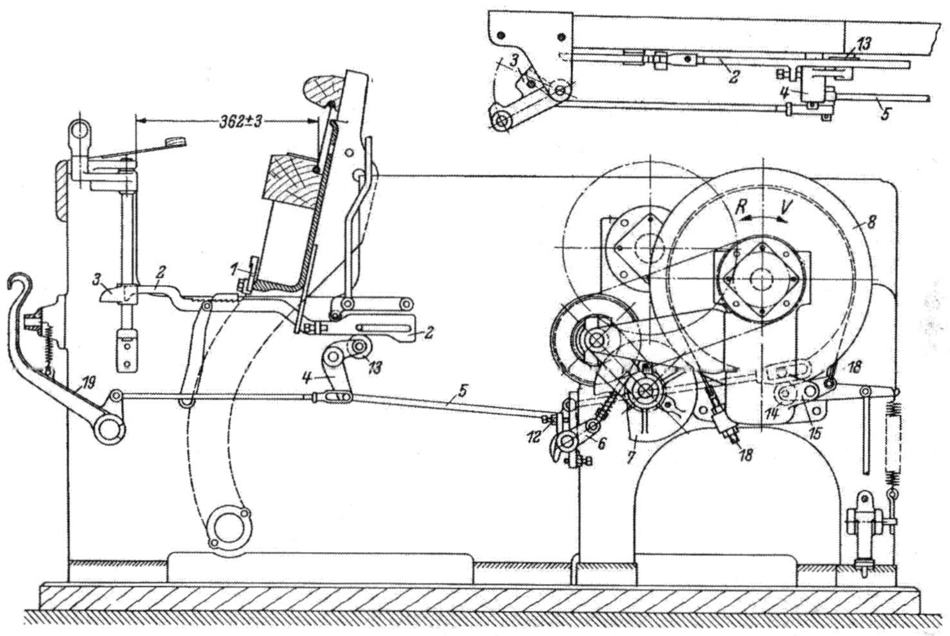

Abb. 616. Mechanischer Rücklauf

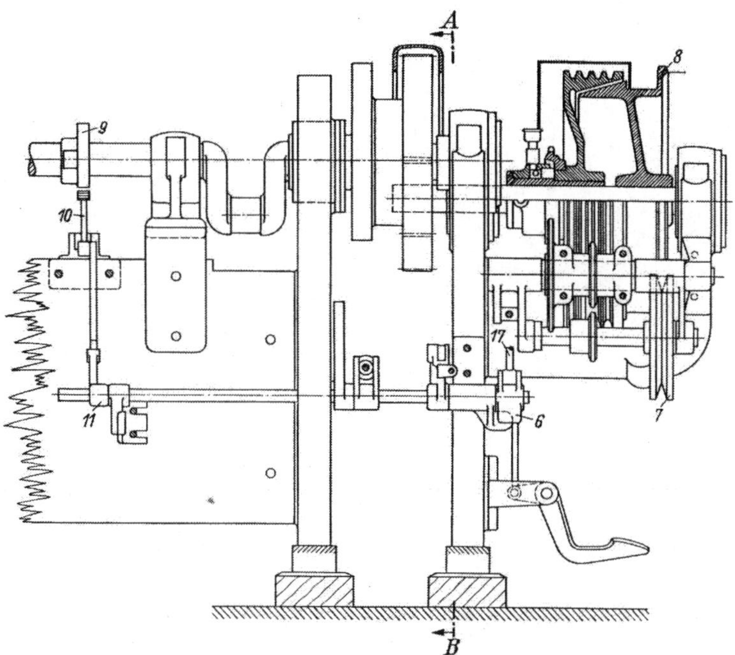

Abb. 617

gerissenen Schuß nicht erst anschlägt. Damit entfällt eine der Hauptursachen für „Bandenbildung". Durch wesentliche Verkürzung der für das Schußsuchen auf-

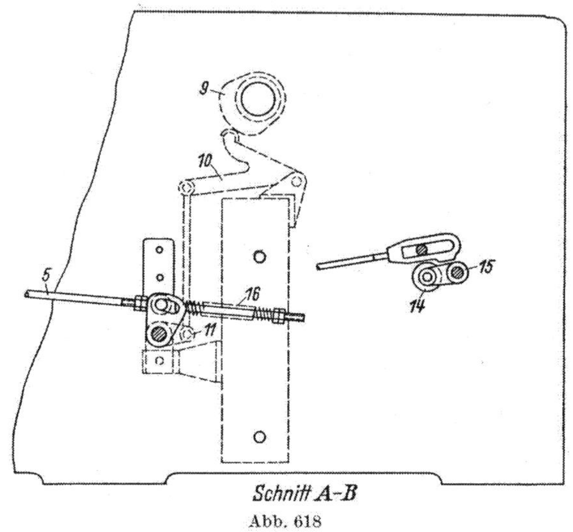

Schnitt A-B

Abb. 618

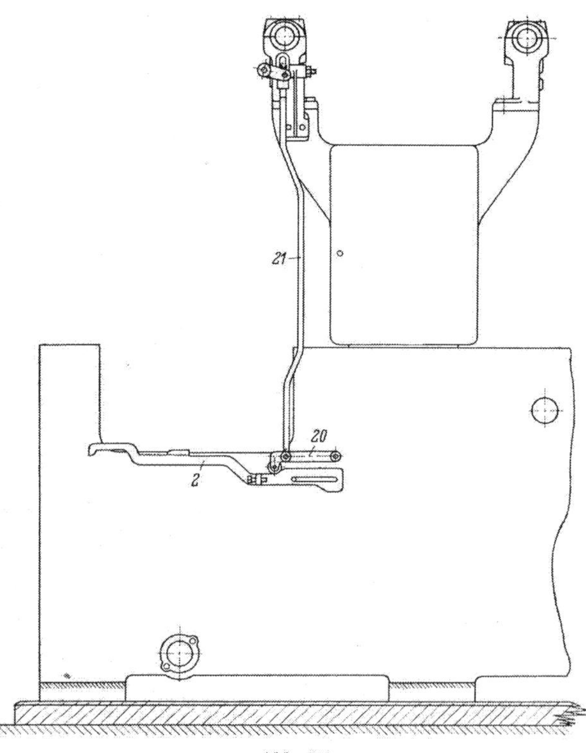

Abb. 619

zuwendenden Zeiten wird außerdem der Wirkungsgrad des Webstuhles erhöht und der Schußabfall verringert, da der Weber die Schußspulen restlos ablaufen lassen kann, ohne das zeitraubende Schußsuchen befürchten zu müssen. Die Wirkungsweise solcher Vorrichtungen möge an den nachfolgenden Abbildungen erklärt werden.

Bei Schußbruch oder Ablauf der Schußspule wird durch den Schußwächterwinkel an der Ladenstütze die Ausrückstoßstange *2* in den Bereich der Ausrückkurbel *3* gebracht (vgl. Abb. 616). Die vorgehende Lade rückt den Webstuhl aus, die Bandbremse *18* fällt ein und bremst den Webstuhl vor Ladenanschlag ab. Zugleich läuft der Einleitwinkelhebel *4* mit der Rolle *13* auf die untere Kurbel

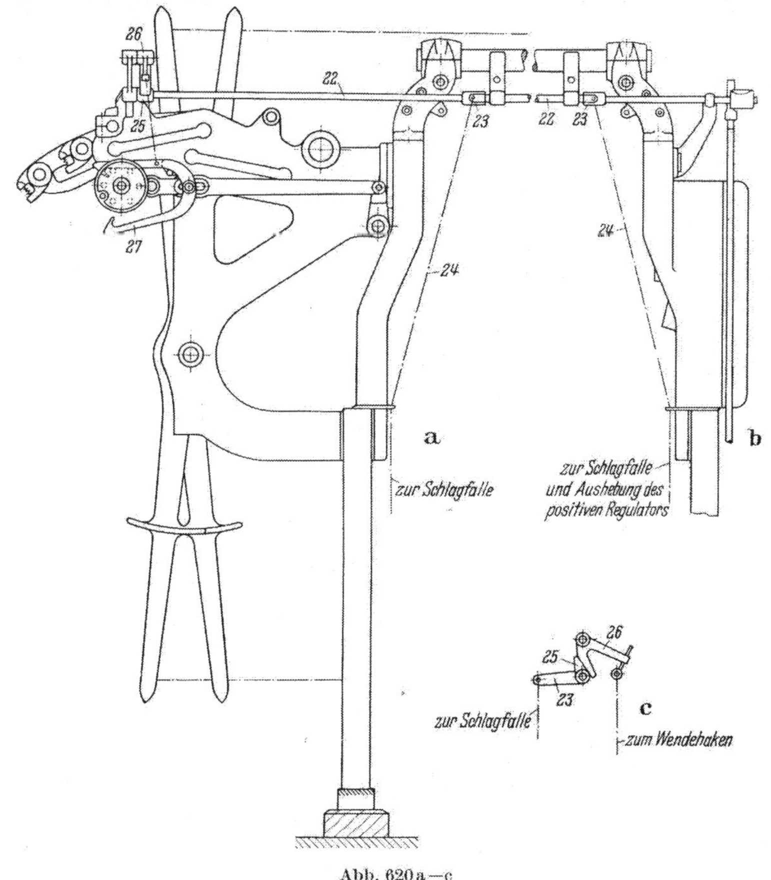

Abb. 620a—c

der Ausrückstange *2* und bewirkt hierdurch über Gestänge *5* und Totpunkthebel *6* das Anpressen der Doppelkonusreibscheibe *7* an die konische Handradwulst *8* des Antriebskonus, wobei das Bremsband *18* mittels Rolle *14* und Rollenhebel *15* im Augenblick des Anpressens der Doppelkonusreibscheibe *7* an die Handradwulst *8* gelüftet wird. Das Rücklaufgetriebe kehrt die Webstuhldrehrichtung um und führt die Lade mit verminderter Geschwindigkeit stoßfrei in die hintere Totpunktlage, also Offenfachstellung, zurück. Das Ausrücken erfolgt mittels Rücklaufexzenter *9* über Ausrückhebel *10* und *11*, Totpunkthebel *6*, wobei die Doppelkonusreibscheibe *7* aus dem Bereich der Handradwulst *8* herausgezogen wird und die Bandbremse *18* wieder in Tätigkeit tritt (vgl. Abb. 617 und 618).

Beim Vorlauf der Ausrückstoßstange *2* wird gleichzeitig der Rollenhebel *20* (vgl. Abb. 619) mittels der oberen Kurve der Ausrückstoßstange *2* angehoben, und durch das Gestänge *21* wird die Übertragungswelle *22* (vgl. Abb. 620) gesteuert. Die rechts und links angeordneten Hebelchen *23* heben über Riemen *24* die Schlagfallen aus, zugleich wird die Regulatorschaltfalle auf Gegensteuerung gebracht. Der gleichfalls auf der Übertragungswelle befestigte Mitnehmer *25* (Bild c) hebt über Wendehakenausheber *26* den oberen Teil des Wendehakens für den Rollenkartenzylinder aus.

Bei Webstühlen mit Pappkartenmaschinen werden die Stößer im Vorwählapparat ausgehoben. Dies geschieht folgendermaßen: Wenn der Schußwächter

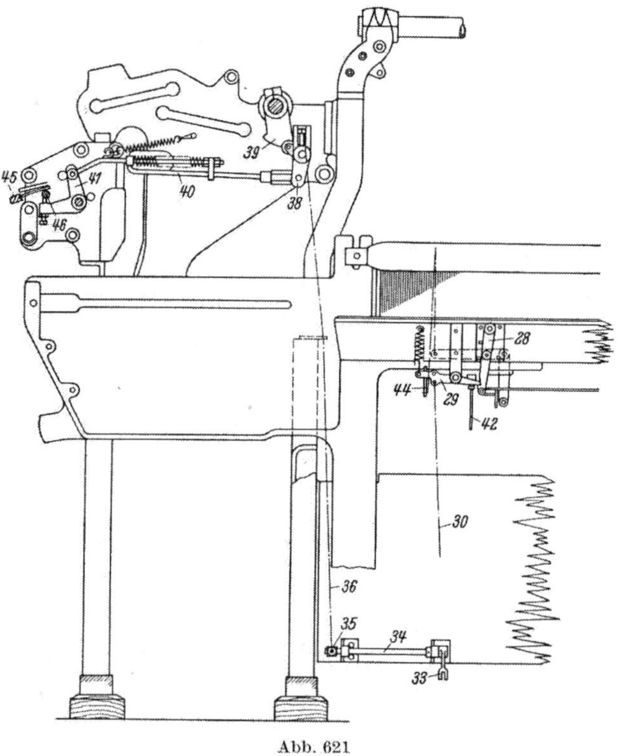

Abb. 621

in Tätigkeit tritt, wird der Hebel *28* (Abb. 621) nach rechts geschwenkt und gibt hierbei den unter Federbelastung stehenden Einleithebel *29* sofort frei. Hierdurch wird über Einleitzügel *30*, Winkelhebel *31*, Einleitzügel *32*, Übertragungshebel *33*, Welle *34*, Übertragungshebel *35*, Maschinenzügel *36*, Gabelhebel *37* der Rollenwinkelhebel *38* in den Bereich des Anhebeexzenters *39* (vgl. Abb. 622) auf der Schaftkurbelwelle gebracht. Über Kupplungszugstange *40* und Winkelhebel *41* (vgl. Abb. 621) wird die Stößerausheberwelle *46* hochgezogen, so daß die Stößer aus dem Bereich der Stoßschiene *45* im Vorwählapparat kommen. Der federbelastete Rückdrücker *42*, der mit einem Schenkel mittels eines Zugriemens am Brustriegel befestigt ist, drückt beim Zurückgehen der Lade den Einleithebel *29* wieder nach oben, so daß er im Hebel *28* einrasten kann. Beim Schußsuchen von Hand aus verhindert der am Ladenzugriemen befestigte Doppelhebel *44* das Ausrasten des Einleithebels *29* und somit das Ausheben der Stößer im Vorwählapparat.

Nach Rückführen der Lade in Offenfachstellung und Abstellen der Rücklaufeinrichtung werden ausgehobene Schlagfallen, Wendehaken und Regulatorfallenausheber wieder freigegeben, und der Webstuhl ist nach Ausbessern des abgerissenen Schusses oder Ersatz der eingelaufenen durch eine volle Schußspule sofort wieder einsatzbereit.

Einstellungshinweise für den selbsttätigen mechanischen Rücklauf. Die vorbeschriebene Konstruktion bezieht sich auf den mechanischen Rücklauf, der von der Firma Schönherr G.m.b.H. (Erlangen-Bruck) gebaut wird. Die nachfolgenden

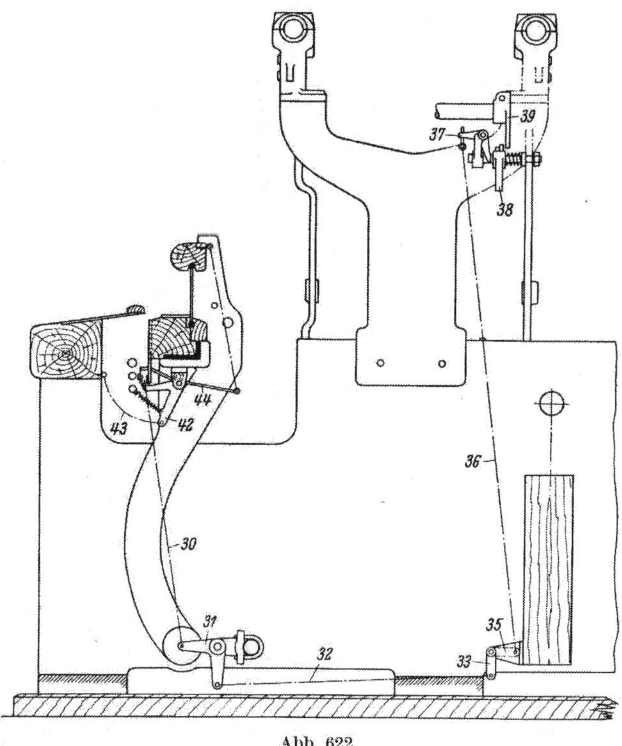

Abb. 622

Einstellungshinweise beziehen sich in gleicher Weise auf den genannten Webstuhl, Type WM.

1. Die Anschlagschraube *12*, an die der Totpunkthebel *6* anschlägt, muß so eingestellt sein, daß die Doppelkonusreibscheibe *7* etwa 5 mm von der Handradwulst *8* entfernt ist.

2. Die Winkelhebelrolle *13* darf weder vor noch auf der Auflaufkurve unter Spannung anliegen. Die Rolle muß sich leicht drehen lassen.

3. Bei ausgerücktem Webstuhl muß die Rolle *14* am Bremslüfter *15* spannungsfrei anliegen.

4. Zwischen Ausrückhebel *10* und Ausrückexzenter *9* (obere Kurve) muß ein Abstand von etwa 2 mm vorhanden sein.

5. Druckfeder *17*, die den Anpreßdruck der Doppelkonusreibscheibe bewirkt, wird so weit gespannt (etwa 80 mm), daß der Webstuhl bei Rücklaufbetrieb mittels der Keilriemenscheibe zurückgedreht werden kann. Auch Feder *16* muß so angespannt werden, daß die vorgehende Lade über den Totpunkthebel *6* die

Doppelkonusreibscheibe sicher andrückt. Ein Schleifen der Beläge in der Doppelkonusreibscheibe ist im Normalbetrieb nicht zulässig.

6. Bei stillstehendem Webstuhl und eingerücktem Rücklauf muß das Bremsband *18* so weit gelüftet sein, daß der Webstuhl mit der Keilriemenscheibe zurückgedreht werden kann. Bei laufendem Webstuhl muß das Bremsband so weit gelüftet sein, daß es nicht auf der Bremsfläche reibt.

7. Der Ausrückdaumen *3* ist gegenüber der Ausrückstoßstange *2* so hoch einzustellen, daß ein Einrücken des Webstuhles bei blockierter Ausrückstange *2* nicht möglich ist.

8. Der Handhebel *19* läßt sich nur betätigen, wenn die Lade vor, im oder kurz über dem Anschlag steht. Ist die Lade weiter durchgelaufen, verhindert das Ausrückexzenter *9* die Betätigung des Handhebels *19*. Ein Einrücken des Rücklaufes mit Hilfe des Handhebels hat durch kurzen und kräftigen Zug zu erfolgen (nicht festhalten). Das Ausrücken wird durch Exzenter *9* in Offenfachstellung bewirkt.

9. Über den Anschlag hinaus durchgelaufene Lade läßt auf ungenügende Bremswirkung schließen. Das Bremsband *18* ist nachzuspannen, muß sich aber in gelüftetem Zustand noch seitlich leicht verschieben lassen. Die über den Anschlag hinausgelaufene Lade wird von Hand aus zurückgedreht.

10. Kommt die Lade so früh vor Anschlag zum Stillstand, daß der Rücklauf nicht zwangsläufig eingerückt wird (Laufrolle *13* erreicht Auslaufkurve der Ausrückstoßstange *2* nicht), ist zu starke Bremsung die Ursache, und Bremsband *18* muß entspannt werden.

11. Die Hebel *23* und der Mitnehmer *25* sind so einzustellen, daß die Verbindungszugriemen *24* während des Betriebes die Schlagsektorfallen, die Regulatorschaltfallen nicht ausheben sowie der Wendehaken der Schaftmaschine in seinen Funktionen nicht gestört wird.

III. Überwachung der Schußspule am Webstuhl

Ein weiteres kennzeichnendes Element des Automatenwebstuhles ist der Schußfühler. Dies kann nicht besser als aus der Entwicklung des Webstuhles heraus begründet werden. Es hat eine Zeit gegeben, in der man unterschieden hat zwischen Automatenwebstühlen als Voll- oder Anbauautomaten und Halbautomatenwebstühlen. Unter solchen „Halbautomaten" verstand man Webstühle, die mit einer zuverlässigen Kettfadenwächtereinrichtung und mit einer Schußfühlervorrichtung ausgerüstet waren. Obwohl die Bezeichnungen „Halbautomaten" gegenwärtig nicht mehr gebraucht werden, wird doch hierdurch zum Ausdruck gebracht, daß der Schußfühler wesentliches Organ bei der Vollautomatisierung des Webstuhles ist.

Die ersten Ausführungsformen von Spulenfühlern gehen zurück auf die Entwicklung der ersten Automaten. Hier war der Spulenfühler ein notwendiges Element, um den automatischen Wechsel einzuleiten. Ohne eine diesbezügliche Automatik ist der Automat selbst undenkbar. Später aber hat man dann auch erkannt, daß mit der Anordnung solcher automatischen Spulenfühler auch bei nichtautomatischen Webstühlen wesentliche Vorteile im Hinblick auf die Wirtschaftlichkeit des gesamten Webprozesses erzielt werden können, weil ja der Webstuhl rechtzeitig genug abgestellt wird, wenn eine Spule leer läuft; so rechtzeitig, daß der Webstuhl nicht durch das Ansprechen des Schußwächters zum Stillstand kommt. Die hiermit verbundenen Vorteile sind eindeutig. Der Weber findet den Schußfaden ordnungsgemäß im Fach vor, wenn der Stuhl abstellt. Die Möglichkeit, daß eine ,,Schußplatte" (fehlender Schuß) auftritt, ist nicht gegeben, wenn der Spulenfühler bereits den Stuhl beim Anwickeln der Reserve abstellt.

Es ist erklärlich, daß man in den Anfängen der Entwicklung der Automatisierung von Webstühlen, in einer Zeit, als man dem Automaten selbst noch skeptisch gegenüberstand, für den Spulenfühler sehr viel Verständnis hatte, und es ist daher zu verstehen, wie man zu der Bezeichnung ,,Halbautomat" gekommen ist. Diese Neigung in der Auffassungsweise hat sich bis heute erhalten und findet ihren Niederschlag in der Konstruktion des Spulenfühlers für Pic-à-pic-Webstühle. Solche Vorrichtungen werden für Tuchwebstühle und für Seidenwebstühle, die als Lancierwebstühle arbeiten, heute entwickelt und gern verwendet.

Eine genau detaillierte Disposition der Spulenfühler nach den Aufbauelementen ist wohl deswegen kaum möglich, weil bei der Vielzahl von Ausführungsformen, wie sie im Laufe der Entwicklung bekannt geworden sind, eine Reihe von konstruktiven Überschneidungen verwirklicht wurden. Aus diesem Grunde soll die nachfolgende Tabelle in einer kurzen Übersicht eine Typisierung und Kennzeichnung des Anwendungsgebietes geben.

Die Frage, ob man sich für den elektrischen oder für einen mechanischen oder optisch-elektrischen Schußfühler entscheiden soll, spielt bei den meisten Webereien, die sich mit dem Gedanken der Automatisierung beschäftigen bzw. Automatenwebstühle aufstellen wollen, eine ziemlich bedeutende Rolle, denn bei der Anschaffung von Automatenspulen muß man sich ja grundsätzlich darüber im klaren sein, ob der elektrische oder mechanische Fühler in Frage kommt, weil der elektrische Fühler Automatenspulen mit sog. Kontakthülsen verlangt.

Die Spulen mit Kontakthülsen sind etwas teurer als die Spulen ohne Kontakthülsen, und dies ist schon ein Grund, Stimmung für den mechanischen Fühler zu machen. Jeder, der sich aber einmal die Nachteile des mechanischen Schußfühlers vor Augen führt, wird zugeben müssen, daß die Mängel, welche dem mechanischen Fühler anhaften, und die Störungen usw., welche in Kauf genommen werden müssen, so schwerwiegend sind, daß die geringe Mehraufwendung für Spulen mit Kontakthülsen dagegen verschwindet.

1. Konstruktive Voraussetzungen für Spulenfühler

Bereits eingangs wurde darauf hingewiesen, daß der Spulenfühler ein dispositives Element der Automatik des Webstuhles ist. Dies setzt aber voraus, daß die Arbeitsweise exakt und sicher stattfindet. In diesem Sinne müssen alle Spulenfühler sowohl arbeitstechnische wie auch konstruktive Voraussetzungen erfüllen. Als *konstruktive Voraussetzungen* können wir nennen:

1. Einfache Einstellung und Bedienung und dauerhafte Ausführung der Tastervorrichtung.
2. Keine zusätzlichen Webstuhleinrichtungen für das Tasterwerk dürfen erforderlich sein.
3. Der Taster muß gegen die Erschütterungen des Webstuhles sowie Abnutzungen der Webstuhlgetriebe unempfindlich sein.
4. Der Taster muß gegen kleine Verschiebungen in Schützen- und Spulenstellungen und gegen kleine Verschiedenheiten in den Spulenformaten und den Bespulungen unempfindlich sein.

Als *arbeitstechnische Voraussetzungen* kann man nennen:

1. Die ausgeworfenen Spulen müssen bis auf einen sehr kleinen Garnrest abgearbeitet werden.
2. Der Taster muß möglichst für verschiedene Spulenarten, Holzspulen, Kartonspulen und Papierspulen, geeignet sein.
3. Es soll möglichst keine Umstellung auf besondere Spulenformate oder besondere Bespulung notwendig werden.

Tabelle 31. *Spulenfühlersysteme*

Benennung und Wirkungsweise	Anwendungsgebiete
Mechanische Spulenfühler	
Nadelfühler Wenn der Spulenkegel fast abgelaufen ist, kann die Nadelspitze durch die letzten Windungen in eine Kerbe oder Höhle der Spule eindringen.	Ursprünglich an Seidenkreppwebstühlen (Nichtautomaten). Es werden zylindrische oder konische Holz- oder Kartonhülsen mit durchgehendem oder nichtdurchgehendem Schlitz verwendet. Vorrichtung wird heute noch wenig verwendet.
Gabelfühler Die Spule wird durch Gabel auf Durchmesserabnahme abgetastet. Sobald die Spule leergelaufen ist, schieben sich die Zinken der Gabel über den Spulendurchmesser.	Für Automaten und Nichtautomaten, jedoch nur für Unterschlag. Für grobe bis mittlere Garnnummern. Karton- und *Papierhülsen.*
Abgleitfühler Ein gezahnter Taster gleitet auf der leeren Spule ab.	Nur Holzspulen (zylindrisch und konisch) für Automaten und Nichtautomaten.
Differenzfühler werden von der Spule *und* dem Schützen betätigt oder von der Spulenoberfläche und einem in die Spule eindringenden Fühler. Die notwendig große und plötzliche Differenz beim Ablauf der Spule rückt den Webstuhl aus.	Holz – Karton- und Papierhülsen, Automaten und Nichtautomaten.
Elektromechanische Spulenfühler	
Differenzfühler Zungenfühler Abgleitfühler Die Spule wird durch einen Spulenfühler der oben beschriebenen Art abgetastet. Bei abgelaufener Spule löst die Bewegung des Spulentasters oder Spulenfühlers einen Kontakt aus. Die Übertragung auf den Schalter geschieht elektrisch (das Abtasten geschieht mechanisch).	s. o.
Elektrische Spulenfühler	
Zweipolige Fühler erhalten auf der leeren Spule durch eine sog. Kontakthülse Stromkontakt, der über den Motorschalter den Stuhl abstellt.	*Holz-* und gelegentlich Kartonhülsen (letztere nicht zu empfehlen). Weiteste Anwendungsmöglichkeiten.
Optisch-elektronische Spulenüberwachung	
Ein Lichtstrahl durchdringt die gelochte Spule und löst in einer Selenzelle einen Erregerstrom aus, der durch Relais zum Motorschalter überträgt. Der Lichtstrahl kann auch durch Reflexion zum Empfängerkopf geleitet werden.	Holzhülsen für Reyon und Seide.

Besieht man sich diese Forderungen genau, dann kann man nicht umhin, zu sagen, daß all diese Forderungen auch bei modernen Konstruktionen sicherlich nicht die arbeitstechnischen Voraussetzungen gleichzeitig erfüllen werden können. Die als arbeitstechnische Voraussetzungen genannten Forderungen mögen eine Berechtigung haben, solange man an die Automatisierung eines bestehenden Webstuhlparkes denkt. Bei Neueinrichtungen dagegen kann man sich auf eine bestimmte Art festlegen, soweit sie im Rahmen moderner Konstruktionen liegt. Unter dieser Voraussetzung werden die arbeitstechnischen Erfordernisse zu konstruktiven Erfordernissen für die Ausführung der Tastervorrichtung.

2. Mechanische Spulenfühler

a) Der Nadelfühler oder Stecherfühler

Die Wirkungsweise des Nadelfühlers wird in den Abb. 623 bis 626 erörtert. Wie aus den Abb. 625 und 626 ersichtlich ist, arbeitet man bei dieser Vorrichtung

Abb. 623. Nadelfühler (Valentin)

mit einer sog. Kerbspule (Kerbe *11*), die so in den Schützen eingesetzt und durch eine weitere Kerbe *13* auf *14* fixiert sein muß, daß die Kerbe *11* dem Fühler *2* gegenüberliegt. Solange die Spule genügend gefüllt ist und die Bewicklung genügend hart ist, wird die Nadel bzw. der Stecher *2* vom Garnkörper zurückgedrängt. Hierdurch wird der Hebel *3* durch den auf der anderen Seite des Fühler-

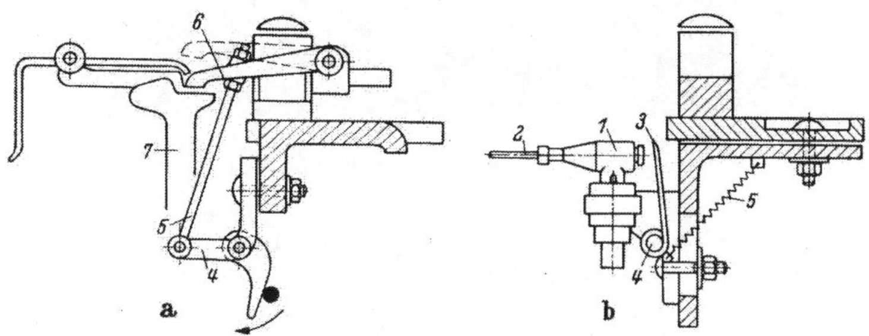

Abb. 624a u. b

gehäuses *1* austretenden Fortsatz des Stechers *2* rechtsdrehend beeinflußt (Abb. 624b). Diese Rechtsdrehung wird durch *4*, *5* (Abb. 624a) auf die Falle *6* übertragen. Die Falle *6* wird in die gestrichelt gezeichnete Stellung angehoben, dringt aber, wie in Abb. 626 dargestellt, die Nadel bzw. der Stecher in den Spulenkörper ein, weil die Garnwicklungen so weit abgelaufen sind, so erfolgt eine Drehung von *4* nicht mehr. Die Falle *6* rastet in die Kerbe des Schußwächterhammers *7* ein. Der Webstuhlstillstand wird nun in der gleichen Weise eingeleitet wie üblicherweise auch beim Schußwächter.

Die Stirnfläche des Stechers *2* soll bei grobem Garn parallel, bei feinem Garn etwas schräg zur Spulenachse eingestellt werden.

Man verwendet diesen Spulenfühler sowohl bei Holzspulen mit Schlitz (sog. Kerbspule) als auch bei Schlauchkopsen.

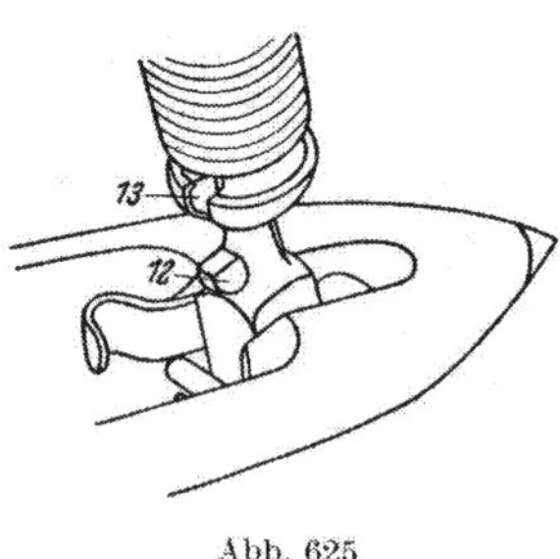

Abb. 625

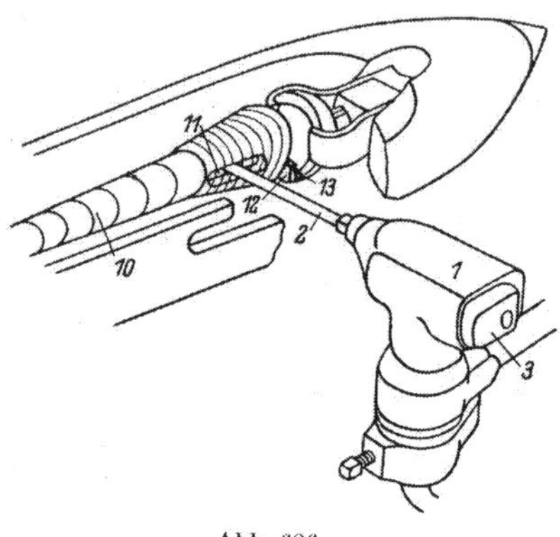

Abb. 626

Dieser Nadelfühler wird von der Firma Valentin für die Juteweberei als elektromechanischer Fühler gebaut (vgl. Abb. 627) und besonders mit dem Schützenauswechselapparat „VARITEX" geliefert. Bei diesem Fühler wird die

Abb. 627. Elektromechanischer Spulenfühler für Jute (Valentin)

den Wechsel einleitende Fühlerbewegung durch Kontaktschluß ersetzt und durch Kabel übertragen. Er arbeitet zusammen mit einem Stromunterbrecher.

b) Der Gabelfühler

Dieser auch als Kaliberfühler bekannte Spulenfühler arbeitet in der Weise, daß er den Durchmesser der Spule abtastet und zurückgedrängt wird, solange die Spule noch voll ist bzw. das Schußmaterial nicht bis auf die Reserve abgelaufen ist. Die prinzipielle Wirkungsweise dieses Gabelfühlers ist aus der Abb. 628 ablesbar. Die durch Stellschraube regulierbare Gabel *1* tastet, von oben kommend, den Durchmesser der Spule *2* ab. Die Gabel macht dabei eine senkrecht traversierende Bewegung, die durch das Exzenter *3* auf der Schlagexzenterwelle eingeleitet und über *4*, *5*, *6*, *7* übertragen wird. Stößt die Gabel *1* auf die noch volle Spule *2* auf, so wird sie durch den Spulenkörper selbst entgegen der Wirkung der in der Abb. 628 erkenntlichen Feder hochgeschoben. Sobald der Spulendurchmesser bis auf die Reserve abgelaufen ist, schieben sich die Zinken über den Spulendurchmesser. Dabei macht die Gabel selbst die bisher behinderte Bewegung, die vom Exzenter *3* aus eingeleitet und auf den beschriebenen Weg übertragen wird, mit (gestrichelter Pfeil). Durch diese Bewegung wird der Hebel *8* beeinflußt, der dann den Ausrückmechanismus des Webstuhles betätigt.

Obwohl man noch mit dem Gabelfühler bis auf eine kleinstmögliche Reserve abarbeiten kann (die Größe dieser Reserve war ja bestimmt durch den Widerstand der Garnschicht über der Kerbe), ist gerade das Abtasten des Durchmessers mit gewissen Schwierigkeiten verbunden.

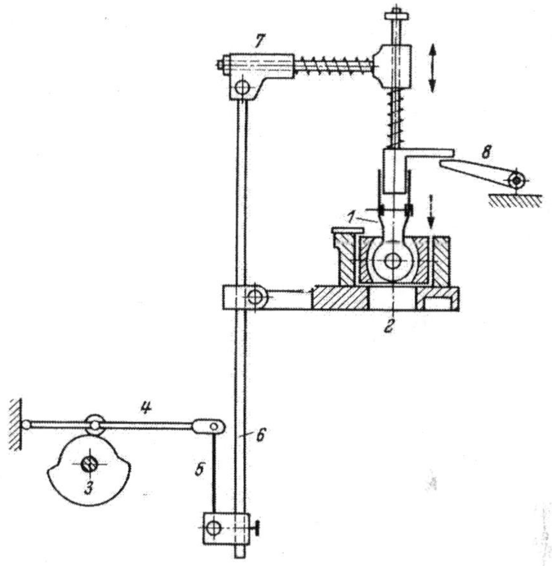

Abb. 628. Gabelfühler

Hat man Spulen, welche an der Stelle, wo der Durchmesserfühler abtasten soll, zylindrisch sind und sind die Schäfte sämtlicher Spulen im Durchmesser ganz genau gleich, so kann man mit dem Durchmesserfühler ganz schöne Resultate erzielen, d. h., die auf den Spulen verbleibende Reserve wird nur die gewünschte Länge haben und der Abfall wird sich in den Grenzen halten, die man vorher bestimmt hat.

Sind die Spulen im Durchmesser nicht genau gleich (dies ist häufig der Fall, denn die Spulen werden nicht immer von ein und derselben Spulenfabrik bezogen, sie werden in mehr oder weniger auseinanderliegenden Zeiträumen bezogen, sind manchmal aus nicht ganz trockenem Holz gefertigt und trocknen nachher etwas ein usw.), dann beginnen die Schwierigkeiten.

Stellt der Meister den Durchmesserfühler (Gabelfühler) ein und erwischt dabei eine Spule mit einem etwas schwächeren Schaft, so laufen die Spulen mit einem stärkeren Schaft vollkommen ab und es gibt Schußfehler.

Nimmt man zum Einstellen des Durchmesserfühlers eine Spule mit stärkerem Schaft, dann verbleiben auf den Spulen mit dünneren Schäften sehr große Reste und man erhält unverhältnismäßig großen Abfall.

Dieser Mangel tritt übrigens auch ein, wenn bei Spulen mit konischem Schaft der Schützen etwas zu weit in den Schützenkasten eintritt und der Fühler die Spule auf dem dünneren Teil des konischen Schaftes abtastet. Es läßt sich kaum vermeiden, daß der Schützen einmal etwas weit nach der Ladengiebelseite zu in den Kasten einläuft, denn der Schützen arbeitet sich in den Picker ein und wird nach langmonatiger Benützung ein ziemlich tiefes Loch in den Picker eingebohrt haben. Der Durchmesserfühler bedingt sodann beim Wechseln der Schußgarnnummer immer erneute Einstellung, denn es ist klar, daß man beispielsweise den Durchmesserfühler bei der Bearbeitung von Garn Nm 20 anders einstellen muß als bei der Bearbeitung von Schußgarn Nm 36.

Es darf auch nicht verkannt werden, daß der Durchmesserfühler einen ziemlich umfangreichen Antriebsmechanismus erfordert, und daß derselbe bei jeder

Ladenbewegung, wie dies auch aus der Abb. 628 erkenntlich ist, in Tätigkeit tritt und dadurch starkem Verschleiß unterliegt.

Man kann zusammenfassend sagen, daß der Gabeltaster, wenn er genau arbeiten soll, eine ungewöhnlich starke Belastung des Meisterpersonals zur Folge hat.

c) Der Abgleitfühler

Hierbei handelt es sich um einen sehr viel gebräuchlichen Fühler, dessen prinzipielle Arbeitsweise sich aus dem Namen schon erklären läßt. Die Arbeitsweise kann an Hand der Abbildungen 629 und 630 dargestellt werden.

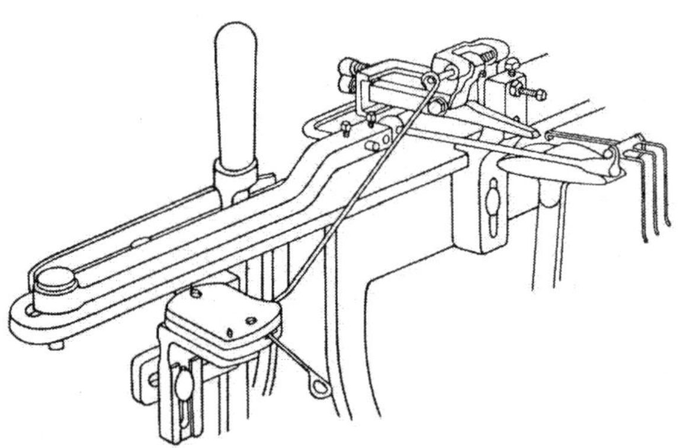

Abb. 629. Anordnung des Abgleitfühlers

Bei jeder Vorwärtsbewegung der Lade trifft der am Ausrücktisch befestigte Abgleitfühler mit der gefederten und nach einer Seite schwenkbaren Fühlzunge durch Schlitze in Schützen und Schützenkastenvorderwand auf den Garnkörper der Schußhülse. Durch die Rillen der Fühlzunge an der Stelle, wo sie auf die Schußhülse trifft, wird ein seitliches Abgleiten so lange verhindert, wie sich noch Schußgarn auf der Schußhülse befindet. Dabei wird die Fühlzunge *2* in Richtung der Ladenbewegung zurückgedrängt. Die im Fühlergehäuse *1* befindliche Feder nimmt diese Bewegung auf. Der Fußpunkt der Fühlzunge bewegt sich dabei im Schlitz *3*.

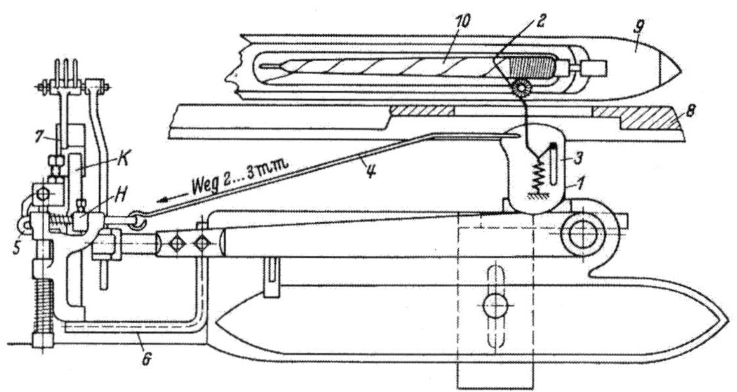

Abb. 630. Wirkungsweise des Abgleitfühlers

Sobald das Schußgarn bis auf einen kleinen Rest — die Fadenreserve — abgelaufen ist, trifft die Fühlzunge auf die glatte Oberfläche der Schußhülse und gleitet seitlich ab. Diese seitliche Abgleitbewegung bewirkt durch ein Übertragungsgestänge *4*, *5* das Eingreifen der Klinke *K* an der Abstellvorrichtung in die Raste des Schußwächterhebels *7*, der über Abstellwinkel und Ausrücker in der bekannten Weise den Stuhl stillsetzt.

Weil dieser Abgleitfühler sehr beliebt ist, sollen einige Einbau- und Einstellungshinweise bekanntgegeben werden:

1. Der Fühler muß so weit nach vorn gestellt werden, daß die Fühlzunge bei vorderster Ladenstellung auf der leeren Spule gerade noch abgleitet, aber nicht nach hinten ausweicht.

2. Zur Kontrolle der Einstellung läßt man die Fühlzunge auf die Schützenwand stoßen (dieser Fall tritt ein, wenn der Schützen nicht ganz im Schützenkasten sitzt). Dreht man nun die Lade in die vorderste Stellung, muß die Fühlzunge noch nach hinten ausweichen können, ohne daß sie klemmt.

3. Der Fühler muß möglichst weit stuhlauswärts gesetzt werden, damit die Fühlzunge knapp neben der Fadenreserve auf die Spule auftritt und nicht auf die Schräge des ablaufenden Garnes, da sonst die Fühlzunge zu früh abgleitet. Um ein vorzeitiges Abgleiten der Fühlzunge zu vermeiden, ist es manchmal notwendig, die Fühlzunge etwas nachzubiegen. Dieses Nachbiegen muß aber sehr vorsichtig ausgeführt werden, da die Fühlzunge auf die kleinste Änderung sehr stark reagiert. Möglichst soll eine solche Manipulation ganz vermieden werden.

Während in der Abb. 630 die Übertragung zum Schußwächterhammer erklärt worden ist, soll in diesem Zusammenhang noch darauf hingewiesen werden, daß die Bewegung des Spulenführers in sehr vielen Fällen direkt auf den Auslösemechanismus des Automaten übertragen wird. Abgleitfühler sind besonders bei Mehrfarbenspulenwechsel-Automaten beliebt.

Die Abb. 563 bis 565 zeigen den Abgleitfühler von Saurer. Die Wirkungsweise dieses Spulenfühlers soll an Hand dieser Abbildungen erläutert werden. Aus der Abb. 563 erkennt man, wie der Spulenfühler von unten in den Schützen eindringt und die Spule auf ihrem Inhalt abtastet. Dieses Abtasten von unten ist besonders erwähnenswert, weil hierdurch vermieden wird, daß der Schützen, wie sonst üblich, an der Vorderwand durchbrochen und geschwächt wird.

Solange die Spule noch gefüllt ist, werden die Garnlagen ein Abrutschen des Spulenfühlers verhindern. *16* sowie *21* folgen der Bewegung der Stange *19* nur bis zu dem Augenblick, bis der Spulenfühler auf die Spule auftrifft. Die weitere Bewegung der Stange *19* wird durch eine in der Zeichnung nicht erkennbare Feder aufgefangen. Sobald aber die Spule leergelaufen ist, rutscht der Spulenfühler in Richtung der Längsachse der Spule bzw. Hülse ab (vgl. Abb. 565). Nunmehr folgen die Hebel *16* und *21* der Bewegung von *19*. Dabei wird der Bolzen beim Hebel *21* auf Grund seiner Bewegung in einem Kreisbogen ein Anheben des Langloches *22* sowie von *23* und damit der Platine *24* erzielen. Hierdurch wird der automatische Wechsel eingeleitet.

In einigen Punkten bedarf der Abgleitfühler, ganz allgemein gesehen, besonderer Beobachtung. Hat man etwas hart aufgespultes Garn, so wird häufig ein Abgleiten des Tasterteiles erfolgen, wenn die Spule noch gar nicht abgelaufen ist. Besonders ist dies zu beobachten bei sogenannten Konusspulen. Der Abgleitfühler tritt übrigens auch dann in Tätigkeit, wenn der Schützen auf der Fühlerseite nicht fest im Kasten sitzenbleibt und etwas zurückspringt.

Die Folge davon ist, daß eine ganze Menge Spulen ausgewechselt werden können, die noch gar nicht ganz abgelaufen sind. Dreht der Heber den Stuhl von Hand durch und achtet er nicht darauf, daß der Schützen auf der Fühlerseite genau im Kasten sitzt, so gleitet der Fühler auf der glatten Schützenwand ebenfalls ab und leitet den Spulenwechsel ein. Es muß jedoch ergänzend darauf aufmerksam gemacht werden, daß dieser Fehler bei der Vorrichtung von Saurer nicht möglich ist.

d) Der Differenzfühler oder Distanzfühler

Dieses Aggregat ist in den älteren Ausführungen so konstruiert, daß der Spulenfühler zweigeteilt ist. Der eine Fühler tastet die Spule, der andere die Schützenwand ab. Solange die Spule noch voll ist, machen beide Fühler eine

Parallelbewegung und verhindern das Abstellen des Stuhles. Bei abgelaufener Spule ist die Bewegung des Fühlerteiles, das den Schützen abtastet, größer als des Teiles, das die Spule abtastet, und aus dieser Differenz wird das Abstellen des Webstuhles eingeleitet.

Die Entfernung zwischen Schützenwand und leerem Spulenschaft (bzw. bis auf die Fadenreserve abgelaufenen Spulenschaft) wird ermittelt und hiernach der Fühler eingestellt. Die Arbeitsweise dieses Fühlersystems kann erklärlicherweise nicht genau sein, denn bei konischen Spulen spielt es eine Rolle, ob der Spulenkopf mit seinen Ringen in den ersten Kerben oder in den letzten Kerben der Klemmfeder im Schützen sitzt. Da ist zu beachten, daß bei einem Schützen, der schon ein halbes Jahr oder länger im Betrieb und daher abgelaufen ist, die Entfernung von Schützenwand bis zum Spulenschaft eine andere sein wird als bei einem neuen Schützen. Schließlich spielt bei diesem Fühlersystem auch die Schußgarnnummer eine Rolle, da natürlich die Reservewicklung von Nm 20 Schußgarn stärker aufträgt als beispielsweise von Nm 36 Schußgarn.

Diese Unterschiede werden jedoch ausgemerzt, wenn man einen Spulenfühler schafft, bei dem der eine Teil in den Garnkörper eindringt und der andere Teil von der Oberfläche des Garnkörpers abgestützt wird. Solange dann noch Wicklung vorhanden ist, dringt der eine Fühler immer noch in den Garnkörper ein. Sobald aber diese Wicklung fehlt, stößt sowohl der eine Fühler wie auch der andere Fühler auf die nackte Hülse, und dadurch wird der Impuls für das Abstellen des Webstuhles gegeben.

Diese Vorrichtungen haben sich jedoch bei rein mechanischen Konstruktionen nicht bis auf den heutigen Tag bewährt und werden auch nicht mehr verlangt. Solche Distanzfühler haben sich jedoch als elektromechanische Fühler viele Freunde gewinnen können.

3. Elektromechanische Spulenfühler

Als elektromechanische Spulenfühler bezeichnen wir solche Vorrichtungen, bei denen das Abtasten der Spule selbst auf rein mechanischem Wege geschieht. Dies kann mit nahezu all den Vorrichtungen, die bisher besprochen wurden, durchgeführt werden. Insbesondere sind für elektromechanische Spulenfühler die Nadelfühler sowie die Abgleitfühler und die Differenzfühler gebraucht worden. Das elektromechanische Prinzip kann darin gesehen werden, daß beim Spulenablauf die genannten Fühlervorrichtungen irgendeine charakteristische Bewegung auslösen, die aber nicht wie bei den mechanischen Vorrichtungen durch Gestänge u. dgl. zum Abstellmechanismus oder zum Automat hin übertragen wird, sondern diese charakteristische Bewegung schließt einen Kontakt, der durch Kabel zum Webstuhlschalter übertragen wird (vgl. a. Abbildung 631).

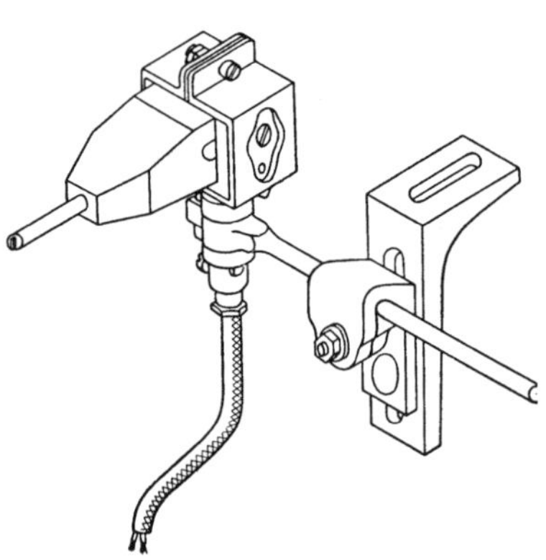

Abb. 631. Elektromechanischer Spulenfühler „TRIX" (Valentin)

Wegen der Grundsätzlichkeit im Prinzip der Arbeitsweise soll unter den elektromechanischen Schußfühlern einer, und zwar der bekannteste, das Modell „TRIX" von der Firma Karl Valentin, Stuttgart, dargestellt werden (vgl. Abb. 631 bis 635).

Der Fühlvorgang

Der Fühlstift *a* (vgl. Abb. 632) ist in dem Fühlerröhrchen *b* verschiebbar gelagert und durch die Druckfeder *c*, welche das Röhrchen nach außen drückt, mit der Kontaktschiene *h* leitend verbunden.

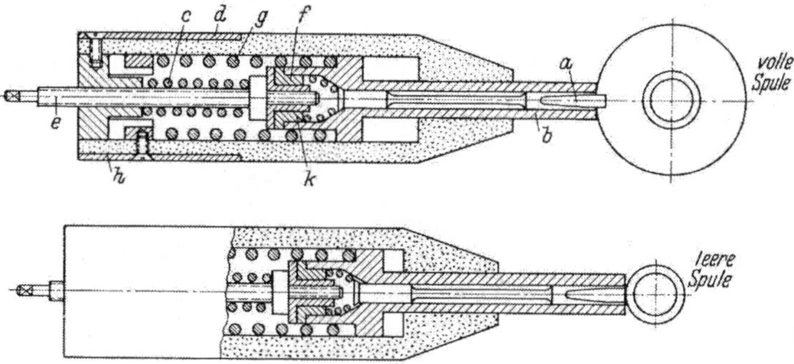

Abb. 632. Fühlvorgang

In dem Fühlerröhrchen sitzt ein Nippel *f* aus Isolierstoff, welcher den Einstellstift *e* trägt. Dieser Stift *e* ist über die Druckfeder *g* mit der anderen Kontaktschiene *d* leitend verbunden.

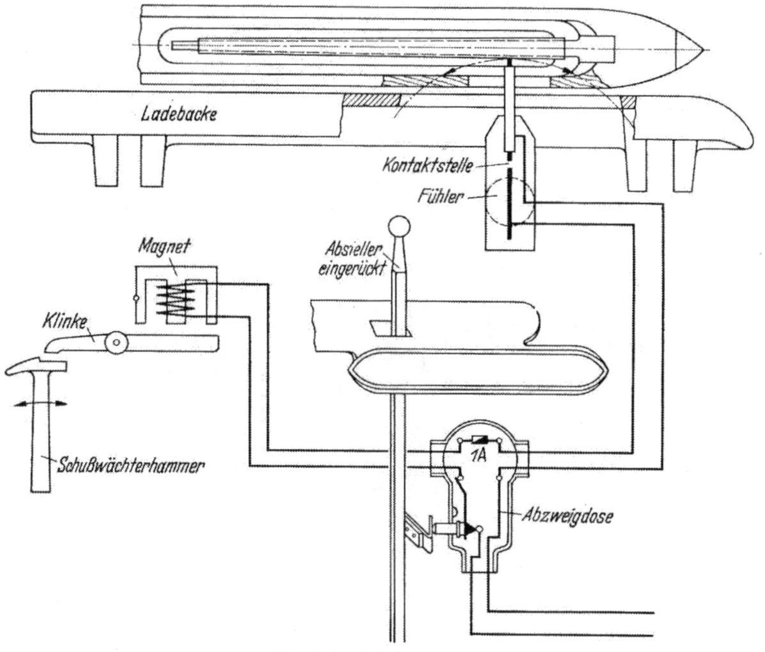

Abb. 633. Schaltung

Der Strom wird innerhalb der staubdicht abgeschlossenen Kontaktkammer bei *k* geschlossen, sobald der Fühlstift *a* sich dem Einstellstift *e* bis zur Berührung nähert. Durch eine kleine Druckfeder *e* wird der Fühlstift *a* innerhalb des Fühlerröhrchens nach außen gedrückt, so daß die Zungenspitze aus dem Röhrchen herausragen. Der Einstellstift *e* wird von außen mittels Schraubenzieher unter gleichzeitigem Festhalten des Fühlerröhrchens mit einem Schlüssel durch Drehen eingestellt. Meist genügt schon eine Vierteldrehung. Der Abstand der beiden Kontakte bei *k* richtet sich nach der Stärke des Garnes auf der Hülse. Hieraus ist ersichtlich, daß der TRIX-Fühler sehr genau in einfachster Weise auf die verschiedenen Garnstärken eingestellt werden kann.

Trifft das Fühlerröhrchen auf die volle Spule, dann dringt die Zunge *a* in das Garn ein, das Fühlerröhrchen selbst wird durch das Garn zurückgedrückt und es findet keine Verschiebung zwischen Fühlerstift *a* und Röhrchen *b* (Abb. 632 oben) statt. Ist die Spule bis auf wenige Garnwicklungen (eingestellter Garnrest)

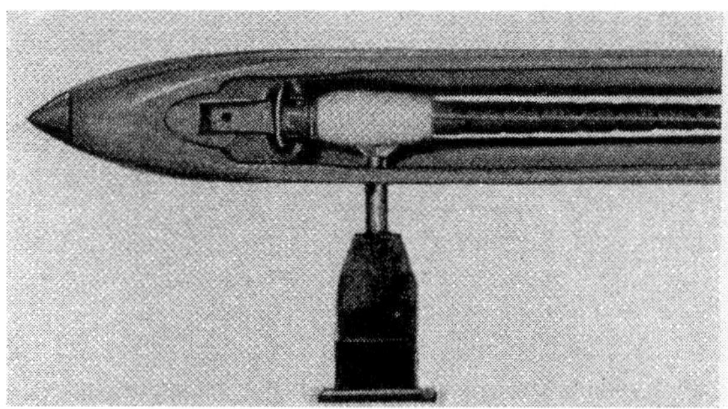

Abb. 634. TRIX-Fühler mit Gleitstücken (volle Spule)

abgelaufen (Abb. 632 unten), dann wird die Zunge *a* innerhalb des Röhrchens durch die harte Papphülse, Holzspule oder durch die Spindeleinlage ebenfalls harte Papierhülse zurückgestoßen, bis zum Auftreffen des Fühlstiftes *a* auf dem Einstellstift *e*, wodurch das Schließen des Stromkreises erfolgt. Bei starker Garnrestauflage muß der Abstand *K* klein, bei geringer Auflage größer sein.

Die Abb. 633 zeigt in eindeutig klarer Form das Schaltschema des TRIX-Fühlers. Durch das Einrücken des Stuhles wird in der Abzweigdose der Strom-

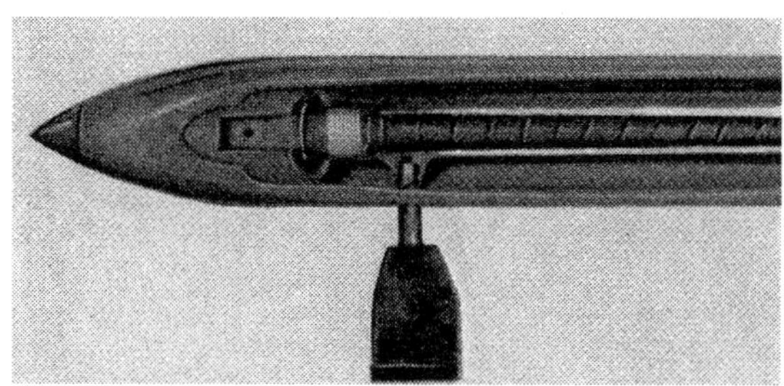

Abb. 635. TRIX-Fühler mit ausgelaufener Spule

kreis geschlossen, beim Ausrücken wieder unterbrochen, so daß bei Stuhlstillstand die Anlage stromlos ist.

Die Art, in der abgetastet wird, kennt verschiedene Varianten. Die Abb. 634 und 635 zeigen eine interessante Sonderkonstruktion des TRIX-Fühlers. Die beiden Gleitstücke im Fühlerrohr, die durch Federung zusammengehalten werden, gleiten beim Auftreffen auf die Spule auseinander und schließen so einen Stromkreis. Wie dies zu verstehen ist, kann aus den Abb. 634 und 635 selbst abgelesen werden. In Abb. 634 treffen die beiden Gleitstücke auf eine noch gefüllte Spule, so daß sie nicht auseinandergleiten können, während die Abb. 635 die Lage der Gleitstücke bei Kontaktgebung zeigt.

4. Der elektrische Spulenfühler

Zu einem elektrischen Spulenfühler gehören: Eine Stromquelle (Umformer), eine Abzweigdose mit einem Unterbrecher, ein Schußfühler und ein Magnet. *Es können nur Holzspulen mit Messingkontakthülsen verwendet werden.*

Abb. 636. Elektrischer Spulenfühler (Valentin)

Der am meisten und auch am vorzüglichsten verwendete elektrische Schußfühler wird in der Abb. 636 dargestellt. Die nachfolgende Beschreibung nimmt Bezug auf eine Ausführungsform, wie sie von der Firma Karl Valentin gebaut wird. Diese Ausführungsart mit den beiden Kontaktpolen, wie sie auf der Abb. 636 erkenntlich sind, hat sich im Prinzip seit der ersten Entwicklung beibehalten. Lediglich in der Anordnung und in der Ausführungsweise sind im Laufe der Entwicklung kleine Änderungen aufgetreten.

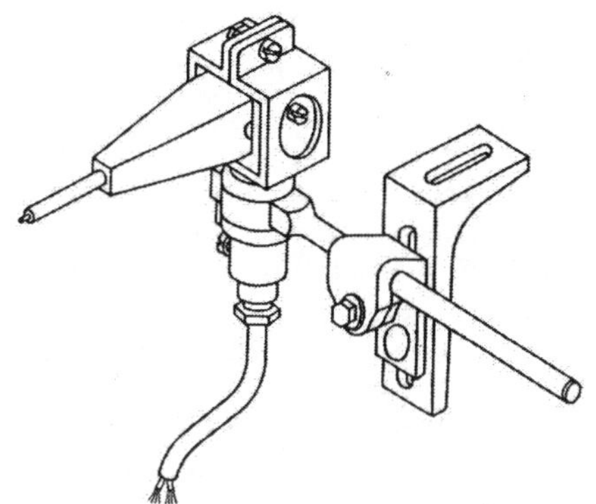

Abb. 637. Spulenfühler für grobe Garne (Valentin)

Die Befestigung des Spulenfühlers muß so durchgeführt werden, daß der Fühler seitlich ausschwenken kann, damit bei einem zu spät in den Kasten laufenden Schützen eine Ausweichmöglichkeit gegeben ist.

Die verschiedenen Varianten, die wir bei elektrischen Spulenfühlern kennen, nehmen lediglich Rücksicht auf das Arbeitsverfahren bzw. auf das jeweilig zur Verarbeitung kommende Material.

Bei der Verarbeitung von sehr grobem Schußgarn besteht z. B. immer die Schwierigkeit, die notwendige Fadenreserve unterzubringen. In einem solchen Fall ist der sehr weite Abstand der Normalausführung von elektrischen Spulenfühlern nicht zweckmäßig. Für diesen Zweck wurden Spulenfühler gebaut, bei der die Kontaktgabel nur eine sehr kleine Fläche der Kontakthülse benötigt. Die Abb. 637 zeigt eine solche Vorrichtung. Hier haben wir eine äußere, stromführende Hülse und eine in dieser Hülse geführte Nadel. Diese beiden Teile bekommen beim gleichzeitigen Aufstoßen auf die Kontakthülse den Kontakt zum Ausrücken des Webstuhles.

Andere, für den gleichen Zweck gebaute Spulenfühler sind so konstruiert worden, daß zwei gegeneinander isolierte Zungen unmittelbar nebeneinanderliegen und ebenfalls den Kontakt beim gleichzeitigen Aufstoßen auf die Kontakthülse bekommen. Diese Vorrichtung hat darüber hinaus noch den besonderen Vorteil, daß der bei grobem Garn häufig auftretende Fehler, daß der eine Fühlerstift auf die blanke Kontaktfläche auftrifft, während der andere Fühlerstift auf den ablaufenden Schußfaden zu sitzen kommt, nicht möglich ist. Die Folge dieses Fehlers wäre ja ein Versagen des Fühlers, Leerlaufen der Hülse und ein Schußfehler.

Da die elektrischen Schußfühler weitaus häufiger verwendet werden als die obengenannten mechanischen oder elektromechanischen Schußfühler, soll nachfolgend auf Einzelheiten bezüglich des Einbaues solcher Einrichtungen hingewiesen werden.

Der Einbau von elektrischen Spulenfühlern

Beim Einbau der Fühlereinrichtung sind folgende Hinweise besonders zu beachten:

1. Auf der Schußhülse muß ein Metallkontaktbelag vorhanden sein bzw. angebracht werden, und zwar am zweckmäßigsten etwa 5 cm lange Messingkontakthülsen.

2. Eine Fadenreserve in einer Länge von etwa 5facher Blattbreite ist vorzusehen. Beim Bespinnen oder Bespulen der Schußhülse mit der Fadenreserve ist der Hub so groß zu halten, daß die erste Garnlage über die Metallhülse ganz hinweggreift, um das Abrutschen der letzten Garnlage zu vermeiden.

3. Zur Betätigung der elektrischen Fühlereinrichtung genügt eine Niederspannung von 30—35 V (Gleich- oder Wechselstrom). In der Regel wird als Stromquelle für die Niederspannung — sofern nicht bereits vorhanden — ein Kleintransformator mit einer Leistung von 150 VA verwendet. Diese Stromquelle genügt für 200—250 Webstühle bzw. Fühlereinrichtungen. Sind die Stühle mit elektrischem Einzelantrieb ausgerüstet, ist es zweckmäßiger, zu jedem Stuhl bzw. zu jeder Fühlereinrichtung einen noch kleiner dimensionierten Kleintransformator mit einer Leistung von 52 VA zu verwenden. Hierdurch wird das Verlegen einer besonderen Schwachstromleitung erspart.

4. Die Vorderwand der auf den fraglichen Webstühlen zur Verwendung kommenden Webschützen ist in Höhe der Spulenachse mit einem Längsschlitz von 10 mm Breite und 45 mm Länge zu versehen, der in einer Entfernung von 20 mm vom Spindelkopf beginnen muß. Häufig wird in den Webereien der Fühlerschlitz zu weit nach der Schützenspitze bzw. dem Spindelkopf zu angebracht. Diese falsche Anbringung des Fühlerschlitzes kann bei einer ungenauen Stellung des Schützens im Schützenkasten dazu führen, daß das eine der beiden Fühlerröhrchen auf die Fadenreserve auftrifft, wodurch der Kontakt und damit die Abstellung des Stuhles (oder aber der automatische Wechsel) erst nach völligem Ablauf der Schußspule erfolgt.

5. Ein etwas längerer Schlitz von etwa 120 mm Länge und 14—16 mm Breite wird in der Vorderwand des Schützenkastens (Ladenbacke) angebracht. Die Länge dieses Schlitzes in der Ladenbacke muß auf jeden Fall so groß sein, daß der Fühler ungehindert nach beiden Seiten ausschwingen kann, ohne mit den Fühlerröhrchen (bei vorderster Ladenstellung) hängenzubleiben. Wird diese Vorschrift nicht beachtet und der Fühler bekommt durch den zu spät in den Schützenkasten einlaufenden Schützen oder aber durch den nicht zurück-

gegangenen Picker einen Schlag, so daß er beim Ausschwingen mit den Fühlerröhrchen an den Enden des Schützens in der Ladenbacke anstößt bzw. darin hängenbleibt, ist eine Beschädigung der Fühlerröhrchen, unter Umständen eine Zerstörung des Fühlerkörpers, die Folge. Auch ist es wichtig, daß der drehbar gelagerte Fühlerkörper bei seitlichem Ausschwingen weder einen Teil der Lade noch an der Ausrückerplatte anstößt.

6. Beim Anbau des Fühlers, der mittels Lager und Befestigungswinkel am Ausrücktisch erfolgt, ist darauf zu achten, daß die Fühlerröhrchen bei vorderster Stellung der Lade bis in die Mitte des leeren Schützens hineinragen, damit die Kontaktgebung gesichert ist.

7. Damit die Fühlerröhrchen senkrecht auf die Schußhülse auftreffen, müssen sie tangential zum Kreisbogen der Ladenbewegung stehen.

5. Optisch-elektrische Spulenüberwachung

Für die Überwachung von sehr empfindlichen Garnen, die möglicherweise noch unter der sehr schonenden Abtastung durch elektrische Spulenfühler leiden, werden optische Überwachungsvorrichtungen mit Verwendung von Photozellen gebaut (Hersteller Dr.-Ing. MAHLO). Das „Abtasten" der Schußspulen wird

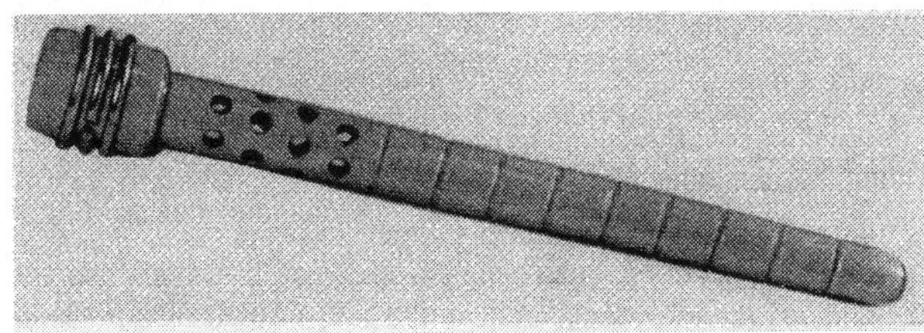

Abb. 638. Hülse für die optisch-elektrische Überwachung der Spule (Zangs)

optisch, also ohne jegliche Berührung durchgeführt. Hierfür sind jedoch grundsätzliche Änderungen notwendig. Man verwendet eine besondere Hülse, wie in der Abb. 638 dargestellt, die durchbrochen sind. Die Arbeitsweise ist wie folgt: Die Linse eines Lichtkopfes bündelt und parallelisiert das Licht einer starken Lichtquelle zu einem Strahl. Sobald die Schußspule weitestgehend abgelaufen ist, lassen die letzten Garnlagen das Licht durchscheinen, und der Strahl trifft hinter dem Schützenkasten auf eine Sellenzelle. Diese Sellenzelle löst unter Zwischenschaltung eines Relais den Stromkontakt für das Abstellen des Webstuhles oder für das Einleiten des Automaten aus.

6. Sonderkonstruktionen von Spulenfühlern

a) Spulenfühler für Frottierwebstühle

Die Abb. 639 zeigt eine Ausführungsform, wie sie für Frottierwebstühle verwendet wird. Bei Frottierwebstühlen besteht hinsichtlich des Abfühlens des Spulenkörpers die Schwierigkeit, daß die Lade zum Zwecke der Schleifenbildung nach meistens drei Schuß einen größeren Anschlag tätigt, indem dabei die Frottierschlinge vorgeschoben wird. Aus diesem Grunde müssen die Spulenfühler für solche Webstühle so gebaut sein, daß sie dem wechselnden Spiel der Lade folgen können. Wie dies durchgeführt ist, zeigt die Abb. 639. Die Fühlerröhrchen sind teleskopartig ineinandergeschoben.

b) Spulenfühler für Lancierwebstühle

Es wurde bereits eingangs darauf hingewiesen, daß der Spulenfühler nicht unbedingt für den Automatenwebstuhl gedacht werden muß. Vielmehr wird sehr großer Wert darauf gelegt, daß auch Nichtautomaten mit Spulenfühler ausgerüstet werden, weil dadurch der Nutzeffekt des Webstuhles wesentlich heraufgesetzt wird, denn eine Schußspule braucht nicht erst leerzulaufen, um durch den Schußfadenwächter den Stuhl zum Abstellen zu bringen. Es ist bedeutend besser, wenn jede Spule abgetastet wird und der Webstuhl rechtzeitig zum Stillstand gebracht wird. Es entfällt dann jedes Schußaufsuchen.

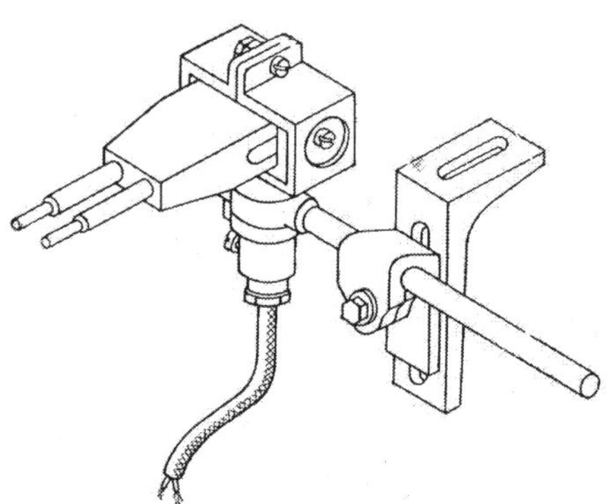

Abb. 639. Elektrischer Spulenfühler mit teleskopartigen Fühlerröhrchen

Bei Lancierwebstühlen (pic-à-pic) ist dies jedoch gegenüber von Webstühlen mit einseitigem Wechsel deswegen eine Schwierigkeit, weil nicht jede Spule unbedingt in den ersten Kasten wechseln kann. Somit muß eine Möglichkeit gegeben sein, auf einer Webstuhlseite in jedem Schützenkasten die einlaufenden Spulen zu kontrollieren.

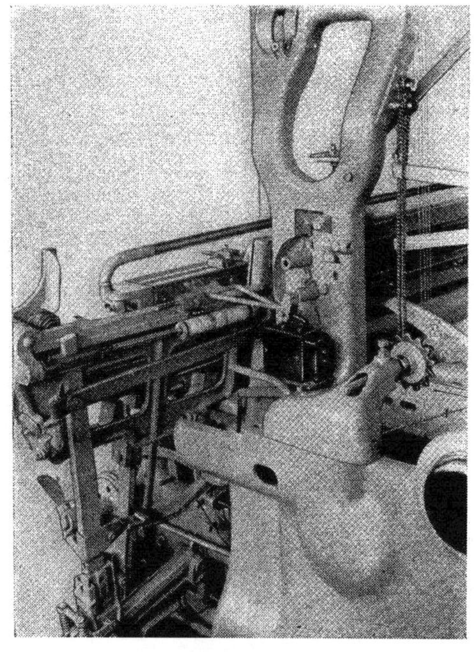

Abb. 640. Spulenfühler am ASTRA-Webstuhl

c) Spulenfühler am Kurbel-Buckskin-Webstuhl (Abb. 640)

Beim Wollwebstuhl befindet sich hinter dem Ladenhaupt ein elektrischer Kontaktfühler, welcher bei jedem Ladenrückgang in diejenige Kastenzelle hineinfühlt, welche sich jeweils über der zur Ladenbahn befindlichen befindet. In den Webschützen befinden sich entsprechende Aussparungen, die ein Federn des Kastens gegen den Spulenkörper bzw. nach dem Garnablauf auf die Kontakthülse gestatten.

Sobald der elektrische Kontakt geschlossen ist, so wird durch einen Magnet durch ein Ausrückgestänge der Webstuhl in hinterer Ladenstellung (offene Fachstellung) stillgesetzt.

Voraussetzung für ein sicheres Arbeiten ist allerdings eine entsprechende Schußfolge, und zwar derart, daß ein Schützen möglichst nach jedem Einpassieren in die rechte Schützenkastenzelle um eine Zelle steigt und anschließend abgetastet wird.

Wie bei Automaten müssen somit alle Spulen eine ausreichende Fadenreserve besitzen, welche der Spule nach dem Einpassieren in die unterste Zelle, welche nie abgetastet werden kann, mindestens noch einen Hin- und Hergang über die Ladenbahn gestattet, bis sie wieder in eine der oberen Zellen zurückkehrt und dann abgetastet werden kann.

d) Spulenfühler am Lancierwebstuhl für Seide

Ähnliche Verhältnisse wie bei der Wolle gelten auch für die Seidenindustrie. Man legt jedoch in dieser Branche auch Wert darauf, daß die untere Spule abgetastet werden kann. Sofern diese Bedingung vorliegt, muß jede Kastenzelle

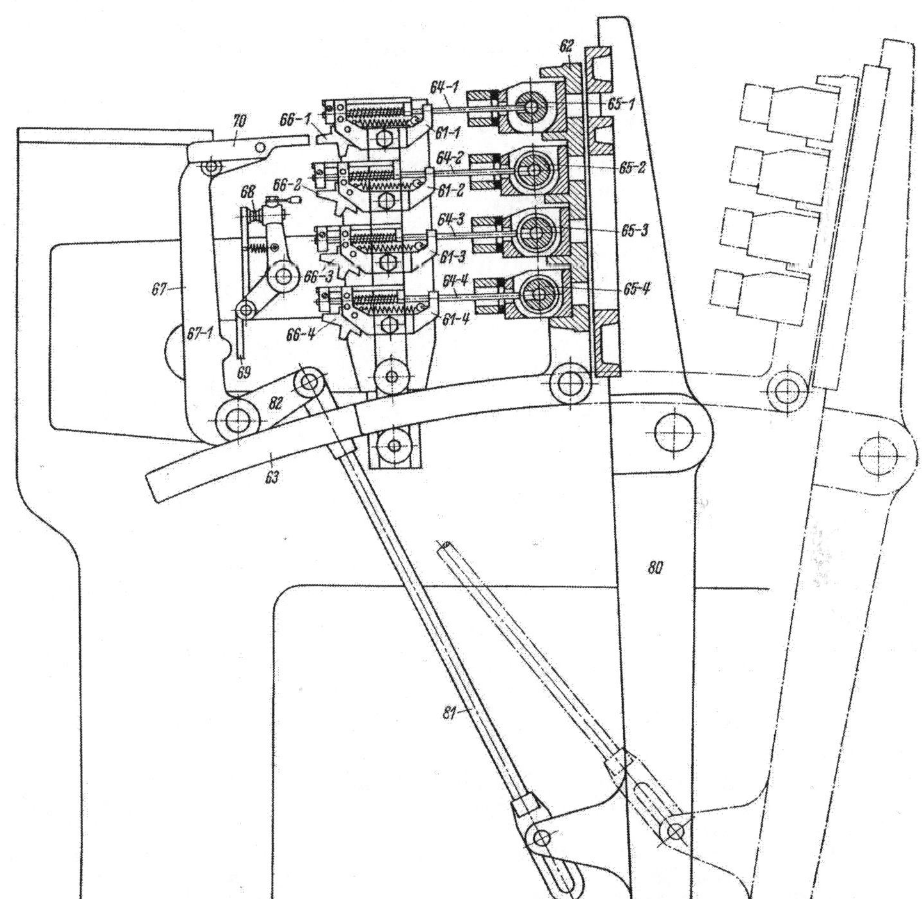

Abb. 641. Elektromechanischer Spulenfühler am Lancierwebstuhl für Seide (Jaeggli)

mit einem Spulenfühler separat ausgerüstet werden. Es zeigen nachfolgend die Abb. 641 eine elektromechanische Spulenfühlereinrichtung von Jaeggli.

Bei der dargestellten elektromechanischen Vorrichtung handelt es sich um einen Fühler, der nach dem Prinzip des Ladenfühlers arbeitet. Die Wirkungsweise selbst soll an Hand der Abb. 641 erklärt werden. Durch die Bewegung der Ladenstelle zu *80* wird über eine Zugstange *81* und Hebel *82* eine Schwingbewegung auf den Hebel *67* sowie auf den Anschlagfinger *70* übertragen. Bei dieser Schwingung, die im Rhythmus der Ladenbewegung erfolgt, wird durch die erhabene Stelle *67/1* durch Anstoßen gegen *69* der Stromkontakt bei *68* unterbrochen. Der Hebel *67* ist jedoch nicht zwangsläufig mit *82* verbunden, sondern es besteht eine kraftschlüssige Verbindung durch Torsionsfeder, so daß man jederzeit den Hebel *67* arretieren kann. Dieses Arretieren geschieht mechanisch in dem Augenblick, wenn eine leere Spule (*65/1*) vorliegt. In diesem Fall wird die Sperrklinke *66/1* angehoben, so daß der Anschlagfinger *70* der durch die Ladenstelze eingeleiteten Schwingung nach rechts nicht folgen kann. *70* stößt auf *66/1* auf. Es unterbleibt dann aber auch die Kollision zwischen *67/1* und *69*, und es unterbleibt weiter das Öffnen des Kontaktes *68*. In diesem Fall gibt der zugehörige Steuerkontakt im Steuerkasten den Stromimpuls an den Abstellmagneten weiter und der Webstuhl wird stillgelegt. Ist die Spule noch gefüllt, so wird die Klinke *66/2* angehoben, so daß der Anschlagfinger *70* ungehindert der durch die Ladenstelze eingeleiteten Bewegung folgen kann.

7. Der optisch-elektronische Spulenfühler

Mit dieser Bezeichnung wird eine schweizerische Konstruktion angesprochen, die in den letzten Jahren besondere Aufmerksamkeit erregte, weil die Über-

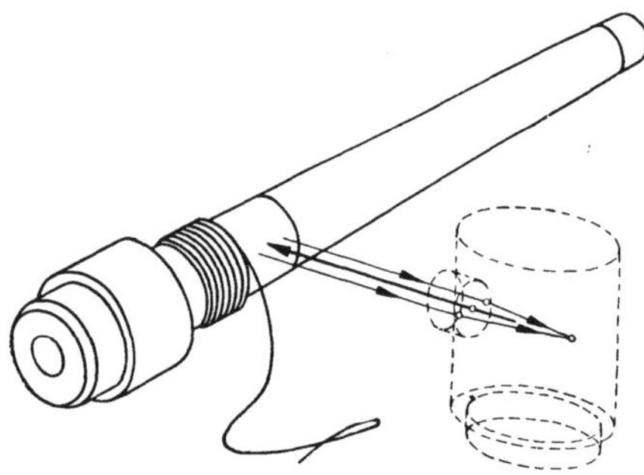

Abb. 642. Spule mit Tastkopf

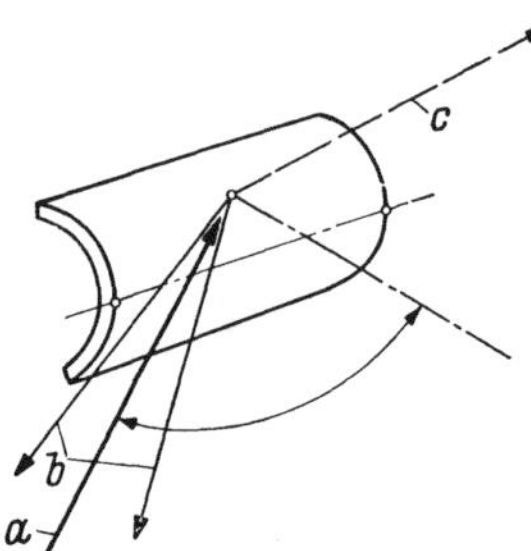

Abb. 643. Prinzip der Umkehrreflexion
a einfallender Lichtstrahl; *b* Umkehrreflexion; *c* falscher Reflex (normale Spiegelreflexion)

wachung vollständig trägheitslos erfolgt und bei der neuesten Konstruktion sogar während des Schützenfluges erfolgt.

Für die Praxis ergeben sich aus dieser Neuerung die folgenden, sehr wichtigen Konsequenzen:

1. Der Einfluß der Schützenendlage auf die Funktion des Schußfühlers ist vollständig ausg schaltet; ausgeschlagene Picker, schlechtsitzende Schützen usw. sind nunmehr von seiten des Fühlers belanglos.
2. Läßt die Abstell- oder Wechselvorrichtung am Stuhl zeitlich eine Abtastung unmittelbar vor dem Facheintritt des Schützens oder unmittelbar nach dem Fachaustritt zu, d. h. kann die Tastung auf der Ladenbahn geschehen, so sind auch die Folgen von vertikalen Ungenauigkeiten ausgeschaltet. Insbesondere läßt sich damit der Einfluß von Steigkastenunregelmäßigkeiten eliminieren.
3. Die neue Art der Abtastung erlaubt die gleichzeitige Verwendung verschiedener Schußmaterialträger, wie normale Spulen, Superkops und Schlauchkops, ohne daß dazu besondere Maßnahmen getroffen werden müssen. Bisher war darauf zu achten, daß im Schützenstillstand der Reflexbelag bei allen Trägern an ein und derselben Stelle lag; diese Einschränkung ist jetzt hinfällig, denn der Reflexbelag läuft notwendigerweise bei jedem Schußeintrag durch den Lichtstrahl, ganz unabhängig davon, an welcher Stelle, an Spule oder Schützen, er sich in horizontaler Richtung befindet.
4. Das neue Gerät LF-3.24 spricht überhaupt nur auf Bewegung an; ein stationärer oder sich nur langsam verändernder Streulichtuntergrund bleibt somit vollkommen wirkungslos.

Weiter ist im neuen Gerät eine elektronische Impuls-Speicher-Vorrichtung vorhanden, die es erlaubt, den eigentlichen Abtastimpuls einen beliebig langen

Zeitabschnitt zu speichern. Bei Stühlen, wo der Fühlmoment nicht mit dem Abstell- bzw. Einleitzeitpunkt übereinstimmt, kann auf einfachste Weise der Tastimpuls so lange aufgespeichert werden, bis eine Exzenterscheibe den Nockenschalter betätigt. Durch Verstellung der Exzenterscheibe ist es somit möglich, den Abstell- bzw. Einleitmoment genau am Stuhl anzupassen.

Bei einschützigen oder mehrschützigen Stühlen mit Vorwahl-Einleitmagneten arbeitet der Loepfe-Fühler vollelektronisch ohne jeden mechanischen Nockenschalter. Damit wurde erstmals ein Schußfühler geschaffen, der ohne mechanisch bewegte Teile arbeitet.

Die Wirkungsweise soll an Hand der Abb. 642 und 643 erklärt werden. Die Abb. 642 zeigt die Spule mit Tastkopf. Der Tastkopf wirft den abtastenden Lichtstrahl auf die Spule und empfängt den reflektierenden Strahl. Beide Strahlen passieren also dieselbe Optik. Im Leerzustand wird bei der Umkehrreflexion der Strahl wieder in der Einfallsrichtung zurückgeworfen. Er trifft dabei auf ein höchstempfindliches Halbleiterelement. Der dadurch ausgelöste Stromimpuls betätigt auf elektronischem Wege die Abstell- oder Spulenwechselvorrichtung.

IV. Die Überwachung des Schützenlaufes — die Pufferung

Der durch das Fach laufende Schützen muß mit Sicherheit den Kasten auf der gegenüberliegenden Seite des Webstuhles erreichen, weil im anderen Falle die vorwärts laufende Lade den Schützen in den Fachwinkel, der durch die

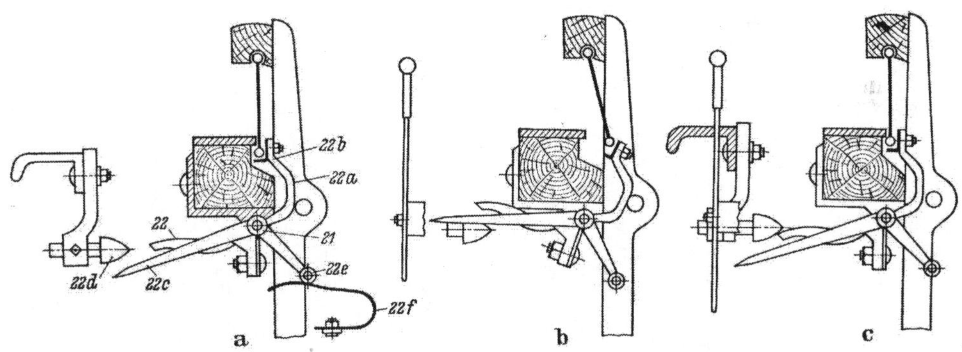

Abb. 644a—c. Wirkungsweise des Blattauswerfers
21 Blatthalterwelle; *22* Blatthalterzunge; *22a* Blatthalterhebel; *22b* Blatthalterschiene; *22c* Stecher; *22d* Halteböcke; *22e* Stecherwelle; *22f* Druckfeder

Kettfäden gebildet wird, drückt und die Zerstörung einer größeren Anzahl von Kettfäden nicht zu vermeiden ist. Man spricht in Fachkreisen dann vom sog. Schützenschlag oder Fachbruch. Das Einziehen der zerstörten Kettfäden ist eine sehr mühevolle und zeitraubende und somit auch kostspielige Arbeit. Schließlich ist das Gewebestück selbst, bei dem der Fachbruch erfolgte, unverkäuflich.

Die Überwachung des Schützenlaufes muß also mechanisch so erfolgen, daß der Webstuhl sofort und ohne Bremsweg stillgesetzt wird, sobald die gekennzeichnete Gefahr im Verzug ist.

Es gibt, wie man aus den Abb. 644 bis 646 erkennen kann, drei prinzipielle Möglichkeiten:

1. Der Blattauswerfer (vgl. Abb. 644a–c) wird für leichte, schnellaufende Webstühle verwendet, weil hier die kinetische Energie der schnell rotierenden Kurbelwelle zu groß ist, um einen bremsweglosen Stillstand zu ermöglichen.

2. Die Stecherwelle (vgl. Abb. 645), die an mittelschweren Webstühlen mit Hilfe eines sog. Frosches, einem federnd gelagerten Formstück, die ganze Energie des Webstuhles im Falle des Ansprechens der Vorrichtung vernichtet.

3. Die Stecherwelle (vgl. Abb. 646) am Kurbel-Buckskin-Webstuhl, bei der eine schnell wirksame Bremse im Antrieb des Webstuhles anspricht.

1. Die Wirkungsweise des Blattauswerfers (Abb. 644a–c)

Das Webeblatt wird im Ladendeckel drehbar angeordnet und normalerweise durch das Teil *22b* mit Hilfe der Feder *22f* über den zweiarmigen Hebel *22e* und *22d*, der bei *21* gelagert ist, abgestützt. Im Augenblick des Ladenanschlages reicht die Kraft der Abstützung nicht aus. Deshalb legt sich zum Blockieren der Abstützung der Hebel *22* unter den Anschlag *22d* (vgl. Abb. 644c). Erreicht der Schützen nicht die gegenüberliegende Kastenzelle, so wird das Webeblatt entgegen der Wirkung der Feder *22f* unten ausgeschwenkt (vgl. Bild b). Der Stecher *22c* richtet sich dabei auf und stößt in eine Kerbe des Ausrückerhebels. Hierbei weicht das Webeblatt so weit nach hinten aus, daß der Webstuhl auslaufen kann. Kettfäden werden dabei in der Regel nicht zerstört.

2. Die Wirkungsweise der Stecherwelle (Abb. 645a u. b)

Aus der Abb. 645a ist ersichtlich, wie durch den ordnungsmäßig im Schützenkasten eingelaufenen Schützen die Zunge *e* aus dem Bereich der Kastenwand herausgedrückt wird. Hierdurch schwenkt der Doppelhebel *d/b*, der sog. Stecher,

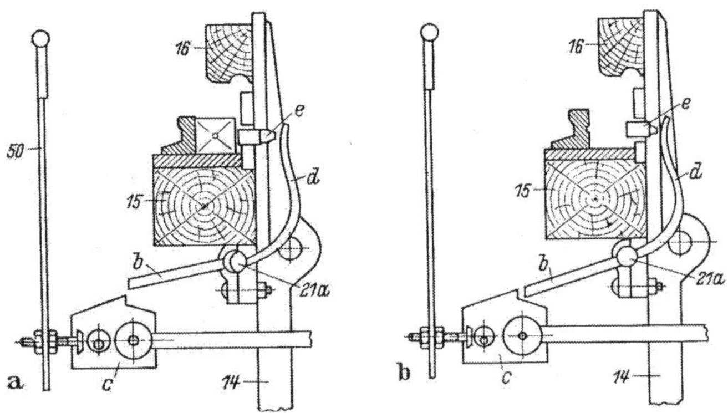

Abb. 645a u. b. Stecherwelle am Baumwollstuhl

um den Lagerpunkt *21a* so, daß die Vorwärtsbewegung der Lade nicht gehemmt wird. In der Abb. 645b erkennt man, daß durch den nicht ordnungsmäßig in den Kasten eingelaufenen oder fehlenden Schützen eine solche Beeinflussung nicht erfolgt. Dann fällt der Stecher *b* in die Kerbe des Frosches *c*, der die gesamte Webstuhlenergie abfängt. Die Stecher *b* sind auf beiden Seiten des Webstuhles angeordnet und sitzen auf einer gemeinsamen Welle, der sog. Stecherwelle. Es wird so die Energie der Lade auf beiden Seiten abgefangen. So wird die Gefahr der Verwindung der Lade vermieden. Die Länge des Stechers auf der Antriebsseite ist um wenige Millimeter länger, weil der Frosch auf der Anstellerseite mit dem Ausrückhebel verbunden ist (vgl. Abb. 645a u. b). Der Motor wird so zuerst ausgeschaltet, bevor die Energie der schwingenden Lade vernichtet wird.

Die Stecherwellen am Kurbel-Buckskin-Webstuhl zeigen prinzipiell das gleiche Schema. Die Abb. **646**a—c zeigt die Auslösung der Mechanik. Die Anordnung ist hier insofern anders, als die Kastenzungenbelastungshebel auf einer eigenen Welle sitzen, weil die Drehung der Welle mit der Patentschlagvorrichtung koordiniert ist (vgl. S. 300). Die Drehung der Belastungshebel wird durch einen Zwischenhebel auf die Stecher übertragen. Auch hier kann man aus den Abbildungen erkennen, daß der auf der Ausrückerseite angeordnete Stecher wenige Millimeter länger ist, damit zuerst der Motor ausgeschaltet wird, bevor die Vernichtung der Ladenenergie erfolgt. Der Stillstand des Webstuhles erfolgt durch eine sehr wirksame Bremse am Antrieb.

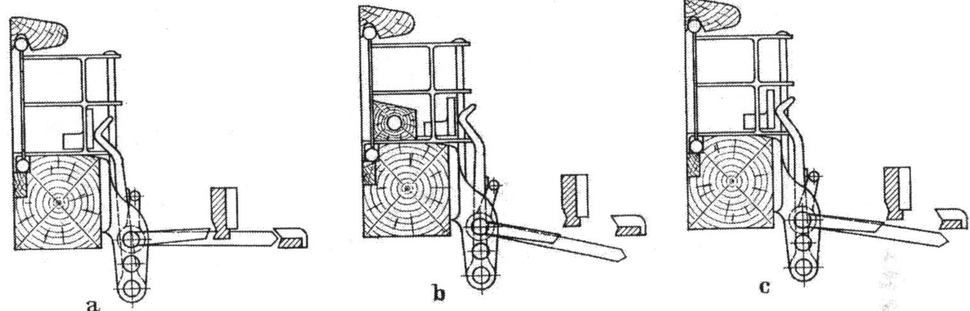

Abb. 646a—c. Stecherwelle am Tuchstuhl

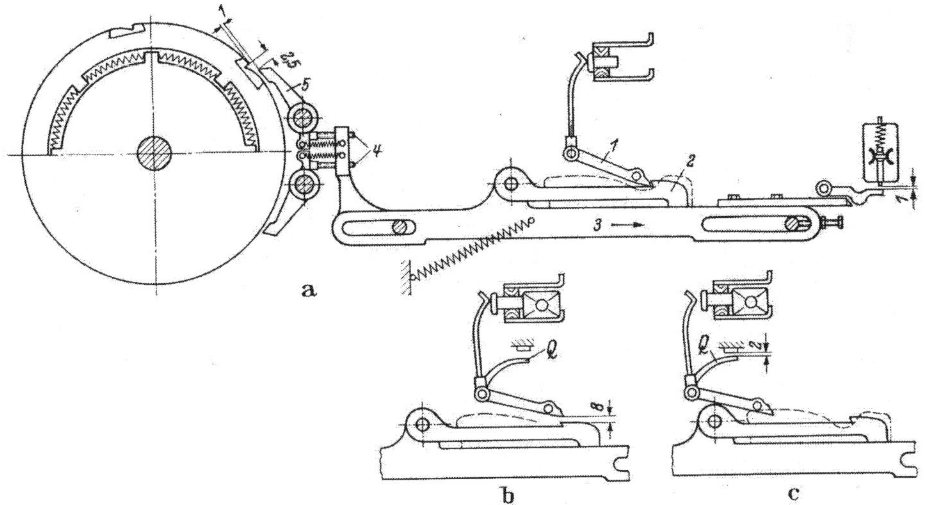

Abb. 647a—c. Puffereinrichtung am Lentz-Webstuhl

Die in der Abb. **647**a—c dargestellte Vorrichtung stellt eine konstruktive Ausnahme für Puffereinrichtung an Kurbel-Buckskin-Webstühlen dar. Es handelt sich um die Ausführungsart, die am Lentz-Webstuhl verwendet wird. Der Webstuhl selbst wurde auf S. 13 näher beschrieben. Aus dieser Darstellung ging bereits hervor, daß mit einer Kurbelwelle mit Schwungscheiben gearbeitet wird. Sobald der Stecher *1* in die Kerbe des Frosches *2* einfällt, bewegt sich der Schlitten *3* in Pfeilrichtung, so daß die Einstellschrauben *4* einen Zug nach rechts erhalten. Hierdurch verlieren die Pufferklammern *5* ihren Halt und werden unter der Einwirkung der Federn in die Einkerbungen der Schwungscheibe eingeführt. Über die federnde Schwungscheibe wird die Ladenbewegung eingehalten. Die Einstellungshinweise gehen aus der Ausführung der Zeichnung selbst hervor. Die Einzelheiten der Bewegung sind mit der in Abb. 646 besprochenen Form identisch und brauchen in diesem Zusammenhang nicht mehr erwähnt zu werden.

I. Der Antrieb der Webmaschine

Die auf S. 341 dargestellte theoretische Erörterung der Schützenbeschleunigung für die mit der Schlagerteilung bedingte notwendige Energie zeigt, daß der Antrieb des Webstuhles im Gegensatz zu anderen Arbeitsmaschinen wegen der notwendigerweise auftretenden Ungleichförmigkeit der Drehzahl problematisch ist. Während andere Arbeitsmaschinen eine konstante Energieanforderung stellen, ist jede Umdrehung der Webstuhlhauptwelle durch große Energiespitzen einerseits gekennzeichnet, und in anderen Phasen der Umdrehung treibt der Webstuhl bzw. die durch die Rotation gespeicherte Wucht den Webstuhlmotor an. Diese Tatsache läßt sich meßtechnisch verfolgen; man kann sie aber auch an dem beidseitigen Verschleiß des Webstuhlritzels bei direkt angetriebenen Webstühlen erkennen. Die typische Form der Leistungsaufnahme eines Webstuhlantriebes zeigt die Abb. 648[1]. Diese in der Abbildung deutlich zu erkennende Leistungsschwankung zwischen positiven und negativen Werten kennzeichnet die eigentlichen Probleme. Insbesondere ergeben sich folgende Fragestellungen:

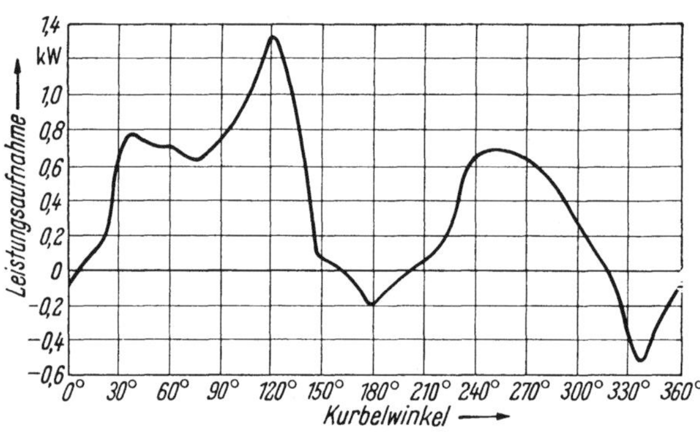

Abb. 648. Leistungsaufnahme des Webstuhles in Abhängigkeit des Kurbeldrehwinkels (nach SCHINDLER[1])

1. Wie soll der Motor zum Webstuhl koordiniert sein? Soll er auf der Traverse des Webstuhles befestigt werden oder ist es besser, ihn abseits vom Webstuhl auf dem Boden zu verankern? Leistungsschwankungen sind die Ursachen für Schwingungen, die je nach der vorher gekennzeichneten Anordnung vom Motor oder vom Gebäude aufgenommen werden müssen.

2. Soll die Verbindung vom Motor zum Webstuhl formschlüssig (direkte Verbindung durch Ritzel) oder kraftschlüssig (mit Treibriemen, vielleicht in Verbindung mit einer elastischen Spannereinrichtung oder Federkuppelung) erfolgen?

Die Investition eines großen Schwungmomentes reduziert erklärlicherweise die Webstuhlschwingungen, da die Energiespeicherung eine allzu große Drehzahlreduzierung verhindert. Auch wird in neuerer Zeit immer wieder die Ansicht vertreten, daß man mit der synchronen Schaltung mindestens zweier gegeneinanderstehender Webstühle die Schwingungen insbesondere für das Gebäude

[1] SCHINDLER, G: Der Webstuhlantrieb. Melliand Textilber. 1957, H. 11, S. 1240.

weitestgehend reduzieren kann. Dem stehen jedoch in der Regel die hierfür aufzuwendenden Kosten entgegen.

Heute wird es immer mehr üblich, den Motor auf eine Konsole zu stellen und mit dem Webstuhl in einer der unter 2. gekennzeichneten Form zu verbinden.

Die formschlüssige Verbindung zwischen Motor und Webstuhl durch ein Zahnrädervorgelege oder Ritzel hat den Vorteil, besonders billig zu sein, auch läuft der Webstuhl sofort mit der notwendigen Drehzahl an. Der große Nachteil ist jedoch, daß beim Ansprechen irgendeiner Webstuhlschutzeinrichtung mit dem sofortigen Abstellen des Webstuhles die Motorwicklung zu stark belastet werden und unter Umständen auch durchbrennen kann. Aus den hier gekennzeichneten Vorteilen sind die heute sehr viel gebräuchlichen Anordnungen von Rutschkupplungen, Federkupplungen oder auch die ausrückbaren Kupplungen zu verstehen.

Im Hinblick auf die hier angesprochenen Aggregate unterscheiden wir:

1. Rutschkupplungen: Sie bestehen aus zwei Kupplungsscheiben, von denen die eine als Preßringscheibe und die andere als Zahnkranzscheibe ausgebildet ist. Die Kupplungsscheibe ist mit der Webstuhlhauptwelle durch eine Nabe direkt verbunden. Kupplungsscheibe und Preßring werden durch Schrauben miteinander so gepreßt, daß eine normale Mitnahme des Webstuhles gesichert ist. Nur bei Überbeanspruchung rutscht die Verbindung. Beim Anlauf des Webstuhles wird die volle Leistung durch die Rutschkupplung übertragen. Beim Ansprechen einer Schutzeinrichtung wird die im Motorläufer gespeicherte Energie in der Rutschkupplung vernichtet.

2. Die Reibungskupplung: Sie besteht aus zwei Teilen. Die Antriebsscheibe sitzt lose auf der Vorgelegewelle, während die zweite Scheibe auf der Webstuhlhauptwelle sitzt. In der Regel ist dieses Teil noch mit einer schnell ansprechenden Webstuhlbremse, meist einer Bandbremse, verbunden. Der Einrückvorgang vollzieht sich wie folgt. Zunächst wird die Bremse gelöst, dann beginnt der Motorlauf, und schließlich wird mit dem weiteren Durchdrücken des Einrückhebels die Kupplung eingerückt. Beim Ansprechen der Schutzeinrichtung wird nacheinander die Kupplung gelöst und der Webstuhl abgebremst, während der Webstuhlmotor auslaufen kann.

Eine wegen der höheren Kosten nicht beliebte, aber im Hinblick auf den Stand der Konstruktion erwähnenswerte Weiterentwicklung ist die Fliehkraftkupplung.

Die kraftschlüssige Verbindung ist die durch den Treibriemen. Diese Verbindung ist durch den Wegfall der Rutschkupplung billig. Die Riemenverbindung selbst wirkt als Rutschkupplung. Der normale Schlupf beträgt etwa 2—4%. Um eine richtige konstante Riemenspannung zu erreichen, ist es immer zweckmäßig, eine genau regulierbare Federspannrolle zu verwenden oder aber die immer mehr gebräuchliche wippende Anordnung der Motoraufbockung zu wählen, bei der das Motorgewicht für eine konstante Riemenspannung sorgt.

Die in letzter Zeit häufiger verwendeten Keilriementriebe schaffen mit ihrem sehr geringen Schlupf von 0,1—0,8% Verhältnisse, die mit dem Zahnradtrieb vergleichbar sind. Keilriementriebe sind zwar billig, aber sie müssen beim Webstuhl stark überdimensioniert sein, weil Keilriemen gegen Lastschwankungen sehr empfindlich sind. Besonderes Interesse verdienen die in neuerer Zeit vielfach verwendeten Webstuhl-Federkupplungen. Wegen der besonderen Bedeutung dieser Elemente soll nachfolgend ein Referat aus Melliand Textilberichte z. T. wörtlich wiedergegeben werden[1]:

[1] Kadegge, G.: Die Webstuhl-Federkupplung — ein neuartiges Antriebselement für Webstühle. Melliand Textilber. 1959, H. 8, S. 872—875.

In der Abb. 648 sind die Lastschwankungen des Webstuhles auf Grund des Wechsels von Beschleunigung und Verzögerung erkenntlich. Diese übertragen sich über die Triebteile bis zum Netzanschluß. Hierdurch tritt höherer Verschleiß durch die Schläge und Stöße auf und es ist erklärlich, daß sich die elektrischen und mechanischen Verluste vermehren.

In der Abb. 649 ist der Verlauf von Wirkungsgrad und Leistungsfaktor eines normalen Webstuhlmotors dargestellt. Die optimalen Betriebswerte würden sich bei einer gleichbleibenden Belastung des Motors in der Nähe seines Nennmomentes einstellen. Wegen der hohen Lastspitzen, die bis zum 2,5fachen Nennmoment reichen, sowie durch den zeitweisen Betrieb mit nur kleinen bzw. negativen Lastmomenten ergeben sich beim Antrieb von Webstühlen aber wesentlich schlechtere mittlere Betriebswerte.

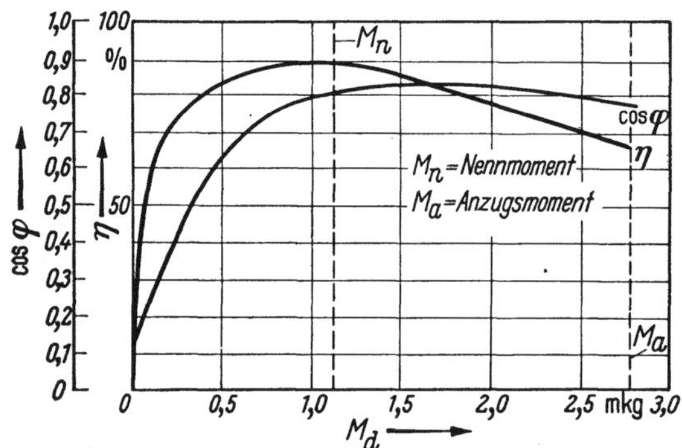

Abb. 649. Wirkungsgrad und Leistungsfaktor eines Webstuhlmotors, Leistung 1,1 KW

So paradox es zunächst auch erscheint, ein Motor mit höherem Anzugsmoment und besserem Wirkungsgrad und Leistungsfaktor zeigt beim Webstuhlbetrieb vielfach höhere Leistungsaufnahmen als ein Motor, der auf Grund seiner schlechteren elektrischen Daten zunächst höhere elektrische Verluste erwarten läßt.

Der Grund für diese Tatsache liegt darin, daß der „bessere", meist überdimensionierte Motor viel steifer ist, bei Belastungsänderungen in der Drehzahl weniger abfällt und die hohen Lastschwankungen des Webstuhles daher stärker zu spüren bekommt.

Der „schlechtere", womöglich kleinere Motor mit einer weicheren Drehzahlcharakteristik hingegen gestattet den rotierenden Massen, kinetische Energie bei Drehzahlabfall abzugeben bzw. bei Drehzahlanstieg wiederaufzunehmen, so daß der Motor geringeren Lastschwankungen ausgesetzt ist. Die Verhältnisse werden dabei um so günstiger, je größer die Drehzahländerungen bei Belastungsschwankungen sind.

Mitte der dreißiger Jahre führte der Gedanke des „nachgiebigen" Webstuhlantriebes zu dem sog. „Schlupfmotor", einem Kurzschlußläufermotor mit erhöhtem Läuferwiderstand, der den Schlupf, d. h. den prozentualen Drehzahlabfall, vergrößert.

Sorgfältige Messungen erbrachten jedoch den Nachweis, daß die mit Widerstandserhöhung erwirkte weiche Drehzahlcharakteristik nicht die erwarteten energetischen Vorteile bringt, da der mögliche Leistungsgewinn durch die höheren Verluste im Widerstandsläufer beeinträchtigt wird[1]. Lediglich bei Webstühlen mit extrem hohen Lastschwankungen läßt sich ein gewisser Rückgang der Leistungsaufnahme feststellen.

In dem Bestreben, die Lastschwankungen des Webstuhles vom Antriebsmotor fernzuhalten und diesem die Möglichkeit zu geben, mit praktisch gleichbleibender Last zu fahren, haben die Siemens-Schuckertwerke in den Nachkriegsjahren umfangreiche Versuche durchgeführt.

---

[1] Oertel, F.: Über Versuche an einem Webstuhlantrieb mit Asynchronmotor und Kurzschlußläufern von verschiedenem Widerstand. Siemens-Z. 1939, H. 9/10.

Zunächst glaubte man, durch Erhöhung der rotierenden Schwungmassen zum Ziel zu kommen. Auf das zweite Wellenende des Motors wurden Schwungscheiben aufgesetzt, die den Zweck hatten, schon bei geringfügigen Drehzahlschwankungen als Energiespeicher zu wirken und die Motorbelastung zu vergleichmäßigen.

Das Ergebnis der über lange Zeit angesetzten Versuche befriedigte jedoch nicht. Die steife Drehzahlcharakteristik des Schwungscheibenantriebes hatte zur Folge, daß die Webstühle viel zu hart liefen, die Schläge und damit der Verschleiß in dem Übertrieb sehr hoch waren und die mechanischen Verluste hierdurch wieder anstiegen.

Bei den aus den Vereinigten Staaten bekanntgewordenen Webstuhlantrieben ähnlicher Bauart ist denn auch festzustellen, daß Ritzel oder Riemenscheiben fast die doppelte Breite aufweisen und alle Lager übermäßig verstärkt sind.

Außerdem hat die Erhöhung der rotierenden Schwungmassen beim Webstuhl noch den Nachteil, daß in jedem Falle eine Schaltkupplung und Bremse zwischengeschaltet werden müssen, um das Anlaufen und Stillsetzen des Webstuhles, unabhängig von den größeren Schwungmassen, in der erforderlichen kurzen Zeit zu bewerkstelligen.

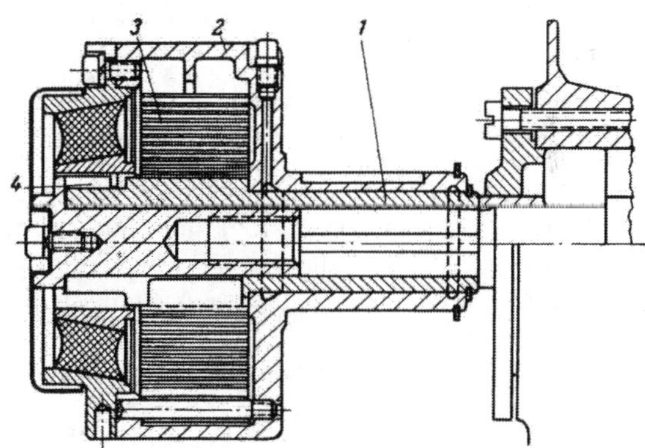

Abb. 650. Webstuhl-Federkupplung

Auf Grund der unbefriedigenden Ergebnisse des „steifen" Webstuhlantriebes wandte man sich wieder dem Gedanken des „nachgiebigen" Antriebes zu. Da der Motor selbst nur wenig Möglichkeiten bietet, den Antrieb drehzahlnachgiebig zu gestalten — die Erhöhung des Läuferwiderstandes bringt zusätzliche Verluste, die Herabsetzung der Magnetisierung verringert das Anzugsmoment —, richteten sich die weiteren Arbeiten auf die Schaffung eines entsprechenden Antriebselementes, das in den Leistungsfluß eingeschaltet werden kann[1].

Das Ergebnis dieser Arbeiten führte zu der Entwicklung einer hochelastischen Federkupplung, die ein Nacheilen oder Voreilen des Motors bei Belastung bzw. Entlastung ermöglicht und die kinetische Energie der bewegten Webstuhl- und Antriebsteile zur Deckung der Lastschwankungen heranzieht. Die konstruktive Ausführung der Webstuhl-Federkupplung ist aus Abb. 650 ersichtlich.

Die Antriebsbuchse *1* ist mit dem äußeren Federtopf *2* durch eine sehr weiche Feder *3* verbunden, die auf die mittlere Webstuhllast vorgespannt wird. Im Betrieb schwingt die Feder um diesen Betriebspunkt in beiden Richtungen, entsprechend den Drehzahlschwankungen des Webstuhles. Die Auslenkungen sind im Verhältnis zum Gesamtwinkel der Federvorspannung klein, so daß sich auf den Motor ein annähernd gleichbleibendes mittleres Lastmoment überträgt (Abb. 651).

Die gleichbleibende Belastung des Motors ergibt wesentlich bessere mittlere Betriebswerte für Wirkungsgrad und Leistungsfaktor gemäß Abb. 649 und hat einen beachtlichen Rückgang der Leistungsaufnahme des Webstuhlmotors zur Folge.

[1] KÖLMEL, K.: Energieverhältnisse bei Webstuhlantrieben und ihre Verbesserung. Dissertation an der Fakultät für Maschinenwesen der TH Karlsruhe, August 1956. — SCHINDLER, G.: Der Webstuhlantrieb. Melliand Textilber. 1957, H. 11 u. 12, S. 1240—1243 u. 1356—1358.

In Abb. 652 ist die Leistungsaufnahme eines starren Webstuhlantriebes dem eines Federkupplungsantriebes gegenübergestellt. Die oszillographischen Aufnahmen zeigen sehr deutlich die Vergleichmäßigung der Motorbelastung.

Der Wegfall der hohen Stromspitzen, wie sie beim starren Webstuhlantrieb im Rhythmus der Kurbelwellenumdrehungen auftreten, bringt weiterhin eine starke Verringerung der Stromwärmeverluste in den Motorzuleitungen. Diese sind bekanntlich dem Quadrat des Stromes proportional und erreichen durch die starken Stromspitzen besonders hohe Werte.

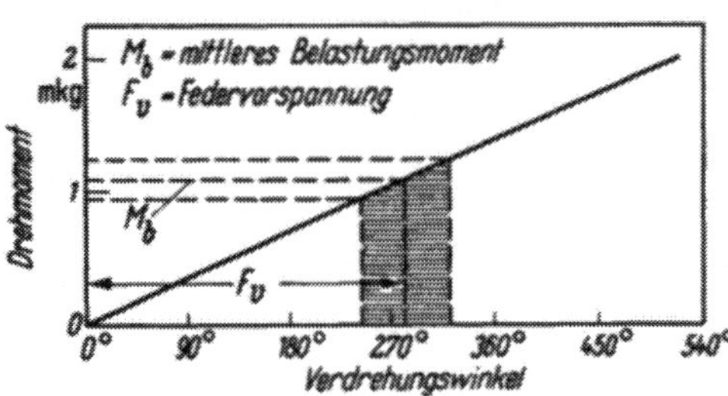

Abb. 651. Federcharakteristik der Webstuhl-Federkupplung

Durch den Federkupplungsantrieb ergibt sich eine Erhöhung der mittleren Betriebsdrehzahl als Folge der gleichmäßigeren Belastung des Motors. Dies führt zu einer geringfügigen Produktionserhöhung, ohne daß an der Einstellung oder an dem Übertrieb des Webstuhles etwas geändert werden müßte.

Darüber hinaus ermöglicht der Federkupplungsantrieb eine weitere Produktionssteigerung, die mit der Verlängerung der Fachoffenzeit verbunden ist.

Diese Zusammenhänge lassen sich am besten aus dem sog. Kreisdiagramm des Webstuhles ableiten (Abb. 653). Bei gleichförmigem Antrieb der Kurbelwelle — also bei konstanter Winkelgeschwindigkeit — wächst der zurückgelegte Winkelweg proportional mit der Zeit: $\alpha = \omega \cdot t$. Aus dem Kreisdiagramm läßt sich somit die dem Sektor für den Schützenflug entsprechende Fachoffenzeit finden.

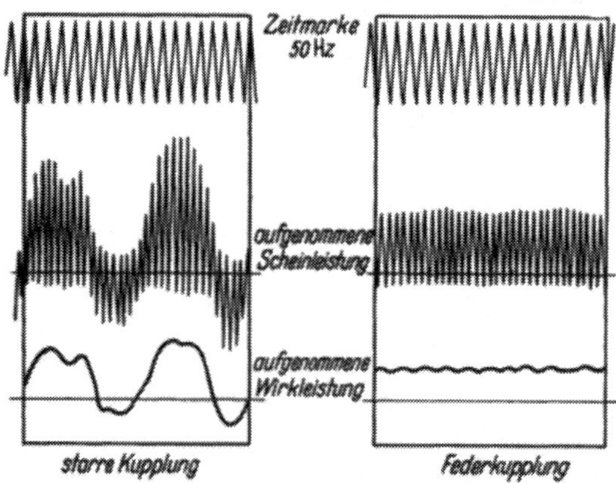

Abb. 652. Leistungsaufnahme eines Webstuhlantriebes über eine Kurbelwellenumdrehung

Beim ungleichförmigen Antrieb der Kurbelwelle, wie er beispielsweise beim Zwischenschalten der nachgiebigeren Federkupplung vorliegt, ändert sich die Winkelgeschwindigkeit im wesentlichen nach Maßgabe der periodischen Ladenbeschleunigung und Verzögerung einerseits sowie im Takte des Schützenschlages andererseits.

Letzteres hat zur Folge, daß die Kurbelwelle während des Schützenfluges im Mittel mit einer geringeren Winkelgeschwindigkeit umläuft und damit für den Schützenflug mehr Zeit zur Verfügung steht, bis der Kreissektor für das Offenfach durchlaufen ist. Mit anderen Worten, die durch den Schützenanschlag abgebremste Webstuhlwelle ermöglicht das Weben einer breiteren Ware oder die Erhöhung der Schußzahl bei gegebener Kettenbreite. Natürlich muß hierbei das Übersetzungsverhältnis zwischen Motor und Webstuhl entsprechend geändert werden. Da die Winkelgeschwindigkeit der Kurbelwelle zum Zeitpunkt des Schützenschlages bei Betrieb mit der Webstuhl-Federkupplung unter Umständen abweichende Werte gegenüber dem Betrieb mit starrer Kupplung haben kann, ist mitunter eine andere Einstellung am Schützenschlagmechanismus notwendig, um die gewünschte Schützenfluggeschwindigkeit beizubehalten bzw. zu verändern.

Da eindeutige Anhaltspunkte darüber fehlen, wonach sich, ganz allgemein gesehen, die maximal zulässige Schußzahl bei Webstühlen richtet, wird die mit der Federkupplung mögliche zusätzliche Produktionssteigerung von der jeweiligen Einstellung des Beurteilenden abhängen. Hier soll nur aufgezeigt werden, daß die Federkupplung eine solche ermöglicht.

Interessant ist auch der Einfluß der Federkupplung auf die Anlaufverhältnisse. Während bei dem starr gekuppelten Webstuhlmotor ein 2,5- bis 3faches Nennmoment für den Anlauf erforderlich ist, um sicherzustellen, daß der erste Schützenschlag mit genügend großer Kraft ausgeführt wird, braucht der Antriebsmotor bei Zwischenschaltung einer Federkupplung nicht mehr überdimensioniert zu werden.

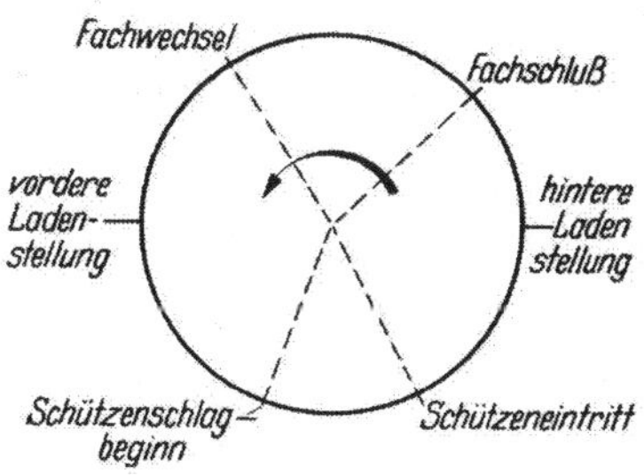

Abb. 653. Kreisdiagramm des Webstuhles

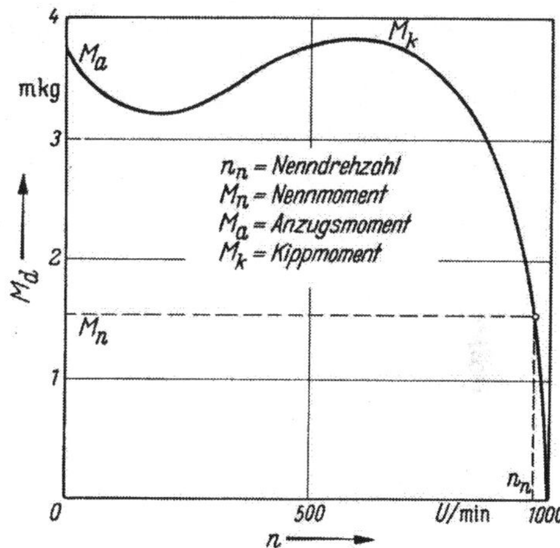

Abb. 654. Momentenverlauf eines Webstuhlmotors

Beim Einschalten des Motors fährt dieser zunächst gegen ein durch die Federvorspannung bedingtes und in der Nähe der Nennlast liegendes Gegenmoment hoch. Die Feder wird hierbei bis zu einem Begrenzungsanschlag *4* (Abb. 650) im Federtopf vorgespannt. Der Motor braucht nur seine eigenen Schwungmassen zu beschleunigen und erreicht bis zu der obengenannten Anlaufphase bereits etwa $^2/_3$ seiner Nenndrehzahl.

Die zweite Phase des Anlaufvorganges unterscheidet sich nicht von dem normalen starren Webstuhlantrieb. Für das Beschleunigungsmoment steht aber außer dem an sich höheren Motorhochlaufmoment (Abb. 654) kinetische Energie aus den bereits auf $^2/_3$ der Nenndrehzahl beschleunigten rotierenden Motorschwungmassen zur Verfügung.

Die Federkupplung bewirkt somit, daß Antriebsmotoren mit kleinerem Anzugsmoment, d. h. kleinerer Magnetisierung, eingesetzt werden können, was sich auf eine starke Reduzierung der Blindleistungsaufnahme auswirkt.

Die Webstuhl-Federkupplung ist so konstruiert, daß sie in einfacher Weise auf das Wellenende des Webstuhlmotors aufgezogen werden kann (Abb. 655). Als Weitertrieb können auf den Hals des Federtopfes Ritzel, Flach- oder Keilriemenscheiben aufgesetzt werden. Die Abmessungen des Federtopfes tragen den engen Raumverhältnissen in Webereien Rechnung.

Zur besseren Überwachung des jeweiligen Belastungszustandes und zur leichteren Einjustierung der Federvorspannung hat sich eine optische Anzeige bewährt.

Hierzu ist ein Sektor des Gehäuses dreifarbig angelegt und teilweise von einer mit der Antriebsbuchse verbundenen Blende so überdeckt, daß bei richtiger Federvorspannung nur die mittlere Farbe sichtbar ist.

Bei Änderung der mittleren Webstuhllast, beispielsweise durch Erhöhung der Schußzahl oder durch Auflegen einer anderen Kettware, wird eine der benachbarten Farben unter dem schwingenden Blendenausschnitt sichtbar, und zwar um so intensiver, je höher die Belastung vom ursprünglichen Wert abweicht.

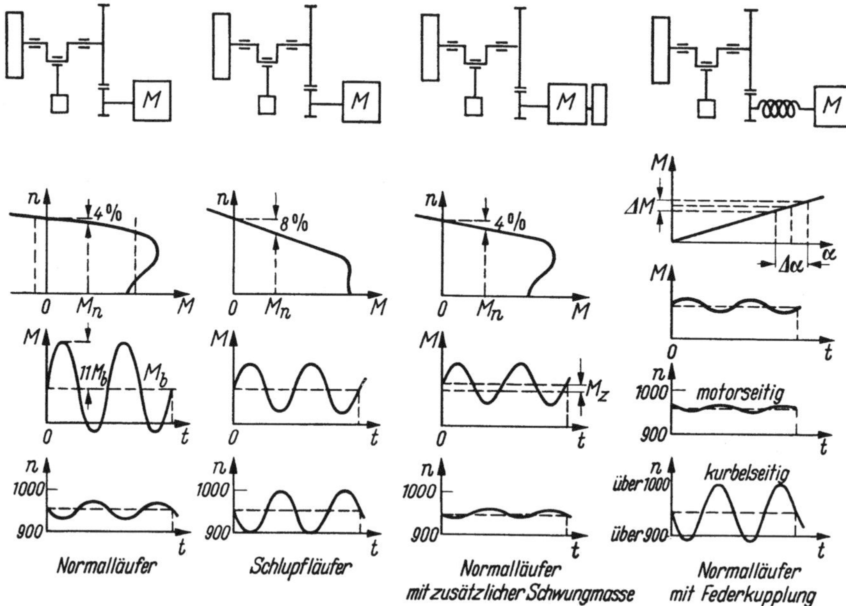

Abb. 656. Prinzipieller Drehzahl- und Momentenverlauf bei verschiedenen Antriebsformen von Webstühlen

Bei nächster Gelegenheit kann der Weber dann durch einfache Verdrehung des Federtopfes die Federvorspannung der neuen Durchschnittslast anpassen und den richtigen mittleren Betriebspunkt einstellen.

Die Konstruktion der Federkupplung ist auf eine schnelle Demontage der Kupplung abgestellt, falls dies beim Wechsel des Antriebsritzels oder beim Umsetzen der Feder füe eine andere Drehrichtung erforderlich ist.

Die Wartung der Kupplung beschränkt sich lediglich auf eine Nachschmierung der Gleitflächen von Antriebsbuchse und Federtopfhals mit Hilfe einer handelsüblichen Fettpresse.

Die seit Jahren an verschiedenen Webstuhltypen angesetzten Versuche haben gezeigt, daß die Federkupplungen den harten Bedingungen des Webstuhlbetriebes gewachsen sind.

Je nach Webstuhlfabrikat und der hierbei vorhandenen Relation zwischen schwingenden und rotierenden Massen sind auch die Leistungseinsparungen durch die Federkupplung unterschiedlich. In vielen Fällen läßt sich durch geringfügige Konstruktionsänderungen am Übertrieb ein günstigeres Verhältnis dieser Werte erreichen und damit der Leistungsgewinn bei Zwischenschaltung von Federkupplungen erhöhen.

Ähnliche Maßnahmen sind auch dort erforderlich, wo aus technologischen Gründen die Ungleichförmigkeit der Kurbelwellendrehzahl eingeschränkt werden muß. Die bisherigen Versuche haben jedoch gezeigt, daß die Webstuhl-Federkupplungen in den meisten Fällen ohne konstruktive Änderungen des Webstuhlantriebes eingesetzt werden können und der Gewebeausfall in keiner Weise beeinträchtigt wird. Dies wird erklärlich, wenn man sich vor Augen hält, daß trotz Ungleichförmigkeit der Kurbelwellendrehzahl alle Funktionen des Webstuhl mechanismus bei jedem neuen Zyklus jeweils mit derselben Geschwindigkeit durchgeführt werden.

Eine Zusammenfassung der in verschiedenen Richtungen eingeschlagenen Untersuchungen, die energetischen Verhältnisse an Webstühlen zu verbessern, zeigt Abb. 656.

Die Vorteile, die der Einsatz von Webstuhl-Federkupplungen mit sich bringt und die sich sowohl auf Verwendung kleinerer Antriebsmotoren, auf den geringen Verschleiß der Übertriebteile, auf die Herabsetzung der aufgenommenen Leistung und damit auch auf die Reduzierung von Stromwärmeverlusten in den Zuleitungen sowie auf eine Erhöhung der Produktion auswirken, stellen echte Ansatzpunkte für eine weitere Rationalisierung in der Weberei dar.

Sachverzeichnis

Zeitfracht Medien GmbH
Ferdinand-Jühlke-Straße 7
99095 Erfurt, Deutschland
produktsicherheit@kolibri360.de